知识生产的原创基地
BASE FOR ORIGINAL CREATIVE CONTENT

天文学入门

[美] 迈克尔·A. 西兹（Michael A. Seeds）
达纳·E. 巴克曼（Dana E. Backman） 著

王钰溪　任逸　高子豪　译

FOUNDATIONS
OF ASTRONOMY
(14 EDITION)

中国广播影视出版社

图书在版编目（CIP）数据

天文学入门 / (美) 迈克尔·A. 西兹
(Michael A. Seeds)，(美) 达纳·E. 巴克曼
(Dana E. Backman) 著；王钰溪，任逸，高子豪译.
北京：中国广播影视出版社，2025. 2. -- ISBN 978-7
-5043-9276-3

Ⅰ. P1-49

中国国家版本馆CIP数据核字第20249XS997号

Foundations of Astronomy
Michael A. Seeds, Dana E. Backman
Copyright © 2018 by Cengage Learning.
Original edition published by Cengage Learning. All Rights reserved. 本书原版由圣智学习出版公司出版。版权所有，盗印必究。
China Radio Film & TV Press Limited Company-Beijing Jie Teng Culture Media Co., Ltd. is authorized by Cengage Learning to publish and distribute exclusively this simplified Chinese edition. This edition is authorized for sale in the People's Republic of China only (excluding Hong Kong, Macao SAR and Taiwan). Unauthorized export of this edition is a violation of the Copyright Act. No part of this publication may be reproduced or distributed by any means, or stored in a database or retrieval system, without the prior written permission of the publisher.
本书中文简体字翻译版由圣智学习出版公司授权中国广播影视出版社有限公司－北京颉腾文化传媒公司独家出版发行。此版本仅限在中华人民共和国境内（不包括中国香港、澳门特别行政区及中国台湾）销售。未经授权的本书出口将被视为违反版权法的行为。未经出版者预先书面许可，不得以任何方式复制或发行本书的任何部分。
9787504392763
Cengage Learning Asia Pte. Ltd.
151 Lorong Chuan, #02-08 New Tech Park, Singapore 556741
本书封面贴有 Cengage Learning 防伪标签，无标签者不得销售。
北京市版权局著作权合同登记号　图字：01-2023-4029号

天文学入门

（美）迈克尔·A. 西兹（Michael A. Seeds）　达纳·E. 巴克曼（Dana E. Backman）　著
王钰溪　任　逸　高子豪　译

策　　划	颉腾文化
责任编辑	杨　扬
责任校对	张　哲

出版发行	中国广播影视出版社
电　　话	010-86093580　010-86093583
社　　址	北京市西城区真武庙二条9号
邮　　编	100045
网　　址	www.crtp.com.cn
电子信箱	crtp8@sina.com

经　　销	全国各地新华书店
印　　刷	涿州市京南印刷厂

开　　本	889毫米 × 1194毫米　1/16
字　　数	930（千）字
印　　张	36
版　　次	2025年2月第1版　2025年2月第1次印刷

书　　号	ISBN 978-7-5043-9276-3
定　　价	189.00元

（版权所有　翻印必究·印装有误　负责调换）

Preface 前言

在本书中你将看到并了解一些令人惊奇的事情,从土星的冰环到巨型黑洞。我们很荣幸成为你探索宇宙的向导。

我们编写这本书是为了帮助你拓展天文学知识,从认识月亮和夜空中的几颗星星,到更深入地了解宇宙的广袤、力量和多样性。你将看到下着甲烷雨的行星、密集到原子被压碎的恒星、相互碰撞的星系,以及加速膨胀的宇宙。

两个目标

本书旨在帮助你回答两个重要问题。

▶ 我们是什么?
▶ 我们如何得知?

我们的问题"我们是什么"是指我们如何融入宇宙和它的历史。组成人体的原子是在宇宙开始之时的大爆炸中诞生的,但这些原子是在恒星中产生并重塑的,直到成为我们身体的一部分。10亿年后它们会在哪里?天文学是唯一可以告诉你这件事的学科,而且这件事是我们每个人都应该知道的。

我们所说的"我们如何得知"是指科学起到了什么样的作用,证据是什么,我们如何使用它。例如,我们如何得知曾经出现过一次大爆炸?在今天的世界里,你需要仔细思考我们周围信息的可信度。你应该要求证据,而不仅是解释。科学家有一种基于证据的特殊认识方式,这使科学知识比单纯的意见、政策、营销或公共关系更有力度。它是人类对自然的最佳理解。为了理解你周围的世界,你需要了解科学起到了怎样的作用。在本书中,你会发现名为"我们如何得知"和"践行科学"的版块。它们将帮助你了解科学家是如何使用科学方法来了解宇宙是什么样子的。

期待惊奇

天文学令人兴奋的一个原因是,天文学家每天都会发现新的东西。天文学家期待着惊奇的事情。你可以分享这种兴奋,因为我们所做出的努力,包括新的图像、新的发现和新的见解,可以把我们从入门阶段带至人类知识的前沿。在遥远的山顶和太空中的望远镜,每天都给我们带来极大的震撼。天文学中的这些新发现之所以令人兴奋,是因为它们与我们休戚相关。它们为我们提供越来越多的关于我们是什么的信息。

当你阅读这本书时,请注意它不是以事实清单的形式组织起来供你记忆的。相反,本书向你展示了科学家如何使用证据和理论来构建解释自然界的逻辑论据。请参见下页"特色列表"的内容。它们是精心设计的证据和理论,以帮助你理解天文学。一旦你把科学看作逻辑论证,你就掌握了通往宇宙的钥匙。

不要妄自菲薄

我们的追求很简单。我们希望你了解你在宇宙中的位置——不仅是在空间中,更是在宇宙的历史中。我们不仅想让你知道你在哪里,你在宇宙中充当了什么样的角色,还想让你了解科学家是如何知道这一切的。在本书结束时,我们希望你知道,宇宙非常大,但它是由一些小的规则来描述和运行的,我们人类已经找到了一种方法来弄清这些规则——一种叫作科学的方法。

为了欣赏你在这个美丽的宇宙中的作用,你需要学习的不仅是天文学的知识,还必须了解我们是什么,以及我们是如何得知这一问题的。这本书的每一页都反映了这一思想。

第14版的主要内容变化

▶ 每一章都进行了修订和更新,增加了有关天文台、科学任务和新发现的文字与图片。
▶ 关于正常星系、活动星系和黑洞的材料(上一版的第16章和第17章),已经合并精简为一个章节(第16章)。之后各章也因此而重新编号。
▶ 一些章节被重新组织和更新,以提供更清晰和最新的介绍，特别是第11-3节，初期恒星体和原恒星盘；第13-4节，超新星爆发；第18-4节，绕其他恒星运行的行星；第23-3b节，作为天体的冥王星；第24-3b节，彗核。

- 其他幅度较小但仍值得一提的修改包括：第6-3a节，现代光学望远镜；第6-6b节，引力波天文学；第8-1d节，太阳风；第9-1c节，视差和距离；第19-4a节，大气的起源；第20-2b节，水星的表面；第20-2c节，水星的内部。
- 为了准确、清晰和一致，所有艺术构想都经过了仔细审查和修订。
- 公式有了编号和标题，以及演示其用途的例子。这一改变突出并强化了之后各章中解决问题所需的公式。
- 增加了新的"比例感"问题，以帮助读者理解天体的相对大小、距离等。作为补充，书中其他相关部分也增加了对比例感的讨论。
- 对文本和表格中的所有数值进行了检查，并在某些情况下进行了更新。
- 在早期版本中被称为"做科学"的功能被重新命名为"践行科学"。

特色列表

- 每一章的开头通过将本章与前后的章节联系起来，帮助读者看到本书的组织结构。重要问题的简短清单突出了该章的学习目标。
- "我们如何得知"这个版块将帮助读者了解科学起到了怎样的作用，主题包括假说和理论之间的区别、统计证据的使用、科学模型的构建等。
- "概念艺术"在每一章至少出现一次，涵盖了具有强烈视觉效果的主题。有关概念艺术介绍中的颜色和数值发挥着引导读者了解主要概念的作用。
- 大多数章节末尾的"践行科学"版块中都有一些问题，旨在让读者扮演科学家的角色，考虑如何更好地探索宇宙。设置这些问题的另一个目的是引导读者进一步回顾我们是如何知道目前所知的知识的。许多"践行科学"版块的结尾都有第二个问题，指明了科学家进一步的研究方向。
- "天体简介"直接将行星相互比较。这是行星科学家理解行星的方式——不是作为孤立的、不相关的天体一个一个研究，而是把它们彼此之间联系起来；它们有明显的差异，但也有许多共同的特点和家族历史。
- 每章末尾的"我们是什么"版块显示了该章内容如何帮助解释我们在宇宙中的作用。

鸣谢

多年来，我们得到了许多心系天文学和教育的人士的指导。我们要感谢所有为本书作出贡献的人。他们的意见和建议让这本书变得更好。

许多天文台、研究机构、实验室和天文学家都为本版提供了数字和图表。他们的名字都列在功劳簿上，我们要特别感谢他们的倾囊相助。

我们使用了一些重要项目的图像和数据，并对此表示感谢。在为本书准备材料时，我们使用了两微米全天巡天（2MASS）制作的一些图集图像和拼接图像，这是马萨诸塞大学和红外处理与分析中心/加州理工学院喷气推进实验室的一个联合项目，由美国国家航空航天局（NASA）和国家科学基金会资助。

一些太阳图像是由索贺号（SOHO）联盟提供的，这是欧洲航天局（ESA）和NASA的一个国际合作项目。位于戈达德航天中心的NASA拍摄的图像和法国斯特拉斯堡恒星数据中心（CDS）运营的辛巴达天文数据库（SIMBAD）也被用于编写本书。

与我们的圣智（Cengage）制作团队，内容开发人员丽贝卡·海德（Rebecca Heider）、产品助理凯特琳·盖根（Caitlin Ghegan）、艺术总监凯特·巴尔（Cate Barr）和产品经理丽贝卡·贝拉迪-施瓦茨（Rebecca Berardy-Schwartz），加上MPS有限公司的爱德华·迪奥尼（Edward Dionne）一起工作是非常愉快的。

最重要的是，我们要感谢家人对"这本书"的容忍。他们非常清楚地知道，本书是花费了大量时间才构建完成的。

迈克尔·A. 西兹

达纳·E. 巴克曼

目录 Contents

第一部分 探索天空

1 这里和现在
- 1-1 我们在哪里 004
- 1-2 现在是何时 009
- 1-3 为什么学习天文学 009

2 天空指南
- 2-1 恒星和星座 013
- 2-2 天空和天体运动 017
- 2-3 太阳和行星 022
- 2-4 天文对地球气候的影响 026

3 月相和日月食
- 3-1 多变的月亮 032
- 3-2 月食 033
- 3-3 日食 037
- 3-4 预测日食 044

4 现代天文学的起源
- 4-1 天文学的根基 049
- 4-2 哥白尼革命 054
- 4-3 第谷、开普勒和行星运动 060
- 4-4 伽利略的决定性证据 066
- 4-5 天文学革命的 99 年 070

5 引力
- 5-1 伽利略和牛顿的两门新科学 073
- 5-2 轨道运动和潮汐 078
- 5-3 爱因斯坦和相对论 086

6 光和望远镜
- 6-1 辐射：来自太空的信息 094
- 6-2 望远镜 097
- 6-3 地球上的光学和射电天文台 102
- 6-4 机载天文台和空间天文台 108
- 6-5 天文仪器和技术 111
- 6-6 非电磁天文学 116

我们如何得知
- 1-1 科学方法 010
- 2-1 科学模型 018
- 2-2 伪科学 027
- 2-3 科学论证 029
- 3-1 科学的想象力 038
- 4-1 科学革命 060
- 4-2 假说、理论和自然法则 065
- 5-1 因果关系 077
- 5-2 通过预测检验假说 086
- 6-1 分辨率和精度 097

概念艺术
- 你身边的天空 020-021
- 季节的循环 024-025
- 月球的相位 034-035
- 宇宙的古代模型 056-057
- 轨道 080-081
- 现代光学望远镜 106-107

第二部分　恒星

7　原子和光谱
- 7-1　原子　120
- 7-2　光与物质的相互作用　123
- 7-3　理解光谱　127

8　太阳
- 8-1　太阳光球和大气层　134
- 8-2　太阳活动　141
- 8-3　太阳中的核聚变　152

9　恒星家族
- 9-1　恒星距离　159
- 9-2　视亮度、内禀亮度和光度　161
- 9-3　恒星光谱　163
- 9-4　恒星的大小　167
- 9-5　恒星质量：双星系统　173
- 9-6　恒星的普查　179

10　星际介质
- 10-1　研究星际介质　185
- 10-2　星际介质的组成　192
- 10-3　气体—恒星—气体循环　196

11　恒星的形成与结构
- 11-1　从星际介质中制造恒星　200
- 11-2　猎户座星云：恒星形成的证据　204
- 11-3　初期恒星体和原恒星盘　207
- 11-4　恒星结构　211
- 11-5　恒星能量的来源　215

12　恒星的演化
- 12-1　主序星　220
- 12-2　主序后演化　226
- 12-3　星团：恒星演化的证据　232
- 12-4　变星：恒星演化的证据　236

13　恒星的死亡
- 13-1　低质量恒星　241
- 13-2　双星系统的演化　248
- 13-3　大质量恒星　251
- 13-4　超新星爆发　252
- 13-5　地球的尽头　260

14　中子星和黑洞
- 14-1　中子星　263
- 14-2　黑洞　274
- 14-3　致密天体的盘和喷流　279

我们如何得知

- **7-1**　量子力学　122
- **8-1**　确认和巩固　147
- **8-2**　科学的信心　156
- **9-1**　推理链　174
- **9-2**　基础科学数据　182
- **10-1**　将事实与假说分开　194
- **11-1**　理论和证明　204
- **12-1**　数学模型　222
- **13-1**　走向终极原因　246
- **14-1**　检查科学中的造假行为　277

概念艺术

原子光谱　130-131
太阳黑子和太阳磁周期　144-145
太阳活动和日地关系　148-149
恒星家族　180-181
三种类型的星云　188-189
猎户座星云中恒星的形成　208-209
对初期恒星体和原恒星盘的观测　212-213
星团和恒星演化　234-235
行星状星云和白矮星的形成　244-245
脉冲星的灯塔模型　266-267

第三部分 宇宙

15 银河系
- 15-1 银河系的发现 288
- 15-2 银河系的结构 293
- 15-3 旋臂和恒星形成 296
- 15-4 银河系的核球 301
- 15-5 银河系的起源和演化 303

16 正常星系和活动星系
- 16-1 星系家族 312
- 16-2 星系性质的测定 316
- 16-3 星系的演化 322
- 16-4 活动星系核和类星体 327
- 16-5 吸积盘、喷流、爆发及星系演化 333

17 现代宇宙学
- 17-1 宇宙引论 339
- 17-2 大爆炸理论 342
- 17-3 空间与时间、物质与引力 349
- 17-4 21世纪的宇宙学 356

我们如何得知
- 15-1 校准 291
- 15-2 作为过程的自然 300
- 16-1 科学中的分类 313
- 16-2 统计学证据 329
- 17-1 通过类比进行推理 341
- 17-2 科学：一个知识体系 349
- 17-3 愿望并不能使之成为现实 363

概念艺术
- 人马座 A*（Sagittarius A*） 304-305
- 星系的分类 314-315
- 相互作用的星系 324-325
- 星系喷流和射电瓣 330-331
- 时空的性质 352-353

第四部分 太阳系

18 太阳系和太阳系外行星的起源
- 18-1 太阳系的研究 368
- 18-2 伟大的起源之链 374
- 18-3 行星形成 377
- 18-4 绕其他恒星运行的行星 384

19 地球：活跃的星球
- 19-1 类地行星的旅行指南 395
- 19-2 作为行星的地球 395
- 19-3 固体地球 398
- 19-4 地球的大气层 404

20 月球和水星：空气稀薄的世界
- 20-1 月球 411
- 20-2 水星 422

我们如何得知
- 18-1 两种假说：灾难性的和演化性的 376
- 18-2 科学家：有礼貌的怀疑论者 388
- 19-1 追踪能量流动，深入了解行星 396
- 19-2 研究一个看不见的世界 399
- 20-1 假设和理论如何将观测细节统一起来 413
- 21-1 数据处理 434
- 22-1 谁为科学埋单 483
- 23-1 科学发现 487
- 24-1 选择效应 510

21 金星和火星
- 21-1 金星 431
- 21-2 火星 441
- 21-3 火星的卫星 451

22 木星和土星
- 22-1 外太阳系的旅行指南 457
- 22-2 木星 458
- 22-3 木星的卫星和星环 464
- 22-4 土星 473
- 22-5 土星的卫星和星环 475

23 天王星、海王星和柯伊伯带
- 23-1 天王星 486
- 23-2 海王星 495
- 23-3 冥王星和柯伊伯带 502

24 陨石、小行星和彗星
- 24-1 陨石、小行星和彗星 508
- 24-2 小行星 514
- 24-3 彗星 521
- 24-4 小行星和彗星的撞击 528

概念艺术
类地行星和类木行星 370-371
活跃的地球 402-403
陨石撞击 414-415
火山 438-439
当星球环境恶化 452-453
木星的大气 462-463
土星的冰环 480-481
天王星和海王星的星环 496-497
小行星的观测 518-519
彗星的观测 524-525

第五部分 生命

25 天体生物学：其他世界上的生命
- 25-1 生命的本质 536
- 25-2 宇宙中的生命 540
- 25-3 宇宙中的智慧生命 547

后记 554

附录 A
单位和天文数据 556

附录 B
观测星空 564

我们如何得知
- 25-1 UFO 和外星人 548
- 25-2 哥白尼原理 552

概念艺术
DNA：生命的密码 538-539

第一部分
探索天空

这里和现在

图源：Courtesy of NASA

▲ 地球西半球夜间的合成图像，由索米国家极地轨道伙伴（Suomi National Polar-orbiting Partnership）卫星获得的数据合成。右边的明亮新月是黎明的位置

当你研究天文学时，你将加深对自己的了解。这一章将告诉你，你作为一个"行星行者"意味着什么。你所居住的星球围绕着一颗恒星旋转，在充满其他恒星和星系的宇宙中移动，这些恒星和星系都是数十亿年的历史和进化的结果。为了更清楚地认识你自己，你应该知道你在宇宙中所处的位置，以及你在宇宙历史中所处的时间，因为这些是了解"你是什么"的重要步骤。

在本章中，你将考虑有关天文学的三个重要问题。

- ▶ 地球在宇宙中处于什么位置？
- ▶ 人类的历史如何融入宇宙的历史？
- ▶ 为什么要学习天文学？

这一章是你探索深邃空间和时间的一个跳板。下一章你将继续你的旅程，从地球上仰望夜空。当你研究天文学时，你将看到科学是如何给你提供一种方法来了解大自然的运作机制的。后面的章节将提供更多关于科学家如何研究和理解自然的具体见解。

> 千里之行，始于足下。
> ——老子，《道德经》

1-1 我们在哪里

要想在星空中找到自己的位置，我们可以进行一次"宇宙变焦"（cosmic zoom）之旅——在宇宙中预览我们将要研究的各种天体。

我们先从熟悉的事物开始。图 1-1 显示的是大学校园里一个 52 英尺①宽的区域，包括一个人、一条人行道和几棵树，这些物体的尺寸都为我们所熟知。在这个变焦的过程中，新的图片会向我们展示比前一个图片大 100 倍的宇宙区域。也就是说，每一步都会把我们的视场（field of view），即我们能看到的视觉区域，放大 100 倍。

将视场放大 100 倍，可以看到下一张图中直径 1 英里②的区域（见图 1-2）。人、树和人行道已经变得太小而无法辨别，但现在我们可以看到整个大学校园以及周围的街道和房屋。这还是那个我们熟悉的世界，因为房屋和街道的尺寸都是我们所了解的。

在离开这个熟悉的"版图"前，我们需要改变尺寸的测量单位。所有的科学家，包括天文学家，都使用公制单位，因为公制单位在全世界范围内便于理解；更重要的是，公制单位可简化计算。

在公制单位的计量下，图 1-1 中的图像尺寸约为 16 米，图 1-2 的 1 英里长度约等于 1.6 千米。1 千米略小于 2/3 英里，大概是走过一个街区的距离。当我们把视场再放大 100 倍时，图 1-2 中的街区就消失了。现在，我们的视场是 160 千米，城市和城镇是灰色的斑块（见图 1-3），位于美国特拉华州的威尔明顿市出现在图片右下部位。在图 1-3 的比例尺下，我们可以看到地球表面的一些自然特征。宾夕法尼亚州南部的阿勒格尼山脉在左上方穿过图像，苏斯奎哈纳河向东南流入切萨皮克湾。图 1-3 中浮于地表的白色团块是几朵云。

图 1-3 是一张红外照片，其中健康的绿叶和农作物被显示为红色。人类的眼睛只对很小一部分颜色敏感。在探索宇宙的过程中，我们将学会利用从 X 射线到射电波段的更多的"颜色"，从而去揭示肉眼无法探测到的景象。我们将在后面的章节中学习更多关于红外线、X 射线和射电的知识。

在下一步旅程中，我们可以看到直径接近 13 000 千米的地球（见图 1-4）。在任何特定的时刻，地球表面的一半暴露在阳光下，另一半则处于黑暗中。当地球自转时，它带着我们穿过阳光，然后穿过黑暗，并产生

图源：Michael A. Seeds

▲ 图 1-1 这个熟悉的场景是一块宽约 52 英尺（16 米）的区域

图源：Imagery ©2016 DigitalGlove, PA Department of Conservation and Natural Resources-PAMP/USGS, U.S. Geological Survey, USDA 500 ft Farm Service Agency, Map data ©2016 Google

▲ 图 1-2 宽 1 英里（约 1.6 千米）的视场。这里的方框■代表图 1-1 的相对尺寸

---

① 1 英尺 = 0.304 8 米。
② 1 英里 = 1609.344 米。

▲ 图 1-3　视场宽 160 千米。这里的方框 ■ 代表图 1-2 的相对尺寸

▲ 图 1-4　视场宽 16 000 千米。这里的方框 ■ 代表图 1-3 的相对尺寸

昼夜更迭。图中地球模糊的右边缘就是白天与黑夜的分界线——晨昏线。这个很经典的例子告诉我们，图片如何从视觉角度帮我们理解一个概念。在本书各章结尾，还有一类名为"学会观察"（learning to look）的问题，让你有机会发挥自己的想象力，将图像与天体相关的概念联系起来。

将视场再放大 100 倍，我们将看到一个 1 600 000 千米宽的区域（见图 1-5）。地球是图中心的小蓝点。月球的轨道距离地球 380 000 千米，它的直径只有地球的 1/4，在图中是更小的点。（地球和月球的相对尺寸可见图 1-5 右下角的插图。）

前一段提及的数字很长，将它们写出来其实很不方便，而且随着视场的扩大，我们将不得不用更长的数字去描述宇宙，这时我们启用更方便的科学计数法可以更方便地表示数字。这种方法在写很大或很小的数字时能省下不少的"0"。例如，在科学计数法中，380 000 变成了 3.8×10^5。不使用科学计数法就无法描述这浩瀚宇宙。

当我们再次将视场放大 100 倍时（见图 1-6），图 1-5 中所示的地球、月球及月球的轨道在图 1-6 中已经无法分辨，变成了图中左下方的小蓝点。现在我们可以看到太阳和另外两颗行星，它们是太阳系的一部分。太阳系（Solar System）由太阳、它的行星家族和一些类似于卫星、小行星和彗星的更小的天体组成。

地球、金星和水星都是行星（planet），它们是不发光的球体，围绕恒星运行，天文学中观察到的是其表面的反射光。金星的大小和地球差不多，水星的直径略大于地球的 1/3。在图 1-6 中，它们都小到只能用小点来描绘。太阳是一颗自发光的球状恒星，它由热气体组成。尽管太阳的直径比地球的直径大 100 倍（见图 1-6 右下角的插图），但在这张图中，它也不过是一个点。图 1-6 代表的是一个直径为 1.6×10^8 千米的区域。

通过定义较大的测量单位，天文学家还能简化需要用到"天文数字"的描述和计算。例如，从地球到太

▲ 图 1-5　视场宽 1 600 000 千米。这里的方框 ■ 代表图 1-4 的相对尺寸

第一部分　探索天空

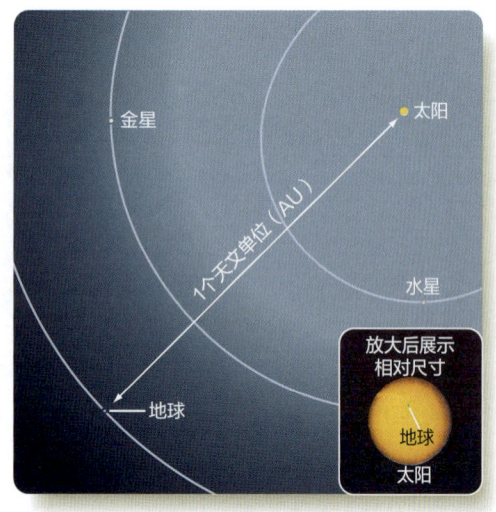

▲ 图1-6 视场宽1.6亿千米。这里的方框■代表图1-5的相对尺寸

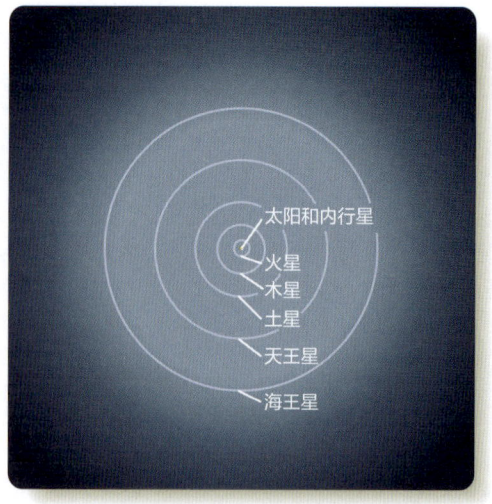

▲ 图1-7 视野宽度为160亿千米（约110AU）。三颗内行星——水星、金星和地球的轨道太小，无法在这个尺度下显示。这里的方框■代表图1-6的相对尺寸

阳的平均距离被定义为1个天文单位（astronomical unit, AU）；1个AU等于1.5×10^8千米。这样，我们可以把水星到太阳的平均距离表示为约0.39 AU，金星到太阳的平均距离表示为约0.72 AU。

这些距离只是平均值，因为行星的轨道不是正圆。处于轨道不同位置的水星与太阳的距离之差尤为明显：水星离太阳的最近距离约为0.31 AU，最远则为0.47 AU。你可以从图1-6中看到水星到太阳的距离变化。地球的轨道比水星的轨道更圆，地日距离变化平均只有百分之几。

把视场放大100倍，我们将看到太阳系行星区域的全貌（见图1-7）。太阳、水星、金星和地球离得很近，在这个比例尺下我们无法分别看到它们。我们只能看到类似于火星这种更亮、距离其他天体更远的外行星。火星距离太阳1.5 AU，木星、土星、天王星和海王星距离太阳更远，所以它们在这张图中更容易定位。这些外行星是远离太阳温暖的寒冷行星。

我们可以通过顺口溜来帮助记忆太阳系行星从内到外的顺序——水里淘金到地上，火烧木头变土岗，天高海阔少冥王，九星另留到八方（也许你能想出一句更好的），说的即是水星、金星、地球、火星、木星、土星、天王星、海王星[①]。行星列表中曾经包括冥王星（Pluto），但在2006年的国际天文联合会（International Astronomical Union, IAU）上，科学家将冥王星移出行星行列，划分为矮行星。冥王星的一些特征符合行星标准，但它不符合全部的行星标准。现在已知的冥王星只是在海王星外一群环绕太阳的小天体之一。

再次将视场放大100倍时，太阳系消失了（见图1-8）。太阳只是一个光点，所有的行星和它们的轨道现在都挤在中心的小黄点中。行星由于太小、太暗而淹

▲ 图1-8 视场宽度为11 000AU。这里的方框■代表图1-7的相对尺寸

---

① 英文原书中的例句如下：My Very Educated Mother Just Served Us Noodles。每个单词的第一个英文字母与行星名称的第一个字母相同：水星（Mercury）、金星（Venus）、地球（Earth）、火星（Mars）、木星（Jupiter）、土星（Saturn）、天王星（Uranus）和海王星（Neptune）。——译者注

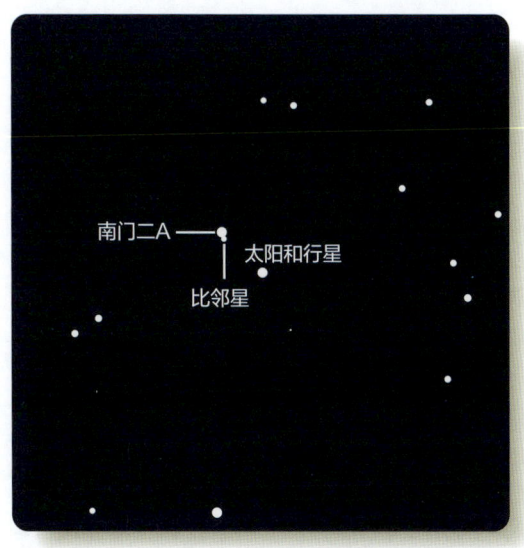

▲ 图1-9 视场宽17光年。图中代表每颗恒星的点的大小并不符合实际比例。这里的方框■代表图1-8的相对尺寸

图源：NSF/AURA/NOAO/Bill Schoening

▲ 图1-10 视场宽为1700光年。这里的方框■代表图1-9的相对尺寸

没在太阳的光辉中。

请注意，在图1-8中，除太阳我们看不见任何恒星。太阳是一颗相当典型的恒星，所处位置和邻星是平权的。尽管银河系内像太阳这样的恒星有几千亿颗，但由于它们距离太阳太远，无法在这张尺度为11 000 AU的图中显示，太阳附近的恒星到太阳的距离要比这张图表示的尺寸大30多倍。

在图1-9中，我们的视场又放大了100倍，达到110万AU。太阳位于中心，在这个尺度下，我们可以看到一些离太阳最近的恒星。这些恒星非常遥远，不方便用AU来表示它们的距离。为了表达如此大的距离，天文学家定义了一个新的距离单位——光年（light-year, ly）。1光年指光在1年内走过的路程，约为9.5×10^{12}千米或63 000 AU。一个常见的误区是把光年看作时间单位。你有时会在科幻电影和电视节目中发现这个词被误用。当下一次你听到有人说"我需要好多光年才能完成我的报告"时，你可以告诉他，光年是一个长度单位，而不是一个时间单位（虽然这个评论并不讨喜）。图1-9中的视场直径是17光年。

另一个常见的误区是，通过望远镜看到的恒星像圆盘。虽然大多数恒星的大小和太阳差不多，但是它们离太阳太远了，天文学家只能看到它们的光点形态。用我们最大的望远镜去探测距离地球最近的恒星半人马座的比邻星，虽然它距离我们只有4.2光年，但也只能看到一个发光的点。天文图像通常会用点的大小代表恒星的亮度，而非恒星的尺寸，图1-9就是用这种方式呈现的，表示亮星的点在图上比表示暗星的点大。

你可能会想知道，其他恒星是否也像太阳一样，拥有围绕它们运行的行星家族。这种被称为系外行星（extrasolar planets）的天体是很难看到的，因为它们一般都很小、很暗，而且离其母星的星辉太近。不过，虽然只有少部分系外行星可以直接被观测到，天文学家也已用间接方法发现了数千个这样的天体。

在图1-10中，视场再扩大100倍，太阳和它的邻星就消失在由成千上万颗恒星构成的背景中了。现在的视场直径是1700光年。当然，从来没有人从地球出发，跋涉数千光年，回望并拍摄我们所处的宇宙空间，所以这是一张天区的示意图，而非实际拍摄的图片。太阳是一颗比较暗的恒星，在这种尺度下很难被标注。

如果再把视场扩大100倍，我们就会看到银河系，它有一个直径约8万光年的可见星盘（见图1-11）。银河系（Galaxy）是由恒星、气体和尘埃组成的巨大云团，所有的物质在各自引力的联合作用下聚集到一起。星系的直径从1000到30多万光年不等，最大的星系包含了超过10 000亿（10^{12}）颗恒星。在夜空中，我们可以看到银河系是一个巨大的、"云雾"缭绕的星轮，环抱着天空。这条恒星带就是我们俗称的银河（Milky Way）。

在距离银河系数万光年之外才可以看到银河系的全貌，那么这个银盘的图像是怎么来的呢？首先，科学家们会基于观测事实来构想银河系的图景，然后艺术家们利用这些科学性的描述来绘制图像。本书中许多图像都

第一部分 探索天空

图源：Mark A. Garlick/space-art.co.uk

▲ 图 1-11 视场宽为 17 万光年。这里的方框■代表图 1-10 的相对尺寸

▲ 图 1-12 视场宽为 1700 万光年。这里的方框■代表图 1-11 的相对尺寸

是基于艺术家们对某种天体和某些现象的构想获得，这些天文现象可能因为距离我们太远或亮度太暗而无法被清晰地探测到，可能因为发射的是我们肉眼无法感知到的能量，也可能因为发生的时标太快或太慢而无法被人类感知。有了这些图像比单纯靠猜测要好得多，它们都基于天文学家搜集到的当前最准确的科学数据。当你继续探索时，请注意天文学家是如何使用科学方法来理解和描述天文现象的。

图 1-11 中艺术家对银河系的构想表明，我们的银河系和其他许多星系一样，有优美的旋臂从其星系盘中向外缠绕。在后面的章节中，你会了解到，恒星在星系旋臂中的气体云和尘埃中形成，而我们的太阳就诞生在其中的一个旋臂中。如果你能在这幅图中看到太阳，它应该在银河系圆盘从中心向外 2/3 的地方，也就是图中标记的位置。

我们的银河系是一个相当大的星系。仅仅在一个世纪前，天文学家甚至还以为它就是整个宇宙——一个处于空旷浩瀚的空间中，由恒星组成的云之岛。现在他们知道，银河系并不是独一无二的，它只是散布在宇宙中的数十亿个星系中的一个。

把视场再扩大 100 倍时，我们可以看到一些其他星系（见图 1-12）。在 1700 万光年尺度的区域中，我们的银河系变成了众多斑点中的一个微小光斑。每个斑点都代表一个星系。星系通常会聚集成团，银河系就是由几十个星系组成的星系团的一部分。有些星系（如我们的家园银河系）有美丽的螺旋图案，有些星系看起来是一个球体而没有螺旋图案，有些星系则奇怪地扭曲着。在后面的一章中，你将了解是什么造成了这些星系之间的差异。

现在你又发现了一个常见的误区。人们经常会把太阳系说成银河系，有时还会把这两个词和宇宙（Universe）混淆。我们的"宇宙变焦"之旅已经让你看到了其中的区别。我们处于太阳系这样一个行星系统之中，它包括太阳和围绕它运转的行星。银河系包含了太阳系加上数千亿颗其他恒星和围绕它们运行的所有行

图源：Based on data from M. Seldner et al. 1977, Astronomical Journal 82, 249.

▲ 图 1-13 视场宽 17 亿光年。这里的方框■代表图 1-12 的相对尺寸

星；换句话说，银河系由数千亿个行星系统组成。宇宙包括一切：所有的星系、恒星和行星，包括银河系和占据其中很小一部分的太阳系。区分太阳系、银河系和宇宙，需要能准确地感知比例尺度。

如果我们再次扩大视场，将看到星系团被一个巨大的网络连接起来（见图1-13）。这些星系团组成了超星系团（supercluster），即星系团的集合。超星系团结合形成长条状结构和壁状结构，勾勒出几近空洞的空间。这些长条状结构和壁状结构似乎是宇宙中最大的结构。如果我们再把视场扩大一次，可能会看到由长条状结构和壁状结构组成的均匀的雾。当你解开这些结构的起源时，你将处于人类知识的前沿。

1-2　现在是何时

现在你已经知道了你在空间中的位置，你可能也想知道你在时间上的位置。在第一个人类抬头想知道天上的星星是什么前，它们已经闪耀了若干年。为了了解你在时间上的位置，你需要一条长长的"缎带"。

想象一下，将这条缎带从球门线延伸到一个美式足球场的中心，距离为100码[1]。缎带的一端代表今天，另一端代表宇宙的开始——天文学家称之为"宇宙大爆炸"的时刻。在第17章"现代宇宙学"中，你将了解到宇宙大爆炸和现今的宇宙大约有140亿年历史的证据。现在，假设这条缎带代表140亿年，即整个宇宙的历史。

再想象一下，从标有"宇宙大爆炸"的门线开始，当你沿着缎带走向标有"今天"的门线时，就会回放整个宇宙的历史。天文学家有证据表明，大爆炸最初使整个宇宙充满了热的、发光的气体，但是，随着气体的冷却和变暗，宇宙变得黑暗。这一切都发生在缎带的前半英寸[2]。在接下来的4亿年里宇宙中并没有光，直到引力能够将一些气体拉到一起，才形成了第一批恒星。这看起来很漫长，但是如果你在缎带旁边插上一面小旗子，以纪念第一批恒星的诞生，你会发现，它距离宇宙历史开始的门线还不到3码。

在星系大量形成之前，你必须沿着缎带走1~5码。我们的家园银河系将是那些正在形成的星系之一。当你走过50码线时，宇宙中已经充满了星系，但太阳和地球还没有形成。你需要走过50码线，一直走到另一条

[1] 1码=0.914 4米
[2] 1英寸=0.025 4米

33码线，才能最终在缎带旁插上一面旗子，以纪念太阳和行星，即我们的太阳系，在46亿年前也就是大爆炸后约90亿年时形成。

你可以带着你的旗子再走几码，到大约25码线，也就是34亿年前，来标记地球上生命的最早确凿证据——海洋中的微小生物。你必须一直走到3码线，才能标记4亿年前陆地上生命的出现。然后，你将记录恐龙诞生的旗子插在2码线内。当你经过1/2码线时，恐龙就灭绝了，距离今天6500万年。

那人呢？你可以在距今400万年前的第一个类似人类的生物出现处插一面小旗子，离标有今天的门线只有1英寸（约2.5厘米）。文明，城市的建设，大约在1万年前开始，所以你必须努力把那面旗子放在离球门线只有0.002 6英寸的地方。这比你现在正在阅读的这一页纸的厚度还要小。如果将人类文明的历史与宇宙的历史相比较，那么你听说过的每一场战争，每一个被记录下来名字的人的生活，以及有史以来每一个建筑的建造，从巨石阵到你现在所在的建筑，都在这0.002 6英寸的时间带内。

人类在宇宙中是非常新的存在。我们在地球上的文明在宇宙的历史上只存在了"一眨眼"的时间。正如你将在接下来的章节中发现的，只是在过去的100多年里，天文学家才开始了解我们在空间和时间上的位置。

1-3　为什么学习天文学

你对宇宙的探索将帮助你回答两个基本问题：

我们是什么？

我们如何得知？

"我们是什么"这个问题是串联起本书的第一个主题。天文学对你很重要，因为它将告诉你"你是什么"。请注意，这个问题不是"我们是谁"。如果你想知道我们是谁，你可能需要和社会学家、神学家、艺术家或诗人谈谈。我们是什么？这是一个完全不同的问题。

当你学习天文学时，你将了解你如何融入宇宙的历史。你将了解到，当宇宙开始时，你身体里的原子在大爆炸中诞生了。这些原子在一代又一代的恒星中被烹饪和重塑。而现在，在超过100亿年后，它们成为你身体的组成元素。再过100亿年，这些原子又会在哪里？这是每个人都应该知道的，而天文学能引领你探索

我们如何得知 1-1

科学方法

科学家是如何了解自然的？

在你接受教育的过程中，你可能已经多次听说过科学方法，即科学家提出假说，并通过实验和观察收集的证据来检验这些假说。这是对科学家实际工作时采用的微妙且复杂方式的过度简化。

科学家一直在使用科学方法，这一点非常重要，但他们在做这件事的时候很少想到它，就像你在骑自行车的时候很少想到动作细节一样。科学方法是一种根深蒂固的思考和理解自然的方式，对使用它的人来说，它几乎是透明的。

科学家试图提出假说，解释自然界如何运作。如果一个假说与来自实验或观察的证据相悖，它必须被修改或放弃。如果一个假说被证实，它仍然必须被进一步测试。科学方法以这种非常笼统的方式来测试和完善想法，以更好地描述自然界如何运作。

例如，格雷戈尔·孟德尔（Gregor Mendel，1822—1884）是一位喜欢植物的奥地利修道士。他提出了一个假说，即后代通常不是像当时大多数科学家所认为的那样，以平滑的混合方式从父母那里继承性状，而是按照严格的数学规则以不连续的单位继承。孟德尔培育并测试了 28 000 多株豌豆，注意到哪些豌豆光滑，哪些豌豆有皱纹，以及这种性状是如何被连续几代豌豆继承的。他对豌豆植物的研究证实了他的假说，并促进了一系列遗传规律的发现和提出。尽管他工作的重要性在他生前没有得到承认，但他现在被称为"现代遗传学之父"。

科学方法不是一种简单、机械地将事实磨碎的方式；科学家需要洞察力和智慧来提出和检验好的假说。科学家几乎是自然地使用科学方法，有时在讨论一个新想法时，他们会一分钟一分钟地形成、测试、修改和放弃假说，有时则花数年时间研究一个有前途的假说。

事实上，科学方法是许多分析信息、寻找关系和创造新想法的方法的组合，可帮助人们认识和理解自然。后面几章的"我们如何得知"将向你介绍其中一些技术。

图源：Inspirestock/Jupiter Images

孟德尔（Gregor Mendel）利用科学方法发现，豌豆的光滑或褶皱是一种遗传性状

这个秘密。

本书每一章的结尾都有一个简短的专题，题为"我们是什么"，这个摘要会介绍该章中的天文学知识与你在宇宙故事中的角色有什么关系。

"我们如何得知"这个问题串联起本书的第二个主题。每当你听到或看到某个领域的所谓专家的陈述时，你都应该问自己这个问题。你应该服用一个电视明星推荐的饮食补充剂吗？你应该投票给一个否认我们面临气候危机的候选人吗？为了了解你周围的世界，并为你自己、你的家人和你的国家做出明智的决定，你需要了解科学是如何运作的。

你可以把天文学作为科学的一个案例来研究。在本书的每一章中，你都会看到题为"我们如何得知"的短文。它们旨在帮助你思考非已知的知识，而是关于"如何知道"的知识。为此，这些文章将解释不同方面的科学思维过程和程序，以帮助你了解科学家是如何了解自然界的。

在过去的 4 个世纪里，人们开发了一种理解自然的方法，称为科学方法（scientific method，详见我们如何得知 1-1）。在你阅读关于爆发的恒星、碰撞的星系和外星行星的文章时，你会看到这个方法被反复应用。宇宙非常大，但它是由一小套规则描述的，而我们人类已经找到了一种方法——一种叫作"科学"的方法来弄清这些规则。

我们是什么

参与者

天文学给了你在地球上的存在意义的思考方向。这一章帮助你在空间和时间上定位自己。一旦你意识到我们的宇宙多么浩瀚，就会发现地球多么渺小，而世界两端的人们似乎就如邻里一般。而且，在整个宇宙的历史中，人类的故事只是一眨眼的事。这起初可能让人看起来很卑微，但你可以为我们人类在这么短的时间内了解了这么多知识而感到自豪。

天文学不仅在空间和时间上给你定位，它还将你置于支配宇宙的物理过程中。引力和原子共同作用，制造恒星，产生能量，照亮宇宙，并创造你体内的化学元素。接下来的章节将展示你是如何融入这个宇宙的。

虽然你非常渺小，而且你的同类在宇宙中只存在了很短的时间，但你是一个非常宏大、美丽的事件的重要参与者。

2 天空指南

图源：Peter Burnett/E+/Getty Images

▲ 天空平等地属于每个人，你可以享受它的辉煌，就像你拥有它一样

第1章带你在空间和时间中进行了一次宇宙变焦，这样的快速预览为你接下来的旅程做好了准备。在本章中，你可以从地球上观察天空，开始你的探索，当你这样做时，请考虑下面5个重要问题：

- ▶ 恒星和星座是如何命名的？
- ▶ 如何测量和比较恒星的亮度？
- ▶ 天空是如何在每天和每年的周期中出现变化和移动的？
- ▶ 什么原因导致了季节的变化？
- ▶ 天文周期如何影响地球的气候？

当你阅读有关天空及其运动的文章时，你会注意到这些文字似乎经常暗示地球是静止在宇宙中心的。但你要提醒自己，地球实际上是一个绕自转轴旋转并在轨道上运行的行星。下一章将向你介绍其他令人印象深刻的天文现象：月相和日食。

我每天晚上都能看到南十字座的光辉
太阳每天早上从后面升起
每天傍晚它又从前面落下
我不希望有其他指南针来指引我
因为这些指南针是真实的。

——约书亚·斯洛克上尉，《独自环游世界的航行》

夜空是从地球上看到的宇宙的一部分。当你抬头看星星时，你是透过一层约100千米厚的大气层看出去的。除此之外，太空几乎是空的，我们太阳系的行星在数个天文单位之外，而其他恒星则分散在许多光年之外。

当你阅读本章时，你将了解到地球的运动如何影响你从你所在星球——一个移动的平台——所能看到的东西。

▶ 由于地球每天绕自转轴自转一次，因此你会感觉天空似乎每天都在围绕你转动。不仅太阳从天空的东部升起，在西部落下，恒星和其他天体也是如此。

▶ 因为地球每年围绕太阳转一圈，所以在夜空中以年为周期可以看到不同的星星。

▶ 你所经历的季节变化是由地球的公转运动加上地轴相对于其轨道的倾斜共同造成的。

2-1 恒星和星座

在远离城市灯光的黑夜里，你可以看到几千颗恒星。很久以前，人类试图通过对恒星和恒星群的命名来理解看到的东西。其中一些古老的名字至今仍在使用。

2-1a 星座

在世界各地，本土文化都是通过给星群——星座（constellation）——命名来纪念英雄、神灵和神话中的野兽的（见图2-1）。西方文化中的星座名称起源于3000多年前的亚述、巴比伦、埃及和希腊的文明。有些星座看起来像它们的名字，但由于时间流逝已千年的原因，有些星座却不像它们的名字。

不同的文化对星星的分组和对星座的命名是不同的。大家所说的猎户座（Orion）在古代被阿拉伯人称为 Al Jabbār（巨人），在中国被称为白虎，在印度被称为 Prajapati（雄鹿形状的神）。波尼族印第安人将天

▲ 图2-1 星座是流传了几千年的古老传说，是对神话中的英雄和怪兽的赞美。这里，人马座和天蝎座出现在南方的地平线上

蝎座视为两个组别：蝎子的长尾巴是蛇，而蝎子尾巴顶端的亮星是两只游泳的鸭子；在夏威夷人看来，蝎子的尾巴是毛伊的鱼钩，将岛屿从海底拉上来。

另外，在许多文化中，包括古希腊人、北方亚洲人和美洲原住民，都把北斗七星及其周围的星星与一只熊的形象联系起来。天熊的概念可能在12 000多年前就随着第一批"美国人"跨越陆地桥梁进入北美。因此，你在天空中看到的一些星群的名字可能是人类文化遗留的最古老的痕迹之一。

最初，星座只是将明亮的恒星松散地组合在一起。许多较暗的恒星没有被收入任何星座中，而早期从北半球观测的天文学家看不到南部天空中的恒星，因此南部天空中的恒星没有被收录在他们的星图中。星座的边界，即使有定义，也只是近似的（见图2-2a），所以像壁宿二（Alpheratz）这样的恒星可以被认为是飞马座（Pegasus）的一部分，也可以被认为是仙女座（Andromeda）的一部分。为了填补空白、明确模糊的地方，现代天文学家发明了更多的星座。1928年，国际天文学联合会（IAU）建立了88个官方星座，这些星座的边界都是经过仔细定义的（见图2-2b），包括了天空的每一部分。（国际天文学联合会是在2006年将冥王星定义为矮行星的组织，正如第1章中提到的那样。）因此，现代科学对星座的使用是为了指定天空中精确定义的部分，这样一来，该区域内的任何恒星都只属于那个星座。现在，壁宿二只在仙女座。

除88个正式的星座之外，天空中还有一些不太正式的分组，称为星群（asterisms）。例如，北斗七星是一个著名的星群，是大熊星座（天熊）的一部分。另一

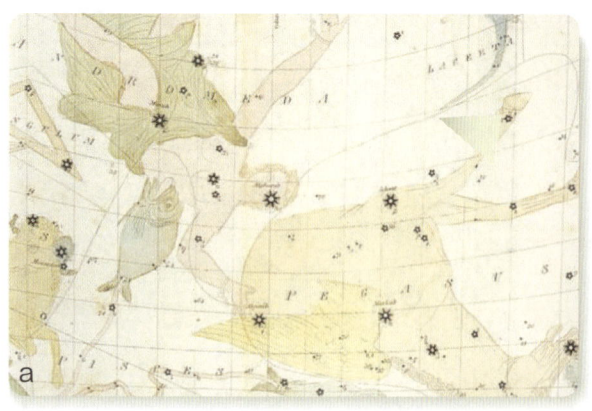
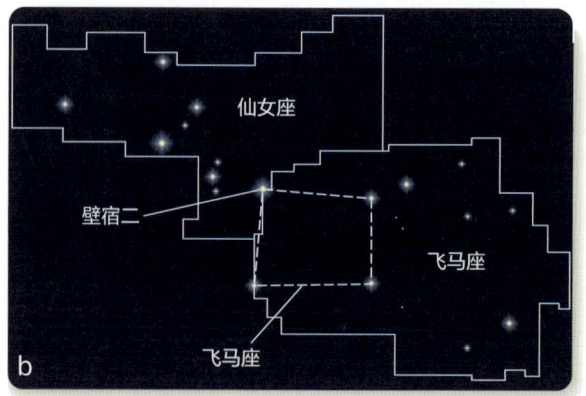

图源：From Duncan Bradford, Wonders of the Heavens(Boston: John B. Russell,1837). © 2016 Cengage

▲ 图2-2 （a）在古代，星座的边界界定得很差，如图中飞马座与仙女座之间的弯曲虚线所示。（b）现代的星座边界是在1928年通过国际天文学联合会精确定义的

个星群是飞马座大四边形（见图2-2b），包括飞马座的3颗恒星和仙女座的壁宿二。你可以用附录B中的星图来了解这些明亮的星座和星群。

尽管星座和星群是由天空中看起来很近的恒星组成的，但重要的是要记住，大多数星群都是由相互之间没有物理联系的恒星组成的。有些恒星可能比其他恒星远很多倍，并且在不同的方向上移动。它们唯一的共同点是，从地球上看，它们恰好位于大致相同的方向（见图2-3）。

2-1b 星名

除了命名恒星群，早期的天文学家还为最亮的恒星起了单独的名字。现代天文学家仍然在使用这些古老的名字。尽管星座名称来自希腊语，并被翻译成了拉丁语——19世纪之前的科学语言——但大多数单独的恒星的名称来自阿拉伯语，并在过去的几个世纪里被改变了。例如，猎户座中明亮的橙色恒星参宿四（Betelgeuse）的名字来自阿拉伯语 yad al-jawza，意思是"Jawza（双子座和猎户座）的手"。诸如天狼星（Sirius）和毕宿五（Aldebaran）（"the Pleiades"的追随者）这样的名字是对天空神话的耐人寻味的补充。

命名个别的星星帮助不大，因为你可以看到成千上万的星星。你又能记住多少个名字呢？而且，一个简单的名字几乎不会给你提供关于星星本身的任何信息。德国天文学家拜耳（Johann Bayer）在1603年出版的目录中发明了一种更有用的方法来定义星星。拜尔给每个星座中的亮星分配了希腊字母，其顺序由亮度和位置共同决定。如今，天文学家仍然在使用拜耳对亮星的命

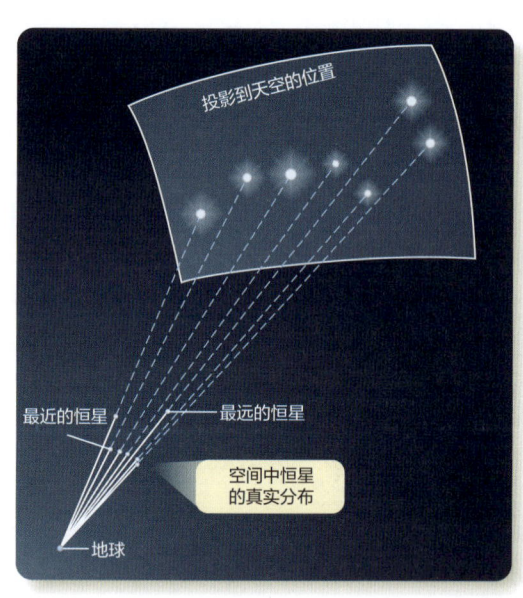

▲ 图2-3 当你看到天空中的北斗七星时，你实际上是在看一群散落在太空中的恒星，它们与地球的距离不同。你看它们就像在屏幕上投影一样，它们形成了北斗七星的形状

名。如果一颗恒星的标签是排在前面的希腊字母，如 Alpha 或 Beta，你就可以肯定这颗恒星是该星座中最亮的恒星之一。通常情况下，希腊字母的名称会被拼出来，比如"Alpha"，但有时也会使用实际的希腊字母，尤其是在图表中（你可以在附录A中找到希腊字母表）。猎户座中恒星的拜耳命名如图2-4所示。

要通过希腊字母来识别一颗恒星，你可以在希腊字母后面加上星座名称的所有格形式。例如，大犬座（Canis）中最亮的恒星是 Alpha Canis Majoris，也可以写成 α Canis Majoris。这个名字定义了这颗星和

◀ 图 2-4　猎户座中星星的希腊字母名称：α（Alpha）和 β（Beta）是该星座中最亮的两颗星，尽管 Alpha 是变星，通常比 Beta 要暗。较暗的恒星没有希腊字母或名称，但如果它们位于星座的边界内，它们就是星座的一部分。星座中较亮的恒星通常也有来自阿拉伯语的单独的名字（照片中恒星图像上的星芒是由望远镜中的光学效应造成的）

图源：Willliam Hartmann

这个星座，并给出了这颗星的相对亮度的线索。与此相比，古代对天狼星这颗星的"专有"名称，并没有告诉你它的位置和亮度。

2-1c　著名的恒星

知道较亮的恒星的名字很有趣，但它们不仅仅是天空中的光点。大多数恒星都是一个类似于太阳的发光气体球，有自己独有的特征。图 2-5 指出了 8 颗可以被视为"著名恒星"的亮星。在阅读本书的过程中，你会多次遇到它们，发现它们丰富多彩的特性，并乐于在夜空中找到它们。例如，你将了解到，参宿四（Betelgeuse）不仅是一个橙色的光点，它还是一颗比太阳大 500 多倍的年老的冷星。当你在后面的章节中进一步探索时，你可能想在名单上提名更多的著名恒星。

你可以使用本书附录中的星图来帮助你找到这些著名的恒星。在北半球你可以全年看到北极星（Polaris），但天狼星、参宿四、参宿七（Rigel）和毕宿五（Aldebaran）只在冬季天空中出现。角宿

恒星的通用名	拜尔星名	特点	何时在北半球可见
参宿四	猎户座 α	猎户座中的红色亮星	冬季
毕宿五	金牛座 α	金牛座的"红眼"	冬季
天狼星	大犬座 α	夜空中最亮的星	冬季
参宿七	猎户座 β	猎户座中的蓝色亮星	冬季
南门二	半人马座 α	最靠近太阳的恒星	春季；南面
织女一	天琴座 α	夏夜中最亮的星	夏季
角宿一	室女座 α	南面的亮星	夏季
北极星	小熊座 α	"不变的"北极星	全年

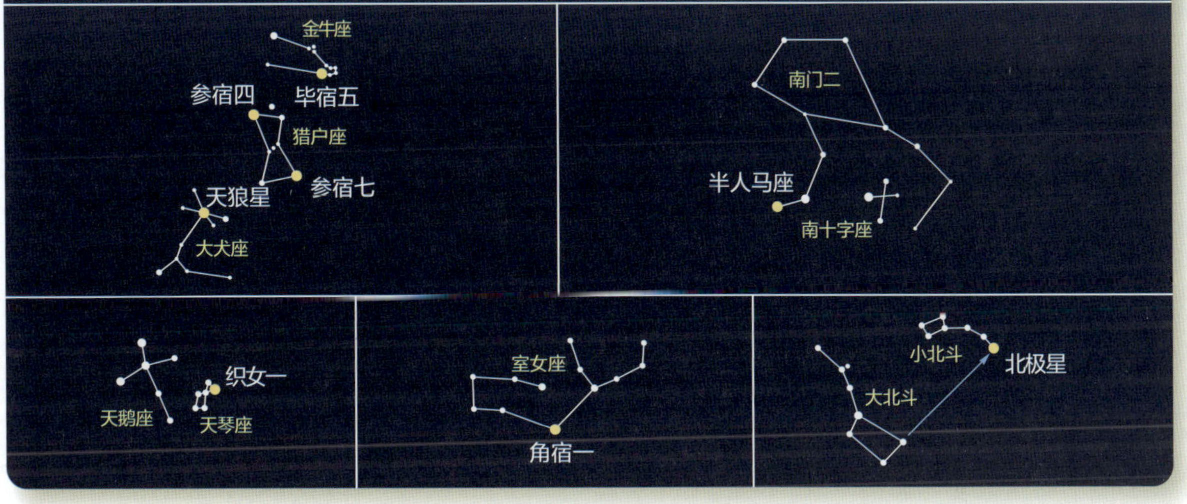

▲ 图 2-5　著名的恒星。在天空中找到这些明亮的恒星，了解它们的特点。请参考附录 B 中的星图

一（Spica）是一颗夏季之星，而织女星（Vega）在夏季和秋季的晚上都可以看到。半人马座α（Alpha Centauri），距离我们只有4.4光年，是离我们最近的一颗亮星，但是你必须到佛罗里达州南部的纬度才能在南部①地平线上瞥见它。

2-1d 恒星亮度

天文学家使用星等标（magnitude scale）描述恒星的亮度，这个系统最早出现在天文学家托勒密（Claudius Ptolemaeus，发音为TAHL-eh-MAY-us）大约公元140年的著作中。星等系统的起源可能更早，许多历史学家将其发明归功于希腊天文学家依巴谷（Hipparchus，约公元前190—前125年），他编制了第一个已知的星表。差不多300年后，托勒密在他的星表中使用了星等，他的星表基本上是基于依巴谷以前的工作完成的，而且历代天文学家都继续使用他们编制的系统。

那些早期的天文学家将恒星分为6个等级（magnitude）。最亮的恒星被称为1等星，次亮的一组是2等星。这个等级一直向下延伸到6等星，即肉眼可见的最暗的星。因此，星等数字越大，星星就越暗。如果你把最亮的恒星看作1等星，把最暗的可见恒星看作6等星，这说得通。

古代的天文学家只能通过眼睛来估计星等，但是现代的天文学家可以使用科学仪器来高精度地测量恒星的亮度，所以他们仔细地重新定义了星等标。例如，他们不再说拥有迷人名字的轩辕十四（Chort, Theta Leonis）是3等星，而说它的星等是3.34。在重新定义的标度中，有些恒星实际上比1.0等更亮。例如，著名恒星织女星（又称Alpha Lyrae）非常明亮，它的星等为0.03，几乎为零。有几颗星是非常明亮，以至于现代星等表必须延伸到负数（见图2-6）。在这个标度下，著名恒星天狼星——天空中最亮的恒星——的星等为–1.46。现代天文学家也不得不将星等的暗段延伸。你用肉眼能看到的最暗的恒星大约是6.0等，但是如果使用望远镜，可以探测到比这更暗的星星。需要大于6.0等的星等来描述这些更暗的星星。

这些数字被称为视星等（apparent visual magnitude, m_V），因为它们描述的是从地球上人眼观测的恒星的样子。虽然有些恒星发出了相对较多的红外或紫外光，但人眼是看不到这些类型的辐射的，它们并不包括在视星等中。下标V代表光学波段（visual），提醒你只有可见光被包括在内。另外，视星等并没有考虑到与恒星的距离。换句话说，一颗恒星的视亮度只告诉你从地球上看这颗恒星有多亮，而不代表它的实际光输出。

2-1e 星等和流量

人们对亮度的解释是相当主观的——这既取决于人眼的生理学特征，也取决于感知的心理学特征。作为一个谨慎的调查者，你应该参考流量②（flux），这个物理量用来衡量某恒星在一秒钟内击中一平方米面积的光的能量大小。这种测量方法精确而客观地定义了星光的亮度。

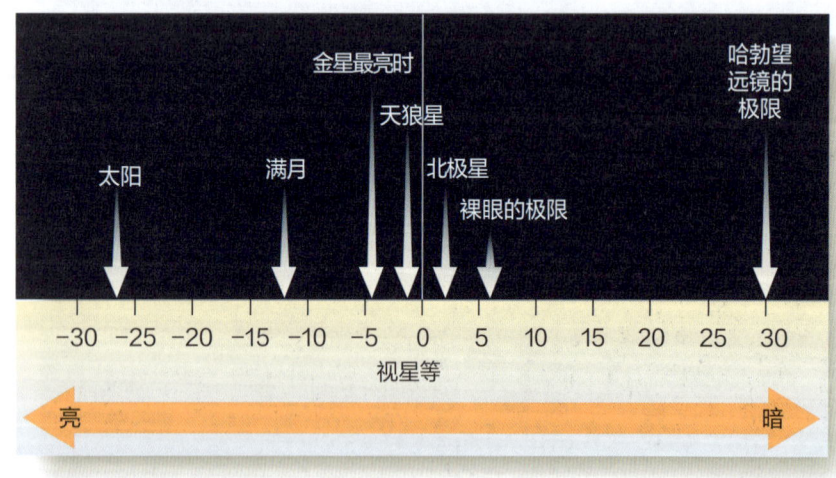

▲ 图2-6 视亮度的刻度延伸到负数，代表最亮的天体，而大于6的正数则代表比人眼所能看到的更暗的天体

---

① 大致相当于我国厦门市的纬度
② 在光度学中，这一量被称为通量，但天文学中习惯称为流量

天文学家用一个简单的公式来转换星等和流量。如果两颗恒星的流量为 F_A 和 F_B，那么它们的流量之比就是 F_A/F_B。为了使今天的测量结果与古代的星表一致，天文学家们定义了现代的星等——使两颗亮度相差 5 等的恒星的流量比正好为 100。因此，两颗相差 1 个星等的恒星的流量比一定等于 100 的五次方根，符号为 $\sqrt[5]{100}$ 或 $100^{0.2}$，约为 2.51；也就是说，一颗恒星发出的光比另一颗恒星要多大约 2.51 倍（有 2.51 倍的流量到达地球）。

你可以练习对其他一组恒星使用这个定义。例如，如果两颗恒星的亮度相差 3 个星等，它们的流量比大约是 2.51 的三次方，也就是 2.51^3 或大约 15.8。表 2-1 显示了对应于各种星等差的流量比。例如，假设一颗星是 3 等，另一颗星是 9 等，它们的流量比是多少？在这种情况下，星等差是 6，而表 2-1 显示的等效流量比约为 251——来自一颗恒星的光通量是另一颗恒星的 251 倍左右。

表格很方便，但为了更精确，你可以使用简单的公式来表示二者之间的关系。流量比 F_A/F_B 等于 2.51 的星等差 (m_B-m_A) 次方。

点。正如你在表 2-1 中看到的那样，它将巨大的亮度范围压缩到一个小的星等范围内。更重要的是，它使现代天文学家能够高精度地测量和报告恒星的亮度，同时与依巴谷时代的星等观测保持联系。

表 2-1 星等差和光通量比

星等差	对应的流量比
0.00	1.00
1.00	2.51
2.00	6.31
3.00	15.8
4.00	39.8
5.00	100
6.00	251
7.00	631
8.00	1580
9.00	3980
10.0	10,000
⋮	⋮
15.0	1,000,000
20.0	100,000,000
25.0	10,000,000,000
⋮	⋮

式 2-1a　星等和流量

$$\frac{F_A}{F_B} = (2.51)^{(m_B - m_A)}$$

例 2-1：如果两颗恒星的星等差是 6.32，流量比是多少？解答：流量比一定是 $2.51^{6.32}$。计算器告诉你答案为 336，即 A 星比 B 星要亮 336 倍，也就是说，地球上接受到来自 A 星的流量是 B 星的 336 倍。

另外，如果你知道两颗恒星的流量比，并想找到它们的星等差，那么可以调整前面的公式，很便捷地将其写成：

式 2-1b　星等和流量

$$m_B - m_A = 2.51 \log\left(\frac{F_A}{F_B}\right)$$

公式中对数（log）的意思是以 10 为底的对数。

例 2-2：来自天狼星的流量是北极星的 24.2 倍，那么它们的星等差是多少？解答：星等差是 2.51log(24.2)。你的口袋计算器会告诉你 24.2 的对数是 1.384，所以星等差是 2.51×1.384=3.46。因此，天狼星比北极星要亮 3.46 等。

现代的星等系统虽然看起来很复杂，但也有一些优

2-2　天空和天体运动

头顶的天空在白天似乎是一个巨大的蓝色穹顶，在晚上则是一个闪闪发光的天花板。很久以前，第一批天文学家在试图了解宇宙时，想到的正是这种圆顶天花板。

2-2a　天球

古代的天文学家认为，天空是一个围绕着地球的大球体，星星像扣子一样粘在上面。虽然现代天文学家知道，恒星分散在不同距离的空间里，但把天空看成一个包围着地球的大球体的理论依然成立。

天球是科学模型（scientific model）的一个例子，是科学思想的一个共同特征（我们如何得知 2-1）。请注意，一个科学模型不一定是真实的才有用。在接下来的章节中，你会遇到许多科学模型，你会发现，一些最有用的模型是对事实的高度简化描述。

"概念艺术·你身边的天空"将带你领略天空的魅力。在本书中，这些概念艺术通过照片和图表介绍了新的概念和新的术语，所以一定要仔细阅读。"你身边的天空"向你介绍了 3 个重要的原理和 16 个新术语，这

我们如何得知 2-1

科学模型

如何使用不完全真实的科学模型？

科学模型是一个精心设计的关于某物如何运作的概念，也就是说，科学模型是帮助科学家思考自然界某些方面的框架，就像"天球"帮助天文学家思考天空的运动一样。

例如，化学家用彩球来代表原子，用棍子来代表原子之间的键，有点像"万能工匠"玩具（Tinkertoys）[①]。利用这些分子模型，化学家可以看到分子的三维形状，并了解原子是如何相互连接的。

你可能已经看到了精心制作的球棍式 DNA 模型，但是分子真的看起来像"万能工匠"吗？不是，但这个模型既简单又准确，足以帮助科学家对分子进行富有成效的思考。詹姆斯·沃森（James Watson）和弗朗西斯·克里克（Francis Crick）在 1953 年提出的 DNA 分子模型促进了我们对遗传学机制的现代理解。

科学模型不是对真理的陈述，它不一定要精确到真实才有用。在一个理想化的模型中，自然界的一些复杂方面可以被简化或省略掉。例如，分子的球棍模型并不显示化学键的相对强度。一个模型为科学家提供了一种思考自然界某些方面的方法，但不需要在每个细节上都是真实的。

当你使用一个科学模型时，重要的是记住该模型的局限性。如果你开始认为一个模型是真实的，它可能会误导你而不是帮助你。例如，天球可以帮助你思考天空，但你必须记住，它只是一个模型。宇宙要比这个早期科学的天体模型大得多，也有趣得多。

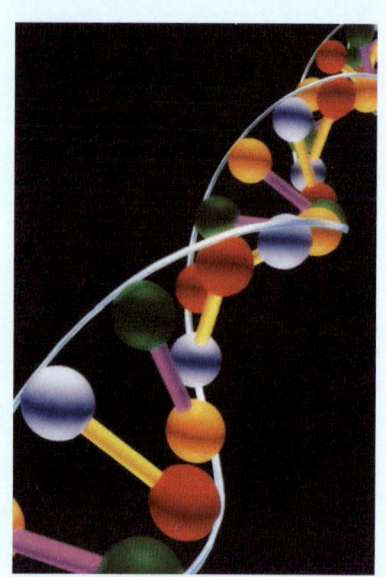

图源：Alfred Pasieka/Science Source

在这个 DNA 分子的模型中，球代表原子，棍代表化学键

将有助于你了解天空：

1. 天空看起来每天围绕地球向西旋转，这是地球自西向东自转的结果。这种自转产生了白天和黑夜。注意天球（celestial sphere）上的参考点，如天顶（zenith）、天底（nadir）、地平线（horizon）、天赤道（celestial equator）、北天极（north celestial pole）和南天极（south celestial pole）以及定义 4 个基本方向的北点（north point）、南点（south point）、东点（east point）和西点（west point）。

2. 天文学家用角度来测量整个天空的角距离（angular distance），并以度、角分（arc minute）和角秒（arc second）来表示。同样的单位也被用来测量一个天体的角直径（angular diameter）。

3. 你能看到什么样的天空取决于你在地球上的位置。如果你住在澳大利亚，你可以看到许多从北美看不到的星星、星座和星体，但你永远不会看到北斗七星。你看到多少个拱极星座（circumpolar constellation）取决于你所在的位置。还记得著名的半人马座 α 吗？它位于南天，美国大部分地区都看不到它，但你可以从澳大利亚很容易地看到它。

要特别注意这些新术语，你需要了解这些术语并用它们描述天空和天体运动，但不要落入单纯记忆新术语

[①] 万能工匠，美国国宝级的玩具。20 世纪 80 年代麻省理工的学生用"万能工匠"的配件拼装出了一台数字电脑，这一令人惊奇的成果被美国中部科学博物馆收藏。作为国外家长首选的益智玩具，万能工匠培养小朋友手部肌肉的力度、灵活性和协调性，拓展小朋友手手协调、手眼协调、手脑协调的能力。——译者注

的陷阱。科学的目标是理解自然，而不是背诵定义。研究这些图表，看看天球的几何形状和它的视运动是如何解释你头顶上天空的变化的。

这是一个考虑几个常见误区的好时机。许多人不假思索地认为，星星白天不在天上。其实星星白天和黑夜都在那里；只是白天看不见它们，因为白天的天空由太阳照亮。此外，许多人坚持认为著名的北极星是天空中最亮的星星。实际上，它是光学波段亮度排在第50的恒星。北极星之所以重要是因为它的位置，而不是因为它的亮度。

2-2b 进动

除了造成天空的周日视运动外，地球的自转还与一种非常缓慢、几个世纪才能探测到的天体运动有关。2000多年前，依巴谷将一些恒星的位置与近两个世纪前记录的位置进行比较，发现天体的两极和赤道在天空中缓慢移动。后来的天文学家了解到，这种运动是由地球的一种类似于陀螺轴的运动引起的，被称为"进动"（precession）。

如果你曾经玩过陀螺仪或陀螺，你会看到陀螺的质量将有助于抵抗其在旋转轴方向的突然变化。陀螺质量越大，旋转越快，就越能抵抗将其扭转的力，你可能回想起即使是旋转速度最快的陀螺，其轴线也会慢慢地绕圆轨迹摆动。陀螺的重量倾向于使它翻倒，这与它的快速旋转相结合，使其轴线扫出一个圆锥体的形状。这种运动就是"地球进动"（见图2-7a）。在后面的章节中你将了解到，许多天体都会出现进动现象。

地球像一个巨大的陀螺一样旋转着，但是它并没有在其轨道上直立旋转；其轴线相对运行轨道的垂直方向倾斜了23.4°。地球的巨大质量和快速旋转使它的自转轴指向北极星附近的一个点，而且，若非有地球进动的影响，自转轴会一直指向这个方向。

由于地球的自转，地球的赤道位置相对球形有一个微小的凸起。这个凸起受到太阳和月亮的引力作用，倾向于将地球的轴线扭转至垂直于其轨道。如果地球是一个完美的球体，它就不会受到这种扭转力的影响。请注意，在这样的情况下，将地球自转和陀螺旋转的类比就不完美了；重力使陀螺倒下，但会使地球趋于直立。在这两种情况下，旋转轴的扭转和物体的旋转都会导致进动。地球轴线进动一个周期大约需要26 000年（见图2-7b）。

因为天体两极和赤道的位置是由地球的自转轴所确定的，进动会缓慢地移动这些参考标志。肉眼观察中，这些标志在不同的夜晚甚至不同的年份都没有任何变化，但是精确的测量可以揭示出天体两极的缓慢进动以及由此产生的天体赤道方向的变化。

在数个世纪中，进动产生了显著的影响。埃及的记录显示，4800年前，北天极靠近紫微右垣一（Alpha

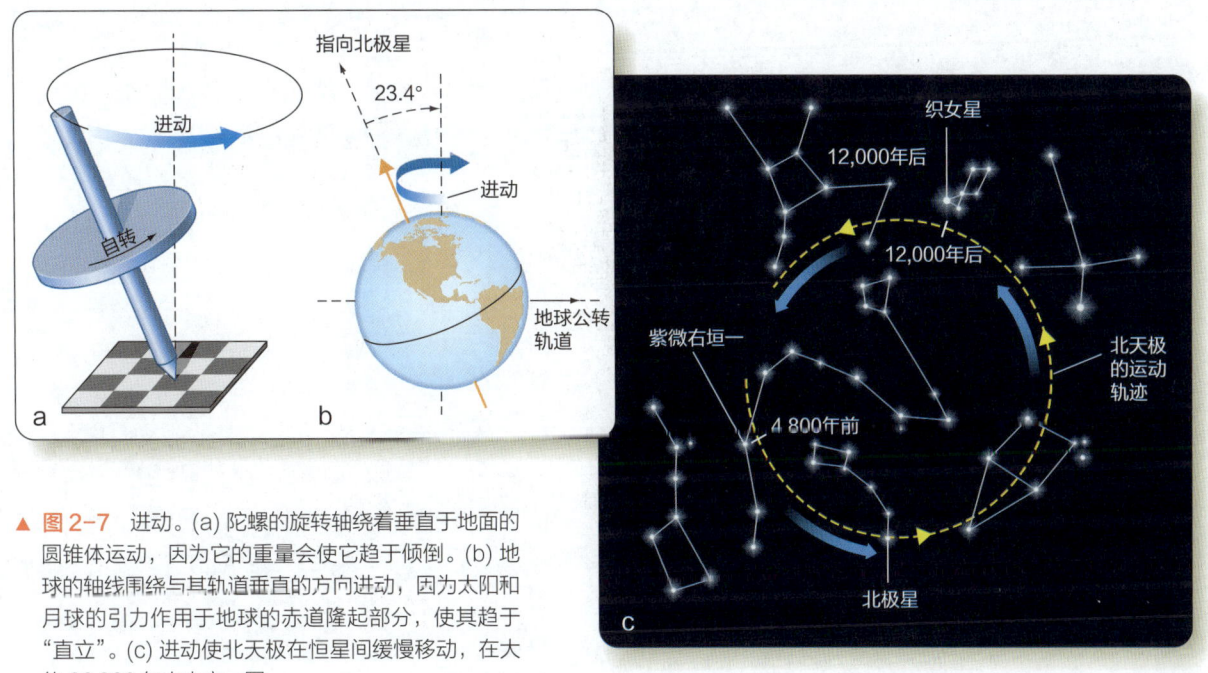

▲ 图2-7 进动。(a) 陀螺的旋转轴绕着垂直于地面的圆锥体运动，因为它的重量会使它趋于倾倒。(b) 地球的轴线围绕与其轨道垂直的方向进动，因为太阳和月球的引力作用于地球的赤道隆起部分，使其趋于"直立"。(c) 进动使北天极在恒星间缓慢移动，在大约26 000年内走完一圈

第一部分 探索天空 019

你身边的天空

1 地球自西向东自转,而相对应地,天空中的太阳、月球、其他行星和恒星就是在"向西运动"——这样让天球整个看上去都是在绕地球向西运行。从地球上任何地点看过去,都只能看到地平线上的半个天球。

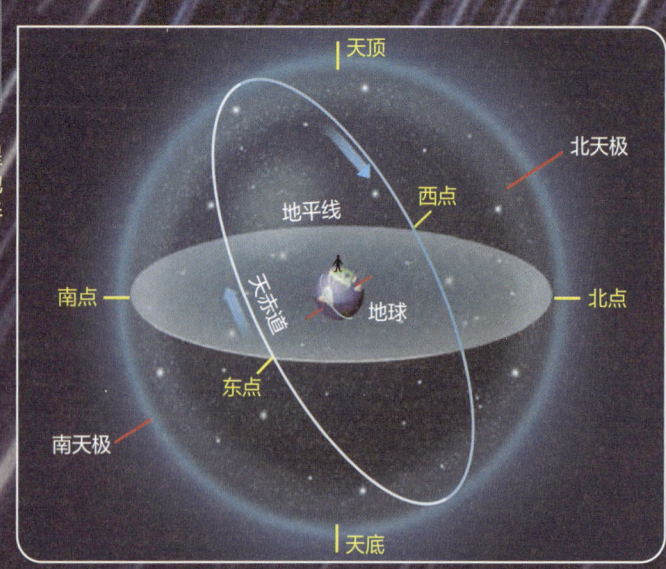

将观察点的铅垂线无限延伸后与天球交于两点,向上与天球的交点称为天顶,而正相对的向下延伸的与天球的交点,称为天底。右图展示了一个在北美的观测者眼中的天球模型,对在南半球的观测者而言,情况将完全不同。

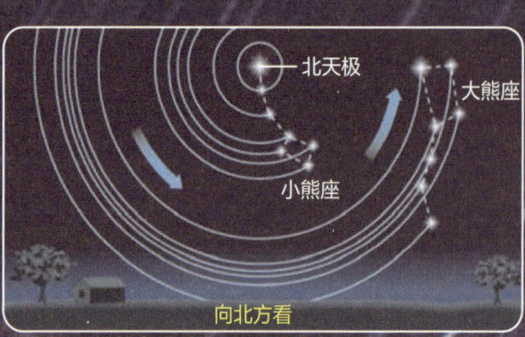

向北看,你将在北天极附近发现北极星。除北极星似乎固定在天极上,其他恒星似乎都在自东向西绕圈。

向东看,你发现恒星们都在升起。

1a 通过30分钟的曝光延时摄影,记录下的恒星运动轨迹。不同的镜头方向将记录下不同恒星运动轨迹,本图是在北半球、镜头朝东北方向拍摄的。右边的3幅图,详细介绍了不同镜头方向可能拍下的恒星运动轨迹。

在北半球向南看,你发现恒星们升起又落下,划出一条弧线。但看不到南地平线下的场景。

图源:NSF/AURANOAO; ©2016 Cengage

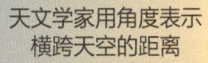

天文学家用角度表示横跨天空的距离

月球

2°

角距离

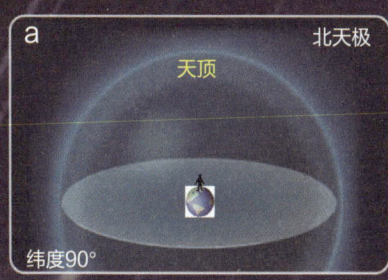

a 北天极
天顶
纬度90°

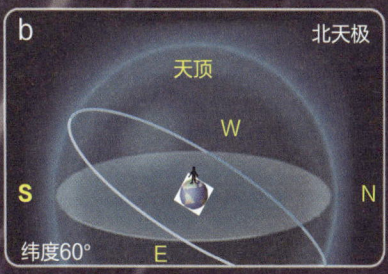

b 北天极
天顶
W
S   N
纬度60°   E

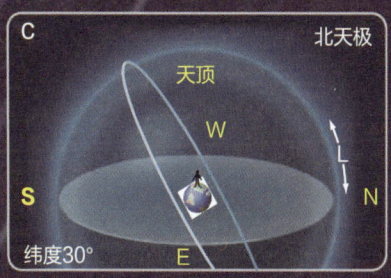

c 北天极
天顶
W
S   L   N
纬度30°   E

2 图中的天文学家将月球和恒星间的距离描述为2度的角。当然，恒星要比月球远很多，但在天球模型中，所有的天体都被假想附着在天球上，你就可以通过角距离来确定天体的相对位置。角距离（angular distance）是指观测者指向两个物体视线之间的夹角。天文学家以度作为角的度量单位，角分（arc minutes）是一度的1/60，角秒（arc seconds）是一角分的1/60。使用角分/角秒注意不要和时间的分和秒混淆。一个物体的角直径（angular diameter）是物体一个边缘到另一个边缘的角距离。太阳和月球的角直径都大约为半度。北斗七星的勺斗大概有10度宽。

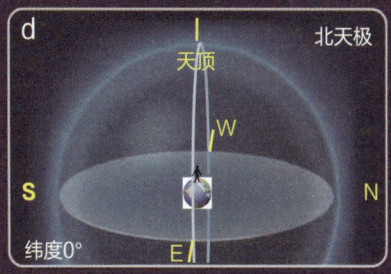

d 北天极
天顶
W
S   N
纬度0°   E

3 你在天空中能看到什么取决于你的纬度，如右图所示。想象一下，你从地球的北极开始旅行，北天极就在头顶上（a）。当你向南走时，天极向地平线移动，你可以看到更广阔的南部天空（b）。从地平线到（c）图中所示的北天极的角距离（L）总是等于你的纬度——这是天文导航的重要基础。当你穿过地球的赤道时（d），天体赤道将穿过你的天顶，而北天极将沉入北地平线之下（e）。

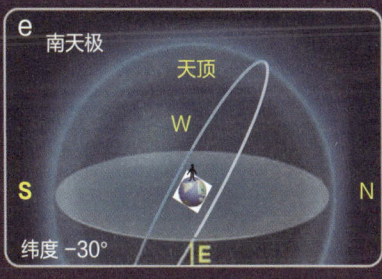

e 南天极
天顶
W
S   N
纬度 −30°   E

仙后座
仙王座   英仙座
天空视自转   北极星   天空视自转
小熊座
大熊座

3a 拱极星座（circumpolar constellation）是指那些因为靠近天体两极而永不升起或落下的星座。从北半球中纬度地区看，如左图所示，你会看到一些熟悉的星座在绕北极星旋转，而且从不落到地平线以下。随着地球的自转，天空似乎也在旋转，但北斗七星前面的指极星总是指向北极星。从北半球中纬度地区看，南天极附近的拱极星座从不上升。在北半球高纬度的地方，如挪威（b），你会看到更多的拱极星座，而在位于地球赤道的厄瓜多尔基多（d），你根本就看不到拱极星座。

图源：AURA/NOAO/NSF; ©Cengage

Draconis）。现在北天极正在向北极星靠近，并将在 2100 年前后最接近它。再过 12 000 年，北天极将移动到织女星（天琴座 α）的 5 度以内。下次当你看见著名的织女星时，请提醒自己它有一天会成为一颗令人印象深刻的北极星。图 2-7c 显示了北天极在 26 000 年的进动周期中穿过各星座的路径。

2-3 太阳和行星

地球在其轴上的自转造成了昼夜的循环，它在其轨道上围绕太阳的运动却决定了一年的时间。请注意一个重要的区别。自转（rotation）是指一个物体围绕自转轴的转动，而公转（revolution）是指一个天体围绕该天体外的一个点的运动。因此，天文学家谨慎地说，地球每天围绕自转轴自转一次，每年围绕太阳公转一次。这种说法可能很难保持一致，因为它与汽车领域同样单词的英文常见用法相反。人们通常说，轮胎随着汽车的移动而转动（resolve），每隔一段时间轮胎就会旋转（rotate）一次。从天文意义上应该说，你开车时，轮胎在自转（rotate），而你在转动（resolve）轮胎。但是除了天文学家，没有人能听懂你在说什么。

因为白天和黑夜是由地球自转造成的，你处在一天中的时间取决于你在地球上的位置。如果你观看国际新闻直播，你可以注意到这一点。你所在的地方可能是午餐时间，但对中东的新闻播报员来说，可能已经天黑了。在图 2-8 中，你可以看到地球上不同地方的 4 个人处于一天中不同的时间。

2-3a 太阳的周年运动

即使在白天，天空中也遍布星星，但刺眼的阳光使地球的大气层充满了散射的光，而你只能看到灿烂的太阳。如果太阳更暗，你就能看到它以一些星星为背景在早晨升起。在白天，你会看到太阳和星星向西移动，而太阳最终会在它早上升起的那些星星前面落下。如果你仔细观察，随着时间的推移，你会注意到太阳在恒星构成的背景中慢慢向东移动。在日出和日落之间，它移动的距离大约等于太阳自己的直径。这种运动是由地球在其围绕太阳的轨道上的运动造成的。

例如，从 12 月中旬到 1 月中旬，你会看到太阳在人马座的前面（见图 2-9）。随着地球在其轨道上移动，太阳似乎在群星中向东移动。到了 2 月下旬，你会看到它在水瓶座（Aquarius）前面。

尽管人们说太阳"在人马座"或"在水瓶座"，但说太阳"在"任何星座都不正确。太阳距离地球只有 1 AU，而天空中可见的恒星要比它远几十万甚至几百万倍。在每年的 3 月，太阳会从构成水瓶座的恒星前面经过，而人们习惯性地使用这样的表述："太阳在水瓶座。"

太阳在恒星构成的背景中的视路径被称为黄道（ecliptic）。如果天空是一个大屏幕，黄道就是地球轨道投下的阴影。因此，黄道经常被称为地球轨道在天空中的投影。

地球以 365.26 天的周期相对于背景恒星绕转太阳公转，因此，太阳似乎也以同一周期绕着天空转，回到相对于背景恒星的相同位置。这意味着太阳在 365.26 天内围绕黄道运动 360 度，在 24 小时内向东移动约 1 度，大约是其角直径的两倍。你不会注意到太阳的这种视运动，因为你在白天看不到星星，但有一个你可以注意到的重要结果——季节。

2-3b 季节

如果地球在其轨道上直立自转，就不会有明显的季节，但由于其自转轴相比轨道的垂直方向倾斜了 23.4 度，所以地球上有季节。研究"季节的循环"，要注意到两个重要的原理和 6 个新术语：

1. 由于地球的自转轴倾斜 23.4 度，太阳在春天进入北天，在秋天进入南天，这就是四季循环的原因。注意春分（vernal equinox）、夏至（summer solstice）、秋分（autumnal equinox）和冬至（winter solstice）是如何标志着季节的开始的。此外，注意地球在从近日点（perihelion）到远日点（aphelion）的过程中，其椭圆轨道的影响非常小。

2. 地球上的两个半球都经历着季节的循环，因为它们在一年中的不同时期接受的太阳能量发生了变化。地球大气层中的环流模式使北半球和南半球几乎相互独

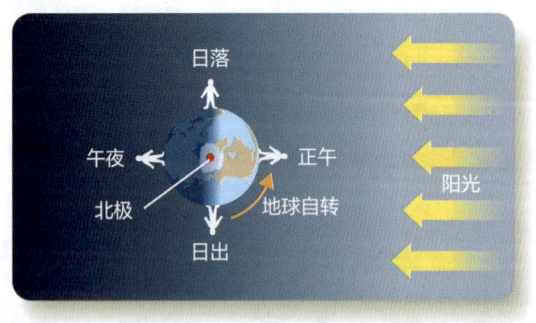

▲ 图 2-8 从北极上空俯视地球的这个视图显示了白天或夜晚的时间如何取决于你的位置

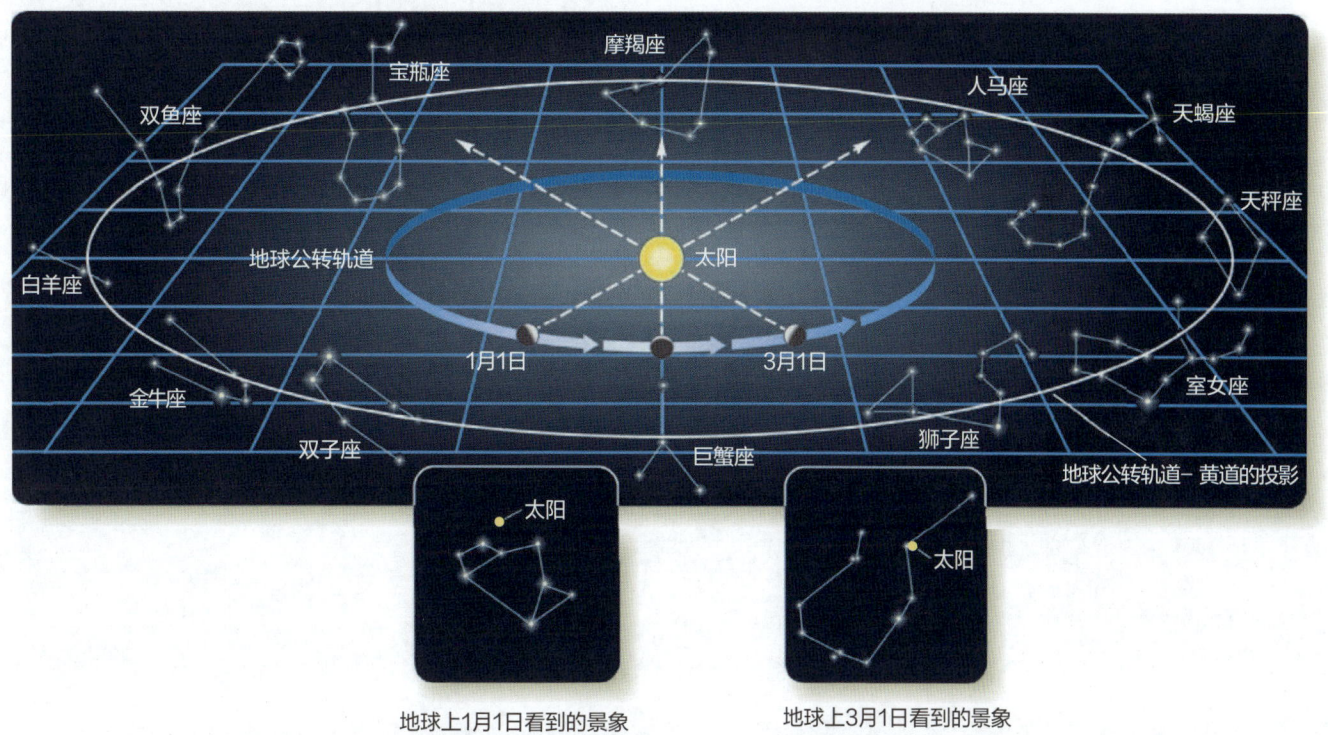

▲ 图2-9 地球的公转轨道是一个近乎完美的圆，但在这张图中，它是以倾斜的视角显示的，因此看起来是椭圆形的。地球围绕太阳的运动使太阳看起来在星星的背景下移动。因此，地球的轨道在天空中被投影成太阳的轨迹，即黄道。如果你能在白天看到星星，你会注意到当地球沿着它的轨道运动时，太阳慢慢地从遥远的星座前面穿过（太阳符号不符合比例）

立，它们之间的热量交换很少。当一个半球比另一个半球接收到更多的太阳能时，它就会迅速变暖。

3. 请注意，地球南半球的季节与北半球的季节是相反的。南半球从6月22日到9月22日经历冬季，从12月21日到次年3月20日经历夏季。[①]

现在，如果你的朋友提到关于季节的两个最常见的误区，你可以让他们明白：首先，季节不是由地球靠近或远离太阳造成的。如果那是原因，地球的两个半球将在地球离太阳最远的时候同时经历冬天，而这不是事实。地球的轨道几乎是圆形的。地球实际上在1月离太阳最近，但只比平均水平近1.7%，而在最远的7月，比平均水平远1.7%。这种微小的变化并不足以导致明显的季节变化。相反，季节的出现是因为地球的自转轴不垂直于它的轨道。

这里有第二个常见的误区：在春分这一天，生鸡蛋更容易竖起来。你听说过这个说法吗？电台和电视名人喜欢谈论它，但这并不是真的。这是科学中最愚蠢的误区之一。如果你有一双稳定的手，你可以在一年中的任何一天把一个生鸡蛋立起来。（提示：首先要用力摇晃鸡蛋以打破里面的蛋黄，这样它就可以沉到底部。）

纵观历史，人们用仪式和节日来庆祝季节的循环，特别是至日和分日。莎士比亚的戏剧《仲夏夜之梦》描述了夏至之夜的迷人魅力。（在许多文化中，传统上认为分和至标志着季节的中点，而不是开始。）许多北美土著人用仪式和舞蹈来纪念夏至。早期的教会官员将圣诞节放在12月下旬，以便与之前的冬至庆祝活动相衔接。

2-3c 行星的运动

太阳系的行星本身不产生可见光，它们只能通过反射的阳光被观察到。水星、金星、火星、木星和土星都很容易用肉眼看到，天王星通常太暗而无法被看到，而海王星的亮度则永不足以被看到。

太阳系的所有行星，包括地球，都是以近乎圆形的轨道围绕太阳运动。如果你从北天极俯视太阳系，你会看到行星都以逆时针方向绕其轨道运动，离太阳最远的

---

① 此处基于美国的季节起止时间推算得到。——译者注

季节的循环

1 你可以用天球来帮助你思考季节问题。天赤道是地球赤道在天球模型中的投影,而黄道是地球轨道在天球模型中的投影。由于地球在其轨道上是倾斜的,黄道平面和赤道平面成23.4度,如右图所示。当太阳在天空中向东移动时,它一年中有一半时间在天空的南半部,有一半时间在北半部,这就造成了季节的变化。

太阳穿过天赤道向北走,这一点称为春分(vernal equinox)。在被称为夏至点(summer solstice)的地方,太阳处于最北端。它在秋分(autumnal equinox)时穿越天赤道向南,在冬至(winter solstice)时到达最南端。

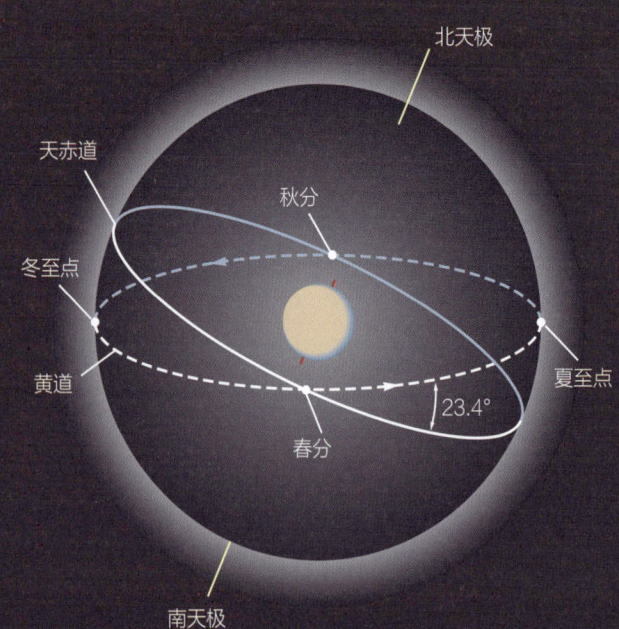

1a 季节是由太阳穿过这四点的日期来定义的,如右表所示。春分秋分中的"分"的英文"equinox"来自"平等"一词——分水岭的一天有同等数量的日光和黑暗。夏至、冬至中的"至"的英文"solstice"来自"太阳"和"静止"的意思。

节气	日期	北半球
春分	3月20日	春天开始
夏至	6月22日	夏天开始
秋分	9月22日	秋天开始
冬至	12月21日	冬天开始

由于闰年或者其他因素,前后可能会相差一天

1b 在6月下旬的夏至日,地球的北半球向太阳倾斜,阳光在北纬度地区几乎直射下来。在南纬地区,阳光以一定的角度照射到地面上并扩散开来。北美洲有温暖的天气,而南美洲有凉爽的天气。地球的自转轴指向北极星,就像一个陀螺,地球在绕着太阳公转运行时也绕自己的轴自转。

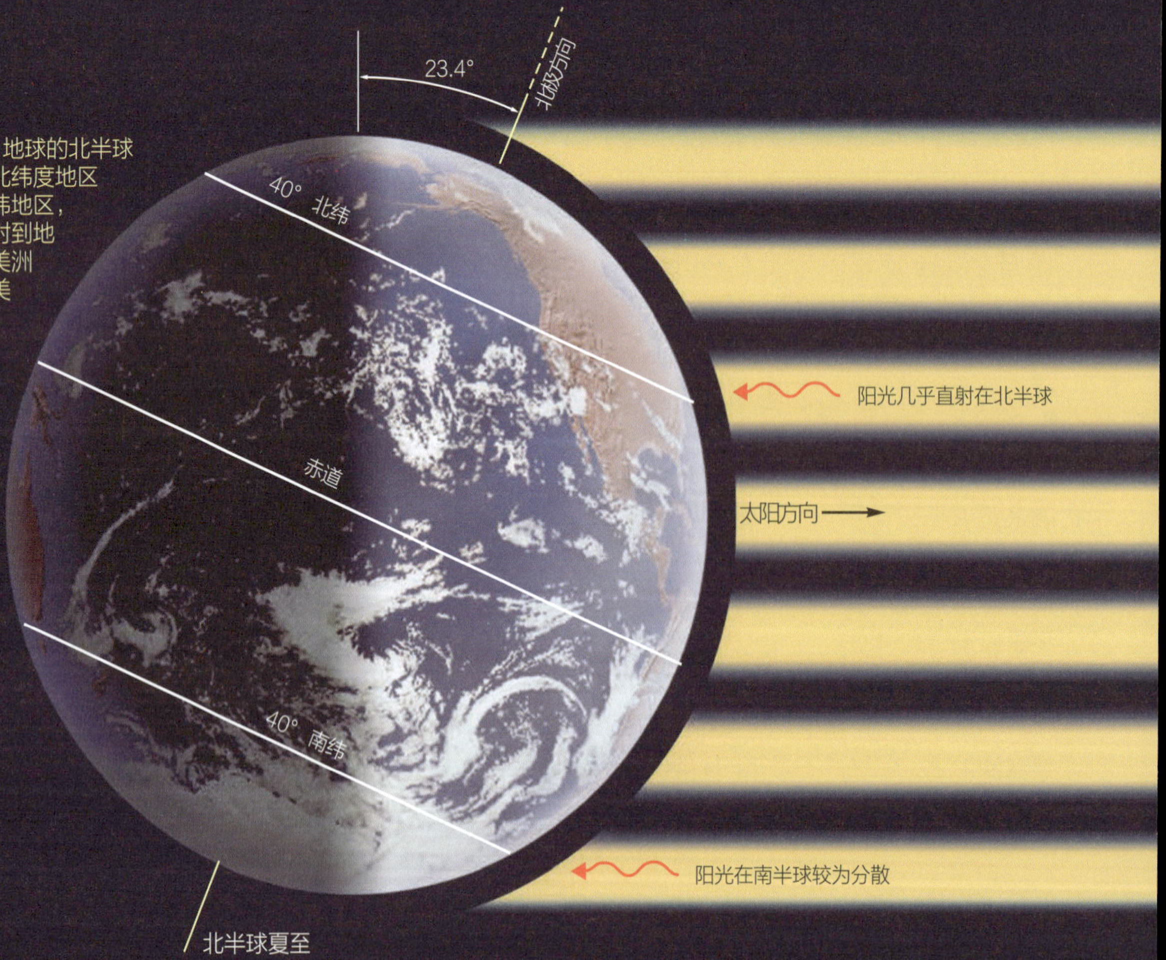

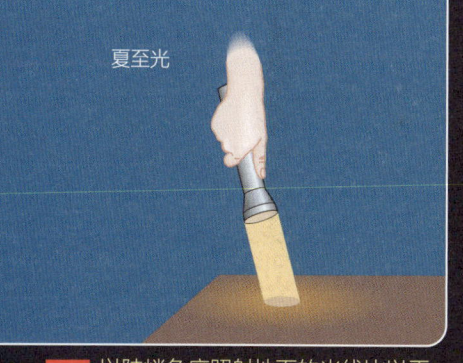

1c 以陡峭角度照射地面的光线比以平缓角度照射地面的光线扩散得少。夏至太阳的光线几乎从头顶上照射到北纬度地区,并且是集中的。

冬至日的太阳光以更小的角度照射到北纬地区,并扩散开来。同样的能量分散在更大的范围内,所以地面从冬至开始从太阳得到的能量较少。

2 北半球季节变化的两个原因如右图所示。首先,夏季正午的太阳在天空中较高,而冬季的太阳较矮(如冬季阴影较长所示)。因此,冬季的阳光更加分散。第二,夏季太阳从东北方向升起,在西北方向落下,在天空中停留超过12小时。冬季太阳从东南方向升起,在西南方向落下,在天空中停留的时间不到12小时。这两种影响意味着北纬度地区在夏季从太阳获得更多的能量,夏季的日子比冬季的日子更温暖。

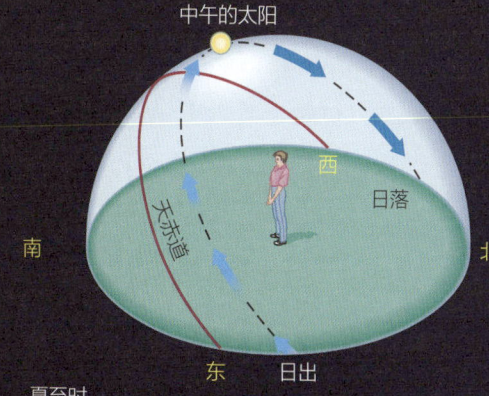

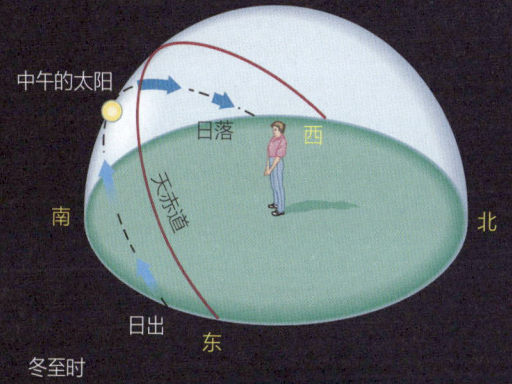

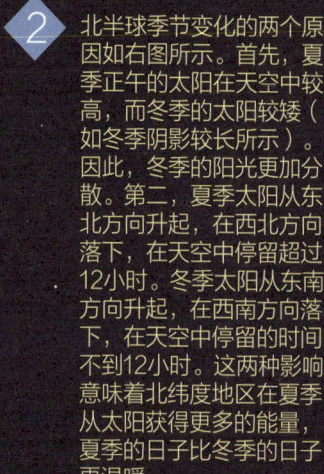

1d 在12月下旬的冬至这一天,地球的北半球偏离太阳,阳光以一定的角度照射到地面上并扩散开来。在南纬地区,阳光几乎是直射下来的,不会散开。北美洲有凉爽的天气,南美洲有温暖的天气。

地球的轨道只略显椭圆。大约1月3日,地球处于近日点(perihelion),即它离太阳最近的地方,此时它只比平均水平近1.7%。大约在7月5日,地球处于远日点(aphelion),也就是它离太阳最远的地方,此时它只比平均水平远了1.7%。这种微小的变化并不明显影响季节的变化。

行星运动最慢。从地球上看，外行星沿着黄道缓慢向东移动。（你会在第 4 章中了解到这种向东运动的偶发特例。）事实上，行星（planet）这个词来自希腊语，原意是"游荡者"（wanderer）。火星绕着黄道运动一周的时间略少于 2 年，但土星由于离太阳较远，需要将近 30 年的时间。

水星和金星也停留在黄道附近，但它们的运动方式与其他行星不同。它们的轨道在地球轨道的内侧，这意味着在天空中永远不会看到它们一直远离太阳。从地球上观察，它们向东移动，远离太阳，然后回到太阳的方向，越过它们轨道靠近地球的部分。它们继续向西移动，远离太阳，然后再向后移动，越过其轨道远离地球的部分，然后再次移动到太阳的东部。这些行星，你需要在日落后的西边地平线上方或日出前的东边地平线上方寻找。金星比较容易找到，因为它比较亮，而且它的轨道比水星的轨道大，在地平线上的位置高于水星（见图 2-10）。水星的轨道较小，它与太阳的距离永远不会超过 28 度。因此，在太阳附近的天空中很难看到水星，而且它经常隐藏在地平线附近的云层和雾霾中。

按照传统，任何在晚间天空中可见的行星都被称为昏星（evening star），尽管行星并不是恒星。同样地，任何在日出前不久在天空中可见的行星都被称为晨星（morning star）。其中最美丽的是金星，它可以变得像 -4.7 等星一样明亮。当金星在它的轨道上移动时，它可以持续好几个星期在每个晚上主宰西方的天空，但最终它的轨道把它带回到太阳的方向，它就消失在地平线附近的雾霾中。几周后，金星重新出现在黎明的天空中，成为一颗明亮的晨星。

天空的周期是如此令人印象深刻，人们对它们有强烈的感受也就不足为奇了。古代人认为太阳围绕黄道的运动对其日常生活有巨大影响，而行星沿着黄道的运动似乎也有类似的意义。古代迷信的占星术是以太阳和行星围绕天空的周期为基础的。你可能听说过黄道十二宫（zodiac），这是一条环绕天空的带子，在黄道上方和下方延伸约 9 度，太阳、月亮和行星总是在其中出现。黄道十二宫的名称来自黄道上的 12 个主要星座。天宫图（horoscope）就是用来显示太阳、月亮和行星在黄道上的位置的，并且能展示天体在某一特定日期和时间在星座上方或下方的位置。几个世纪以前，占星术是天文学的一个重要组成部分，但现在两者几乎是完全对立的——天文学是一门依靠证据的科学，而占星术是一种不依赖于证据而存在的迷信（我们如何得知 2-2）。如今，黄道十二宫的星座在天文学中已不再重要。

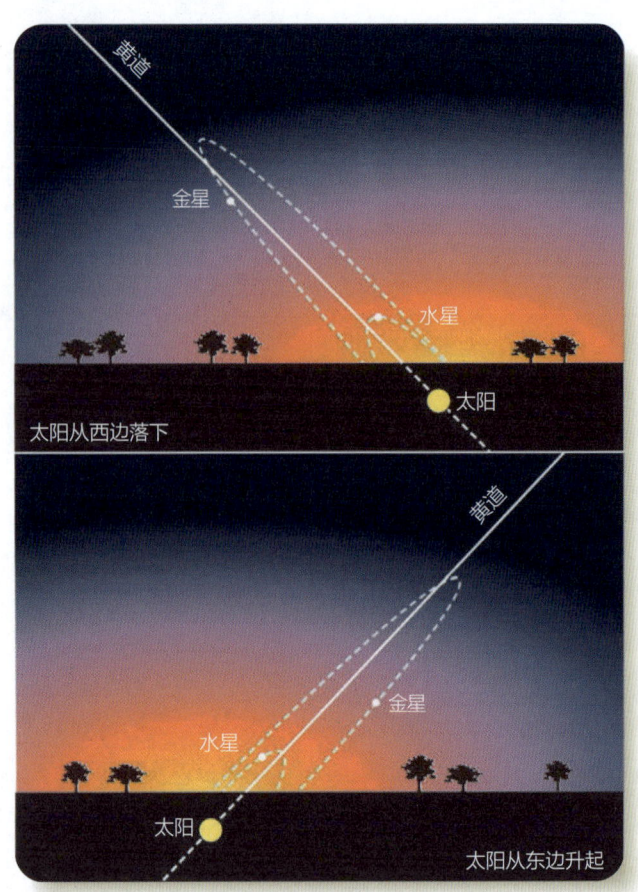

▲ 图 2-10 水星和金星所处的轨道使它们靠近太阳，只有在日落后或日出前，当太阳的光辉隐藏在地平线下时，它们才能被看到。金星需要 584 天才能从早晨的天空移动到傍晚的天空，然后再返回，而水星只用 116 天

2-4 天文对地球气候的影响

季节是由地球围绕太阳的周期运动产生的，但是这种运动的细微变化可以对气候产生巨大的影响。在你的一生中，你不会注意到这些变化，但在几千年的时间里，它们可以把大陆埋在冰川之下。

地球经历过冰河时代，当时全世界的气候都更冷和更干燥，覆盖在极地的厚厚的冰层多次延展到赤道，然后又退去。最近的一次冰期始于大约 300 万年前，并且仍在进行中——你可以通过两极的冰来得知。目前，你生活在冰河世纪中期的一个周期性事件中，现在地球变得稍微温暖，冰川融化回到两极附近。目前的温暖期始于大约 12 000 年前。在冰河时代之间，地球更加温暖，即使在两极也没有冰原。科学家们已经发现了地球过去至少有 4 个冰期的证据。其中一个发生在 25 亿年

我们如何得知 2-2

伪科学

科学和伪科学之间的区别是什么？

天文学家对诸如占星术之类的迷信评价很低，主要是因为它们是无根据的，也因为它们假装是一种科学。它们是伪科学，"伪科学"这一词语源自希腊语的 pseudo，意思是虚假。

伪科学是一套似乎包括科学思想的迷信，但未能遵循科学最基本的规则。例如，几十年前，有人声称（换句话说，是一种假说），金字塔形状可以将宇宙力量集中在任何东西上，甚至可能具有治疗作用。据称，由纸、塑料或其他材料制成的金字塔可以保存水果，磨利剃须刀片，并做其他神奇的事情。许多书籍宣传金字塔的特殊力量，这种想法导致了一种流行的狂热。

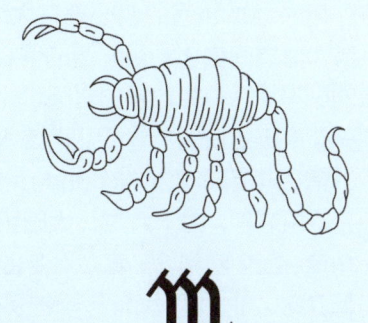

天蝎座的占星术符号和象征；占星术可能是最古老的伪科学

科学的一个关键特征是其主张可以被测试和验证。在这种情况下，简单的实验表明，任何形状，不仅是金字塔，都能保护一块水果不受空气中孢子的影响，并使其干燥而不腐烂。同样，任何形状都能防止空气流动，减缓剃须刀锋利度受氧化的影响。由于实验证据与该主张相矛盾，而且该假说的支持者拒绝放弃或修改他们的主张，你可以认识到金字塔力量是一种伪科学。无视矛盾的证据和可替代的假说是伪科学的显著标志。

伪科学的主张可以自我实现。例如，一些相信金字塔力量的人在金字塔帐篷下睡觉以改善他们的休息质量。没有任何物理机制可以让这样的帐篷影响睡眠者，但由于人们希望并期望这种说法是真的，他们报告说他们睡得更香。基于个人证词而无法被检验的模糊说法，是伪科学的另一个标志。

占星术可能是最著名的伪科学。几个世纪以来，它已经被反复测试，根本不起作用。人们已经证明，太阳、月亮和行星的位置与人们的性格或生活中的事件之间没有任何联系，这是毫无疑问的。然而，尽管有相互矛盾的证据，许多人还是相信占星术。

伪科学迎合了我们了解和控制周围世界的需求。一些这样的说法涉及医学治疗，从使用磁性手镯和水晶来集中神秘的力量，到令人惊讶的昂贵、非法和危险的癌症治疗。如果你相信你的个性、选择和可能性受星座的限制，甚至占星术也可能是有害的。逻辑对伪科学来说是不被需要的，人类的恐惧和需求却不是。

前，但其他 3 个已经被确认得最清楚的冰河时代都发生在过去的 10 亿年里。可能还有其他的，但是早期冰河时代的证据通常已被最近的冰层抹去。冰河时代的长度从几千万年到几亿年不等。

在冰河时代，冰川的前进和后退有一个复杂的模式，涉及大约 4 万年和 10 万年的周期。这些周期与目前的全球变暖没有任何联系，全球变暖在短短几十年内使地球的气候产生了变化。证据显示，这些缓慢的冰河时期的周期有一个天文学的起源。

2-4a 米兰科维奇关于气候周期的假说

有时，一个假说在科学家能够找到关键的证据来检验之前，就已经提出了。这种情况发生在 1920 年，当时工程师和数学家米兰科维奇（Mllutin Milankovitch）提出了关于气候周期的天文学假说，后来被称为"米兰科维奇假说"。该假说指出，地球轨道形状和地轴倾角的微小变化以及进动的微小变化，可以共同影响地球的气候并导致冰河时代。你应该分别研究这些运动，进而理解他的假说。

第一个因素是地球的轨道是略微偏心的。正如你学到的，地球与太阳的轨道距离相对均值最大有 ±1.7% 的变化。你还了解到，季节变化产生的主要原因是地轴的倾斜。一年中地球与太阳距离的变化对太阳对地球的加热有一些影响，但与地轴倾斜的影响相比，这是很微小的。然而，天文学家知道，由于与其他行星的引力相互作用，地球轨道的偏心率在大约 10 万年的时间里在 0 到 3% 之间变化。当轨道的偏心率较低时（几乎是完美的圆形），一些地方的夏天可能不够温暖，无法融化前一个冬天的所有冰雪，从而使冰川变大。

第二个因素是地球赤道与其公转轨道的倾角，目前是 23.4 度。由于月球、太阳和行星的引力牵引，这个角度在 22 度到 25 度之间变化，周期为 41 000 年。当倾角较小时，夏季与冬季的反差较小，冰川往往会增长。

还涉及第三个因素。正如你在上一节中学到的，地球进动使地球的轴线在天球上绕行一圈，周期大约为 26 000 年。因此，地球轨道上某一半球每个季节所经历的点逐渐改变。北半球的夏天现在发生在地球离太阳比平均水平更远的时候，使北方的夏天略微凉爽。（在本篇文章中，北半球是地球上最重要的部分。大部分可以积聚冰块的陆地都位于北方。）13 000 年后，从现在开始的半个进动周期之后，北半球的夏天将出现在地球轨道的另一侧，那时地球更接近太阳。北方的夏天将略为温暖，更能够融化前一个冬天的所有冰雪，并防止冰川的增长。

1920 年，米兰科维奇提出，这 3 个周期性因素相互结合，使地球的气候产生复杂的周期性变化，导致冰川的增长和消退（见图 2-11a）。然而，当时几乎没有什么证据来检验这一假设，科学家们对它抱着深深的怀疑态度。

2-4b 米兰科维奇假说的证据

到 20 世纪 70 年代中期，地球科学家终于能够收集米兰科维奇缺乏的数据。海洋学家们钻入海底深处，收集长长的沉积物岩芯。在实验室里，地质学家可以从岩芯的不同深度取样，并确定样品的年龄和它们沉积在海底时的海洋温度。由此，科学家们构建了一个海洋温度的历史模型，与米兰科维奇假说的预测惊人地吻合（见图 2-11b）。

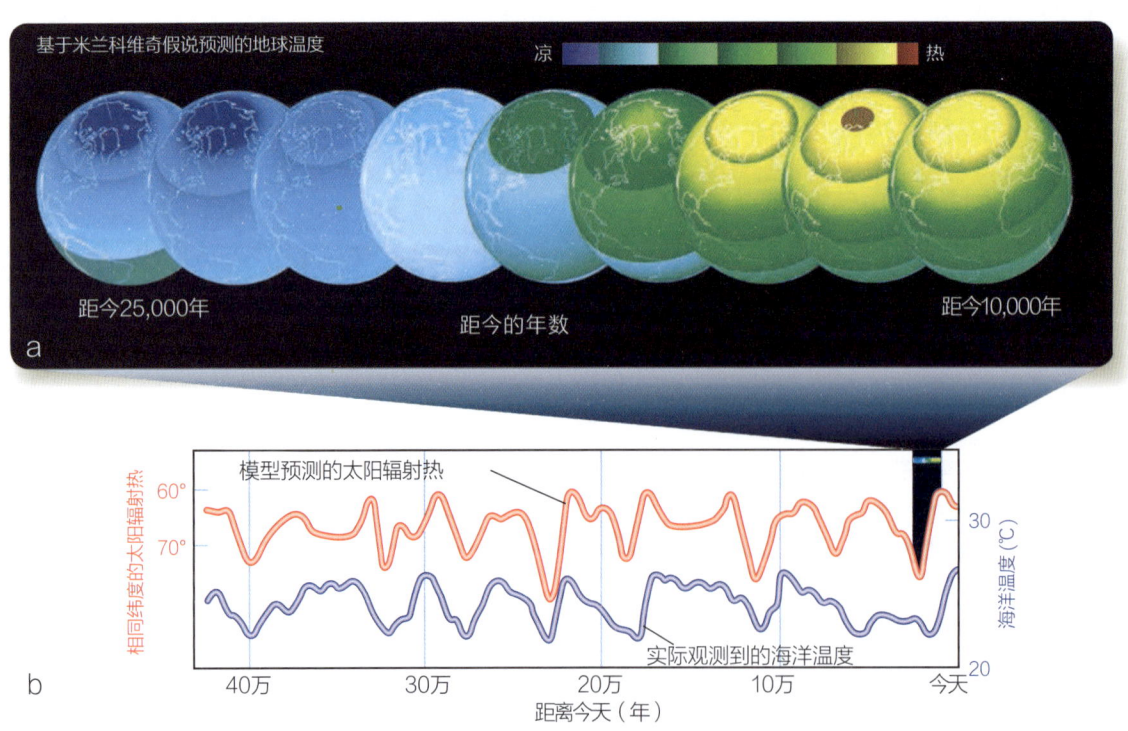

▲ 图 2-11 （a）基于米兰科维奇假说的计算可用于预测地球上不同时期的温度。这里显示的地球变暖发生在 25 000 到 10 000 年前，并结束了最后一次冰川推进。（b）在过去的 40 万年里，从海底沉积层中发现的化石测得的海洋温度的变化与计算出的太阳热量的变化大致相符。（a）中说明的事件只是时间线最近一端（右侧）的一小段事件

我们如何得知 2-3

科学论证

科学论证与法律论证有何不同？

在法律界和科学界，人们对论证（argument）这个词有不同的理解，显然不同于休闲谈话中经常使用的"口舌之争"。律师和科学家使用的论证是指对证据和原则的总结，从而得出一个结论。

起诉律师提出论点，说服法官或陪审团认为被告有罪；在同一审判中，辩护律师提出论点，说服同一法官或陪审团得出相反的结论。检察官和辩护人都没有义务考虑任何不利于他们各自论点的因素，而且在美国，被告有宪法权利不说任何可能使他或她获罪的话。很少有律师——如果说有的话——会在结案陈词中提供包括他们可能是错误的声明。

科学家构建论点是因为他们想检验自己的想法，并对自然界的某些方面给出准确的解释。例如，在20世纪60年代，生物学家 E. O. 威尔逊（E. O. Wilson）提出了一个科学论点，以表明蚂蚁通过气味进行交流。该论点包括描述他的仔细观察和他为测试他的假说进行的巧妙实验。而且，这一点确实很重要：威尔逊还考虑了其他证据和对蚂蚁通信的替代性解释。科学家可以总结任何支持其主张的证据或假说，但他们必须遵守专业科学的基本规则。他们必须尽可能地诚实；他们必须考虑到所有已知的证据和以前提出的所有假说。与律师不同，科学家必须明确说明他们可能是错误的。

科学家以科学论证的形式发表他们的工作成果，同时他们也以科学论证的方式思考。如果在思考他的论证时，威尔逊发现了一个矛盾，他就会知道他走错了路。这就是为什么科学论证必须是完整和诚实的。忽视不利的证据或将其他解释置之不理的科学家，只是在愚弄自己。

一个好的科学论证会为你提供所有你需要的信息，让你自己验证这个论证是否正确。如今，威尔逊对蚂蚁通信的研究已被广泛理解，并被应用于其他领域，如害虫控制和电信网络。

图源：Eye of Science/Science Source
通过一系列科学论证，生物学家了解到，蚂蚁用大量的气味词语进行交流

证据似乎非常有力，到20世纪80年代，米兰科维奇假说被广泛认为是解释当前冰河时代气候周期的主要假说。但是，科学遵循一套（主要是未说明的）规则，认为一个假说必须用所有可用的证据反复测试。但是，1988年，科学家发现了一些明显相反的证据。

50万年来，雨水聚集在内华达州一个名为"魔鬼洞"（Devils Hole）的一条深裂缝中。这些雨水在裂缝的墙壁上一层一层地沉积了矿物方解石。这条裂缝并不容易到达，科学家不得不带着潜水装备潜入水中，钻出方解石的样本。但这是值得的。回到实验室后，他们可以确定岩芯样本中每一层的年龄，以及形成每一层的方解石时雨水的温度。这给了他们一个跨越数十万年的魔鬼洞的温度历史，而结果是一个惊喜。新的数据似乎表明，地球已经提前数千年开始变暖，早于米兰科维奇周期应该造成的最后一次冰川消退。

这些相互矛盾的发现令人困惑，因为我们人类天生喜欢确定性，但矛盾情况在科学中很常见。洋底样本和魔鬼洞样本之间的分歧引发了人们对问题的争论。是一组或另一组样本的年龄确定有误，还是前期温度的计算有误，抑或是科学家误解了证据的重要性？

1997年，一项对样本年龄的新研究证实，那些来自海底样本的日期是正确的。但同一研究发现，魔鬼洞样本的年龄也是正确的。显而易见，魔鬼洞的温度记录了现在美国西南部地区的局部气候变化。洋底样本记录了全球气候变化，它们与米兰科维奇假说非常吻合。这使科学家对一般意义上的米兰科维奇假说重新有了信心，但也使他们意识到，地球上的一些地区并不完全遵循地球其他地区的趋势。尽管米兰科维奇假说已被广泛接受，但只要科学家能找到更多的证据，它仍需要被检验。

当你回顾这一节时，可以注意到其中的科学论证（scientific argument）是在逻辑讨论中对假说和证据的仔细介绍。（我们如何得知2-3）阐述了科学家如何以逻辑论证的方式组织他们的观点。此外，在本书中，许多章节的结尾都有一个题为"践行科学"（Practicing Science）的简短专题。这些案例研究的特点是提出一两个问题，读者可以想象自己是一名科学家，经过分析测量结果、提出假设、构建科学论证等方式来回答。你可以利用"践行科学"的方法来复习各章的内容，同时可以练习像科学家一样思考。

践行科学

为什么在测试关于冰河时代气候变化机制的米兰科维奇假说时，确定海洋沉积物的年龄对科学家来说至关重要？洋底年复一年地积累着薄薄的沉积物。科学家们可以钻进海底，收集这些沉积物的岩芯，通过化学测试，得知每一层沉积时的海水温度。对过去温度的测定可以对米兰科维奇假说的科学论证进行实际检验，但前提是沉积层的年龄测定正确。当来自内华达州魔鬼洞的证据与其出现冲突时，海底和魔鬼洞样本的年龄测定重新被仔细地审查，结果发现均是正确的。在审查了所有的证据后，科学家们得出结论，海洋岩芯样品确实支持米兰科维奇假说。

我们是什么

一路走来

人类已经像一层薄薄的油漆一样遍布在地球表面。如果用天文学视角来观察，你可以看到，我们人类被限制在所处世界的表面。

地球的自转创造了昼夜循环，控制着从电视时间表到我们大脑化学运作的一切。我们在这个总长24小时的明亮与黑暗的周期中醒来和睡去。此外，地球围绕太阳的轨道运动，加上它的倾角，形成了一年一度的季节循环，而我们人类，以及地球上的其他生物，已经进化到可以在这些极端的温度下生存。我们保护自己不受极端温度的影响，并居住在地球的大部分土地上，在季节的循环中狩猎、采集和种植农作物。

近来，我们开始了解到，地球表面的条件并不完全稳定。地球表面在缓慢变化，地球的运动和方向产生了不规则的冰川运动周期。所有有记录的历史，包括所有城市、道路和通信网络的建立，都发生在最后一次冰川消退结束仅12 000年之后，因此我们人类没有地球最冷气候时期的记录。我们从来没有了解过我们星球冰冷的一面。我们一路走来，享受着地球的美好时光。

月相和日月食 3

可见光

图源：NASA/Rami Daud

▲ 一组跨越约 2 小时的图像显示了 2015 年 9 月从美国可见的月食。从左到右，逐渐被地球的阴影覆盖。在最右边的图片中，月球被完全遮挡，只被通过地球大气层折射的橙色阳光照亮

在上一章中，你了解了太阳在地球天空中出现的每日和每年的周期。现在你可以专注于天空中下一个最亮的物体月球，以及与月球相关的现象。月球在恒星的背景下移动，以"月"为周期改变其外观，偶尔会产生壮观的事件，称为日食、月食（eclipses）。本章将帮助你回答关于地球这个天然卫星的 4 个重要问题：

- ▶ 为什么月球会经历月相变化？
- ▶ 什么原因导致月食？
- ▶ 什么原因导致日食？
- ▶ 如何预测日食、月食？

了解月相和日月食，可以锻炼你的科学想象力，也可以帮助你享受月球穿越天空的景象。

一旦你对地球上的天空有了了解，你就已准备好阅读下一章，了解文艺复兴时期的天文学家如何分析太阳、月球和行星的运动，利用他们的想象力得出一个革命性的结论——地球是一个行星。

> 哦，
> 不要向月亮起誓，
> 那善变的月亮，
> 那无常的月亮，
> 每月都有盈亏圆缺，
> 以免你的爱情也反复无常。
>
> ——威廉·莎士比亚，《罗密欧与朱丽叶》

自古以来，（西方世界）迷信的人就把月球与精神错乱联系起来。疯子（lunatic）这个英文单词诞生于甚至连医生都认为疯子是"被月球击中"的时代。当然今天我们都知道，月球不会导致疯狂。月球明亮而美丽，明显地在各个星座之间移动，并且与日月食和潮汐有关，所以人们可能期望月球对人有戏剧性的影响。

3-1 多变的月亮

如果你从今天晚上开始寻找天空中的月亮，可能要等上将近一个月才能发现它出现的规律。但是随后，在你连续观察月亮的晚上，你会看到它沿着围绕地球的轨道运行，并在其各个阶段循环往复，就像它数十亿年来一直在做的那样（见图3-1）。

3-1a 月球的轨道运动

如果从北天极的方向看，地球围绕太阳逆时针公转，而月球则围绕地球逆时针公转。因为月球的轨道相对地球的轨道平面倾斜了大约5度，所以月球的轨道总是靠近黄道，有时略微偏北，有时略微偏南。

月球在星座的背景中迅速移动。如果你观察月球仅一个小时，你可以看到它向东移动的幅度略大于其角直径。月球的角直径约为0.5度，它每小时向东移动0.5度多一点。在24小时内，它移动13度。因此，每天晚上你看到的月球的位置都比前一天晚上向东移动13度左右。

当月球围绕地球运行时，它每晚的外观以月为周期变化。

3-1b 月相的周期

月球围绕地球公转时的外观变化，称为月相（lunar phase）周期，是天文学中最容易观察的现象之一。学习"概念艺术·月球的相位"，注意3个要点和2个新术语：

1. 月球总是保持同一面朝向地球。"月亮人"①（The Man in the Moon）是由月球近地侧的各类特征产生的，但你从地球上永远看不到月球的远地侧。

2. 月球外观的周期性变化，是太阳照亮月球不同可视部分引起的。

3. 请注意月球相对于背景恒星绕地球运转的周期（恒星周期，sidereal period）与月相周期的长度（会合周期，synodic period）之间的区别。这种差异很好地说明了从地球上看到的景象是如何受地球和其他天体（如太阳和月亮）的综合运动影响的。

图源：©UC Regents / Lick Observatory

▲ 图3-1　在间隔1天拍摄的月相快照序列中，月相从新月到满月再到新月的循环往复。从地球上看，你在任何时候都能看到月球的同一面，同样的山脉、陨击坑和平原，但太阳光的变化方向改变了被照亮的部分，产生了月相

---

① 这类似于我国古人将月面特征比作蟾蜍和玉兔。——译者注

月相是戏剧性的，它激发了许多奇特的想法。你可能已经听说过一些关于月球的常见误区。有时人们在白天看到月球时感到很惊讶，他们认为出了问题。事实上，我们经常可以在白天看到凸月（刚过满月）。弦月，特别是蛾眉月也可以出现在白天的天空中。但是，当太阳在地平线以上，天空很亮的时候，就很难看到。你可能还会听到有人提到"月球暗面"，但你可以向他们保证，这是一个误解——没有永久的月球暗面。月球上的任何位置，随着月球的转动，都有两周时间被阳光照耀，有两周时间处于黑暗之中。最后，你可能听说过关于月球的一个最奇怪的误解：人们往往在满月时表现得很活跃。对学校、监狱、医院等相关记录的仔细统计研究表明，这不是真的。总有一些人行为不端，而月球与此无关。

几十亿年来，"月亮人"一直在俯视着地球。最早的文明中的人们看到的月相周期和你看到的一样，甚至恐龙也可能注意到月相的变化。然而，在月食期间，月球偶尔会有更复杂的表现。

3-2 月食

在世界各地的文化中，天空是秩序和力量的象征，而月亮则是日月交替的常规计数器。当人们偶尔看到满月变得黑暗或变成铜红色时，会感到惊愕，有时还会担心，这并不奇怪。一旦你理解了它们是如何产生的，这样的事件就不神秘也不可怕了。首先，你可以了解一下地球的影子。

3-2a 地球的阴影

正如你刚刚学到的，月球围绕地球公转的轨道与地球围绕太阳公转的轨道平面只有几度的夹角。在地球轨道的平面上，地球的影子直接指向远离太阳的方向。如果月球的轨迹穿过地球的影子，阳光被阻挡，月球暂时变暗，月食就会发生（只有在满月时才会发生）。月食的确有点不常见，因为大多数满月都在地球阴影的北面或南面（"上面"或"下面"）通过，所以不会导致月食（见图3-2）。本章后面将详细解释日月食发生的条件。

地球的阴影由两部分组成（见图3-3）。本影是整

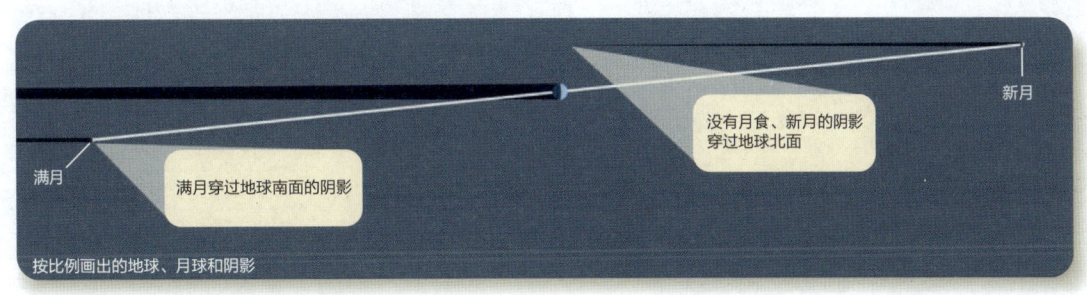

▲ 图 3-2 月球围绕地球公转的轨道相对于地球围绕太阳公转的轨道是倾斜的，所以地球和月球的细长影子通常会错过对方。在大多数月份，没有月食

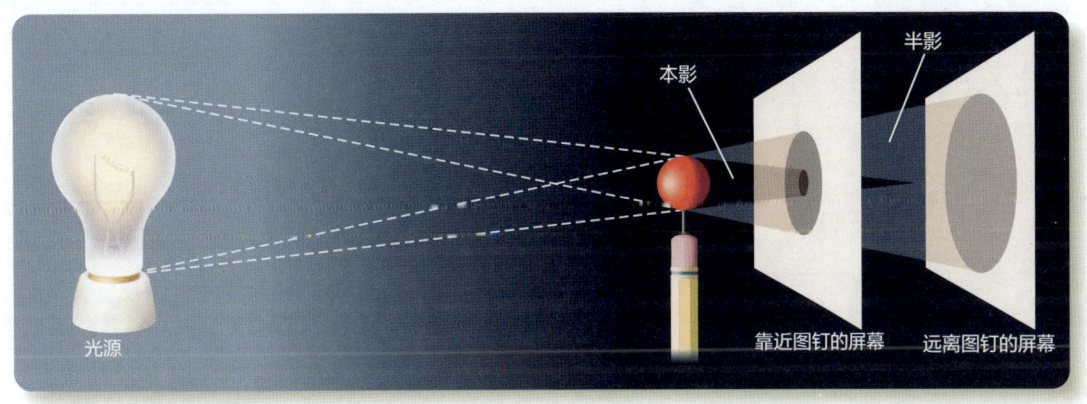

▲ 图 3-3 图钉投下的阴影可以用来理解地球和月球的阴影。本影区全是阴影，半影区只有部分是阴影

月球的相位

 当月球围绕地球公转时，它的自转使得总是同一面面对地球，如右图所示。因此，你从地球上看到的月球上的特征总是相同的，而且你永远看不到月球的背面。当月球在其轴线上自转并围绕地球公转时，月球上指向地球的山将永远指向地球。

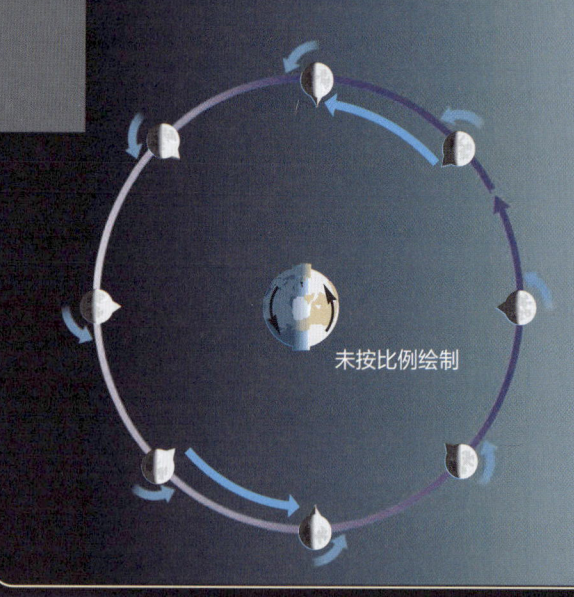

未按比例绘制

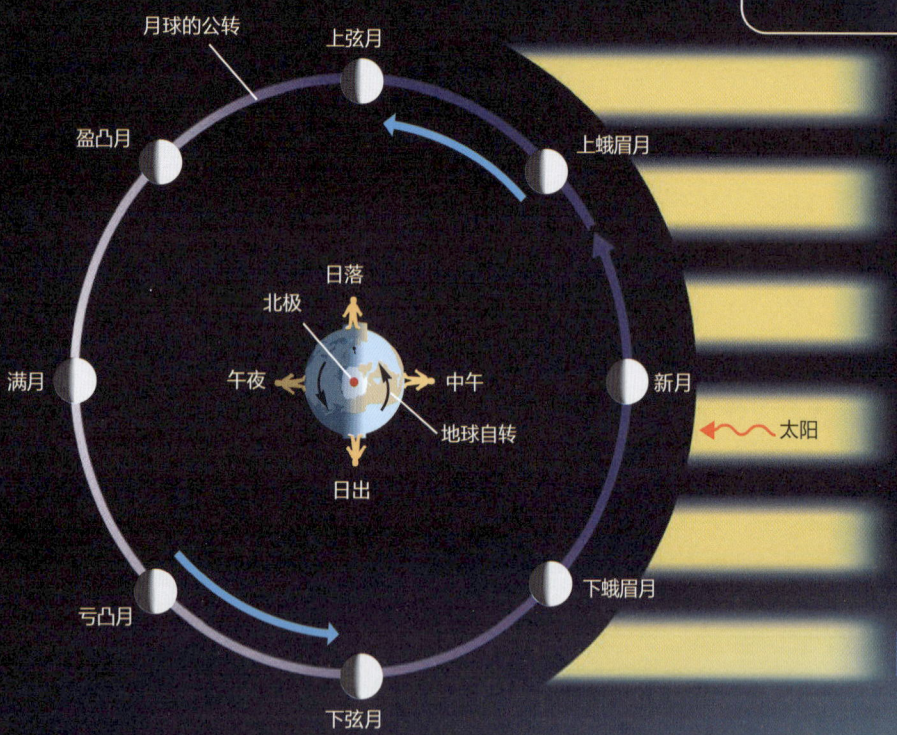

2 如左图所示，太阳光总是照亮月球的一半。因为你看到的这个阳光照射的一面的量不同，所以你看到月球的相位经历了一个周期的变化。在被称为"新月"的阶段，当月球位于地球和太阳之间时，太阳光照亮了月球的远地侧，而你看到的那一面是黑暗的。事实上，在新月时，你根本看不到月亮，与太阳附近明亮的白天形成鲜明对比。在"满月"时，地球位于月球和太阳之间，你从地球上可以看到的月球的一面是完全被照亮的，而远处的一面则处于黑暗中。你看到的月球被照亮的程度取决于月球在其围绕地球的月球轨道上的位置。观测者一天中的时间取决于他或她在地球上相对于太阳的位置。

2a 以下是月球每月周期的前两周，这里显示连续14个晚上的日落时分的位置和相位。当月球被照亮的部分从初升到满月时，它被称为"盈月"（wax），意思是"增加"。

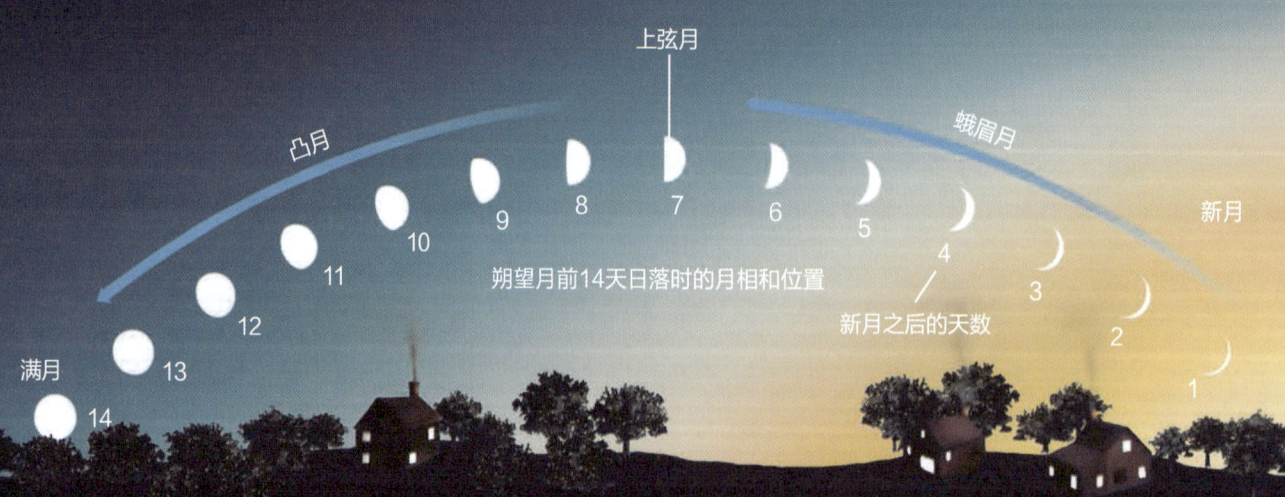

3 月球围绕地球公转一圈的时间为 27.3 天，即月球的恒星周期（sidereal period）。这是月球绕过天空一圈并回到相对于恒星的同一位置所需的时间。

一个完整的月相周期需要 29.5 天，即月球的会合周期（synodic period）。（要想知道为什么会合周期比恒星周期长，请研究右边的星图。）

尽管你认为月相周期大约是 4 周，但实际上它比 4 周长 1.53 天。我们的日历将一年分为大约 30 天的月份（字面意思是"月"），这一分法源于月球 29.5 天的会合周期。

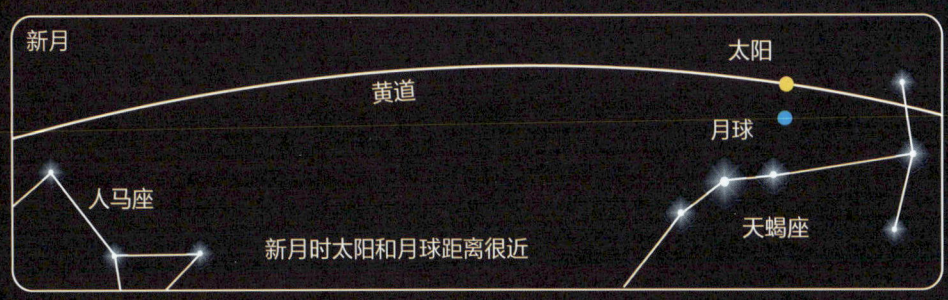

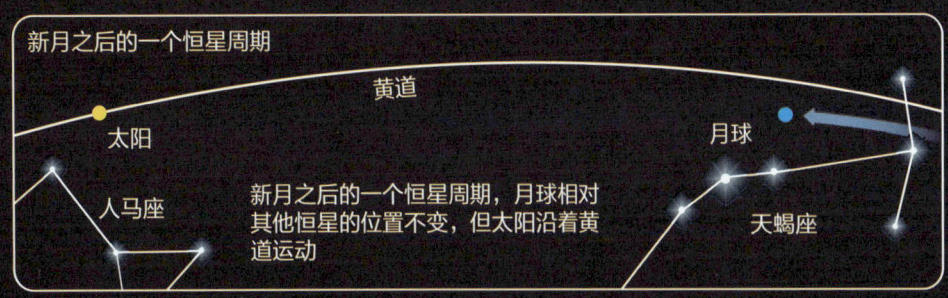

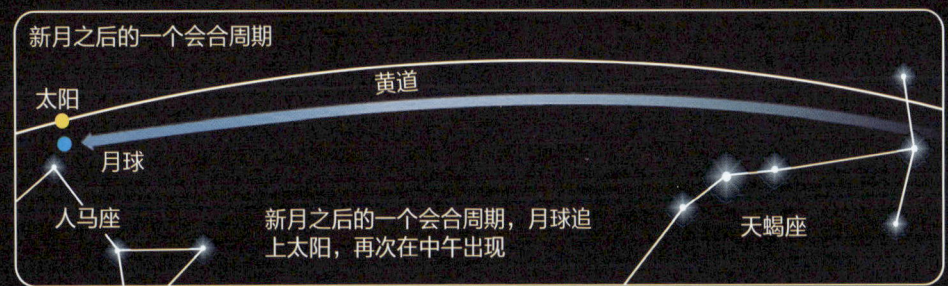

你可以使用对页的表格查阅不同月相的月球升起和落下的时间

月球升起和月球落下的时间		
月相	月球升起	月球落下
新月	黎明	日落
上弦月	正午	午夜
满月	日落	黎明
下弦月	午夜	正午

2b 以下显示了月球每月周期的最后两周，连续 14 个早晨日出时的位置和相位。从满月到新月，月球被照亮的部分逐渐缩小，因此这个阶段被称为"月亏"（wane）。

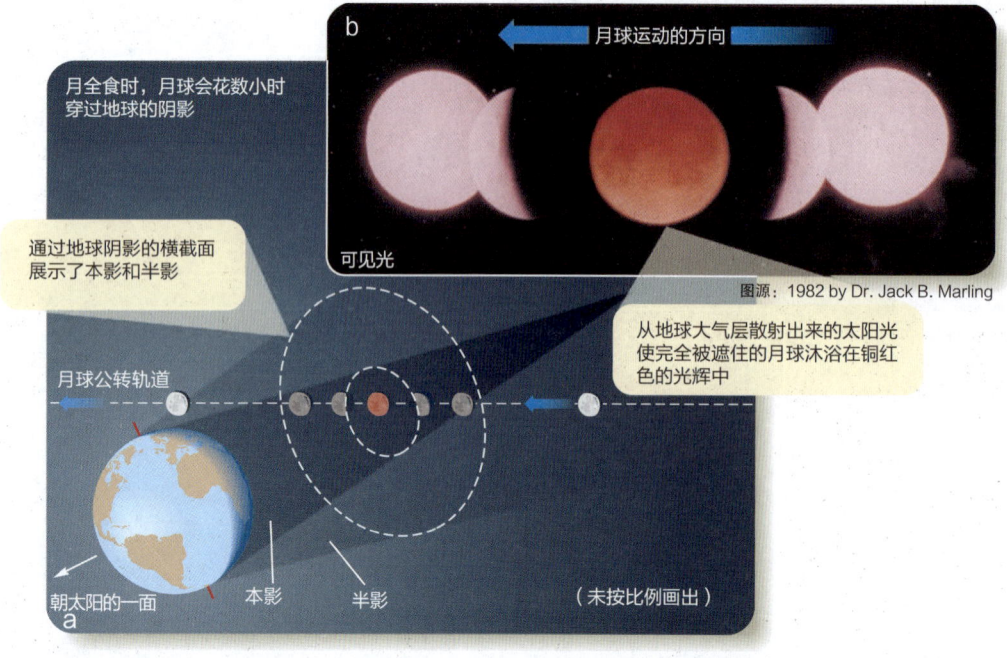

▲ 图3-4 （a）在这个月全食的图中，月球从右到左穿过地球的影子。（b）一张多次曝光的照片显示月球穿过地球阴影的本影。用较长的曝光时间来记录月全食的情况。由于摄影效果，月球的轨迹在照片中显得很弯曲

个影子的区域。如果你穿着宇航服漂浮在地球阴影的本影区，太阳将完全隐藏在地球后面，你将无法看到日面的任何部分。如果你漂浮到半影区，那么你会看到太阳的一部分从地球的边缘探出头来，所以你会处于部分阴影中。在半影区，太阳被部分遮挡，但不是被完全遮挡。

地球阴影的本影比到月球的距离长3倍以上，并直接指向远离太阳的方向。一个巨大的屏幕放在阴影中地月平均距离处，会显示出一个黑暗的本影，大约是月球直径的2.5倍。半影的微弱外缘显示为一个约为月球直径4.6倍的圆。因此，当月球沿着轨道穿过地球的阴影时，阴影足够大，足以让月球完全没入其中。

3-2b 月全食

每年有一到两次，月球会沿着轨道穿过地球阴影的本影。如果有一段时间月球完全在本影内，你会看到月全食（见图3-4a）。月食开始时，月球首先进入半影，并略微变暗；它进入半影越深，就越暗。最终，月球到达本影，你会看到本影使月球的一部分，然后是全部变暗。

当月全食发生时，月球并没有完全消失。当它处于本影时，无法接收到直射的太阳光，但被一些通过地球大气层折射（弯曲）的太阳光照亮。如果月全食时你人在月球上，你不会看到太阳的任何部分，因为它完全隐藏在地球后面。然而，你会看到地球的大气层被太阳从后面照亮。来自地球周围日落和日出的红色光辉照进了地球阴影的本影，使本影并不完全黑暗。这种光芒在月全食时照亮了月球，使它看起来呈红色，如图3-4b和图3-5所示。

处于月全食中的月球能有多暗，取决于很多因素。当月球的轨道穿过本影的中心时，月全食往往是最暗的。此外，如果地球的大气层中折射光线进入本影的区域有很多云，那么月球将比一般的月食更暗。地球大气层中不寻常的尘埃（如火山爆发）也会导致月食特别暗或特别红。

月食的确切时间取决于月球穿过地球阴影的位置。如果月球穿过本影的中心，那么月食的时长将达到最大。此情况下，月球会花大约一小时穿过半影，然后再花一小时进入较暗的本影。全食可以持续1小时45分钟，然后月球进入半影，再过1个小时它才可以完全暴露在阳光下。因此，一次月全食从开始到结束可以持续近6小时。

3-2c 月偏食和半影月食

由于月球公转轨道面和地球公转轨道面有5度以上的倾斜角，因此月球并不一定会经过本影的中心（参考图3-2）。如果月球向北或向南偏离太远，它可能只是部分进入本影，我们就会看到月偏食（partial lunar eclipse）。留在半影中的月球部分会接收到一些直接的

图源：Celestron International

▲ 图 3-5 在月全食期间，月球会变成铜红色。在这张照片中，月球的右下角是最暗的，也就是本影的中心方向。左上角的月球边缘较亮，因为它靠近本影的边缘

月全食、月偏食或半影月食是夜空中有趣的事件，且并不难观测到。当满月穿过地球的阴影时，从地球黑暗面的任何地方都可以看到月食。请参考表 3-1 来查找你所在地区可见的下一次月食。

表 3-1 2018—2028 年的所有月全食和月偏食

日期	食甚发生的时间（UTC）	全食时长（时：分）	整个月食时长
2018 年 1 月 31 日	13:31	1:16	3:23
2018 年 7 月 27 日	20:23	1:43	3:55
2019 年 1 月 21 日	05:13	1:02	3:17
2019 年 7 月 16 日	21:32	偏食	2:58
2021 年 5 月 26 日	11:20	0:15	3:07
2021 年 11 月 19 日	09:04	偏食	3:28
2022 年 5 月 16 日	04:13	1:25	3:27
2022 年 11 月 8 日	11:00	1:25	3:40
2023 年 10 月 28 日	20:15	偏食	1:17
2024 年 9 月 18 日	02:45	偏食	1:03
2025 年 3 月 14 日	7:00	1:05	3:38
2025 年 9 月 7 日	18:13	1:22	3:29
2026 年 3 月 3 日	11:35	0:58	3:27
2026 年 8 月 28 日	04:14	偏食	3:18
2028 年 12 月 31 日	16:53	1:11	3:29

* 2020 年和 2027 年，全年没有月全食或月偏食。
* 时间为世界时，北京时间需要加 8 小时。
* 不包括半影期。

资料来源：美国国家航空航天局戈达德太空飞行中心。

阳光，而刺眼的光通常足以阻止我们看到本影中那部分月球的微弱红光。因此，月偏食并不像月全食那样美丽。

如果沿着轨道运动的月球距离本影的北部或南部足够远，月球可能只经过半影，而永远不会到达本影。这样的半影月食（penumbral lunar eclipse）根本不具有戏剧性。在半影的部分阴影中，月亮只是部分变暗。大多数人在看见半影月食时，不会发现它与满月有什么不同。

践行科学

如果地球上没有大气层，月全食会是什么样子？作为测试和提高理解力的一种方式，科学家们经常通过想象改变一个系统的一个部分来实验他们的想法，并试图弄清楚会发生什么。这有时被称为"思想实验"。在这个例子中，如果地球周围没有大气层，就意味着没有阳光会被折射到本影中的月球上，它就不会发红光。月球在月全食期间将非常黑暗。

现在尝试一个新的思想实验：想象改变地球–月球–太阳系统的不同部分，并猜测其结果。例如，如果月球和地球的直径相同，月食会是什么样子？

3-3 日食

几千年来，全世界的文化都明白，太阳是生命之源，所以你可以想象，当太阳在一天中逐渐消失时，人们会感到恐慌。许多人想象，太阳正在被一个怪物吞噬（见图 3-6）。现代科学家会利用他们的想象力来想象大自然是如何运作的，但与前文的想象有一个关键的区别。他们用现实来检验自己的想法（我们如何得知 3-1）。

当月球在地球和太阳之间移动时，日食（solar eclipse）就会发生。如果月球完全遮盖太阳，你将看到壮观的日全食（total solar eclipse，见图 3-7）。如果从你的位置看，月球只遮盖了太阳的一部分，那么你看到的是不太引人注目的日偏食（partial solar eclipse）。在日食期间，可能地球上某个地方的人看到

第一部分 探索天空 037

我们如何得知 3-1

科学的想象力

科学家是如何提出假说进行检验的？

优秀的科学家无一例外都是具有强大想象力的创造者，他们能够研究自然界中某些看不见的方面的原始数据，如原子，并在脑海中构建出多种图像，比如葡萄干布丁或行星系统。这些科学家与其他人一样，有着共同的理解自然的冲动，这种冲动促使古代文化将日食想象成吞噬太阳的毒蛇。

20世纪到来之际，物理学家们正忙于想象原子是什么样子。没有人能看到原子，但英国物理学家汤姆森（J. J. Thomson）利用他从实验中了解到的情况和他的想象力，创造了一个原子可能的形象。他认为，原子是一团带正电的物质球加上分布在各处的带负电的电子，就像葡萄干布丁中的葡萄干。

用葡萄干布丁代表原子，和用饥饿的毒蛇代表日食的关键区别在于，葡萄干布丁模型是基于实验数据的，可以用新的证据来检验。结果，汤姆森的学生欧内斯特·卢瑟福（Ernest Rutherford）进行了巧妙的新实验，表明原子不能像葡萄干布丁一样存在。相反，他的数据使他把原子想象成一个微小的带正电的原子核，周围有带负电的电子，很像一个微小的太阳系，有行星围绕着太阳转。后来的实验证实，卢瑟福对原子的描述更接近现实，而且它已成为公认的原子能符号。

古代文化描绘了太阳被一条蛇吞噬的情景。汤姆森、卢瑟福和像他们一样的科学家用他们的科学想象力来想象自然过程，然后用新的实验和观测来测试和完善他们的想法。关键的区别在于，科学想象不断受到现实的检验，并在必要时被修正。

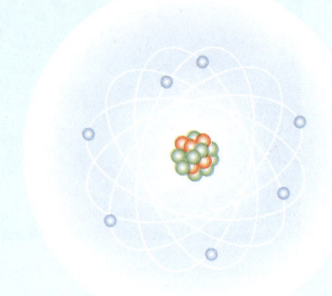

电子围绕小原子核运行的原子模型图像已成为原子能的象征

◀ 图3-6（a）一个12世纪的玛雅符号，被认为代表日食。黑白相间的太阳符号悬挂在一个长方形的天空符号上，一条贪婪的大蛇从下面靠近。（b）中国人对日食的表述是一个怪物，通常被描述为一条龙，在太阳前面飞行。（c）这幅来自印度南部Vijayanagara寺庙废墟的壁雕象征着日食，两条蛇正在接近太阳圆面

图源：The collection of Yerkes Observatory/University of Chicago

图源：T. Scott Smith

▲ 图 3-7 日全食发生时,月球从太阳前面穿过,掩盖了其明亮的表面,使人们可以看见太阳的大气。这张图片是在 2017 年 8 月 21 日从俄勒冈州马德拉斯(Madras)附近拍摄的

图源:Courtesy of Allan Meyer

日全食,而几百千米外的人则看到日偏食。

日食的几何形状与月食的几何形状有很大不同。你可以先考虑太阳和月亮在天空中看起来分别有多大。

3-3a 太阳和月球的角直径

日食之所以壮观,是因为月球相对地球的角直径恰好与太阳几乎相同,所以月球几乎可以完全遮盖太阳。第 2 章"概念艺术·你身边的天空"中介绍了"角直径"的概念。现在你可以考虑如何用月球的大小和地月距离来确定它的角直径。

线直径只是一个物体的对侧边缘之间的距离。当你订购一个 16 英寸的比萨饼时,你会使用线直径——比萨饼的宽度是 16 英寸。相比之下,物体的角直径是指从物体的对侧边缘向你延伸并在你的眼睛处相遇的线所形成的角度(见图 3-8)。显然,一个物体距离你越远,其角直径就越小。

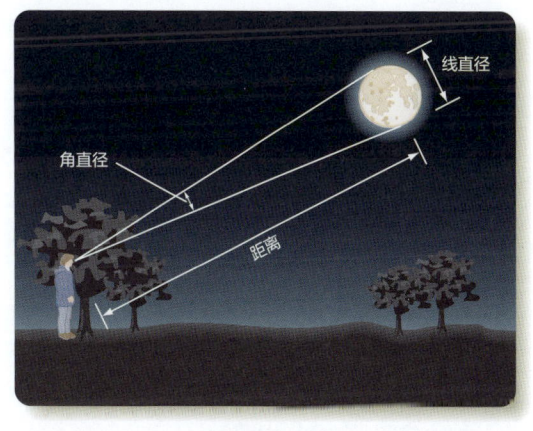

▲ 图 3-8 一个物体的角直径与它的线直径和距离都有关

要找到月球的角直径,你需要使用小角公式(small-angle formula)。该公式表达了任何物体的线(真实)直径、角直径和距离之间的关系,无论是比萨

饼还是月球。如果你知道其中的两个量，可以通过交叉相乘来找到第三个量。这个公式在天文学中经常使用，你将在以后的章节中多次遇到它。

式 3-1　小角公式

$$\frac{\text{角直径（用角秒表示）}}{2.06\times 10^5}=\frac{\text{线直径}}{\text{距离}}$$

在小角公式中，你必须始终使用相同的单位来表示距离和线直径。这个版本的小角公式使用角秒作为角直径的单位（公式中的常数 2.06×10^5 是一个弧度的角秒数）。

例 1：月球的线直径是 3480 千米（2160 英里），它与地球的平均距离是 38.4 万千米（这两个数值都被四舍五入到 3 位有效数字的精度）。它的角直径是多少？解答：因为月球的线直径和距离用了相同的单位，即千米，可以把它们直接放入小角公式中。

$$\frac{\text{角直径}}{2.06\times 10^5}=\frac{3480 \text{ km}}{384\,000 \text{ km}}$$

当你进行计算时，你会发现月球的角直径是 1870 角秒。如果你除以 60，你会得到 31 角分；再除以 60，你会得到大约 0.5 度。月球的轨道略呈椭圆形，所以月球有时看起来会大一点或小一点，但其角直径总是接近 0.5 度。月亮在地平线上的时候会比较大，这是一个常见的误区。当然，当你在地平线上看到上升的满月时，它看起来确实很大，但这是一种错觉。实际上，月球在地平线上和它在高空时的大小是一样的。

现在，再做一次小角的计算。

例 2：太阳的角直径是多少？解答：太阳的线直径是 1.39×10^6 千米，它与地球的平均距离是 1.50×10^8 千米。如果把这些数代入小角公式，你会发现太阳的角直径为 1910 角秒，约为 32 角分，约 0.5 度。

由于神奇的巧合，我们生活在一个月球与太阳的角直径几乎完全相同的星球上。由于这一巧合，当月球从太阳前面经过时，它的大小几乎正好可以遮盖太阳的光辉表面，但能看到太阳的大气层。

3-3b　月球的阴影

要看到日食，你必须在月球的阴影下。与地球的影子一样，月球的影子由中央的本影和旁边的半影组成。月球的半影在地球表面产生一个直径不超过 270 千米的黑斑。（阴影的确切大小取决于月球在其椭圆轨道上的位置以及阴影照射地球的角度。）地球的自转和月球的轨道运动相结合，使阴影以至少 1800 千米 / 小时（1120 英里 / 小时）的速度扫过地球，扫出一条全食带（path of totality，见图 3-9）。处于全食带的人在全食的本影斑扫过他们时，将有幸看到日全食。刚好位于全食带外的观测者在半影掠过他们的位置时，将看到日偏食。离全食带更远的人将看不到日食。

月球围绕地球的轨道和地球围绕太阳的轨道的形状影响着地球上的观察者在日食期间看到的细节。月球的轨道近似椭圆，它与地球的距离不是恒定的。当它处于远地点（apogee），也就是离地球最远的地方时，月球的角直径比平均水平小 5.5%，而当它处于近地点（perigee），也就是离地球最近的地方时，其角直径比平均水平大 5.5%。另一个影响因素是地球围绕太阳的略微椭圆的轨道。当地球在 1 月最接近太阳时，太阳的

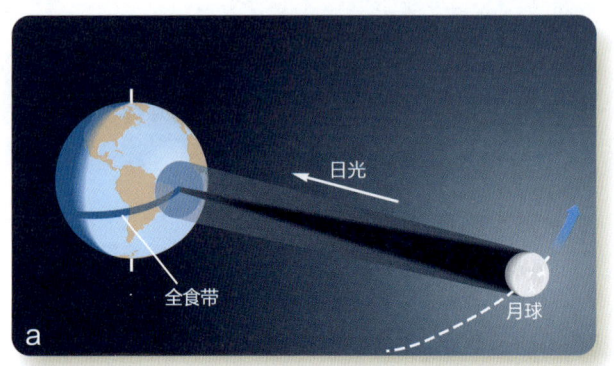

图源：NASA GOES images courtesy of MrEclipse.com

▲ 图 3-9　（a）月影的本影自西向东横扫地球，全食带上的观测者看到的是日全食。在本影外但在半影内的人看到的是日偏食。（b）一颗气象卫星拍摄的 8 张照片组合在一起，显示了 1991 年日食期间月球的影子穿过东太平洋、墨西哥、中美洲和巴西

角直径看起来大了1.7%，而当地球在7月离太阳最远时，太阳看起来小了1.7%。由于这些影响，有时从地球表面看，月球圆面不够大，不足以遮盖太阳。你可以在图3-10中看到，这相当于说，有时月球的本影不够长，无法到达地球。如果月球在太阳前面穿过，当月球圆面的角直径小于太阳的角直径时，就会产生环食，在这种日食中，月球圆面周围可以看到一个光环（或环）。

日全食很罕见，除非你愿意离家去看。如果你待在一个地方，平均每360年能看到一次日全食。不过，有些人是"日食追踪者"。他们提前数年计划，绕过半个地球，将自己置于日全食带上。表3-2显示了未来几年的日食日期和地点。

3-3c 日食的特点

当你看到月球的边缘侵占太阳时，日食就开始了。此刻为半影的边缘扫过你所处位置的时刻。

在日食的偏食阶段，月球会逐渐遮盖太阳明亮的圆面（见图3-10）。当太阳的最后一丝亮面消失在月球后面时，日全食开始。此刻为本影的边缘扫过你所处位置的时刻。只要有太阳任意部分可见，景观就会保持明亮，但是，随着最后的阳光消失，黑暗会在几秒钟内降临。自动路灯亮起，司机们打开车灯，鸟儿们也去睡觉了。全食的黑暗程度取决于多种因素，包括观测地点的天气，但通常黑暗程度能让人无法开展学习和阅读。

完全暗淡的太阳是一个壮观的景象。当月球遮盖了太阳明亮的表面——称为光球（photosphere），你可以看到太阳微弱的外层大气（日冕，corona），发出淡淡的白光，足以让你安全地直视它。日冕是由热的、低密度的气体组成的，在太阳磁场的作用下呈现出飘忽不定的样子，如图3-11的最下一幅图所示，在图3-7中更是如此。在光球上方还可以看到一层薄薄的明亮气体，称为色球层（chromosphere）。色球层通常以被称为日珥（prominences，见图3-12a）的太阳表面的爆发为标志，由于所涉及的气体温度很高，所以呈现

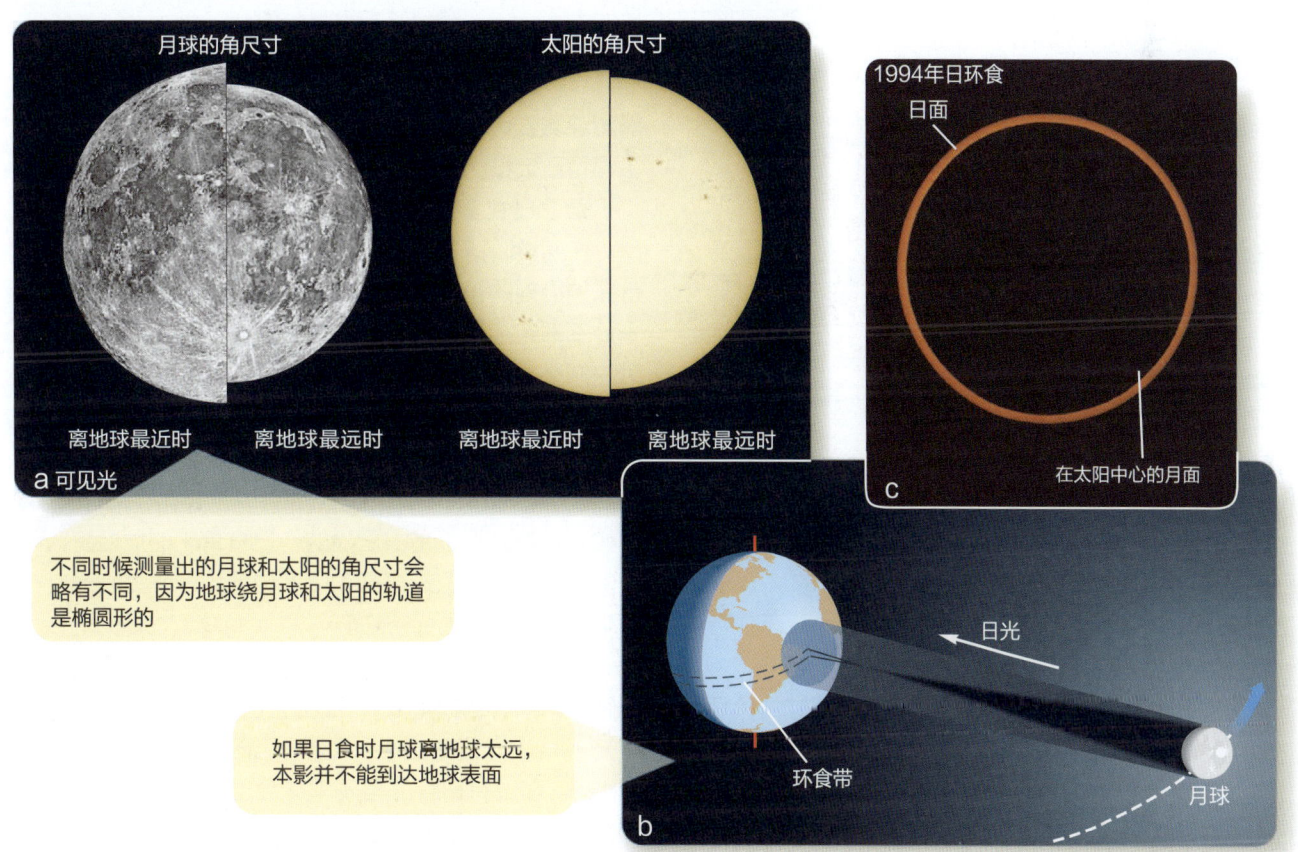

▲ 图3-10 （a）由于月球和太阳的角直径略有不同，月球的圆盘有时太小，无法覆盖太阳的圆盘。（b）这意味着月球的本影不能到达地球，而日食是环形的，即在月球周围可以看到太阳盘的一个环。（c）在这张1994年的环食照片中，月球的暗盘几乎正好位于太阳亮盘的中心

表 3-2　2019 年到 2028 年的所有日全食和日环食[a]

日期	全食/环食（T/A）	食甚发生的时间（世界时）[b]	整个日食发生的最长时间（分：秒）	可见日食的地区
2019 年 7 月 2 日	T	19:24	4:33	太平洋、南美洲
2019 年 12 月 26 日	A	05:19	3:39	东南亚、太平洋
2020 年 6 月 21 日	A	06:41	0:38	非洲、南亚、东亚
2020 年 12 月 14 日	T	16:15	2:10	南太平洋、南美洲、南大西洋
2021 年 6 月 10 日	A	10:43	3:51	北美洲、北极
2021 年 12 月 4 日	T	07:35	1:54	南极洲、南大西洋
2023 年 4 月 20 日	A/T[c]	04:18	1:16	东南亚、菲律宾、印度尼西亚、澳大利亚
2023 年 10 月 14 日	A	18:00	5:17	美国、美洲中部、南美洲
2024 年 4 月 8 日	T	18:18	4:28	北美洲、美洲中部
2024 年 10 月 2 日	A	18:46	7:25	太平洋、南美洲
2026 年 2 月 17 日	A	12:13	2:20	南美洲、大西洋、南非、南极洲
2026 年 8 月 12 日	T	17:47	2:18	北美洲、北大西洋、北极、欧洲、非洲
2027 年 2 月 6 日	A	16:01	7:51	南美洲、南极洲、南大西洋、南非
2027 年 8 月 2 日	T	10:08	6:23	非洲、欧洲、西亚和南亚
2028 年 1 月 26 日	A	15:09	10:27	南美洲、北美洲、大西洋、欧洲
2028 年 7 月 22 日	T	02:57	5:10	东南亚、澳大利亚和新西兰、太平洋

a. 2015 年至 2025 年间没有日全食和日偏食。
b. 时间为世界时，北京时间需加 8 小时。
c. 混合食：开始为日环食，变成日全食，结束为日环食。

明显的粉红色。一个大的日珥的宽度可以超过地球直径的 3 倍。（光球层、色球层、日冕和日珥作为太阳大气层组成部分的性质将在第 8 章中详细描述。）

在任何情况下，全食的时长不会超过 7.5 分钟，平均只有 2 至 3 分钟。当太阳的亮面在月球的尾部边缘重现时，全食就结束了。日光迅速恢复，日冕和色球层也随之消失。这与月球本影尾部边缘扫过观察者所在位置的时刻相对应。

就在日全食开始或结束时，一小部分光球层可以从月球盘边缘的山谷中窥探出来。虽然它非常明亮，但这样一小部分的光球并不能完全盖过较暗的大气层和日冕。它会形成一个银色的光环，光球的亮斑像钻石一样闪闪发光（见图 3-12b）。这种钻石环效应（diamond ring effect）是最壮观的天文景观之一，但并不是每次日食都能看到。它的出现取决于月球的确切方向和运动。

3-3d　观察日食

多年前，天文学家们不远万里来到异国他乡，把他们的仪器搬到全食带上，研究只有在日全食的几分钟内才能看到的微弱日冕。现在，太空中的太阳望远镜每天都能观测到许多这样的情况，但日食爱好者们仍然会为了观看日全食的刺激而前往世界的偏远角落。

无论日食多么惊心动魄，你在观看日食时必须谨慎。在偏食阶段，部分明亮的光球仍然可见，所以在没有保护措施的情况下观看日食是很危险的。高密度的滤光片不一定能提供保护，因为有些滤光片不能阻挡不可见的红外（热）辐射，而红外辐射会灼伤你的视网膜。诸如此类的危险导致官方警告公众不要看日食，甚至吓得一些人把自己和孩子关在没有窗户的房间里。认为日食期间阳光在某种程度上更危险，是一个常见的误区。事实上，看太阳总是很危险的。日食带来的危险是人们被诱惑而无视常识去直视太阳造成的，即使太阳光几乎完全消失，眼睛也会被灼伤。

观察日食偏食的最安全和最简单的方法是使用小孔成像。在一张纸板上戳一个小针孔。将带孔的纸板放在阳光下，让光线穿过孔，照射到第二张纸板上（见图 3-13）。在没有日食的日子里，会出现一个小而圆的光点，这就是太阳的影像。在日食的偏食阶段，图像将显示月球的黑暗轮廓遮住了太阳的一部分。部分日食的小孔成像也可以在树的阴影中看到，因为阳光从树叶和树枝之间的微小开口处探出。在全食之前，这可能会产生

一次日全食

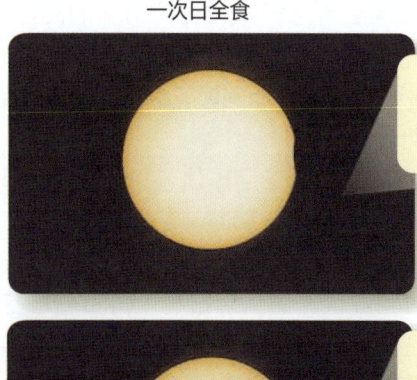
月球从右到左,开始从太阳前经过

月面逐渐遮盖日面

当日面被遮盖面积增加,日光逐渐暗淡

在食甚期间,粉色的日珥更加明显

食甚期间,长时间曝光能够展现出微弱的日冕

可见光

图源:Daniel Good

▲ 图 3-11 这一连串的照片显示了日全食的前半段。在日食的后半段,这个序列是相反的。请注意,底部的两帧照片显示了同一日全食阶段的两个不同曝光时间的照片

一种阴森的效果,因为剩余的一丝太阳在树下的地面上会产生细小的光晕。一旦全食开始,就可以安全地直视了。处于日全食中的太阳比满月还要暗淡。

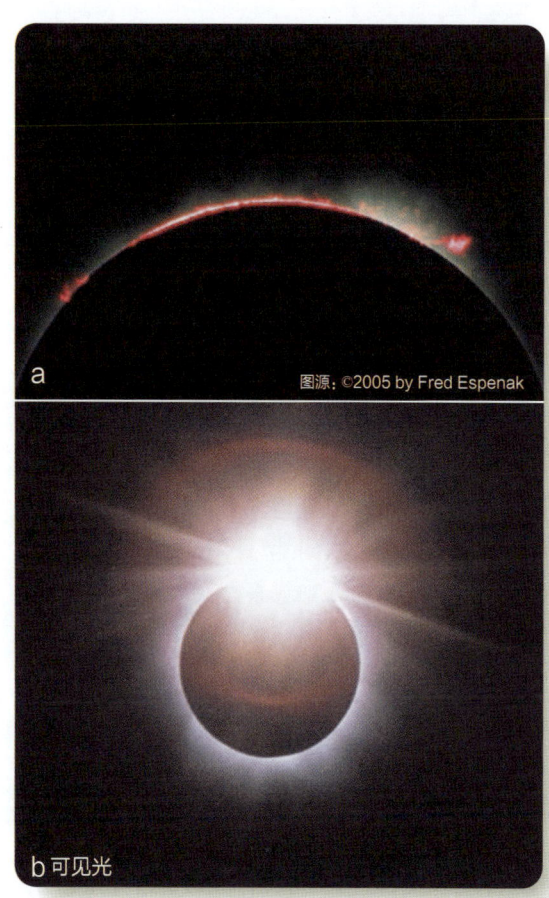

图源:NOAO

▲ 图 3-12 (a)在日全食期间,月球遮盖着光球层,红宝石色的色球层和粉红色的日珥清晰可见。在这张图片中,只有下层日冕是可见的。(b)在日全食开始或结束时,钻石环效应有时会出现,如果有一小部分光球从月面边缘的山谷中探出

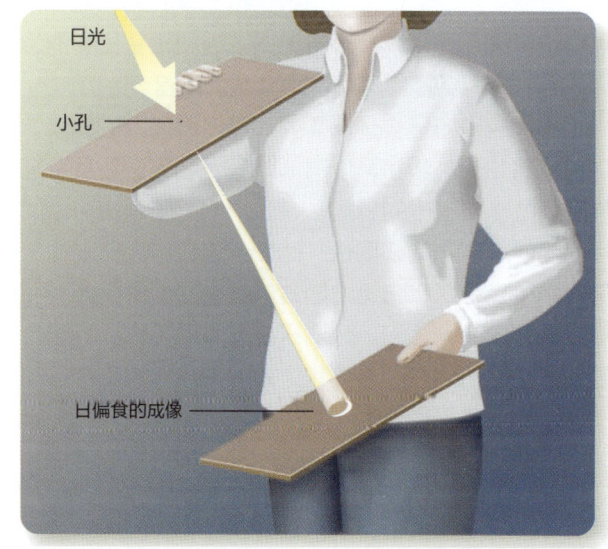

▲ 图 3-13 观看日食偏食阶段的安全方法。用一张卡片上的针孔将太阳的图像投射到第二张卡片上。两张卡片之间的距离越大,图像就越大(越模糊)

第一部分 探索天空 043

践行科学

如果你在地球上观看日全食，那么月球上的宇航员在看地球时会看到什么？回答这个问题需要你改变你的切入点，想象从一个新的地点看到日食。科学家们通常想象从多个角度看到事件，以此来发展和检验他们的观点。

站在月球上的宇航员只有在面对地球的那一面才可以看到地球。因为日食总是发生在新月时，此时月球的近地侧将处于黑暗中，而月球的远地侧将处于阳光下。站在月球近地侧的天文学家将站在黑暗中，他们将看到地球被照亮的一面，他们将完整地看到地球。月球的影子将扫过地球，如果宇航员仔细观察，他们可能会看到月球本影接触到地球的黑暗点。月球的影子需要几个小时才能穿过地球。

站在月球上，看着月球的阴影扫过地球，将是一项冰冷乏味的任务。也许你可以为宇航员想象一个更有趣的任务。当地球上的人们看到月全食时，月球上的宇航员会看到什么？

3-4 预测日食

中国有一个传说，说的是夏朝两位天文学家羲与和，因为喝多了酒，没有预测公元前 2137 年 10 月 22 日的日食。也许他们没有举行适当的仪式来吓走（根据中国的传统）正在啃食太阳的龙。当君王从日食的恐惧中恢复过来时，他将这两位天文学家斩首。

进行准确的日食预测需要计算机和适当的软件，但早期文明的天文学家可以对哪些满月和哪些新月可能导致日食做出有根据的猜测。有 3 个很好的理由可以解释回顾他们的方法的必要性：第一，这是科学史上的一个重要章节；第二，它将说明看似复杂的现象是如何用周期性来分析的；第三，预测日食可以锻炼你的科学想象力，帮助你把地球、月亮和太阳想象成在太空中运动的物体。

3-4a 日食的条件

你可以通过想象和分析太阳和月亮在天空中的运动来预测日食。想象一下，你可以从地球上的家中仰望天空，看到太阳在沿黄道运动，月球也在沿其轨道运动。因为月球的轨道平面与地球的轨道平面的倾角略大于 5 度，所以你看到月球沿着与黄道成相同角度的路径前进。每个月，月球在两个被称为交点（nodes）的地方穿过黄道线。它先穿过一个交点向南，大约两周后，它再穿过另一个交点向北。

从地球上看，只有太阳在月球轨道的一个交点附近时，才会发生日食。只有在那时，新月才能穿过太阳并产生日食，如图 3-14a 所示。大多数新月在黄道以北或以南的地方经过，无法引起日食（再看图 3-2）（请注意，这种对日食的要求就是太阳在天空中的视路径被称为黄道的原因）。另外，当太阳在一个交点附近时，地球的影子会指向另一个交点附近，这样就有可能发生月食。月食并不是每次满月都会发生，因为大多数满月都是在黄道的北面或南面经过，而不在地球阴影的本影之上。有些月份你可能会看到月偏食，如图 3-14b 所示。

因此，日食或月食的发生有两个条件。太阳必须在月球轨道的两个交点之一附近，而月球必须在同一交点（日食）或另一交点（月食）附近经过。当然，这意味着日食只能在新月时发生，而月食只能在满月时发生。

现在你可以了解预测日食的古老秘密了。日食只能在一个叫作食季（eclipse season）的时期发生，在此期间，太阳接近月球轨道上的一个交点。对日食来说，一个食季大约为 32 天。在此期间的任何一次新月都会产生日食。对月食来说，食季稍短，约 22 天。在此期间，任何满月都会遇到地球的影子，并发生月食。

这使日食预测变得简单。你要做的就是跟踪月球穿过黄道的位置（其轨道的交点位置）。然后，当太阳接近其中任何一个交点时，你就可以告诉大家可能会发生日食。这个系统运行得相当好，早期文明的天文学家，如玛雅人，可能已经使用了这样一个系统。以你对食季的了解，你也可以成为一个非常成功的玛雅天文学家，但如果你改变思考方法，你可以做得更好。

3-4b 太空中的风景

改变你的视角，想象你正从太空中一个遥远的点看地球和月球的轨道。回顾一下，月球的轨道平面与地球的轨道平面呈一个角度。地球和月球的影子又长又细，如图 3-2 所示。这就是它们会错过在新月或者满月时候的位置，并且通常不能产生日食的原因。当地球绕着太阳运行时，月球的轨道也保持着大致固定的方向。月球轨道的交点是它穿过地球轨道平面的点，当连接这些交点的线（交点线，line of nodes）直接指向太阳，使地球和月球的影子扫过月球和地球时，食季就会发生。

请看图 3-15，注意在左下角的例子中，交点线并没有指向太阳，因此在这一年的此时不可能发生日食、月食。在右下角的例子中，在食季，交点线指向太阳，影子会导致产生日食、月食。

如果你用太空中的视角观察多年，你会看到月球轨道的进动像一个轮毂盖在地面上旋转，这种进动主要是由太阳的引力影响产生的，其结果是从地球上看，交点线似乎每 18.6 年就会绕着天空旋转一次。因此，交点

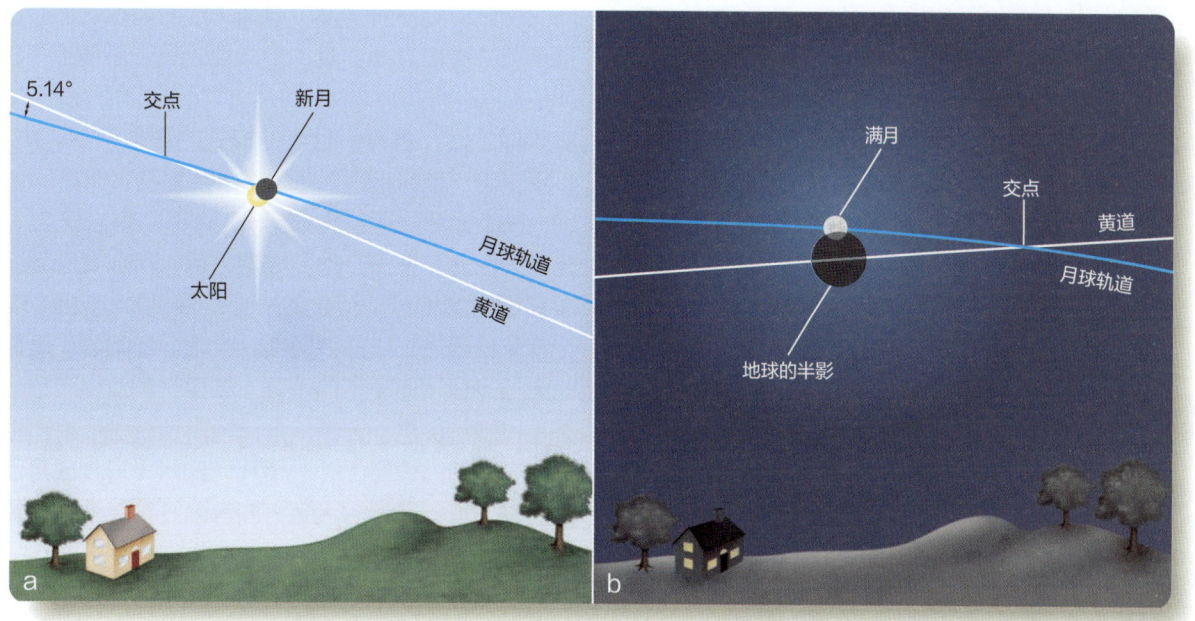

▲ 图 3-14　只有当太阳出现在月球轨道的某个交点附近时，才会发生日食。(a) 当月球与太阳在一个交点附近相遇时，日食发生。(b) 当太阳和月亮在相对的交点附近时，月食发生。为清晰起见，这里显示的是偏食

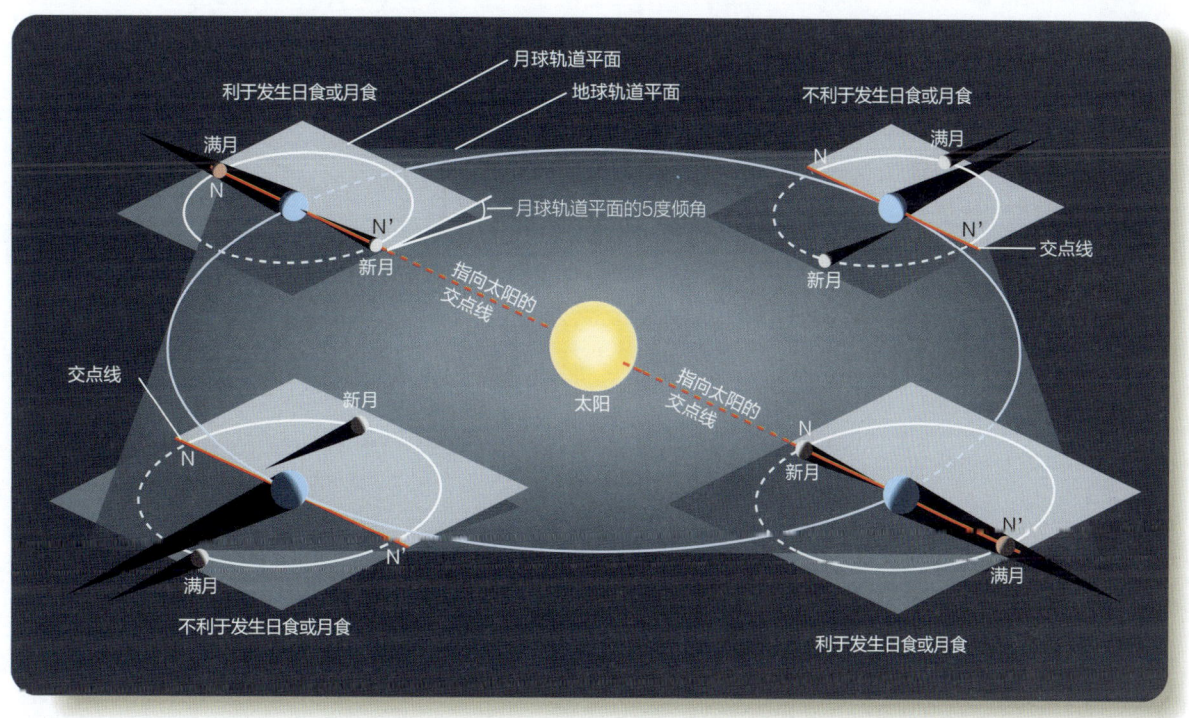

▲ 图 3-15　月球的轨道比地球的轨道多倾斜了 5 度多一点，交点 N 和 N' 是月球通过地球轨道平面的点。地球轨道上交点线指向太阳的地方，新月和满月时便有可能发生日食和月食

以每年 19.4 度的速度沿黄道向西滑动。故而，太阳不需要一整年的时间就能从一个交点绕过黄道，然后再出现在同一个交点。由于交点向西移动以迎接太阳，太阳只需经过 346.6 天（一个食年）就能穿过交点。这意味着每年的食季都会提前约 19 天开始（见图 3-16）。如果你在某年的 12 月下旬看到日食，你就可以在第二年的 12 月初再次看到日食，以此类推。

日食或月食是有规律可循的，如果你是早期文明的天文学家，了解这种规律，你就可以在不知道月球是什么或轨道如何运行的情况下预测了。一旦你在某一特定地点观测了几次日食，你就会知道日食食季的发生时间，你可以通过减去 19 天来预测明年的日食食季。靠近这些日期的新月和满月都是重点观察对象。

3-4c　沙罗周期

古代的天文学家可以通过食季来预测日食，但如果他们能认识到日食的发生遵循一定的规律，那么他们的预测就会更加准确。其中最重要的是沙罗周期（Saros Cycle，有时简称为"沙罗"）。在一个 18 年 $11\frac{1}{3}$ 天的沙罗周期之后，日食、月食的模式会重复出现。事实上，沙罗来自一个希腊词，意思是"重复"。

一个沙罗周期包含 6585.321 天，相当于 223 个朔望月。因此，在一个沙罗周期之后，月球又回到了该周期开始时的相位。但是，一个沙罗周期也正好等于 19 个食年。经过一个沙罗周期，太阳已经回到了周期开始时它与月球轨道交点的位置。如果某天发生了日食，那么 18 年 $11\frac{1}{3}$ 天后，太阳、月球和月球轨道的交点又回到了几乎相同的位置上。一个几何形状（日食或月食发生的时长、月影运动的大致方向等）几乎完全相同的日食或月食再次发生。

虽然日食或月食的几何形状几乎完全相同，但从地

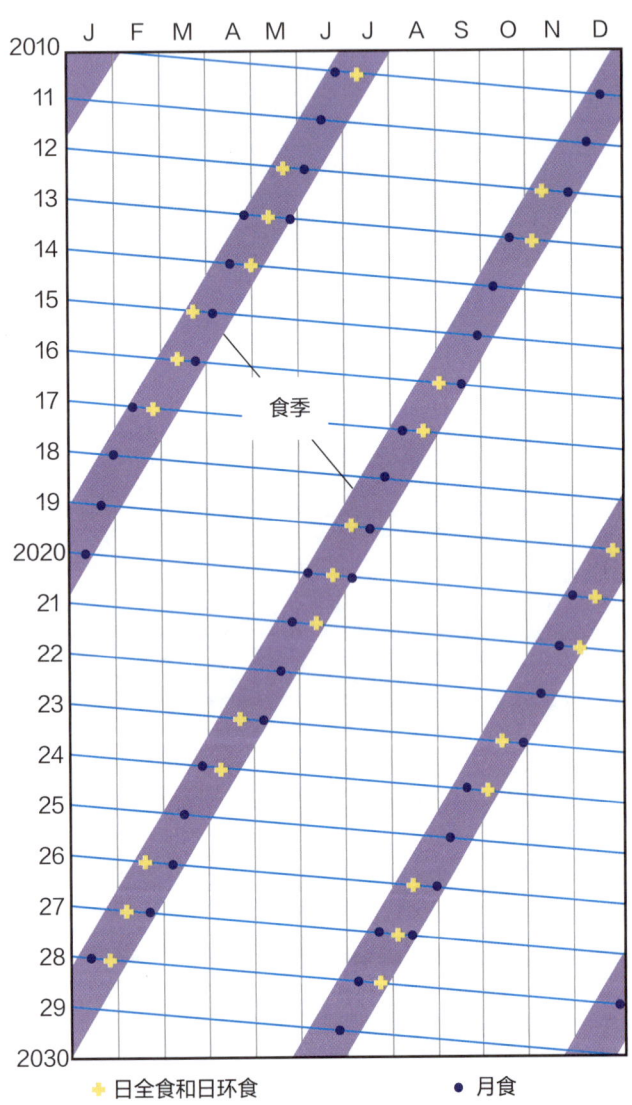

▲ 图 3-16　食季的日历。每年的食季都会比前一年提前 19 天。任何在食季发生的新月或满月都会产生日食或月食。这里只显示了全食和环食

▲ 图 3-17　沙罗周期：1970 年 3 月 7 日的日全食，在 18 年后的 $11\frac{1}{3}$ 天再次出现在太平洋上，其轨迹与上次日全食的轨迹几乎相同。18 年后的 $11\frac{1}{3}$ 天，亚洲和非洲又出现了一次具有类似轨迹的日食。再过 18 年 $11\frac{1}{3}$ 天，在 2024 年，类似 1970 年的日食将再次在美国看到

球上的同一地点是看不到的。沙罗周期比18年11天长1/3天。当日食再次发生时，地球将向东旋转1/3圈，而日食将向西绕地球1/3圈发生（见图3-17）。这意味着经过3个沙罗周期——54年加34天——同样的日食将在地球的同一区域发生。

最著名的日食预测者之一是来自希腊米利都（Miletus）的哲学家泰勒斯（Thales，约公元前640—前546年），他从巴比伦天文学家那里了解到沙罗周期。没有人知道泰勒斯预测的是哪次日食，一些学者怀疑是公元前585年5月28日的日食。无论如何，这次日食发生在吕底亚人和玛代人之间战斗的高峰期，午后的神秘黑暗让两支军队大为震惊，认为他们一定是因某种方式冒犯了神灵，于是他们达成了休战协议。

虽然有历史学家怀疑泰勒斯是否真的预测了日食，但重要的一点是他可以做到。如果他有该地区以往的日食记录，他可以发现这些日食往往以54年加34天的周期重复出现（三个沙罗周期）。事实上，他可以在不了解沙罗周期的原因的情况下预测日食或月食。

践行科学

为什么连续的两次满月不能完全被掩食？

大多数人认为日食、月食是随机发生的，或者是以某种复杂的模式发生的，你需要一台大电脑来进行预测。事实上，像许多自然事件一样，日食、月食的发生有一个可以观察的周期，预测日食、月食可以简化为一系列简单的步骤。

只有当太阳在一个交点附近，而月球在另一个交点穿过地球的阴影时，月食才能发生。一个月食季只有22天，在这段时间内任何满月都会被掩食。然而，月亮从一个满月到下一个满月需要29.5天。如果一个满月被完全食掉，那么29.5天后的下一个满月将在食季结束后很久才发生，而且不可能有第二次掩食。

现在利用你对太阳和月球周期的知识来考虑一个类似的问题。太阳如何连续两次被新月掩食？

我们是什么

计分员

月球伴随着我们的日常生活、历史、神话出现，当它在天空中移动时，形成了一个戏剧性的景象，几十亿年来一直循环出现着一系列的月相。月球一直是人类时间的守护者。摩西、耶稣和穆罕默德看到的月球和你看到的一样。月球是我们人类遗产的一部分，著名的绘画、诗歌、戏剧和音乐都在颂扬月球的美丽。

几千年来，日食和月食一直让人感到恐惧和着迷，人类最早的一些了解自然的努力集中在计算月相和预测日食上。一些天文学家发现，巨石阵可能被用于预测日食，美洲中部的古玛雅人留下了精心制作的表格，使他们能够预测日食。

我们的生活由月球主宰。我们把一年分为几个月，每个月从新月到上弦月，到满月，再到下弦月，然后回到新月，将一个月分为四个星期。在美国本土的一个故事中，土狼与太阳打赌，看太阳是否会在冬至后回来温暖地球。月球负责计分，月球是规律性、信任性和可靠性的象征。它是计分员，计算着我们的星期和月份。

4 现代天文学的起源

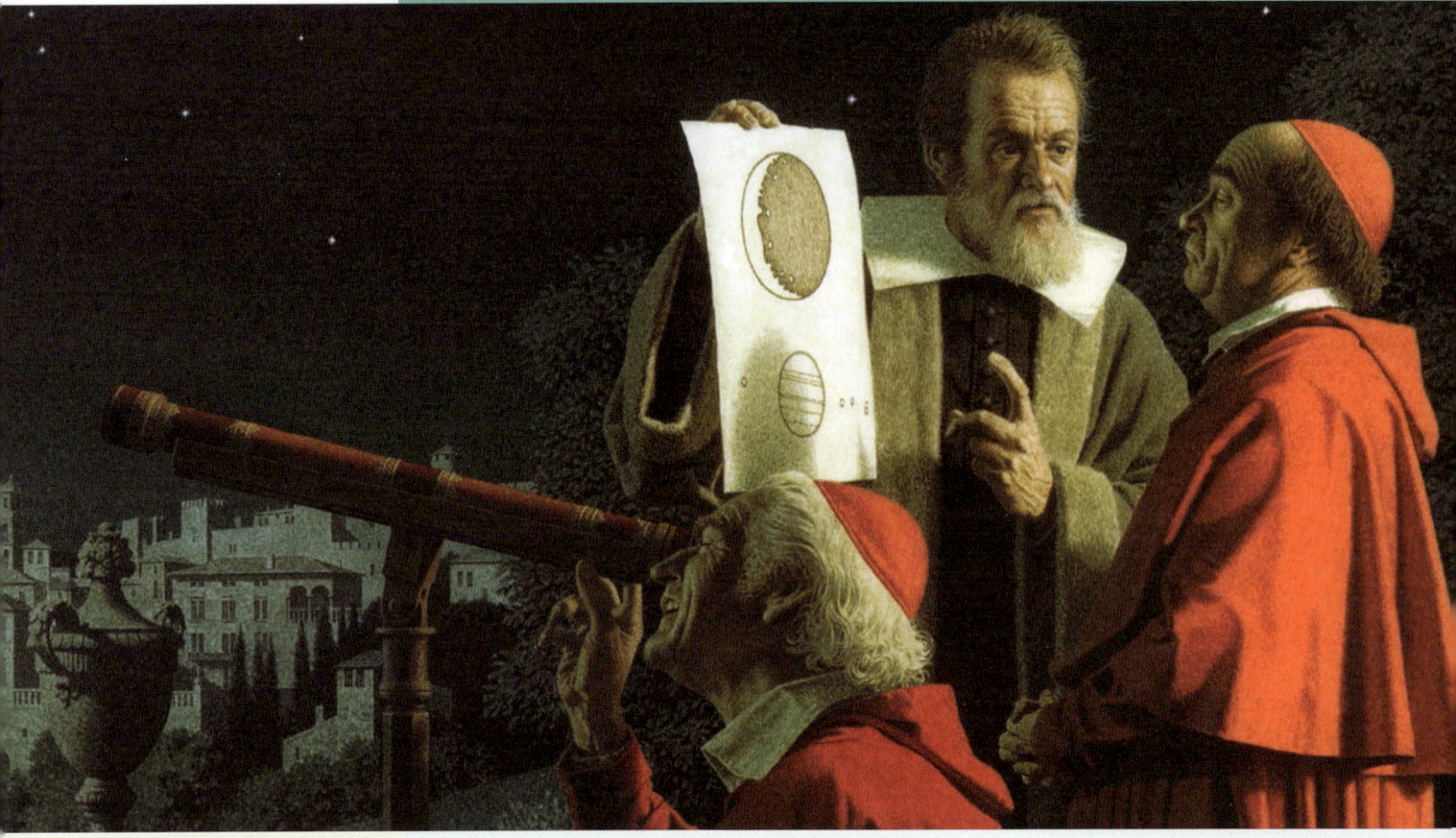

图源：伽利略向怀疑者解释月球地貌 (colour litho)/Huens, Jean-Leon(1921-82)/ NATIONAL GEOGRAPHIC SOCIETY/ Bridgeman Images

▲ 伽利略的望远镜揭示了诸如月球上的陨击坑、金星的相位以及围绕木星运行的 4 个卫星的存在。他展示了他的望远镜，并与有权势的人讨论了他的观测结果，解释了如何用观测到的证据来检验当时被普遍认可的以地球为中心的宇宙模型

前面 3 章让你了解了地球、月球和太阳在空间中运动的方式，以及这些运动如何产生你在天空中看到的景象。但是，人类是如何第一次意识到我们生活在一个在空间中运动的行星上的呢？这需要推翻关于地球在宇宙中的地位的古老而尊贵的观念。

在本章中，你将看到哥白尼、开普勒和伽利略等文艺复兴时期的科学家是如何提出新模型并改变我们理解自然的方式的。在这里，你将找到关于从古代到现代宇宙观过渡的 4 个重要问题的答案：

▶ 古典哲学家是如何描述地球在宇宙中的地位的？
▶ 哥白尼是如何修正这些古代思想的？
▶ 开普勒是如何发现行星运动规律的？
▶ 伽利略的观测是如何支持哥白尼模型的？

这一章不仅关于天文学史。当文艺复兴时期的天文学家努力理解地球、太阳系和宇宙的时候，他们发明了一种理解自然的新方法——一种现在被称为科学的思维方式。接下来的每一章都将使用在哥白尼、开普勒和伽利略的职业生涯所在的一个世纪内发明的方法。

> 亲爱的开普勒，如果你听到神学院最伟大的哲学家对大公爵说的关于我的话，你会如何大笑呢？
>
> ——摘自伽利略的一封信

400年前，伽利略因为参与了一场关于宇宙性质的巨大争议性讨论而被教会判处终身监禁。这场讨论的争议集中在两个问题上，地球的位置是争论最激烈的问题：它是宇宙的中心，还是太阳是宇宙的中心？一个相关的问题是行星运动的性质。古代的天文学家可以看到太阳、月球和行星沿着黄道运动，但他们无法精确地描述或预测这些运动。为了解地球在宇宙中的位置，天文学家首先必须了解行星运动。

4-1 天文学的根基

天文学起源于一个高贵的人类特质：好奇心。就像现代的孩子问他们的父母星星是什么、为什么有月相变化一样，早期的人类也问自己这些问题。他们的答案往往以神话或宗教术语来表达，显示出对天体秩序的极大敬畏。

4-1a 考古天文学

天文学的大部分历史已经永远消失了，你无法去图书馆或在互联网上搜索到第一批天文学家对世界的看法，因为他们没有留下书面记录。对古代天文学的研究，称为考古天文学（archaeoastronomy，"考古学"和"天文学"的结合）。考古天文学产生了大量的证据，证实了认识天体是人类本性的一部分。

巨石阵也许是考古天文学研究的最著名对象，也是一个重要的旅游景点。巨石阵位于英格兰南部的索尔兹伯里平原，从公元前3100年到公元前1600年分阶段建造，这一时期从石器时代晚期延伸到青铜时代。虽然公众最熟悉的是该纪念碑的巨大石块，但它们是在其历史的后期添加的。在最初阶段，巨石阵由一个圆形的沟渠组成，直径比美国足球场的长度略长，沟渠内有一个同心的堤岸，一条长长的大道向东北方向延伸。一块巨大的石头，即脚跟石，矗立在沟渠外的大道口。

早在1740年，英国学者威廉·斯图克利（William Stukely）就提出，这条大道在夏至时节指向初升的太阳，但很少有历史学家接受它是被有意安排的。尽管如此，从纪念碑的中心看去，夏至日的太阳确实在脚跟石的后面升起。最近，天文学家已经认识到巨石阵的其他重要天体排列。例如，有一些视线指向月亮最北和最南的地平线上升起的点（见图4-1）。

这些排列的意义一直存在争议。有些人声称，建造巨石阵的石器时代的人将其作为预测日月食的装置。在学习了上一章的日月食预测后，你会明白预测日月食比大多数人想象的要容易得多。也许巨石阵就是以这种方式被使用的，但真相可能永远不会被知道。巨石阵的建造者没有书面语言，也没有留下关于他们意图的记录。然而，在巨石阵以及遍布英格兰和欧洲大陆的许多其他石器时代的纪念碑上都有涉及太阳和月球的排列，这表明所谓的原始人对天空非常关注——在建筑中融入天文排列，通过将建筑与天体联系起来，赋予建筑特殊的甚至神圣的意义。天文学的根源不在于复杂的科学，而在于人类的好奇心和敬畏。

世界各地的神圣建筑中都有天文排列的现象。例如，许多坟墓都朝向太阳升起的方向。纽格兰奇是爱尔兰的一座有5000年历史的通道坟墓，它面向东南。这样，在冬至那天的黎明，太阳升起的光线就会照进长长的通道，照亮中央的墓室。今天没有人知道这种排列方式对纽格兰奇的建造者意味着什么。不管它最初的目的是什么，纽格兰奇显然是一个神圣的地方，它与天空的秩序和力量相联系。

有些排列方式可能与年历有关，位于埃及丹德拉（Dendera）有2000年历史的伊希斯神庙（Temple of Isis），是为了与天狼星的上升点对齐而建造的。每年，这颗星在黎明时分的首次出现标志着尼罗河的泛滥，所以它是一个重要日期的标志。埃及神话中描述了天狼星和尼罗河之间的联系，女神伊希斯（Isis）与天狼星有关，她的丈夫奥西里斯（Osiris）与现在被称为猎户座的星座有关，也与尼罗河有关，是埃及土壤肥沃、农业发达的原因。

位于新墨西哥州的一个耐人寻味的美国遗址被称为"太阳匕首"（Sun Dagger），不幸的是没有现存的神话来讲述它的故事。在夏至这一天的中午，一把窄窄的匕首形的光线照射在刻在高处崖壁上的螺旋形中心（见图4-2）。太阳匕首的目的还有待商榷，但类似的例子在美国西南部多有发现。它可能具有更多的象征性和仪式性目的，而不是精确的计算功能。无论如何，它只是古代人在他们的建筑中建造的许多天文排列方式之一，用以将自己与天空联系起来。

一些考古天文学者研究数万年前的小型文物，而不

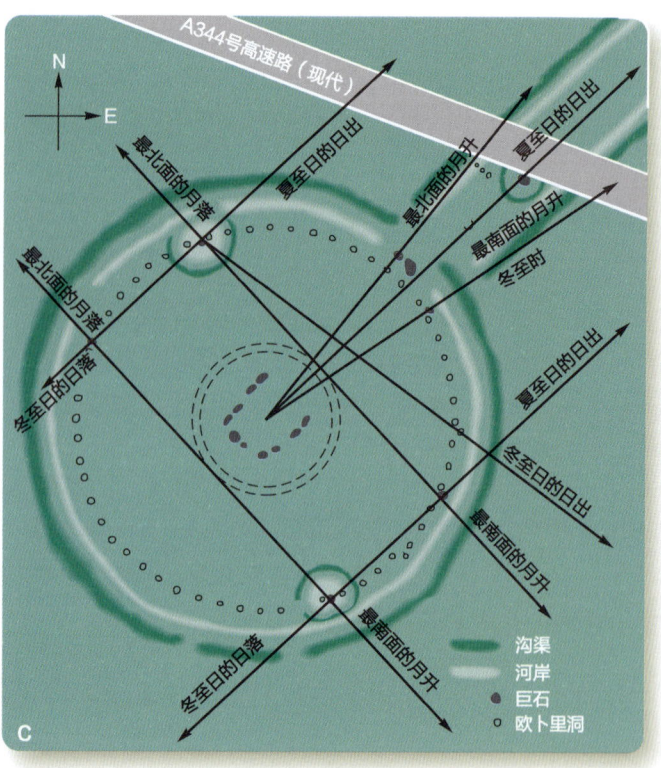

▲ 图 4-1 （a）中央的马蹄形直立石只是巨石阵最明显的部分。（b）巨石阵最著名的天文排列是夏至日的太阳从脚跟石上升起。（c）虽然在巨石阵上发现了一些天文排列，如图所示，但专家们对其意义存在争议

▲ 图 4-2 （a）在被称为新墨西哥州查科峡谷（Chaco Canyon）的古代原住民聚居地，阳光从 440 英尺高的法哈达山丘一侧的两块石板之间照射下来，在崖壁上形成一把光的匕首。（b）在夏至这天的中午，这把光匕首从一个螺旋的中心切开了砂岩

050　天文学入门

是大型结构。某些骨质和石质工具上的划痕遵循一种规律，可能记录了月相（见图4-3）。虽然有争议，但这些发现表明，人类最早的一些书面记录是关于天文现象的。

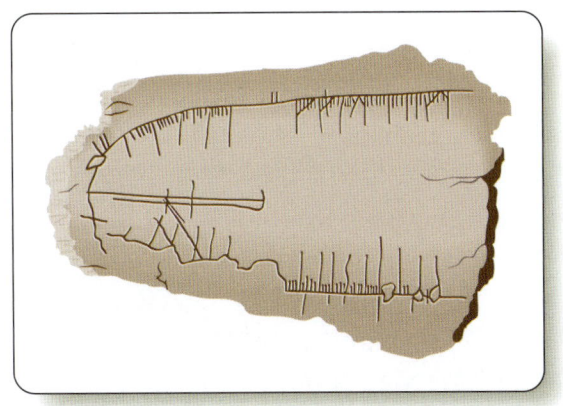

▲ 图 4-3　在乌克兰发现的年龄至少为 1.5 万年的猛犸象牙片，其边缘有刻痕，在此图中被简化。这些标记被解释为对 4 个月相周期的记录

考古天文学研究发现了天文学的根源，并由此揭示了人类在系统探索天体方面的一些最初努力。考古天文学最重要的经验是，人类不一定要有先进的技术才能对天体周期有一个成熟的理解。

虽然考古天文学的方法可以显示出古代人是如何观察天空的，但在许多情况下，他们对宇宙的想法却不为人所知。许多文明没有书面语言。还有的文明书面记录已经丢失，甚至被故意销毁。例如，几十本，也可能是几百本美丽的玛雅手稿被西班牙传教士烧毁，他们认为这些手稿是魔鬼的作品。只有 4 本玛雅书籍幸存下来，而这 4 本书都包含天文参考资料。其中一本包含了复杂的表格，使玛雅人能够预测金星的运动和月食的发生。没有人知道究竟有多少东西被遗失了。

玛雅书籍的命运，说明了为什么天文科学史通常从希腊人开始。西方的文化和语言有一定程度上是他们的后裔，他们的一些文字也就被保存了下来，从中你可以发现希腊人对天体的几何和运动的看法。

4-1b　古希腊的天文学

古希腊天文学源于古巴比伦和古埃及，但古希腊哲学家采取了一种新的方法。古希腊人没有依靠宗教和占星术，而是提出了宇宙是有理可循的，其秘密可以通过逻辑和理性来理解。

当你研究早期希腊天文学时，你应该记住，古希腊人对宇宙的了解比你要少得多。正如你在第 1 章中学到的或被提醒的那样，星星是散布在银河系内的其他太阳一样的天体。你还应意识到，在最大的望远镜所能看到的最大距离之外，宇宙中充满了其他星系。早期的天文学家对这些一无所知。他们看到太阳、月球和行星在恒星的背景下有规律地移动，他们想象整个宇宙几乎没有比太阳系中的明亮天体更多的东西，只是在行星之外延伸到一个包含恒星的封闭球体。在大多数情况下，他们认为我们居住在一个以地球为中心的地心宇宙（geocentric universe）中。在本章中，你将看到少数天文学家提出了以太阳为中心的日心宇宙（heliocentric universe）。

当古希腊的天文学家用逻辑和理性分析天体时，这昭示着他们向现代科学迈出了第一步，这主要是由两位早期希腊哲学家促成的。米利都的泰勒斯（约公元前 624—前 546 年）生活和工作在现在的土耳其。他教导说，宇宙是理性的，人类的头脑可以理解宇宙为什么以这样的方式运作。这种观点与早期文化形成鲜明对比，后者认为事物的最终原因是人类无法理解的神秘事物。对泰勒斯和他的追随者来说，宇宙的奥秘之所以是奥秘，只是因为它们是未知的，而不是因为它们是不可知的。

毕达哥拉斯（Pythagoras，约公元前 570—前 495 年）是第二个使新的科学态度成为可能的哲学家。他和他的学生注意到，自然界的许多事物似乎都受几何或数学关系的支配。例如，音乐的音高与拨动的琴弦的长度有关。这促使毕达哥拉斯提出，所有自然界都是由"音乐原则"支配的，这里的"音乐原则"指的是数学。这种哲学思想促成的一个结果是，后来人们相信天体运动的和谐产生了实际的音乐，被称为"天体的音乐"。在更深层次上，毕达哥拉斯的教义使古希腊天文学家以一种新的方式看待宇宙。泰勒斯说，宇宙可以被理解，而毕达哥拉斯说，理解宇宙的基本规则是数学的。

在试图理解宇宙的过程中，古希腊天文学家做了一些古巴比伦天文学家从未做过的事情。他们试图用几何学的方式来描述宇宙。菲洛劳斯（Philolaus，公元前 5 世纪）假设，地球围绕着一个"火中心"（不是太阳）做圆周运动，而这个"火中心"总是隐藏在位于火和地球之间的反地球后面。这是已知最早的关于地球运动的假说。

伟大的哲学家柏拉图（Plato，约公元前 424—前 347 年）并不是一位天文学家，但他的学说影响了天文学 2000 年。柏拉图认为，人类看到的现实只是一个完美、理想形式的扭曲的影子。如果人类的观察是扭曲的，那么观察可能会产生误导，而通向真理的最佳途径是对支撑自然的理想形式的纯粹思考。

柏拉图与其他哲学家在一个被称为天体完美（perfection of the heavens）的原则上达成一致。他们看到了夜空的美丽和天体的规律运动，因此得出结论，天体代表着完美。柏拉图认为，最完美的几何形态是球体，因此，完美的天体一定是由以恒定速率自转的球体组成的，在其周围以圆的形式承载天体。因此，后来的天文学家试图通过想象多个自转的球体来描述天体的运动。这就是著名的匀速圆周运动原理（uniform circular motion）。

柏拉图的学生尤多克斯（Eudoxus of Cnidus，公元前408—前355年）应用了这一原理，他设计了一个由27个嵌套球体组成的系统，这些球体围绕不同的轴线以不同的速度自转，以实现对宇宙运动的数学描述（见图4-4）。

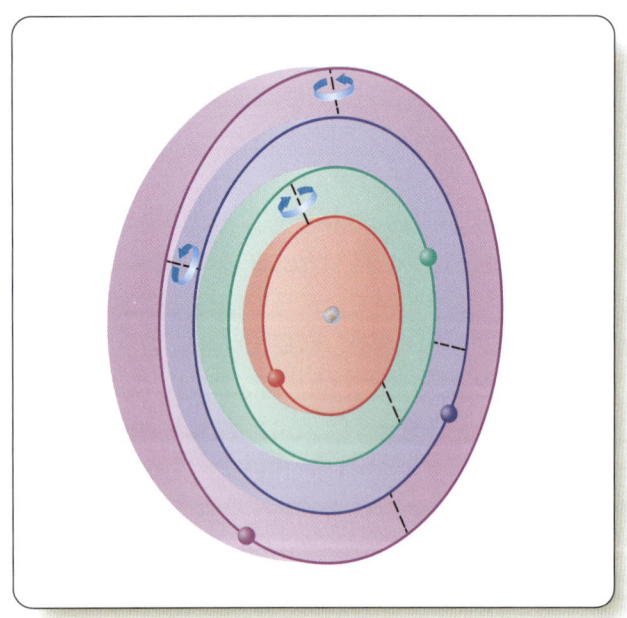

▲ 图4-4　尤多克斯的球体通过嵌套的球体以不同的速度围绕不同的轴旋转来解释天上的运动。地球位于中心位置。在这幅图中，27个球体中只有4个被显示出来

在古希腊哲学家的时代，人们通常把诸如尤多克斯的系统称为对世界的描述，其中世界不仅包括地球，还包括所有天上的球体，今天，你会说他们试图描述宇宙，虽然这些球体的真实性还有待商榷。一些人认为这些球体只不过是描述世界模型运动的数学概念，而另一些人则开始认为这些球体是由完美的天体材料构成的真实天体，例如，亚里士多德似乎就认为这些球体是真实的。

4-1c　亚里士多德和地球的性质

亚里士多德（Aristotle，公元前384—前322年）是柏拉图的另一个学生，他对哲学、历史、政治、伦理、诗歌、戏剧和其他学科作出了自己的独特贡献（见图4-5）。由于见解广博而深刻，他成为古代最伟大的作家，后来的哲学家们把他称为"哲学家"。他的天文模型在近2000年的时间里被广泛接受，后人只做了些许改动。

亚里士多德所写的科学课题的大部分内容都是错误的，但这并不令人惊讶。现代科学方法及其对证据和假设的坚持，当时还没有被发明出来。亚里士多德，像他那个时代的其他哲学家一样，试图通过从"第一性原理"（first principles）进行逻辑推理和仔细研究来理解他的世界。"第一性原理"是指被认为是明显真实的东西，不需要进一步审查。例如，对亚里士多德来说，天堂的完美性是一个第一性原理。一旦一个原理被认为是真实的，那么，凡是能由它经由逻辑推导得到的东西也一定是真实的。

亚里士多德认为，宇宙分为两部分。地球，不完美且易变，而天，完美且不变。像他的大多数前辈一

图源：PANAGIOTIS KARAPANAGIOTIS/Alamy Stock Photo

▲ 图4-5　亚里士多德写作的主题非常广泛，洞察力非常深刻，以至于他成为当时所有学术问题的伟大权威。他关于地球和天空的性质的观点被广泛接受了近2000年之久

样,他认为地球是宇宙的中心,所以他的模型是一个地心宇宙。天空环绕着地球,他在尤多克斯提出的模型上增加了一些部分,总共有55个结晶球体,以不同的速度和角度转动,太阳、月球和行星随之以它们被观察到的运动方式穿过天空。最低的球体,即月球,是地球易变且不完美的区域和月球以外不变且完美的区域之间的界限。

因为他认为地球是不动的,所以亚里士多德不得不假设整个球体巢每24小时围绕地球向西自传一周,以产生白天和黑夜。不同的球体必须以不同的速度运动,才能产生太阳、月球和行星在星空背景下的运动。由于他的模型是地心说,他教导说地球是唯一的运动中心,这意味着所有的自转球体都必须以地球为中心。

在亚里士多德之后大约一个世纪,亚历山大的哲学家阿利斯塔克提出地球以其轴心自转并围绕太阳公转。当然,这些观点总体上是正确的,但是阿利斯塔克的大部分著作都已遗失,他的理论也没有为后来的学者所熟知。事实上,几乎所有后来的天文学家都拒绝了任何关于地球可能运动的建议,不仅是因为他们感觉不到运动,还因为它与伟大的亚里士多德的教义相冲突。

亚里士多德教导说,地球必须是一个球体,因为它在月食期间总是投下一个圆形的影子,但他只能粗略估计其大小。大约公元前200年,在埃及城市亚历山大的大图书馆工作的埃拉托色尼(Eratosthenes,约公元前276年—前195年)发现了一种测量地球半径的方法。他从旅行者那里得知,埃及南部的锡尼(Syene)有一口井,在夏至这天,阳光会垂直照进井里。这告诉他,太阳在锡尼处于天顶,但在亚历山大的同一天,他注意到太阳在天顶以南1/50天空周长(约7°)的位置。

由于太阳光来自遥远的地方,它的光线到达地球时几乎是平行的。这使埃拉托色尼能够利用简单的几何学得出结论:从亚历山大城到锡尼的距离是地球周长的1/50(见图4-6)。

为了找到地球的周长,埃拉托色尼必须了解从亚历山大到锡尼的距离。旅行者告诉他,走完这段距离需要50天,而他知道骆驼每天可以走大约100个体育场的长度。这意味着总距离约为5000个体育场。如果5000个体育场是地球周长的1/50,那么地球的周长一定是25万个体育场,除以2π,埃拉托色尼发现地球的半径大约是4万个体育场。

埃拉托色尼的估计有多准确?体育场在古代有不同的长度。如果埃拉托色尼使用奥林匹克体育场,他的结

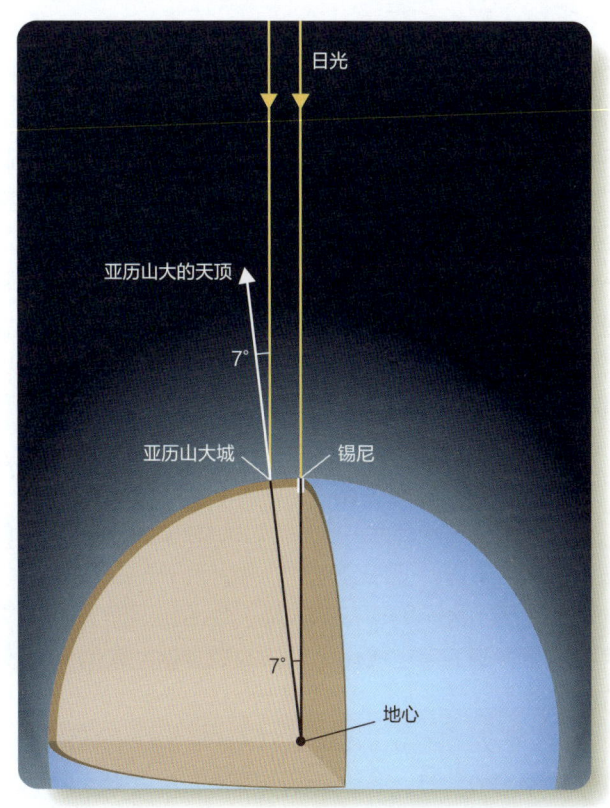

▲ 图4-6 在夏至这一天,阳光落到了锡尼的井底,但在同一天,太阳在亚历山大城市天顶以南约1/50圈(7度)的位置。由此,埃拉托色尼能够计算出地球的半径

果比真实值大14%——一点也不错。这是一个比亚里士多德估计的值更好的地球半径的估算值,亚里士多德的估计要小得多,大约是真实半径的40%。

你可能认为这只是两位古代哲学家之间的分歧,但这与一个常见的误区有关。克里斯托弗·哥伦布(Christopher Columbus)不需要说服伊莎贝拉女王,世界是球形的。在哥伦布的时代,所有受过教育的人(人口的一小部分)都知道世界是球形的而不是平的,他们不确定的问题是世界有多大。哥伦布和其他许多人一样,采用了亚里士多德估算的地球直径,所以他认为地球足够小,他可以向西航行,在几个月内到达日本和东印度群岛的香料群岛。如果他接受了埃拉托色尼估算的直径,哥伦布就不会冒着风险进行航行。他和他的船员们很幸运,因为美洲挡住了他们的去路,如果一路上都是开放的海洋,他们在到达陆地之前就已经饿死了。

亚里士多德、阿利斯塔克和埃拉托色尼都是哲学家,但是你将见到的下一个人是一个真正的天文学家,他详细地观测了天空。人们对依巴谷知之甚少,他生活在亚里士多德之后约两个世纪,即公元前2世纪。他通

常被认为发明了三角测量法，创建了第一个恒星星表，并发现了进动现象（回看图 2-7）。依巴谷还将太阳、月球和行星的运动描述为以地球为中心的圆形轨迹，但不在其中心。这些偏离中心的圆圈现在被称为偏心。依巴谷认识到，他可以在一个模型中重现这种运动，在这个模型中，每个天体都围绕着一个小圆圈旅行，而这个小圆圈又紧跟在围绕地球的一个大圆圈后面。他设计的复合圆周运动成为古典时代最后一位伟大的天文学家克劳迪乌斯·托勒密的杰作中的关键因素，你在第 2 章见过他。

4-1d 托勒密宇宙

托勒密是古代伟大的天文学家和数学家。他的国籍和出生年月不详，但在公元 140 年前后，他在希腊人的定居点亚历山大（即现在的埃及）生活和工作。他通过将亚里士多德的宇宙转化为复杂的数学模型来确保其被持续接受。

当你研究《宇宙古代模型》（An Ancient Model of the Universe）时，请注意 3 个重要的观点和 5 个新术语，它们表明第一性原理如何影响了早期对宇宙及其运动的描述：

1. 古代哲学家和天文学家接受的第一性原理是，天空是以地球为中心的，太阳、月球和行星在做匀速圆周运动。在他们看来，地球并没有移动，因为他们在星星的位置上没有看到视差（parallax）。

2. 观测到的行星运动并不完全符合这一理论。行星的明显逆行运动（retrograde motion）很难用地球处于宇宙中心和天体匀速圆周运动的模型来解释。

3. 在他那本后来被称为《天文学大成》（Almagest）的书中，托勒密试图解释行星的运动，他设计了一个小圆，即本轮（epicycle），沿着一个大圆的边缘旋转，这个大圆叫均轮（deferent）。均轮包围着一个稍微偏离中心的地球。偏心等距点（equant）是本轮中心似乎以恒定速率移动的点。这意味着从地球上看，行星的速度会略有不同。

托勒密生活在亚里士多德之后约 5 个世纪，虽然托勒密的工作是基于亚里士多德的宇宙，但他对一个具体的问题感兴趣——行星的运动。托勒密是一位杰出的数学家，他主要关心的是为他在天上看到的运动创建一个数学描述。对他来说，第一性原理比数学的精确性更重要。

托勒密的数学中所体现的亚里士多德的宇宙，主导了古代天文学，但它是错误的。行星并不是以均匀的速度沿着圆圈运行。起初，托勒密系统很好地预测了行星的位置，但几个世纪过去，误差不断累积。如果你的手表每天只增加 1 秒，那么它在几个月内会保持得很好，但误差会逐渐变得明显。因此，托勒密系统中的错误也在几个世纪中逐渐积累，但由于人们对亚里士多德的著作怀有深深的敬意，托勒密系统没有被放弃。

后来的欧洲天文学家试图更新这个系统，计算新的常数并调整历法。在 13 世纪中期，一个由卡斯蒂利亚国王阿方索十世（King Alfonso X of Castile）支持的天文学家小组对《天文学大成》进行了长达 10 年的研究。虽然他们没有对理论进行很大的修改，但他们用托勒密系统简化了行星位置的计算，并将结果作为《阿方索星表》（Alfonsine Tables）出版，以纪念这位国王，这是使托勒密系统实用化的最后一次伟大尝试。

> **践行科学**
>
> 依巴谷和托勒密的宇宙模型与早期希腊哲学家柏拉图和亚里士多德的科学原则有哪些冲突？今天，科学推理取决于证据和理论，但在古典时代，科学推理几乎总是从第一性原理开始。
>
> 依巴谷和托勒密生活在古典天文学历史的晚期，注意力更多集中在数学问题上，而不是哲学原理上。他们把柏拉图的完美球体换成了联系紧密的本轮和均轮。他们使地球稍稍偏离均轮的中心，因此该模型并不完全是地心模型。此外，本轮只在偏心等距点的位置看才是均匀地移动，因此，模型中的天体运动不再是完全均匀的。
>
> 依巴谷和托勒密的成就是通往现代科学实践方式的阶梯，在这种方式中，科学家们努力质疑他们自己和对方的所有假说。科学家们努力不把任何原则看作不容置疑的。

4-2 哥白尼革命

你不会想到尼古拉·哥白尼（Nicolaus Copernicus，1473—1543）会引发一场天文学和科学的革命。他出生在波兰一个繁荣的、有政治关系的商人家庭。他 10 岁时成为孤儿，由他的叔叔——一位重要的主教抚养长大，叔叔把他送到克拉科夫大学（University of

Krakow），之后又送到意大利最好的大学。哥白尼学习了法律和医学，然后终生从事教会行政工作。然而，他对天文学有着极大的兴趣（见图4-7）。

图源：Iryna1/Shutterstock.com

▲ 图4-7 尼古拉·哥白尼（其出生名字的拉丁文版本，Mikolaj Kopernik）一生都在追求教会的事业，但他也是一位有才华的数学家和天文学家。他的工作引发了人类思想的革命

4-2a 哥白尼和日心假说

如果你能回到过去，在哥白尼的天文学课上坐在他身边，你会研究托勒密宇宙模型，这是亚里士多德宇宙模型的一个详细版本。地球的中心位置被广泛接受，而且每个人都知道天体在做匀速圆周运动。对大多数学者来说，他们不会质疑这些原则，因为经过几个世纪的发展，亚里士多德宇宙模型已经与基督教神学联系在一起。根据亚里士多德的观点，最完美的区域在天上，最不完美的区域在地球的中心。这种经典的地心主义宇宙观与基督教普遍持有的天堂和地狱的几何学相吻合，因此任何批评托勒密宇宙模型的人不仅是在质疑亚里士多德宇宙模型，也是在间接挑战天堂和地狱的信仰。

由于这个原因，哥白尼一开始可能发现很难考虑托勒密宇宙模型的替代方案。在他的一生中，他与天主教会有联系，该教会采纳了亚里士多德的许多观点。通过他的主教叔叔的影响，哥白尼在非常年轻的24岁就被任命为弗劳恩堡大教堂（Cathedral in Frauenberg）的教士（一种教会官员）。这使哥白尼有了收入，尽管他继续在意大利的大学里学习。当他最终离开意大利时，他加入了他的叔叔的行列，并担任叔叔的秘书和私人医生，直到1512年叔叔去世。这时，哥白尼搬到了与弗劳恩堡大教堂相邻的宿舍，在那里生活和工作了一生。

尽管他与教会的关系密切，但是哥白尼可能在读大学的时候就开始考虑托勒密宇宙模型的替代方案。在1514年之前的某个时候，他写了一篇文章，提出了与地心模型相悖的模型，他认为太阳是宇宙的中心，而不是地球。为了解释天空的日周期和年周期，哥白尼提出地球绕其自转轴自转并围绕太阳公转。他以手写的形式分发这篇评论，没有标题，而且在某些情况下是匿名的，发给朋友和天文学通讯员。他可能是出于谦虚，出于对教会的尊重，或者是担心他的非正统思想会受到不公平的攻击而谨慎行事。尽管他早期的文章讨论了他后来工作的每一个主要方面，但并没有包括观测和计算。他的想法需要支持性的证据，所以哥白尼开始收集观测结果并进行详细的计算，以出版一本书来证明他的革命性想法的合理性。

4-2b 哥白尼的《天体运行论》

哥白尼为他的《天体运行论》（De Revolutionibus Orbium Coelestium）一书工作了很多年，到1529年前后基本完成。一些天文学家已经知道了他的工作，甚至一些教会官员也就日历的改革征求他的意见，并期待着这本书的出版。尽管如此，哥白尼还是对出版该书犹豫不决。

他犹豫的一个原因是，他知道日心宇宙的想法会引起很大的争议。这是一个反叛教会的时代：马丁·路德正在批评许多教会教义，而其他人——包括学者和品行不端者——都在质疑教会的权威。正如你所了解的，地球在宇宙中的位置在人们的头脑中与天堂和地狱的位置联系在一起，因此将地球从其中心位置移开可能会被认为是一种异端思想。即使像天文学这样抽象的内容也有可能引起危险的争论。

哥白尼对发表他的作品犹豫不决的另一个原因是它不完整。他的模型不能准确地预测行星的位置，所以他继续完善它。最后在1540年，他允许来访的天文学家约阿希姆·雷蒂库斯（Joachim Rheticus）在雷蒂库斯的《第一叙事》（Narratio Prima）一书中发表对哥白尼宇宙的描述。1542年末，哥白尼将《天体运行论》的手稿送去印刷。1543年春天，他在印刷完成前去世。

书中最重要的观点是将太阳置于宇宙的中心。这个创新产生了惊人的结果：行星的逆行运动不需要托勒密所使用的许多天体论，便立即得到了直截了当的解释。

在哥白尼系统中，地球沿其轨道移动的速度比离太阳较远的行星快。因此，地球周期性地超越并经过这些行星。为了形象化这一点，想象一下你是在一辆赛车

宇宙的古代模型

1 2000年来，天文学家的思想被一对观念所束缚。古希腊哲学家柏拉图认为，天体是完美的。因为他认为唯一完美的几何形状是球体，而转动的球体会带着其表面的一个点转圈，又因为唯一完美的运动是匀速运动，所以柏拉图得出结论，天上的所有运动必须是由以匀速转动的圆圈组合而成的。这一观点被称为匀速圆周运动。

柏拉图的学生亚里士多德认为，地球是不完美的，位于宇宙的中心。这样的模型被称为"地心宇宙"。他的模型包含55个球体，以不同的速度和角度转动，带着当时被称为行星的七个天体（月亮、水星、金星、太阳、火星、木星和土星）穿越天空。

亚里士多德被称为古代世界最伟大的哲学家，之后的2000年，他的权威将天文学家的想象力限制在统一圆周运动和地心说上。请看右边的模型。

图源：Print Collector/Hulton Archive/Getty Images

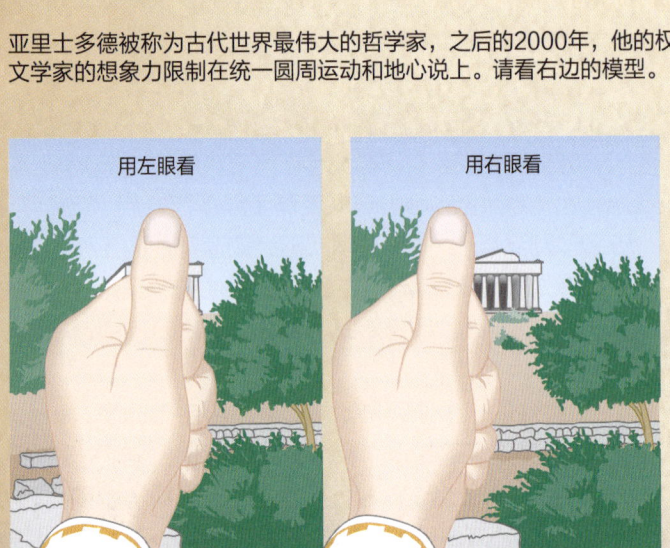

1a 早期的天文学家认为，地球没有移动，因为他们没有看到视差（parallax），即由于观察者的运动而导致的物体的明显运动。（为了证明视差，闭上一只眼睛，用你的大拇指遮住一个遥远的物体。切换眼睛，你的拇指似乎会改变位置，如左图所示。）他们推断，如果地球在移动，你应该在一年中的不同时间从不同的地点看到天空，而且你应该看到视差扭曲了星座的形状。他们没有看到视差，所以他们得出了地球不运动的结论。实际上，恒星的视差太小了，无法用肉眼看到。

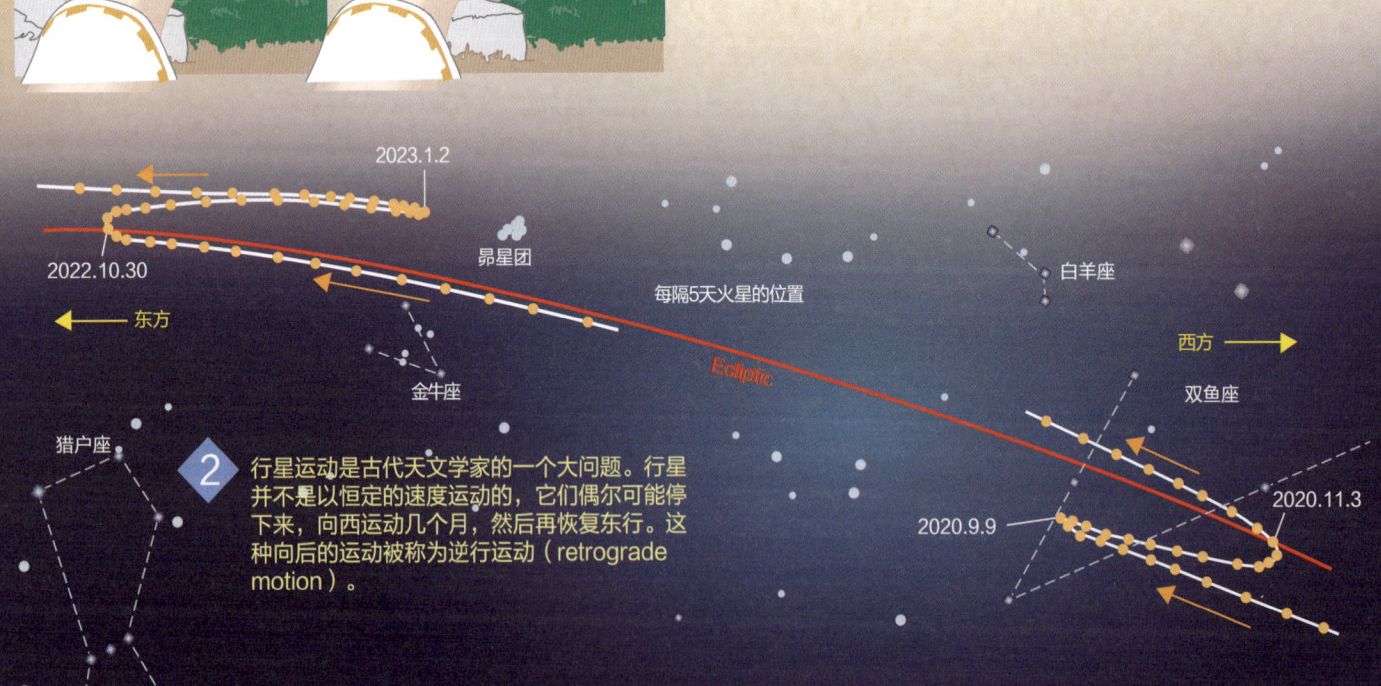

2 行星运动是古代天文学家的一个大问题。行星并不是以恒定的速度运动的，它们偶尔可能停下来，向西运动几个月，然后再恢复东行。这种向后的运动被称为逆行运动（retrograde motion）。

2a 每隔2.14年，火星就会经历一次逆行循环。两次连续逆行运动在这里被显示为两个连续的环。每一个环都是沿着黄道向东边较远的地方发生的，并且有它自己的形状。以地球为中心的简单匀速圆周运动不可能解释这个现象。

3 匀速圆周运动是古代天文学的关键元素。托勒密创造了一个亚里士多德宇宙的数学模型,在这个模型中,行星沿着一个被称为本轮(epicycle)的小圆圈滑动,围绕着一个被称为均轮(deferent)的大圆圈。通过调整圆圈的大小和自转速度,这个模型可以接近解释行星的逆行运动。见右边的插图。

为了调整行星的速度,托勒密假设地球略微偏离中心,而外轮的中心移动,使得从一个被称为偏心匀速点(equant)的地方看,它似乎以恒定的速度移动。

为了进一步调整他的模型,托勒密在大的均轮上增加了小的本轮(这里没有显示),产生了一个非常复杂的模型。

3a 托勒密的伟大著作 *Mathematike Syntaxis* 在公元140年前后以希腊文出版,包含了他的模型的细节。伊斯兰天文学家在中世纪一直保存和研究这本书,他们对该书命名为"Al Magisti"(大成)。当这本书在12世纪被从阿拉伯语翻译成拉丁语时,它就被称为《天文学大成》。

3b 下图所示的托勒密宇宙模型是以地心为中心,以匀速圆周运动为基础。请注意水星和金星与其他行星被区别对待。水星和金星的本轮中心必须保持在地球—太阳线上,因为太阳在一年中绕着地球转。

这里没有显示偏心匀速点和较小的均轮。该模型的一些版本包含了近100个本轮,这些本轮是由几代天文学家添加的,他们试图对该模型进行微调,以更好地再现观测到的行星运动。

请注意,这幅现代插图显示了土星周围的环和阳光照亮行星球体的情况,这些特征在望远镜发明之前是不为人知的。

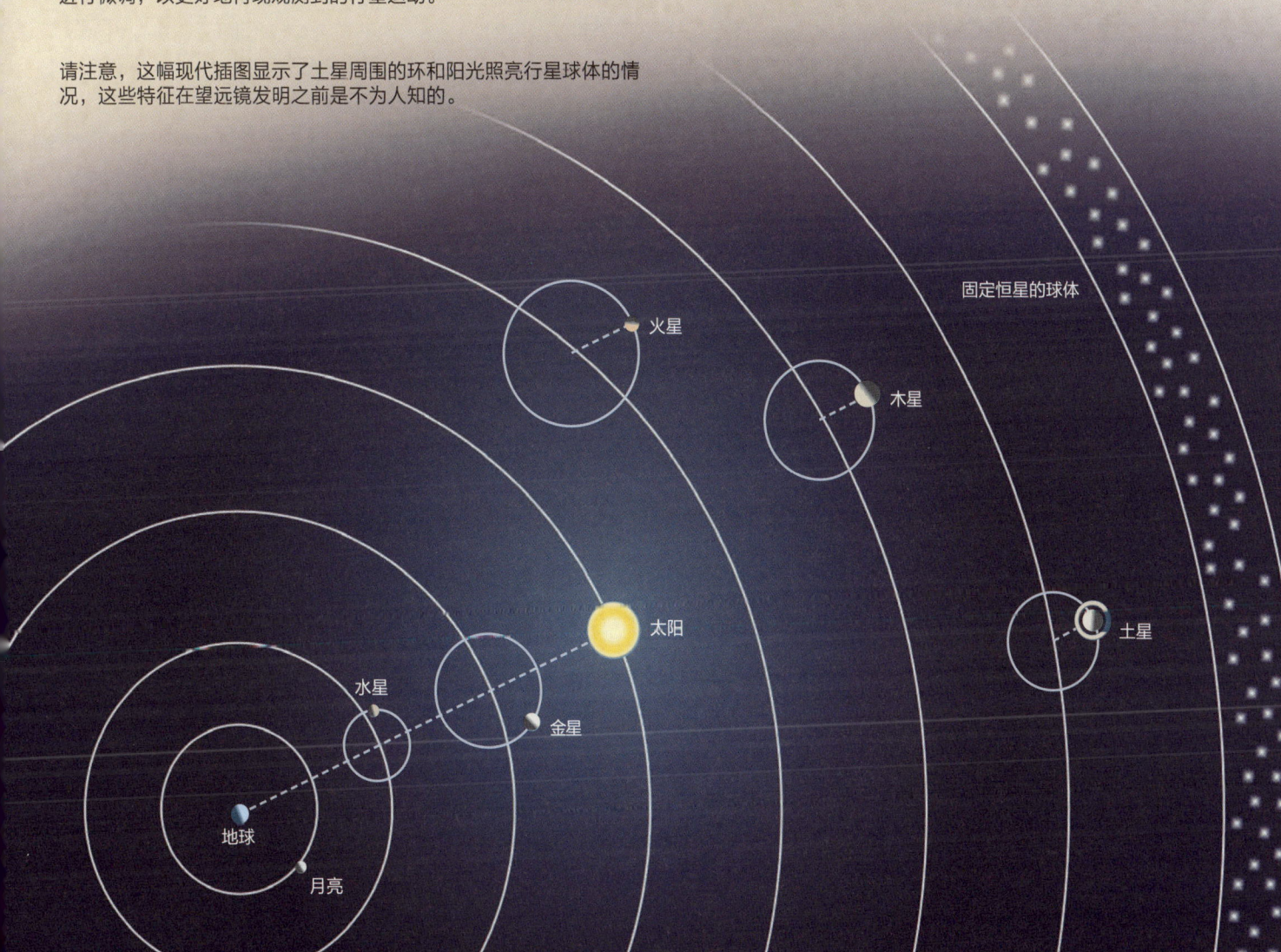

里，沿着一个圆形赛道的内侧车道快速行驶。当你超过在外侧车道行驶的慢车时，它们会落在后面，如果你没有意识到你在移动，就会觉得外侧车道上的车偶尔会放慢速度停下来，然后在你超越它们时倒退一小段距离。图 4-8 显示了地球经过火星等行星时发生的同样情况。尽管火星沿其轨道稳定地移动，但从地球上看，当地球经过它时，它似乎慢下来，向西移动（向后，逆行）。这种情况发生在轨道位于地球轨道之外的任何行星上，所以火星、木星和土星都会偶尔被看到沿黄道逆行。因为行星的轨道并不精确地位于黄道上，所以行星不会按照逆行开始前的路径恢复向东、向前的运动。因此，行星的路径被描述成一个环形，其形状取决于行星的轨道平面与黄道之间的角度以及行星在黄道上的位置。

哥白尼能够解释没有本轮的逆行运动，这令人印象深刻。与托勒密宇宙模型的多个旋转本轮和偏离中心的偏心匀速点相比，哥白尼宇宙模型是优雅而简单的。你可以在图 4-9a 中看到哥白尼自己绘制的日心模型图。哥白尼宇宙模型的另一个优点是，在托勒密宇宙模型中，水星和金星必须与其他行星区别对待，它们的本轮必须保持在地球—太阳连线的中心，因为它们从未被观测到远离太阳。相比之下，在哥白尼宇宙模型中，所有的行星都受到相同的对待。它们都运行在以太阳为中心的轨道上。此外，它们的速度呈现一种有序性，即取决于它们与太阳的距离，其中距离最近的行星移动最快（见图 4-9b）。

值得注意的是，《天体运行论》在一个关键方面失败了。哥白尼宇宙模型不能比托勒密宇宙模型更准确地预测行星的位置。要理解它失败的原因，你需要了解哥白尼的思维方式。

哥白尼提出了一个惊人的大胆想法，他把宇宙（指太阳系）定为以太阳为中心。然而，哥白尼是一个受过古典训练的天文学家，他非常尊重匀速圆周运动的古老概念。事实上，哥白尼强烈反对托勒密使用等分法。在哥白尼看来，这似乎是武断的，明显违反了亚里士多德的天体哲学的优雅。哥白尼称等分是"畸形的"，因为它们既不符合地心说，也不符合匀速圆周运动。在设计他的模型时，哥白尼设法放弃了地心说，但没有放弃他对匀速圆周运动的坚定信念。

尽管他不需要用本轮来解释逆行运动，但哥白尼很快就发现，太阳、月球和行星在其运动中表现出其他微小的变化，而他无法用以太阳为中心的统一圆周运动来解释。今天，天文学家认识到这些变化产生的原因是行星的轨道不完全是圆形的，实际上稍微偏椭圆。由于哥白尼坚定地认为是匀速圆周运动，他不得不加入自己设想的新的、小的星系，试图重现在太阳系天体运动中观察到的这些微小变化。

由于哥白尼在他的宇宙模型中保留了匀速圆周运动，所以它不能准确地预测行星的运动。在哥白尼理论发表仅 9 年后，天文学家莱因霍尔德（Erasums Reinhold）计算并发表了一套行星表，称为《普鲁坦尼克星表》（Prutenic Tables，以普鲁士命名）。尽管这些表是基于新的哥白尼宇宙模型，但它们并不比基于托勒密宇宙模型的有 300 年历史的《阿方索星表》更精确，两者的误差都可能达到 2 度，是满月角直径的 4 倍。

在这一点上，你应该考虑一个重要的区别。哥白尼宇宙模型是不准确的，它基于匀速圆周运动，因此不能精确描述行星的运动。但是哥白尼的假说——太阳系是

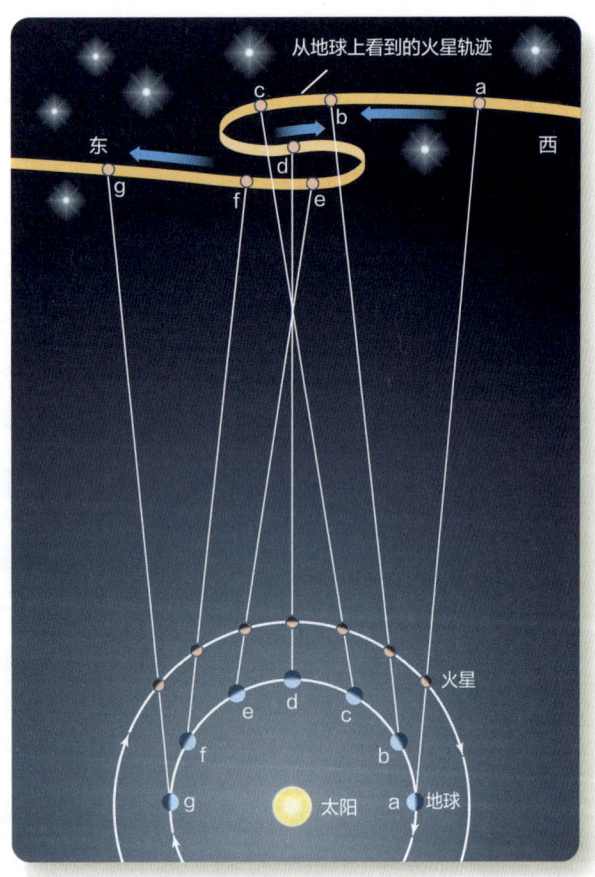

▲ 图 4-8　哥白尼对逆行运动的解释。当地球赶上火星时（位置 a 到 c），火星似乎放慢了它前进的速度。当地球超过火星（d）时，火星似乎向后移动。当地球拉开火星前面时（e-g），火星在背景恒星的衬托下恢复了向前运动。地球和火星的位置是在一个月的时间间隔内显示的。（与"概念艺术·宇宙的古代模型"左页上的火星逆行环星图相比）

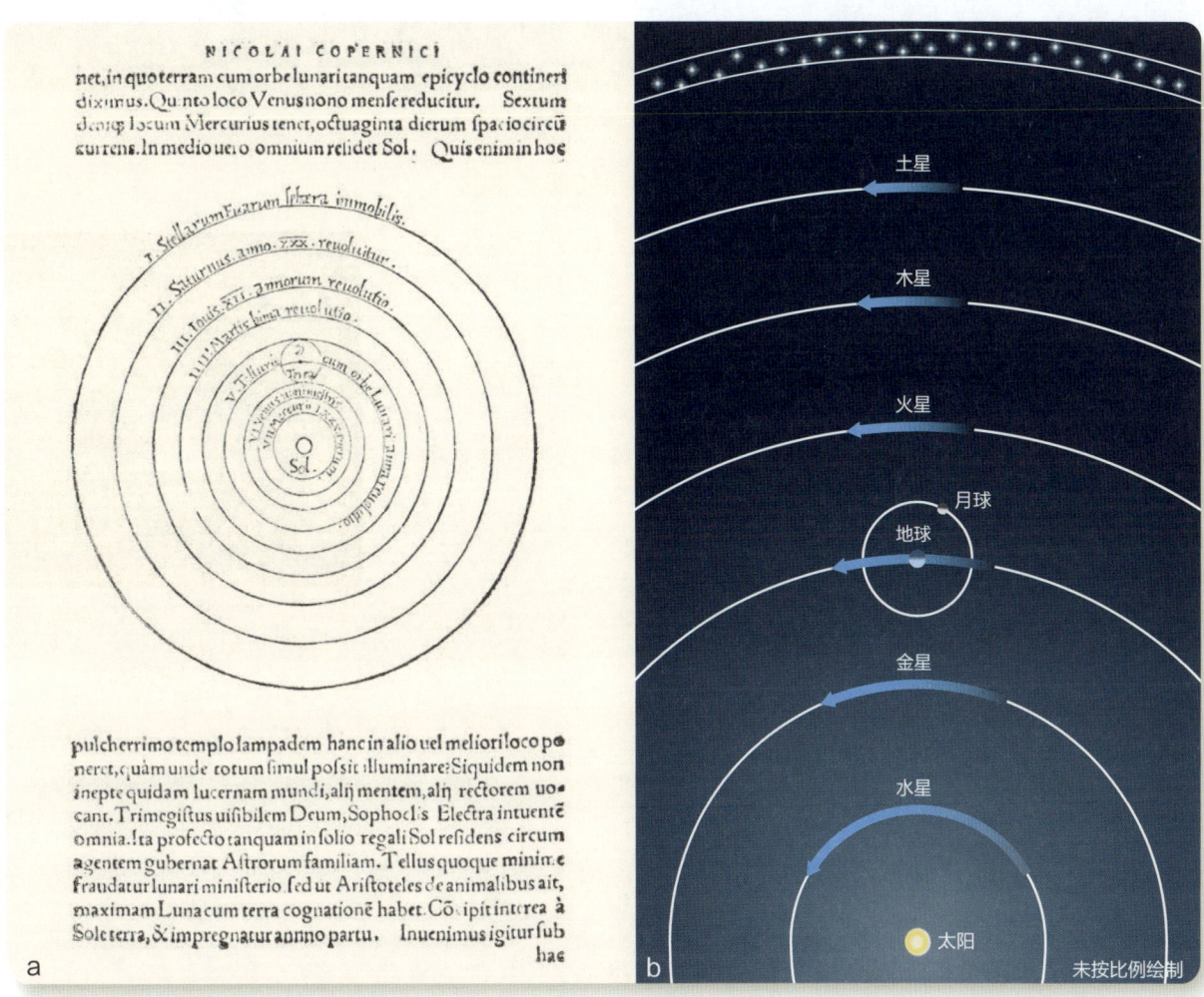

▲ 图4-9 （a）哥白尼在其《天体运行论》一书中绘制的哥白尼宇宙模型。地球和所有已知的行星围绕中心的太阳（sol）在独立的圆形轨道上公转。最外层是天球上不动的星星。注意月球围绕地球的轨道。（b）该模型不仅在行星的组织上很简单，而且在解释其运动方面也很简单。轨道速度（蓝色箭头）从最快的水星下降到最慢的土星。将这个模型的优雅性与概念艺术3a图中的托勒密宇宙模型的复杂性进行比较

图源：From the collection of Yerkes Observatory

以太阳为中心的——是正确的。行星实际上是围绕着太阳，而不是地球。

尽管整个欧洲的天文学家都在阅读和研究《天体运行论》，但他们并没有立即接受哥白尼假说。数学是优雅的，天文观测和计算也有巨大的价值，但起初很少有天文学家相信，太阳实际上是行星系统的中心，地球在移动。哥白尼假说逐渐被认为是正确的过程，被称为哥白尼革命，因为它不仅是采用了一个新的想法，更重要的是彻底改变了天文学家以及真正的全人类对地球位置的思考方式。事实上，我们现代人用革命或变革来描述哲学、政治和社会的动荡，是源于哥白尼的书名《天体运行论》（我们如何得知4-1）。

哥白尼假说逐渐赢得支持有几个原因，但最重要的因素可能是这个想法的美丽简洁。将太阳置于宇宙的中心，在行星的运动中产生了一种对称性，使人赏心悦目，同时也使人明智。

哥白尼假说最令人吃惊的结果不是它对太阳的描述，而是它对地球的描述。将太阳置于中心，哥白尼将地球变成了一个像其他行星一样沿着轨道运动的行星。通过使地球成为一颗行星，哥白尼完全改变了人类对我们在宇宙中的位置的看法，并引发了一场争论，最终将天文学家伽利略·伽利莱（Galileo Galilei）带到了宗教裁判所。这种关于科学知识与哲学和神学思想之间明显冲突的争论甚至持续到今天。

我们如何得知 4-1

科学革命

科学革命是如何发生的

根据你对科学方法的了解，你可能会认为，随着新的假说被证据检验并被接受或拒绝，科学会稳步前进。事实上，科学有时会在科学革命中飞跃前进。哥白尼革命经常被引为完美的（也是第一个）例子。在几十年的时间里，天文学家摒弃了有2000年历史的地心模型，采用了日心模型。为什么会发生这种情况？这是因为科学家是人。

科学哲学家托马斯·库恩（Thomas Kuhn）将一套被普遍接受的科学思想和假说称为科学范式（paradigm）。哥白尼之前的天文学家共享一个地心主义范式，其中包括匀速圆周运动、地心主义和天体的完美性。虽然他们很聪明，但他们是这种范式的囚徒。一个科学范式是强大的，因为它塑造了你的认知。它决定了你认为什么是重要的问题，以及你认为什么是重要的证据。因此，古代的天文学家无法意识到他们的地心主义范式是如何限制他们的理解的。

图源：NYPL/Science Source/Getty Images

人们最初认为星星是附着在一个包围宇宙的球体表面上的

哥白尼、伽利略和开普勒的作品推翻了地心说的范式。当旧范式的缺陷不断积累，直到最后有人有了"跳出盒子思考"的洞察力时，科学革命就会发生。指出旧观念的缺陷并提出有证据支持的新范式，就像在大坝上戳一个洞，突然间压力被释放，旧范式被扫除。

科学革命是令人兴奋的，因为它们让你对自然界有激动人心的新认识，但它们也会带来冲突，因为新的见解会扫除旧的观念。

践行科学

为什么你会说哥白尼假说是正确的，但哥白尼宇宙模型是不准确的？区分假说和模型是实践科学的一个重要部分。

哥白尼的假说是"太阳，而非地球，是宇宙的中心"。鉴于文艺复兴时期的天文学家对遥远的恒星和星系了解有限，这一假说是正确的。

然而，哥白尼宇宙模型不仅包括以太阳为中心的假说，还包括匀速圆周运动的假设。这个模型是不准确的，因为行星并不真正遵循圆形轨道，也不以恒定的速度运动，而且哥白尼在他的模型中加入的小周期未能完全再现行星的运动。

现在，回顾看看第 2-2a 节的天球"模型"。它为什么是准确的——它如何实现了对天文现象的精确计算？如果天球被认为是一种假说，它是否正确？

4-3 第谷、开普勒和行星运动

哥白尼假说解决了地球的位置问题，但它并没有完全解释行星运动的细节。如果行星不是做匀速圆周运动，它们是如何运动的呢？在哥白尼去世后的一个世纪里，关于行星运动的难题几乎完全通过两位科学家的工作得到了解决。一个人汇编了观测数据，另一个人进行了分析。

4-3a 第谷·布拉赫

第谷·布拉赫（Tycho Brahe，1546—1601）不是哥白尼那样的教会人士，而是来自一个重要家庭的贵族，但和哥白尼一样，他在最好的大学接受过教育。他因其虚荣心和贵族式的傲慢举止而臭名昭著。第谷的性格也许并没有因为他大学时代在一次决斗中受伤而得到改善，他被严重毁容，在他的余生中，他一直戴着用金银制成的、用蜡粘上的假鼻子。

虽然第谷在大学里主修法律，但他真正的爱好是数

 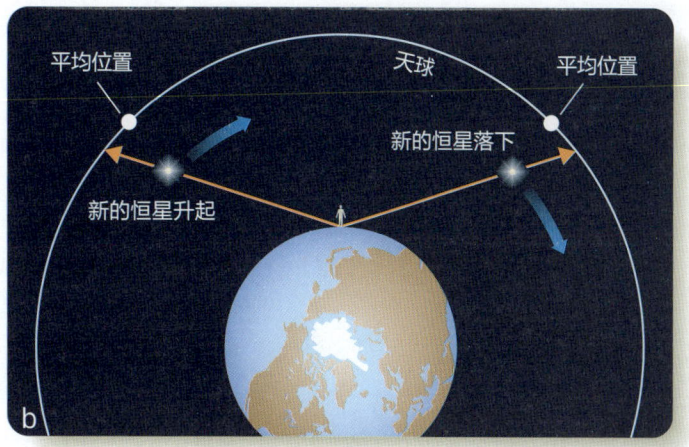

图源：Time Life Pictures/The LIFE PictureCollection/Getty Images

▲ 图4-10 （a）第谷在生前是世界上最著名的天文学家之一。（b）在亚里士多德宇宙模型中，一颗"新星"必须位于月球球面以下，而不是在天球上，因为它是暂现的，而不是永恒的。因此，第谷推断，1572年的新星应该显示视差，当它升起时，在它的平均位置以东被看到，当它落下时，在它的平均位置以西被看到。因为他没有检测到任何周日视差——新星完全停留在它的平均位置上，第谷得出，这颗新星一定位于天球上，远远超过月球

学和天文学，这让他的家人很失望。在他大学的早期，他就开始测量行星在天空中的位置。1563年，木星和土星在天空中非常接近，在8月24日的晚上几乎合并成一个点。第谷发现，基于托勒密宇宙模型的旧的《阿方索星表》在预测这一事件时有整整一个月的误差，而基于哥白尼宇宙模型的新的《普鲁坦尼克星表》则只有几天的误差。

1572年，一颗"新星"（现在称为"第谷的超新星"，Tycho's supernova）出现在天空中，比金星还要明亮，第谷仔细地测量了它的位置。根据古典天文学，这颗新星代表了天体的变化，因此必须位于月球球体的下方（比它更近）。对第谷来说，他在这个时候仍然相信地心说，这意味着这颗新星应该显示出视差，也就是说，当它升起的时候，会出现在略微偏东的地方，而当它落下的时候，会出现在略微偏西的地方（见图4-10）。但是第谷在新星的位置上没有看到视差，所以他得出结论，这颗星一定位于月球的上方，而且可能就在恒星天上。这与亚里士多德关于恒星天是完美和不变的概念相矛盾。

在第谷之前，没有人曾发现这一问题，因为从来没有人像他那样精确地测量过天体的位置。第谷对自己测量的精确性非常有信心，而且他对天文学有深入的研究，所以当他没能发现新星的视差时，他知道这是反对托勒密理论的重要证据。他在一本小书中宣布了他的发现——《论新星》（De Stella Nova）于1573年出版。

这本书吸引了整个欧洲的天文学家的注意，不久，第谷的家人因担心他的职业前途，把他介绍给丹麦国王腓特烈二世的宫廷，为他提供资金，让他在丹麦海岸边的汶岛上建造一座天文台。为了支持他的天文台，第谷作为一个沿海地区的领主得到了稳定的收入，他从那里收取租金。（据说他不是一个受欢迎的地主。）在汶岛上，第谷建造了一个豪华的家，有6座特别为天文学配备的塔楼，里面有仆人、助手和一个充当小丑的侏儒。很快，汶岛就成了一个国际天文学研究中心。

4-3b 第谷的遗产

第谷对天文学理论没有作出直接的贡献。因为他无法测量恒星的视差，他认为地球必须是静止的，因此拒绝了哥白尼假说。然而，他也拒绝了托勒密宇宙模型，因为它不准确。相反，他设计了一个复杂的模型，其中地球是宇宙中不动的中心，太阳和月球围绕着它运动，而其他行星则围绕着太阳转（见图4-11）。因此，这个模型包含了哥白尼宇宙模型的一部分，但第谷保留了中心不动的地球。尽管第谷宇宙模型起初很受欢迎，但哥白尼宇宙模型在一个世纪内就取代了它。

第谷的工作的真正价值在于其观测数据的质量。因为他能够设计出新的、更好的仪器，所以他能够高度准确地观测到恒星、太阳、月球和行星的位置。第谷没有望远镜——直到之后的一个世纪才发明了望远镜——所以他的观测是通过肉眼，沿着很像枪支瞄准器的装置进行的。他和他的助手们在汶岛进行了20年的精确观测。

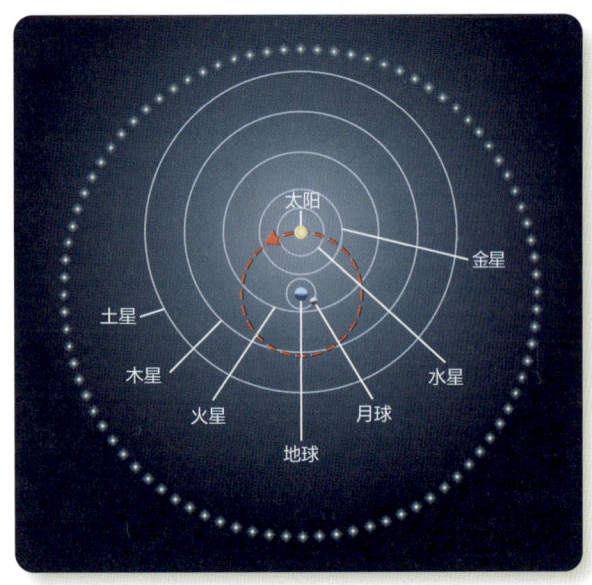

▲ 图4-11 第谷宇宙模型保留了古典天文学的首要原则——地心说。太阳和月球围绕地球公转，但行星围绕太阳公转。所有运动都沿着固定轨道进行

令第谷不快的是，腓特烈二世于1588年去世，他的年轻儿子登上了王位。突然间，第谷的脾气、虚荣心和高傲的自以为是使他失去了宠爱。1596年，他带着他的大部分仪器和观测书，去了当时波西米亚的首都布拉格，成为神圣罗马帝国皇帝鲁道夫二世（Rudolph II）的御用数学家。他的目标是修订《阿方索星表》，并将其结果作为纪念品发表给他的新主顾。他承诺将其称为《鲁道夫星表》（Rudolphine Tables）。

第谷并不打算将《鲁道夫星表》建立在托勒密宇宙模型的基础上，而是建立在他自己的第谷宇宙模型上，一劳永逸地证明他的假说的正确性。他雇用了一些数学家和天文学家帮助他，包括一个叫约翰内斯·开普勒的人。然后，在1601年11月，第谷在访问布拉格的一个贵族家庭时晕倒了。在他11天后去世之前，他要求鲁道夫二世任命开普勒为御用数学家。这个新来的人，根本就不是什么贵族，而是一个平民，成为第谷的替代者（工资是第谷的1/6）。

4-3c 约翰内斯·开普勒

约翰内斯·开普勒（见图4-12a）与第谷·布拉赫的背景有云泥之别。开普勒于1571年出生在一个贫困家庭，该地区现在是德国西南部的一部分。他的父亲不可靠，也不爱干活，主业是做雇佣兵，谁给的钱多就为谁打仗。他长期不在家，最后在一次军事远征中没有回来。开普勒的母亲显然是一个不讨人喜欢和不受欢迎的女人。她被指控会巫术，开普勒不得不在一场拖了3年的审判中为她辩护。最终她被无罪释放，但在第二年去世。

尽管家庭条件不好，健康状况长期不佳，但开普勒在学校表现良好，赢得了升入拉丁语学校的机会，并最终获得了图宾根大学（Tübingen）的奖学金，在那里他学习成为一名路德教派的牧师。在最后一年的学习中，开普勒接受了格拉茨（Graz）的一份工作，教授数学和天文学。他的上司让他去教一些入门课程，并编写一本包含天文、占星和天气预测的年鉴。显而易见，他不是一个好老师，第一年的学生不多，第二年则完全没有。幸运的是——当然不只是纯粹靠运气——他的一些预测被认为得到了证实，他也获得了占星家和预言家的声誉。即使在晚年，他也能从他的历书中赚到钱。

当开普勒还是个大学生的时候，他已经成为哥白尼假说的信徒，在格拉茨，他利用大量的业余时间来研究天文学。到1596年，也就是第谷到达布拉格的同一年，开普勒确信他已经解开了宇宙的奥秘。这一年，他用拉丁文出版了一本书，书名有28个单词，通常被缩写为《宇宙奥秘》（Mysterium Cosmographicum）。

按照现代标准，《宇宙奥秘》几乎不包含任何有价值的内容。它以对哥白尼主义的冗长赞赏开始，然后继续推测形成行星轨道间距的原因。开普勒认为，他已经在球体和5个被称为正多面体的特殊形状（包括立方体和四面体）的属性中找到了宇宙的基本架构。在开普勒宇宙模型中，这5个正多面体成为5大行星轨道的间隔物。开普勒甚至得出结论，必须只有6颗行星（水星、金星、地球、火星、木星和土星），因为只有5个正多面体作为它们球体之间的间隔物。这一假说今天被认为是无稽之谈。但《宇宙奥秘》有一个优点，当开普勒试图将这5个正多面体与行星轨道相匹配时，他证明了他是一个有才华的数学家，而且他对天文学非常精通。他把他的书的副本寄给了著名的天文学家，包括第谷和伽利略。

4-3d 与第谷一起工作

开普勒的生活不太稳定，因为他居住的地区经常迫害新教徒。所以当第谷·布拉赫在1600年邀请他去布拉格时，开普勒欣然前往，渴望与一位著名的天文学家合作。第谷在1601年突然去世，使开普勒这位新的帝国数学家能够利用第谷的数据来分析行星的运动并完成《鲁道夫星表》。第谷的家人认识到开普勒是哥白尼主义者，并猜测他在完成《鲁道夫星表》时不会遵循第谷的

▲ 图 4-12 （a）开普勒是第谷的继承人。（b）椭圆轨道的几何结构。用两个大头针和一圈绳子画一个椭圆是很容易的。（c）半长轴 a 是长轴的一半。太阳位于行星的椭圆轨道的一个焦点上

系统，因此起诉要求收回仪器和观测记录。这场法律争论持续了好几年。第谷的家人确实拿回了第谷带到布拉格的仪器，也许是因为开普勒的视力不好，无法使用这些仪器，但开普勒有记录观测数据的书籍，他保留了这些书籍。

开普勒对第谷的记录是否有合法权利是值得商榷的，但他把这些记录用得很好。他开始研究火星的运动，试图从观测中推断出该行星是如何运动的。到1606 年，他已经解开了这个谜团——火星的轨道不是一个圆而是一个椭圆。就这样，开普勒放弃了 2000 年来对行星圆周运动的信念。但是，即使这一见解也不足以解释观测结果。事实上，行星并不是沿着它们的椭圆轨道以匀速运动。

开普勒的分析表明，它们在靠近太阳时运动较快，而在远离太阳时运动较慢。通过这两个精彩的分析，开普勒放弃了匀速运动和圆周运动，从而最终解决了关于行星运动的难题。他于 1609 年在一本名为《新天文学》（Astronomia Nova）的书中发表了他的成果。

尽管鲁道夫二世于 1611 年退位，开普勒仍继续他的天文学工作。他写了 1604 年出现的一颗超新星（现在被称为"开普勒超新星"）和关于彗星的文章，他还编写了一本关于哥白尼天文学的教科书。1619 年，他出版了《宇宙的和谐》（Harmonices Mundi），在该书中他回顾了《宇宙奥秘》一书。《宇宙的和谐》中唯一值得注意的是，开普勒发现行星轨道的半径与行星轨道的周期有关。这个发现和他之前的两个发现非常重要，以至于它们被称为行星轨道运动的三大定律。

4-3e　开普勒的行星运动三定律

尽管开普勒涉足了他那个时代的哲学争论，但他本质上是一个数学家，他的胜利在于他对行星运动的数学解释。他的解决方案的关键是椭圆。

椭圆是一个可以围绕两点（称为焦点）绘制的图形，其方式是：从一个焦点到椭圆上的任何一点，再回到另一个焦点的距离都等于一个常数。这使画椭圆很容易，只需要用到两个大头针和一圈绳子。将大头针压在一块木板上，将绳子绕在大头针上，然后将铅笔放在圈里。如果你在移动铅笔时将绳子绷紧，它就会画出一个椭圆（见图 4-12b）。

椭圆的几何形状是由两个简单的数字描述的：①半长轴（semimajor axis）a 是长轴的一半，如图 4-12c 所示。②椭圆的偏心率（eccentricity）e 是焦点之间的距离的一半除以半长轴。椭圆的偏心率表明它的形状：如果 e 几乎等于 1，那么椭圆就非常细长；如果 e 接近

于零，椭圆就比较圆。要用图 4-12b 所示的绳子和大头针画一个圆，你必须把两个大头针移到一起，因为圆实际上就是一个偏心率为零的椭圆。

椭圆是开普勒关于行星运动的三个基本规则的一个重要部分（见表 4-1）。这些规则已经被多次检验和确认，以至于天文学家现在把它们称为定律。

> **表 4-1 开普勒行星运动定律**
> I. 行星的轨道是椭圆，太阳位于其中一个焦点上。
> II. 在相等的时间间隔内，连接行星和太阳的线掠过区域的面积相同。
> III. 一个行星公转周期的平方与它到太阳平均距离的立方成正比。
> $$P_{yr}^2 = a_{AU}^3$$

开普勒第一定律表明，行星围绕太阳的轨道是以太阳为一个焦点的椭圆。由于第谷精确的观测和开普勒复杂的数学，开普勒能够认识到轨道的椭圆形状，尽管它们几乎是圆形的。水星的轨道偏心率最高，但即使是它，也只是稍微偏离了圆形（见图 4-13a）。

开普勒第二定律表明，从行星到太阳的假想线总是在相等的时间间隔内掠过面积相等的区域。这意味着，当行星离太阳较近，连接它和太阳的线较短时，行星必须更快速地移动，以便使线在单位时间间隔内扫过的面积与行星离太阳较远时扫过的面积一样。例如，图 4-13b 中的假想行星沿着高椭率的椭圆，在一个月内从 A 点移动到 B 点，掠过图中所示的区域。当这颗行星离太阳更远时，沿轨道的一个月的运动距离将减少，从 A' 到 B'，但扫过的区域将是相同的。

开普勒第三定律将行星的轨道周期与它和太阳的平均距离联系起来。轨道周期 P，是一颗行星绕着太阳公转一圈所需的时间。简单地说，一颗行星在其椭圆轨道上与太阳的平均距离等于其轨道的半长轴 a。一个行星的轨道周期的平方与它的轨道的半长轴的立方成正比（见图 4-13c）。用年来衡量 P，用天文单位衡量 a，你可以把第三定律总结为：

> **式 4-1 开普勒第三定律**
> $$P_{yr}^2 = a_{AU}^3$$

例子：木星的轨道周期是多少？解答：木星与太

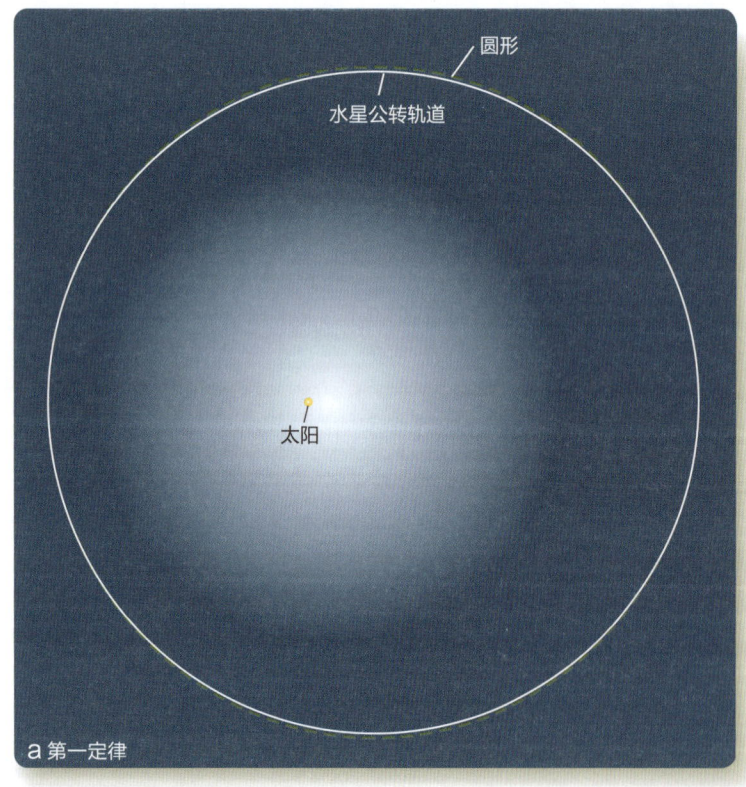

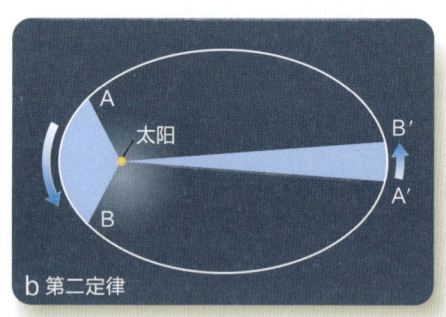

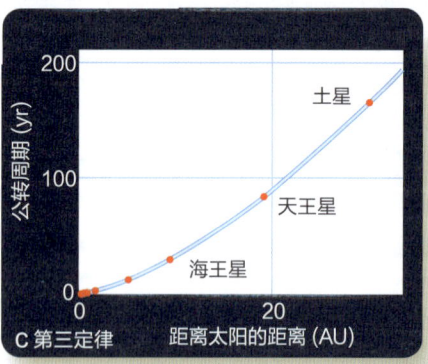

▲ 图 4-13 开普勒的三大定律。（a）第一定律指出，行星的轨道不是完美的圆形，而是略呈椭圆的。在这幅水星轨道的比例图中，它看起来接近圆形。（b）第二定律由一颗行星说明，它在一个月内从 A 到 B 移动，也在一个月内从 A' 到 B'，这两个浅蓝色的部分具有相同的面积。（c）第三定律定义了行星的轨道周期与它们和太阳的平均距离的关系

我们如何得知 4-2

假说、理论和自然法则

为什么说理论远比猜测更重要？

科学家通过设计和测试新的假说来研究自然，然后将成功的想法发展成描述自然界如何运作的理论和规律，一个很好的例子是酸牛奶和疾病传播之间的联系。

科学家解决自然之谜的第一步是根据目前已知的情况，提出一个合理的解释。这个解释被称为假说，是一个可以通过观察和实验来检验的单一论断或陈述。如果这个解释在某种程度上是不可检验的，它就不是真正的科学假说。

从亚里士多德时代起，哲学家就认为食物变质是生命自发产生的结果。例如，霉菌从干燥的面包中生长出来。法国化学家路易斯·巴斯德（Louis Pasteur）则假设，微生物不是自发产生的，而是通过空气传播的。为了验证他的假设，他把未受污染的营养汤密封在玻璃容器中，保护它完全不受空气中的孢子、微生物和灰尘颗粒的影响。实验中没有霉菌生长这一现象，有效地反驳了微生物自发生成的说法。尽管在巴斯德之前也有人反对微生物自发生成的说法，但正是巴斯德通过实验对他的假设进行了细致的测试，最终说服了科学界。

图源：Collection of John Coolidge III/Michael A. Seeds

5亿年前的三叶虫化石是证实达尔文进化论的一个证据。它证明进化论实际上是一个自然法则

理论概括了得到充分证实的假设的具体结果，对自然界进行了广泛的描述，可以适用于各种情况。例如，巴斯德关于霉菌在肉汤中生长的具体假设促成了一个更广泛的理论，即疾病是由微生物从病人身上传染到健康人身上造成的。这一理论被称为疾病的细菌理论（germ theory of disease），是现代医学的一个基石。一个常见的误区是，理论这个词意味着一种暂定的想法，一种猜测。实际上，"假说"是科学家用来描述外行人所说的猜测的词。科学家们一般用"理论"这个词来表示一个广泛适用的想法，其需经过多种方式的测试，并被大量的证据证实——坚实而值得信赖，比猜测靠谱得多。

有时，当一个理论经过完善、测试和确认，使科学家们对它非常有信心，并且该理论是基本的，在任何地方和任何时候都适用，它就被称为自然法则（natural law）。自然法则是科学知识的最基本原则，开普勒的行星运动定律就是一个很好的例子。

信心是关键的标志，一般来说，科学家对理论的信心比对假说的信心大，对自然法则的信心最大。然而，假说、理论和法则之间没有精确的区别，这些术语的使用有时是一个传统问题。例如，一些教科书中提到了哥白尼的日心说"理论"，但在哥白尼提出这一理论时，它还没有得到很好的检验，因此更正确的说法是哥白尼"假说"。另一个极端，达尔文的进化论"理论"包含许多"假说"，而经过近150年的反复测试和确认，可能称为"自然法则"更正确。

阳的平均距离是5.20天文单位（AU）。这个数值的立方约为141，所以周期必须是141的平方根，等于11.9年。

请注意，开普勒的三个定律是经验主义的。也就是说，它们描述了一种现象，而没有解释它为什么会发生。开普勒从第谷的广泛观测中得出这些定律，而不是从任何第一性原理、基本假设或理论中得出。事实上，开普勒从来不知道是什么使行星保持在它们的轨道上，也不知道它们为什么持续围绕太阳运动。

4-3f 开普勒的最后一本书《鲁道夫星表》

开普勒继续进行《鲁道夫星表》的数学工作，终于在 1627 年完成了它。他自己出资印刷，并将这本书献给第谷·布拉赫。事实上，第谷的名字出现在扉页上的字号比开普勒自己的大。这令人惊讶，因为这些星表不是基于第谷系统，而是基于哥白尼的日心模型和开普勒的椭圆轨道。开普勒这么毕恭毕敬的原因是第谷的家人——他们仍然有权有势，仍然想保护第谷的声誉。第谷的家人甚至要求分享利润，并有权在出版前对该书进行审查，尽管他们除了在扉页上改几个字，并为皇帝添加了一份精心制作的献词外没有任何改动。

《鲁道夫星表》是开普勒的杰作，这些星表可以预测行星的位置，比以前的表格准确 10~100 倍。开普勒的星表是哥白尼一直在寻找的行星运动的精确模型，但由于哥白尼不能放弃圆形运动的想法而未能找到。《鲁道夫星表》的准确性有力地证明了开普勒的行星运动定律和哥白尼关于地球位置的假说都是正确的，哥白尼如果知道这一切会很高兴的。

开普勒于 1630 年去世。他已经解决了行星运动的问题，他的《鲁道夫星表》证明了他的解决方案。尽管他不明白为什么行星会运动，为什么它们会沿着椭圆轨道运动——这些认识要等上半个世纪才能被艾萨克·牛顿发现，但开普勒的三大定律还是起了作用。在科学上，对一个假说的唯一检验是："它是否描述了现实？"（换句话说，它是否与观察到的情况相符？）开普勒定律作为对轨道运动的真实描述，至今已被使用了近 4 个世纪（我们如何得知 4-2）。

4-4 伽利略的决定性证据

大多数人认为他们知道关于伽利略的两个"事实"，但这两个事实都是错误的。它们作为常见的误解，你可能也听说过。事实是，伽利略并没有发明望远镜，也没有因为相信地球围绕太阳运动而被宗教裁判所判处死刑。那为什么伽利略如此出名？为什么梵蒂冈几乎在他受审 400 年后，在 1979 年重新审理他的案件？当你了解伽利略后，你会发现他的遗产不仅涉及对地球位置和行星运动的理解，他还帮助建立了一种新的和强大的理解自然的方法，这种方法称为科学（science）。科学方法需要将像伽利略这样的科学家的发现（他今天被称为实验家，experimentalist）与像开普勒这样的科学家的成就结合起来（他今天被称为理论家，theorist）。

4-4a 望远镜观测

伽利略·伽利莱（1564—1642）（见图 4-14a）出生于现在意大利的比萨市，他在那里的大学学习医学。然而，他真正的爱好是数学，尽管由于经济原因他不得不提前离开学校，但 4 年后他又回到学校担任数学教授。3 年后，他成为帕多瓦大学的数学教授，并在那里工作了 18 年。

在这段时间里，伽利略似乎采用了哥白尼宇宙模型，尽管他在 1597 年给开普勒的信中承认，他没有公开支持哥白尼主义。当时，哥白尼假说没有被官方认为是异端，在天文学家中却引起了激烈的争论，而伽利略生活在一个由天主教会控制的地区，所以他谨慎地避免了麻烦。最终是望远镜促使伽利略公开为日心说模型辩护。

望远镜似乎是 1608 年前后由荷兰的镜片制造商发明的。伽利略在 1609 年秋天听到描述后，就能在他的工场里制造望远镜（见图 4-14b）。事实上，伽利略甚至不是第一个用望远镜观察天空的人，但他是第一个写下他的发现并将使用望远镜的观测结果应用于当时的神学问题——地球在宇宙中的位置的人。

伽利略通过他的望远镜看到的东西是如此惊人，以至于他匆匆忙忙地印刷了一本小书。《星际信使》（*Sidereus Nuncius*）报告了 3 个主要发现：首先，月球并不完美，它的表面有山有谷，伽利略甚至用一些山

践行科学

开普勒的行星运动三大定律是如何被推导出来的？ 开普勒从第谷在汶岛上 20 年的观测中得出他的行星运动三大定律。

观测就能提供证据，每次尝试新的计算时，它们都为开普勒提供一次现实的检验。他选择了椭圆，因为它们是对数据的最佳拟合，而不是因为他在开始工作之前就有某种理由期望答案一定是椭圆。尽量不要对最后的结果有太多的先入为主的想法，例如认同或质疑第一性原理，这是现代科学实践方式的一个重要组成部分。

哥白尼模型对行星运动的预测很差，但开普勒的《鲁道夫星表》就要准确得多。考虑到《鲁道夫星表》产生的方式，你认为两个模型产生差距的原因是什么？

图源：Iryna1/Shutterstock.com

图源：Leemage/UIG/Getty Images

▶ 图4-14 （a）伽利略作为哥白尼主义的伟大捍卫者被人们记住。（b）佛罗伦萨博物馆展出的伽利略的两个望远镜。尽管伽利略没有发明望远镜，但他将永远与望远镜联系在一起，因为望远镜是他用来理解宇宙的大部分观测证据的来源

的影子来计算其高度。亚里士多德的哲学认为月球是完美的，"月亮人"的标记被认为是地球上各大陆的反射。伽利略表明，月球不仅是不完美的，而且是一个具有与地球类似特征的世界。

书中报告的第二个发现是，银河系是由无数的恒星组成的，这些恒星太过暗淡，无法用肉眼看到。虽然很有趣，但这无法与伽利略的第三个发现相提并论。伽利略的望远镜发现了4颗绕着木星的新"行星"，这些物体今天被称为木星的伽利略卫星（Galilean moons，见图4-15）。

木星的卫星是哥白尼宇宙模型的有力证据。哥白尼的批评者说地球不能移动，因为月球会被抛在后面，但伽利略的发现表明，大家都认为在移动的木星能够保有其卫星，这表明地球也可以移动，但仍能保有月球。亚里士多德的哲学也包括这样的信息：所有的天体运动都以地球为中心。伽利略的观测表明，木星的卫星围绕着木星公转，这证明除了地球之外还可能有其他的运动中心。

在《星际信使》出版后，伽利略注意到另一件事，这使木星的卫星成为哥白尼宇宙模型的更有力的证据。当他测量4个卫星的轨道周期时，发现最里面的卫星的

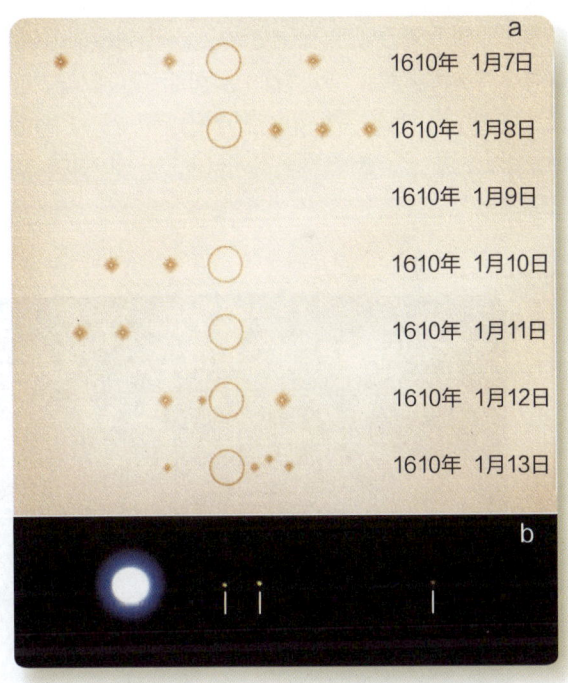
图源：Grundy Observatory/Franklin & Marshall College/Michael A. Seeds

▲ 图4-15 （a）1610年1月7日晚上，伽利略在木星明亮的圆盘附近看到3颗小"星"，并在笔记本上画了草图。在随后的几个晚上（1月9日除外，那天是阴天），他看到这些星星实际上是围绕木星运行的4颗卫星。（b）这张通过现代望远镜拍摄的照片显示了曝光过度的木星圆面和伽利略发现的4颗卫星中的3颗

第一部分 探索天空 067

周期最短,而离木星较远的卫星的周期则按比例延长。木星的卫星组成了一个由木星统治的和谐系统,就像哥白尼宇宙模型中的行星是一个由太阳统治的和谐系统一样(请回看图 4-9b)。这种相似性并不是证据,但伽利略认为它是太阳系可能以太阳为中心而不是以地球为中心的论据。

在《星际信使》出版后的几年里,伽利略又有了两个发现。当他观测太阳时,他发现了太阳黑子,使人怀疑太阳和月球一样是不完美的。此外,通过注意到的黑子的运动,他得出结论,太阳是一个球体,它绕其轴自转。

他最戏剧性的发现是他在观测金星时,看到它正在经历像月球那样的相位变化。在托勒密宇宙模型中,金星围绕着以地球和太阳之间的直线为中心的本轮运动,这意味着它将始终呈现新月的相位(见图 4-16a)。但伽利略看到金星经历了一套完整的相位,这证明它确实一直在围绕太阳公转(见图 4-16b)。托勒密宇宙模型不可能产生观测到的相位变化,这是支持哥白尼宇宙模型的最有力的证据,它来自伽利略的望远镜。然而,当争议爆发时,伽利略的批评者更多的是关注关于太阳和月亮的不完美以及木星卫星的运动的说法。

伽利略因《星际信使》受欢迎而出名,他成为佛罗伦萨托斯卡纳大公(Grand Duke of Tuscany)的首席数学家和哲学家。1611 年,伽利略访问罗马,受到了极大的尊重。他与有权势的主教巴贝里尼(Cardinal Barberini)进行了长时间的友好讨论,但他也难免树敌。伽利略直言不讳,态度强硬,有时不善言辞。他喜欢争论,但最重要的是他喜欢正确。在演讲、辩论和信件中,他得罪了那些质疑他使用望远镜所得到发现的重要人物。

到 1616 年,伽利略成为一场争论风暴的中心。一些批评者说他错了,另一些人说他在撒谎。有些人拒绝通过望远镜观测,以免它误导他们;而另一些人看了看,声称什么也没看到。这并不奇怪,因为第一批望远镜很粗笨。教皇保罗五世(Pope Paul V)决定结束这场纷争,所以当伽利略在 1616 年访问罗马时,主教贝拉明(Cardinal Bellarmine)私下与他面谈,命令他停止辩论。如今关于其对伽利略指示的性质有一些争议,但无论如何,哥白尼在面谈后的几年里没有继续研究天文学。与哥白尼主义有关的书籍在所有天主教国家被禁止,尽管哥白尼的《天体运行论》被认为是一本重要的、有用的天文学书籍,但是在修订之前被暂停发行。每个拥有这本书的人都被要求划掉某些语句,并加上手写的更正,说明地球的运动和太阳的中心位置只是假说而不是事实。(你可能会发现这与目前关于生物进化的争议有相似之处。)

4-4b "对话"和审判

1621 年,教皇保罗五世去世,他的继任者,教皇格雷戈里十五世(Pope Gregory XV)于 1623 年去世。下一任教皇是伽利略的朋友主教巴贝里尼,他在位时的名字是乌尔班八世(Urban VIII)。伽利略赶到罗

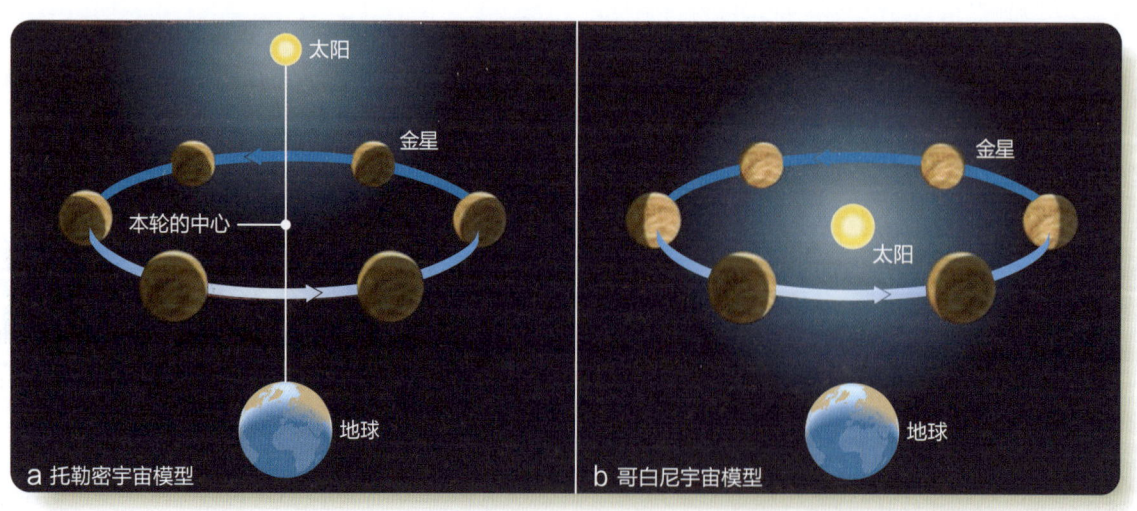

▲ 图 4-16 (a)如果金星在以地日线为中心的本轮上运动(见第 2 章"概念艺术·宇宙的古代模型"中的图 3b),它将总是以新月的形式出现。(b)伽利略通过他的望远镜观测到,金星经历了所有的相位,证明它必须围绕太阳运行

马，希望解除1616年的禁令，虽然新教皇没有撤销命令，但他显然鼓励了伽利略。回国后不久，伽利略开始写他对哥白尼主义的伟大辩护，最后在1629年底完成。经过一段时间的拖延，该书得到了佛罗伦萨当地审查员和罗马梵蒂冈审查长的批准，并于1632年2月印刷。

该书名为《关于两大世界体系的对话》(Dialogue Concerning the Two Chief World Systems，简称《对话》)，以望远镜观测数据为证据，将亚里士多德/托勒密宇宙模型与哥白尼宇宙模型对立起来。伽利略以3个朋友之间辩论的形式写了这本书。萨尔维亚蒂(Salviati)是哥白尼的辩护人，口齿伶俐，在书中占主导地位；萨格雷多(Sagredo)聪明，但基本不知情；辛普利西奥(Simplicio)是托勒密的辩护人，令人丧气的是，他提出了所有的老论点，有时看起来并不很聪明。

《对话》的出版引起了一场争论的风暴，到1632年8月宗教裁判所下令停止销售时，已经售罄。这本书为哥白尼做了明确而有力的辩护，而且，也许是无意的，伽利略将教皇的权威暴露在嘲笑之下。教皇随即命令伽利略接受宗教裁判所的审讯。

伽利略被宗教裁判所审讯了四次，并受到酷刑的威胁。他肯定经常想到乔丹诺·布鲁诺(Giordano Bruno)，一位哲学家、诗人和多米尼加修士，他于1600年在罗马被审判、判刑并被烧死在火刑柱上。布鲁诺的罪行之一是倡导哥白尼主义。然而，对伽利略的审判并不以他对哥白尼主义的信仰为中心，因为《对话》已经得到了两位参议员的支持。相反，审判的核心问题是1616年伽利略收到的指示。伽利略的指控者从他在梵蒂冈的档案中得到了一份伽利略和主教贝拉明之间会面记录，其中包括伽利略"不得持有、教授或以任何方式捍卫哥白尼原理"的声明。一些历史学家认为，这份既不是由伽利略、贝拉明也不是由法律秘书签署的文件是一份伪造的文件。其他人怀疑它可能是一份从未使用过的草案。对伽利略的要求实际很有可能没有那么严格，但无论如何，贝拉明已经去世，不能在对伽利略的审判中作证。

宗教裁判所判处伽利略的罪名不是异端，而是不服从1616年他接到的命令。1633年6月22日，69岁的伽利略跪在宗教裁判所前，宣读了一份承认自己错误的悔过书。传统的说法是，当他站起来的时候，他低声说："它(地球)仍然在移动。"

虽然他被判处无期徒刑，但可能是由于教皇的干预，他在接下来的10年里被关在自己的别墅里。他于1642年1月8日在那里去世，比哥白尼去世晚了99年。

伽利略没有因为异端学说而被判刑，当他试图为哥白尼主义辩护时，宗教裁判所也没有关注。他因一项可能被认为是技术性的指控而受审并被判刑。然而，在他的悔过书中，他被迫放弃对日心说的所有信仰。对他的审判被认为是压制言论自由和自由探索精神的一个例子，也是否定现实的一个著名尝试。世界上一些最伟大的作家，包括贝尔托·布莱希特(Bertolt Brecht)，都写过关于伽利略的审判。这也是教皇约翰·保罗二世在1979年成立了一个委员会，重新审查伽利略的案件的原因。

要理解这次审判，你必须认识到这是两种理解宇宙的方式之间冲突的结果。自中世纪以来，圣经学者们一直教导说，通向真理的唯一途径是宗教信仰。圣奥古斯丁(St. Augustine，354—430)写道："相信才能理解。"(Credo ut intelligam.)然而，伽利略和文艺复兴时期的其他科学家用他们自己的观测作为证据，试图了解自然。当他们的观测结果与《圣经》相矛盾时，他们就认为他们的观测结果代表了现实。对伽利略进行的审判其实并不是关于地球在宇宙中的位置，不是关于哥白尼主义，甚至不是关于伽利略在1616年收到的指示。从更大的意义上讲，审判(或说禁止)的是现代科学的诞生，是理解物理宇宙的一种理性方式。

教皇约翰·保罗二世于1979年任命的委员会在1992年10月报告其结论时，对伽利略的审问者说："这种主观的判断错误，现在我们已经很清楚了，导致他们采取了一种纪律措施，使伽利略'深受其害'。"1992年，伽利略并没有被判无罪，400年后的教士们依然没有解决所涉及的真正问题。

践行科学

伽利略对木星的卫星的观测是如何证明托勒密模型的？ 在这种情况下，通常科学家们在模型和假说之间做出的区分是模糊的。

托勒密模型被认为不仅是一种计算行星运动的方法，还被认为代表了亚里士多德的宇宙观，当时几乎所有的天文学家和哲学家都认为这是真的。托勒密模型隐含着对第一个拥有望远镜的天文学家应该看到的东西的预测。做出可用于验证和比较假说的预测，以及进行观测以检查假说的预测，二者都是实践科学的核心。

伽利略以证据和结论的形式展示他的科学推理，木星的卫星是他的一些关键证据。环绕木星的卫星不符合亚里士多德的隐含信念——所有运动都以地球为中心，显然，可以有其他的运动中心。

金星的相位为反对托勒密模型和支持哥白尼模型提供了更好的证据。这两种模型分别意味着对金星的相位应该如何出现的具体而又非常不同的预测。在托勒密模型中，金星在地球上看总是一轮新月的形状。在哥白尼模型中，金星将经历一个类似月亮的相位序列，从新月到满月，再回到新月，当它处于满月相位时，行星应该有最小的角直径。伽利略看到的正是哥白尼模型所预测的情况。

4-5 天文学革命的 99 年

从古典天文学到现代天文学的过渡开始于《天体运行论》出版（1543 年）和伽利略去世（1642 年）之间的 99 年。这一过渡始于哥白尼模型对托勒密宇宙模型的取代，以及与之密切相关的关于地球在宇宙中的地位的争论。同一时期，科学方法也发生了整体的演进，行星运动之谜的解决说明了这一点。这个难题不是通过对天体完美性的哲学争论或对经文含义的辩论来解决的。它是通过精确的观测和仔细的计算解决的，这些技术是现代科学的基础。

开普勒和伽利略的发现在 16 世纪能被接受，是因为当时的世界正处于转型期。天文学并不是这一时期唯一在变化的东西。文艺复兴通常是指 1300 年到 1600 年这个时期，因此，这 99 年的天文学历史是所有领域的学习和研究复兴的顶点（见图 4-17）。船只驶向新的土地，遇到新的文化。世界对新的思想和新的观测方法开放。马丁·路德开始了对基督教的改革，其他哲学家和学者也重新思考他们各自的人类知识领域。即使哥白尼没有发表他的假说，也会有其他人提出日心说。历史已经准备好舍弃亚里士多德的宇宙观和托勒密模型。

从哥白尼开始，第谷、开普勒和伽利略等科学家越来越依赖证据、观察和测量，而不是依赖第一性原理。这一变化与文艺复兴时期的金属加工和透镜制造技术的

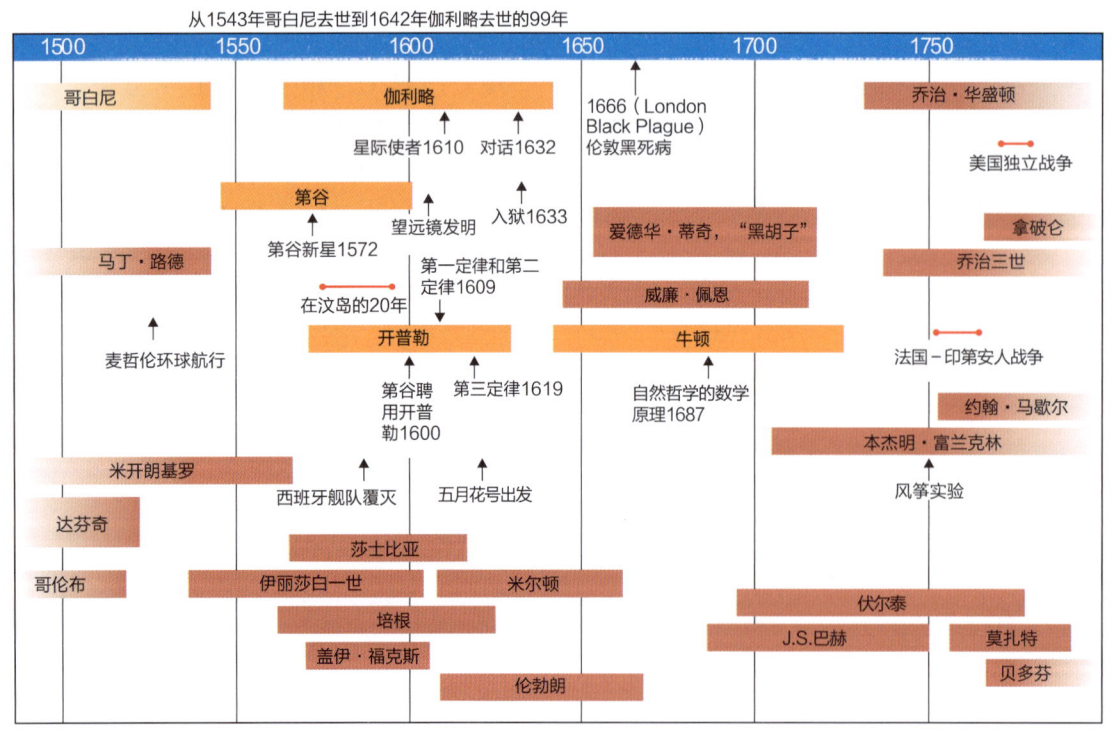

◀ 图 4-17 从 1543 年哥白尼去世到 1642 年伽利略去世的 99 年，标志着从托勒密和亚里士多德的古典天文学到哥白尼的革命性理论的过渡，同时也标志着科学作为一种认识自然的方式的发明

进步有关。在哥白尼时代，因为无法制造望远镜，所以没有人用望远镜观测天空。到1642年，不仅是望远镜，还有其他灵敏的测量仪器，都将科学转变为新的和精确的东西。你可以想象，科学家们为这些发现感到兴奋，他们成立了科学协会，增加了对观测和假说的交流，并且开展了更好、更大量的工作。然而，最重要的进步是将数学应用于科学问题。开普勒的工作展示了数学分析的力量，随着这些数字技术质量的提高，科学的进步也加快了。现代天文学诞生的故事实际上也是现代科学诞生的故事。

我们是什么

思想者

科学革命始于哥白尼将人类作为宇宙的一部分。在哥白尼之前，人们认为地球是一个不同于天空中任何物体的特殊地方，但在试图解释天空中天体的运动时，哥白尼认为地球是行星之一。伽利略和那些把他送上法庭的人都明白把地球变成行星的意义。它使地球和人类成为大自然的一部分，成为宇宙的一部分。

开普勒表明，行星是按照简单的规则运动的。我们不是生活在一个被神秘的行星力量统治的特殊地方。地球、太阳和人类都是宇宙的一部分，其中的运动可以用一些基本规律来描述。如果简单的法则描述了行星的运动，那么宇宙就不会像占星术或奥林匹斯山上诸神的奇想那样被神秘的影响统治。如果宇宙可以用简单的规则来描述，那么它就可以被科学家研究了。

在哥白尼之前，人们觉得自己很特别，因为他们认为自己位于宇宙的中心。哥白尼、开普勒和伽利略的研究表明，我们不在中心，但仍是一个优雅而复杂的宇宙的一部分。天文学告诉我们，我们是特别的，因为我们可以研究宇宙，最终了解我们是什么。它还告诉我们，我们不仅是自然的一部分，我们也可以思考自然。

5 引力

图源：NASA

▲ 空间站和宇航员以及行星、卫星、恒星和星系都遵循被称为轨道的路径，这些路径由三个简单的运动定律和牛顿首次提出的引力理论描述

　　如果文艺复兴时期的天文学家理解了引力，他们在理解行星的运动方面就会少很多麻烦，但对引力的真正理解直到伽利略受审后 30 年才出现。艾萨克·牛顿从伽利略的工作出发，设计了一种解释运动和引力的方法，使天文学家能够非常清楚地理解天体运动轨道和潮汐。后来，在 20 世纪初，阿尔伯特·爱因斯坦找到了一种更好的方法来解释运动和引力，扩大了牛顿以前的理论解释框架。

　　这一章讲述关于"宇宙的主宰"——引力。在这里你会找到以下 5 个重要问题的答案：

▶ 伽利略对运动和引力的见解是什么？
▶ 牛顿对运动和引力的理解增加了什么？
▶ 引力如何解释轨道运动？
▶ 引力如何解释潮汐？
▶ 爱因斯坦是如何改变运动和引力的概念的？

　　引力是一种规则。从月球绕地球运行，到物质落入黑洞，再到星系团的形成，当你研究宇宙时，你会看到到处都有引力在发挥作用。

> 大自然的规律隐藏在黑夜中
> 上帝说:"让牛顿存在吧!"
> 于是一切都亮了。
>
> ——亚历山大·波普(Alexander Pope)

这难道不令人奇怪吗?据说艾萨克·牛顿(1642—1727;见图5-1)在17世纪末"发现"了引力——好像在此之前人们没有受到引力作用,好像大家都是抓着树枝飘来飘去。当然,每个人都受到引力吸引,但同时认为它是理所当然的,对其熟视无睹。牛顿的洞察力让他看到,使苹果落到地球上的引力,也使卫星和行星保持在其轨道上。这一认识改变了人们对自然的思考方式。

5-1 伽利略和牛顿的两门新科学

牛顿于1642年12月25日和1643年1月4日在英国的伍尔斯特霍普(Woolsthorpe)出生,这不是生理上的异常(出生了两次),而是当时日历的奇怪安排。欧洲大部分地区在信奉天主教的国家的带领下,采用了新的格里高利历,但信奉新教的英国继续使用旧的儒略历(Julian calendar)。因此,英格兰的12月25日在欧洲是1月4日。如果你使用英国的日历,那么就会发现牛顿出生于伽利略去世的那年。

牛顿可能是历史上最伟大的科学家之一,但他也意识到此前研究自然的人对他的巨大帮助。牛顿曾说:

图源:iryna1/Shutterstock.com

▲ 图5-1 艾萨克·牛顿提出了三个简单的运动定律和一个引力理论,它们共同决定了航天器、卫星、行星、恒星和星系的运动

"如果说我看得更远,那是因为我站在巨人的肩膀上。"这些巨人之一就是伽利略。在上一章中,你了解到伽利略是哥白尼主义的伟大捍卫者,他被记录首次使用了天文望远镜,同时他也是第一个仔细研究落体运动的科学家。伽利略提供了帮助牛顿理解引力的关键信息。

5-1a 伽利略对运动的观察

伽利略在1609年建造他的第一台望远镜之前,就已经在进行研究力和运动的实验了(回看4-4)。在1633年宗教裁判所对他进行谴责和监禁后,他继续研究运动。他似乎已经意识到,在真正理解哥白尼体系之前,他需要理解运动。

上一章中提到,亚里士多德除了写过关于地心说的宇宙的文章,他还写了关于运动性质的文章,这些观点在伽利略的时代仍然很有影响力。亚里士多德说,世界是由4种元素组成的:土、水、气和火,每种元素都位于其适当的位置。(具有讽刺意味的是,在今天我们仍然可以用亚里士多德的宇宙模型来解释世界,例如,地球 = 土 + 水 + 气,能量 = 火。)地球合适的位置是宇宙的中心,而水元素的适当位置就在地球之上。气和火形成更高的层次,在它们之上是行星和恒星的领域,由地球上未知的天体物质构成。(地球上的元素在第4章"概念艺术·宇宙的古代模型"图1中,显示为中心层。)

亚里士多德曾说过,在此后的近2000年里,每个人都相信,物体有一种自然的趋势,朝着它们在宇宙中的适当位置移动。例如,主要由气或火组成的东西——烟——倾向于向上移动。主要由土和水构成的东西——木头、岩石、肉、骨头等——倾向于向下移动。因此,根据亚里士多德的观点,向下坠落的物体之所以如此,是因为它们正在向它们的适当位置移动。这就是亚里士多德的宇宙必须是地心主义的一个原因。只有在地球是宇宙中心的情况下,他对万有引力的解释——为什么东西会往下掉——才有效。

亚里士多德称这些运动为自然运动(natual motion),这是为了将它们与受迫运动(violent motion)区分开来,受迫运动产生于你推动一个物体,并迫使它向其适当位置以外的地方移动时。根据亚里士多德的说法,这种运动在力消除后就会停止。为了解释为什么一支箭在离开弓弦后还能继续向上移动,他说箭周围的气流使它向前移动,尽管弓弦不再推动它。

在伽利略的时代以及在之前的2000年中,学者们倾向于通过参考权威来解决问题。例如,为了分析炮弹的飞行,他们会转向亚里士多德和其他古典哲学家的著

第一部分 探索天空

作,并试图推断这些哲学家对这个问题的可能看法。这产生了大量的讨论,但没有什么真正的进展。伽利略打破了这一传统,他进行了自己的实验,而且他相信实验结果比古代的权威更有参考价值。

伽利略开始研究落体的运动,但他很快发现,落体运动速度大,时间短,以至于他无法准确测量它们。为了解决这个问题,伽利略开始使用抛光的金属球从稍稍倾斜的斜坡上滚下,这样速度就会降低,时间就会延长。伽利略利用他发明的一个巧妙的水钟,测量出球从斜面上滚下所需的时间,最重要的是,他正确地认识到,这些时间与他对自由落体测得的时间成正比。

伽利略发现,下落的物体并不像亚里士多德所说的那样以恒定的速度下落,而是被加速了。也就是说,随着时间的推移,它们的运动速度在变快。在地球表面附近,一个下落的物体在1秒结束时的速度为9.8 m/s,2秒后为19.6 m/s,3秒后为29.4 m/s,以此类推。每过1秒,物体的速度就增加9.8 m/s(见图5-2)。用现代术语来说,这种下落物体的速度每秒稳定增加

图源:NASA

▲ 图5-3 空气阻力会混淆类似伽利略所做的实验的结果,他的实验是从高塔上投下大小相同但质量不同的物体,以比较它们的下落速度。在1971年从无空气的月球表面进行的低分辨率电视广播中,阿波罗15号指挥官大卫·斯科特(David Scott)在同一时刻扔下一把锤子和一根羽毛。在没有空气阻力的情况下,它们以相同的加速度下落,并一起落地。同样的演示可以在地球上的实验室或教室里用一个抽出空气的容器更简单地完成

9.8 m/s(通常写成 9.8 m/s^2,读作"9.8米每秒的平方")称为地球表面的重力加速度(acceleration of gravity)。

伽利略还发现,加速度并不取决于物体的重量。这也与亚里士多德的教导相反,亚里士多德认为重的物体含有更多的土和水,落下时速度更快。伽利略发现,无论物体是重是轻,其下落的加速度都是一样的。根据一些说法,他通过从比萨斜塔顶部投掷铁球和木球,以证明它们会一起落下并同时落地。事实上,他可能没有做这个实验。由于空气阻力的影响,这个实验无论如何也不会有结果。300多年后,阿波罗15号的宇航员大卫·斯科特站在没有空气的月球上,通过同时扔下一根羽毛和一把钢质的地质学家用的锤子,证明了伽利略发现的真理。它们以同样的速度落下,同时砸在月球表面(见图5-3)。

在描述了自然运动之后,伽利略把注意力转向了亚里士多德所谓的"受迫运动"——也就是指向物体在宇宙中适当位置以外的运动。亚里士多德说,这种运动必须由一个原因维持。今天我们会说"由一种力维持"。伽利略指出,一个从斜面上滚下来的物体是加速的,而

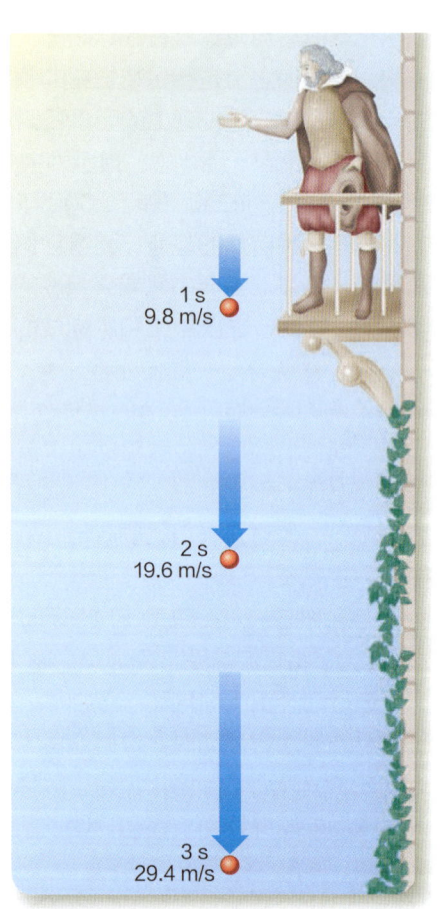

▲ 图5-2 伽利略发现,一个下落的物体被加速向下运动。每过1秒它的速度增加9.8 m/s

一个从同一斜面下滚上来的物体是减速的。他推断，如果斜面是完全水平的，没有摩擦，就不可能有加速或减速来改变物体的速度，而且在没有摩擦的情况下，物体将永远移动下去。用伽利略自己的话说，"任何速度一旦传给一个运动物体，只要除去加速或减速的外部原因，运动速度就会一直保持下去"。换句话说，伽利略显然不同意亚里士多德的观点。他认为运动不需要靠力来维持。一旦开始，运动就会持续下去，直到有东西改变它，物质的这种特性被称为惯性。事实上，伽利略本质上接近惯性定律的描述是对后来被称为牛顿第一运动定律的原理的一个很好的总结。

伽利略于1638年出版了他的运动著作，这是在他完全失明的两年后，距离他的离世只有4年时间。这本书被命名为《关于两门新科学的对话和数学证明，与力学和局部运动有关》（意大利语：*Discorsi e Dimostrazioni Matematiche, Intorno à Due Nuove Scienze, Attenenti alla Mecanica & i Movimenti Locali*）。今天它被称为《两门新科学》。

人们称这本书是一项辉煌的成就，原因有很多。为了理解运动，伽利略放弃古代的权威，设计自己的实验，并得出自己的结论。在某种意义上，伽利略的工作是现代实验科学的第一个例子。还要注意的是，伽利略能够根据他有限的实验，对自然界的运作方式做出有效的一般结论。尽管他的仪器是有限的，他的结果也受到摩擦力的影响，但他能够想象一个无限的、无摩擦的平面，一个物体在上面以恒定的速度运动。在他的工作室里，惯性定律是模糊的，但在他的想象中，它是清晰和精确的。

5-1b 牛顿的运动定律

从伽利略、开普勒和其他早期科学家的工作中，牛顿能够推导出三个运动定律（见表5-1），用于描述任何物体的运动，从汽车在公路上行驶到星系之间的相互碰撞。这些运动定律使牛顿进一步了解了万有引力。

表5-1 牛顿三大运动定律

I. 在没有外力的作用下孤立质点保持静止或做匀速直线运动。
II. 一个物体的加速度与它的质量成反比，与力成正比，并且与力的方向相同。
III. 每一个作用力都有一个大小相等方向相反的反作用力。

牛顿第一运动定律实际上是对伽利略惯性定律的重述：除非受到某种力的作用，否则物体将继续保持静止或沿一条直线做匀速运动。例如，一个在太空中漂流的宇航员，如果没有任何力量作用于他，他将永远以恒定的速度沿一条直线运动（见图5-4a）。

牛顿第一运动定律还解释了为什么一个弹簧在所有的力都消除后继续运动。例如，一支箭在离开弓弦后如何继续运动。该物体继续移动是因为它有动量（momentum）。

一个物体的动量是对其运动量的衡量，等于其速度乘以其质量（mass）。（质量是对一个物体中物质数量的量度，在公制中以千克表示。）一个被扔过房间的回形针速度很慢，因此动量很小，你可以很容易地把它抓在手里。但是，同样的回形针以步枪子弹的速度发射，会有巨大的动量，你就不敢尝试去抓它。动量还取决于一个物体的质量。现在想象一下，有人不扔回形针，而是扔给你一个保龄球。保龄球的质量比回形针大得多，因此具有更大的动量，尽管它以同样的速度运动。如果你试图接住一个运动速度与抛出的回形针一样快的保龄球，你可能会被它击倒。

请注意，质量不等于重量。你的体重是地球引力对你身体的质量所施加的力量。因为重力把你往下拉，你压在浴室的秤上，然后可以测量你的体重。漂浮在太空中，你将完全没有重量，这时候浴室的秤将是无用的，然而，你的身体仍然包含相同数量的物质，所以你仍然会有与在地球上时相同的质量。保龄球也是如此，想象一下，在太空中投掷保龄球，它将无重量，但它的质量仍然是巨大的，并且需要实质性的努力来启动它。

牛顿第二运动定律是关于力的。伽利略只谈到了加速度，而牛顿则认为加速度是力作用于质量的结果（见图5-4b）。牛顿第二运动定律通常被写成：

$$F = ma$$

其中F是力，m是质量，a是加速度。像往常一样，当你看一个方程式时，你需要仔细定义术语。加速度（acceleration）是速度的变化率，而速度（velocity）包含速率及其方向。大多数人把速度和速率（speed）这两个词交替使用，但它们是两回事。速率不隐含任何方向性，但速度有。如果你以55英里/小时开车绕圈，你的速率是恒定的，但你的速度是变化的，因为你的运动方向在变化。如果一个物体的速度发生变化或运动方向发生变化，它就会出现加速度。每辆汽车都有3个加速器——油门踏板、刹车踏板和方向盘。从技术上讲，这3个加速器都会改变汽车的速度。

在某种程度上，第二运动定律只是一种常识，你每

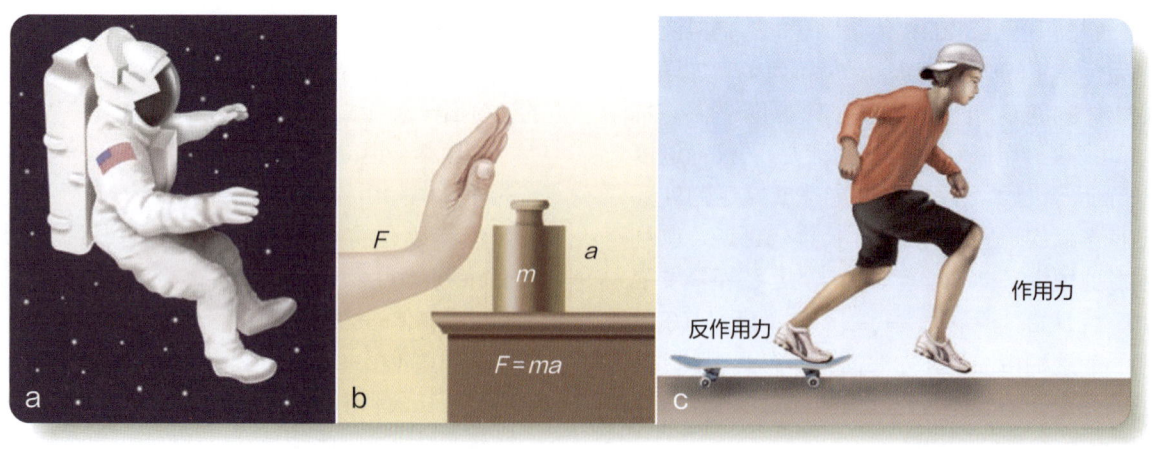

▲ 图 5-4 牛顿的三大运动定律的图示。(a) 第一运动定律：所有的物体，如图中的宇航员，除非受到某种力的作用，否则将继续保持静止或以恒定的速度在一条直线上运动。(b) 第二运动定律：加速物体所需的力与物体的质量和加速度成正比。(c) 第三运动定律：滑手对滑板施加的力与滑板对滑手施加的力相等，且方向相反

天都能感受到它的影响，一个物体的加速度与施加在它身上的力成正比。如果你轻轻地推着一辆杂货车，它会得到一个小的加速度。第二运动定律还说，加速度取决于物体的质量。如果你的杂货车装满了砖头，你轻轻地推它，会有很小的运动幅度。然而，如果它装满了充气的气球，那么轻轻一推，它很容易就开始加速。最后，第二定律指出，产生的加速度是在力的方向上，这也是你所期望的。如果你推一辆不动的小车，你期望它朝你推的方向移动。

牛顿第二运动定律很重要，因为它建立了运动的因果之间的精确关系（我们如何得知 5-1）。物体不只是匀速移动，它们在力的作用下会加速。运动的物体不会停止，它们因受力而减速。而运动的物体不会无缘无故地改变方向，方向的改变是速度的改变，需要有一个力的存在。亚里士多德说，当物体移动时，是因为它们有一种倾向，要移动到它们适当的位置。牛顿说，物体运动是因为有一个特定的原因，即一个力。而牛顿第二定律是以方程的形式出现的，因此，举例来说，如果你知道一个物体的质量和作用在它身上的力的数值，你就可以计算出它的精确的加速度数值。

牛顿第三运动定律规定，每一个力都有一个大小相等方向相反的反作用力。换句话说，力必须成对出现，方向相反。例如，如果你站在滑板上向前跳，滑板就会向后射去。当你跳的时候，你的脚会对滑板施加一个力，使它向后方加速。但是，正如牛顿所意识到的，力必须成对出现，所以滑板会对你的脚施加一个大小相等但方向相反的力，这就是使你身体加速前进的原因（见图 5-4c）。

5-1c 引力的相互作用

牛顿理解了三大运动定律后，他就能够考虑导致物体下落的力量。第一定律和第二定律告诉我们，下落的物体加速向下意味着一定有某种力量在向下拉扯它们。在亚里士多德看来，月球和其他天体都是做圆周运动的，因为这就是组成任何天体（非地球）的物质的性质；相反，牛顿认为月球和其他天体具有相同的性质，并遵循与地球上的物体相同的规则，这意味着必须有某种力量作用于月球，使其保持在轨道上。月球沿着一条弯曲的路径围绕地球运行，而沿着弯曲路径的运动就是加速运动。牛顿第二运动定律说，加速需要一个力，所以一定有一个力使月球沿着弯曲的路径运动。

牛顿想知道，将月球固定在其轨道上的力量是否可能是导致苹果坠落的相同力量——引力。他知道引力至少延伸到山顶那么高，但他不知道它是否可以一直延伸到月球。他相信可以，但是地球的引力在更远的距离上会更弱，而且会随着距离平方的增加而减小。

这种关系被称为平方反比定律（inverse square law）。牛顿在其光学工作中熟悉了这样的规律，因为它适用于光的强度。在离蜡烛火焰 1 米远的地方设置 1 个屏幕，在每 1 平方米上接收一定量的光，然而如果把屏幕移到 2 米远的地方，原来照亮 1 平方米的光将覆盖 4 平方米的范围（见图 5-5）。因此，光的强度与屏幕的距离的平方成反比。牛顿猜测，引力的强度也会遵循同样的规律。

牛顿做了第二个假设，使他能够预测月球轨道附近的地球引力强度。他不仅假设引力的强度遵循平方反比定律，而且还假设需要考虑的重要距离是与地球中心的

我们如何得知 5-1

因果关系

为什么因果关系的原则对科学家如此重要？

科学中最常使用的，也是最不常说的原则之一就是因果关系。现代科学家都认为事件是有原因的，但古代哲学家如亚里士多德认为，物体的运动是有趋势的。他们说，土和水，以及主要由土和水组成的物体，有一种自然的趋势，即向宇宙的中心移动。这种自然运动没有原因，而是物体的本质所固有的。牛顿的第二运动定律（$F=ma$）是对因果关系原则的第一个明确陈述。如果一个物体（质量为 m）以一定的量（方程式中的 a）改变其运动，那么它必须受到一定大小的力（方程式中的 F）的作用。这个效果（a）必须是一个原因（F）的结果。

因果关系的原则远远超出了运动的范畴。科学家们坚信，每一个结果都有一个原因。与疾病的斗争就是一个例子，霍乱是一种可怕的疾病，可以在几小时内让人失去生命。很久以前，它被归咎于诸如糟糕的魔法或神的意志，而仅在两个世纪前，它被归因于"糟糕的空气"。当霍乱在1854年袭击英国时，约翰·斯诺博士仔细绘制了伦敦的病例图，显示受害者饮用了少数被污水污染的水井的水。1876年，德国人罗伯特·科赫（Robert Koch）博士对霍乱追溯到一个更具体的原因，他确定了导致该疾病的杆菌。科学家们一步步追踪到霍乱的原因。

如果宇宙不依赖于因果关系，那么你永远不可能期望了解大自然是如何运作的。牛顿的第二运动定律可以说是第一个明确的声明，即宇宙的行为取决于原因。

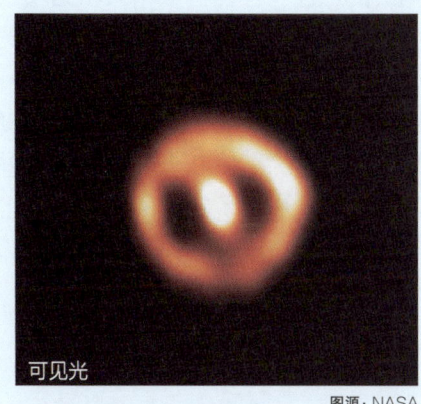

图源：NASA

因果关系：为什么这颗恒星会在1992年爆炸？一定有一个原因

距离，而不是与地球表面的距离。（顺便说一下，牛顿发明了微积分来验证这一假设。）因为月球大约在60个地球半径之外，所以月球轨道附近的地球引力应该为地球表面引力的约1/3600。在地球表面，地球引力产生的加速度是 9.8 m/s²，所以牛顿估计在月球轨道附近，它大约应该是 0.002 7 m/s²。

现在，牛顿想知道，这个加速度是否足以使月球保持在其轨道上？他知道月球的轨道半径和它的轨道周期，所以他可以计算出使月球保持在其弯曲的轨道上所需要的实际加速度。答案是 0.002 7 m/s²，正如他的平方反比定律计算所预测的那样。因此，牛顿确信，月球是由引力固定在其轨道上的，而引力服从平方反比定律。

牛顿第三定律说，力总是成对出现，所以如果地球拉着月球，那么月球也必须拉着地球。这被称为引力的相互作用，是宇宙的一个普遍属性。太阳、行

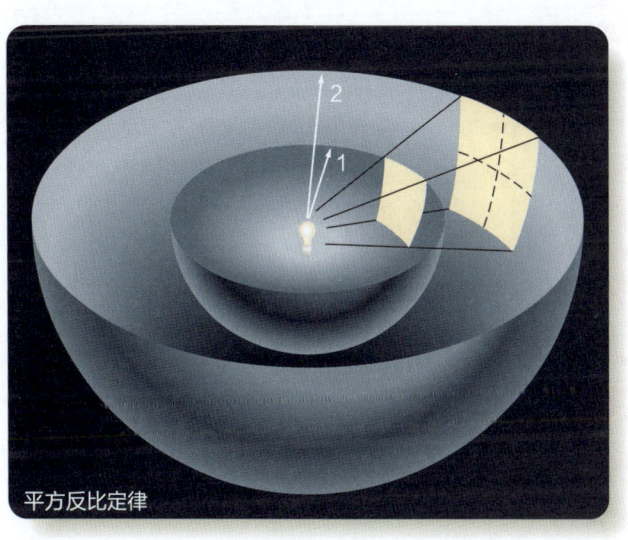

▲ 图 5-5 当光从一个光源辐射出去时，它就会散开，变得不那么强烈。在这里，落在内球体1平方米上的光必须覆盖半径2倍大的球体上的4平方米。这说明了光的强度是如何与距离的平方成反比的。牛顿猜对了，引力与距离的平方成反比

星和它们的所有卫星也必须通过它们之间的引力相互吸引。事实上，宇宙中每一个有质量的粒子都必须吸引其他的粒子，这就是为什么牛顿引力通常被称为万有引力。

显然，引力的大小取决于质量。你的身体是由物质构成的，你有你自己的个人引力场，但你的引力很弱，不会导致卫星围绕你运行。较大的质量有较强的引力。通过对第三运动定律的分析，牛顿意识到，第一定律中抵抗加速度的质量必须与产生引力的质量相同。牛顿用钟摆进行了预实验，证实了抵抗加速度的质量和产生引力的质量之间的这种等价关系。

由此，结合平方反比定律，他能够写出两个质量 M 和 m 之间著名的引力公式：

$$F = -\frac{GMm}{r^2}$$

常数 G 是引力常数，它将质量单位与引力单位联系起来。在这个方程式中，r 是质量之间的距离。负号意味着力是吸引力，把质量拉到一起，使 r 减少。用简单的语言来说，牛顿的引力定律指出，两个质量 M 和 m 之间的引力，与质量的乘积成正比，与它们之间距离的平方成反比。

牛顿对万有引力的描述对他那个时代的科学家来说是一个很难接受的想法，因为它涉及令人费解的远距离作用概念。换句话说，地球和月球以某种方式相互施加力，尽管它们之间没有物理联系。现代科学家通过引入场（field）的概念来理解引力，地球的质量在整个空间产生一个引力场，这个引力场是指向地球中心的。该场的强度根据平方反比定律而减小。任何在这个场中有质量的粒子都会受到一个力，这个力取决于粒子的质量和粒子位置上的场的强度。这个力是指向场的中心的。

场是描述引力的一种优雅方式，但它仍然没有说明引力是什么，为什么会有一个场。在本章后面，当你学习爱因斯坦的弯曲空间——时间理论时，你可能会对引力到底是什么有一个更清晰的认识。

5-2 轨道运动和潮汐

轨道运动和潮汐是两种不同的引力现象。当你思考月球和行星的轨道运动时，你考虑的是引力如何作用于整个物体；当你思考潮汐时，你是在考虑引力如何作用于一个物体的不同部分。分析这两种现象将使你对引力的作用有更深刻的认识。

5-2a 轨道

牛顿是第一个意识到轨道上的物体正在下落的人，你可以通过分析围绕地球运行的物体的运动来探索牛顿的洞察力。仔细阅读"概念艺术·轨道"，注意 3 个重要概念和 6 个新术语：

1. 一个围绕地球运行的物体实际上正在向地球中心下落（被加速），由于其横向（侧向）的轨道速度，该物体不断错过与地球的碰撞。为了遵循一个圆形轨道，物体必须以环绕速度（circular velocity，V_c）运动。十分重要的地球同步卫星（geosynchronous satellite）处于离地球适当距离的圆形轨道上。

2. 请注意，更准确的说法是，相互绕转的物体实际上是围绕它们的共同质心（center of mass）旋转的。

3. 最后，注意闭合轨道（closed orbit）和开放轨道（open orbit）之间的区别。如果你想永远离开地球，你需要至少加速你的飞船，直到它以逃逸速度（escape velocity，V_e）运动，所以它将遵循开放轨道，永远不会返回。

践行科学

"万有引力相互作用"中的"万有"和"相互作用"是什么意思？科学家经常通过一步步的逻辑论证来工作，其中包括严谨的定义，这就是一个很好的例子。

牛顿认为，使苹果向下加速的力与使月球加速并保持在其轨道上的力相同。运动第三定律指出，力总是成对出现的，所以如果地球吸引月球，那么月球也一定会吸引地球。也就是说，任何两个物体之间的引力都是相互的。

此外，如果地球的引力吸引了苹果和月球，那么它必须吸引太阳，第三运动定律说太阳必须吸引地球。但是，如果太阳吸引地球，那么它也必须吸引其他行星，甚至是遥远的恒星，而这些恒星又必须吸引太阳和彼此。牛顿的第三运动定律一步一步地有逻辑地得出结论：引力必须适用于宇宙中的所有质量。也就是说，引力必须是普遍存在的。

5-2b 轨道速度

要成功乘坐火箭进入轨道，你首先需要回答一个关键问题："我必须飞多快才能留在轨道上？"一个物体的环绕速度是其保持在一个环绕轨道必须具有的横向速度。如果你假设你的宇宙飞船的质量与地球的质量相比是很小的，那么圆周速度可以表示为：

> **式 5-1a　环绕速度**
> $$V_c = \sqrt{\frac{GM}{r}}$$

在这个公式中，M 是中心体（本例中为地球）的质量，单位为千克；r 是轨道的半径，单位为米；G 是引力常数，等于 $6.67 \times 10^{-11}\,\mathrm{m}^3/(\mathrm{s}^2 \cdot \mathrm{kg})$。通过这个简单的公式，你就可以计算一个物体需要多快的速度才能保持在一个环绕轨道上。

例子：月球在其轨道上运行的速率是多少？（假设月球的轨道是完全圆形的，尽管它实际上是略带椭圆的。）地球的质量是 $5.97 \times 10^{24}\,\mathrm{kg}$，月球轨道的半径是 $3.84 \times 10^{8}\,\mathrm{m}$。

解答：月球的轨道速度为：

$$V_c = \sqrt{\frac{6.67 \times 10^{-11} \times 5.97 \times 10^{24}}{3.84 \times 10^{8}}} = \sqrt{\frac{39.8 \times 10^{13}}{3.84 \times 10^{8}}}$$

$$= \sqrt{1.04 \times 10^{6}} = 1020\,\mathrm{m/s} = 1.02\,\mathrm{km/s}$$

这个计算表明，月球每秒钟沿其轨道行驶 1.02 km，这就是月球处于与地球的距离为平均距离时的环绕速度。

一颗恰好处于地球大气层上方的卫星离地球表面只有大约 200 km，或者说离地球中心有 6570 km，所以地球的引力在此处要比在月球轨道附近大得多，卫星运行必须比月球快得多才能保持在一个圆形轨道上。你可以使用前面的公式来计算，在地球表面以上 200 km 的低轨道上，也就是在大气层之上，其环绕速度约为 7.8 km/s。这大约是每小时 17 400 英里，这提示了为什么将卫星送入地球轨道需要那么大的火箭。火箭不仅要把卫星升到地球大气层以上，而且还要使火箭的轨迹弯过来，在水平方向上加速卫星，以达到这个环绕速度。

一个常见的误区认为，太空中没有引力。你可以看到，宇宙空间充满了来自地球、太阳和宇宙中所有其他天体的引力。一个在太空中看起来没有重量的宇航员，实际上是在宇宙其他部分的联合引力场的作用下，沿着一条路径下落。就在地球大气层之上，宇航员的轨道运动几乎完全是由于地球的引力。

5-2c 计算逃逸速度

如果你向上发射火箭，它将在片刻间消耗其燃料并达到最大速度。从那时起，它将沿着海岸线上升，火箭必须以多快的速度滑行才能离开地球并逃逸？当然，无论它走多远，都无法摆脱地球的引力。地球引力（以及所有其他物体的引力）的影响可以延伸到无穷远。然而，火箭有可能在最初的时候飞行速度极快，以至于引力永远无法使它慢下来，无法使它停下来。然后，火箭可以永久地离开地球。

逃逸速度是指逃离一个天体所需的速度。在这里，你感兴趣的是逃离地球表面，在后面的章节中，你将考虑从其他行星、太阳、其他恒星、星系，甚至是黑洞的逃逸速度。

逃逸速度 V_e 可以表示为：

> **式 5-1b　逃逸速度**
> $$V_e = \sqrt{\frac{2GM}{r}}$$

同样，G 是引力常数，等于 $6.67 \times 10^{-11}\,\mathrm{m}^3/(\mathrm{s}^2 \cdot \mathrm{kg})$，$M$ 是中心体的质量（千克），r 是半径（米）。（注意，这个公式与环绕速度的公式相似；事实上，逃逸速度是环绕速度的 $\sqrt{2}$。）

例子：什么是离开地球的逃逸速度？

解答：你可以通过使用地球的质量 $5.97 \times 10^{24}\,\mathrm{kg}$ 和地球的平均半径值 $6.37 \times 10^{6}\,\mathrm{m}$ 来找到从地球的逃逸速度。

$$V_e = \sqrt{\frac{2 \times 6.67 \times 10^{-11} \times 5.97 \times 10^{24}}{6.37 \times 10^{6}}} = \sqrt{\frac{7.96 \times 10^{14}}{6.37 \times 10^{6}}}$$

$$= \sqrt{1.25 \times 10^{8}} = 11\,200\,\mathrm{m/s} = 11.2\,\mathrm{km/s}$$

这相当于 11.2 km/s，或大约 25 000 英里 / 小时。从公式中注意到，一个物体的逃逸速度取决于其质量和半径。一方面，如果一个大质量的物体有一个大的半径，它的逃逸速度可能会很慢。当你考虑巨星时，你会遇到这样的物体。另一方面，一个质量相当小的物体如果半径小，可能会有很快的逃逸速度，这种情况你会在研究黑洞时遇到。牛顿理解了引力和运动后，他就可以做开普勒没有做过的事情：他可以解释为什么行星服从开普勒的行星运动定律。

轨道

1 你可以通过模拟炮弹以圆形路径围绕地球运动来理解轨道运动。想象一下,如右图所示,在一座高山上有一门水平瞄准的大炮。少量的火药使炮弹的速度很慢,它在落到地球之前不会走很远。更多的火药使炮弹的速度更快,也让其飞行距离更远。如果火药足够多,炮弹的速度非常快,就永远不会撞击到地面。地球的引力把它拉向地球中心,但地球的表面却以相同的速度弯曲着离开它。炮弹在轨道上,保持在圆形轨道上所需的速度称为环绕速度(circular velocity)。就在地球大气层之上,在200km的高度,环绕速度为7790m/s,或大约每小时17 400英里,环绕周期大约为88分钟。

地球大气上方的卫星不受摩擦力的影响,会一直围绕地球运动

北极

如果卫星轨道太低,或者受到上层大气的摩擦力时,会最终落回地球

1a 地球同步卫星(geosynchronous satellite)随着地球的自转向东运行,并相对赤道保持在一个固定点之上。这是通信和气象卫星的理想选择。

地球同步卫星

卫星轨道距离地心42 230km(26 240英里),周期是24小时。

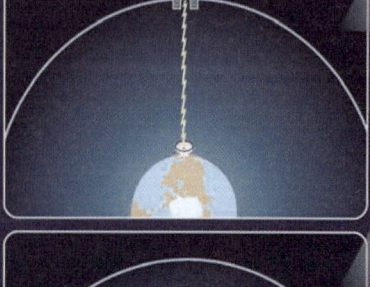

卫星朝东运动,地球在卫星之下向东自转。

卫星固定在赤道上方的一点。

1b 根据牛顿的第一运动定律,月球应该沿着一条直线,永远离开地球。因为它沿着一条曲线运动,牛顿知道必须有某种力量不断地使它向地球加速,即引力。每一秒钟,月球向东移动1020m(3350英尺),向地球落下约1.4mm(1/18英寸)。这些运动的组合产生了月球的环绕轨道。

月球的直线运动
朝向地球的运动
月球轨道的曲线
地球

1c 宇航员在环绕地球的轨道上感到失重,但他们并没有——用老科幻电影中的一个术语"超越地球引力"。像月球一样,宇航员被地球的引力加速向地球移动,但是他们沿着轨道飞行的速度足够快,以至于他们不断地"错过地球"。他们实际上是在围绕地球下落。在航天器内部或外部,宇航员感到失重,因为他们和他们的航天器以同样的速度下降。与其说他们失重,不如说他们处于自由落体状态更准确。

图源:NASA

2 为了准确起见,你不应该说一个物体绕着地球运行。相反,这两个物体是互相绕转的。引力是相互的,如果地球拉着月球,月球也拉着地球。这两个物体围绕着它们共同的质量中心,即系统的平衡点旋转。

2a 两个不同质量的物体在它们的质心处平衡,质心更靠近质量较大的物体。当这两个天体相互绕转时,它们围绕着共同的质心绕转,如右图所示。地月系统的质心距离地球中心只有4670km(2900英里)——在地球内部。当月球在一边围绕质心运行时,地球在另一边围绕质心运动。

3 封闭轨道有重复的周期。月球和人造卫星在封闭轨道上绕地球运行。在下面,炮弹可以遵循一个椭圆形或圆形的闭合轨道。如果炮弹以永久离开地球所需的速度飞行,称为"逃逸速度",它将进入一个开放轨道。开放轨道不会使炮弹返回地球——炮弹将逃出地球。

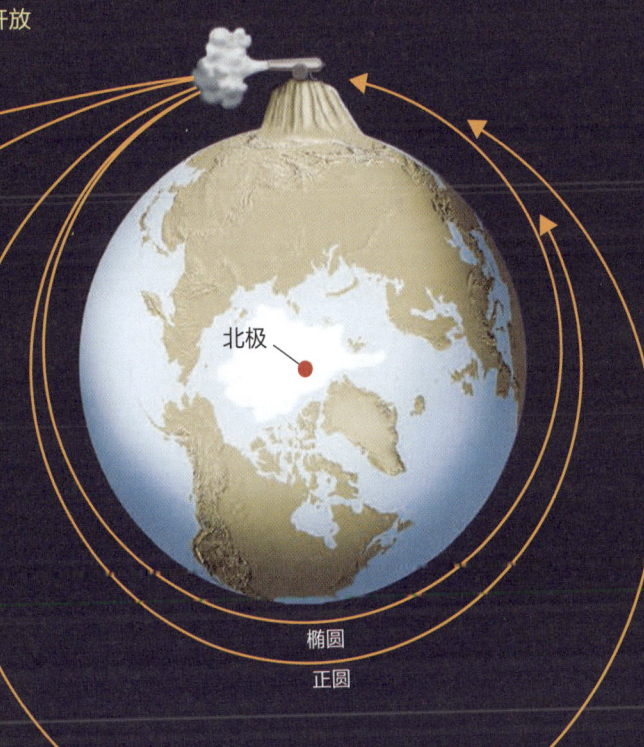

双曲线

速度大于逃逸速度的炮弹会沿着双曲线逃离地球

抛物线

速度等于逃逸速度的炮弹会沿着抛物线逃逸

北极

椭圆

正圆

椭圆

3a 正如开普勒第二定律所描述的那样,一个椭圆轨道上的物体在离地球最远的时候(远地点)速度最低,而当它离地球最近的时候(近地点)速度最高。近地点必须在地球的大气层之上,否则摩擦将夺走卫星的能量,它将迅速落回地球。

5-2d 重新审视开普勒定律

当你了解了牛顿定律、万有引力和轨道运动，你就可以用一种新的、更复杂的方式来看待开普勒的行星运动定律。

开普勒第一定律指出，行星的轨道是以太阳为焦点的椭圆。在牛顿最著名的数学证明之一中，他表明，如果一颗行星在遵循平方反比定律的引力的影响下在一个封闭的轨道上移动，那么这个轨道一定是一个椭圆。换句话说，行星的轨道是椭圆，因为引力遵循平方反比定律。

尽管开普勒正确地确定了行星轨道的形状，但他仍然想知道为什么行星会一直沿着这些轨道运动，现在你知道答案了。它们之所以移动，是因为没有任何东西能让它们慢下来。牛顿第一运动定律指出，一个运动中的物体倾向于保持该运动，除非受到某种力的作用。在没有摩擦的情况下，行星必然继续运动。

开普勒第二定律指出，行星在靠近太阳时运动得更快，在远离太阳时运动得更慢。牛顿的发现再一次解释了其原因。想象一下，你是在一个围绕太阳的椭圆轨道上。当你绕着椭圆的最远部分，即远日点移动时，你开始靠近太阳，而太阳的引力将你在轨道上稍微向前拉。当你向太阳下落时，你的速率加快了，所以当你接近太阳时，你当然会走得更快。当你绕着离太阳最近的地方，即近日点移动时，你开始远离太阳，太阳的引力稍微向后拉你，当你远离太阳时，你的速率会变慢。如果你在一个圆形的轨道上，太阳的引力就会一直垂直于你的运动方向，你的速率不会增大或减小。当你从力和运动的角度来分析开普勒第二定律时，它是有意义的。

有一种更优雅、更深刻的方式来思考开普勒第二定律。之前你了解到伽利略的观点，即在无摩擦表面上运动的物体会继续沿直线运动，直到它受到某种力的作用，也就是说，该物体具有动量。以类似的方式，一个在无摩擦表面上自转的物体将继续自转，直到有东西加快或减慢其自转，这样的物体具有角动量（angular momentum）——是物体的质量与它的自转速度的结合。一个在轨道上围绕太阳公转的行星具有一定的角动量，在没有外界影响改变其运动的情况下，其角动量保持不变，物理学家说角动量是"守恒"的。在数学上，一颗行星围绕太阳公转的角动量是其质量、速率和与太阳的距离的乘积。这提供了另一种方法来理解为什么一颗行星沿着椭圆轨道接近太阳时必须加速。因为它的角动量是守恒的，当它与太阳的距离减小时，它的速率就会提高，同时当它与太阳的距离增大时，它的速率就会

降低。角动量守恒实际上是一种常见的经验，缓慢旋转的滑冰者可以收缩他们的手臂和腿，拉近和旋转轴的距离，因为角动量的守恒，这样做可以使他们旋转得更快（见图5-6）；为了降低旋转速度，他们可以再次伸出手臂。同样，潜水员可以在收腹状态下快速旋转，然后通过调整到伸展状态来减缓旋转速度。

开普勒第三定律指出，一颗行星的轨道周期取决于它与太阳的距离。该定律的根本原因在于，行星运动的能量（energy）由其与太阳的距离决定。物理学家将能量定义为"做功的能力"，但你可以将其解释为"产生变化的能力"。当一颗行星在其轨道上运行，一辆水泥车在高速公路上飞驰，一个高尔夫球在球道上滚动，它们都有能力产生变化。想象一下，与这些物体中的任何一个相撞！[能量的单位在公制系统中以焦耳（Joules，J）表示。]

一颗围绕太阳运行的行星有一个特定的能量，它是运动能量的总和（称为动能，kinetic energy）加上行星和太阳之间引力所涉及的能量（称为势能，potential energy）。因为这两种能量都取决于行星与太阳的距离，所以在行星绕其轨道运动的速度和轨道的大小之间——在其轨道周期 P 和轨道的半长轴 a 之间，有一种固定的关系。你甚至可以从牛顿的运动定律中推导出开普勒第三定律，如下一节所示。

5-2e 牛顿版本的开普勒第三定律

圆周速度的方程式实际上是开普勒第三定律的一个版本，你可以用3行简单的代数来证明。其结果是天文学中最有用的公式之一。

▲ 图5-6 滑冰运动员通过将手臂和腿部拉近旋转轴以旋转得更快，证明角动量的守恒

正如你所看到的，环绕速度的公式是：

$$V_c = \sqrt{\frac{GM}{r}}$$

一颗行星的环绕轨道速度是其轨道的周长除以轨道周期。

$$V = \frac{2\pi r}{P}$$

如果你在第一个公式中用这个公式来代替 V，并求解 P^2，你会得到：

式 5-2　开普勒第三定律的牛顿运动学表达式

$$P^2 = \left(\frac{4\pi^2}{GM}\right)r^3$$

这里的 M 是双星系统的总质量，单位是千克。对于围绕太阳运行的行星，你可以只用太阳的质量作为 M 的一个很好的近似值，因为与太阳的质量相比，行星的质量可以忽略不计，所以加入行星的质量只会带来微小的差别。（在后面一章中，你将把这个公式应用于两颗互相绕转的恒星，然后你将需要把两颗恒星的质量都纳入总和中。）对一个圆形轨道，半长轴 a 等于圆的半径。

例子： 地球围绕太阳的轨道周期是多少？

解答： 太阳的质量为 1.989×10^{30} kg，地球与太阳的平均距离为 1.496×10^{11} m。万有引力常数 G 是 6.67×10^{-11} m^3/(s^2·kg)。（请注意，在这个例子中，输入的数量是以 4 位有效数字的精度给出的，并且假设地球的质量与太阳的质量相比，可以忽略不计。）

$$P = \sqrt{\frac{4 \times \pi^2 \times (1.496 \times 10^{11})^3}{6.674 \times 10^{-11} \times 1.989 \times 10^{30}}} = \sqrt{\frac{1.322 \times 10^{35}}{1.327 \times 10^{20}}}$$

$$= \sqrt{9.957 \times 10^{14}} = 3.155 \times 10^7 \text{ s}$$

结果是 3.155×10^7 秒 $= 365\frac{1}{4}$ 天。

正如你所看到的，这个公式是开普勒第三定律的普适版本：$P^2=a^3$，你可以把它用于任何围绕其他物体运行的物体。在开普勒的版本中，你用天文学单位（AU）来表示距离，用年来表示时间，但在牛顿的版本中，你需要用米、秒、千克等单位来表示。G 是之前定义的引力常数。

这是一个强大的公式。例如，如果你观测一颗绕行星公转的卫星，并且你可以测量该卫星轨道的半径 r，以及它的轨道周期 P，你就可以用这个公式来计算 M，即行星和卫星的总质量。重要的是你要认识到，除了使用这个公式，没有其他方法可以精确测量宇宙中物体的质量。在后面的章节中，你会看到这个公式被反复用于计算恒星、星系和行星的质量。

以上讨论很好地说明了牛顿工作的意义和影响力，通过仔细定义运动和引力，并赋予它们数学表达方式，牛顿能够推导出新的真理，其中包括开普勒第三定律的牛顿运动学表达式。他的工作完美地将曾经被认为是神秘的行星运动转变为遵循简单规则的可理解的运动。事实上，他对万有引力的发现还解释了几千年来困扰哲学家们的另一个问题：潮涨潮落。

5-2f　潮汐和潮汐力

牛顿明白，引力是相互的——地球吸引月球，同时月球也吸引地球——这意味着月球的引力可以解释海洋潮汐的产生。

潮汐是由引力的微小差异引起的。例如，地球的引力将你的身体向下吸引，其力量相当于你的体重。月球的质量较小，距离较远，所以它吸引你的身体的力量占你体重的一个很小的百分比。你不会注意到这个小力，但地球上的海洋对此有明显的反应。

地球面向月球的一面比地球中心更接近月球，大约 6400 km（4000 英里）。因此，尽管月球的引力场在地球上数值很小，但它在地球的近侧比在地球中心要强一些。它对地球近月侧海洋的拉扯比对地球中心的拉扯更强一些，海洋会向地球面对月球的那一面流动，形成一个微小的隆起。在地球远离月球的一侧也有一个隆起，因为月球对地球中心的拉扯比对其远侧的拉扯更强。因此，在地球的远侧，月球将地球拉离第二个隆起的海洋，这个隆起指向远离月球的地方（见图 5-7a）。海洋潮汐是由地球及其海洋在围绕地月质心运行时受到的加速度引起的。

一个常见的误区认为，月球对潮汐的影响意味着月球对水有亲和力——包括你身体里的水。而且，根据一些人的说法，这就是月球对你影响的由来。这并不正确。如果月球的引力只影响水，那么就只有一个潮汐隆起，就是面对月球的那个。如你所知，月球的引力作用于地球的所有部分，包括岩石和水，这就产生了地球远处海洋的潮汐隆起。事实上，在地球的岩石体中会出现小的潮汐隆起，因为它被月球的引力影响至变形。虽然

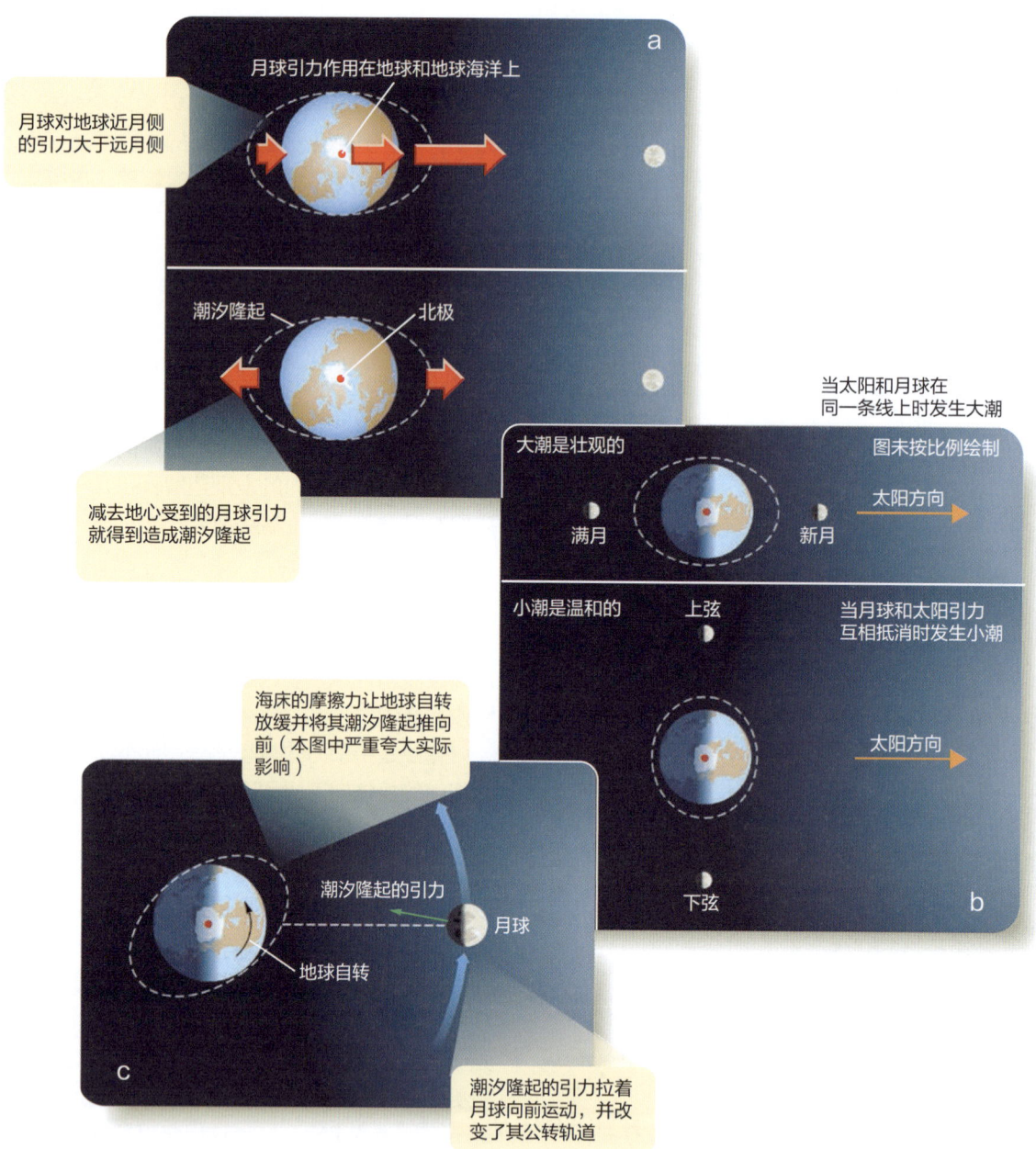

▲ 图5-7 （a）潮汐是由施加在天体不同部分的引力的微小差异产生的，地球上离月球最近的一面受到的引力比地球中心大，而这一面受到的引力也比离月球最远的一面大。相对地球的中心，受到较大的引力，它们会引起潮汐。（b）月球和太阳都在地球上产生潮汐。(c)潮汐可以改变一个天体的自转速度和它的轨道运动

你没有注意到它，但当地球自转时，地貌会随着潮汐的变化而上升和下降几厘米。月球对水没有特殊的亲和力，而且，由于你的身体比地球小得多，月球在你体内引起的任何潮汐都是可以忽略的小量。海洋潮汐之所以大，是因为海洋很大。

如果你在海边观察几小时，你可以看到潮汐的明显证据。在地球自转时，潮汐隆起相对月球的位置保持固定。自转的地球将你和你所在的海滩带入潮汐隆起区，海水加深，你看到潮水爬上沙地。潮汐并没有真正"进来"——更准确的说法是你进入了潮汐隆起区。后面，当地球的自转把你带出隆起区时，海洋变得更浅，潮汐也随之下降。在一个正常的海岸线上，潮汐每天涨落两次，因为在地球的两边有两个隆起。

任何特定地点的潮汐周期都可能相当复杂，因为它受到该地点的纬度、海岸线的形状、风力强度等的影响。例如，芬迪湾（Bay of Fundy，加拿大新不伦瑞克）的

潮汐每天发生两次，可以超过 40 英尺（约 12 m）。相比之下，墨西哥湾的北部海岸每天只有一个潮汐周期，大约 1 英尺（30 cm）。

引力是普遍存在的，所以太阳也在地球上产生潮汐。太阳的质量是月球的 2700 万倍，但它离地球几乎有月球的 400 倍远。由太阳引起的地球上的潮汐强度不到月球引起的潮汐的一半。每月两次，在新月和满月时，月球和太阳产生的潮汐隆起加在一起，产生极端的潮汐变化。在这些月相时，涨潮时潮水特别高，而退潮时潮水特别低。这样的潮汐被称为大潮（spring tide）。这里英文中的"spring"（春）不是指一年中的季节，而是指潮水的上升。在上弦月和下弦月时，太阳和月亮互成直角，由太阳引起的潮汐部分抵消了由月亮引起的潮汐，而这些不太极端的潮汐被称为小潮（neap tide）。"neap"这个词来自一个古英语单词"nep"，意思是"弱小的"。图 5-7b 呈现了大潮和小潮的情况。

伽利略曾试图了解潮汐，但直到牛顿发现了万有引力，天文学家才能够分析潮汐，并认识到其令人惊讶的影响。例如，在潮汐隆起中移动的水受到了与海床的摩擦和上升到大陆上的阻力。这种摩擦减缓了地球的自转速度，目前每世纪能够让一天的时间增长 0.002 3 秒。数百万年前，在河流排入海洋的地方留下的薄薄淤泥层包含了对潮汐周期以及日、月、年周期的记录。这些数据证实，在大约 6.2 亿年前，地球上的一天还不到 22 小时。

潮汐也能影响轨道运动。地球向东自转，与海床的摩擦将潮汐隆起稍稍向东拖出地月直线。这些潮汐隆起是巨大的，它们的引力场将月球在其轨道上向前拉，如图 5-7c 所示。因此，月球的轨道每年增长约 3.8 cm，天文学家可以通过激光束从阿波罗宇航员在月球表面留下的反射器上发生的反射来测量这种效应。

地球的引力对月球产生了潮汐力，虽然月球上没有水体，但弯曲的岩石内的摩擦力也减缓了月球的自转，以至于它现在保持着朝向地球的同一面。

潮汐不仅是导致海洋在每天和每月的节奏中上升和下降的原因。在后面的章节中，你将看到潮汐如何把气体从恒星上拉走，为黑洞提供物质，从而把星系撕裂，以及融化围绕大质量行星运行的小卫星的内部。潮汐力引发了宇宙中一些最令人惊讶和印象深刻的现象。

5-2g 牛顿之后的天文学

1687 年，牛顿在一本名为《自然哲学的数学原理》（Philosophiae Naturalis Principia Mathematica）的拉丁文书中发表了他的作品，该书现在也被称为《原理》。它是有史以来最重要的书籍之一。《原理》改变了天文学、科学，以及人们思考自然的方式。

《原理》改变了天文学，开启了一个新的时代。人们不再需要用神的奇思妙想来解释天上的事物，他们不再猜测为什么行星会在天空中徘徊。《原理》出版后，物理学家和天文学家明白，天体的运动是由简单的、普遍的规则支配的，这些规则描述了从沿轨道运行的行星到落下的苹果等一切运动。突然间，宇宙可以用简单的术语来理解，天文学家可以准确地预测未来的行星运动（我们如何得知 5-2）。

《原理》还整体地改变了科学，哥白尼和开普勒的作品都是数学性的，但在《原理》之前，没有一本书能如此清楚地展示数学作为精确语言的力量。牛顿在书中的论点是对自然界定量研究的有力说明，此后全世界的科学家都把数学作为他们最有力的工具。

此外，《原理》还改变了人们对自然的思考方式。牛顿表明，支配宇宙的规则很简单，粒子根据 3 个运动定律运动，并以一种叫作引力的力量相互吸引。这些运动是可以预测的，这使宇宙看起来像一台巨大的机器，而它的运作基于一些简单的规则。宇宙之所以复杂，只是因为它包含大量的粒子。在牛顿看来，如果知道宇宙中每个粒子的位置和现在的运动状态，原则上他就可以推测出宇宙的过去和未来的每一个细节。这种机械决定论的思想已经被 20 世纪的物理学家的工作大大地修改了，但它在两个多世纪的时间里主导着科学。在那些年里，科学家认为自然界可被看作一个美丽的钟表，如果知道所有的齿轮是如何啮合的，那他们便完全可以预测这个钟表的工作状态。

最重要的是，牛顿的工作打破了科学和形式哲学之间的最后纽带，牛顿并没有猜测引力的善恶，不到 100 年前，科学家还会为引力的"意义"争论不休，牛顿并不关心这些争论。他写道："引力的存在足以解释天空的现象。"

牛顿定律是之后两个世纪天文学和物理学的基础。然后，在 20 世纪初，一位名叫阿尔伯特·爱因斯坦的物理学家提出了一种描述引力的新方法。新理论并没有取代牛顿定律，而是表明它们只是整体正确，在某些特殊情况下可能出现严重错误。爱因斯坦的理论进一步扩展了对引力性质的科学理解。正如牛顿站在伽利略的肩膀上一样，爱因斯坦也站在牛顿的肩膀上。

我们如何得知 5-2

通过预测检验假说

假说的预测在科学中如何发挥作用？

科学假说面向两个方向。它们回顾过去，并解释以前观察到的现象。例如，牛顿的运动定律和万有引力定律解释了许多世纪以来观测到的有关行星运动的各种现象；但是，它们也向前看，对进一步探索时应该发现的物体和现象做出预测。例如，牛顿定律使天文学家能够计算彗星的轨道，预测它们的回归，并最终了解它们的起源。

科学预测的重要性体现在两个方面：第一，如果一个假说的预测被证实，科学家就会获得信心，认为该假说是对自然的真实描述；但预测的重要性还在于第二个原因，它们可以为未探索的知识指明方向。

在粒子物理学（Particle Physics）领域，预测在指导研究方面发挥了关键作用。在20世纪70年代初，物理学家提出了一个关于原子内的粒子和它们之间力量的假说，后来被命名为标准模型（Standard Model）。这一假说解释了科学家在实验中已经观测到的情况，但它也预测了尚未被观测到的粒子的存在。为了测试这一假说，科学家们集中精力建造越来越强大的粒子加速器，希望能够探测到由该假说预测的粒子。

图源：Brookhaven National Laboratory

通过建造巨大的加速器，物理学家搜索他们的假说所预测的亚原子粒子

此后发现了一些这样的粒子，它们确实与标准模型所预测的特征相符，进一步证实了这一假说。一个由标准模型预测的基本粒子希格斯玻色子（Higgs Boson）的存在，在2013年被证实。仍然有一些标准模型的预测有待检查，科学探索的故事仍在进行中。

你在上一章中了解到，一个假说如果通过了许多测试，并具有广泛的预测价值，就可以顺利"毕业"，被认为是一种理论，如果它被认为足够基本，就可以被称为"定律"。从试探性的假说开始，牛顿的运动定律处于迈向强大可靠性的旅程的终点，粒子物理学标准模型也在相同旅程中走得相当远。当你阅读任何科学假说时，一定要想想——它能解释哪些已经被观察到的现象，以及它预测哪些在未来可能被观察到的现象。

5-3 爱因斯坦和相对论

在20世纪初，阿尔伯特·爱因斯坦（1879—1955，见图5-8）开始思考运动和引力的关系，他很快就通过证明牛顿的运动定律和万有引力定律只是部分适用而获得国际声誉。修订后的理论被称为"相对论"，你将看到，实际上有两个相对论。

践行科学

牛顿的运动定律和万有引力定律是如何解释月球的轨道运动的？自牛顿时代以来，科学家们已经做了很多次，你能用什么科学论据——证据链和逻辑陈述——来验证月球的轨道显示了牛顿运动定律和万有引力定律的运作？

如果地球和月球不互相吸引，月球就会按照牛顿第一运动定律做直线运动，消失在深空。相反，引力将月球拉向地球的中心，月球加速向地球移动，这个加速度恰好足以将月球从其直线运动中拉回，并促使它沿着曲线围绕地球运动。

事实上，说月球在下降是正确的，但由于它的横向运动，它不断地错过地球。每个轨道上的物体都在向其轨道中心坠落，但也在快速地横向运动，以补偿向内的运动，而且它们遵循一个弯曲的轨道。

5-3a 狭义相对论

爱因斯坦开始思考运动的观察者如何看待他们周围的物体，他的分析促使他提出了相对论的第一个假设，也被称为相对论原理（相对性原理）。

第一假设（相对性原理）：除了相对于其他物体，观测者永远无法检测到他们的匀速运动。

当你坐在车站的火车上时，你就会经历第一假设。你会突然注意到，另一个轨道上的火车已经开始驶出车站了，然而，过了一会儿，你才发现是你自己乘坐的火车在动，而另一列火车仍在轨道上一动不动。事实上，在观察诸如车站平台等外部物体前，你无法判断哪辆火车在移动。

考虑第二个例子：假设你漂浮在星际空间的一艘飞船上，另一艘飞船飞快地驶过来（见图 5-9a），你可能会得出结论：它在移动，而你没有，但另一艘飞船上的人可能同样认定你在移动，而他没有。当然，你可以从窗口看出去，将你的飞船的运动与附近的星星进行比较，但是，这只是扩大了问题——哪一个在移动，你的宇宙飞船还是恒星？相对论原理表示，你无法在飞船内进行任何实验来确定哪艘飞船在移动，哪艘没有移动。这意味着，所有的运动都是相对的。

因为没有任何内部实验可以检测到任何一艘飞船在空间的绝对运动，所以物理定律在两艘船内必须具有相同的形式，否则，实验会在两艘船上产生不同的结果，而你可以决定哪艘船在运动。下面我们尝试用一种更普遍的、物理学定律的方式来说明爱因斯坦的第一假设：

第一假设（更复杂的版本）：物理定律对所有观测者都是一样的，不管他们的运动如何，只要他们不被加速。

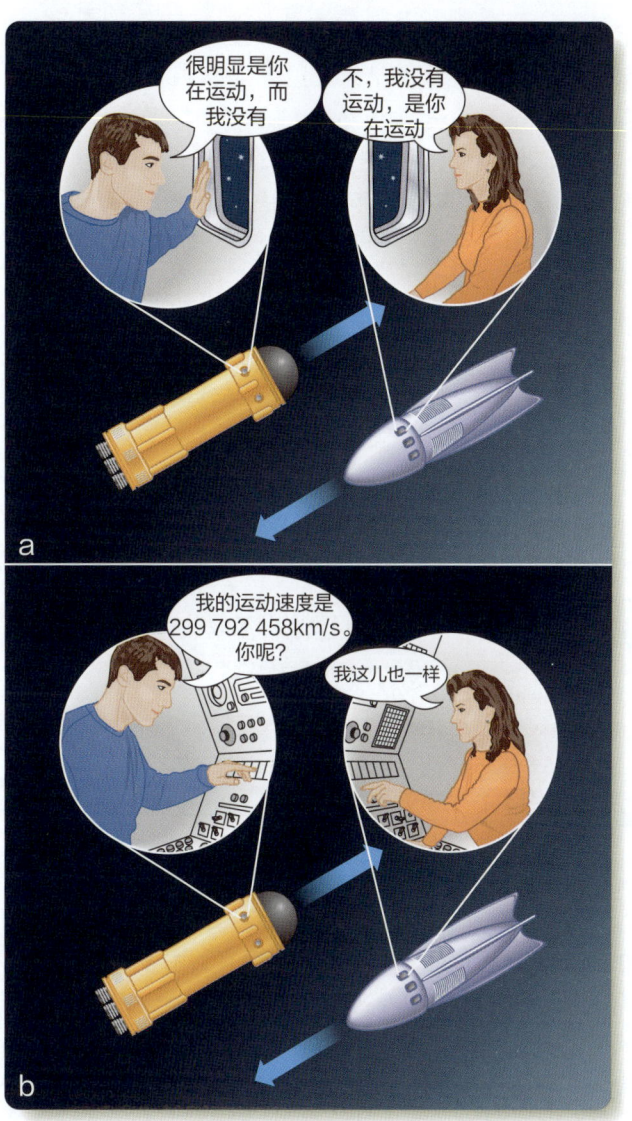

▲ 图 5-9 （a）相对论的原理表示，除了相对于其他物体，观测者永远无法检测到他们自己的匀速运动。这些旅行者都不能做出谁在运动、谁不在运动的论断。（b）如果光速取决于观测者在空间的运动，那么这些旅行者可以在他们的飞船内进行测量，以发现谁在移动。如果相对论原理是正确的，那么在由任何观察者测量时，光速一定是一个常数

◀ 图 5-8 爱因斯坦已经是杰出科学家的代表，他的名声始于他年轻时对运动性质的深入思考，这使他对空间和时间的意义有了革命性的见解，并对引力有了新的认识

图源：Fred Stein Archive/Archive Photos/Getty Images

"加速"这个词很重要，如果任何一艘飞船发射了火箭，那么它的速度就会改变，该飞船的飞行员知道这一点，因为他们会感觉到加速度将他们压在沙发上。因此，加速运动是不同的，宇宙飞船的飞行员总是可以分辨出哪艘飞船在加速，哪艘飞船没有。这里讨论的相对论原理只适用于观测者处于匀速运动的特殊情况，也就是不加速的运动，这就是该理论被称为狭义相对论的原因。

第一个假设使爱因斯坦得出结论：光速对所有观测

者来说必须是恒定的，无论你如何运动，你对光速的测量都必须给出相同的结果（见图5-9b），这成为狭义相对论的第二假设。

第二假设： 真空中的光速是恒定的，对所有观测者来说都有相同的数值，与他们相对于光源的运动无关。

你可以看到这是第一个假设的要求，如果光速不是恒定的，那么宇宙飞船的飞行员可以在他们的宇宙飞船内测量光速并确定谁在移动。（注意"真空中"这个词，当光通过介质时，它的速度会减慢，水里的光速比真空中的光速低1/3。第一个假设所指的是真空中的光速，不应受任何介质的影响。）

爱因斯坦想通了相对论的基本假设后，有一些惊人的发现（见表5-2）。

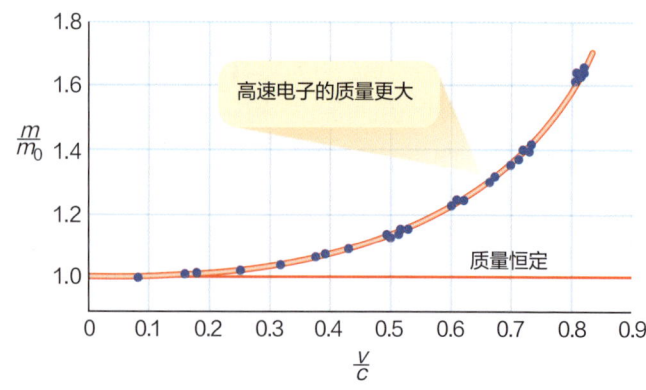

▲ 图5-10 电子的观测质量取决于速率，v/c增加时，电子的质量相对于它们的静止质量的比值m/m_0就会增加，当粒子加速器将原子粒子加速到非常快时，这种相对论效应相当明显

表5-2　相对论的基本假设
I.（相对性原理）观测者无法知道自己处于匀速运动状态，除非观测到相对于其他物体的运动。
II. 光速是恒定的，并且对所有观测者来说都是相同的，与他们相对于光源的运动无关。
III.（等效原理）观测者无法区分由加速度引起的惯性力和均匀的引力。

例子： 1 kg的物质中含有多少能量？

解答： 光速是$3×10^8$ m/s，所以你的结果是$9×10^{16}$焦耳（J），大约等于一颗2000万吨级核弹释放的能量。回顾一下，焦耳是一个能量单位，大致相当于一个苹果从桌子上掉到地上时释放的能量。这个简单的计算表明，即使是一个小质量的物体，其能量当量也是非常大的。

牛顿的运动定律和万有引力定律在距离小、速度低的情况下运行良好，但当爱因斯坦开始思考非常大的距离尺度或非常高的速度时，他意识到牛顿定律将不再足以描述可能发生的事情，相反，上文的假设使爱因斯坦得出了对自然界更精确的描述，现在被称为"狭义相对论"。它预测了一些奇特的效果，例如，狭义相对论预测，运动粒子的观测质量取决于其速度，速度越高，粒子的质量就越大。这种影响在低速时并不显著，但当速度接近光速时，它就变得很重要。尽管这看起来很奇怪，但只要物理学家将粒子加速到高速度，就能可靠地观察到这种质量的增加（见图5-10）。

这一发现形成了爱因斯坦的另一个重要观点，描述运动粒子能量的相对论方程预测，不运动的粒子的能量不是零。相反，其静止时的能量为m_0c^2，这就是那个著名的质能方程：

其他相对论效应包括移动的时钟变慢以及在运动方向测量的长度缩小。关于狭义相对论的主要效应的详细讨论超出了本书的范围，但你可以相信，各种"奇怪的"效应已经在实验中得到了多次证实。爱因斯坦的研究成果被称为狭义相对"论"，因为它符合理论（theory）的科学定义：它被很好地理解，在许多方面被检查过很多次，并且广泛适用（回顾一下"我们如何得知4-2"）。

5-3b 广义相对论

1916年，爱因斯坦发表了一个更普适的理论版本——同时涉及加速运动和匀速运动的相对论，这一广义相对论包含了对引力的新描述。

爱因斯坦首先思考了加速运动中的观测者，想象一下，一个观测者坐在一个没有窗户的飞船里。这样的观测者无法区分引力和飞船加速产生的惯性力（见图5-11），这使爱因斯坦得出结论：引力和加速度是等价的，这个结论现在被称为等效原理。

式5-3　质能方程
$$E = m_0c^2$$

常数c是光速，m_0是粒子在静止时的质量。这个简单的公式表明，质量和能量是相关的，你将在后面的章节中学习到恒星内部自然的转变。

等效原理： 观测者不能区分由于加速度而产生的惯性力与由于大质量物体存在而产生的均匀引力。

这不应该让你感到惊讶，在本章前面，你读到牛顿曾得出抵抗加速的质量与施加引力的质量相同的结论，并且他还用实验证实了这一原理。

广义相对论的重要性在于它对引力的描述。爱因斯坦的结论是，引力、惯性和加速度都与空间和时间连接成的"时空"实体有关。空间和时间的这种关系通常被称为曲率，广义相对论的简单描述就是：它把引力场解释为时空的弯曲区域。

广义相对论下的引力：质量告诉时空如何弯曲，而时空的曲率（重力）告诉质量如何加速。

因此，你感觉到的重力是因为地球的质量导致了时空的曲率，这种曲率使你身体的质量向地球中心加速，它把你压在椅子上。根据广义相对论，所有质量都会导致其周围空间的弯曲，质量越大，曲率越大——这就是"万有引力"。

5-3c 时空曲率的验证

爱因斯坦的广义相对论已经被许多实验证实，但有两个实验值得在此提及，因为它们首次测试了该理论，而且需要进行天文观测。一个涉及水星的轨道，另一个涉及日食。

开普勒明白，水星的轨道是椭圆的。后来天文学家发现，水星轨道的半长轴绕着太阳扫过，这是一个进动的例子（回看图2-7），天文学家观测到总的进动量几

▲ 图5-11 （a）在行星表面的封闭宇宙飞船中的观测者感受到引力。（b）在太空中，随着火箭的顺利发射和飞船加速，观测者感觉到的作用力等效于引力

乎为每世纪600角秒（见图5-12a）。这种进动现象很大程度上是由金星、地球和其他行星的引力造成的。然而，当天文学家使用牛顿版本的引力来说明所有行星的引力影响时，他们发现有很小的残差无法被解释——水星的进动速度比牛顿定律预测的速度快了43角秒/世纪。

这是一个微小的影响。每次水星回到近日点——它离太阳最近的地方——都会超过牛顿定律所预测的位置大约29 km。与该行星4880 km的直径相比，这是一个非常小的距离，如果不是累积的话，它永远不可能被发现。每运动一周，水星的位置只增加了29 km，但是一个世纪之后，它就领先了超过12 000 km——超过了它自己直径的两倍。这个微小的效应，被称为"水星近日点进动"。这个牛顿时代到爱因斯坦时代积累起来的预测误差，成为牛顿式宇宙描述中的一个严重缺陷。

水星近日点进动是爱因斯坦应用广义相对论原理解决的第一批问题之一，首先，他计算了太阳的质量在水星轨道区域造成的时空弯曲程度，然后他计算了水星如何在时空中移动。该理论预测，弯曲的时空应该导致水星的轨道每世纪前进43.03角秒，与观察到的进动量完全相同，在测量的不确定性之内（见图5-12b）。

当他的理论与观测结果相吻合时，爱因斯坦兴奋得3天都没能回去工作。现代研究表明，金星、地球，甚至伊卡洛斯（Icarus，一颗接近太阳的小行星）的轨道都被观测到由于太阳附近的时空曲率而向前移动，如果知道这些新发现，爱因斯坦将会更加高兴。同样的效应也在相互绕转的一对恒星中被发现。

广义相对论的第二个验证与光在太阳附近的弯曲时空中的运动有关。由于光的速度有限，牛顿定律预测，一个物体的引力应该使附近光束的运动路径略微弯曲。广义相对论的方程表明，光在穿越弯曲的时空时，应该有一个额外的偏转，就像一个滚动的高尔夫球因高尔夫球场果岭①上的起伏而偏转一样。爱因斯坦预测，太阳表面的星光会被偏转1.75角秒，是牛顿万有引力定律预测的偏转的两倍（见图5-13）。经过太阳附近的星光通常会在太阳的强光下消失，但在日全食期间，可以看到太阳以外的恒星。爱因斯坦发表他的预言后，天文学家就急忙去观测这样的恒星，以检验时空的曲率。

爱因斯坦1916年发表广义相对论后，第一次日全食发生在1918年6月，当时一些观测点多云，而其他观测点的结果并不确定。之后一次日全食发生在1919

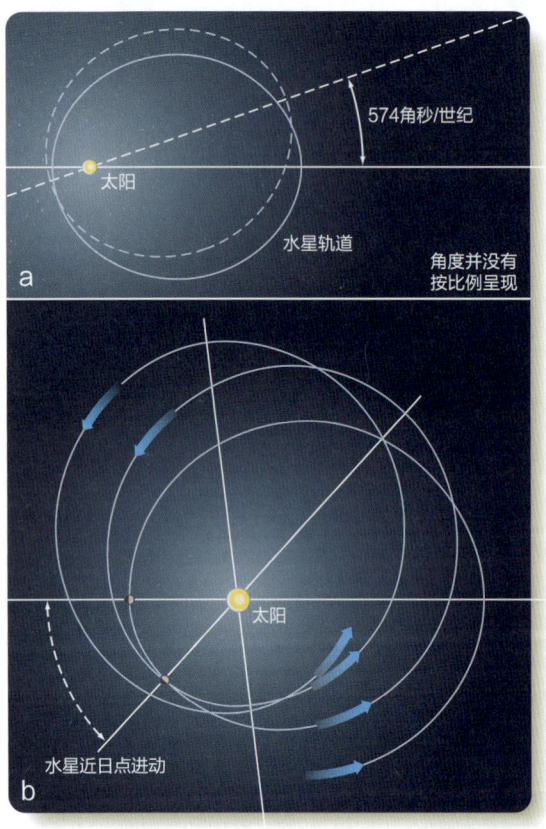

▲ 图5-12 （a）水星的轨道每世纪进动574角秒，比牛顿定律所预测的多43角秒。（b）即使你忽略了其他行星的影响，水星的轨道也不是一个完美的椭圆。靠近太阳的弯曲时空使轨道从椭圆扭曲成一个玫瑰花的形状，在这个图中，水星近日点的进动量被夸大了约100万倍

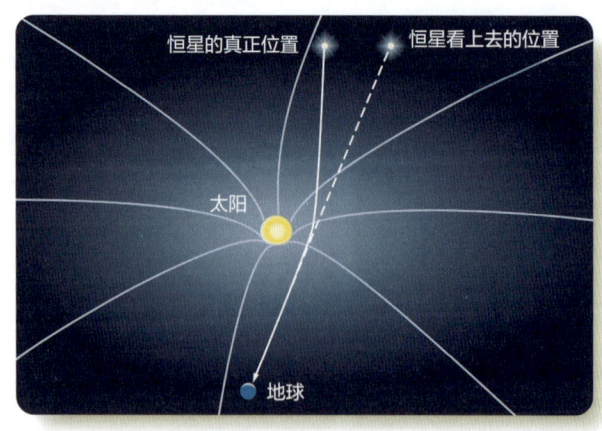

▲ 图5-13 就像高尔夫球场果岭区中的凹陷一样，太阳附近弯曲的时空会使远处的恒星的光线发生偏转，使它们看起来比真实位置离太阳稍远

---

① 果岭是高尔夫球运动中的一个术语，是指球洞所在的草坪，果岭的草短、平滑，有助于推球。

年5月，即第一次世界大战结束后仅几个月，从非洲和南美洲都可以观测，英国团队前往巴西和非洲海岸边的普林西比岛进行观测。在日食发生前几个月，他们拍摄了日食发生时太阳所在的部分天空，并测量了摄影板上星星的位置。然后，在日食期间，他们拍摄了同样的天区，而太阳位于中间。在测量摄影板后，他们发现星星的位置有微小的变化。在太阳圆面边缘附近的星星被观测到向外移动，远离太阳约1.8角秒，接近理论的预测值。

由于角度太小，这是一个微妙的观测，自1919年以来，人们在许多日全食中都重复了这一观测，得到了相似的结果（见图5-14）。最准确的结果是在1973年获得的，当时得克萨斯大学和普林斯顿大学的一个联合小组测量出了1.66 ± 0.18角秒的偏转，这与爱因斯坦理论的预测非常一致。

广义相对论还预言，引力场的快速变化应该以光速向外扩散，成为时空中的涟漪，即引力辐射。几十年前，天文学家从被称为"脉冲星"的运动细节中推断出引力辐射的存在。2016年，激光干涉引力波天文台（LIGO）首次宣布直接探测到了引力辐射，再一次证明了广义相对论的正确性。

广义相对论对现代天文学而言是至关重要的，爱因斯坦通过提供基于弯曲时空几何学的引力解释，彻底改变了现代物理学。伽利略的惯性和牛顿的万有引力被证明不仅仅是描述性的规则，而且是空间和时间的基本属性。

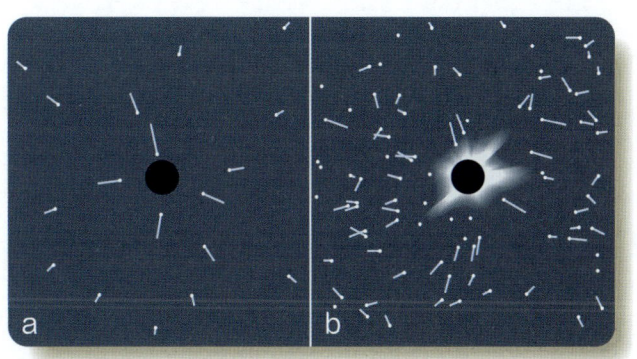

▲ 图5-14 （a）太阳引力使星光偏转的示意图，圆点表示日食前几个月拍摄到的恒星的真实位置，线条指向日食期间恒星的位置。（b）1922年的一次日食的实际数据，观测的随机不确定性导致了数据的弥散，但平均而言，在太阳圆面的边缘，恒星似乎远离了太阳1.77角秒。在（a）和（b）中，恒星的偏移被放大了1000倍

践行科学

等效原理告诉你什么？ 爱因斯坦开始他的工作时，就像科学家有时所做的那样，仔细思考一些普通的事情，如匀速运动与加速运动时人们的一般感觉。这些思考促使他产生了深刻的见解，其中之一被称为等效原理。

等效原理指出，在封闭的宇宙飞船内，你无法通过观测来区分匀加速和引力作用。当然，你可以打开窗户向外看，但那样你就不再是在一个封闭的宇宙飞船里了。只要你不进行外部观测，你就无法判断你所在的飞船是被安装在发射火箭中并向太空中加速，还是停在一个有重力的星球表面。

爱因斯坦认为等效原理意味着引力和时空中的加速度有某种联系。广义相对论为这种关系赋予了数学形式，并表明引力实际上是时空的扭曲，物理学家将其称为曲率。因此，有人说"质量告诉时空如何弯曲，而弯曲的时空则告诉质量如何移动"，等效原理帮助爱因斯坦找到了对引力的解释。

我们是什么

坠落者

宇宙中的一切都在"坠落":月球正在围绕地球"坠落",地球正沿着它围绕太阳的轨道坠落,太阳和我们银河系中的其他所有恒星正沿着它们围绕银河系中心的轨道坠落,其他星系中的恒星正在围绕这些星系的中心坠落……宇宙中的每一个星系都在坠落,因为它感受到了存在的每一点物质的引力拉扯。

牛顿将引力解释为两个不接触的质量之间的作用力,而且这个力存在于较远的距离中。牛顿的理论冒犯了他那个时代的许多科学家——他们认为牛顿的引力似乎像魔术一样。在20世纪,爱因斯坦解释说,引力是时空的曲率,每个质量都根据它周围的曲率而加速,而且这不仅是跨距离的问题。爱因斯坦的理论让人们对宇宙的运作有了新的认识。

宇宙中所有原子的质量都对曲率有贡献,它们创造了充满弯曲时空的三维山丘和山谷的宇宙。你和地球、太阳、银河系,以及宇宙中的每一个其他物体都在时空曲率的引导下,在空间中坠落。

6 光和望远镜

图源：ESO/B. Tafreshi (twanight.org)

▲ ALMA 毫米/亚毫米射电望远镜阵列的一部分，在智利安第斯山脉（Chilean Andes）的高原上工作，每个碟形天线的直径为 12 m（40 英尺）。这张长时间曝光的照片显示了由地球自转引起的星轨（star trail）。在南半球，星星似乎围绕着南天极旋转，南天极位于星光微弱的南极座（Octant）。与北天极不同，这里没有任何亮星标记

在本书的前几章中，你以第一批天文学家的方式（使用裸眼）仰观天空。然后，在第 4 章中，你通过伽利略的小望远镜瞥见了月球、木星和金星的神奇之处。现在你可以考虑使用现代天文学家的望远镜、仪器和技术了。

望远镜收集和聚焦光线。所以，在了解望远镜如何工作的过程中，你需要研究什么是"光"，以及光是如何反映天体信息的。你将了解到望远镜可以捕捉到不可见的光，如射电和 X 射线。这些工具和知识，让天文学家能够对宇宙有更全面的了解。本章将帮助你回答以下 5 个重要问题：

► 什么是光？
► 望远镜是如何工作的？
► 望远镜的功能和局限性是什么？
► 天文学家用什么样的仪器来记录和分析望远镜收集的光线？
► 为什么有些望远镜位于太空中？

科学是以观测为基础的。天文学家无法直接走访遥远的恒星和星系，所以他们必须用望远镜研究它们。接下来还有许多探索的章节，每一个章节都会介绍天文学家使用望远镜获得的信息。

> 能让我们看到最强大东西的是望远镜，在我看来每个城镇都应该拥有一台。
>
> ——罗伯特·弗罗斯特，《劈星者》

天空中的光是连接你和宇宙其他地方的财富，天文学家努力研究来自太阳、行星、卫星、小行星、彗星、其他恒星、星云和星系的光线，提取有关它们性质的信息。大多数天体的光源都非常微弱，所以为了尽可能多地收集光线建造了大型望远镜。

有些类型的望远镜，例如上一页介绍的射电望远镜，能够收集人眼无法看到的光，但所有望远镜的工作原理都是相同的。有些望远镜在地球表面使用，但大部分望远镜必须在地球大气层的高处，甚至在大气层以上的太空中才能正常工作。

天文学不仅有令人惊叹的技术和科学分析，还帮助我们了解我们是什么。在本章开头的引文中，诗人罗伯特·弗罗斯特建议，每个城镇都应该拥有一台望远镜，以帮助我们向上和向外看。

6-1 辐射：来自太空的信息

天文学家不再花时间绘制星座图或月相图，现代天文学家使用复杂的仪器和技术分析光，调查天体的温度、成分和运动，然后推断其内部过程和演化。要了解天文学家如何获得遥远物体的详细信息，首先需要了解光的性质。

6-1a 作为波和粒子的光

当你欣赏彩虹的颜色时，你看到的是光作为一种波的作用效果（见图6-1a）；当你用数码相机拍下同样的彩虹时，当光照射到相机的探测器上时，它的行为就像粒子一样（图6-1b）。光既有波的特性，也有粒子的特性，它的行为方式部分取决于你如何观测它。

光被称为电磁辐射（electromagnetic radiation），因为它是由电场和磁场组成的。（你在上一章引力场的背景下了解了场的概念。）光这个词通常用来指人类可以看到的电磁辐射，但可见光只是众多电磁辐射中的一种，X射线和射电就是不可见的。

有些人对辐射这个词有戒心，但这涉及一个常见的误区，辐射指的是任何从一个源头辐射出去的东西。从放射性原子发出的危险的高能粒子也被称为"辐射"，所以你听到这个词的时候可能立刻就会担心。但事实上，光像所有的电磁辐射一样，从源头向外扩散，并不一定是有危险的。所以你可以把光说成是一种辐射形式。

电磁辐射以$3.00×10^8$ m/s（186 000英里/秒）的速度穿越空间，该速度通常被称为光速，用字母c表示。事实上，这是所有类型电磁辐射的速度。

电磁辐射可以作为一种波现象，与周期性重复的扰动——波动——有关，电磁辐射携带能量。你一定看过水中的波浪，如果你扰动一池水，波浪就会在表面扩散。想象一下，用一把尺子平行于波的行进方向测量，相邻波峰之间的距离被称为波长（wavelength），通常用希腊小写字母lambda（λ）表示。

波长与频率（frequency）有关，频率指1秒钟内通过一个静止点的波的数量。频率通常用希腊小写字母nu（ν）来表示。波长、频率和速度之间的关系可以用以下方式表示。

式6-1 波长-频率-光速
$$\lambda\nu = c$$

例子： 假设你最喜欢的调频电台在表盘上的频率是89.5兆赫兹，这意味着该电台产生的波的频率为ν=89.5兆赫兹。换句话说，每秒钟有8950万个射电波峰从这个电台经过你身边。那么，这些射电的波长是多少？

解答： 你已经知道，射电电波是以光速c =$3.00×10^8$ m/s 的速度传播的。使用式6-1，你可以计算出这

图源：Panel a: © Gail Johnson/Shutterstock.com; b: Roy McMahon/Cardinal/Corbis

▲ 图6-1 光的波动特性产生了彩虹，而其粒子特性则体现在数码相机的操作上

个特定的射电电台所辐射的射电电波的波长为 3.35 米。频率越高，波长越短。

声音，也是一种波。在这种情况下，声波就是从波源到耳朵的一个周期性重复的压力扰动。声音需要一种介质来传播，如空气、水或岩石这样的物质。相比之下，光是由电场和磁场组成的，不需要介质就可以在真空中传播。例如，在月球上，没有空气，不可能有声音，但有大量的光。这带来一个常见的误区，即认为射电波与声音有关。实际上，射电波是一种光（电磁辐射），你的射电接收器将其转化为声音，这样你就可以收听。站在没有空气的月球上的宇航员之间的射电通信就很好，射电信号穿过真空，然后宇航服收音机将射电信号转换成声音，宇航员就可以通过头盔内的空气听到这些声音。

电磁辐射不仅可以表现为一种波，也可以表现为一种粒子流，电磁辐射的粒子被称为光子（photon），你可以把光子想象成波。一个光子携带的能量与它的波长成反比，下面的简单公式描述了这种关系：

$$E = \frac{hc}{\lambda}$$

这里 h 是普朗克常量（6.63×10^{-34} 焦耳·秒），c 是光速（米/秒），λ 是波长（米）。

这个方程式表达了一个重要的观点，即代表光粒子属性的光子的能量 E 和代表波属性的波长 λ 之间存在着一种关系。反比例意味着，当 λ 变小时，E 变大，波长较短的光子携带更多的能量，而波长较长的光子携带较少的能量。你可以看到，波长和频率之间的关系意味着光子能量和频率之间也必须有一个简单的关系。也就是说，短波长、高频率等同于光子能量大，长波长、低频率等同于光子能量小。

6-1b 电磁波谱

光谱（spectrum）是按波长顺序显示的电磁辐射阵列，你最熟悉的是你在彩虹中看到的可见光的光谱。彩虹上不同的颜色波长有所不同，其中红色的波长最长，紫色的波长最短。

可见光的平均波长约为 0.000 5 mm，这意味着大约有 50 个光波可以从头到尾穿过一张家用保鲜膜的厚度。用毫米来描述这么短的距离是很尴尬的，所以科学家们通常用纳米（nm）单位来表示光的波长，1 纳米等于 1 米的十亿分之一（10^{-9} m）。天文学家通常使用的另一个单位叫作埃（Å），以瑞典天文学家安德斯·约纳斯·埃格斯特朗的名字命名。1 埃是 10^{-10} m，也就是 1/10 纳米。可见光的波长范围为 400~700 nm（4000~7000 Å）。

就像你把声音的波长看作音调一样，你把光的波长看作颜色。波长在可见光谱的短波端（$\lambda \approx 400$ nm）的光在你的眼睛看来是紫色的，而波长在长波端（$\lambda \approx 700$ nm）的光是红色的。

红外辐射（Infrared Radiation，IR）于 1800 年被发现，是第一个已知的"不可见光"的例子（见图 6-2）。红外辐射的波长范围从 700 nm 到大约 1 mm（100 万 nm）。你的眼睛不能探测到红外辐射，但你的皮肤可以感觉到一些红外辐射的热量。发热灯通过发出红外辐射使你变暖。红外辐射的波长比你的眼睛能看到的光更长。

在已知的电磁波谱中，可见光谱只是很小的一部分（见图 6-3a）。在电磁波谱的红外部分之外是微波

图源：Print Collector/Getty Images

▲ 图 6-2　描述了威廉·赫歇尔爵士（Sir William Herschel）发现太阳光中含有可被温度计探测到，但人眼无法探测到的辐射。他将这种不可见的光命名为"红外"，英文直译就是"低于红光"

（micro waves）和射电波（radio waves）。微波用于在微波炉中烹饪食物，以及用于雷达和一些长途电话通信，其波长从几毫米到几厘米不等。射电波用于调频、电视、军事、政府和手机无线电传输，波长为几厘米到几米，而调幅和其他类型的射电传输的波长为几百米到几千米。

现在看看图 6-3a 中电磁波谱的另一端，比紫光波长更短的电磁波被称为紫外线（Ultraviolet Radiation，UV）辐射，比紫外线波长更短的电磁波被称为 X 射线（X-ray），最短的是伽马射线。

回顾一下光子的能量公式，极短波长、高频率的光子，如 X 射线和伽马射线，具有很高的能量，它们可能是危险的。甚至紫外线光子也有足够的能量来伤害你。少量的紫外线辐射适于日光浴，而较大的剂量会导致晒伤和皮肤癌。这与低能量的红外灯形成鲜明对比，它们单独的能量太小，无法影响皮肤色素，这一事实解释了为什么你不能被发热灯晒黑。只有像微波炉那样将许多低能量的光子集中在一个小区域，才能传递大量的能量。

这些波长范围之间的界限是由传统的方法来定义的，而不是自然界中天然划分的。紫外辐射的短波端与 X 射线的长波端之间没有真正的区别；同样，红外辐射的长波端和微波的短波端也是无法区分的。

天文学家收集和研究来自太空的电磁辐射，因为它几乎承载了关于恒星、行星和其他天体性质的唯一线索。地球的大气层对大多数电磁辐射是不透明的，如图 6-3b 所示，伽马射线和 X 射线在地球大气层的高处被吸收，在 15~30 km（10~20 英里）的高度有一层臭氧（O_3），吸收大部分紫外辐射；低层大气中的水蒸气吸收了大部分长波长的红外辐射和微波。只有可见光、一些短波长的红外辐射和一些射电波 [位于称为大气窗口（atmospheric window）的波段带] 到达地球表面。很明显，如果你想从地球表面研究宇宙，你必须"通过"其中一个窗口。

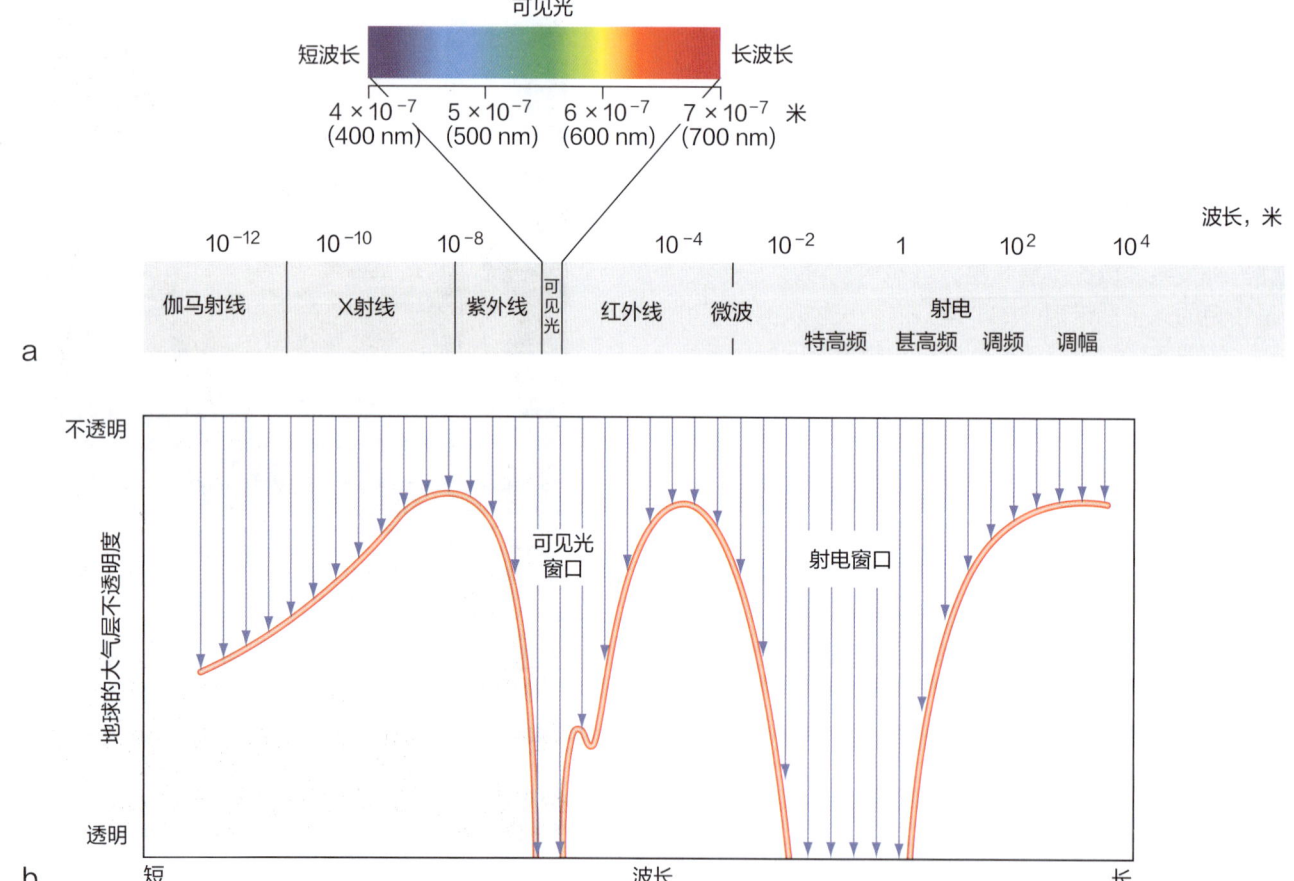

▲ 图 6-3 （a）从红色延伸到紫色的可见光光谱，只是电磁波谱的一部分。（b）大多数形式的光（电磁辐射）在地球的大气中被吸收。光线只能通过光学波段和射电波段的"大气窗口"到达地球表面

我们如何得知 6-1

分辨率和精度

什么限制了观测的精度？

想一想以图像形式出现的观测结果，你会意识到所有图像的分辨率都是有限的。你可以在你的电脑屏幕上看到，图像是由图片元素、像素组成的。如果你的屏幕分辨率低，它的像素点就大，你就看不出什么细节。在天文图像中，一个像素的实际大小是由分辨率限制确定的，该限制是大气视宁度、望远镜光学质量和望远镜衍射的组合，你无法看到小于分辨率极限的细节。图像中可看到的细节水平的限制是精度限制的一个例子，因此其对所有的科学研究而言，都是不可避免的不确定性。

现在想象一下，一位动物学家试图通过一根测量尺来测量一条活蛇的长度。测量尺的分辨精度通常不会小于毫米。而且，蠕动的蛇很难被握住，所以很难测量。

两个因素——测量尺的分辨率和蛇的扭动——共同限制了测量的精度。如果这位动物学家说这条蛇有432.8932毫米长，你可能会怀疑这是不是真的。在这种情况下，可能的最佳分辨率并不能证明所有这些数字所隐含的精度。即使是用最大和最好的望远镜拍摄的图像也不能显示恒星表面的所有细节，因为衍射和大气观测（相当于蛇的蠕动的恒星）对精度（或分辨率）有限制。

如果你是一名科学家，你必须经常问自己一个问题：你和其他调查人员所做的测量有多精确？测量的精度受到测量技术的分辨率的限制，如照片中的像素大小或测量尺上最小的标记；同时，精度也受到正在观察的东西的状态的限制，如蛇的蠕动或大气湍流。

由于精度总是有限的，所以不确定性总是存在的。

可见光

图源：NASA/ESA/STScI/AURA/NSF/Hubble Heritage Team

由哈勃太空望远镜制作的火星高分辨率光学波段的图像展现出火星上诸如山脉、火山口和南极冠等细节

践行科学

如果你的眼睛只对射电波敏感，你会看到什么？如果你有射电视力，你很可能能够看穿墙壁，因为普通墙壁对大多数射电波来说是透明的。你透过墙壁看到的将是地球上许多强烈的射电波源——电台和电视台、手机、电源线，甚至是电动机。

正如你所学到的，地球的大部分大气层对射电波是透明的。如果在环顾地球表面之后，你抬头看天空，你会看到太阳和木星，它们都是强的天然射电源，但在太阳系中可能没有其他东西。再向远处眺望，你还会看到许多不知名的射电星，因为在光学波段下明亮的恒星中，很少有恒星同样也是强射电源。

现在想象一下一个稍微不同的情况。如果你的眼睛只对X射线的波长敏感，你还能感受到黑暗吗？

6-2 望远镜

天文学家建造望远镜是为了收集来自遥远的天体的微弱的光线进行分析。建造非常大的望远镜，需要通过缜密的光学和机械工程设计与施工。通过了解两种类型的望远镜及其相对优势和劣势，你可以更全面地理解这些问题。

6-2a 折射和反射望远镜

光线可以通过以下两种方式之一被聚焦成像（见图6-4）：①透镜折射（"偏折"）通过它的光线；

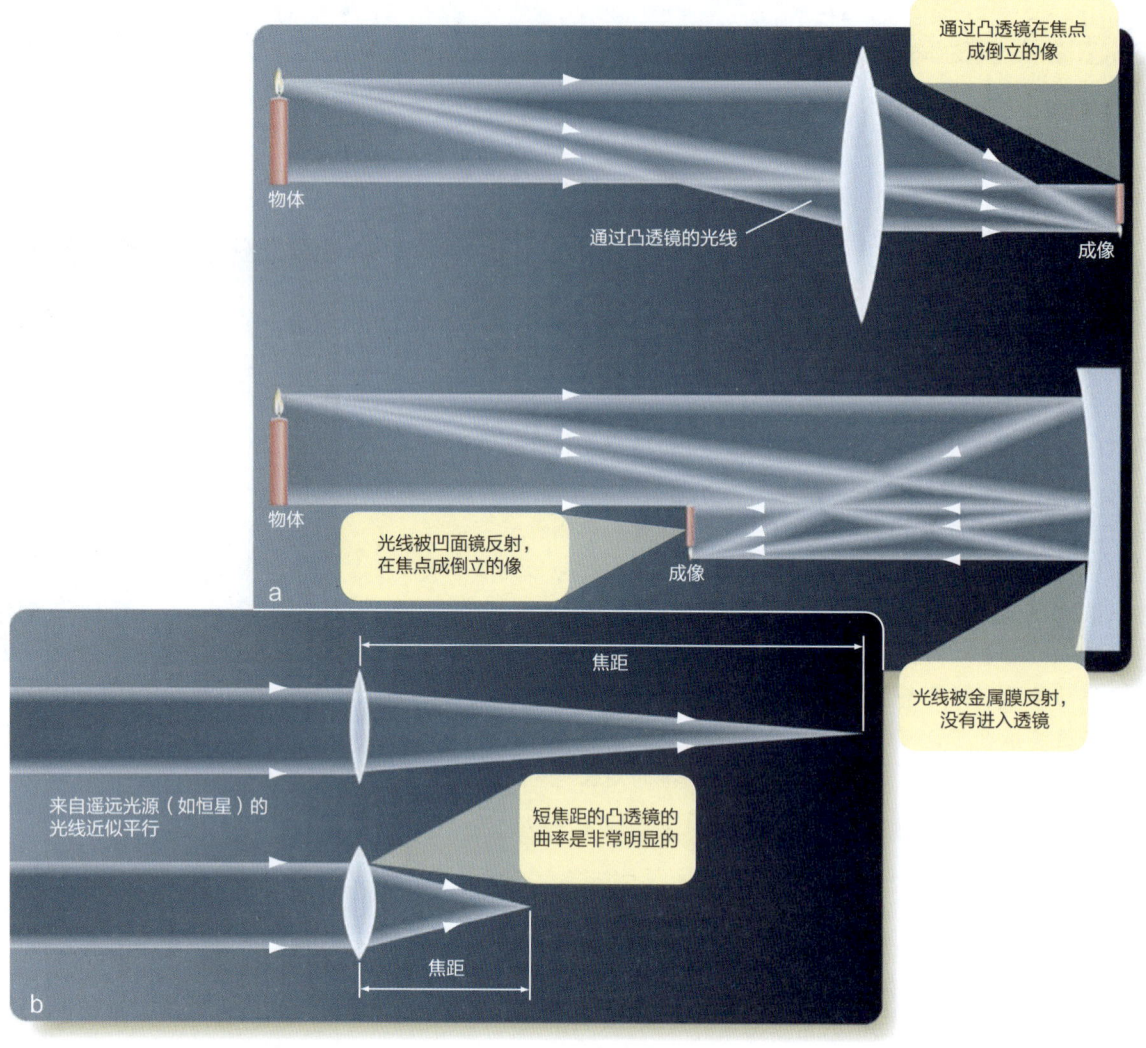

▲ 图6-4 （a）在这个图中，你可以追踪来自蜡烛顶部和底部的光线，当它们被透镜折射或从镜子反射时，将形成图像。（b）焦距是指来自非常遥远物体的平行光线聚焦的点到透镜或反射镜的距离

②镜子反射（"反弹"）照到其表面的光线。

这两种方式对应两种天文学望远镜的设计：折射式望远镜（refracting telescope）使用透镜来收集和聚焦光线，而反射式望远镜（reflecting telescope）使用反射镜（见图6-5）。你在第4章中了解到，于400多年前的1610年，伽利略是第一个用望远镜系统地对天体进行观测的人。伽利略的望远镜是一个折射式望远镜，在第5章中，你已经了解了牛顿科学工作的惊人成就，而在他的众多成就中，包括了反射望远镜的发明。

折射式望远镜中主要的透镜被称为主透镜（primary lens），反射式望远镜中主要的反射镜被称为主镜（primary mirror），从透镜（len）或面镜（mirror）到远处光源（如恒星）形成的图像的距离称为焦距（focal length）。折射望远镜和反射望远镜形成的图像都是很小、倒置并且难以直接观察到的，所以通常用一个叫作目镜（eyepiece）的镜头来放大图像，使其便于观察。

将透镜和反射镜制造成适当的形状和必要的光滑度是一个精细、耗时且费钱的过程。短焦距的镜片必须比长焦距的镜片有更大的曲率，然后必须对镜片的表面进行抛光，以消除大于波长的不规则部分。制造大型望远镜的光学器件可能需要数月或数年的时间，其中涉及巨大的精密机器设计和建设，以及雇用若干专家级的光学工程师和科学家。

折射式望远镜会面临一个严重的光学畸变，这限制了它们的使用。当光线通过玻璃折射时，短波长的光比长波长的光偏折得更厉害。举个例子，蓝光比红光更接近镜头的焦点（见图6-6a）。这意味着如果你将目镜

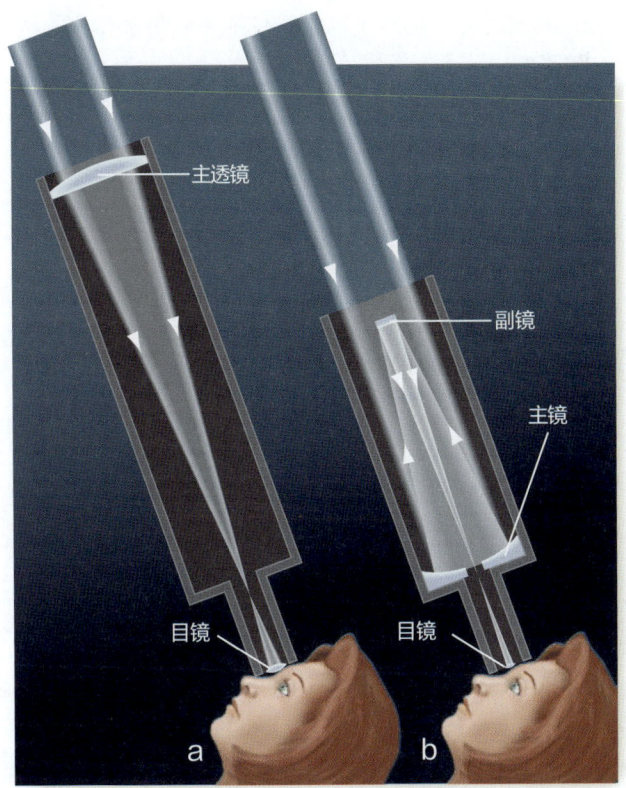

▲ 图6-5 （a）折射式望远镜使用一个主透镜将星光聚焦成一个图像，再由另一个称为目镜的透镜放大。主透镜有一个长焦距，而目镜有一个短焦距。（b）反射式望远镜使用一个主镜，通过反射来聚焦光线。卡塞格林望远镜（Cassegrain telescope）采用特殊的反射式望远镜的设计，用一个小的副镜将星光通过主镜中间的一个孔反射到目镜镜片上

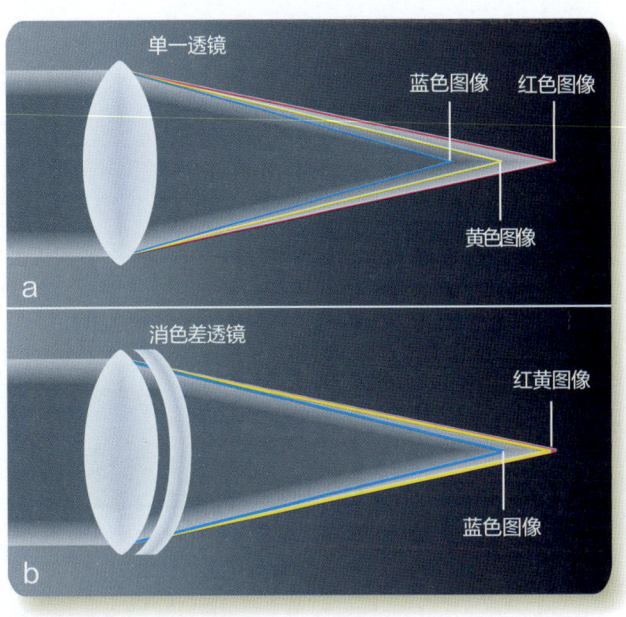

▲ 图6-6 （a）一个普通的透镜受到色差的影响，因为短波长的偏折比长波长的偏折大。（b）一个消色差透镜，其两个部件由两种不同的玻璃制成，可以使任何两种颜色达到相同的焦点，但其他颜色仍有轻微失焦

对准蓝色图像，其他颜色就会失焦，你会看到图像周围有彩色的光晕。如果你把焦点放在红色图像上，除了红色以外的所有颜色都被模糊了，以此类推，这种颜色的分离被称为色差（chromatic aberration）。望远镜设计者可以用两种不同种类的玻璃制成的部件研磨望远镜镜片，从而使两种不同的波长到达同一焦点（见图6-6b）。但改善之后的图像，即所谓的消色差透镜（achromatic lens）并不是完全没有色差的。即使两种颜色被聚焦在一起，其他的颜色仍然是失焦的。

折射式望远镜的主透镜比同样大小的主镜更难制造，玻璃的内部必须是纯净无瑕的，因为光线必须穿过它。此外，如果镜片是消色差的，它必须由两种不同的玻璃制成，需要四个精确的研磨表面。世界上最大的折射式望远镜于1897年在威斯康星州的叶凯士（Yerkes）天文台完成，它的消色差主透镜的直径为1 m，重达半吨。比这更大的折射式望远镜将会更加昂贵。

反射式望远镜的主镜比透镜便宜得多，因为光线从反射镜的前表面反射出来，这意味着只有前表面需要做成精确的形状。此外，该表面可以涂上铝或银形成高反射表面，因此，主镜玻璃不需要是透明的，而且反射镜的后表面可以被支撑，以减少自身重量造成的弯沉。最重要的是，反射式望远镜不会出现色差，因为光线没有穿过玻璃，所以反射不取决于波长。由于这些原因，自20世纪初以来建造的所有大型天文望远镜都是反射式望远镜。

用于研究可见光的望远镜被称为光学望远镜（optical telescope，见图6-7a）。正如前文所说，来自天体的射电波以及可见光可以穿透地球的大气层，到达地面。天文学家使用射电望远镜（radio telescope，见图6-7b）收集射电波，它类似于巨大的电视卫星天线。从技术上讲，制造一个可以聚焦射电的透镜是非常困难的，因此从大到小的所有射电望远镜都是反射式望远镜，其碟形天线就是主镜。

6-2b 望远镜的本领和局限性

可以用三个数学关系来描述一个望远镜的能力，而这些关系被称为望远镜的三个本领，其中最重要的两个本领取决于望远镜的直径。

聚光本领（Light-Gathering Power）：天空中几乎所有有趣的天体都是暗弱的源，所以天文学家需要能

▲ 图6-7 （a）夏威夷莫纳克亚天文台（Mauna Kea Observatory）上的北双子座（Gemini-North）光学望远镜直指上方时，整个高度超过19m（62英尺）。主镜（在底部）的直径为8.1m（26.5英尺），比一些教室还要大。望远镜圆顶的两侧可以打开，允许在日落时快速平衡内部和外部的温度，减少空气湍流并改善视宁度。（b）世界上最大的可完全转向的射电望远镜位于西弗吉尼亚州格林班克（Green Bank）的国家射电天文台。该望远镜比自由女神像还高，其反射面的直径为100 m×110 m（330英尺×360英尺），足以容纳整个足球场。它的表面由2004个计算机控制的面板组成，可以调整并保持反射面的形状

够收集大量光线的望远镜，以便研究这些天体。聚光本领是指望远镜收集光的能力。用望远镜捕捉光就像用水桶捕捉雨水一样，水桶越大，能捕捉的雨水就越多（见图6-8）。

聚光本领与望远镜主透镜或主镜的面积成正比，面积大的透镜或反射镜可以采集到大量的光。一个直径为D的圆形透镜的面积是$\pi D^2/4$，为了比较两个望远镜A和B的相对聚光能力（LGP），你可以计算它们的主镜面积之比，这等于主镜直径平方之比。

$$\frac{(LGP_A)}{(LGP_B)} = \left(\frac{D_A}{D_B}\right)^2$$

例1：假设你把一个直径为4 cm的望远镜和一个直径为24 cm的望远镜进行比较，较大的望远镜收集的光是较小望远镜的多少倍？

解答：

$$\frac{LGP_{24}}{LGP_4} = \left(\frac{24}{4}\right)^2 = 6^2 = 36 \text{倍光}$$

例2：你的眼睛就像一个直径约为0.8 cm的望远镜，因为0.8 cm是瞳孔的最大直径。如果你使用一个24 cm的望远镜，相对于裸眼，你能多收集多少光？

解答：

$$\frac{LGP_{24}}{LGP_{eye}} = \left(\frac{24}{0.8}\right)^2 = 30^2 = 900 \text{倍光}$$

聚光本领和直径比的平方成正比，即使是直径的小幅增加，也会极大增强聚光本领，这使天文学家能够研究明显较暗的物体。这一原则不仅适用于可见光，也适用于收集任何种类辐射的望远镜。

分辨本领（Resolving Power）：望远镜的第二种本领，称为分辨本领，指的是望远镜揭示精细细节的能力。光的波动性质的一个后果是，在图像中的每一个光点周围都有一种不可避免的模糊现象，称为衍射条纹（Diffraction Fringes），导致你无法看到比条纹更小的任何细节（见图6-9）。

天文学家无法消除衍射条纹，但衍射条纹的大小与望远镜的直径成反比，这意味着，望远镜越大，其分辨本领越强。然而，衍射条纹的大小也与被聚焦的光的波长成正比。换句话说，红外或射电望远镜的分辨本领比同样大小的光学望远镜要小。

你可以想象一下，通过测量两颗几乎无法区分的天体之间的角距离来测试望远镜的分辨能力（见图6-9b）。一个主直径为D的望远镜在收集波长为λ的光线时，其分辨本领α等于：

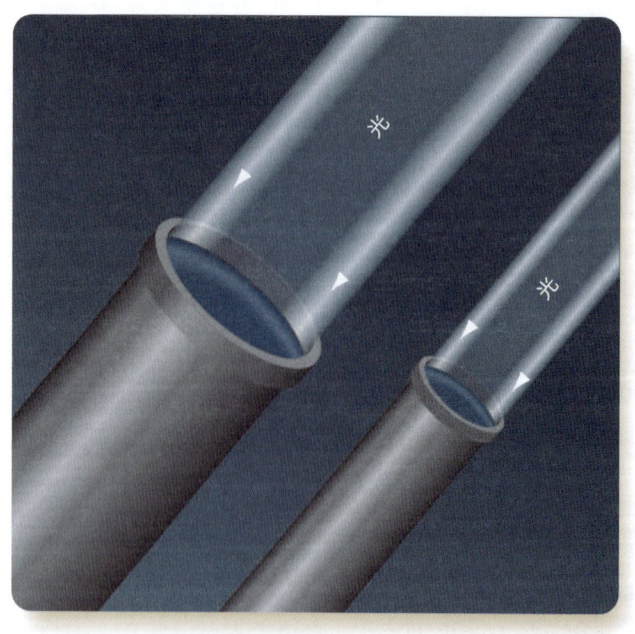

▲ 图6-8 聚集光线就像用水桶接雨水，大直径的望远镜比相同焦距的小望远镜能聚集更多的光，产生更明亮的图像

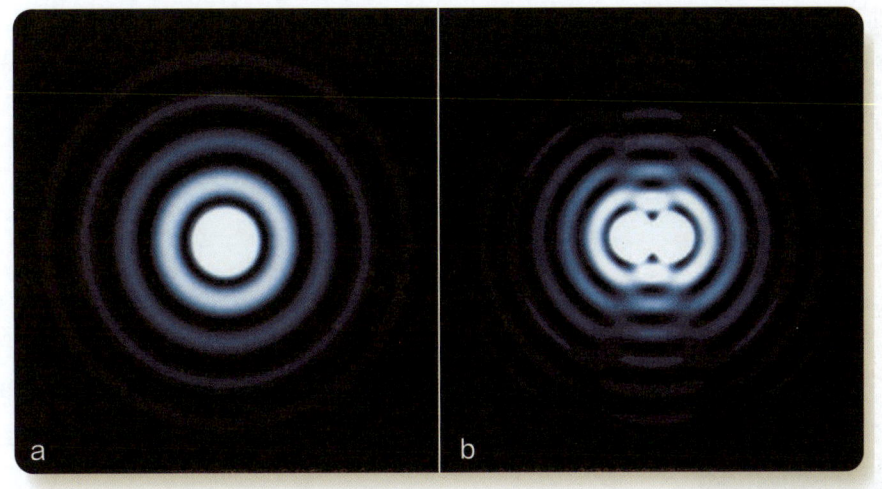

▲ 图6-9 （a）恒星距离很远，它们的图像是点，但光的波动特性使每个恒星图像周围都有衍射条纹，在这个计算机模型中被大大放大。（b）两颗相互靠近的恒星有重叠的衍射条纹，变得无法单独探测

图源：Michael A. Seeds

> **式6-2　望远镜的分辨率**
>
> $$\alpha\,(\text{角秒}) = 2.06 \times 10^5 \left(\frac{\lambda}{D}\right)$$

为了正确使用该公式，D 和 λ 的单位需要相同，例如同时使用米或者厘米。通过小角公式（式3-1），可以用乘法系数 2.06×10^5 实现弧度和角秒之间的转换。假设所研究的光的波长为 550 nm，位于可见光波段的中间，那么前面的公式就可以被简化为：

$$\alpha\,(\text{角秒}) = \frac{0.113}{D}$$

例子： 一个直径为 10.0 cm（=0.100 m，或约4英寸）的望远镜在可见光下观测时，其分辨本领是多少？

解答：

$$\alpha = 2.06 \times 10^5 \left(\frac{550 \times 10^{-9}}{0.100}\right) = 1.13\ \text{角秒}$$

或者说，等同于：

$$\alpha = \frac{0.113}{0.100} = 1.13\ \text{角秒}$$

换句话说，使用一个10 cm（约4英寸）直径的望远镜，如果镜片质量好，大气层稳定，你应该能够将任何一对相距超过1.1角秒的恒星区分为2个独立的光点。比这距离更近的恒星，则会被衍射条纹模糊成一个单一的图像。

除了衍射，还有两个因素——器件的光学质量和大气条件——限制了分辨本领。一个望远镜必须有高质量的光学器件，以实现其全部潜在的分辨本领。即使是大型望远镜，如果它的光学表面有缺陷，也不会显示出什么细节。另外，当你通过望远镜观测时，你是透过地球大气层中数英里的湍流空气来观测的，这不可避免地使图像在某种程度上出现抖动和模糊，天文学家使用术语视宁度（seeing）来指出由于大气条件造成的图像晃动和模糊的程度。一个相关的现象是星星的闪烁，星星闪烁是由地球大气层中的湍流造成的。因为看靠近地平线的星星要透过更厚的大气，所以它们会比头顶上的星星更闪烁和模糊。

在大气层不稳定的夜晚，图像会严重模糊，天文学家就会说"视宁度不好"（见图6-10a）。一般来说，即使在相对较好的观测条件下，通过大型望远镜看到的细节也不仅受到其衍射条纹限制，也会受到望远镜必须通过的空气湍流的限制。一个光学望远镜在高高的山顶上表现得更好，那里的空气稀薄而稳定，即使在这种情况下，地球的大气层也会将可见光波段的恒星图像分散成直径为 0.5~1.0 角秒的小块。射电望远镜也会受到大气层的影响，但影响比光学望远镜要小，所以从这方面看，射电望远镜不会因为建在山上而受益。在本章的后面，你将了解到改善地面望远镜视宁度的特殊技术，以及在地球大气层上方运行、不受视宁度限制的望远镜。

视宁度和衍射条纹都对测量的精度有所限制，这也限制了图像中的信息量。所有的测量都有一些内在的不确定性（我们如何得知6-1），科学家必须学会在这些限制中工作。你有没有试过通过放大照片来分辨细节？照片是由微小的图片元素（像素，pixel）组成的，所以无论你怎么放大照片，都看不到比单个像素小的细节。在天文图像中，分辨率受制于视宁度或衍射条纹，或两

第一部分　探索天空　101

图源：Courtesy William Keel

▲ 图 6-10 （a）这张星系照片的左半部分是在视宁度不好的夜晚拍摄的图像，其中小的细节被模糊了。（b）照片的右半部分是望远镜在地球大气层上方且视宁度较好的夜晚拍摄的。在良好的视宁度条件下，可以看到更多的细节

者兼而有之。你无法看到图像中比望远镜的自身分辨本领小的任何细节。这就是为什么无论用多大的望远镜，星星看起来都是模糊的光点。

放大本领（Magnifying Power）："天文望远镜的目的是放大图像"，这句话是一个常见的误区，事实上，望远镜的放大本领——使图像放大的能力——是三种能力中最不重要的。因为望远镜所能辨别的细节数量通常受到它的分辨本领或聚光本领的限制，非常高的放大率不一定能显示更多的细节。望远镜的放大倍数等于主透镜或主镜的焦距除以目镜的焦距：

$$M = \left(\frac{F_p}{F_e}\right)$$

例子： 如果一个主镜焦距为 80 cm 的望远镜与一个焦距为 0.50 cm 的目镜一起使用，其放大率是多少？

解答： 放大率是 80 除以 0.50，或 160 倍。

当然，射电望远镜没有目镜，但它们确实有检查由望远镜聚集的射电的仪器，而且每个这样的仪器实际上都会有自己的放大功能。

如前所述，望远镜的两个最重要的能力——聚光本领和分辨本领——取决于望远镜的直径，而这个直径基本上是无法改变的，所以你可以通过改变目镜来改变望远镜的放大率。这就解释了为什么天文学家用直径而不是用放大率来描述望远镜。天文学家会把一台望远镜称为 4 m 望远镜或 10 m 望远镜，但他们绝不会把一台研究用的望远镜认定为，比如 1000 倍的望远镜。

6-3 地球上的光学和射电天文台

对聚光本领和分辨率的追求，解释了为什么世界上几乎所有的主要天文台都远离大城市，尤其是光学望远镜通常位于山顶。天文学家避开城市，因为光污染（light pollution），也就是人工户外照明散射的光线使夜空变亮，会使人无法看到远处暗淡的天体（见图 6-11）。事实上，许多城市居民不熟悉夜空的美丽，因为他们只能看到最亮的星星。即使在远离城市的地方，也有月球这个自然界天然的光污染源，它有时候很明亮，并会掩盖周围较暗的天体，导致天文学家在接近满月的夜晚也无法进行某些类型的观测。

射电天文学家面临着一个与可见光污染相当的射电干扰问题，来自宇宙的微弱射电波很容易被人为的射电噪声掩盖——从有故障的汽车火花塞到设计不良的通信系统。一些特定的射电波段被保留用于天文学研究，但即使是这些波段也经常被杂散的信号污染。为了避免这种噪声，并拥有相当于黑暗天空的射电，天文学家将射电望远镜设在尽可能远离城市文明的地方。在隐秘的山谷或偏远的沙漠中，天文学家能够避开人类的射电输出，并研究宇宙。

正如你已经了解到的，天文学家喜欢把光学望远镜放在高山上，有几个原因：为了找到视宁度最好的地方，天文学家精心选择了气流平稳而不紊乱的山区；另外，高海拔地区的空气稀薄、干燥，而且更加透明，这不仅对光学望远镜很重要，对其他类型的望远镜也很重要。正如图 6-12 中展示的那样，在偏远的高山之巅建造一个天文台是很困难的，也是很昂贵的，但是黑暗的天空、良好的视宁度和透明的大气层值得我们为之付出努力。

6-3a 现代光学望远镜

在 20 世纪的大部分时间里，天文学家在天文望远镜的尺寸上都面临着严重的限制。望远镜的镜子被做得很厚，以避免弯曲而使反射面变形，但这些厚镜子很重。帕洛玛山（Mount Palomar）上的 5 m（200 英寸）的镜子重达 14.5 吨。那些老式的望远镜既庞大又昂贵，今天的天文学家们已经通过多种方式解决了这些问题。阅读《现代光学望远镜》，注意关于望远镜

在美国,大量天文台被建设在西南地区的山顶上。

天文学家已经不在人口密集处建设天文台了。

可见光

► 图 6-11 美国大陆夜间的卫星图显示了户外照明造成的光污染和能源浪费。天文台最好远离大城市

图源:NOAA

设计的 3 个要点和描述光学望远镜及其操作的 10 个新术语:

1. 传统设计下的反射式望远镜使用大型、坚固、厚重的镜子将星光聚焦到主焦点(prime focus),或者通过使用副镜(secondary mirror),聚焦到卡塞格林焦点(Cassegrain focus)。其他的望远镜只有一个牛顿焦点(Newtonian focus)或施密特-卡塞格林焦点(Schmidt-Cassegrain focus);

2. 望远镜必须有一个转仪钟(sidereal drive)来跟踪星星,围绕极轴(polar axis)运动的赤道仪(equatorial mount)是提供这种运动的传统方式。今天,天文学家可以在地平托架(altazimuth mount)上建造更简单、更轻的望远镜,依靠计算机来移动望远镜,使其在地球自转时跟踪恒星的视运动,而无须赤道仪和极轴。

3. 主动光学(Active optics)使用计算机控制望远镜主镜的形状,使科学家可以使用薄而轻的镜子,甚至"软"镜或拼接镜来组成主镜。减小镜子的重量可以减小望远镜其他部分的重量,使其更加坚固,成本更低。另外,薄镜子在夜晚能够更好地被冷却,并更快地达到稳定的形状,这样在夜晚的大部分时间里能产生更好的图像。

现代工程技术和高速计算机使天文学家能够建造和使用具有独特设计的新型巨型望远镜,图 6-13 中显示了其中的几个:欧洲南方天文台在智利北部安第斯山脉的山脚下建造了甚大望远镜(Very Large Telescope,VLT),VLT 实际上由 4 个望远镜组成,每个望远镜的直径为 8.2 m(323 英寸,约 27 英尺),厚度仅为 17.5 cm(6.9 英寸);美国和意大利的天文学家在亚利桑那州的格雷厄姆山上建造了大型双筒望远镜(Large Binocular Telescope,LBT),LBT 在一个支架上搭载了一对 8.4 m(331 英寸)的镜面;夏威夷莫纳克亚上的凯克望远镜的主镜直径为 10 m(394 英寸),每块镜子由 36 个单独控制的六边形部分组成;加那利大型望远镜(Gran Telescopio Canarias,GTC)位于加那利群岛的一座火山顶上,带有一个直径为 10.4 m(410 英寸,超过 34 英尺)的拼接镜面,在撰写本书

图源:Richard Wainscoat, Aina Kai LLC

▲ 图 6-12 夏威夷莫纳克亚山上的光学、红外和射电望远镜的鸟瞰图,海拔 4200 m(近 14 000 英尺)。海拔高、大气湿度低,附近没有大城市,而且位于低纬度,这些条件使这座山成为地球上建造天文台的最佳地点之一

第一部分 探索天空 103

▲ 图6-13 （a）甚大望远镜（VLT）的4台望远镜被安置在智利帕拉纳尔天文台的独立圆顶中。（b）位于亚利桑那州的大型双筒望远镜（LBT）有两块8.4 m的镜子。这两面镜子所收集的光线可以单独分析，也可以合并分析。整个建筑随着望远镜的移动而旋转。（c）加那利大型望远镜（GTC）在其10.4 m的主镜中包含36个六边形拼接镜

时，它是世界上最大的单体望远镜。

其他巨型望远镜正在计划中，将在21世纪的20年代完成，所有这些望远镜都有拼接镜或多面镜（见图6-14）：巨型麦哲伦望远镜（Giant Magellan Telescope，GMT）将在一个支架上承载7个不对称弯曲的薄镜，每个直径为8.4 m，它将位于智利，具有一个22.0 m望远镜的集光能力；30米望远镜（Thirty Meter Telescope，TMT）由美国天文学家领导的一个国际团队开发，计划拥有一个直径达30米（100英尺）的镜子，由492个六边形部分组成，并打算在夏威夷的莫纳克亚岛上建造一个站点。2016年，TMT的建设被夏威夷最高法院叫停，因为夏威夷当地活动家和反对该项目的联盟团体请愿，在2017年年初撰写本书时，TMT的董事们正在开始寻找其他地点。

另一个国际团队正在设计欧洲极大望远镜（E-ELT），其将承载906面拼接镜，组成一个直径为39米的镜子。E-ELT将建在智利阿塔卡玛沙漠的阿玛逊斯山（Cerro Armazones）上。其他甚大望远镜设计计划也被提出来，预计完工日期更晚。

地基望远镜通常是由天文学家和技术人员在同一建筑的控制室中操作的，但有些望远镜现在是由离天文台许多英里甚至数千英里的天文学家使用的。其他望远镜是完全自动化的，在没有人直接监控的情况下运行，再加上计算机速度和存储能力的不断提高，使大规模巡天成为可能，目前的巡天已经观测到了数以百万计的天体，并且还有数以百万计的天体亟待观测。例如，斯隆数字化巡天（Sloan Digital Sky Survey，SDSS）绘制了整个北半球的天空，测量了1亿颗恒星和星系在紫

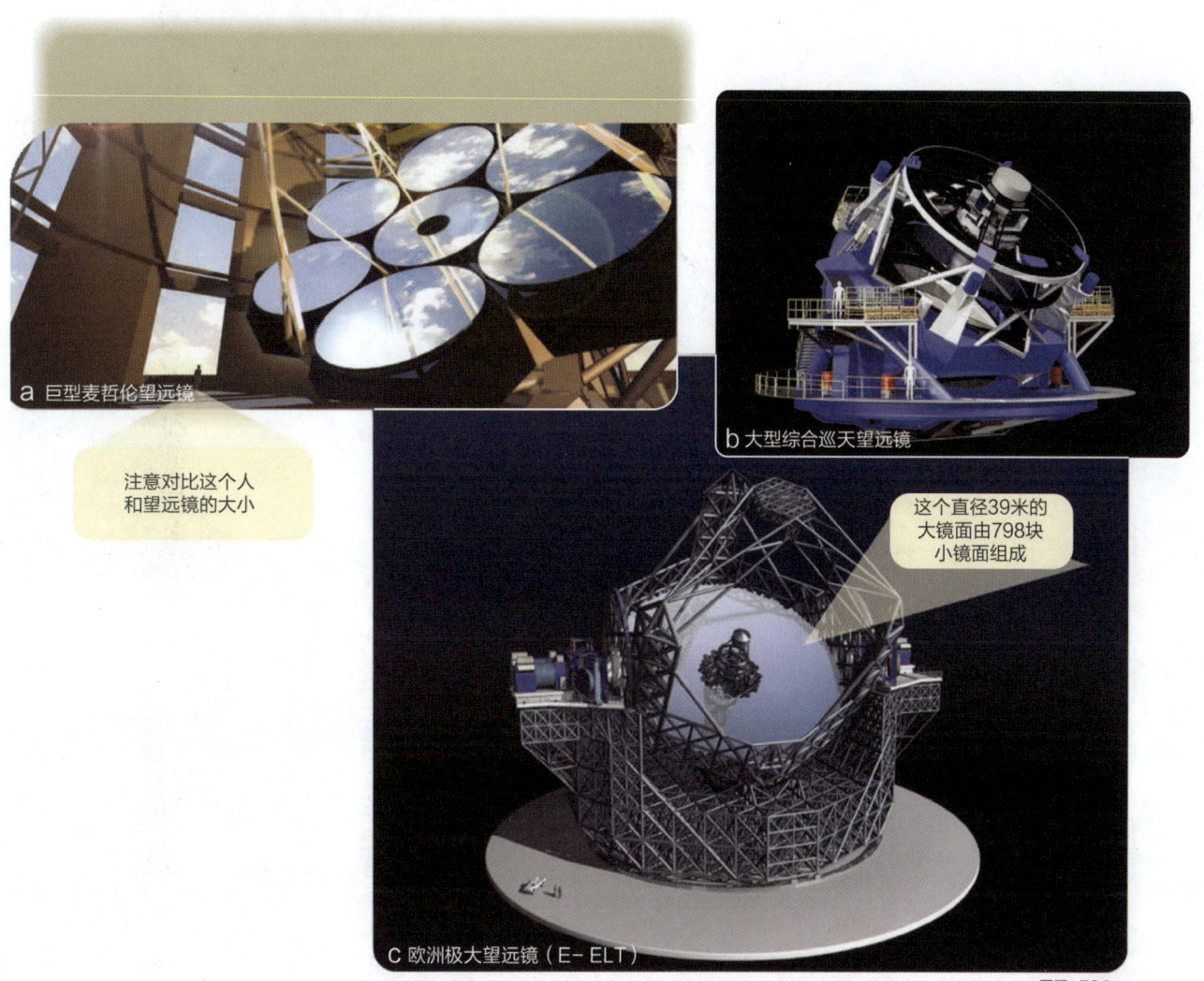

▲ 图6-14 正在开发的新的大型望远镜。(a) 巨型麦哲伦望远镜(GMT)在2022年完成时,具有直径24.5 m的望远镜的分辨能力。(b) 8.4-m 的大型综合巡天望远镜(LSST)将使用一个特殊的三镜设计来创造一个特别宽的视场,能够每3个晚上测量整个南天。(c) 像几乎所有最新的大型远程望远镜一样,欧洲极大望远镜(E-ELT)将有一个地平装置。注意左下方的汽车和人的比例

外、光学和红外5个波段的位置和亮度。

SDSS 的数据可以在这个网站上进行检查和操作:skyserver.sdss.org。一些 SDSS 的数据也发布在微软的万维望远镜(World Wide Telescope,www.worldwidetelescope.org)和谷歌天空(Google Sky,www.google.com /sky/)。"公民科学"星系动物园(Galaxy Zoo)网站(www.galaxyzoo.org)允许志愿者(这可能就包括你)根据 SDSS 拍摄的图像对星系进行分类。

拥有 8.4-m 主镜的大型综合巡天望远镜(Large Synoptic Survey Telescope,LSST)的主镜已经基本完成,位于智利 Cerro Pachón 山上的设备的建设在 2019 年完成(见图 6-14b)。LSST 使用一个 32亿像素的电荷耦合器件(charge-coupled device,CCD)相机,将每 3 个晚上记录一个半球上亮度超过 24.5 等的天体在紫外、光学和红外波段的亮度。天文学家和个人将在未来的几十年里研究这些数据。

6-3b 现代射电望远镜

射电望远镜的碟形天线反射器,就像反射望远镜的镜子一样,收集和聚焦辐射。尽管射电望远镜的碟形天线反射器的直径可能有几十至几百米,但接收天线可能像你的手一样小,它的功能是吸收碟形反射器所收集的射电能量。因为射电波长在几毫米到几十米的范围内,

现代光学望远镜

  本页所描述的标准设计的反射式望远镜的能力受到本身复杂性、重量和地球大气层中的湍流的限制。现代设计方案显示在下一页。

主镜使光线汇聚到望远镜管内高处的主焦点（prime focus）位置，如右图所示。虽然主焦点是对暗处物体进行成像的好地方，但对大型仪器来说，它是不方便的。副镜可以将光线通过主镜上的一个孔反射到卡塞格林焦点（Cassegrain focus）。这种焦距设计是大型望远镜中最常见的一种。

副镜

有了足够大的望远镜，天文学家实际上可以坐在望远镜主焦距的"笼子"里进行观测。不过通常情况下，观测是使用与单独控制室里的计算机相连的仪器进行的。

卡塞格林式焦点方便使用，并有空间容纳大型重型仪器。

传统的主镜很厚，以防止望远镜在天空中移动时，光学表面弯沉，使图像变形。但是，大镜子可能重达数吨，难以支撑，而且制造成本很高。此外，在夜幕降临后，大镜子需要很长的时间慢慢冷却。大镜子冷却时的形状变化使望远镜难以聚焦，并导致图像失真。

1c 如下图所示，使用亚利桑那州基特峰国家天文台的4-m Mayall望远镜进行观测，既可以使用主焦点，也可以使用卡塞格林焦点。注意右下角的人。

1a 小型望远镜通常采用牛顿焦点（Newtonian focus），这是艾萨克·牛顿在他的第一台反射式望远镜中使用的技术装置。牛顿焦点对大型望远镜来说是不方便的，如右图所示。

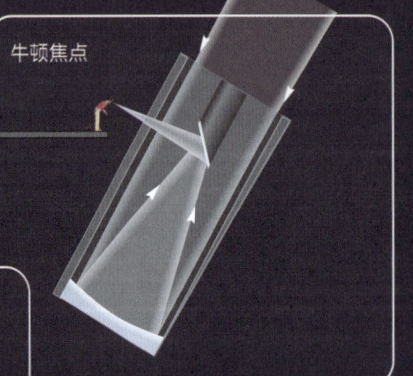

牛顿焦点

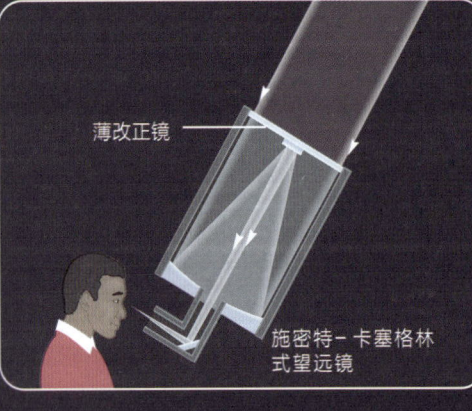

薄改正镜

施密特-卡塞格林式望远镜

1b 许多小型望远镜，如左图所示，使用施密特-卡塞格林光路系统（Schmidt-Cassegrain configuration）。一块薄薄的校正板改善了图像，但其弯曲程度不足以引入严重的色差。

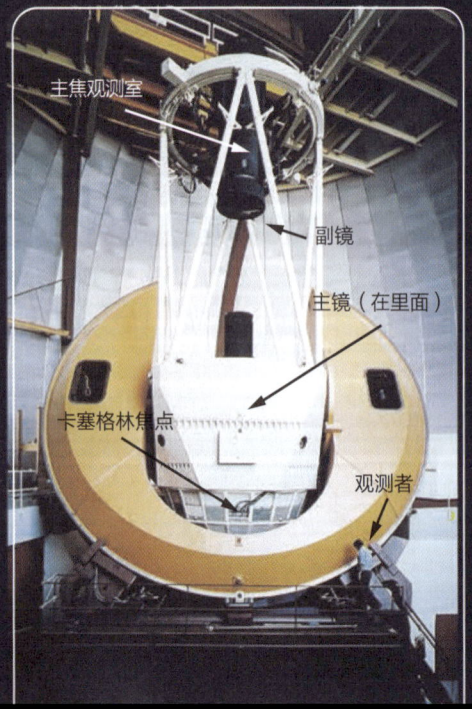

主焦观测室

副镜

主镜（在里面）

卡塞格林焦点

观测者

图源：NOAO/AURAINSF

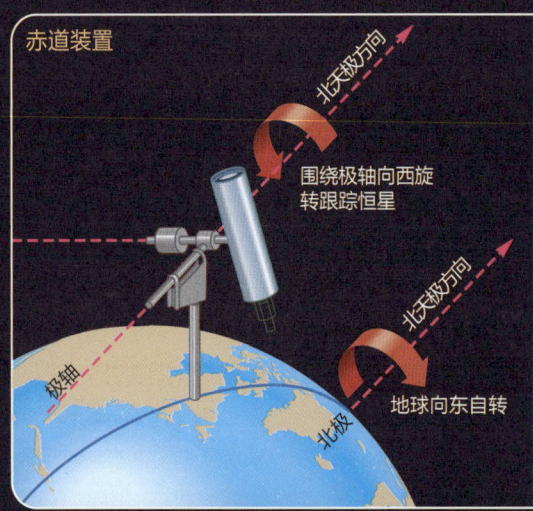

赤道装置

围绕极轴向西旋转跟踪恒星

北天极方向

极轴

北极

地球向东自转

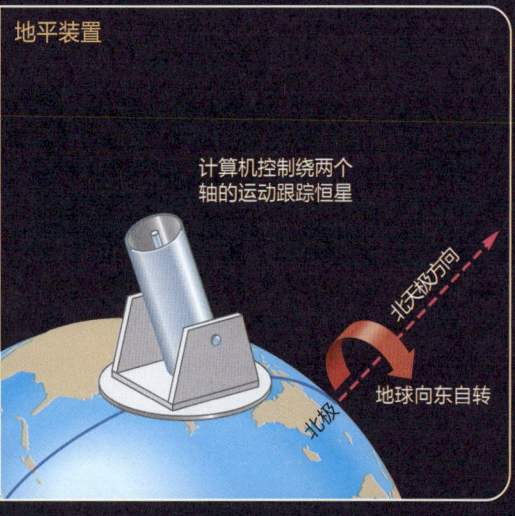

地平装置

计算机控制绕两个轴的运动跟踪恒星

北天极方向

北极

地球向东自转

2 望远镜支架必须包含一个转仪钟（sidereal drive），以平稳地向西转动望远镜，对抗地球自西向东的自转。早期的赤道装置（equatorial mount；最左边）的极轴（polar axis）与地轴平行。但是，大型现代望远镜使用的托架是可以像大炮一样上下左右移动的地平装置（altazimuth mount；近左边）。地平装置的安装比赤道装置安装更简单，但需要计算机控制来跟踪天体。

3 与传统的厚镜不同，薄镜有时被称为软镜，重量较轻（如右图所示），所需的大型支撑结构较少。而且，它们在夜幕降临时迅速冷却，不均匀的膨胀和收缩造成的变形也较小。

软镜

计算机控制的推进器　　支撑结构

3a 分别制成镜面再组装是经济的做法。这种镜面重量较轻，冷却速度快。

3b 研磨一面大镜子可能要消耗成吨的玻璃，并需要几个月的时间，但新技术可以加快这一过程。有些大镜子是在一个旋转炉中铸造的，这种炉能使熔化的玻璃流动起来，并且直接形成一个凹陷的上表面。对这样的预制镜进行研磨和抛光，耗时要少得多。

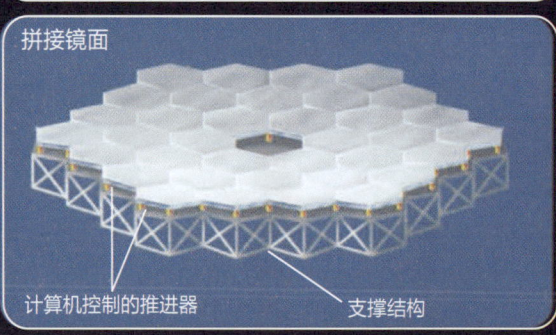

拼接镜面

计算机控制的推进器　　支撑结构

3c 软质反射镜和拼接反射镜在自身重量下都会弯沉。它们的光学形状必须由计算机控制，通过镜子后的推进器来调整。这种技术称为主动光学（active optics）。

凯克望远镜1的拼接镜面

3d 两台凯克望远镜，每台直径为10 m，位于夏威夷的死火山莫纳克亚岛的顶部。它们的两个主镜是由六边形镜拼接组成的，如右图所示。

图源：W.M.Keck Observatory

碟形天线不需要比一个好的光学望远镜更光滑就可以达到一定的精度水平。事实上，除非要收集最短波长的射电波，铁丝网作为天线的效果就已经很好了。

从 1963 年到 2016 年的 53 年里，世界上最大的单口径射电望远镜是直径 305 m（1000 英尺）的阿雷西博望远镜（Arecibo telescope），建在波多黎各的一个山沟里（见图 6-15）。这么大的天线可不容易支撑，其主镜是一个薄薄的金属表面，通过连接谷缘附近的电缆架在谷底之上，而天线平台则通过建在谷缘周围 3 个山峰上的电缆悬挂在天线上方。通过移动碟形天线上方的天线，射电天文学家可以将望远镜对准任何在地球自转时经过天顶 20 度以内的天体。自 1963 年建成以来，阿雷西博望远镜一直是国际射电天文学研究的中心。一台直径 500 m（1650 英尺）的射电望远镜名为 FAST，绰号"天眼"，于 2016 年开始运行。FAST 位于贵州一个四面环山的碗状山谷（就像在波多黎各那样）中，由中国政府建造，FAST 的面积是阿雷西博天线的 2.5 倍以上。

相对于光学望远镜，射电望远镜的工作有两个劣势：分辨率差和信号强度低。回顾一下，望远镜的分辨率不仅取决于主透镜或主镜的直径，也取决于辐射的波长。射电波波长可能会非常长，这将导致相当大的衍射条纹。这意味着来自单个射电望远镜的图像或图组，通常不能显示光学图像中那么精确的细节。

射电天文学家面临的第二个障碍是射电信号强度往往很低。前文提到，一个光子的能量取决于它的波长。射电能量的光子具有很长的波长，单个光子能量是相当低的。到达地球的宇宙射电信号弱得惊人——是商业电台的信号强度的几十亿分之一。为了获得集中在天线上的可探测的信号，射电天文学家必须建造大型的信号收集器，要么是单一的大碟形天线，要么是较小的碟形天线组合形成阵列。即使如此，由于来自天体的射电能量还是很弱，在测量和记录之前必须将其放大。

▲ 图 6-15　位于波多黎各阿雷西博的 305 m（1000 英尺）射电望远镜坐落在一个天然的碗状山谷里，天线平台悬挂在碟形天线上。一个由斯坦福国际研究院（SRI International）和大学空间研究协会（Universities Space Research Association，USRA）领导的财团为美国国家科学基金会（NSF）管理阿雷西博天文台

图源：David Parker/Science Source

> **践行科学**
>
> 为什么天文学家要在山顶上建造光学天文台？精密和准确的测量是科学工作的基础，科学家经常采取极端措施来获得测量数据。
>
> 在高山之巅建造一个大型、复杂和脆弱的光学望远镜当然不容易，但这是值得努力的。高山顶上的望远镜位于地球大气层最稠密的部分之上，因此只有较少的大气使射入的光线变暗。更重要的是，山顶上稀薄空气的湍流对光波的干扰比厚空气湍流的干扰要小，所以在此看得更清楚。在地球表面的大型光学望远镜的分辨率是由大气的视宁度而不是由望远镜的衍射制约的。在高山的山峰上建造望远镜确实是值得一试的。
>
> 天文学家还把射电天文台放在特殊位置。在选择一个新的射电望远镜的建设位置时，天文学家可能会有哪些考虑？

6-4　机载天文台和空间天文台

地基望远镜的性能受到地球大气层湍流和透明度的限制，虽然通过复杂的技术可以部分补偿大气层导致的误差，但是太空中的望远镜就完全没有这样的问题——它的分辨率误差只由衍射条纹来决定。

另外，正如本章前文所说，地面上的望远镜必须通过一个开放的"大气窗口"（波长范围）来观察。宇宙中的大多数类型的电磁辐射——伽马射线、X 射线、紫外辐射和大部分红外辐射——都不能到达地球表面，因为它们被地球的大气层部分完全吸收了。为了收集这些被阻挡的电磁辐射，必须到高海拔地区或在太空设立望远镜。正如你将在接下来的几章中了解到的，比恒星更冷的物体，比如正在形成的恒星，会产生大量的红外和微波辐射，但其产生的可见光或紫外光相对较少。相比之下，宇宙中的"大灾难"，如恒星的爆炸，会主要产生伽马射线和X射线。结合尽可能多的波长的信息，天文学家可以获得对宇宙的更全面的了解。

6-4a 机载天文台

你已经了解了可见光和射电的大气窗口，除此之外，还有一些"狭窄的窗口"能让我们在地球表面（尤其是高山上，比如莫纳克亚，见图6-12）接触到短波的红外辐射。然而，大多数红外波长被阻挡在大气层外，特别是会被水汽吸收。此外，地球的大气层本身也会产生强烈的"红外光"。对更长的红外波段的观测只能通过被飞机、气球甚至航天器运送到高空中以及大气层外的望远镜进行。（注意，将红外望远镜放在大气层以上的原因与将光学望远镜送入太空的原因不一样。）

从20世纪60年代开始，NASA就开发了一系列红外天文台，其望远镜由喷气式飞机携带到地球大气中的水汽之上。这种空中天文台也能飞到地球的偏远地区，监测任何其他望远镜都无法观测到的天文事件。早期飞行天文台的现代继承者是平流层红外天文台（Stratospheric Observatory for Infrared Astronomy, SOFIA，见图6-16）。SOFIA由一个直径2.5 m（100英寸）的望远镜组成，通过一架改装的波音747SP飞机左侧的回卷门向外观测。

6-4b 空间望远镜

历史上最成功的望远镜，哈勃太空望远镜（Hubble Space Telescope，见图6-17a），是以发现宇宙膨胀的天文学家埃德温·哈勃（Edwin Hubble）的名字命名的。哈勃太空望远镜也被称为HST，于1990年发射，包含一个直径2.4 m（95英寸）的镜子和3个仪器，它可以在可见光波段和部分紫外、红外波段进行观测。它最大的优势是没有视宁度的干扰，因为其完全位于地球的大气层之上。因此，HST可以探测到精细的细节，而且由于将光线集中到清晰的图像中，它可以探测到极暗的物体。它由地球上的一个研究中心控制，几乎是连续不断地进行观测。尽管如此，该望远镜也只能完成世界各地天文科研项目中很小一部分的观测任务。

航天飞机曾经多次"到访"HST，以便宇航员能够维修其部件并安装新的相机和其他仪器。航天飞机机组人员在2009年访问并完成了对望远镜的仪器、电池和陀螺仪的又一次整修。几乎可以肯定的是，HST会持续工作直到被之后发射的詹姆斯·韦伯空间望远镜

图源：NASA

图源：Visual image: Anthony Wesley; IR image: NASA/DLR/USRA/DSI/FORCAST team/James De Buizer

▲ 图6-16 （a）SOFIA是NASA和德国航空航天中心（DLR）的一个联合项目，它在高达14 km（45 000英尺）的高度飞行，可以收集即使从高山顶也无法观测到的红外辐射的波段。（b）木星的可见光图像（左）与2010年SOFIA"第一曙光"飞行期间拍摄的波长为5.4、24和37 μm的合成红外图像（右）的比较。红外图像中的白色条纹是一个相对透明的云层区域，透过它可以看到行星温暖的内部

a 哈勃望远镜　　　　　　　　　　　　　　　　图源：NASA　　　　　　b 詹姆斯·韦伯空间望远镜　　　　　　　　　图源：NASA

▲ 图 6-17 （a）哈勃太空望远镜（HST）在离地表 545 km（340 英里）的平均高度上绕地球运行。在这张图片中，望远镜正朝着左上方观测。（b）艺术家对 HST 的最终继任者詹姆斯·韦伯空间望远镜（JWST）的构想。JWST 位于离地球近 100 万英里的太阳轨道上，是距离月球的 4 倍远。JWST 没有一个封闭的镜筒，因此与传统的光学望远镜相比，它更像一个射电天线。JWST 从一个比网球场还大的多层遮阳板后面观测宇宙

（James Webb Space Telescope，JWST）取代。JWST 望远镜将被发射到太阳轨道上，以避免受到地球大气层强烈红外辐射的干扰，它的主镜是一组铍镜，通过在太空中打开各镜面，能够形成一个边长 6.5 m（256 英寸）的大镜子（见图 6-17b）。

携带长波红外探测器的望远镜必须携带液氦等冷却剂，将其光学器件冷却到接近绝对零度的温度（-273℃或-460°F），这样望远镜和仪器内部的热辐射才不会使探测器失效。这种天文台的寿命是有限的，因为冷却剂最终会耗尽。欧洲航天局以发现红外辐射的科学家命名的赫歇尔 3 米红外空间望远镜（见图 6-2）与研究毫米波段辐射的普朗克空间望远镜于 2009 年一起被发射到太阳轨道。赫歇尔和普朗克空间望远镜在其 4 年的寿命中，研究遥远的星系、恒星的形成，围绕其他恒星运行的行星以及宇宙的起源。

2016 年，NASA 宣布计划建造和发射一个近红外空间天文台，名为大视场红外巡天望远镜（Wide-Field Infrared Survey Telescope，WFIRST）。WFIRST 被设计来完成双重任务：绘制遥远星系的形状和分布图，以了解早期宇宙中大规模结构的形成，并探测和研究银河系中围绕恒星运行的行星。

6-4c　高能天文学

与红外辐射的天体一样，宇宙中的伽马射线、X 射线和紫外线也很难被观测到，因此望远镜必须位于地球大气层的高处或太空中。此外，高能量的光子也很难被聚焦。

第一颗高能天文学卫星，羚羊 1 号天文卫星（Ariel 1），由英国在 1962 年发射，用于观测太阳电磁波谱的紫外波段和 X 射线波段部分。从那时起，更多的空间望远镜跟随 Ariel 的步伐，一些高能天文卫星通用于观测不同种类的天体，如由欧洲和英国天文学家组成的财团建设的 X 射线多镜任务牛顿望远镜（X-ray Multi-Mirror Mission，XMM-Newton）。相比之下，一些空间望远镜会被设计来研究单一问题或单一物体。例如，日本的日出号卫星（Hinode）在可见光、紫外波段和 X 射线波段持续研究太阳，开普勒空间天文学（Kepler space observatory）已经运行了 8 年多，用以探测除太阳以外的其他恒星轨道上的行星。

迄今为止，最大的 X 射线望远镜是钱德拉 X 射线天文台（Chandra X-ray Observatory，CXO）。CXO 在月球轨道 1/3 的延长轨道上运行，这样它就有 85% 的时间在地球周围的带电粒子带之上，这些带电粒子会在其探测器中产生电子噪声。（CXO 是以已故诺贝尔奖获得者、印裔美国人苏布拉曼·钱德拉塞卡的名字命名的。他是理论天文学许多分支的先驱。）聚焦 X 射线是很困难的，因为它们会穿透大多数反射镜，所以天文学家设计了圆柱形的反射镜，X 射线从圆柱形的抛光内部以较小的角度反射，在 X 射线探测器上形成图像，如图 6-18 所示。CXO 在恒星形成、遥远星系中黑洞等问题

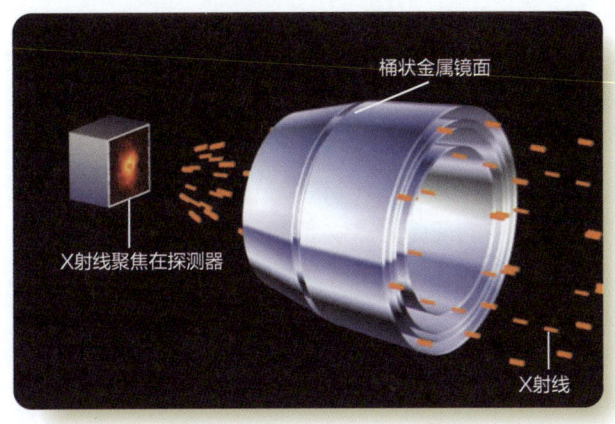

▲ 图 6-18 以掠射角击中镜子的 X 射线被反射，就像小石子跳过池塘一样。因此，类似于 CXO 的 X 射线望远镜的镜面形状像桶，而不是像碗或盘子

上都有重要发现，这些发现将在以后的章节中描述。

第一个大型伽马射线空间望远镜是康普顿伽马射线天文台（Compton Gamma Ray Observatory），于 1991 年发射的，它以伽马射线的波长为色调绘制了整个天空；欧洲建造的国际伽马射线天体物理实验室（International Gamma-Ray Astrophysics Laboratory, INTEGRAL）于 2002 年发射了一颗卫星，并在研究恒星和黑洞的剧烈爆发方面持续取得很大成果；费米伽马射线空间望远镜（Fermi Gamma-ray Space Telescope, FGST）于 2008 年发射，由美国领导的国家联盟运营，能够制作大面积天空的高灵敏度伽马射线图。

现代天文学已经开始依赖于覆盖整个电磁波谱的观测，更多的轨道空间望远镜建造正在计划中，它们将比现在运行的望远镜功能更全面、灵敏度更高。

6-5 天文仪器和技术

如果只是通过望远镜看看天，你不会有太大收获。一颗恒星看起来像一个光点，一颗行星看起来像一个小圆盘，一个星系看起来就像一个朦胧的补丁。研究者为了真正用好望远镜进而了解宇宙，需要仔细分析望远镜收集的光线，附加在望远镜上的专门仪器使之成为可能。

6-5a 照相机和光度计

照相底片（photographic plate）是天文学家用来记录天体图像的第一个设备，照相底片可以在长时间的曝光中探测到暗弱的天体，并将其储存起来供以后分析。在照相底片上成像的天体的亮度需要做大量艰苦的工作来测量，但也只能达到中等的精度。天文学家还制造了光度计（photometer），这是一种敏感的装置，用于非常精确地测量个别天体的亮度。

如今，天文学家使用电荷耦合器件（charge-coupled device, CCD）作为图像记录设备和光度计。CCD 是一种专门的计算机芯片，包含数百万个微小的光探测器，这些小探测器排列在如邮票大小的阵列中。由于 CCD 具有一些重要的优势，它已经取代了照相底片。CCD 比照相底片敏感得多，可以在一次曝光中同时检测到明亮和暗弱的物体。另外，CCD 图像是数字化的，意味着其可以将光信号转换为数据，并储存在计算机的内存中以便之后分析。尽管天文学研究级的 CCD 非常敏感，价格也是"天文数字"，但不太复杂的 CCD 现在已经成为日常生活的一部分。你的数码相机、手机摄像头中都有 CCD。

红外线天文学家使用阵列传感器（array detector），其操作与光学 CCD 类似，在其他波长，光度计仍被用于测量天体的亮度。阵列传感器和光度计一般都必须经过冷却才能正常工作（见图 6-19）。

来自 CCD 或其他阵列传感器的图像数据很容易被处理，并且还能展现很多肉眼不可见的细节。例如，天文图像经常被复制成负片，天空是白色的，星星是暗的。这使图像的暗淡部分更容易被看到（见图 6-20）。天文学家还可以通过处理数据来制作伪彩图像（false-color images，或叫"代表色图像"），其中的颜色用来代表天体的不同方面，如亮度，而非视觉颜色。例如，由于人类无法看到射电波，天文学家必须将射电转换成可感知的东西。一种方法是测量天空中不同地方的射电信号的强度，并制作一张伪彩色"地图"，其中每一种颜色都标志着某一射电强度。你可以把这样的地图比作天气图，其中不同的颜色标志着预测有不同类型和数量的降水的地区（见图 6-21a）。伪彩色图像和强度图在非光学天文学中经常被用到（见图 6-21b 和 6-21c）。

6-5b 摄谱仪

为了详细分析光线，天文学家根据波长（颜色）将光线分散开来，这一功能由摄谱仪（Spectrograph）完成。让我们在想象中重复艾萨克·牛顿在 1666 年进行的一个光学实验，这样你就可以理解这个仪器是如何工作的。牛顿在他房间的百叶窗上钻了一个小孔，以摄

给天文望远镜中的相机添加液氮降温,已经是天文学家的常规操作了

图源:Kris Koenig/Coast Learning Systems

▲ 图 6-19 带有 CCD 和其他类型阵列传感器的天文相机必须冷却到低温才能正常工作,尤其是对红外相机而言

入一束薄薄的阳光,当他把一个棱镜放在光束照射的路径上时,它将光线散射成一个美丽的光谱,并投射到墙上。从这个实验和相关的实验中,牛顿得出结论:白光是由所有颜色的光混合而成的。

正如此前在讲折射望远镜色差问题时提到的,光从一种介质(如空气)进入另一种介质(如玻璃)时,其路径偏转的角度取决于其波长。例如,通过棱镜的蓝光(短波长)偏转最大,而红光(长波长)偏转最小。

因此,进入棱镜的白光在离开棱镜时会被分散成一个光谱(见图 6-22)。和牛顿一样,你也可以通过使用一个"狭窄的小孔"来约束进入的电磁波的宽度,通过一个棱镜将光分散成组成它的颜色,用一个镜头来引导不同光进入相机——这就是一个简单的摄谱仪。

几乎所有的现代摄谱仪都使用光栅而不是棱镜,光栅是一块玻璃或金属,在其表面刻有数千条平行的微观凹槽。不同波长的光以略微不同的角度反射或通过光栅,因此,遇到光栅的白光会分散成一组光谱。当看到刻在 CD 或 DVD 上的密密麻麻的线条时,你可能就已经注意到这种效果。当你翻动光盘时,不同的颜色在其光盘表面闪烁。一个现代的摄谱仪可以用一个高质量的光栅按波长分离光线,并用一个 CCD 探测器来记录所产生的光谱。

你将在下一章中了解到,恒星和行星等天体的光谱通常包含谱线——在光谱中出现的特定波长的暗线或亮线,谱线是由这些天体大气中的原子和分子产生的。为了测量个别谱线的精确波长并确定产生这些谱线的原子,天文学家使用了比较光谱。在摄谱仪中,可以放置特殊灯泡产生亮线,或者充斥不同的气体单元来增加暗线,然后将这些都记录在未知光谱的旁边。因为比较光谱中的各谱线的波长已经在实验室中被高精度地测量过,因此天文学家可以使用比较光谱作为

真实色彩下的 NGC891 星系。这是一个侧向星系,并且包含很厚的尘埃云

a 可见光

b 可见光下的负像

在 NGC891 星系的负像中,宇宙是白色的而恒星是黑色的

◀ 图 6-20 天文图像可以被处理,以显示出肉眼一般难以看到的细节。(a)这个星系的彩色照片很暗,星系盘中心的尘埃云显示得不是很清楚。(b)这张底片是为了更清楚地显示尘埃云而制作的

图源:C. Hawk (JHU), B. Savage (U. Wisconsin), N. Sharp (WIYN/NOAO/AURA/NSF)

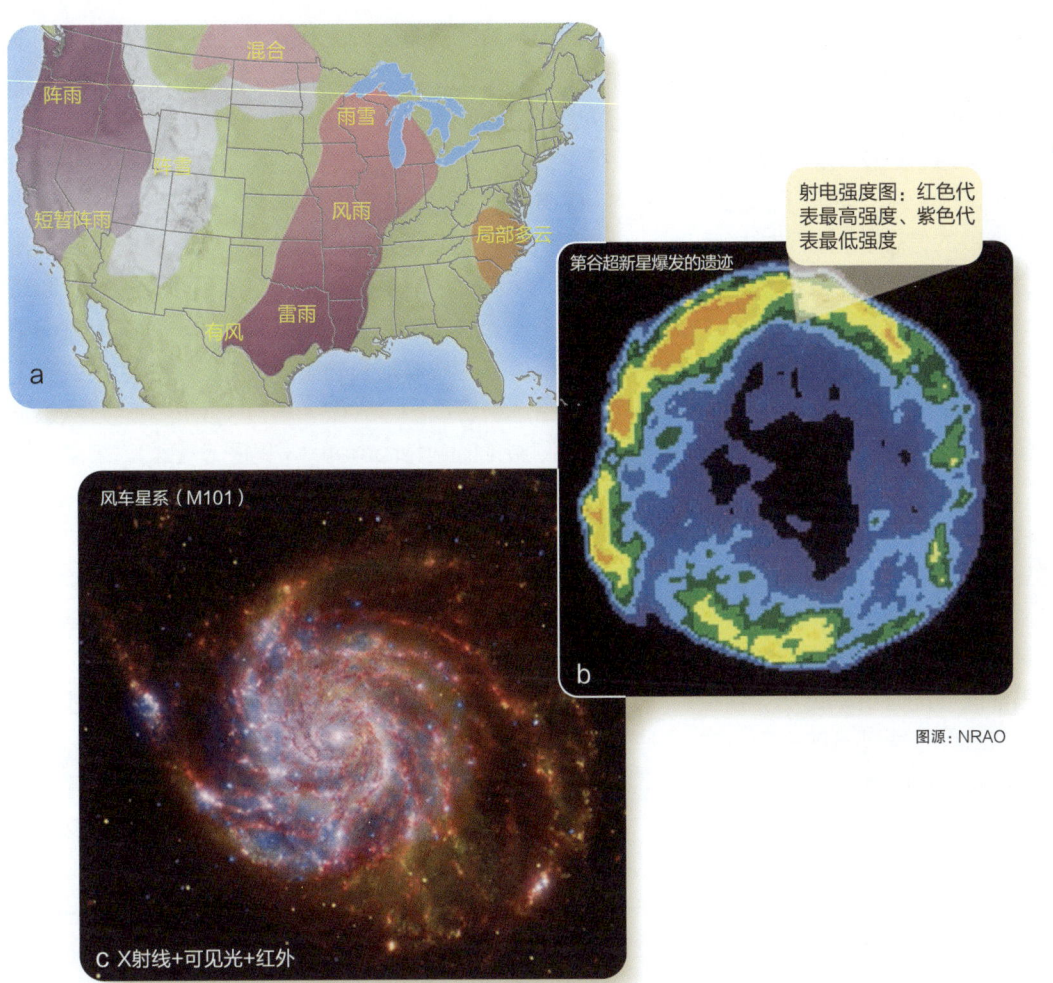

◀ 图 6-21 （a）一张典型的天气图添加了颜色的等高线来显示哪些地区可能会降水，以及哪种类型的降水。（b）第谷超新星遗迹的射电图像，这是 1572 年地球上首次看到的恒星爆发产生的膨胀的气体壳层。这张伪彩色图像显示了某个波长处射电辐射的强度。（c）M101 星系的图片，由哈勃太空望远镜的可见光波长图像与钱德拉 X 射线天文台的 X 射线图像以及斯皮策太空望远镜（Spitzer Space Telescope）的红外图像结合而成。在这张伪彩色图像中，蓝色显示的是由爆炸的恒星和黑洞加热的热气体发出的 X 射线，而红色显示的是由正在诞生恒星的冷且布满尘埃的气体云发出的红外线

图源：X-ray: NASA/CSC/JHU/K. Kuntz et al.; Visual: NASA/ESA/STScI/JHU/K. Kuntz et al.; IR: NASA/JPL–Caltech/STScI/K. Gordon

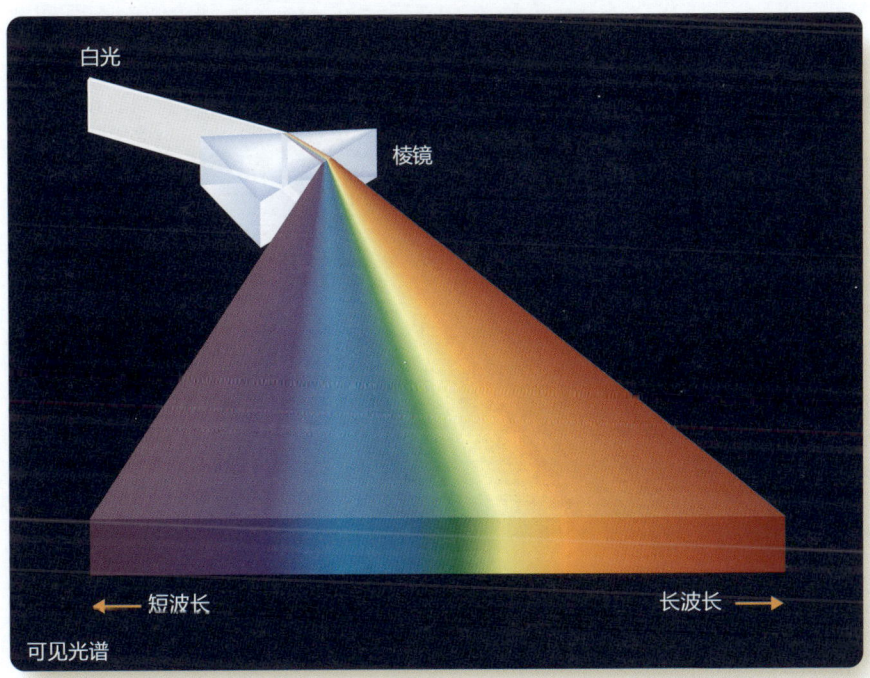

◀ 图 6-22 棱镜使光偏转的角度取决于光的波长，短波长的光偏转最大，长波长的光偏转最小，因此，通过棱镜的白光被分散成一组光谱

第一部分 探索天空 113

标准来测量未知光谱中谱线的波长，以识别恒星、星系或行星的光谱。

科学家基于对光与物质相互作用细节的了解，可以从光谱中解析出其携带的大量信息。这使摄谱仪成为天文学家手中最强大的仪器。在下一章中，你将了解更多关于天文学家可以从光谱中提取的信息。有些天文学家甚至会略微夸张地说："在得到光谱之前，我们对一个天体一无所知。"

6-5c 自适应光学

你已经了解了主动光学技术，这是一种缓慢调整望远镜光学元件形状的技术，当望远镜指向天空中的不同位置时，可以补偿温度变化以及重力对镜子弯曲度的影响。自适应光学是一种更复杂的技术，它使用高速计算机来监测地球大气层中的湍流所产生的扭曲，并迅速改变一些光学元件来校正望远镜的图像，将一个模糊的圆锐化为一个清晰的图像。虽然图像的分辨率仍然受到望远镜中衍射的限制，但自适应消除了大部分的视宁度失真，使可见的细节有巨大的改善（见图6-23a）。

为了监测图像中的失真，自适应光学系统必须观测视场中相当明亮的恒星，但在目标天体附近并不总是有这样一颗恒星，比如一个暗弱的星系。在这种情况下，天文学家可以将激光指向与目标天体非常接近的方向（见图6-23b）。激光使地球上层大气中的气体发光，在视场中产生一个被称为激光引导星（laser guide star）的人造星，自适应光学系统可以利用来自人造星图像变化的信息来修正较暗目标的图像。

如果不增加自适应和主动光学装置，前文提到的现有的和计划中的由拼接镜组成的直径为10 m或更大的光学望远镜的作用就会大打折扣。

6-5d 干涉测量

天文学家建造大型望远镜的原因之一是提高分辨率，天文学家已经能够通过将多个望远镜连接在一起来实现非常高的分辨率，从某种意义上说，就像用它们组成了一个单一的、非常大的望远镜。这种以两个或多个较小的望远镜合成一个大型"虚拟"望远镜的方法被称为干涉测量（Interferometry，见图6-24）。来自干涉式望远镜的图像不受单个小望远镜的衍射条纹的限制，而是受更大的"虚拟"望远镜的衍射条纹的影响。

在天文干涉仪中，来自不同望远镜的光线必须被聚集在一起并仔细地结合起来。每一束光所经过的路径必须得到控制，使其光程精度达到亚观测波长的量级。地球大气层中的湍流不断扭曲传入的光线，因此高速计算机必须不断调整光线路径。

正如你已经知道的那样，射电望远镜的分辨能力相对较低。一个直径为25 m的碟形天线接收波长为21 cm的射电，其分辨率只有0.5度左右。换句话说，一个100英尺宽的射电望远镜无法探测到天空中比月球表面大小更小的任何细节。但是，由于长波长的射电波相对容易处理，射电天文学家率先学会了如何将两台或更多的望远镜结合起来，形成一个能够比单台望远镜分辨率高得多的干涉望远镜。

射电干涉仪（Radio Interferometer）必须相当

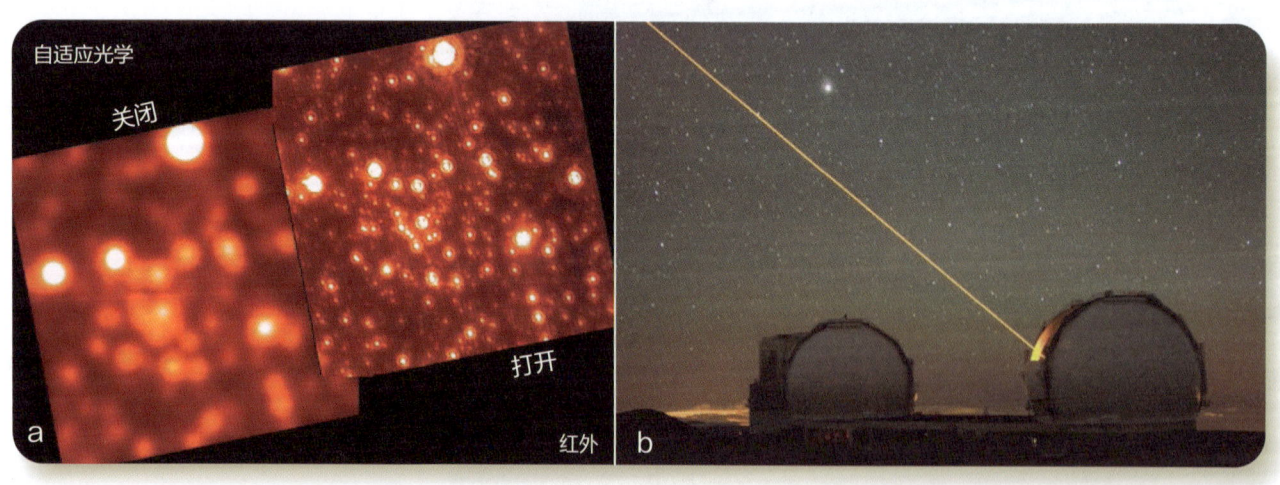

图源：CFHT　　　　　　　　　　　　　　　　图源：Richard Wainscoat/Alamy Stock Photo

▲ 图6-23 （a）图为银河系中心的图像，自适应光学系统在左图中被关闭，在右图中被打开。在自适应光学系统"打开"的图像中，恒星的图像更加清晰，因为光线被聚焦成更小的图像，使较暗的恒星也可以被看到。（b）离开一个凯克望远镜的激光束在视场中产生了一颗人造星，自适应光学系统使用该激光引导星作为参考，以减少整个图像中的视宁度失真

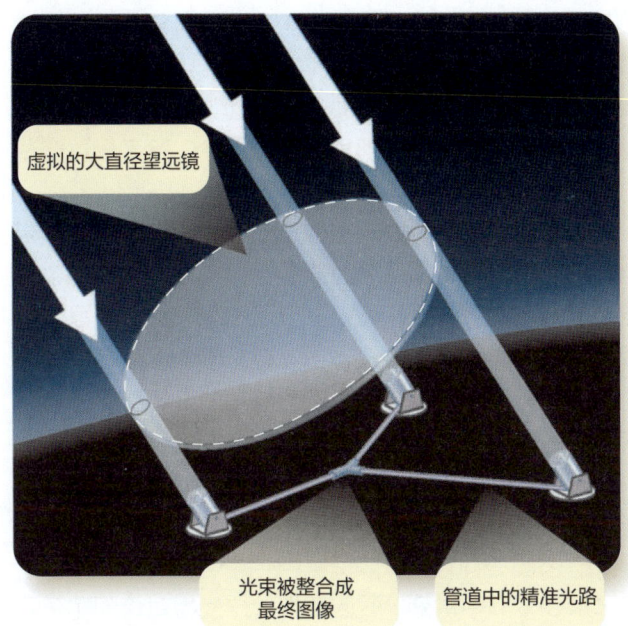

▲ 图 6-24 在天文干涉仪中，较小的望远镜可以结合它们的光线来模拟一个较大的望远镜，其分辨率由较小的望远镜间距对应的分辨率确定

大。甚大阵（Very Large Array，VLA）由分布在新墨西哥州沙漠中的 27 个碟形天线组成（见图 6-25a），它们结合在一起，具有直径达 36 km（22 英里）的射电望远镜的分辨能力。甚大阵可以分辨小于 1 角秒的细节，若其位置可视，它的性能可以与大型光学望远镜的性能相媲美。甚长基线阵（Very Long Baseline Array，VLBA）包含从夏威夷到维京群岛分布的由碟状天线组成的甚大阵，其有效直径几乎与地球一样大。

阿塔卡马大型毫米/亚毫米波阵（Atacama Large Millimeter/Sub-Millimeter Array，ALMA）是一个干涉测量设备，位于智利北部的查南托（Chajnantor）高原，海拔 5050 m（16 600 英尺；见本章首页图片）。因为它的总镜面收集面积和高空间分辨率，它被描述为有史以来最强大的望远镜。ALMA 在 2011 年开始支持研究观测，当时计划中的 66 个高精度碟形天线阵列已经完成了一半。来自世界各地的天文学家将能够使用 ALMA 而无须前往智利，因为该设施所在的海拔极高，观测和数据分析全部通过互联网完成。

射电天文学家目前正在规划平方公里（射电望远镜）阵（Square Kilometer Array，SKA），它将包含成千上万的射电接收器，总收集面积为 100 平方千米（100 万 m^2，比"FAST 天眼望远镜"大 5 倍），分布在 6500 km（4000 英里）的距离上，这些巨大的射电干涉仪依靠最先进的计算机来适当地整合信号并创建射电图。

前文提到，可见光的波长非常短，大约是 0.0005 mm，所以建造光学干涉仪是天文学家面临的最困难的技术问题之一，但这个挑战已经在一些情况下得到了解决。欧洲的甚大望远镜由 4 个直径 8.2 m 的望远镜组成，这些望远镜可以单独运行，但它们收集到的光，连同来自同一山顶上 3 个直径 1.8 m 望远镜的光，可以通过地下隧道汇集到一起，由此产生的光学干涉仪，被称为甚大望远镜干涉仪（Very Large Telescope Inteferometer，

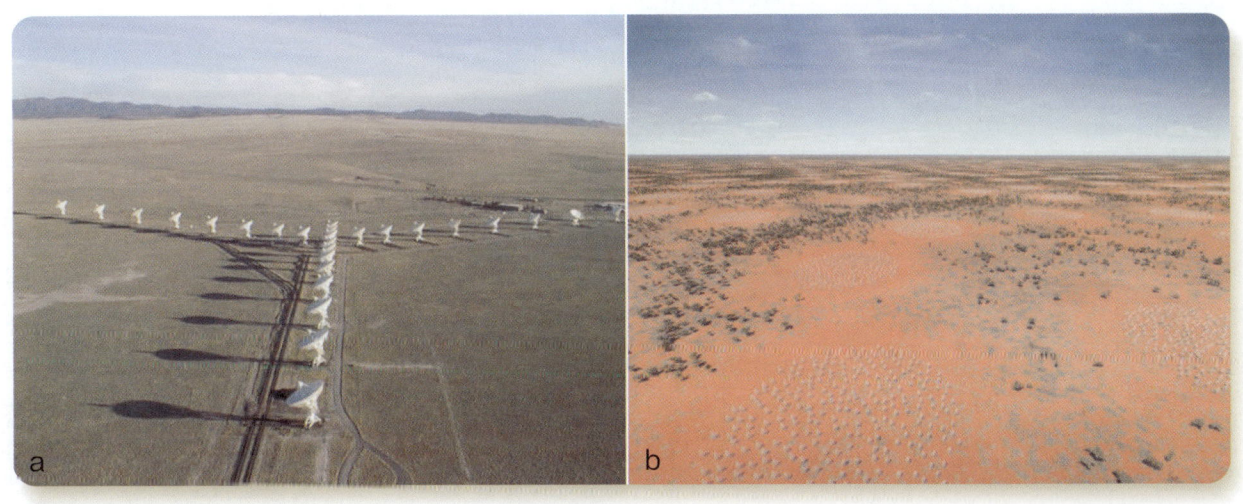

▲ 图 6-25 （a）位于新墨西哥州的甚大阵射电天线可以沿着一组 Y 形轨道移动到不同位置，这里显示的是它们最紧凑的排列。来自这些天线的信号被结合起来，以创建分辨率非常高的天体射电图。（b）艺术家对平方公里阵的构想。该阵列将把射电接收器集中在两个集群中，一个在南非，一个在澳大利亚，相距 6500 km（4000 英里）

第一部分 探索天空

VLTI),可以提供一个直径 200 m（660 英尺，比两个足球场大）的望远镜的分辨率（当然，不是光收集能力）。

天文学家在 2009 年使用 VLTI 拍摄了红巨星 T Leporis 的图像，分辨率为 0.004 角秒，相当于能够分辨出月球上的两层楼房。位于加利福尼亚州威尔逊山的高角分辨率天文学中心（Center for High Angular Resolution Astronomy，CHARA）的望远镜阵列整合了 6 台直径 1 m 的望远镜，创造了相当于直径 300 m（1/5 英里）的望远镜的分辨率。其他设施，如夏威夷的两个直径 10 m 的凯克望远镜和亚利桑那州的大型双筒望远镜也能够作为干涉仪运行。尽管处理干涉仪数据时，可以平均地处理掉地球大气层中的湍流造成的影响，但天文学家正在考虑将干涉仪放在太空中，以完全避免大气层的湍流带来的不确定性。

6-6　非电磁天文学

本章的重点是如何收集和分析来自空间的电磁辐射，但其他类型的能量也从宇宙的各个地方携带信息来到地球，在这里至少应该简单地提一下。

6-6a　粒子天文学

宇宙射线是以巨大的速度穿越空间的亚原子粒子。几乎没有宇宙射线到达地面，但其中一些会撞击地球上层大气中的气体原子，这些原子的碎片会洒落到地面上。当你阅读这句话时，这些次级宇宙射线正穿透你，而这样的穿透会持续一生。其他类型的太空粒子与地球原子的相互作用很弱，而且很少，因此必须建造巨大的探测器来捕捉和计算它们。某些种类的宇宙射线的探测器被装在气球上或发射到轨道上，而其他的探测器则被建在地下深处，因为在那里的岩石层中，除了最具穿透力的粒子，其他粒子都会被过滤掉。

天文学家还不能确定是什么产生了宇宙射线，携带电荷的离子在穿越银河系时一定会被电磁力偏转，这意味着天文学家不容易知道它们的原始来源在哪里。已知一些不同类型的低能量粒子来自太阳，而且有迹象表明，至少有一些高能量的宇宙射线是由寿命将尽的恒星或星系中心的超大质量黑洞的强烈爆发产生的，你将在后面的章节中再次见到这些奇异的天体。

6-6b　引力波天文学

第 5-3 节中讲到，爱因斯坦的广义相对论预测了另一种非电磁信号，学界称其为"引力波"（gravitational wave），而宇宙中任何加速的质量都应该产生这种信号。引力波极其微弱，直到 2015 年路易斯安那州和华盛顿州的激光干涉仪引力波天文台（Laser Interferometer Gravitational Wave Observatory，LIGO）测量到来自一个遥远星系中两个大质量黑洞并合的信号时，才被直接探测到。演化激光干涉测量空间天线（Evolved Laser Interferometry Space Antenna，ELISA）是 LIGO 计划的空基对应体。这些首批"引力波望远镜"将为了解宇宙打开一扇全新的窗口，要知道，在之前一个世纪的时间里，人们还只是在理论上预测了它的存在。

我们是什么

好奇者

望远镜是好奇心的产物，你使用望远镜，是为了看到更多、了解更多。裸眼是一个灵敏度有限的探测器，而天文学的发展就是用更大更好的望远镜收集越来越多的光，进而搜索更暗更远的天体。

老话说"好奇害死猫"，这其实是对猫和好奇心的侮辱。我们人类是有好奇心的，好奇心是一种高尚的特质——这是活跃的、求索的心灵的标志。在人类好奇心的基础上，有一个基本问题："我们是什么？"望远镜扩展并放大了我们的感官，同时让我们扩展并放大了对"我们在宇宙中的位置"的好奇心。

当人们发现某样东西是如何工作的时候，他们说他们的好奇心得到了满足。好奇心像饥饿或口渴一样，它渴求的是"理解"。随着天文学扩大我们的视野，我们了解到遥远的恒星和星系是如何形成和演化的，我们感到满足，部分原因是这个过程中我们正在了解我们自己，了解我们如何融入宇宙。我们更加了解"我们是什么"。

第二部分

恒星

7 原子和光谱

图源：RosaBetancourt 00 people images/ Alamy Stock Photo

▲ 你看见的世界，也包括这些霓虹灯因原子和亚原子粒子的特性而充满生机

在上一章中，你学习了望远镜如何收集光、照相机如何记录图像以及摄谱仪如何将光色散成光谱。现在你可以思考一下为什么天文学家要做这些努力。

在本章，你会找到 3 个重要问题的答案：

▶ 原子是如何与光相互作用而产生光谱的？
▶ 可以观测到哪些类型的光谱？
▶ 从天体的光谱中可以了解到什么？

迄今为止，你一直在考虑仅用裸眼就能看到的东西，或者在望远镜和天文仪器（如摄谱仪）的帮助下看到的东西。本章标志着研究自然的方式发生变化：你将接触现代天体物理学领域，将物理学实验和理论与天文观测联系起来，并认识到为什么一个天体的光谱可以提供如此丰富的信息。在接下来的章节中，你将了解从行星、恒星和星系的光谱中获得的丰富信息，这些信息揭示了天体内部结构和其历史的秘密。

> 醒来吧！因为黑夜中的清晨已经抛出了让星星飞翔的石头。
> 瞧！东方的猎人把苏丹的炮塔套在了光之绳索上。
>
> ——奥马尔·海亚姆，《鲁拜集》

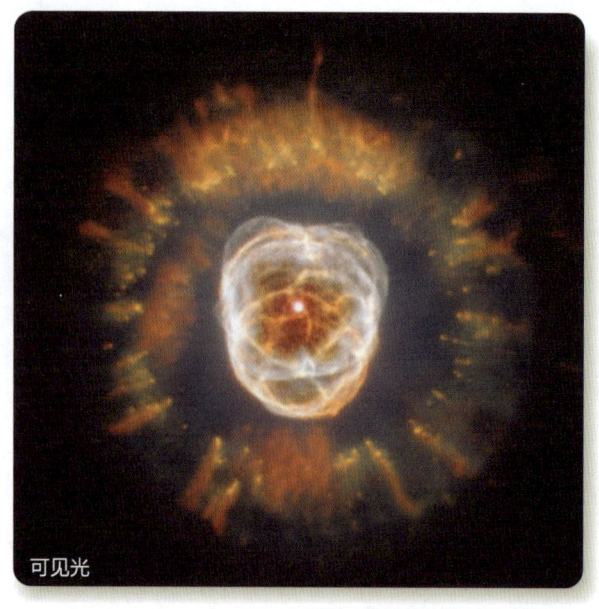

图源：NASA/ESA/STScI/AURA/NSF

▲ 图 7-1 这里发生了什么？天空中充满了美丽而神秘的天体，它们遥不可及——就拿 NGC 2392 星云来说，大约在 5000 ly 外。了解这种天体的唯一方法是研究它们的光谱。光谱分析显示，这个天体是一颗垂死的恒星，被它数千年前喷射出的膨胀的气体壳层所包围

宇宙中充斥着灿烂的恒星，照亮着系外行星，以及神话般的美丽的炽热气体云。但是除了太阳系中的天体外，在可预见的未来，它们都是遥不可及的。至今，人类的太空探测器尚未访问过另一颗恒星，也没有望远镜可以直接检验任何天体的内部。我们获得的大部分关于宇宙的信息，都包含在穿过太空到达地球的光中。

在 19 世纪之前，地球上的人类对天体的组成几乎一无所知。最初，德国光学家约瑟夫·冯·夫琅禾费（Joseph von Fraunhofer）研究了太阳的光谱，发现它包含 600 多条暗谱线，而这些暗谱线是地球接收到的太阳光中缺失的颜色。之后，其他科学家进行了实验，表明这些谱线与太阳大气中各种原子的存在有关。最后，天文学家观测到其他恒星的光谱也有类似的谱线模式，为真正了解太阳和恒星的关系打开了一扇窗。

在本章中，你将看到太阳和其他恒星是如何向外辐射光，以及恒星、行星大气和空间气体云中的原子是如何与光相互作用，进而产生谱线的（见图 7-1）。理解了这些，你就会明白天文学家是如何确定遥远天体的化学成分，以及如何测量天体内部和周围气体的运动的。

7-1 原子

我们将从接收到的光中，发现恒星和行星中的原子留下的指纹。首先，我们需要回顾一下什么是原子，然后了解它们与光的相互作用，这样你就可以知道如何用天体光谱来解码其物质信息了。

7-1a 原子模型

为了思考原子与光的相互作用，你需要一个原子的工作模型。在第 2 章中，你曾经使用过一个天空的模型，即天球。在本章中，你将通过使用原子模型开始对原子的研究。请记住，这样的模型可以有实用价值，但不一定是真的。恒星实际上并没有附着在围绕地球的球体上，但为了船的导航或望远镜的指向，使用天球模型是很方便和实用的。原子中的电子的运动模式不同于行星那样按轨道公转，但为了某些目的，把它们想象成这样是有用的。

单一原子并不是一个巨大的物体。例如，一个氢原子的质量只有 1.7×10^{-27} kg。原子的大部分质量在一个原子核（nucleus）上，其包含带正电的质子（protons）和不带电的中子（neutrons），质子和中子的质量几乎是带负电的电子（electrons）的 2000 倍。通常情况下，电子的数量等于质子的数量，所以正负电荷平衡，产生一个中性原子。在这个原子模型中，电子可以被想象成完全围绕着原子核的云。

原子中大部分空间什么也没有。要看到这一点，可以构筑一个简单的氢原子比例模型。它的原子核里只有 1 个质子，直径约为 0.000 001 7 nm，或 1.7×10^{-15} m。如果把它乘以 1 万亿（10^{12}），你可以用直径约 1.7 毫米的东西来表示你的原子模型的原子核——大概一颗苹果种子那么大。氢原子中通常包含电子的区域的有效直径约为 0.24 nm，或 2.4×10^{-10} m。这是氢原子范德华半径（Van der Waal）的两倍，范德华半径表示它与其他原子相互作用的距离。同样地，将这个数字乘以 1 万亿，直径就会增加到大约 240 m，这大约是一个足球

场的大小（见图 7-2）。当你想象一颗苹果种子在一个最大截面为足球场大小的球体中间时，你就能明白，为什么刚才说原子中大部分空间都是空的。

现在你可以考虑一个常见的误区。大多数人会不假思索地说物质是固体，但诚如你所见，原子中几乎什么都没有。你坐的椅子，你走的地板，大部分都是"不存在的"。如果你在后面的章节中研究恒星的死亡，你会看到当原子中的空隙被挤压填充时，恒星会发生什么。

▲ 图 7-2　将一个氢原子放大 10^{12} 倍后，其原子核有苹果种子那么大，整个电子云最大截面有体育场那么大

7-1b　不同种类的原子

在元素周期表上，有 100 多种化学元素。原子核中的质子数决定了它是哪种元素。例如，一个碳原子的原子核里有 6 个质子，比它多一个质子的原子是氮，少一个质子的原子是硼。

尽管一个特定元素的原子在其原子核中总是有相同数量的质子，但中子的数量没有那么多限制。例如，如果一个中子被添加到一个碳原子核中，它仍然是碳元素，但会稍微重一些。具有相同质子数但中子数不同的原子是同位素（isotopes）。碳有两种稳定的同位素。一种包含 6 个质子和 6 个中子，共有 12 个核子，因此被称为碳-12。碳-13 的原子核中则有 6 个质子和 7 个中子。

某一元素的原子中的电子数可以不同。质子和中子被紧紧地束缚在原子核中，但电子被松散地束缚在电子云中。失去或获得一个或多个电子的原子被称为离子。一个中性的碳原子有 6 个电子，平衡其原子核中 6 个质子的正电荷。如果你通过电离（ionization）除去一个或多个电子，原子就会带有正电荷。在其他情况下，一个原子可能捕获一个或多个额外的电子，使它的负电荷多于正电荷。这种带负电的原子也被认为是离子。

碰撞的原子可能通过交换或共享电子而相互形成键（bond）。正如你已经知道的那样，两个或更多的原子结合在一起形成一个分子（molecule）。原子在恒星中确实会发生碰撞，但高温下的碰撞相当激烈，不利于化学键的形成；只有在最冷的恒星中原子的碰撞才足够温和，并能形成化学键。在一些恒星中检测到的氧化钛（TiO）等分子的存在，是这些恒星与其他恒星相比非常冷的一条线索。在后面的章节中，你将看到分子也可以在太空中的冷气云和行星的大气中形成。

7-1c　电子轨道

到目前为止，你只是笼统地考虑了原子中的电子云。现在有必要更具体地了解电子在电子云中的行为，以此来理解光与原子的相互作用。

电子通过其负电荷和原子核上的正电荷之间的吸引力被束缚在原子上。这种吸引力被称为库仑力（coulomb force），以物理学家查尔斯-奥古斯丁·德·库仑（Charles-Augustin de Coulomb）的名字命名。要使一个原子电离，你需要一定的能量将电子完全拉离原子核。这个能量是电子的结合能（binding energy），即把电子固定在原子上所释放的能量。

电子轨道的大小与将其束缚在原子上的能量有关。如果一个电子的轨道靠近原子核，它就被紧紧地束缚住了，需要大量的能量才能把它拉开。换句话说，它的结合能是很大的。离原子核较远的电子的轨道被束缚得较松，需要较少的能量就能拉开它。这意味着它的结合能很小。

自然界只允许原子有特定数量（量子化）的结合能。描述原子行为方式的定律被称为量子力学（quantum mechanics）定律（我们如何得知 7-1）。关于原子的大部分讨论都是基于物理学家在 20 世纪初发现的量子力学定律而进行的。

由于原子只能有特定数量的结合能，电子只有特定大小的轨道，称为容许轨道（permitted orbit）。容许轨道就像楼梯上的台阶。你可以站在第一级台阶或第

我们如何得知 7-1

量子力学

如果自然界的规律取决于你看不到的原子世界，你怎么才能理解它？

你可以看到星星、行星、航空母舰和蜂鸟等物体，但你无法看到单个原子。当科学家们应用因果律时，他们研究自己可以看到的自然效应并努力回溯原因。无一例外，对物理世界中的原因的探究又回到了无形的原子世界。

量子力学是描述原子和亚原子粒子行为方式的一套规则。在原子尺度上，粒子的行为方式似乎是陌生且难以理解的。量子力学的一个准则指出，你不能同时知道一个粒子的确切位置和确切运动。这就是为什么在实践中，物理学已经超越了你在高中时可能学到的简单原子模型——把电子想象成遵循轨道的粒子，而把原子中的电子描述成围绕着原子核的一个个负电子云。电子云是一个好得多的模型，尽管它仍然只是一个模型。

图源：Anna Henly/Getty Images

北极光的展示。在地球磁场中，在地球高层大气中的气体和太阳风中的带电粒子相互作用下产生电流，并激发极光。这种特殊的极光显示出电离氧（绿色）和氮（红色）的光谱特性

但是这个新的模型抛出了一些关于现实的严肃问题。电子到底是不是一个粒子？如果你不能同时知道一个特定粒子的位置和运动，你怎么能知道它在与光子或其他粒子碰撞时的反应？令人惊讶和不解的答案是，你不可能确切且完全知晓。这似乎违反了因果律的原则。

你能看到的许多现象都基于大量原子的行为，所以量子力学的不确定性被平均化了。尽管如此，科学家们依然在原子层面上寻求"最终的原因"，而现代物理学家正试图了解构成原子的各种粒子的性质。这是科学中最令人激动的前沿领域之一。

二级台阶上，但不能站在第一级半台阶上，因为根本就没有。电子可以占据任何容许轨道，在两个轨道间却不行。

容许轨道的排列主要取决于原子核所带的电荷，而电荷又取决于质子的数量。因此，每种化学元素——每种类型的原子——都有自己的容许轨道模式（见图7-3）。同一元素的同位素几乎具有相同的模式，因为它们的原子核中具有相同的质子数，但质量略有不同。电荷已经改变的电离原子，其轨道模式与未电离原子的轨道模式却有很大不同。

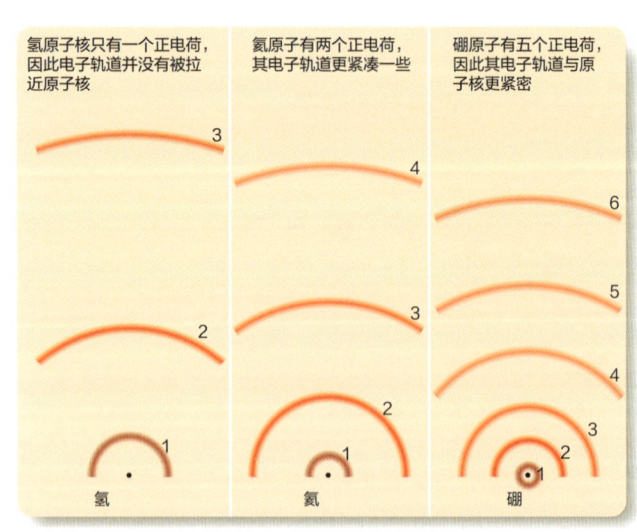

▲ 图7-3 原子中的电子只能占据特定的"容许轨道"。由于每种元素的质子数不同，因此原子核中吸引电子的电荷也不同，每种元素都有不同的、独特的容许轨道模式

践行科学

大头针的针头可以穿过多少个氢原子？ 通过回答这个问题，你就会发现原子到底有多小，也会看到数学在科学研究中和理解自然时是多么重要。

首先，假设针头的直径约为 1 mm，即 0.001 m。氢原子的大小由电子云的直径代表，大约为 0.24 nm。因为 1 nm 等于 10^{-9} m，所以你可以将它们相乘并得出 0.24 nm 等于 2.4×10^{-10} m。那么用多少原子可以填满 0.001 m？你可以用针头的直径除以原子的直径。也就是说，用 0.001 m 除以 2.4×10^{-10} m，你会得到 4.2×10^6。这意味 420 万个氢原子可以同时并排穿过针头。

现在你可以看到一个原子是多么微小，也可以看到懂得一点简单的数学知识能够有多么强大。它揭示了一个超出你眼睛能力的自然观。现在用另一些数学知识做更科学的事情。**多少个氢原子才能和一个回形针的质量持平（1 g）？**

7-2 光与物质的相互作用

如果光和物质没有相互作用，你就无法看到这些文字。事实上，你也不会存在，因为如果光与物质不相互作用，那就不可能有植物的"光合作用"，也就不会有小麦、面包、牛肉、酸奶或其他任何种类的食物。光和物质的相互作用使生命成为可能，同时使你有可能了解宇宙。

前文初步介绍了一个氢原子的模型。在开始研究光和物质的时候，你可以先使用这个模型来研究氢的更多性质。氢既简单又常见——宇宙中大约 90% 的原子是氢。

7-2a 原子的激发

由于原子中的每个电子轨道都代表着特定的结合能，物理学家通常将这些轨道称为能级（energy level）。使用这个术语，你可以说，处于最小和最紧密结合的轨道上的电子处于其允许的最低能级，这被称为原子的基态（ground state）。你可以通过提供足够的能量以填充这两个能级之间的能量差异，使电子从一个能级移动到另一个能级。这就像把一包东西从一个低的架子移到一个高的架子上；架子之间的距离越大，你就需要越多的能量来提高这包东西。移动电子所需的能量是两级结合能之间的差；给予包裹一个非特定的能量将使它出现在架子之间，但是包裹不能停留在那里。

如果你把一个电子从低能级移动到高能级，原子就会变成一个受激原子（excited atom）。也就是说，你通过将原子的电子从原子内层轨道向外移动给原子增加了能量。原子被激发的一种方式是碰撞。如果两个原子发生碰撞，一个或两个原子的电子可能被撞到一个更高的能级。这种情况在热气体中非常普遍，因为热气体中的原子速率较大，而且经常发生碰撞。

原子被激发的另一种方式是吸收一个光子。正如在上一章提到的，光子是一束具有特定能量的电磁波。只有能量恰到好处的光子才能将电子从一个能级移到另一个能级。如果光子的能量过大或过小，该原子就不能吸收它。因为光子的能量取决于它的波长，所以只有特定波长（颜色）的光子才能被特定种类的原子吸收。

图 7-4 显示了氢原子最低的四个能级，以及该原子能够吸收的三个光子。波长最长的光子的能量只够激发（移动）电子到第二能级，但波长较短的光子的能量更大，可以将电子激发到更高的能级。实际上，一个氢原子的能级比图 7-4 所示的要多得多，它可以吸收许多不同波长的光子。

原子和人类一样，不可能永远存在于激发状态中。被激发的原子是不稳定的，最终必须（通常在 $10^{-9} \sim 10^{-6}$ 秒内）放弃它所吸收的能量，并使其电子返回到一个较低的能级。此外，受激原子中的电子倾向于

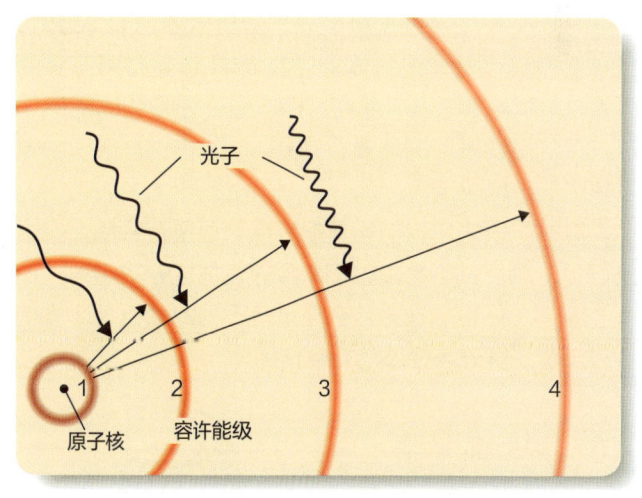

▲ 图 7-4 氢原子只能吸收那些具有适当能量的光子，使原子的电子移动到一个高能量的轨道上。这里显示了三种不同波长的光子，以及它们被吸收后在电子轨道产生的变化

跌落到它的最低能级，即基态（ground state）。当一个电子从一个较高的能级下降到一个较低的能级时，它从一个结合松散的能级移动到一个结合更紧密的能级；同时，原子又有了剩余的能量，即不同能级之间的能量差，并让原子能够发出与该能量对应波长的光子（参阅第 6-1a 节）。

研究图 7-5 所示的事件顺序，看看原子如何吸收和发射光子。这是本章中最重要的一点。因为每种类型的原子或离子都有一套独特的能级，每种类型的原子或离子都吸收和发射一套独特波长的光子。因此，你可以通过研究被吸收或发射的光的波长特征来识别天体中的元素。

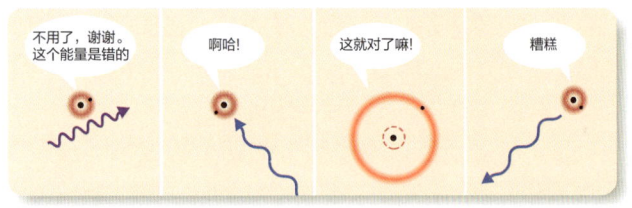

▲ 图 7-5　只有当光子具有正确的能量时，原子才能吸收光子。被激发的原子是不稳定的，并在几分之一秒内返回到一个较低的能级，在相对于原始光子方向的随机方向辐射新的光子

原子激发和光子发射的过程构成了城市夜间的常见景象。当玻璃管中的霓虹灯气体原子被流过玻璃管的电流激发时，霓虹灯就会发光。当电流中的电子流过气体时，它们与氖原子碰撞并激发它们。氖原子被激发后，其电子几乎立即下降到一个较低的能级，以一定波长光子的形式发射出盈余能量。被激发的氖所发射的光子混合在一起，产生了红橙色的光芒。其他颜色的霓虹灯，往往含有其他气体或气体的混合物。（请看本章开头的图片。）每当你看一个霓虹灯标志时，你看到的是原子以光子的形式发射的能量，其具体颜色由这些原子中电子轨道的结构决定。

霓虹灯很简单，但恒星很复杂。恒星有颜色，但这些可见的颜色并不是由它们所含的气体成分决定的。在下一节中，你将发现为什么恒星有不同的颜色，这将使你进一步了解光与物质的相互作用。

7-2b　热辐射

当你观测猎户座中的星星时，你会注意到它们的颜色不尽相同（请回看图 2-4）。其中一颗著名的恒星，猎户座左上角的参宿四①，是相当红的；另一颗著名的恒星，猎户座右下角的参宿七②，则是蓝色的。这些颜色的差异来自温度的不同。

你所看到的星光来自构成恒星可见表面的气体，即它的光球。（回忆一下你在第 3-3c 节中，通过日食第一次了解到的太阳光球。）恒星内部更深的气体层也会发光，但这些光在到达表面之前就被重新吸收了。光球外的大气太稀薄了，这些气体无法发出很多光。光球是恒星的可见表面，因为它的密度足以发出大量的光，而其外部大气又足够透明，使这些光得以逃逸。

恒星产生光的原因与铁匠铺里加热的马蹄铁发亮的原因相同——它们很热。如果马蹄铁的温度适中，它就会发出红光，但随着它进一步被加热，它就会变得越来越亮，越来越黄。黄色比红色更热，但没有蓝色那么热。

恒星和发光的马蹄铁发出的光是由带电粒子的加速产生的。通常被加速的粒子是自由电子。因为电子是质量最小的带电粒子，而且它们在原子的外部，所以它们最容易被移动。一个电子会在其周围产生一个电场，如果一个电子被加速，其电场的变化就会以光速向外扩散，形成电磁辐射。你在第 5-1a 节中已经学习了，加速意味着运动中的任何变化——不仅是增加速度，还包括减小速度，以及保持恒定速率时方向的改变。任何带电粒子的运动发生变化时，都会产生电磁波。如果你用梳子梳理你的头发，你会干扰头发和梳子中的电子，产生静电，这也会产生电磁辐射——如果你站在一个调幅收音机附近梳头，你还可以听到收音机发出啪啪啪的声音。恒星很热，并且恒星由电离气体组成，所以有大量的电子在快速运动并被加速。

任何物体中的分子和原子都在不断运动，粒子在热的物体中会比在冷的物体中的运动更加剧烈。这种扰动被称为热能。很多人认为热能、热量和温度是一样的，但这是一个常见的误区。如果你触摸一个含有大量热能的物体，当热能流入你的手指时，你会感到热量。热能流动的数量被称为热量。相反，温度指的是物体中粒子的平均速度或混乱程度。烟花爆竹喷射出的金属可能比热的金属熨斗要热得多，但熨斗含有更多的热能，因此会更严重地灼伤你的手。

当天文学家提到恒星的温度时，他们谈论的

---

① 参宿四实际上是一颗红超巨星。——译者注
② 参宿七实际上是一颗蓝超巨星。——译者注

是光球层中气体的温度,他们用开氏温标(Kelvin temperature scale)来表示这些温度(见图 7-6)。在这个标度上,零开尔文(写成 0 K)是绝对零度(absolute zero,-273.2℃或-459.7°F),是一个物体不包含可提取的热能时的温度。在海平面大气压下,水在 273.2K 时结冰,在 373.2K 时沸腾。开氏温标被用于天文学和物理学,因为它基于绝对零度,可以最直接地表示与物体中的粒子运动的关系。

现在你可以理解为什么一个热的物体会发光,或者换一种说法,为什么一个热的物体会发射光子(电磁能量束)了。一个物体越热,其粒子的动能就越大。被扰动的粒子(包括电子)相互碰撞,当电子改变它们的运动,如加速时,部分动能转化为电磁辐射被带走。一个不透明的受热物体的典型光谱,即它所发出的辐射量和颜色分布,被称为黑体辐射(blackbody radiation)。黑体这个名字由一个德语术语演变而来,指的是一个能够完全吸收和发射辐射的物体。在室温下,这样一个完美的辐射吸收体和发射体看起来是黑色的,但在更高的温度下,它会以人眼可见的波长发光。这就解释了为什么在后面的章节中,你会看到黑体这个词指的是那些实际发亮的物体。

黑体辐射是很常见的。事实上,它描述了白炽灯泡所发出的光。电流经过灯泡的不透明灯丝,将其加热到高温,它就会遵循黑体谱发光。你也可以把热熔岩发出的光视为黑体辐射。天空中的许多天体(包括太阳和其他恒星)发出的辐射近似于黑体辐射,因为它们大部分是不透明的。

热的物体会发出黑体辐射,冷的物体也会。冰块很冷,但它们的温度高于绝对零度,所以它们含有一些热能,必然有黑体辐射。漂浮在太空中的最冷的气体,其温度只比绝对零度高几度,但它也会发出黑体谱。

7-2c 两个黑体辐射定律

黑体辐射的两个特点很重要。首先,一个物体越热,它发出的辐射就越多。热的物体发出更多的辐射,因为其中被扰动的粒子更频繁、更剧烈地相互碰撞。这就是在火中发光的煤炭比同样大小的冰块释放出更多的总能量的原因。

图 7-7 显示了三个不同温度的物体的辐射强度与波长的关系。每条曲线下的总面积与发射的总能量成正比。你可以看到,最热的物体比两个较冷的物体发射出更多的总能量。这一规律被称为斯特藩-玻耳兹曼定律(Stefan-Boltzmann law),以发现该定律的物理学家约瑟夫·斯特藩(Josef Stefan)和路德维希·玻耳兹曼(Ludwig Boltzmann)的名字命名。

斯特藩-玻耳兹曼定律在数学上将黑体的温度与总辐射能量联系起来。回顾第 5-2d 节,能量以焦耳为单位(用大写字母 J 表示;一个苹果从桌子上掉到地上获得的能量大约是 1 焦耳)。一个物体 1 平方米的表面所发出的以焦耳为单位的总辐射量等于一个"斯特藩-玻耳兹曼常数",用希腊文小写字母 σ 表示,乘以温度(开尔文)的四次方。

> **式 7-1 斯特藩-玻耳兹曼定律**
> $$E = \sigma T^4 [\text{J}/(\text{s}\cdot\text{m}^2)]$$

为了完整起见,请注意常数等于 5.67×10^{-8} J/($\text{s} \cdot \text{m}^2 \cdot \text{K}^4$),单位为焦耳/(秒·平方米·开尔文的四次方)。还要注意,1 焦耳/秒等于 1 瓦。

例子: 在温度为 5780K 的情况下,1 平方米的太阳表面释放出多少能量?

解答:

$$\begin{aligned} E &= 5.67 \times 10^{-8} \times (5780)^4 \\ &= 5.67 \times 10^{-8} \times 1.12 \times 10^{15} \\ &= 6.35 \times 10^7 \text{ J}/(\text{s}\cdot\text{m}^2) \end{aligned}$$

黑体辐射的第二个特点是物体的温度与它所发出的光子的波长之间的关系。当电子与其他粒子碰撞时,发出的光子的波长取决于碰撞的剧烈程度;剧烈的碰撞可以产生短波长(高能量)的光子。物体中的电子具有不

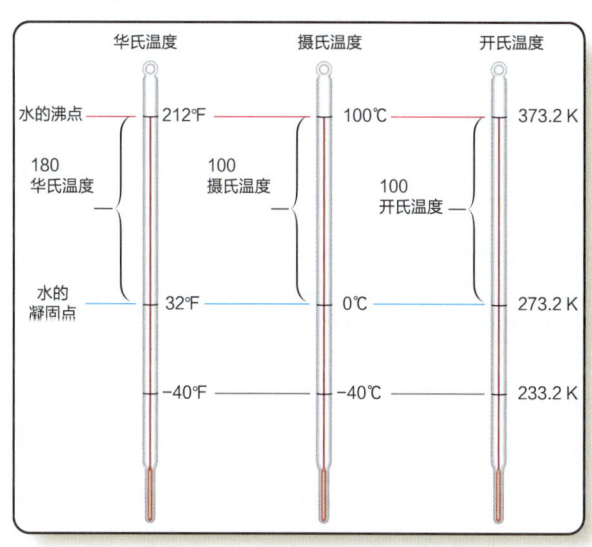

▲ 图 7-6 三种常用温标的比较

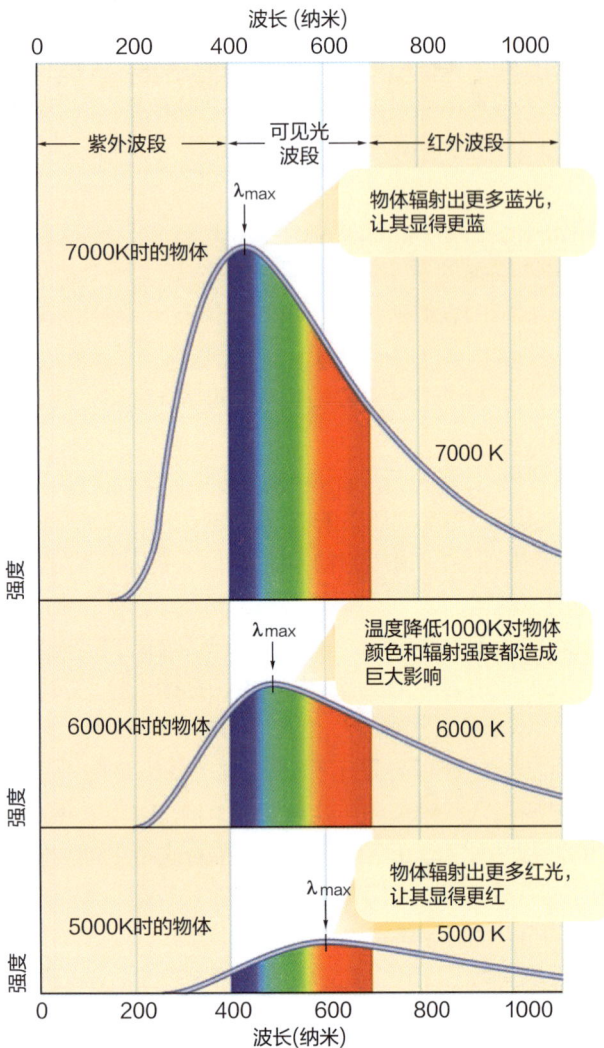

▲ 图 7-7 三个温度分别为 7000 K、6000 K 和 5000 K 的物体的黑体辐射强度与波长的关系图（从上到下）。通过对比图可以发现，热的物体比冷的物体在单位面积上辐射出更多的总能量（斯特藩-玻耳兹曼定律），热的物体的最大辐射强度的波长比冷的物体的波长短（维恩定律）。这里较热的物体在你眼里看起来是蓝色的，而较冷的物体看起来则是红色的

同的速度；少数电子运动得非常快，也有少数电子运动得非常慢，但大多数电子以中间速度运动。由于电子的速度远大于或远小于平均速度的情况很少，所以极其剧烈的碰撞和极其平缓的碰撞并不经常发生。因此，黑体辐射中光子的分布特点如下：非常短的波长和非常长的波长的光子是罕见的；具有中间波长的光子是最常见的。

再看图 7-7，显示了三个不同温度的物体所发出的黑体辐射强度与波长的关系。曲线中间高，两端低，因为这些物体在中间波长处发出的辐射最强。最大强度的波长（wavelength of maximum intensity，λ_{max}）是物体发出最强辐射的波长。（注意，λ_{max} 不是指最大的波长，而是指辐射强度最大对应的波长。）通过比较图 7-7 中的三条曲线，你可以看到最大辐射强度的波长取决于温度。最热的物体具有最短的最大辐射强度的波长。换句话说，较热的物体发出的蓝光多于红光，因此看起来是蓝色的，而较冷的物体发出的红光多于蓝光，因此看起来是红色的。这一规则被称为维恩定律（Wien's Law），以威廉·维恩（Wilhelm Wien）的名字命名。

维恩定律定量地表达了黑体的温度和其发射光谱的最大强度波长（λ_{max}）之间的关系。该定律以方便的强度单位写为：

式 7-2 维恩定律

$$\lambda_{max} = 2.90 \times 10^6/T$$

也就是说，一个黑体发出的最大强度的辐射的波长，以纳米为单位，等于 290 万除以黑体在开氏温标下的温度。

例子： 当温度为 5780 K 时，太阳表面最强辐射的波长是多少？

解答：

$$\lambda_{max} = 2.90 \times 10^6/5780$$
$$= 5.02 \times 10^2 \text{ nm (502 纳米)}$$

如果在启动烤面包机后往下看，你可以看到维恩定律和斯特藩-玻耳兹曼定律都在运作。首先，你看到一个微弱的深红色光芒随着线圈变热，它变得更亮（斯特藩-玻耳兹曼定律），颜色也更偏橙黄色（维恩定律）。重要的是要注意，过冷的物体在可见光波长下不可见，但仍然会产生黑体辐射。例如，人体的温度为 310 K，发出的黑体辐射主要在光谱的红外部分。红外线安保摄像机可以通过它们发出的辐射探测到入侵者，而蚊子可以通过追踪你的红外辐射在完全黑暗的环境中找到你。虽然你发出了大量的红外辐射，但你几乎不发出过伽马射线或射电[①]光子。你发光的最大强度的波长位于光谱的红外部分。

斯特藩-玻耳兹曼定律和维恩定律如何帮助你理解

---

① 天文学中习惯把无线电波段称为射电波段。——译者注

恒星和其他天体？假设有一颗与太阳大小相同的恒星，其表面温度是太阳表面温度的两倍。那么，根据斯特藩－玻耳兹曼定律，该恒星表面每平方米辐射的能量是太阳表面每平方米的 $2^4=16$ 倍。你可以看到，两颗恒星之间很小的温度差异就可以在其表面辐射的能量中产生很大的差异。斯特藩－玻耳兹曼定律将温度、表面积和恒星或其他黑体所发射的总能量联系起来。如果你知道这三个量中的两个，你就可以确定另一个。

利用维恩定律，你可以测量远处物体的温度，而不需要去到那里，也不需要插入一个温度计。一颗温度为 2900 K 的低温星会在 1000 nm 的波长处发出最强烈的光（也就是红外）。相比之下，一颗温度为 29 000 K 的非常热的恒星在 100 nm 波长（也就是紫外）处辐射最强烈。现在你可以理解为什么之前提到的猎户座中的两颗著名恒星——参宿四和参宿七——有如此不同的颜色了。参宿四相对较冷，因此看起来是红色的，但参宿七相对更热，所以看起来是蓝色的。

践行科学

从你耳朵里发出的红外辐射可以告诉医生你的体温。这是怎么做到的呢？你知道你的身体是不透明的，所以可以看作黑体。你已经知道两个黑体辐射定律：斯特藩-玻耳兹曼定律和维恩定律，但你需要再考虑下它们，以选择对解决这个问题更有用的一个定律。

医生和护士可以使用一个手持设备，通过观察从病人耳朵里出来的红外辐射来测量体温。你可能会猜，该设备是基于斯特藩-玻耳兹曼定律设计，因此测量的是红外辐射的强度。的确，一个发烧的人将比一个健康人发出更多的能量。然而，一个拥有大耳道的健康人（拥有更大的表面积）会比一个拥有小耳道的人发出更多的黑体辐射，即使他们的温度相同，测量辐射强度也不一定有帮助。其检测设备实际上依赖于维恩定律，通过测量红外辐射的"颜色"来判断温度。发烧的病人发出的最大强度的波长稍短，从他或她耳朵里发出的红外辐射会比体温正常的人发出的红外辐射"蓝"一点。

7-3 理解光谱

恒星的光谱可以告诉你关于恒星的温度、运动和成分的大量信息。在后面的章节中，你将使用光谱来研究其他天体，如星系和行星。现在，我们先从观测恒星的光谱开始，包括太阳的光谱。

恒星的光谱是在光向外通过恒星表面的大气时形成的。阅读"概念艺术·原子光谱"，它描述了光谱的若干重要特性，并定义了 10 个新术语，这些术语将帮助你理解天文光谱。

1. 有三种类型的光谱：①连续光谱（continuous spectra）；②包含发射线（emission line）的发射光谱（emission spectra）；③包含吸收线（absorption line）的吸收光谱（absorption spectra）。这些类型的光谱能够用基尔霍夫定律（Kirchhoff's Laws）描述。通过分析这些类型的光谱，你可以识别发射出这些光的物质的组合形式。

2. 当原子中的电子从一个能级跃迁到另一个能级时，会发射或吸收光子。光子的波长取决于两个能级之间的能量差，因此（注意，这一点特别重要）每条谱线代表的不是一个能级，而是电子在两个能级之间的跃迁。氢原子可以产生许多谱线，这些谱线被归到不同组并形成线系，如莱曼（Lyman）、巴耳末（Balmer）和帕邢（Paschen）线系（series）。只有三条氢谱线——全部属于巴耳末线系——是人眼可见的。从热氢云中发出的光子与观测者和光源之间的冷云中的氢原子所吸收的光子具有相同的波长。

3. 大多数现代天文学书籍和文章将光谱显示为强度与波长的关系图。请确保你能分辨和理解暗吸收线、亮发射线以及光谱图中凹陷和峰之间的联系。

想象一下，你是一名宇航员，带着一个手持摄谱仪，接近一个没有大气层的星球上的新鲜熔岩流。把你的摄谱仪直接对准熔岩流，通过基尔霍夫定律，你预测会看到什么样的光谱？你应该看到一个连续的（黑体）光谱，有彩虹的所有颜色，由不透明的发光热熔岩产生。作为意外收获，测定黑体发射最强的波长后，你可以用维恩定律确定熔岩的温度。

突然，熔岩流开始冒泡，被困在熔岩中的气体被释放出来，在熔岩流上方形成了一层临时的、热的、稀薄的大气。如果把摄谱仪指向以热熔岩为背景的气体，你将观察到一组吸收（暗线）光谱，因为气体中的原子在熔岩到你的途中吸收光子，熔岩的黑体光谱就会出现暗线。最后，你蹲下身子，将摄谱仪以一定的角度对准气体，使背景不是热熔岩，而是寒冷、空旷、黑暗的天空。现在你会看到一组发射（亮线）光谱，它是由气体中的原子在其电子下降到基态时释放出的光子产生的，其谱线的波长与同一气体的吸收光谱中的波长相同。

7-3a 化学成分

通过识别一个恒星、行星或气体云的谱线，进而识别其中存在的元素是一个非常简单的流程。例如，在太阳光谱的黄色区域出现两条暗色吸收线，波长为589.0 nm和589.6 nm。能产生这对线条的唯一原子是钠，所以太阳一定含有钠。太阳中的90多种元素已经通过这种方式被确认（见图7-8a）。

然而，仅仅因为某种元素的对应谱线不见了，你不能断定这种元素本身不存在。例如，尽管太阳中90%的原子是氢，但在太阳的光谱中，氢巴耳末线系的谱线却很弱。下一章将详细解释这种情况是如何被发现的——因为太阳太冷无法产生强的氢巴耳末线系。天文学家必须考虑到，一种元素的谱线在一个天体的光谱中不存在，并不一定是因为该元素的缺失，还可能是因为该天体的温度无法将这些原子激发到产生可探测谱线的能级。这一原则也适用于解释透明气体云的光谱（见图7-8b）。看到一条特定的发射线意味着云中存在产生该发射线的元素，但看不到某种元素原子的发射线并不一定意味着缺少该元素。云的温度可能太热或太冷，导致无法产生该特定的谱线。

为了得出准确的化学成分组成，天文学家必须使用描述光和物质相互作用的定律来分析光谱，考虑天体的温度，进而计算出那里存在的元素的数量。研究结果表明，几乎所有的恒星、星际空间的气体云以及宇宙中大多数可见物质的化学成分都与太阳相似——大约91%的原子是氢，8.9%是氦，还有少量较重元素。在以后的章节中，当你研究恒星的生命历程、银河系的历史和宇宙的起源时，你会用到这些结果。

7-3b 测量速度——多普勒效应

令人惊讶的是，光源的速度也是隐藏在光谱中的重要信息之一。天文学家可以测量恒星光谱中各条线的波长，进而找出该恒星的速度。多普勒效应（Doppler Effect）是由光源和观测者的相对运动引起的光源辐射波长的明显变化。

当天文学家谈到多普勒效应时，他们谈论的是电磁辐射波长的移动。但多普勒效应可以发生在任何类型的波现象中，包括声波。你可能每天都会不知不觉地听到几次多普勒效应。每当一辆汽车或卡车从你身边经过（远离），其发动机噪声的音调便会下降，这就是多普勒效应。声音的音高是由其波长决定的；波长长的音调低，波长短的音调高。由于多普勒效应，车辆的声音在接近时频移到较短的波长和较高的音调，而在通过时（远离时）则频移到较长的波长和较低的音调。

要想知道为什么声波的波长会发生变化，请想象一辆鸣笛的消防车向你驶来（见图7-9a）。从警报器传来的声音是一种波，可以描述为一系列的"峰"和"谷"，代表压缩和松弛的情况。如果消防车和警报器向观测者移动，警报器声波的波峰和波谷将比消防车不移动时更接近，频率更高，观测者听到的警报器的音调将比同一警报器静止时发出的更高。如果消防车和警报器正在远离，声波的波峰和波谷将分得更开——频率较低，音调较低。

现在，用一个光源代替警报器（见图7-9b）。想象一下，光源在接近你时不断发出波。每次波峰到达（指波中最强的电场和磁场）时，它都会比发射前一个波峰时离你稍近。从你的位置看，光波的相邻波峰将更快地到达，就像警笛的声波的相邻波峰似乎更近一样。光看起来会有一个较短的波长。因为较短的波长更靠近蓝色，这被称为蓝移（blueshift）。在光源经过并远离你时，相邻的波峰到达的时间更长，所以光的波长更长，更红。这就是红移（redshift）。

红移和蓝移这两个词可以用来指任何范围的波长。

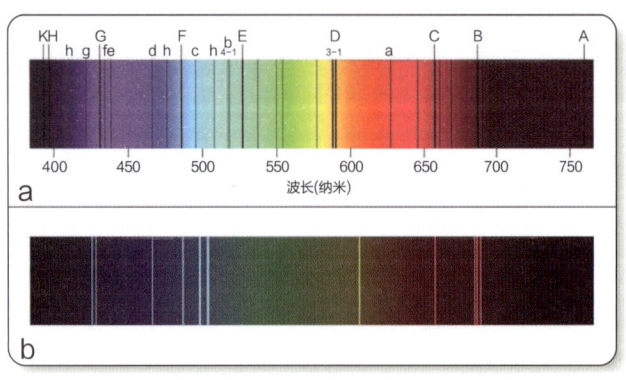

▲ 图7-8（a）太阳在可见光波段的光谱。明亮的彩色背景显示了来自太阳光球的黑体辐射的连续光谱。暗色的光谱吸收线代表了太阳的辐射被其透明大气中的原子去除的精确颜色（精确能量的光子）。（b）图7-1中所示的星云NGC 2392的可见光波段的发射（亮线）光谱模型。这里可以看到来自氢（红色）、氮（红色）和氧（绿色）等电离原子的发射线

颗快速移动的恒星的多普勒频移要小。你可以通过测量一颗恒星的多普勒频移的大小来测量它的速度。如果一颗恒星正在向地球移动，它就有一个蓝移，这意味着它的每一条谱线都向短波长移动。如果它相对于地球退行，它就有一个红移。这种偏移通常很小，不会明显地改变恒星的整体颜色，但它们很容易在光谱中被发现。在下一节中，你将了解天文学家如何将多普勒频移换算成速度。

当你考虑与天体有关的多普勒效应时，重要的是要理解两件事。地球本身是运动的，所以对多普勒频移的测量实际上是测量地球和天体之间的相对运动。图 7-9c 显示了大角星（Arcturus）的两组光谱中的多普勒效应。上面的光谱中的谱线有轻微的蓝移，因为该光谱是在地球在其轨道上向大角星运动时记录的。底部光谱中的谱线是红移的，因为它是在 6 个月后记录的，当时地球正在远离大角星。要想确定大角星在太空中的真正运动，天文学家必须首先考虑到地球的运动。

第二点要记住的是，多普勒频移只对速度中远离你或朝向你的部分——视向速度（radial velocity，V_r）敏感。你不能用多普勒效应来探测任何与你视线垂直方向上的速度。这就是使用雷达枪的警察把车停在公路旁边的原因（见图 7-10a）。他们想测量你驶向他们

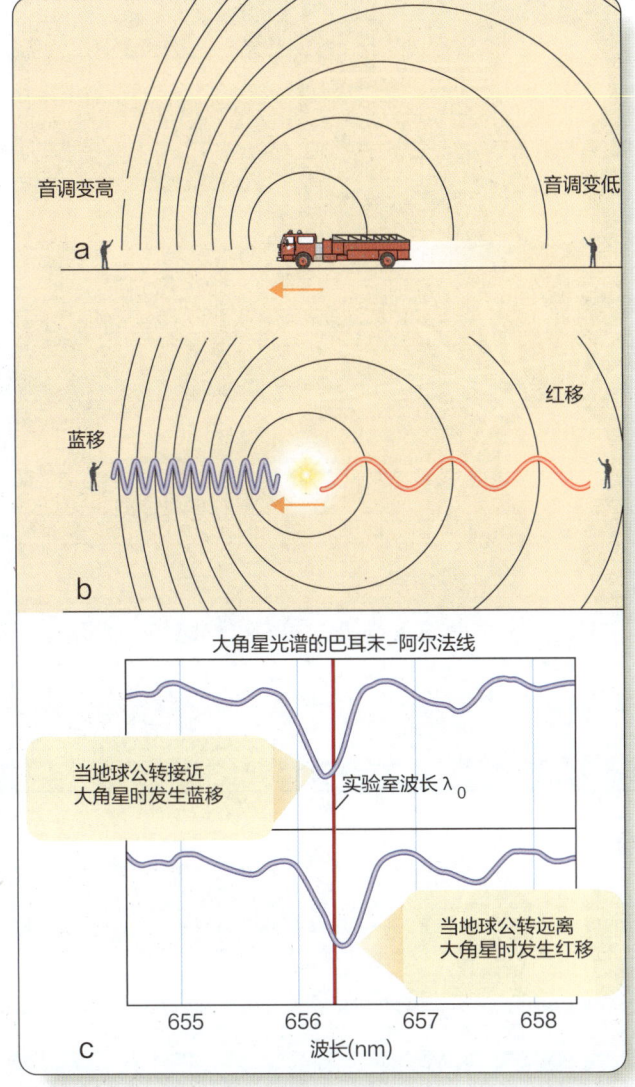

▲ 图 7-9 多普勒效应。（a）与静止的消防车上的声波相比，正在接近的消防车上的警报器发出的声波（黑色圆圈）会被更频繁地接收到，因此会听到更高的音调。如果警报器远离观察者，它的音调会更低。（b）一个移动的光源发出的波向外传播（黑圈）。朝向观测者移动时观测者观测到较短的波长（蓝移）；光源远离观测者移动时观测者观测到较长的波长（红移）。（c）在冬季，当地球的轨道运动将其带向恒星时，明亮的大角星光谱中的吸收线会发生蓝移；而在夏季，当地球远离恒星时，吸收线会发生红移

这些光实际上不一定是红色或蓝色的可见光；这些术语同样适用于电磁波谱中其他部分的波，如 X 射线和射电。红色和蓝色指的是移动的方向，而不是实际的颜色。

波长的变化量，以及由此产生的多普勒频移的大小，取决于波源的速度。一辆行驶中的汽车比一架喷气式飞机的多普勒频移要小，而一颗缓慢移动的恒星比一

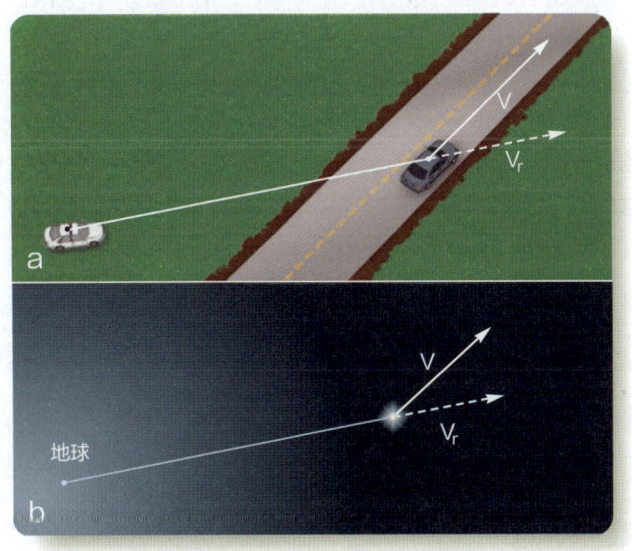

▲ 图 7-10 （a）警察的雷达只能测量你在高速公路上行驶时速度的视向部分（V_r），而不是你沿着车道行驶的真实速度（V）。这就是为什么使用雷达的警察不应该把车停在远离公路的地方。这辆警车的位置实际上不适合进行良好的测量。（b）在地球上，天文学家可以利用多普勒效应来测量一颗恒星的视向速度（V_r），但这比它在太空中的真实总速度（V）要小

原子光谱

1 要了解如何分析光谱，可以从一个简单的白炽灯泡开始。热灯丝发出黑体辐射，形成一个连续光谱（continuous spectrum）。

发射光谱（emission spectrum）由受激气体发出的光子产生。把望远镜转到一边，来自明亮灯泡的光子则不能进入望远镜；此时，在受激气体黑暗的背景上，你可以看到发射线（emission line）。你所看到的光子将是那些由灯泡附近的受激原子发射的光子，而观测到的光谱大部分是黑暗的，只有少数明亮的发射线。这样的光谱也被称为"亮线光谱"（bright-line spectrum）。

当辐射通过冷气体时，会产生吸收光谱（absorption spectrum）。在这种情况下，你可以想象灯泡被一团冷的气体包围。气体中的原子吸收某些波长的光子，然后在观测到的光谱中消失了——在这些波长段你就只能看到黑暗的吸收线（absorption lines）。这种吸收光谱也被称为"暗线光谱"（dark-line spectrum）。

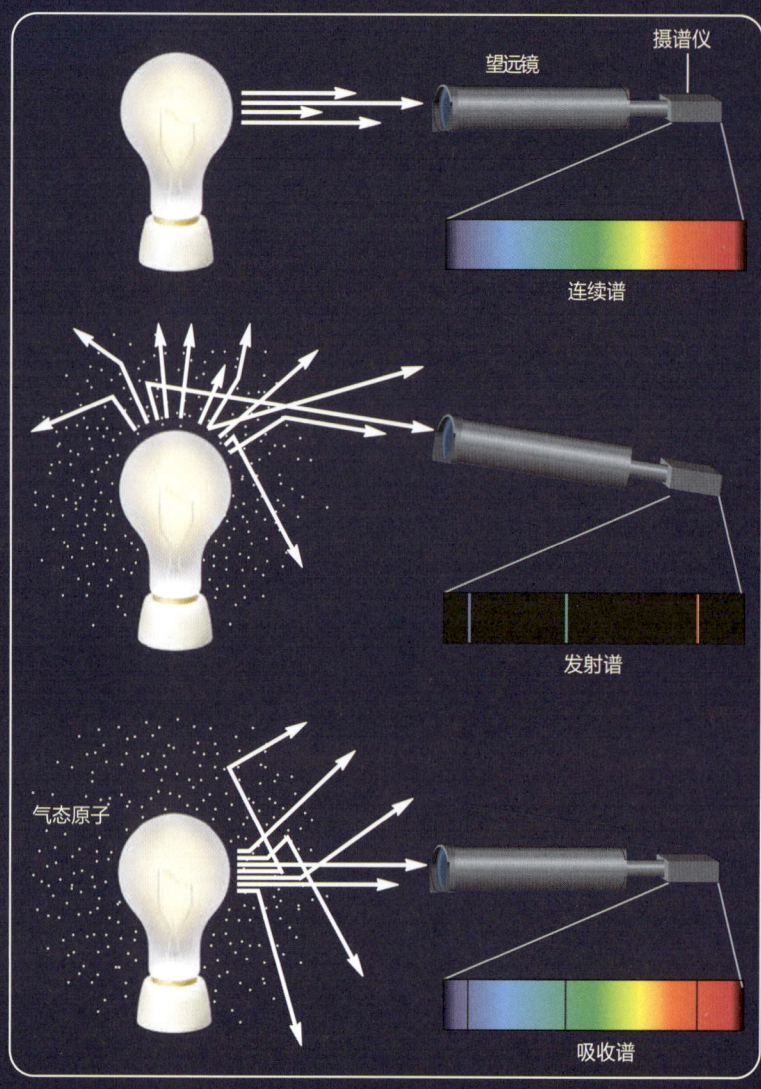

1a 恒星的光谱是一种吸收光谱。光球层的致密层会发出黑体辐射。恒星大气中的气体吸收了特定波长的光子，并在光谱中形成暗吸收线。

图源：Courtesy of Historica/Library of Congress/Diomedia

1b 1859年，早在科学家了解原子和电子能级之前，德国科学家古斯塔夫·基尔霍夫（Gustav Kirchhoff）就制定了三条被称总结为基尔霍夫定律（Kirchhoff's Laws）的规则，用来描述了三种类型的光谱。

基尔霍夫定律

固体、液体或致密气体被激发后，会在所有的波长上发出辐射，从而产生一个连续的光谱。

低密度的气体被激发后会在特定的波长下发光，从而产生一个发射光谱。

如果由连续光谱组成的光通过冷的、低密度的气体，其结果将是一个吸收光谱。

时的全部速度，而不仅是你的部分速度。出于同样的原因，一个只在你的视线范围内移动的恒星不会有蓝移或红移，因为它与地球的距离不会减少或增加（见图 7-10b）。

7-3c 计算多普勒速度

根据一个物体的多普勒频移，很容易计算出它的视向速度。这个公式是一个简单的比例，将视向速度 V_r 除以光速 c 等于一条谱线的波长变化量 $\Delta\lambda$ 除以该谱线的"实验室"波长 λ_0。一条谱线的实验室波长 λ_0 是指光源不相对于摄谱仪移动时的波长。在恒星的实际光谱中，这条谱线的波长被观测到有一些小的偏移 $\Delta\lambda$（发音为 delta-lambda delta，通常表示一个小的变化）。如果波长增大（红移），$\Delta\lambda$ 为正；如果波长减小（蓝移），$\Delta\lambda$ 为负。恒星的视向速度 V_r 可以由多普勒公式给出：

式 7-3　多普勒频移

$$\frac{V_r}{c} = \frac{\Delta\lambda}{\lambda_0}$$

例子：假设某条谱线的实验室波长 λ_0 是 600.000 nm，但在恒星中观测到该谱线的波长 λ=600.100 nm。该恒星的视向速度是多少？

解答：首先注意波长 $\Delta\lambda$ 的变化是 +0.10 nm，所以：

$$\frac{V_r}{c} = \frac{0.100}{600} = 0.000\,167$$

视向速度是 $0.100/600 \times c$。在天文学中，速度几乎总是以 km/s 为单位，所以光速 c 就用这些单位表示，即 3.00×10^5 km/s。因此，这颗恒星的视向速度是（$0.000167 \times 3.00 \times 10^5$ km/s），等于 50 km/s。因为是正数，所以你知道这颗恒星正离你远去。

带着你对光和光谱的新理解，你已经准备好关注你的第一个天体物理学对象，即支持地球生命的恒星——太阳，这是下一章的主题。

我们是什么

天文学家

你以为小鸡会仰望天空并试图知道星星是什么吗？可能不会。鸡很擅长打鸣，但它们并不因大脑和深思熟虑而闻名。与此相反，人类有高度进化的、复杂的大脑，而且好奇心极强。事实上，好奇心可能是智力最可靠的特征，而对星星的好奇心可能是我们不断尝试了解周围世界的开始。

对哥白尼和开普勒时代的天文学家来说，星星只是一些光点。似乎没有办法了解它们的任何情况。伽利略的望远镜揭示了关于行星的令人惊讶的细节，但是，即使通过大型望远镜观测，星星也只是一些光点。即使后来的天文学家开始意识到恒星是其他的太阳，恒星仍似乎永远超出人类的认知。

正如你从本章所了解到的，理解宇宙的关键是了解光如何与物质相互作用。在过去150年左右的时间里，科学家们发现了原子和光的相互作用关系，以及这种关系如何产生了我们所观测到的光谱。天文学家们将这些发现应用于人类好奇心的最终对象——恒星。

鸡可能永远不会想知道星星是什么，甚至不知道鸡是什么；但人类是好奇的动物，所以我们确实想知道星星和自己是什么。我们对了解星星的渴望，只是我们对"我们是什么"这个问题的追问的一部分。

太阳 8

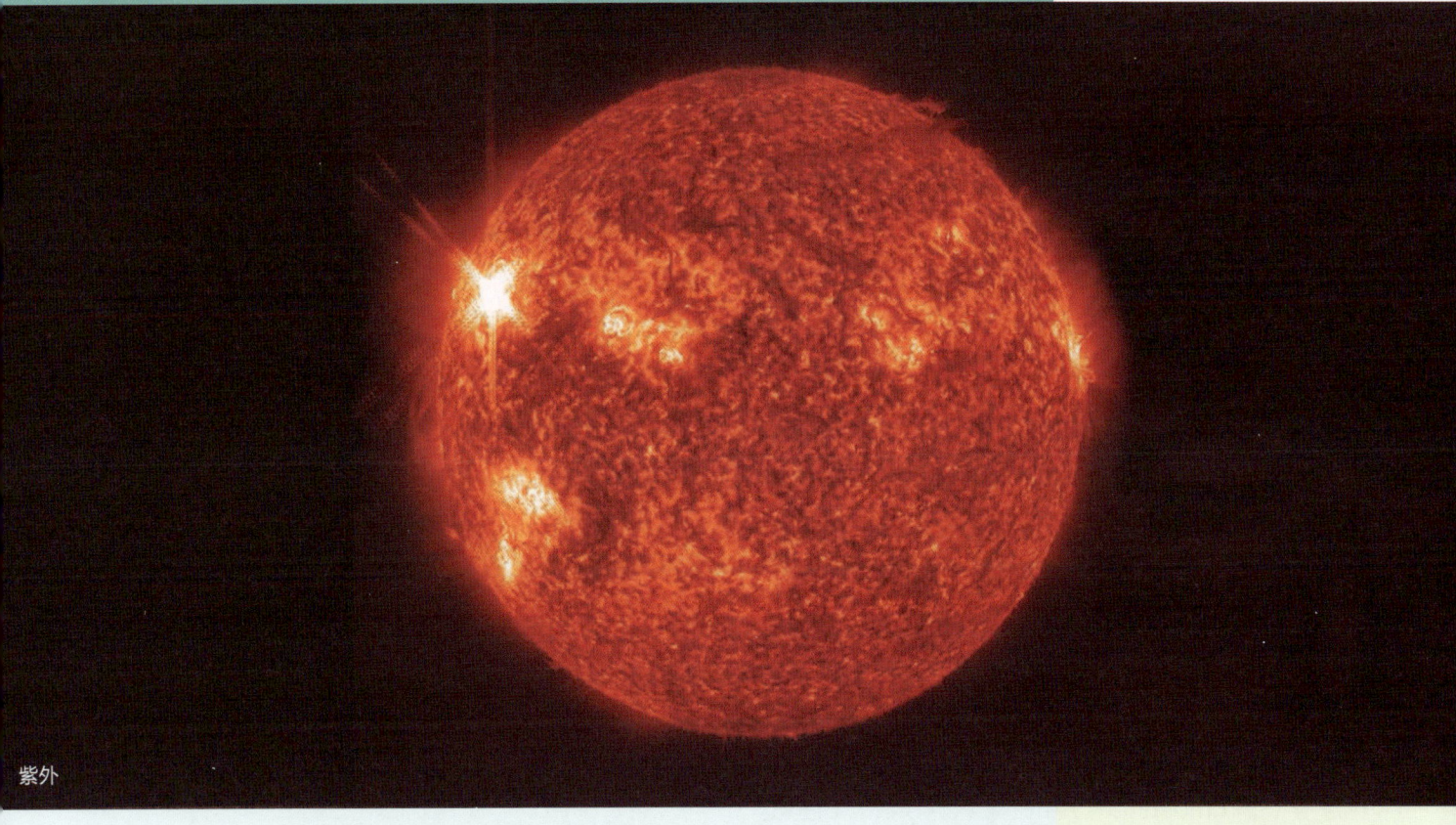

紫外

图源：NASA/SDO

▲ 太阳动力学天文台拍摄的太阳日面的紫外照片。图片中包括一个强的耀斑（左上），而这个耀斑的威力足以干扰地球上的无线电通信

  太阳是我们太阳系中光和热的来源，所以它一直是人类好奇和敬畏的主要对象。太阳也是在地球上最容易看到的恒星。第 7 章中介绍的光和物质的相互作用关系，可以帮助你揭示太阳的秘密，并增加对恒星的认识和了解。

  在这一章中，你将通过对太阳光谱的分析描绘出太阳大气层的详细情况。此外，你会了解到基础物理学如何解开太阳核心中发生的"秘密"。在本章，你将找到四个重要问题的答案。

> ▶ 通过观测太阳的表面和大气层，可以了解到什么？
> ▶ 什么是黑子？
> ▶ 为什么太阳会经历 11 年和 22 年的活动周期？
> ▶ 太阳能量的来源是什么？

  虽然这一章只考虑了太阳系中心的这颗恒星，但在后面的章节中，你将继续向前和向外探索，并在更广阔宇宙的恒星世界中继续前进。

> 没有人能够住在广场上，
> 但每个人都能享受阳光。
> ——意大利谚语

与其他恒星相比，太阳离我们非常近，以至于我们可以无法抗拒的细节程度看到太阳上的气体涡流和拱形的磁力桥。天文学家们有时会讽刺地说："如果太阳离我们更远，我们对它的了解会更多。"正如你将在下一章进一步了解到的，太阳的确只是一颗普通的恒星；在某种意义上，太阳就是一个简单的天体。太阳几乎完全由氢和氦组成，被其自身的引力限制在一个直径为地球109倍的球体中（天体概况：太阳）。为了让你对太阳的大小有一个更好的比例感，我们将在整个章节中把太阳的特征与我们更熟悉的在地球上的例子进行比较。太阳的光球层（表面）和大气层的气体是热的，辐射出的光和热是可见的，使地球上的生命得以存在。这一部分，就是我们"探索太阳之旅"的开始。

8-1　太阳光球和大气层

你从地球上可以直接看到的太阳部分是由三层组成的。可见的表面是光球层（photosphere），上面是色球层（chromosphere）和日冕（corona）。（注意：天文学家通常把太阳的内部说成是在光球的"下面"，而把太阳的大气层说成是在光球的"上面"。）你第一次了解并观测到太阳的这些组成部分是在日食期间（回顾一下第3-3c节）。

当你看到太阳时，你会看到光球是一个热的、发光的表面，温度为5780 K。这个温度是通过精确测量太阳光的光谱，然后用维恩定律（式7-2）进行计算确定的。在这个温度下，太阳表面的每平方毫米所辐射的能量比一个60 W的灯泡还要多（斯特藩-玻耳兹曼定律，式7-1）。由于所有这些能量都辐射到了太空中，如果没有新的能量来维持太阳表面的温度，那么太阳的表面就会迅速冷却。所以，经过简单的逻辑推理，你会知道一定有热量从太阳的内部向外流动。直到20世纪30年代，天文学家才明白，太阳是通过其中心的核反应产生能量的。在本章末尾将详细描述这些核反应。

现在，你可以认为太阳的大气层处于相对宁静、平均的状态；此后，你可以在想象中增加有关热能流动的

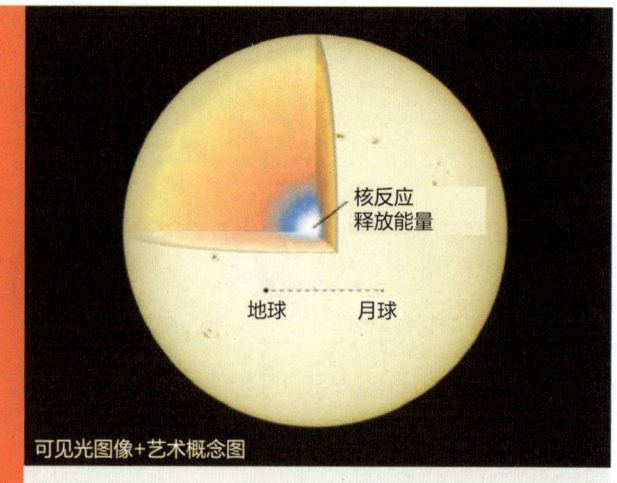

可见光图像+艺术概念图

这张图片显示了一些太阳黑子，并以剖面显示太阳中心的能量产生位置。在这里，通过对比地月球距离，可以对太阳的直径有更直观的认识

天体概况　太阳

从地球看

与地球的平均距离	1.000 AU（1.496×10^8 km）
与地球的最远距离	1.017 AU（1.521×10^8 km）
与地球的最近距离	0.983 AU（1.471×10^8 km）
平均视直径	0.533°（1920 角秒）
太阳自转周期	赤道地区 24.5 天
视目视星等	−26.74

物理特征

半径	6.96×10^5 km
质量	1.99×10^{30} kg
平均密度	1.41 g/cm³
表面逃逸速度	618 km/s
光度（电磁）	3.84×10^{26} J/s
表面温度	5780 K
中心温度	15.7×10^6 K

"个性介绍"

在希腊神话中，太阳在太阳神赫利俄斯（Helios）的引导下，乘坐一辆由烈马拉动的金色战车穿越天空。当赫利俄斯的儿子法厄同（Phaeton）有一天驾驶战车时，他失去了对马匹的控制，在宙斯将法厄同从空中击落之前，地球几乎被烧毁。即使在古希腊古罗马时代，人们也明白，地球上生命的存在关键是太阳。

相关细节——因为事实上,热能流动使太阳的外层像一锅沸水一样翻腾。

8-1a 光球层

太阳的可见表面似乎有一个明显的边界,但太阳并不是固体。事实上,太阳从它的外层大气一直到它的中心都是气态的。光球层是一个薄薄的气体层,地球接收到的大部分太阳光由此发出(见图8-1)。它的深度不到500 km(300英里)。在一个保龄球大小的太阳模型中,光球层不会比包裹在球上的一层纸巾厚。在这个比例上,地球的直径为1/12英寸(大约是苹果种子的大小)。

光球层是太阳大气层中的一层,它的密度使它足以发出充足的光,但又不至于致密到光无法逃逸。在光球层下面,气体密度更大,温度更高,因此辐射出充足的光,但这些光不能逃逸,因为它们会被外层的气体阻挡。因此,地球并不会接收到来自光球层下面更深层的光。相比之下,光球层上面的气体密度较小,所以尽管地球也接收到了这些光,但占比并不高。

光球层看起来很大,但它实际上是一种密度很低的气体。即使在其最深和最致密的内层,光球层的密度也不到你所呼吸的空气的1/3000。要找到与地球表面的空气一样密集的气体,你将不得不下降到光球层下面大约15 000 km(10 000英里)处。如果有非常有效的隔热措施,你可以让一艘飞船直接穿过光球层。

太阳的光谱是一种吸收光谱,可以告诉你关于光球层的很多信息。你从基尔霍夫第三定律知道(参考第7章"概念艺术·原子光谱"),当通过透明气体观测(黑体)连续光谱时,会产生吸收光谱。光球的深层密度大到足以产生连续光谱。在较高的光球层和大气层的过渡层中的原子吸收具有特定能量(波长)的光子,对应于每一类原子电子轨道之间的跃迁,产生吸收光谱,使你能够从中识别氢、氦和其他元素。

在高分辨率的照片中,光球层有一个斑驳的外观,这由被称为米粒(granules)的具有黑边缘的区域组成。这种整体图样被称为米粒组织(granulation,见图8-2a)。米粒可以有几千千米宽,比美国得克萨斯州还大,但每个米粒只持续10~20分钟,然后就会消退缩小,并被新的米粒取代。谱线的多普勒频移显示,米粒中心上升,边缘下沉,其速度大约为0.4 km/s(900英里/小时)。对米粒的详细观测表明,它们的中心发出更多的黑体辐射,比边缘稍蓝。利用斯特藩-玻耳兹曼定律和维恩定律(式7-1和式7-2),天文学家可以计算出米粒中心比边缘温度要高几百度(见图8-2b)。

从这一证据中,天文学家认识到米粒组织是光球层下方对流(convection)的表面效应。对流发生在热的物质上升和冷的物质下沉的时候,如蜡烛火焰上方上升的气体流。你可以通过向一杯未搅拌的热咖啡中加入一点凉的奶精来观察液体中的对流。凉的奶精下沉,受热,膨胀,上升,冷却,收缩,再次下沉,如此反复,在咖啡的表面形成小区域,标志着对流的顶部。从上面看,这些咖啡区域看起来就像太阳米粒。米粒组织的存在是能量在光球层中向上流动的明确证据。在本章后面,你将了解更多关于太阳对流和内部结构的信息。

对太阳表面的光谱研究发现了另一种更大但不太明显的米粒组织。超米粒(Supergranule)是直径略大于地球两倍的区域,每个超米粒平均包括大约300个米粒。

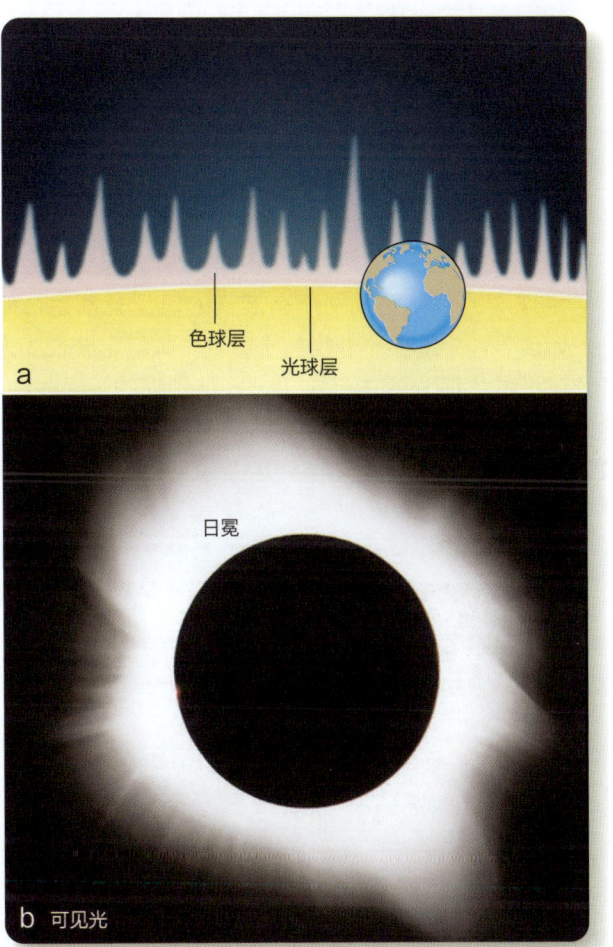

图源: Daniel Good

▲ 图8-1 (a)太阳的横截面图显示了光球和色球的相对厚度。这里也按比例显示了地球。按照这个比例,太阳圆面的直径将超过1.5 m(5英尺)。日冕从色球层的顶部延伸到光球层的上方很远的地方。(b)这张照片是在日全食期间拍摄的,只显示了内冕。

第二部分 恒星 135

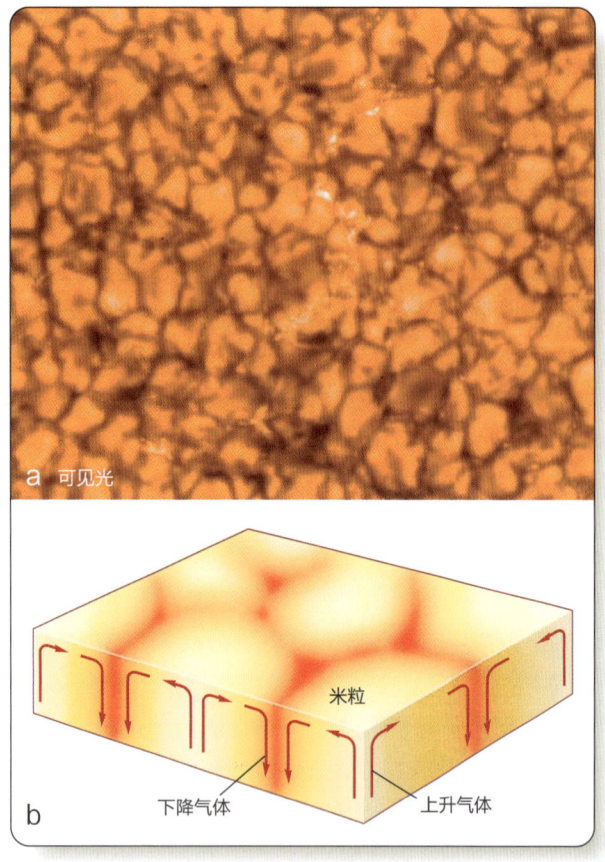

▲ 图 8-2　（a）这张光球的超高分辨率图像显示了米粒组织。这里最大的米粒大约有 1500 km（1000 英里）宽。（b）这个模型将米粒组织解释为处在光球下的对流上升流的顶部。热量随着热气体的上升流向上流动，并随着冷气体的下沉流向下流动。上升流在从地球上看到的小区域内加热太阳表面，成为米粒

这些超米粒是非常缓慢的上升流区域，会持续一两天。它们似乎是由更大的气体流产生的，这些气体流始于光球层下更深的地方，而不是产生米粒的那层气体流。

太阳圆面的边缘，比太阳中心更暗（天体概况：太阳）。这种临边昏暗（limb darkening）现象是由光球层对光的吸收造成的。当你看太阳圆面的中心时，你是直接向内部看太阳，你看到的是光球中更深、更热、更亮的层。相反，当你向太阳圆面的边缘附近看时，你是以一个大的角度看表面，不能看到一定深度。你看到的光子来自光球中较浅、较冷、较暗的层。临边昏暗证明了光球层的温度随着深度的增加而增加，这又一次证实了能量是由下面流上来的。

8-1b　色球层

光球层之上是色球层。太阳天文学家将色球层的下边缘界定在太阳的可见表面之上，其上部区域逐渐与日冕融合。色球层是一个厚度不规则的层，平均厚度小于地球的直径（见图 8-1a）。由于色球层亮度大约是光球层的 1/1000，因此只有在日全食期间，当月球遮盖了明亮的光球层时，你才能用肉眼看到它。然后，色球层在光球层上方闪现出一个薄薄的粉红色层。色球这个词来自希腊语的 chroma，意思是"颜色"。粉红色层是由氢元素的三条明亮的发射线——红、蓝、紫巴耳末线系（第 7-3 节）的组合光产生的。

色球层产生了一组发射光谱，通过基尔霍夫第二定律你能知道，它必须是一种受激发的低密度气体。色球层底部（靠近光球层）的密度约为你呼吸的空气的万分之一，到顶部（靠近日冕）更是其千亿分之一。通过对太阳光谱的进一步分析发现，低层色球层的原子是部分电离的，而高层色球层的原子是高度电离的，其大气中已经失去了大部分或者说接近全部电子。天文学家可以根据电离数量确定色球层不同部分的温度。在光球层上方，温度最低，约为 4500 K，然后迅速上升（见图 8-3），到日冕处有最高温度。色球层上部的温度高到足以发射 X 射线，可以通过太空中的 X 射线望远镜进行研究（回顾第 6-4c 节）。

太阳天文学家可以利用谱线的形成方式来绘制色球层。色球层的气体对几乎所有波长的可见光都是透明的，但该气体中的原子非常善于吸收少数特定波长的光子。这造成太阳光谱中产生了一些特别强的暗吸收线。这些波长的光子不太可能从更深的层中逃出来被地球接收，而只能来自太阳大气层中更高的地方。太阳单色像

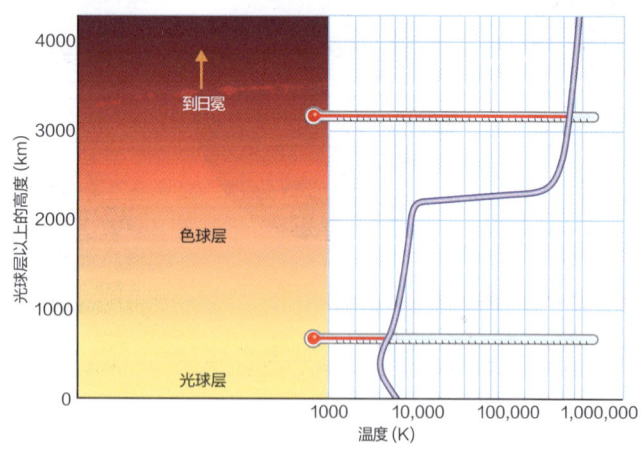

▲ 图 8-3　显示色球层温度曲线的图表。如果你能把温度计放在太阳的大气层中，你会发现温度从光球层的 5800 K 左右上升到色球层顶部的 100 万 K

(filtergram)是一种太阳的图像,它只使用那些强吸收线的波长的光,如氢巴耳末线系(参考第 7 章"概念艺术·原子光谱"中的图 2),以揭示色球层上部区域的细节。另一种研究太阳大气层中高处的气体层的方法,就是用紫外波段和 X 射线波段部分的光谱来记录太阳图像,因为这些气体层非常热,并在短波长下发出大部分的光。

图 8-4a 显示了用巴尔末 H-α 线系的波长制作的单色像。图 8-4b 显示的一种复杂结构,被称为"针状体"(spicule),是一种向上延伸到色球层的火焰状气体喷流,大约持续 5~15 分钟。在太阳圆面的边缘上可以看到,这些针状体混合在一起,看起来就像覆盖在燃烧的草原上的火焰(见图 8-4c);准确地说,它们更像是火焰的反面。光谱显示,针状体源自低色球层的较冷气体,并向外延伸到较热区域。太阳圆面中心的图像显示,针状体像铺路石周围的杂草一样,涌现在超米粒的边缘(见图 8-4b)。

8-1c 日冕

太阳大气层最外面的部分被称为日冕,取自希腊语中的皇冠(corona)。日冕非常暗弱,就像色球层一样,在地球白天的天空中是看不到的,因为太阳明亮的光球层的散射光很刺眼。在日全食期间,日冕的最内层部分可以用肉眼看到,如图 8-1b 所示(另见图 3-7 和图 3-11)。用称为日冕仪(coronagraph)的专门的望远镜进行观测,可以阻挡来自光球层的光,并记录 20 个太阳半径以外的日冕。这样的图像显示了日冕中的冕流(streamer),这些冕流沿着太阳磁力场中的磁力线前进(见图 8-5)。在本章后面,你将了解到更多关于太阳大气层的特征及其活动是如何被磁场调控的。

日冕的光谱,就像色球层的光谱一样,包括高度电离气体的发射线。在低层日冕中,原子并不像在高层日冕中那样高度电离,这告诉你日冕的温度随着高度的升高而升高。恰处于色球层上方的内日冕,温度约为

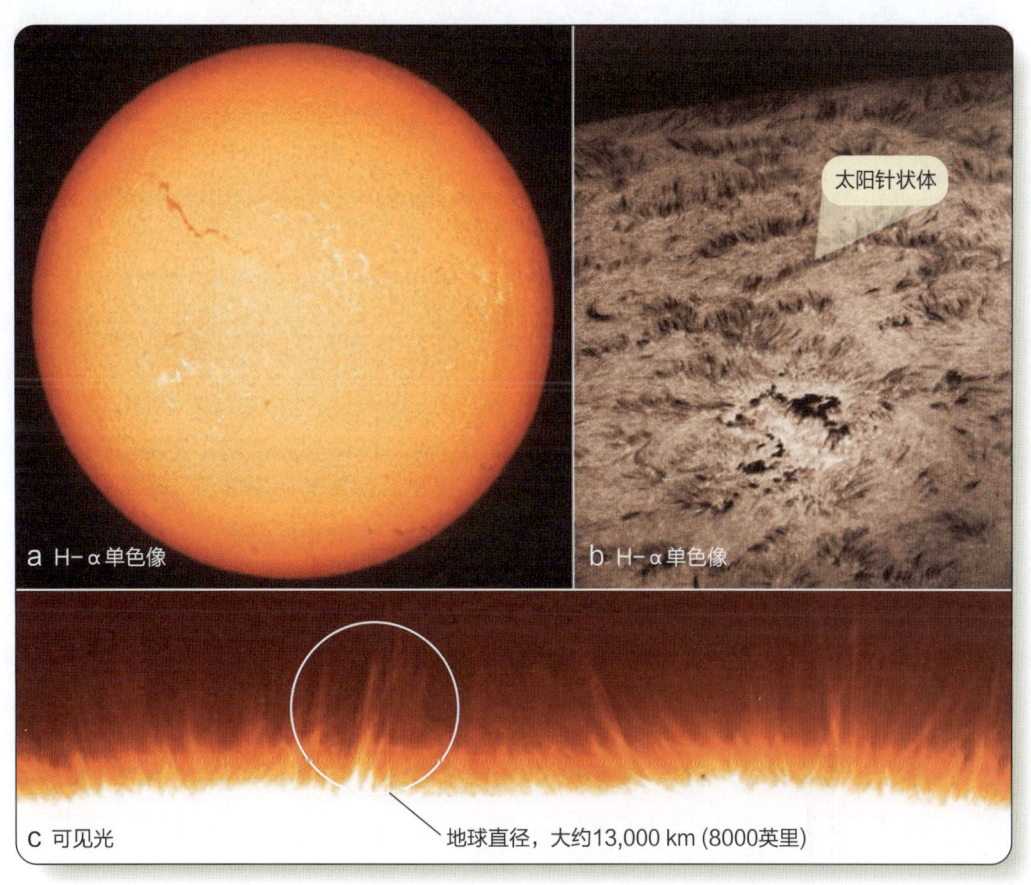

图源:Panel a: BBSO; Panel b: ©1971 NSO/AURA/NSF; Panel c: JAXA/NASA/Hinode

▲ 图 8-4 (a)太阳圆面的 H-α 单色像。(b)H-α 单色像显示了在可见光图像中无法看到的色球层的复杂结构,包括从超米粒边缘涌出的针状体。(c)在太阳圆面的边缘看,针状体看起来像一个燃烧的草原,但它们与燃烧完全没有关系。与图 8-1a 比较,白色圆圈显示的是地球的大小,图以比例绘制

第二部分 恒星 137

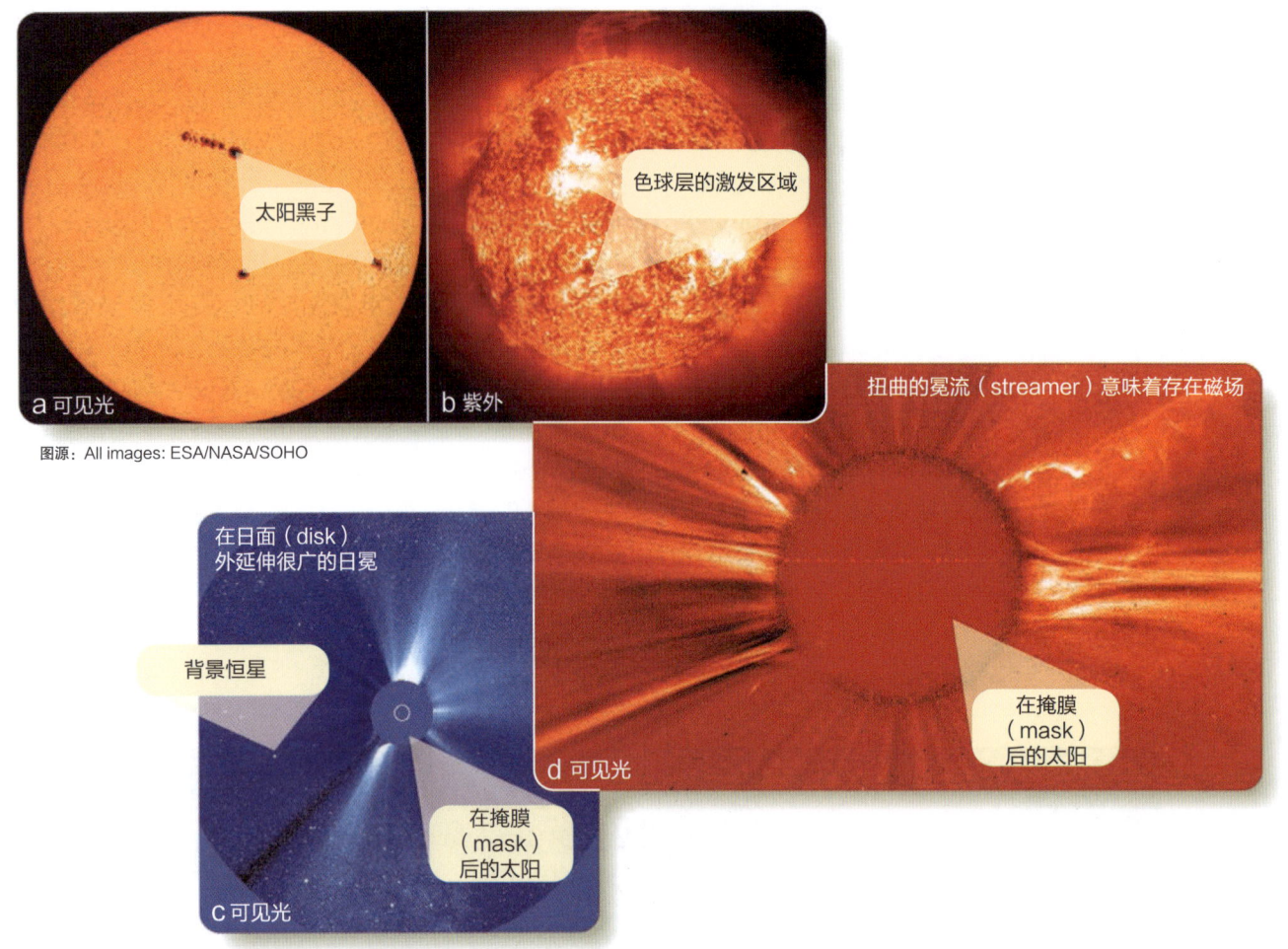

▲ 图 8-5 光球层、色球层和日冕的图像显示了太阳大气层各层之间的关系。(a) 中的可见光图像是通过一个灰度镜①拍摄的，产生了橙色的色调。(b) 与图像 (a) 几乎同时拍摄的紫外图像显示了太阳黑子上方色球层中的热区。(c) 这张来自 Solar Max 航天器日冕仪望远镜的图像，通过使用一个不透明的遮罩来阻挡太阳光球层的明亮的光线，以突出了日冕。(d) 另一张日冕仪图像显示了内日冕的复杂结构

500 000 K；而在外日冕，温度可以达到 200 万 K 或更高。日冕的温度足以发出 X 射线，但日冕气体不是很亮，因为它的密度很低，在其低层区域密度只有 10^6 原子 /cm^3。这约为你所呼吸的空气的密度的千万亿分之一。在其外部区域，日冕只包含 1~10 原子 /cm^3，这一密度甚至低于地球实验室所能达到的最好的真空。

天文学家们想继续知道为什么日冕和色球层这么热。热量从热区流向冷区，而不是从冷区流向热区。那么，温度只有 5800 K 的光球层的热量怎么会流向更热的色球层和日冕呢？太阳和日球层天文台（Solar and Heliospheric Observatory，SOHO）进行了详细的观测，绘制了一条拥有环形磁场的磁毯（magnetic carpet），延伸到光球层（见图 8-6）。其中最大的环形磁场可以轻易地包围地球。由于色球层和日冕中的气体是电离的，而且密度很低，所以它无法抵抗磁场对运动的加速作用。光球层下方的湍流似乎在来回拨动磁环，摇动气体使其加热。此外，日出号航天器的观测显示，由光球层下方的湍流产生的磁场波向上进入色球层和日冕并加热气体。在这两种情况下，能量似乎不是通过辐射而是通过磁场的扰动从太阳的内部流向色球层和日冕。太阳过渡层成像光谱仪（Interface Region Imaging Spectrograph，IRIS）空间望远镜于 2013 年发射，对上层色球层和下层日冕进行快速、高分辨率的紫外成像。这些数据正在帮助推进对太阳外层大气及

---

① 灰度镜的作用是减光，但对不同波长的光的减少能力是同等的。——译者注

▲ 图8-6 飞跃磁毯。这个计算机模型显示了太阳下层日冕（绿色）的一部分的紫外线图像，黑色和白色的区域标志着磁极相反的区域。该模型中的线条是用来显示这些区域是如何被磁力环连接的

其令人困惑的高温的研究。

电离的、低密度的气体不能穿过磁场，所以在太阳的磁场向表面回环的地方，日冕的气体被困在太阳附近。然而，一些磁场线是"开放"的，向外延伸到太空。在这些地方，气体在太阳风（solar wind）中远离太阳，太阳风可以被认为是日冕的延伸。太阳风的低密度气体以300~800 km/s的速度吹过地球，强风风速可高达1000 km/s（超过200万英里/小时）。

8-1d 太阳风

地球沐浴在日冕的热风中，而这风会一直吹到太阳系的外围。旅行者1号和旅行者2号航天器于20世纪70年代发射，用于探索木星和其他地外行星，目前正在穿越和研究被称为日球顶层（heliopause）的区域，在那里太阳风与星际空间的物质发生碰撞。另外，星际边界探测者（Interstellar Boundary Explorer，IBEX）能够在不离开地球轨道的情况下分析从日球顶层发出的粒子。

由于太阳风的作用，太阳每秒钟会损失大约100万吨质量，但每年只损失它总质量的10^{-14}。在生命的后期，太阳和其他许多恒星一样，会在更强的星风中迅速失去质量。你将在之后的章节中看到快速外流的星风是如何影响恒星的演化的。

其他恒星是否像太阳一样有色球层、冕（多样的冕）和星风？恒星离我们很远，即使在最大的望远镜中也只能显示为光点，但通过对紫外和X射线波段的观测表明，答案是肯定的，其他恒星也有类似于太阳的大气层特征。许多恒星的光谱含有紫外波长的发射线，这些发射线只能在色球层和冕的低密度、高温气体中形成。另外，许多恒星都是X射线源，这些射线似乎是由它们色球层和冕中的高温气体产生的。这些观测证据使天文学家有充分的理由相信，太阳是一颗典型的恒星，并且包括从我们近处的视角可以看到的所有的复杂性。

8-1e 太阳的组成

通过研究太阳的光谱，似乎应该很容易了解太阳的组成。但实际上，这很困难，直到20世纪20年代才被很好地解决。一位重要的美国天文学家提出了这个问题的解决方案，她本人却等待了几十年才因自己的工作赢得恰如其分的荣誉。

塞西莉亚·佩恩（Cecilia Payne，见图8-7）在她1925年的博士论文中，创造了解释太阳和恒星光谱的现代方法。例如，在太阳的光谱中可以观测到钠的特征谱线，所以可以肯定太阳的大气层中含有一些钠原子。佩恩想出了一个数学公式来确定到底有多少钠原子。她还证明，如果在太阳的光谱中没有检测到某种元素的谱线，这种元素仍可能存在。因为如果气体太热或太冷，或者密度不合适，将不能使这种类型的元素拥有合适能级的电子，导致无法产生可见的谱线。

佩恩的首次计算表明，太阳中90%以上的原子必

▲ 图8-7 塞西莉亚·佩恩（1900—1979）是一位出生于英国的天体物理学家，她在美国的职业生涯包括使用量子力学的数学方法来确定太阳和其他恒星真正的化学成分主要是氢和氦

然是氢，其余大部分是氦。相比之下，像钙、钠和铁这样在太阳光谱中具有强烈谱线的原子实际上并不是非常丰富。相反，在太阳大气层的温度下，这些原子在吸收波长为可见光的光子时特别有效。佩恩最初从事她的工作时，天文学家们很难相信她计算的太阳中氢、氦和其他元素的丰度。特别是他们发现氦的丰度如此之高是不可接受的，因为氦的特征谱线在太阳的光谱中几乎是不可见的。知名的天文学家认为佩恩的结果显然是错误的；直到几十年后，科学界才意识到她的工作的价值。现在我们知道她是正确的。

表 8-1 列出了太阳中的元素丰度。表中的一些丰度，特别是碳、氮和氧（C、N、O）的丰度，由于对太阳大气条件的计算进行了修正，而成为不断争论的主题。这些计算表明，C、N、O 丰度可能需要降低一些，但即使如此，现代的数值也十分接近佩恩在 20 世纪 20 年代得出的数值。

表 8-1　太阳大气中最丰富的元素 *

元素	元素序号	占总原子数的比例	占总质量的比例
氢	1	92.6	74.9
氦	2	7.3	23.7
碳	6	0.023	0.22
氮	7	0.063	0.071
氧	8	0.045	0.59
氖	10	0.006 9	0.11
镁	12	0.003 3	0.064
硅	14	0.003 3	0.073
硫	16	0.001 4	0.037
铁	26	0.002 7	0.12

* 数据来自：Lodders，2003，Astrophysical Journal 591，1220.

佩恩关于太阳组成的工作说明，对于研究宇宙中的天体，充分理解光和物质之间的相互作用是非常重要的。在下一章中，你将继续关注塞西莉亚·佩恩的故事，了解她论文的主要部分，即对太阳以外的其他恒星的光谱进行的研究。

太阳大气层是天文学家能够直接观测到的全部内容。通过大气层中的一些现象可以进一步揭示太阳内部的情况，接下来我们将对此进行介绍。

8-1f　光球层之下

几乎没有光能从光球层下面逃出，所以你无法看到太阳的内部。然而，太阳天文学家使用一种叫作日震学（helioseismology）的技术，分析太阳中自然发生的振动来探索其深处。太阳中气体的对流运动不断产生振动，即使你能在太阳的大气层中存活下来，人耳也无法听到这样低沉的隆隆声。其中一些振动在太阳中产生共振，就像风琴管中的声波。一个周期为 5 分钟的振动是最强的，但其他振动的周期是 3~20 分钟不等。这些振动的音调都非常非常低！

天文学家可以通过观测太阳表面的多普勒频移来探测这些振动。当声波向下进入太阳内部时，它所经过的气体的密度和温度的变化会改变其路径，并返回到表面。在表面，它使光球层上下波动的幅度很小——大约 ±15 km（10 英里）。同时发生的多处振动以一种上升和下降区域的图样覆盖了太阳表面，该图样可以用多普勒效应来绘制（见图 8-8）。例如，SOHO 空间望远镜可以连续观测太阳的振动，并能探测到慢至 1 mm/s（0.002 英里 / 小时）的运动。与长波相比，短波穿透的深度和传播的距离较短，因此不同波长的振动可以探索太阳的不同层。正如地质学家可以通过分析地震产生的地震波来研究地球的内部一样，太阳天文学家也可以利用日震学来探索太阳的内部。

想象一下，你正在一个养着鸭子的池塘边，你可以更好地理解日震学是如何工作的。如果你站在池塘的岸边，向下看水，你会看到来自池塘各处的涟漪。因为池塘里的每只鸭子都会产生涟漪，所以原则上，你可以研究岸边的涟漪，并绘制一张图，显示池塘里每只鸭子的位置和速度。当然，要将不同的涟漪分解开是很困难的。然而，所有你需要的信息都会在那里，拍打着岸边。

日震学需要大量的数据，因此天文学家们使用了全球振荡监测网（Global Oscillation Network Group，GONG）在世界各地运营的望远镜。该监测网在地球自转时连续观测太阳数周；换句话说，在 GONG 上，太阳从不会落下。然后，太阳天文学家使用超级计算机来分离太阳表面的不同振动模式，并确定许多不同波长的波的强度。

日震学使天文学家能够绘制出太阳内部的温度、密度和自转速度，并找到在光球下面流动的巨大气体流的位置和速度。例如，现在已知对流区域的深度正好是太阳半径的 29%。这些详细信息证实了一个为描述太阳活动周期而提出的模型，而在下一节中，你将了解到这个模型。

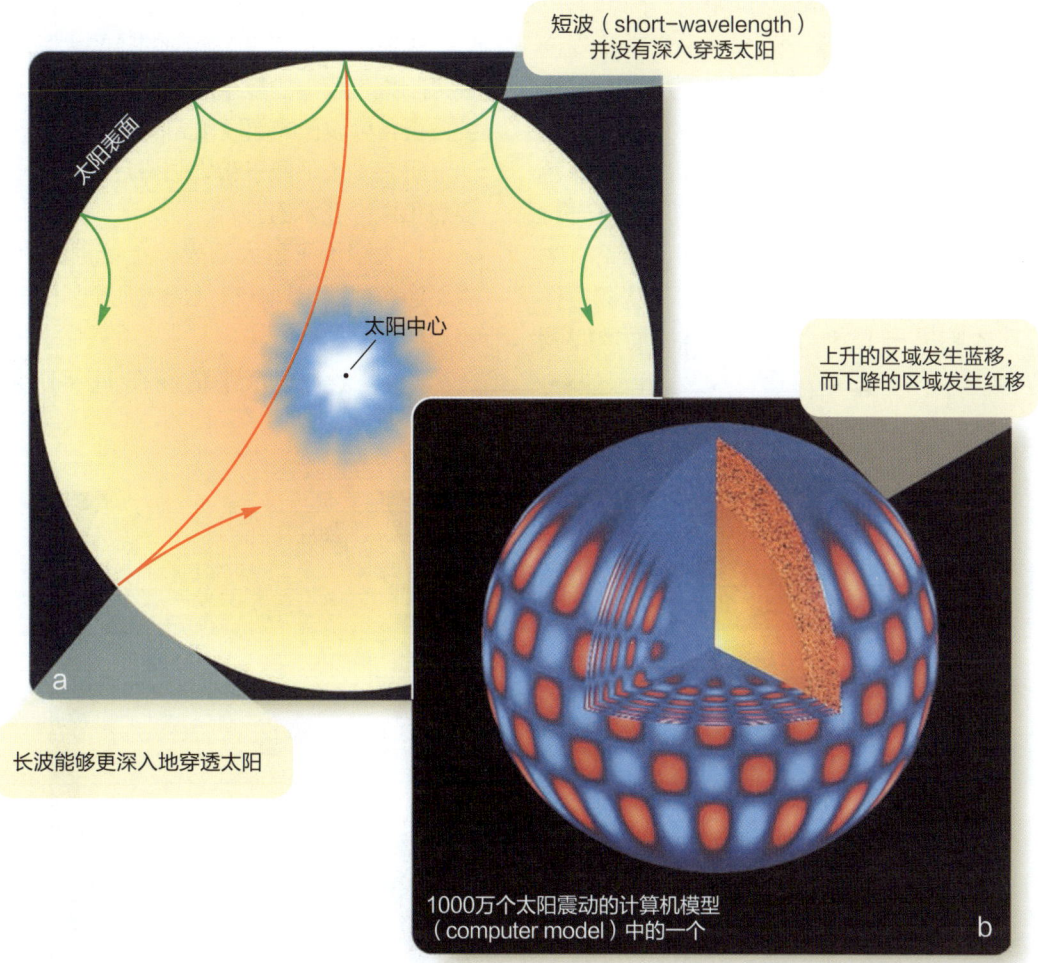

▲ 图8-8 日震学。太阳可以以数百万种不同的图样或模式进行振动,每一种模式都对应着穿透到不同深度的不同的振动波长。通过测量光球轻微的上下移动时的多普勒频移,天文学家可以绘制太阳的内部图

践行科学

是什么证据让天文学家得出结论,色球层和日冕的温度随高度增加而增加?在天文学中,和任何科学一样,证据是至关重要的,而收集证据意味着进行观测和测量。

太阳天文学家可以观测到色球层的光谱,他们发现那里的原子比光球层中的原子电离程度更高(失去更多的电子)。日冕中的原子甚至电离程度更加高。这意味着色球层和日冕比光球层更热。

实践科学的一个核心部分是收集、评估和理解证据。现在,通过将太阳与其他恒星进行比较,继续研究它。是什么证据让天文学家得出结论,一些恒星有像太阳那样的色球层和冕?

8-2 太阳活动

太阳并不宁静。它有比地球更大的、持续数周的风暴,还有难以想象的巨大喷发。所有这些看似不同形式的太阳活动都有一个共同点——磁场。太阳上的气象是有磁性的。

8-2a 观测太阳

即使用小型望远镜也能看到太阳活动,但如果你试图观测太阳,应该非常小心。太阳光很强烈,而太阳光中的红外辐射尤其危险。因为裸眼无法看到红外辐射,你感觉不到红外线有多强烈,但它会在你的眼睛里转化为热能,并烧伤你的视网膜。

直视太阳是不安全的,而通过任何光学仪器,如望远镜、双筒望远镜,甚至是照相机的取景器来观测太阳

则更加危险。这些光学系统的聚光本领聚集了太阳光，这可能会对人眼造成严重伤害。除非你确定它是安全的，否则不要通过任何光学仪器看太阳。图 8-9a 显示了用小型望远镜观察太阳的安全方法。

17 世纪初，伽利略在他的望远镜上用厚厚的深色滤镜观测太阳，看到了太阳表面的斑点。日复一日，他看到这些斑点在太阳的圆面上移动并得出结论，太阳是一个自转的球体。如果你重复伽利略的观测，你可能也会发现太阳黑子（sunspot），这种景象如图 8-9b 所示。

8-2b 太阳黑子

你在可见光波段下看到的暗的太阳黑子只是暗示了在太阳大气层中的复杂过程。为了探究这些过程，你需要分析各种波长的图像和光谱。

研究《太阳黑子和太阳磁活动周期》，要注意 5 个要点和 4 个新术语：

1. 太阳黑子是太阳光球上低温的、相对较暗的斑点，通常成群出现，在几周或几个月的时间范围内形成和消散。

2. 太阳黑子的数量遵循 11 年的周期，先逐渐

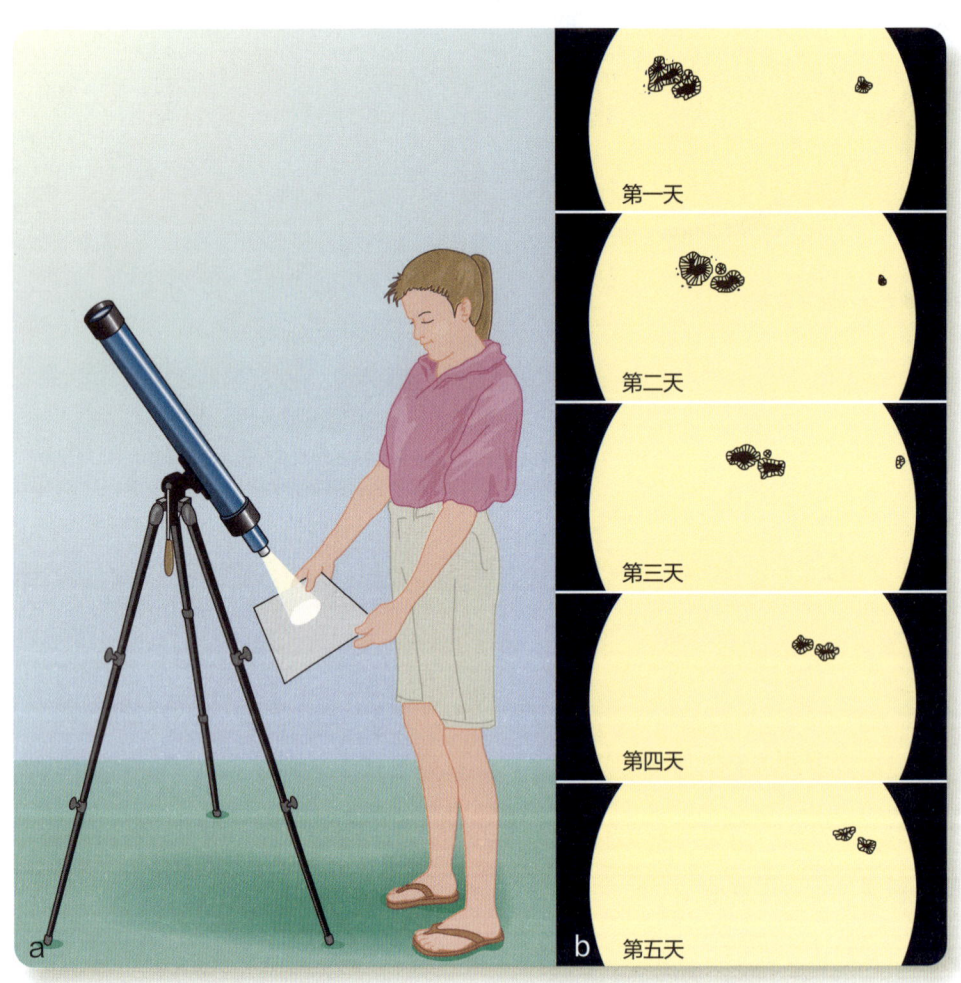

▲ 图 8-9 （a）通过望远镜直接观测太阳是很危险的，但你可以用一个小型望远镜将太阳的图像投射在白色屏幕上[①]，从而安全地观测太阳。（b）如果画出连续几天的太阳黑子的位置和结构，你将看到太阳的自转和太阳黑子的大小、结构的逐渐变化，就像伽利略在 1612 年所发现的那样

---

① 事实上，通过望远镜这样观测太阳也是很危险的。镜筒内聚焦的太阳光非常容易使望远镜损坏，最安全的观测方法是在物镜端使用减光滤镜。——译者注

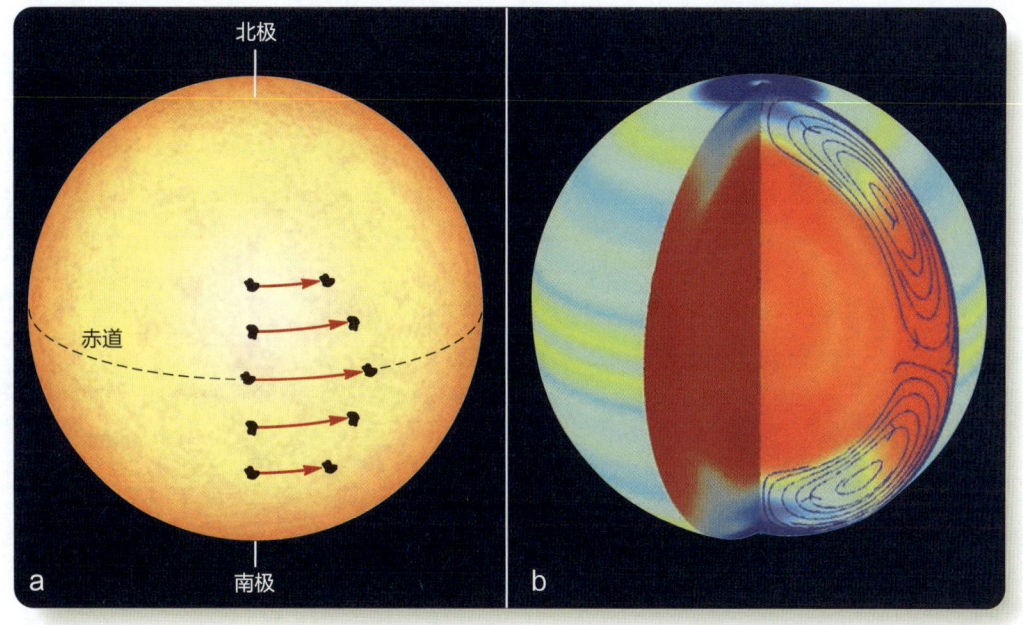

◀ 图 8-10 （a）太阳的光球在赤道上的自转速度比在高纬度地区快。如果你沿着南北线开始一字排开 5 个太阳黑子，随着太阳的自转它们就不会保持一字排开。（b）从日震学中对太阳自转的详细分析显示，太阳内部的自转是不同的，有相对缓慢的自转（蓝色）和快速自转（红色）的区域。还检测到气体流从赤道向两极移动，又向赤道返回

图源：NASA/Stanford SOI/Lockheed-Martin ATC-SAL

变多，达到最大值，然后逐渐变少。蒙德蝴蝶图（Maunder butterfly diagram）显示了太阳黑子的位置在一个周期内是如何变化的。

3. 塞曼效应（Zeeman effect）为天文学家提供了一种测量太阳磁场强度的方法，并提供了证据证明太阳黑子包含强大的局部磁场，并起源于磁场。当考虑到太阳黑子的磁性时，11 年的周期应真正理解为 22 年的周期。

4. 太阳黑子周期的强度在不同的周期中会有变化，而且在 17 世纪末的蒙德极小期（Maunder minimum）中似乎几乎消失了。一些科学家假设，这个太阳活动极小期与地球气候的大幅降温有某种联系，并持续了几个世纪。

5. 有证据清楚地表明，太阳黑子是由涉及太阳大气层各层的磁场主导的活动区（active region）的一部分。

太阳黑子群只是磁场活动区的可见痕迹。但是，是什么导致了这种磁场活动呢？答案是这种磁场活动与太阳整体磁场的发展和衰退周期有关。

8-2c 太阳的磁活动周

你应该在中学课堂看过关于磁铁和铁屑的演示，并且看到过地球磁场对罗盘指针的影响。太阳的磁场是由向外流动的气体流提供能量的。太阳的气体是高度电离的，所以它是一个非常好的电导体。当导电的气体自转或被对流扰动时，气体运动中的一些能量可以转化为磁场能量。这个过程被称为发电机效应（dynamo effect）；据了解这种机制在地球核心处运作并产生地球的磁场。太阳学家已经发现了证据，证明在深藏在光球下面的对流底部，发电机效应产生了太阳的磁场。

太阳气体运动和磁场之间的另一个重要联系在于太阳自转的细节。太阳并不像一个刚体那样自转；这之所以可能是因为太阳完完全全是气体。例如，光球层的赤道地区比高纬度地区的自转周期要短（见图 8-10a）。在太阳赤道上，光球层每 24.5 天自转一周，但在纬度 45 度处，自转一周需要 27.8 天。这种现象被称为较差自转（differential rotation）。太阳内部的自转图（见图 8-10b）显示，不同层的气体也以不同的周期进行自转，这是另一种类型的较差自转。与纬度有关和与深度有关的两种类型的较差自转，似乎都影响了太阳的磁活动周。

虽然磁活动周还没有被完全理解，但由天文学家霍拉斯·巴布科克（Horace Babcock）发明的巴布科克模型（Babcock model）将磁活动周解释为太阳磁场的反复缠绕和解开。你已经了解到，电离气体是一种非常好的电导体。这意味着，如果气体移动，内部的电流和产生的磁场必然随之移动。因此，较差自转会拖动磁场，并将其缠绕在太阳周围，就像一根长线夹在转动的车轮上。然后，上升和下沉的对流将磁场扭曲并集中成绳索状的管道。巴布科克模型预测一对太阳黑子出现的地方就是这些集中的磁通管冲破太阳表面的地方（见图 8-11）。

第二部分 恒星 143

太阳黑子和太阳磁周期

1 太阳上出现的黑子只是恒星复杂活动区域上的部分可见痕迹。多年来在各种波长下收集的证据表明，太阳黑子与太阳的磁场有着明显的联系。

太阳黑子的尺寸大小范围很广泛，一个典型的大约是地球大小的两倍。太阳黑子出现后，往往持续几周到几个月，然后收缩消失。通常，太阳黑子是成对出现的，或者以更复杂的群体出现。

地球（符合比例）

图源：NASA

光谱显示，太阳黑子比光球层要冷，温度约为4200K，光球层的平均温度约为5800K。因为表面总的辐射能与温度的4次方成正比，黑子相对光球会显得暗一些。事实上，黑子的辐射量很可观。换句话说，如果太阳被移除，只留下一个平均大小的太阳黑子，它也比满月更亮。

本影

半影

太阳黑子并不是某个物体的影子。但在称谓上，天文学家把太阳黑子的黑暗核心称为"本影"（Umbra），而外部较亮的区域称为"半影"（Penumbra）。

图源：JAXA/NASA/Hinode

可见光

太阳黑子上方的光子流表明磁场的存在

图源：JAXA/NASA/Hinode

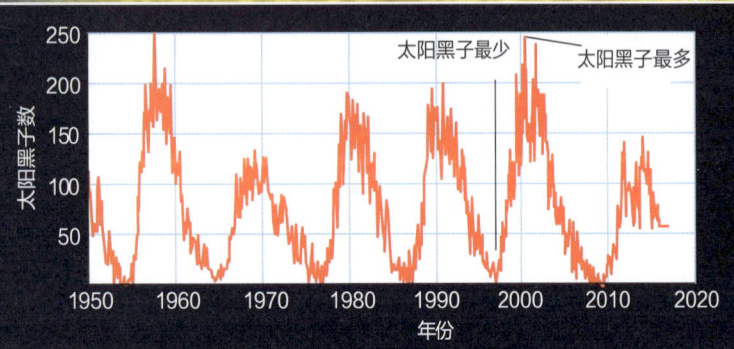

2 可见的太阳黑子数量以11年为周期变化着。在最大值时，经常有超过100个可见太阳黑子。在最小的时候，可见的太阳黑子则很少甚至就没有。

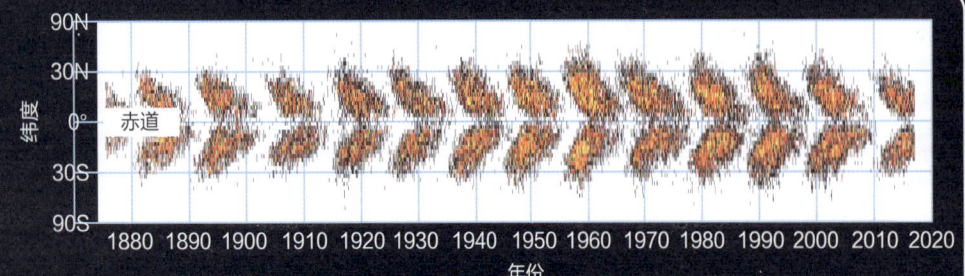

2a 在一个周期的早期，太阳黑子出现在太阳赤道南北的高纬度地区。在周期的后期，新的太阳黑子出现在离太阳赤道较近的地方。如果你绘制太阳黑子的纬度与时间的关系，图表看起来就像蝴蝶的翅膀。这图以英国格林威治天文台的E.Walter Maunder命名，被称为蒙德蝴蝶图（Maunder butterfly diagram）。

图源：NASA MSFC/D. Hathaway

3 天文学家可以利用塞曼效应（Zeeman effect）测量太阳的磁场，如下图所示。当一个原子处于磁场中时，电子的能级被改变；相比不在磁场中时，原子能够吸收更多不同波长的光子。在这个光谱中，你看到单一谱线被分成多个部分，各部分之间的间隔与磁场的强度成正比。

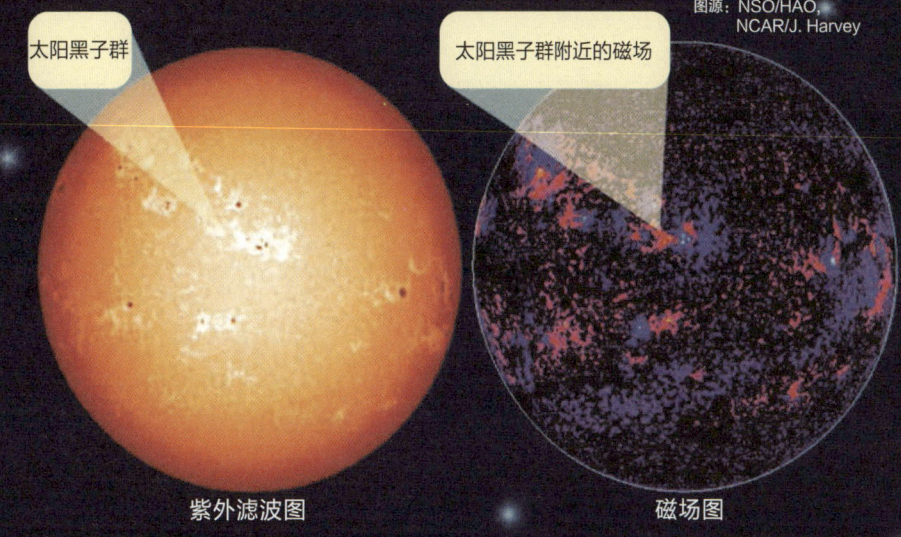

太阳黑子群

太阳黑子群附近的磁场

图源：NSO/HAO, NCAR/J. Harvey

紫外滤波图　　　磁场图

同时成像

图源：NSO/AURA/NSF

狭缝允许太阳黑子发出的光进入摄谱仪

可见光

塞曼效应分裂谱线

图源：NSO/AURA/NSF

3a 上面的太阳图像显示，太阳黑子包含的磁场比地球的强几千倍。这样的强磁场抑制了光球层下方电离气体的运动；因此，太阳黑子下方的对流减少，由内部输送的能量减少，因此黑子位置的太阳表面则更冷。被阻止在太阳黑子位置出现的热量转移，并出现在太阳黑子周围，使太阳黑子周围地区比光球层平均温度更高。被转移的热量可以通过紫外和红外图像检测——结果是整个活动区域，包括太阳黑子，实际上都比相同面积的正常光球辐射出更多的能量。

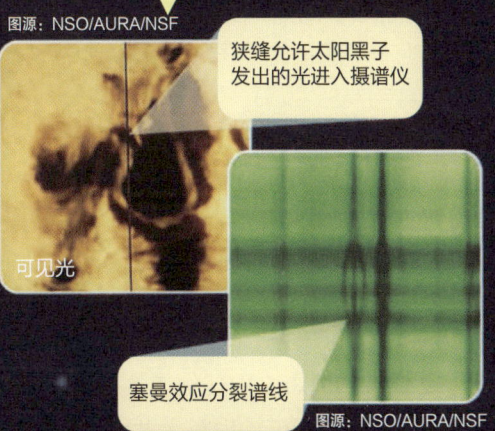

欧洲西部冬季平均气温
太阳黑子数
蒙德极小期
↑温暖
↓寒冷

4 历史记录显示，从大约1645年到1715年，太阳黑子非常少，这种现象被称为"蒙德极小期"（Maunder minimum）。这与地球上被称为"小冰河时代"（Little Ice Age）的时期的中期相吻合——从大约1500年到大约1850年，欧洲和北美的天气异常凉爽，如左图中的蓝线所示。有证据表明，太阳活动和地球接收的太阳能数量之间存在着一种联系。这种联系已经被地球大气层上方的航天器的测量所证实。

图源：Michael A. Seeds

磁场可以通过其形状显示出来。例如，撒在条形磁铁上的铁屑显示出一组弧形的形状

太阳活动区的复杂性在短波长下变得明显。

图源：ESA/NASA/SOHO EIT

远紫外

5 在非可见光波长下的观测显示，在天文学家所谓的活动区（active region）上，太阳黑子上方的色球层和日冕受到剧烈干扰。光谱观测显示，活动区含有强大的磁场。如果将所有波长包括进来，地球在有太阳黑子的太阳活动区获得的辐射显著高于非活动区。

可见光　　　同时成像

远紫外

活动区上方的拱形结构就是气体被困在磁场中的证据。

图源：NASA/TRACE

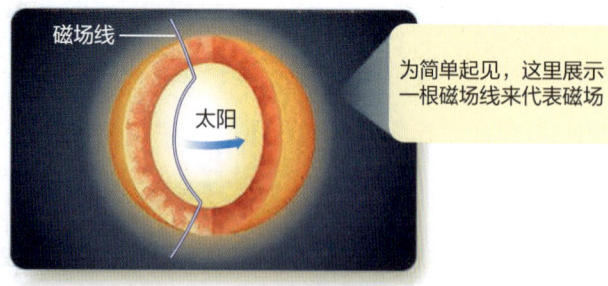
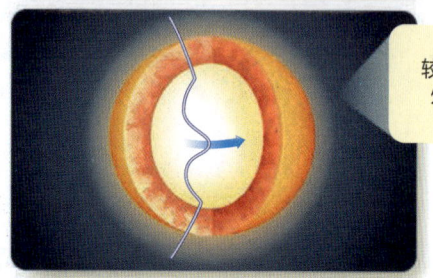
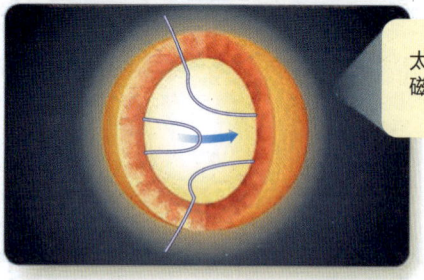
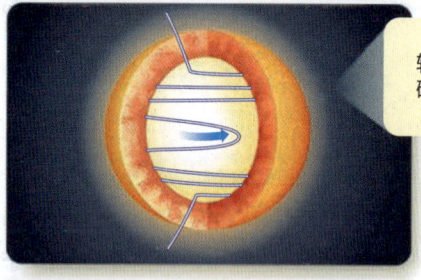
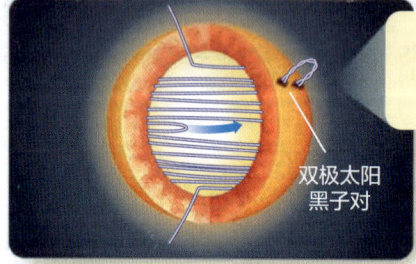

▲ 图 8-11 巴布科克模型尝试解释太阳磁活动周：太阳黑子周期主要是由于太阳的较差自转逐渐卷起并搅乱了太阳外层对流层底部的磁场而造成的

太阳黑子确实倾向于成群或成对出现，而围绕这对黑子的磁场类似于围绕一个条形磁铁的磁场，一端是磁北极，另一端是磁南极。如果根据巴布科克模型，由对流和较差自转产生的磁通管将从太阳表面穿过一个黑子出现，并从另一个太阳黑子进入。在任何时候，太阳赤道以南的太阳黑子对相对于太阳赤道以北的都有相反的极性（polarity，其磁极的方向）。图 8-12 说明了这一点，它显示了太阳赤道以南的太阳黑子在磁南极主导下进行运动，而太阳赤道以北的太阳黑子在磁北极主导下进行运动。在 11 年的太阳黑子周期结束时，下一个周期出现的黑子，相对于上一个周期的黑子，其磁极是相反的。

巴布科克模型说明了太阳的磁场从一个周期到另一个周期的反转。随着磁场变得越来越纠缠，太阳的相邻区域被指向不同方向的磁场支配。经过多年的纠缠，磁场变得非常复杂。南北极性较弱的区域"翻转"到与邻近极性较强的区域对齐。然后整个磁场迅速重新排列成一个更简单的模式，太阳黑子的数量几乎下降到零，这个周期结束。然后，较差自转和对流相互纠缠的磁场，开始一个新的周期。新组织起来的磁场相对于上一个磁场来说是相反的，新的太阳黑子周期开始时，太阳黑子群的磁北极被磁南极取代。因此，如果你只考虑太阳黑子的数量变化，太阳活动周期是 11 年，但如果你考虑太阳黑子的磁场极性变化，太阳活动周期是 22 年。

这种磁活动周期也能解释蒙德蝴蝶图。巴布科克模

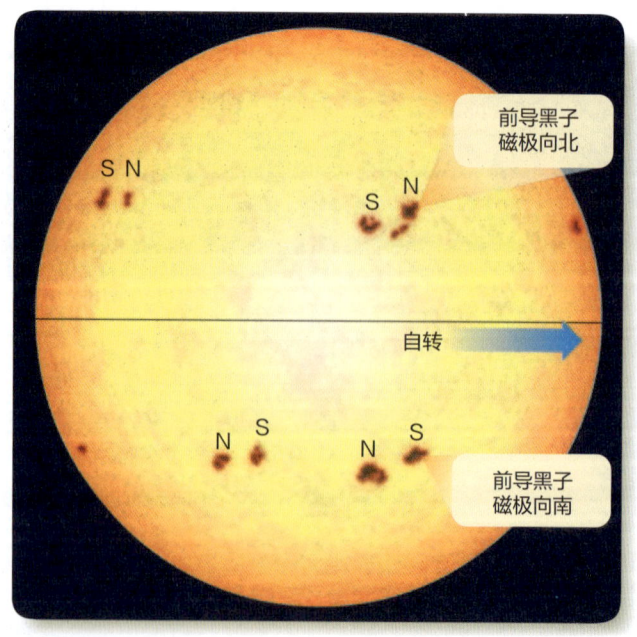

▲ 图 8-12 在太阳黑子群中，这里简化为的主要黑子对（pair），先出现的黑子和后出现的黑子具有相反的磁极性。南半球的黑子对与北半球的黑子对具有相反的极性

我们如何得知 8-1

确认和巩固

科学家们整天都在做什么?

科学方法有时被描绘成一种流水线,科学家们不断抛出新的假说并通过观测检验它们。实际上,科学家并不经常给出全新的假说。天文学家很少有机会通过观测来推翻一个长期存在的理论,从而引发一场科学革命。那么,科学家们的日常工作到底是什么?

许多观测和实验证实了已经测试过的假说。生物学家知道,一个蜂巢中的所有工蜂都是姐妹,因为它们都是雌性,而且它们都有同一个母亲,即蜂王。生物学家可以研究许多工蜂的 DNA,证实这一假说。通过反复检验,从而证实(confirm)一个假说,科学家们对该假说建立了信心,并可能能够扩展它。一个蜂巢中所有的工蜂都有同一个父亲,还是蜂王与不止一个雄性蜜蜂交配?

常规科学的另一个方面是巩固(consolidation),即把一个假说与其他精心研究的现象联系起来。一位生物学家可能研究来自一个巢穴的小黄蜂,发现这些小黄蜂也是姐妹。必然有一个黄蜂女王在一个巢里产下所有的卵。但是,在少数巢穴中,科学家可能会发现两组不相关的姐妹工蜂。这些巢中显然有两只蜂后为了方便和保护而共享巢穴。通过对小黄蜂的研究,生物学家将他对蜜蜂的了解与其他人对小黄蜂的了解结合起来,发现了一些新的东西:因类似的原因,蜜蜂和小黄蜂以类似的方式进化。

确认和巩固使科学家们能够对他们的理解建立信心,并将其扩展到对自然界的更多解释。

图源: Michael Durham/Minden Pictures/Getty Images

小黄蜂是来自含有蜂王的巢穴的黄蜂

型预测,当一个太阳黑子活动周期开始时,扭曲的磁通管应该首先在太阳的高纬度地区产生太阳黑子对,与观测到的完全一样。换句话说,新周期的第一批太阳黑子出现在远离太阳赤道的地方。在周期的后期,当磁场更加紧密的时候,磁通管在低纬度的表面拱起。因此,周期后期的太阳黑子对出现在离赤道较近的地方。

对巴布科克模型的改进包括子午流(meridional flow),它引入从太阳赤道到极点然后回流的缓慢运动的气体。可以通过日震学对光球下方数万千米处对流的测量发现这些运动(见图 8-10b)。在每个太阳黑子活动周期中,子午流将磁场束从低纬度的活跃区域带到两极,从而为下一个周期的磁场奠定基础。

请注意科学模型的力量。即使第 2-2a 节中的天球模型和第 7-1a 节中的原子模型只是部分正确,但我们仍可以借助其中心思想来指导进一步的探索。同样地,太阳磁活动周期的许多细节还没有被理解,巴布科克模型可能有部分不正确或不完整。例如,按照模型预测,本应在 2008 年左右到来的新太阳活动周期的开始被推迟了 15 个月至 2009 年末。随后在 2013 年的周期最大值是 100 年来太阳黑子数量和太阳磁场活动量最弱的一次。简单的巴布科克模型不容易解释这种反常现象。然而,该模型提供了一个框架,我们将围绕它来组织对复杂太阳活动的描述和调研(我们如何得知 8-1)。

8-2d 色球层和日冕活动

太阳磁场延伸到色球层和日冕的高处,在那里产生美丽而壮观的景象。研究《太阳活动和日地关系》,注意 3 个要点和 4 个新术语。

1. 所有的太阳活动都具有磁性。弧形的日珥(prominence)是由磁场产生的,暗条(filament)是在上方的视角看到的日珥。

2. 巨大的能量可以储存在磁场的拱中,当两个拱彼

太阳活动和日地关系

1 像"天气"一样,色球层和日冕中的磁现象,如美丽的"拱门"和强大的"爆发",由太阳大气层中不断变化的磁场捕获电离气体而产生。这种太阳活动有些会影响到地球的磁场和大气。

这张太阳表面的紫外线图像是由美国宇航局TRACE太阳探测器(Transition Region and Coronal Explorer)制作的。它显示了被困在活动区域上方的磁拱中的热气。在可见光下,你会在这些活跃区域看到太阳黑子群。

日珥气体的温度约为(60 000到80 000)K,但相比日冕中的低密度气体还是较冷;后者的温度可能高达100万K。

紫外
图源:TRACE/NASA

H-alpha
图源:Sacramento Peak Observatory/NSO/AURA/NSF

1a 日珥(prominence)由被困在磁弓中的电离气体组成,通过光球和色球上升到下日冕。在日全食期间,在太阳盘的边缘,突出部看起来是粉红色的,因为有三条氢巴耳末线,H-α、H-β 和 H-γ 的发射线。

上面的图片显示了拱门的形状,证明了磁场的影响。从上面看,在太阳明亮的表面下,突出部形成了黑暗的暗条(filament)(下图显示了整个太阳表面的暗条情况)。

暗条

H-alpha
图源:NOAA/SEL/USAF

1b 宁静日珥(Quiescent prominence)可能会在下层日冕中持续许多天,而爆发日珥(eruptive prominence)则会在数小时内向上迸发。下图中的爆发日珥的长度是地球直径的好几倍。

图源:ESA/NASA/SOHO EIT

远紫外

用于对比尺寸所示的地球

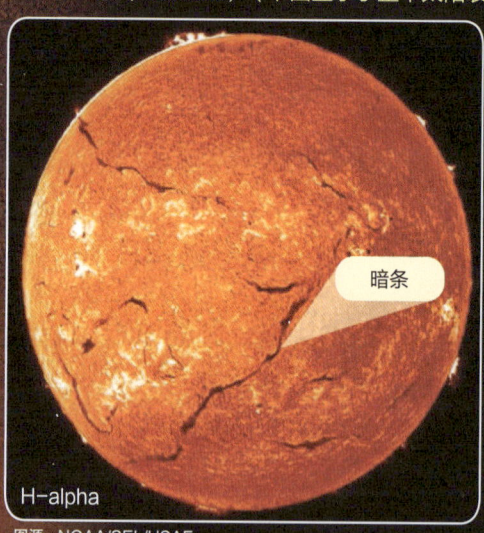

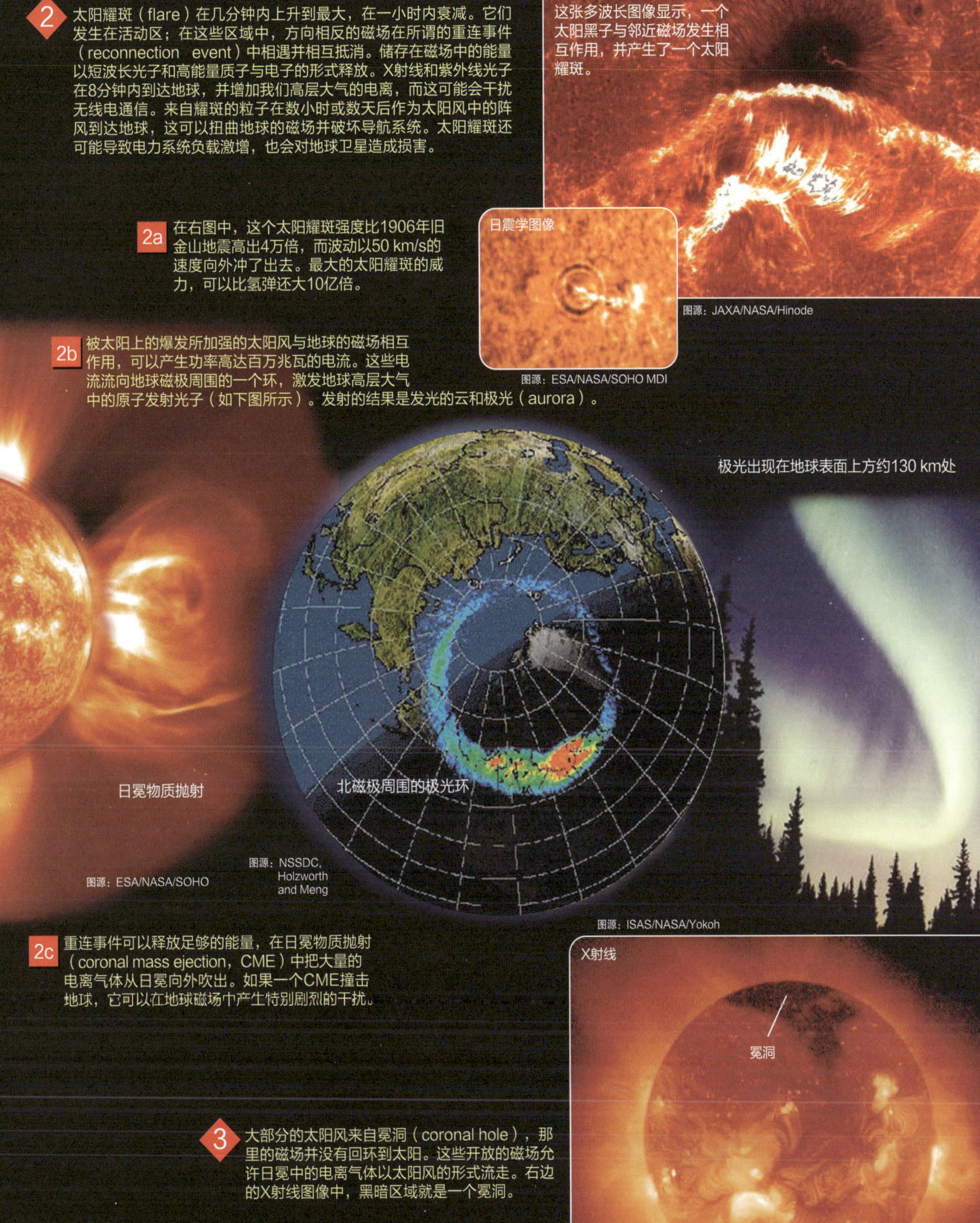

此相遇时，一个重连事件（reconnection event）可以引起强大的爆发，称为耀斑（flare）。虽然这些爆发发生在离地球很远的地方，但它们可以通过引人注目的方式影响我们。例如，日冕物质抛射（coronal mass ejection，CMEs）可以引发通信中断和极光（aurora）。

3. 在太阳表面的一些区域，磁场是非回环的。来自这些冕洞（coronal hole）的高能气体向外流动，产生了大部分的太阳风。

活跃的太阳的图像经常显示出爆发性的日珥。这些巨大的"拱"由磁场形成，矗立在太阳边缘的活跃区域之上，其大小使地球相形见绌（见图 8-13）。

极光有时被称为"北极光"，但在北半球和南半球的高纬度地区都可以经常看到它们。现在，如果你有机会观看美丽的极光，你就会知道，你实际上看到的是地球高层大气中的气体的光谱发射线，该处大气中的原子通过与太阳风和地球磁场的复杂相互作用而被激发，进而产生绚烂的色彩（再看看概念艺术图的右侧）。

1859 年 8 月至 9 月的一系列太阳爆发在地球表面产生了严重的电磁干扰，以至于电报设备起火，操作员受到痛苦的电击。Metatech 公司（由 NASA 资助）2010 年的一项研究表明，如果今天发生像 1859 年那样大的太阳爆发，它将导致 40% 的美国家庭的停电，并可能持续数月，以等待被破坏的电力传输和发电设备被更换。2010 年曾发生过一次如此规模的太阳爆发，但活动区域大多远离地球。人类完全意识到那次事件的规模，是因为太阳动力学天文台（Solar Dynamics Observatory，SDO）和日地关系天文台（Solar Terrestrial Relations Observatory，STEREO）从太阳系的不同位置监测太阳的联合数据。显然，科学家们希望了解这种爆发的早期预警信号，进而制定策略来保护人类文明现在所依赖的电力和通信设备。

8-2e 太阳常数

即使是太阳能量输出的微小变化也能使地球的气候产生巨大的变化，但人类对太阳能量输出的长期变化了解甚少。可以通过测量到达地球的太阳辐射量来监测太阳的能量产生。当然，这应该包括所有波长的电磁辐射，从 X 射线到射电。所以你需要修正地球大气层对辐射吸收造成的误差，或从太空进行测量。这个结果被称为太阳常数（solar constant），大约为 1370 J/（s·m^2）（等同于 W/m^2）。但是，太阳常数真的恒定吗？

太阳极大期任务（Solar Maximum Mission）卫星的测量显示，从太阳接收的能量有大约 0.1% 的变化，持续几天、几周或几年，包括一种似乎与磁活动周期有关的变化。叠加在随机和周期性变化上的是太阳常数一个非常轻微的长期下降，每年大约 0.018%。这已经被其他仪器的观测所证实。这种长期下降可能与太阳的活动周期有关，其周期长于 22 年的磁活动周期。因此，细致的测量表明，太阳常数并不是真正的常数。

正如前文提到的，"小冰河时期"是欧洲和美洲的一段异常凉爽的天气，大约从 1500 年持续到 1850 年。全世界的平均温度比现在低约 1℃。这段凉爽的天气大致上与蒙德极小值相对应，这是一个太阳活动减少的时期——太阳黑子和极光出现很少，日食期间几乎看

◀ 图 8-13　由核分光望远镜阵（Nuclear Spectroscopic Telescope Array，NuSTAR）拍摄的活动区域上方的太阳大气的 X 射线图像（绿色和蓝色），与太阳动力学天文台（Solar Dynamics Observatory，SDO）拍摄的紫外图像（红色和橙色）相结合。X 射线发射来自温度超过 300 万 K 的气体，而紫外发射则来大约 100 万 K 的气体

图源：NASA/JPL-Caltech/GSFC

不到日冕。科学家们还没有完全理解太阳表面活动的这些变化如何与地球平均温度的变化联系起来。现代太阳"常数"的测量中发现的变化似乎会使地球变得略微凉爽，但我们的星球显然被观测到正在变暖。在后面一章中，你将了解更多关于太阳能量输入、人类活动和地球气候变化之间的复杂相互作用。

8-2f 其他恒星的黑子和磁活动周

太阳似乎是一颗有代表性的恒星，所以你应该期望其他恒星也有类似于太阳的"黑子"和磁活动的周期。这很难通过观测来证明，因为除了少数例外，这些恒星太小或太远，我们无法探测到其表面的细节。然而，有些恒星的亮度变化方式表明它们被黑子覆盖。当这些恒星自转时，它们的总亮度会有细微的变化，这取决于面向地球的那一面的黑子数量。高精度的光谱分析甚至使天文学家能够绘制出某些恒星表面黑子的位置（见图8-14a）。这些结果证实了我们看到的太阳黑子并非"太阳"独有。

通过与太阳的类比，在恒星光谱中发现的某些特征可能与磁场有关。太阳表面的强磁场区域在电离钙两条最强的谱线的中心波长处发出强烈的信号。这种钙发射出现在其他类似太阳的恒星的光谱中，表明这些恒星在其表面的某些位置也有强磁场。在某些情况下，这种钙发射的强度会在几天或几周的时间内变化，表明这些恒星有活动区，并且以类似于太阳的周期进行自转。这些恒星可能也有黑子。

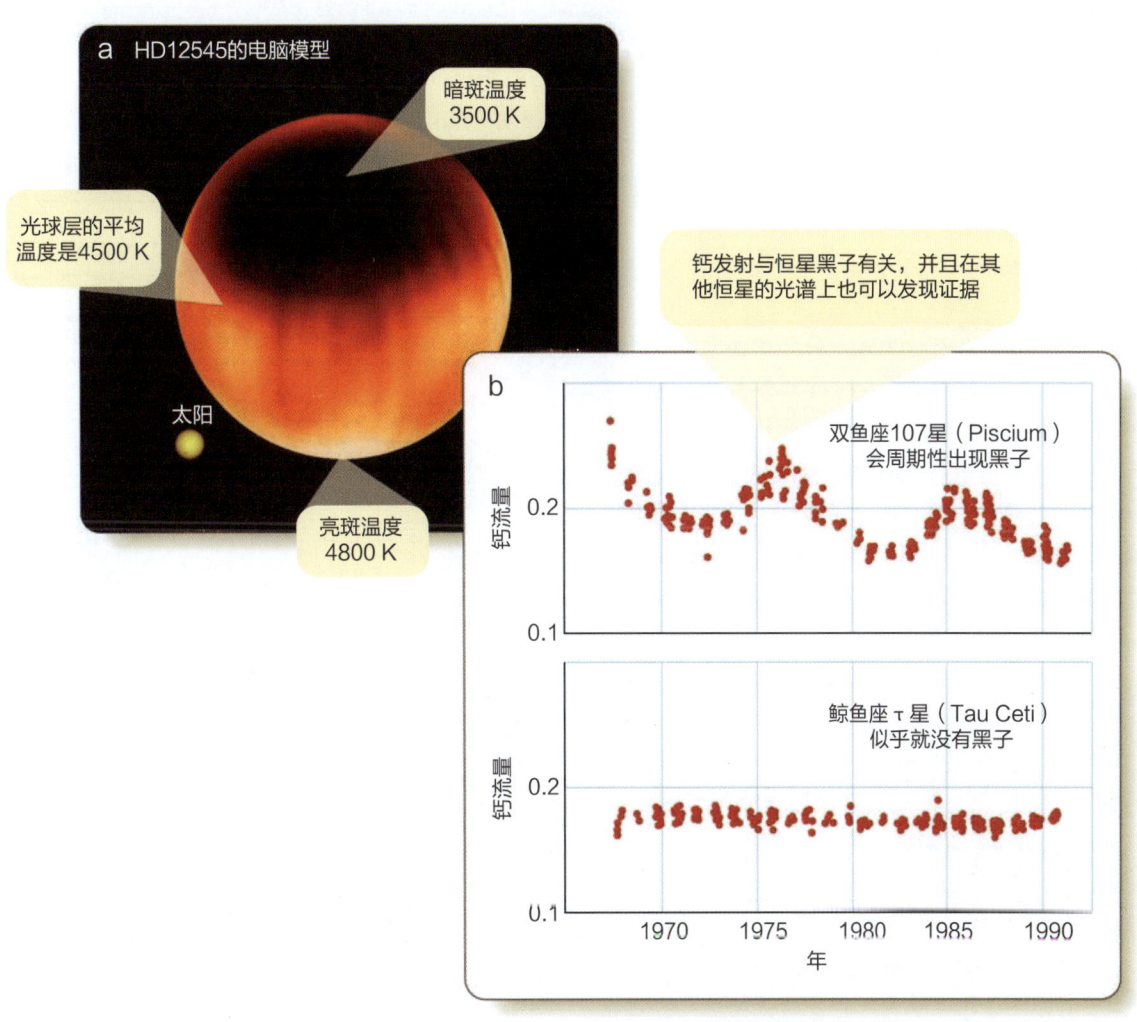

▲ **图8-14** （a）虽然只有少数恒星的角直径大到可以对表面特征进行成像，但天文学家已经发现了明确的证据，证明太阳以外的恒星也会有黑子。对HD 12545号恒星光谱中吸收线的仔细分析使天文学家能够绘制出大型黑子的位置。（b）对钙发射线的长期研究表明，一些恒星有像我们太阳上的太阳黑子群周围那样的活动区域，而另一些则没有

1966年，威尔逊山天文台的天文学家开始了一个长期项目，监测91颗恒星光谱中这些钙发射特征的强度，这些恒星的光球层温度从比太阳热1000 K到冷3000 K不等，被认为最有可能在其表面有类似太阳的磁活动。观测结果表明，钙发射的强度在数年的时间内是变化的。太阳圆面的平均钙发射强度随着太阳黑子周期的变化而变化，在一些被研究的恒星的光谱中也可以看到类似的周期性变化（见图8-14b）。例如，双鱼座107星似乎有一个持续九年的黑子周期。至少有一颗恒星——牧夫座τ星，已经被观测到其磁场的扭转。这些证据表明，类似太阳的恒星也有类似的磁活动周期，而太阳这些方面的特征是常见的。

值得注意的是，在威尔逊山进行研究的过程中，15%的类太阳恒星被发现具有非常低的活动水平；一些天文学家推测，这些恒星正处于相当于太阳的蒙德极小期。另外，使用开普勒空间望远镜的研究人员发现，在8万个样本中，有148颗太阳型恒星的"超级耀斑"比有史以来观测到的最大的太阳耀斑要强100倍以上。

践行科学

如果太阳不做较差自转，会产生什么样不同的太阳活动？ 想象一个不一样的物理系统，其中科学家为理解一个概念而设计了不同的规则。

想象一下太阳磁活动周期的巴布科克模型。如果太阳没有使其赤道的自转周期比高纬度地区的较差自转短，那么磁场就不会变得如此纠缠。因此，可能不会有太阳周期，因为扭曲的磁通管可能不会形成，通过光球层上浮并产生太阳黑子和带有日珥和耀斑的活动区域。另外，对流仍然可能使磁场纠缠，产生一些活动。导致太阳黑子和加热色球层和日冕的磁活动主要是由较差自转驱动还是由对流驱动？天文学家并不确定，但似乎有可能的是，如果没有较差自转，太阳就不会有强大的磁场和由此产生的光球层上方的高温气体。

以上想法显然只是猜测，但猜测可能具有启示性。例如，设想一个与所讨论的情况互补的方案。*如果太阳内部没有对流，它的外观会有什么不同？*

8-3 太阳中的核聚变

就像肥皂泡一样，恒星拥有在对立的力量之间平衡的结构，如果不平衡就会破坏它们。太阳是一个由热气体组成的球体，由其自身的引力维持着。如果没有太阳自身的引力，太阳内部的高温、高压气体就会向外爆炸。同样地，如果太阳不是那么热，它的引力会把它压缩成一个小而致密的物体。

在本节中，你将发现太阳是由其中心附近发生的核反应提供能量的。这些反应所释放的能量使内部保持高温，气体完全电离（意味着所有电子都不被原子核束缚）。原子的原子核究竟如何产生能量？答案就在于将原子核中的粒子固定在一起的力的作用。

8-3a 核结合能

太阳发出的光最终来自原子核内粒子的结合力。物质对其他物质的影响只有4种不同的方式。这些被称为自然界的4种基本力：引力、电磁力、弱核力（weak nuclear force）和强核力（strong nuclear force）。强核力将原子核中各粒子结合在一起，弱核力参与放射性衰变过程和某些种类的核粒子的其他相互作用。

强核力和弱核力是短程力，只在原子核内有效。核能起源于强核力：核反应打破并重组将原子核固定在一起的键的过程释放能量。相比之下，燃烧木材的过程是一个化学反应，通过打破和重组木材中的原子间的化学键来释放能量。这些键被打破和重组时释放的化学能量来自电磁力。

通过两种不同类型的反应，原子核可以释放能量。地球上的核电站使用核裂变（nuclear fission）反应，将大质量核分裂成质量较小的碎片。通常用于核燃料的铀的同位素包含的质子和中子总共235个。分裂这样一个核会产生一系列可能的碎片核，每一个都含有大约原来的铀核一半的粒子。由于碎片核比原来的铀核结合得更紧密（总势能更低），在铀裂变过程中会释放出结合能。

恒星通过另一种类型的核反应——核聚变（nuclear fusion）——将小核结合成更大、更有质量的核来产生能量。恒星内部最常见的反应，即发生在太阳中的反应，使氢核（单质子）结合产生氦核，其中包含两个质子和两个中子。就像裂变一样，由于聚变产生的核比原来的核结合得更紧密，因此释放出净能量。

图8-15中绘制的曲线显示了将各种原子的核子固定在一起的核结合能。如果某一类型的原子核的数据点

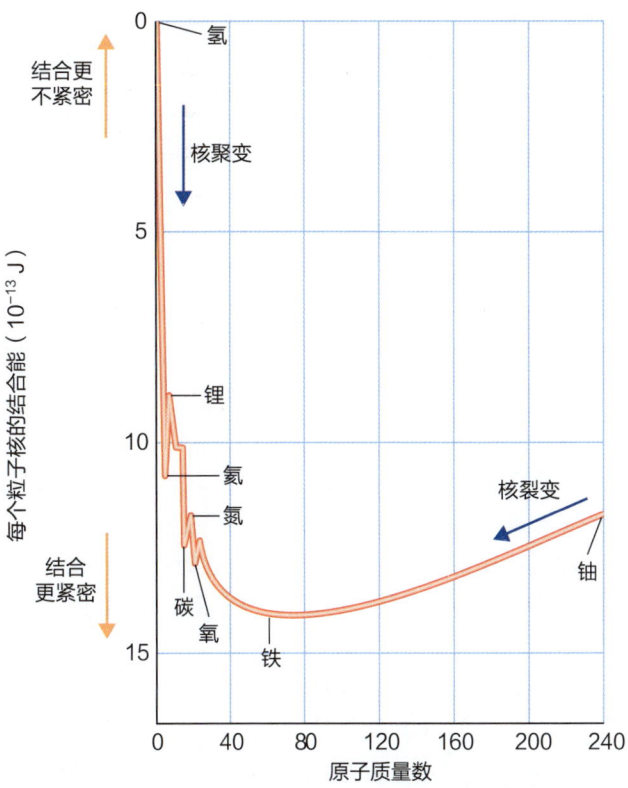

▲ 图 8-15 该图中的橙色曲线显示了每个粒子的结合能，即把粒子束缚在原子核内的能量。横轴给出了每种元素的原子质量数，即原子核中质子和中子的数量。裂变和聚变核反应都在顺着图中箭头向下"移动"，意味着反应产生的原子核比进入反应的原子核结合得更紧密，并且反应导致净能量的释放。铁的原子核结合得最紧密，所以没有任何核反应可以利用铁原子释放能量

$$E = m_0 c^2$$
$$= (0.044 \times 10^{-27} \text{ kg}) \times (3.0 \times 10^8 \text{ m/s})^2$$
$$= 4.0 \times 10^{-12} \text{ J}$$

你可以用一个简单的公式来表示太阳中的核聚变反应：

$$4\ ^1\text{H} \rightarrow\ ^4\text{He} + \text{energy}$$

在该方程中，上标表示每个原子核中的核子（质子加中子）的数量。^{1}H 代表单质子氢原子的原子核，^{4}He 代表氦原子的原子核。

这个过程中的实际步骤比这个简单的总反应所表明的要复杂得多。比起公式中的四个氢核同时碰撞（这是一个极不可能发生的事件），这个过程通常是在质子－质子链反应（proton-proton chain）中一步步进行的（见图 8-16）。质子－质子链由三个核反应组成，通过一次增加一个质子来组成一个氦核。这三个反应是：

$$^1\text{H} + \ ^1\text{H} \rightarrow\ ^2\text{H} + e^+ + \nu$$
$$^2\text{H} + \ ^1\text{H} \rightarrow\ ^3\text{He} + \gamma$$
$$^3\text{He} + \ ^3\text{He} \rightarrow\ ^4\text{He} + \ ^1\text{H} + \ ^1\text{H}$$

在第一个反应中，两个质子（两个氢核）结合在一起。强核力将质子结合在一起，而弱核力则使其中一个转化为中子，并发射出两个粒子：一个正电子

在图中较低，说明该原子核中的粒子被紧密地结合在一起。请注意，图中聚变和裂变反应都涉及从结合不紧密的核向结合更紧密的核移动。这两种类型的核反应都是通过释放原子核的结合能来产生能量的。

8-3b 氢核聚变

太阳中的核聚变反应将 4 个氢核结合成 1 个氦核。因为一个氦核的质量比 4 个氢核少 0.7%，所以在这个过程中似乎有一些质量消失了。要验证这一点，用 4 个氢核的质量减去 1 个氦核的质量即可。

$$\begin{array}{r} 4 \text{ 氢原子核} = 6.690 \times 10^{-27} \text{ kg} \\ -1 \text{ 氦原子核} = 6.646 \times 10^{-27} \text{ kg} \\ \hline \text{质量的差值} = 0.044 \times 10^{-27} \text{ kg} \end{array}$$

实际上 0.044×10^{-27} kg 这个质量差并没有消失，而是根据爱因斯坦著名质能方程（式 5-3）转化为能量：

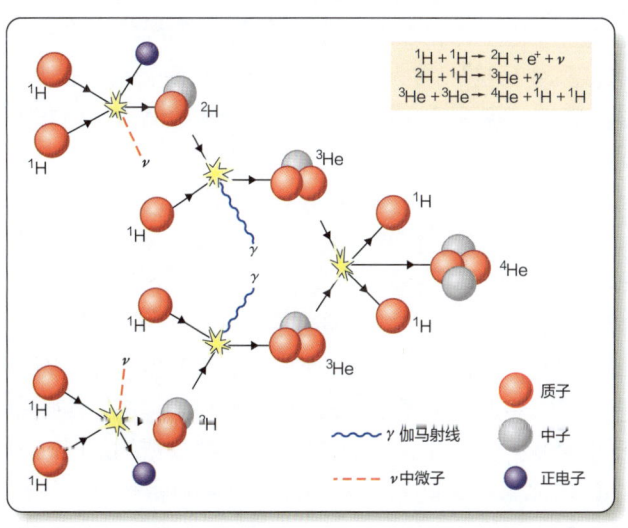

▲ 图 8-16 质子－质子链结合 4 个质子（在最左边）产生 1 个氦核（在右边）。能量主要以伽马射线（γ）和正电子（e^+）的形式产生，正电子与电子结合并将其质量转换成更多的伽马射线。中微子（ν）在不加热气体的情况下逃逸

第二部分　恒星

（positron，e⁺），即带正电荷的电子，以及一个中微子（neutrino，ν），中微子是质量极低、速度几乎等于光速的亚原子粒子。质子与中子的结合形成了一个叫作氘（^2H）的重氢原子核。

在第二个反应中，一个氘核吸收了另一个质子，随着伽马射线光子（γ）的发射，成为一个轻的氦核（^3He）。最后，两个轻氦核结合起来，形成一个普通氦核加两个氢核。因为最后一个反应需要两个 ^3He 核，所以第一和第二个反应必须发生两次。这一连串反应的净结果是 4 个氢核转化为 1 个氦核并释放能量。

质子–质子链中释放的能量以伽马射线、正电子、中微子以及所有粒子的动能的形式出现。伽马射线是一种光子，它们在传播几分之一毫米前就会被周围的气体吸收，这会使气体变热。在第一个反应中产生的正电子与自由电子结合，两个粒子都消失了，将它们的质量转化为伽马射线，伽马射线也会被吸收并帮助保持气体的温度。此外，当核聚变产生新的核子时，它们会高速飞散并与其他粒子碰撞。这种动能有助于提高气体的温度。但另外，中微子并不加热气体。中微子是几乎不与其他粒子相互作用的粒子。一般的中微子可以不受阻碍地穿过超过一光年厚的铅墙。因此，中微子不会加热气体，而是以近乎光速的速度冲出太阳，带走聚变反应产生的大约 2% 的能量。

产生一个氦核只产生少量的能量，甚至不足一只家蝇飞升 100 nm 所需的能量。由于一个反应产生的能量很小，那么很明显，反应必须以超大的规模发生，才能提供一个恒星的能量输出。例如，太阳每秒钟完成 10^{38} 次核聚变反应，将大约 400 万吨的物质转化为能量。这听起来好像太阳正在以惊人的速度失去质量，但在其估计为 120 亿年的整体寿命中，太阳只是将其总质量的约 0.1% 转化为了能量。

一个常见的误区是，太阳中发生单个核聚变的概率非常高。毕竟，一毫克（大约相当于一个火柴头的质量）氢的核聚变产生的能量相当于燃烧 5 加仑汽油的能量。然而真实情况是，在任何时候，只有极小部分的氢原子在聚变成氦，而且太阳中的核反应分布在其核心的一个大体积中。任何一克物质都只产生少量的能量。一个正常体重的人吃常规的饮食，每克物质产生的热量大约是太阳核心中的物质的 3000 倍。就每一克物质而言，你是一个比太阳更有效率的产能者。太阳产生大量的能量是因为它的核心含大质量的物质。

原子核彼此非常接近时，才会发生聚变反应。由于原子核带有正电荷，它们以一种叫作库仑力的静电力相互排斥（第 7-1c 节）。物理学家通常把这种对核碰撞的电磁阻力称为库仑势垒（coulomb barrier）。为了克服这一势垒并靠近，原子核必须发生剧烈的碰撞。除非气体非常热，使原子核以足够高的速度运动，否则足够剧烈的碰撞是罕见的。（回顾一下，一个物体的温度与它的粒子的运动速度有关。）即便如此，两个质子的聚变也是一个非常不可能的过程。如果你能跟踪太阳核心中的一个质子，你会看到它每秒遇到并弹开其他质子数百万次，但如果你跟踪它上十亿年，会发现它有 50% 的概率穿透库仑势垒，与另一个质子结合。

由于核反应对粒子碰撞的依赖性，太阳中的反应只发生在其核心附近，那里的气体是高温和高密度的。高温确保了核子之间的碰撞是剧烈的，而高密度确保了有足够的碰撞概率从而每秒有足够的反应次数使能以太阳的速率产能。质子–质子链反应需要高于约 400 万 K 的温度。

8-3c 太阳中的能量输运

现在你已经准备好跟随能量从太阳的核心到表面。你将在后面一章中了解到，天文学家计算出的模型表明，太阳中心的温度必须达到约 1600 万 K，太阳才能稳定。与此相比，太阳的表面非常"凉爽"，只有大约 5800 K。热量总是从热区向冷区移动，所以能量必须从太阳的高温核心向外流动到较冷的表面，然后辐射到太空。

由于核心很热，那里的光子是伽马光子。每当伽马光子遇到一个物质粒子——电子或原子核——它就会被偏转，或散射或反弹到一个随机的方向，它慢慢地向外漂移到表面，同时被转换为几个能量较低的光子。太阳内部以辐射的形式向外输运能量，所以天文学家把这个区域称为辐射区（radiative zone）。

最初在太阳核心产生的能量，以辐射的形式向外传播，最终到达太阳的外层，那里的气体足够冷，没有完全电离。部分电离的气体对辐射的透明度比完全电离的气体低得多。因此，在这一点上，流向太阳表面的能量像水坝后面的水一样被堵住，气体开始在对流中翻腾。热的气团上升，冷的气团下沉。在这个被称为对流层（convective zone）的区域，能量不是以光子的形式而是以循环的气体的形式向外输运（见图 8-17）。上升的热气团向外输运能量，但下沉的冷气团也是循环的一个必要部分。其结果是能量继续向外净输运。在本章前面，已经介绍了在太阳光球上观测到的米粒组织和超米粒组织的特征；这些是能量通过对流从太阳内部到达太阳表面的可见效应。

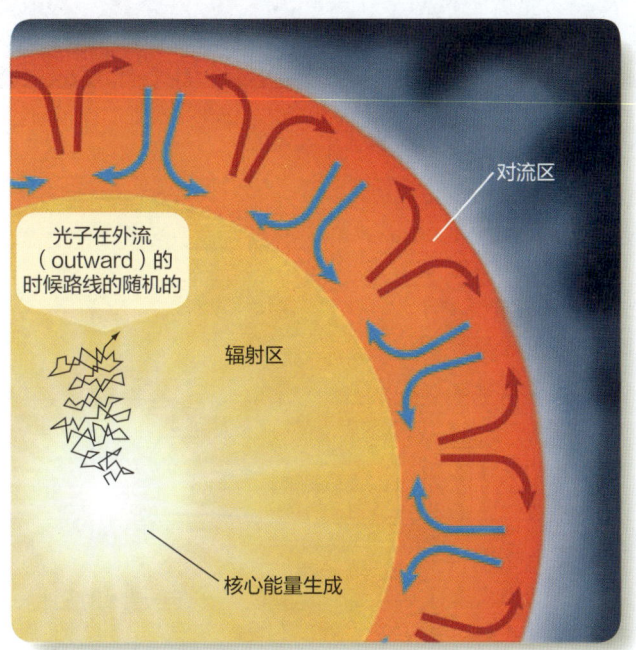

▲ 图 8-17　太阳内部的一个截面。在核心附近，核聚变反应维持着高温。能量以光子的形式通过辐射区向外输运，在与电子的碰撞中一次又一次地随机偏转，逐渐到达表面。在更冷、更不透明的外层，能量由上升的热气体流（红色箭头）和下沉的冷气体流（蓝色箭头）输运

太阳中心产生的以单伽马光子形式辐射的能量，可能需要数百万年的时间先以辐射的形式，后以对流的形式向外完成能量输运。当这些能量最终到达光球层时，它以大约 2000 个可见光的光子的形式辐射到太空。

现在是时候问一个关键问题了，而这个问题是科学的核心：有什么证据可以支持这个关于太阳如何发光的理论解释？

8-3d　太阳中微子计数

太阳中心的核反应产生了大量的中微子，它们穿透太阳进入太空。每秒钟有超过 10^{14}（100 万亿）个太阳中微子流经你的身体，但你从未感觉到它们，因为你对中微子来说几乎是完全透明的。如果你能探测到这些中微子，你就可以探测太阳的内部。你不能用透镜或镜面聚焦中微子，它们会直接穿过用于计数其他原子粒子的探测器，但某些能量的中微子可以触发一些原子的放射性衰变。这给了天文学家一个探测中微子的方法。

在 20 世纪 60 年代，化学家雷蒙德·戴维斯（Raymond Davis Jr.）创造了一个可以利用太阳氢核聚变产生的能量计数中微子的装置。他在南达科他州一个金矿的底部埋下了一个 10 万加仑的清洗液（全氯乙烯，C_2Cl_4）罐子，其他类型的宇宙射线无法到达这里，并且他发明了一种方法，通过计数中微子与罐中氯原子碰撞产生的氩原子计数中微子。

戴维斯的中微子实验引起了巨大的争议。它被期望每天探测到一个中微子，但实际上它的数量只达到预期的 1/3——在那个 10 万加仑的罐子里，每三天只捕捉到一个太阳中微子。科学家们对太阳的核聚变的认知是错误的吗？他们是否误解了中微子的行为方式？探测器没有正常工作吗？因为天文学家有理由相信他们对太阳内部的理解，他们没有立即放弃他们的假说（我们如何得知 8-2）。

花了 30 多年时间，最终物理学家能够建造出另一个更好的中微子探测器（见图 8-18）。他们发现，中微子在三种不同的类型中来回变化[①]，物理学家称之为

图源：Photo courtesy of SNO

▲ 图 8-18　萨德伯里中微子观测站（Sudbury Neutrino Observatory）是一个直径为 12 m 的球，其中含有丰富的氘（重氢）水，以代替普通的氢。它埋在安大略省一个矿井下 2100m（6800 英尺），可以探测到所有三种"味"的中微子，并证实中微子是振荡的

[①] 这被称为中微子振荡。——译者注

我们如何得知 8-2

科学的信心

科学家怎么能确信某件事情呢？

有时，科学家在面对与自己的假说矛盾的主张时如此坚定地坚持自己的想法，以至于听起来似乎他们只是顽固地拒绝考虑替代方案。为了解实际情况，你可以参考永动机，这是一种据称可以在没有能源来源的情况下持续运行的设备。如果你能发明一个真正的永动机，那么你可以制造出不需要任何燃料就能运行的汽车。

几个世纪以来，许多人声称发明了永动机，而同样长的时间里，科学家们一直将这些说法视为不可能。永动机的问题在于它违反了能量守恒定律，而科学家不愿意接受这个定律可能是错误的。事实上，巴黎皇家科学院非常确定永动机是不可能的，而且对揭穿骗局感到非常厌倦，以至于在 1775 年他们发表了一份正式声明，拒绝处理这些骗局。美国专利局的政策是，如果不先看到一个工作模型，它甚至不会考虑启动一个专利程序。

几个世纪以来，人们一直试图设计永动机，但没有一个成功。科学家们深知背后的原因

为什么科学家在这个问题上显得如此顽固和封闭？为什么一个人对永动机的信念和另一个人对能量守恒定律的信念不一样有效？事实上，这两种立场并非同样有效。物理学家对该定律的信心不是一种信念，甚至不是一种观点；它是建立在该定律已被测试过无数次且从未失败这一事实之上的一种认识。相反，从来没有人成功地证明过永动机。能量守恒定律是自然界的一个基本真理，可以用来理解什么是可能的，什么是不可能的。

当第一次观测到的太阳中微子比预测的要少时，一些科学家猜测天文学家误解了太阳是如何产生能量的，或者他们误解了太阳的内部结构。但是天文学家顽固地拒绝否定中微子理论模型，因为质子-质子链反应的核物理学已被充分理解，而且太阳结构的模型已被其他测量方法成功地测试过多次。天文学家对他们对太阳的理解的信心是科学确定性的一个例子。这种对基本自然规律的信心，使他们在面对一个与之矛盾的观测时不会放弃几十年的工作。

科学家们看似固执，其实是基于他们对已经被反复检验过的基本原理的信心。这些原则使科学之船的龙骨不至于在每一阵微风面前都摇摆不定。在看到所谓"永动机"之前，你的物理学家朋友就可以警告你不要投资这样的项目。

"味"（flavor）。太阳中的核反应只产生一种味，而戴维斯实验被设计为只能探测（品尝）这种味的中微子。但在从太阳核心到地球的 8 分钟旅程中，中微子多次改变了味，以至于在它们到达地球时，它们均匀地分布在三种不同的味中。这就是为什么戴维斯实验只检测到最初预测的 1/3 的数目的中微子。另外，在 2014 年，来自质子-质子链反应第一步的中微子以预测的速度被探测到；这些中微子数量更多，但能量更低，因此比戴维斯实验测量的中微子更难探测。新的观测结果以及对中微子特性理论的改进，已经完全证实了太阳中的核聚变模型。

人类的经验范围似乎永远无法直接触及太阳的核心，但对太阳中微子的计算提供了证据去证实相关理论——太阳通过核聚变产生能量。

践行科学

为什么核聚变要求气体的温度很高？是否有其他选择？ 回答这些问题需要科学家们重温一下关于原子和热能的基本物理学的知识。偶尔重新考虑和探寻基本原理，是践行科学的重要部分。

在恒星内部，气体非常热并被电离，这意味着电子已经从原子上剥离，留下裸露的、带正电的原子核。就氢原子而言，原子核只有单一质子。这些原子核由于带正电而相互排斥，因此，如果它们要克服这种排斥力并接近到足以聚变的程度，就必须以高速相互碰撞。如果气体中的原子快速移动，那么气体必须有很高的温度，因此核聚变要求气体非常热。如果气体的温度低于约 400 万 K，氢就不能聚变，因为质子不会剧烈碰撞以克服其正电荷的排斥力。尽管有相反的谣言，但似乎没有任何"捷径"允许核聚变在更低的温度下发生。

很容易看出为什么太阳中的核聚变需要高温，但现在考虑一个关于基本物理规律的相关问题：**为什么高密度有助于核聚变？**

我们是什么

阳光

我们生活在离恒星非常近的地方，并依靠它来生存。我们所有的食物都来自陆地或海洋上的植物所捕获的阳光。我们要么直接吃这些植物，要么吃以这些植物为食的动物。无论你昨晚吃的是沙拉、海鲜还是奶酪汉堡，你都是在阳光下进餐，这要感谢光合作用。

为人类文明提供动力的几乎所有能源都来自太阳，古代植物进行光合作用，之后这些植物被深埋并转化为煤炭、石油和天然气。新技术正在利用玉米、大豆和糖等植物产品制造能源。这都是被储存的太阳能。风车产生电力，但风的吹动是因为吸收不均匀太阳的热量。光电池直接利用太阳光发电。甚至我们的身体也已适应利用阳光来帮助制造维生素 D。

我们的星球被太阳温暖；如果没有这种温暖，海洋将是冰，大气层将是一层冰霜。有时候我们会把太阳称为"我们的太阳"或"我们的恒星"。太阳的确是"我们的"，因为我们是阳光下的生物。

9 恒星家族

图源：Y. Beletsky/ESO

▲ NGC 3766 星团，位于半人马座约 5500 光年之外，可以看到许多发光的蓝色主序星和两颗红超巨星

测量是科学的基础，但对遥远的天体进行测量往往是困难的。为了探索恒星的性质，天文学家们以巧妙的方式使用望远镜、光度计、照相机和摄谱仪来了解隐藏在星光中的秘密，其结果是得到了恒星的全家福。

在本章中，你将找到关于恒星的 5 个重要问题的答案：

- ▶ 如何确定恒星的距离？
- ▶ 如何计算恒星能产生的能量？
- ▶ 如何通过恒星光谱确定它们的温度？
- ▶ 如何计算恒星的大小？
- ▶ 如何计算恒星包含的质量？

现在，我们将离开太阳系，开始研究点缀在天空中的数十亿颗恒星。从某种意义上来说，恒星是宇宙的基本组成部分。如果你希望了解宇宙是什么，我们的太阳是什么，我们的地球是什么，以及我们是什么，那么你需要先了解恒星。

当你知道如何找到恒星的基本属性，你就为在下一章中追踪恒星从生到死的历史做好了准备。

> "爱"是指引迷舟的
> 一颗恒星，
> 你可量它多高，
> 它所值却无穷。
>
> ——威廉·莎士比亚，《十四行诗》第116首

莎士比亚把爱情比作恒星，因为恒星随处可见，甚至可以用来引导船只，恒星真正的性质却完全不为人所知。莎士比亚与伽利略同年出生，而且他和当时的其他人一样，不知道恒星到底是什么。要了解宇宙的历史，地球的起源，以及你在宇宙中的位置，你可以从发现恒星的真正属性开始，而这是莎士比亚所处时代的人所不知道的。

但你马上就遇到了一个问题，要找出恒星的真正属性是非常困难的。通过大型望远镜观测一颗恒星时，你看到的只是一个光点，真正了解恒星需要仔细分析星光。本章集中讨论了5个目标：知道恒星有多远，它们发出多少能量，它们的表面温度是多少，它们有多大，以及它们包含多少质量。当你读完本章时，你将会知道我们的恒星——太阳，是如何融入恒星家族的。

9-1 恒星距离

要想知道一颗恒星其他几乎所有的事情，你首先需要知道它距离我们有多远。知道距离是至关重要的，但它也是天文学中最难测量的。天文学家已经找到了一些方法来估计远处物体的距离，但每一种方法最终都依赖于一种几何方法，这种方法很像测量员用来测量他们无法直接到达的物体的距离的方法。

9-1a 测量员的三角测量法

为了测量到一个地标的距离，如河对岸的一棵树，一队测量人员首先将两根桩子打入地下，它们相隔已知的距离（见图9-1），桩子之间的距离就是测量的基线。他们使用测量仪器，从基线的两端瞄准远岸的树木，并测量他们在河边的两个角度，这就建立了一个大的三角形，其角由两个桩子和树标记。

现在，测量人员知道了这个大三角形的两个角的大小和角之间的边长，他们可以通过简单的三角函数计算出河的宽度。例如，如果基线长50 m，两个角的角度分别是66度和71度，那么从基线到河对面的树的距

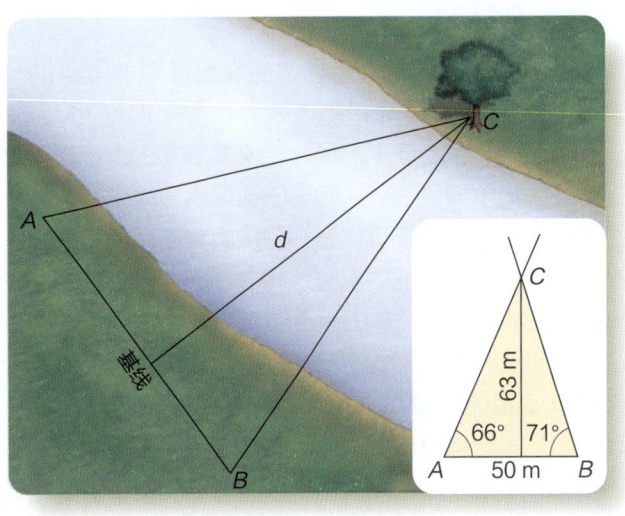

▲ 图9-1 你可以通过测量基线的长度和角度 A 和 B，然后构建一个三角形的比例图或使用三角函数来计算，从而找到跨越河流的距离 d

离一定是63 m。

一个物体离我们越远，准确测量其距离所需的基线就越长。你可以用一条50 m长的基线来测量一条河的距离，但要测量与地平线上的一座山的距离，你可能需要一条1000 m长的基线。同理，测量更远的距离需要更长的基线。

9-1b 天文学家的三角测量法

为了找到恒星的距离，天文学家使用了一条非常长的基线，即地球轨道的直径。如果你拍摄了一张邻近恒星的照片，然后等待6个月，地球将围绕其轨道移动一半，你就可以从地球轨道的另一侧拍摄该恒星的另一张照片。在这个例子中，你的基线等于地球轨道的直径，即2个天文单位（AU），加上从两个观测位置到恒星的连线，可以勾勒出一个细长的三角形（见图9-1）。

当你比较这两张从地球轨道上不同位置拍摄的照片时，你会发现，相对于背景星来说，邻近的恒星并不在同一个位置。恒星位置的这种变化被称为视差（parallax），它是由于观测者位置的变化而导致的观测到的物体位置的明显变化。在第4章"概念艺术·宇宙的古代模型"的图1a中，有一个日常的例子，当用一只眼睛和另一只眼睛分别进行观察时，一个与手臂平行的拇指在远处的背景下似乎发生了位置变化。在这种情况下，基线是观察者两只眼睛之间的距离，视差是观察者改变他或她的观察眼睛时，拇指看起来移动的角度。观察者与拇指的距离越远，从同一基线的两端，即观察者的两只眼睛来看，拇指的视差就越小。

第二部分 恒星

9-1c 视差和距离

由于恒星非常遥远，它们的视差呈现非常小的角度，通常以角秒表示。天文学家对恒星视差（stellar parallax，用 p 表示）的概念定义是在 1 AU 的基线上观测到的恒星的位移。这相当于地球轨道的半径，而不是直径。天文学家测量视差，测量员测量基线两端的角度，这两种测量方法揭示的是同一件事：已知基线的三角形的形状和大小，从而测定与观测对象的距离。

为了从一颗恒星的测量视差中找到与它的距离，天文学家使用你已经在小角公式中看到的相同计算方法（公式 3-1）。想象一下，你可以从这颗恒星上观测我们的太阳系。如图 9-2 显示，你测量到的太阳和地球之间的最大角距离等于恒星的视差 p。回顾一下，小角公式关系到一个物体的角直径、线直径和它的距离。

$$\frac{\text{角直径}(\text{角秒})}{2.06 \times 10^5} = \frac{\text{线直径}}{\text{距离}} \quad (\text{Eq. 3-1})$$

（回顾第 3 章，常数 2.06×10^5 是一个转换系数，即一弧度中的角秒数）。

对于图 9-2 而言，角直径是视差角 p，线直径——三角形的底端——是 1 AU。那么稍微重新排列一下，小角公式就可以告诉你到恒星的距离 d，等于 2.06×10^5 除以视差 p，以角秒为单位。

$$d(\text{AU}) = \frac{2.06 \times 10^5}{p(\text{角秒})}$$

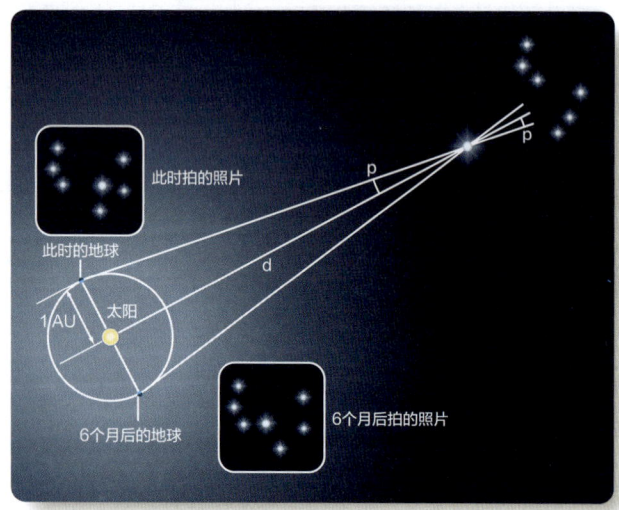

▲ 图 9-2 你可以通过从地球轨道周围的两个点拍摄来测量附近恒星的视差。例如，你可以在现在拍摄它，并在 6 个月后再次拍摄，此时地球的位置已经偏移了 2AU

① 肉眼能观测到的恒星都是银河系内的。——译者注

因为即使离地球最近的恒星的视差也小于 1 角秒，所以以 AU 为单位的距离是不方便的大数字。为了保持数字的可控性，天文学家们将秒差距（parsec，pc）定义为恒星距离的主要单位。一个 pc 等于 2.06×10^5 AU，这让视差方程变得更简单。

> **式 9-1 视差 – 距离方程**
> $$d(\text{秒差距}) = \frac{1}{p(\text{角秒})}$$

因此，1 pc 是指在 1 AU 基线上测量的视差为 1 角秒的物体的距离。

例子： 牵牛星的视差为 0.195 角秒，它距地球有多远？

解答： 以秒差距为单位的距离等于 1 除以 0.195，等于 5.13 pc。

$$d(\text{pc}) = \frac{1}{0.195} = 5.13 \text{ pc}$$

一个 pc 等于 3.26 光年，所以牵牛星离我们有 16.7 光年。

天文学家们经常使用 pc 为单位，因为它简化了通过观测到的视差计算距离的过程。然而，在有些情况下，光年（ly）作为单位也很方便。在本章之后的章节中，会根据情况使用秒差距或光年。

测量恒星视差是非常困难的，因为它们的角度太小了。离太阳最近的可见恒星是半人马座 α，它的视差只有 0.747 角秒，而更遥远的恒星的视差甚至更小。要想知道这些角度有多小，可以拿起一张纸——在手臂的距离处，这张纸的厚度对眼睛所张的角约为 30 角秒，那么其他恒星视差有多小则可想而知。

地球大气层会使星体图像变得模糊，即使在最好的观测点，恒星也至少有 0.5~1 角秒的直径，所以我们很难从地球表面测量视差。即使天文学家把许多观测数据进行综合评估，他们也不能在地球观测站获得误差小于 0.002 角秒的视差。因此，如果从地球上测量 0.02 角秒的视差，相当于 50 pc（约 160 光年）的距离，误差可能是 10%——这是天文学家在视差测量上可以接受的最大不确定性。从 1838 年首次测量恒星视差开始，使用地面望远镜的天文学家已经能够为大约 10 000 颗距离不超过 50 pc 的恒星准确地测量视差。

1989年，欧洲航天局发射了依巴谷天文卫星（High Precision Parallax Collecting Satellite, Hipparcos），从地球轨道上测量恒星视差，可以不受地球大气层的影响。这颗卫星观测了4年，数据被用来制作两份视差数据记录：一份列出了12万颗恒星，其视差比地面测量值精确20倍，另一份列出了100多万颗恒星，其视差与地面测量值一样精确。依巴谷天文卫星的数据使天文学家对恒星的性质有了新的认识。

欧洲航天局在2013年发射了盖亚天文卫星（Gaia Astrometry Satellite），它被设计用来测量10亿颗恒星的视差，这些恒星的视星等超过20等。这些数据将有助于我们首次绘制出银河系真正的三维图，2016年他们发布了一个包含200万个视差的初始星表。

9-1d 自行

天空中的所有恒星，包括太阳，都在围绕银河系中心的轨道运动。在人的一生中，这种运动并不明显，但经过几个世纪的时间，它可以大大改变星座的形状（见图9-3）。

如果你在几年的时间里对一小片天空进行多次拍摄，精确的测量结果中不仅可以发现周期性的视差运动，还可以发现一些恒星在更遥远的恒星背景下不断移动，这种运动被称为恒星的自行（Proper Motion），通常以"角秒/年"为单位。例如著名恒星列表中的两颗星：织女星，夏季天空中一颗明亮的蓝白色恒星，其自行为每年0.350角秒；参宿七（Rigel），冬季天空中一颗明亮的蓝白色恒星，每年的自行只有0.002角秒。这两颗恒星在天空中的亮度几乎相同，颜色和温度也差不多，但是参宿七的自行还不到织女星的1/100。这意味着什么呢？

如果一颗恒星几乎直接朝向或远离你运动，它的自行会很小，在天空中的位置会缓慢变化，虽然不太可能，但还是会发生。一颗恒星自行小的另一个原因是，它可能离你很远——即使这颗星在空间中快速移动，你也看不出太大差异。这就解释了为什么距离为260 pc（由依巴谷天文卫星视差测量确定）的参宿七有一个较小的自行，而距离仅为7.7 pc的织女星有一个较大的自行。尽管参宿七比织女星远34倍，但它们在天空中的视亮度几乎相同，据此可以得出结论：参宿七一定比织女星发出更多的光。

织女星和参宿七的对比暗示了天文学家如何利用自行来识别可能在附近的恒星。如果观察飞行中的鸟类，你就会看到这种效果。鸟儿一般以大致相同的真实速度移动，但是远处的鸟儿在天空中的移动速度似乎更加缓慢，而近处的鸟儿则会快速地在你的视野中飞过。如果一颗恒星的自行很小，那么它可能是一颗遥远的恒星，但是一颗自行很大的恒星可能离我们很近。

9-2 视亮度、内禀亮度和光度

如果你在黑暗的公路上看到一盏灯，很难说它到底有多大的能量，它可能是远处卡车上明亮的车灯，也可能是附近自行车上昏暗的车灯（见图9-4）。显然，一个物体看起来有多亮，不仅取决于它发出的光的多少，而且还取决于它与你的距离。

一颗刚能够被你的眼睛看到的六等星看起来很微弱，但是它的视星等并不能告诉你它实际有多亮。（回顾一下第2-1d和2-1e节，复习用来描述恒星表面亮度的视星等系统）。现在你知道了如何找到恒星的距离，你可以用这些距离来确定恒星的内禀亮度（Intrinsic Brightness）。"内禀"在这里意味着"是属于这个东西的"，所以一颗恒星的内禀亮度是指这颗恒星所发出的光线总量。

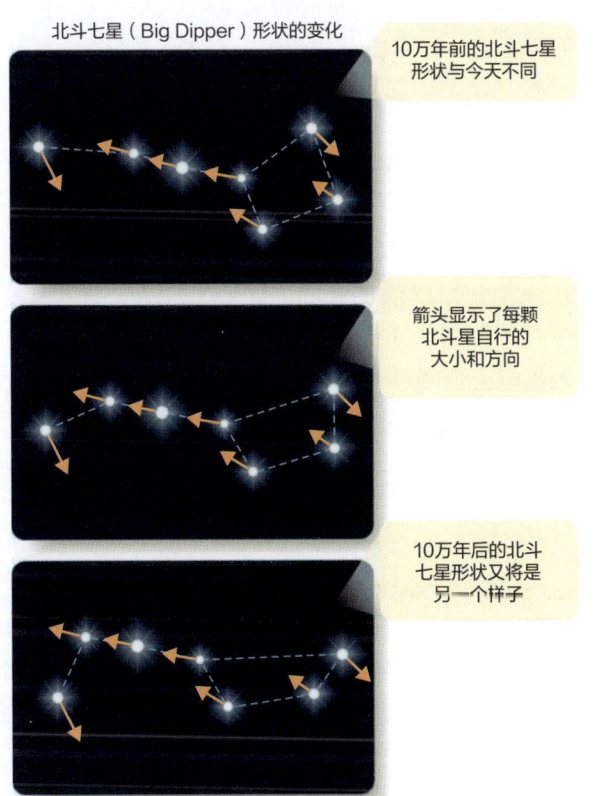

▲ 图9-3 自行是指从地球上看到的单个恒星位置和星座形状的缓慢变化，是由恒星在空间的实际运动引起的

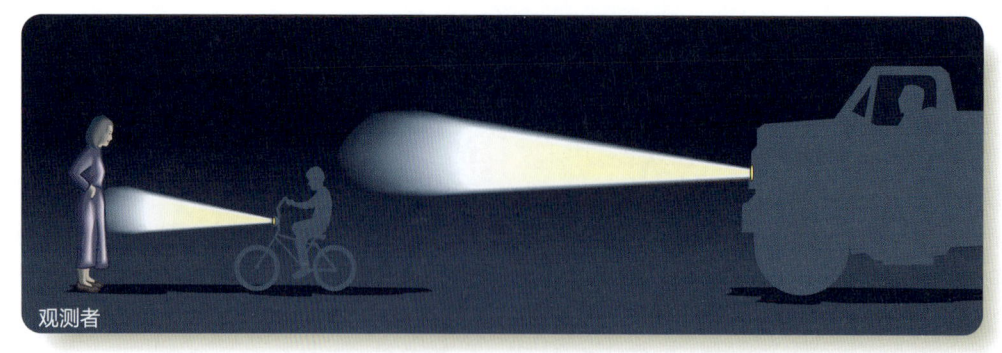

▲ 图9-4 要判断一个光源的真实亮度，你需要知道它的距离有多远。远处卡车上的头灯可能看起来和附近的自行车上的灯一样亮，但你完全不知道它们的真实距离

9-2a 亮度和距离

当你看一束光时，你的眼睛对落在你眼睛视网膜上的可见光光子做出反应，你感受到的表面亮度与进入你眼睛的能量通量有关。通量（flux）是以瓦特每平方米（W/m^2）来衡量的，换句话说，一定时间内落在一平方米面积上的能量，以瓦特（J/s）计算。

光源的通量（视亮度）是由平方反比定律决定的，在第5章（图5-5）中首次介绍了平方反比关系，牛顿猜测引力的强度会随着距离平方的增大而呈反比下降，此前他已经确定光有这样的行为。换句话说，牛顿发现，如果他与光源的距离增加一倍，光源的亮度（他收到的光通量）就会下降到2^2分之一，即1/4。如果他把距离增加3倍，亮度（光通量）就会下降到3^2分之一，即1/9。到达你眼睛的光通量和你与光源距离的平方成反比。

你可以看到，如果你知道一颗恒星的视星等（表示地球上接收到的恒星通量）和它与你的距离，你就可以用平方反比定律来修正距离，并了解这颗恒星的内禀亮度。在下一节，天文学家将使用特殊的星等单位来表示内禀亮度。

9-2b 绝对视星等和距离

如果所有的恒星与地球的距离都一样，你就可以把一个恒星和另一个恒星进行比较，可以很容易看出哪个恒星发出的光更多，哪个更少。当然，星星分散在不同的距离处，你不能把它们移到同样的距离进行比较。然而，如果你知道与一颗恒星的距离，你就可以用平方反比定律来计算这颗恒星在某个标准距离上的亮度。天文学家将10 pc作为标准距离，并将一颗恒星的绝对目视星等（Absolute Visual Magnitude，M_v）称为它在10 pc位置上的视目视星等。因此，绝对目视星等是恒星内禀亮度的一种表达方式。

要测量一颗恒星的绝对目视星等，首先要测量它的视目视星等（换句话说，它的亮度），这是一个相对容易的任务。然后，你需要知道与该星的距离，如果这颗星在附近，你可以测量它的视差并计算出距离。知道了距离，就可以使用将在下一节中介绍的"星等－距离公式"来修正视亮度和距离，找到绝对目视星等。

绝对目视星等符号中的下标V提醒你，它是一个视星等，只包括人眼能看到的光的波长。其他的星等系统是基于电磁波谱的其他部分，如红外和紫外波段。

太阳与其他恒星相比有什么优势？太阳在天空中是非常明亮的，但它也非常近，它的绝对目视星等只有4.8。换句话说，如果太阳离地球有10 pc（大约33光年，这在天文学上并不是一个很大的距离），它看起来并不会比小北斗柄上最微弱的恒星更亮。

已知的最亮恒星的绝对目视星等约为-8.3，这意味着这样一颗恒星在距离地球10 pc时，将比金星亮25倍以上。这样的恒星的内禀亮度比太阳还亮13个星等，这意味着它们在可见光波段上发出的光比太阳多10万倍以上（回顾一下表2-1）。相比之下，已知的最暗恒星的绝对目视星等约为16，比太阳暗11等，这意味着它发出的可见光为太阳的1/25 000。现在，你应该对恒星特征较宽的范围有了比例感。

9-2c 计算绝对目视星等

如果你知道一颗恒星的目视星等和它与地球的距离，可以计算出绝对目视星等。"星等—距离公式"（magnitude - distance formula）展示了视目视星等m_v、距离d和绝对目视星等M_v的关系：

式 9-2a 星等－距离公式
$$m_v - M_v = -5 + 5\log(d)$$

表达式 log 是指以 10 为底的对数。有时，可以重新排列方程，并将其写成这种更方便的形式：

式 9-2b　星等 – 距离公式
$$d = 10^{(m_v - M_v + 5)/5}$$

这两个方程实际上只是一个方程的两个版本，所以你可以在一个特定的问题中使用最方便的形式。如果你知道距离，第一种形式的方程很方便，但如果你想找到距离，第二种形式的方程更好用。

例子： 著名的北极星距离地球 133pc，视目视星等为 +2.0，它的绝对视星等是多少？

解答： 用计算器计算，log（133）等于 2.12，接着用它求解，可以知道北极星的绝对目视星等是 –3.6。如果它离地球只有 10 pc，它的光芒将主宰夜空。

9-2d　光度（恒星的总能量输出）

恒星的光度（luminosity, L）是指恒星在 1 秒钟内辐射出的总能量。热的恒星会发出大量你看不到的紫外辐射，而冷的恒星则主要发出红外辐射。绝对目视星等只包括可见的辐射，所以天文学家需要做一个修正——有时是相当大的修正——来计算不可见的能量，然后他们可以根据绝对目视星等计算出恒星的总光度。

天文学家经常用太阳单位（solar unit）来表示光度，$2.5 L_\odot$ 表示光度是太阳的 2.5 倍。要想知道一颗恒星以瓦为单位的光度，只需乘以太阳的光度，即 3.8×10^{26} W。例如，著名的毕宿五（Aldebaran）的光度约为太阳的 170 倍，相当于约 6.5×10^{28} W。

光度最大的恒星每秒发出的能量至少是光度最小的恒星的 10 亿倍。很明显，恒星家族有着有趣的特点。

9-3　恒星光谱

正如你在第 7 章中所了解的，对谱线的分析可以给你提供关于太阳、行星和恒星大气中的原子类型的信息。在 19 世纪末和 20 世纪初，当天文学家首次对恒星光谱进行仔细研究时，在不同恒星的光谱之间观测到的明显差异表明，恒星的组成成分类型十分广泛。

在第 8-1e 节中，你读到了塞西莉亚·佩恩的故事，她利用原子物理学和量子力学等新领域的信息，重新解释了太阳和恒星的光谱。佩恩的计算表明，太阳和其他恒星中 90% 以上的原子必须是氢，其余大部分是氦（请回看表 8-1）。佩恩指出：①太阳和其他恒星的化学成分非常相似；②光谱实际上主要提供了关于恒星温度的信息，这意味着具有相似光谱的恒星一定具有相似的温度。

9-3a　巴耳末温度计

回看第 7 章"概念艺术·原子光谱"，回顾一下光谱吸收线是如何在恒星大气中产生的。形成光谱的光来自光球层和大气层的透明气体，因此，光谱只包括关于恒星外层的直接信息。

佩恩发明的用光谱来测定恒星温度的主要方法之一，现在被称为巴耳末温度计（balmer thermometer）。从第 7-2c 节中关于黑体辐射和维恩定律的信息中，你已经知道天文学家是如何通过颜色来估计一颗恒星的温度的，但是人眼可见的氢的谱线结合其他谱线可以提供更高的精度。

巴耳末温度计的工作原理是，巴耳末线的强度取决于恒星表面的温度，热的和冷的恒星都有弱的巴耳末线，但是中等温度的恒星有强的巴耳末线。这是因为巴耳末吸收线只由电子处于第二能级的原子产生。

如果一颗恒星温度很低，原子之间很少有激烈的碰撞来激发电子，大多数原子的电子都处于基态，而不是第二能级。处于基态的电子不能吸收巴耳末线系的光子，因此在低温恒星的光谱中只能找到微弱的巴

践行科学

为什么两颗恒星在天空中看起来是一样的，却有着截然不同的光度？科学家可能会问自己这样一个问题，以思考已知的恒星视亮度、光度和距离之间的关系。

一颗恒星距离我们越远，它看起来就越暗，这就是平方反比定律。著名的织女星和参宿七的视星等差不多，这意味着你的眼睛从它们身上接收到的光通量是一样的。但是来自依巴谷天文卫星的视差观测显示，参宿七比织女星远 34 倍，所以参宿七的光度一定是织女星的 1000 倍以上。

距离往往是了解恒星亮度的关键，但温度也可能是重要的。再回顾一下，我们是如何了解恒星的。为什么将非常热或非常冷的恒星的绝对目视星等转换为亮度时，天文学家必须对其进行修正？

第二部分　恒星　163

耳末吸收线。另外，在高温恒星的表面，有许多剧烈的原子碰撞，可以将电子激发到高能级，甚至可以使电子完全离开原子而使原子电离。在这种情况下，也很少有氢原子的电子在第二轨道上形成巴耳末吸收线。因此，热的恒星和冷的恒星一样，有着微弱的巴耳末吸收线。

在中等温度的恒星中（大约10 000 K）碰撞的强度和速度恰好可以将大量的电子激发到第二能级。该温度下的氢在巴耳末线的波长上很好地吸收了光子，并产生了强烈的（暗）谱线。

理论计算可以预测不同温度恒星的巴耳末线应该有多强，这种计算是通过恒星光谱得到温度的关键。图9-5a 中的曲线显示了不同温度恒星的巴耳末线强度。你可以从图中看到，同一巴耳末线对应的恒星可能有两种温度，一种高，一种低。你如何得知哪个是正确的呢？你必须检查除氢以外的其他物质的谱线，以确保得到正确的温度。

氢以外的元素的光谱线强度也取决于温度，但每种元素的谱线达到最大强度时的温度是不同的（见图9-5b）。如果把一些化学元素添加到你的图表中，你将有一个强大的辅助工具来确定恒星的温度（见图9-5c）。例如，如果你在一颗恒星的光谱中发现中等强度的巴耳末线和强氦线，可以断定它的温度约为20 000 K。如果相反，这颗恒星有弱氢线、中等强度的电离钙线和强电离铁线，你就会认为它的温度约为5500~6000 K，与太阳的温度相似。

低于 3500 K 的恒星光谱含有由氧化钛（TiO）等分子产生的暗带。由于它们的结构特点，分子可以吸收许多波长的光子，产生许多紧密间隔的谱线，这些谱线混合在一起形成波带。这些分子带只出现在最冷的恒星的光谱中，因为如前所述，冷恒星中的分子不出现会使它们分散地剧烈碰撞。

9-3b 温度光谱型

在 19 世纪 90 年代，哈佛大学天文台的天文学家们发明了第一个被广泛使用的恒星光谱分类系统。其中一位科学家安妮·卡农（Annie J. Cannon），亲自观测了超过 25 万颗恒星的光谱。光谱最初被分为 A~Q 组，但其中一些组后来被放弃，与其他组合并，或重新排序。最后的分类方案包括七个主要的"温度光谱型"（Temperature Spectral Types），用 O, B, A, F, G, K, M 表示，至今仍在使用。（一代又一代的天文学学生用记忆法记住了光谱类型的顺序，"哦，做个好

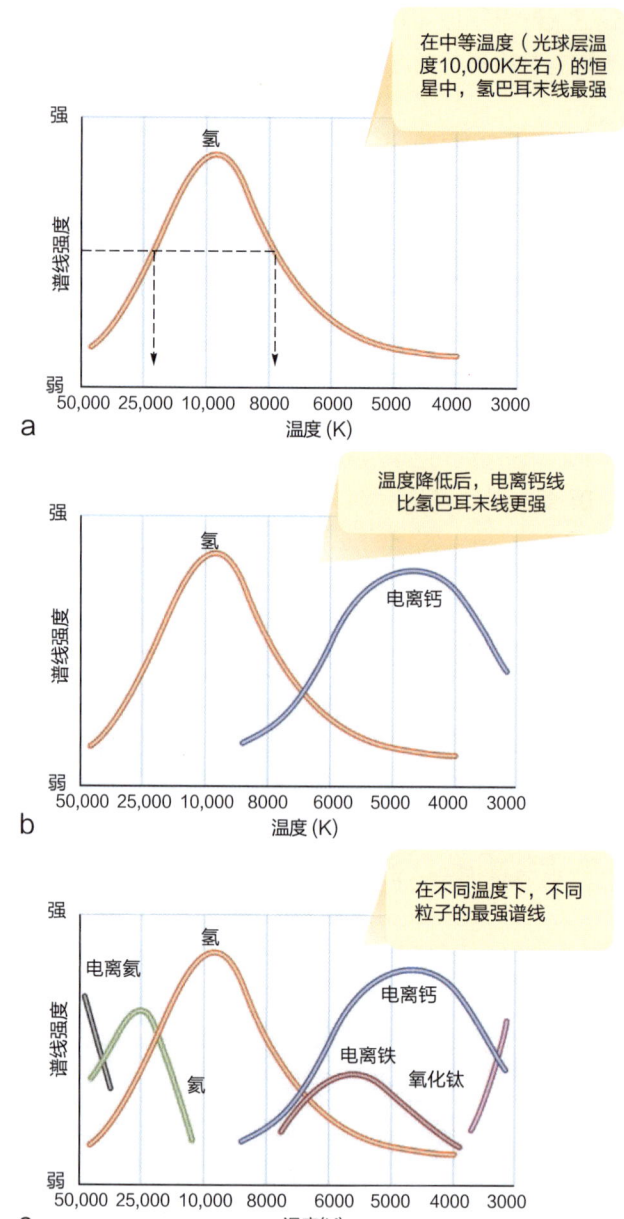

▲ 图 9-5 光谱线的强度可以告诉你一颗恒星的温度，这是塞西拉·佩恩在 20 世纪 20 年代发现的一个原理。（a）仅仅有氢巴耳末线是不够的，因为它们给出了两种可能的答案。强烈的巴耳末线意味着恒星的温度在 10 000K 左右，但是弱的或中等强度的巴耳末线可以由一个非常热的或非常冷的恒星产生。（b）在图中加入另一个原子会有帮助，（c）在图中加入许多原子和分子会产生一个精确的辅助工具来测定恒星的温度

女孩 [家伙]，吻我"；Oh, Be A Fine Girl [Guy], Kiss Me. 你也许可以自己发明一个更好的。）

这种恒星光谱序（spectral sequence）是一个温度序列，O 型恒星是最热的，温度沿序列递减到 M 型恒星，是最冷的。为了更精确地定义，天文学家将每

表 9-1　不同光谱型的温度

光谱型	近似温度	氢巴耳末线	其他光谱特征	裸眼可见的恒星举例
O	40,000	弱	电离氦	猎户座 λ（O8）
B	15,000	中	中性氦	水委一（B3）
A	8500	强	弱电离钙	天狼星（A1）
F	6600	中	弱电离钙	老人星（F0）
G	5500	弱	中等电离钙	太阳（G2）
K	4100	非常弱	强电离钙	毕宿五（K5）
M	3000	非常弱	强氧化钛	参宿四（M2）

个光谱类型分为 10 个亚型。例如，A 光谱型由 A0、A1、A2、…、A8、A9 等子类型组成，接下来是 F0、F1、F2 等。太阳不仅是一个 G 型星，而且是一个 G2 型星。这种更精细的划分使一颗恒星的温度精度约为 3%。表 9-1 对图 9-5c 中的一些信息进行了分解，并根据光谱类型进行了介绍。例如，如果一颗恒星有微弱的巴耳末线和电离氦线，那么它一定是一颗 O 型星。

图 9-6 中排列了 13 个恒星光谱，最热的在上，最冷的在下。在这些光谱中，你可以很容易地看到谱线的强度是如何取决于温度的，刚刚介绍的巴耳末温度计尤其明显。氢的巴耳末线在具有中等温度的 A 星中最强，在较热的星（O 和 B）中较弱，在较冷的星（F 到 M）中也较弱。

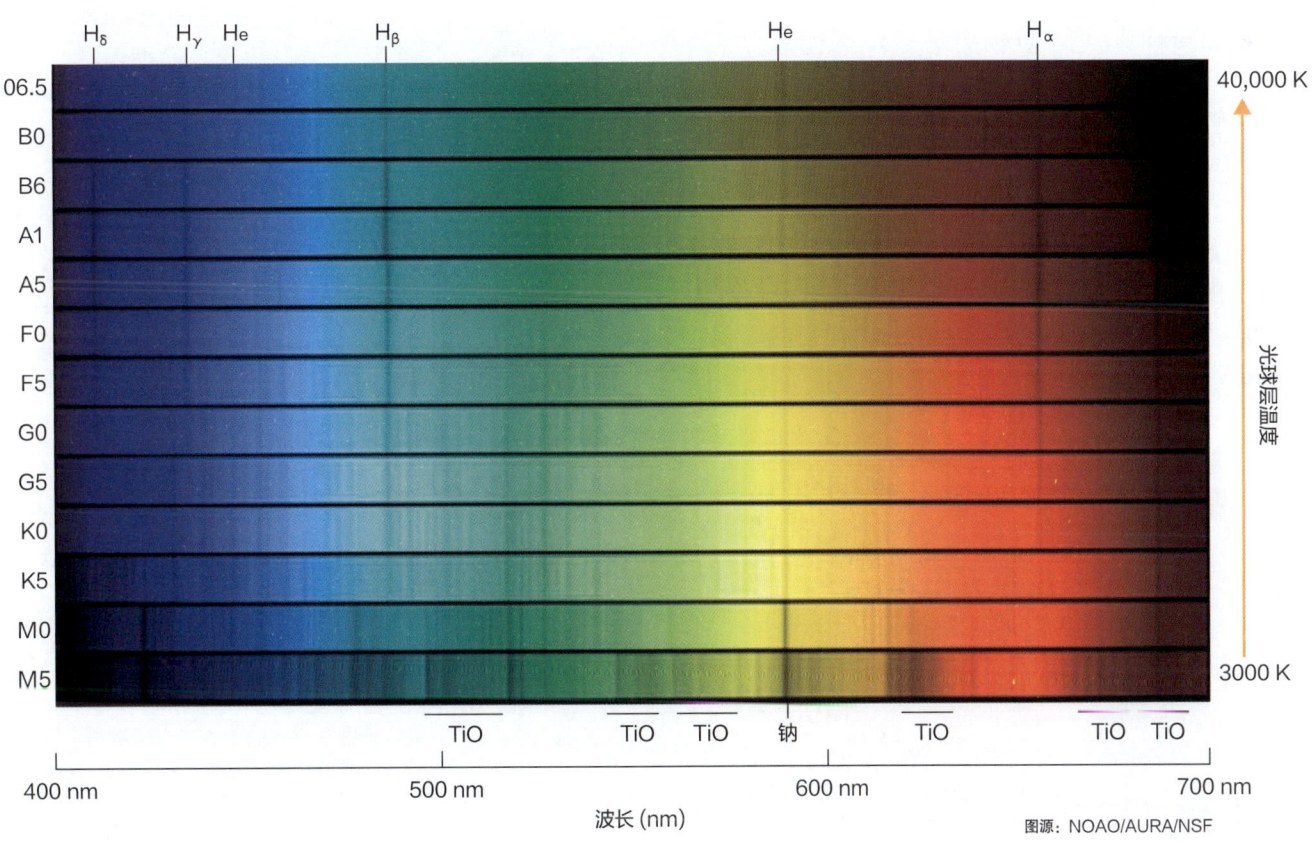

▲ 图 9-6　恒星光谱的彩色照片，从顶部热的 O 型星到底部冷的 M 型星。氢的巴耳末线在 A0 型恒星的光谱中最强，但是黄色的两条紧密间隔的钠线在温度很低的恒星中最强，氦线只出现在最热的恒星的光谱中。请注意，顶部光谱中可见的氦线与较冷恒星中可见的钠线的波长几乎相同，但不完全相同。由氧化钛（TiO）分子产生的波段在温度最低的恒星光谱中很强

虽然这些光谱的彩色照片很有吸引力，但如今的天文学家通常不会以图像的形式来处理光谱。相反，正如你在第 7-3 节中了解到的，光谱通常是以强度与波长的关系图来显示的，图中的暗吸收线就是光谱中的凹陷（见图 9-7）。与彩色照片相比，这种强度-波长的光谱更有利于天文学家进行详细的分析。请注意，图像整体具有黑体谱的形状，谱线叠加在上面。对温度最低的恒星来说，强度最大的波段在红外；而对温度最高的恒星来说，则在紫外。仔细观察这些图，你可以看到氦线只在最热的恒星光谱中可见，而氧化钛带只在最冷的恒星光谱中可见。在 390 nm 左右的波段，你可以看到两条电离钙线，其强度从 A 型到 K 型呈增加趋势，然后从 K 型到 M 型呈减小趋势，因为这些谱线的强度取决于温度，所以只需要几秒钟就可以研究清楚一颗恒星的光谱并估计其温度。

接下来介绍一些关于著名恒星的新知识。天狼星是一颗 A1 型星，而织女星是一颗 A0 型星，因此，它们的温度和颜色几乎相同，而且在光谱中都有很强的氢巴耳末线。猎户座中明亮的橙色恒星是参宿四，是一颗低温的 M2 型恒星，而猎户座中蓝白色的参宿七是一颗高温的 B8 型恒星。北极星是一颗比我们的太阳还要热一点的 F8 型星，而半人马座 α 是可观测到的离太阳最近的恒星，是一颗黄白色的 G2 型星，就像太阳一样。

对光谱型的研究已有一个多世纪的历史，但天文学家们仍在不断发现和定义新的类型。1998 年发现的 L 型矮星（L dwarf），比 M 型星更冷更暗，它们被认为是比恒

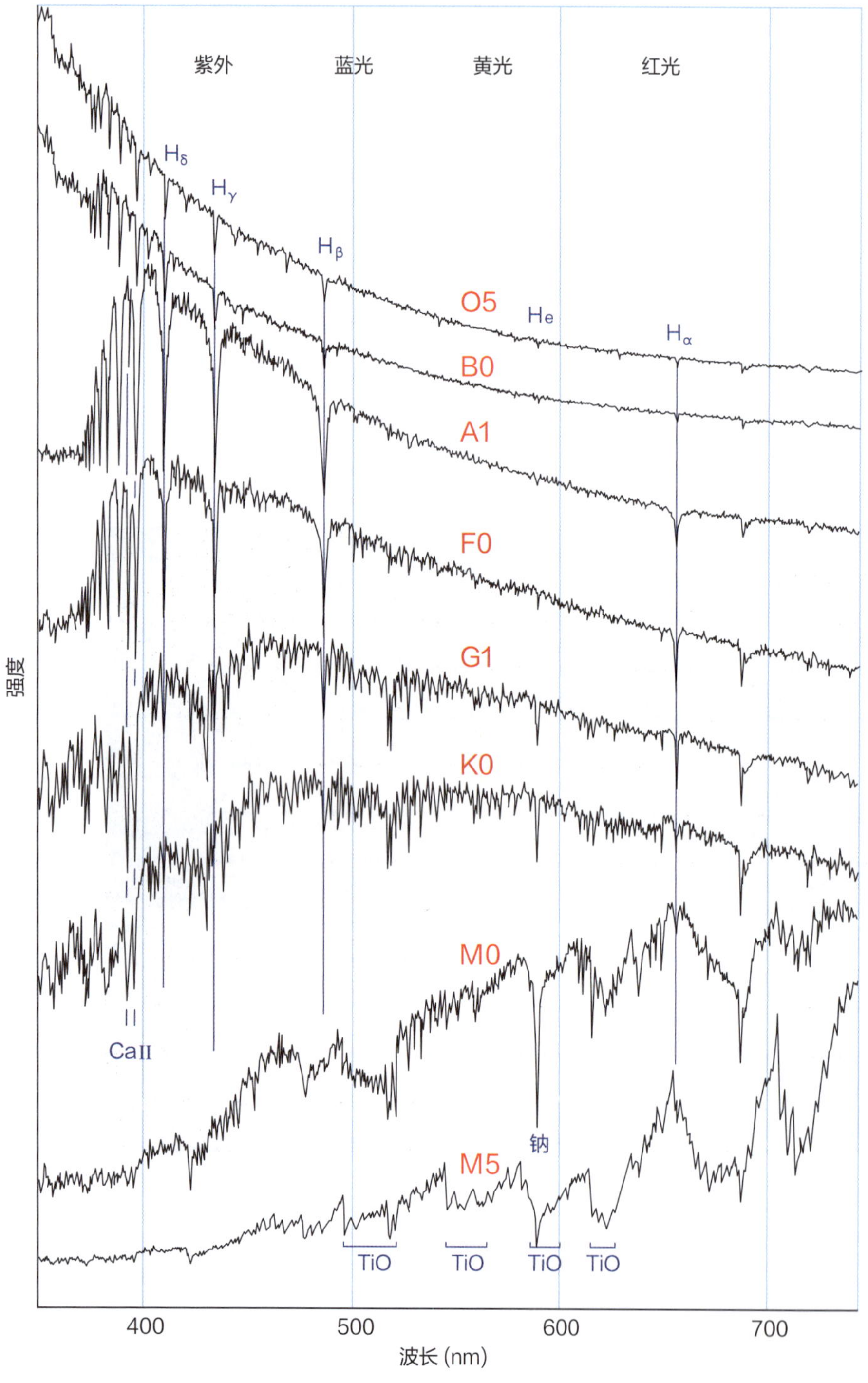

◀ 图 9-7 现代数字光谱通常表示为强度与波长的关系图，暗吸收线在曲线上显示为尖锐的凹陷。最热的恒星在上面，最冷的在下面。氢的巴尔末线在 A0 型光谱中最强，而电离钙（Ca II）线在 K 型星中最强，氧化钛（TiO）带在 M 型星中最强。将这些光谱与图 9-5c 和 9-6 进行比较

图源：NOAO/AURA/NSF/ G. Jacoby, D. Hunter, and C. Christian.

星小但比行星大的天体，因此被命名为褐矮星（brown dwarf）。我们将在后面的章节中介绍更多关于它们的信息。M 型星的光谱包含由金属氧化物产生的带，如氧化钛，但 L 型矮星的光谱包含由更脆弱的分子产生的带，如铁氢化物（FeH）。2000 年发现的 T 型矮星（T dwarf）是一种比 L 型矮星更冷、更暗的褐矮星，它们的光谱显示出甲烷（CH_4）和水蒸气的吸收线（见图 9-8）。2011 年，天文学家使用高度敏感的红外探测器和大型地面望远镜，发现了一类温度低于 500 K 的天体，被称为 Y 型矮星（Y dwarf）。

9-4 恒星的大小

现在，知道了恒星的光度，你就可以了解它们的大小了。通常用半径或直径来表示。回想一下，天文学家无论用多大的望远镜，他们看到的恒星几乎都是一个光点而不是一个圆盘。使用干涉测量技术（回看第 6-5d 节），少数恒星的尺度已经被测量出来，极少数恒星的表面特征已经被区分出来，著名的参宿四（Betelgeuse）就是"极少数恒星"之一。但有一个直接的方法可以确定恒星的大小，如果你知道一颗恒星的温度和光度，你可以直接计算出它的半径。

9-4a 光度、半径和温度

要通过一颗恒星的光度算出它的大小，首先需要回忆一下第 7-2c 节中提到的决定黑体（如恒星）能量输出的两个因素：表面积和温度。你可以在烛光下吃晚饭，因为蜡烛火焰的小小表面积照亮了你。虽然火焰很热，但它不能辐射出很多热量，因为它的光度很低。然而，如果烛火有 12 英尺（约 3.7 米）高，它就会有非常大的表面积来进行辐射，尽管它可能不比普通的烛火热，但它的光度会把你从桌子上吓跑（见图 9-9）。

同样地，如果一颗热星的表面积小，它可能不会很亮，但是如果它有一个大的表面积来辐射，它的光度就会很大。另一方面，即使是一颗冷的恒星，如果它有一个大的表面积，也可以是很亮的。

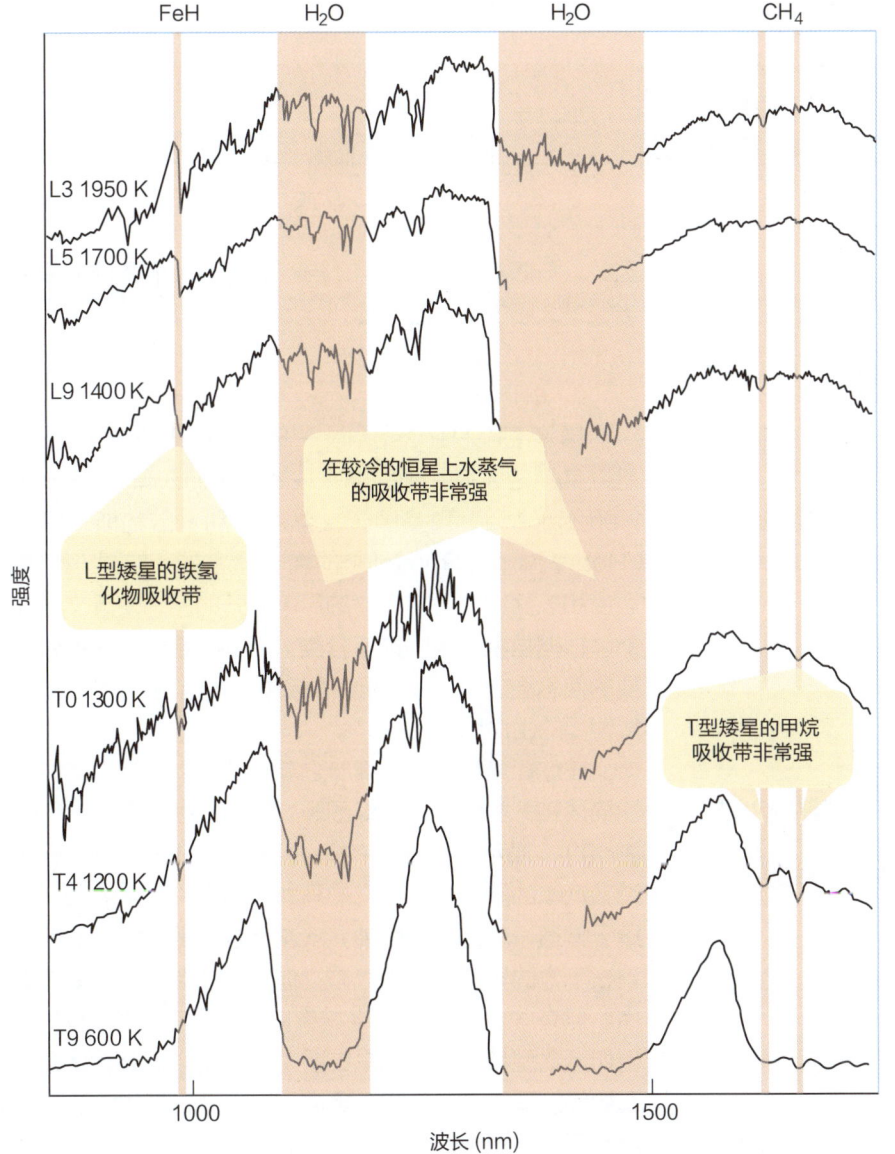

◀ 图 9-8 这 6 张红外光谱显示了 L 型矮星和 T 型矮星之间的差异。M 型星的光谱（图 9-7，底部）显示了氧化钛带（TiO），但是 L 型和 T 型矮星非常冷，如铁氢化物（FeH）、水（H_2O）和甲烷（CH_4）这样的其他分子在它们的光谱中占主导地位

第二部分 恒星

▲ 图9-9 从火山中涌出的熔岩并不像蜡烛火焰那样热，但熔岩流的表面积比蜡烛火焰更大，辐射的能量也更大，在没有保护装备的情况下接近熔岩流是很危险的

图源：Krafft/Science Source

现在你可以练习一下在已知温度和大小的情况下，进行恒星光度的简单计算了。前文在讨论黑体辐射的斯特藩-玻耳兹曼定律（式7-1）时，提到了恒星这样的不透明物体的表面每平方米每秒发射的能量等于σT^4。因此，恒星的光度可以写成它的表面积（平方米）乘以它每平方米的辐射量：

$$L = (\text{surface area}) \times \sigma T^4$$

因为恒星是一个球体，你可以使用这个几何公式：表面积$=4\pi R^2$。那么，光度就是：

$$L = 4\pi R^2 \sigma T^4$$

如果你用相对太阳的比例来表示光度、半径和温度，有一个更简单的方程式。

式9-3 光度、半径和温度

$$\frac{L}{L_\odot} = \left(\frac{R}{R_\odot}\right)^2 \left(\frac{T}{T_\odot}\right)^4$$

请注意，天文学家们用符号☉来指代太阳。因此，$L_\odot$指的是太阳的光度，$T_\odot$指的是太阳的温度。

例1：一颗恒星的半径是太阳10倍，但表面温度只有太阳的一半，这个恒星的光度是多少？

解答：将这些数值代入方程：

$$\frac{L}{L_\odot} = \left(\frac{10}{1}\right)^2 \left(\frac{1}{2}\right)^4 = \left(\frac{100}{1}\right)\left(\frac{1}{16}\right) = 6.25$$

因此，这颗恒星的光度是太阳的6.25倍。

现在，如果你知道一颗恒星的光度和温度（以太阳的值为单位），你可以用同样的公式来确定它相对于太阳的大小。

例2：假设你测量了一颗恒星的光度和视差，测定了它的内禀亮度。它的光谱表明它的温度是太阳的2倍，这样你就可以修正它的内禀亮度，使之包括非可见辐射（回顾第9-3d节），并计算出它的总光度是40 $L_\odot$。相对于太阳的半径，这颗星的半径是多少？

解答：如果你把相对于太阳的光度和温度的数值输入公式，你就可以找到半径：

$$\frac{40}{1} = \left(\frac{R}{R_\odot}\right)^2 \left(\frac{2}{1}\right)^4$$

对半径进行求解，你可以得到：

$$\left(\frac{R}{R_\odot}\right)^2 = \frac{40}{2^4} = \frac{40}{16} = 2.5$$

所以半径是：

$$\frac{R}{R_\odot} = \sqrt{2.5} \approx 1.6$$

因此，一颗光度为太阳40倍、温度为太阳2倍的恒星半径是太阳的1.6倍左右。

9-4b 赫罗图

赫罗图（Hertzsprung-Russell/H-R diagram）是以其创始人荷兰天文学家埃希纳·赫茨普龙（Ejnar Hertzsprung）和美国天文学家亨利·诺利斯·罗素（Henry Norris Russell）的名字命名的，它是一个将温度和表面积对恒星光度的影响分开的图，使天文学家能够根据恒星的大小进行分类。赫罗图是天文学中最重要的信息图之一，在后面的章节中，这个图将帮助你了解恒星的生命周期。

在你探索赫罗图的细节之前，试着看一下你可能用于描述和分类汽车的类似图表。你可以画一个图（见图9-10），显示各种汽车的马力与重量的关系。一般来说，汽车的重量越大，它的马力就越大，大多数汽车都属于普通汽车的某个序列，从左上方的重型大马力汽车到右下方的轻型小马力汽车，你可以把这称为汽车的主序。但有些汽车的马力比其重量对应的正常值大得多，例如运动型和赛车型汽车在图中的位置会较高；其他汽车如经济型汽车，在相同重量的汽车中，其功率低于正常水平，在图中处于较低位置。就像这个图可以用发动

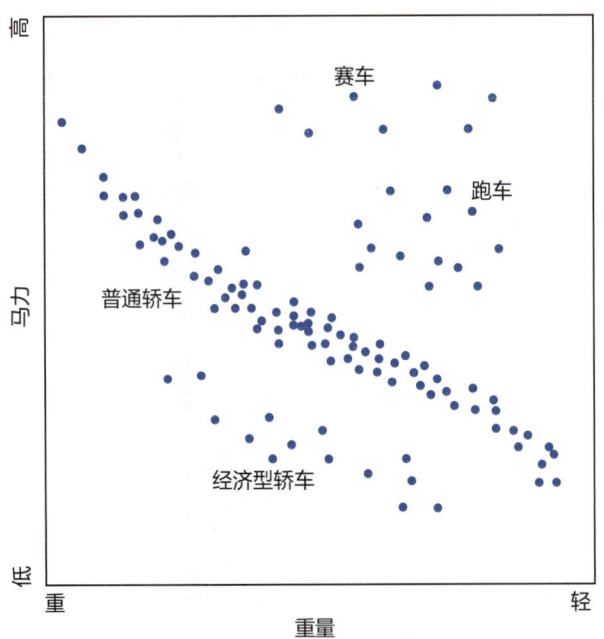

▲ 图9-10 你可以通过绘制汽车的马力与重量的关系来分析汽车，从而揭示各种车型之间的关系，大多数汽车的特性都处于"正常"汽车的主序上

9-4c 巨星、超巨星和矮星

图9-11所示赫罗图中，位于赫罗图左上方到右下方的恒星构成的弧线被称为主序（main sequence），它包括大约80%的恒星。正如你所猜想的那样，热主序恒星比冷主序恒星更亮。

注意，在赫罗图中，一些冷的恒星位于主序之上。虽然它们温度较低，但是这些巨星（giant）也很明亮，这意味着，它们必须有更大的表面积，因此比相同温度的主序星有更大的直径。换个使你有比例感的说法，这些巨星大约比太阳大10~100倍。一些位于赫罗图最顶端的超巨星（supergiant）的直径是太阳的1000多倍，为了直观地了解最大的恒星的大小，想象一下太阳有一个网球那么大，那么，最大的超巨星将有一个体育场那么大。

赫罗图底部是"经济车型"，这些恒星由于非常小，所以光度很低。位于主序下端的红矮星（red dwarf），在赫罗图的右下角，不仅相对较小，而且温度也很低，这使它们的光度很低。相比之下，白矮星（white

机功率来将汽车进行分组一样，赫罗图也是根据大小将恒星分为不同的组。

赫罗图的纵轴表示光度，横轴表示温度，一颗恒星在图上用一个点来表示，标志着它的光度和温度。图9-11中的H-R图还包含一个横跨顶部的光谱型标尺。正如前文所述，一颗恒星的温度决定了它的光谱型，所以你可以用光谱型或温度作为横轴。

在赫罗图中，一个点的位置可以告诉你关于它所代表的恒星的很多信息。靠近图中顶部的点代表光度非常高的恒星，而靠近底部的点代表光度非常低的恒星。靠近图中右边缘的点代表温度非常低的恒星，而靠近图中左边缘的点代表温度非常高的恒星。绘制图9-11所示赫罗图的艺术家用颜色来表示恒星的温度，正如在第7-2b节关于维恩定律的介绍中提到的，红色的恒星是冷的，蓝色的恒星是热的。天文学家们使用赫罗图时，通常会跳过"代表恒星的点"这几个字，相反，他们会说一颗恒星位于图中的某个位置，尽管恒星在赫罗图中的位置与恒星在宇宙中的位置毫无关系。此外，如果说一颗恒星在赫罗图中"移动"，一般是因为它"变老了"，它的光度和温度也发生了变化，但是这个图中的"移动"与恒星在空间的运动没有任何关系。

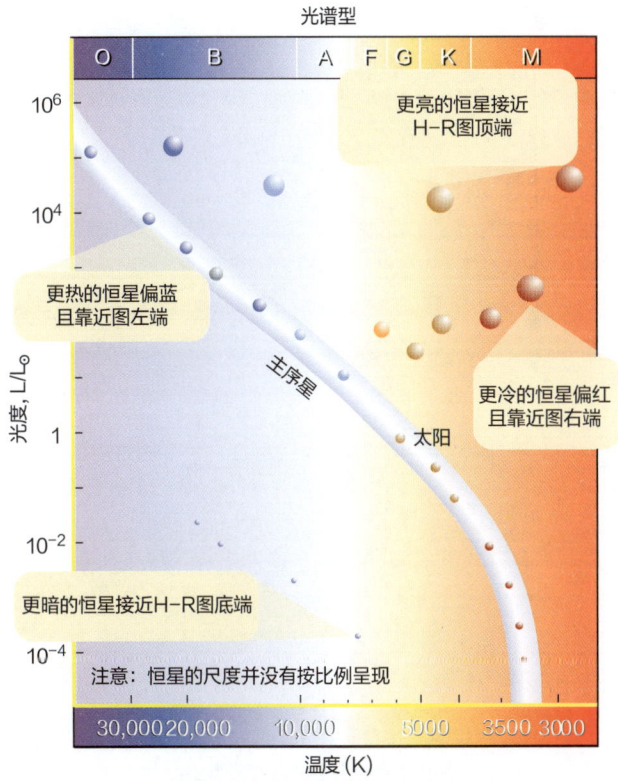

▲ 图9-11 在H-R图中，一颗恒星用一个点来表示，所处位置显示出该恒星的光度和温度，该图中的背景颜色表示恒星的温度。太阳是一颗黄白色的G2型星，包括太阳在内的大多数恒星都沿着主序带，从左上方的高光度热星到右下方的低光度冷星

第二部分 恒星

dwarf）位于 H-R 图的左下方，虽然它们温度很高，但它们的光度比你预期的要低，这肯定意味着它们的尺度非常小，比红矮星还小。同样，如果太阳有网球那么大，白矮星就只有沙粒那么大。尽管一些白矮星是已知的最热的恒星之一，但它们尺度太小，只有很小的表面积，这就使它们的光度很低。

前文介绍的与恒星的光度、温度和半径有关的方程式，可以用来在赫罗图中画出恒定半径的精确线条。这些线在图中向下和向右倾斜，因为在相同大小的情况下，较冷的恒星比较热的恒星更暗。图 9-12 列出了一些著名恒星的光度和温度，以及等半径线。例如，找到标有 $1R_\odot$（1 个太阳半径）的线，注意它穿过代表太阳的点，位于这条线上的任何恒星的尺度都与太阳相当。接下来，看一下主序上的其他恒星，它们的大小从太阳

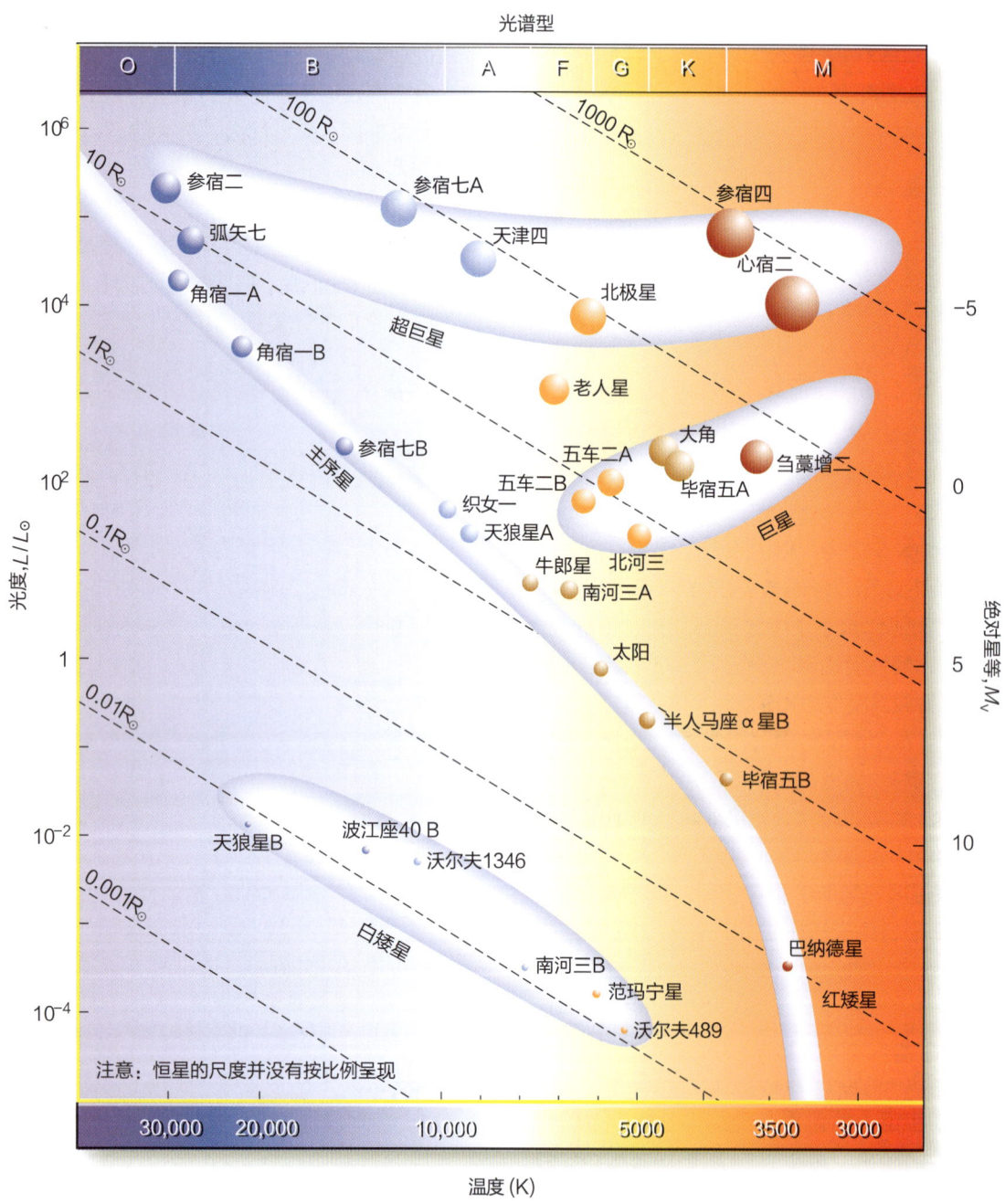

▲ 图 9-12　显示许多著名恒星光度和温度的赫罗图。（互相绕转的单个恒星被标识为 A 和 B，例如角宿一 A 和 B。）虚线是等半径线，该图恒星的尺度未按比例呈现。如果太阳只有网球那么大，最大的超巨星就会有一个体育场那么大，而白矮星只有沙粒那么大

的 1/10 到 10 倍不等，尽管主序在整个图中向右急剧倾斜，但大多数主序恒星的大小都差不多。相比之下，图中左下方的白矮星非常小，只有太阳直径的 1/100，大约是地球的大小，而且，正如你已经了解的，右上方的巨星和超巨星与主序星相比非常大。

注意到恒星的巨大尺度范围——超巨星比小白矮星大 10 万倍，你就可以理解为什么著名的参宿七比织女星的光度大得多了。它们的温度几乎相同，但参宿七是一颗超巨星，其辐射的表面积比织女星的大得多。猎户座的参宿四也是一颗超巨星。如果参宿四取代了太阳系中心的太阳，它将吞噬掉金星、地球、火星和木星。已知最大的恒星的半径约为 7AU，如果它们中的一颗取代了太阳，将几乎延伸到土星的轨道上。

9-4d 恒星直径的干涉观测

有没有办法检查赫罗图所预测的直径呢？一种方法是使用干涉仪，例如洛杉矶附近威尔逊山上的高角分辨率天文中心（CHARA）阵列。在那里，6 台在红外波段和光学波段观测的 1 米望远镜将它们的光结合起来，从而得到一个直径为 330 m（1080 英尺）的虚拟望远镜的分辨本领，这样的干涉仪可用于测定大且亮的恒星的直径。

在夏季和秋季的晚上，你可以看到织女星在天空中的高处，它是一颗 A0 型的恒星，用 CHARA 阵列进行的观测证实了之前的干涉测量，织女星的直径大约是太阳的 2.6 倍。观测结果还显示，织女星每天自转两次，而太阳每月自转一次，这使织女星的形状变得扁平，所以织女星赤道直径比它的极区直径大 20%（见图 9-13）。

其他干涉观测显示，正如预期的那样，主序上方的恒星比太阳大。牵牛星（Altair, Alpha Aquilae）是一颗 A7 型星，它的赤道直径大约是太阳的 2 倍，轩辕十四 A（Regulus A, Alpha Leonis A）是一颗 B7 型星，大约比太阳大 4 倍。水委一（Achernar A, Alpha Eridani A）是一颗 B6 型星，甚至更大。正如你在图 9-13 中看到的那样，这 3 颗恒星都因为快速自转而显得扁平。

对诸如参宿四（M2）这样的巨星和超巨星的干涉观测表明，它们也像预测的那样大。参宿四的直径约为 10AU，是太阳的 1000 倍。因此，用干涉仪进行的直接测量证实了斯特藩-玻耳兹曼定律结合温度和光度估算出的恒星的大小。恒星的大小确实为太阳的 1/100~1000 倍。

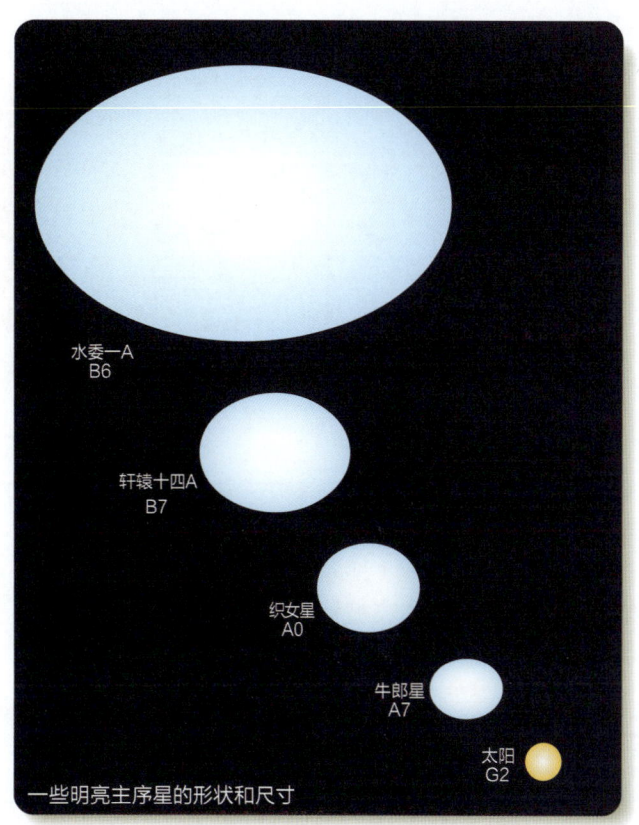

▲ 图 9-13 用干涉仪进行观测可以分辨一些附近恒星的大小和形状。正如赫罗图所预测的那样，主序上方的恒星确实比太阳大。这里显示的恒星由于快速自转而变得扁平，但是大多数恒星的自转速度较慢，更接近球形。按照这个图的比例，超巨星参宿四的直径大约为 7 米（23 英尺）。（在一颗恒星的名字后面加一个 A 表示它是双星系统中最亮的那颗）

9-4e 光度光谱分类

恒星的光谱不仅包含关于其温度和成分的线索，我们还可以利用一颗恒星的光谱来确定它是一颗主序恒星还是一颗巨星或超巨星，即使它距离太远，无法进行干涉测量。一颗恒星越大，其大气层的密度就越小，相应地，谱线的宽度就越窄。

原子在致密气体中经常发生碰撞，它们的能级变得扭曲，光谱线也会变宽。氢的巴耳末吸收线就是一个很好的例子（见图 9-14），主序星光谱中的巴耳末线很宽，因为主序星的大气相对致密，氢原子经常发生碰撞。在巨星的光谱中，谱线比较窄，因为巨星大气的密度比相同温度的主序星低，而且氢原子碰撞的频率较低。超巨星光谱中的巴耳末线甚至更窄。

据此，你可以通过查看一颗恒星的光谱，来知道它大致有多大。从光谱中得出的大小类别被称为光度级（luminosity class），因为恒星的大小是决定光度的主

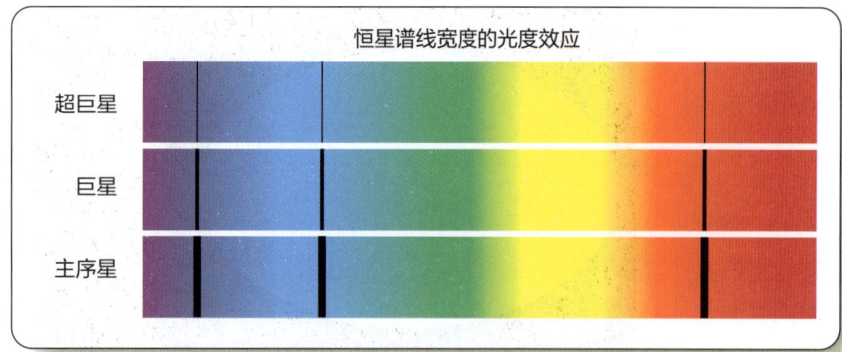

◀ 图 9-14 这些模型光谱显示了谱线的宽度是如何表明恒星的光度级的。超巨星的谱线非常窄，而主序星的谱线很宽。某些谱线对这种影响比其他的更敏感，仔细分析一颗恒星的光谱可以确定它的光度分类

要因素。光度级用罗马数字表示，Ia 代表明亮的超巨星，Ib 代表超巨星，II 代表明亮的巨星，III 代表巨星，IV 代表低光度的巨星（称为亚巨星，subgiant），V 代表主序星（有时在本文被称为矮星，dwarf），VI 代表低光度的主序星（称为亚矮星，subdwarf）。

这个分类方案使明亮的超巨星（Ia），如参宿七（Rigel，猎户座β），与"普通"超巨星（Ib），如北极星（Polaris，小熊座α）区分开。弧矢七（Adhara，大犬座ε）是一颗明亮的巨星（II），毕宿五（Aldebaran，金牛座α）是一颗巨星（III），而牵牛星（水瓶座α）是一颗亚巨星（IV）。天狼星（大犬座α）和织女星（天琴座α）是主序星（V），仙后座μ是亚矮星（VI）。当你描述一颗恒星时，它的光度级出现在光谱型之后，例如，太阳是 G2 V，一颗 G2 主序星。白矮星不属于这个分类，后文将介绍，它们实际上是恒星的残骸，而且它们的光谱与其他类型的恒星非常不同。注意一些著名的恒星（参宿七、北极星、毕宿五）都是超巨星或巨星，下一次看北极星的时候，记得提醒自己，这是一颗超巨星。

光度分类很不直接，也不是很准确，但是它在现代天文学中很重要。正如下一节介绍的，光度分类提供了一种估计方法，用来估算那些离地球太远，无法进行视差测量的恒星的距离。

9-4f 分光视差

天文学家可以测量附近恒星的视差，但大多数恒星都太过遥远，无法测量视差。它们的距离可以通过恒星的光谱型、光度级和视亮度来估计，这个过程称为分光视差（spectroscopic parallax）。分光视差是一个可能会引起混淆的术语，因为它不涉及视差的测量，但它的确是一种确定恒星距离的方法。

分光视差依靠的是恒星在赫罗图中的位置，如果你记录了一颗恒星的光谱，你就可以确定它的光谱型，并得知它在 H-R 图中的水平位置，此外，你还可以通过观测它的谱线的宽度来确定它的光度级，这样你就可以

践行科学

有什么证据表明存在比太阳大得多的巨型恒星？科学家知道，这样一个关于恒星的基本的、广泛的陈述不应该被不加批判地接受，其必须得到观测结果的坚定支持。

已知恒星与地球的距离，我们可以由此计算恒星的光度，了解到存在着与太阳具有相同光谱型，但比太阳光度更高的恒星。例如，双星五车二（Capella）的 Ab 是一颗 G1 星，根据它的距离，得出其绝对目视星等为 +0.2。因为它是一颗 G1 星，它的温度几乎与太阳完全相同，但是它的绝对目视星等比太阳的要亮 4.6 等。4.6 等的差距对应于大约 70 的比率，所以五车二 Ab 的光度一定是太阳的 70 倍左右。如果它的表面温度与太阳相同，但光度是太阳的 70 倍，那么它的表面积一定是太阳的 70 倍。因为球体的表面积与半径的平方成正比，所以五车二 Ab 的半径一定是太阳半径的 8 倍多一点。明确的观测证据表明，五车二 Ab 的确是一颗巨星。

在图 9-12 中，你可以看到南河三（Procyon）B 是一颗白矮星，温度比太阳略高，但光度却大约是太阳的万分之一。试着再做一次练习，根据简单的观测和物理学原理形成结论。为什么天文学家得出结论：白矮星一定比太阳小得多？

估计出这颗恒星在图中的垂直位置。一旦在赫罗图中画出了代表这颗恒星的点，你就可以根据与待测恒星具有相同光度和温度，并距离我们足够近有可测量的视差的恒星，读出绝对目视星等。最后，通过比较它的视亮度和绝对目视星等，得出该星与地球的距离。

例如，参宿四的视亮度约为 +0.4 等。它被划分为 M2 Ib（M2 温度分类，超巨星光度级）等星。你可以在图 9-12 中找到参宿四，它的绝对目视星等约为 -6.0。因此，参宿四的视星等和绝对目视星等之间的差值 $m_v - M_v$ 等于 0.4 减去 -6.0，得到 6.4。根据星等—距离公式（公式 9-2b）计算出的它与地球的距离约为 190pc。如果使用依巴谷天文卫星和射电望远镜的视差测量结果，得出的距离是 197pc，其不确定度为 24%。两相比较可以看出，分光视差法得出的结果其实是相当不错的。显然，直接通过视差测量，结果会更好，但是，对遥远的恒星来说，分光视差往往是确定它们距离的唯一方法。

9-5 恒星质量：双星系统

为了了解恒星是如何形成、产生能量和演化的，你首先需要算出它们的质量，也就是说，它们含有多少物质。正如接下来的几章将介绍的，一颗恒星的质量决定了它的生命历程。而测量恒星质量的关键是引力。物质会产生一个引力场，如果你观测另一个物体被该恒星的引力场影响所做的运动，你就可以确定一个恒星包含多少物质。换句话说，确定恒星质量的最直接的方法是研究双星（binary stars），即一对互相绕转的恒星。

9-5a 一般的双星系统

第 5 章的"概念艺术·轨道"通过让你想象一个从高山上发射的炮弹，来说明运动轨道的问题，如果炮弹没有受到地球引力的作用，它就会沿着一条直线，永远地离开地球，但相反，地球的引力迫使炮弹沿着一条弯曲的路径即轨道，绕着地球飞行。当两颗恒星相互绕转时，它们的相互引力将它们从直线路径上拉开，使它们都围绕着恒星之间的一个点，沿封闭轨道运行（见图 9-15）。

要计算一个双星系统的总质量，你需要知道轨道的大小和轨道周期，也就是恒星完成绕转一周的时间。轨道越小，轨道周期越短，恒星的引力就必须越大，才能把对方固定在轨道上，因此，恒星的质量就应越大。

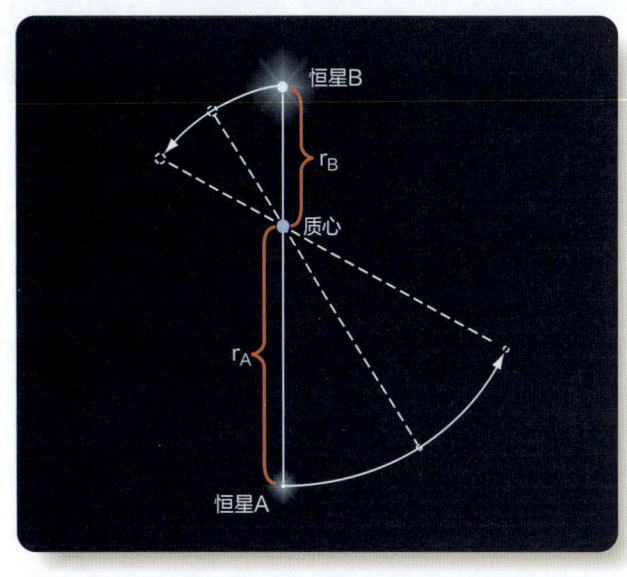

▲ 图 9-15 当双星系统中的恒星互相绕转时，连接它们的线总是通过系统的质心，质量较大的恒星总是更接近质心

9-5b 计算双星系统的质量

开普勒的轨道运动第三定律只对我们太阳系的行星有效，当牛顿意识到，质量会产生导致轨道运动的引力时，他将这一定律改写成了一个普适的定律——牛顿版本的开普勒第三定律（公式 5-2）适用于任何一对互相绕转的物体，两个物体的总质量与它们之间的平均距离 a 和它们的轨道周期 P 有关。换句话说，两颗恒星的轨道周期和总距离告诉你它们的质量之和。如果这两颗恒星的质量用 M_A 和 M_B 来表示，那么：

> **式 9-4** 开普勒第三定律测恒星质量
> $$M_A + M_B = \frac{a^3}{P^2}$$

在该公式中，恒星之间的平均距离 a 用 AU 表示，轨道周期 P 用年表示，而恒星质量 M_A 和 M_B 用太阳质量表示。如果你能测量出两颗恒星之间以 AU 为单位的平均距离和以年为单位的轨道周期，那么这两颗恒星的质量之和就等于 a^3/P^2。

例 1：如果你观测到一个周期为 32 年，平均距离为 16AU 的双星系统，其总质量是多少？

解答：总质量是 $16^3/32^2$，等于 4 个太阳质量。

考虑一下，如果你将双星公式应用于我们太阳系中的一颗行星的运动会发生什么。换句话说，假设太阳和你选择的行星形成一个双星系统，总质量实际上只是太阳质量，即 $1M_\odot$（因为所有的行星，甚至木星，其质量

我们如何得知 9-1

推理链

科学家如何测定他们无法直接测量的东西?

有时科学家无法直接观测到他们真正想研究的东西,所以他们必须构建推理链,将可观测的参数与他们想知道的不可观测的物理量联系起来。你不能直接测量一颗恒星的质量,所以必须找到一种方法,利用能观测到的东西,即轨道周期和角距,来逐步确定质量。

举另一个例子。地质学家无法直接测量地球内部的温度和密度,因为没有办法钻一个洞到地球的中心,然后放置一个温度计或回收一个样本。然而,来自远处地震的振动速度取决于它们所通过的岩石的温度和密度。地质学家无法测量地球深处的振动速度,但他们可以测量地震到达地表不同位置的时间延迟,从而得到速度,最后得到温度和密度。

推理链可以是非数学性的,研究鲸鱼迁徙的生物学家不可能每次都跟踪鲸鱼单体数年,但他们可以观察它们在不同地点的进食和交配情况。通过考虑食物来源、洋流和水温等因素,可以构建一个推理链,以追溯鲸鱼的季节性迁徙模式。

本章包含了一些推理链的内容,几乎所有的科学领域都使用推理链。当你能把可观测到的量一步步地与最终的结论联系起来时,你就会对科学的本质有一个深刻的认识。

图源:USGS

圣安德烈亚斯断层(San Andreas fault):一条推理链将我们对地震的理解与我们对地球深处状况的理解联系起来

相对太阳来说都很小)。那么,双星公式变成了 $a^3=P^2$,也就是开普勒第三定律(第 4-3e 节;公式 4-1)。

各个恒星的质量如何呢?双星系统中的每颗恒星都在自己的轨道上围绕系统的质心,即系统的平衡点运动。如果一颗恒星的质量比它的伴星大,那么质量大的恒星就更靠近质心,在一个较小的轨道上运行,而质量小的恒星则在一个较大的轨道上运行。恒星的质量之比 M_A/M_B 等于 r_B/r_A,是轨道半径之比的倒数。如果一颗恒星的轨道比另一颗恒星的轨道大一倍,那么它的质量一定是另一颗恒星的一半。恒星轨道的大小和周期能够帮你计算它们的总质量,而两个轨道的相对大小能够帮你计算它们质量的比率。结合起来,这些信息足以让你确定每颗恒星各自的质量。

例 2: 假设在前面的例子中,A 星与质心的距离是 12 AU,B 星与质心的距离是 4 AU,它们各自的质量是多少?

解答: 质量的比一定是 12:4,等于 3:1。现在,思考一下哪两个数字相加为 4,并且比例为 3:1 呢?计算得出,B 星一定有 3 个太阳质量,而 A 星一定有 1 个太阳质量。

计算一个双星系统的恒星质量通常有一些复杂的问题,两颗恒星的轨道可能是偏心的,同时虽然轨道位于同一个平面内,但这个平面可能会相比于你的视线方向有一个未知的倾斜角度,扭曲了观测到的轨道形状,天文学家必须找到纠正这些扭曲的方法。另外,在将从两个轨道看到的角距转换为真正的大小时,需要知道地球与该系统的距离。找出双星的质量需要一系列的步骤,从你能观测到的东西到你真正想知道的东西,构建这样的推理链是科学的一个重要部分(我们如何得知 9-1)。

尽管有许多不同类型的双星,但有三种类型对确定恒星质量特别有用。下一节将单独讨论这个问题。

9-5c 三种类型的双星系统

虽然有许多不同类型的双星,但有三种类型较易确定恒星的质量和其他属性。研究双星也是为寻找太阳以外的其他恒星,及其周围行星这个更困难的问题做准备,因为一颗有行星绕转的恒星就像一个有非常小组件的双星系统。每种类型的双星系统都对应着一种不同的行星探测技术,这将在后面的章节中进一步介绍。

在目视双星系统(visual binary system)中,两

颗恒星在望远镜中是单独可见的,天文学家可以观测到恒星在几年或几十年的时间里互相绕转,正如图 9-16 中展示的天狼星的双星系统那样。从中,天文学家可以找到轨道周期,如果能确定双星系统与地球的距离,还可以计算轨道的大小,这就足以确定恒星的质量了。

(然而,请注意,许多目视双星的轨道非常大,它们的轨道周期是几百甚至几千年。在这些情况下,天文学家还看不到恒星在整个轨道上的运动。)

有些双星的轨道非常接近,它们不能作为单星被看到。如果一个双星系统中的恒星距离很近,那么在望远镜中,由于受到衍射和大气层的限制,会显示为一个光点,这样的系统不能像分析目视双星系统那样对其进行分析,只有通过光谱,也就是一个包含两颗恒星的谱线,天文学家才能知道有两颗恒星存在而不是一颗。这样一个系统被称为分光双星系统(spectroscopic binary system)。人们熟悉的分光双星系统的例子是北斗七星中的北斗六(Mizar)和开阳增一(Alcor)(图 9-17)。

图 9-18 显示了一对互相绕转的恒星,圆形的轨道看起来是椭圆的,因为你的视线几乎与它的轨道平面平行。如果这是一个真正的分光双星系统,你就不会看到单独的恒星,但随着恒星在轨道上移动,它们会交替地接近和远离地球,而它们的谱线也会交替地红移和蓝移

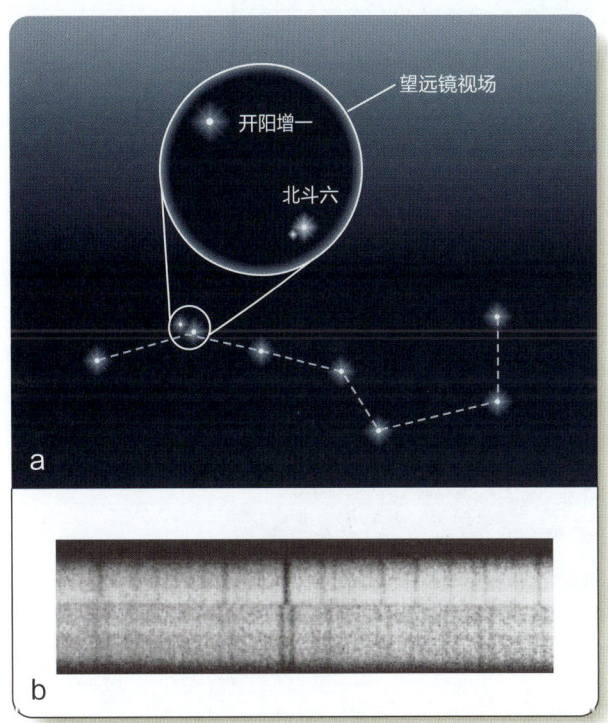

▲ 图 9-17 (a)在北斗七星勺柄的弯曲处有一对恒星,北斗六(大熊座 Zeta 星)和开阳增一(大熊座 80 星)。通过望远镜,你可以发现北斗六有一个更暗的伴星,所以这是一个目视双星系统的成员。自适应光学观测揭示了开阳增一的一个暗弱的近距离伴星,但在此图中没有显示。(b)北斗六的光谱有时显示单谱线(上条),有时显示双谱线(下条),表明目视双星系统的主星本身就是一个光谱双星系统,而不是单星

▲ 图 9-16 测量天狼星 A 和天狼星 B 的轨道运动可以计算出它们各自的质量

第二部分 恒星 175

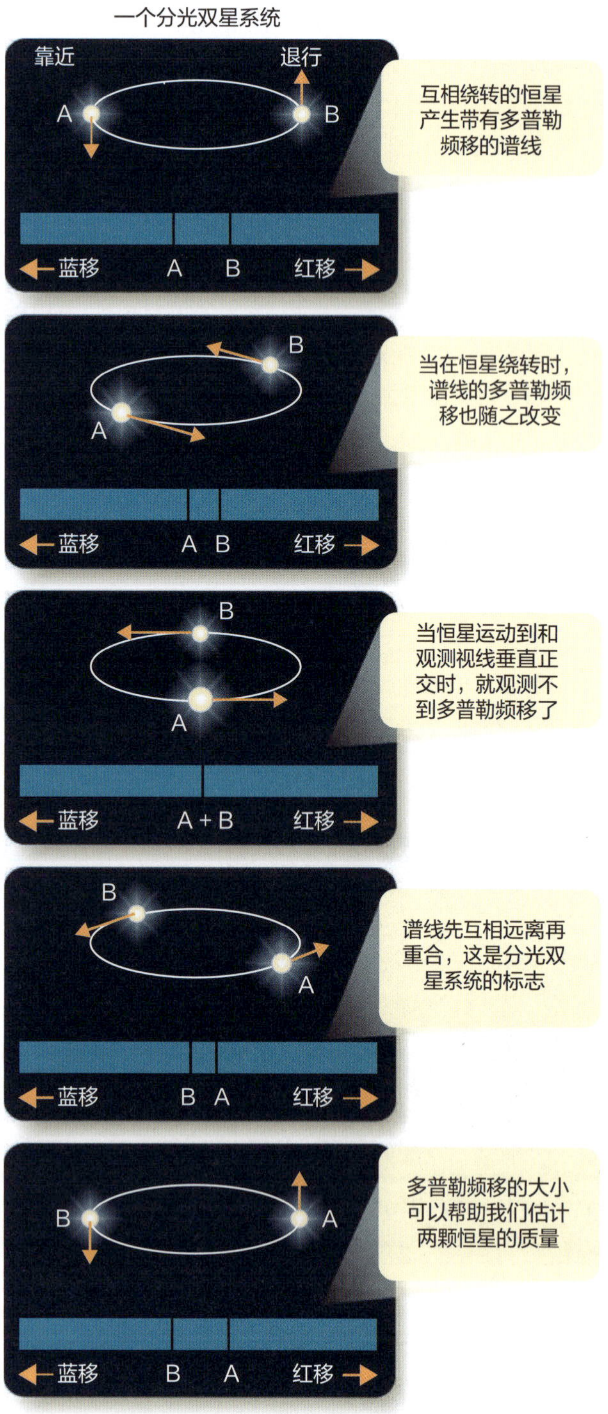

容易地测量出来,但是由于恒星没有被分辨出来,轨道的真正大小就不能被确定,因为没有办法知道轨道平面相对地球观测方向的倾斜角度,这意味着无法计算出分光双星系统的真实质量。在这种情况下,天文学家能做的最好的事情就是确定恒星质量的下限。

然而,对一些分光双星系统来说,恒星的轨道几乎与地球上的观测方向平行。所以,从我们的视角来看,恒星在轨道上相互交叉。虽然这个系统看起来是一个单

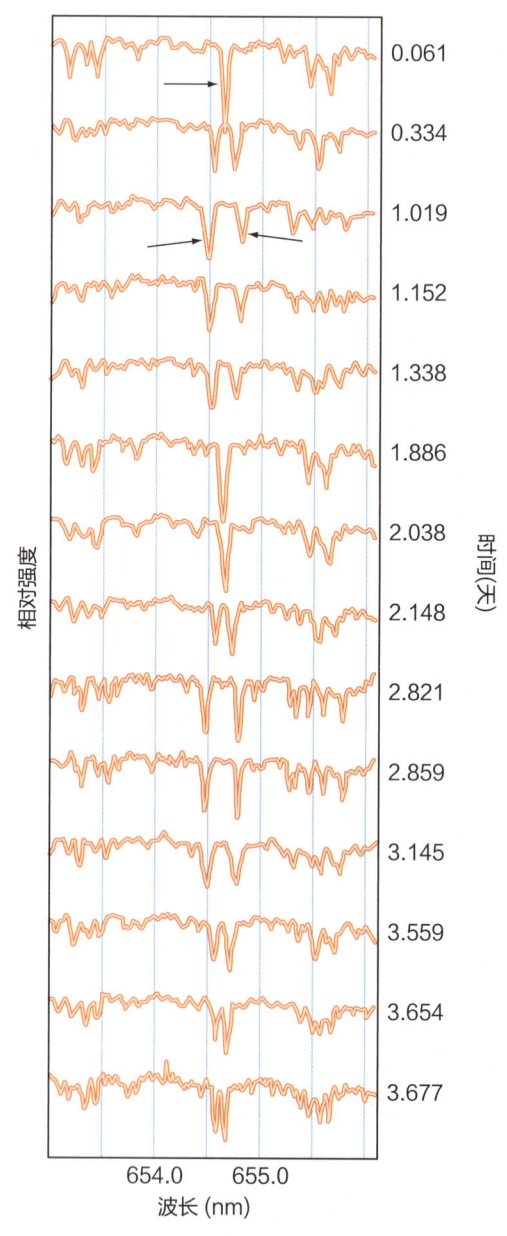

▲ 图 9-18 从地球上看,分光双星系统看起来是一个单一的光点,但其光谱中不断变化的多普勒频移揭示了两颗恒星的轨道运动(也见图 9-17b)

(第 7-3b 节)。当你注意到成对的谱线在一系列谱线中相互来回移动,你就会知道你正在观测一对分光双星(图 9-19)。

尽管分光双星系统非常常见,但它们在确定恒星质量方面并不像目视双星系统那样有用。轨道周期可以很

▲ 图 9-19 HD 80715 星的 14 条光谱在此显示为强度与波长的关系图。一条谱线(顶部光谱中的箭头)分裂成一对谱线(见上数第 3 条光谱中的箭头),然后合并并再次分裂开来。这些不断变化的多普勒频移显示出 HD 80715 是一组分光双星

一的光点，但是当一颗恒星在另一颗恒星前面移动时，"后面"的恒星就会部分或完全被掩食，一些光线被阻挡，因此，该系统的总亮度会暂时下降，这样的双星被称为食双星系统（eclipsing binary system）。请注意，食双星系统与分光双星系统并非真正不同。如果我们恰好看到一个轨道与地球观测方向平行的分光双星，我们就会看到掩食现象，并称它为食双星系统。

图 9-20 显示了一颗较小的恒星围绕着一颗较大的恒星在轨道上移动，先是较小恒星掩食较大恒星，然后当其移动到后面的时候被掩食，由此产生的系统亮度的变化被表示为亮度与时间的关系图，这被称为光变曲线（light curve）。

请记住，你无法看到一个食双星系统中的单个恒星。用你的手指盖住下面子图的恒星，只看完整的光变曲线，如果看到这样的光变曲线，你就会立即意识到，天空中看起来像一颗恒星的东西其实是一个食双星系统。

大陵五是最著名的食双星之一，因为我们的肉眼可以观测到它的掩食现象。正常情况下，它的目视星等约为 +2.2，但在每 68.8 小时发生一次的掩食中，它的亮度会下降到 +3.4（暗淡了 3 倍）。虽然直到 1783 年，天文学家才认识到这颗恒星是一组食双星，但大概从古代起人们就了解到它的光度会有周期性变化。其英文名 Algol 来自阿拉伯语，意思是"恶魔"。在星座神话中，它经常被与断头的美杜莎联系在一起，而美杜莎的蛇形头发会把凡人变成石头，在一些说法中，Algol 是"恶魔的眨眼"。

食双星系统的光变曲线可能很难分析，但它们包含了很多信息。图 9-22a 显示了一个双星系统的光变曲线，其中的恒星表面有黑子，类似于巨大的太阳黑子，而且彼此非常接近，形状扭曲。通过这个系统的光变曲线，可以得出这两颗恒星粗略的图景（见图 9-22b）。

准确观测到食双星系统的光变曲线后，天文学家就可以构建一个推理链，从而得出两颗恒星的质量。他们可以利用光变曲线很容易地确定轨道周期，然后，他们可以得到显示出两颗恒星多普勒频移的光谱。因为不需要对轨道的倾角进行修正，可以直接得出它们的轨道速度，因为其轨道必须与观测方向接近平行，否则就不会观测到掩食现象了。根据轨道速度和周期，天文学家确定轨道的大小，这时他们就有了确定恒星质量所需的所有信息。

在本章之前，介绍过光度和温度可以用来确定恒星的半径。食双星系统提供了一种检查这些计算的方法，

一个食双星系统

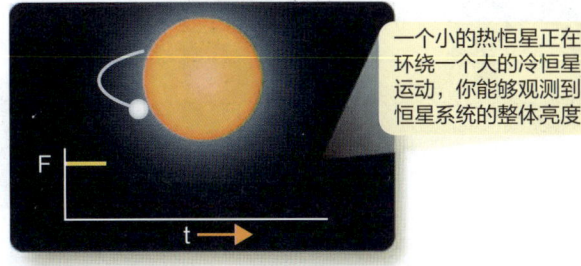
一个小的热恒星正在环绕一个大的冷恒星运动，你能够观测到恒星系统的整体亮度

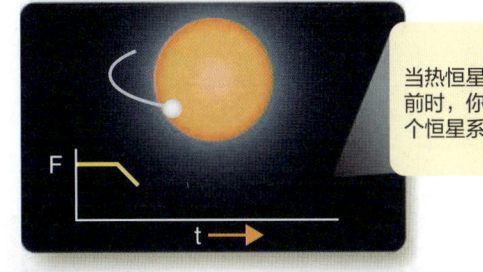
当热恒星绕到冷恒星前时，你能观测到整个恒星系统亮度下降

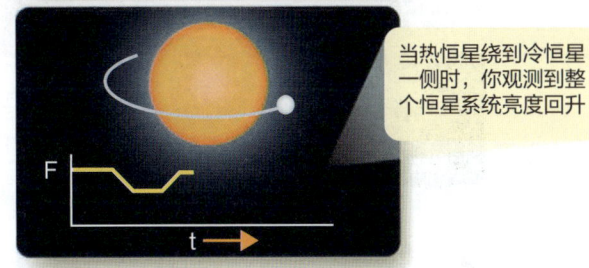
当热恒星绕到冷恒星一侧时，你观测到整个恒星系统亮度回升

当热恒星绕到冷恒星背后时，你观测到整个恒星系统亮度再次下降

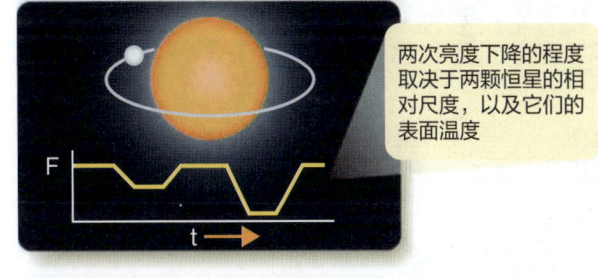
两次亮度下降的程度取决于两颗恒星的相对尺度，以及它们的表面温度

▲ 图 9-20 从地球上看，食双星系统看起来是一个单一的光点，但亮度的变化揭示了两颗恒星正在互相"掩食"。 系列对系统亮度的测量（称为光变曲线），在这里表示为流量与时间的关系，再加上对光谱中多普勒位移的测量，可以得到两颗恒星的大小和质量

通过食双星系统我们可以直接测量一些恒星的大小。光变曲线显示了恒星在伴星前面或被伴星掩食所需的时间，将这些时间间隔乘以从多普勒频移中测得的轨道速度，就可以得到恒星的直径。例如，如果小恒星需要

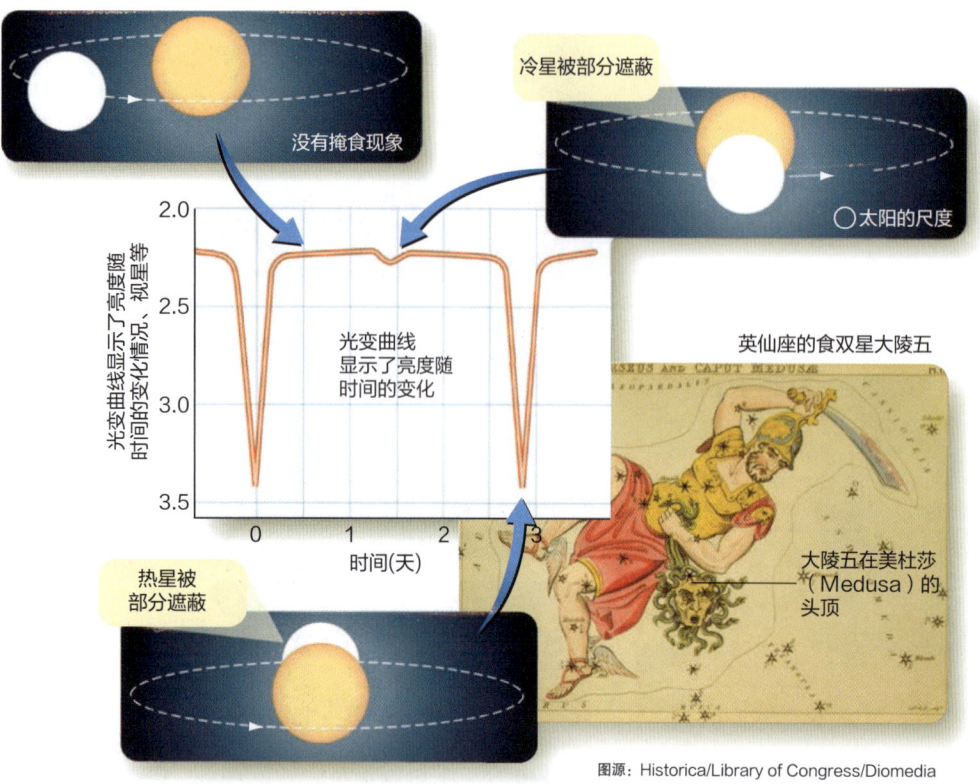

▲ 图 9-21 食双星大陵五由一颗热 B 型星和一颗冷 K 型星组成，只有部分系统会发生掩食现象，也就是说，在掩食期间，两颗星都没有完全被遮挡。图中的轨道是在较冷恒星被掩食的情况下绘制的，太阳的相对大小由小空心圆圈表示

图源：Historica/Library of Congress/Diomedia

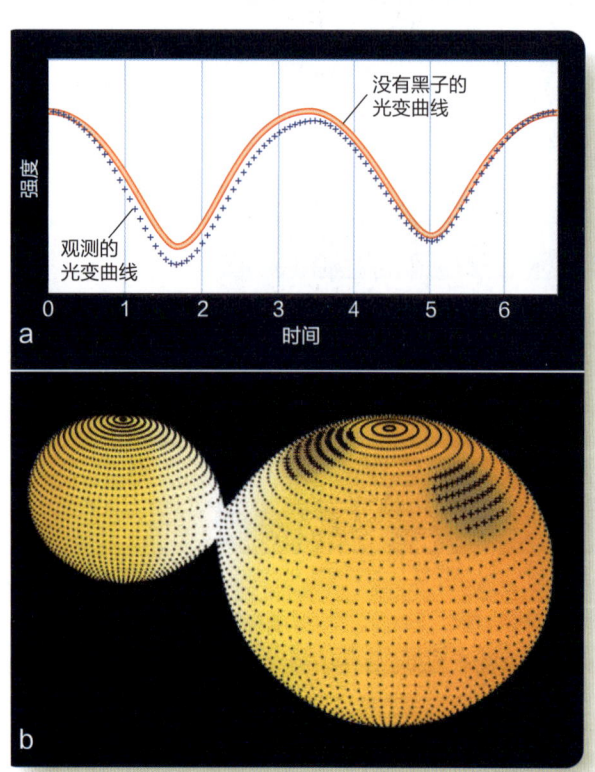

▲ 图 9-22 仙王（Cephei）VW 双星的光变曲线显示，这两颗恒星靠得很近，它们的引力使其形状发生了扭曲。光变曲线的轻微变化揭示了在恒星表面的特定位置存在着瞬时的暗点。上面的曲线是没有暗点情况下的光变曲线

践行科学

当天文学家查看食双星系统的光变曲线时，他们如何知道哪颗恒星更热？首先假设一个食双星系统中的两颗恒星大小不一，所以可以给它们贴上大星和小星的标签。当较小的恒星移动到较大的恒星后面时，你将无法看到来自小恒星的光。

当小星在大星前面移动时，它阻挡了大星上相同面积的光线。在这两种情况下，相同区域（相同的平方米数）的光被遮挡，这意味着在掩食期间损失的光只取决于被遮掩部分的表面温度，因为温度是决定一平方米每秒能辐射多少光的一个因素。当热星的表面被掩食时，亮度会急剧下降，但当冷星的表面被掩食时，亮度不会下降那么多。因此，你可以查看光变曲线，然后指着两个掩食中较深的地方说："那个地方，对应的是热星在冷星后面。"

现在考虑一个相关的问题：如何确定一个食双星系统中的恒星的直径。你将如何使用一个食双星系统的光变曲线来计算两颗恒星的直径比？

3000秒才能消失在大恒星的后面，同时速度为50 km/s，那么小恒星的直径一定是15万km。正如在上一节中提到的，轨道的倾角和偏心率会带来一些复杂的问题，但通常这些影响可以被考虑进去。因此，对一个食双星系统的观测不仅可以直接得到这两颗恒星的质量，还可以得到它们的直径。

从对双星的研究中，天文学家发现，恒星的质量从0.08个太阳质量到100多个太阳质量不等。在一个双星系统中发现的质量最大的恒星大约有150个太阳质量，其他一些恒星的质量可能更大，但它们不是双星系统的成员，所以天文学家必须根据它们的光度、温度和成分的模型来估计它们的质量。

9-6 恒星的普查

你已经学会了如何计算恒星的光度、温度、大小和质量，现在你可以把所有这些数据放在一起（我们如何得知9-2），为恒星画一张全家福。就像在任何全家福中，相似之处和不同之处都是家庭历史的重要线索。当你阅读接下来的几章时，你会开始了解恒星如何诞生、演化和死亡。这时，你需要先记住一个简单的问题，一般的恒星是什么样的？回答这个问题既具有挑战性又具有启发性。

9-6a 恒星普查

如果你想知道普通人对某一问题的看法，可以做个调查。如果你想知道一般的恒星是什么样的，你需要对恒星进行普查①，这种普查揭示了恒星家族的重要关系。

几十年前，研究大量的恒星是一项令人疲惫不堪的任务，但是现代计算机已经改变了这一点。专门设计的计算机自动望远镜每晚可以进行数以百万计的观测，而其他高速计算机可以将这些数据汇编成易于使用的数据库（第6-3a节）。这样的观测产生了大量的数据，天文学家可以在寻找恒星家族中的关系时进行"数据挖掘"。

从对人阳附近的恒星的普查（巡天）中，你能了解到什么？天文学家有证据表明，太阳在宇宙中处于一个经典的位置，因此，对附近恒星的巡天可以揭示恒星的一般特征。研究"概念艺术·恒星家族"，注意3个要点：

1. 做一个好的巡天是困难的，因为你必须确保你

得到一个好的样本。如果没有巡天足够数量的恒星，或者错过了某些种类的恒星，你的巡天结果可能会存在偏差。

2. 亮星是罕见的，最常见的恒星类型是低光度的红矮星。

3. 通过精细巡天，你可以了解到，你在天空中看到的东西具有欺骗性。天空中大多数明亮的恒星都不是典型的恒星，而是遥远且高光度的巨星和超巨星。

夜空是由恒星组成的美丽地毯，而这些恒星具有巨大的多样性。

9-6b 质量、光度和密度

如果你研究了足够多的恒星，并将数据绘制成赫罗图，你就可以看到恒星诞生、演化、衰老以及死亡的模式。

如果你在赫罗图上标注所画恒星的质量，就像图9-23中那样，你会发现主序星是按质量排列的。质量最大的主序星温度最高，当你沿着主序带，向右下看时，你会发现恒星质量越来越低，直到到达质量最低、最冷、最暗的主序星，即红矮星。

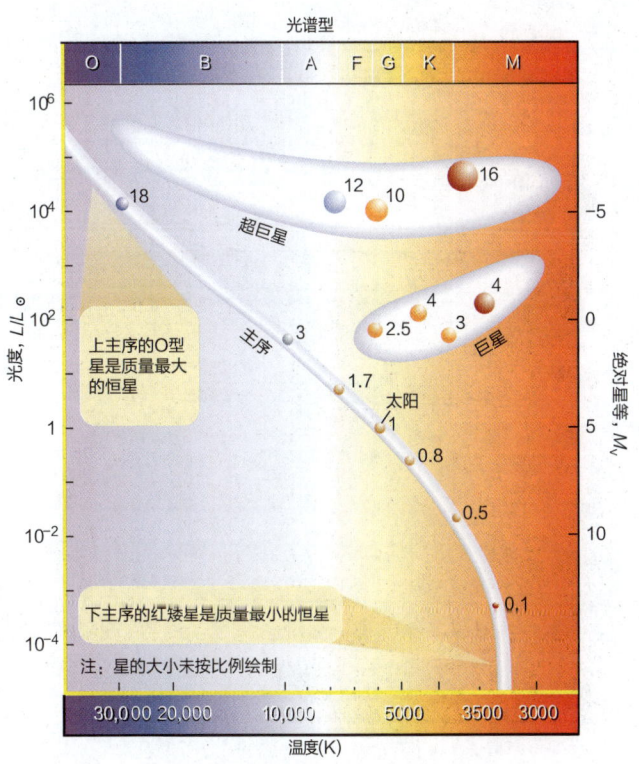

▲ 图9-23 赫罗图标出了所绘恒星的质量，请注意，主序星的质量在图中从左上方到右下方依次减少，但巨星和超巨星的质量没有以任何有序的模式排列

---
① 这种对大样本的观测在天文中称为巡天。——译者注

恒星家族

 最常见的恒星类型是什么？哪些类型的恒星是罕见的？为了回答这些问题，你需要对"恒星家族"进行一次"人口普查"。在这样做的时候，你要收集关于它们的光谱型（spectral class）、光度级（luminosity class）和距离的信息。你对恒星家族的普查会产生一些令人惊讶的统计结果。

1a 你可以通过观察地球62pc范围内的每一颗恒星来勘察星空（一个半径为62pc的球体体积为100万立方秒差距）。这样的调查可以告诉你，在100万立方秒差距的空间内，有多少颗各类恒星。

2 你的普查（巡天）面临两个困难：

1. 最高光度的恒星是如此的稀少，在这个巡天区域内你只能找到几颗。事实上，在地球的62pc范围内甚至没有一颗O型星。

2. 下主序M型星（又被称为红矮星）和白矮星的光线很微弱，即使它们离地球只有几pc的距离，也很难被找到。在你的测量范围内，要找到所有这样的恒星是一项艰巨的任务；但是，如果你没有找全，这个测量又是不完整的。

光谱型及其对应颜色
- O and B
- A
- F
- G
- K
- M

这两页背景中的星图显示了大部分大犬座（Canis Major）：恒星以点的形式表示，颜色根据光谱型分配。天空中的亮恒星往往是罕见的；相反，高光度的恒星，即使它们离得很远也会显得很亮。大多数恒星的光度都很低，而地球附近的恒星往往是非常暗弱的红矮星。

红矮星
15 pc

o^2大犬座
B3 Ia   790 pc

红矮星
17 pc

δ 大犬座
F8 Ia   550 pc

σ 大犬座
M0 Iab   370 pc

η 大犬座
B5 Ia   980 pc

ε 大犬座
B2 II   130 pc

大犬座天狼星A（Sirius A）是天空中看上去最亮的恒星之一。事实上，它的光谱类型为A1 V，并不是一颗光度很高的恒星。它看起来很亮，因为它离我们只有2.6 pc。

天狼星B（Sirius B）是一颗围绕天狼星A运行的白矮星。虽然天狼星B离我们不是很远，但它太暗了，肉眼根本看不到。

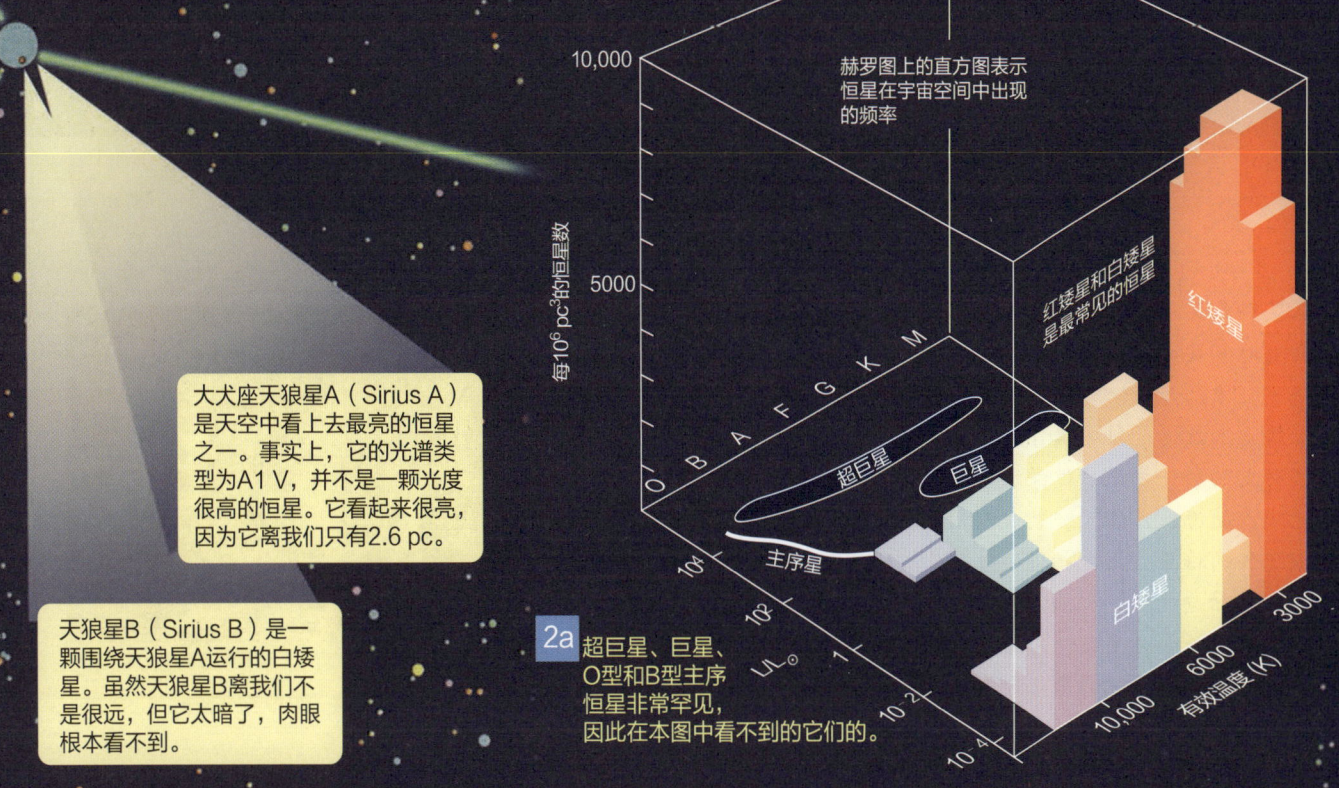

2a 超巨星、巨星、O型和B型主序恒星非常罕见，因此在本图中看不到它们的。

3 请仔细研究右边的H-R图：亮恒星很罕见，但也很容易看到，即使在很远的地方。大多数恒星亮度都低。没有一颗白矮星或红矮星的亮度足以让人用肉眼看到。

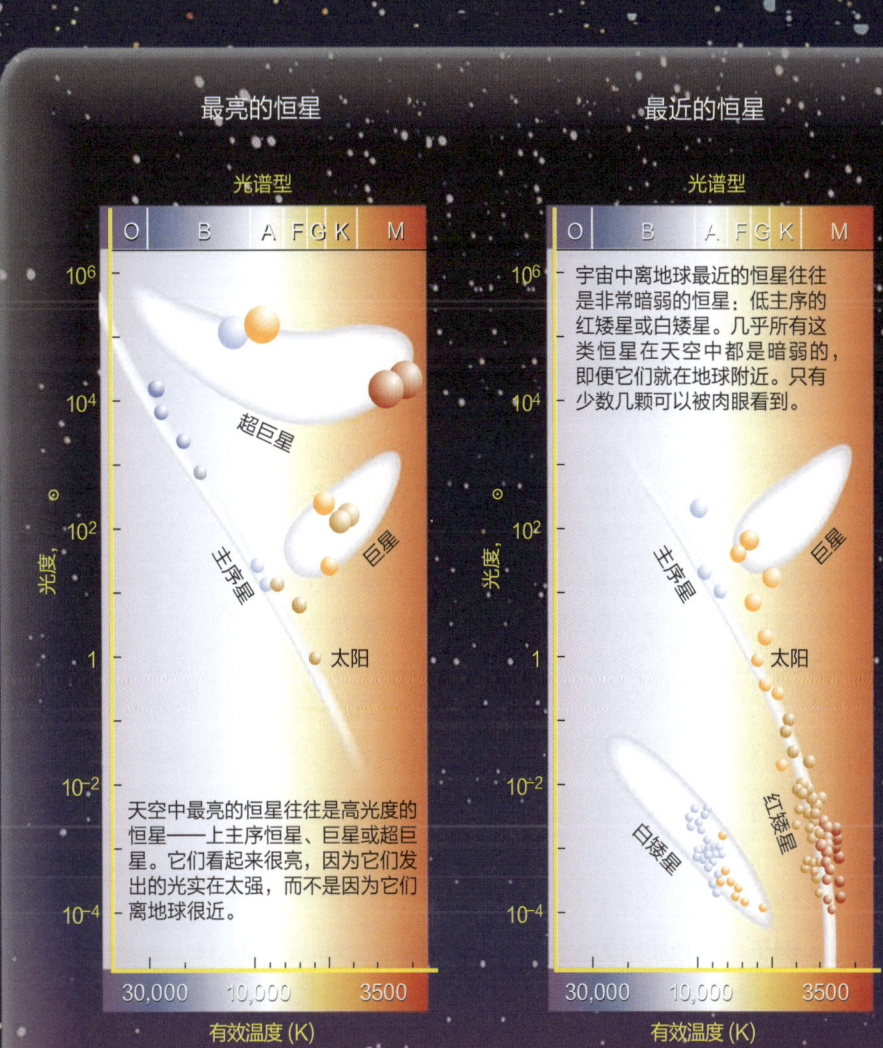

天空中最亮的恒星往往是高光度的恒星——上主序恒星、巨星或超巨星。它们看起来很亮，因为它们发出的光实在太强，而不是因为它们离地球很近。

宇宙中离地球最近的恒星往往是非常暗弱的恒星：低主序的红矮星或白矮星。几乎所有这类恒星在天空中都是暗弱的，即便它们就在地球附近。只有少数几颗可以被肉眼看到。

我们如何得知 9-2

基础科学数据

大量的科学数据从何而来？

从某种意义上说，科学是科学家研究数据和寻找关系的过程，这一过程有时需要大量的数据。例如，天文学家需要知道许多恒星的质量和光度，才能开始分析质量和光度之间的关系。

汇编基本数据是科学工作的常见形式之一——这是走向科学分析和理解必要的第一步。一位考古学家可能会花几个月甚至几年的时间潜入地中海的海底，研究一艘古希腊的沉船。他会仔细测量每根木头和青铜配件的位置。他会拍摄和打捞从破碎的陶器到工具和武器的一切。当他开始分析时，他在现场记录数据的谨慎态度便会得到回报。考古学家每花一小时恢复一件物品，就可能在办公室、图书馆或博物馆里花上几天或几周时间来识别和理解这件物品。为什么古希腊的船上会有一把腓尼基的锤子？这对古希腊的经济有什么启示？

找到、识别和理解那把古老的锤子只贡献了一小部分信息，但许多科学家的工作最终构建了一幅古希腊人如何看待他们的世界的图景。确定一个双星系统中恒星的质量并不能让天文学家了解关于大自然的大量信息。然而，多年来，许多天文学家将他们的成果添加到不断扩大的关于恒星质量的数据文件中，科学数据不断积累，以供后代的科学家对此进行分析。

图源：Michael A. Seeds

采集矿物样本可能是一份艰苦的工作，但也很有趣

相比之下，非主序的恒星在赫罗图中并不按质量排序。巨星和超巨星的质量没有规律，尽管超巨星往往比巨星的质量更大。而大多数白矮星的质量则差不多，在0.5到1个太阳质量的狭窄范围内。

9-6c 质量—光度关系

质量沿着主序带的有序排列意味着主序星遵循"质量—光度关系"（mass-luminosity relation）：一颗恒星的质量越大，它的光度就越高（见图9-24）。这种关系可以表示为一个简单的等式，你可以根据主序星的质量来估计它的光度。一颗主序星的光度（以太阳光度为单位）大约等于它的质量（以太阳质量为单位）的3.5次方。

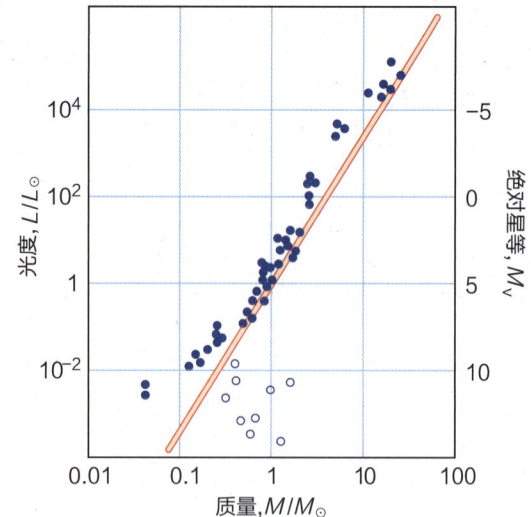

▲ 图9-24 质量-光度关系显示，主序星的质量越大，它的光度越高。空心的圆圈代表白矮星，它们不遵循这个关系。红线表示等式 $L=M^{3.5}$

> **式 9-5 质量-光度关系**
> $$\frac{L}{L_\odot} = \left(\frac{M}{M_\odot}\right)^{3.5}$$

这就是质量-光度关系的数学形式。

例子： 一颗质量为太阳4倍的恒星的光度是多少？

解答： $L/L_\odot = (M/M_\odot)^{3.5} = 4^{3.5} = 128 \, L_\odot$。图9-24中的红线也表示了同样的关系，你可以看到它只是一种近似数据。尽管如此，这个关系还是能相当好地适用于大多数主序星。

请注意图 9-24 中较大的光度范围，该图涵盖了已观测到的恒星质量总范围的一部分，它从大约 0.1 个太阳质量延伸到大约 100 个太阳质量（跨度 1000 倍）。但是，光度的范围则从大约 $10^{-5} L_\odot$ 到超过 $10^6 L_\odot$（跨度超过 1000 亿倍）。显然，质量上的微小差异会导致光度上的巨大差异。

尽管巨星、超巨星、白矮星和褐矮星并不遵循简单的质量—光度关系，但主序星质量和光度之间的联系是天文学的基础。在接下来的章节中，质量—光度关系将帮助你了解恒星是如何产生能量的。

恒星的密度揭示了赫罗图的另一种模式。一颗恒星的平均密度是其质量除以其体积，你将在下一章学习到，恒星的密度是不均匀的：在其中心密度最大，在其表面附近密度最小。例如，太阳中心的密度是水的 150 倍（比铅的密度大 15 倍），但它在可见表面附近的密度不到海平面上地球大气密度的 1/3000。太阳的平均密度约为 $1.4\ g/cm^3$——仅比水的密度大一点，而且介于太阳中心和表面的密度之间。

主序星的平均密度与太阳相似，但巨星的平均密度很低，从 $0.01\sim0.1\ g/cm^3$ 不等，超巨星的密度更低，从 $10^{-7}\sim10^{-3}\ g/cm^3$ 不等。这样的密度比你呼吸的空气还要稀薄，如果能隔绝热量，你可以直接穿过这些恒星。只有在它们的中心附近，你才会有危险，因为那里的物质非常致密，比水的密度大几百万倍。

白矮星的质量约等于太阳的质量，但其体积非常小，只与地球相当。这意味着物质被压缩到很高的密度，在白矮星上地球上一茶匙（5 毫升）体积的物质的质量会超过 5 吨。

密度将恒星分为三类：大多数恒星是主序星，其密度与太阳一样；巨星和超巨星是密度非常低的恒星；而白矮星是高密度的恒星。你将在后面的章节中看到，这些不同的密度代表了恒星演化的不同阶段。

践行科学

如果你观测天空中几颗最亮的星星，你通常会发现哪些类型？这个问题表明，科学家在解释即使是看似简单的观测结果时也必须非常谨慎。

当你看夜空时，最亮的星星大多是巨星和超巨星。例如，查看"概念艺术·恒星家族"，大犬座的大部分亮星都是超巨星。天狼星——著名的恒星之一——则是一个例外。天狼星是天空中最亮的恒星，但它只是一颗主序星，它之所以看起来很亮，是因为它离我们很近，而不是因为它光度很高。一般来说，超巨星和巨星的光度很高，所以它们即便不在附近也能在夜空中很突出。当你看到天空中一颗明亮的恒星时，你可能正在看着一颗高光度的恒星——超巨星或巨星。你可以通过查阅附录 A 中最亮和最近的恒星的表格来检验这个论点。

现在反向思考这个问题：如果你对离太阳最近的恒星编制星表，你通常会发现什么类型的恒星？

我们是什么

中等大小的人

我们人类是中等大小的生物，我们感受中等大小的事物。你可以看到树木、花朵和小昆虫，但如果没有巧妙的仪器和特殊的方法，你无法看到微观世界的美；同样，你可以感受到山脉的雄伟，但更大的物体，如银河系，对我们中等规模的感官来就说就太大了。你必须使用你的聪明才智和想象力，才能体会这种大天体的真相。这就是科学为我们做的。我们生活在微观世界和天文世界之间，科学通过揭示宇宙中超出我们日常经验的部分，丰富了我们的生活。

经验是有趣的，但它是非常有限的。你可以通过颜色、形状和气味来欣赏一朵花。但这朵花比你的直接经验所能揭示的更美妙。要真正欣赏这朵花，你需要了解它——它到底有多复杂，它是如何为它的植物服务的，以及植物如何进化出如此美丽的花朵。

人类有一种天然的动力去理解以及感受自然万物。你已经欣赏了夜空中的星星，现在你开始了解它们，从高温的蓝色 O 型星到低温的红色 M 型矮星，你很自然地想知道，为什么这些恒星会如此不同。当你在下面的章节中探索这个故事时，你会发现，虽然你有中等规模的感官，但你可以理解这些有宏大规模的恒星。

10 星际介质

可见光 + 近红外

图源：ESO

▲ 图为被称为"煤袋星云"（Coalsack Nebula）的巨大尘埃和气体云的一部分。星云中的尘埃吸收并散射来自背景恒星几乎所有的可见光

在研究了太阳和其他恒星后，现在是时候关注恒星之间的空间中充斥的稀薄气体和尘埃了，它们被称为星际介质，本章将帮助你回答 3 个重要问题：

▶ 天文学家如何研究星际介质？
▶ 哪些物质构成了星际介质？
▶ 星际介质如何与恒星相互作用？

在下一章你将了解到，星际介质是恒星形成的原材料。恒星之间的气体和尘埃是包括太阳在内的恒星生命故事的起点，接下来的 4 章将追溯恒星的诞生、演化和死亡。

……当他死的时候，
带他去，把他切成小星星，
它会让天空变得如此美好，
全世界都会爱上黑夜，
也不崇拜艳阳。

——威廉·莎士比亚，《罗密欧与朱丽叶》

朱丽叶很爱罗密欧，她称他如恒星般美丽，如果她知道恒星之间有什么物质，她可能会把他比作星际介质。恒星之间的物质被称为星际介质（interstellar medium，ISM）。人类的眼睛几乎看不到星际介质，但当用红外波段观测时，它美丽得惊人，其最密集的云是新恒星诞生的温床。如果说广阔的范围和横扫一切的力量是一种美，那么星际介质可以从花哨的恒星中抢走崇拜。

当人们使用"真空的宇宙"这一短语时，他们正在犯一个常见的错误，即认为太空是空的，太空并不是空的。事实上，你即将发现，星际介质是一块完整、复杂和活跃的空间（见图10-1）。

10-1 研究星际介质

除了人眼能看到它之外，可见光并没有什么特别之处，你将需要使用电磁波谱的所有部分来充分了解星际介质。

10-1a 星云

在一个寒冷、晴朗的冬夜，猎户座高高地悬挂在南方的天空中，这是一个由明亮恒星组成的大星座。如果仔细观察猎户座的"宝剑"，你会发现其中一颗星星是一片朦胧的云（回头看图2-4）。通过一个小型的望远镜，你可以发现更多这样的气体和尘埃云散落在天空中，天文学家将这些云称为星云（nebula），其英文来自拉丁语中的"云"或"雾"，它们是星际介质（ISM）的明显证据。

研究"概念艺术·三种类型的星云"，并注意3个要点和4个新术语：

1. 电离氢区（H II region）是被附近热星的紫外辐射电离的气体云，它们通常被称为发射星云（emission nebula）。因为电离的氢会产生可见光波长的光子，这些区域会发出特有的粉红色光芒。

2. 如果附近的恒星不够热，不足以使星云中的氢电离，那么人类的眼睛仍然可以看到反射星云（reflection nebula），它是由混在气体中的微小尘埃颗粒散射而产生的。

3. 在可见光波段下，暗星云（dark nebula）可见，充满恒星和明亮星云的背景映衬着致密的气体尘埃云。

和地球大气中的各类云一样，不同种类的星云实际上是以不同方式看到的相似物体。在一个晴朗的日子里，远处的云看起来是白色的，但在头顶上的云却因为阻挡了太阳光，看起来很暗。如果你能用"红外

图源：Panel a: A.Fujii; Panel b: NASA/IRAS/IPAC, Courtesy D.Levine

▲ 图10-1 （a）在可见光波段下，猎户座内和周围的恒星之间的空间似乎是空的。（b）红外图像显示了星际介质旋涡状的云

眼睛"看到同样的云，你会看到它发出明亮的黑体辐射。不同种类的星云是星际介质与星光和观测者关系不同的区域。

对星云光谱的详细分析揭示了它们的组成，星际介质中大约70%的质量是氢，28%是氦，还有2%是比氦重的元素。请注意，这与太阳和其他恒星的成分基本相同（请回看表8-1）。星际介质的密度非常低，通常每立方厘米只有0.1到1个原子，尽管在密集的云中密度可能会高得多。即使是那些云，气体的密度也比你所呼吸的空气低10^{15}倍。

几乎所有的星际介质都是以气体的形式存在，但是大约1%的质量是由称为星际尘埃（interstellar dust）的尘埃颗粒构成的。这些尘埃颗粒由碳、硅酸盐、铁组成，在某些地方，还有冰和有机化合物。（有机化合物是由具有碳链结构的分子组成的，但不一定是源自生物。）星际介质尘埃粒子的直径几乎都小于1微米（只有10^{-6} m 或 1000 nm）。

10-1b 消光和红化

研究星际介质的一个方法是测量它对通过它的星光的影响，相比完全透明空间的情况，星际介质中的尘埃会使遥远恒星看起来更暗，这种现象被称为星际消光（interstellar extinction）。在太阳附近，它在光学波段的作用效果达到了每千秒差距（kpc）1个星等，也就是说，一颗距离地球1000 pc的恒星在人眼里看起来会比绝对真空的空间（一种理想假设）看起来要暗1个星等，如果它在2000 pc以外，它看起来就会暗2个星等，以此类推。这在光学波段上是一个强烈的效果，并且表明星际介质不仅存在于几个星云中，它在宇宙中无处不在。

ISM尘埃也会影响到恒星的颜色，正如你在前面看到的，尘埃粒子很小，其直径等于或小于光的波长，所以它们散射短波长的光子比长波长的光子更有效，这就是为什么在较短的波长上消光更严重，而恒星看起来比它们本来更红。例如，一些热但遥远的O型星，实际上看起来是红色的，而不是蓝色的，这种效应被称为星际红化（interstellar reddening，见图10-2）。

请注意，星际红化并不是像多普勒效应那样改变谱线的波长，而是改变了到达地球的长波长和短波长光子的比例，这使遥远的恒星变得更红。当你观看太阳落山

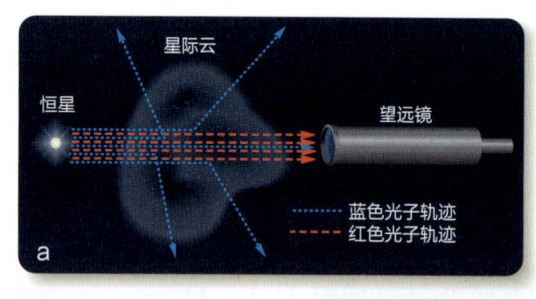

▲ 图10-2 （a）星际红化使恒星通过气体和尘埃云看起来比实际更红，因为较短的波长更容易被散射。（b）我们不能透过致密云探测到恒星，除了云边缘附近。（c）在较长的近红外波长下，虽然有红化作用，但我们可以在云后面探测到许多恒星

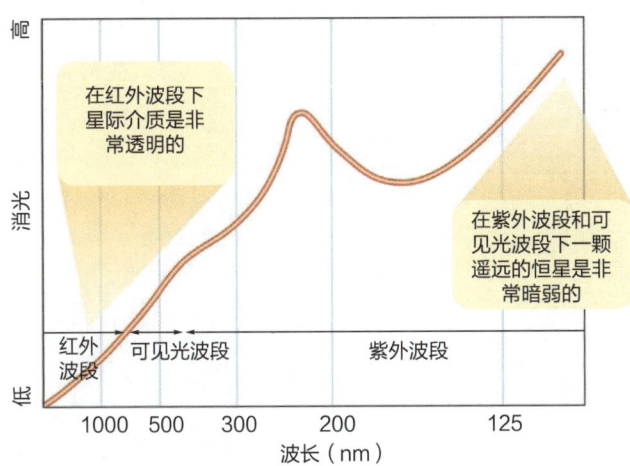

▲ 图10-3 星际消光，即恒星之间的尘埃对星光的减弱，在很大程度上取决于波长。红外辐射只受到轻微影响，但紫外波段却受到强烈影响。（请注意，在这幅图中，波长向左增加。大约220 nm处相对较强的消光是由ISM中某种形式的碳光谱特征造成的。）

时，你会看到一个更普通的红化的例子，当太阳接近地平线时，太阳光在到达你眼睛的途中必须穿过大量的空气，而蓝色光子比红色光子更有可能被空气中的分子和微粒散射掉，更大比例的红色光子到达你的眼睛，所以夕阳看起来是红色的。

天文学家可以通过对比两颗相同光谱型的恒星来测量红化的程度，两颗恒星中一颗比另一颗更暗，如果绘制两颗恒星之间的亮度差与波长的图像，你就会得到一个所谓的红化曲线（reddening curve），红化曲线比较了星光在不同波长下被星际尘埃消减的情况（见图10-3）。一般来说，光的消减程度与波长的倒数成正比，这是一种典型的来自小尘埃部分的散射模式。实验室的测量表明，220 nm左右波长的超强消光是由一种形式的碳形成的光谱特征，这证明了一些星际尘埃中含有碳。星际尘埃的近红外光谱表明，一些被命名为"巴克球状体"（buckyballs）的颗粒是空心的足球状分子，含有多达60个碳原子，这是以发明家和建筑师理巴克敏斯特·富勒（Buckminster Fuller）的名字命名的。

即使是星际介质中密度较小的部分也会使星光明显变暗，有些星际物质云十分致密，在光学波段会完全阻挡我们的视线。再看一下图10-3，你需要注意到，相对于红外波段，可见光和紫外波段的消光有多强（图的左边）。星际尘埃在近红外波段是相当透明的（见图10-4b），更长的中红外波段，星际介质会通过尘埃发出黑体辐射（见图10-4c）。

10-1c 来自星际尘埃的红外辐射

ISM中的尘埃只占其总质量的1%左右，而且它非常冷，温度在100 K（-280 °F）或以下。然而，它很容易在红外波段被探测到。尽管尘埃很冷，但它并不处于绝对零度，所以它必然产生黑体辐射，在这样的温度下，辐射在红外波段发射。

你可能会想，温度这么低的星际尘埃怎么会成为强

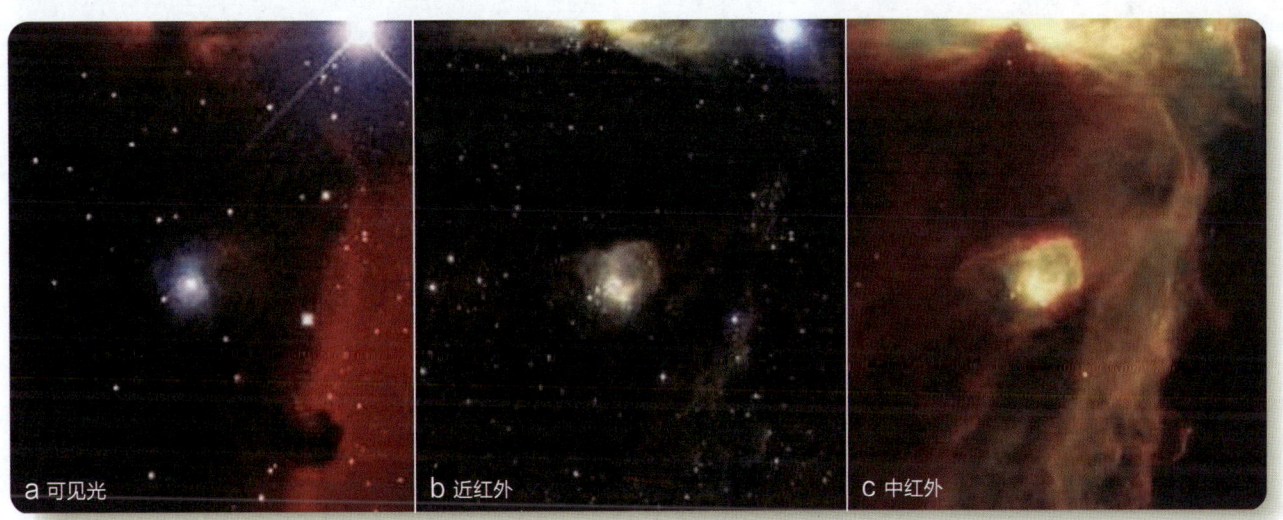

图源：(a) Courtesy Howard McCallon; (b) 2MASS/JPL-Caltech/U. Massachusetts; (c) ESA/NASA/JAXA/ISO; 3-panel presentation assembled by Robert Hurt

▲ 图10-4 马头星云（Horsehead Nebula）在不同波段下的图像。（a）在可见光波段，马头星云是一个从较大的暗云中延伸出来的黑暗半岛。（b）在近红外波段，暗星云几乎是透明的，通过它们可以看到恒星。（c）在波长较长的中红外波段下，云的尘埃颗粒发出黑体辐射

三种类型的星云

1 发射星云（Emission nebula）是由一颗热星激发它附近的气体产生发射光谱而产生的。这颗恒星的温度必须高于B1光谱型（25 000 K）。较冷的恒星不会发射出足够的紫外辐射来电离气体。发射星云有一种独特的粉红色，由红、蓝、紫的氢巴耳末线的混合产生。按照使用罗马数字表示原子电离状态的惯例，发射星云也被称为H II区（H II region）。因此，H I意味着中性氢，H II是电离氢。

在H II区，电离原子核和自由电子是混合在一起的。当一个原子核俘获一个电子时，原子能级下降，发射出特定波长的光子。光谱显示，这些星云的成分很像太阳的成分——说明其主要由氢组成。发射星云的密度为每立方厘米100到1000个原子，比地球上实验室里产生的最好的真空还要稀薄。

图源：Anglo-Australian Observatory David Malin Images

2 像下面照片中所示的反射星云（reflection nebula），是当星光从云中的尘埃中散射出来时产生的。因此，反射星云的光谱只是星光的反射光谱，包括大气吸收线。反射星云中肯定存在气体，但它没有被激发到足以发射出光子。

可见光

反射星云NGC 1973、1975和1977位于猎户座星云的北部。电离氢发出的粉红色光芒是反射星云复合体深处的一个发射星云。

可见光

图源：European Southern Observatory

2a 反射星云看起来是蓝色的，与天空看起来是蓝色的原因相同。短波长比长波长更容易被散射。详见下面的草图。

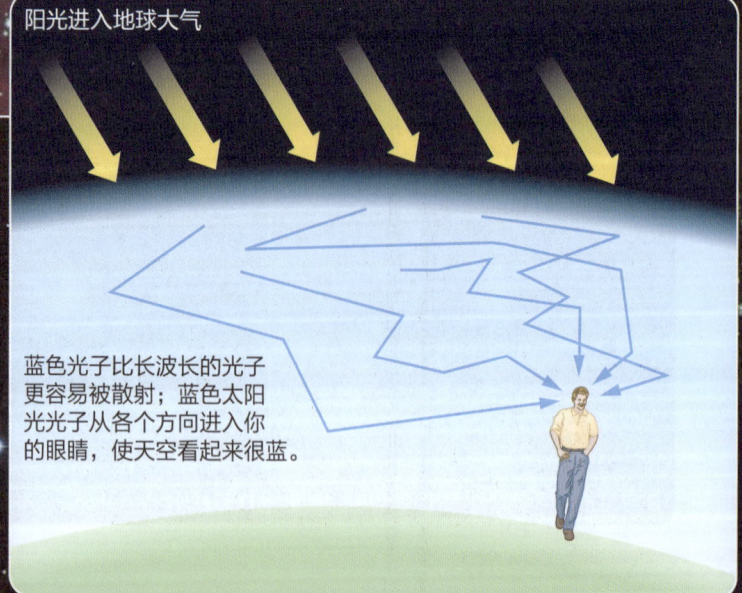

阳光进入地球大气

蓝色光子比长波长的光子更容易被散射；蓝色太阳光光子从各个方向进入你的眼睛，使天空看起来很蓝。

2b 左边反射星云的蓝色表明，尘埃粒子必须非常小，才能优先散射蓝色光子。星际尘埃颗粒的典型直径应该在10到1000 nm（0.01到1微米）。

图源：Anglo-Australian Observatory/DavidMalin Images

▲ 图10-5　斯皮策太空望远镜在8微米（8000 nm）的波长下对银河系中心成像，揭示了星际尘埃的分布。最亮的区域是被年轻、大质量恒星加热的云，亮点是单颗恒星。有些云很大、很致密，且温度很低，其在红外波段也是不透明且黑暗的

大的红外辐射源？但你也应该记得，一个物体的亮度取决于其表面积以及温度（斯特藩－玻耳兹曼定律，公式7-1）。为了说明这一点，想象一下太阳质量的星际尘埃，它将相当于超过 10^{45} 个的尘埃颗粒，每个直径为1微米（1000 nm，或0.001 mm）或更小，这么多的尘埃会有一个比太阳大 10^{15} 倍以上的表面积，也就是说，即使星际尘埃温度很低，它也可以产生大量的红外辐射。

红外望远镜可以通过尘埃辐射的能量分布来揭示星际尘埃的信息，在气体和尘埃比较密集的地方，或者在恒星加热尘埃的地方，它会发出更多的光。图10-5显示了银河系的一部分，在8微米（8000 nm）的红外波长下，因尘埃的辐射而发光。

10-1d　星际吸收线

当星光穿过星际介质时，气体原子可以吸收特定的波长并在这些恒星的光谱中形成星际吸收线（interstellar absorption line）。天文学家可以通过多种方式将星际吸收线与恒星吸收线区分开来。

一些恒星的光谱包含了明显不属于恒星的吸收线，因为它们代表了错误的电离状态。例如，如果你看一颗非常热的恒星的光谱，比如一颗O型星，你应该会看不到已经电离的钙线，因为这种离子不可能在这样一颗热星大气层的高温下存在，但是许多O型星的光谱含有电离钙的光谱线，这些谱线一定是在恒星和地球之间的冷物质中产生的，而不在恒星的大气层中（见图10-6）。

我们也可以通过星际谱线证明。在恒星的大气层中，气体密度很大，原子相互碰撞频繁，扰乱了原子的能级，使谱线模糊而变得更宽。此外，在高温气体中，原子的运动非常快，产生了使谱线变宽的多普勒红移和蓝移。相比之下，星际气体温度和密度很低，所以多普勒频移很小，原子碰撞不频繁，因此，星际谱线是非常狭窄的。

星际谱线通常被分成两个或更多的组成部分，多个组成部分的波长略有不同，它们是在恒星的光线到达地球的途中经过不同的气体云时产生的，由于各个气体云的径向速度略有不同，它们产生的吸收线有略微不同的多普勒频移。

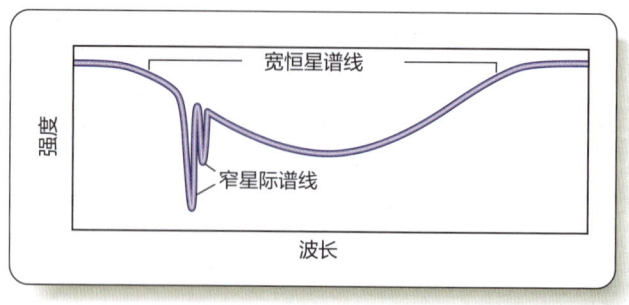

▲ 图10-6　星际吸收线可以被识别到，因为它们非常狭窄。在这幅图中，一颗恒星大气中产生的单电离钙的谱线被放大了，这样我们可以在图中看到宽谱带的凹陷。相比之下，由前景星际介质中的两个云产生的吸收线要窄得多

10-1e 星际发射线

基于基尔霍夫第二定律（第7-3节），你可以认识到，在稀薄或较冷的背景下观测受激低密度气体会产生一个发射光谱，而星际介质正是如此（例如"概念艺术·三种类型的星云"中的图1）。另外，一个特定原子或分子的发射线的波长与它的吸收线的波长相同。发射线，就像吸收线一样，为天文学家提供了研究恒星之间的气体和尘埃的有力方法。

发射星云光谱中的某些谱线被称为禁线（forbidden line），因为它们在地球上激发气体的光谱中几乎从未见过，这是因为电子在某些能级之间的跃迁是极其不可能的。一个正常的跃迁可能会在吸收能量的 $10^{-8} \sim 10^{-7}$ 秒后发生，但是如果一个电子被卡在亚稳能级（metastable level）中，它可能会被卡住长达一小时，然后才会下降到一个较低的能级并发射出一个相应能量的光子。除非气体的密度极低，否则原子之间的碰撞会在亚稳能级捕获的电子向下跃迁并发射光子之前很久就干扰这些电子，这意味着禁线只由密度非常低的气体产生，而且在地球上的实验室中通常是不可见的，因为那里的气体密度无法做到足够低。

但是，即使在相对密集的星际星云中，气体的密度也很低，以至于一个原子的两次碰撞之间间隔一小时或更长时间，这就给了一个原子停留在亚稳能级的时间，使其跃迁到较低能级，并在所谓的禁线处发射出一个光子。请注意，地球上层大气中的气体具有足够低的密度，可以发射出一些像极光一样可见的禁线（请回看第8章）。

禁线的最好例子是在 495.9 nm 和 500.7 nm 波长处的谱线，这两种波长的光在你眼睛看来是绿色，谱线由失去两个电子的氧原子产生。（按照命名离子的惯例，两次电离的氧原子被符号为"OIII"，大写的 O 加上罗马数字 III。中性氧被符号为 OI。）氧离子可以通过与高能量的光子或快速移动的离子或电子碰撞而被激发，当电子跃迁回较低的能级时，原子可以发射出各种波长的光子，其中一些电子停留在亚稳能级，最终发射出禁线波长的光子。

禁线是星云密度很低的明确证据，这是一个典型的例子，说明天文学家如何利用在地球上的实验室中获得的原子物理学知识来理解天体，在这里，是用于研究星际介质。

星际介质中的其他原子和分子在光谱的红外和射电部分产生发射线。一个分子可以通过以不同的速度转动来储存能量，或像原子被小弹簧连接起来一样振动，或者来回扭动储存能量。当一个原子从高能态跃迁至低能态时，可以将多余的能量作为光子发射出去。一氧化碳（CO）分子是一个特别强大的射电能量发射器，羟基（OH）也是如此。第 7-3 节中提到，氢巴耳末线位于光谱的可见光和近紫外部分，但其他的氢线位于红外部分；氢分子（H_2）和水也在红外波段中产生强烈的发射线。尘埃粒子中包含的硅酸盐（SiO）分子产生强红外发射线带；多环芳烃（PAHs）是在星际尘埃颗粒中发现的有机分子，但有时也会在宇宙中自由漂浮。来自 PAHs 的强红外发射使天文学家能够研究整个银河系和其他星系的星际环境。

其他发射线在光谱的紫外和X射线部分被发现，一般来说，高能量的光子是由高能量的事件产生的，所以X射线对应非常热的、被激发的气体，如恒星超新星爆发所排出的物质。红外和射电的发射线通常代表温度较低的低激发气体，如静静地在宇宙中漂移的冷气体云（见图10-7）。通过多波段观测，天文学家已经在星际介质中探测到150多种不同的分子。

10-1f 21 厘米的射电发射

当天文学家在 20 世纪 30 年代首次使用射电望远镜时，他们检测到了一个主要来自银河系的平面，波长为 21 厘米的巨大"嘶嘶声"，这个 21 厘米的辐射（21 cm radiation）是来自星际介质中冷中性氢的发射线。

氢原子如何能发出射电波段的光子？氢原子由一个电子和一个质子组成，它们都在自旋。由于它们带有电荷，这种自旋会产生微小的磁场，如果这两个粒子朝同一方向自旋，磁场就会反转，因为粒子带有相反的电荷；如果它们的自旋方向相反，磁场就会排列整齐。在低温的、未被激发的氢中，电子有两种方式可以进入基态，即以一种方式自旋或以另一种方式自旋，这意味着基态实际上是两个能级，中间只隔着极少量的能量（见图 10-8）。如果电子的自旋方向与质子的自旋方向相反，它就可以翻转过来，朝同一方向自旋，将多余的能量以波长为 21 厘米的光子的形式释放出来。

21 厘米的辐射是另一个禁线的例子，这种跃迁在统计学上是非常不可能的，而且在地球上的实验室中也检测不到，因为气体太密集，原子碰撞太频繁。然而，在宇宙中，氢原子很少发生碰撞，而且氢原子可以不受干扰达数百万年之久，使它们能够产生 21 厘米的发射线。天文学家可以用这条谱线来绘制银河系中低温、低

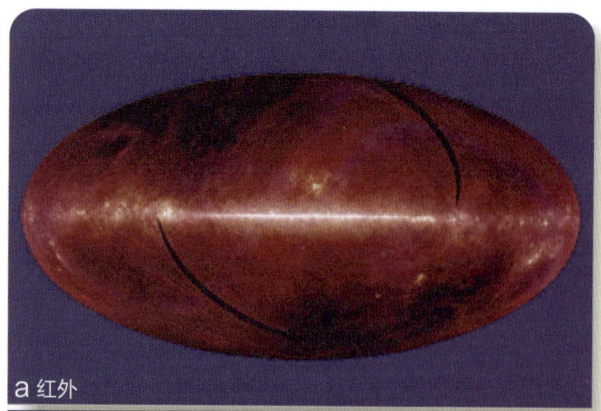

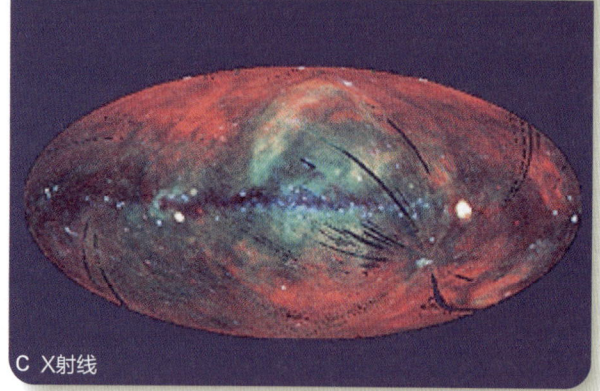

图源：NASA

▲ 图 10-7 银河系的图像显示了整个天空并投影为一个椭圆。（a）红外图像显示了冷星际气体和尘埃云的位置，可以通过尘埃颗粒的黑体辐射探测到。（b）在光学波段的图像中，星际介质中密集的、不透明的尘埃云与遥远的恒星形成了鲜明的对比。（c）X 射线图像显示了非常热的气体的位置，这些气体在大多数情况下是由垂死恒星的超新星爆发产生的

密度气体的位置（见图 10-9）。此外，射电波段波长很长，它们不会被星际介质中的微小尘埃颗粒阻挡，从而使天文学家能够观测到在较短波长下无法探测到的遥远星云。

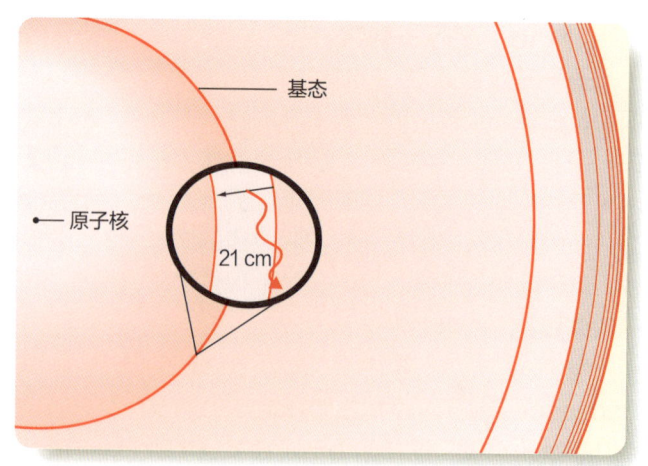

▲ 图 10-8 由于氢原子中的质子和电子可以沿相同或相反的方向自旋，因此基态实际上是两个紧密间隔的能级。在这张图中，只有通过放大图像才能区分这两个能级。当一个原子从高能级跃迁到低能级，它会发射出一个波长为 21 厘米的光子（未按比例绘制）

践行科学

有什么证据表明星际介质的存在？科学家所做的一切都以证据为基础，要么获取观测证据，要么用证据对抗假设。

对于星际介质是否存在我们可以基于以下事实做出判断：第一，它的一部分可以作为星云被看到；第二，对发射线和吸收线的详细分析表明，星际空间中充满了低温且稀薄的气体；第三，对星光的消光和红化的观测表明，一些星际介质一定是以微小尘埃颗粒的形式存在的。

尝试回答一个相关的问题。红外波段观测揭示了星际介质哪些方面的特征？

10-2 星际介质的组成

天文学家可以在许多不同的波段观测星际介质，这些观测结果是检验他们的假说的证据（我们如何得知 10-1）。观测结果清楚地表明，星际介质并不是均匀分布的，而是由不同的成分组成的。

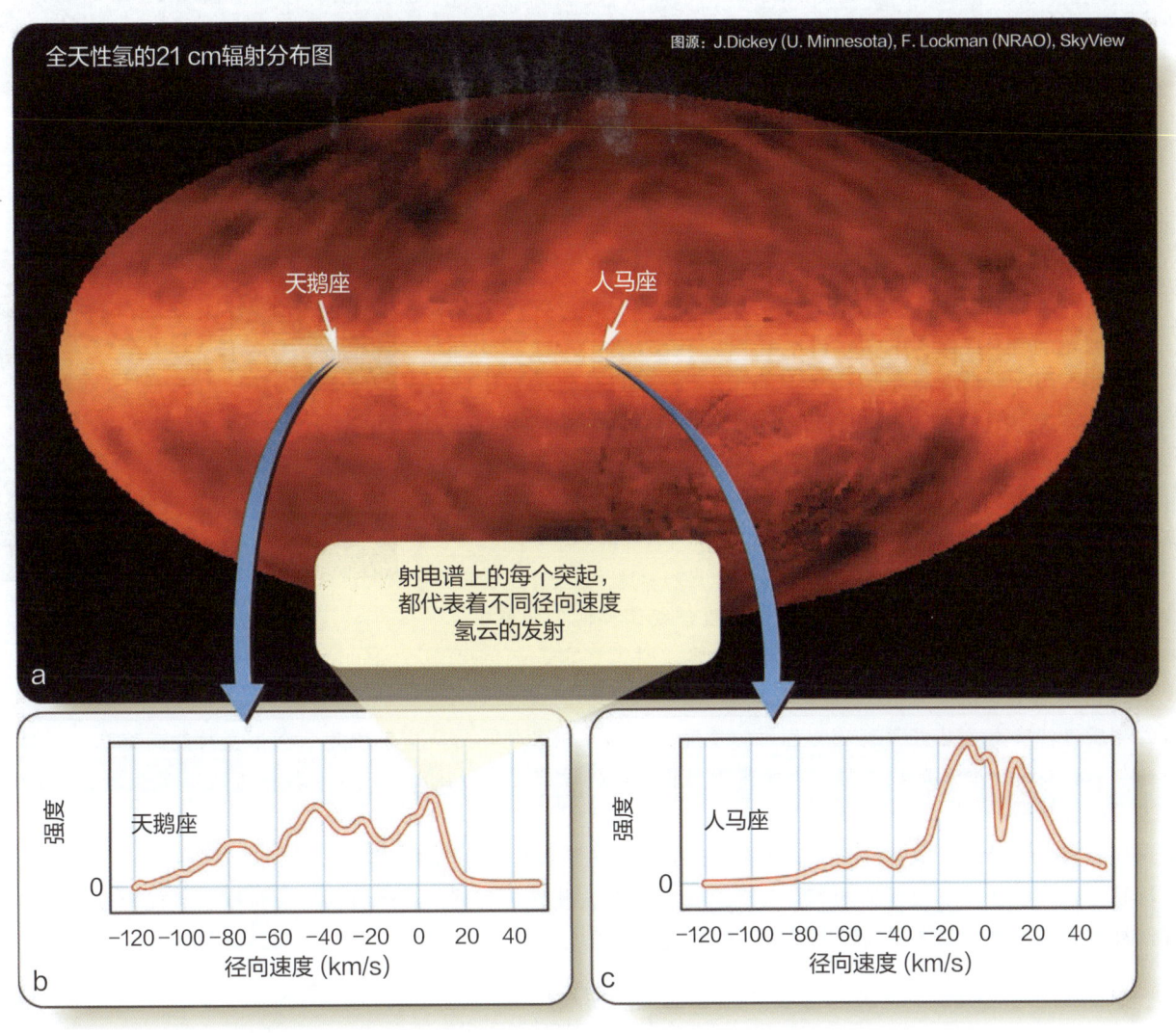

▲ 图10-9 （a）银河系中的大部分中性氢都在银河系的银盘上——从左到右贯穿本图中心的亮带。注意这些氢云是多么缥缈和不规则。（b，c）21厘米射电观测"暴露"了许多围绕银河系中心的中性氢云，每个云都有各自的多普勒频移

10-2a 冷云

你在炽热且发光的恒星附近看到的星云，只是星际介质的一小部分，就像路灯附近的雾云部分，你很容易看到它们，因为它们被照亮了。

正如前文介绍过的，在恒星光谱中看到的多条星际吸收线表明，一些星际介质是由云组成的（见图10-6），在红外和射电波长下的观测有力地揭示了密度高达每立方厘米100个原子的冷气体和尘埃云（见图10-5和10-9a）的情况。由于这些云没有被电离，它们被称为HI云。它们的直径通常为50~150pc，质量为几个太阳质量。虽然我们很容易把这些云看作球形气体，但观测表明，它们通常是扭曲的、扁平的或卷曲成混乱的形状，就像你在图10-1b中看到的那样，这进一步证明了星际介质并不是静止的。

10-2b 云际介质

冷中性氢云之间的空间充斥着热的云际介质（Intercloud Medium），温度为数千K，密度仅约为0.1原子/cm³。这种气体被星光中的紫外光子部分电离，尽管它很热，但由于它的密度很低，因此不会发出明显的可见光。

ISM相邻区域之间的相互作用主要由其相对压力决定，气体中的压力取决于其密度和温度。（注意，压力和密度是相关的，但它们并不一样。）HI云通常是冷的、密度大的，而云际介质的气体是热的，但密度小（见表10-1）。因此，即使它们的温度有很大的不同，一个HI云和相邻的云际介质可以有类似的压力，这使HI云和云际介质可以在稳定的平衡中共存，任何区域都不会膨胀或收缩。

我们如何得知 10-1

将事实与假说分开

当科学家有分歧时,他们会辩论什么?

科学的基本工作是通过将假说与事实相比较来检验假说,事实是自然界如何运作的证据,它们代表现实;假说是解释自然界如何运作的尝试。科学家们很注意区分这两者。

科学事实是指那些科学家有把握的观测或实验结果,鸟类学家可能会注意到,每年春天回到某个山谷的山雀越来越少。准确地计算鸟类数量是很困难的,需要特殊的技术。但是,如果科学家的观测是正确的,他们便对自己的结果有信心,并把它当作一个事实,特别是当其他科学家重复观测并得到足够相似的结果时。

为了解释鹆鸟数量的减少,科学家可能会考虑一些假说,如全球变暖或食物链中的化学污染。鸟类学家可以自由组合或调整他们的假说,以更好地解释鸟类迁徙,但他们不能自由调整事实。科学事实是无法改变的现实。

新的事实可能会加剧已经带有政治色彩的争论,例如,鹆鸟数量的减少可能是一个不受欢迎的消息,因为解决这个问题可能会花费纳税人的钱或损害当地商业利益。非科学家有时会试图通过调整甚至否认事实来辩论一个问题,但科学家不能因为一个事实不受欢迎或不方便而随意忽视它。科学家通过争论哪种假说最适用,或如何调整假说以适应观测到的事实来辩论一个问题,但一旦确立和确认,事实本身就不存在问题。

无论科学家是在测量发射星云的密度,还是在测量鸟类种群的大小,最终的数据成为检验假说的现实。当伽利略说我们应该"阅读自然之书"时,他的意思是我们应该参考现实,作为对我们理解的最后检查。

图源:Michael A. Seeds

在科学中,证据是由事实组成的,其范围可以从精确的数值测量到对一朵花的形状的定性描述

表 10-1 星际介质的四种成分

成分	温度(K)	密度(粒子数/cm³)	气体状态
分子云	10~50	10^3~10^5	分子
HI云(中性氢云)	50~150	10^0~10^3	中性氢 其他电离原子
云际介质	10^4	10^{-1}~10^0	部分电离
冕区气体	10^6~10^7	10^{-4}~10^{-2}	高度电离

如果你仔细思考这个问题,你可能会想知道,当云际介质不靠近热星时,它怎么会被电离。为了理解这一点,想象一下,你正在观测悬浮在云际介质中的原子。来自遥远恒星的紫外光子并不常见,但它们确实不时地从你身边呼啸而过,很快,这个原子吸收了其中一个光子,并失去一个电子而被电离。在密度较大的气体中,它将很快找到并捕获另一个电子,再次成为一个中性原子。然而,星际介质的密度很低,气体粒子被分散开来,你所观测的离子必须等待很长时间,才能有一个电子靠近而被捕捉。这就是云际介质的气体被电离的原因,离子几乎把所有的时间都花在了等待它们可以捕获的电子上。

10-2c 分子云

对星际介质的射电和红外观测揭示了一些气体和尘埃云的情况,其密度从每立方厘米数百个到数千个粒子(原子和分子)不等,这些云被称为分子云(Molecular Cloud),因为它们的密度足以在内部深处形成分子。尘埃保护分子不受紫外光子的影响,紫外光子会破坏脆弱的分子。

分子云非常冷,只比绝对零度高几度,而且大部分的气体都以分子的形式存在。氢分子（H_2）是主要的气体，但是这种分子很难被探测到，所以天文学家通常通过研究其他分子的射电发射线来研究分子云，如一氧化碳（CO）分子。尽管一氧化碳分子在分子云中是H_2的万分之一，但一氧化碳分子是射电频谱微波部分中波长为2.6 mm的一个强发射源。在分子云中还探测到150多种其他分子，包括羟基（OH）、一氧化二氮（N_2O）和乙醇（C_2H_6O），但分子云的总体元素组成与一般的宇宙空间相同，按质量计算，它们大约有70%是氢，28%是氦，还有2%是重原子。不同的是，它们的密度和温度足以让原子连接在一起并形成分子。

分子云中的CO和尘埃往往使它们保持低温，CO分子和尘埃颗粒在红外辐射能量，同时，这样的云对红外波段来说是透明的。因此，红外光子从分子云中逃逸，带走了能量，这使云内的温度保持在低水平。

分子云的质量最多为几百个太阳质量，但巨分子云（giant molecular cloud）最多含有100万个太阳质量，它们的直径可以达到100 pc（300 ly），在它们最密集的核心部分，每立方厘米可以包含10万个粒子。巨分子云往往是由沉降下来并向银盘集中的气体形成。你可以看到其中一些暗的星云，它们遮盖恒星，形成了沿银河系中心的大裂缝（再看看《概念图：三种类型的星云》中的图3）。银河系中存在着数以千计的巨分子云。

巨分子云是恒星诞生的摇篮，在这些巨大的云层深处，引力可以将物质向内拉，创造出新的恒星（见图10-10）。这是一个将在下一章中详细介绍的故事。现在，你可以通过星际介质中最热的部分来完成对它的快速浏览。

10-2d 冕区气体

星际介质似乎会非常冷，所以你可能不会想到星际介质还能发射出X射线。然而，地球大气层上方的X射线望远镜已经探测到来自部分星际介质的X射线，这种气体被称为冕区气体（Coronal Gas），因为它的温度为10^6 K或更高，与太阳的日冕相似。当然，星际介质中的冕区气体与太阳的日冕没有任何关系。

你可能认为冕区气体具有非常高的压力，因为它十分热，但实际上它的密度非常低，因此压力也很低。冕区气体只包含$10^{-4} \sim 10^{-2}$个粒子/cm^3，也就是说，你必须在几百到几千立方厘米的冕区气体中寻找——大约相当于一个鞋盒的体积——才能找到一个粒子（一个电离原子或一个电子）。由于其密度非常低，冕区气体中的压力可以与H I云中的压力大致相同，而且云际介质的

图源：NASA/ESA/STScI/AURA/NSF/Hubble Heritage Team

▲ **图10-10** 这张图片的下方和右侧的暗边显示了一个名为N90的巨分子云的一部分，它位于银河系的一个卫星星系中，距离地球约200 000 ly。云致密且充满尘埃，阻挡了进入云中和云后的可见光。在图像的中心是一个H II区域和反射星云，其中包含一个由云物质凝聚而成的年轻恒星群

组成部分可以保持平衡（不膨胀或收缩）。

天文学家有证据表明，大多数冕区气体是大质量恒星在伴随着超新星爆发的剧烈死亡时产生的（在后面的章节中将介绍更多关于爆发的信息）尽管它们很罕见，但这种爆发将大量非常热的气体以膨胀的气泡形式向外喷射。从非常热的年轻恒星上流走的气体也可以产生冕区气体（见图10-11）。在某些情况下，相邻的冕区气体的气泡可能会向彼此膨胀，并合并形成更大的体积，称为"超级气泡"。这样的区域很重要，因为不断膨胀的冕区气体可能会压缩附近的冷云，并引发恒星的形成，这点将在下一章予以介绍。

总之，许多波段的观测结果表明，星际介质是复杂的，有4个不同的组成部分（再看看表10-1），确切的比例还不太清楚，但冷云可能占质量的20%左右，云际介质占50%左右，分子云很密集，约占质量的20%，而低密度的冕区气体只占星际介质质量的10%，尽管它占体积的20%以上。事实上，四成分图是真实情况的一个简化模型，但就像你已经知道的其他有用的模型一样，它足以描绘出星际介质的一般特性。

远紫外和X射线的观测结果证实，太阳正好位于一个直径约为100 pc的冕区气体区域内，里面充满了热的电离氢。太阳所在的这个本地泡（local bubble）很可能是在过去几百万年内太阳附近的一颗超新星爆发时

▲ 图10-11 在这张X射线和可见光波段合成图像的右侧,多达200颗热的、发光的、新形成的O型和B型恒星处于冕区气体膨胀的气泡中,这些气泡发出X射线,在这里用蓝色表示。左边是由其他热星和几颗超新星爆发产生的膨胀冕区气体,这片云中强烈的恒星形成正在把它吹散

图源:X-ray: NASA/CXC/CfA/R. Teullman et al.; Visual: NASA/ESA/STScI/AURA/NSF

践行科学

如果氢分子是最常见的分子,为什么天文学家要依靠一氧化碳(CO)分子来绘制分子云呢?这个问题指出了科学家从更容易观测到的东西中推断出他们想知道的东西的常见做法。

尽管氢是宇宙中最常见的原子,氢分子(H_2)是最常见的分子,但氢分子在电磁波谱的射电波段没有强烈的辐射。相比之下,不那么常见的CO分子是一个非常有效的射电能量辐射器,因此射电天文学家用它作为分子云的示踪器。根据对恒星和星际介质化学成分的了解,当射电望远镜显示出大量的CO云时,天文学家有把握地推断出大部分气体是H_2。他们还确信分子云中含有尘埃,因为如果没有尘埃保护云中的分子免受紫外辐射,分子就会被分解成原子。

现在,利用尘埃发射红外辐射的物理学知识来回答一个不同的问题,让天文学家对星际介质做出进一步的推断:相对低质量的冷尘埃为什么能发射出大量的红外辐射?

膨胀起来的。

太阳在太阳风中"呼出"气体和尘埃(第8-1d节),旅行者号探测器距离太阳100 AU,正朝着星际空间前进。这艘飞船上的仪器所做的测量表明,它们正逐渐从日球层(heliosphere)——由来自太阳的物质主导的区域——进入星际空间(见图10-12a)。此外,星际边界探测器(IBEX)能够通过探测在太阳风和星际介质之间的碰撞中向地球发出的原子来绘制日球层的边界。IBEX的观测结果显示,太阳系正在周围的物质中刻画一个类似于彗星的痕迹(见图10-12b)。

太阳系的物质——尘埃、气体、航天器——最终都会进入星际介质,而星际介质中的物质能到达地球吗?科学家们在分析星尘号飞船(Stardust Spacecraft)捕获的彗星尘埃时发现,至少有7种颗粒与任何已知的太阳系尘埃颗粒都不一样。这些颗粒进入捕集器的方向表明,它们可能来自星际介质。这些颗粒显然在通过弓形激波(bow shock)和终端激波后幸存下来,之后与星尘号相撞,并被运到地球的样品舱中。

10-3 气体—恒星—气体循环

星际介质是复杂的,且在某些情况下是相当美丽的。但是如果它不与恒星密切相关,那研究它就只是满足一下我们的好奇心。恒星从星际介质中诞生,而衰老或死亡的恒星又将气体和尘埃送回星际介质中。当你了解到这个循环时,你就开始了解接下来几章所要描绘的恒星的生命故事了。

10-3a 来自年老恒星的气体和尘埃

天文学家曾有明确的证据表明,星际介质中的大部分氢和氦是100多亿年前银河系形成时留下的气体,因此这些气体从来没有进入过恒星内部。然而,位于星际之间的一些气体和尘埃则是在恒星中产生的,并随着恒星的年老而被排出。

与一些年老的恒星所吹出的风相比,太阳风是一种温和的微风。这些恒星的大气层温度很低,某些类型的原子,包括碳、硅和氧,可以凝结成尘埃。恒星中的压力将这些尘埃颗粒与氢、氦和其他气体组成的强烈的

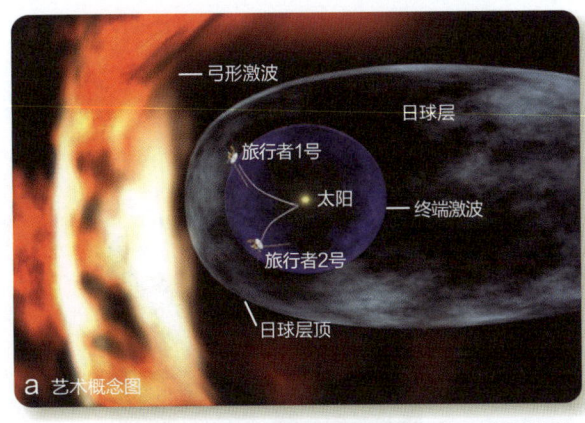
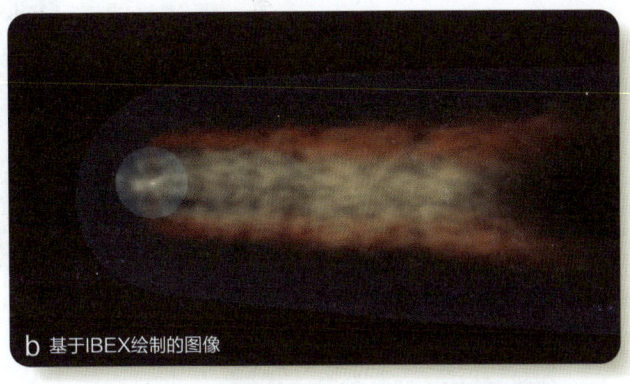

图源：NASA; Heliotail from IBEX/NASA

▲ 图 10-12 （a）艺术家对两个旅行者号航天器与太阳系和星际介质的关系轨迹的概念图。完全被太阳风充满的中央日球层一直延伸到日球层顶。当风开始与名为"终端激波"（termination shock）的边界处的星际介质相互作用时，它的速度就会减慢。弓形激波是太阳系和星际介质之间的最外层边界，它是弯曲的，很像快艇前面的船首波，因为太阳系向图中的左边运动。旅行者 1 号似乎在 2012 年中时穿过了弓形激波，旅行者 2 号预计将在 2020 年之前的某个时间穿过它。（b）太阳尾巴的画像，这是日球层在星际介质中移动时留下的痕迹，是根据在环绕地球的轨道上的星际边界探测器（IBEX）"原子望远镜"的测量得到的

气流一起推出了恒星。对著名恒星参宿四的红外观测显示，当它在太空中移动时，其强大的风在星际介质中形成一条与太阳相似的痕迹（见图 10-12），但其弓形激波要比太阳大 1000 倍（见图 10-13），星风中的气体和尘埃一定会进入星际介质中。

对太阳未来演化的计算表明，它将在 60 亿~70 亿年的时间里吹走其几乎一半的质量，然后灭亡。类似地，星际介质中的一些气体和尘埃也是由前几代的恒星产生的。

上一节中讲到，一些恒星在剧烈的超新星爆发中死亡，在膨胀的冕区气体云中向外喷射物质。当这些气体冷却时，尘埃就像蜡烛火焰中的烟尘一样凝结，所以超新星也会将大量的尘埃添加到星际尘埃中。

超新星爆发加上来自最热的恒星的光和气体，使星际介质受到激波（shock wave）影响，相当于天文学意义上的"音爆"。当这些激波扫过星际介质时，它们压缩气体并产生足够密集的云，使分子开始形成。

10-3b 预习恒星的形成

分子云是在星际介质被压缩时形成的，而重力和湍流往往使这些云集中起来，形成巨大的分子云。这样的云位于银河系的旋臂上。

由于这些气体云非常冷，重力可以将它们挤压到更高的密度，特别是如果它们被经过的激波进一步压缩的话。分子云中最密集的区域会变得引力不稳定，这意味着将气体拉在一起的引力要强于气体中的压力和湍流。当气体落在一起时，最密集的区域会分解成碎片，形成

恒星群。一个巨大的分子云有时可以形成几个星团，每个星团包含数百或数千颗恒星。

形成的质量最大的恒星是最热的，而且排出的气体也最猛烈。另外，正如将在后面一章中介绍的，质量最大的恒星寿命很短，只有几百万年，而且大质量恒星会在剧烈的超新星爆发中死亡，将更多的气体送回星际介质中。

一个巨分子云可以产生大量的恒星，但是当超新星

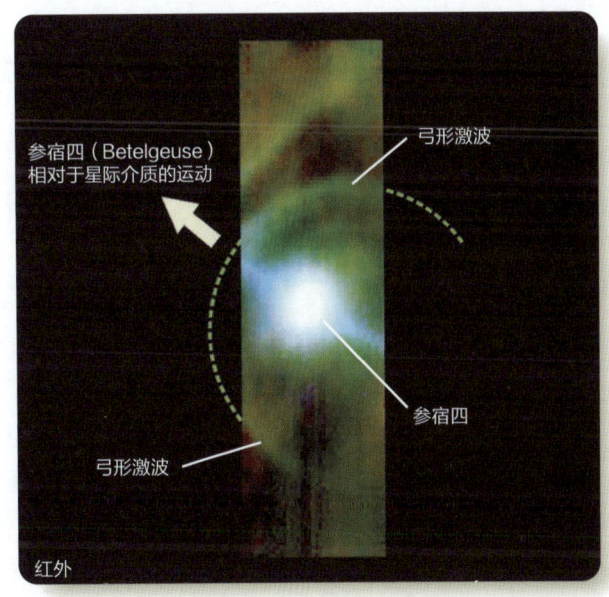

图源：From Ueta et al. 2008, PASJ

▲ 图 10-13 红超巨星参宿四正在排出一股强大的气体和尘埃风。正如太阳一样，来自参宿四的星风在与星际介质碰撞的地方形成了弓形激波，这使天文学家可以推断出星风和星际介质的属性。星风中的物质最终会成为新的星际介质

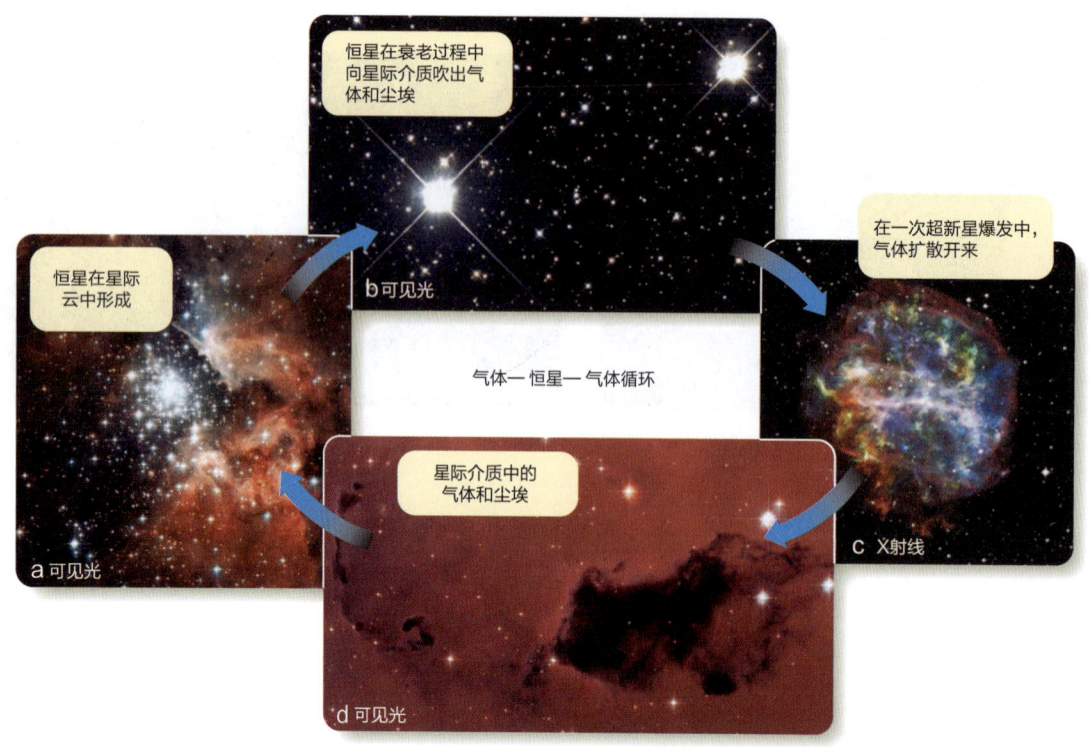

▲ 图 10-14　物质循环从星际介质中形成恒星，然后又回到星际介质。银河系正在缓慢而稳定地耗尽它形成恒星的原料，并逐渐耗尽为诞生新恒星提供动力的氢燃料

开始排出冕区气体时，分子云就会被撕开，重新混入星际介质中，这就结束了气体—恒星—气体循环（见图10-14）。

当银河系中的物质经历这个循环时，一些质量被纳入寿命很长的低质量恒星中，或者被困于白矮星、中子星和黑洞等恒星的残骸中，因此，这些残骸中的物质被移出了循环。此外，在每个循环中，一些氢聚变成氦和更重的原子，如碳、氮和氧。因此，随着时间的推移，银河系在形成恒星的过程中逐渐耗尽恒星形成的原料和氢燃料。而且，随着每一代恒星的出现，星际介质中那些较重的原子变得更加丰富，星际介质的化学成分也慢慢发生变化。在后面的章节中，这一事实将提供一条关键的线索，帮助我们了解关于银河系的生命故事。

我们是什么

欣赏者

城市居民只能看到散布在天空中的最亮的星星，但即使那些远离城市灯光的人，也几乎看不到星星之间的任何东西，人们很容易想象星际空间是空的。只有一些朦胧的星云，如猎户座大宝剑中的星云，暗示着星际空间隐藏的丰富性。

我们生活在一个充满了超出我们感官的美丽的宇宙中，特殊的望远镜和照相机可以捕捉到图像，让我们欣赏到发光的气体云，其包含着明亮的恒星以及在宇宙中分布的暗尘埃带。中性气体云、冷尘埃和冕区气体的热气泡是我们眼睛看不到的，但它们是复杂又美丽的星际介质的一部分。在我们周围是一个看不见的"海洋"——当星际介质与恒星相互作用时，其平静的范围被光和热的风暴吹到各个地方。

科学通过给予我们可以欣赏我们无法直接感受到的壮丽景色的仪器设备而丰富了我们的生活。

恒星的形成与结构

11

见光

图源：NASA/ESA/STScI/AURA/NSF/A. Nota

▲ 本图展示了几百万年前，一个巨分子云在重力作用下坍缩，形成了几个巨大的星团，在图像中心附近可见。最热、最亮的新生恒星的强烈辐射正在激发星云中的一些气体，将其变成一个（粉紫色的）发射星云。注意右边和右下方剩余的暗分子云物质

上一章向你介绍了充斥于恒星之间的气体和尘埃，它们复杂且不断变化，在这一章中，你会把观测和假说结合起来，了解星际介质是如何凝结成恒星的，以及恒星内部的情况。在了解的过程中，你将找到 4 个重要问题的答案：

▶ 恒星是如何形成的？
▶ 有什么证据表明一颗恒星正在形成？
▶ 恒星如何保持其稳定性？
▶ 恒星如何制造能量？

在你完成这一章的学习后，你会对恒星充满活力的早年时期有一定的了解。接下来，你会了解恒星稳定且缓慢演化的被称为"主序"的成年时期。在那之后，恒星会在它们生命的最后阶段转变为巨星。

> 吉姆说他认为星星是造出来的，但我认为星星是偶然冒出来的。
> 吉姆说月亮可以把它们生出来，
> 而这个说法似乎很有道理，所以我就不再反驳他了，
> 因为我曾见过青蛙一次下的崽儿，也差不多有这么多，
> 所以月亮当然也能下出那么多的星星来。
>
> ——马克·吐温，《哈克贝利·芬历险记》

图源：ESO/Cosmic Gems Programme

▲ 图 11-1　在这张图片的右侧是 NGC 2035 星云，这是一个恒星形成区，包括由新形成的 O 型和 B 型恒星照亮的发射星云（粉红色，右中部）和反射星云（蓝色，最右侧），以及恒星持续形成的致密暗星云。左边是超新星遗迹，这种从爆炸中扩散开来的热气云标志着大质量恒星死亡

恒星不是永恒的。当你观察天空时，你会看到数以百计的光点，而且，令人惊讶的是，每一颗都像太阳一样，是一个巨大的核聚变反应堆，并由其自身的引力支撑。你今晚看到的恒星，你的父母、祖父母和曾祖父母都曾看到过。在一个人的一生中，甚至在整个人类历史上，恒星都不会发生明显的变化，但它们也不会永远存在。恒星有"出生"，也会面临"死亡"。这一章就是这个故事的开始。

既然你不可能活得足够长，无法看到恒星的演化，也无法看到它们的内部，那你如何能知道恒星的生命周期和内部反应是怎样的呢？答案就在于"科学方法"，通过构建关于自然界如何运作的假说，然后用观察到的证据来检验这些假说，你可以揭开自然界的一些最大的秘密。在本章中，你将看到引力如何从星际空间的稀薄物质中创造出恒星。然后，你将了解到从恒星内部到达表面的能量如何平衡引力并使恒星稳定，以及恒星内部的核反应如何提供能量。为了理解这个故事，你需要充分发挥想象力，并从星际介质的寒冷气体中跳入恒星灼热的中心。

11-1　从星际介质中制造恒星

天文学家们在天空中发现了数百个被最热、质量最大、亮度最高的 O 型、B 型主序星照亮而发出耀眼光芒的区域，正如下一章中会详细介绍的，这类恒星释放大量的能量，只能维持几百万年，所以你看见它们的位置就在它们出生的地方附近，因此 O 型、B 型星是恒星形成区的标志，恒星形成区属于星际介质（见图 11-1）中最致密的部分。

11-1a　巨分子云中的恒星诞生

正如上一章提到的，星际介质的光谱显示的化学成分与恒星的化学成分基本相同，通过对星际尘埃基本透明的远红外波段和射电波段的观测，天文学家甚至可以探测到致密分子云的内部，并发现恒星正在那里形成的证据。事实上，前一章所讨论的巨分子云，每一个都大到足以形成成千上万的新星。但是，那些大的、低密度、低温气体尘埃云是如何变成相对较小的、高密度的、热的恒星的呢？

巨分子云的经典直径为 50 pc，经典质量超过 10^5 个太阳质量，远远大于一颗恒星。巨分子云中的气体是恒星中心气体密度的 $1/10^{20}$，温度只有几开尔文，而不是几百万开尔文。只有当云的一小部分能够以某种方式被压缩到高密度和高温时，这些云才能形成恒星。然而，至少有 4 个因素阻止星际气体云压缩，而这些因素须在开始形成恒星前被引力克服。

第一，气体中的热能表现为原子和分子的随机运动，即使在 10 开尔文的极低温度下，氢分子也以平均 0.35 千米／秒（约 780 英里／小时）的速度移动。要

实现星云的收缩，它的引力必须足够强大，以克服大量热运动导致的星云膨胀。

第二，星际介质充满了整个磁场，星际介质磁场的强度只有地球磁场的 0.0001 倍左右，但这足以作为一个内部弹簧阻止气体收缩。中性原子和分子不受磁场的影响，但是带有电荷的离子不能在磁场中自由移动。尽管分子云中的气体大部分是中性的，但也存在一些离子，这意味着磁场可以对整个气体施加一个力。在某些条件下，巨分子云中的电离气体可以逐渐与自由电子重新结合，由此产生的低电离气体可以更自由地"滑过"磁场并收缩，我们可以在孤立的分子云中观察到这一过程。即便如此，云的引力必须克服由星际介质造成的阻力，以使大部分气体收缩。

第三，宇宙中的一切都在自转，当气体云开始收缩时，因为角动量是守恒的，它的自转越来越快，就像溜冰者在收回手臂时旋转得更快一样（请回看图 5-6）。这种自转可以变得很快，以抵消引力，使云层不会进一步收缩。

第四，星际介质是扰动的，在上一章中，你看到星云经常被强烈的气流扭曲和发生形变，这种扰动是与重力相对的另一种效应，有助于阻止分子云的收缩。

考虑到这 4 个阻力因素，巨型分子云似乎很难收缩，但是射电和红外观测显示，至少有一些巨分子云会出现被称为稠密云核（dense core）的致密区域，其大小大约为 0.1 pc，包含约 1 个太阳质量。一个巨分子云可能包含数百个这样的核，每个都可能成为一颗恒星。

理论和观察都表明，巨分子云可以被一个经过的激波（shock）触发而形成恒星（见图 11-2），在这样的触发事件中，巨分子云的一些区域可以被压缩到相当高的密度，以至于上述阻力作用不能再对抗引力而开始形成恒星。

能够触发恒星形成的激波在星际介质中很常见，例如，几种气流进入更冷、更致密的星际介质时，会产生激波；超新星爆发会产生强大的激波，冲进星际介质（见图 11-3a）；此外，高温恒星的燃烧会使附近的气体电离，并使其迅速流走（见图 11-3b）；所有类型的新生恒星在形成时似乎都会释放强烈的星风和喷流，也会产生激波。

第二种类型的恒星形成的触发因素是分子云的碰撞。由于分子云很大，它们很可能偶尔会相互碰撞，而且由于它们含有磁场，它们易相互穿过。这种云层之间的碰撞可以压缩部分云层并导致恒星形成。

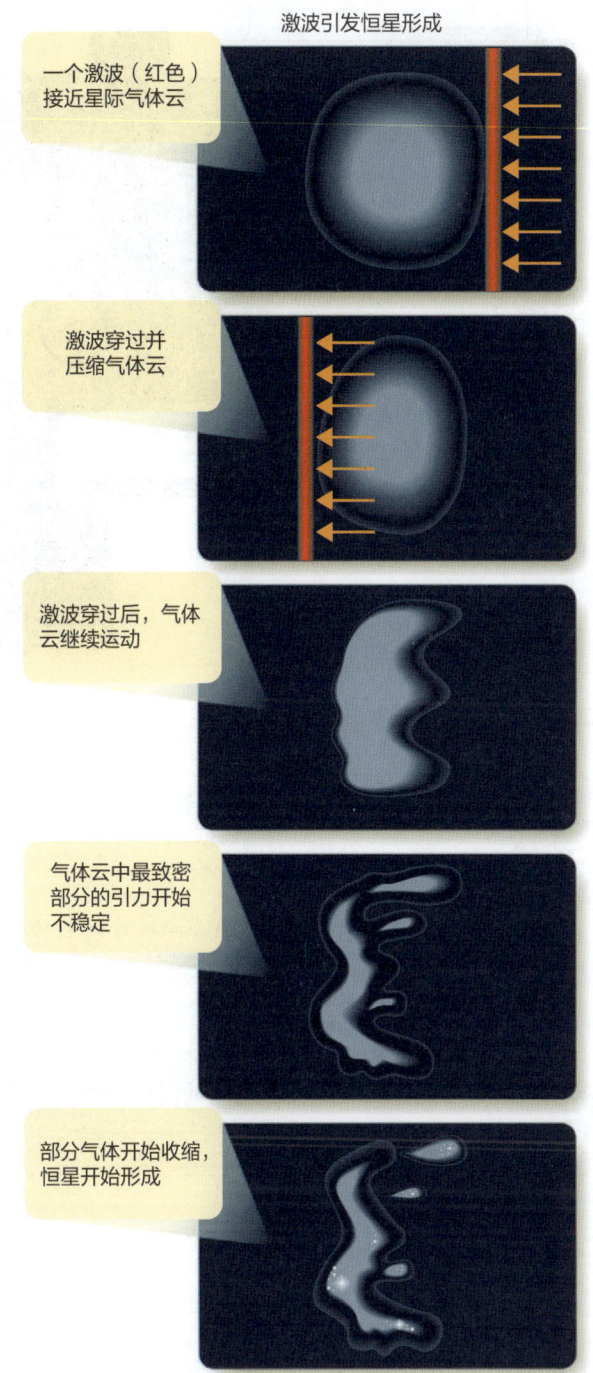

▲ 图 11-2　在这个计算机模型的总结中，星际气体云被一个经过的激波触发进入恒星形成过程，这里总结的事件跨越了大约 600 万年

第三种类型的恒星形成的触发因素是类似银河系的螺旋模式（请回看图 1-11）。后面一章会提到，事实和模型计算都表明，旋臂是激波，像时钟的移动指针一样围绕银河系。当云层穿过旋臂时，云层会被压缩，并可能开始形成恒星。天文学家已经发现了恒星形成的区域，其中这三种类型触发过程中的每一种都

第二部分　恒星　201

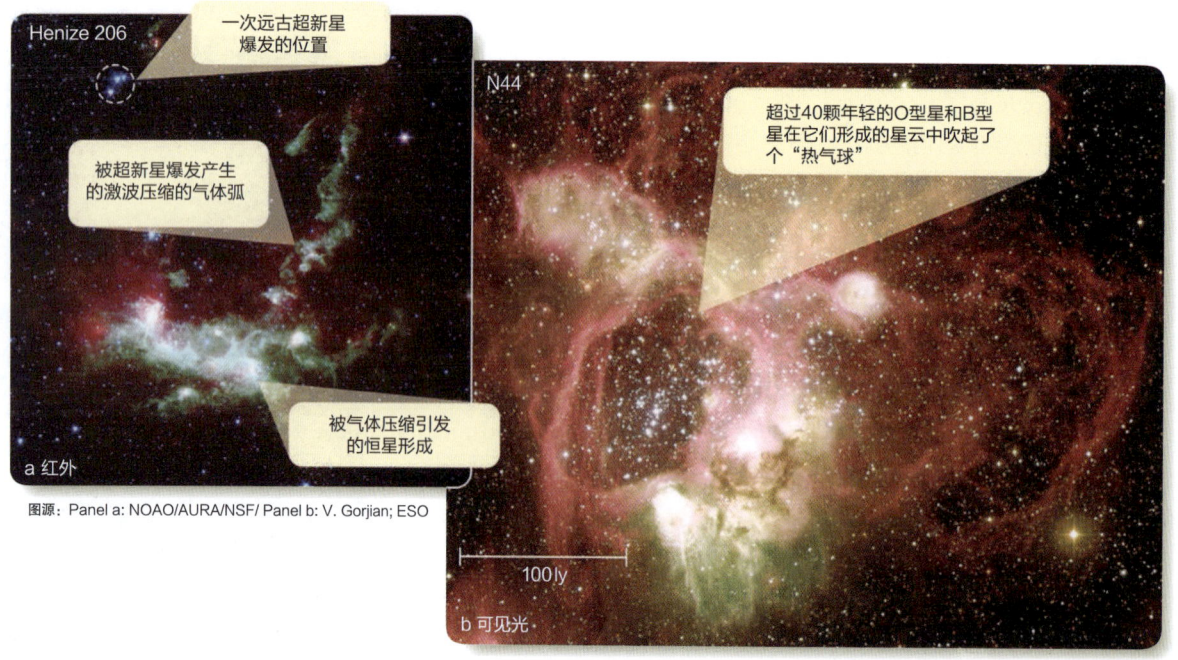

▲ 图 11-3 （a）几百万年前的超新星爆发产生的膨胀激波压缩了附近的气体云，引发了新恒星的诞生。这个弧形星云中，大多数明亮的年轻恒星都隐藏在尘埃云的深处，在可见光波段上还无法被探测到。（b）N44 星云已经诞生了一个大型的恒星群，恒星形成的过程可以被已经形成的恒星影响而扩散到新的区域

得到了确认。

含有超过 10 万个太阳质量的单一巨分子云并没有收缩形成一颗巨大的恒星。显然，坍缩的云会变成碎片，而最致密的部分会形成一些致密的核。云究竟为什么会分裂成碎片以及如何分裂成碎片还不完全清楚，但它们的自转、磁场和湍流显然起着重要作用。不管是什么原因，当一个巨大的星际云收缩时，它可以同时形成许多新的恒星。

11-1b 通过收缩加热

前文介绍了低密度的星际气体云如何收缩，并变得足够致密以形成恒星。但是，如何让冷的气体"变热"并形成恒星呢？答案还是"引力"。

要想知道引力如何加热气体，请将注意力转移到一个会成为恒星的致密云核上。一旦那一小团气体开始收缩，引力就会把原子吸引到中心。这意味着原子正在"坠落"，并在"坠落"过程中获得速度。事实上，天文学家把恒星形成的这个早期阶段称为自由落体坍缩（free-fall collapse）。尽管原子一开始可能移动得很慢，但当它们大部分落到云层中心的时候，速度会非常快。

热能是气体中粒子扰动的结果。所以这种因自由落体坍缩而导致的速度增加是气体加热的第一步。然而，仅仅因为所有的原子都在快速运动，你还不能说气体是热的。喷气式飞机机舱内的空气正在快速运动，但它并不热，因为所有的原子都在随着飞机向同一个方向运动。坠落原子的高速运动并没有转化为热能，直到它们的运动变得随机，而这发生在原子落入云层中心区域开始相互碰撞时。这些碰撞所产生的杂乱无章的快速运动产生热能，因此气体的温度升高。

这是天文学中的一个重要原则，每当一团气体收缩时，原子在引力场中"向下"移动，速度加快，碰撞更快，因此气体变得更热，天文学家对此的表述是：引力能被转化为热能；当气体云膨胀时，气体原子对抗引力"向上"移动，失去速度，气体变得更冷，天文学家说，在这种情况下，热能被转换为引力能。这个原理不仅适用于星际气体云，也适用于收缩和膨胀的恒星，这些下面的章节会介绍。

之前提到，以原子运动形式存在的热能是抵抗引力并抵制云层收缩的因素之一。那么，你可能会问，如果自由落体坍缩加热了气体，收缩会停止吗？如果收缩的云有办法通过辐射来释放热能的话，答案是否定的。收缩的云仍然比较冷，根据维恩定律（式 7-2），这类云应该产生波长非常长的辐射，并且云对这类辐射来说大

多是透明的。因此,远红外光子可以将坍缩产生的热能带出云层,并且可以继续收缩。天文学家从明显收缩的致密云核中观察到远红外光谱发射线,进而找到了相关证据,他们称这类谱线为冷却线(cooling line)。

对气体云的研究已经表明,巨分子云中致密核的收缩是如何开始的,以及这种收缩是如何加热气体的。现在你就可以构建一个从气体云到恒星转变的详细故事了。

11-1c 原恒星

为了进一步了解恒星的形成,你可以继续想象:当物质坠落并加热时,一个致密的核就会收缩,这个天体表现得越来越像一颗恒星。当收缩的核变得足够热时,它会产生短波的辐射,而核对这种辐射是不透明的,核的热能再也无法逃逸,恒星进入了新阶段——缓慢收缩阶段。尽管天文学家对这个词的使用相当宽松,原恒星(protostar)可以被定义为一颗正在形成的恒星,该恒星被压缩到对所有波长都不透明,但又没有热到像主序星那样能够通过核聚变产生能量。相反,一颗原恒星是通过引力释放的能量来发光的,这些能量来自物质向原恒星内部坠落以及原恒星本身的缓慢收缩。

在其生命的早期,原恒星在中心形成了一个密度较高的区域和一个密度较低的外部区域,或称"包层"(envelope)。密度不同是因为,物质从靠近中心区域开始坠落的时间比较远区域要早,同时,物质持续从云的外部向内流动。换句话说,云的收缩是由内向外展开的,原恒星在周围冷的、富含尘埃的云的深处生长。

这些笼罩着原恒星的云层被称为茧状星云(cocoon nebulae),因为它们将正在形成的原恒星隐藏起来,就像一个茧子将变成飞蛾的毛毛虫隐藏起来,对短波段的观测来说尤其如此。茧状星云吸收原恒星的辐射,并且逐渐加热,将能量以比原恒星产生的辐射波长更长的红外波段重新辐射出去。

这意味着,如果在短红外波段下进行观测,你可能观测到原恒星本身;而在较长的波长下,你可能能够观测到原恒星周围温度低得多的茧状星云。无论是哪种情况,你观测到的天体都比恒星温度低,但比太阳要大得多,因此是一个非常光亮的红外源,其特性使它超出了赫罗图的右上角边缘(见图11-4)。

恒星形成的理论把你带入了一个充满陌生过程和天

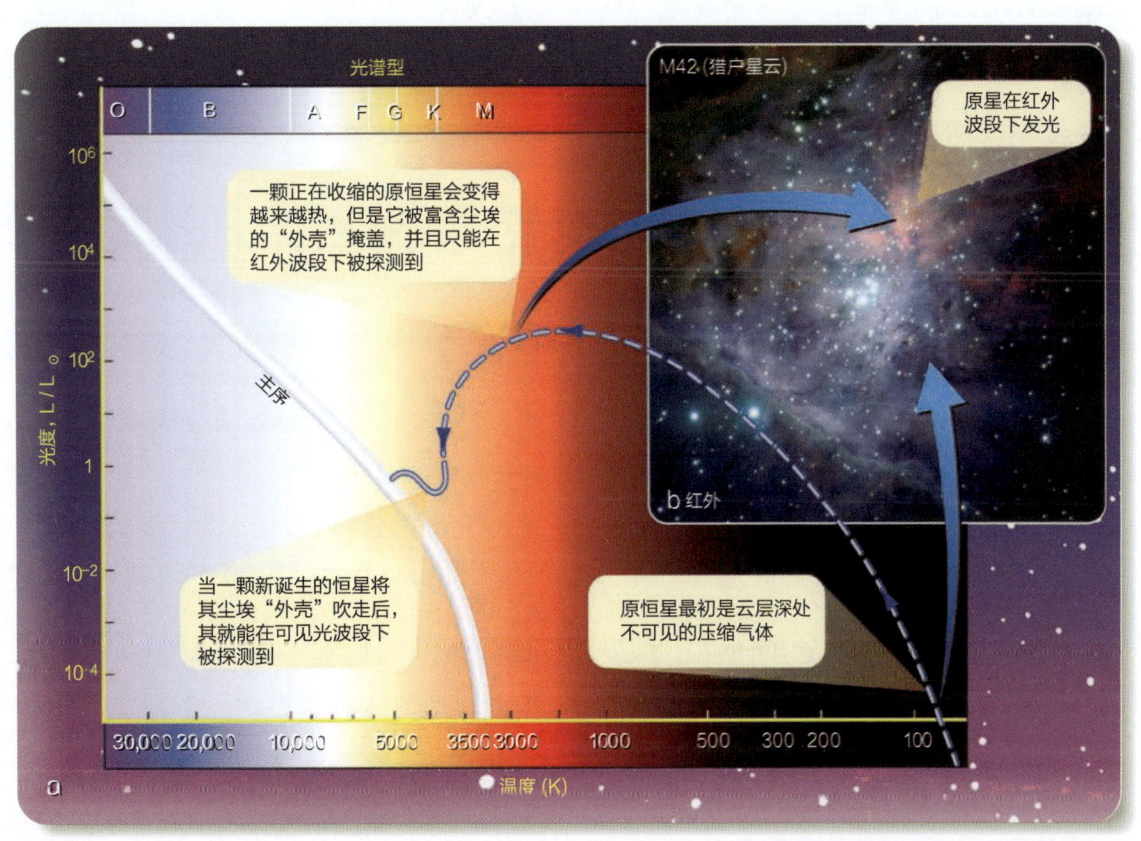

▲ 图11-4 (a)这个赫罗图已经被延伸到非常低的温度,以显示一个暗弱且低温的原恒星的收缩。(b)原恒星在可见光波长下通常是不可见的,因为它们是冷的天体,而且深藏在富含尘埃的气体云中,但是它们在红外波长下是可以被探测到的

我们如何得知 11-1

理论和证明

天文学家如何得知太阳不是由燃烧的煤构成的？

人们对他们不喜欢的科学解释不屑一顾地说："那只是一种理论。"仿佛理论只是一种随机的猜测。假说在某些方面就像一个猜测，但不是一个随机的猜测。科学家们所说的理论（theory）是指一个已经"毕业"的假说，它被自信地认为是一个经过充分检验的真理。你可以认为假说相当于刑事案件中的一个嫌疑人，而理论则相当于完成审判并将某人定罪。

当然，无论你进行多少次测试和实验，你都无法证明任何科学理论是绝对真实的。你的下一次观测总是有可能推翻这个理论。而不幸的是，有时确实有无辜的人进了监狱，而有罪的人却获得了自由，但是，偶尔有了进一步的证据，这些法律上的错误就可以得到纠正。

关于太阳为什么是热的，一直都有各种假说。人们曾经认为，太阳是一个燃烧着的物质球。仅在一个世纪前，大多数天文学家接受了一个新的假说：太阳之所以热，是因为引力使它收缩。在19世纪末，地质学家研究认为，如果太阳是由引力驱动的，那么地球的年龄要比太阳大得多，所以"引力假说"一定是错误的。直到1920年，阿瑟·爱丁顿爵士（Sir Arthur Eddington）提出了一个新的假说，他认为太阳由原子核中包含的能量以某种方式提供动力。1938年，德裔美国天体物理学家汉斯·贝特（Hans Bethe）展示了核聚变如何为太阳提供动力，他因这项工作于1967年获得了诺贝尔奖。

核聚变假说现在已被完全证实，所以称它为"理论"是公平的。目前，没有人能够到达太阳的中心，所以人类永远无法亲自证明聚变理论是正确的。许多观测和模型计算都支持这一理论，在第8-3d节中，有来自太阳核心的中微子被探测到的进一步证据。尽管如此，仍有一些微小的可能性，即所有的观测和模型都被误解了，而且该理论将被未来的一些发现推翻。天文学家对太阳是由核聚变提供动力而不是由引力或煤炭提供动力有极大的信心，但科学理论永远不可能被证明是确凿无误的。

日常用语中说的"理论"是一种牵强的猜测，而"科学理论"则是经历了几十年的观测、实验和模型的检验和确认，两者之间有很大的区别。然而，任何理论都不可能被证明是绝对真实的。作为知识的消费者和负责任的公民，你应该区分一个不可靠的猜测和一个经过测试的理论，至少在获得大量的进一步信息之前，后者值得被当作真理对待。

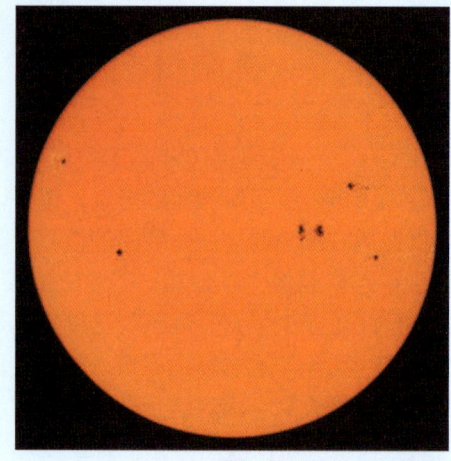

图源：ESA/NASA/SOHO/MDI

从技术上讲，这仍然是一个理论，但天文学家对太阳从核聚变中获得能量而不是从煤炭燃烧中获得能量有极大的信心

体的领域，怎么会有人真正知道恒星是如何诞生的呢？尽管恒星形成理论，像所有的科学理论一样，永远不可能被绝对证实，但它远远超过了一个最初的假说。科学家们对恒星形成的理论有很强的信心，因为它已经被观测反复检验过了（我们如何得知11-1）。

11-2 猎户座星云：恒星形成的证据

你可能会问，什么证据证实了恒星形成的理论？原恒星不容易被观测到，因为它们形成于致密的星际云深处，而云阻挡了可见光波段的辐射，而且由于原恒星比恒星更冷，它们主要在长波段产生辐射。因此，天文学家必须依靠对红外和射电波段的观测来寻找自然环境中的原恒星。此外，天文学家估计，恒星形成所需的时间只有几百万年，这只是它们主序寿命的一小部分。虽然这在人类看来是很长的时间，但它意味着几乎所有可观测到的恒星都将处于其更长的主序阶段，你将无法在相对短暂的时间内捕捉到许多恒星的原初状态。正如你将了解的那样，这一预测被观测证实。

在一个晴朗的冬夜，你可以用肉眼看到猎户座大星云（也被称为 Messier 42），这是猎户的"大宝剑"上的一个模糊的圆球。用双筒望远镜或小型望远镜观测，它并不引人注目；而如果通过大型望远镜观测，你会发现它是令人惊叹的。在星云的中心，有 4 颗明亮的蓝白色恒星，被称为"猎户座四边形星团"（Trapezium），是几百颗恒星组成的星团中最明亮的。围绕着这些恒星的是一个直径超过 8 pc（26 光年）的发光条状星云。就像一个巨大的雷云从内部被照亮一样，气体和尘埃的强烈流动暗示着巨大的能量。猎户座星云存在的意义在于：在可见星云的周围和外部，恒星形式的机遇已成熟。

11-2a　观测恒星形成

观测结果提供了大量的证据，表明恒星的形成是一个持续的过程，可以肯定，现在就有恒星正在诞生。阅读"概念艺术·猎户座星云中恒星的形成"，并注意 4 个要点和 1 个新术语：

1. 可见的星云只是一个巨大且富含尘埃的分子云中的一小部分。你之所以看到这个星云，是因为其中诞生的最大规模的恒星已经将气体电离，并驱使它向外扩散，冲出了分子云。可见光和红外波段的观测显示了被称为博克球状体（Bok globule）的小型尘埃状气体云，它们可能正在形成恒星。

2. 一颗非常热且寿命短的 O 型星产生大部分紫外线光子，使气体电离并使星云发光。这颗恒星的质量非常大，它已经成为一颗主序星，而它较小的"兄弟姐妹"仍然是原恒星。

3. 红外波段的观测揭示了在可见星云后面的分子云深处有活跃的恒星形成的明显证据。

4. 猎户座星云中的许多年轻恒星都被气体和尘埃盘包围着。

在猎户座发现恒星形成，并不令人感到惊讶。这个星座是冬季天空中的一个明亮的图案，以明亮的蓝色恒星为标志。虽然这些恒星距离我们有几百秒差距，但它们看起来很亮，因为它们的光度非常高。这种高亮度的 O 型和 B 型恒星的寿命不会超过几百万年。这在天文学上是很短的时间，而且天文学家通过测量它们的多普勒频移和自行运动可以得知，O 型和 B 型恒星在太空中的运动速度相对较慢。因此，它们一定是在你现在观察到它们的地方附近诞生的。

还有其他类似猎户座星云的星云吗？这种镶嵌在巨分子云中或与之相连的发射星云实际上是很常见的。引人注目的例子是 NGC 2035（图 11-1 的右侧）和 NGC 346（在本章开头的图片中显示）。这些发射星云，以及本章和上一章中显示的其他星云（例如图 10-10 中的 NGC 602），都是恒星形成区的一部分，就像猎户座星云一样，是由最大质量的新诞生恒星的辐射产生的。

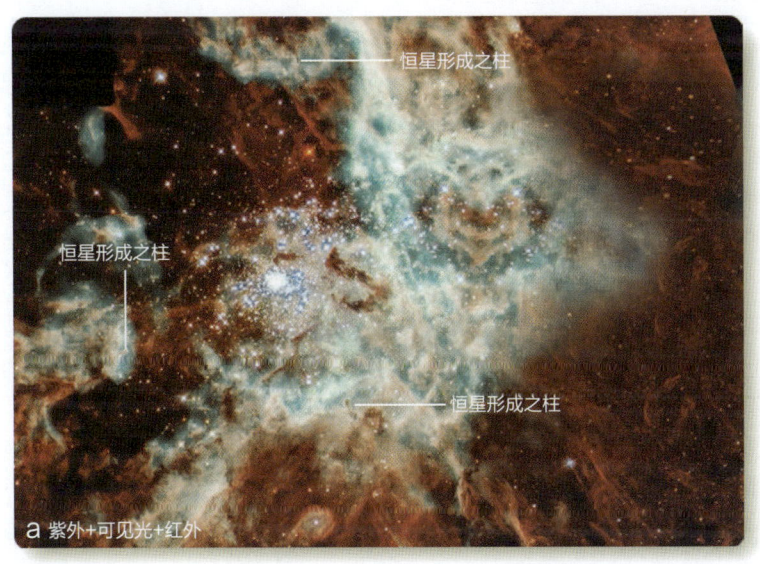

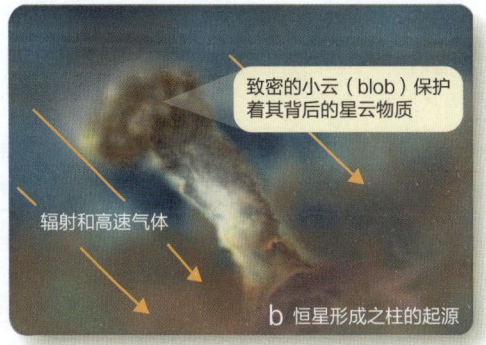

图源：Panel a: NASA/ESA/STScI/AURA/NSF/Hubble Heritage Team; Panel b: ESO

▲ 图 11-5　（a）剑鱼座 30 号星团中的高温大质量恒星正在释放强烈的紫外辐射和强烈的热风，将周围的星云推回并压缩。（b）一个特写镜头显示，星云中稍微致密的区域保护着它们后面的气体，形成几光年长的恒星形成之柱，指向星团的后面。致密的小云正在被压缩，并可能在未来几百万年内形成更多的恒星

图像左侧外早期的恒星形成产生的压缩效应，引发了这个区域中大量恒星形成

受到左侧恒星带来的压缩效应，新的恒星在这些致密云层中形成

如果我们的地球位于这个星团中，那么夜空中将看到成百上千个比月球还亮的恒星

▲ 图11-6 星体形成区N11B：（a）上一代形成的恒星中的强光和紫外辐射压缩了周围的气体云，并激发了左侧图所示的恒星形成，这些恒星现在正在激发右侧图所示的第三代恒星的诞生。注意右上方的博克球状体。（b）压缩可以激发非常大质量的星团的形成。超星团Westerlund 1包含了大约50万颗恒星，其中一些质量极大，它的形成时间肯定不超过500万年

图源：Panel a: NASA/ESA/STScI/AURA/NSF/Hubble Heritage Team/ESO;
Panel b: ESO Maíz-Apellániz; Barbá

11-2b "传染性"的星体形成

天文学家不仅找到了恒星形成的确凿证据，他们还发现了一颗恒星形成可以刺激更多的恒星形成。如果一个气体云产生了大质量的恒星，这些大质量的恒星就会电离附近的气体，并将其赶走。当强烈的辐射和热气体被推到周围的气体中时，它可以压缩气体并激发更多的恒星形成。这个过程的一个标志是出现了恒星形成之柱（star-formation pillar），即指向年轻大质量恒星的气体柱。这种柱状结构是由密度较大的云区产生的，当强烈的辐射和热气流经过时，该云区会保护后面的气体（见图11-5）。大质量恒星进一步促进恒星形成的另一种方式是超新星爆发。正如你在上一节中读到的，这种爆发可以驱使激波穿过周围的气体，导致星际云层坍缩，形成新的恒星（见图11-3a）。

由于大质量恒星在多个方面都能有效地扰动邻近区域，它们可以导致恒星的形成像山火一样在星际介质中蔓延。天文学家已经找到了这种事件的遗迹（见图11-6）。当然，低质量的恒星也会在这个过程中形成，但它们进一步引发恒星形成的能力要小得多，因为它们的温度不足以电离和驱赶大量的气体，它们也不会像超新星那样爆发。

猎户座的恒星形成历史是写在它的恒星上的，从最突出恒星的光度和估计质量来看，猎户座西肩周围的恒星大约有1200万年的历史，而猎户座腰带的恒星显然更年轻，不超过800万年。大星云中心的猎户座四边形星团只有大约200万年的历史。（作为比较，请注意太阳的年龄是46亿年。）恒星的形成似乎从西北到东南横扫猎户座，从猎户座的西肩附近开始，在那里形成的大质量恒星可能引发了猎户座腰带上恒星的形成。该恒星形成事件可能反过来导致了今天你在大星云中看到的新恒星的形成。

在接下来的100万年里，人们熟悉的大星云的轮廓将发生变化，一个新的星云可能开始形成，因为嵌入分子云不同部分的原恒星将气体电离并将其赶走，使原恒星变得可见。在整个分子云中，恒星形成的中心会生长起来，然后随着大质量恒星的诞生而消散并迫使气体膨

胀。如果有足够多的大质量恒星诞生，它们可以将整个分子云炸开，使连续几代的恒星形成活动结束。猎户座大星云及其相邻的巨大但不可见的分子云是一个美丽又精彩的例子，说明了恒星形成的持续周期。

践行科学

猎户座对古埃及人、对最早的人类、对恐龙来说是什么样子的？尽管与恒星相比，我们是渺小而短暂的，但是，尝试用人类的术语和尺度来重塑科学概念，有时能帮助科学家和你获得宝贵的视角。

埃及文明在几千年前才开始，从猎户座的历史来看，这并不是很长。你在该星座中看到的恒星对恒星来说是比较年轻的，只有几百万年的历史，所以埃及人看到的星座和你看到的一样（他们称其为奥西里斯）。甚至猎户座星云在几千年中也没有什么变化，古埃及人在尼罗河畔的黑暗天空中观看它，也许对它感到好奇。

我们最古老的类人祖先生活在大约 400 万年前，那大约是猎户座中最年轻的恒星形成的时间。我们最早的祖先可能已经抬头看到了我们看到的一些恒星，但是从那时起，其他的恒星已经形成。大星云的发射是由年龄不超过 200 万年的猎户座四边形星团激发的，所以我们最早的类人亲属可能没有看到大星云。

恐龙会看到一些完全不同的东西。最后一只恐龙死于 6500 万年前，远远早于猎户座中最亮的恒星的诞生。恐龙，如果它们有大脑来欣赏美景的话，可能会看到沿着银河的明亮星星，但它们不会看到猎户座。天空中所有的星星都在太空中移动，而太阳正围绕着银河系的中心运行。在几百万年的时间里，恒星在天空中移动了相当长的距离。恐龙看到的夜空有着完全不同的恒星模式。

11-3 初期恒星体和原恒星盘

一颗恒星的质量越大，它的引力就越强，因此它的收缩就越快。据天文学家计算，太阳从它的云层开始收缩到成为主序星，大约需要 3000 万年，但是一颗 30 太阳质量的恒星只需要 3 万年。一颗 0.2 太阳质量的恒星需要近 10 亿年才能完成形成并变为主序星的过程。

11-3a 初期恒星体

当原恒星茧状星云中的大部分物质向内坠落或被驱散时，原恒星将不再那么隐蔽。由于茧消失，原恒星在 HR 图上变得可见的位置叫出生线（birth line）（见图 11-7）。一旦一颗恒星越过出生线并变得可见，它就会继续收缩并以一定的速度向主序移动，移动的速度取决于它的质量。

处于这种形成后期的恒星有时被称为初期恒星体（YSO）或主序前恒星，以区别于早期的原恒星阶段。

11-3b 原恒星盘

当一个收缩的分子云核变成一颗原恒星时，云的自转速度越来越快，快速自转的云核一定会变扁成为一个自转的圆盘，就像一团旋转到空中的比萨面团。来自

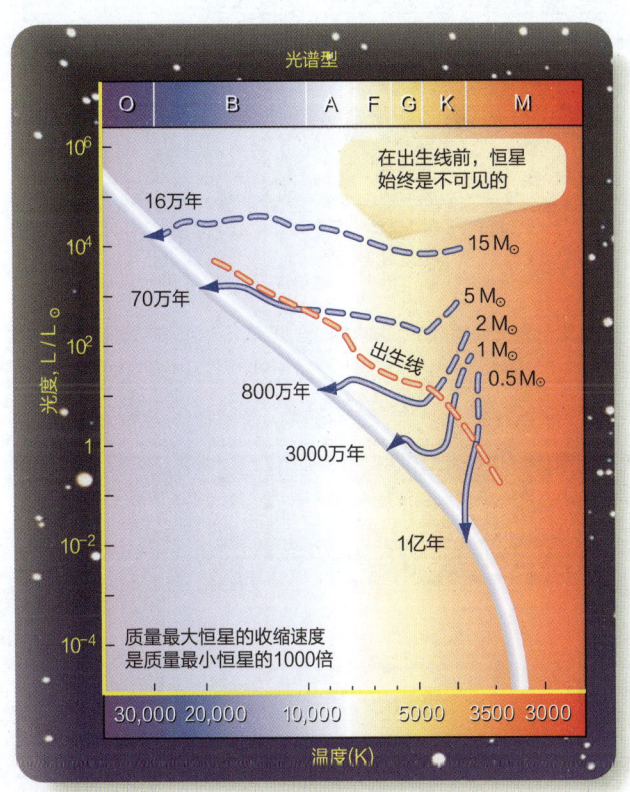

▲ 图 11-7 原恒星的质量越大，它的收缩速度就越快，一颗 1 个太阳质量的恒星需要 3000 万年才能达到主序。图中虚线是出生线，在出生线的位置，收缩的原恒星随着消散其周围的气体和尘埃云，第一次变得清晰可见。图 11-4 显示了一颗约 1 个太阳质量的原恒星的演化过程，与其相比，图中虚线为出生线，实线为从出生线到主序的过程

猎户座星云中恒星的形成

 下图显示了猎户座星云的可见部分,是一团电离气体,位于占据猎户座南侧大部分区域的巨型富尘埃分子云近侧。通过射电望远镜,可以绘制该分子云的图。按比例计算,猎户座星云整体比这一页显示的部分大很多倍。由于猎户座四边形天体(Trapezium of Orion)中的恒星是在该星云中诞生的,它们的辐射使气体电离并将其推开。膨胀的星云被推入更大的分子云,导致气体被压缩,并且可能触发了原星(protostar)的形成(见右图)。这些原星可以通过分子云中的红外波长被探测到。

猎户座星云侧视图
炙热的四边形恒星
原恒星
地球方向
膨胀电离氢
分子云
艺术家的构想

数以百计的恒星位于猎户座星云中。但是,只有四颗最亮的恒星,位于猎户座四边形中,可以被小型望远镜看到。第五颗恒星,位于四边形的窄端,在能见度良好的夜晚可以被看到。

星云中的恒星群年龄不到200万年。这意味着这个星云也同样年轻。

红外

上面的近红外图像显示了50多颗低质量的冷原星。

猎户四边形

可见光

图源:NASA/ESA/STScI/AURA/NSF/M. Robberto/Hubble Space Telescope Orion Treasury Project Team

可见光

在恒星形成区域内和附近被发现的小黑云,被称为博克球状体(Bok globule),是以天文学家巴特·博克(Bart Bok)的名字命名的。图中显示了猎户座星云附近的NGC 1999星云的一部分。通常情况下,它们的直径约为1光年,含有10~1000个太阳质量。

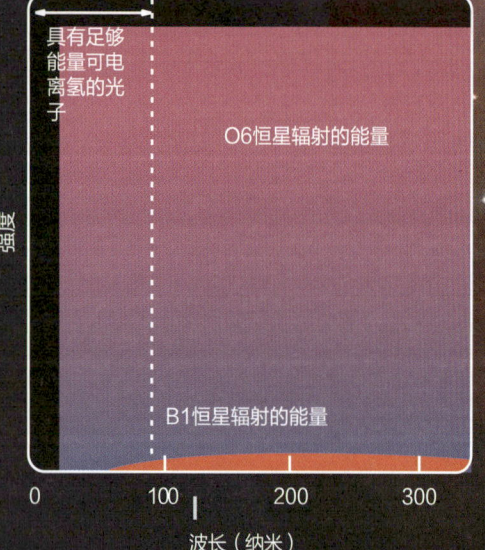

2 在猎户座星云中的所有恒星中,只有一颗热到足以使气体电离。只有波长短于91.2纳米的光子才能使氢气电离。星云中第二热的恒星是B1星,它们很少发出这种电离辐射。然而,最热的恒星是一颗O6星,它的质量是太阳的30倍。在40 000达尔文的温度下,它发射出大量波长短到足以电离氢的光子。如果移除这颗恒星,也就关闭了星云对外的辐射。

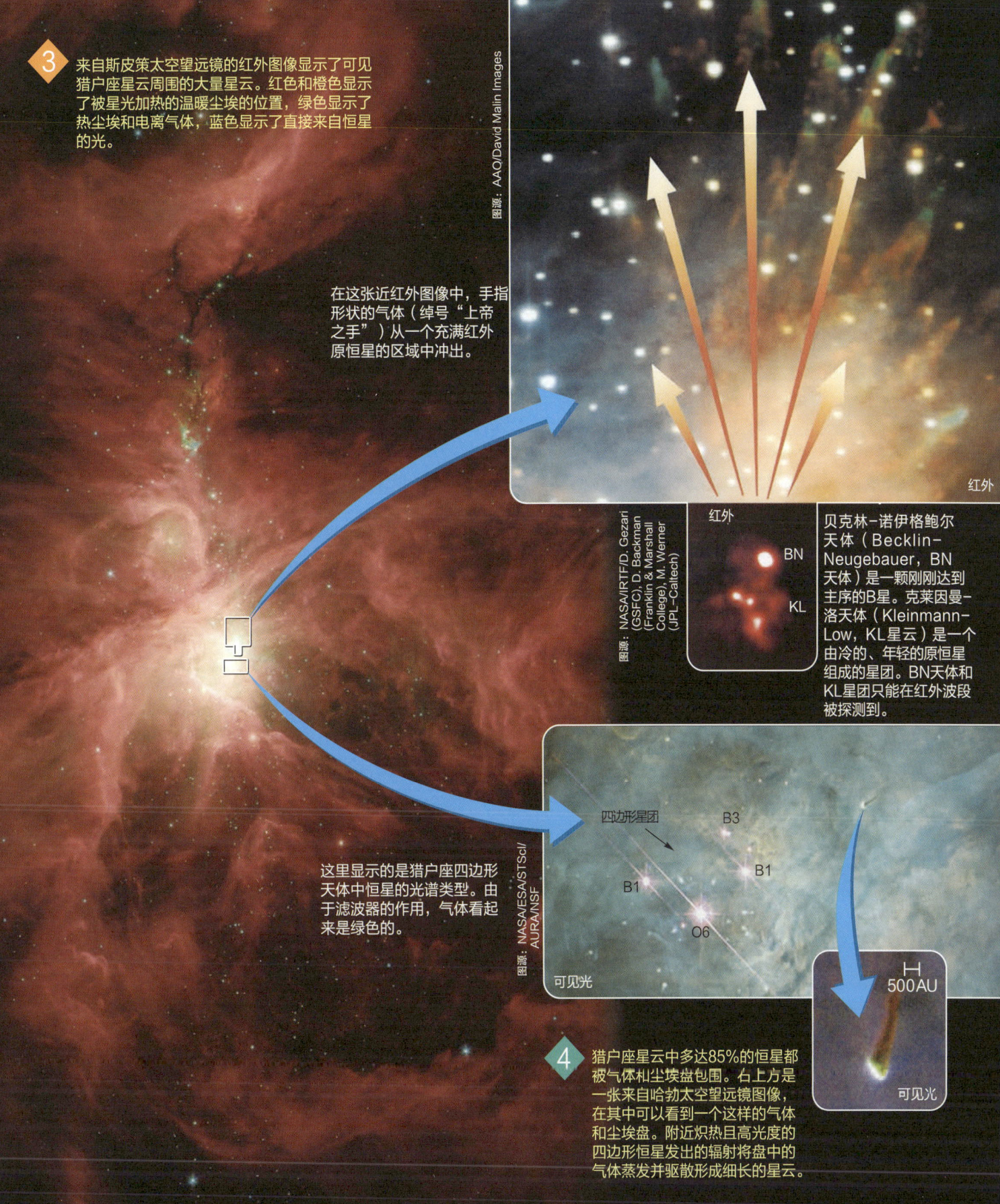

包层的气体，如果一开始就没有什么角动量，或者通过碰撞失去了角动量，就会直接下沉到云的中心，原恒星在那里变大，被盘包围，其他落入的物质可以添加到盘中，然后在盘平面内向恒星移动。根据天文学家的计算，这些物质在落入原恒星之前，会通过盘中的碰撞，也可能通过与盘中磁场的相互作用而失去大部分角动量（见图11-8）。

从理论上讲，如果一颗原恒星完全没有周围的盘，那么它的原始云就没有角动量，这是不可能的。研究原恒星的天文学家发现，大多数原恒星似乎都被气体和尘埃盘包围，围绕原恒星形成的盘被称为原恒星盘（protostellar disks），它们很重要，因为正如后面一章中介绍的，天文学家得出结论，行星会在这些盘中形成。事实上，证据表明，地球就是在46亿年前围绕原初太阳的这样一个盘中形成的。因为大多数原恒星都有原恒星盘，所以大多数恒星应该都有行星系统。后面的章节将介绍更多围绕太阳以外的恒星运行的行星。

阅读"概念艺术·对初期恒星体和原恒星盘的观测"，注意它提出了4个重要观点，并引入了3个新术语：

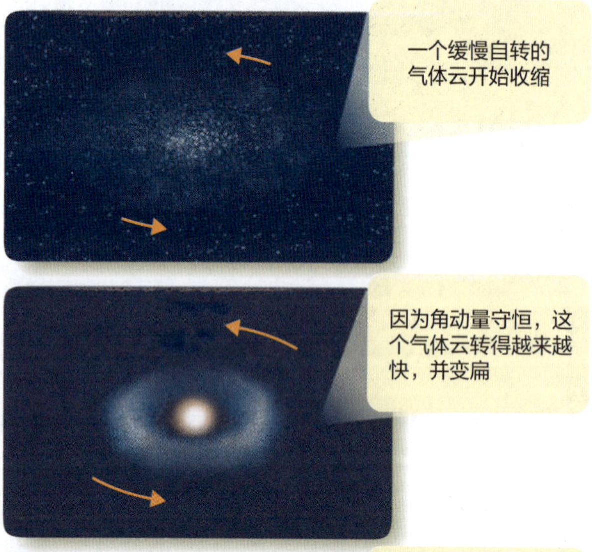

1. 恒星形成区包含了一些非常年轻的恒星，它们一定是最近形成的。例如，金牛座T型星（T Tauri star）被认为是相对低质量的原恒星，在0.5~2个太阳质量之间，仍然处于缓慢演化的主序前阶段。

2. 红外观测揭示了恒星形成云的复杂形状，这些云受到附近大质量亮恒星的辐射和星风的强烈影响。大质量恒星的形成可能会既促进又干扰其低质量的"兄弟姐妹"的形成。

3. 在赫罗图中，新生的恒星位于出生线和主序之间——具有你预期的最近失去尘埃茧的恒星的特性。年轻的恒星往往有非常活跃的、热的茧状结构和色球层，使它们成为突出的X射线源。

4. 观测提供了关于原恒星周围气体和尘埃盘的影响的线索。这些盘显然会引起偶极流（bipolar flow），将其推入周围的星际介质，并产生被称为赫比格－阿罗天体（Herbig-Haro Object）的发光点。天文学家也有大量证据表明这些盘是行星形成的场所。

在某些情况下，这些由气体和尘埃组成的暗盘在新生恒星周围清晰可见（见图11-9），但尚不清楚原恒星盘如何产生喷流（jet）。当然，这种大型的、压缩的、自转的星盘含有巨大的能量。理论家们怀疑，磁场会紧紧地缠绕着盘，这些磁场究竟是如何将热气从恒星上喷射出去的，目前还没有人完全搞清楚，但人们认为盘的存在可以解释为什么物质会沿着它们各自的自转轴分两股流出来。对喷流的观测是原恒星盘环绕恒星的最早的证据之一。

原恒星盘的观测和模型表明，大部分的盘物质最终会流入恒星以增加其质量，并在撞击原恒星表面时发出热辐射。事实上，一些原恒星很大一部分亮度似乎来自这种吸积流（accretion flow），吸积流并不是完全稳定的，而是会经历木星质量的气体和尘埃突然从盘中落入原恒星，引起瞬时光度增加的爆炸。这种吸积模式和由此产生的耀发被称为猎户FU型星现象（FU Orionis star phenomenon，FU Ori），这是以观察到这个现象的第一颗恒星命名的。原恒星盘和FU Ori爆发最初是在质量与太阳相当的原恒星周围被确认的，但进一步的研究表明，星盘和FU Ori耀发也是大质量恒星形成的一部分。

当一颗原恒星变得足够热的时候，它可以驱散原恒星盘的气体和尘埃，以及它茧状星云的任何剩余痕迹。就像太阳呼出太阳风一样，恒星也会产生星风（stellar wind），对热的、年轻的恒星来说，星风

一个原恒星盘的形成

一个缓慢自转的气体云开始收缩

因为角动量守恒，这个气体云转得越来越快，并变扁

自转的气体和尘埃盘被逐渐旋入其中间一颗正在形成的原恒星

▲ 图11-8 收缩气体云的自转驱使它变成圆盘，原恒星在其中心生长。顶部圆盘的比例要比下面两个圆盘的比例大得多

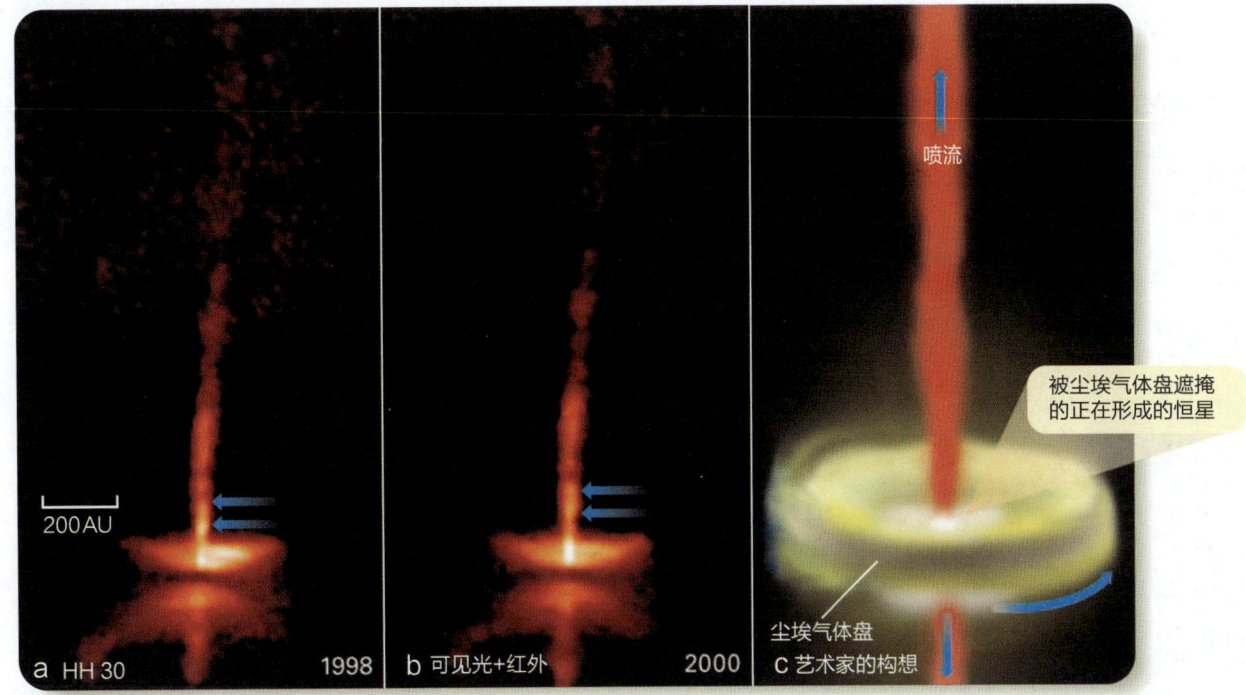

▲ 图11-9 （a）新形成的恒星HH30位于致密的尘埃气体盘的中心，该盘在恒星附近较窄，在较远处则较厚。尽管恒星被边缘的尘埃盘掩盖，但恒星照亮了盘的内表面。圆盘内落物质与自转恒星之间的相互作用，使气体的偶极流沿着自转轴喷出。（为了突出上部喷流对图片进行了裁剪）（b）箭头表示两年内有明显移动的物质结点。（c）艺术家的构思有助于解释哈勃太空望远镜拍摄的a图像和b图像中的天体

可能是相当有力的。此外，当光子遇到宇宙中的气体原子或尘埃颗粒时，光子可以施加辐射压（radiation pressure）。星风和辐射压结合在一起，将原恒星盘和茧状星云遗迹吹散。正如上一节讲的，最亮的恒星甚至能够侵蚀紧邻的茧状星云和盘物质（见图11-5）。你可以从鹰状星云（Eagle Nebula）的整体形状中识别这个过程（"概念艺术·对初期恒星体和原恒星盘的观测"的图4c），也可以从该星云中较小的星柱中识别出这一过程。

11-3c 年轻星协

关于初期恒星的一些证据是微妙的，一个星协（association）是一个广泛分布的星团，它的密度不够大，不能被自身的引力永久地固定在一起，随着时间的推移，它的恒星会游离。目前尚不清楚为什么有些气体云中会诞生××致密星团，而另一些气体云中则会诞生××星协。不过，可以有把握地得出结论，星协一定是由年轻的恒星组成的，因为从天文学的角度来说，这些恒星会迅速消散。猎户座，一个已知的恒星形成区域，充满了T星协（T association）中低质量的金牛座T型原恒星（T Tauri protostars）。

OB星协（OB association），相当明显，是由更大质量的O型和B型恒星组成的延展星群。我们观测到的星协中的成员星在远离彼此，这是近期恒星形成明显的证据。大型望远镜和敏感的红外探测器进行的详细观测表明，T星协和OB星协不仅包括恒星，还包括许多低质量的褐矮星，甚至包括与恒星一起形成木星质量的自由移动的孤立行星。

11-4 恒星结构

你将如何制造一颗恒星？这很简单，真的。你所需要的只是某种东西，也许是一把光年大小的扫帚来收集恒星质量的星际介质，剩下的就靠引力了。以这种方式形成的天体在概念上也很简单。

11-4a 是什么让一颗恒星保持稳定

如果说在恒星天文学中有一个简单的想法至关重要，那就是"平衡"的概念。在这一节中，你将会发现，恒星是由与它们内部的热量和压力相平衡的引力束缚在一起的。这个故事将你的想象力带入一个你自己永远无法到达的区域——恒星的内部。

对初期恒星体和原恒星盘的观测

1 麒麟座S星（S Monocerotis）周围的星云因有热星而明亮。麒麟座S星这样的恒星寿命很短，只有几百万年，所以它们一定是最近形成的。拥有这种初期恒星体的区域很常见，而整个猎户座都充满了初期恒星体和气体与尘埃云。

包含初期恒星体的星云通常包含金牛座T型星（T Tauri Star）。这些恒星的亮度不规则地波动，许多恒星在红外很亮，表明它们被尘埃云包围，在某些情况下被尘埃盘包围。多普勒频移显示，气体正从许多金牛座恒星中流走。金牛座T型星显然是原恒星或初期恒星体，刚刚吹走了自身的尘埃茧。据模型估计，它们的年龄从10万年到1亿年不等。金牛座T型星的光谱显示出活跃的色球层的迹象，正如你所期望的那样，年轻、快速自转的恒星具有强大的强磁场和发电机效应。

可见光

可见光

红外

图源: NASA/JPL-Caltech/W. Reach

图源: Skyfactory.org

这张猎户座星云X射线波段图像中有大约1000颗有着炙热色球层的年轻恒星。

X射线

图源: NASA/Penn State University

3 在本页图片中的星云中，还有只有几百万年历史的NGC 2264星团。低质量的恒星还没有达到主序，这个星团包含了许多金牛座T型星（开放的圆圈）——它们位于出生线附近，位于主序恒星的上方（亮度更高）和右侧（温度更低）。该星团中亮度最低的恒星过于暗淡，在本研究中无法被观测到。

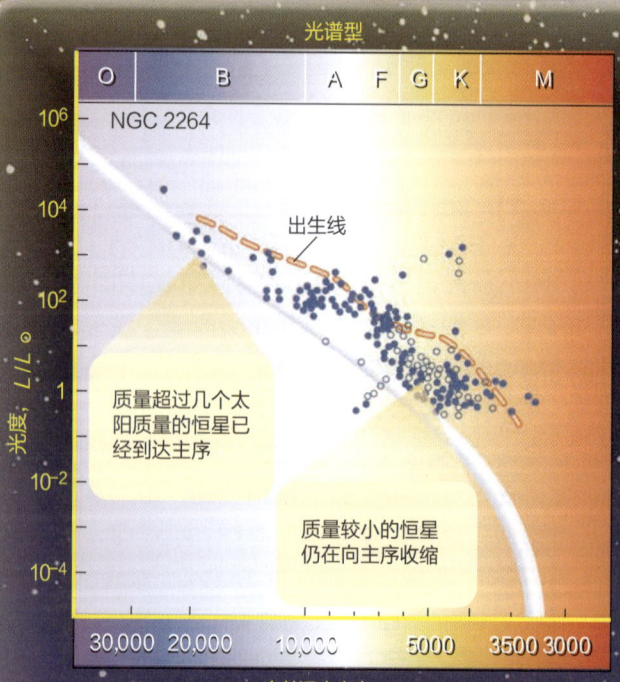

2 亮环结构，又称"象鼻云"（Elephant Trunk，见上图），是一个黑暗的星云，它被辐射和来自本图左边缘以外的一颗发光恒星的恒星风压缩和扭曲着。红外波段的观测显示，它包含了6颗在可见波长下没有探测到的原恒星（见下边缘的粉红色天体）。

图源: NASA/Hubble Heritage Project

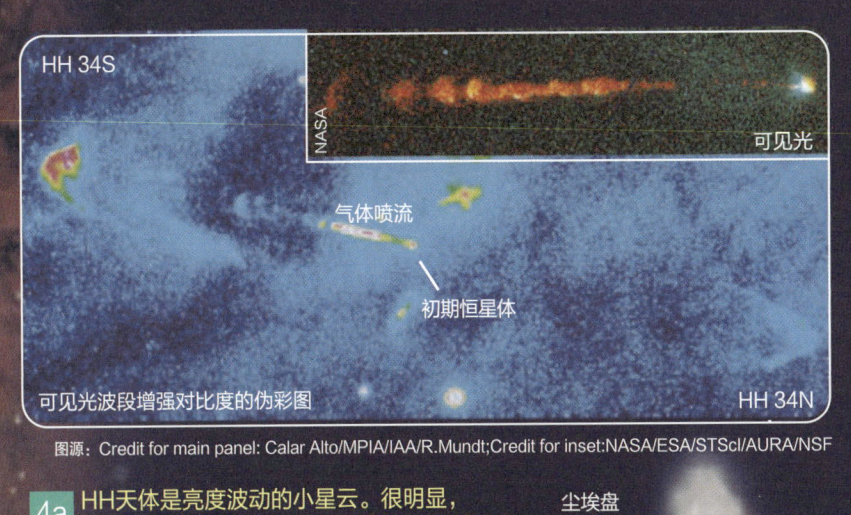

HH 34S　　　可见光

气体喷流

初期恒星体

可见光波段增强对比度的伪彩图　　　HH 34N

图源：Credit for main panel: Calar Alto/MPIA/IAA/R.Mundt; Credit for inset:NASA/ESA/STScI/AURA/NSF

4 在这张图片的中心，一颗新生的恒星正在向左右两边发射强大的射流。在喷流冲击星际介质的地方，它们产生了赫比格-阿罗天体（Herbig- Haro Object，HH天体）。HH天体以最早描述这些天体的两位天文学家George Herbig和Guillermo Haro的名字命名。插图显示出喷流是不规则的。这样的喷流的长度可以超过一光年，包含着以100千米/秒甚至更高速度运动的气体。

赫比格-阿罗天体

尘埃盘　　　喷流

艺术家的构想

喷流

赫比格-阿罗天体

4a HH天体是亮度波动的小星云。很明显，它们是由来自新生恒星的强烈的、不断变化的气体喷流产生的，这些气体喷流与星际介质碰撞并激发了星际介质。

4b 流入原恒星的物质在厚厚的盘中旋转，通过一个被认为涉及强磁场纠缠的过程，向相反的方向喷射出高能量的喷流。对这些偶极流（bipolar flow）观测证明了许多原恒星被物质盘包围，因为这种物质盘可以解释物质流是如何集中到喷流中的。

可见光

红外

图源：Credit for main panel: NASA/JPL-Caltech/N. Flagey (IAS) A. Noriega-Crespo (SSC); Credit for inset:NASA/ESA/STScI/AURA/NSF/J. Hester & P. Scowen

4c 来自大质量恒星的辐射和恒星风塑造了这个星云（Messier 16），而最近的一颗超新星爆发则加热了一些尘埃（红色）。在大约1000年内，这次爆发产生的激波将摧毁鹰状星云的恒星形成之柱（见左图中的插图）。鹰状星云的一部分被侵蚀，暴露出密度较大的手指状气体和球状气体。15%的球状气体已有原恒星形成。

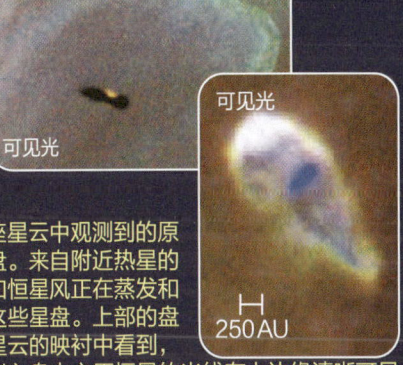

可见光　　可见光

250 AU

图源：NASA/ESA/S-ScI/AURA/NSF

4d 猎户座星云中观测到的原恒星盘。来自附近热星的辐射和恒星风正在蒸发和扭曲这些星盘。上部的盘可在星云的映衬中看到，来自嵌入盘中心原恒星的光线在上边缘清晰可见。虽然盘的尺寸远大于目前的太阳系但人们认为这里可能是行星形成的地方。

使用平衡的基本概念，考虑一下恒星的结构。这里所说的结构是指恒星表面和其中心之间的温度、密度、压力、成分等方面的变化。如果你想象恒星被分成许多同心壳层，就像洋葱一样，你就可以更容易地思考恒星结构了。然后你可以关注每一层的温度、压力和密度。这些可帮助理解的"壳层"只存在于想象中，恒星一般没有这种真正可区分的壳层。

恒星每一层的重力都必须由下面的一层来支撑。（记住，"向下"或"下面"这些词通常用来指靠近恒星中心的区域。）想象一下，在马戏团的叠罗汉特技表演中，最上面一排的人不需要托起其他人，下排的人托起上面一排的人，以此类推。在一个稳定的恒星中，较深的壳层必须支撑上面所有层的重量，恒星的内部是由气体组成的，所以压在某一层的重量必须由该层的气体压力来平衡，如果压力太低，来自上面的重量会压缩并推挤该壳层，如果压力太高，该层将膨胀并推翻上面的壳层。

这种重力和压力之间的平衡被称为流体静力平衡（hydrostatic equilibrium）。hydro 来自希腊语中表示水的单词，告诉你该材料是一种流体，根据定义，它包括恒星中的气体；而 static（静态）告诉你该流体是稳定的，既不膨胀也不收缩。图 11-10 显示了恒星假想壳层中的这种流体静力平衡，压在每一层上的重力由浅红色箭头表示，这些箭头随着深度的增加而变大，代表重力的增加，每下层的压力由更深的红色箭头显示。重要的一点是，即使你不能直接观测恒星的内部，从这个简单的论证中，你也可以认定：稳定恒星内部的压力必须随着深度的增加而变大，以支持重力并保持恒星的稳定。

气体的压力取决于气体的温度和密度。在恒星表面附近，没有太多的重力压在壳层之上，所以压力不需要很高就可以稳定；在恒星的更深处，压力必须更高，这意味着气体的温度和密度也必须更高。换句话说，流体静力平衡原理告诉你，恒星内部不仅要有高压力，还要有高温度和高密度，以支持其自身的重力并保持稳定。

尽管流体静力平衡可以让你了解恒星内部的结构，但你还需要了解恒星内部能量是如何流动的，才能完全理解恒星的结构。

11-4b 能量输运

恒星的表面向宇宙辐射光和热，如果这些能量不被替换，恒星就会迅速冷却。因为恒星的内部比表面更热，能量必须向外流向表面，并从那里辐射出去。每一

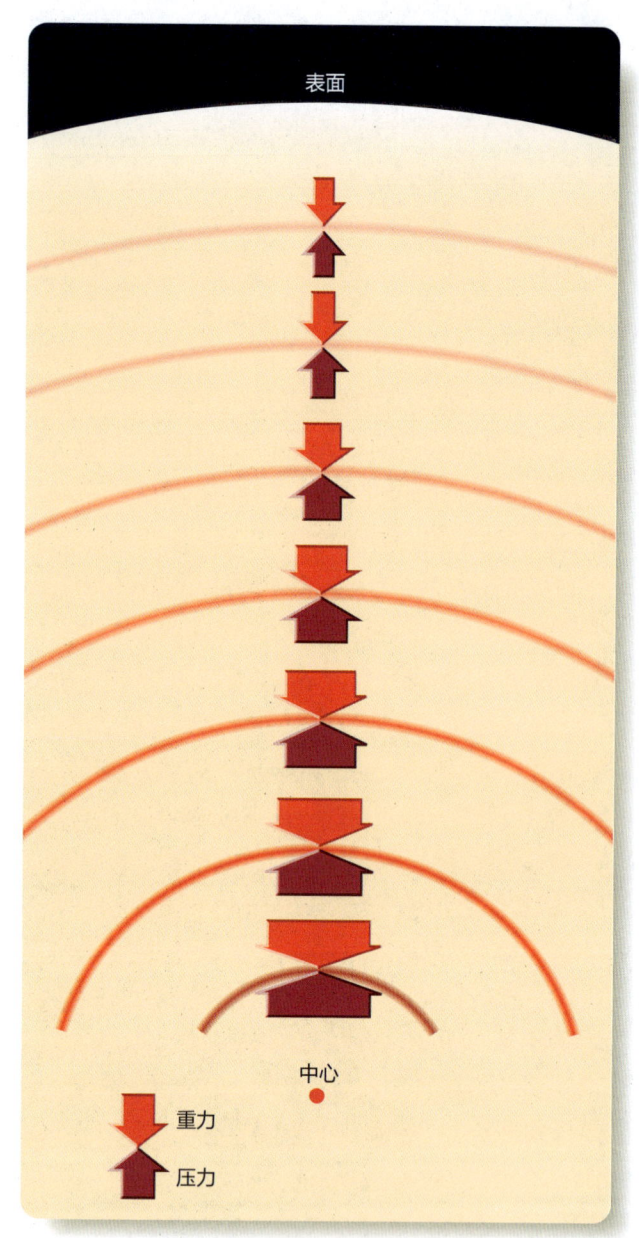

▲ 图 11-10 流体静力平衡原理表示，每一层的压力必须平衡该层的重力。因此，当重力从恒星的表面到中心逐渐增加时，压力也一定增加

层能量的流动决定了它的温度，正如前文所述，这决定了该层能平衡多少重力。因此，能量从恒星内部到表面的流动在决定恒星的结构方面起着关键作用。

能量输运（energy transport）定律指出，能量必须通过传导（conduction）、对流（convection）或辐射（radiation）从热的区域流向冷的区域（见图 11-11）。传导是最常见的热流动形式，如果你把勺子的勺头放在蜡烛火焰中，勺子的柄也会变暖，因为热量以勺子原子间运动的形式，以从原子到原子的传导

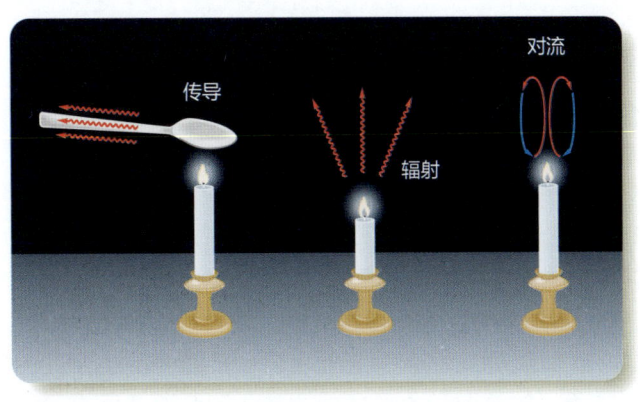

▲ 图11-11 如图所示，从蜡烛的火焰中传输出的能量有三种形式，这三种形式也是恒星中能量输运的三种模式

践行科学

你能举出什么证据来证明，位于所谓"恒星形成区"中的恒星主要都是年轻恒星？科学是建立在证据之上的，除非建立在观测证据的基础上，否则建立一个恒星形成的理论是没有意义的。

首先，你应该注意到，一些极亮的恒星不可能活得很久，因为它们必须在天文学角度很短的时间内完全消耗它们的燃料。因此，当你看到诸如猎户座中炽热的亮O型和B型恒星时，你就知道它们一定是在过去几百万年里形成的。此外，许多气体和尘埃区域包含着炽热的亮恒星，这些恒星镶嵌在星云中，当星云被吹散时被观测到，这些恒星也肯定是最近形成的，否则这些星云早已经消失了。

当你观测金牛座恒星时，还可见到其他证据。它们通常与星际气体和尘埃的浓度有关，赫罗图的位置正好在主序之上，那里预计还有仍在收缩的恒星，以及通常星向容易被破坏的原恒星盘。似乎毫无疑问，恒星的形成是一个持续的过程。

现在，考虑像地球这样的行星是作为恒星形成的副产品而形成的观点。你能举出什么证据来证明，原恒星通常被气体和尘埃星盘包围？

方式，到达勺柄。请注意，在普通恒星中，传导并不是热量输运的一个重要原因，因为辐射或对流要有效得多，即使是在恒星的中心，传导只在密度极高的罕见恒星中才是重要的。

辐射是能量输运另一种常见的形式，把你的手放在蜡烛火焰附近，你可以感觉到热，实际上你感觉到的是红外光子的能量包，火焰辐射能量并被你的手吸收。辐射是大多数类型的恒星内部能量输运的主要手段，当能量从热的内部传向冷的表面时，光子在随机的方向上一次又一次被吸收和重新释放。以辐射的形式进行的能量输运取决于不透明度（opacity），换句话说，即气体对辐射的阻力。不透明度又在很大程度上取决于温度，热的气体比冷的气体的不透明度要低，更透明。

如果不透明度高，辐射就不容易流过气体，它就会像水坝后面的水一样折返。当热量积累得足够多时，气体就会开始搅动，因为热的气体向上升起，冷的气体向下沉降。这种热驱动的流体循环被称为对流，这是能量在恒星内部输运的第三种形式。你应对对流很熟悉，蜡烛火焰上方上升的一缕缕烟就是由对流引起的。能量在对流中以上升热气（图11-11中右图中的红色）和下沉冷气（图11-11中右图中的蓝色）的形式被向上携带。对流之所以重要，不仅是因为它能携带能量，还因为它能混合气体。

11-5 恒星能量的来源

在上一节中，你了解到太阳和其他恒星是稳定的，因为它们的中心有非常高的温度，因此压力也非常大。当引力将星际物质拉到一起时，恒星就诞生了。当新恒星中心的密度和温度变得足够高时，核聚变开始发生，这就提供了能量，使核保持足够的温度和足够的压力，从而使恒星能够保持稳定。在本节中，将介绍这一过程的细节。

11-5a 质子-质子链的回顾

在第8-3节中，介绍了太阳的中心，发现它通过氢核聚变产生能量，这一系列的核反应称为质子-质子链反应（回看图8-16）。该反应始于两个质子的聚变，也就是氢核的聚变。质子带有正电荷，相互间有排斥作用。正如你在第8-3b节中了解到的，电子力也被称为库仑力，所以质子结合的阻力被称为库仑势垒。要穿透库仑势垒需要高速碰撞，而原子和亚原子粒子的高速意味着高温。因此，如果气体温度低于约400万开尔文，质子-质子链就不能有效发生。

你还发现，如果质子-质子链反应产生巨大的能量，气体必须是致密的。两个质子的聚变是不可能的，即使它们发生碰撞，所以要产生几个聚变反应就必须有

第二部分 恒星 215

大量的碰撞。此外，单次质子－质子链反应只产生极少量的能量，所以需要大量的反应来供给一颗恒星足够的能量。在给定温度下，气体密度越高，核聚变反应的数量就越多。

质子－质子链反应只在太阳中心附近产生能量的原因是那里的温度和密度都很高，事实上，只有太阳半径最里面的 30% 具有支持核聚变发生的适当条件。太阳的其余部分，离中心更远的地方，温度和密度都不够高。

你可能会期望其他恒星也能像太阳那样"聚变"氢，对大多数恒星来说，你是对的；然而，有些恒星使用一种不同的反应来"聚变"氢，这对它们的结构和寿命会产生不同的影响。

11-5b　碳氮氧循环

质量超过 1.1 个太阳质量的主序星的模型表明，它们的温度足以通过碳氮氧循环（CNO Cycle）将氢聚变成氦，这是一个使用碳、氮和氧作为中介的氢聚变过程。

仔细查看图 11-12，注意碳氮氧循环的顺序。该循环从一个碳 -12 核吸收一个质子成为氮 -13 开始，接下来氮 -13 衰变成为碳 -13。碳 -13 核吸收了第 2 个质子，成为氮 -14，氮 -14 吸收了第 3 个质子，成为氧 -15。氧 -15 衰变成为氮 -15，氮 -15 吸收第 4 个质子，释放出一个氦核，并成为碳 -12。总体结果是 4 个质子结合成一个氦核，与质子－质子链的结果相同。请注意，CNO 循环始于碳 -12，并以碳 -12 结束，因此碳 -12 的原子核可以反复循环。碳氮氧循环的结果与质子－质子链反应相同，但它在一个重要方面有所不同。

碳氮氧循环始于一个碳核与一个质子的结合。由于碳原子的正电荷是质子的 6 倍，因此这个反应的库仑势垒比质子－质子链反应的库仑势垒要高，需要高于 1600 万开尔文的温度，这样大量的质子才能穿透碳原子的库仑势垒，比质子－质子链反应 400 万开尔文的点火温度要高得多。据估计，太阳中心的温度略低于 1600 万开尔文，这就是太阳几乎所有的能量都来自质子－质子链反应，而只有很少的能量来自碳氮氧循环的原因。碳氮氧循环的高温条件意味着，对具有最热内核的主序星，即 O 型和 B 型而言，几乎所有的能量都是通过碳氮氧循环产生的。然而，碳氮氧循环和质子－质子链反应有相同的总体结果，即聚变氢以制造氦。

11-5c　恒星内部

有一种常见的错误认识，认为太阳的核是热的，因为那里发生核反应，这种说法颠倒了因果关系。正确的说法是，太阳和其他恒星的核之所以有核反应，因为那里的温度足够高。你观测到太阳是稳定的，因此它的核必须有一定的温度、压力和密度。即使你能以某种神奇的方式停止核反应，它的核也会有大约相同的温度。但是，如果没有能量来源来补充辐射入太空的能量，太阳将逐渐失去其内部能量，并再次开始缓慢收缩，就像在核反应开始之前的原恒星阶段那样。

在第 9-6c 节中，你发现主序上的恒星是按照质量排序的。将这一点与你对氢聚变的了解结合起来，就会发现有两种主序星。①主序上方的大质量恒星通过碳氮氧循环将氢聚变成氦，其中碳、氮和氧作为催化剂，并不被消耗；②主序下方的低质量恒星，包括太阳，通过质子－质子链反应将氢聚变成氦。

从外表来看，这两类恒星基本相似，只是在大小、温度和光度上有量级上的差别。从内部来看，它们在质量上有很大的不同，因为位于主序上方的恒星的质量更大，因此必须有更高的中心温度才能抵御自身的引力，较高的中心温度使这些恒星能够通过碳氮氧循环来聚变氢，这就使其与低质量恒星（如太阳）有完全不同的内

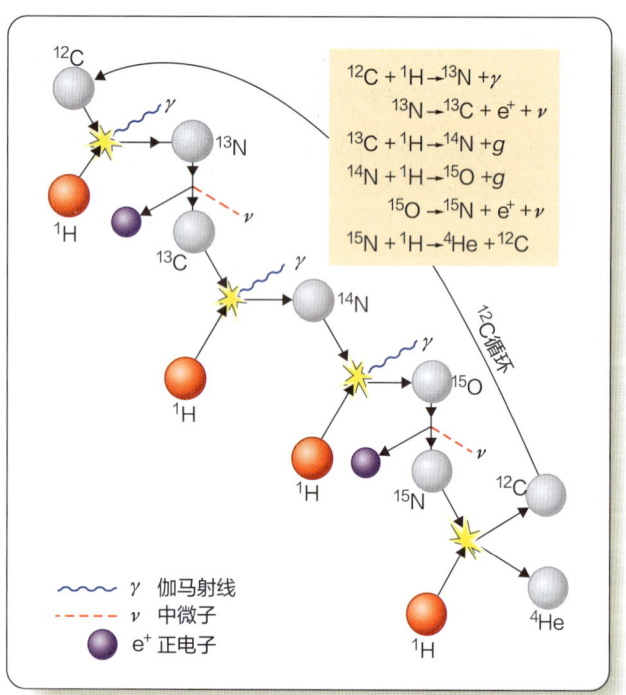

▲ 图 11-12　碳氮氧循环使用碳 -12（^{12}C）作为催化剂，将 4 个氢核（^{1}H）组合成一个氦核（^{4}He），并生成能量。在这个过程结束时，碳核重新出现，准备重新开始循环

部结构，后者通过质子-质子链反应聚变氢。

你已经知道，碳氮氧循环对温度极为敏感。举例来说，如果太阳的中心温度上升10%，质子-质子链反应产生的能量将上升约46%，但碳氮氧循环产生的能量将激增350%。这意味着大质量恒星几乎所有的能量都产生于中心温度最高的一个小区域。例如，一颗10倍于太阳质量的恒星，其50%的能量来自其中心2%的质量。

能量集中在恒星中心产生，会导致"交通堵塞"，因为能量都会试图从中心流走。辐射输运能量的速度不够快，因为热的气体向上升起，冷的气体向下沉降，所以恒星中心的核在对流中搅动。离中心更远的地方，"堵塞"就不那么严重了，能量可以通过辐射向外输运。这意味着大质量恒星的中心有对流核，辐射包层则从核延伸到表面（见图11-13）。

不到1.1个太阳质量的主序星的核无法获得足够的温度来通过碳氮氧循环聚变大量氢，它们几乎所有的能量都是通过质子-质子链反应产生的。该反应对温度不那么敏感，因此能量的产生发生在一个直径相对较大的核区域。例如，太阳在一个包含其质量的11%的区域内产生了50%的能量。因为能量的产生并不集中在恒星的中心，所以不会出现辐射"堵塞"，很容易以光的形式向外流动。只有在靠近表面的地方，气体更冷，因此更不透明，才会出现辐射"堵塞"，对流搅动着物质，能量以气体运动而不是光的形式向外输运。因此，质量较小的主序星，包括太阳，都有辐射核和对流包层，这与质量较高的恒星相反。

质量最低的恒星有另一种结构。对小于0.4个太阳质量的恒星来说，与质量更大的恒星内部的气体相比，气体相对较冷，所以它的不透明度较高，辐射不能轻易向外流动。因此，这些低质量恒星的大部分区域都被对流搅动。

虽然夜空中的星星看起来基本相同，但你已经知道它们其实是一个多样化的群体，无论是外部还是内部。不同种类的恒星以不同的方式制造能量，并具有不同的内部结构。这些结构是由平衡原则决定的。但恒星是如何保持其稳定性的呢？一颗恒星会"失去平衡"吗？

11-5d 压力-温度恒温器

新生的恒星在核聚变开始前会收缩和升温，从核向外流动的能量加热气体壳层，提高压力，并使其停止收缩。这带来了一个有趣的问题：恒星是如何产生

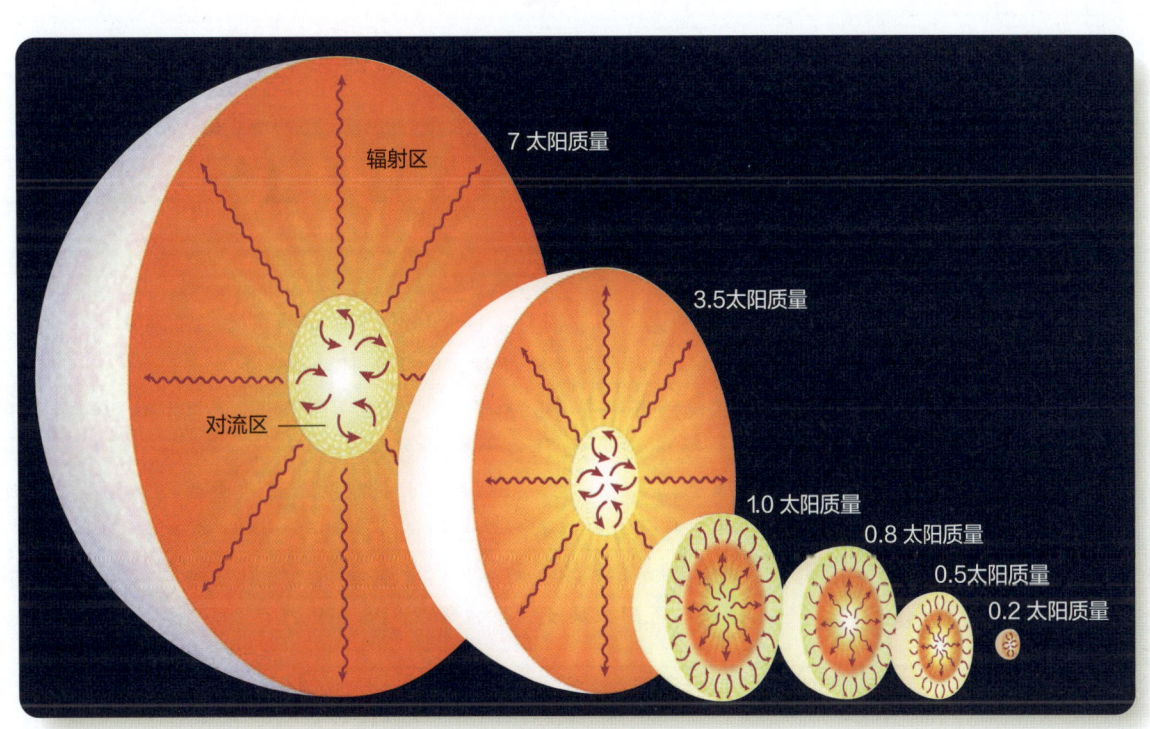

▲ 图11-13 恒星内部：质量较大的恒星有小的对流核和辐射包层；低质量的恒星，包括太阳，有辐射核和对流包层；最低质量的恒星整体都是对流的。发生核聚变的恒星"核"（未展示）是内部的较小部分

足够的能量来使其停止收缩,但又不开始膨胀的呢?关键是压力-温度恒温器(pressure-temperature thermostat),它是气体的压力和温度之间的关系,其作用是保持恒星稳定地燃烧。

设想一下,如果这些反应开始产生过多的能量会发生什么?通常情况下,核反应产生的能量刚好能够平衡向内的引力。如果恒星产生的能量略有盈余,流出恒星的多余能量将迫使其壳层略微膨胀,降低中心的温度和密度,减缓核反应,直到恒星重新获得稳定。因此,恒星有一个内置的调节器,使其核反应不会发生得太快。

同样,恒温器使反应不至于停止。假设核反应开始产生比平衡引力所需更少的能量,那么恒星就会稍微收缩,增加中心的温度和密度,这反过来又会增加核能的释放,直到恒星重新获得稳定。

恒星的稳定性取决于压力和温度之间的这种关系。如果温度的升高或降低会产生相应的压力变化,恒温器就会正常工作,恒星也就稳定了。你将在下一章中了解到,压力-温度恒温器是如何解释主序星的质量和光度之间的关系的。在后面一章中,你将看到当恒温器失去作用,恒星失去了内部平衡,核聚变不受控制时,会发生什么情况。

践行科学

如果太阳停止产生能量会发生什么? 为了测试对事物的理解正确与否,科学家会选择做思想实验:想象一种情况,然后考虑以某种方式改变它的后果。如果思想实验足够有效,它们可以替代在真正恒星上进行的实验。

天文学家了解到,恒星是由其内部核聚变产生的能量向外输运维持平衡的。这种能量使恒星的每一壳层都保持刚好足够的温度,使气体压力能够支撑上面各壳层的重力。恒星的每一个壳层都必须处于流体静力平衡状态,也就是说,向内的重力必须由向外的压力来平衡。如果太阳停止在其内部制造能量,起初不会发生什么,但在之后数千年的时间里,其表面的能量损失会降低太阳承受其自身重力的能力,它将开始收缩。在10万年左右的时间里,你不会注意到什么,但逐渐地,太阳将不能够与引力抗争。

恒星在其简化模型中是优雅的——只不过是一团被引力固定在一起的气体,通过核聚变从内部升温来平衡使其收缩的引力。现在想象一下不同的情况:**如果太阳的核突然增加其能量输出,会发生什么?**

我们是什么

解释者

在寒冷的冬夜,当天空晴朗、星光灿烂时,杰克·弗罗斯特(Jack Frost)在你的窗玻璃上画出冰冷的花边。当然,这是一个童话故事,但它描述了霜冻的起源。我们人类是解释者,解释我们周围世界的一种方式是创造神话。

一个古老的阿兹特克神话讲述了月亮和星星的起源故事。被称为"南方四百人"(Four Hundred Southerners)的星星和月亮女神柯约莎克(Coyolxauhqui)密谋谋杀他们未出生的兄弟,伟大的太阳战神威齐洛波契特里(Huitzilopochtli)听到他们的阴谋,太阳战神从子宫里跳出来,全副武装,把柯约莎克砍成碎片,把星星都赶走了。你可以看到散落在天空中的"南方四百人",每个月你都可以看到在月球经过其相位时被切成碎片。

这样的故事解释了事物的起源,可以使我们的宇宙看起来更容易理解。科学是我们解释世界需求的自然延伸。这些故事已经被复杂的科学假说和理论替代,在现实中被反复检验,但我们人类建立这些理论的原因与过去人们讲述神话的原因相同。

恒星的演化 12

可见光

图源：NASA/ESA/STScI/AURA/NSF/J.Hester(ASU)

上一章介绍了恒星是由星际介质中的致密云核聚集形成，然后通过在核中把氢聚变成氦，释放出足够的能量来抵抗引力，进而达到稳定状态。这一章介绍主序恒星随后漫长而稳定的中年时期，以及它们膨胀成为巨星的老年时期。在这里你会找到四个重要问题的答案。

- ▶ 为什么会有一个恒星属性的主序列？
- ▶ 为什么主序恒星的质量和光度之间存在着某种关系？
- ▶ 当恒星耗尽氢燃料时它的结构如何变化？
- ▶ 有什么证据表明恒星确实在不断演化？

这一章介绍恒星的存在形式。接下来的两章介绍恒星如何死亡以及它们留下的奇怪遗迹。

▲ 船底 η 星实际上是一个双星系统中的两颗大质量的后主序星。它们巨大的光度导致了强烈的星风和质量损失，产生了一个星盘和两个喷射物质的瓣（就像一个被压在两个篮球之间的盘子）。船底 η 星的较大部分预计将在几百万年内出现超新星爆发

当科学推论脱离了观测检验的机会时，相信这样的科学推论会走得很远，显然是不明智的。

——阿瑟·爱丁顿爵士，《恒星的内部结构》

每颗恒星都有一个开始，每颗恒星总有一天也会有一个终结。在这些事件之间，恒星产生了大部分的光和能量，使我们的宇宙变得美丽。你头上的恒星似乎是永恒的，但它们的存在取决于其核聚变。甚至当你在观测它们的时候，它们也正在消耗它们的燃料并越来越接近它们的终点。

在这一章中，你将看到科学方法在假说和证据之间的全面发挥，它们将被用来理解恒星在消耗其核燃料时是如何变化的。正如本章开头引文中 20 世纪最伟大的天体物理理论家之一所警告的那样，能够做出聪明的假说是不够的。在每一步，天文学家像所有的科学家一样，必须用证据来验证假说。

12-1 主序星

恒星的内部几乎是无法直接观测到的。天文学家们只能通过对恒星外部的观测来检验他们关于恒星内部的假说，并通过现代天文学几个世纪以来所获得的恒星生命的"快照"来检验关于恒星演化的假说。尽管有这些障碍，现代天文学最伟大的胜利之一就是让普通人明白，恒星不是永恒的，而是处在形成、演化和消失的演化过程中。

12-1a　恒星模型

天文学家可以建立数学模型来描述恒星的内部，而这些模型的关键是平衡。正如你在第 11-4a 节中了解到的，一颗稳定的恒星处于流体静力平衡状态，整个内部处于两种相反的力量作用下的平衡状态：试图使其收缩的引力和试图使其膨胀的内部压力。通过对内部各层（或称"壳层"）的数学定义，天文学家可以计算出恒星内部不同位置的状态，即恒星的"结构"（见图 12-1）。

恒星的内部结构可以用四个简单的物理定律来描述，其中两个你已经了解过了（第 11-4a 和第 11-4b 节）。流体静力平衡定律描述了重力和压力之间的平衡，

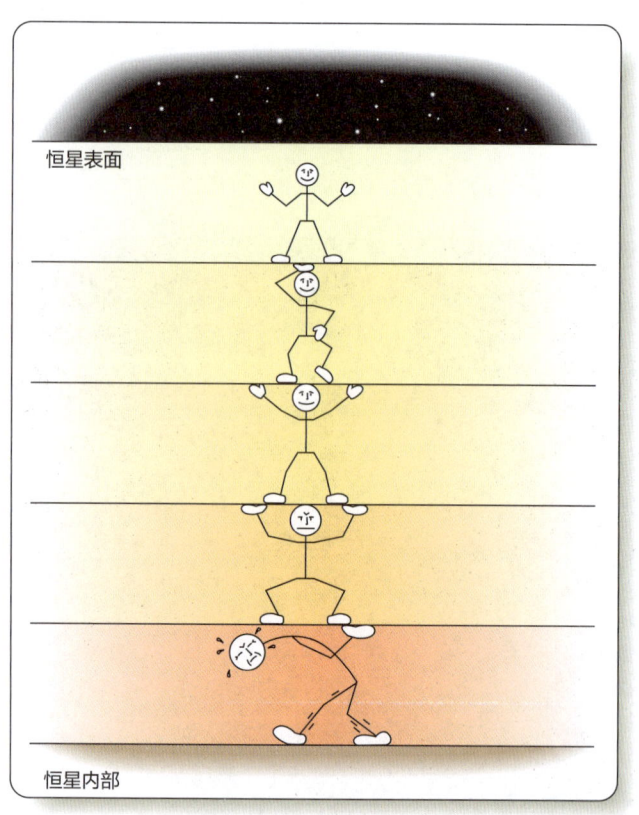

▲ 图 12-1　恒星的结构指的是每一层的温度、密度、压力等。因为每一层就像马戏团特技表演中的杂技演员一样，必须支撑上面所有东西的重量，天文学家可以计算出恒星从表面到中心的每一层的情况。与图 11-10 比较

而能量输运定律描述了能量如何通过辐射、对流或传导从热区流向冷区。

除了这两条定律，还有两条基本的自然定律。当应用于恒星时，质量守恒定律（law of mass conservation）表示，恒星的总质量必须等于各壳层的质量之和，同时还要求质量在恒星中平滑分布，不允许有任何空隙。能量守恒定律（law of energy conservation）表示，从恒星壳层顶部流出的能量必须等于从壳层底部进入的能量加上壳层内产生的任何能量。这意味着离开恒星表面的能量——它的光度——必须等于在恒星内部所有壳层中产生的能量的总和。这就好比说，驶出工厂的新车总数必须等于内部所有装配线上生产的汽车的总和。没有汽车可以凭空消失或出现。恒星中的能量也不可能凭空消失或出现。

表 12-1 中定性描述了关于恒星结构的四个定律，可以写成数学方程。通过使用计算机程序对这些方程进行数值求解，天文学家能够建立起恒星内部的数学模型。

表 12-1　恒星结构四大定律

流体静力平衡	每一层的重量都由该层的压力来平衡
能量输运	能量通过辐射、对流或传导从热区向冷区移动
质量守恒	总质量等于各层的质量之和。不允许有空隙
能量守恒	总光度等于层中每秒产生的能量之和

如果你想计算一个恒星内部的精确模型，就必须把恒星的体积分成至少 100 个同心壳层，然后为每个壳层写出恒星结构的 4 个方程。然后你会有 400 个方程，这些方程总共有 400 个未知数，即每个壳层中的温度、密度、质量和能流。同时解 400 个方程并不容易，在电子计算机发明之前，第一个这样的解是通过手工计算得到的，需要花费几个月的时间。现在，一台正确编程的计算机可以在几秒钟内解出一个简单模型的方程，并输出一个数字表，代表恒星每个壳层的条件。这样一个表格就是一个恒星模型（Stellar Model）。

图 12-2 所示的表格是一个只有 10 层的太阳模型，但它是从一个有更多层的模型中提取的。表中的底部，即半径等于 0.00 时，代表太阳的中心；顶部，即半径等于 1.00 时，代表表面。表中的其他行显示了各个壳层内的温度和密度、各个壳层以内的质量，以及通过壳层外流的光度的比例。你可以使用这样一个模型来了解关于太阳的许多事情。例如，该模型显示，太阳的所有能量都在中心附近产生。外层没有能量产生。正如你在第 8-1f 节和第 8-3d 节中了解到的，现代的日震学和中微子探测技术允许对太阳内部模型进行直接的观测检验和微调，这些条件会让在 20 世纪初建造第一个太阳和恒星模型的天文学家感到惊讶。

请注意，恒星模型是定量的；也就是说，恒星的性质有具体的数值。在本章之前，你研究的模型是定性的或描述性的，但不是定量的。例如，太阳磁周期的巴布科克模型。这两种模型都是有用的，但定量模型可以提供关于自然界如何运作的更深层次的理解，因为它包含了数学的精确性（我们如何得知 12-1）。

恒星模型让天文学家了解一颗恒星的内部情况，他们也可以观测到一颗恒星的过去和未来。事实上，天文学家可以像使用时间机器一样使用模型来追踪一颗恒星在数十亿年内的演化。为了研究一颗恒星的未来，天文学家可以使用恒星模型来确定恒星每个壳层中核燃料的消耗速度。随着燃料的消耗，气体的化学成分发生变化，不透明度发生变化，产生的能量也在下降。通过计

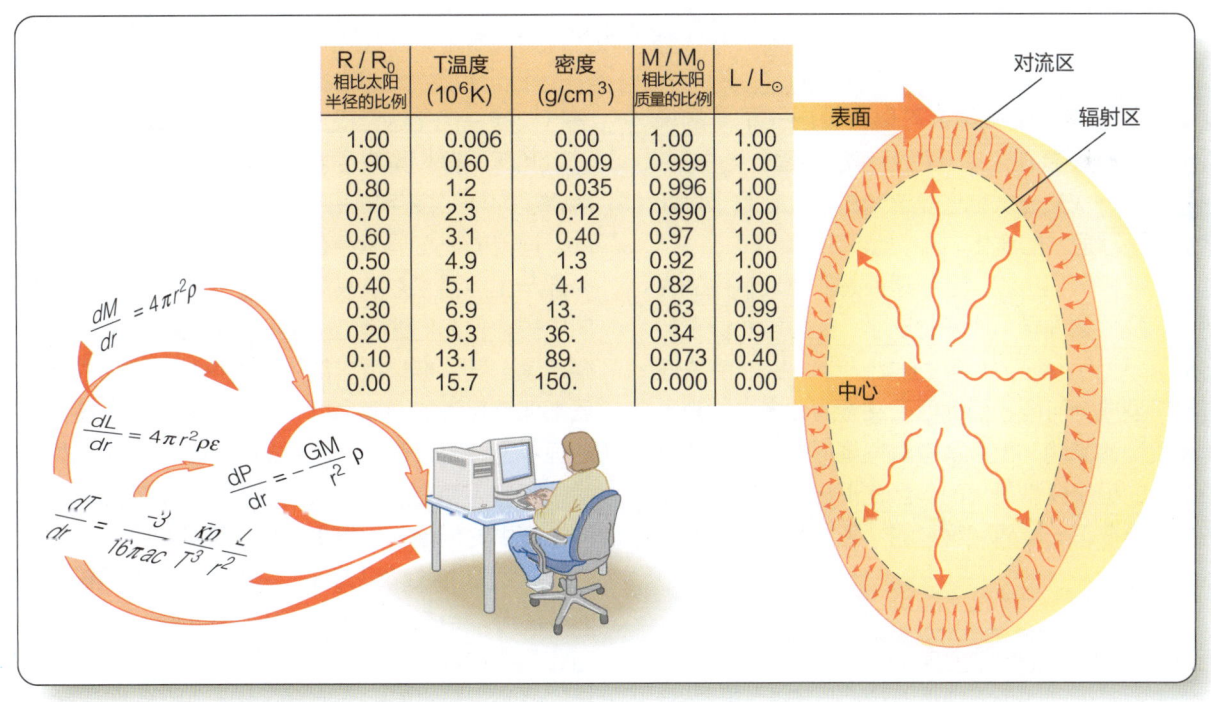

▲ 图 12-2　恒星模型是一个代表恒星内部条件的数值表。这种表格可以用恒星结构的四个定律来计算，这里以数值形式显示。本图中的表格描述了目前的太阳

我们如何得知 12-1

数学模型

科学家如何研究无法直接观测到的自然界的各个方面

科学中最强大的方法之一是数学模型,这是一组精心设计的方程,用来描述科学家想要研究的物体和过程。天文学家建立恒星的数学模型来研究隐藏在恒星深处的结构。模型可以让你想象加快恒星缓慢的演化进程,或者放慢产生能量的快速过程。恒星模型只基于四个方程,但其他模型要复杂得多,可能需要更多的方程。

例如,设计一架新飞机的科学家和工程师并不只是建造它,然后就画十字祈祷,并要求一个试飞员试飞它。早在制造任何金属部件之前他们就已经建立了数学模型,以测试机翼设计是否能产生足够的升力,机身是否能支撑压力,以及方向舵和副翼是否能在起飞、飞行和降落时安全地控制飞机。这些数学模型要经过各种测试。飞行员能在一个引擎关闭的情况下飞行吗?飞行员能从突然出现的湍流中驶出吗?飞行员能在横风中降落吗?当试飞员第一次将飞机滑出跑道时,这些数学模型已经飞了好几千英里。

图源:The Boeing Company

在任何新飞机飞行之前,工程师都会建立数学模型来测试其稳定性

科学模型的好坏只取决于其中的假设,必须利用一切机会与实际进行比较。如果你是一个设计新飞机的工程师,那么你可以通过在风洞中进行测量来测试你的数学模型。恒星的模型更难于实际中进行测试,但它们确实预测了一些可观测到的东西。恒星模型预测了主序的存在、质量—光度关系、观测到巨星和超巨星的数量和星团 H-R 图的形状。如果没有数学模型,天文学家将对恒星的生命知之甚少,而驾驶新飞机也将是一项非常危险的工作。

算这些变化的速度,天文学家可以推算出一个新的模型,显示出这颗恒星在未来几百万年后会是什么样子。然后他们可以一次又一次地重复这个过程,在数十亿年内一步步地跟踪恒星的演化。

对恒星结构和恒星演化进行建模是非常具有挑战性的问题,涉及核物理学、原子物理学、热力学和复杂的计算方法。从 20 世纪 70 年代开始,计算机才使快速计算恒星模型成为可能,而此后天文学的许多进展都受到了这种模型的影响。上一章中对恒星形成的总结是基于数以千计的恒星模型得出的。当在下一节研究主序星的"生"以及在下一章研究恒星的"死"时,你将继续依赖理论模型。

12-1b 为什么存在主序

天文学家对他们的恒星模型有信心,因为模型涉及的物理定律已被充分理解。充满信心的另一个原因是,通过与真实恒星的实测结果相比较,可以不断地与实测进行校验并优化这些模型。有了这种信心,天文学家便可以利用这些模型来更好地理解恒星。例如,这些模型解释了为什么会存在主序。

恒星的模型显示存在一个主序,因为恒星通过在其内部产生能量来对抗其重力。引力将恒星中的所有原子向内拉,但它们的重力被恒星内部热气体向外的压力平衡。这些气体被核反应加热,而这种能量的外流使每一层都保持足够的温度,以支持压在其上面的重力。当一颗恒星形成时,第一个聚变的核燃料是氘,它是氢的重同位素,因为它的"点火"温度最低。然而,氘是罕见的,产生的能量相对较少。恒星模型显示,氘核聚变对停止原恒星的收缩没有什么影响。普通的氢核聚变是大的能量源,当它开始时能产生足够的能量来平衡重力并阻止恒星的收缩。主序是 H-R 图中处于平衡状态的恒星的位置,其将氢聚变为氦。

有一个与主序有关的问题,你可以通过思考恒星模型来解决:为什么一颗主序星的光度取决于它的质量?

之前，你学会了如何利用对双星系统中相互绕转的恒星的观测来确定它们的质量，并发现主序星的质量是沿着主序排列的（回顾第 9-6b 节）。质量最小的恒星位于主序的底部，而质量最大的恒星位于顶部。这意味着主序星的质量和它的光度之间有直接的关系。主序质量与光度的关系是天文学中最基本的观测结论之一，它引发了对恒星内部的了解。恒星模型可以告诉你为什么质量—光度关系必定是这样。

理解质量—光度关系的关键是流体静力平衡定律，即压力必须平衡重力，以及调节能量产生的压力—温度调节器。你在第 11-4a 和第 11-5d 节中第一次了解了这两个内容。流体静力平衡意味着质量更大的恒星必须有更高的中心压力和温度，因为它们有更大的重力压在其内层。例如模型计算表明，为了保持稳定，一颗 15 $M_☉$ 的恒星必须有大约 3400 万 K 的核心温度，是太阳的两倍以上。

此外，由于大质量恒星的核心更热，它们的压力—温度调节器被"设置"得更高。一颗 15 $M_☉$ 的恒星核心的核燃料比太阳中心的燃料聚变快了 15 000 倍。超高的反应速率产生了更多能量，这些能量外流到较冷的表面，加热恒星中的每一层，使其能够支撑向内压的重力。当这些能量到达表面时，即为恒星的光度辐射到太空。这里重要的一点是，质量与光度的关系必须存在，因为恒星必须通过产生能量来支撑它们的重力，而质量更大的恒星有更多的重力需要支撑。

对主序的解释简洁而优雅，但你可以越过它来发现更多关于恒星内部的运作机制。在天文学以及其他科学领域中，研究极端情况可以告诉你关于一个现象的很多信息。为了更好地了解主序星，你现在可以研究主序星的上限大质量恒星和下限小质量恒星。

12-1c 主序的上限：大质量恒星

恒星结构模型给了天文学家一种思考主序两端——质量最大和质量最小的恒星的方法。两者都很难研究：大质量恒星是因为它们很罕见，小质量恒星是因为它们的光度很弱。

综上所述，理论和观测预测，恒星的质量有一个上限。天文学家还没有发现任何质量超过 150 $M_☉$ 的恒星，尽管有几颗恒星被推断为形成时质量高达 300 $M_☉$，但由于强大的星风它们很快就失去了大部分质量。观测结果表明，随着星际云的收缩，它们往往会碎裂并产生许多恒星。一个气体云质量越大，就越有可能碎裂。这意味着没有很多极大质量的恒星，因为大多数大气体云会分解成更小的碎片，形成多星系统。

即使一颗极大质量的恒星真的开始形成，恒星模型显示，这种大质量的恒星是不稳定的。为了支撑这种恒星的巨大重力，内部气体必须非常热，这意味着它必须发射大量的辐射。由此产生的辐射压力将气体从恒星的表面吹走，形成强大的星风（见图 12-3）。例如模型显示，一颗 60 $M_☉$ 的恒星的质量下降得非常快，以至于它在 100 万年内就可以降到 30 $M_☉$ 以下。

这一质量损失过程为恒星的质量设定了一个上限，但由于很难找到如此巨大的恒星，所以很难对模型进行检验。大多数 B 型和 O 型主序恒星的质量在 5~40 个 $M_☉$。第 9-6 节中介绍的恒星普查表明，处于主序上端的恒星非常罕见，所以天文学家必须在很远的地方寻找才能找到几颗。然而，一些被认为质量很大的恒星的光谱中含有蓝移的发射线。基尔霍夫定律告诉我们，发射线来自受激的低密度气体，而多普勒蓝移意味着气体一定是朝向地球来的。换句话说，这些恒星正在迅速失去质量。

本章开头的图片显示的是船底 η（Eta Carinae），这颗备受研究的大质量恒星正在接近其生命的终点。观测和模型表明，它实际上是一组双星，包含两颗大质量恒星，分别为 110 $M_☉$ 和 45 $M_☉$。较大的那颗恒星形成的时候大约是 150 $M_☉$，但是它的质量正在迅速下降。1841 年的一次爆发使船底 η 成为天空中第二亮的恒星，并喷射出了图片中的两个膨胀的尘埃气体瓣。尽管这颗

图源：Star Shadows Remote Observatory and PROMPT/UNC (Steve Mazlin, Jack Harvey, Rick Gilbert, and Daniel Verschatse)

▲ 图12-3　星云 NGC 2359，俗称"雷神之盔"（Thor's Helmet），实际上是一个直径约为 30 光年的被中心附近明亮的大质量恒星的快速恒星风吹入分子云的泡。产生风和发射星云的恒星是一颗极热的巨星，属于被称为沃尔夫-拉叶（Wolf-Rayet star）的恒星类型，被认为处于短暂的超新星前演化状态。蓝绿色的颜色来自氧发射线

恒星已经暗淡，但它仍然非常活跃，最近的爆发喷出了喷射物及一个气体和尘埃的赤道盘。像船底 η 这样的大质量恒星的组成部分显然是不稳定的。

12-1d 主序的下限：小质量恒星

主序的下限也难以研究，因为尽管这些恒星很常见，但它们很暗淡，即使距离我们只有几光年也很难发现。如果一个来自主序下端的红矮星取代了太阳的位置，它将不会比满月亮很多。

恒星模型预测，有比红矮星更暗的类恒星天体。质量小于 $0.08\,M_\odot$ 的天体不能在它们的核心中获得足够的温度来点燃氢聚变。这些褐矮星（brown dwarf）不能点燃氢，所以它们缓慢地收缩，将其引力能量转化为热能，并将其辐射出去。（你在第 9-3b 节的恒星光谱类型中第一次了解到褐矮星。）一个含有 $0.08\,M_\odot$ 的小质量红矮星能够启动氢聚变，其表面温度约为 2500 开尔文，但是质量较小的褐矮星应该有更低的温度，使它们呈现暗淡的泥红色——因此将其称为褐矮星。

褐矮星非常难以发现，因为它们比小质量的主序星还要暗淡，但是大型巡天系统和红外研究已经发现了数百颗褐矮星。一些褐矮星位于与普通恒星组成的双星系统中（见图 12-4a），但是大多数褐矮星是自由的天体，没有伴星。已经发现的一个褐矮星双星系统，离我们只有 2 pc 的距离，使它成为第三近的"恒星"系统；这表明褐矮星可能几乎和普通恒星一样常见。

L 光谱型似乎与最冷的恒星和最热的褐矮星重叠（请回看图 9-8）。T 型矮星非常冷，它们的光谱中有甲烷带，就像一颗巨大的行星。事实上，一些褐矮星非常冷，可以在其大气中形成固体颗粒和云层。天文学家已经观测到颜色和亮度随时间变化而发生的变化，这表明这些褐矮星甚至有变化的天气特征（见图 12-4b）。

迄今为止发现的最小质量的褐矮星只比木星的质量大几倍。看起来褐矮星和木星这样的巨行星是类似的天体，尽管它们可能是经由不同的过程形成的。你将在后面的章节中了解更多这方面的信息。

12-1e 主序星的一生

一颗正常的主序星通过将氢聚变成氦来对抗其重力，但它的氢供应是有限的。当它消耗氢时，其核心的化学成分就会发生变化，恒星就会演化。恒星的数学模型使天文学家能够跟踪这种演化。

如你所知，氢核聚变将四个核结合成一个。因此，随着主序星消耗氢，其内部的原子核总数也会随之减少。每一个新产生的氦核所产生的压力与一个氢核相

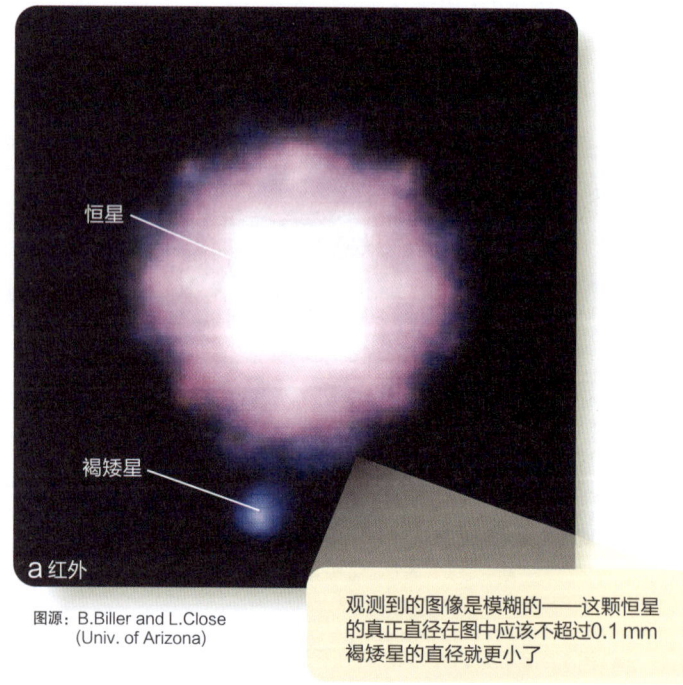

图源：B.Biller and L.Close (Univ. of Arizona)

观测到的图像是模糊的——这颗恒星的真正直径在图中应该不超过0.1 mm 褐矮星的直径就更小了

a 红外

b 艺术构想

图源：ESO

▲ 图 12-4 （a）距离太阳只有 12.7 光年，一颗褐矮星围绕着一颗小质量的 M 主序星运行。拍摄效果使褐矮星在图像中呈现蓝色，但是如果你能亲自"造访"它，你会看到一个比木星稍大的天体发出泥红色的光芒，温度略高于 1000 K。（b）对褐矮星的观测表明，一些褐矮星上存在变化的天体，就如同艺术家构想图展示的那样

同，但由于气体的原子核减少其总压力也减少。这使引力—压力失衡，而引力将恒星的核挤压得更紧。随着核的缓慢收缩，它的温度和密度增加，核反应的燃烧速度加快，释放出更多的能量。这些额外的能量通过包层外流，迫使外层膨胀和冷却，使恒星略微变大、变亮、变冷。

由于主序星随着年龄的增长而逐渐发生变化，主序实际上并不是穿过 H-R 图的一条直线，而是一条带（见图 12-5）。在一颗恒星开始步入氢聚变的稳定时期，它的性质使它处于这个带的下缘，称为零龄主序（zero-age main sequence，ZAMS）。当一颗恒星将氢核结合成氦核时，代表恒星光度和表面温度的点会稍微向上和向右移动，就在恒星耗尽其中心几乎所有的氢的时候，最终到达主序带的上边缘。值得说明的是，天文学家观测到的恒星的特性均匀地分布在主序带上，这是验证预测恒星变老时发生这些缓慢变化的模型的明显证据。

太阳的这些渐变将给地球带来麻烦。当太阳在近 50 亿年前开始其主序生命时，它只有其目前光度的 70% 左右。当太阳在其后的 60 亿年后离开主序时，它将有现在两倍的光度。因此，地球上的平均温度将至少攀升 50 ℃（90 °F）。当这种情况在接下来的几十亿年里发生时，首先极冠（polar cap）将完全融化；最终，地球的海洋将被蒸发掉。（这与目前的全球变暖没有关系，全球变暖对地球气候的影响要快得多，而且不是由太阳引起的。）显然，地球作为生物圈寄主的未来受到太阳演化的限制。

一旦一颗恒星离开主序，它就会迅速演化，并很快死亡。一般而言，恒星在主序上度过其大约 90% 的生命，将氢聚变成氦。这就解释了为什么所有常见恒星中约有 90% 都是主序星。因为你最有可能在一颗恒星处于主序上漫长而稳定的时间内看到它。

一颗恒星在主序上停留的时间取决于它的质量。大质量的恒星有大量的燃料，但它们消耗得很快，寿命很短。小质量的恒星会保存它们的燃料，并在几十亿年内发光（见表 12-2）。例如，一颗 25 $M_\odot$ 的恒星只需 400 万年就会耗尽它的氢并死亡，而太阳可以进行氢聚变约 110 亿年。天文学家认为，这意味着生命不太可能在围绕大质量恒星运动的行星上形成。这些恒星的寿命不足以让生命开始形成并演化成复杂的生物。你将在本书有关宇宙中的生命的最后一章了解更多这方面的信息。

红矮星的质量很低，燃料使用的速率也很低，它们

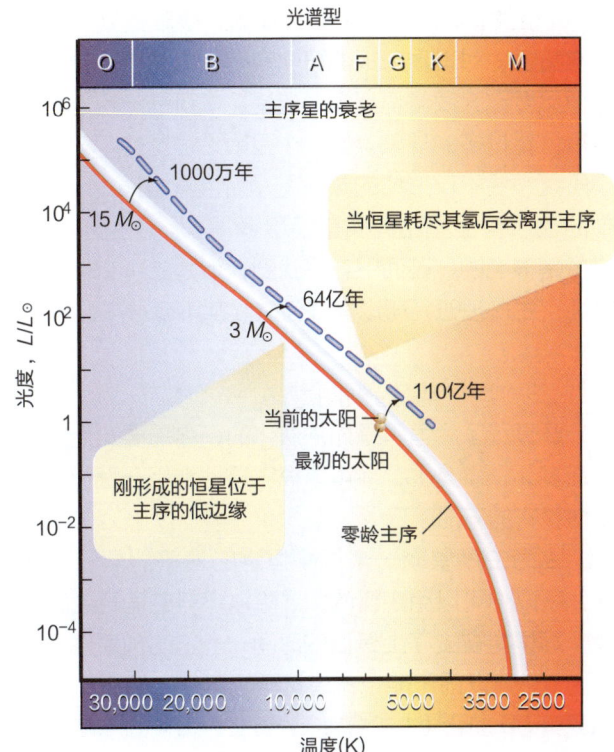

▲ 图 12-5　收缩的原恒星的性质在主序的下边缘达到稳定状态，称为零龄主序（ZAMS）。当一颗恒星将其核中的氢聚变为氦时，它在 H-R 图中的位置就会在主序中慢慢移动，略微变得更亮、更冷。一旦一颗恒星将其核中的所有氢聚变为氦，它就不再是一颗稳定的主序星。质量较大的恒星会迅速衰老，而质量较小的恒星则会更慢地耗尽其核中的氢，并延长主序寿命（演化轨迹改编自 Icko Iben 的作品）

表 12-2　主序星

光谱型	质量 （太阳 =1）	光度 （太阳 =1）	在主序上的时间
O5	40	400,000	1×10^6
B0	15	13,000	11×10^6
A0	3.5	80	440×10^6
F0	1.7	6.4	3×10^9
G0	1.1	1.4	8×10^9
K0	0.8	0.46	17×10^9
M0	0.5	0.08	56×10^9

应该可以生存数千亿年。正如你将在后面一章中了解到的，宇宙只有大约 140 亿年的历史，所以红矮星一定都还在襁褓之中。它们都还没有用尽它们的氢燃料。

大量暗弱、小质量的恒星充斥着天空。回顾一下第 9 章"概念艺术·恒星家族"中的恒星普查。回想一下，小质量的主序星比大质量的 O 型和 B 型星要常见

得多。主序K星和M星非常暗弱，很难找到，但它们非常普遍。对恒星形成的研究表明，自然界创造的小质量恒星要比大质量恒星多，但是这本身并不足以解释小质量恒星过多的现象。另一个因素是恒星的寿命。因为小质量恒星不仅形成的频率高，而且寿命长，所以天空中的小质量恒星比大质量恒星多得多。O型和B型主序星是很亮的，因而很容易找到，但是由于它们很少形成而且生命短暂，所以在任何时候都不会很多。

12-1f 恒星的预期寿命

要真正了解恒星是如何演化的，你需要知道它们能存在多久。事实上，你可以很容易地利用一颗恒星的质量估算它的寿命。

因为主序星以一个近乎恒定的速率消耗它们的燃料，所以你可以用燃料的数量除以燃料的消耗速率来估计一颗恒星在主序上停留的时间——它的预期寿命，符号为 t_*。你以前可能也做过这样的计算：如果你驾驶一辆载有30加仑（1加仑=3.785 L）燃料的卡车，每小时使用3加仑燃料，则这辆卡车可以运行10小时。

可以假定一颗恒星拥有的燃料量与它的质量成正比，而它燃烧燃料的速度则与它的光度成正比。这意味着你可以用恒星的质量除以光度来初步估计它的预期寿命。例如，天文学家观测到，$2\,M_\odot$ 的主序恒星比太阳的光度高11倍左右。$2\,M_\odot$ 的恒星拥有两倍于太阳的燃料，但消耗燃料的速度是太阳的11倍，那么它们的寿命应该只有太阳的2/11，或者说18%。请注意，比太阳大的恒星实际上寿命更短，因为尽管它们有更多的燃料，但它们消耗这些燃料的速率更高。

如果你记住质量—光度关系的数学形式（式9-5），就可以使计算更加容易，即主序星的光度大约与质量 $M^{3.5}$ 成比例。那么主序星的预期寿命就是：

式 12-1　恒星预期寿命

$$t_* = \frac{M_*}{L_*} = \frac{M_*}{M_*^{3.5}} = \frac{1}{M_*^{2.5}}$$

这意味着你可以估算出一颗恒星的预期寿命 t_*，若以太阳寿命 $t_\odot$ 相比较，可将恒星的质量以太阳质量表示，取2.5次方后取其倒数。如果你以太阳质量为单位表示质量，预期寿命将以太阳寿命为单位。

例子： 相对于太阳来说，一颗 $4\,M_\odot$ 的恒星能存活多久？

践行科学

为什么会有主序？ 这是一个科学家在发现主序星质量和光度之间存在着简单的关系之后会问的问题。

为了保持稳定，恒星物质的重力必须由压力来平衡。这就是流体静力平衡的原理。想象一下，一颗正在收缩的原恒星并不完全处于平衡状态，因为引力将它挤压得越来越紧。随着它的收缩，它的内部升温，当它的温度高到足以将氢聚变成氦时，压力—温度调节器就会接管并调节能量的产生，从而使这颗恒星产生的能量刚好足以支撑它自身的重量。

大质量恒星有更多的重力需要支撑，其内部压力和温度必须更高，因此必须产生更多的能量，并具有更大的光度。大质量恒星的光度和表面温度使它们在H-R图上的主序上端达到稳定状态。质量较小的恒星需支撑的重力较小，可以沿着主序下端达到稳定状态。之所以存在一个主序，是因为处于这个稳定阶段的恒星都在通过氢聚变来支撑它们自己的重量。

现在考虑质量—光度关系的一个结果：**为什么大质量的恒星会寿命如此之短？**

$$t_* = \frac{1}{4^{2.5}} = \frac{1}{32}t_\odot$$

解答： 对太阳模型的详细研究表明，目前存在近50亿年的太阳可以再持续60亿年左右。因此，太阳的寿命大约是110亿年，而一颗 $4\,M_\odot$ 的恒星将持续大约 110亿/32，等于3.4亿年。

使用这种估计恒星寿命的方法只能得到近似值。例如，这个模型忽略了质量损失，天文学家有证据表明质量损失对质量最大和质量最小的恒星的预期寿命有着显著影响。尽管如此，它还是有助于说明一个重要的问题，即，质量仅比太阳大一些的恒星在主序上的寿命会大大缩短。

12-2 主序后演化

巨星为什么这么大，而它们的密度这么低？为什么它们如此不寻常？通过下面对恒星脱离主序后的演化介绍，你可以获得这些问题的答案。

12-2a 膨胀为巨星

要了解恒星是如何演化的，你可能会想到像太阳这样的中等质量恒星的中心是辐射型的，这意味着能量是以辐射的形式输运的，而不是以受热气体的环流形式输运的。因此，气体不会在这些恒星的深处移动，这意味着恒星内部根本不发生混合。（质量最低的恒星是一个例外，将在下一章中研究。）更大质量的恒星有对流核，可以混合中心区域（见图11-13），但是这些区域并不是很大，因此在大多数情况下，大质量恒星的内部也不会发生混合。

在这方面，中等质量和高质量恒星就像不被搅动的营地火堆。灰烬积聚在中心，而外部的燃料从未被使用。氢核聚变产生了氦核——积聚在恒星中心的"灰烬"。由于没有任何东西混入恒星的内部，氦核仍然留在中心的位置，而恒星外部的氢也不会被送到中心——在那里可以发生聚变。

由于温度太低，积聚在主序星核心的"氦灰"不能聚变成更重的元素。结果，核心最终成为一个惰性的氦球。当这种情况发生时，核心产生的能量下降，外层的重力迫使核心收缩。

尽管收缩的氦核不能产生核能，但它确实变得更热了，因为它将引力势能转化为热能（第11-1b节）。核温度的上升加热了核周围未反应的氢——那里的氢温度从未高到足以发生聚变。当核外的氢温度变得足够高时，它在一个薄薄的球形壳层中被点燃。就像燃烧的草从耗尽的篝火中向外移动一样，氢聚变的壳层慢慢向外燃烧，留下更多的氦灰，增加氦核的质量。

在其演化的这一阶段，恒星过度产生能量，也就是说，它产生的能量超过了平衡其自身重力的需要。收缩的氦核将引力势能转换为热能。其中一些能量加热了氦核，一些热量通过恒星外流。同时，氢聚变壳层也产生能量，因为收缩的核将未燃烧的氢带到恒星的中心并将其加热到高温。其结果是能量外流，迫使恒星外层膨胀，使恒星膨胀成一个巨星（见图12-6）。请注意，在这个阶段，恒星的整体结构正在发生巨大的变化。核正在收缩，而外电层正在膨胀。

包层的膨胀改变了恒星在H-R图中的位置。随着外层气体的膨胀，能量在抬高和膨胀气体时被吸收。这种能量的损失降低了气体的温度。因此，在H-R图中代表恒星的点迅速向右移动：对一颗 $1M_\odot$ 的恒星来说，

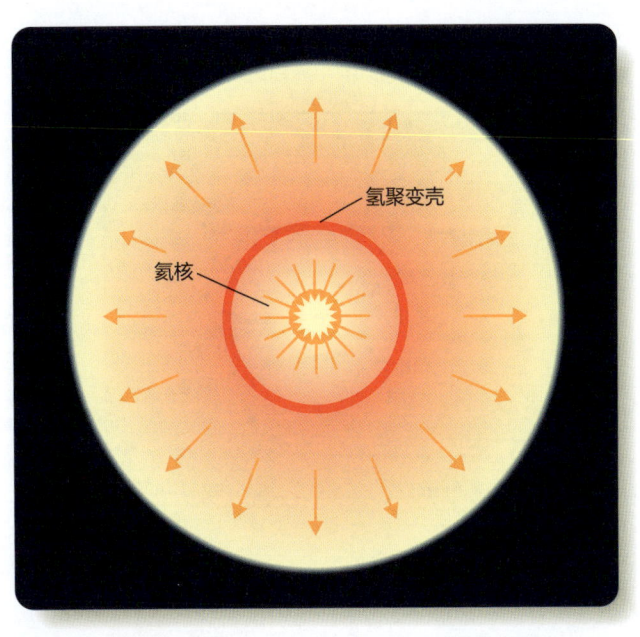

▲ 图12-6　当一颗恒星核心的氢耗尽时，它会点燃一个氢聚变的壳层。氦核收缩并被加热，而包层膨胀并冷却（按比例绘制的图见图12-9）

大约需要1.5亿年，但对一颗 $5M_\odot$ 的恒星来说，只需要不到100万年（见图12-7）。随着演化中的恒星的半径继续增加，扩大的表面积使恒星发出更多的光，使它在H-R图中的位置向上移动。著名的恒星之一"金牛座的红眼"毕宿五，是一颗红巨星，直径是太阳的40倍以上，但表面温度只有太阳的2/3。

像太阳这样的中等质量的恒星会演化成巨星，但更大质量的恒星会演化到H-R图的上部，成为超巨星，这是比巨星还大的恒星。再考虑一下两颗著名的恒星。猎户座参宿四（猎户座α）是一颗非常冷的红超巨星，直径约为太阳的1000倍。参宿七（猎户座β）是一颗直径比太阳大80倍的超巨星。说参宿七这颗蓝星已经膨胀和冷却，可能显得有些奇怪。温度在12 000开尔文的参宿七，在你的眼中看起来相当蓝。（任何和参宿七一样热，或者比参宿七更高温的恒星在你眼中都是蓝色的，如图7-7中的黑体曲线所示。）但是当它处于主序时，参宿七的表面要更热。即便如此，它也不会比现在看起来更蓝，因为你看不到最热的恒星所发出的紫外辐射。因此，尽管参宿七是蓝色的，它实际上是一颗已经膨胀和冷却的恒星。

现在你可以理解一些你在前几章中注意到的事情。巨星和超巨星之所以大，是因为它们已经膨胀，因此它们的密度很低。另外，H-R图中的巨星和超巨星区域包含了不同质量的恒星（回顾一下图9-23），因为主

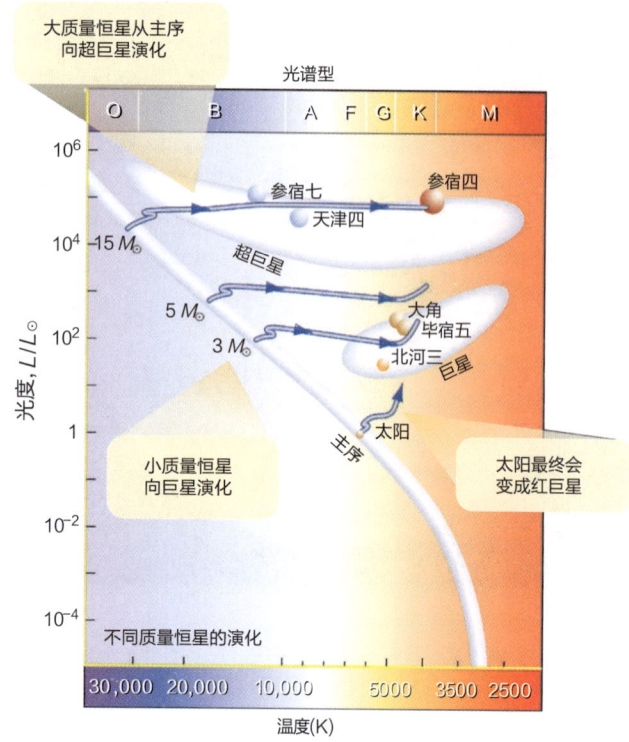

▲ 图12-7 大质量恒星的演化使它在 H-R 图中的代表点向主序的右边移动，进入超巨星的区域，如参宿七（Rigel）和参宿四（Betelgeuse）。中等质量恒星的演化将其在 H-R 图中的点移动到巨星的区域，如这里显示的那些（演化轨迹改编自 Icko Iben 的作品）

序星随着年龄的增长，最终会出现在 H-R 图的同一区域，不管它们原来的质量是多少。因此，巨星和超巨星之间没有明确的质量—光度关系。

12-2b 简并物质

尽管氢聚变壳层可以迫使恒星的包层膨胀，但它不能阻止氦核的收缩。因为核的温度不足以使氦聚变，引力会将它挤压得更紧，使它变得非常小。如果你用一个棒球来代表一颗巨星的氦核，那么这颗恒星的包层最大截面将有一个棒球场那么大，然而相对较小的核将占据恒星质量的大约 12%。当气体被压缩到如此极端的密度时，它将会有惊人的表现形式，这可能会强烈影响到恒星的演化。

通常情况下，气体的压力取决于其温度。气体的温度越高，它的粒子运动得越快，它的压力也就越大。恒星内部的气体是电离的，所以有两种粒子：原子核和自由电子。在正常情况下，恒星中的气体遵循与其他气体相同的压力—温度规律，但如果气体被压缩到非常高的密度，如在一个巨星核中，决定亚原子粒子行为的两个

量子力学定律便开始发挥作用，而电子和原子核之间的差异变得非常重要。

首先，根据量子力学相关原理，限制在恒星核心中的运动电子只能有特定的能量，就像原子中的电子只能占据一定的能级一样（第 7-1c 节）。你可以把这些允许的能量看作一个梯子的阶梯。一个电子可以占据任何阶梯，但不能占据两个阶梯之间的空间。第二条量子力学定律被称为泡利不相容原理（Pauli Exclusion Principle），它指出两个相同的电子不能有相同的位置或占据相同的能级。因为电子以一个方向或另一个方向自旋，如果两个电子的旋转方向相反，它们就可以占据一个能级。然后这个能级就完全被填满了，第三个电子不能进入这个能级（不能有这个能量），因为无论它向哪个方向自旋，都会与已经在这个能级中的两个电子之一相同。泡利不相容原理适用于在电离气体中自由运行的电子，也适用于原子内的电子。

低密度的电离气体每立方厘米有很少的电子，所以有很多位置和能级的组合可供选择（见图12-8）。然而，如果气体变得非常致密，那么在一个给定的位置上几乎所有的低能级都被占据了。在这样的气体中，运动的电子不能减速：减速会降低它的能量，而且没有可以使其下降的开放的较低能级。而只有当它吸收了大量的能量，足以使它比其他所有的电子运动得更快，从而立即跃升到有空能级的能量阶梯的顶端，它才能被加速。因此，该电子被卡住了：它不能加速，也不能减速。

当一种气体的密度大到其大部分电子不能自由改变自身能量时，它就被称为简并物质（degenerate matter）。（请注意，要达到简并，气体的密度必须达到 100 万克/立方厘米。例如：在地球一茶匙这种物质的质量相当于一辆大卡车的质量。）尽管它是一种气体，但它有两个特殊的性质，可以影响恒星。首先，简并气体可以抵抗收缩。为了压缩气体，你必须推动运动的电子，改变它们的位置和运动。但是改变它们的运动需要改变它们的能量。这需要巨大的努力，因为你不能只略微改变它们的能量，你必须将它们完全提升到能量阶梯的顶端，那里才有空的能级。这就是为什么尽管简并物质仍然是一种气体，但比最坚硬的硬化钢更难压缩：如果你推它或挤压它，什么也不会发生。

其次，简并气体的压力并不取决于温度。要说为什么，请注意，气体的压力主要取决于电子的速度，因为它们的数量比原子核多。但是正如刚才所描述的，电子的速度如果不经过巨大的努力是无法改变的。然而，气体的温度则取决于气体中所有粒子的运动，包括电子和

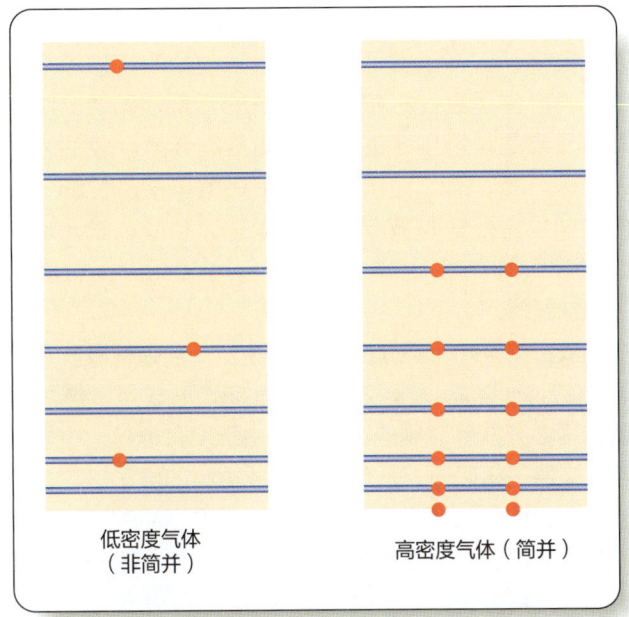

▲ 图 12-8　电子能级的排列就像梯子上的阶梯。在低密度气体中，许多能级是开放（空缺）的，但在简并气体中，所有低能级都被填满。这就造成了简并物质的奇异现象

你可以把氦聚变过程总结为两步：

$$^4He + {}^4He \rightarrow {}^8Be + \gamma$$

$$^8Be + {}^4He \rightarrow {}^{12}C + \gamma$$

γ 符号代表伽马光子。第一个反应实际上从气体中吸收了一点能量，但第二个反应产生的能量几乎是第一个反应的能量吸收的 80 倍。这个过程很复杂，因为一个铍 -8 核非常不稳定，在吸收另一个氦核之前很容易分裂成两个氦核。三个氦核也可以直接形成碳，但这样的三次碰撞是极不可能的，因此氦聚变取决于更有可能发生的事件，即第三个氦核在铍 -8 分裂前的短暂间隔内发生碰撞。

有些恒星是逐渐开始氦聚变的，但在一定质量范围内的恒星开始氦聚变时，会发生一种称为氦闪（helium flash）的爆炸。如果氦核中的气体简并，就会发生这种爆炸。因为在简并气体中，压力不再取决于温度，控制核聚变反应速率的压力—温度调节器不再起作用。

当简并氦被点燃时，它产生能量，从而提高温度。但是，由于压力—温度调节器没有运作，核并没有通过膨胀而降低温度来对更高的温度做出反应。相反，更高的温度迫使反应更快进行，产生更多的能量，从而提高温度，再使反应更快进行，如此反复。因此，简并气体中的氦聚变的点火导致了失控的爆炸，以至于氦核瞬时产生的能量是太阳的 10^{11} 倍以上。这相当于银河系中所有恒星的光度。

尽管氦闪是突然和强大的，但它并不能摧毁恒星。事实上，如果你观测一颗经历氦闪的巨星时，你可能不会看到爆发的证据。氦核相当小（见图12-9），爆炸的大部分能量都用于加热氦核或被恒星膨胀的包层吸收。此外，氦闪的发生非常迅速。在几秒钟内，恒星的核变得非常热，解除简并，压力—温度调节器能够使氦聚变得到控制，并且使恒星继续在其核缓慢而稳定地进行氦聚变。

天文学家在计算恒星演化模型时发现，太阳和其他中等质量的主序星最终会发生氦闪，但并不是所有的恒星都会发生。质量小于 $0.5 M_\odot$ 的恒星温度不足以点燃氦，或质量大于 $3 M_\odot$ 的恒星在其核简并之前就会点燃氦（见图12-10），因此它们的压力—温度调节器使氦聚变受到控制，不会出现氦闪。

如果氦闪只发生在某些恒星中，而且是一个非常短暂的事件，从恒星外部是看不到的，那么为什么它很重要？答案是在研究质量与太阳差不多的恒星的演化过程中，氦闪现象是一个异常不确定的领域。宇宙中大质

原子核。如果你向气体中注入热量，大部分能量会用于加速原子核，而原子核不是简并的，运动相对缓慢，对压力的贡献不大。因此，提高简并气体的温度只影响到原子核的运动，对压力几乎没有影响。

当恒星结束它们的主序生命时，简并物质的这两个特性（抵抗压缩，并且压力不取决于温度）变得非常重要。最终，许多恒星坍缩成极小的白矮星残骸，这些残骸是由简并物质构成的。但早在这之前，一些巨星的核变得非常致密，以至于它们是简并的，这种情况在发生氦聚变时就可以产生一个宇宙炸弹。

12-2c　氦聚变

氢聚变会留下氦灰烬，而氦灰烬无法在低温下发生聚变。氦核（两个质子加两个中子）的正电荷是氢核（一个质子）的两倍。由于氦核的电荷量比氢核大，将氦核推到一起的库仑势垒比氢核高。在氢核聚变的温度下，氦核运动得太慢，碰撞微弱而无法聚变。

当这颗恒星成为一颗巨星，在壳层中进行氢聚变，其内部的氦灰核收缩，温度越来越高。最后，当温度接近 1 亿开尔文时，氦原子核可以开始聚变形成碳。由于制造一个碳核需要三个氦核，而且一个氦核也被称为 α 粒子，天文学家通常把氦核聚变称为 3α 过程（triple alpha process）。

第二部分　恒星　229

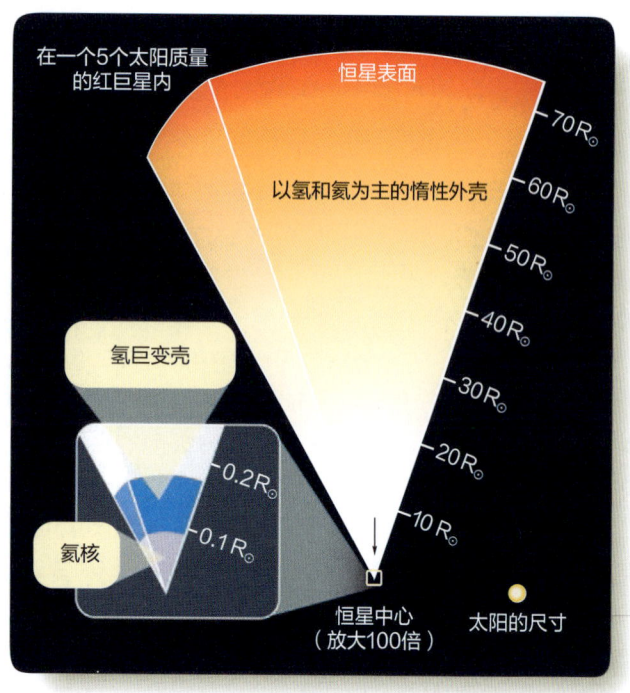

▲ 图12-9 当一颗恒星中心的氢耗尽时，氦核收缩到很小，并且变得非常热，并开始在壳层中发生核聚变（蓝色）。恒星的外层则会膨胀和冷却。这里显示的红巨星的平均密度比地球表面的空气的平均密度低得多。这里 $M_\odot$ 代表太阳的质量，$R_\odot$ 代表太阳的半径

恒星氦聚变是一件对人类很重要的事情。在后面的章节中，你将了解到宇宙开始于一个叫作大爆炸的事件，产生了氢、氦和其他少量的元素，如锂。所有其他元素是从哪里来的？比氦更重的元素，包括人体内的碳、氮、氧、钙和铁，都是在恒星中产生的，并在这些恒星死亡时被爆炸抛回太空。制造这些元素的过程被统称为核合成（nucleosynthesis），意思是"合成原子核"。

核合成开始于氦聚变产生的碳，一些碳核吸收氦核形成氧。一些氧核吸收更多的氦核，形成氖，然后是镁。其中一些反应释放出中子，由于没有电荷，中子更容易被原子核吸收，从而逐渐形成更重的原子核。这些涉及自由中子的反应在氦聚变过程中作为能量产生者并不重要。但这些"慢烹饪"过程形成了一些原子核较重的元素，直至铋，几乎比铁重4倍。以下是整个天文学课程中最重要的观点之一：大部分的原子元素，包括人身体里的那些，都是在恒星内部由这些核合成过程"炖煮"出来的。

量恒星并不常见，而小质量恒星演化缓慢，因此很难收集到可以用来检验大质量和小质量恒星演化模型的观测证据。故对恒星演化的研究主要集中在中等质量的恒星上，而这些恒星确实经历了氦闪。但是氦闪发生得迅速、猛烈，以至于模型程序无法足够详细地计算出恒星内部结构的变化。为了追踪像太阳这样的中等质量恒星在氦闪后的演化，天文学家必须对氦闪影响恒星结构的方式进行猜测而不是精确计算。

氦闪之所以重要还有另一个原因。通过了解压力—温度调节器关闭时发生的情况，可以让你体会到它在维持恒星稳定性方面的重要性。在下一章中，你将见到那些在聚变反应完全失控时发生剧烈爆炸的恒星。

另外，氦闪后的演化普遍被理解。在氦闪之后，恒星核膨胀，气体不再是简并的，氦聚变在压力—温度调节器的控制下继续进行。另外，恒星核的膨胀吸收了原本可以支持恒星外层的能量。结果外层收缩，恒星的表面变得更热。在H-R图中，代表恒星的那一点最初向下移，走向较低的光度，然后向左移，走向较高的温度（见图12-11）。而后，随着恒星在其核中稳定地进行氦聚变，它的光度恢复，但其表面仍然越来越热。

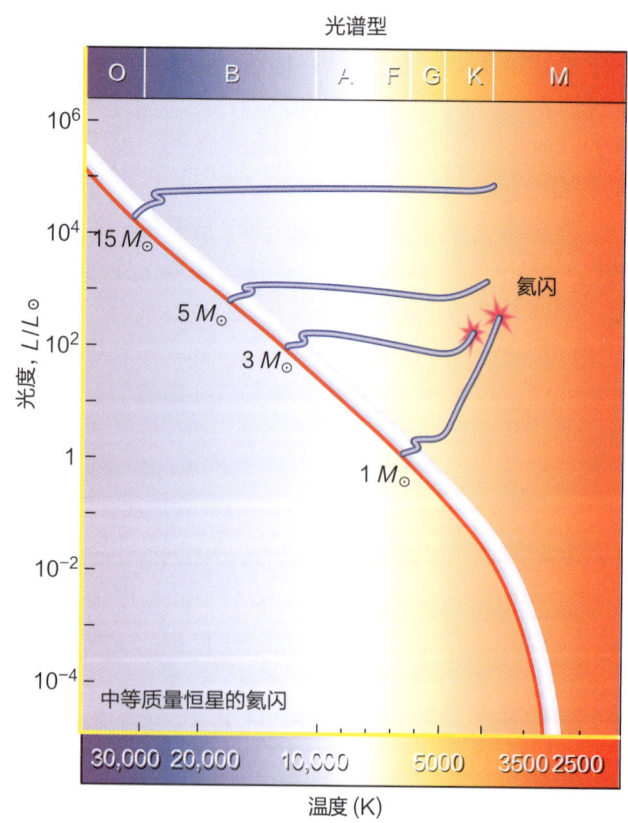

▲ 图12-10 像太阳这样的恒星会经历氦闪，但更大质量的恒星在没有氦闪的情况下开始氦聚变。小于 $0.4 M_\odot$ 的恒星无法获得足够高的温度来点燃氦。这里的零龄主序在主序下边缘用红色表示（演化轨迹改编自 Icko Iben 的作品）

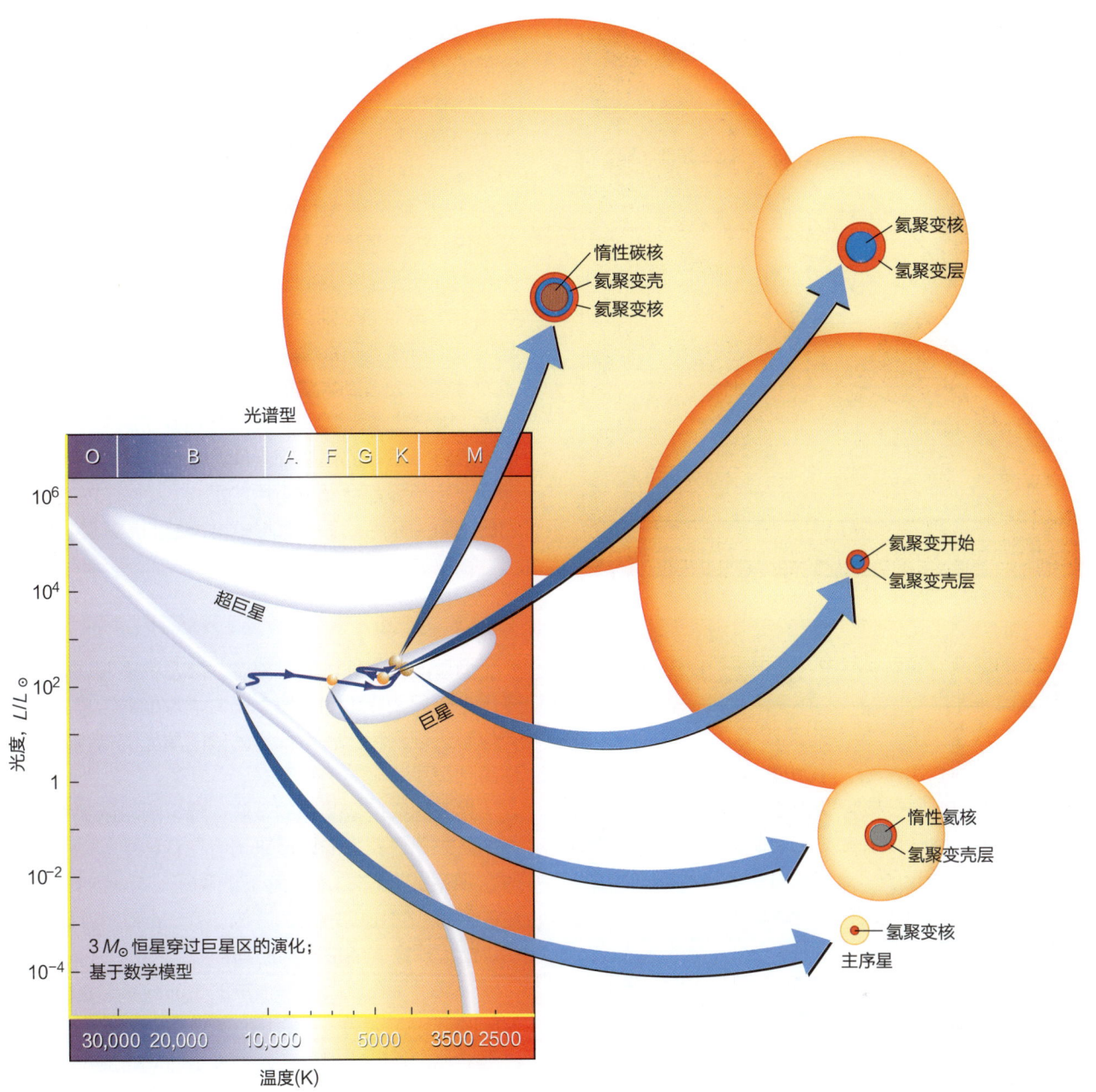

▲ 图 12-11 当一颗主序星耗尽其核中的氢时，随着它膨胀成为一个低温巨星，它在 H-R 图中迅速向右演化。然后，当它在核中进行氦聚变，然后在壳层中进行氦聚变时，它遵循一个回绕轨迹。与图 12-7 相比（演化轨迹改编自 Icko Iben 的作品）

氦聚变产生的核"灰烬"大部分是碳和氧。因此，碳和氧积聚在中等质量恒星的核心，而该恒星的温度不可能高到足以继续以显著的速度聚变这些元素。随着灰烬的积累，核收缩，温度增长到足以点燃一个氦聚变的壳层。在这个阶段，这样的恒星有两个产生能量的壳层：一个是有外部边界的氢聚变壳层，继续向外拢未燃烧的氢，留下氦灰；另一个是氦聚变壳层，从外面归拢氦，留下碳氧灰烬。当恒星产生的碳氧核收缩时，恒星的外层就会膨胀，它在 H-R 图中的点就会向上和向右移动，完成进入红巨星区的第二个回绕，正如你在图 12-11 中看到的那样。

12-2d 比氦重元素的聚变

理解恒星在氦耗尽后的演化需要在超级计算机上运行高度复杂的建模程序，其结果仍不确定并有待修正。然而，可以肯定地说，在这些阶段发生的事情取决于恒星的质量。只有在开始其生命历程时超过约 $8M_\odot$ 的恒星中，收缩的碳氧灰烬核才能达到碳聚变所需的高达 6

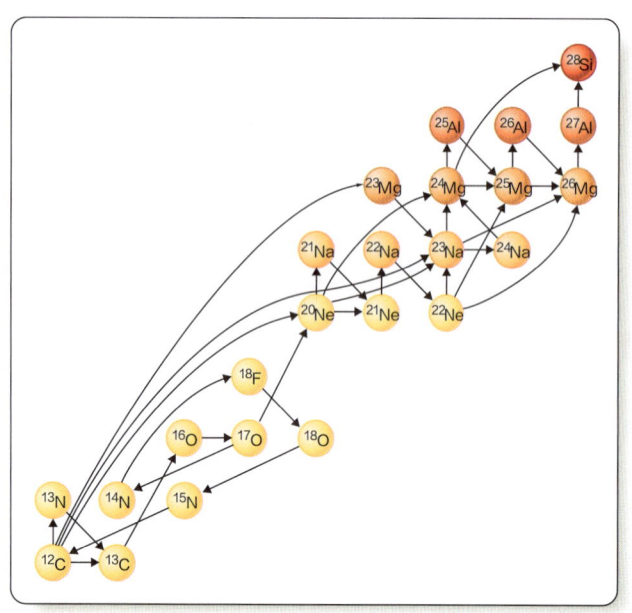

▲ 图 12-12 质量大于 4 巨星的能量产生从碳聚变开始，并导致许多涉及较重核燃料的反应

亿开尔文的温度。随后，其中一些恒星可以进行氖、氧和硅聚变。

碳聚变产生了一个复杂的反应网，如图 12-12 所示，其中每个圆圈代表一个可能的核，每个箭头代表一个不同的核反应。原子核可以通过俘获质子、中子、氦核或直接与其他原子核结合发生反应。不稳定的核可以通过发射电子、正电子、氦核或分裂成碎片实现衰变。图 12-12 中没有显示构建一些元素但不产生大量能量的"慢烹饪"反应。

从图 12-12 中的所有箭头可以看出，比氦重的元素的聚变并不简单。建立大规模恒星结构和演化模型的天文学家必须使用复杂的核物理学方程来计算产生的能量，并跟踪恒星中碳和更重元素聚变时发生的化学成分变化。然而，有一条简单的规则是明确的：涉及具有较高库仑势垒的较大原子的核反应需要较高的点火温度，这只能发生在较高质量的恒星中（见表 12-3）。

一颗恒星作为巨星或超巨星所度过的时间与它在主序上的寿命相比是很短的。例如，太阳作为一颗主序星将度过大约 110 亿年的时间，但作为一颗巨星只度过大约 10 亿年。更大质量的恒星度过巨星阶段的速度甚至更快。由于恒星作为巨星的时间很短，尽管它们非常亮，但你在天空中看到的巨星相对较少。这说明了天文学中一个重要的原则：一个特定的演化阶段所需的时间越短，你就越不可能看到处于该阶段的恒星。这就解释了为什么你会看到大量的主序星而很少看到巨星（见第 9 章"概念艺术•恒星家族"中的图 3）。

最终，所有的恒星都会面临塌缩。无论恒星的质量如何，它最终都会耗尽可用的燃料，而引力将会在与压力的斗争中获胜。下一章将探讨恒星的最终死亡。

12-3　星团：恒星演化的证据

恒星演化的理论非常复杂，涉及许多假说，如果不是因为有星团提供的证据，天文学家们对该理论几乎没有信心。观测和比较不同年龄段的星团的特性，可以让你看到恒星演化的明确证据。

为了理解恒星演化的难度，请设想以下情景：假设一个从未见过树木的地球来访者在森林中徘徊了一个小时，观察成熟的树木、落下的种子、年轻的树苗、腐烂的原木和冒出的嫩芽。这位访客在经过一小时的观察后，能理解树木的生命周期吗？

天文学家在试图了解恒星的生命故事时也面临着类似的问题。人类活得不够长，无法看到完整的恒星演化过程。我们看到的只是在人类文明时间跨度中出现的宇宙的惊鸿一瞥，这仅仅是一个快照，其中代表了恒星生命周期的所有阶段。厘清这些阶段并将它们按顺序排列

表 12-3　大质量恒星中的核反应

核反应原料	核反应产物	最小点火温度	点燃聚变所需的初始主序质量
H	He	4×10^6 K	0.1 $M_\odot$
He	C, O	120×10^6 K	0.5 $M_\odot$
C	N, O, Ne, Na, Mg	0.6×10^6 K	~8 $M_\odot$
Ne	O, Na, Mg	1.2×10^6 K	~10 $M_\odot$
O	Si, S, P	1.5×10^6 K	~11 $M_\odot$
Si	Ni to Fe	2.7×10^6 K	~11 $M_\odot$

*"～"符号代表"约等于"。

是一项困难的任务。只有通过观测选定的恒星群——星团——才能看出其中的规律。

12-3a 观测星团

将一个星团中每颗恒星的性质绘制在 H-R 图上，就能将星团历史上的某个时刻定格下来，使恒星的演化过程清晰可见。一个星团中的所有恒星都被认为是在同一时间从同一团气体中形成的，因此它们都具有相同的年龄和相同的化学成分。你在一个星团中看到的差异可能只是来自质量的差异，这就是使恒星演化可见的原因。研究"概念艺术·星团和恒星演化"，注意到其中的 3 个要点和 4 个新术语：

1. 有两种星团，疏散星团（open cluster）和球状星团（globular cluster）。它们看起来不同，但是它们的恒星的演化方式是相似的。后面的章节中将介绍更多关于这些星团如何帮助天文学家了解银河系的历史。

2. 你可以通过注意 H-R 图中代表恒星的数据点分布中的拐点（turnoff point），来估计一个星团的年龄。拐点代表着主序上剩余的最热和光度最高的恒星。

3. 最后，请注意一个星团的 H-R 图的形状是由恒星的演化轨迹所决定的。较老的星团的 H-R 图特别清楚地勾勒出了恒星是如何从主序演化到巨星区，然后沿着水平支（horizontal branch）向左移动，再回绕到巨星区的。通过比较不同年龄的星团，你可以直观地看到恒星是如何演化的，几乎就像在看一部星团演化了几十亿年的电影。

如果没有星团，天文学家对恒星演化的理论将没有什么信心。星团使这种演化变得可见，并帮助天文学家了解了恒星是如何诞生、生存和死亡的大部分过程。

12-3b 星团的演化

当一团气体收缩、碎裂并形成一组恒星时，就形成了一个星团。正如上一章关于恒星形成的内容中提到的那样，一些恒星群被称为星协，它们非常分散，以至于这群恒星并不是被其自身的引力束缚在一起。一个星协中的恒星很快就会彼此离散。有些恒星群则更加紧密：即使在恒星变得很亮，气体和尘埃被吹走之后，引力也会将这群恒星作为一个星团聚集在一起。

疏散星团不像球状星团那样古老或拥挤，这有助于解释它们的外观。在疏散星团中，恒星之间的密近接触是很罕见的，因为那里的恒星相距较远，所以这样的星团有着不规则的外观。而球状星团看起来就像是一个近乎完美的球体，因为这些恒星之间的距离更近，恒星之间的相遇也更常见。球状星团有时间将动能均匀地分配给所有的恒星，所以它们已经稳定成了一个更加均匀的球状体。

随着一个星团的衰老，一些运动得快一点的恒星可以逃出来。球状星团是紧凑而高质量的，大多数已经存活了 110 亿年或更久。相比之下，一个只有几颗离散分布的恒星的星团可能会随着恒星的逐一逃逸而完全消失。太阳可能是在 50 亿年前的一个星团中形成的。一些天文学家指出，疏散星团 M67 的成分和年龄几乎与太阳完全相同，并怀疑太阳是否是该星团的一个失散成员。然而，M67 和太阳在银河系中的运动是完全不同的，所以很难想象它们真的联系在一起。即使那个星团仍然存在，可能也没有机会追溯回太阳最初的家园。

践行科学

你能举出什么证据来证明巨星是膨胀后的主序星？回答这个问题的科学家必须结合多组观测数据，同时考虑 H-R 图和主序的质量—光度关系。

你知道主序星有一个质量—光度的关系，这个数学公式表述了这样一个事实：质量越大的恒星发出越多的光。你也知道产生这种关系的原因在于压力—温度调节器。更大质量的恒星其中心必定更热，才能保持稳定。此外，你知道更高的温度意味着更高的核聚变反应速率，它们会更快地消耗氢燃料，因此大质量的恒星实际上比小质量的恒星寿命更短。

有了这些知识，当你检查星团的 H-R 图时，你会注意到包含所有类型的主序星的星团，从小质量的 M 型矮星到大质量的 O 型星，但都没有红巨星或超巨星。例如，你还会注意到，缺少 O 型、B 型和 A 型主序星的星团却有红巨星和超巨星。啊哈！你将意识到，在比 O 型、B 型和 A 型恒星的主序寿命更长的星团中，这些质量的恒星已经离开了主序，变成了红巨星和超巨星。只有 F、G、K 和 M 型恒星仍然在主序上。以前的 O 型、B 型和 A 型主序恒星现在已经耗尽了它们核心中的核燃料，膨胀为红巨星和超巨星。恒星演化的步伐在星团 H-R 图中显示得像地图一样清楚。

星团和恒星演化

1 一个疏散星团（open cluster）是由10到1000颗恒星组成的集合体，位于一个直径约为25pc的区域。有些疏散星团相当小，有些则很大，但是它们都有一个开放、透明的外观，因为恒星并没有挤在一起。

在一个星团中，每颗恒星都环绕这个星团的质心公转。

图源：NOAO/AURA/NSF

宝盒星团，疏散星团

可见光

1a 一个球状星团（globular cluster）可以在一一个直径只有10到30pc的区域内包含 10^5 到 10^6 颗恒星。"球状星团"这个术语的英文来自"球状"（globe）这个词。这些星团几乎是球形的，而且恒星之间的距离比疏散星团中的恒星要近得多。

杜鹃座47，球状星团

图源：Anglo–Australian Observatory / David Malin Images

可见光

天文学家可以通过绘制一个个点来代表每颗恒星的光度和温度，从而为一个星团构建一个H-R图。

光谱型 O B A F G K M

毕星团

最大质量的恒星已经死亡

仅有几颗恒星处于巨星阶段

主序

巨星

低质量恒星依然处于主序阶段

最暗弱的恒星在研究中不能被观测到

光度，$L/L_\odot$：10^6, 10^4, 10^2, 1, 10^{-2}, 10^{-4}

有效温度 (K)：30,000　20,000　10,000　5000　3500　2500

2 通过一个星团的H-R图，我们可以清晰描述恒星的演化过程。不过，一定要记住，同一星团中的所有恒星都有相同的年龄和成分，只是质量不同。星团的H-R图只是提供了你碰巧观测到它们的时候，这些恒星演化状态的"快照"（snapshot）。图中显示的是金牛座中有6.5亿年历史的毕星团（Hyades），在地球上用肉眼就能很容易地看到。图中并没有主序星的上部，因为质量较大的恒星已经死亡了；这张"快照"捕捉到了一些已离开主序的中等质量恒星，它们已经成了巨星。

随着一个星团的老化，它的主序会越来越短，就像蜡烛燃尽一样。你可以通过观察拐点——当前主序上正在向右演化成巨星的那一点——来判断一个星团的年龄。处于拐点（turnoff point）的恒星已经度过了它们的一生，即将死亡。因此，处于拐点的恒星的寿命等于星团的年龄（恒星的演化轨迹改编自Icko Iben的作品）。

图源：Illustration design by Michael A. Seeds

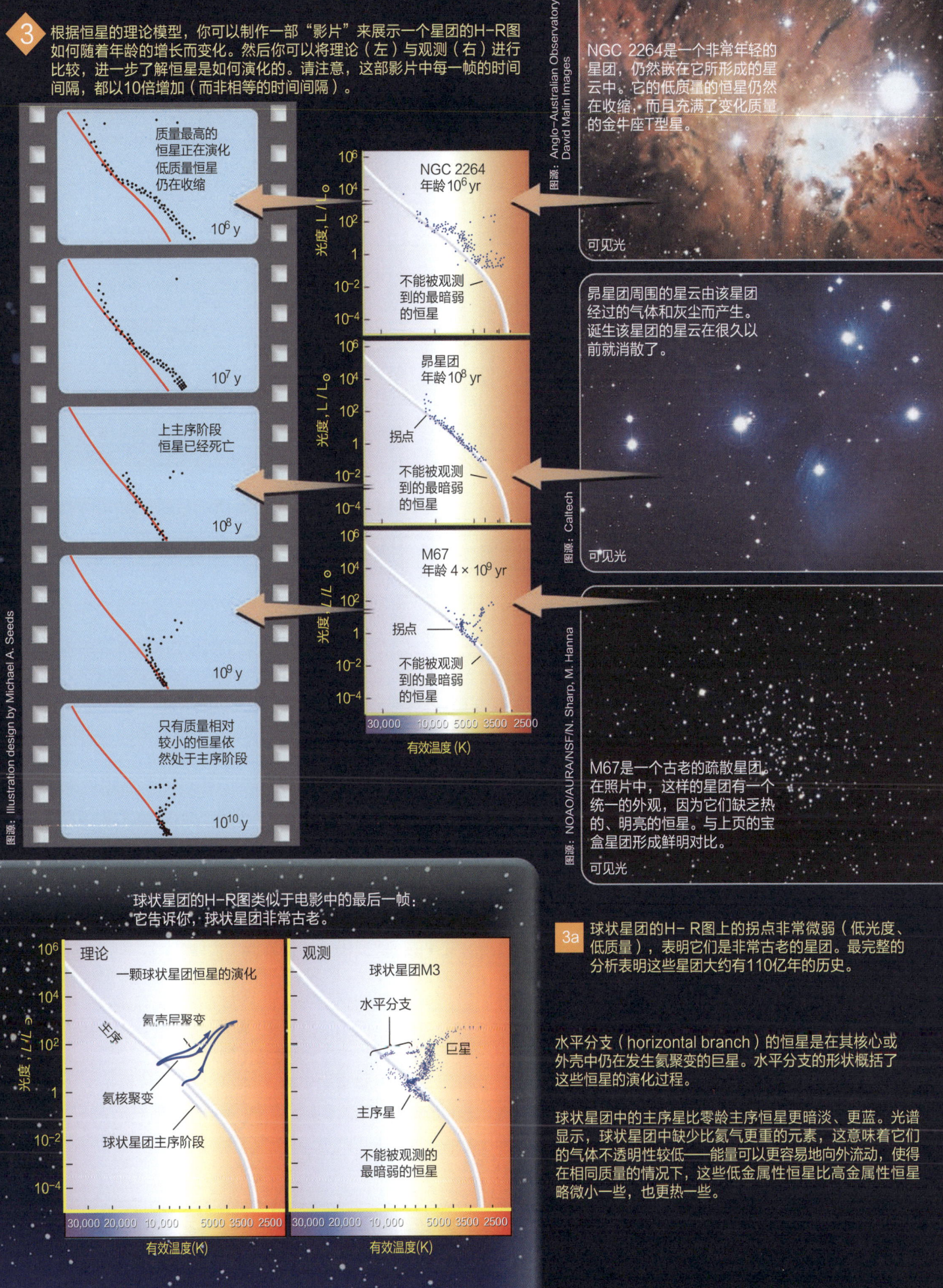

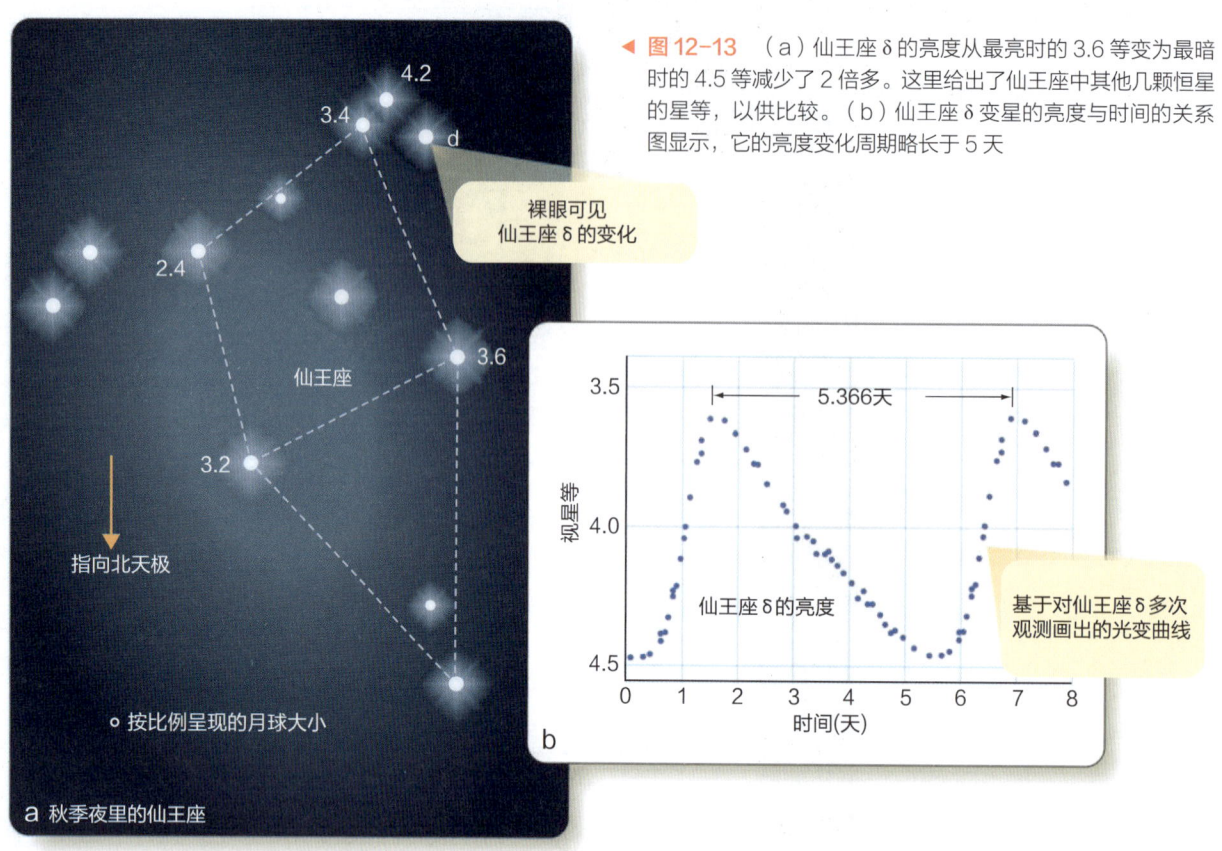

▲ 图 12-13 （a）仙王座 δ 的亮度从最亮时的 3.6 等变为最暗时的 4.5 等减少了 2 倍多。这里给出了仙王座中其他几颗恒星的星等，以供比较。（b）仙王座 δ 变星的亮度与时间的关系图显示，它的亮度变化周期略长于 5 天

12-4 变星：恒星演化的证据

恒星是恒定不变的，这是一个常见的误区。恒星模型显示，恒星在消耗其燃料的过程中缓慢地演化，而来自主序星和星团的 H-R 图的证据证实了这些结构的缓慢变化。但是这些证据足以确证吗？科学最重要的原则之一是，必须用所有已知的证据来检查假说。一些亮度变化的恒星提供了恒星演化的证据，说明了能量通过恒星内部外流的方式的重要性。

变星（variable star）是指任何反复显著改变其亮度的恒星。有些变星是食双星（回顾一下第 9-5c 节），但其他许多变星是单星，由于内部过程而变亮变暗。这些恒星通常被称为内因变星（intrinsic variable），以区别于食双星。在这些内因变星中，有两种相关的变星对现代天文学来说是非常重要的，尽管这一类变星的第一颗星在几个世纪前就被发现了。

12-4a 造父变星和天琴座 RR 变星

1784 年，聋哑英国天文学家约翰·古德利克（John Goodricke）只有 19 岁，发现仙王座 δ[①]是变星，在 5.37 天的时间里，它的亮度几乎变化了一个星等（见图 12-13a）。古德利克在 21 岁时就去世了，但他的发现确保了他在天文学史上的地位。自 1784 年以来，已经发现了数百颗类似仙王座 δ 的恒星，它们现在被称为造父变星（Cepheid Variable star）。

造父变星是光谱类型为 F 或 G 的超巨星或亮巨星。它们中完成一个变星周期最快的——从亮到暗再到亮——大约需要 2 天时间，而最慢的则需要 60 天。变星的星等与时间的关系被称为光变曲线（light curve，见图 9-20 和图 9-21），显示了典型的快速上升到最大亮度和较慢下降的过程（见图 12-13b）。一些造父变星的亮度变化只有 0.01 等（大约 1%），而其他的则变化超过 1 等。最著名的恒星之一北极星是一颗周期为 3.97 天，振幅小于 5% 的造父变星。天琴座 RR 变星（RR Lyrae variable）是一种相关的恒星类型，是比造父变星更暗的巨星，其变化周期不到一天。

对造父变星和天琴座 RR 变星的研究揭示了两个非常重要的相关事实。第一，有一个周期—光度的关系（period-luminosity relation），它将造父变星的脉动

[①] 仙王座 δ 中文名造父一，所以该类变星习惯称为造父变星。——译者注

周期与它的光度联系起来。周期较长的造父变星比太阳的光度高约 40 000 倍，而周期最短的造父变星只比太阳的光度高几百倍。第二，有两种类型的造父变星。I 型造父变星[①]，包括仙王座 δ 本身，具有和太阳类似的化学组成；但是 II 型造父变星和天琴座 RR 变星中比氦更重的元素的含量很低。这些事实是帮助你理解变星作为恒星演化证据的线索。

12-4b 脉动变星

为什么恒星会发生脉动？为什么会有周期—光度关系？为什么会有两种类型的造父变星？这些问题的答案将揭示恒星的一些最深层的秘密。为了找到这些答案，你应该从重新考虑 H-R 图开始。

请记住，在一颗恒星离开主序之后，它在壳层中进行氢聚变，在 H-R 图中代表它的那一点向右移动，因为这颗恒星变成了一个冷的巨星。当它在核中点燃氦时，恒星就会收缩并变得更热，图中的点就会向左移动。然而很快氦核就被耗尽了；氦聚变只在壳层中继续进行，迫使恒星再次膨胀，H-R 图中的点又向右移动，完成了一个回绕。当巨星在这些阶段演化时，它们的大小和温度会发生复杂的变化。某些尺寸和温度的组合使恒星变得不稳定，导致它作为一个内因变星发生脉动。在 H-R 图中，尺寸和温度导致发生脉动的区域被称为不稳定带（instability strip），如图 12-14a 中 H-R 图所示。

是什么让变星发生脉动？从一颗稳态的恒星开始推演。如果你压缩一颗稳态的恒星，然后释放它，它便会暂时性地脉动起来。这颗恒星会向外反弹，它可能会在几个周期内来回振荡，但振荡最终会因为摩擦消失。移动气体的能量将被转化为热量并被辐射掉，而恒星将恢复稳定，其内部的每一部分都处于流体静力学平衡状态。要使一颗恒星持续脉动，必须有一些力来驱动振动，就像发条钟需要一个弹簧来保持它"嘀嗒"转动一样。

利用恒星模型的研究表明，不稳定带中的变星像跳动的心脏一样脉动，因为它们的包层中有一个能量吸收层。这一层是氦的部分电离区。在这一层之上，温度太低，无法使氦电离，而在这一层之下，温度高到足以使氦完全电离。就像弹簧一样，氦电离区在被压缩时可以吸收能量，在膨胀时可以释放能量，而这足以使恒星保持脉动。

你可以在你的大脑中模拟这种脉动。随着脉动变星外层的膨胀，电离区也随之扩大，电离的氦电离度降低并释放出储存的能量，这给膨胀的气体提供一点动力，膨胀的速度也随之加快。恒星的表面膨胀得很远——超过了它的平衡位置——并最终回落。随着表层的收缩，电离区被压缩并进一步电离，从而吸收能量。由于被剥夺了一些能量，恒星的各层无法支撑重力，它们被压缩得更快一些。这使收缩的速度更快，所以回落层超过了平衡点，直到恒星内部的压力使其减速停止，并使其再次膨胀。

造父变星的半径在它们脉动的过程中会有 5%~10% 的变化，这种运动可以通过观察它们光谱中的多普勒频移来检测。当恒星膨胀时，表层接近我们，天文学家就会检测到蓝移。当它们收缩时，表层就会退却，天文学家就会检测到红移。虽然 10% 的半径变化看起来是一个很大的变化，但它只影响到恒星的外层。恒星的中心密度太大，故无法参与到脉动中。

只有处于不稳定带的恒星，其氦电离区才有适当的深度，可以作为一个弹簧驱动脉动。在低温的恒星中，这个区域太深而无法克服上部的重力。也就是说，"弹簧"过载无法膨胀。在高温恒星中，氦电离区位于表面附近，上部没有什么重力可以压缩它。在这种情况下，"弹簧"不会被挤压。处于不稳定带的恒星具有合适的温度和半径组合，使氦电离区正好落在它能最有效地驱动脉动的地方。

现在你也可以理解为什么会有一个周期—光度关系。更大质量的恒星更大、更亮，当它们演化并进入 H-R 图的不稳定带时，它们在图中的位置会更高。但是一颗恒星越大，它的脉动就越慢（见图 12-14b）——就像大钟振动得慢，发出"嘭"的声音，而小钟振动得快，发出"叮"的声音。脉动周期取决于大小，而大小又取决于质量，质量也决定了光度。因此，位于不稳定带顶端最高光度的造父变星也是最大的，并且脉动最慢。光度较低的造父变星较小，脉动较快。如果你根据变星的平均亮度与它们的脉动周期作图，可以清楚地看到光度[②]和周期之间的关系。请通过图 12-14c 看这种关系。

现在，你对恒星有足够的了解，可以理解为什么有两种类型的造父变星。I 型造父变星的化学丰度与太阳大致相同，但 II 型造父变星中缺乏比氦更重的元素。这

---

① 也称经典造父变星。——译者注
② 对一颗恒星而言，亮度和光度是等价的，因为它的距离是固定的。——译者注

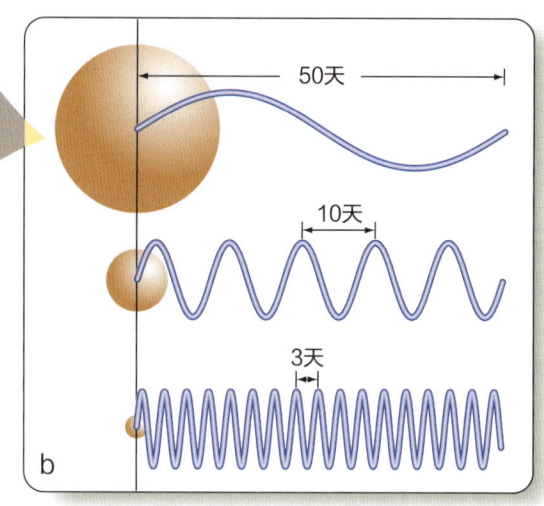

质量大的恒星更亮且更大，因此它们脉动更慢

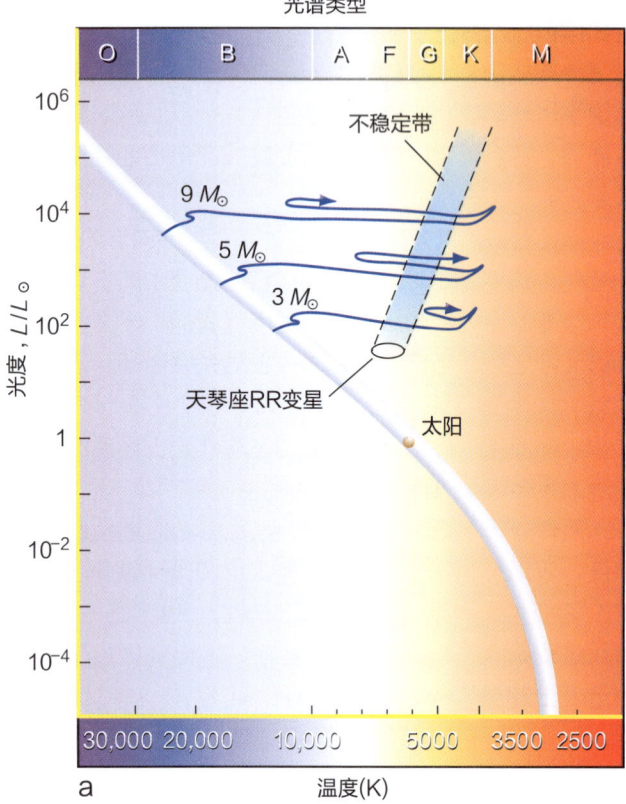

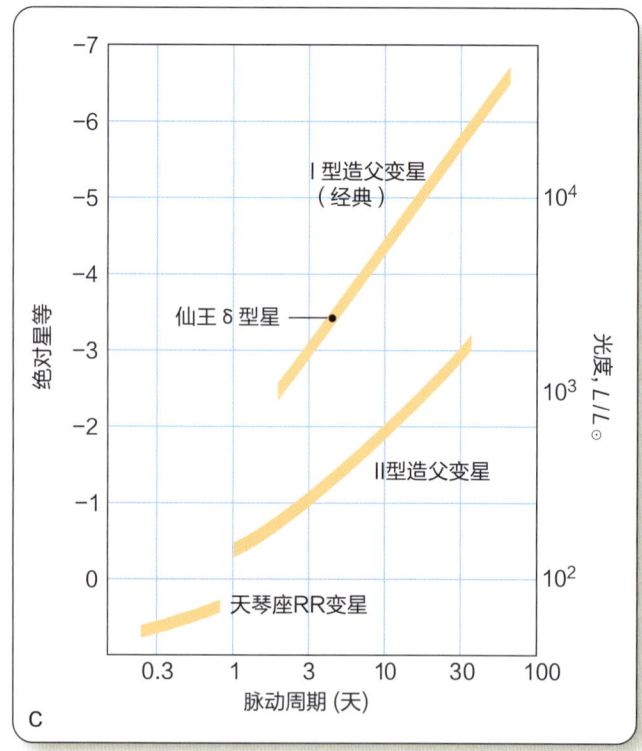

▲ 图 12-14 （a）演化通过不稳定带的恒星变得不稳定，并因脉动成为变星。（演化轨迹改编自 Icko Iben 的作品）（b）质量较大的变星更大、更亮，其脉动周期比质量较小的变星更长。因此，每种类型的脉动变星都有一个周期—光度的关系。（c）I型和II型造父变星有不同的化学成分。天琴座RR变星的光度较低，周期较短

意味着II型造父变星的气体不像I型造父变星的气体那样不透明。外流的能量在II型造父变星中更容易逃逸，而且它们达到的平衡略有不同。对相同脉动周期的恒星来说，II型造父变星的光度较低，正如你在图 12-14c 中看到的那样。

在 H-R 图中，天琴座 RR 变星位于不稳定带的下端。它们比造父变星小一些，温度高一些，但是脉动的原因是一样的。

12-4c 变星的周期变化

已经观测到一些造父变星的脉动周期发生了变化，这些变化是恒星确实在演化的明确证据。

一颗恒星的演化可能会使它多次穿过不稳定带，每次都会成为一颗变星。如果你能在一颗恒星进入不稳定带时观测它，那么你可以看到它开始脉动。同样地，如果你能观测到一颗恒星离开不稳定带，那么你会看到它停止脉动。这样的观测将是恒星正在演化的激动人心的证据，但是恒星的演化非常缓慢以至于这些事件都很罕见。

恒星演化的明确证据可以在缓慢变化的造父变星的周期中找到。即使是周期的微小变化也会变得很容易观测到，因为它是累积的，就像一个每天快一秒的时钟在

238　天文学入门

一年中会变得明显快一些一样。一些造父变星的周期越来越短，而另一些造父变星的周期则越来越长。这些变化的发生是因为恒星在演化过程中，改变了自身的平均半径；收缩会缩短周期，而膨胀会延长周期。例如，天鹅座 X 的周期正在逐渐变长（见图 12-15）。脉动恒星周期的这些变化提供了明确的证据，表明这些恒星正在改变其内部结构并进行演化。

有一颗著名的造父变星，鹿豹座 RU（简称 RU Cam），在 1966 年被观测到停止了脉动。大多数天文学家认为它停止脉动是因为它离开了不稳定带，但是 RU Cam 的脉动在 1967 年又恢复了，所以这颗星的确切情况还不太清楚。在过去的几十年里，北极星的脉动振幅一直在下降，尽管它并不在 H-R 图中不稳定带的边缘附近，但这颗恒星可能正在经历类似的变化。可能还有其他未被发现的因素影响着像 RU Cam 和北极星这样的造父变星的演化。

还有其他种类的变星不在 H-R 图的不稳定带中，它们的脉动是由与造父变星不同的机制驱动的。这里只讨论了造父变星，因为它们相对常见，并可阐明关于恒星结构的重要理念，而且它们的变化周期使恒星的演化变得清晰可见。另外，在后面的章节中，你将使用造父变星来研究星系的距离和宇宙的膨胀。

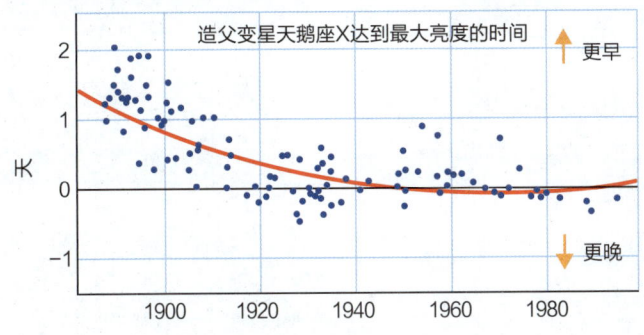

▲ 图 12-15　就像一个运行得有点慢的时钟，在 21 世纪的大部分时间里，造父变星天鹅座 X 达到最大亮度的时间越来越晚。可以从这张图中预测的最大亮度时间减去观测的最大亮度时间的递减曲线中看出来。当它在不稳定带上向右演化时，它正在缓慢地膨胀，其周期每年增长 1.46 秒

> **践行科学**
>
> 你能举出什么证据来证明恒星真的在演化？有些过程发生得很慢，以至于在人的一生中都无法观测到，所以科学家必须从短期观测中推断出这些过程。
>
> 恒星演化发生在几十亿年前，但由于天文学家可以绘制不同年龄的星团的 H-R 图，他们可以看到恒星演化如何影响恒星。这些 H-R 图可以被组合成一个序列，使恒星演化变得明显。变星提供了恒星演化的进一步证据，因为随着其内部结构的变化，半径的微小变化在脉动周期中产生了可探测的变化。因为这些变化累积起来，使恒星类似于运行"快"或"慢"的时钟，所以天文学家可以借此观测恒星演化的效果。
>
> 现在，像科学家一样，思考模型和观测之间的关系。天文学家如何借助恒星模型理解造父变星和天琴座 RR 变星出现脉动的原因？

我们是什么

快照拍摄者

人类的一生往往不到一个世纪，这仅仅是宇宙历史中的一个瞬间。我们一生中在天空中看到的，只是定格在无限运动中的一个快照。恒星是逐渐形成的，并在数百万和数十亿年的时间里不断演化。我们人类无法看到这些过程。我们的快照向我们展示了恒星诞生和演化的许多阶段，但我们几乎没有看到恒星所经历的变化。

回顾一下第 1-2 节 "现在是何时" 的内容，人类文明的整个一万年历史只是宇宙历史中微不足道的一小部分。在这段时间里，少数质量最大的恒星被观测到有些许的演化，但绝大多数的恒星自地球上的人类开始建造第一批城市以来都没有发生过变化。

借助人类的聪明才智，天文学家弄清楚了恒星是如何运作的，它们是如何诞生如何演化的，以及正如你将在下一章看到的，它们是如何死亡的。我们人类的寿命只允许我们做快照，但它们揭示了我们是一个复杂和不断演化的宇宙的一部分。

13 恒星的死亡

X射线+红外+可见光

图源：Courtesy of X-ray: NASA/CXC/SAO, Infrared: NASA/JPL-Caltech; Visual: MPIA, Calar Alto, O.Krause et al.

▲ 新星的遗迹云，也就是代表一颗大质量恒星死亡超新星爆发，在1572—1574年，你可以通过裸眼在仙后座看到它

也许你在前几章中惊讶地发现，恒星会诞生，也会变老。事实上，天文学家可以把恒星的生命故事讲到它们的尽头。在这一章中，你将了解到恒星是如何死亡的，伴随着这些故事，你会看到更多关于科学家如何用证据检验假设的例子。在本章你会找到五个重要问题的答案。

▶ 太阳和其他低质量的恒星将如何死亡？
▶ 如果一颗正在演化的恒星是密近双星系统的成员，会发生什么？
▶ 大质量恒星是如何死亡的？
▶ 对超新星和超新星遗迹的观测能够让我们了解哪些关于恒星演化的信息？
▶ 随着太阳的演化和死亡，地球的最终命运将会怎样？

天文学是有趣的，因为它事关我们每个人。当你思考恒星的死亡时，你也在思考地球作为生命家园长久的安全，思考太阳、地球以及组成你的所有原子的最终命运。

> 醒来吧！因为黑夜中的清晨已经抛出了让星星飞翔的石头。
> 瞧！东方的猎人把苏丹的炮塔套在了光之绳索上。自然规律不存在怜悯。
>
> ——罗伯特·海因莱因，《拉撒路·朗的笔记本》

引力是耐心的，耐心到可以"杀死"恒星。当然，恒星不是活物，它们也不会真正死亡。恒星通过产生巨大的能量和抵抗自身的引力而"活着"，但是它们并没有无限的核反应燃料得以供应。当它们的燃料耗尽时，可以说是走向了"死亡"。

恒星在死亡后并不会消失。你会发现，它们在死亡时会产生复杂的星云，并留下宇宙中一些最奇怪和最美丽的物体（例如，请看本章开头的图片）。

一颗恒星的质量决定了它的命运。像太阳这样质量较低的恒星"死"得相对平缓，但质量最大的恒星则会发生剧烈的爆炸。此外，靠近另一颗恒星运行的恒星，其演化过程也会被复杂地改变。为了追踪恒星演化到死亡的过程，可以将恒星分为两类：低质量（主序下部）的恒星，包括太阳以及高质量（主序上部）的恒星。

13-1 低质量恒星

位于主序下部的恒星质量相对较低，它们在耗尽自己的核燃料时面临着相似的结局。

正如第12-2节所介绍的，当一颗恒星耗尽一种核燃料时，它的内部会收缩并变得更热，直到下一种核燃料被点燃。当收缩将引力能转化为热能时，恒星的内部就会升温。但是低质量的恒星具有相对较低的引力势能，所以它们的内部温度上升是有限制的，这就限制了它们能够点燃的燃料。最低质量的恒星甚至达到足够的温度，以点燃氦核聚变。

你还了解到，结构上的差异将低主序、低质量的恒星分为两个子类别——极低质量的恒星和中等质量的恒星（如太阳）。这两类恒星的关键区别在于它们内部的对流程度（回顾一下图11-13）。如果恒星在整个内部都是对流的，以至于氢燃料被持续混合，那么恒星的演变就会受到强烈影响。

13-1a 红矮星

主序末端以下质量最低的天体，即褐矮星，其质量小于 0.08 太阳质量（$M_\odot$），无法获得足够的热量来点燃氢聚变。这些天体在形成之后就会冷却下来并逐渐消失。

质量在 0.08~0.5 个太阳质量之间的恒星，即红矮星（光谱型M），可以点燃氢聚变并存活很长一段时间。低质量意味着它们需要支持的重力非常小。它们的压力-温度恒温器被设置得很低，而且它们消耗氢燃料的速度非常慢。此外，与太阳等中等质量的恒星不同，红矮星整个内部是对流的，就像一锅被不断搅拌的汤，所以所有的氢燃料最终都被带到了它们的核。太阳在主序阶段只能聚变大约 15% 的氢，但红矮星可以聚变近 100% 的氢。如果你用恒星寿命公式（公式12-1）来计算其中一颗恒星的寿命，你会发现，由于它们的质量很低，红矮星的预期寿命比太阳长许多倍。事实上，像半人马座（见图13-1）这种只有 0.12 个太阳质量的红矮星，模型预测它需要 4 万亿年才能把氢燃料消耗光，几乎是太阳的 400 倍。

由于红矮星在其内部均匀地耗尽了自身的氢燃料，从未形成氢聚变壳层，所以它们从未成为巨星。红矮星缓慢地将它们的氢转化为氦，但是它们的质量还不足以点燃氦作为燃料。当氢气最终耗尽时，它们会收缩并缓慢、不引人注意地死去，直接从主序星变成白矮星的残骸。

图源：© David Malin/UK Schmidt Telescope/DSS/AAO

▲ 图13-1 离太阳系最近的恒星半人马座，在银河系恒星致密区域的背景下被发现。半人马有时被称为"比邻星"，在这张图片中看起来很亮，只是因为它离我们太近了，只有 4.2 光年的距离。它是一颗光谱型为 M5 的红矮星，光度只有 1/600 个太阳光度，质量估计为 0.12 个太阳质量，半人马座可以在数万亿年中始终是一颗主序星，稳定地将氢聚变成氦

你将在后面一章内容中了解到宇宙大约只有140亿年历史的证据，所以目前还没有红矮星耗尽其燃料。每一颗诞生的红矮星仍然是一颗主序星，仍然在将氢气聚变成氦气，仍然在发光。那么，哪些恒星会演化为今天在银河系中观测到的诸多白矮星呢？

13-1b 中等质量的恒星

初始质量在0.5~8个太阳质量之间的恒星能够发生氢聚变反应，之后也可以发生氦聚变，但是它们的核永远无法热到足以点燃碳（这个序列中的下一种燃料，回顾一下表12-3）。当中等质量恒星的核聚变进行到这种程度时，它们就不能再通过聚变反应来维持其稳定性。碳-氧核对它们来说是一个死胡同。（请注意，质量极限是不确定的，就像后面章节中描述的其他极限一样。恒星的演化是非常复杂的，计算其中一些模型所要求的能力甚至超出了当前最先进的超级计算机的能力范围。）

尽管一颗中等质量的恒星不能聚变早期氦聚变在其核中留下的碳和氧，但它可以继续在一个壳层中聚变氦。当氦聚变的外壳向外燃烧时，它留下了碳和氧的"遗迹"，这增加了碳-氧核的质量。因为核没有足够高的温度来聚变碳，无法抵制施加在它上面的重力，所以核会收缩。收缩的核释放的能量与在氦和氢聚变壳层中产生的能量向外流动，使恒星的包层进一步膨胀和冷却。

这些变化导致恒星再次回到赫罗图的红巨星区域（见图12-11），而使它再次变得非常大。它的半径可能会变得比地球轨道的半径还大，它的表面温度可能会低至2500开尔文，而且，这样的恒星会因为强星风，而从表面损失大量的质量。

13-1c 质量流失和恒星演化

要找到像太阳这样的恒星质量流失的证据并不难。观测表明，太阳本身正在通过太阳风流失质量，太阳风是一股相对温和的气体风，从日冕吹出，将太阳质量带入太空。太阳每10亿年只损失相当于自身大约1/100 000的质量，即使在太阳的整个主序寿命中，太阳风也不会使太阳的质量显著减少。

然而，一些恒星的光谱包含其质量快速流失的明显证据。许多恒星的紫外和X射线光谱显示出强烈的发射线，你可以使用基尔霍夫定律（回顾"概念艺术•原子光谱"中的图1b）得出结论：恒星的外层一定是高度电离的。这意味着恒星必须有像太阳那样的热色球层和日冕，因此有向外吹的星风。你可以在一些恒星光谱中观测到的蓝移吸收线中找到进一步的证据，蓝移是多普勒位移的结果，因为流出恒星的气体会向地球移动。

红巨星的质量流失比太阳要快得多，因为这些恒星没有显示出明显的X射线发射，所以你可以假设它们没有像太阳那样的日冕，但是其他的过程可以驱动质量流失（见图13-2）。巨星体积很大，它们表面的重力很弱，冷气体中的对流可以向外驱动冲击波，导致质量流失。此外，一些巨星温度很低，碳尘埃在大气中凝结，就像烟尘在火灾的上升气流中凝结一样。恒星的辐射压可以将这些尘埃和任何与尘埃碰撞的原子完全推到恒星之外。巨星的质量流失速度极快，天文学家将其称为超星风（superwind）。

快速的质量流失会对恒星产生了巨大的影响。观测表明，一些巨星质量流失的速度极快，它们会在短短的10万年内失去相当于整个太阳的质量，这在恒星演化过程中属于很短的时间。这意味着，一颗8个太阳质量的主序星可以变成巨星，并且其质量在50万年内将减少到只有3个太阳质量。

质量流失混淆了恒星演化的故事。天文学家希望能够说，质量超过某一极限的恒星将以一种方式演化，而质量较小的恒星将以另一种方式演化。但是巨星可能会失去很多质量来改变它们的演化。因此，你需要同时考虑一颗恒星在主序上的初始质量（再看看表12-3）和它在质量流失阶段后保留的质量。恒星演化中质量流失的影响很难计算，所以确切的质量限制仍然相当不确定。

图源：ESO/NAOJ/NRAO/ALMA

▲ 图13-2 在玉夫座R红巨星周围观测到有着异常螺旋结构的外流气体，该图通过阿塔卡马大型毫米（亚毫米）射电望远镜波阵（ALMA）在一氧化碳发射线（0.87毫米）的波长处获得的数据构建。在红巨星阶段，由于核周围氦燃烧壳层的不稳定性，恒星会定期经历热脉冲，会导致星风的速度暂时性大幅增加。观测结果表明，玉夫座R红巨星在1800年前有一个热脉冲，持续了200年。在玉夫座R红巨星附近运行的一颗伴星导致星风具有螺旋状结构。（第6章开篇就有ALMA观测站的图片）

13-1d　行星状星云

当像太阳这样的中等质量的恒星膨胀并第二次成为红巨星时，它的大气层会冷却。随着其大气层的冷却，它变得更加不透明，光线必须穿过大气层才能逃脱。在同一阶段，模型计算预测，氦聚变壳层同时将变得狭窄和不稳定，出现耀发，并向外推动大气层。由于这种向外的压力，一颗年老巨星可以在反复的波动中排出它的外层大气，形成天文学中最美丽的物体之一：行星状星云（planetary nebula）。之所以称其为"行星状"星云，是因为通过一个小型望远镜，它们中的一些看起来像天王星或海王星等行星的绿蓝色圆盘。当你阅读本节的其余部分时，请记住行星状星云与行星没有关系。它是由死亡恒星释放出的电离气体组成的。

阅读"概念艺术·行星状星云和白矮星的形成"，注意以下4点：

1. 你可以通过简单的观测原理，如基尔霍夫定律和多普勒效应，来了解行星状星云的特征。

2. 天文学家提出了一个模型来解释行星状星云。真正的星云比慢速星风和快速星风的简单模型要复杂得多，但这个模型提供了一种组织观测到现象的方法。

3. 方向相反的喷流（很像来自原恒星的偶极流）产生了一些在行星状星云中看到的不对称现象。

4. 在恒星失去大部分外壳层后，恒星的残骸会收缩，成为一颗白矮星。

为了使气体电离并照亮行星状星云，一颗恒星必须成为温度至少为25 000开尔文的白矮星。数学模型显示，一颗小于0.55个太阳质量的坍缩恒星可能需要长达100万年的时间升温到足以使其星云电离，而在那时，被排放出的气体早已消失。太阳的模型还不够精确，不能说明气体喷射出外壳层后，会剩下多少质量。如果剩余的质量太少，加热速度可能过慢，无法激发它所喷出的气体并形成行星状星云。另外，一些研究表明，要喷射出行星状星云，一颗恒星还需要一颗近距离的双星伴星来加速其旋转。当然，太阳没有接近的双星伴星。

行星状星云的形成是目前观测和理论研究的一个领域，天文学家计算出的一些模型显示，太阳肯定会照亮一个行星状星云。天文学家计算的其他模型与初始条件略有不同，表明太阳的残骸加热速度太慢，无法使其周围的气体电离。目前还没有确定的结论，"真理时刻"会在至少70亿年后到来。

像太阳这样的中等质量的恒星会通过向太空喷射气体并收缩成白矮星而死亡，行星状星云提供了一些关于中等质量恒星死亡的证据，现在你可以把注意力转向白矮星残骸所揭示的证据。

13-1e　白矮星

对恒星普查（"概念艺术·恒星家族"）的结果显示，白矮星虽然非常暗弱，却相当普遍。现在你认识到，白矮星是发生氢聚变然后发生氦聚变的恒星生命的终点，这些恒星没能点燃碳，并驱散了自己的外壳层，最后坍缩形成了简并物质的残骸。银河系中有数十亿颗白矮星，都是太阳这种中等质量恒星的残骸。

第一颗被发现的白矮星是天狼星（Alpha Canis Majoris）的暗弱伴星。在这个视双星系统中，明亮的恒星被命名为天狼星A，白矮星天狼星B的亮度是天狼星A的1/8000，恒星轨道运动揭示其质量为0.98 ω，其蓝白色的颜色表明白矮星表面炽热约为25 000 k。尽管温度高但光度很低，所以其表面积一定很小，实际比地球表面积小一点，用它的质量除以它的体积，可以得出它的密度，非常高——超过2×10^6克/立方厘米。在地球上一茶匙体积的物质在天狼星B上将重达10吨以上（见图13-3）。通过基本的观测和简单的物理知识可以得出结论：白矮星的密度大得惊人。

一颗正常的恒星是由从其核向外流动的能量维持的，但白矮星不能通过核聚变产生能量，它已经用尽了它的氢和氦燃料，并将它们转化为了碳和氧。当一颗恒

▲ 图13-3　白矮星内部的简并物质非常致密，其上一个沙滩球大小的块状物被运到地球上，其重量相当于一艘海轮

行星状星云和白矮星的形成

1 简单的观测就能告诉天文学家行星状星云的性质。行星状星云的,角直径和距离表明,它们的半径为0.2~3光年。它们的光谱中存在发射线,这意味着它们是激发的低密度气体。多普勒频移显示它们正在以10~20 km/s的速度膨胀。如果你用半径除以速度,就会发现行星状星云的年龄不超过10万年。较老的星云显然会混入星际介质并消失。

天文学家在天空中发现了近3 000个行星状星云。因为行星状星云的形成时间相对短暂,由此你可以得出结论,它们一定是恒星演化过程中的一个常见部分。质量不超过8~10个太阳质量的中等质量恒星的死亡,注定要经历形成行星状星云的阶段。

螺旋星云(Helix Nebula)的直径为2.5光年,径向纹理显示了来自中心恒星的光和风是如何向外推进的。

可见光+红外

图源:NASA/ESA/STScI/AURA/NSF/JPL–Caltech

2 产生行星状星云的过程涉及两种星风。首先,作为一个老化的巨星,它以不易被看到的低激发气体的低速风逐渐吹走其外层。一旦恒星的高温内核被暴露出来,它就会喷出一股高速星风,像扫雪机一样超越并压缩慢速星风中的气体,而来自中心恒星高温残骸的紫外线辐射会激发气体使其发光,让其变得像一个巨大的霓虹灯。

2a 下图中的"猫眼星云",位于一个延展云(猫眼星云,Cat's Eye Nebula)的中心。该星云一定是在快速星风开始形成可见的行星状星云之前,就早已经从恒星中出现。在下一页中,能够看到这个星云的其他图像。

来自红巨星的缓慢星风

来自暴露内核的快速星风

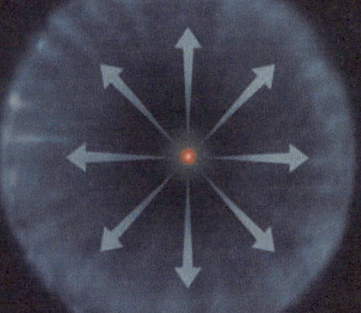

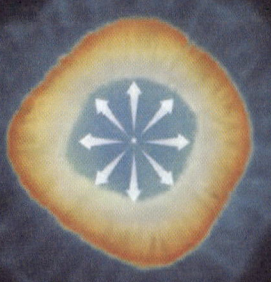

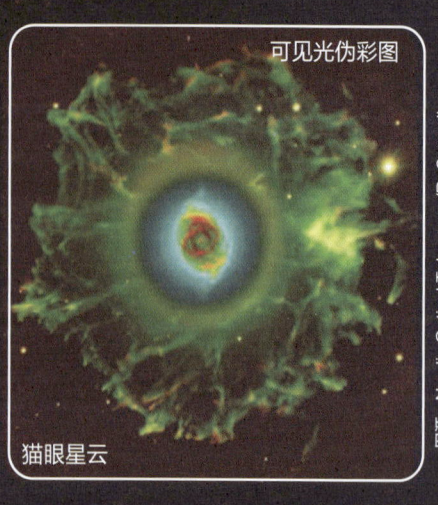

可见光伪彩图

猫眼星云

图源:Nordic Optical Telescope/R. Corradi

低速星风的气体并不容易被探测到

当快速星风压缩低速星风时,你将看到一个行星状星云。

来自哈勃太空望远镜的图像显示，不对称性对于行星状星云是常态，而不是例外。有很多解释已被提出来：恒星赤道周围的气体盘可能在低速星风阶段就已形成，然后将快速星风偏转为方向相反的气流；另一颗恒星，或围绕垂死的恒星公转的行星，或恒星本身的快速自转或磁场，都可能导致形成这些奇特的形状。沙漏星云（Hour Glass Nebula）似乎形成于快速星风越过赤道盘（图像中的白色）时。和许多其他行星状星云一样，蚂蚁星团的星云（Menzel 3）则显示了多次喷射的证据。

图源：NASA/ESA/STScI/AURA/NSF/HEIC/HubbleHeritage Team

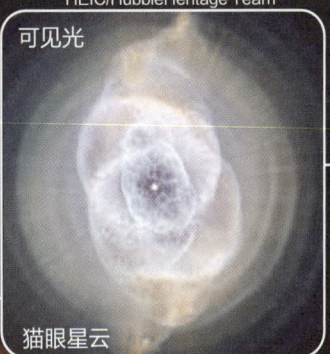

可见光

猫眼星云

有些形状表明，在星际介质中的气泡正在膨胀。详见左边、下方和上页的猫眼星云图片。

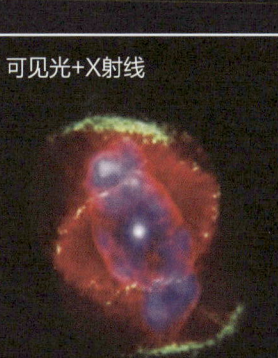

可见光+X射线

猫眼星云

图源：Visual: NASA/ESA/STScI/AURA/NSF; X-ray:NASA/UIUC/Y. Chu et al.

图源：NASA/ESA/STScI/AURA/NSF/Hubble Heritage Team

门泽尔3　　可见光

沙漏星云　　可见光

图源：NASA/ESA/STScI/AURA/NSF/WFPC2 Science Team/R. Sahai and J. Trauger (JPL-Caltech)

上图中的紫色光芒是一个辐射X射线的气体区域，其温度达到了几百万开尔文。显然，它正在推动星云的膨胀。

图源：NASA/ESA/STScI/AURA/NSF/B. Balick (Univ. of Washington) and V. Icke (Leiden Univ.)

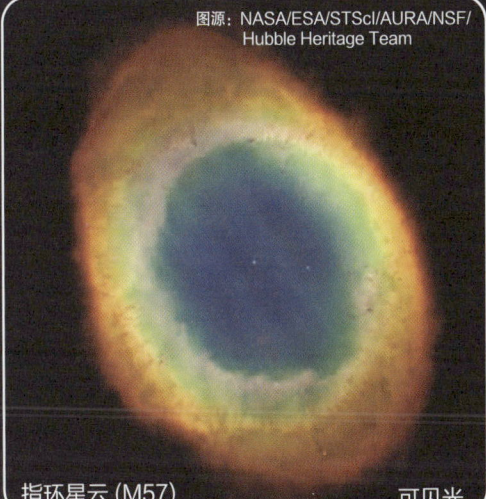

图源：NASA/ESA/STScI/AURA/NSF/Hubble Heritage Team

指环星云（M57）　　可见光

一些行星状星云，如右图的M2-9，是高度拉长的。一些天文学家认为，左图的指环星云（Ring Nebula），在恰好大约对准地球时呈现为管状。

红外

喷流

盘

喷流

卵形星云

图源：NASA/ESA/STScI/AURA/NSF/NICMOS IDT/R. Thompson, M. Rieke, G. Schneider, D. Hines (Univ. of Arizona), R. Sahai (JPL-Caltech)

M2-9　　可见光

在可见波长下，卵形星云（Egg Nebula）是高度拉长的，如下图所示。左边的红外图像显示了一个不规则的厚圆盘，气体和尘埃的喷流从这里涌出。这样的光束可能会造成行星状星云中的许多不对称现象。

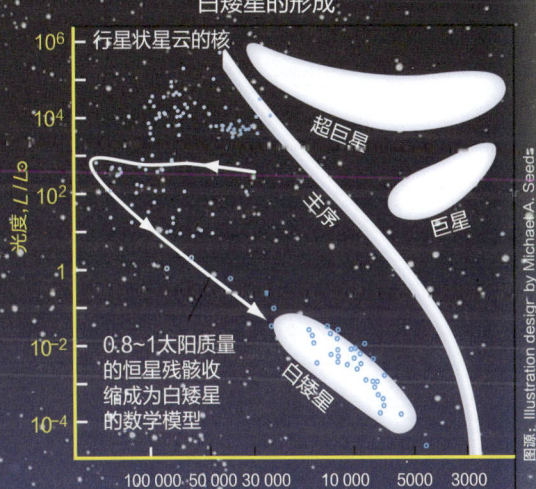

白矮星的形成

行星状星云的核

超巨星

主序

巨星

白矮星

0.8～1太阳质量的恒星残骸收缩成为白矮星的数学模型

光度 $L/L_\odot$

10^6

10^4

10^2

10^{-2}

10^{-4}

100 000　50 000　30 000　10 000　5000　3000

有效温度(K)

图源：Illustration design by Michael A. Seeds

4 一旦一颗老化的巨星将其表面层射向到太空后，形成一个行星状星云后，剩余的高温内部就会坍缩成一个非常高温的小型天体。该天体内部含有碳和氧，被氢和氦的聚变外壳以及稀薄的氢气所包围。聚变逐渐消失，恒星的核向传统的H-R图的左边演化，成为行星状星云的炽热核。数学模型显示，这些星核会慢慢冷却，最终成为白矮星。

卵形星云　　可见光

图源：NASA/ESA/STScI/AURA/NSF/WFPC2 Science Team/R. Sahai and J. Trauger (JPL-Caltech)

我们如何得知 13-1

走向终极原因

科学家对自然原因的探索是如何进入亚原子粒子世界的？

科学家们在寻找原因，他们并不满足于知道某一种恒星通过爆发而死亡，他们想知道的是它为什么爆发。他们想找到所看到的自然事件的原因，而这种对终极原因的寻找往往会带领他们进入亚原子世界。

例如，为什么冰山会漂浮？当水结冰时，它的密度比液态水低，所以它会漂浮起来。这就回答了这个问题，但你可以寻找更深层次的原因。

为什么固态水（冰）的密度比液态水低？水分子是由两个氢原子和一个氧原子结合而成的，氧非常容易吸引电子，而剩下的氢原子需要更多的负电荷，它们会被附近分子中的原子吸引，这意味着水里的氢原子不断试图粘到其他分子上。当水是温暖的，热运动阻止这些氢键的形成，但当水足够冷时，分子移动缓慢，氢原子将水分子连接在一起形成冰。由于氢键形成的角度，分子之间留下了空隙，这使冰的密度比水小。这就是为什么冰会漂浮在水上。

科学家们可以继续寻找原因，然后就走向越来越小的尺度的研究，并问出越来越多的基本问题。为什么电子会有负电荷？电荷是什么？核粒子物理学家正试图了解物质的这些属性。有时，非常大的东西，如超新星的属性是由最微小的粒子的属性决定的。科学是令人兴奋的，因为简单地观察到冰块漂浮在你的柠檬水中，就可以引导你走向"终极原因"和一些关于自然界如何运作的最深刻的问题。

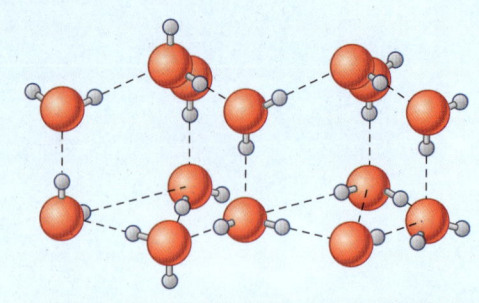

冰的密度很低，而且会漂浮，因为水分子中的氢原子（灰色）在水结冰时与其他分子中的氧原子（红色）形成弱键（虚线）

星坍缩成白矮星时，会将引力能转换成热能，其内部变得非常热，但温度不能达到使其内部的碳氧核发生聚变的程度，相反，这颗恒星一直在收缩，直到它变成了简并物质（回顾第12-2b节，特别是图12-8）。尽管有大量的能量通过传导穿过简并物质从恒星热的内部流出来，但这种能量流并不能维持恒星的状态，正如上一章所提到的，压缩简并物质几乎是不可能的，白矮星因简并电子不能压入更小的体积，从而抵抗重力。在这种情况下，和地球一样大的白矮星的属性是由亚原子粒子的属性决定的。天文学家经常发现，天体现象产生的原因会一步步引向亚原子世界（我们如何得知13-1）。

太阳将留下一颗白矮星，其内部主要是碳氧核，周围是简并电子的旋转风景，简并电子产生支撑恒星重力的压力，但恒星的大部分质量是由碳和氧原子核组成的。最初，白矮星的内部是一种简并气体，但理论预言，随着恒星年龄的增长和冷却，这些离子将锁定在一起，形成一个晶格。因此，将白矮星，至少是非常古老的白矮星，看作碳和氧的巨大晶体是有一定道理的。（请注意，宇宙的年龄还不足以让任何白矮星出现这种情况。）

白矮星的表面附近压力较低，有一层由正常（非简并）的电离气体构成的大气。白矮星巨大的表面重力是地球的10万倍，它会以奇怪的方式影响其大气。大气层中较重的原子会下沉，将最轻的气体留在表面。天文学家看到一些白矮星的大气几乎是纯氢，而另一些白矮星的大气则几乎是纯氦（从未接近恒星核而被聚变成碳的气体），还有一些，由于不甚明了的原因，其大气层含有微量的较重原子。此外，强大的表面引力将白矮星的大气拉得很低，如果地球的大气层像那样低，那么在摩天大楼顶层的人就必须戴上氧气面罩。

如果我们把恒星定义为一个通过核聚变产生能量的气体球体，那么白矮星就不是一颗真正的恒星，它不聚变产生任何核能，除了表面的一个薄层，它的物质几乎完全是简并的。与其把白矮星称为"恒星"，倒不如

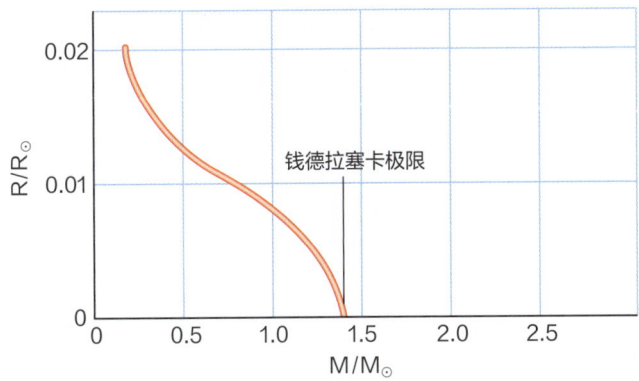

▲ 图13-4 质量越大的白矮星，其半径越小，在1.4个太阳质量时，即钱德拉塞卡极限时，白矮星的半径将为零。这意味着，如果一颗恒星在红巨星阶段之后残骸的质量超过1.4个太阳质量，它将不能成为白矮星

过其较小的表面积辐射这些热量。最终，这样的天体被预测为会变得寒冷和黑暗，即所谓的黑矮星（black dwarf）。银河系还没有年老到可以出现黑矮星，银河系中最冷的（因此也可能是最古老的）白矮星的表面温度只比太阳的温度低一点。

关于白矮星的另一个令人惊讶和重要的事实是由数学模型预测的。方程预测，如果在白矮星上放上一个带质量的物体，白矮星的半径将略微缩小。因为添加的质量增加了它的重力，把它挤得更紧。如果添加的质量足以将其总质量提高到大约1.4个太阳质量，那么白矮星的半径将缩小到零（见图13-4），这被称为钱德拉塞卡极限（Chandrasekhar Limit），是以发现该极限的天文学家苏布拉马尼扬·钱德拉塞卡（Subrahmanyan Chandrasekhar）的名字命名的。这似乎意味着一颗质量超过1.4个太阳质量的恒星不可能成为白矮星，除非它以某种方式减轻质量。

把它称为一个致密天体（compact object）。在下一章中，你将见到另外两种类型的致密天体，它们也是恒星燃尽后留下的残骸，即中子星和黑洞。

一个白矮星的未来是暗弱的，简并物质是非常好的热导体，因此热量会流向其表面并逃逸到太空中，白矮星会变得越来越暗，越来越冷，因此代表其亮度和温度的点在赫罗图中向下和向右移动。当它向太空辐射能量时，它的温度会逐渐下降，但它的体积不会再缩小了，因为它的简并电子间的距离不能再被压缩。因为白矮星含有大量的热量，所以它需要数十亿年的时间来通

正如你在本章中所学到的，年老巨星的确会损失质量（见图13-5）。这表明，那些初始时质量超过钱德拉塞卡极限的恒星，如果它们的质量损失得足够多，最终也可以变成白矮星。模型计算表明，一颗形成时质量高达8甚至10个太阳质量的恒星，在它坍缩之前可能会将其质量减少到1.4个太阳质量。因此，"中等"质量所指代的范围较广，这样的恒星最终都会变成白矮星，这就解释了为什么白矮星的存在如此普遍。

▲ 图13-5 如果恒星温度很高或光度很高，它会发生质量流失
（a）超巨星大犬座VY在衰老过程中会喷射出环状、弧状和结状的气体。（b）像WR124这样的大质量恒星不断向太空流失质量。这颗恒星被星云M1-67包围，星云由它过去排出的物质组成

践行科学

为什么天文学家会得出结论：大量的恒星在死亡时产生行星状星云？这个论点是基于这样的观测：行星状星云通常只有 1 光年左右的半径，并且有多普勒频移，表明它们正在以 10~20 km/s 的速度膨胀。

用行星状星云的半径除以它们的膨胀速度就可以知道，一个典型的行星状星云只有大约 1 万年的历史，这意味着这些星云没有持续很久。尽管如此，天文学家还是发现了近 3000 个这样的星云。行星状星云如此常见却又如此短暂，一定是在中质量恒星将其外壳层吹入太空时大量产生的。

现在回顾一下天文学家根据证据得出的另一个结论。对天狼星的观测如何表明白矮星的密度非常大？

13-2 双星系统的演化

到目前为止，你一直在考虑恒星的死亡，好像它们都是从不发生相互作用的单独物体，但超过一半恒星都是双星系统的成员。大多数双星之间相距甚远，所以其中一颗恒星可以膨胀成巨星，甚至在发生爆炸时都不影响它的伴星；然而，在一些双星系统中，两颗恒星的轨道很近，当质量较大的那颗恒星开始膨胀时，它就会以复杂的方式与它的伴星发生相互作用。这些相互作用的双星本身就是迷人的物体，因为它们有助于解释诸如新星和超新星等探索性现象。在下一章，你将看到它们如何帮助天文学家寻找黑洞。

13-2a 质量转移

双星有时可以通过将质量从一颗星转移到另一颗星来进行作用。两颗恒星的引力场，加上它们围绕系统质心的旋转，在这对恒星周围定义了一个哑铃状的区域，称为洛希瓣（Roche Lobe）。每颗恒星的引力控制着其洛希瓣内的物质运动。这个体积的表面被称为洛希面（Roche Surface）。洛希瓣的大小取决于恒星的质量和恒星之间的距离，如果恒星之间的距离很远，那么洛希瓣就会非常大，而且恒星很容易束缚住属于自己的物质；然而，如果恒星靠得很近，洛希瓣就会很小，而且会干扰恒星的演化。每颗恒星洛希瓣内的物质都被引力束缚在恒星上，但穿过洛希面并离开恒星洛希瓣的物质可以落入另一颗恒星或完全离开双星系统。

拉格朗日点（Lagrange Point）是双星系统的轨道平面上物质有额外稳定性的点，对研究双星的天文学家来说，这些点中最重要的是内拉格朗日点（Inner Lagrange Point，L1），即两个洛希瓣的交汇处（见图 13-6）。如果物质能够离开一颗恒星并通过 L1 点，它就可以轻易地流入另一颗恒星，因此，L1 点是恒星可以转移物质的连接点。

一般来说，只有两种方式可以使物质从恒星中逃出并到达 L1 点。首先，如果一颗恒星有强大的星风，一些从恒星上被吹走的气体可以通过 L1 点并被另一颗恒星捕获；其次，如果两颗恒星离得很近，而且洛希瓣很小，当一颗正在演化的恒星膨胀到充满了它的洛希瓣，那么物质就会通过 L1 点溢出到另一颗恒星上。由星风驱动的质量转移往往是缓慢的，但是质量可以迅速地从一颗膨胀的恒星上转移出去。

13-2b 质量转移和恒星演化

多年来，天文学家始终对恒星演化问题抱有困惑，双星之间的质量转移为其提供了答案。在一些双星系统中，质量较小的那颗恒星已经变成了一颗巨星，而质量较大的那颗恒星仍在主序上。如果更大质量的恒星比低质量的恒星演化得更快，那么低质量的恒星怎么可能先离开主序呢？这就是大陵双星系统（回顾图 9-21）中所谓的"大陵五伴谬"（Algol paradox）。

质量转移解释了这种情况会如何发生：想象一下，一个密近双星系统包含一颗 5 个太阳质量的恒星和一颗

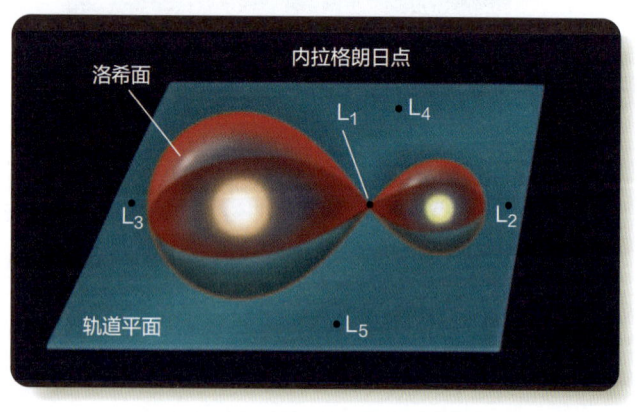

▲ 图 13-6 一对双星控制着位于双瓣洛希面内的区域。拉格朗日点是稳定的位置，内拉格朗日点（L1）是一个连接点，两颗恒星可以通过它转移物质

1个太阳质量的伴星(见图13-7),这两颗恒星同时形成,所以质量更大的恒星演化得更快,并首先离开主序。当它膨胀成一颗巨星时,它填满了它的洛希面,并将物质转移到低质量的伴星身上。然后大质量的恒星缩小成为低质量的巨星,而伴星则增加质量,成为质量更大的主序星。如果你在质量转移结束后观察这样一个系统,你会看到像大陵双星这样的双星系统包含一颗5个太阳质量的主序星和一颗1个太阳质量的巨星。

密近双星系统演化的另一个可能的奇特结果是恒星合并。天文学家看到许多双星系统中,两颗恒星都已经膨胀到填满了它们的洛希面,现在质量流向了太空。模型计算表明,如果这两颗恒星靠得足够近,并且膨胀得足够快,这两颗恒星有可能合并成一颗快速自转的巨星。大多数巨星的自转速度很慢,因为角动量守恒使它们在膨胀时的自转速度变慢。然而,有一些快速自转的巨星的例子,它们被假设为双星合并的结果。在这种恒星膨胀的包层内,两颗恒星的核甚至可能继续相互绕行,直到摩擦力使它们变慢,然后沉到中心合二为一。

质量转移可以带来剧烈的事件,图13-7的前四幅图显示了质量转移是如何产生像大陵双星这样的双星系统的,最后一幅图显示了一个额外的阶段,在这个阶段,巨星已经排出了它的外壳层,并坍缩成一个白矮星,更大质量的伴星已经膨胀,现在将物质转移回白矮星上。这样的系统可以成为巨大的探索场所,为了理解这种情况是如何发生的,你可以仔细考虑质量是如何落入恒星的。

13-2c 吸积盘

从一颗恒星流向另一颗恒星的物质不能直接落入恒星,相反,由于角动量守恒,它一定流向恒星周围的一个自转盘。

正如第5-2d节所介绍的,自转的物体拥有角动量,在没有外力的情况下,一个物体会保持(保存)其总角动量。考虑一个装满水的浴缸的例子:水中柔和的水流给了它一些角动量,但你看不到它在缓慢地流动,直到你拉开塞子。然后,当水冲向排水口时,角动量守恒迫使它形成一个明显的旋涡。

在一个双星系统中,通过L1点向其中一颗恒星转移的质量必须保持其角动量。如果接收物质的恒星足够小,就像白矮星一样,进入的物质会在恒星周围形成一个快速自转的旋涡,称为吸积盘(accretion disk,见图13-8)。

在吸积盘中会发生两件重要的事情:第一,由于摩擦力和潮汐力的作用,盘中的气体变得非常热;第二,吸积盘还会像"刹车"一样,将盘中的角动量向外转移,使最里面的物质落入白矮星。白矮星和其他致密天体周围的吸积盘内部是剧烈且炽热的,气体的温度可以超过100万开尔文,使吸积盘发射出X射线。

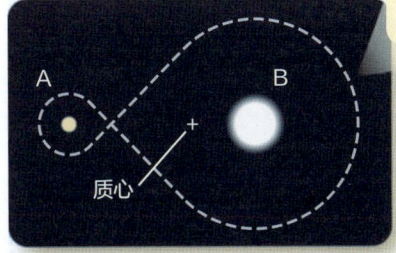

一个双星系统的演化

恒星B比恒星A质量更大

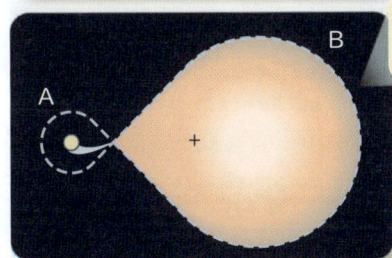

恒星B变成巨星并向恒星A流失质量

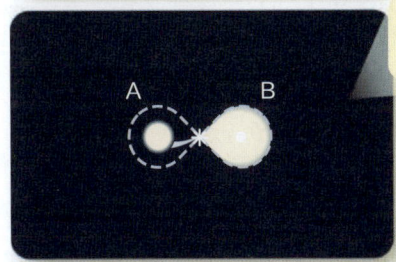

恒星B失去质量而恒星A获得质量

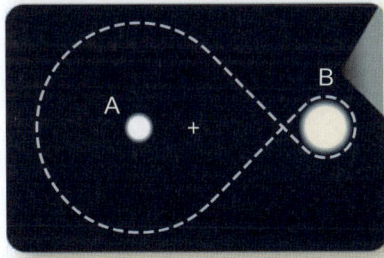

恒星A成为一颗大质量主序星,而恒星B变成其低质量的巨星"陪衬"——经典大陵双星系统

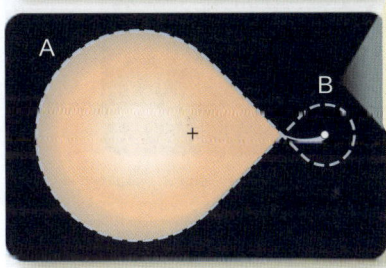

恒星变成巨星并向已成为白矮星的恒星B流失质量

▲ 图13-7 一对互相靠近的恒星可以交换质量并改变它们的演化过程

第二部分 恒星 249

图源：David A. Hardy, www.astroart.org,

▲ 图 13-8 来自演化中的红巨星的物质落入白矮星并形成一个自转的吸积盘，摩擦力和潮汐力可以使吸积盘非常热，这样的系统可以导致白矮星表面的新星爆炸，如这个艺术构想

13-2d 新星爆发

天文学家偶尔会看到新星（nova）——似乎一颗新的恒星出现在天空中，越来越亮，然后在几周后逐渐消失（见图 13-9）。事实上，nova 就是拉丁语中"新"的意思。现代天文学家了解到，"新星"不是一颗新的恒星，而是一颗旧的恒星在燃烧。在新星消逝后，天文学家可以拍摄其留下的暗弱光点的光谱。天文学家总会发现一个短周期的分光双星包含一颗普通恒星和一颗白矮星，新星显然是涉及白矮星。

观察到的证据揭示了新星爆发期间的事件顺序：当爆发开始时，光谱显示出蓝移的吸收线，这表明气体是致密的，并以每秒几千千米的速度向你涌来。几天后，吸收线变成了发射线，所以你了解到气体已经稀薄到变得透明。而蓝移仍然存在，所以你可以得出结论，一个球形的气体外壳正在继续向太空扩张。

新星爆发发生在双星系统中，发生于质量从一颗普通恒星通过 L1 点转移到白矮星周围吸积盘的时候。随着物质在吸积盘中失去角动量，它会向内旋转，并最终落到白矮星的表面。因为这些物质来自一颗普通恒星的表面，所以大部分是氢，随着它在白矮星表面的积累，它形成了一层核燃料。

随着燃料层越来越深，它变得越来越热，密度越来越大。在白矮星引力的压缩下，气体变得简并，很像类太阳恒星核发生接近氦闪的阶段。在这样的气体中，压力-温度恒温器不起作用，所以未聚变的氢层是一个等待爆炸的热核炸弹。当白矮星在其表面积累了 1~50 个地球质量的氢时，氢层底部的温度达到数百万摄氏度，密度是水的 1 万倍。突然间，质子-质子链反应开始聚变氢，释放的能量加热温度至高温，使 CNO 循环反应可以开始（见图 11-12）。由于没有压力-温度恒温器来控制核聚变，温度会在几秒钟内升至 10^8 开尔文。此时，已经有足够的能量释放出来，会将白矮星的表层吹到太空中，就如同一个快速膨胀的热气体壳层，这就是从地球上看到的新星。

其表层的爆发几乎没有干扰到白矮星或其伴星，质量转移很快恢复，然后新的氢燃料层开始积累。因此，你可以预期新星会经常重复出现，因为只要足够的氢层积累起来，就会发生爆发。有些新星可能需要数千年的时间来形成一个爆发层，但其他新星可能只需要几年时间就能被观测到（见图 13-10）。

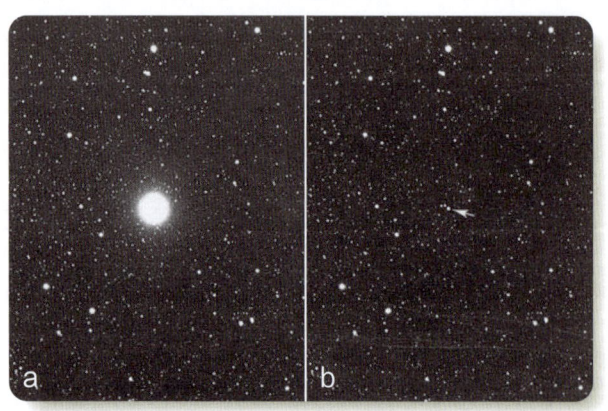

图源：UC Regents

▲ 图 13-9 图为新星天鹅座 1975（Nova Cygni），在其最大视亮度（约 2 等）时拍摄的图片，与后来下降到约 11 等（为之前亮度的 1/4000）

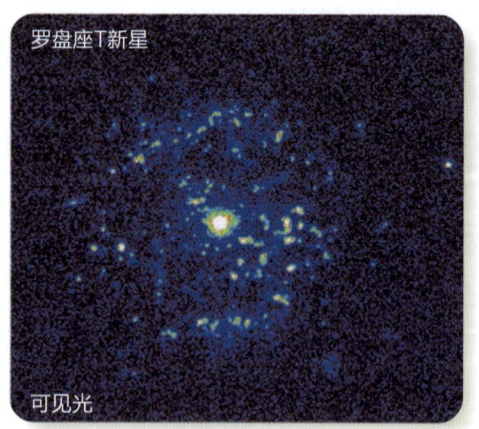

图源：NASA/ESA/STScI/AURA/NSF/M. Shara and R. Williams

▲ 图 13-10 罗盘座 T 新星约每 20 年爆发一次，不断向太空排放气体的外壳层，这张哈勃太空望远镜的图像详细地展示了这一过程。壳层由激发的气体块组成，气体块可能形成于新的壳层与上一次爆发时的壳层的碰撞。请注意，壳层的中心是图 13-8 中艺术家构想的系统，并没有出现在目前这张图中

践行科学

有什么证据表明,新星实际上是一种爆发?

为了回答这个问题,科学家将依靠基本的光谱学知识。

一旦看到一颗新星,天文学家就会冲到望远镜前记录光谱,他们总是看到蓝移的吸收线,这些蓝移是多普勒位移,表明天体的近侧正以每秒数千千米的速度向地球飞来。这些吸收线一定是由不透明的气体透过较稀薄的气体形成的,就像恒星的大气层一样,所以稀薄的气体一定在迅速向外膨胀。后来,吸收光谱变成了发射光谱,仍然是蓝移的。基尔霍夫定律告诉我们,发射光谱意味着气体一定变薄并变得透明,蓝移表明膨胀在继续。

作为一个研究恒星演化的"科学家",请继续你的工作。**对新星消逝后的观测,如何证明白矮星与新星有关?**

13-3 大质量恒星

前文已经介绍过,小质量和中质量的恒星在耗尽它们的氢和氦后,会相对安静地死去,然后抛射出它们的表层,在某些情况下,形成行星状星云。与此相反,大质量恒星的生命非常壮观,最后在剧烈的爆炸中死亡。

13-3a 大质量恒星的核聚变

主序上部的恒星质量很大,无法以稳定的白矮星状态死亡,但它们在演化开始时与低质量的"兄弟姐妹"很相似。它们消耗其核中的氢,并点燃氢聚变壳层,然后膨胀成红巨星,或对质量最大的恒星来说,是超巨星。接下来,它们的核收缩并发生氦聚变:首先在核,然后在外壳,产生一个碳氧核。到目前为止,这个阶段的演化顺序对高质量的恒星和太阳这样的中等质量的恒星是一样的。

接下来,尽管一颗大质量的恒星随着年龄的增长会失去大量的质量,但如果它的质量仍然大于约 4 个太阳质量,当其碳氧核收缩时,它可以在约 10 亿开尔文的温度下点燃碳聚变。碳聚变产生更多的氧和氖。一旦碳在核中耗尽,核就会收缩,碳在外壳中点燃。这种核燃烧然后壳层燃烧的模式消耗了越来越多的燃料,也产生了越来越大的核,恒星便形成了如图 13-11 所示的分层

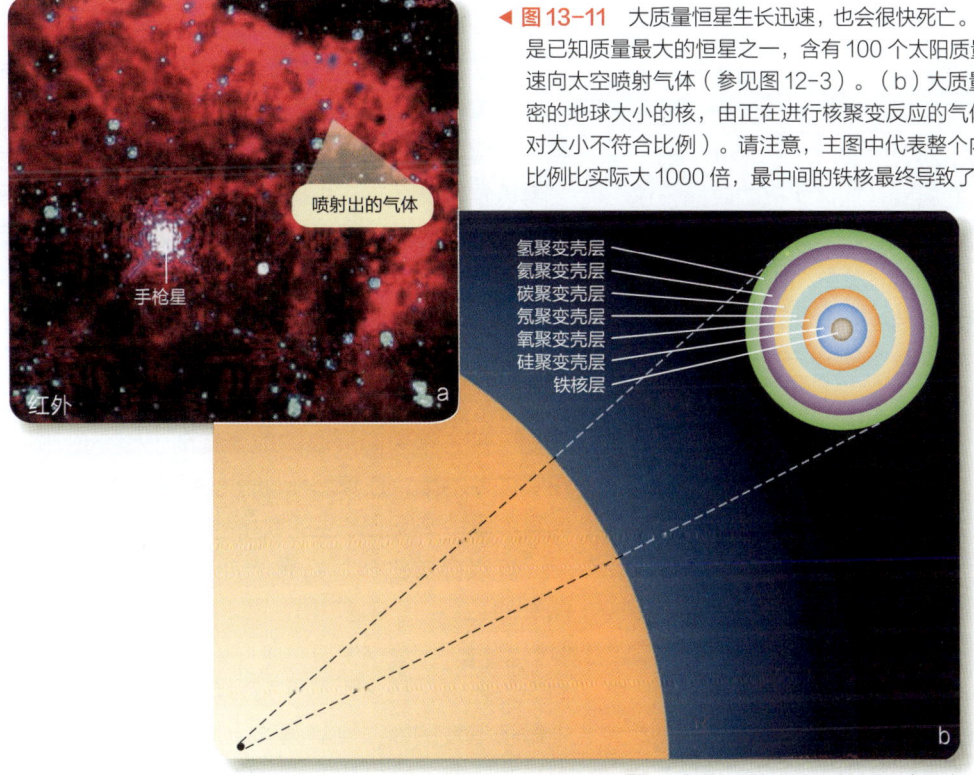

◀ 图 13-11 大质量恒星生长迅速,也会很快死亡。(a)这里显示的手枪星,是已知质量最大的恒星之一,含有 100 个太阳质量(或更多),它正在迅速向太空喷射气体(参见图 12-3)。(b)大质量恒星的中心形成了极致密的地球大小的核,由正在进行核聚变反应的气体的同心壳构成(壳的相对大小不符合比例)。请注意,主图中代表整个内核的小黑点与超巨星的比例比实际大 1000 倍,最中间的铁核最终导致了恒星的毁灭式爆炸

图源:NASA/ESA/STScI/AURA/NSF/D.Figer (UCLA)

结构，氢聚变壳在氦聚变壳层上面，氦聚变壳层在碳聚变壳层上面，依此类推。碳聚变生成氧、氖、钠和镁，氧、氖、钠和镁聚变生成硅、硫和磷，最后硅聚变生成铁（见表 12-3）。

随着大质量恒星的演化，连续的核聚变速度越来越快（见表 13-1）。回顾一下，大质量恒星必须迅速消耗它们的燃料，以支持其巨大的重力，但其他因素也会导致较重的燃料如碳、氧和硅以越来越快的速度聚变：首先，每个核聚变反应所释放的能量随着核聚变原子质量的增加而减少，为了支持其重力，一颗恒星必须以比氢聚变更快的速度聚变氧气。其次，当重核开始聚变时，恒星核中的核子数量较少，4 个氢原子组成 1 个氦原子，3 个氦原子组成 1 个碳原子，所以可用于核聚变的碳原子核比氢原子核少 12 倍。

表 13-1 一颗有 25 个太阳质量的恒星的重元素核聚变

原料	核聚变时间	占整个恒星生命的比例（%）
H	3,000,000 年	88
He	400,000 年	12
C	600 年	0.018
O	0.5 年	0.000015
Si	1 天	0.000000081

影响大质量恒星演化速度的另一个重要因素是在恒星的热核中产生中微子-反中微子粒子对。因为这些粒子几乎从不与正常物质相互作用（第 8-3b 节），它们从恒星中飞出，带走了一些能量，加速了核的收缩，这也是大质量恒星中重元素核聚变进行得非常快的另一个原因。在一颗 25 个太阳质量的恒星中，氢聚变可以持续 300 万年，但是同一颗恒星会在 6 个月内完成核心的氧聚变，在一天内完成硅聚变。

13-4 超新星爆发

重元素聚变以铁为终点，因为以铁为燃料的核反应不能产生能量。如果核反应从结合不紧密的核朝向结合更紧密的核进行，就能产生能量。如图 8-15 所示的结合能曲线所示，核裂变和核聚变都会产生比初始燃料结合得更紧密的核。请注意，铁核是最紧密的核，以铁开始的核反应，无论是裂变还是聚变，都不能产生结合更紧密的核，这意味着铁是核反应的终点。

13-4a 铁核：迫在眉睫的大灾难

当一颗大质量恒星形成一个铁核时，核聚变不再产生能量，内核就会收缩并变得更热。核周围的壳层将向外燃烧，将较轻的元素聚变成较重的元素，留下更多的铁，从而进一步增加核的质量。当铁核的质量超过钱德拉塞卡极限（约 1.4 个太阳质量）时，它一定会坍缩。

当核开始坍缩时，有两个过程使它收缩得更快。核中的重核子捕获高能电子，从气体中移除热能，这使气体失去了它一些支撑外壳层重力的压力。此外，此时温度极高，所有的光子都是伽马射线，其中一些伽马射线携带足够的能量将更大质量的核分解成更小质量的核，这一过程吸收了伽马射线，使气体失去能量，并使核更快地坍缩。

尽管一颗大质量的恒星可能会存活数百万年，但它直径约 500 千米的铁核会在短短的千分之几秒内坍缩，引发一场摧毁恒星的爆发。

13-4b 超新星的观测

在 20 世纪 30 年代，天文学家意识到，在天空中看到的一些新星比其他的新星更加明亮，持续时间也更长，并将这种天体称为超新星（supernova）。每年都有一些用小型望远镜就可以观测到的新星出现在天空中，但超新星却非常罕见，在银河系每个世纪的时间里只有一两颗（见图 13-12a）。现在，天文学家了解到，超新星是由一颗恒星猛烈的爆发性死亡引起的。

超新星的第一个标志是，当恒星的外层被向外炸开时，恒星的亮度会增加，随着时间的推移，气体云膨胀，变薄，并开始变暗，它变暗的方式可以让天文学家了解该恒星的死亡过程。基本上，恒星核中的所有铁都会在核坍缩时被摧毁，但是爆发期间外层的强烈活动会产生足够高的密度和温度，从而引发短暂的核聚变反应，产生 0.5 个太阳质量的放射性镍-56，镍逐渐衰变形成具有放射性的钴，钴衰变形成无放射性的（稳定的）铁。超新星变暗的速度与这些放射性元素衰变的速度相匹配，这表明衰变的能量有助于照亮膨胀的气体。还要注意的是，在核坍缩期间核中被摧毁的铁可以被外壳层膨胀中核反应产生的铁所补偿。

核聚变发生在超新星的外壳层，这一事实证明了爆发的猛烈。一颗典型的超新星相当于超过 10^{28} 兆吨 TNT 的爆炸，这大约是 1000 万个太阳质量的高爆炸能力。这还没有算上中微子爆发所释放的能量，据估计，中微子爆发的能量比其强约 100 倍。（当然，超新星爆发是在无声无息中发生的，科幻电影和电视导致了一种

▲ 图13-12 （a）超新星爆发在任何一个星系中都是罕见的，但是每年天文学家都会在其他星系中看到许多超新星的爆发。（b）天文学家在银河系中发现了许多超新星遗迹，膨胀的壳层充满了由之前超新星爆发产生的热的、低密度的气体

常见的误解，即太空中的爆炸伴随着深沉而响亮的轰鸣。但是太空几乎是真空的，所以不可能有声音。宇宙中一些最剧烈的事件根本就不会发出任何声音。）

天文学家了解超新星，是因为他们偶尔会在其他星系看到爆发，也因为望远镜可以观测到超新星遗迹（supernova remnant），即从巨大的爆发中膨胀出来的碎片云（见图13-12b）。现代天文理论预测，大质量恒星的核坍缩会喷射出恒星的外壳层，并产生一种最常见的超新星爆发，你将在本节后面的内容中了解到另一种超新星爆发。

13-4c 超新星模型

超新星爆发是快速、剧烈且罕见的，它是一个极难直接研究的事件，这就是为什么天文学家使用数学技术和高速超级计算机来模拟恒星爆炸时的内部情况。这种模型在某种意义上允许天文学家在超新星上进行实验，好像恒星就在实验室的烧杯中一样。

这些模型显示，超新星爆发的关键是铁核的坍缩，这种坍缩使恒星内部的其他部分内落，当所有的原子核都落入中心时，便会形成很严重的"交通堵塞"。这就好比一个省所有的居民突然试图把他们的汽车尽可能快地开到省会市中心，造成市中心出现强烈的交通堵塞，而随着更多的汽车冲进来，交通堵塞会向外扩散到郊区。同样地，当恒星的内核向内坠落时，会形成激波

（交通堵塞）并开始向外移动。这种激波最初被认为是超新星爆发的原因，然而，计算机模型显示，向外扩散的激波通过坍缩的恒星时，会在几千分之一秒内停止，内落的物质阻止了激波并将其推回恒星中，这样的计算机模型会预测，该恒星不应该爆发。

那么是什么导致了超新星的出现呢？如前所述，理论预测，铁核坍缩时，99%被释放的能量以中微子的形式出现。在太阳中，中微子向外运动，不受太阳内部气体的阻碍；但在一个坍缩的超新星中，气体的密度是太阳核中气体密度的数万亿倍，几乎与原子核的密度相当，在这种密度下，气体对中微子来说几乎是不透明的，所以部分中微子被气体吸收了。中微子的强烈爆发带走了核的能量，使其更快地坍缩，而且当中微子在核外被吸收时，会将这些壳层向外推。

其他过程也促进了爆发。例如，湍流对流似乎很重要，当坍缩开始时，恒星最核心区域形成了一个高度致密的核，这就是中子星的雏形，内落的物质会通过这个核反弹，随着温度的急剧上升，反弹的物质产生高度湍流的对流，会向外推停止的激波（见图13-13）。超级计算机模型还表明，磁场和恒星核心的自转也会防止激波停止。在一秒钟左右的时间里，激波又可以开始向外运动，仅仅几个小时后，它就从恒星表面迸发出来，在超新星爆发中把恒星炸得四分五裂，并在长达数月时间中发出从数十亿光年外都能看到的光芒。

超新星爆发的内核

如本模型的左下角所示，超新星的内核开始坍塌

当内核（黄色）爆炸并向外扩张时，物质（蓝色和绿色）继续内落，并形成激波

如果按照左图的模型比例展示整个恒星，这个页面的直径须为30 km

爆炸发生后仅0.4秒，扩张内核的强对流（红色）向外推进

激波将整个恒星吹散，而左下角的内核成为中子星

图源：Courtesy Adam Burrows, John Hayes and Bruce Fryxell

▲ 图13-13　当一颗大质量恒星的铁核开始坍缩时，强烈的高温气体引发了激烈的对流。即便是核外部的物质在内落，但湍流仍在向外喷发，并在数小时内到达恒星的表面，形成超新星爆发。这张图是数学模型，只显示了恒星处于爆发阶段的核

13-4d　超新星的类型

超新星很罕见，在银河系中只发现过几颗，但天文学家已经能够观察到其他星系中的超新星（见图13-14；也见图13-12a；注意，超新星以字母SN命名，后面是发生的年份，然后是字母代码）。大质量恒星的坍缩核引发了一种超新星爆发，但还有其他种类的存在。从几十年来积累的数据来看，天文学家注意到超新星有两种主要类型：I型超新星（Type I supernovae），它们的光谱不包含氢线，它们达到的最大亮度约为太阳光度的40亿倍，起初光度会迅速下降，然后缓慢下降；II型超新星（Type II supernovae），它们的光谱包含氢线，它们达到的最大亮度约为太阳光度的6亿倍（大大低于I型超新星的亮度），亮度下降会有一个短暂的停滞，然后会迅速下降。图13-15中的光变曲线概述了这两种超新星的特点。

证据清楚表明，II型超新星产生于大质量恒星形成铁核并坍缩时，这样的超新星出现在可以观测到大质量恒星的活跃的恒星形成区域或附近，另外，II型超新星的光谱包含氢线，你可以从其爆发预测到，大质量恒星外壳层含有大量的氢。

I型超新星的光谱中没有氢线，这意味着它们不可能产生于经典大质量恒星的死亡。事实上，有两种类型的I型超新星，它们产生的原因有很大的不同，两者都涉及双星系统。

Ia型超新星（Type Ia supernovae）产生于白矮星超过钱德拉塞卡极限并开始坍缩的时候。当双星系统中的白矮星从伴星那里获得质量，或者双星系统中的白矮星合并形成一个超过钱德拉塞卡极限的白矮星，Ia型超新星就会形成。

白矮星的坍缩与大质量恒星的坍缩不同，因为白矮星含有可用的核燃料，主要是碳和氧。随着坍缩的开始，温度急剧上升，但因为气体是简并的，并不能阻止气体坍缩，所以压力-温度恒温器没有发挥作用，即使在碳聚变开始时，温度升高也不能增加压力，使气体膨胀并减缓反应。缺少恒温器，使碳聚变的白矮星成为一颗"炸弹"，碳氧核在剧烈的核反应中突然并完全发生聚变的反应，被称为碳爆燃（carbon deflagration）。"爆燃"（deflagration）这个词的原意是被火完全摧毁，在这里是指被核聚变摧毁。

在恒星寿命终结的一瞬间，随着核反应中碳氧核聚变成重核，并在一次剧烈的爆发中将外层炸开，产生的最大亮度比II型超新星的亮度高3~6倍，白矮星被摧毁，除了一团不断膨胀的热气云，这颗恒星什么也没有留下。你在Ia型超新星的光谱中没有看到氢线的原因是，白矮星在其外层最多只包含一点氢。

你可能会想知道，如果新星爆发将积累的物质炸掉，那么吸积过程中的白矮星如何能获得质量？数学模

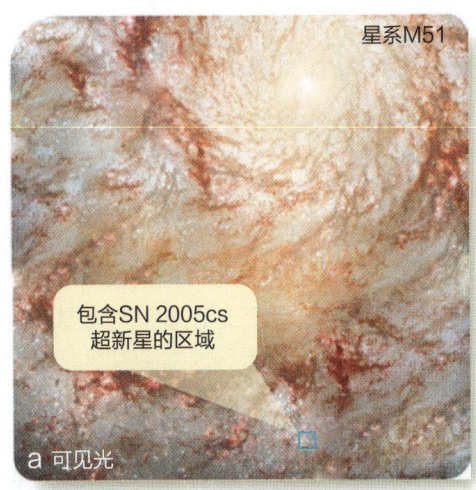

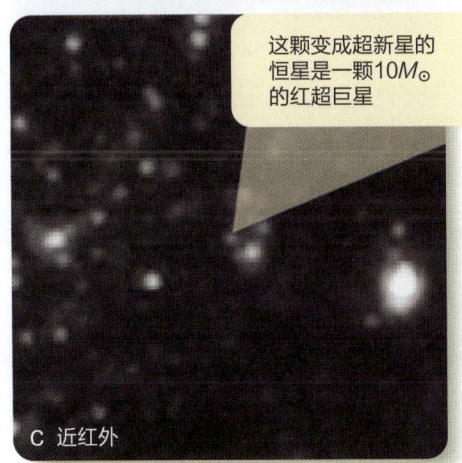

图源：NASA/ESA/STScI/AURA/NSF/Hubble Heritage Team/W. Li and A. Filiippenko (Univ. of California, Berkeley), S. Beckwith (STScI)

▲ 图 13-14 （a）机器人望远镜每晚都在搜索其他星系如 [梅西叶 51（M51）] 中闪烁的超新星。（b）当一颗类似于 SN 2005cs 的超新星被识别出来时，天文学家可以记录下超新星亮度的上升和下降（光变曲线），并获得光谱来研究爆发恒星的物理性质。（c）如果在一个足够近的星系中看到一颗超新星，就有可能在早期的图像中证认其爆发前的恒星

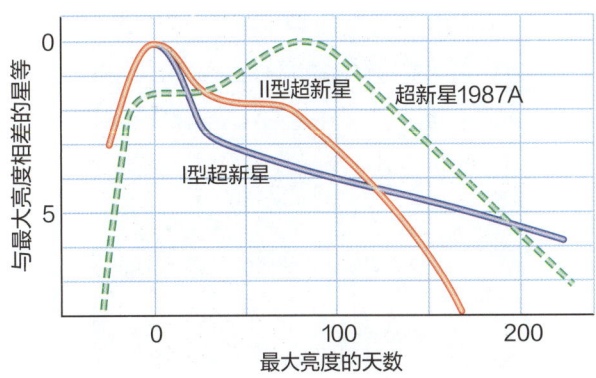

▲ 图 13-15　I 型超新星的亮度一开始迅速下降，然后缓慢下降；II 型超新星的亮度在开始急剧下降前会暂停大约 100 天。超新星 1987A 很奇怪，因为它没有直接上升到最大亮度。这些光变曲线已经被调整为具有相同的最大亮度，一般来说，II 型超新星比 I 型超新星要暗两个星等（1/6）

型显示，新星爆发并不一定会吹走白矮星自上一次爆发以来获得的所有质量，因此，白矮星有可能作为新星爆发若干次，同时获得质量，最终变得巨大，在 Ia 型超新星爆发中坍缩。另外，如果质量转移足够快，当物质到达白矮星的表面时，氢和氦就会立即聚变，所以积累层中含有碳，不能爆发产生新星。在任何一种情况下，当积累的物质最终使白矮星的质量达到钱德拉塞卡质量极限以上，它就会坍缩形成 Ia 型超新星。

不太常见的 Ib 型超新星（Type Ib supernovae）被认为是在一颗大质量恒星失去其富氢外层时产生的，这可能发生在极端大质量的恒星上，因为其超级星风会将它们的富氢大气排出。如果双星系统中的大质量恒星的外壳层转移到其伴星上，也会发生这种情况。大质量恒星剩余部分会继续演化，形成一个铁核，然后坍缩，发生超新星爆发，其光谱中缺乏氢线，一些天文学家将这些超新星称为"剥落"超新星，因为大质量恒星的富氢外层被双星伴星"剥落"。

简而言之，II 型超新星是由大质量恒星的铁核坍缩形成的，Ia 型超新星是由白矮星坍缩形成的，而 Ib 型超新星是由失去氢外包层的大质量恒星坍缩形成的。这种区别甚至在这些超新星的位置上体现得也很明显，Ib 型和 II 型超新星之所以能够在恒星形成区附近被观察到，是因为它们是由大质量恒星坍缩引起的，这些恒星的寿命很短，不能远离它们的出生地；相比之下，Ia 型超新星是由白矮星坍缩引起的，而中等质量的恒星变成白矮星需要很长时间，这就是为什么 Ia 型超新星通常出现在没有活跃恒星形成的区域。

可能还有其他类型的超新星是由使大质量恒星爆炸

第二部分　恒星　255

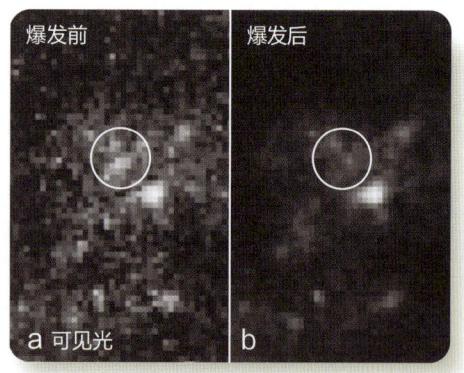

图源：NASA/ESA/STScI/AURA/NSF/A. Gal-Yam (WeizmannInst. of Science)

▲ 图 13-16　SN 2005gl 在距离地球 2 亿光年的 NGC 266 星系中爆发。（a）在这张 1997 年拍摄的高度放大的图像中，可以看到这颗恒星是一颗亮的蓝色超巨星，这类恒星预计不会以超新星的形式爆炸。（b）在爆炸消失后的 2007 年拍摄的图像中，这颗恒星已经消失了

的其他过程引起的。例如，SN 2005gl 已经被确定为一颗光度极高的热超巨星，而天文学家并没有想到这种类型的恒星会爆发（见图 13-16），那颗超新星仍然是一个谜。超新星非常罕见，地球上的天文学家可能没有观测到可能存在的每一种类型的超新星，下一节将介绍一些已经被详细研究过的超新星和超新星遗迹。

13-4e　历史上的超新星

1054 年，中国天文学家观测到他们称之为"客星"（guest star）的天体出现在现在被称为金牛座的地方，这颗星很快就变得非常明亮，在白天也能看到，一个月后，它慢慢变暗，然后花了近两年时间才从人们的视线中消失。几百年后，当现代天文学家把他们的望远镜转向这颗客星的位置时，他们发现一团半径约为 1.4 pc 的气体正以每秒 1400 千米的速度膨胀，将膨胀的时间往回推算，他们得出结论，膨胀是在大约 9 个世纪前开始的，即在发现金牛座"客星"的时候。结合其他证据，天文学家得出结论，这个星云是 1054 年超新星的所在地，其被称为"蟹状星云"，因为在一个中等大小的望远镜中，它看起来像一只多腿的螃蟹（见图 13-17）。

蟹状星云中发光的丝状物似乎是由爆炸向外抛出的激发气体，但是内部星云中的朦胧光芒是另一种物质。射电观测显示，星云中的气体正在发射同步加速辐射

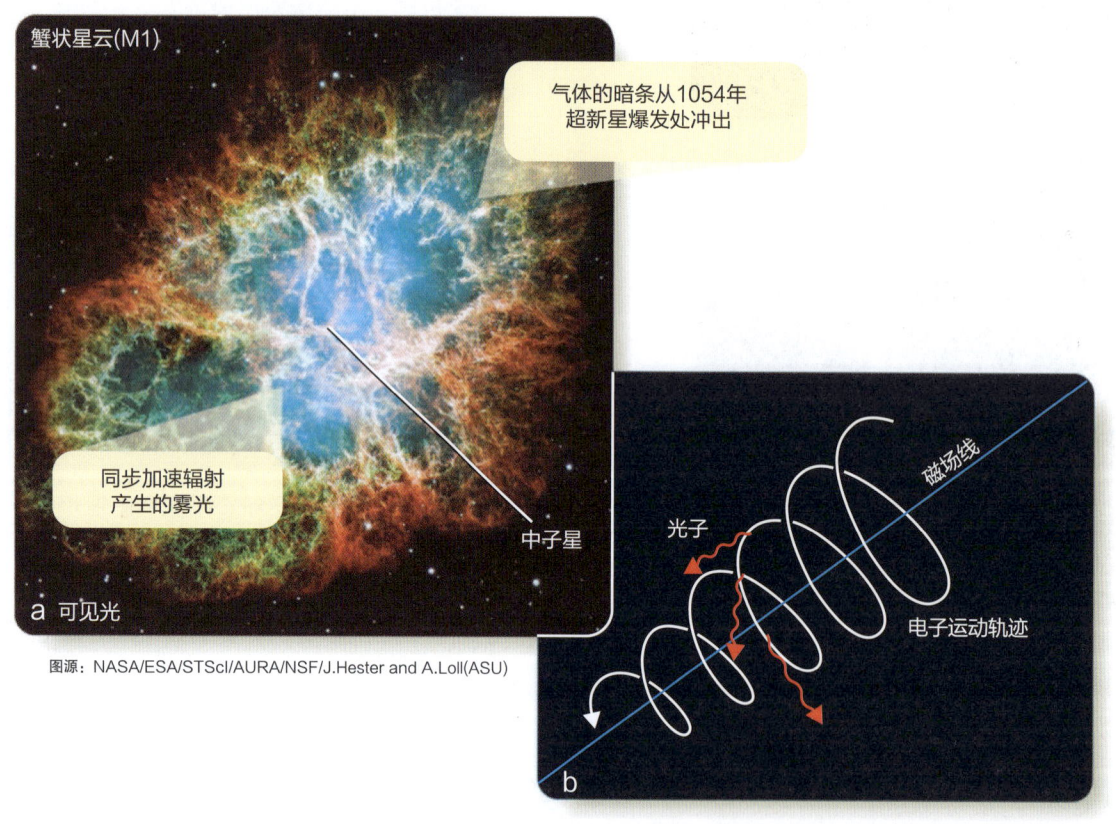

图源：NASA/ESA/STScI/AURA/NSF/J.Hester and A.Loll(ASU)

▲ 图 13-17　（a）蟹状星云位于我们所熟知的金牛座，也就是中国天文学家在 1054 年看到一颗明亮的"客星"的地方。几十年来，天文学家们可以测量这些丝状物远离中心膨胀时的运动情况。多普勒频移证实，星云的近侧正在向地球移动。（b）由中心中子星产生的高速电子在磁场中旋转，并产生同步加速辐射，带来充满星云的雾光

（synchrotron radiation），这是高速电子在磁场中螺旋运动所辐射出的电磁能量。不同运动速度的电子会以不同的波长进行辐射，因此同步加速辐射会在很宽的波段范围内传播。蟹状星云中的雾光是可见光中相对较短波长的同步加速辐射，这意味着电子必须以极快的速度移动，在蟹状超新星爆发后的 9 个世纪以来，电子已经将能量辐射出去，其速度降低，因此蟹状星云中一定有一个正在产生非常高速电子的能量源。在下一章中，你会发现这就是蟹状星云中心有一颗中子星的证据。

相比之下，1604 年的开普勒超新星没有留下任何物质，只是留下了一团膨胀的气体和尘埃云。天文学家通过分析云中的化学成分得出结论，该爆发源于一颗 Ia 型超新星，所以它不会形成中子星或黑洞。事实上，一个天文学家小组发现了将质量转移至白矮星的伴星，当白矮星爆炸时，伴星突然从被摧毁的双星系统中被释放出来，其轨道速度将它带入太空，人们能够观测到的就是它正快速地远离爆炸发生的地点。

一颗超新星的光芒在一两年内就会消散，但它能够以膨胀气体壳层的形式留下遗迹，这团气体光度最高时是以 10 000 千米/秒或更高的速度被释放的。随着超新星遗迹的冷却，一些气体凝结成尘埃，这使超新星成为星际介质中尘埃的主要来源之一。当膨胀的气体和尘埃壳层与周围的星际介质碰撞时，它可以卷起更多的气体，使其激发并产生发光的星云。

超新星的遗迹看起来相当稀薄，而且存活时间不长（大约几万年），然后它们就会逐渐与星际介质混合并消失。蟹状星云是一个年轻的遗迹，只有大约 960 年的历史，而且它也不是很大，直径不到 3pc。较老的遗迹通常更大，有些遗迹只有在射电和 X 射线波长下才能被探测到，因为它们已经变得太稀薄了，无法发出太多的可见光，但膨胀的热气体与星际介质的碰撞可以产生射电和 X 射线辐射，使天文学家能在非可见光波段拍摄到它们的图像。一般而言，超新星遗迹是正在向星际介质膨胀的低密度气体壳层（见图 13-18）。（回顾第 11-1a 节，膨胀的超新星遗迹对星际介质的压缩可以引发恒星的形成。）

超新星遗迹仙后座 A（Cassiopeia A）只有大约 300 年的历史，尽管人们并没有在这个位置看到过超新星。钱德拉 X 射线天文台从 2001 年开始记录了一系列的 X 射线图像（见图 13-18b），使天文学家能够看到气体云的膨胀，详细的研究表明存在富含硅和铁的喷流。由斯皮策太空望远镜拍摄的红外图像与地面观测相结合，使天文学家能够建立一个超新星遗迹的三维模型。这些研究表明，恒星的外层是在一个球形外壳中喷射出来的，而恒星内部的一部分是在一个不规则的扁平圆盘中喷射出来的，理论模型还没有解释这种几何形状。

尽管有证据表明，银河系每年都能发现一到两颗超新星，但在所有有记载的历史中，只有少数几颗是肉眼可见的。阿拉伯天文学家在 1006 年发现了一颗超新星（见图 13-18c）；中国人在 1054 年记录了蟹状星云；中国人在 185 年、386 年、393 年和 1181 年看到的"客星"也可能是超新星。你可能还记得在第 4-3a 节和 d 节中，欧洲的天文学家观察到了两颗超新星，一颗在 1572 年（第谷的超新星），一颗在 1604 年（开普勒的超新星）。今天，大多数超新星是在遥远的星系中发现的，但这些超新星很暗弱，难以研究。

13-4f 最近发现的超新星：1987 年和 2014 年

在 1604 年开普勒超新星被发现之后的 383 年里，没有人用裸眼看到过超新星。然后，在 1987 年，一个消息迅速传遍了全世界：智利的天文学家在大麦哲伦云星系中发现了一颗肉眼可见的超新星，这个小星系是银河系的一个伴星系（见图 13-19）。由于这颗超新星距离南天极只有 20 度，所以只能在南半球看到它，它被命名为 SN 1987A，以示它是在 1987 年发现的第一颗超新星。

富含氢线的光谱表明，这是一颗 II 型超新星，由一颗大质量恒星的核坍缩形成。然而，随着时间的推移，其光变曲线却十分奇怪——在上升到最大值之前停顿了几周（见图 13-15）。根据几年前拍摄的该天区的图像，天文学家能够确定爆发的那颗恒星，被编为 Sanduleak-69° 202a，并不是预期的红超巨星，而是一颗热的蓝色超巨星，只有 20 个太阳质量和 50 倍太阳半径，不过这对超巨星来说并不极端。理论家们现在认为，这颗恒星缺乏比氦更重的元素，因此在经历质量流失的低温红色超巨星的阶段之后，它会收缩并升温。超新星的亮度可能经历了一个停顿，因为大部分能量都被用于炸开较小的、较为致密的恒星。

膨胀的气体在最初几周后变亮，似乎是由放射性镍衰变为钴造成的，钴发出的伽马射线加热了膨胀的气体外壳，使其变亮。这一过程中产生了大约 0.07 个太阳质量的镍，相当于地球质量的 2 万倍。在地球大气层上方检测到了钴衰变成铁的伽马射线，在超新星的红外光谱中可以清楚地看到钴和铁的光谱线。

正如你之前所学的理论预测，当一颗大质量恒星的

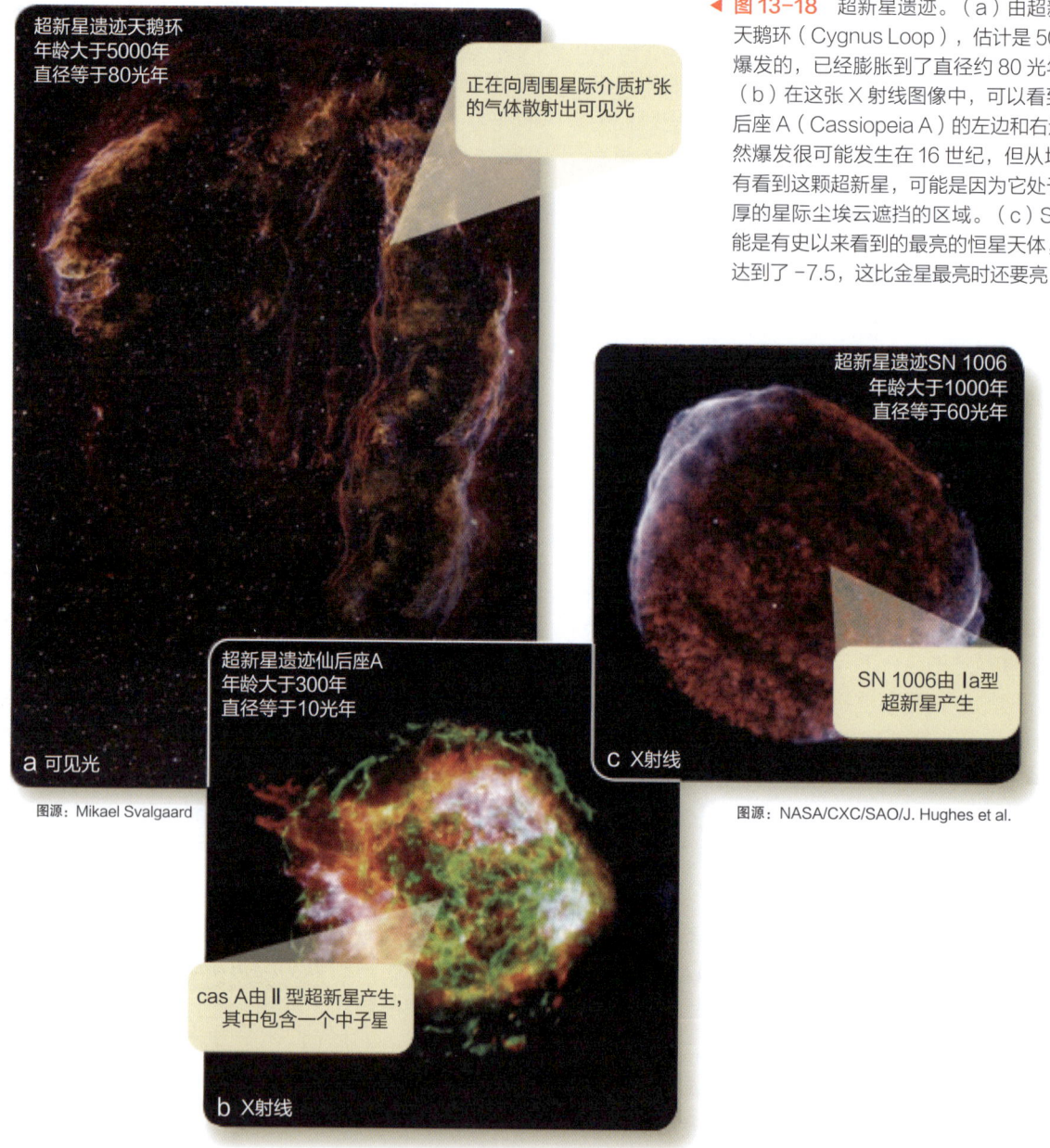

▲ 图 13-18 超新星遗迹。(a) 由超新星产生的天鹅环 (Cygnus Loop), 估计是 5000 多年前爆发的, 已经膨胀到了直径约 80 光年的大小。(b) 在这张 X 射线图像中, 可以看到喷流向仙后座 A (Cassiopeia A) 的左边和右边延伸。虽然爆发很可能发生在 16 世纪, 但从地球上并没有看到这颗超新星, 可能是因为它处于一个被厚厚的星际尘埃云遮挡的区域。(c) SN 1006 可能是有史以来看到的最亮的恒星天体, 视目星等达到了 -7.5, 这比金星最亮时还要亮 16 倍

核坍缩成一颗中子星时, 它会释放出大量的中微子。这些中微子会在恒星内部的击波将恒星击碎前数小时离开恒星。两个独立的中微子探测器——一个在美国的俄亥俄州, 一个在日本——记录了 1987 年 2 月 23 日美国东部时间凌晨 2:35:41 的中微子爆发, 这大概是超新星被发现前的 22 小时（见图 13-20）。数据显示, 这些中微子是从超新星的方向来到地球的, 探测器在 12 秒的时间内只捕捉到 19 个中微子, 但请记住, 中微子几乎不与正常物质发生反应, 尽管只检测到 19 个, 但全部中微子的数量肯定是巨大的。在那时, 几秒钟内就会有约 30 万亿个中微子无害地通过地球上的每个人的身体。对中微子爆炸的探测证实, 坍缩核诞生了一颗中子星。

最近, 在 2014 年 1 月, 伦敦大学学院天文学实验室的本科生在近邻星系 M82 中发现了一颗超新星, 这颗超新星被命名为 SN 2014J, 由于其光谱中缺乏氢线, 因此被确定为 Ia 型超新星。在它被发现后的几周内, 各种空间、空中和地面观测站对 SN 2014J 进行了观测, 试图揭示它的秘密（见图 13-21）。

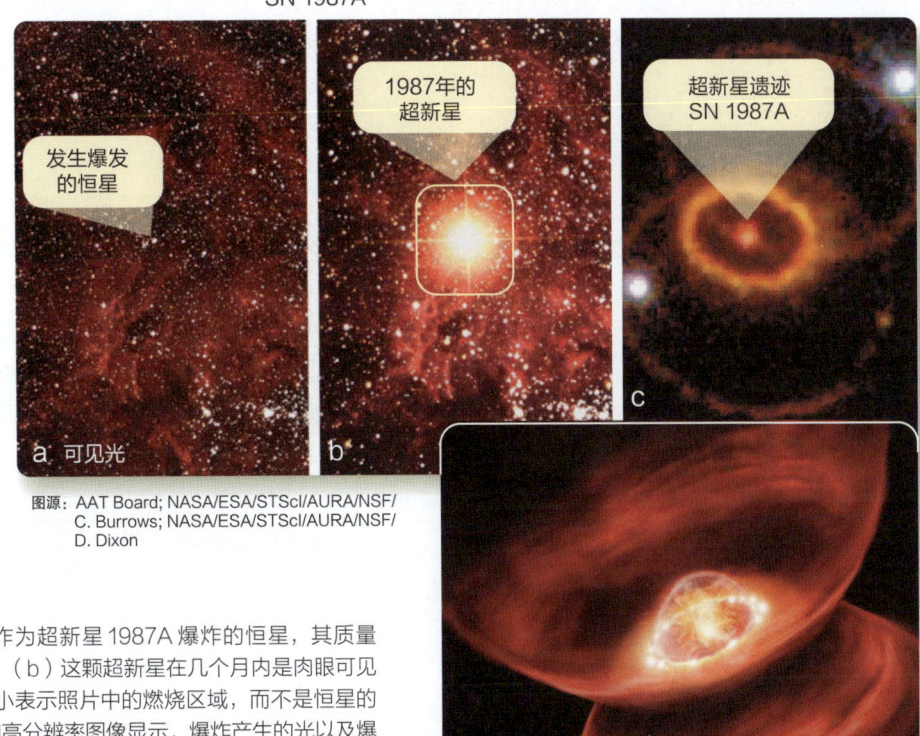

图源：AAT Board; NASA/ESA/STScI/AURA/NSF/C. Burrows; NASA/ESA/STScI/AURA/NSF/D. Dixon

▲ 图 13-19 （a）作为超新星1987A爆炸的恒星，其质量约为太阳的20倍。（b）这颗超新星在几个月内是肉眼可见的，发光区域的大小表示照片中的燃烧区域，而不是恒星的实际大小。（c）如高分辨率图像显示，爆炸产生的光以及爆发膨胀的气体与之前在蓝巨星和红超巨星阶段所流失的质量相互作用，在中心光芒周围产生了环形结构。（d）艺术构想说明了（c）图中所示的超新星遗迹的组成部分

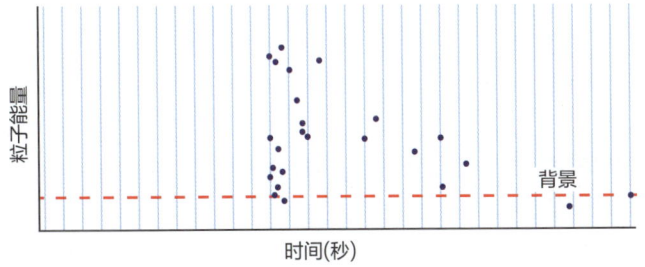

▲ 图 13-20 几乎在 SN 1987A 在可见光波段被探测到的前一天，地球上的探测器记录了19个从超新星方向到达的中微子。这场爆发大大超过了通常探测到的低能量、零星中微子的背景

13-4g 超新星和地球上的生命

超新星可能看起来遥不可及，但恒星的死亡和每个人的生活都息息相关。在上一章中，你了解到中等质量恒星在其后主序时期如何通过慢速核反应来产生原子，这种核聚变也发生在大质量恒星中。当中质量恒星死亡时，会抛射出外部壳层，将新制造的碳、氮和氧原子散布到星际介质中，超新星爆发也会这样。此外，爆发时的短时聚变反应会制造出比铁更重的其他稀有元素，如你甲状腺中的碘，还有铂、银、金和铀。地球和我们都

图源：NASA/DLR/SOFIA/USRA/FLITECAM Team,UCLA/S. Shenoy

▲ 图 13-21 2014年2月20—21日夜间，平流层红外天文台（SOFIA）观测到的M82星系和超新星2014J的红外图像。波长为1.25微米、1.65微米和2.2微米的图像分别在综合图像中以蓝色、绿色和红色表示

是由恒星创造的原子构成的，珠宝中的贵重元素完全来自罕见的恒星爆发，这些爆发发生在地球形成之前很久。

另外，如果现在在距离地球几光年的地方发现一

颗超新星，人类将不得不离开地面，在地下生活至少几十年。超新星爆发产生的伽马射线和高能粒子流可以杀死许多生命形式，并对其他生命形式造成严重的基因损伤。即使是几百光年外的超新星爆发也会破坏地球的臭氧层，改变地球气候。几乎可以肯定的是，随着太阳在宇宙中的移动，每隔几亿年就会有超新星在附近爆发，并影响地球。一项对海底岩芯的研究发现了一层含有铁-60同位素的沉淀层，该物质形成于大约200万年前上新世–更新世大灭绝（Pliocene-Pleistocene Mass Extinction）之时。铁-60产生于超新星爆发，其半衰期只有150万年，这种铁一定产生于距离现在不超过100光年的超新星爆发，才能在衰变之前到达地球，因此一些科学家假设，附近的超新星爆发对当时的地球生命产生了重大影响。

目前，地球似乎相当安全，没有任何能够作为II型超新星爆炸的红巨星距离我们500光年内。然而，没有办法确定一个在钱德拉塞卡极限边缘徘徊的白矮星不会潜伏在我们的星系中——Ia型超新星是由坍缩的白矮星形成，而白矮星既常见又难以定位。不过，你可以因为超新星爆发的罕见而感到安全，这种爆炸似乎每千年才会在银河系的一部分发生几次。可以说，相比恒星爆炸，人类的无知对地球的威胁似乎更大。

13-5 地球的尽头

实际上，天文学与我们息息相关，虽然这一章描述了恒星的死亡，但它也暗示了我们星球的未来。太阳没有伴星，并不存在作为新星爆发的危险。正如你已经知道的，太阳的质量不足以在超新星爆发中结束生命，太阳是一颗中等质量的恒星，会以红巨星的方式死亡，最终坍缩成白矮星，这也意味着地球的终结。

太阳的演化模型表明，它作为一颗恒星还将继续存活70亿或80亿年，随着它将氢气聚变成氦气，它的光度已经越来越高。在短短20亿年内，太阳的光度将增加20%，而地球的海洋将被蒸发，形成致密的潮湿大气。

在大约65亿年后，太阳将耗尽其核中的氢，开始在外壳中燃烧氢，并膨胀成一颗红巨星，半径大约将是其目前半径的100倍。然后，氦聚变将在核中点燃，太阳将收缩成为一颗水平分支恒星（"黄巨星"）。再然后，当氦燃料在核中耗尽，氦聚变在外壳层中开始进行时，太阳将再次变成红巨星。太阳在其第二个红巨星阶段会有一个比地球轨道更大的半径，所以这可能标志着我们世界的结束。天文学家对其中一些细节仍不确定，但包括潮汐效应的计算机模型预测，膨胀的太阳最终将吞噬并摧毁水星、金星和地球。即使在地球被吞噬之前，太阳不断增加的光度也肯定会驱散大气层，使地球的大部分地壳蒸发。

作为巨星，太阳将有一股强星风，并由此将其质量的一大部分流失到太空中。曾经在地壳中的原子将成为太阳周围膨胀的星云的一部分，而你的原子将是该星云的一部分。如果成为白矮星的太阳残骸变热得足够迅速，它将电离排出的气体，点燃气体（和你）成为行星状星云。

天文学最重要的一课是——我们是宇宙的一部分，而不仅是观测者。构成地球的原子来自星际介质，并且注定要在几十亿年后回到星际介质中去。那是一段很长的时间，如果在那个遥远的时代还有人类的话，人类将迁徙到位于其他行星系统的新家。这可能会拯救人类，但地球的大部分地区将回到星尘中。

践行科学

为什么II型超新星会爆发？ 为了回答这类问题，科学家首先关注的是理论而不是观测。

模型表明，当一个大质量恒星的燃料耗尽并形成铁核时，就会产生II型超新星。铁是核聚变产生的最终灰烬，它不能通过聚变产生能量，因为铁是结合最紧密的核。当能量产生开始减少时，恒星就会收缩，但由于铁不能被点燃，所以没有新的能量来源来阻止收缩的发生。极其迅速地，在几分之一秒内，恒星的核向内坠落，击波向外移动，借助于大量中微子和突然出现的对流湍流，击波将恒星炸开。从地球上看，当超新星的表面气体膨胀到宇宙时，它就会变亮。

现在试试另一个理论问题：*为什么Ia型超新星会发生爆发？*

我们是什么

星尘

你是由恒星内部的原子组成的。引力将物质吸引到一起，形成恒星，尽管核聚变推迟了引力的最后胜利，但恒星最终一定会走向死亡。恒星形成和恒星死亡的过程产生了比氦更重的原子，并将它们扩散到星际介质中，在那里它们可以成为形成新恒星气体云的一部分。除了氢以外，你身体里的所有原子都是在恒星内产生的。

你的一些原子，如碳，是在像太阳这样的中等质量恒星的核中形成的，当这些恒星死亡并产生行星状星云时被吹到宇宙中；你的另一些原子，如你骨骼中的钙，是在大质量恒星内形成的，并在Ⅱ型超新星爆发中被吹到宇宙中；你血液中的许多铁原子是在Ia型超新星爆发中白矮星坍缩时由碳原子突然聚变而成；其他重原子，如你的甲状腺中的碘，你神经细胞中的硒，以及你的戒指中的金，也是在超新星爆发中产生的。

你是由很久以前因恒星的剧烈死亡而散落在太空中的原子组成的，所以我们是什么呢？我们是星尘。

14 中子星和黑洞

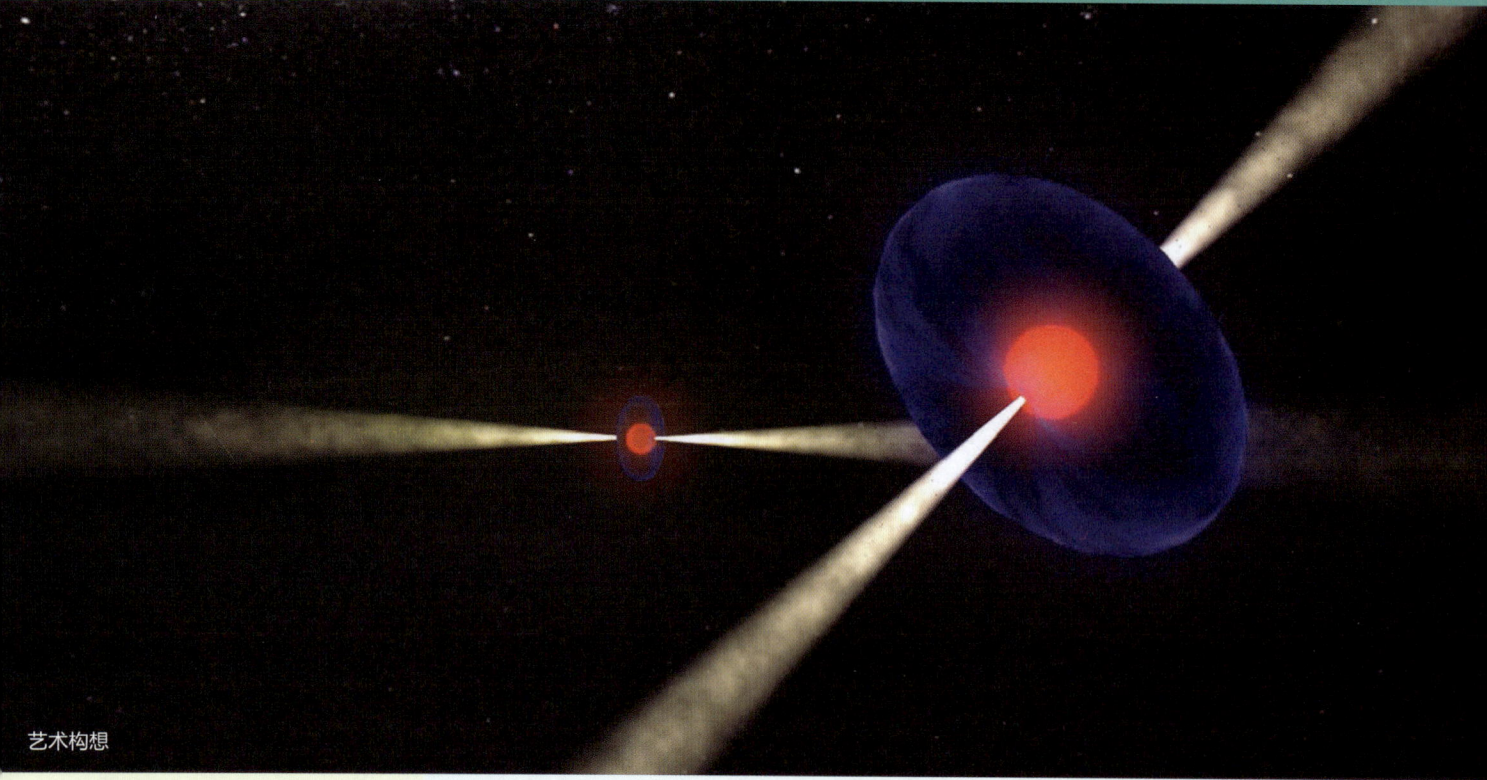

艺术构想

图源：Reprinted by permission of Daniel Cantin and McGill University office of Media Relations/Communications

▲ 中子星是大质量恒星坍缩的遗迹，两颗中子星相互绕转。这两颗中子星都是脉冲星，这意味着当它们在自转时发出的辐射束会在天空中扫过。从地球上看，它们的轨道是侧向的。由此产生的掩食使天文学家能够研究它们周围的磁场和气体

在前两章中，你追溯了恒星从出生到死亡的故事。现在你可能会问，"还剩下什么？"答案取决于恒星的质量。你已经知道，质量与太阳差不多的恒星会产生白矮星作为其遗迹。更大质量的恒星会留下"宇宙动物园"中最奇怪的"野兽"：中子星和黑洞。

你对中子星和黑洞的探索将回答四个重要问题。

- ▶ 理论如何预言中子星的存在？
- ▶ 有什么证据表明中子星真的存在？
- ▶ 理论如何预言黑洞的存在？
- ▶ 有什么证据表明黑洞真的存在？

本章将向你展示更多引人注目的例子，说明天文学家如何结合观测和理论来理解自然。

本章终结了单颗恒星的故事，但它并没有结束恒星的故事。在下一章中，你将开始探索恒星所处的巨大社区——星系。

> 几乎所有事情都是进去容易退出难。
> ——美国童书作家艾格妮斯·艾伦（Agnes Allen）

引力总会赢的。无论一颗恒星为抵抗自身的引力挣扎了多长时间，它最终都必将耗尽其燃料，坍缩并"死亡"。那些在这个过程中没有完全自我毁灭的恒星会成为以下三种致密天体之一——白矮星、中子星或黑洞。几乎所有可用的能量都已经从致密天体中挤出来了，而你会发现它们处于最后的高密度状态。

你在上一章中研究了白矮星。在这里，你需要非常谨慎地比较证据和理论，从而了解最极端的致密天体。理论预测了这些天体的存在，但是由于其性质，它们很难被探测到。天文学家们花了几十年的时间来寻找真正的中子星和黑洞，它们可以被证明具有理论所预言的特点。这是一个艰难的探索，但最终取得了成功。

14-1 中子星

作为 II 型超新星爆发后的遗迹，一颗中子星（neutron star）质量略大于 1 个太阳质量（$M_\odot$），却被压缩到只有约 10 千米的半径。为了给你一个直观感受，我们将中子星和地球比较，地球的半径略大于 6000 千米。中子星的密度非常高，物理学家计算出这种情况下只有液态的中子才是稳定的。理论预测，这样的天体每秒会自转许多周，其表面温度几乎与太阳内部一样热，并且拥有比地球强一万亿倍的磁场。你可能立即想到两个问题：第一，什么理论预测了这样一个奇怪的天体？第二，你怎么能确定中子星真的存在？

14-1a 中子星的理论预言

中子粒子是 1932 年在实验室中发现的。仅仅两年之后，加州理工学院的天文学家沃尔特·巴德（Walter Baade）和弗里茨·兹威基（Fritz Zwicky）发表了一篇开创性的论文。他们表明，历史记录中的某些新星比其他的新星要亮得多，并认为这些新星是因爆发导致的大质量恒星核坍缩形成的，他们将其命名为"超新星"。巴德和兹威基预测，爆发恒星的核将形成一个小而致密的中子球，他们为此创造了中子星（neutron star）这个术语。

在接下来的几年里，科学家们应用量子力学原理来研究这样的天体是否真的可能存在。中子的自旋方式与电子类似，所以中子也必须遵守泡利不相容原则。这意味着，如果中子足够紧密地挤在一起，它们就会像电子一样处于简并态。白矮星是由电子简并压支撑的，而量子力学理论预测一个更加致密的中子可以通过中子简并压支撑自己。

坍缩的恒星核是如何变成大量中子的？核物理学提供了一个解释。随着超新星爆发的开始，核向内坍缩。如果坍缩的核的质量超过了钱德拉塞卡极限的 $1.4\,M_\odot$，就无法像白矮星一样达到稳定状态，因为简并电子无法支撑这么大的重力。核的坍缩仍在继续，高热物质发出的伽马射线击碎原子核。几乎在瞬间，不断增加的密度迫使释放的质子与电子结合，并通过这一反应生成中子：

$$e + p \rightarrow n + \nu$$

每个中子产生的副产品是一个中微子（用小写希腊字母 nu 表示 ν）。你在上一章中了解到，超新星爆发产生的中微子有助于将恒星的包层炸开。恒星的核被留下并成为一颗中子星。

哪些恒星会产生中子星作为遗迹？正如第 13-1e 节所介绍的，一颗初始质量小于 8~10 $M_\odot$ 的恒星可以损失足够的质量以形成一个行星状星云并留下一颗白矮星而终结。更大质量的恒星也会迅速损失质量，但是模型计算表明，它们不能快速减少质量使其质量降低到钱德拉塞卡极限以下，所以它们似乎一定会在超新星爆发中死亡。理论计算表明，在主序上开始生命历程的具有 10~20 $M_\odot$ 的恒星将会留下中子星。比这更大质量的恒星被认为会形成黑洞。

一颗中子星的质量能有多大？这是一个关键问题，也是一个很难回答的问题，因为科学家们不知道中子物质的强度。他们不能在实验室里制造这种物体，所以必须从理论上预测它的特性。最广为接受的计算结果表明，中子星的质量不可能超过约 3 $M_\odot$[①]。如果中子星的质量超过这个值，简并中子将无法支撑这么大的重力；这个天体将坍缩并可能会成为一个黑洞。大约有 5% 的中子星处于双星系统中，因此可以估计它们的质量（回顾一下第 9-5 节）。典型的质量约为 1.4 $M_\odot$（注意，这相当于白矮星质量的钱德拉塞卡极限）。到目前为止，

---

① 中子星的质量上限通常被称为奥本海默极限。——译者注

▲ 图 14-1 一个网球和一张地图说明了中子星的相对大小。这样一个物体，其质量略大于太阳的质量，但地图上华盛顿特区周围的绕城公路有足够的空间放下它

图源: Michael A. Seeds

直接测量的最大的中子星质量是 1.97 $M_\odot$ 和 2.01 $M_\odot$，在理论预测的质量极限范围内。

中子星有多大？数学模型预测，一颗中子星的半径应该只有 10 千米左右（见图 14-1），结合典型的质量，这意味着它的密度必须达到近 10^{15} 克/立方厘米。在地球上的糖盒大小的这种物质在中子星上将重达 10 亿吨以上。这大约是一个原子核的密度，所以你可以把中子星看作每一点空隙都被挤出的物质。

与你在前几章中用来理解普通恒星的物理学相同，简单的物理学理论预示着中子星应该是热的、快速自转的，并且有强大的磁场。你已经看到，收缩会加热恒星中的气体。当气体粒子向内下落时，它们的速度增加了，当它们发生碰撞并反弹时，它们的高下落速度转换为热能的随机运动（回顾第 11-1b 节）。一个大质量恒星的核突然坍缩到半径为 10 千米的物质，应该把它加热到 1 万亿（10^{12}）开尔文。理论预测，一个新生的中子星起初应该迅速冷却，因为中微子可以从它的整体中逃逸出来并把能量带走。几年后，中子星将冷却到仅有 100 万开尔文左右，也不会再大量产生中微子。从那时起中子星应该缓慢冷却，因为能量只能从表面辐射，而中子星非常小因而辐射的表面积相对很小。

角动量守恒原则预示着中子星应该快速自转。所有的恒星都会自转，因为它们是由星际物质的涡旋云形成的。当一颗恒星坍缩时，因为它存留了角动量，它必须更快地自转。想起滑冰运动员在伸开双臂时缓慢旋转，她在把双臂拉近身体时加速旋转的例子（回顾一下图 5-6）。以同样的方式，一颗正在坍缩的恒星在将其物质拉近自转轴时必须加速自转。如果太阳坍缩到半径为

10 千米，它的自转速度将从每 24.5 天一周增加到每秒 2000 次以上。因此，你可能会预期一个大质量恒星的坍缩核以每秒大约 1000 次的速度自转。

要理解中子星应该有一个强大的磁场这一预言并不难。恒星的气体是电离的，这意味着磁场不能轻易相对于气体移动。当恒星坍缩时，磁场被气体禁锢，并被挤压到一个较小的体积中，这可以使磁场的强度增大 10 亿倍。因为有些恒星初始的磁场比太阳的强 1000 多倍，所以一颗中子星的磁场可能比太阳的强 1 万亿倍。这比实验室中产生的任何磁场都要强 1000 万倍。

理论预言了中子星的性质，但也预测了中子星应该很难被观测到。中子星非常热，所以根据对黑体辐射的理解（参考维恩定律，式 7-2），可以预测它们辐射出的大部分能量将在电磁波谱的伽马射线和 X 射线部分，这些辐射在 20 世纪 60 年代之前是无法观测到的，因为当时的天文学家还不能把望远镜送到地球大气层之上。此外，中子星的表面积很小，这意味着它们将是暗弱的天体。尽管还没有发现任何中子星，但 20 世纪中期的天文学家还是确信中子星的存在。

14-1b　脉冲星的发现

1967 年 11 月，英国剑桥大学的研究生乔瑟琳·贝尔（Jocelyn Bell）在一台射电望远镜的数据中发现了一个奇特的图样。与来自其他天体的射电信号不同，这是一系列有规律的脉冲（见图 14-2）。起初，她和该项目的负责人安东尼·休伊什（Anthony Hewish）认为这个信号是来自地球上的干扰，但他们能在天空中的同一个位置日复一日地找到这个信号。很明显，该信号是来自宇宙天体的。

另一种可能性是脉冲来自一个遥远的文明，使天文学家甚至考虑将其命名为"小绿人"（Little Green Man, LGM）。但是在几周内，研究小组在天空的其他

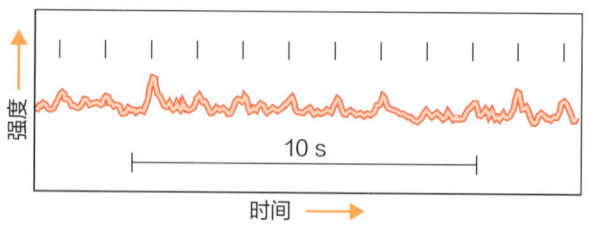

▲ 图 14-2　1967 年在射电望远镜的输出中探测到有规律的脉冲，射电从而发现了脉冲星。这张来自第一颗脉冲星 CP 1919 的射电信号记录，包含了有规律的脉冲（用刻度线标记）。脉冲周期后来被精确测量为 1.33730208831 秒

地方又发现了三个发射不同周期脉冲的天体。这些天体显然是自然形成的，于是研究小组放弃了 LGM 这个名字，而改用脉冲星（pulsar star/ pulsing star）。贝尔用她的射电望远镜观测到的脉冲源是第一个已知的脉冲星。

随着更多的脉冲星被发现，天文学家们对它们的性质争论不休。这些脉冲星的周期从 0.033 秒到 3.75 秒不等，而且每一个脉冲星几乎都像原子钟一样精确。然而，几个月的观测表明，脉冲星的周期正在以每天几十亿分之一秒的速度慢慢变长。不管是什么产生了有规律的脉冲，都必须是高度精确的，但也逐渐变慢。

要排除各种可能性是很容易的。脉冲星不可能是普通的恒星或白矮星，因为普通的恒星或白矮星都不可能有那么快的脉冲。表面有热斑的恒星也不可能自转得足够快来产生脉冲。即使是一个小的白矮星，如果它每秒自转 30 次也会粉碎。

脉冲本身给了天文学家们另一条线索。脉冲只持续约 0.001 秒，为产生脉冲的天体的大小设定了一个上限。如果一个直径为 12 000 千米的白矮星在这个时间间隔内闪烁，你就不会看到 0.001 秒的脉冲。这是因为白矮星上离地球最近的一点会比它的中心近 6000 千米（0.02 光秒），所以来自最近的一点的光会比来自天体主体的光早 0.02 秒到达。因此，它的短暂闪烁将被抹平成一个较长的脉冲。这是天文学中的一个重要原则——一个天体亮度改变的时间，不可能小于光通过其直径所需时间。如果脉冲星的脉冲只有 0.001 秒长，那么这些物体的直径就不可能大于 300 千米（190 英里），甚至可能更小。只有中子星才能小到足以成为一颗脉冲星。事实上，中子星非常小，以至于它的闪烁速度不足以慢到与观测结果相匹配，但它的自转速度可以达到每秒 1000 次而不会分崩离析。

当时天文学家在蟹状星云的中心发现了一颗脉冲星（回看图 13-17）时，脉冲星和快速自转的中子星之间缺失的联系在 1968 年被找到。正如你在上一章中所了解的，蟹状星云是一颗超新星的遗迹，理论预测其中的超新星爆发会留下中子星。短脉冲现象和蟹状星云中脉冲星的发现，有力地证明了脉冲星就是中子星。

到目前为止，已经发现了 2000 多颗脉冲星。但是，要找到更多脉冲星是很困难的，所以天文学家们正在发动个人用自己的计算机来分析和检索来自波多黎各阿雷西博天文台的射电数据，以寻找脉冲星。你可以通过下载名为"Einstein@Home"的屏保加入搜索团队。只要你的电脑空闲时，它就会从射电望远镜中下载数据文件并搜索脉冲星。在 Einstein@Home 项目的协调下，"公众科学家"已经通过个人电脑发现了 50 多颗新的脉冲星。

14-1c 脉冲星模型

正如你现在已经意识到的那样，科学家经常通过制作一个自然现象的模型来工作，这个模型不是用塑料和胶水制成的实体模型，而是描述自然界在特定情况下如何运作的知识概念、一组方程或计算机模拟。模型可能是有限的和不完整的，但它们能够帮助天文学家梳理他们对世界的认识。

脉冲星的现代模型被称为灯塔模型（lighthouse model），见"概念艺术·脉冲星的灯塔模型"。请注意 3 个重要观点：

1. 脉冲星发射的电磁辐射束随着中子星的自转在天空中扫过。如果这些辐射束没有扫过地球，我们的望远镜就无法探测到这些脉冲。

2. 产生辐射束的机制涉及极高的能量，并没有被完全理解。

3. 从地球大气层上方观测的现代空间望远镜可以对年轻中子星周围的物质进行细节的成像，甚至定位那些辐射束不扫过地球的孤立的中子星。

中子星是具有极端条件的复杂天体，现代天文学家需要同时使用广义相对论和量子力学试图来理解它们。尽管如此，天文学家对脉冲星的了解足以讲述其一生的故事。

14-1d 脉冲星的演化

当一颗脉冲星形成时，它会快速自转，可能每秒数百次。它向太空辐射的能量来自它的自转能量，所以当它向外喷射辐射束时，它的自转速度会减慢。一般的脉冲星估计只有几百万年的历史，而最古老的脉冲星大约有 1000 万年的历史。据推测，较老的中子星自转速度太慢，无法产生可探测的辐射束。

你可以预期，一颗年轻的中子星应该发出强大的辐射束。蟹状星云就是一个例子。蟹状星云只有大约 960 年的历史，它的脉冲星能量很高，它发射的光子的波长遍布整个电磁波谱，包括射电、红外、可见光、X 射线和伽马射线（见图 14-3）。两个轨道伽马射线望远镜，敏捷号 γ 射线天文卫星（Astro Rivelatore Gamma a Immagini Leggero，AGILE）和费米 γ 射线空间望远镜（Fermi Gamma-Ray Space Telescope，FGRST），已经探测到来自中子星或附近气体的伽马射

脉冲星的灯塔模型

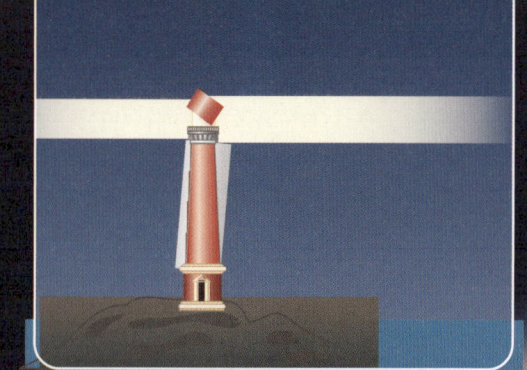

1 天文学家认为，脉冲星（pulsar）并不是作为"脉冲天体"（pulsing object），而是"发出辐射光束的自转天体"（spinning objects emitting beams of radiation）。当脉冲星自转时，光束在天空中扫过；当光束扫过地球时，观测者会检测到一个辐射脉冲，就像航海家看到旋转中的灯塔光束发出的瞬时闪光。理解这个灯塔模型的细节是一个挑战，其意义却是更明晰的。虽然中子星的半径只有几千米，但它可以产生强大的光束。而且，当脉冲星的光束恰好扫过地球的时候，观察者能轻易地检测到。

在这个艺术家的构想中，被困在中子星磁场中的气体，受激发光，并勾勒出原本看不见的磁场。

电磁辐射束是不可见的，除非它们能激发附近气体发光，或直接指向地球。

艺术家应该用什么颜色来画中子星呢？由于温度高达100万K，中子星表面发出的大部分电磁辐射都是X射线波长的。尽管如此，在你的眼中，它可能看起来是蓝白色的。

2 为什么中子星会发出电磁辐射束？这是现代天文学最具挑战性的问题之一，但天文学家有一个大致的构想。一颗中子星包含一个强大的磁场，并且旋转非常迅速。旋转的磁场产生了巨大的电场，而电场导致了电子—正电子（物质—反物质）对的产生。当这些带电粒子在磁场中被加速时，它们在运动方向上发射光子，在中子星的磁极处产生强大的辐射束。

艺术构想

带束中子星的自转

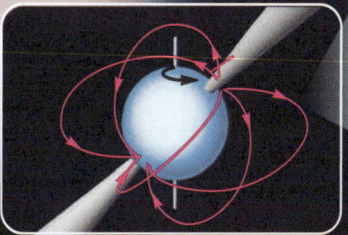

如同地球一样,中子星的磁轴也会向其自转轴倾斜

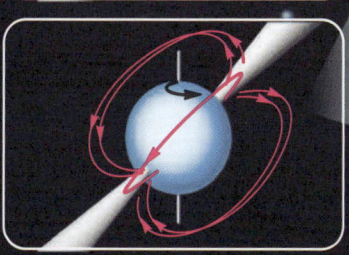

中子星的自转使其光束像灯塔光束一样四处扫射

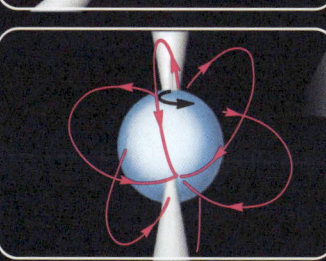

当光束指向地球时,观察者探测到一个脉冲

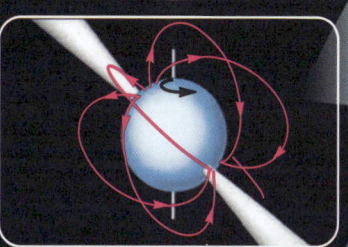

当两个光束都没有指向地球时,观察者检测不到任何能量

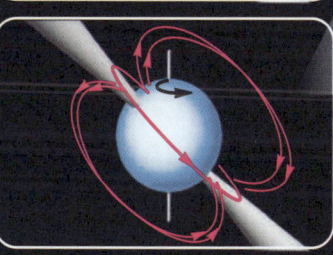

光束可能不像模型中那样完全对称

 对年轻脉冲星X射线波段的观测表明,它们被已经被激发的物质盘所包围,并发射出强大的激发气体喷流。电磁场会影响盘和喷流的形状,如果遇到外部磁场,喷流可能会弯曲。

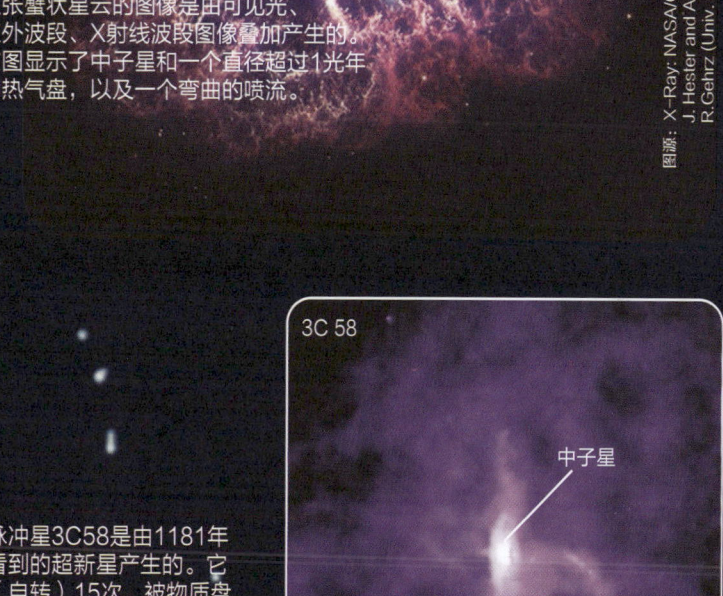

这张蟹状星云的图像是由可见光、红外波段、X射线波段图像叠加产生的。该图显示了中子星和一个直径超过1光年的热气盘,以及一个弯曲的喷流。

图源:X-Ray: NASA/CXC/J.Hester (Arizona State Univ.); Visual: NASA/ESA/J. Hester and A. Loll (Arizona State Univ.); Infrared: NASA/JPL-Caltech/R.Gehrz (Univ. of Minnesota)

右图中的脉冲星3C58是由1181年在地球上看到的超新星产生的。它每秒脉冲(自转)15次,被物质盘包围,并向两个方向发出喷流。

图源:NASA/CXC/SAO/P. Slane et al.

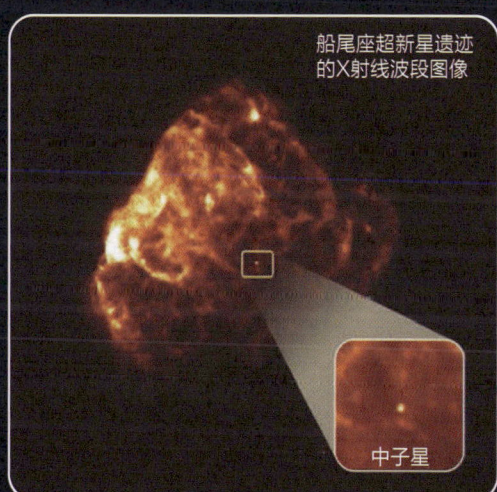

船尾座超新星遗迹的X射线波段图像

图源:NASA/ROSAT Project/S. Snowden, R. Petre (GSFC), C. Becker (MIT)

孤立中子星的可见光波段图像

图源:NASA/ESA/STScI/AURA/NSF/F. Walter (SUNY Stony Brook)

3a 如果一颗脉冲星的光束没有扫过地球,观测者就检测不到脉冲,而且中子星也很难被找到。不过,有几个这样的天体是已知的。左图中的超新星遗迹船尾屯电源A(PuppisA)大约有4000年的历史,包含一个被认为是中子星的X射线源。右侧图片来自哈勃太空望远镜,从中可以看到的孤立的中子星,RXJ185635-3754其表面温度为70万K。

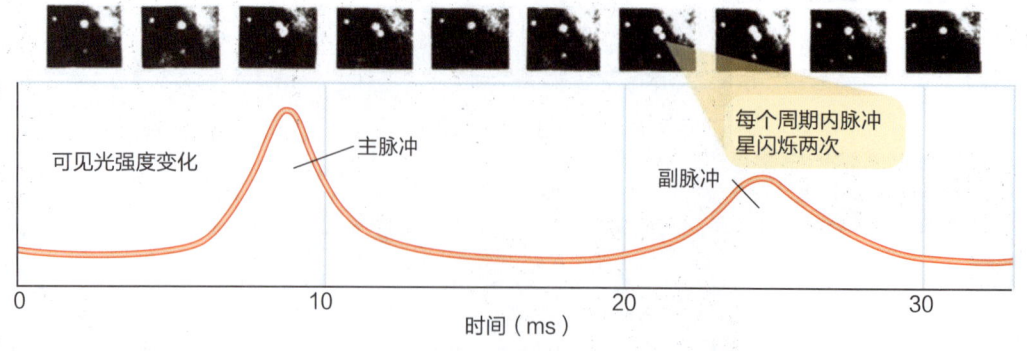
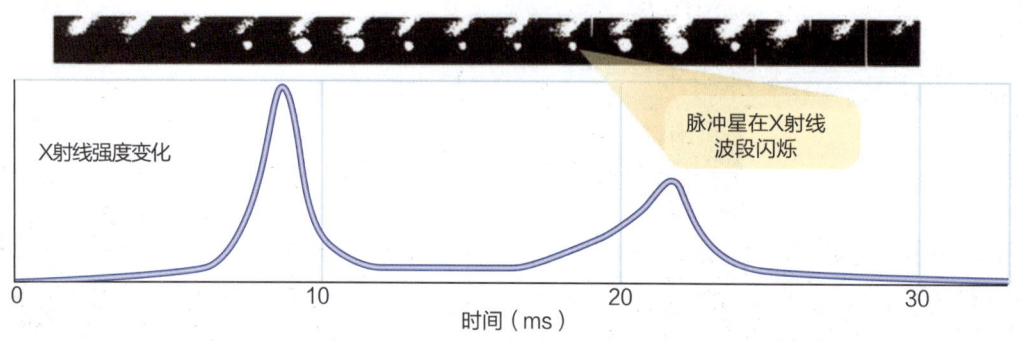

▲ 图 14-3 蟹状星云脉冲星的高速图像显示它在可见光和 X 射线波段下发生脉冲。脉冲的周期是 33 毫秒，每个周期包括两个脉冲，因为它的两束不等强度的辐射束扫过地球

图源：Adapted from F. R. Harnden and F. D. Seward 1984, Astrophysical KPNO/NOAO/AURA/NSF Journal 283, 279.

线耀斑。这表明在该地区发生了快速、剧烈的事件。

另一颗年轻的脉冲星叫作船帆脉冲星（Vela pulsar，位于南半球的船帆座 Vela/the Sails），也产生可见光波段的脉冲。与大多数脉冲星相比，船帆脉冲星的速度很快，每秒钟脉冲 11 次左右。像蟹状星云脉冲星一样，它位于一个超新星遗迹内。船帆脉冲星的年龄估计为 20 000—30 000 年，相对年轻。

费米已经探测到一种新的脉冲星的例子，它只在伽马射线发出脉冲。目前还不清楚这些脉冲是如何产生的，但由于伽马射线是极短波长的光子，这一过程必须涉及非常高的能量。这些伽马射线脉冲星中至少有一颗位于一个只有大约 10 000 年历史的超新星遗迹内。

辐射束中的电磁能量只是脉冲星所发出的能量的一小部分。约 99.9% 从脉冲星流走的能量是由高速原子粒子组成的脉冲星风携带的。这可以在年轻的脉冲星附近产生小的、高能的星云（见图 14-4）。

你可能会预期在超新星遗迹中找到所有的脉冲星，而所有的超新星遗迹都包含脉冲星，但统计结果必须被谨慎地检查。许多超新星遗迹可能确实含有脉冲星，但是其脉冲束不会扫过地球。另外，一些脉冲星在太空中高速移动（见图 14-5），很快就把它们的超新星遗迹抛在后面。显而易见，超新星的爆发可以不对称地发生，也许是因为爆发核心的剧烈湍流（回看图 13-13），这可以将产生的中子星以高速踢走。另外，一些超新星很可能发生在双星系统中，导致两颗恒星被高速甩开。（已知一些脉冲星速度之快，以至于它们可能会逃离银河系的盘。）另外，脉冲星在 1000 万年左右仍可被探测到，但超新星遗迹在混入星际介质前只能存在不超过 50 000 年。最后，正如你将在下一节中了解到的，一些超新星爆发会产生黑洞而不是中子星。由于所有这些原因，实际观察到的情况是，大多数脉冲星不在超新星遗迹中，许多超新星遗迹不包含脉冲星。

天文学家得出结论，超新星 1987A 的爆发形成了一颗中子星，因为在首次探测到可见爆发的几小时前，探测到中微子穿过地球（回看图 13-20）。理论预测，大质量恒星的内核坍缩成中子星时，会产生中微子，所以探测到这些中微子就是超新星产生中子星的证据。据预测，中子星一开始会隐藏在喷射到太空中的膨胀气体壳的中心，但是，随着气体的膨胀和变薄，天文学家最终应该能够探测到中子星。即使它的辐射束没有扫过地球，天文学家也希望能探测到它的 X 射线和伽马射线发射。尽管在 SN 1987A 的遗迹中还没有发现中子星，但天文学家仍在继续观测该处，等待看到一颗新生的脉冲星。

脉冲星如此迷人的原因是脉冲星能够反映自转的中

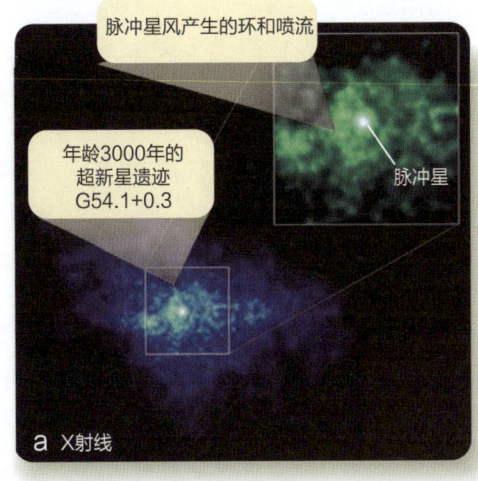
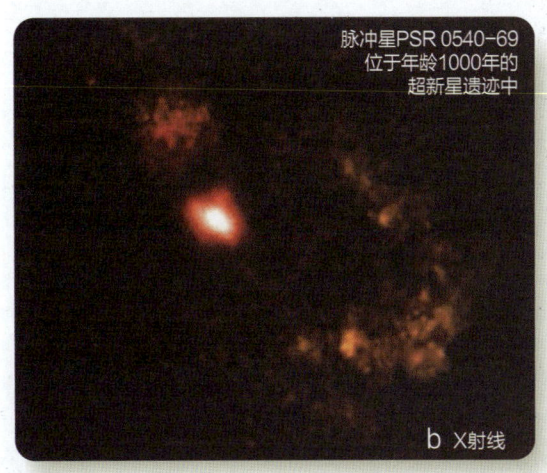
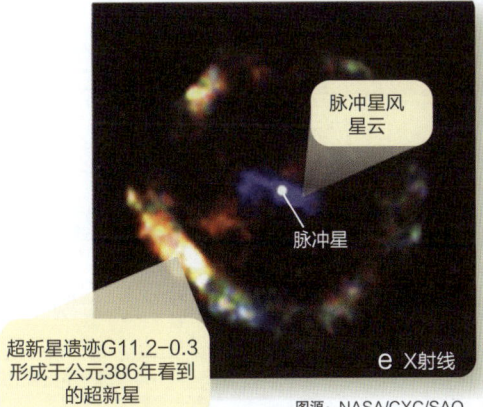
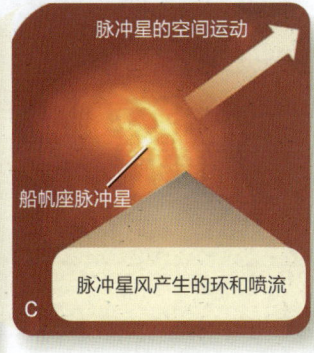

▲ 图 14-4 在 X 射线波长下可以看到脉冲星风的效应。当星风与周围气体相互作用时，星风的高能气体有时是可以探测到的。但是，并非所有的脉冲星都有可探测的星风

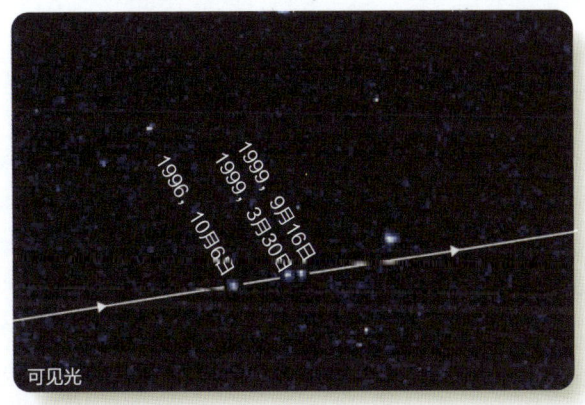

▲ 图 14-5 许多中子星在太空中具有很高的速度。当图中被称为 RX J185635-3754 的中子星快速穿过背景星时，其在三个不同的日期被拍到

子星中的极端情况。要想看到更多奇特的自然过程，你只需看看双星系统中的脉冲星。

14-1e 脉冲双星

一些脉冲星具有特殊的意义，因为它们位于双星系统中，天文学家可以通过研究双星的轨道运动了解更多关于中子星的情况。另外，在某些情况下，质量可以从伴星流向中子星，这就产生了高能量的剧烈事件。

第一个脉冲双星是在 1974 年发现的，当时天文学家约瑟夫·泰勒（Joseph Taylor）和他的研究生拉塞尔·赫尔斯（Russell Hulse）注意到脉冲星 PSR B1913116 的脉冲周期在变化。脉冲在一个时间为 7.75 小时的周期中，周期先是变长，然后变短，考虑到在分

泰勒和赫尔斯能够证明，脉冲双星的轨道周期正在慢慢变短，因为这些恒星正在以引力辐射的形式将轨道能量辐射出去，并逐渐向对方旋近。（正常的双星相距太远，运行速度太慢，无法释放出明显的引力辐射。）因其利用脉冲双星验证广义相对论的工作，泰勒和赫尔斯在1993年获得诺贝尔奖。2016年，激光干涉引力波天文台（LIGO）更是首次直接探测到了引力辐射。

2004年，射电天文学家宣布发现了一组脉冲双星：两颗脉冲星在仅仅2.5小时内相互绕转。来自两颗脉冲星的自转辐射束扫过地球（请回看本章开头的图片）。一个每秒自转44次，另一个每2.8秒自转一次。这个系统的发现就像是脉冲星研究领域的"大奖"，因为它们的轨道几乎完全侧向对着地球，而且强大的磁场和被束缚在磁场中的气体相互遮掩，给了天文学家一个研究其大小和结构的机会。此外，广义相对论预测，这些脉冲星正在发射引力辐射，因此它们的距离每天缩短7毫米。这两颗中子星将在8500万年后合并，据推测会引发一场剧烈的爆发。同时，可以测量到轨道周期的稳定缩减，给天文学家提供了对广义相对论和引力辐射的另一个检验。

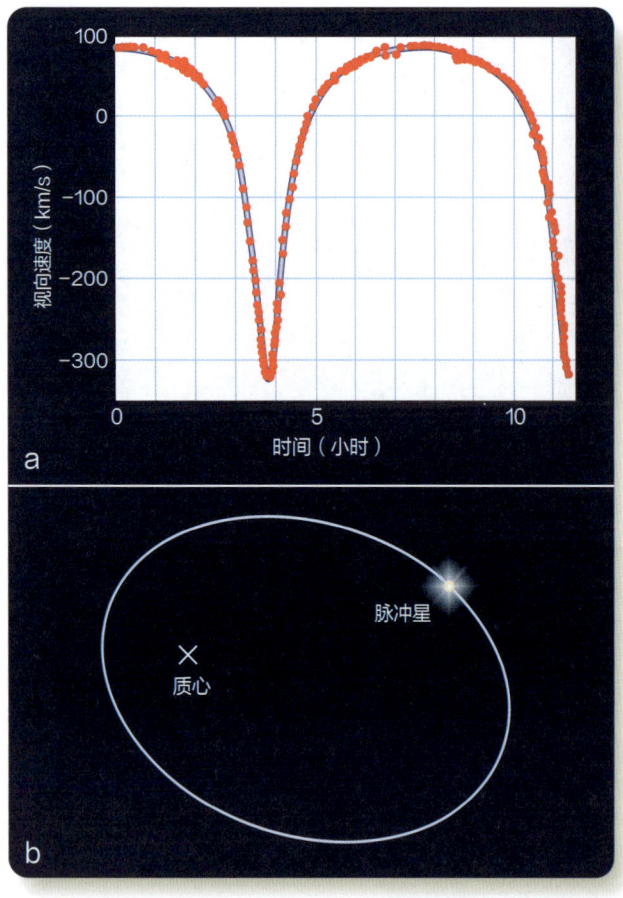

▲ 图14-6 （a）脉冲星PSR B1913116的径向速度可以从其脉冲的多普勒频移中找到。（b）通过分析径向速度曲线，天文学家可以确定该脉冲星的轨道。在这里，质心似乎并不在椭圆轨道的焦点上，因为这个轨道相对于地球的视线是倾斜的

光双星中看到的多普勒频移，射电天文学家意识到这颗脉冲星一定是在一个轨道周期为7.75小时的双星系统中。当脉冲星的轨道运动将其带离地球时，天文学家看到脉冲周期稍微延长——这是一种红移。然后，当脉冲星绕过其轨道并接近地球时，他们看到脉冲周期稍微缩短——这是一种蓝移。就像分光双星一样，根据这些变化的多普勒频移，泰勒和赫尔斯计算了脉冲星在其轨道上移动时的径向速度。然后对所得到的径向速度与时间的关系图进行分析，找出脉冲星轨道的形状（见图14-6）。对PSR B1913116的这些研究表明，这个双星系统由两颗中子星组成，两星相隔的距离大致相当于太阳的半径，其中一颗是"宁静的"（从地球上看不到脉冲）。

然而，另一个惊喜隐藏在PSR B1913116的运动中。爱因斯坦的广义相对论将引力描述为时空的曲率。爱因斯坦意识到，引力场的任何快速变化都应该以光速向外扩散，称为引力辐射（gravitational radiation）。

除了产生引力辐射外，中子星强烈的引力场意味着，如果物质从一颗恒星转移到中子星上，脉冲双星可以成为巨大的爆发现象发生的场所。引力场非常强大，以至于一个天文学家踏上中子星的表面时会立即被挤进只有一个原子厚的物质层中。物质落入这个引力场会释放出巨大的能量。如果你把一个苹果从1 AU的距离扔到中子星的表面，它的撞击力相当于半兆吨级的核弹头。一般来说，一个粒子从很远的地方落到中子星的表面，将释放出相当于约$0.2 mc^2$大小的能量，其中m是粒子的静止质量，c是光速。即使少量的物质从伴星流向中子星，也会产生高温并释放X射线和伽马射线。

武仙X-1（Hercules X-1）就是这样一个活动系统的例子，它包含了中子星和一颗2MQ的主序星，它们以1.7天的周期相互绕转（见图14-7）。（它的名字意味着它是在武仙座发现的第一个X射线源。）从普通恒星流向中子星周围吸积盘的物质达到了数百万开尔文的温度，并发射出强大的X射线。气体与中子星磁场的相互作用产生了X射线束，随着中子星的自转扫过天空（图14-7b）。每次辐射束指向地球时，地球就会收到一个X射线的脉冲。每隔1.7天，当中子星在普通恒星后面被遮挡时，X射线就会完全消失。武仙座X-1有许多不同的高能过程同时进行，但这个速写可以说明在质量转移过程中，这种双星系统是多么复杂和强大。

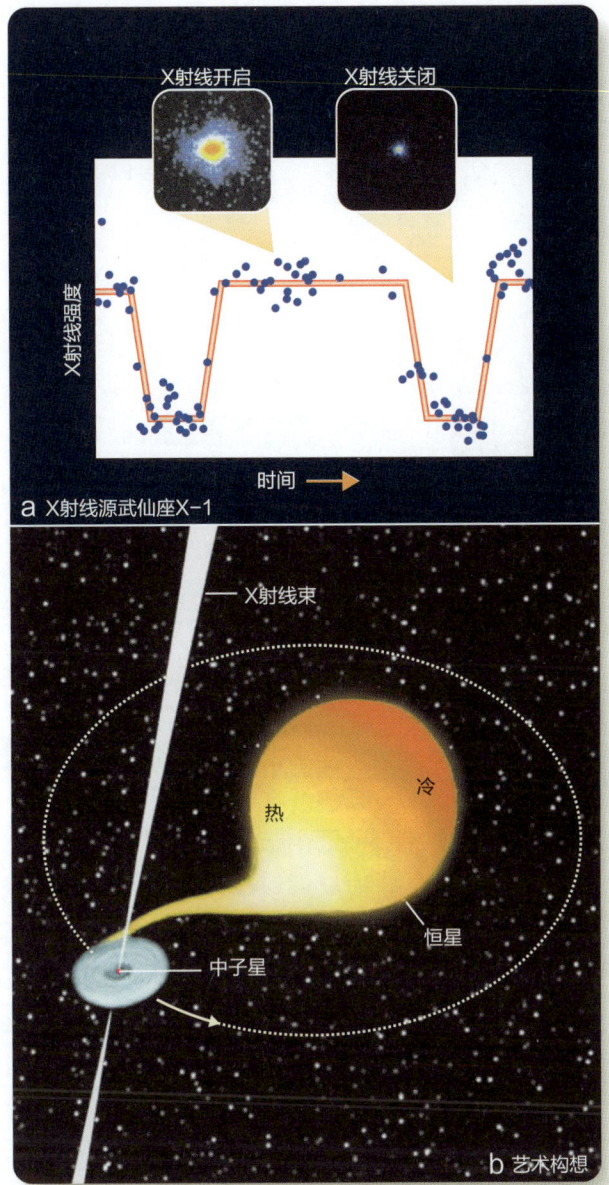

图源：(a)Insets: J. Trümper, Max-Planck-Institut für Extraterrestrische Physik
(b)J. Trümper, Max-Planck-Institut für Extraterrestrische Physik

▲ 图14-7 （a）来自武仙座X-1的X射线脉冲有时开启，有时关闭。X射线强度与时间的关系图看起来就像一个食双星的光变曲线。（b）在武仙座X-1中，物质从一颗恒星流入一个围绕中子星的吸积盘，产生X射线，将恒星的近侧加热到20 000开尔文，而远侧只有7000开尔文。当中子星在恒星后面被遮掩时，X射线就会从地球的角度关闭

X射线源4U 1820-30说明了中子星与其他恒星相互作用的另一种方式。在这个系统中，一颗中子星和一颗白矮星围绕它们的质心运行，周期只有11分钟（见图14-8）。这两个天体之间的距离只有地球和月球之间距离的1/3，比主序星还要小。如此密近的一对恒星遗迹是如何产生自一个普通的双星系统的？理论家们认为，一颗中子星与一颗巨星相撞，并进入了巨星内部的轨道。（回顾巨星外包层的低密度。）中子星会逐渐从内部吞噬掉巨星的包层，而巨星的核最终会坍缩成一个白矮星。物质仍然从白矮星流向一个吸积盘，然后落至中子星的表面（见图14-8c），在那里它积聚在一个简并层中，直到它点燃氦聚变，产生X射线暴。被称为X射线暴源（X-ray bursters）的天体被认为是这种涉及质量转移到中子星的双星系统，每次积累了足够的简并燃料层时，X射线暴源就会重复出现。注意这个机制与新星爆发的机制之间的相似性（回看图13-8）。

14-1f 最快的脉冲星

你对脉冲星的了解表明，新生的脉冲星应该快速闪烁，而老的脉冲星的闪烁动作则会放缓。事实上，闪烁最快的那几颗脉冲星可能已经相当老了。目前已知闪烁最快的脉冲星被编为PSR J1748-2446ad。它每秒脉冲716次，而且只是稍微放慢了速度。一个中子星以这种速度自转所储存的能量相当于一颗超新星爆发的总能量，所以一开始解释这颗脉冲星似乎很困难。现在看来，这颗快速脉冲星是一颗古老的中子星，它从一个双星系统的伴星那里获得了质量和自转能量。就像水打在水车上一样，落在中子星上的物质使它的自转速度快到了难以置信的程度。由于它的磁场很弱，所以它只是逐渐放慢了速度，并将继续快速自转很长一段时间。

其他一些非常快的脉冲星也已被发现。它们通常被称为毫秒脉冲星（millisecond pulsar），因为它们的脉冲周期，或者说自转周期，大约是一毫秒（0.001秒）。这种快速自转产生了一些迷人的物理现象：如果一颗半径为10千米的中子星每秒钟自转716次，那么它的赤道必须以几乎1/4光速运动。这个速度足以将中子星压成扁球形。

在地球大气层上方轨道上的伽马射线望远镜已经探测到了大量的这类快速脉冲星。可能所有的毫秒脉冲星都会产生伽马射线，因为它们极快的自转导致了脉冲星磁场和附近气体之间的高能量相互作用。

科学家提出假说，认为毫秒脉冲星由伴星的质量转移而自转，但是他们还需要具体证据。目前，有些证据已被发现：一个例子是X射线源XTE J1751-305，这是一个周期为2.3毫秒的脉冲星。X射线观测显示，它正在从一颗伴星中获得质量。它的轨道周期只有42分钟，而伴星的质量是$0.014\,M_\odot$，只有木星质量的15倍。证据表明，这颗中子星已经几乎吞噬了其双星伴星的所有物质。

◀ 图 14-8 （a）在可见光波段，星团 NGC 6624 的中心挤满了恒星。（b）在紫外波段，有一个天体非常明显，它是一个 X 射线源，由绕转白矮星运行的中子星组成。（c）艺术家的构想图，物质从白矮星流向中子星周围的吸积盘

图源：(a)NASA/ESA/STScI/AURA/NSF/Ivan King (UC Berkeley)
(b)NASA/ESA/STScI/AURA/NSF/Ivan King (UC Berkeley)
(c)NASA/STScI

14-1g 脉冲星行星

由于脉冲星的周期非常精确，天文学家可以通过与原子钟进行比较来检测微小的变化。当天文学家检查脉冲星 PSR B1257+12 时，他们发现脉冲周期的变化很像脉冲双星的轨道运动引起的变化（见图 14-10a）。然而，在 PSR B1257+12 的情况下，这些变化要小得多，当它们以多普勒频移解释时，很明显这颗脉冲星至少被两个质量分别为 4.3 倍地球质量和 3.9 倍地球质量的天体绕行——类似于行星的质量大约为太阳质量的 $1/10^5$。

天文学家们对一些没有伴星的毫秒脉冲星感到好奇。它们是由质量转移以外的某些过程产生的吗？脉冲星 PSR B1957+20，也被称为"黑寡妇"（black widow，见图 14-9），似乎表明它们都可能曾经是双星系统的成员。"黑寡妇"的周期为 1.6 毫秒，被一颗褐矮星伴星绕转。没有证据表明目前有质量转移。然而，该系统的光谱显示，来自中子星的辐射爆发和高能粒子现在正在蒸发伴星。当伴星完全消失时，大概会留下一个新的孤立的毫秒脉冲星。自从黑寡妇脉冲星被发现以来，又发现了 20 个脉冲星蒸发低质量伴星的例子。

科学家们说："给我看看证据。"就中子星而言，天文学家已经收集了足够的证据，确信这种物体确实存在。关于中子星的形成和演化，以及它们如何发射辐射束的假说并没有那么坚定；但许多波段下的持续观测，正在扩大天文学家对大质量恒星遗迹的了解。事实上，精确的观测已经让科学家们发现了很多意想不到的天体。

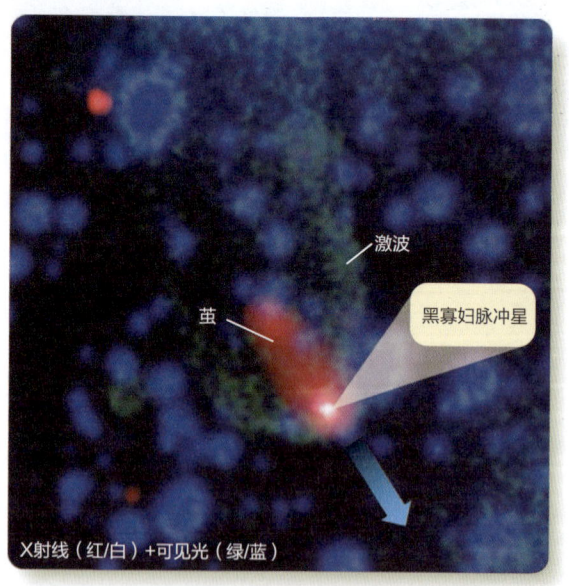

图源：Xray: NASA/CXC/SAO/ASTRON/B. Strappers et al.; Visual: AAO/J.Bland-Hawthorn & H. Jones

▲ 图 14-9 黑寡妇脉冲星和它的伴星在空间中快速移动，产生的冲击波就像快艇前面的船头波。冲击波将脱离脉冲星的高能粒子限制在一个拉长的（红色）茧中

这些行星的引力使脉冲星围绕系统的质心摆动不到 800 千米，从而产生了观测到的周期的微小变化（见图 14-10b）。

天文学家们以既热情又怀疑的态度来迎接这一发现。像往常一样，他们寻找方法来验证这一假说。简单的引力理论预测，同一系统中的行星应该相互作用并略微改变对方的轨道。当他们分析数据时，发现了这种相互作用，并进一步证实了行星的存在。事实上，后来的数据显示了第三颗行星的存在，其质量只有地球的 1/40，大约是月球质量的两倍。这说明了基于脉冲星计时的研究具有惊人的精确性。

你可能会想，一颗中子星怎么会有行星？你的天文学家伙伴们也发现这一点令人费解。围绕 PSR B1257+12 运行的三颗最里面的行星比金星离太阳还近。任何围绕恒星运行的行星都会在恒星膨胀成为超巨星时被吸收或气化。此外，如果产生中子星的超新星爆发没有直接摧毁行星，那么它就会通过突然减少恒星的质量而使行星从其轨道上逃脱。那么，这些行星怎么可能存在呢？一种可能性是，这些行星是被中子星吞噬的恒星伴星的遗骸。事实上，PSR B1257+12 的自转速度非常快（每秒 161 个脉冲），这表明它是在一个双星系统中自转起来的。然而，在红外波长下观测的斯皮策太空望远镜已经探测到在另一颗快速自转的中子星周围有一圈气体和尘埃。如果超新星爆发可以留下这样的物质环，那么也许行星可以通过环中的物质积累而形成。

PSR B1257+12 并非独一无二。在另一颗脉冲星那里，也已经发现了行星运行。这颗脉冲星是一个非常古老的星团中与白矮星组成的双星系统的一部分。不过，这个系统的特点表明，这颗行星可能是被捕获的，而不是产生中子星的超新星爆发的碎片。行星可能围绕其他中子星运行，而脉冲时间的微小变化可能最终会显示出它们的存在。

这些行星可能是什么样的呢？它们是由恒星的残骸形成的，所以它们的化学成分可能比地球的重元素要丰富得多。你可以想象造访这些天体，降落在它们的表面，徒步穿越由金、铅和铀构成的山谷和山脉。在你的上方，中子星将在天空中闪闪发光，是微小而致命的光点。

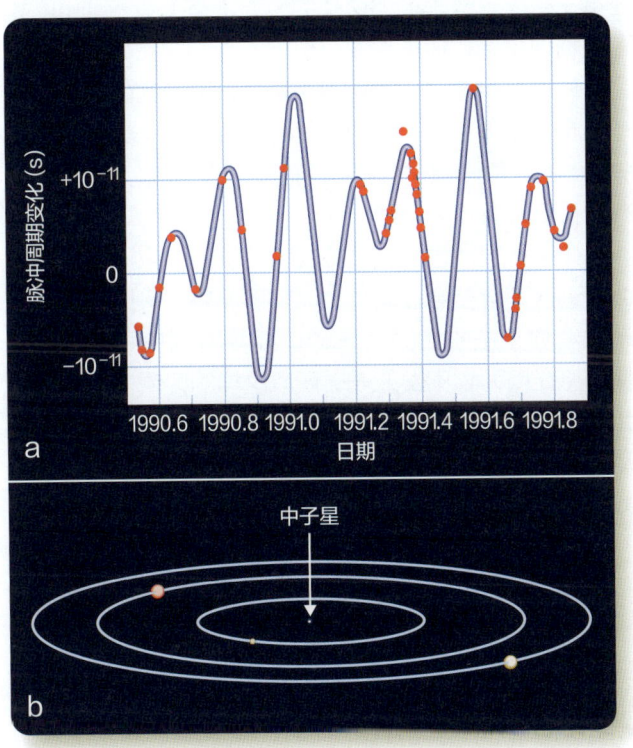

▲ **图 14-10** （a）该图中的点代表观测结果，显示在大约一个地球年的时间跨度内，脉冲星 PSR B1257+12 的周期与它的平均值有 1/10⁹ 秒的变化。蓝线表示由围绕脉冲星运行行星影响的模型所预测的变化。（b）当行星绕着脉冲星运行时，它们会导致脉冲星摆动不到 800 千米（ 500 英里），这个距离小到在这张图中根本看不见。最外层的行星的轨道距脉冲星大约 0.46AU，比水星离太阳要远，但比金星离太阳要近

践行科学

如果你想探测中子星，为什么你可能想使用 X 射线望远镜？科学家需要决定，哪种仪器能够回答哪种特定的问题。

首先我们回顾一下，中子星是非常热的，因为当它从超巨星核的大小收缩到半径为 10 千米时会释放热量。它的表面温度很容易达到 100 万开尔文，维恩定律（式 7-2）告诉你，这样的天体辐射最强处的波长非常短——X 射线和伽马射线。正常的恒星要冷得多，而且只发出微弱的 X 射线，除非它们有热的吸积盘。在可见光波段，恒星是明亮的，而中子星是暗弱的，但在 X 射线波段，中子星脱颖而出。

现在假设你正在为一个研究项目寻求资金。你会如何做观测计划，进而确定新发现的脉冲星是年轻的还是年老的，是单星还是双星系统的成员，是单独的还是有行星伴随的？

第二部分 恒星

14-2 黑洞

你已经研究了白矮星和中子星，这是死亡恒星的三种最终状态中的两种。现在是时候考虑恒星的第三种最终状态了。

不使用复杂的数学就很难讨论黑洞的特征。但是，简单的物理学可以预测它们的存在，我们对恒星演化的了解以及中子星的质量极限的推测也意味着黑洞应该存在。如何确认黑洞是真实存在的呢？宇宙中观测到的哪些物体实际上可能是黑洞？比起寻找中子星，对黑洞的探索更加困难，但也取得了成功。

为了开始你对黑洞的研究，请先考虑一个简单的问题：一个物体必须以多快的速度才能逃离天体的表面？

14-2a 逃逸速度

假设你把一个棒球直接扔到天上去，你必须把它扔多快它才不会掉下来？当然，地心引力总是会把它拉回来，让它的上升速度变慢。但如果球一开始就运动得足够快，它就不会停下来，也不会掉下来；这样的球会从地球上逃走。

在第 5-2c 节和第 5 章的"概念艺术·轨道"中，你了解到逃逸速度是一个物体逃离天体所需的初始速度。无论你讨论的是一个离开地球的棒球，还是一个逃离坍缩恒星的粒子，逃逸速度都取决于两件事：天体质量和从质心到逃逸物体的距离。如果天体的质量很大，它的引力就很强，就需要很高的速度来逃离天体；如果你在离质心很远的地方开始你的旅程，需要的逃逸速度就比较小。

使用式 5-1b，你计算出离开地球表面的逃逸速度是 11.2 千米/秒（25 100 英里/小时），但如果你能从 1000 英里高的塔顶发射飞船，逃逸速度将只需 10.4 千米/秒（23 300 英里/小时）。使用同样的公式，你可以计算出从太阳表面离开的逃逸速度。太阳的质量是 1.99×10^{30} 千克，其半径是 6.96×10^{8} 米：

$$V_e = \sqrt{\frac{2GM_\odot}{R_\odot}} = \sqrt{\frac{2 \times 6.67 \times 10^{-11} \times 1.99 \times 10^{30}}{6.96 \times 10^8}}$$

$$= \sqrt{3.81 \times 10^{11}} = 6.18 \times 10^5 \text{ 米/秒} = 618 \text{ 千米/秒}$$

英国天文学家约翰·米切尔牧师（Reverend John Mitchell）意识到牛顿的引力和运动定律会引致一个特别有趣的结果：如果一个天体的质量足够大或尺寸足够小，它的逃逸速度可以大于光速。1783 年，米切尔指出，一个半径为太阳半径 500 倍但密度相同的天体，其逃逸速度将大于光速。那么，"从这样一个物体发出的所有光线都会回到它的身边"。这样一个致密的物体永远不可能被看到，因为光不能离开它。米切尔当时不知道，但他描述的就是一个黑洞的特征。现在，我们通过爱因斯坦的狭义相对论可以得知，没有什么东西能比光速更快；所以，如果光不能逃离一个物体，其他东西也不能。

14-2b 施瓦西黑洞

如果一颗恒星的核含有超过 $3 M_\odot$ 的物质，当它坍缩时，没有任何力量可以阻止它。在它达到白矮星的密度时，它不会停止坍缩，因为简并的电子无法支撑这个重量。当它达到中子星的密度时，它也不会停止，因为简并的中子也无法支撑这个重量。该物体必须坍缩到零半径。没有任何力量可以阻止该物体坍缩到零半径。

当一个物体坍缩时，它的密度和表面重力的强度会增加。如果一个物体坍缩到零半径，其密度和引力就会变得无穷大。数学家称这样的点为奇点（singularity），但在物理学上，很难想象一个半径为零的物体。一些理论家说，奇点在真实的宇宙中是不可能存在的；量子物理学定律预测，该天体会以某种方式在一个大小为质子 $1/10^{20}$ 的亚原子尺寸上停止坍缩。在天文学上，这和零半径似乎没有什么区别。

如果一颗恒星的收缩核变得足够小，它周围空间区域的逃逸速度就会非常大，以至于没有光可以逃逸。这意味着你无法收到关于该物体或其附近空间区域的任何信息。因为它不发射光，所以这样的区域被称为黑洞（black holes）。如果一颗恒星爆发的核坍缩成为一个黑洞，恒星膨胀的外层可以产生一个超新星遗迹，但是核会消失得无影无踪。

为了进一步了解黑洞，你需要复习一下相对论。正如你在第 5-3b 节学到的，爱因斯坦在 1916 年发表了一个关于空间和时间的数学理论，被称为广义相对论。爱因斯坦将空间和时间视为单一的实体，称为"时空"，他的方程显示，引力可以被描述为时空的曲率。几乎在同一时间，天文学家卡尔·施瓦西（Karl Schwarzschild）找到了一种方法来解爱因斯坦的方程，以描述一个不自转的、电中性的物质周围的引力场。这个解包括对黑洞的首次广义相对论描述，而这种不自转的、电中性黑洞现在被称为"施瓦西黑洞"（Schwarzschild Black Hole）。近几十年来，罗伊·克尔（Roy Kerr）和史蒂芬·霍金（Stephen Hawking）

▲ 图 14-11 当一个物体坍缩到很小的尺寸时（也许是一个奇点），就会形成黑洞。并且逃逸速度变得非常大以致光无法逃逸时，黑洞的边界被称为事件视界，因为里面发生的任何事件对外部观测者来说都是不可见的。黑洞的半径 R_S 是施瓦西半径

等理论家找到了应用广义相对论和量子力学的复杂数学方程来描述自转和带电黑洞的方法。在本书讨论的层面上，这些方程的差异是很小的，所以目前你可以把所有的黑洞都看作施瓦西黑洞。

施瓦西的解表明，如果物质被挤在一个足够小的体积里，那么时空就会向自己弯曲。物体可以沿着路径进入黑洞，但没有路径可以出去，所以没有东西可以逃脱。因为连光都无法逃脱，所以黑洞的内部完全超出了外部观测者的视野。事件视界（Event Horizon）是那个孤立的时空区域与宇宙其他部分之间的边界。事件视界的半径被称为施瓦西半径（Schwarzschild Radius，R_S）。一个质量足够大的坍缩的恒星核必然不可避免地收缩到其施瓦西半径内，从而产生一个黑洞（见图14-11）。

尽管施瓦西的工作是高度数学化的，但他的结论很简单。施瓦西半径只取决于物体的质量：

式 14-1 施瓦西半径

$$R_S = \frac{2GM}{c^2}$$

在这个简单的公式中，G 是引力常数，M 是质量（单位：千克），c 是光速（单位：米/秒）。

例子：计算太阳质量天体的施瓦西半径（$M_\odot = 1.99 \times 10^{30}$ 千克）。

解答：

$$R_S = \frac{2GM_\odot}{c^2} = \frac{2 \times 6.67 \times 10^{-11} \times 1.99 \times 10^{30}}{(3.00 \times 10^8)^2}$$

$$= 2.95 \times 10^3 \text{ 米} = 2.95 \text{ 千米}$$

因此，$1\,M_\odot$ 黑洞的施瓦西半径约为 3 千米，$10\,M_\odot$ 的黑洞的施瓦西半径约为 30 千米，以此类推。施瓦西半径与质量呈线性关系（见表 14-1）。

表 14-1 施瓦西半径

		质量 $M_\odot$	R_S
Star	恒星	10	30 km
Star	恒星	3	9 km
Sun	太阳	1	3 km
Earth	地球	0.000003	0.9 cm

每个质量的天体都有一个相应的施瓦西半径。例如，一个具有地球质量的物体的施瓦西半径约为 1 厘米，这意味着如果你能将地球挤压得小于这个半径，它将成为一个黑洞。当然，地球不会自发坍缩成为一个黑洞，因为其内部的岩石和金属的强度足以支撑其重量。只有质量超过约 $3\,M_\odot$ 的灭亡恒星核才能在其自身引力的唯一影响下形成黑洞。

有人说黑洞是"巨大的吸尘器"，最终会吸走宇宙中的一切，这是一个常见的误区。黑洞只是一个引力场，在很大的距离内，它的引力与具有相同质量的常规天体的引力是一样的。如果太阳突然被一个 $1\,M_\odot$ 的黑洞取代，那么行星的轨道根本不会改变。如图 14-12 所示，通过将引力场表示为时空结构的曲率来说明这一点：正常的不弯曲的时空是由一个平面表示的，而像恒星这样的质量的存在会使平面弯曲，产生一个凹陷。在这个图形中，黑洞周围的极端曲率产生了一个深漏斗状的表面。但正如你可以从图中看到的那样，只有当你接近黑洞时，黑洞的重力才会变得极端。

现在你可以去除另一个常见的误区了：由于电影和电视的特殊效果，有些人认为黑洞实际上应该看起来像漏斗；当然，黑洞周围的重力强度图看起来确实像漏斗，但黑洞本身的形状并不像漏斗。如果能接近一个黑洞，你也许能看到热气向内旋进，但你无法看到黑洞本身。

第二部分 恒星 275

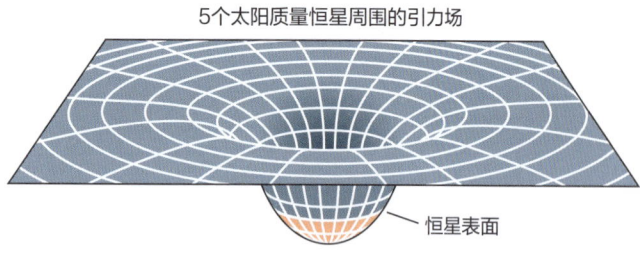

▲ 图 14-12 如果你落入一颗恒星的引力场，你会在落得很深之前就撞到恒星的表面。由于黑洞非常小，你会落入其引力场的更深处，并最终穿过事件视界。在远处，两个引力场是一样的

14-2c 跃入黑洞

在你寻找真正的黑洞之前，你需要了解关于黑洞附近发生的事情的理论预测。为了探寻这些观点，你可以想象一下自己跳进了一个施瓦西黑洞。

如果你从 1AU 的距离跃入一个具有太阳质量的黑洞，你在起点处的引力不会很大，最初你会缓慢下降。

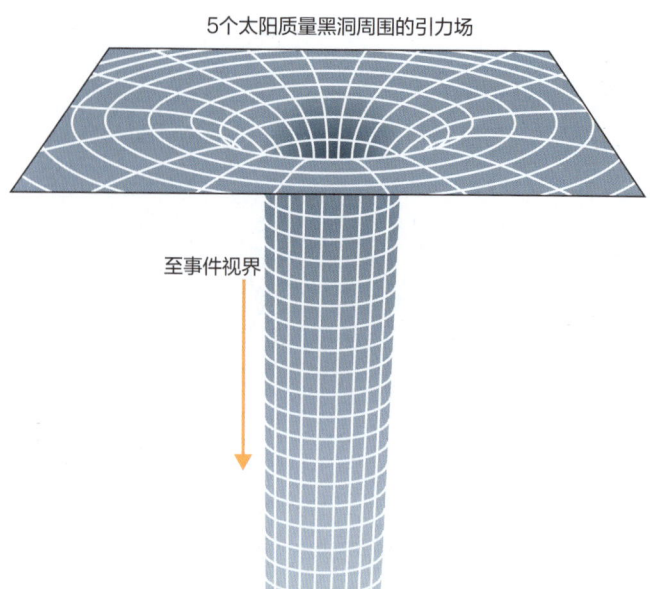

当然，你下落的时间越长，越接近中心，你的速度就越快。你的腕表会告诉你，当你到达事件视界时，你已经下落了大约两个月。

留在你后面的朋友会观察到不同的情况。他们会看到，当你接近事件视界时，你的下落速度越来越慢；因为正如广义相对论所预言以及实验证实的那样，时间在弯曲的时空中会变慢。这就是所谓的时间延缓（time dilation）。事实上，你的朋友永远不会真正看到你穿过事件视界。对他们来说，你会越来越慢地下落，直到你似乎几乎不再移动。几代人之后，你的后代可以将他们的望远镜对准你，看到你仍然在不断地接近事件视界。然而对你而言，你不会感觉到减速，并会得出结论说你在两个月后到达了事件视界。

另一个相对论效应会使普通望远镜很难看到你。当光离开引力场时，它失去能量，其波长变长。这就是所谓的引力红移（gravitational redshift）。你的朋友需要以越来越长的波长进行观测，才能发现你。

这些相对论的影响似乎只是听上去奇怪，但其他的影响将真正地令人不快：如果你的脚在下，你会感觉到离黑洞更近的脚，比你的头感觉被拉扯得更强。这是一种潮汐力，起初它是微弱的。但是当你越来越接近黑洞时，潮汐力会变得非常大。当你被拉向黑洞中心时，另一个潮汐力会施加在你的左侧和右侧将你压缩。对任何具有像恒星一样质量的黑洞来说，潮汐力会在你到达事件视界之前将你从侧面压垮，并将你在纵向拉长（见图14-13）。

你的身体如此严重和快速地扭曲所产生的摩擦会使你的温度上升到数百万开尔文，当你接近事件视界时，你会发出 X 射线和伽马射线。（不用说，这些影响将使你无法再作为一个细致的观测者了。）

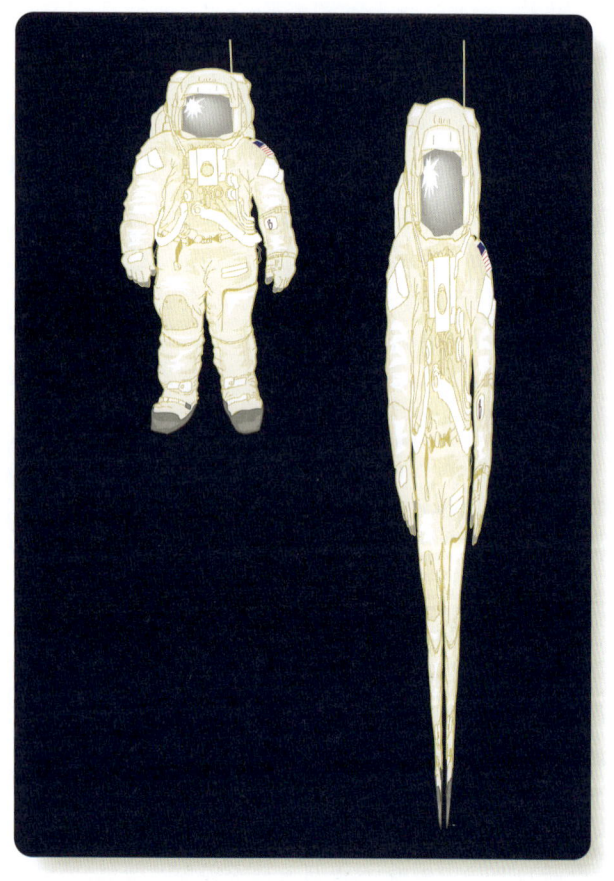

▲ 图 14-13 脚先跃入黑洞。一个正常比例的人（左）在到达一个典型恒星质量黑洞周围的事件视界之前，会被潮汐力（右）扭曲。潮汐力将纵向拉伸身体，同时横向压缩身体。这种扭曲产生的摩擦力将使身体加热到高温

我们如何得知 14-1

检查科学中的造假行为

你怎么知道科学家不是在胡编乱造呢?

科学界特殊的思维和实验规范使造假行为非常困难,尤其是科学家发表研究报告的方式,长时间的造假几乎不可能实现。科学家们相互依赖以保证诚实,但他们也会仔细检查一切。

例如,在整个北美洲,黑顶山雀都唱着同样的"歌曲"。有些人说它听起来像"叽喳喳",但其他人说它听起来像"甜蜜蜜"。你可以编造一些数据表格,然后发表一篇论文,报告你在明尼苏达州北部的阿什湖周围记录了黑顶山雀的演唱情况,并证明它们唱的是"甜蜜蜜"。脑科学和动物学习等领域的专家会大吃一惊,而你的研究成果可能会为你赢得同事的赞誉,获得一所著名大学的工作机会和一笔慷慨的资助。但是,这一切的前提是你能通过科学界的审核。

你计划的第一步是在一本科学杂志上发表你的成果。因为该杂志的声誉取决于它所发表的论文的准确性,所以编辑会将所有提交的论文发给一个或多个专家进行同行评审。那些研究黑顶山雀的世界专家几乎肯定会注意到,你的数据表可能存在捏造的问题。根据他们的建议,编辑可能会拒绝发表你的论文。

即使你的假数据骗过了同行评审员,一旦论文发表,你也可能会被"逮住"。研究鸟鸣的专家会读到你的论文,并拥向阿什湖,亲自研究奇怪的"甜蜜蜜"歌曲。结果,他们会发现你的报告并不正确。到了第二年春天,你就会发现期刊将发表一篇令人尴尬的撤稿声明。

图源:Steve and Dave Maslowski/Science Source

所有黑顶山雀唱同样的歌

科学的规则之一是,好的结果必须是可重复的。科学家们经常重复别人的工作,不仅是为了检查结果,也是为了开始一个新的研究课题。当有人宣布一个新的发现时,其他科学家就会开始问:"这与其他观测结果如何吻合?这是否被检查过?这是否经过了同行评审?"在一个科学研究结果被发表在同行评议的杂志上之前,科学家们会格外小心地对待它。事实上,面对无论多么激动人心的科研成果,在直到同行评议的杂志接受了包含这些结果的论文前,NASA 和其他联邦科学机构都不会安排新闻发布会来做相关报告。

造假在科学界并非闻所未闻。但是由于同行评议和科学中的可重复性要求,不好的研究,无论是因为粗心还是造假,通常很快就会被曝光。

有些人指出,物体可以从一个地方跃入黑洞,然后从另一个地方跳出来,并且在宇宙中实现快速远距离旅行。这可能是很好的科幻小说,但即使它成功实现了,潮汐力也会使它成为一种不受欢迎的运输方式——你和你的行李肯定会分开。

思考"跃入黑洞"的过程并不完全是毫无意义的幻想,因为现在你知道如何找到一个黑洞了:寻找一个强的 X 射线源,物质正落入其中并被加热到高温。它便可能是一个黑洞。

14-2d 寻找黑洞

黑洞真的存在吗?第一批 X 射线望远镜在 20 世纪 60 年代被送入太空,并于 70 年代进入轨道,使天文学家开始寻找黑洞的证据。他们试图找到一个或多个明显是黑洞的天体。这些非常困难的搜索很好地说明了,科学的思维和实践方式是如何帮助科学家理解自然的(我们如何得知 14-1)。

你无法看到单独的黑洞,因为没有任何东西可以逃出它的事件视界,但是如果物质流入黑洞,它就会在吸积盘中旋转，变得足够热，在消失于黑洞前发出X射线。空间中一个孤立的黑洞不会有太多的物质流入，但是双星系统中的黑洞可能会接收到从其伴星转移过来的稳定物质流。这表明你可以通过仔细观测X射线双星来寻找黑洞。

一些X射线双星，如武仙座X-1，含有一颗中子星，它们会像含有黑洞的双星一样发射出X射线。你可以通过两种方式来区分含有中子星和含有黑洞的X射线双星。如果致密天体发出脉冲，你就知道它是一颗中子星，因为中子星有一个固态的表面，辐射源可以固定在上面，并随着中子星的自转而进入和离开地球的视野（详见"概念艺术•脉冲星的灯塔模型"的图3）。如果没有固体的表面，黑洞就无法发射出一系列规则的脉冲。另一条线索取决于物体的质量。如果致密天体的质量大于约3 $M_\odot$，即简并中子所能支撑的最大质量，那么这个物体就不可能是中子星；它一定是一个黑洞。

第一个被怀疑藏有黑洞的X射线双星是天鹅座X-1（Cygnus X-1）。它包含一颗B0超巨星和一个致密天体，以5.6天的周期相互绕转。天文学家怀疑观测到的X射线是由来自恒星的物质流向或进入致密天体而发出的。你看不到这个致密天体，但是光谱中的多普勒频移揭示了B0星围绕双星质心的运动。根据轨道的几何形状，天文学家能够计算出致密天体的质量一定大于3.8 $M_\odot$，远高于中子星质量的最大值。

为了证实黑洞的存在，天文学家需要一个决定性的证据——一个除了黑洞之外不可能是其他任何东西的天体。在最初发现天鹅座X-1时，这个案例并没有完全达到这个要求。也许B0星不是一颗正常的恒星，也许我们错误地估计了它在系统中的质量，也许该系统中包含了第三颗恒星。无论哪种可能性都会曲解分析结果。

为了了解天鹅座X-1，我们花了多年的时间。进一步的观测和分析表明，B0星的质量约为25 $M_\odot$，而这个致密天体的质量约为10 $M_\odot$。天文学家得出结论，物质从B0星以强大的恒星风的形式流出，其中大部分物质穿过L1点（回看图13-6），最终进入一个直径比地月轨道约大5倍的热吸积盘。该盘内部几百千米的温度约为200万开尔文——热到足以辐射X射线（见图14-14）。现在有强有力的证据表明天鹅座X-1包含一个黑洞。

随着X射线望远镜发现更多发射X射线的天体，含有黑洞的双星系统的名单也在增加。表14-2列出了部分包含黑洞的天体。在一个密近的X射线双星系统中，每个致密天体都被一个热吸积盘包围。有些双星系

▲ 图14-14　X射线源天鹅座X-1由一颗B0超巨星和一个相互绕转的致密天体组成。来自B0星恒星风的气体流入致密天体周围的热吸积盘，天文学家探测到的X射线来自该吸积盘

统比其他的更容易分析，有些更加复杂；但是，目前已经很清楚，包括天鹅座X-1在内的很多致密天体，质量大到不可能是中子星，而必然是黑洞。几乎可以肯定的是，恒星遗迹中的黑洞在宇宙中广泛存在。在银河系的一个大邻居M31星系中，天文学家利用钱德拉X射线天文台发现了26个可能存在黑洞的天体。

表14-2　6个黑洞双星

天体	恒星	轨道周期	黑洞质量
Cygnus X-1	B0 I	5.6 days	10 $M_\odot$
LMC X-3	B3 V	1.7 days	> 8 $M_\odot$
A0620-00	K6 V	7.75 hours	11 ± 1.9 $M_\odot$
V404 Cygni	K3 III	6.47 days	12 ± 3 $M_\odot$
GRO J1655-40	F5 IV	2.61 days	6.9 ± 1 $M_\odot$
QZ Vulpecula	K5 V	8.3 hours	10 ± 4 $M_\odot$

确认黑洞身份的另一种方法是找到黑洞具有决定性特征的证据——事件视界，而这种寻找也很成功。在一项研究中，天文学家选择了12个X射线双星系统，其中6个似乎含有中子星，6个被认为含有黑洞。天文学家使用X射线望远镜对这些系统进行监测，观测物质进入吸积盘并向内旋进时是否有明显的能量爆发。在6个被认为包含中子星的系统中，天文学家可以探测到最后的能量爆发，即这些物质最终会撞击到中子星的表面。然而，在被怀疑含有黑洞的6个系统中，这些物质通过吸积盘向内旋进，没有进行最后的能量爆发就消失了。显然，这些物质在接近事件视界时变得无法探测（见图14-15），而这就是事件视界真实存在的激动人心的证据[①]。

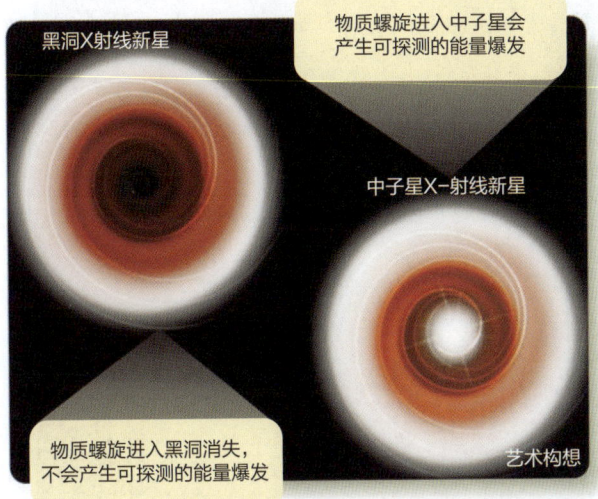

▲ 图 14-15 螺旋式进入吸积盘的气体越来越热，当它接近中心天体时，强烈的引力红移使它看起来又红又暗。含有中子星的系统在气体撞击中子星表面时能量爆发，但在含有黑洞的系统中却看不到这种爆发。在这些系统中，物质在接近事件视界时消失了。这是黑洞周围存在事件视界的直接观测证据

践行科学

如果相对论效应使时间变慢，并使外界观测者无法看到物质穿过事件视界，那么下落中的物质如何能毫无痕迹地消失在黑洞中？科学家通过提出这个问题，可以复核一些吸积盘肯定是在黑洞周围，而非在中子星周围这一结论。

当物质撞击中子星表面时天文学家观测到有爆发，但观测到物质落入黑洞时观测不到爆发。虽然在事件视界附近时间变慢，但请记住引力红移的作用。流入黑洞的热物质可以发射X射线，但当物质接近事件视界时，引力红移使波长急剧拉长。物质消失并不是因为它越过了事件视界，而是因为它的光子频移到无法探测的长波。

现在回顾一下致密天体物理学的另一个基本原则，并回答：为什么物质落入黑洞后会变热？

证据表明黑洞确实存在。下一个挑战是了解其中一些天体如何与通过吸积盘流入它们的物质相互作用，从而产生高能喷流和爆发。

14-3 致密天体的盘和喷流

物质流向中子星或进入黑洞形成吸积盘，这可以产生一些令人惊讶的现象。天文学家们正在努力了解其奇异的效应。

14-3a 来自致密天体的能量喷流

观测显示，一些致密天体正在向相对的方向发射气体和辐射喷流。这些喷流类似于原恒星喷出的偶极流，但能量更大。图 14-4 中的 X 射线图像和上一章中"概念艺术·脉冲星的灯塔模型"中的图 3 都显示，一些年轻的脉冲星，包括蟹状星云和船帆脉冲星，正在喷射出高度激发的气体喷流。含有黑洞的系统也可以喷射出喷流。例如，双星系统 GRO J1655-40 包含一个黑洞，并被观测到在射电波段以 92% 的光速向两个相对的方向偶发地喷出喷流。

这个过程最有力的例证之一是一个叫作 SS 433 的 X 射线双星。它的可见光光谱显示了几组光谱线，它们的多普勒位移约为光速的 1/4，其中一组红移，另一组蓝移。天文学家认为，红移和蓝移的多普勒频移的组合是方向相反的喷流的证据。此外，这两组光谱以 164 天的周期在彼此之间来回移动。

显然，SS 433 是一个双星系统，其中一个致密天体（可能是一个黑洞）从它的伴星中拉扯出物质，形成一个极热的吸积盘。高温气体的喷流束以相对的方向从盘中喷出（见图 14-16）。随着吸积盘的进动，这些喷射束每隔 164 天就会在天空中扫过一次，而地球上的望远镜会探测到这两束喷射束中向外携带的气体发出的光。一束产生红移，另一束产生蓝移。

观测到喷流包含完整的原子核而不是电子和正电子，这一事实证明，喷流物质的最终来源是吸积盘，而不是致密物体极区产生的物质和反物质。吸积盘中的极热气体可以沿着吸积盘的自转轴发射出强大的气体和辐射束（见图 14-16），确切的过程还不是很清楚，但它似乎涉及被吸积盘捕获的磁场。磁场被扭曲成紧密缠绕的管道，将气体和辐射从吸积盘中喷出，并将它们限制在狭窄的喷流中。然而，目前还不清楚为什么有些吸积盘会产生喷流，而有些则不会。

---

① 2019 年 4 月 10 日，事件视界望远镜（EHT）利用甚长基线干涉技术将望远镜的分辨率提升到足以看到事件视界的结构。因此现如今我们的技术甚至能直接看到事件视界以确认黑洞的存在。——译者注

图源：© 2005, Fahad Sulehria, www.novacelestia.com. Reprinted with permission

▲ 图 14-16　在这个艺术家的构想中，来自正常恒星的物质流向一个致密天体周围的吸积盘。在旋转的吸积盘中，气体和辐射在垂直于盘的喷流中喷射出来

吸积盘喷流本身非常壮观，但它们也被假设是除超新星激波之外，将质子和其他原子核加速到极高的能量的另一种机制。这些粒子几乎以光速飞行，并作为宇宙射线到达地球（回顾第 6-6a 节）。

来自恒星遗迹的喷流是一种现象的原型，在这种现象中，一个致密天体周围的吸积盘产生强大的辐射和物质束，将宇宙射线粒子喷射到整个空间。在后面的章节内容中，当你研究活动星系时，你会再次遇到这种现象。

14-3b　伽马射线暴

冷战在中子星和黑洞的故事中扮演了一个小角色。1963 年，美国和苏联签署了一项禁止核试验协议，到 1970 年，美国已经完成了一系列 12 颗卫星的发射，以监视违反该条约的核试验。核爆发会释放出伽马射线，因此这些卫星被设计用来监测来自地球的伽马射线的爆发。当卫星检测到来自太空的大约每天一次的伽马射线暴（Gamma-Ray Burst，GRB）时，专家们感到很吃惊。当这些数据最终在 1973 年被解密时，天文学家意识到，这些爆发可能来自中子星和黑洞。

康普顿伽马射线天文台（Compton Gamma-Ray Observatory；Compton γ-Ray Observatory，CGRO）于 1991 年被送入轨道，并马上开始每天探测到几个 GRBs。它的观测表明，伽马射线的强度在几秒钟内上升到最大值，然后迅速消失；一个爆发通常在几秒钟内结束，几乎总是在一分钟内结束。

来自 CGRO 的数据还显示，GRBs 来自整个太空，而不是来自任何特定区域。这有助于天文学家消除一些假设。例如，最初有一种假设认为，GRBs 是由银河系恒星的一些相对常见事件引起的；但是 CGRO 的数据消除了这种可能性。如果 GRBs 是在恒星中产生的，那么你有希望在有大量恒星的银河系上经常看到它们。GRBs 在天空中各处出现的事实意味着，它们一定是由各遥远的星系中的罕见事件产生的。

GRBs 是很难研究的，因为它们的发生没有任何先兆，而且衰退得非常快。因此，从 1997 年开始，新的观测卫星被送入轨道，旨在克服这些障碍。卫星传回的数据显示，有两种 GRBs：短的爆发持续不到 2 秒，但长的爆发可以持续许多秒甚至几分钟。专门的空间天文台现在可以探测到爆发，迅速确定它们在宇宙中的位置，并立即提醒地面的天文学家。当地球上的望远镜转动以对爆发的位置进行成像时，他们探测到类似于超新星的余晖（见图 14-17），这表明 GRBs 的长暴是由某种"超新星爆发"产生的。

恒星模型表明，质量超过 20 $M_\odot$ 的恒星可以耗尽其核燃料并直接坍缩成一个黑洞。模型显示，如果坍缩的恒星初始自转相对较快，角动量守恒将大大增加自转速度，减缓恒星赤道部分的坍缩。恒星的两极将更快地下落，这将集中强烈的辐射束和喷出的气体，沿着自转轴喷发出来。这样的喷发被称为极超新星迄今为止探测到的最亮的 GRBs 之一。天文学家怀疑，这两个爆发都是由大质量恒星的极超新星坍缩产生的，其中一个喷流直接对准了地球。

并非所有的长 GRBs 都会产生可见的余晖。起初，天文学家们认为它们是不同的爆发。但是 X 射线望远镜已经观测到了其中一些"黑暗"的 GRBs，并且在 X 射线波段探测到了余晖。这表明，一些长 GRBs 被尘埃

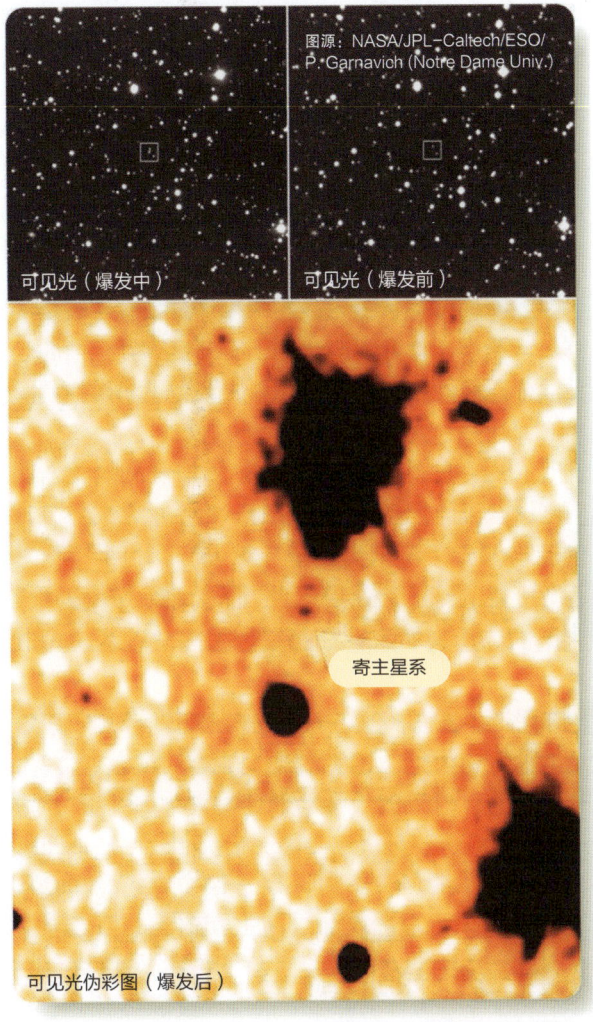

▲ 图 14-17　在卫星上的伽马射线探测器的提醒下，观察者利用智利山顶上的 VLT 8.2 米望远镜之一，在 GRB 爆发后仅几个小时就对其位置进行了成像。左上角的图像显示了爆发消逝的光芒（方框）。右上角的图像是十几年前的记录，显示在 GRB 的位置没有天体的痕迹。底部的哈勃太空望远镜图像是在一年后记录的，显示出在 GRB 的位置有一个非常微弱的、遥远的星系

（hypernova，见图 14-18）。如果这些光束中的一个指向地球，它就会出现一个强大的 GRB。长的 GRB 可能是由极超新星产生的。

在 2008 年，雨燕号（Swift Gamma-ray Burst Explorer，Swift）轨道望远镜探测到一个强烈的 GRB，它源自距离地球 75 亿光年的一个星系。这场爆发非常强，以至于在大约 1 分钟的时间里，其可见光波段的亮度足以让人用肉眼看到。如果你直接看着它，你会看到它像一颗"新星"，比小北斗星中的那些恒星略微明亮。2008 年雨燕号探测到的另一个强大的 GRB 源自 122 亿光年外的一个星系。尽管距离很远，但它是

特超新星爆发

大质量恒星核坍缩沿着自转轴开始因为……

恒星的自转减慢了赤道区域的坍缩速度

数秒内，核的其余部分下落

气体和辐射束碰撞环绕的气体并产生沿着自转轴的伽马射线束

伽马射线暴在数秒内衰退并留下一个环绕黑洞的热吸积盘

图源：NASA/Skyworks Digital

▲ 图 14-18　艺术概念图：当一颗质量极大的恒星发生极超新星爆发时，核的能量被集中到沿自转轴指向的辐射和物质束上。这被认为是持续时间超过 2 秒的 GRB 的来源

遮挡，因此它们的余晖只有在 X 射线波长下才能看到。暗 GRBs 可能不是一种新的 GRB。

短 GRBs 是不同的，似乎与极超新星并不相关。有些短的 GRBs 会重复，而这些重复的爆发似乎由中子星产生，其磁场比普通中子星的磁场强 100 倍。这些物体被称为磁陀星（magnetar）。当磁场的变化打破了中子星的外壳，导致释放大量能量的"星震"时，就会产生伽马射线的爆发（见图 14-19）。Fermi 天文台探测到一颗中子星在 20 分钟内有多达 100 次的伽马射线暴。另一颗磁陀星产生的伽马射线在 1998 年到达地球，其强度足以大大增加地球上层大气的电离度，一时中断了全世界的无线电通信。在仙后座 A 超新星遗迹中检测到的变化（见图 13-18b），似乎是由 1953 年前后发生在中央中子星上的一次喷发引起的。磁陀星表面的喷发非常强，显然可以在许多光年之外产生明显的影响。

一个模型提出所有中子星在开始时都是磁陀星。然后，随着磁场强度逐渐降低，它们演化成典型的射电脉冲星。最后，它们成为一种射电宁静，但 X 射线很明亮的中子星，其中只有少数能被观测到。

图源：NASA/CXC/M. Weiss

▲ 图 14-19 一些中子星的磁场似乎比普通中子星的磁场强 1000 倍。当磁场的变化使中子星的刚性外壳破裂时，这些磁陀星可以产生多次伽马射线暴

有证据表明，并非所有的短 GRBs 都是由磁陀星产生的。一些高能爆发发生在远离恒星形成区的星系中，在那里你不会期望找到产生磁陀星或极超新星的年轻大质量恒星。此外，余晖也不像逐渐消退的超新星，而且这些爆发不会重复。这种爆发可能是由两颗中子星并合产生的，这两颗中子星相互绕转，以引力辐射的形式辐射出轨道能量，直至螺旋式地进入对方。这样的碰撞将引起剧烈的爆发，因为这两个天体并合后形成了一个黑洞。一些模型计算表明，中子星并合实际上可能产生如金这样的重元素，而且重元素生成数量与超新星爆发相当。

其他的短 GRBs 可能是由中子星与黑洞的并合产生的。当这些天体相互绕转靠近时，中子星在被黑洞吞噬之前会被潮汐力撕碎。模型计算表明，由中子星被黑洞吞并产生的 GRB 和余晖，应该与两颗中子星并合的结果不同。天文学家现在正在努力区分这两种短的 GRBs。

地球附近会发生一次 GRB 吗？最近的已知双星脉冲星离地球只有大约 2000 光年。如果一个 GRB 发生在这个距离上，伽马射线会给地球带来相当于 10 000 兆吨核爆发的辐射，相当于超级大国之间的一场全面核战争。（有史以来的最大的单一核武器爆发释放的能量不到 60 兆吨。）伽马射线能够使大气中产生足够的一氧化氮，导致强烈的酸雨；伽马射线也会破坏臭氧层，使地球上的生命暴露在致命水平的太阳紫外辐射下。即使 GRB 发生在银河系的远处，如果伽马射线束正好指向地球，地球也可能受到影响。地球有可能受到伽马射线辐射的影响，其频率可达每百万年一次。这种事件可能是化石记录中显示的大规模物种灭绝的原因之一。

中子星并合和极超新星爆发居然如此普遍，以至于我们每天都能通过伽马射线望远镜观测到一个或多个相关事件，这是否让你感到惊讶？惊叹之余也请记住，这些事件就是如此强大，它们可以在非常远的距离被探测到。每个星系中可能有 30 000 个中子星双星，而在伽马射线望远镜的范围内有数千亿个星系。我们地球人，的确可以看到目前整个可观测宇宙对这些宇宙灾难的展示。

我们是什么

平淡无奇

看看周围,你看到了什么?一张桌子,一把椅子,一棵树?这都是简单、平凡、不令人激动的东西。我们生活的世界是熟悉和舒适的,但天文学揭示了宇宙大部分事件完全不同于你所经历的任何东西。

在宇宙中,引力使气体云形成恒星;反过来,恒星通过其核聚变产生能量,这推迟了引力的"最后胜利"。但是引力总会赢。你已经了解到,不同质量的恒星以不同的方式死亡,但你也发现,它们总是达到三种最终状态之一:白矮星、中子星或黑洞。无论这些致密天体在地球上看起来多么奇怪,宇宙中都有数十亿个这样的天体——它们就是常见的。

致密天体的物理学是极端和激烈的。你不习惯像中子星表面那样热的物体,你也从未经历过黑洞附近的环境,那里的潮汐力非常强大,会把你扯成碎片。

宇宙中充满了激烈的、奇特的、几乎无法想象的事物,但在宇宙尺度下,这样的事物才几乎可被称为"正常的"。下次你出去散步时,看看周围,注意到地球可以是多么美丽和平静,对比宇宙的其他地方这是多么不寻常且激动人心!

我们（生活）在一个由恒星组成的大轮子里，即银河系。

银河系的直径超过 8 万光年，包含 1000 多亿颗恒星。

我们生活在其中，但我们也是它的产物，因为银河系中的恒星制造了地球和我们身体中的大部分原子。

第三部分 宇宙

银河系 15

图源：NASA/JPL–Caltech/Robert Hurt

▲ 艺术家根据地面和太空望远镜的数据，构想出的从外面所看到的银河系的正面图。太阳、地球和太阳系的位置被标示在从银河系中心到下边缘大约一半的位置。请注意中心大的棒状结构

你已经了解了恒星的生命故事，从它们在气体和尘埃云中的诞生到作为白矮星、中子星或黑洞的终结。现在，你应该已经准备好看一看更大尺度上的被称为星系的庞大恒星群了。本章重点介绍我们的家园——银河系，以及五个重要问题。

- ▶ 有什么证据表明我们生活在一个星系中？
- ▶ 有什么证据表明银河系是一个旋涡星系？
- ▶ 银河系和其他旋涡星系的旋臂是什么？
- ▶ 银河系的核球里有什么？
- ▶ 银河系是如何形成和演化的？

通过回答这些问题来了解银河系，将有助于我们把宇宙作为一个整体去研究。在接下来的章节中，你将离开我们的家园，朝充斥着数十亿其他星系的太空深处航行。

> 星星是你的。
>
> ——詹姆斯-皮克林

《星星是你的》是詹姆斯-皮克林（James Pickering）在1948年写的一本畅销天文学书的名字，该书名表达了作者的观点，即星星平等地属于每一个人，你可以享受星星，就像拥有它们一样。

当你下次欣赏夜空时，要记得：你看到的每一颗星星都是你所生活的恒星系统的一部分。在本章中，你将了解到我们在一个由恒星组成的大轮子里，即银河系。银河系的直径超过8万光年，包含1000多亿颗恒星。它是我们的银河系，因为我们生活在其中，但我们也是它的产物，因为银河系中的恒星制造了地球和我们身体中的大部分原子。你在本章开始的时候可能会觉得"恒星属于你"，但在本章结束的时候，你可能会认识到，你也属于恒星。

15-1 银河系的发现

说天文学家发现了我们周围的东西似乎很奇怪，但说我们生活在一个星系中，这种说法就没那么奇怪了。你可能会问："我们怎么知道我们的银河系是什么样的？没有人从外面看到过它。"寻找证据来回答这个问题是天文学中最伟大的冒险之一。

15-1a 庞大的恒星系统

自古以来，人类就发现天空中有一条朦胧的光带（见图15-1），古希腊人将这一带星系命名为Galaxies kuklos，即"乳白色的圆"。罗马人把这个名字改为via lactia，意思是"乳白色的道路"或"乳白色的路"，直到伽利略（Galileo）在1610年使用望远镜观测，人们才意识到银河系是由大量的恒星组成的。

几乎所有你能用肉眼看到的天体都是银河系的一部分，北半球的例外是仙女座大星系（也称M31），是仙女座天区中几乎看不见的微弱光斑。你可以使用附录B中的星图来定位银河系和仙女座星系（标为M31）。在本章的后半部分，你将了解到我们的银河系也是一个旋涡星系，从远处看，就像本章开头艺术家构想的图像那样。

伽利略的望远镜观测结果告诉我们，发光的银河是由数百万颗散发微弱光亮的恒星组成的。后来天文学家意识到，银河的形状意味着太阳和地球一定处于一个巨大的车轮状恒星云内，他们称之为"恒星系统"，银河环绕天空的带状结构是该恒星系统从我们的内部位置看起来的样子。

◀ 图15-1 附近的星星看起来很亮，世界各地的人们把它们分成不同的星座。然而，银河系中绝大多数从地球上可以看到的恒星都汇成了一条微弱的光路，环绕着天空，这就是我们所说的"银河"。这幅作品显示了几个明亮的冬季星座附近的银河的一部分（参见图15-3和附录B中的星图，以确定银河在天空中的其他部分）

图源：ESO/Y.Beletsky

1750 年，托马斯·赖特（Thomas Wright）利用当时的技术，将车轮状的恒星系统称为"磨盘宇宙"，以此来比喻磨坊中使用的厚石盘。赖特使用了"宇宙"这个词，因为就当时所知，以为银河系的恒星系统就是整个宇宙。

18 世纪末，天文学家威廉姆·赫歇尔爵士（Sir William Herschel）和卡罗琳·赫歇尔（Caroline Hershel，威廉姆爵士的妹妹）开始绘制银河的三维形状。他们假设自己可以看到银河系各个方向的外部边界，并假设通过计算不同方向上可见的恒星数量，可以找到银河系边缘的相对距离。如果在一个方向上看到很多恒星，他们就认为这个方向上的银河边缘距离他们很远；如果用望远镜在另一个方向上看到较少的恒星，他们就认为那个方向的边缘一定距离他们更近。他们把自己的这种方法称为"测星"，在天空中的 683 个方向上计算恒星的数量，并勾勒出一个恒星系统的模型（见图 15-2）。他们的数据（错误地）表明，太阳在盘状恒星系统的中心附近。在一些方向上，他们看到了很少的恒星，这些"天空中的洞"在他们绘制的图的边缘产生了很大的不规则结构。

威廉姆·赫歇尔和卡罗琳·赫歇尔提出的模型被其他天文学家广泛接受和研究，他们当时无法测量该恒星系统的大小，但后人开始尝试测量这个恒星系统的大小。到 20 世纪初，天文学家们错误地认为该恒星系统的圆盘直径约为 10 千秒差距，厚度为 2 千秒差距。1 千秒差距（kpc）大约是 3300 光年。

威廉姆·赫歇尔和卡罗琳·赫歇尔认为他们可以看到恒星系统的边缘，但其实并非如此，他们实际上只能在星际尘埃允许的范围内看到银河系的情况，在赫歇尔完成他们的工作时，天文学家们并不了解星际介质会阻碍一部分光的传播（见之前的章节 10-1b）。由于赫歇尔在大多数方向上计算出的恒星数量大致相同，他们错误地认为太阳靠近恒星系统的中心。此外，赫歇尔观察到的天空中的"洞"并不是没有恒星，而是现在已知的特别致密的星际云，它们完全阻挡了对其后面的恒星的观测。

现代天文学家知道，银河系比人们最初想象的要大得多，而且太阳并不在其中心，我们将在下一节介绍人类是如何得知这一事实的。

15-1b 变星和银河系的尺寸

人类对银河系性质的理解在 1920 年前后开始发生了根本性的变化，当时一位名叫哈洛·沙普利（Harlow Shapley）的天文学家发现了这个星系实际上有多大。沙普利的研究不仅是现代天文学的转折点之一，而且沙普利研究所采用的方法也成为天文学中最常见的技术之一。如果你想了解天文学家探索宇宙的一些基本方法，那么沙普利的故事就值得详细了解。

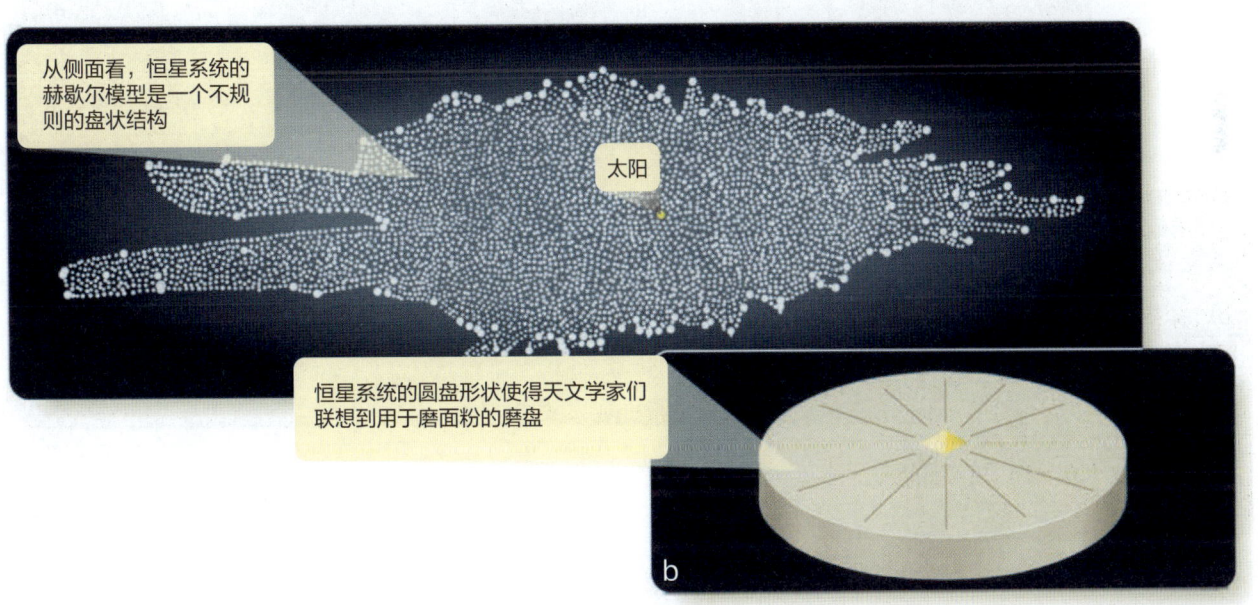

▲ 图15-2 （a）1785 年，威廉姆·赫歇尔发表了这张展现出恒星系统形状的照片，仿佛可以从外面看到它的边缘。（b）太阳靠近这个"磨盘"模型宇宙的中心

你在第12-3a节中了解到,有两种截然不同的星团:疏散星团和球状星团。沙普利在开始研究银河系的时候就注意到,尽管疏散星团分散在银河系的各个平面上,但一半以上的球状星团都位于人马座内或附近。这些球状星团似乎分布在一个巨大的云团中,云团的中心位于这个方向的某个地方(见图15-3)。沙普利假设这些球状星团的轨道运动是由整个恒星系统的引力控制的,因此他假设恒星系统的中心不可能在太阳附近,而一定位于人马座的某个地方。

为了验证他的假设,沙普利需要测量出星系中心的距离,从而测量出整个星系的大小。要做到这一点,他需要测量出各个星团的距离,但这很难做到,这些星团距离太远了,没有可测量的视差。然而,它们中包含了造父变星(第12-4a节和第12-4b节),这些变星是沙普利寻找星团距离所需要的标尺。

沙普利知道亨丽爱塔·勒维特(Henrietta Leavitt)之前关于造父变星的工作。1912年,勒维特正在研究南部天空中被称为"小麦哲伦云"的星云,在她拍摄的天区中,她发现了许多变星,而且她注意到最亮的变星有最长的周期。虽然她不知道星云的距离,无法计算绝对星等(第9-2c节),但是因为她观察到的所有变星都在同一片星云中,可以假设它们的距离差不多,所以她得出结论,周期和亮度之间存在着一种关系。

基于勒维特的工作,沙普利和其他天文学家意识

▲ 图15-3 (a)疏散星团分布在银河系中。(b)球状星团散布在整个天空中,但是明显地集中在银河系中心的方向上。(c)近一半被记载的球状星团(红点)位于人马座和天蝎座内部或附近。一些比较明亮的球状星团,标上了它们的星表名称,在双筒望远镜或小型望远镜中都可以看到。这是在夏夜里在北纬40°的南方地平线上出现的星座,是美国大部分地区的典型情况

我们如何得知 15-1

校准

你如何测量一大桶熔化的钢水的温度?

天文学家们经常说沙普利为确定距离而"校准"了造父变星,这意味着他为确定造父变星的亮度做了详细的背景调查工作。之后,他和其他天文学家可以使用他校准过的周期—光度图来寻找与其他造父变星的距离,而无须重复校准步骤。

校准在科学中很常见,因为它可以节省大量的时间和精力。例如,钢铁厂的工程师必须监测熔融钢水的温度,不过他们不能插入温度计,但可以使用测量熔融钢水颜色的手持设备。从图 7-7 中你可以了解黑体辐射的颜色是由发射物体的温度决定的,熔化的钢铁在可见光和红外波段辐射出近乎完美的黑体光谱,因此制造商可以校准工程师的设备,将测量的颜色转换成电子设备上显示的温度。工程师们不必每次都重复校准,只需将仪器对准熔化的钢水,然后读出温度。天文学家已经对恒星进行了同样的颜色—温度校准。

当你阅读任何科学知识时,都要注意校准是如何用来简化常见的测量的。但是也要注意,正确的校准极为重要,校准中的一个错误会影响到使用该校准进行的每一次测量。

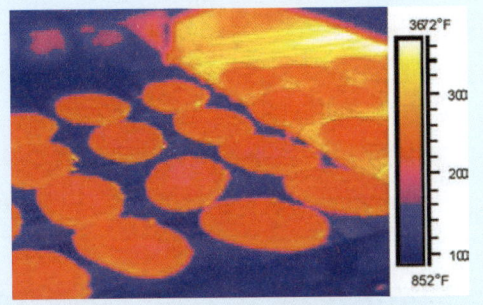

图源:Courtesy of FLIR Systems, Inc.

一个校准过的红外摄像机可以测量温度,使面包师能够监控烤箱的运行

到,如果能够发现造父变星的真实光度,就可以利用它们来确定距离,但是由于造父变星是巨星和超巨星,相对来说比较稀少,且没有一颗星离地球足够近,以至于有可测量的视差,但是它们的自行(第 9-1d 节)可以被测量。一颗恒星越远,它的自行就越小,所以自行涵盖了距离的信息。沙普利找到了 11 颗被测量过自行的造父变星,然后用一种统计的计算技术测量了它们的平均距离,从而找到了它们的平均绝对星等。然后,他便可以将勒维特的视亮度从周期-光度图的纵轴上抹去(见图 12-14),并标上绝对星等,代表真正的亮度。这样,图中所有的恒星都被校准为标准亮度,天文学家可以用它来探索距离,像这样的定标是科学实践中的重要工具(我们如何得知 15-1)。

使用造父变星测量距离在天文学中是非常重要的,你应该停下来研究一下这个过程。

例子: 假设你研究了一个疏散星团,发现它包含一颗周期为 10 天,平均视星等为 10.5 的 I 型造父变星,这个星团离我们有多远?

解答: 使用周期-光度分布图(见图 12-14),你可以发现这颗恒星的绝对星等是 23.0 左右,现在你可以根据星等-距离公式(式 9-2b)来求出距离:$d=10^{(m_V-M_V+5)/5}$。视星等和绝对视星等之间的差异(m_V-M_V)是 10.5 减去(-3.0),等于 13.5,如果你在公式中代入这个值,你将得到 $10^{3.7}$ 的结果,或大约 5000 pc。这个例子是天文学中最常见的计算方法之一。

沙普利校准了周期与光度的关系之后,就可以用这个关系来寻找他可以识别的变星所处的星团的距离。通过几个晚上拍摄的一系列照片,沙普利能够挑选出一个星团中的变星,测量它们的平均视亮度,并得出它们的脉动周期,了解了这些信息之后,他就可以从周期-光度图上得到它们的绝对星等。有了视亮度和绝对星等,就可以计算出该星团到地球的距离。

这个方法对较近的球状星团很有效,但是较远的星团中的变星太暗,他无法探测到。沙普利通过校准星团的直径来估计这些较远的星团的距离,对那些他知道距离的星团,他可以利用它们的角直径和小角公式(式 3-1)来计算以秒差距为单位的线性直径。他发现附近星团的直径大约是 25pc,他认为这是所有球状星团的平均直径,然后用较远星团的角直径来计算它们的距

离。这是天文学中校准的另一个例子。

沙普利后来写道,当他最终在绘图纸上绘制出球状星团的方向和距离时,已经是深夜了,他发现,正如他所想的那样,球状星团形成了一个巨大的蜂群,其中心位于人马座方向数千光年之外,这证实了他的猜想,即这个恒星系统的中心不在太阳附近,而是在遥远的人马座(见图15-4)。他找到了楼里唯一的另一个人,一位女清洁工,两人站在一起看着他的图。他解释说,地球上只有他们两个人明白,人类并不是处于一个小恒星系统的中心附近,而是处于一个巨大星轮的周围。

值得注意的是,沙普利的校准和距离测定都存在问题,沙普利能够在很远的距离观测到球状星团,是因为它们位于银河系的平面之外(见图15-4a),不会受到星际介质的影响,但是他用来校准的造父变星大多位于银河系的平面内,受到消光影响很大。另外,沙普利不知道变星的种类有很多,他用来估计距离的变星与他用来校准的变星是不同的。因此,他对银河系尺寸的估计要比现在得到的数值大。但不管怎么说,他的主要观点是正确的,即太阳系离银河系的中心至少有几千光年的距离。

在沙普利工作的基础上,其他天文学家开始怀疑,一些通过望远镜可见的微弱光斑是其他星系。在几年

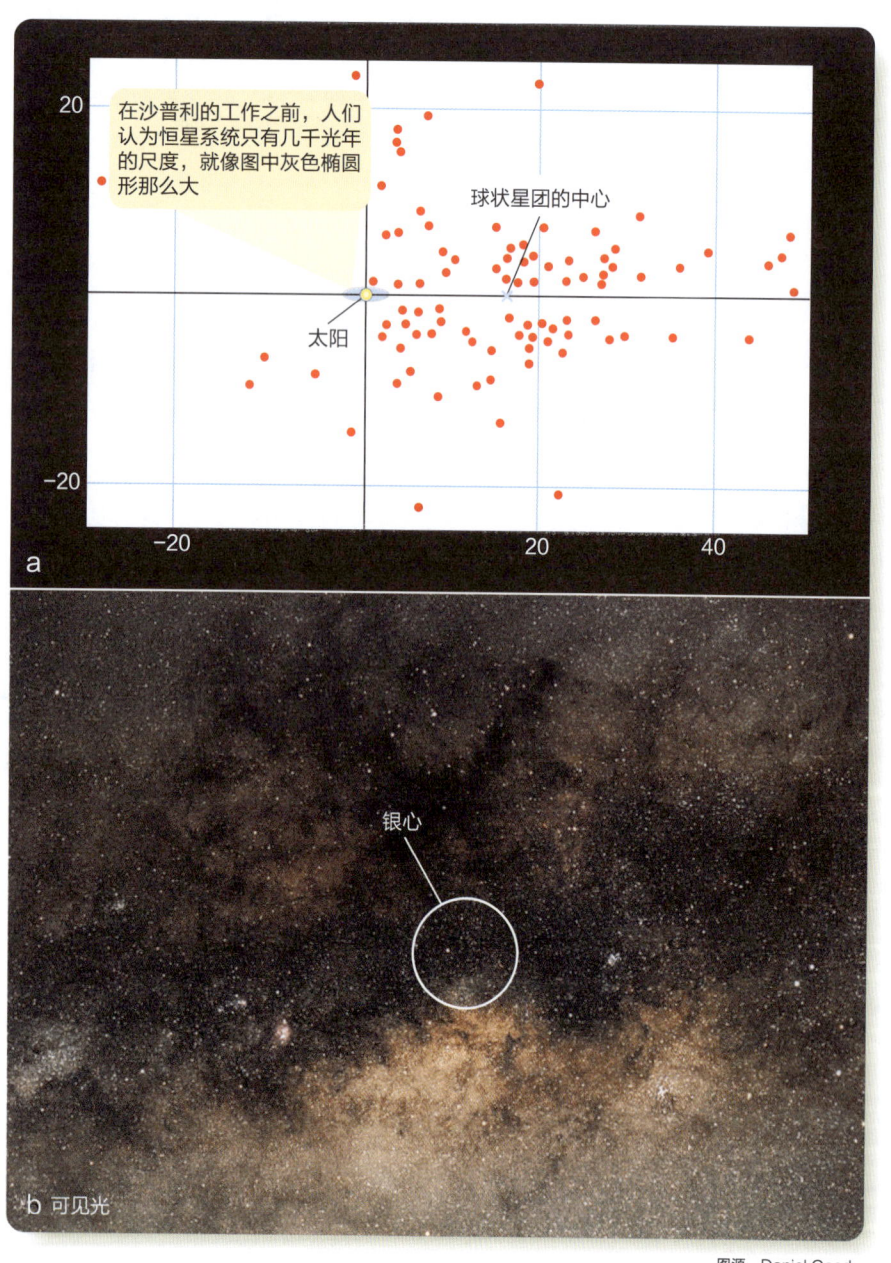

◀ 图15-4 (a)沙普利对球状星团的研究表明,它们并不是以太阳为中心,也就是这张图的原点,而是形成了一个巨大的云团,其中心在遥远的人马座方向。这张图上的距离是以千秒差距为单位的,相当于沙普利最初校准所得到的距离比现在所得的数值大两倍以上。(b)在光学波段下的人马座,没有任何迹象表明这里是银河系的中心,星际尘埃和气体挡住了你的视线,只有球状星团的分布告诉沙普利,中心就在这个方向

图源:Daniel Good

内,他们发现了证据,证明这些微弱的光斑确实是与银河系类似的其他星系。今天,最大的望远镜可以探测到约有1000亿个与我们的星系相似的星系,银河系的特别之处只在于它是我们的家园。

沙普利对星团的研究带给我们这样一个发现:我们生活在一个星系中,宇宙中充满了类似的星系,像哥白尼一样,沙普利把我们从中心移到了"郊区"。仔细分析银河系的结构你会发现有关我们真实位置的细节信息。

15-2 银河系的结构

天文学家通常认为银河系的直径约为25 kpc,或80 000光年,太阳处于从银河系中心到边缘的2/3处(见图15-5)。请注意,这只是银河系中最容易看到的部分的直径,在本章的后面内容,你将了解到整个银河系,其中一些不容易被发现的部分,其直径远远大于25 kpc。

15-2a 银河系的组成部分

银河系的盘面通常被称为银盘部分,它包含了银河系的大部分恒星和几乎所有的气体和尘埃。因为银盘是恒星形成的巨大分子云的所在地(回顾第11-1节),银河系中几乎所有的恒星形成都发生在银盘中。银盘中大多数恒星都是像太阳一样的中低主序恒星,少数是红巨星和白矮星,还有一小部分是明亮的蓝色O型和B型星。炽热、大质量的恒星在银盘中较为少见,但它们很明亮,所以是银盘亮度的主要来源。

天文学家们不能将银盘的厚度定义为一个单一的数字,因为它缺乏清晰的边界,而且星盘的厚度取决于所研究的天体的种类。像太阳这样的恒星,其年龄为几十亿年,位于中心平面上下约500 pc的范围内。相比

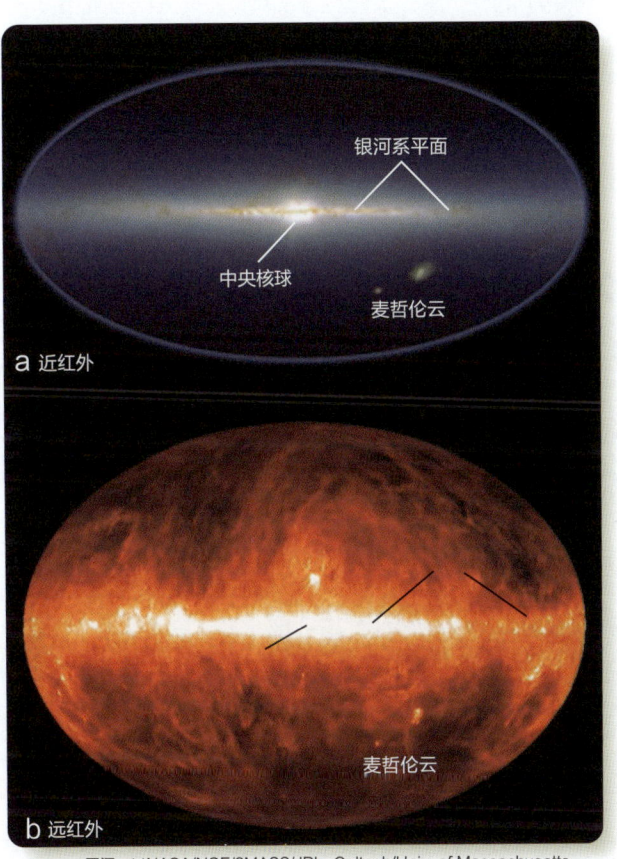

图源:(a)NASA/NSF/2MASS/JPL-Caltech/Univ. of Massachusetts (b)NASA/COBE/DIRBE, courtesy of H. Freudenreich

▲ 图15-6 在这些红外图像中,整个天空被投射到以银河系中心为中心的椭圆上,银河系中心的平面从左到右延伸。(a)在近红外波段,核球很明显,但尘埃云挡住了这个平面的光线。(b)星际尘埃发出黑体辐射,在较长的波长下发出明亮的光芒

▲ 图15-5 从正面和边缘看到的银河系。注意太阳的位置和球状星团在光环中的分布。热的、蓝色的恒星照亮了旋臂。这里只显示了内部的银晕。在这种比例下,整个银晕会比一个餐盘还要大

图源:© 2003, 2004 Three Rivers Foundation

之下，最年轻的恒星，包括 O 型和 B 型恒星，以及形成恒星的气体和尘埃，都被限制在一个薄薄的盘子里，仅在盘平面上下延伸约 50 pc 的范围（见图 15-6）。100 pc 厚的年轻恒星与恒星形成物质构成的层面与银河系 25 kpc 的直径的比例，就像一张笔记本纸的厚度与宽度的比例一样。

银河系的盘面包含了星协和疏散星团。星协是由大约 10 颗到几百颗恒星组成的团体，它们之间相隔甚远，彼此的引力无法将它们长久地固定在一起。从它们赫罗图中的转折点（见第 12 章星团和恒星演化的概念图）可以看出，它们是非常年轻的恒星群，这些恒星在太空中一起移动（见图 15-7），因为它们是从同一个星际云中形成的，并且在形成后还没有足够的时间彼此分离。

在星盘中发现的第二种星群是疏散星团（见图 15-3a），由 100 颗到几千颗恒星组成，直径约为 25 pc。疏散星团受引力束缚，因此有更多的恒星集中在比星协更小的空间中。尽管它们偶尔会失去一些恒星，但可以存在很长时间，从它们在赫罗图上的拐点我们可以得出这些恒星的年龄从几百万年到几十亿年不等。

如果你从银河盘之外"向上"或"向下"看，就会远离尘埃和气体，所以可以看到银河系的晕，这是一个球形的恒星和星团云，几乎不包含气体和尘埃。因为晕中不包含致密的气体云，所以它不能产生新的恒星。晕中的恒星是年老、低温、低主序的恒星、红巨星以及白矮星。我们很难计算晕的范围，但据估计它的直径是可见盘的 10 倍之多。

银河系的中心在核球中，这是一个由数十亿颗恒星组成的扁平云团，直径约为 6 kpc（见图 15-5），在银河系平面的上方和下方均可见，通过星际尘埃的空隙也可以看到（见图 15-4b）。和晕一样，核球本身几乎不含有气体和尘埃，天文学家经常把晕和核球一起称为银河系的球状子系，核球是球状子系中最拥挤的部分，像晕一样，主要由年老、低温的恒星组成。

晕中包含了 150 多个球状星团，每个球状星团在直径为几十 pc 的球体中包含 5 万到 100 万颗恒星（见图 15-3b），天文学家从它们赫罗图拐点的位置判断出它们的平均年龄大约是 110 亿年。

在银河系两个组成部分的轨道运动是截然不同的，盘内恒星遵循着几乎是圆形的位于银盘内的轨道（见图 15-8a）。然而，晕中的恒星和球状星团则遵循着高度拉长并陡然向盘面倾斜的轨道（见图 15-8b）。（虽然图中显示这些轨道是简单的椭圆，但这并不完全正确。厚且不对称的核球产生引力迫使它们产生不能返回起点

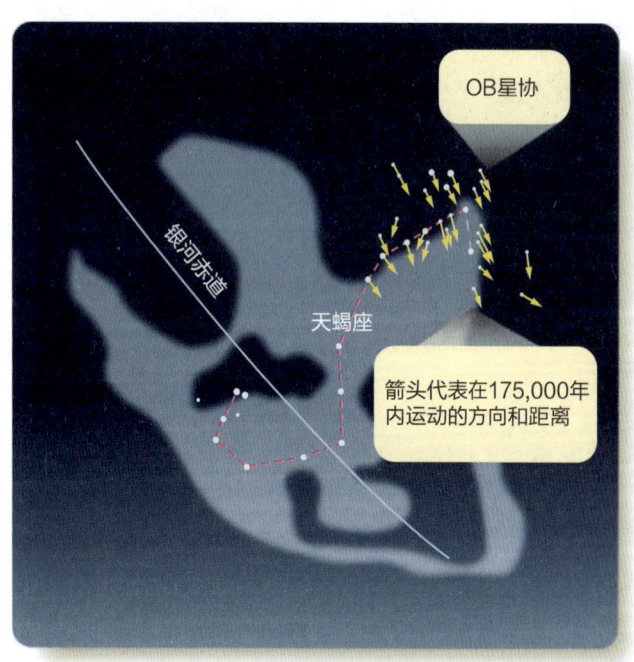

▲ 图 15-7 天蝎座中的许多恒星都是 OB 星协的成员，它们显然是近期由单一的气体云形成的，当这些恒星围绕着银河系的中心运行时，它们一起沿着银河系向西南方向移动

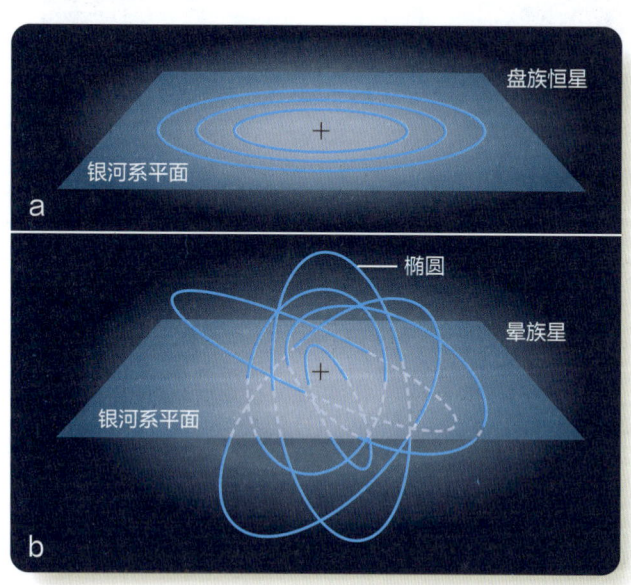

▲ 图 15-8 （a）银河系盘中的恒星，包括太阳在内，有近乎圆形的位于银河系的平面内的轨道。（b）晕中的恒星具有随机的偏心轨道

的曲线。）晕中恒星和盘内恒星运动的巨大差异将是学习银河系形成的重要依据。

对银河系成分的分析带来了一个重要的问题：我们的银河系包含多少物质？为了回答这个问题，你可以测量银河系的自转。

15-2b 银河系的质量

为了确定一个天体的质量，天文学家必须观察另一个围绕它的天体的运动，就像在一个双星系统中一样。人类寿命不够长，还无法观察到恒星沿着它们的轨道在银河系中的明显运动，但是天文学家可以观察到恒星的径向速度、自行和距离，然后计算出它们轨道的大小和周期，根据其结果可以表征银河系的质量。

银盘中的恒星遵循银盘内几乎是圆形的轨道，（见图15-8a）。根据目前的观测，太阳以大约225千米/秒的速度围绕银河系中心运行，并向天鹅座的方向移动。观测结果表明，太阳的轨道几乎是圆形的，因此，根据目前银河系中心与太阳之间距离的最佳估计，即8.3kpc，你可以通过乘以 2π 来计算太阳运行轨道的周长，如果你用它的轨道周长除以它的轨道速度，你会发现，太阳的轨道周期大约为2.25亿年。

当你在第9-5b节中研究双星时，了解到一个双星系统的总质量 M（以太阳质量为单位，$M_\odot$）等于两颗恒星的平均距离 a（以 AU 为单位）的立方除以周期 P（以年为单位）的平方。（回顾一下，这是开普勒关于恒星质量的第三定律，公式9-4。）

例子： 银河系的质量是多少？

解答： 太阳围绕银河系中心的轨道半径约为8300 pc，1 pc 等于 2.1×10^5 AU（精确到两位数字），相乘后，你会得到太阳轨道的半径是 1.7×10^9 AU。轨道周期是2.25亿年，所以计算可得，银河系的质量是 1.0×10^{11}（1000亿）$M_\odot$。这是一个粗略的估计，因为它只包括位于太阳轨道内的质量，考虑到被忽略的质量，银河系总质量的下限至少是 4×10^{11}（4000亿）$M_\odot$。

银河系的自转实际上是每颗恒星围绕质量中心的轨道运动。与中心距离不同的恒星会以不同的周期围绕银河系的中心旋转，因此，随着时间的推移，相互靠近的恒星会拉开距离（见图15-9），这被称为较差自转。（回顾一下，在第8-2c节中，关于太阳，我们也提到了较差自转，但跟本章提到的有点区别。）

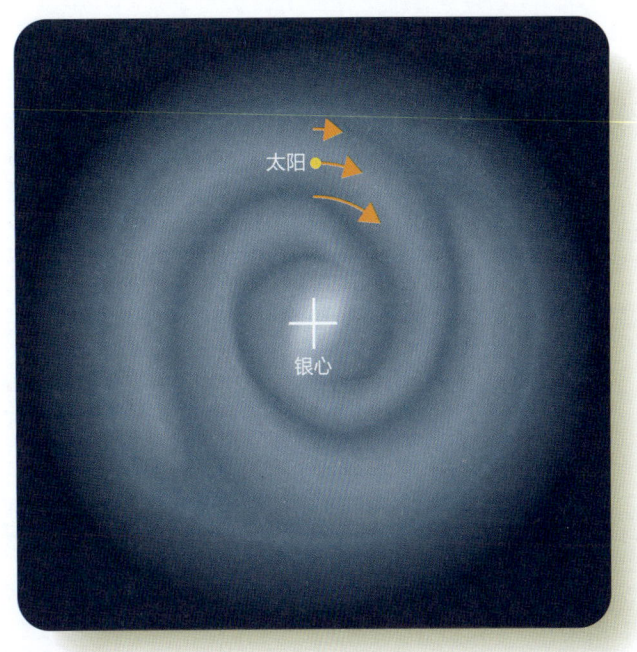

▲ 图15-9 银河系的较差自转意味着距离中心不同的恒星有不同的轨道周期。在这个例子中，在太阳轨道内的恒星有一个较短的周期，并且运行到了太阳的前面，而外面的恒星则落在了后面

为了全面地描述银河系的自转，天文学家将轨道速度与半径的关系绘制成了一条自转曲线（见图15-10）。如果银河系所有的质量都集中在它的中心附近，你就会看到离中心较远物体的轨道速度会下降，这就是你在太阳系中看到的情况，即几乎所有的质量都集中在太阳中，由于这个原因，依据开普勒定律，这被称为开普勒运动。相反，对银河系旋转曲线的最佳观测显示，外银盘的轨道速度是恒定的，甚至在离银河系中心更远的地方轨道速度会更快。轨道速度快意味着轨道更大，其中包含的质量就越大，这意味着银河系的质量比太阳轨道半径内所包含的质量要大得多。

观测证据和数学模型都表明，有额外的质量存在于一个扩展的晕中，有时被称为银冕，它可能延伸至比可见盘的边缘10倍远的地方，包含的质量可能超过1万亿（10^{12}）$M_\odot$。这些质量中大部分是不可见的，既没有辐射也不吸收光，所以天文学家把它称为暗物质。银冕中的一些质量是由低亮度的恒星和白矮星组成的，但大部分质量一定是其他形式的物质，你将在接下来的两章中了解更多关于暗物质的问题。暗物质的性质是现代天文学中最重要的未解之谜之一。

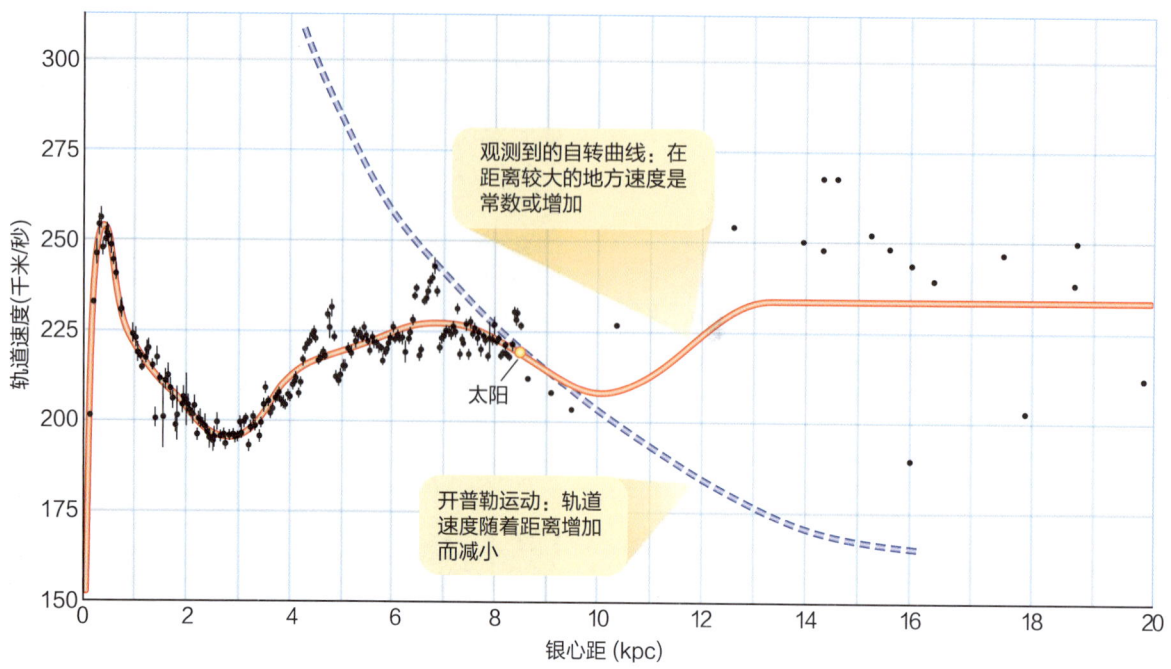

▲ 图 15-10　银河系的自转曲线（轨道速度与半径的关系）。图中的数据点是射电望远镜观测的结果，在太阳轨道外的观测结果有更大的不确定性，数据点的散布也很广。太阳轨道之外的轨道速度没有像你期待的那样下降，不符合银河系的大部分质量都集中在银心的假设。相反，该曲线在很远的距离上近乎是平坦的，这表明银河系在太阳轨道之外有大量不可见的质量（"暗物质"）

践行科学

如果尘埃和气体阻挡了视线，天文学家如何知道我们的银河系有多大？这只是科学家们进行专业研究时必须不断问自己的一种问题的例子：我们如何知道我们所了解的事情？

银河系中的星际尘埃只在银河系的平面内阻挡视线，当你使用望远镜观测银盘以外的地方时，你就可以不被星际介质阻挡，从而看到很远的地方。球状星团散布在晕中，主要集中在人马座方向，当天文学家观测银盘上方或者下方的时候，他们可以看到这些星团，观测到其中的变星，通过造父变星和天琴座 RR 型变星的周期光度校准，可以得到这些星团的距离。天文学家推断，到球状星团中心的距离就是到银河系中心的距离，因为他们认为星团的分布是由整个银河系的引力控制的。

关于任何事实，重要的是要问"我们是如何知道的？"现在回顾一下我们是如何知道关于银河系另一个重要事实的：要确定银河系的总质量，需要哪些测量和假说？

15-3　旋臂和恒星形成

像银河系这样的星系最引人注目的特征是在盘中向外缠绕的旋臂模式，这些旋臂包含了成群的热蓝星、尘埃和气体云以及年轻的星团，这些年轻的物体表明，旋臂涉及恒星的形成。但是当你试图理解旋臂时，需要考虑两个问题：第一，如果星际尘埃阻挡了我们的视线，如何来确定银河系有旋臂？第二，为什么银河系的较差自转不会破坏这些旋臂？这两个问题的解决方案涉及恒星的形成。

15-3a　示踪旋臂

你已经了解到，O 型和 B 型恒星经常在星协中被发现，而且非常光亮，因此，它们可以在很远的地方被探测到。虽然它们的视差和其他属性很难在这样远的距离被测量到，但是现有的数据，特别是来自红外和射电观测的数据表明，银河系靠近太阳的区域中的 OB 星协并不是随机分布的，而是沿着几条弧线分布的，这些弧线被认为是旋臂的一部分（见图 15-11a）。（在可见光波段阻碍我们观测的尘埃对红外和射电波段而言是透明的，因为红外或射电波段的波长比尘埃颗粒的直径大得多。）这些螺旋片段往往以它们所经过的著名星座命名。

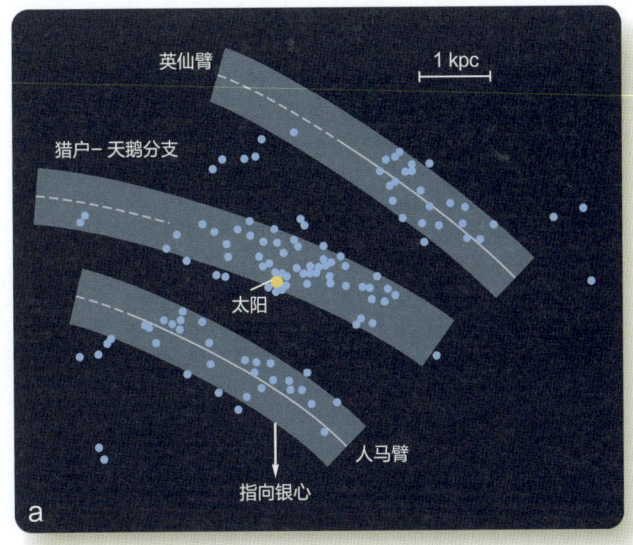

▲ 图 15-11 （a）银河系中近距离的年轻 O 型和 B 型恒星似乎沿着部分旋臂分布。（b）其他星系的图像显示，旋臂的标志是热的、发光的恒星和发射星云，它们一定非常年轻，这强烈地表明，旋臂与恒星的形成有关

用于绘制旋臂的天体被称为旋臂示踪体，除了 OB 星协之外，旋臂示踪体还包括年轻的疏散星团、发射星云（被热星电离的氢气云），以及某些高质量的变星。请注意，所有这些旋臂示踪体都是年轻的天体，从天文学角度来说，是最近形成的。例如，O 型星的寿命只有几百万年，它们在银河系中典型的轨道速度，就像太阳一样，大约是 200 千米/秒，所以它们在一生中的移动不会超过 500 pc，这还不到一个旋臂的宽度。正是因为它们的寿命不够长，无法远离旋臂，所以其一定是在旋臂中形成的。

对其他星系的研究表明，它们旋臂的标志也是热蓝星和其他像银河系旋臂中类似的旋臂示踪体（见图 15-11b），旋臂示踪体的年轻态是关于旋臂的一个重要线索。很明显，旋臂与恒星的形成有关，但是，在追寻这条线索之前，需要扩展你的旋臂图来显示整个银河系。

15-3b　旋臂的射电图

射电天文学家经常利用一氧化碳（CO）的强光谱线发射来绘制银盘中巨型分子云的位置，回顾第 11-1a 节，巨大的分子云是活跃的恒星形成的场所，所以你可以想到它与其他旋臂示踪体有关。如果将射电望远镜对准银河系的某个部分，你将会收到来自气体云的信号组合，这些气体云位于你视线方向不同的距离处，来自不同云层的信号可以通过测量它们光谱线的多普勒频移来加以区分。然后，天文学家使用一个简单的轨道速度模型，分解观测结果并确定每个云的位置。基于这样的观测所构建的分布图显示，巨大的分子云，如 O 星和 B 星，实际上是沿着旋臂的片段分布的（见图 15-12）。

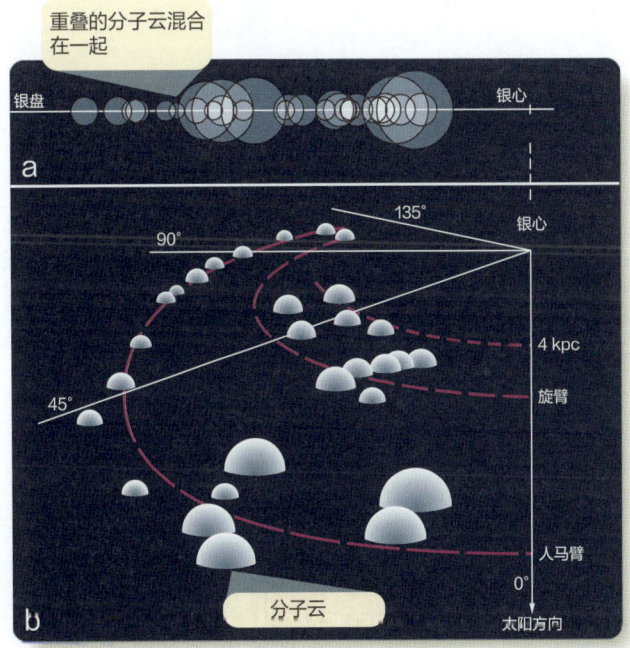

▲ 图 15-12 （a）在一氧化碳分子辐射谱线的波段，天文学家发现了许多分子云，但这些云重叠在一起，显得混乱不堪。通过银河系的自转模型来分解云的径向速度，射电天文学家可以估计每个云的距离，并利用它们来绘制旋臂的分布图。（b）这张分布图是从太阳正上方 2kpc 处（朝向银河系北部）构建的。分子云，在这里显示为延伸到银盘以上的半球体，位于旋臂上，标注的角度表示银河系的经度

第三部分　宇宙　297

在第 10-1f 节中了解到，在 21 厘米的波长下观测可以探测到原子氢的光谱线，这种类型的气体通常比分子云中的物质更热。就像分子云一样，分析原子云的径向速度数据需要天文学家从估计距离银河系中心不同距离的轨道速度开始。你可以看到，热的原子氢气体分布图（见图 15-13）并不像冷的一氧化碳气体分子那样能够描画出清晰的螺旋模式，这是因为天文学家很难确定原子气体云的径向速度，与分子云相比，由于温度更高，湍流更大，原子气体云的运动更加随机。对银河系中心的径向速度测量有一个额外的问题，在那里，气体云的轨道运动是垂直于视线的，所有的径向速度都是零，这就是为什么图 15-13 中的分布图在正对中心的楔形区域是空的。

显然，我们生活在一个旋涡状的星系中，但是旋涡状的模式似乎略显不规则，有许多分支和空隙。例如，你在猎户座看到的发光和形成恒星的星云，可能是旋臂分支的一部分。通过将银河系的观测和其他星系的研究相结合，天文学家可以推断出从外面看银河系可能是什么样子，就像本章开头艺术家的构思一样。除了绘制旋臂的排列图之外，红外观测还表明，我们银河系的核球不是一个球体，而是一个拉长的条状物，一部分指向远离地球的地方，在下一章中，你将发现这种结构在其他星系中也很常见。

射电图所揭示的一个重要事实是，旋臂是气体密度较高的区域。旋臂示踪体都是相对年轻的天体，所以旋臂显然是活跃的恒星形成场所，这与射电图相吻合，表明旋臂中形成恒星的物质很丰富且集中在一起。

15-3c　螺旋密度波理论

在绘制了银河系的螺旋图案并在其他星系中看到它们之后，你可能会问"究竟什么是旋臂？"可以肯定，它们不是物理上有所连接的结构，比如，由自身引力而连接在一起的恒星和气体，如果是这样的话，星系的较差自转会在天文学定义上很短的时间内摧毁它们，只需要几亿年，就可以把这些带状结构卷起来，就像旋转的车轮上夹带着纸带一样，把它们撕碎。由于旋臂在星系中很常见，因此可以推断它们至少持续了数十亿年。

天文学家得出结论，旋臂是动力学稳定的——即使其中的气体、尘埃和恒星在不断变化，它们仍然保持着相同的外观。要想知道这一点是如何做到的，可以想象跟在一辆缓慢行驶卡车后面的交通堵塞，从直升机上看，堵车是稳定的，在高速公路上缓慢移动，但是你可以看到一辆车从后面接近、减速、等待通过堵塞、超过卡车，最后恢复速度。堵塞中的每辆车都在不断变化，但交通堵塞本身是一个稳定的模式。

在螺旋密度波理论中，旋臂是动态稳定的星际介质压缩区域，它们围绕银河系缓慢移动，就像卡车在高速公路上缓慢移动一样，在银河系周围以轨道速度移动的气体云从后面超过了缓慢移动的旋臂，并撞向旋臂中的气体，由此产生的瞬时压缩可以引发气体云的坍缩和新恒星的形成（见第 11-1 节），新形成的恒星和剩余的气体最终会穿过旋臂，出现在慢速旋转的旋臂的前面，继续围绕银河系运动（见图 15-14）。

这个模型解释了旋臂示踪体的存在，各种质量的恒星都在旋臂中形成，但是，正如你所了解的，O 型和 B 型恒星的寿命很短，在它们运动到离开旋臂区域之前就会死亡，这种大质量、高亮度恒星的存在，加上密集的分子云，证明了旋臂是恒星形成的主要场所。

绘制类太阳恒星的分布并不能显示出任何螺旋的模式，但是很容易理解为什么像太阳这样的低质量恒星不能作为旋臂示踪体。这样的恒星也是在旋臂中形成的，但是在相对较长的生命中，它们会离开自身所处的旋臂。太阳形成于 46 亿年前，它曾是一个旋臂内恒星形成区星协的一部分，现在已经从星协中逃出，并绕银河系运行了 20 多圈，经过了许多旋臂。

这些证据似乎很符合螺旋密度波理论，但该理论存在两个问题：第一，巨大且复杂的螺旋形扰动是如何开始的，又是如何维持的？计算机模型表明，螺旋密度波应该会在大约 10 亿年后消逝，所以必须有一些物质来

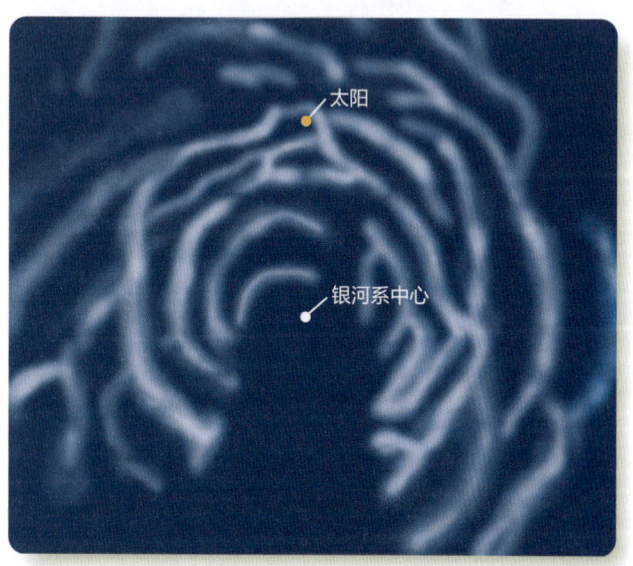

▲ 图 15-13　银河系的这张 21 厘米射电图证实了中性原子氢气体大体处于螺旋结构中，但其模式很复杂，有分支和支线

使螺旋密度波重新生成。其他模型显示，银盘受到某些类型扰动的强烈影响，正如你之前所了解到的，观测结果显示，银河系的中心不是一个球体，而是一个棒状结构，棒状物旋转的引力效应可以持续地扰动银盘，促进螺旋密度波的形成，与一个经过的星系近距离接触也可能刺激螺旋模式的产生。然而，一些没有可见棒状结构或大型伴星的星系有明显的旋臂，所以天文学家继续进行观测和计算机模拟，研究旋臂如何形成和维持的问题。

螺旋密度波理论的第二个问题涉及在我们自己的星系和其他星系的旋臂中观察到的尖刺和分支。一些被称为"宏像星系"的星系，有粗的、对称的双旋臂结构（见图 15-15a）。其他星系有许多短的螺旋片段，使它们有蓬松的外观，但整体上并非螺旋的结构，这些星系被称为"絮状星系"，意思是"毛茸茸的"（见图 15-15b）。银河系似乎介于絮状星系和宏像星系这两个极端之间。

15-3d　自维持的星体形成

什么过程可能会在一个絮状星系中产生小规模的螺旋片段，而不是整个星系的螺旋模式？答案可能在于自维持的（"传染性的"）恒星形成。你在第 11-2b 节中了解到，一个区域的恒星形成可以通过超新星爆发、星风和外流的方式引起邻近地点的恒星形成（见图 11-5 和图 11-6）。一个星系的较差自转会将恒星形成云的内边缘（最靠近星系中心）拖在前面，而让外边缘落后，这会导致恒星形成区域呈现出旋臂片段的形状：一个尖刺（见图 15-16）。天文学家指出，尽管螺旋密度波可以产生美丽的双旋臂图案，但自维持的恒星形成过程会在一些星系中产生明显的分支和尖刺，包括银河系。

对旋臂中恒星形成的讨论说明了自然过程的重要性。螺旋密度波产生了旋臂，但正是旋臂中的恒星形成使旋臂图案如此突出。在一些星系中，自维持的恒星形成可以改变旋臂，产生分支和尖刺。在其他星系中，它可以使旋涡模式变成絮状。通过寻找和了解这种自然过程的细节，天文学家可以开始了解我们所处的宇宙的整体结构和演化过程（我们如何得知 15-2）。

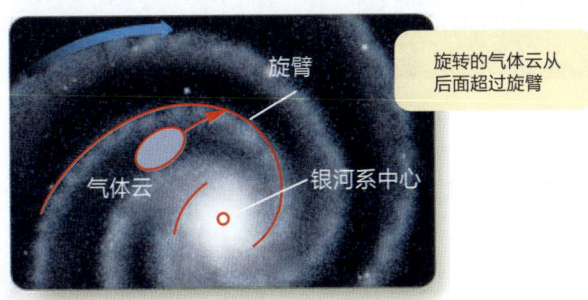
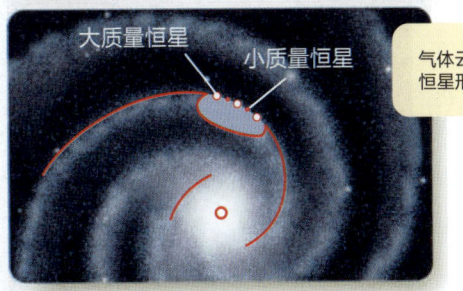
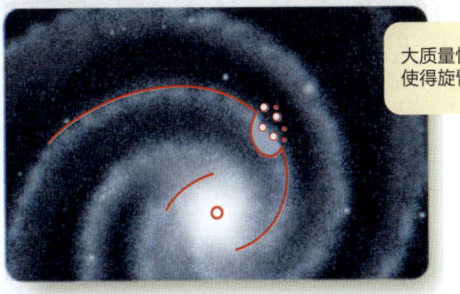

▲ 图 15-14　艺术家的构想：根据螺旋密度波理论，星体的形成是在气体云通过旋臂时发生的

第三部分　宇宙　299

我们如何得知 15-2

作为过程的自然

感冒和恒星在生成化学元素上有何相似之处？

科学，乍一看，似乎除了事实什么都没有，但在许多情况下，你可以把事实组织成一个过程的故事。例如，天文学家试图将导致化学元素形成的事件组合起来，如果理解了这个过程，你就掌握了天文学中的许多重要事实。

一个过程是导致某种结果或条件的一系列事件，科学的大部分内容都集中在了解这些自然过程是如何运作的。例如，生物学家试图了解病毒如何繁殖，就必须弄清楚病毒是如何欺骗免疫系统使其忽视它，然后穿透健康细胞的细胞膜，注入病毒DNA，利用细胞的资源来制造新的病毒，最后破坏细胞以释放新的病毒副本这一过程的。一位生物学家可能会花费数年时间研究一个特定的步骤，但最终目标是能够讲述整个过程的故事。

当你研究任何科学时，都要对作为组织主题的过程保持警惕。当你在科学中看到一个过程时，问自己几个基本问题：在这个过程开始的时候有什么条件？发生的顺序是怎样的？一些步骤能否同时发生，或者必须在一个步骤发生之前发生另一个步骤？这个过程得到的最终状态是怎样的？

学习一个过程并学会讲述它的故事会帮助你记住很多细节，但理解一个过程比让其作为记忆辅助的工具更重要。定义一个过程并学会讲述它有助于你理解自然界是如何运作的，以及为什么宇宙是这样的。

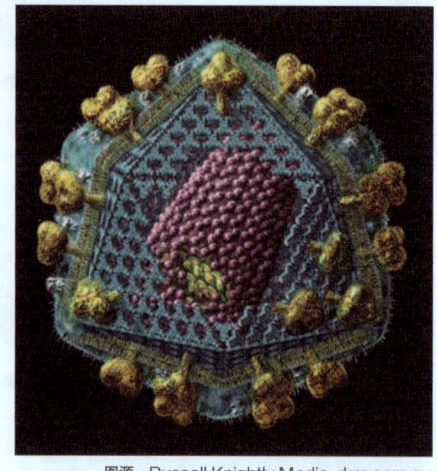

图源：Russell Knightly Media, rkm.com.au

病毒是一个分子的集合体，在进入活细胞之前不能繁殖

图源：ING/J. E. Beckman, R. F. Peletier, J. H. Knapen, R. L. M. Corradi, L. J. Gentet

图源：ESO/M. Schirmer (IAEF, Bonn), W. Gieren (Univ. de Concepción, Chile), et al.

▲ 图 15-15 旋涡星系的图像显示，旋臂的主要特点是有与恒星形成相关的热且明亮的恒星和发射星云。（a）一些星系以两个旋臂为主，但是，即使在这些星系中，小的分支和尖刺很常见。螺旋密度波可以产生双臂的宏像模式，其自维持的恒星形成可能是不规则的原因。（b）许多旋涡星系有不相连的螺旋片段、尖刺和分支，但没有延伸到整个星系的旋臂。然而，在这样的星系中，恒星的形成显然是强有力的，被称为"絮状螺旋星系"。观测表明，银河系的螺旋模式介于这两个例子之间

自维持的恒星形成

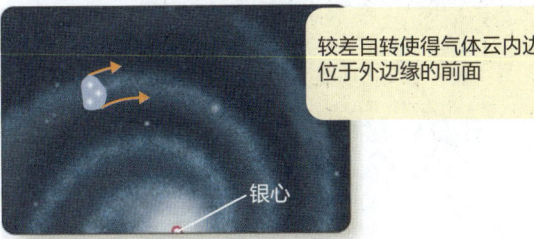

较差自转使得气体云内边缘位于外边缘的前面

银心

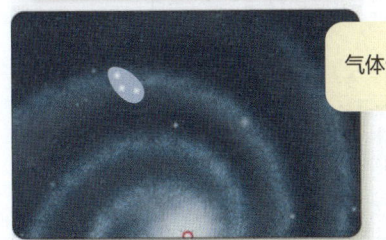

气体云会被较差自转拉长

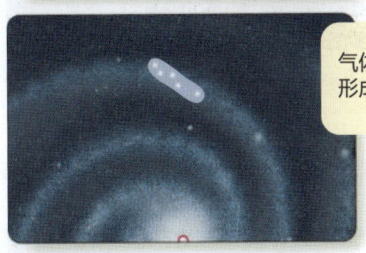

气体云中的恒星形成可以形成高亮度的大质量恒星

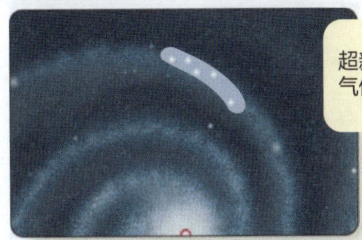

超新星爆发会压缩周围的气体并激发更多的恒星形成

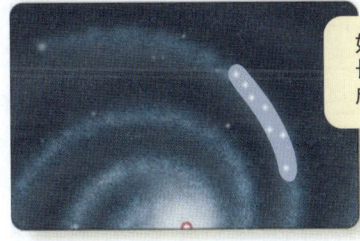

如果恒星形成活动足够长，气体云可以被拉长成旋臂的片段

▲ 图 15-16 自维持的恒星形成可能会产生长的年轻恒星云，看起来像旋臂的片段

15-4 银河系的核球

银河系最神秘的区域是它的中心，即核球。在光学波段，这个区域完全被星际尘埃掩盖，使来自那里的光线变暗了 30 个星等，也就是说假如有 1 万亿（10^{12}）个光子离开银河系中心前往地球，其中只有 1 个光子能穿过尘埃。因此，光学波段的图像没有显示出关于核球的任何信息（见图 15-4b）。红外和射电波段的观测可以穿透星际物质，这些图像显示核球是一个包含非常多

践行科学

为什么天文学家不能用类似太阳的恒星作为旋臂示踪体？ 实践科学的一个重要部分是可以使我们在从帮助不大甚至让我们更加迷惑的现象中，挑出能够解决问题的现象。

在这个例子中，你需要考虑恒星的演化和它们围绕银河系的轨道周期，像太阳这样的恒星寿命约为 100 亿年，但太阳围绕银河系的轨道周期为 2.25 亿年。我们可以肯定太阳是在某一个气体云通过旋臂时产生的，但从那时起，太阳已经围绕银河系转动多次，并多次通过旋臂，这意味着太阳现在的位置只是巧合地靠近一个旋臂。然而，一颗 O 型星的寿命只有几百万年，它诞生于一个旋臂中，在离开旋臂之前就结束了它的生命。像 O 型星这样短寿命的恒星只在旋臂中被发现，但 G 型星在银河系的各个区域被发现。O 型恒星的位置可以揭示银河系的螺旋结构，但是 G 型恒星的位置对比则完全没有帮助。

如果可以从远处拍摄，银河系的旋臂会让它变得很美，但我们被困在里面。扩展一下关于观察银河系旋臂结构的问题：**如何证明由近邻旋臂示踪体所得的旋臂结构确实延伸到了银河系的银盘之上？**

恒星以高速围绕核球运动的拥挤区域，还有复杂的原子和分子气体云的结构。为了了解在银河系的最内部区域，你需要用心对比观测和假设。

15-4a 对核球的观测

如果你在一个漆黑的夜晚抬头看银河，可能会注意到人马座方向有一些厚，但没有任何东西能具体确定这就是银河系中心的方向，甚至沙普利对球状星团的研究也只能大致地确定位置。埃里克·班克林（Eric Becklin）在 1968 年首次绘制了完整核球红外图像，该图像显示了恒星最紧密的地方——银河系的引力核心发出的最强的光芒。后来，该恒星中心的高分辨率射点图显示了大量的射电源，人马座 A*（Sgr A*）是其中之一，它位于银河系核球的最中心。

射电干涉仪的观测显示，Sgr A* 的直径小于 1AU，但它是很强的射电源，也有很强的 X 射线发射（短波

▲ 图15-17 结合哈勃太空望远镜、斯皮策太空望远镜和钱德拉X射线天文台的数据，拍摄的银河系中央70pc（230光年）的图像。这个区域显然包含了扰动的星际介质和强大的能量源。银河系实际的中心位于右下角的白色明亮区域内，如果能从地球上用肉眼看到它，这幅图中显示的区域将是月球角直径的一半左右

长的X射线也可以穿透星际介质）。图15-17是银河系中央70pc的图像，它结合了3个太空望远镜的数据：近红外（用黄色表示）、中红外（红色）和X射线（蓝色和绿色），你可以看到，有强大的力量作用于核球区，来自中心区域大量的红外辐射看起来是由聚集的恒星和被这些恒星加热的尘埃产生的，但是，为什么像Sgr A*那样小的天体能产生如此多的射电和X射线能量呢？

阅读"人马座A*"，注意三个要点。

①射电和红外波段的观测显示，Sgr A*附近的复杂结构是由磁场和活跃的恒星形成导致的。超新星遗迹显示出，大质量恒星一定是近期在那个区域形成的，并且在其生命的最后阶段发生爆炸。

②银河系的核球是致密的，巨大数量的恒星加热星际尘埃，而星际尘埃会发出强烈的红外辐射。

③有证据表明Sgr A*是一个超大质量的黑洞，气体正流入其中。对围绕其运动的天体的研究表明，它的质量至少为400万$M_\odot$。

超大质量黑洞是一个令人兴奋的想法，但科学家们都明白事情"能否发生"和"发生概率"之间的区别。超大质量的黑洞可能可以解释观测结果，但它可能是这样吗？会不会有其他的解释？例如，一些天文学家猜测，从银河系晕向内部流动的气体可以爆发大规模的恒星形成，引起在核球内部所观测到的扰动；还有人认为，一个由数百万颗恒星质量的中子星和黑洞组成的密集星团可以产生与一个超大质量黑洞相同的效果。这些假说的真实性已经被验证，但似乎没有一种假说足以解释所有的观察结果。

到目前为止，唯一能解释所有观测结果的假说是，银河系的核球是一个超大质量黑洞的所在地，天文学家们正计划用一个由世界上最强大的射电望远镜组成的干涉仪阵列（回看第6-5d节）研究Sgr A*，这个阵列被称为"案件视界望远镜"，应该能够分辨出黑洞边缘的流入物质。

同时，规模没有那么大的观测也让天文学家们完善了他们的银河系核球模型。例如，如果Sgr A*有一个热的吸积盘，物质不断地流入黑洞，那么它的X射线辐射就不会那么亮。现在，Sgr A*似乎大多处于"饥饿"的休眠状态，然而，仅持续数小时的X射线探测和红外耀斑的观测表明，Sgr A*可能偶尔会停止"进食"，因为山一样大的气体块在落入黑洞时被潮汐作用撕碎并加热了。

这样一个超大质量的黑洞不可能是一颗死亡恒星的残骸，它太大了。在后面的章节中，你会发现在大多数大星系的中心都会有这种超大质量黑洞，它们可能是在130多亿年前银河系和其他星系诞生时形成的。

15-5 银河系的起源和演化

就像恐龙留下了化石那样，银河系也留下其早年的线索。天文学家有令人信服的证据表明，几乎所有球状子系中的恒星都很年老，而且一定是在很久以前银河系非常年轻时形成的。这些证据大部分来自晕中恒星的赫罗图，但也有一些来自对银河系不同区域的恒星中化学元素丰度的比较。

15-5a 元素构建过程

你可以回顾在前几章中所了解到的关于恒星结构和恒星演化的知识，来了解银河系的化学演化。在天文学术语中，"金属"一词是指所有比氦重的化学元素。（当然，对非天文学家来说，"金属"一词并不是这个意思。）在后面一章中，你将了解到这样的证据：当宇宙形成时，它包含大约90%的氢原子，10%的氦原子，以及极少的或根本没有金属元素，因此，在宇宙历史早期的第一批恒星几乎是由纯粹的氢和氦组成的，其他的化学元素都是通过核合成产生的，核合成是恒星中融合氢和氦以制造较重原子的过程（回顾第12-2节）。

正如你所了解的，像太阳这样的中等质量的恒星不能发生碳聚变，但在氦聚变的过程中，核心的能量和密度能引起一些其他的核反应，加热气体以产生少量比氦重的元素。当年老恒星的表层剥离产生行星云的时候，其部分元素可以扩散回到星际介质中，在那里它们可能成为新形成的恒星和行星系统的一部分。

质量最大的恒星发生核聚变产生的化学元素最重可以到铁，在这一过程中，核心还可以产生少量不同的原

践行科学

有什么证据表明银河系的中心的质量巨大而致密？回顾一下，科学家测定天体质量的唯一直接方法是观察围绕其运动的天体，然后，你可以用开普勒第三定律来寻找轨道内的质量。

这个过程听起来很简单，但是，由于星际尘埃的存在，天文学家无法在光学波段看到银河系的中心，然而红外波段的观测可以探测到围绕 Sgr A* 运行的个别恒星。我们可以清楚地观测到 SO-2 这颗恒星，其他几颗恒星也可以被观测到，因为它们都在围绕中心运行。通过这些轨道的大小和周期，基于开普勒定律，可以得出 Sgr A* 至少包含 400 万 $M_\odot$。

现在分析一下不同的观测结果，以进一步了解银河系核球。为什么近红外波段的强辐射意味着大量的恒星集中于核内？

子，包括硫和钙。当这些恒星随着超新星爆发而死亡的时候，一部分原子扩散回到星际介质中，同时还有更稀有的原子，如在超新星爆炸中产生的金、铂和铀，这些原子最终也可以融入新形成的恒星和行星中。

然而，金属元素（在天文学的意义上，包括碳、氮和氧）在宇宙中是比较罕见的，天文学家一般采用指数比例来绘制元素丰度图，但如果你用线性比例重新绘制数据，就可以更清楚地了解这些原子的稀少程度（见图 15-18）。

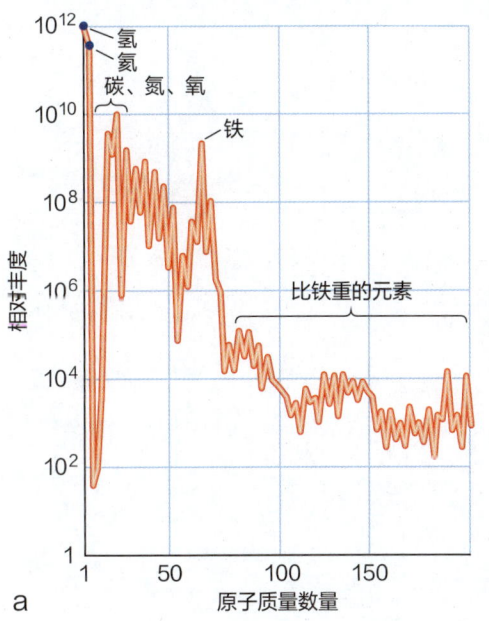
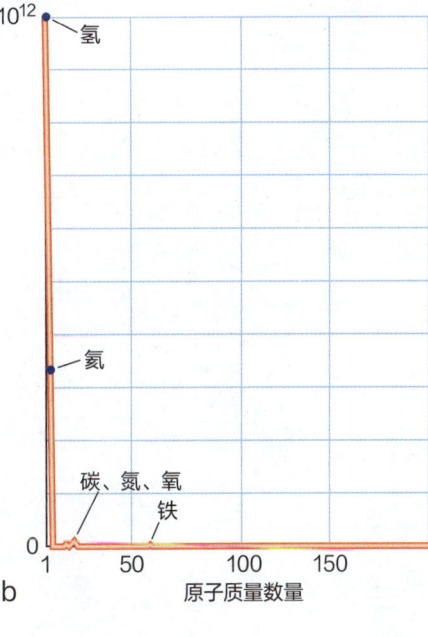

◀ 图 15-18 宇宙中化学元素的丰度。（a）当以指数比例绘制元素丰度图时，你会看到比铁重的元素比铁少 100 万倍，所有比氦重的元素（"金属"元素）都相当罕见。（b）绘制在线性标尺上的相同数据会让我们更加清楚金属元素的稀少程度，碳、氮和氧的丰度在原子质量 "15" 附近形成了小的尖峰，而铁的丰度在图中刚好可见

人马座A*（Sagittarius A*）

1 在银盘上有大量的星际尘埃，以至于无法在光学波段观察到银心。下图是最核心300 pc（1000光年）区域射电波段的图像，显示出许多超新星遗迹（标记为SNR），还有一些是恒星形成云。其他如螺纹、弧形和蛇形等奇特的特征可能是被困在磁场中的气体。图像中心是人马座A*（Sgr A）*的强射电源，是银河系的核球位置。

弧形结构

射电

图源：NRAO/AUI/NSF

射电图展示出人马座A*和弧形的结构，约有50 pc长。这张图片由甚大阵列射电望远镜拍摄，白色方框里的内容在下一页展示。

Sgr D HII
Sgr D SNR
SNR 0.9 + 0.1
Sgr B2
Sgr B1
New SNR 0.3 + 0.0
丝状结构
手杖形状
为了比较，这里呈现月亮的视角度
弧形结构
背景星系
丝状结构
Sgr A

2 波长超过4微米（4000纳米）的红外光子几乎完全由暖的星际尘埃发出，来自人马座区域该波段的辐射非常强烈，表明这个区域包含大量的尘埃，并且充满了加热尘埃的恒星。

射电图像

图源：NRL

Sgr C
鹈鹕星云
相干结构
蛇形
Sgr E
SNR 359.1−00.5

图源：NASA/NSF/2MASS/Univ. of Massachusetts/JPL-Caltech/E. Kopan

近红外

1a 这张Sgr A*的高分辨率射电图像（这是上一页图中白色框里的图）显示了围绕着被称为Sgr A*的强射电点源的螺旋气体旋涡，这个旋涡直径约为3 pc（10光年），位于一个较大的中性气体盘内的低密度空腔中，螺旋的旋臂被解释为有物质流从更大圆盘的内边缘流入Sgr A*。

图源：NASA/ESA/STScI/AURA/NSF/NICMOS Team

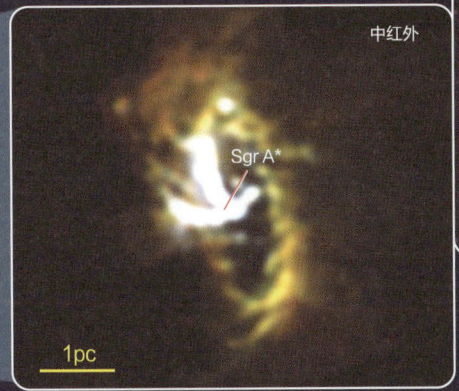

图源：NASA/DLR/USRA/DSI/FORCAST Team/Lau et al.

哈勃空间望远镜拍摄的近红外图像，是左图SOFIA在中红外波段拍摄的相同区域。云环中致密的星团在这一波长处（1.9毫米）可见，但这个环本身温度较低不足以产生大量的近红外辐射，在这张图像中，环特别密集的部分在这张图片中看起来是模糊的阴影。Sgr A*位于中心星团的中间。

SOFIA结合中红外20毫米、32毫米和37毫米的数据拍摄的银河系中心几角秒范围内的图像，我们可以看到中心较空的区域周围有气体和尘埃云构成的环状结构。亮的"y"形的结构表示有被加热的物质从云环落入中心。Sgr A*位于"y"形结构旋臂的交叉处。

钱德拉X射线天文台对Sgr A*进行了成像，并在该地区探测到了2000多个其他X射线源

3 天文学家已经能够使用大型红外望远镜和自适应光学技术来跟踪围绕Sgr A*运行的恒星的运动，其中一部分轨道展示在下图，通过轨道的大小和周期，天文学家能够利用开普勒第三定律计算出Sgr A*的质量。例如，SO-2星的轨道周期为15.2年，其轨道的半主轴为950AU，观察到的恒星的运动表明，SgrA*的质量为400万 。

图源：ESO/MPE/S. Gillessen et al.

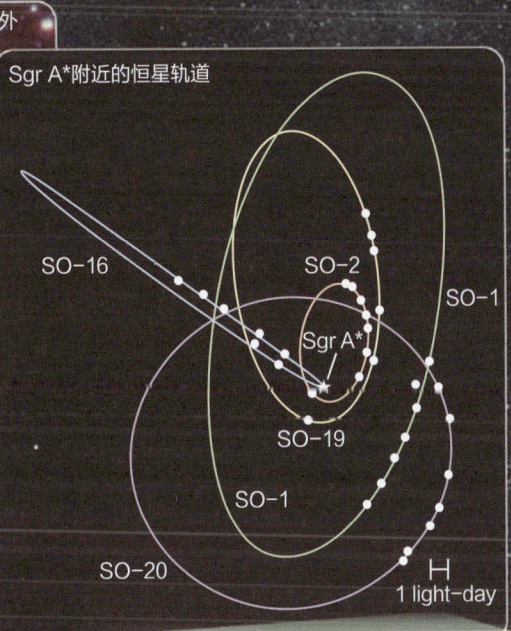

图源：NASA/CXC/SAO/MIT/F. K. Baganoff et al.

3a 一个质量为400万 $M_\odot$ 的黑洞会有一个事件视界，在这张图的比例尺下，该事件视界的大小比本文的句号还要小。每年只有0.0002 $M_\odot$ 的气体缓慢地流向黑洞，就能产生观察到的能量，像恒星落入这种流量的突然增加，可能会产生剧烈的爆发现象。

SO-2星距离Sgr A*最近的距离为17光时之内，所有的证据都排除了Sgr A*是一个恒星以及中子星的集合或者是恒星质量黑洞的这种假说，只有超大质量的黑洞才能在这么小的区域内包含这么大的质量。

有足够的证据表明银河系中心有一个超大质量黑洞，它的质量太大，不可能是一颗死亡恒星的残骸，天文学家得出结论：它可能是在银河系刚形成时就存在的。

相比之下，由海王星轨道定义的太阳系行星区域的直径是半个光天

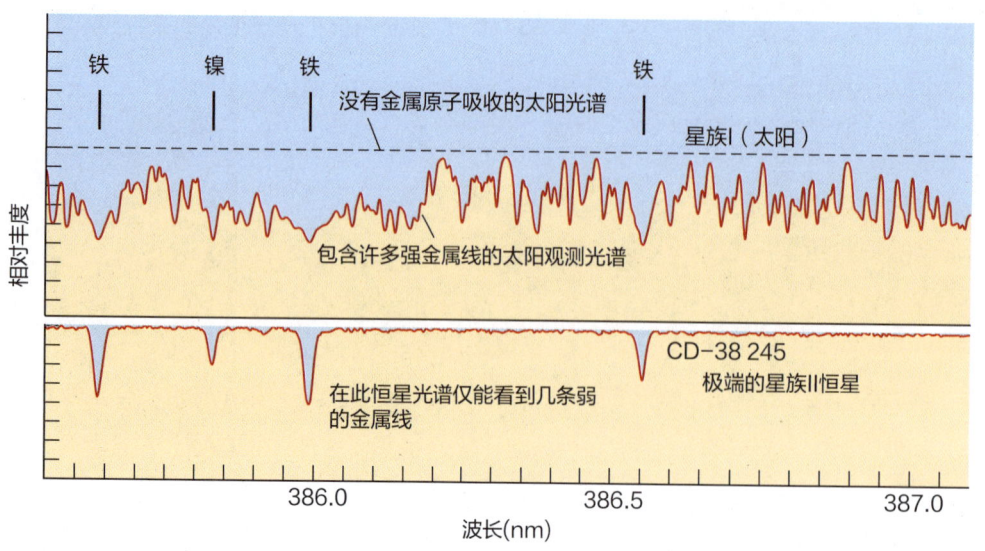

▲ 图 15-19 星族I典型恒星、星族II恒星和太阳的光谱图对比。（上图）星族I的光谱上满布重叠的金属吸收线。（下图）极贫金属恒星的光谱，只有几条弱的铁（Fe）和镍（Ni）的金属线。这颗星族II的恒星的金属丰度大约是太阳的1/10 000

15-5b 星族

到20世纪40年代，天文学家有足够的证据表明，银河系中存在两个星族，它们以类似的方式形成和演化，但它们是不同的，特别是在金属丰度和运动方面。星族I的恒星金属含量丰富，含有2%~3%的金属，而星族II的恒星金属含量很低，通常只含有不到0.1%的金属。这种差别可以从光谱中看出（见图15-19），图15-19中绘制了富金属星族I的丰度，星团的赫罗图（"概念艺术·星团和恒星演化"）显示出星族I的恒星相对年轻，而星族II的恒星较为年老。

星族I的恒星位于银盘，有时被称为盘族星。它们在银盘有近乎圆形的轨道，并且是在过去几十亿年内形成的。太阳是星族I的恒星，本章前面提到的I型造父变星也属于星族I。

星族II的恒星属于球状子系，有时被称为晕族星。这些恒星的轨道随机地向银盘倾斜，轨道形状从近乎圆形到高偏心率不等，它们是银河系年轻时形成的古老恒星。贫金属的球状星团是晕族星的一部分，就像II型造父变星和天琴RR型变星那样。

进一步的观测表明，星族之间是有梯度的。我们只能在旋臂中发现极端星族I的恒星，金属含量稍低的星族I恒星被称为中介星族I恒星，位于整个银盘，太阳就是一颗中介星族I恒星。金属含量更少的恒星，比如核球的恒星，属于中介星族II的恒星。金属含量最低的恒星位于晕中，包括球状星团，这些被称为极端星族II恒星。

两个星族恒星的区别（见表15-1）可以帮助我们了解银河系的历史。当你观察银晕中星族II恒星时，你看到的是银河系早期几代恒星的幸存者，第一批恒星由贫金属的气体形成，如今存在的早期恒星是低质量且寿命长的恒星，它们的光谱依然显示出它们形成时贫金属气体的成分。（回顾一下，一颗恒星的光谱显示的是其大气层的成分，而不是因核合成而改变的核球的成分。）

像太阳这样的星族I恒星是在星际介质有一定的金属含量之后形成的，它们的光谱展现出强烈的金属线。现在形成的恒星有更高的金属丰度。

表 15-1 星族

	星族I		星族II	
	极端	中介	中介	极端
位置	旋臂、薄盘	厚盘	核球	晕
金属含量（%）	3	1~2	0.1~1	小于0.1
轨道形状	圆形	偏心率较小	偏心率适中	偏心率很高
寿命（年）	0~2亿	2亿~80亿	80亿~120亿	120亿~130亿

15-5c 星系喷泉

超新星遗迹富含金属,并最终会混入星际介质中。事实上,超新星会不断搅动星际介质并且使星际介质的金属丰度变高,但一个更大尺度的过程可能会更有效地把新生成的金属扩散到可以生成恒星的银盘中。

在第10-2d节中,你了解到相邻的超新星遗迹可以合并成一个由热气体组成的巨大气泡。一个超新星遗迹的直径可能只有几十秒差距,但是其合并而成的巨大气泡可以比其大10倍以上。银盘中密度较大的气体可以对一个膨胀的巨大气泡起到限制作用,但银盘只有几百秒差距的厚度,如果一个巨大气泡冲出了银盘中致密的气体,它就会在银盘上方喷射出热的、富含金属的气体,形成星系喷泉(见图15-20)。当这些气体冷却并落回银盘中时,它可以在银河系中传递金属。

星系喷泉很难被直接观测到,但在银晕的高处我们发现了孤立的气体云,还有回落到银盘中冷却之后的云,它们当中有一部分可能是银河系之外的物质首次向银河系内坠落,但银盘上方几千秒差距的低速云可能是通过星系喷泉喷射到银盘之外后冷却的气体。这个过程应该会有助于金属元素在银盘中传播,很明显超新星会产生金属,并把金属混合到可以形成恒星的星际介质中。

由于恒星核合成产物的再利用意味着新诞生恒星的金属丰度会随着银河系年龄的增加而增加,天文学家可以利用金属丰度来定标银河系各个成分的年龄,银晕是年老的,银盘是年轻的。

15-5d 银河系的年龄

因为天文学家知道如何确定星团的年龄,所以他们可以估计银河系中最古老的恒星的年龄,从而给整个银河系的年龄定一个下限。这个过程听起来很简单,但存在极大的不确定性。

最古老的疏散星团有90亿~100亿年的历史,这一数值可从赫罗图中的拐点获得,但是要得出一个年老星团的年龄是很困难的,因为年老星团的变化十分缓慢;此外,拐点的确切位置取决于化学成分,而化学成分在不同的星团之间略有不同;最后,疏散星团并没有受到引力的强烈束缚,疏散星团可能会随着成员星的游走而解体。我们有理由认为,银盘比最年老的疏散星团还要年老,这表明银盘至少有100亿年的历史。

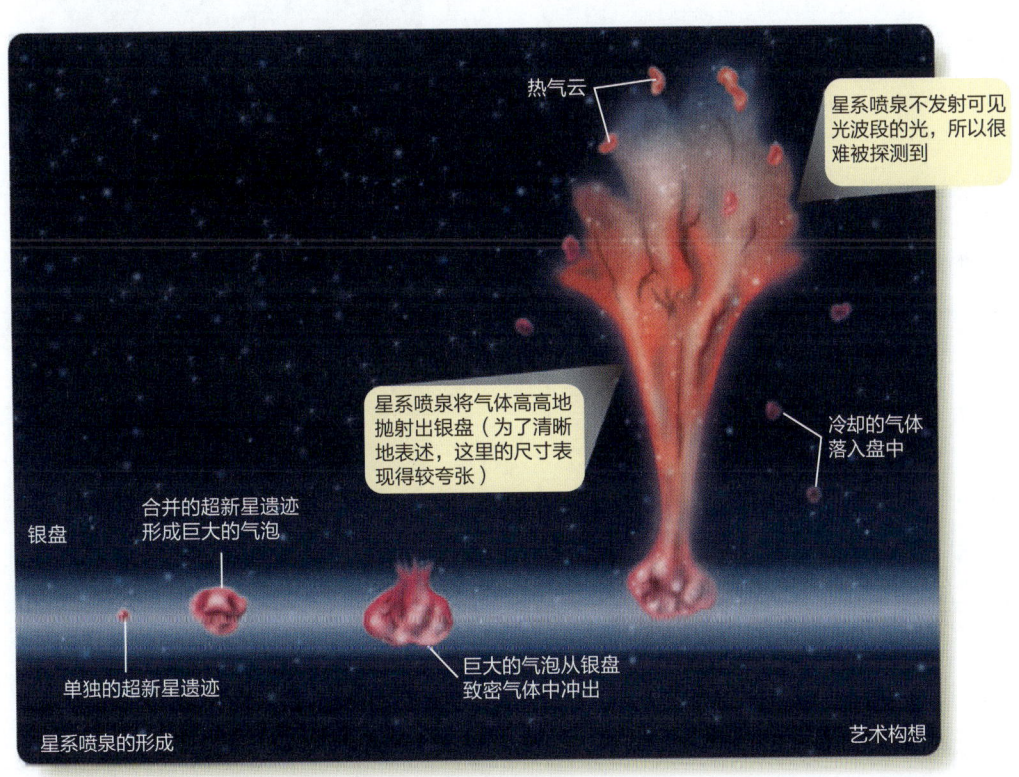

▲ 图15-20 在这个银盘边缘,可以看到由多个超新星遗迹形成的巨大气泡,大约可以和银盘的厚度一般大。一旦有巨大气泡冲出银盘中致密的气体,就会产生星系喷泉,富含金属的气体会向银晕喷射,在那里它会冷却并回落到星际介质中,增加星际介质的金属丰度

在球状星团的赫罗图中具有低亮度的拐点，而且其显然已经很老了，但是确定其具体年龄是很困难的。就像疏散星团那样，对球状星团来说，化学成分的微小差别会在计算年龄的恒星模型上产生很大的差异。此外，天文学家们必须要知道球状星团的距离，才能确定其年龄。依巴谷天文卫星获得的视差数据使天文学家们可以完善对造父变星和天琴 RR 型变星的校准，采用最新的大型望远镜进行研究可以改进球状星团的化学成分并且更好地定义其赫罗图。对数据的分析表明，球状星团的平均年龄约为 110 亿年，尽管有些球状星团比这更年轻，但有些则更古老。对最古老的球状星团的研究表明，银晕至少有 130 亿年的历史。

对星族和星团的观测表明，银盘比银晕更年轻，你可以把所得的年龄与核合成的过程结合起来，讲述银河系的故事。

15-5e　银河系的形成

从 20 世纪 50 年代开始，天文学家以当时所获得的数据为基础，提出了"自上而下假说"，有时也被称为"整体坍缩假说"，以解释银河系的形成（见图 15-21），之后的观测驱使着人们重新评估和修改这一假说。

银河系的球状子系缺乏金属元素的这一事实让我们了解到它是十分年老的，是银河系年轻时留下的化石，与它现在的圆盘形状有很大的不同。"自上而下假说"提出，银河系是在 130 多亿年前从一个大的充满扰动气体的原星云中形成的，该云团收缩成了银河系。

随着引力作用将气体向内拉，母云中的湍流导致它碎裂成具有随机相对速度的小云团。因此，在云团碎片中形成的恒星和星团具有各种形状的轨道：少数是圆形，但大多数是存在偏心率的，这些轨道也以不同的角度向银河系平面倾斜，形成了球状的星云——银河系的球状子系。第一批恒星的金属丰度很低，因为之前没有恒星来丰富气体中的金属含量。

该假说的第二个阶段解释了盘状子系的形成，当初始球状云中的气体发生碰撞时，气体中的湍流运动就会消失，就像刚搅拌过的咖啡中的旋涡一样，在云中产生一个平均又均匀的自转。但是，一个自转中的低密度云不能保持球形，因为内部压力太低，无法支持其重量，根据角动量守恒，这样的云会坍缩并加速旋转。坍缩和旋转速度增加的双重作用会导致云层变平（见图 15-21），根据自上而下的假说，这个过程最终会产生银盘。

从球体收缩成盘状需要数十亿年的时间，在这期

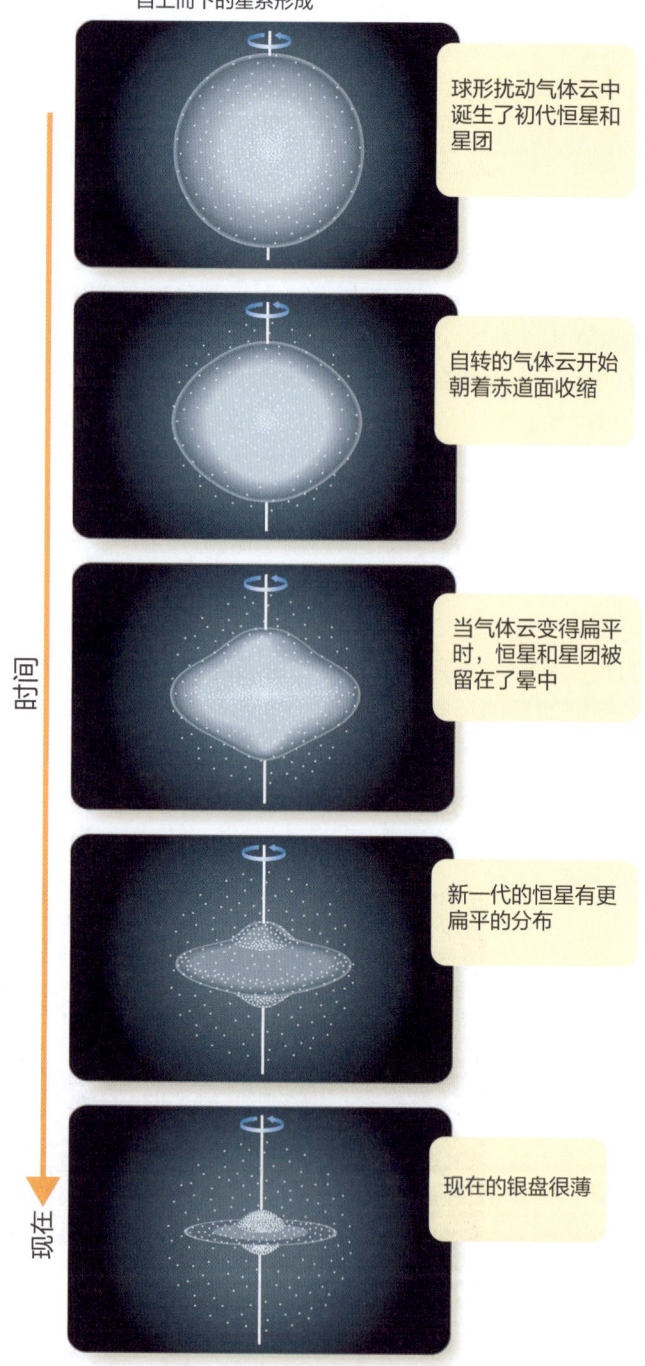

▲ 图 15-21　银河系从球形气体云开始，然后变成盘状的自上而下模型

间，随着一代又一代的恒星从逐渐变平的气体云中诞生，银河系的金属丰度也会逐渐增加，已经在晕中形成的恒星和球状星团在气体云趋于平坦的过程中被留在了原来的区域，之后的恒星在越来越平的盘中形成。银河系如今的气体分布很平坦，最年轻的恒星被限制在 100

pc 厚的银盘中，这些恒星有较高的金属丰度和近乎圆形的运行轨道。

自上而下的假说解释了银河系许多的性质，然而更大的望远镜和更精确的仪器让我们能够对运动和金属丰度有更精确的测量，最终我们发现了自上而下假说和最新观测结果之间的矛盾。比如，自上而下的假说预测晕中的球状星团应该具有近乎相同的年龄，最远的球状星团会比其他的年龄稍大一些，然而，球状星团的年龄差却大得惊人，而且一些最年轻的星团分布在晕的外围。

要解决球状星团的位置和年龄之间的问题可能需要对自上而下的整体坍缩假说进行重大修改，核球和一部分晕实际上可能是由单个气体云的整体坍缩形成的，通过与已经形成的星团和从星系际空间落入的气体的碰撞，大量的新物质被添加到年轻的银河系中。因此，如今的银河系会有各种年龄和运动成分，代表着组成它的各种成分。在银河系周围发现了几个恒星流和恒星环，每一个都有独特的年龄和金属丰度，这一现象支持了上述假说。天文学家假设，这些星流是几个小星系被银河系捕获，因潮汐作用而被撕裂，在最终被银河系吸收时产生的，你会在下一章内容中得到确凿的证据，以证明这种星系的合并确实发生过。

因此，新的自下而上假说是这样的：银河系的一部分是吸收了几个已经部分演化的较小的星系，再加上一些下降的气体云，由较小的单元形成的（见图15-22）。这一假说可以解释观测到的球状星团年龄、金属丰度和位置的范围。在这种情况下，一些球状星团搭乘便车从其他星系而来，成为银河系的一部分。

自上而下假说的另一个问题是，尽管银河系中最古老的恒星的金属含量很低，但它们仍然含有一些金属元素，在晕中观测到的最古老恒星形成之前，至少还需要一些大质量的恒星来生成金属元素。

最古老的恒星中含有一些金属元素这一事实令人困惑，其原因可能在于银河系早期有一个特殊的恒星形成时期，下一章将会对此进行介绍。天文学家有证据表明，原星系云中应该是纯净的氢和氦，几乎没有金属元素（暗物质不会影响这一过程）。无金属元素的恒星形成模型表明，这些恒星质量非常大，因此第一代恒星会迅速演化，作为超新星爆发，增加原星系的金属丰度。那些大质量无金属元素的初代恒星不会存活到现在，但由它们产生的金属元素会在最古老的星族Ⅱ恒星中被探测到。

银河系中恒星和星团的金属丰度和年龄是关于其历史的重要线索，但是金属丰度和年龄可能并不能说明银

自下而上的星系形成

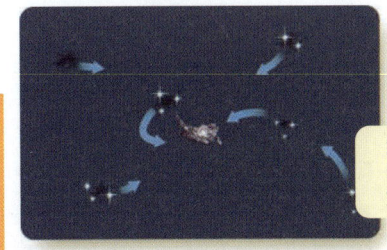

混合着正常物质和暗物质的星云被聚集到一起

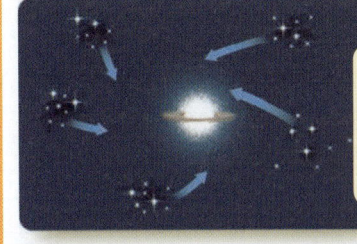

初代恒星质量很大，演化很快，随着大的原星系积累开始产生金属元素和尘埃

更多的暗物质云及气体、尘埃和恒星落入生长的星系中，形成了晕和薄盘

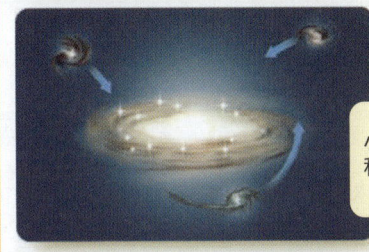

小星系被潮汐作用撕扯和吸收，进入晕和银盘

气体和尘埃沉积在恒星持续形成的银盘中

▲ 图15-22 艺术家的构想：关于银河系形成的自下而上假说的提出，较小的恒星系累积起来形成了较大的恒星系统。要想知道这如何形成银河系，请从第一幅图开始，在宇宙形成的几亿年后，小型的物质云开始积累，恒星开始在其中形成。从上面第二幅图我们可以看到，中心物体已经变大。在第三幅图中，银河系的晕和盘正在形成。到最下面一幅图的时候，也就是现在，银盘已经变得非常薄

河系与其他星系相比的全部情况。天文学家伯纳德·帕格想到这一点时说了这样一句话："猫和狗可能有相同的年龄和金属丰度，但它们仍然是猫和狗。"

践行科学

为什么贫金属恒星有偏心率最高的轨道？科学家需要能够发现看似不相关的事实之间的联系，以获得对"大画面"的理解。

一颗恒星的组成和其运动似乎是不相关的，这是当然的，一颗恒星的金属丰度不可能影响它的轨道，所以科学家必须要注意不要把两件事之间的关系联系到因果之上，换句话说，如果 A 和 B 同时出现，并不一定意味着 A 导致 B 或 B 导致 A。另外一件事 C 可能导致 A 和 B 同时发生。

天文学家假设，银河系中恒星的化学成分和轨道形状取决于第三个因素——年龄。最古老的恒星的金属丰度很低，因为在超新星爆发产生金属元素并将其散布在星际介质之前，这些恒星就已经诞生了，当时银河系还很年轻，气体扰动还没有形成盘状结构，因此这些恒星的轨道形状是随机的，其中有很多是细长的，因此如今金属丰度最低的恒星有着偏心率最高的轨道。

尽管如此，即使是我们银河系中已知的最古老的恒星也含有一些金属，它们的金属丰度很低，但并非没有。现在思考一下关于银河系历史的另一个重要问题：那些贫金属恒星是从哪里得到它们所含的金属元素的呢？

我们是什么

银河系的孩子

大家抓紧了，太阳携着地球，正以大约 225 千米/秒（即 5×10^5 英里/小时）的速度绕着银河系的中心快速运行。我们生活在被人类以家为名的疯狂运动的岩球上，但银河系不仅是我们的家，或许"母星系"是更好的名字。

除了氢原子（自宇宙开始以来一直存在不变），你和地球都是由金属元素构成的，在这里，金属元素指的是比氦重的原子。你的身体里没有氦，但有大量的碳、氮和氧，你的骨骼里有钙，你的血液里有铁，所有的这些原子以及其他更多的原子都是在恒星内部或超新星爆发时产生的。

当围绕银河系中心运行的气体云与旋臂中的气体碰撞并被压缩时，恒星就诞生了。这个过程诞生了一代又一代的恒星，每一代都产生了比氦更重的元素，并将它们扩散到星际介质中。在银河系中，金属的丰度一直在缓慢增长。大约 46 亿年前，一团富含这些重原子的气体云撞上了一个旋臂，产生了太阳、地球，最后产生了人类，人类是由银河系创造的，银河系是人类的母星系。

正常星系和活动星系 16

可见光

银河系只是宇宙数十亿个星系中的一个，本章内容将拓展你的视野，讨论不同种类的星系，以及这些星系复杂的历史和强烈的爆发，在本章，你可以得到五个重要问题的答案。

- ▶ 有什么不同类型的星系？
- ▶ 天文学家如何测定星系的距离、尺寸、光度和质量？
- ▶ 其他星系是否像银河系一样，有中心超大质量的黑洞和暗物质？
- ▶ 碰撞和相互作用如何影响星系的演化？
- ▶ 星系的超大质量黑洞是如何演化并影响其宿主星系的？

当你开始研究星系时，你会发现它们可以被分为不同的类型，这将引导你深入地了解星系是如何形成、作用和演化的。

图源：NASA/ESA/STScI/AURA/NSF/Hubble Heritage Team

▲ M104 星系，绰号"草帽星系"，距离我们较近，只有 3100 万光年。和银河系一样，它也是一个旋涡星系，正在形成恒星的盘面上有大量的气体云和尘埃云，其核心也有一个超级大的黑洞

> 一个明确、具有决定性以及积极的假说或理论，除了提出它的人之外，没有人相信它；相反，人人都会相信一个混乱且不确切的实验，除了做这项工作的人之外。
>
> ——哈洛·夏普利，《探索星空的崎岖之路》

科幻小说中的英雄们毫不费力地在星际间飞来飞去，但似乎没有人在星系间飞行。当你离开你的母星系——银河系时，你将驶向宇宙的深处，在星系间航行，驶向科幻小说也未曾抵达的深邃宇宙。

16-1 星系家族

天文书籍经常包含旋涡星系的图片，旋涡星系的美不胜收使其像明星一般得到了许多关注（见图16-1），但还有一些星系看起来就是毫无特征的云，其他的星系则是混乱的气体和尘埃，在学习之前，你要先把这些杂乱无章的星系整理出来。

天文学家使用埃德温·哈勃于20世纪20年代开发的系统，根据在光学波段下星系呈现的形状对星系进行分类，这种分类系统是科学中的一项基本技术（我们如何得知16-1）。

学习"概念艺术·星系的分类"，注意描述星系主要类型的3个要点和5个新术语：

1. 许多星系没有盘面，没有旋臂，几乎没有气体和

▲ 图16-1　一个世纪以前拍摄的星系的照片，其看起来像螺旋状的云雾，这些相对较近的星系现代图像呈现出充斥着恒星与气体和尘埃云的美丽天体

图源：NGC 4414, ESO 510-G13, NGC 3341a and 3341b: NASA/ESA/STScI/AURA/NSF/Hubble Heritage Team; M83: ESO

我们如何得知 16-1

科学中的分类

分类会让科学家了解什么？

分类是最基本和最强大的科学工具之一，建立一个分类系统往往是探究自然界新课题的第一步，它可以产生意想不到的见解。

查尔斯·罗伯特·达尔文于1831—1836年随贝格尔号船进行科学考察，环绕世界航行，每到一处，他都研究所看到的生物并试图对它们进行分类。例如，他在加拉帕戈斯群岛看到了许多不同类型的雀鸟，并根据它们喙的形状对其进行分类。他发现，那些以有硬壳的种子为食的雀鸟有厚实有力的喙，而那些从深缝中撷取昆虫的雀鸟有细长的喙。对动物的分类让他想到了自然选择如何让生物适应环境而生存，进而帮助他理解了生物的进化方式。

达尔文的理论提出几年后，古生物学家将恐龙分为两类：蜥蜴臀恐龙和鸟臀恐龙，这种基于恐龙臀部形状的分类，可以帮助科学家了解恐龙进化的模式，也让他们得到了现代鸟类，包括达尔文在加拉帕戈斯群岛上看到的雀类，是由恐龙进化而来的结论。

将星系、恒星、卫星以及许多其他天体分类有助于天文学家了解它们的模式、理解它们之间的关系，同时对天文世界也有整体的了解。当你面临科学讨论时，要寻找其分类的依据。分类是有序的框架，许多科学都是在此基础上建立的。

图源：Michael A. Seeds

对生物进行详细分类后发现，包括这只火烈鸟在内的鸟类都是恐龙的后代

灰尘。这些椭圆星系（E类）从大到小分布不等，通常呈现红色，表示缺乏大质量的年轻恒星。

2. 盘状星系通常有旋臂，含有气体和尘埃，并呈现蓝色。部分这种旋涡星系（S类）的中心区域像一个拉长的棒状物，被称为棒旋星系（SB类）。你在第15-3b节中已经了解到，银河系就是棒旋星系。旋涡星系旋臂中的大质量恒星使星系盘通常呈现蓝色，少部分盘状星系含有相对较少的气体和尘埃，呈现红色，这些星系被称为透镜星系（S0类，与椭圆星系一样，呈现红色）。

3. 最后，整体上分辨不出形状的星系是不规则星系（I类），它们通常富含气体和尘埃，呈现红色，表明有恒星正在形成。

践行科学

为什么星系会有不同的颜色？为了揭开自然界的秘密，科学家需要留意每一次的观测，哪怕是最简单的，并对其进行仔细分析。

不同种类的星系有不同的颜色，主要取决于它们含有多少气体和尘埃。如果一个星系含有大量的气体和尘埃，也就是含有新恒星形成的原料，那么它可能含有大量的年轻恒星，而这些年轻的恒星中，有几颗会是大质量的、热的、发光的O型和B型恒星，它们会产生大部分的光，使得星系呈现蓝色。相比之下，一个含有少量气体和尘埃的星系不会有太多的恒星形成活动，所以也没有很多年轻的恒星，星系会缺少O型和B型恒星，这样的星系中最亮的恒星将是红巨星和超巨星。它们会使星系呈现红色。

因为星系发出的光是由数十亿颗恒星的光混合而成的，所以呈现的颜色不是深色的，而是一种色调。不过，一个星系中最亮的恒星决定了星系整体的颜色，由此你可以得出，椭圆星系倾向于呈现红色，而旋涡星系的星系盘则倾向于呈现蓝色。

现在考虑一个关于星系的问题，提醒你它并不那么简单：尽管最常见的星系是椭圆形的，但为什么大多数被记载的星系是螺旋形的呢？

星系的分类

 椭圆星系（elliptical galaxy）是圆形或椭圆形的，不包含可见的气体和尘埃，并且缺乏热的、明亮的恒星。它们以1~7这7个数字进行分类：E0为圆形，E7为椭率高的椭圆。该数值是利用以下公式，根据星系的最大和最小直径计算出来的，四舍五入到最接近的整数：$10(a-b)/a$。

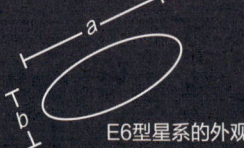

E6型星系的外观

可见光

狮子座1号矮椭圆星系比球状星团大不了多少倍

可见光

M87是一个巨大的椭圆星系，分类为E1。它的直径是我们银河系的数倍，周围环绕着500多个球状星团

 旋涡星系（spiral galaxy）包含星系盘和旋臂，其晕中的恒星是不可见的，但根据推测，所有的旋涡星系都有晕。如右图和下图所示，旋涡星系包含气体、尘埃还有热且明亮的O型和B型恒星，短寿命O型和B型恒星的存在表明，这些星系中有恒星形成活动。Sa星系有较大的核球，较少的气体和较少的热且明亮的恒星；Sc星系有小的核球，很多气体和尘埃，还有许多热且明亮的恒星；而Sb星系则介于二者之间。银河系被归类为Sbc，介于Sb和Sc之间。

Sa 可见光 NGC 3623

Sb NGC 3627 可见光

NGC 1365 可见光

Sc NGC 2997 可见光

2a 大约有2/3的旋涡星系是棒旋星系（barred spiral galaxy），被分类为SBa、SBb和SBc，如左图所示，它们有一个拉长的核球，旋臂从核球的两端延展出来。银河系是一个棒旋星系，被分类为SBbc。

2b 一些盘状星系（disk galaxy）含有丰富的尘埃，这些尘埃集中在其旋臂上。如下图所示，NGC 4013是一个与银河系很类似的星系，但从边缘看过去，它的尘埃很明显。

图源：NASA/ESA/STScI/AURA/NSF/Hubble Heritage Team

在更遥远星系前方旋臂交叉外可见尘埃

可见光

NGC 2207 and IC 2163

图源：NASA/ESA/STScI/AURA/NSF/Hubble Heritage Team

旋涡星系中的尘埃在旋臂中最常见，这是一个星系的旋臂在一个更遥远的星系前的剪影

图源：NOAO/AURA/NSF/G. J. Jacoby and M. J. Pierce

IC 4182星系是一个距离银河系大概 4Mpc的矮不规则星系

可见光

2c 具有明显的星系盘和核球，但含有极少或缺乏可见气体及尘埃，也缺乏热且明亮的恒星的星系被称为透镜状星系（lenticular galaxy），归类为S0，可以将这个星系与上面的旋涡星系的边缘进行比较。

可见光

图源：R. E. Schild (Harvard-Smithsonian CfA)

3 不规则星系（irregular galaxy, Ir）中气体、尘埃和恒星混乱地混合在一起，没有明显的核球或者旋臂。我们可以在南半球用肉眼观测到大小麦哲伦云，它们看起来是模糊的团块。望远镜的图像显示，它们是与银河系发生引力作用的不规则星系。麦哲伦云中恒星形成得很快，粉色的明亮区域是由新诞生的O型和B型恒星激发的发射星云，大麦哲伦云中最亮的星云被称为蜘蛛星云（tarantula Nebula）。

蜘蛛星云

小麦哲伦云

可见光

图源：NOAO/AURA/NSF

可见光

大麦哲伦云

图源：© R. J. Dufour (Rice Univ.)

令人惊讶的是，我们很难弄清楚椭圆星系、旋涡星系以及不规则星系的比例。从星系列表中来看，约有 70% 的旋涡星系，但这是一种误导，因为旋涡星系含有热的明亮恒星以及电离气体云，使它们容易被注意到，而大多数椭圆星系比较暗，很难被注意到，同时像矮椭圆星系和矮不规则星系这种小星系实际上非常普遍，而它们也很难被发现。根据统计研究，天文学家认为椭圆星系实际上比旋涡星系更常见，而不规则星系约占所有星系的 25%。

总共有多少个星系呢？对天空中小区域的长时间曝光拍摄的图像被称作"深场"，因为它们能探测到太空中最深远的星系（见图 16-2）。这样的图像显示出，星系就像森林地里上的树叶那样布满了整个天空，随着更大的望远镜的建成，天文学家将能看到更多的星系，目前的望远镜至少能探测到 3000 亿个星系。

16-2 星系性质的测定

星系的性质是什么？它们的直径、亮度和质量是多少？正如你研究恒星性质那样（第 9 章），研究星系的第一步就是要找出它们的距离，一旦你知道了一个星系的距离，它的大小和亮度就比较容易获得。在本章后半部分内容中，你会发现，星系的质量与恒星的质量一样难以获得。

16-2a 距离

星系的距离是如此之远，用光年、秒差距，甚至千秒差距来衡量都不方便，天文学采用兆秒差距（Mpc=10^6 pc）这一单位，1 Mpc 等于 330 万光年，或者大概 $3×10^{19}$ 千米（$2×10^{19}$ 英里）。

为了计算星系的距离，天文学家必须在其中的恒星、星云和星团中寻找已知光度的熟悉天体，这样的天

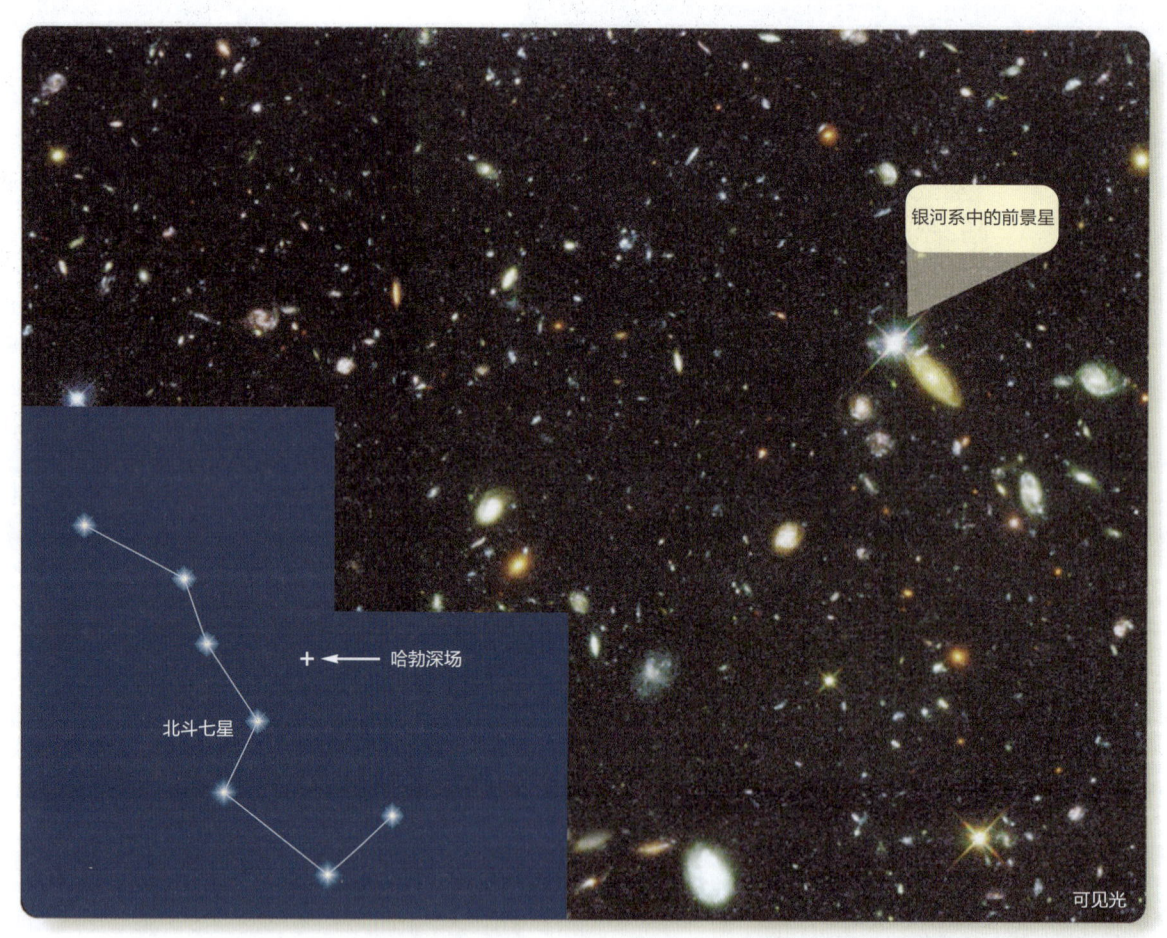

▲ 图 16-2　用肉眼看，这幅图中显示的区域看起来是天空中的一个空点，尺寸只有满月直径的 1/30。事实上，这张被称为哈勃深场北区的极长时间曝光的图像包含 1500 多个星系，在这幅图中，只有四颗星星是可见的，它们是由望远镜光学元件产生的带有衍射尖峰的尖锐光点。很显然，整个天空充满着星系

体被称为距离指示器。如果你能在一个星系中找到一个距离指示器，就可以估算它的距离。天文学家有时会用一个老式的术语来指代距离指示器，即标准烛光。

造父变星是可靠的距离指示器，因为其周期与光度相关，它的周期与光度之间的关系已经经过校准（见图 15-4 和我们如何得知 15-1），所以你可以通过它的光变周期来得到它的绝对星等。然后，通过比较其绝对星等和视亮度，你可以获得它的距离。图 16-3 显示的是哈勃空间望远镜探测到含有造父变星的星系。

即使使用哈勃太空望远镜，在距离银河系超过 30 Mpc（1 亿光年）的星系中也看不到造父变星，所以天文学家必须寻找不太常见但更明亮的距离指示器，并使用包含这两种距离指示器的近邻星系来校准它们。例如，通过研究距离通过造父变星得知的近邻星系，天文学家发现，最亮的球状星团的绝对视亮度是 -10，如果在一个更遥远的星系中发现了球状星团，你可以假设其中最亮的球状星团的绝对亮度为 -10，并利用这一信息来计算距离。

天文学家可以校准 Ia 型超新星，即那些由白矮星坍缩产生的超新星（见第 13-4d 节），因为白矮星总是在相同的质量极限下坍缩，爆发可以达到大致相同的最大亮度。如果我们通过造父变星或其他距离指示器得知了某一星系的距离，同时在该星系中探测到了 Ia 型超新星，天文学家就可以获得超新星最亮时的绝对星等。图 16-4 中展示了一个例子，当天文学家在一个较远的星系探测到 Ia 型超新星时，他们会观测到其最亮时的视星等，并与已知的超新星最亮时的绝对星等进行比较，从而确定该星系的距离。正如你将在下一章内容中了解到的那样，这是对宇宙尺度和年龄测量的关键校准。

请注意天文学家是如何通过校准来建立一个从最近星系到最遥远可见星系的距离尺度的，天文学家通常把这称为"距离金字塔"或"距离阶梯"，因为其每一步都取决于它之前的步骤。最可靠的是造父变星，但造父变星作为距离指示器取决于天文学家对恒星光度和赫罗图中恒星的理解，而这些则取决于距离阶梯中更下面的一部分——对恒星视差的测量。恒星的视差取决于对地球围绕太阳轨道大小的测量，而这则取决于距离阶梯的最底层，即对地球本身大小的测量。距离阶梯最终将地球的大小与宇宙中最遥远的星系联系了起来。

已知最耀眼的星系距离我们超过 3000 Mpc（100 亿光年），在这样遥远的距离上，你会看到类似于时间旅行的效应。当你看数百万光年以外的星系的时候，你看到的不是它现在的样子，而是数百万年以前光从该星系射向地球时它的样子。当你看向一个遥远星系的时候，你看到的是"回溯时间"之前的过去。"回溯时间"对附近物体而言是没有意义的，例如，一个足球场距离

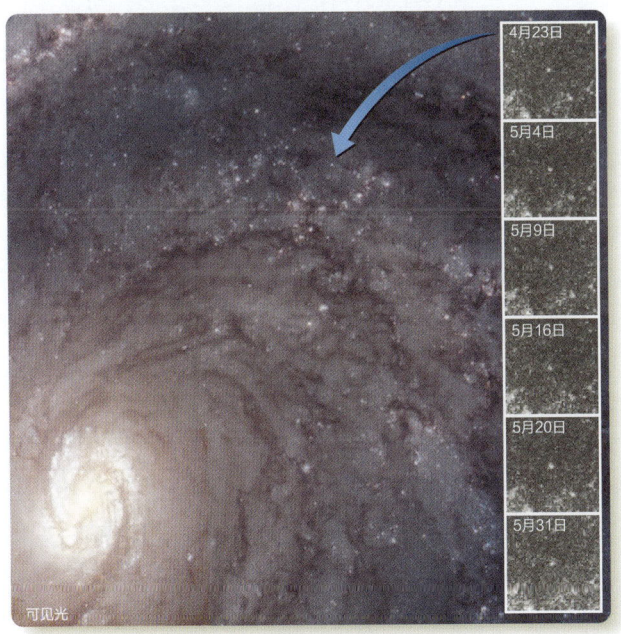

▲ 图 16-3　对地基望远镜来说，绝大多数旋涡星系都太过遥远，无法探测到其中的造父变星，然而，哈勃空间望远镜可以在其中一些星系中探测到造父变星，比如，在明亮的旋涡星系 M100 中。在一系列不同日期拍摄的图像中，天文学家可以找到造父变星（插图），确定其脉动周期，计算平均视亮度，进而推算出 M100 的距离——17 Mpc（约 5500 万光年）

▲ 图 16-4　当恐龙在地球上漫步的时候，名为 NGC 1309 的星系中的一颗白矮星坍缩并爆发成 Ia 型超新星，其爆发产生的光在 2002 年到达地球。天文学家在该星系中探测到了造父变星，因此他们可以确定该星系在 1.2 亿光年之外，这样他们就可以确定该超新星最亮时候的绝对星等。虽然第二张图片是用哈勃空间望远镜拍摄的，但三年后这颗超新星从视野中消失了，结合许多对超新星的观测，天文学家可以校准 Ia 型超新星，使其作为距离指示器

的回溯时间只是 1 秒钟的一小部分,月球的回溯时间是 1.3 秒,太阳的回溯时间是 8 分钟多一点,最近恒星的回溯时间是 4 年多一点。仙女星系的回溯时间超过 200 万年,但这对星系的寿命来说只是眨眼的瞬间。如果你观测更遥远的星系,回溯时间将会成为宇宙年龄中较为可观的部分。在下一章中,你会发现宇宙始于近 140 亿年前的证据,当你观测最遥远的可见星系时,你会回望到 100 多亿年前的宇宙,它跟现在的宇宙有明显的不同,回溯时间是你研究星系起源和演化的重要因素。

16-2b　哈勃定律

尽管天文学家必须谨慎地测量星系的距离,但他们经常使用一种简单的关系来估计距离,这种关系大约在天文学家开始了解星系性质的同时被注意到。

在 20 世纪初,天文学家能够记录下来较亮星系的光谱,其中大多数星系都有红移,就像它们都在后退一样,最暗弱的星系具有最大的红移。在 20 世纪 20 年代,天文学家埃德温·哈勃和米尔顿·修默能够用造父变星测定一些星系的距离,他们在 1929 年发布了星系视退行速度与距离的关系,图中的点沿着一条直线下降(见图 16-5),这种视退行速度与距离之间的简单关系被称为哈勃定律,而直线的斜率被称为哈勃常数 H。

哈勃定律具有重要意义,它通常用于解释宇宙正在膨胀,在下一章中你将学习这种膨胀,但在本章中你可以把哈勃定律看作一种估计星系距离的方法。一个星系的距离可以通过其视退行速度除以哈勃常数来计算,一个星系的视退行速度 V_r 以 km/s 为单位,等于哈勃常数 H 乘以 Mpc 为单位的星系距离 d。

式 16-1　哈勃定律
$$V_r = Hd$$

天文学家用这个方法通过星系的视退行速度来估算其距离,H 的单位是速度除以距离,它通常被写成 km/s/Mpc,意思是每 Mpc 的 km/s。

例子: 如果一个星系的径向速度为 700 km/s,H 为 70 km/s/Mpc,它的距离是多少?

解答: 该星系的距离等于速度除以哈勃常数,也就是

$$d = \frac{(700 \text{ km/s})}{(70 \text{ km/s/Mpc})} = 10 \text{ Mpc}$$

请注意单位 km/s 是如何抵消的。

哈勃常数使估算星系的距离变得相对容易,因为大型望远镜可以拍摄光谱并且测定其退行速度,即便它太过遥远而无法观测到距离指示器。

埃德温·哈勃最初对 H 的测量值过大,因为他的距离测量存在校准误差,现代最精确的 H 测量值为 70 km/s/Mpc,其不确定性仅为百分之几。

16-2c　直径和光度

一旦你通过距离指示器或哈勃定律获得星系的距离,就可以计算出它的直径和亮度。你可以利用良好的望远镜和合适的设备轻松地拍下一个星系,并且测量其以角秒为单位的角直径,结合距离,利用小角公式(式 3-1),可以计算出它的线直径。如果你还测量了星系的视亮度,你便可以通过距离来求出它的绝对亮度(式 9-2a),进而求得它的光度。

这种观测的结果表明,星系在大小和光度上有很大的不同。不规则星系往往很小,是银河系大小的 5%~25%,而且光度很低,所以虽然它们很常见,但也很容易被忽视。银河系与大多数旋涡星系相比,是大且亮的,但一小部分旋涡星系比银河系更大、更亮,目前发现的最大的旋涡星系的直径是银河系直径的近 5 倍,光度是银河系的 10 倍左右。椭圆星系的直径和亮度覆盖范围很广,最大的被称为巨椭圆星系,直径是银河系的 10 倍,也有许多矮椭圆星系,直径只有银河系的 1%。

你可以通过这样的比喻来获得更好的比例感,如果银河系是一辆 18 轮卡车,那么最小的矮椭圆星系就是口袋大小的玩具火车,而最大的巨椭圆星系就是大型喷气式客机。

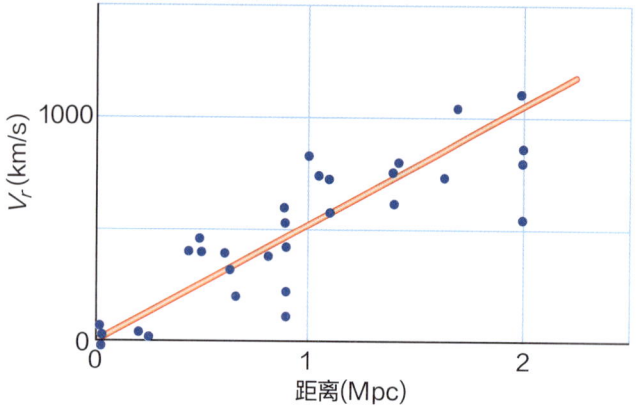

▲ 图 16-5　埃德温·哈勃和米尔顿·修默首次绘制的视退行速度与距离之间的关系没有深入很远的宇宙中,这个横轴后来被校准了,但这些数据的确表明了星系在相互运行

在描述星系的三个基本参数中，你已经找到了两个——直径和光度。第三个参数是质量，它更难测量。

16-2d 质量

尽管一个星系的质量很难测定，但它是一个重要的物理量，它告诉你星系包含多少物质，反过来也提供了星系起源和演化的线索。

虽然有几种方法可以估计银河系的质量，但最直接的测量方法是使用行星运动的开普勒第三定律，你在第 9-5b 节中用该定律计算过双星的质量。如果天文学家可以测量一个星系的半径和其自转速度，那么就很容易获得恒星围绕星系运行时的轨道周期，然后通过牛顿版的开普勒第三定律（公式 5-2）就可以计算星系的质量，这些研究中最精确的是观测距离中心不同距离处的自转，并绘制其自转曲线（见图 16-6）。

用这样的图来测定星系质量的方法被称为自转曲线法，这是测定质量最精确的方法，但它只对较近的星系有效，因为它们的自转曲线可以被观察到，远的星系看起来很小，天文学家无法测量星系不同位置的径向速度。对银河系和其他星系的观测表明，如果假定星系大部分质量都集中于星系的内部，其外部的自转曲线并没有像预期那样下降为较低的速度，如银河系的自转曲线（见图 15-11），这表明星系在望远镜可见的范围之外还含有大量的质量，也许存在于扩展的星系冕中。

对星系质量的测定说明：首先，星系质量的范围很广——从银河系的 1/10 000 到它的 50 倍；其次，像

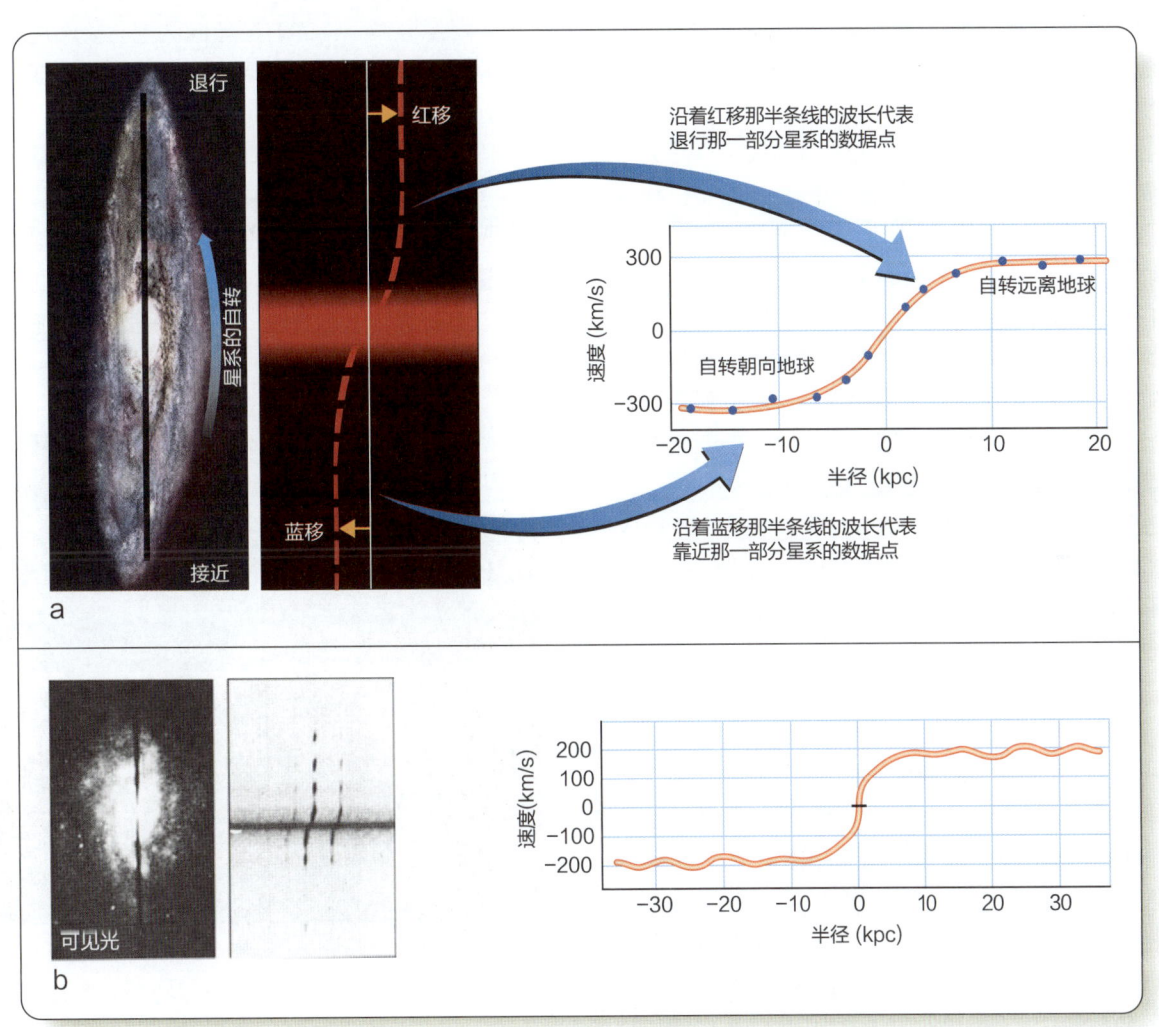

图源：Panel b image and spectrum courtesy V. Rubin (DTM, CIW)'

▲ 图 16-6 （a）一位天文学家将星系的图像放在一个狭窄的狭缝上，这样来自星系的光就可以进入光谱仪并产生光谱。光谱中很短的一段显示了一条发射线，它在远离旋转星系的一侧发生了红移，在接近一侧发生了蓝移，将多普勒频移转换为相对于星系中心的速度，天文学家可以绘制出星系的自转曲线（右图）。（b）在光谱仪狭缝上显示的 NGC 2998 星系，该段光谱包括三条发射线

银河系一样，星系在扩展的星系冕中含有暗物质。

最后一个区域仍有待探索，那就是星系核，在银河系中心包含一个 400 万 $M_{\odot}$ 的黑洞。难道所有的星系都包含类似的天体吗？

16-2e 星系中的超大质量黑洞

自转曲线显示了一个星系外部的运动，但它也有可能探测到非常接近中心的恒星轨道的多普勒位移，尽管这些运动一般不在自转曲线上显示，但它们揭示了一些令人吃惊的东西。

测量结果显示，大多数星系中心附近的恒星都在快速运行，为了使恒星在如此小且短周期的轨道上维持运行，星系中心必须在一个很小的区域内蕴含数百万甚至数十亿的太阳质量。有证据显示，许多星系的核球都包含超大质量黑洞，银河系的中心包含超大质量黑洞（见第 15-4 节），这是星系典型的特征。

这样一个超大质量的黑洞不可能是一颗死亡恒星的残骸，因为那只相当于几个太阳的质量，反之，超大质量黑洞要么是在星系形成时形成的，要么是数十亿年间的物质沉入星系中心积累得到的质量。测量表明，超大质量黑洞的质量与核球的质量有关，中心核球较大的星系所包含的超大质量黑洞比小核球星系的超大质量黑洞质量更大，罕见的没有核球的星系通常也不含有超大质量黑洞。这表明，超大质量黑洞是在星系形成很久之前形成的，当然之后也有物质继续流入黑洞，但在大质量黑洞形成之后，其物质就不会急剧增多了。

10 亿 $M_{\odot}$ 黑洞听起来质量很大，但请注意，它仅仅约是一个星系质量的 1%，银河系中心 400 万 $M_{\odot}$ 的黑洞质量仅仅是银河系质量的 1‰。在本章的后半部分，你会发现这些超大质量黑洞会产生巨大的爆发，但它们仍然只占星系质量的一小部分。

16-2f 银河系中的暗物质

给定一个星系的大小和亮度，天文学家就可以粗略地猜测它应该包含多少物质，他们知道恒星产生多少光，也可以得知恒星之间有多少物质，所以有可能从星系的光度来推测它的质量。但一个星系的质量通常比从可见物质中估算的质量大 10 倍，这意味着几乎所有星系都含有暗物质。

X 射线观测揭示了暗物质存在的更多证据，星系团的 X 射线图表明，许多星系团充满了非常热的、低密度的气体，这些气体的含量太低了，还不足以解释暗物质的存在。不过这些气体很重要，因为温度很高，但其中高速运动的原子没有逸出，这些气体显然被一个强大的引力场固定在星团中，星系团所包含的物质一定比天文学家所能直接观测到的多得多，才能有一个较高的逃逸速度来维持这些热气体。比如，后发星系团中能探测到的质量只占星系团总质量的一小部分（见图 16-7）。

另一种检测暗物质的方法可以追溯到 1916 年，当时爱因斯坦将引力描述为时空的曲率，质量的存在实际上扭曲了时空，这就是你所感受到的引力。爱因斯坦预测，穿过引力场的光束会因时空曲率而偏转，就像高尔夫球滚过弯曲的小型高尔夫球场时被偏转一样，这是牛顿引力理论预测偏转量的 2 倍。这种效应已经被观测到，并有力地证实了爱因斯坦的理论是正确的。

当来自遥远物体的光线经过大质量天体附近被引力场偏转时，就会发生引力透镜效应，附近天体的引力场实际上是像透镜一样的时空弯曲区域，会使通过的光线发生偏转。当来自遥远星系的光在传播到地球的途中经过附近的星系团并被其强烈的曲率偏转时，天文学家就可以利用引力透镜效应来探测暗物质，这种偏转可以产生遥远星系的多个图像，并把它们扭曲成弧形，扭曲的程度取决于星系团的质量（见图 16-8）。大型望远镜对引力透镜效应的观测显示，星系团所包含的物质比能观测到的大很多，也就是说，它们含有大量的暗物质。对

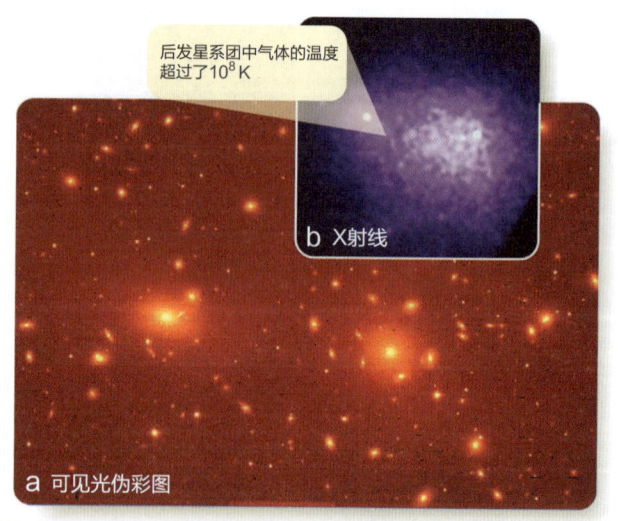

图源：Panel a: G. Bothun (Univ. of Oregon); Panel b: NASA/CXC/SAO/A. Vikhlinin et al.

▲ 图 16-7 （a）后发星系团至少包含 1000 个星系，其中 E 类星系和 S0 星系特别丰富，有两个巨型星系位于其中心附近。在这张图片中只显示了该星系团的中心区域。如果这个星团能被肉眼看到，它的直径将是满月的 8 倍。（b）在伪彩图像中，后发星系的这张 X 射线图表明，它充满了热气体并被热气体包围。请注意，两个最亮的星系在 X 射线图中分别可见

▲ 图 16-8 （a）引力透镜效应在星系团 ZwCl 0024.0+1654 中是可见的，因为它的质量使一个更遥远的星系发出的光线弯曲，产生弧线，这条弧线实际上是遥远星系的扭曲图像，这表明该星系团一定含有大量的暗物质。（b）当两个星系团互相穿过时，普通物质（粉红色）发生碰撞并被扫出星系团，但由引力透镜效应探测到的暗物质（紫色）没有受到影响

图源：(a) NASA/ESA/STScI/AURA/NSF/ W. N. Colley & E. Turner (Princeton Univ.) and J. A. Tyson (Bell Labs); (b) X-ray: NASA/CXC/CfA/M. Markevitch et al.; Visual & lensing map: NASA/ESA/STScI/AURA/NSF/ESO WFI/Magellan/Univ. of Arizona/D. Clowe et al.

暗物质存在的确认独立于牛顿定律，科学家对暗物质存在的真实性充满信心。

理论家的结论是，暗物质一定是由一些尚未发现的亚原子粒子组成的，这些粒子不与正常物质相互作用，也不会彼此相互作用，或者与光相互作用，暗物质只有通过其引力才能被探测到。

暗物质并不是一个无关紧要的问题，对星系和星系团的观测表明，宇宙中近 90% 的物质是暗物质，你所看到的构成你和恒星的物质，就好比是你看不见的海洋上的泡沫。暗物质仍然是现代天文学中尚未解决的基本问题之一，在下一章中，我们试图带你了解暗物质是如何与当前宇宙、过去宇宙以及未来宇宙的性质联系在一起的，那个时候你会对这个问题有更多的了解。

践行科学

为什么你必须知道一个星系的距离才能得到它的质量？这里有一个很好的例子，说明基于其他量的测量，通过一连串推理，能获得所需的信息。

为了测量一个星系的质量，你需要知道星系外绕转星系的恒星的轨道大小和周期，然后用开普勒第三定律来计算轨道内的质量。如果你能从光谱中获得自转曲线，就会很容易地测定星系自转时恒星的轨道速度，但你在利用开普勒第三定律之前，还必须知道恒星轨道以 m 或 AU 为单位的半径，这就是距离的作用。获得星系的距离之后，你可以用小角公式把以角秒为单位的半径转化成以 pc、m 或者 AU 为单位的半径。如果你对星系距离测量得不准确，那么所得到的恒星轨道半径也是不准确的，这样就无法计算出准确的星系质量。

天文学中许多不同的测量结果都取决于距离尺寸的校准。如果天文学家发现造父变星实际的亮度比人们认为的略高，那么对星系的直径和亮度的测量会产生什么影响？

16-3 星系的演化

本小节的目标是建立一种理论来解释星系的演化，在第15-5节中，你考虑了银河系的起源，可以推测其他星系也是这样形成的。但是为什么有的星系是旋涡形的，有些是椭圆的，有些是不规则的呢？揭开这一谜题的关键在于星系团。

16-3a 星系团

单一的、孤立的星系是罕见的，相反，大多数星系都处于包含几个到几千个星系的星系团中，该星系团处于尺寸为 1~10 Mpc 的空间中。银河系就是小星系团的一员，被记录的星系团有几千个。

为了研究，可以把星系团分为富星系团和贫星系团，富星系团包含上千个或者更多的星系，其中大部分是椭圆星系，分布在尺寸约为 3 Mpc（10^7 光年）的空间中。这样的星系团几乎都是浓缩的，换言之，星系聚集在星系团中心。在富星系团的中心通常包含一个或多个巨椭圆星系。

室女座星团是一个富星系团的例子，它包含1500多个星系，距离银河系 16.5 Mpc（5400万光年）。和大部分富星系团一样，室女座星系团的中心星系比较密集，其中心包含巨椭圆星系 M87（见"概念艺术·星系的分类"）。

贫星系团包含少于 1000 个（通常只有几个）的星系，尺寸跟富星系团差不多，这意味着贫星系团中的星系分布得更加分散。

银河系是贫星系团中的一员，该星系团被称为"本星系群"（见图 16-9a），是一个没有什么创造性的名字。本星系群中的星系数量尚未确定，可能包含了约

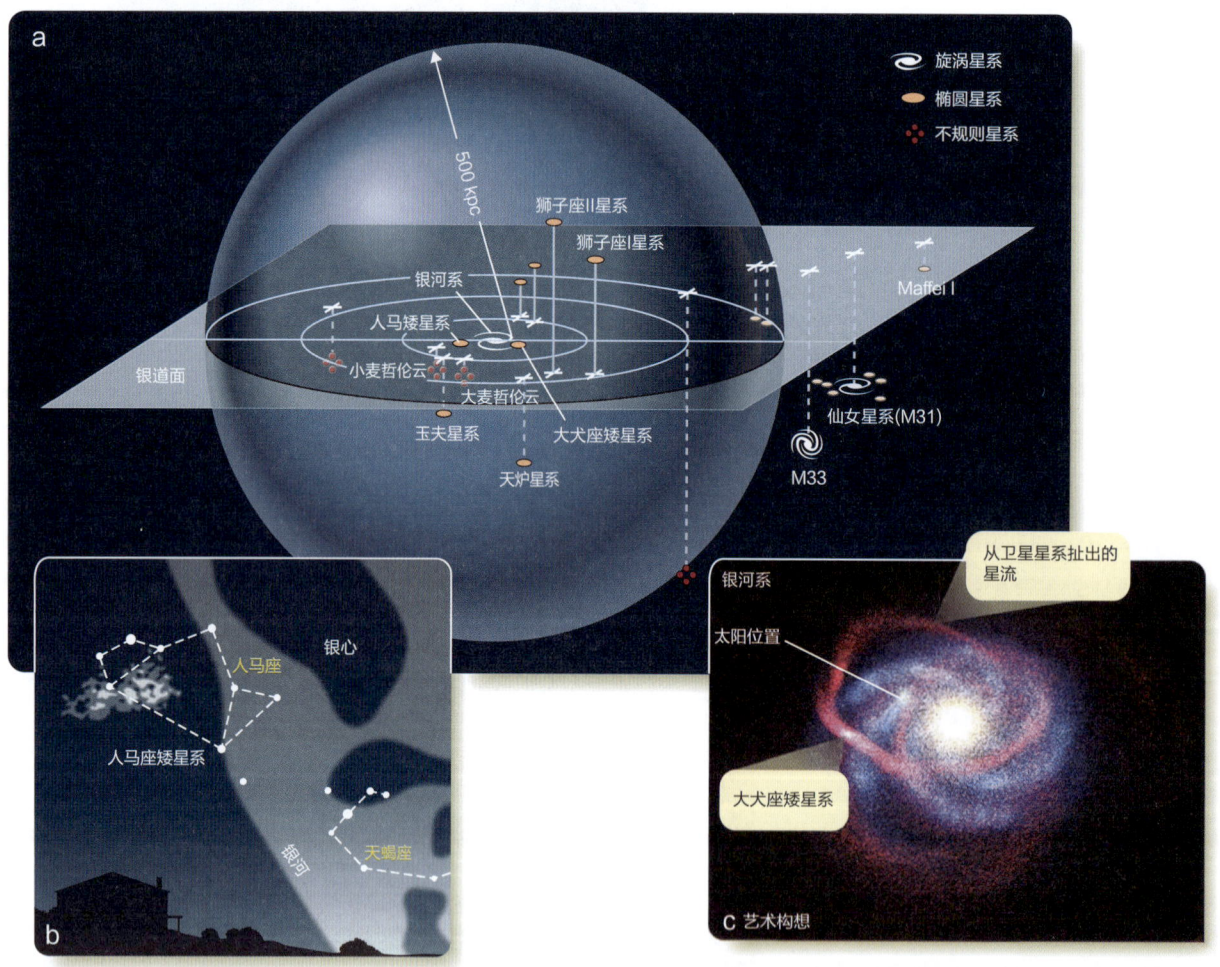

▲ 图 16-9 （a）本星系群。银河系位于图中，竖直的线表示与银盘的距离，银盘上方为实线，下方为虚线。（b）人马座矮星系（Sgr Dwarf）位于银河系的另一边，如果你能在天空中看到它，它将比满月大 17 倍。（c）艺术家对数学模型的构想：大犬座矮星系已经围绕银河系运行了好几圈，潮汐作用将恒星和气体拉开形成流线

40个星系，这些星系不规则地散布在直径约为1Mpc的范围内。有一些较亮的星系，其中有15个椭圆星系，4个旋涡星系，13个不规则星系。

本星系群中星系数量尚未确定的原因是有些星系位于银盘上，使其难以被发现。比如，人马座矮星系距离银河系很远，几乎完全隐藏在人马座星云后面（见图16-9b）。距离银河系近一些的是大犬矮星系（见图16-9c），这个星系是在2MASS红外探测绘制的红超巨星分布图中发现的。本星系群中一定还有尚未被探测到的小星系。

一般而言，富星系团往往包含80%~90%的E型和S0型星系以及少数旋涡星系，换言之，聚集的星系往往是E型或S0型的，而不是螺旋形状的，贫星系团中旋涡星系占据的比例较高。在为数不多的孤立的星系中，有80%的星系是旋涡星系。从某种程度上来说，一个星系周围的环境有助于决定星系的类型，天文学家认为，星系之间的碰撞是一个重要的因素。

16-3b 星系碰撞

星系之间的碰撞应该相当频繁地发生，星系之间的平均间隔只有其直径的20倍左右，就像两头蒙着眼睛的大象在马戏团的帐篷下玩闹一样，星系之间应该时不时地发生碰撞。但另一方面而言，恒星则几乎从未发生过碰撞，在银河系靠近太阳的区域，恒星之间的平均距离大约是它们直径的10^7倍，所以两颗恒星就好比是足球场上两只飞来飞去的蚊虫，基本不可能发生碰撞。

阅读"概念艺术·相互作用的星系"，要注意4个重要的观点和3个新术语：

1. 相互作用的星系可以通过潮汐作用产生的潮汐尾和星壳相互扭曲，甚至可以引起旋臂的形成，大的星系甚至可以吸收小的星系，这个过程称为"星系吞食"。

2. 星系之间的相互作用可以引发快速的恒星形成活动。

3. 星系内部多核球和恒星气体不同的运动方向表明，星系在过去经历过相互作用和并合。

4. 美丽的环形星系被理解为星系发生高速碰撞之后留下的"靶心"。

星系并合的证据就在你身边，银河系正在吞食附近的麦哲伦云，此外银河系的潮汐作用正在把人马座矮星系推远，而大犬座矮星系已经几乎完全被吞食，因为恒星被潮汐作用拉走，形成了包裹着银河系的巨大流线（见图16-9c），银河系一定已经完全吞食过其他小星系。

16-3c 星系组装

检验任何科学认知的标准是，你是否能把所有的证据和理论放在一起，讲述所研究天体的历史。你能描述出星系的起源和演化吗？就在几十年前，这还是不可能的。但来自空间望远镜和地面新一代望远镜的观测，结合计算机建模和理论方面的发展，使天文学家可以勾勒出星系的故事。

在开始之前，你应该抛弃一些陈旧的观点。一个常见的误区就是人们很容易想象星系通常会从一种类型演化到另一种类型，但是椭圆星系是不可能变成旋涡星系或不规则星系的，因为椭圆星系中几乎不含有能产生新恒星的气体和尘埃，这意味着椭圆星系不可能变成年轻的星系。同样地，旋涡星系和不规则星系也不可能演化成椭圆星系，因为旋涡星系和不规则星系中既有年老恒星也有年轻恒星，年老恒星的存在说明旋涡星系和不规则星系不可能是年轻的。星系的分类让我们得知一个重要的事情，那就是星系不会从一种类型演化到另一种类型，就像猫不能变成狗一样。

另一种陈旧的想法是，星系是由单一的气体云形成的，气体云坍缩并形成恒星，这被天文学家称为自上而下假说（见第15-5e节）。现在大量的证据表明，像银河系这样的大星系主要不是通过自上而下的收缩形成的，而是通过自下而上的过程，包括较小的气体云和恒星的积累、气体的流入以及对小星系的吸收而形成。

椭圆星系更有可能是星系碰撞和并合的产物，它们不含有气体和尘埃，因为气体和尘埃在星系的相互作用下引发的快速恒星形成的活动中被耗尽，或者被超新星爆发吹走。实际上，天文学家可以看到在红外波段非常明亮的星暴星系，因为最近一次的碰撞引起了恒星形成的爆发，加热了尘埃（见图16-10），使其在红外波段重新发出辐射。一部分这些星系的亮度是银河系的100倍，但由于被尘埃包裹，所以它们在可见光波段很暗淡。

许多星暴星系都有潮汐尾的特征，这可能是三个或更多星系并合的结果，因并合会引起大规模的恒星形成，从而产生巨大的尘埃云。触须星系（见"概念艺术·相互作用的星系"图2）包含超过150亿太阳质量的氢气，正在进行的并合现象会引发快速的恒星形成，最后会变成一个星暴星系。当这些星系消耗完最后的生成恒星所需的气体和尘埃时，它们会变成普通的椭圆星系，或并合成一个椭圆星系。

相比之下，旋涡星系显然没有经历过很大程度的碰撞，它们的星系盘很薄、很脆弱，在与大质量星系碰撞

相互作用的星系

1 当两个星系发生碰撞时，它们可以在没有恒星碰撞的情况下穿过对方，因为恒星的距离相较其尺寸而言很大。气体云和磁场确实会发生碰撞，但产生最大影响的可能是潮汐作用，甚至当两个星系只是在彼此附近经过，潮汐作用也会产生很大的影响，比如，产生名为潮尾（tidal tail）的流线。在某些情况下，两个星系可以并合，形成一个单一的星系。

图源：Illustration design by Michael A. Seeds

1a 当一个星系摇晃着经过一个像星系那样的大质量天体时，潮汐作用是严重的。靠近大质量天体的恒星试图在较小、较快的轨道上移动，而离大质量天体较远的恒星则遵循较大、较慢的轨道。这种潮汐作用可以使星系变形，甚至将其撕裂。

星系之间的相互作用可以模拟旋臂的形成。

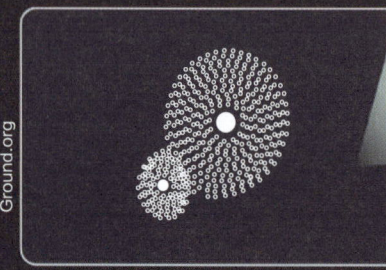

在这个计算机模型中，两个均匀的盘状星系经过彼此

小的星系在大星系外缘路过，所以它们实际并没有碰撞

潮汐作用使星系变形，并触发旋臂的形成

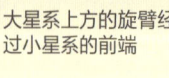

大星系上方的旋臂经过小星系的前端

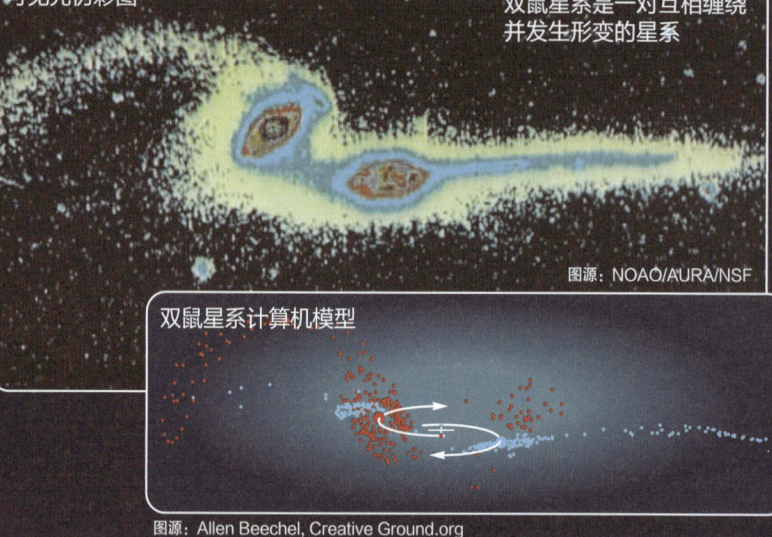

双鼠星系是一对互相缠绕并发生形变的星系

1b 星系的并合被称为"星系吞食"（galactic cannibalism）现象。模型显示，并合的星系围绕其共同的质量中心旋转，而潮汐则将恒星扯走并形成外壳。

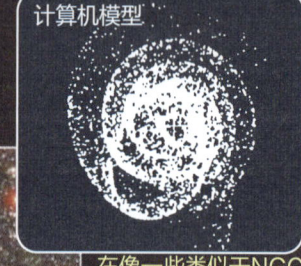

计算机模型

著名的涡状星系近似于计算机模型

可见光

恒星壳层

在像一些类似于NGC 5128的椭圆星系周围已经发现了这样的外壳，它在很多方面都很奇特，甚至有一条尘埃气体带。这张放大图中的外壳是该巨系至少吞食过一个小星系的证据。这个巨星系本身可能也是两个大星系并合形成的。

可见光对比增强图

2 两个星系的碰撞可以在气体云被压缩时引发恒星形成的火风暴。星系NGC 4038和NGC 4039多年来一直被称为"触须星系",因为在地基望远镜上拍摄到的长尾巴很像昆虫的触角。哈勃空间望远镜拍摄的图片表明,两个星系正在如火如荼地进行恒星形成活动,大约有1000个大质量的星团已经诞生。

光谱显示,触须星系中的镁和硅等元素比银河系丰富10~20倍,这些金属元素是由大质量恒星的核合成产生的,并通过之后的超新星爆发传播回宇宙中。

NGC 4038和NGC 4039

触须星系

地基望远镜可见光图像

哈勃太空望远镜可见光图像

图源:Left: F. Schweizer (CIW) and B. Whitmore (STScI).Right: NASA/ESA/STScI/NSF/Hubble Heritage Team

3 发生在过去的星系并合可以通过一些星系内部的活动来证明,在这张地基望远镜拍摄的图片中,NGC 7251是一个高度扭曲的星系,有潮尾。

哈勃空间望远镜拍摄的星系核球的图片显示出在大星系中心向后旋转的小旋臂

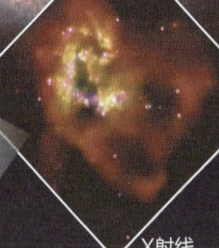

触须星系的X射线图像显示出,被超新星加热的极热气体云团爆炸的频率是银河系的30倍

X射线

图源:NASA/CXC/SAO/G. Fabbiano et al.

可见光

图源:F. Schweizer (CIW) and B. Whitmore (STScI)

这种逆向旋转表明NGC 7251是两个自转方向相反星系的残骸,它们在大约10亿年前并合了。

3a 过去发生过的星系并合的射电证据:多普勒频移揭示了旋涡星系M64的自转情况,该星系的上半部分有红移,正在远离地球,而该星系的下半部分有蓝移,正在接近地球。该星系核的射电图像说明,它正在向后旋转,这说明在很久以前,两个旋转方向相反的星系发生了并合作用。

星系M64的自转

红移

蓝移

图源:NRAO/AUI/NSF/R. Braun

星系吞食的证据:富星系团中的巨型椭圆星系有时有多个核球,这些核球被认为是较小星系中密度最大的部分,这些星系已被吸收,但只有部分被消化。

多个核球

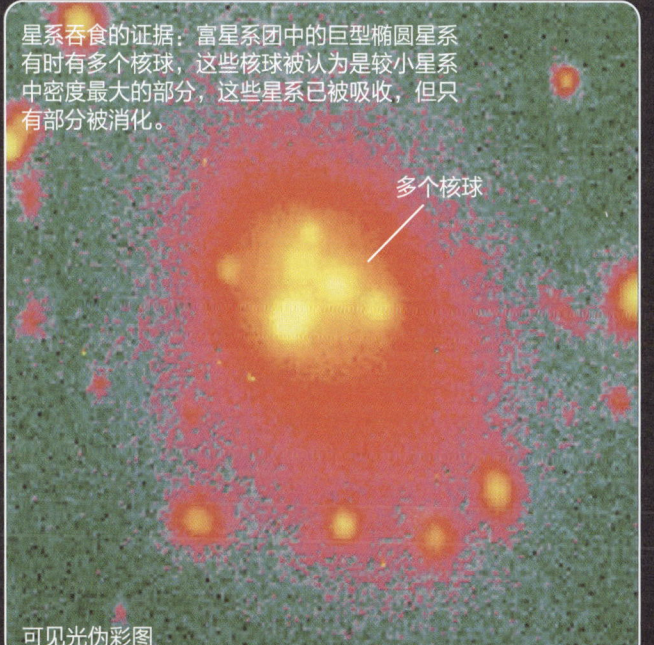

可见光伪彩图

图源:ESO/M. J. West (St. Mary's Univ.)

4 下图中的车轮星系曾经是一个正常螺旋星系或透镜星系,但它现在是一个环状星系(ring galaxy),它的小伴星系之一以几乎垂直于盘面的角度高速穿过它,这引发了恒星形成的浪潮,大质量恒星的爆发留下了黑洞和中子星,其中一些是X射线双星,这使得外环在X射线的波段很亮。

紫色=X射线
蓝色=紫外
绿色=可见光
红色=红外

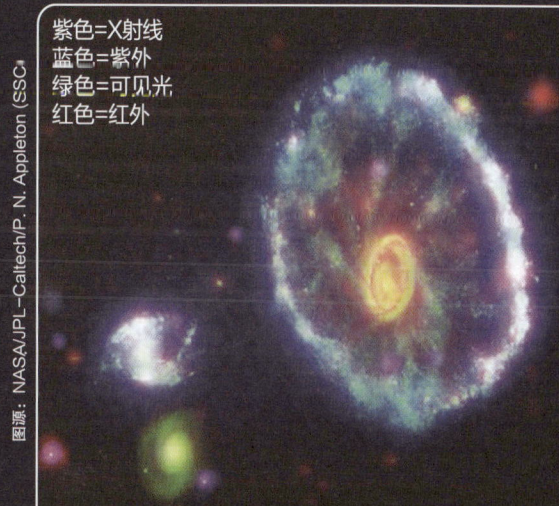

图源:NASA/JPL-Caltech/P. N. Appleton (SSC)

▶ 图 16-10 快速的恒星形成。(a) NGC 1569 是一个充满了年轻恒星云和超新星的星暴星系。(b) 不规则矮星系 NGC 1705 在大约 2500 万年前开始了星体形成的爆发。(c) 至少有些恒星爆发是由星系之间的相互作用引起的。M64 被称为"黑眼睛星系",其内部充满了由快速恒星形成活动产生的尘埃,射电观测("概念艺术·相互作用的星系"中的图 3a)显示,该星系的内部相对于外部向后旋转,这是星系合并的结果,星系逆向旋转的部分发生碰撞会刺激恒星的形成

时产生的潮汐力会将其摧毁。此外,它们还保留了大量的气体和尘埃,并继续生成恒星,所以它们没有因为并合而引发大规模的恒星爆发。

当然,旋涡星系可以不动声色地吞食较小的星系而不会引发任何不良的后果,小星系不会产生足够强大到破坏整个星系盘的潮汐作用。第15-5e节讲述的自下而上的星系形成模型指出,银河系已经吸收了许多较小的星系,同时一些天文学家认为大部分银晕是由被银河系吞食的星系残骸组成的。到目前为止,银河系显然还没有与和自己尺寸相当的星系发生过碰撞,但有证据表明,银河系在几十亿年后会与正在靠近的仙女星系并合,最终结果就是形成一个大的椭圆星系。

棒旋星系可能也是潮汐作用的产物,数学模型显示,棒状物质并不稳定,最终会消散,与其他星系的潮汐相互作用可能会使棒状物质再生并得以维持。一半以上的旋涡星系都有棒状物质,这说明潮汐相互作用是很普遍的。

其他过程也可以改变星系,S0型星系可能在星系团中绕转时穿过气体而丢失气体和尘埃。因为星系穿过充满星系团的薄气体时,会遇到剧烈的风,会把星系中的气体和尘埃吹走,这样一个盘状的旋涡星系便会被变成 S0 型星系。例如,X射线观测显示,后发星系团在星系之间包含薄且热的气体,天文学家已经在一个类似的星系团中发现了一个正在穿过这种气体并被剥去气体和尘埃的星系。

小星系可能以多种方式产生,矮椭圆星系不太可能

因并合而产生，因为它们太小了，但它们有可能是星系在相互作用中被撕裂而产生的碎片。其他的小椭圆星系可能是较大椭圆星系的核球，这些大的椭圆星系的外部恒星在与其他星系作用时被剥离了。相比之下，不规则星系可能是大的星系在碰撞过程中飞出来的碎片，但保留了足够的气体和尘埃得以继续形成恒星。

一个好的理论可以帮助你理解自然界是如何运作的，而天文学家正开始理解星系这个令人激动和复杂的故事。已经很清楚的是，星系的演化与扔馅饼的比赛有一些相似之处。

16-4 活动星系核和类星体

随着20世纪50年代第一批大型射电望远镜的建造，天文学家发现一些星系在射电波段下很明亮，这些星系被称为射电星系。后来人们发现，这些星系在其他波段也辐射能量，这是被称为"活动星系"的第一批例子。现在的观测表明，这些能量来自星系的核球，现在被称为"活动星系核"（AGN）。目前有证据表明，大多数大星系，包括银河系在内，都是活跃的。

16-4a 塞弗特星系

1943年，威尔逊山天文学家卡尔·塞弗特发表了一项关于旋涡星系的研究，在可见光波段，塞弗特发现一些旋涡星系具有小且高光度的核球，并具有奇特的光谱（见图16-11），这些星系被称为塞弗特星系，约有2%的旋涡星系是塞弗特星系。

星系的光谱是由数十亿颗恒星的混合光谱组成的，因此弱的光谱线会被冲掉，所以星系的光谱只包含星系光谱中几条最强的吸收线。相比之下，塞弗特星系核包含宽阔的发射线，发射线是由热的、低密度的气体产生的，因此塞弗特星系核中的气体必须是高度激发的。谱线的宽度说明核球内的高速度产生了大的多普勒位移，气体靠近地球时产生谱线蓝移，气体远离地球时产生谱线红移，靠近地球和远离地球的气体的光线组合形成的宽谱线表明，塞弗特星系中心的速度约为10 000千米/秒，约为正常星系中心速度的30倍，一些剧烈的活动正在塞弗特星系核球中发生。

塞弗特星系的明亮核球波动很快，特别是在X射线波长下，塞弗特星系的核球可以在短短几分钟内发生亮度的巨大改变。中子星的相关知识告诉我们，一个物体不可能在短于光穿过其直径的时间内发生亮度的显著改变，如果塞弗特星系核球能在几分钟内迅速改变亮度，那么它的直径不会超过几光分——大概是地球轨道的大小。尽管体积小，但塞弗特星系的核球能产生巨大的能量，所产生的最高的光度是整个银河系亮度的100倍。

小的体积产生巨大的能量，还伴随高温和高速度，这让你想起了什么？天文学家认为，这些星系的中心含

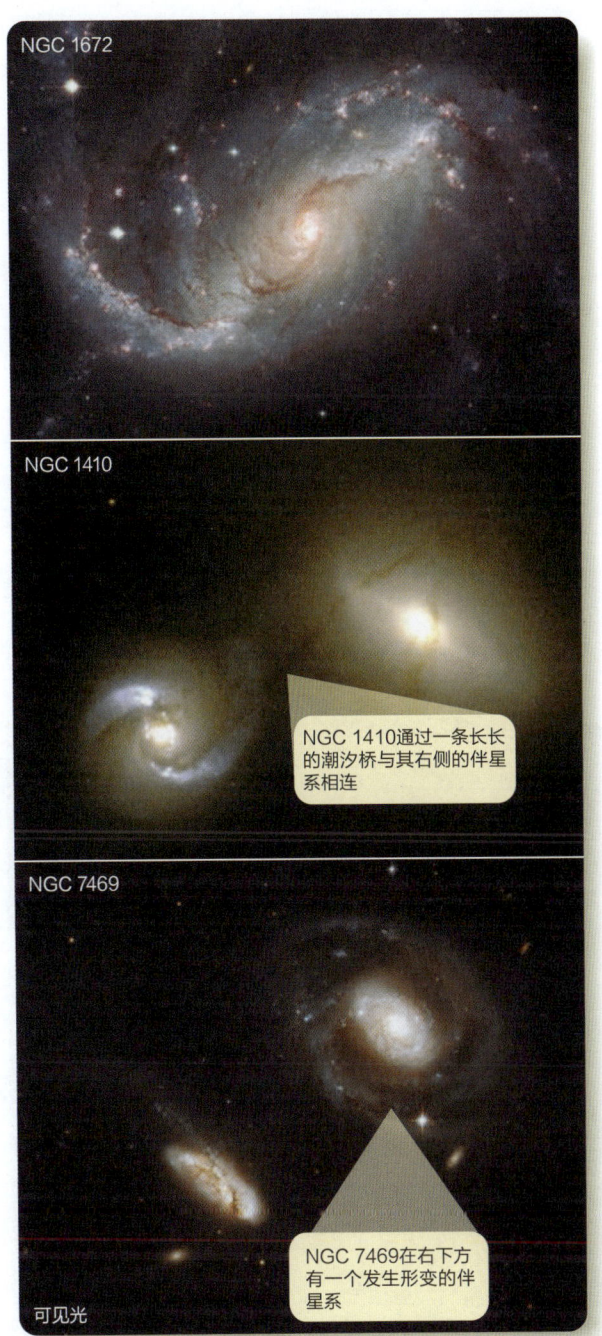

▲ 图16-11 塞弗特星系是具有小且高光度核球的旋涡星系，一些塞弗特星系已经与附近的伴星系发生了相互作用，出现了扭曲现象，以及潮汐尾和桥状结构

有超大质量黑洞,其周围环绕着热的吸积盘,物质通过吸积盘流入黑洞。

在本章前半部分,你掌握了大多数星系中心都包含超大质量黑洞的证据,但大多数星系都没有爆发。塞弗特星系的形状提供了关键线索,约 25% 的塞弗特星系具有奇特的形状,这表明它们与其他星系之间存在潮汐作用(见图 16-12)。还有统计学证据(我们如何得知 16-2)表明相互作用的塞弗特星系比孤立的塞弗特星系更常见,这意味着塞弗特星系的活跃状态可能通过与伴星系之间的相互碰撞和作用产生。当你学习其他活动星系时,还会发现更多类似的证据。

16-4b 双瓣射电源

20 世纪 50 年代,射电天文学家开始发现,天空中的一些射电能量源由一对射电亮区组成,当用光学望远镜研究这些射电源的位置时,发现位于两个区域之间的星系在发射射电能量,这些星系被称为双瓣射电星系。与塞弗特星系不同的是,塞弗特星系是从核心发出强烈的辐射,而射电星系则由两个外部的射电瓣产生能量。

研究"概念艺术·星系喷流与射电瓣",并注意 4 个要点和 2 个新的术语:

1. 射电瓣的形状表明,它们是因星系核球中激发气体喷流而膨胀,这被称为"双排气模型",热斑和同步辐射的存在表明,喷流是很强大的。在第 13-4e 节介绍超新星遗迹的时候,提过"同步辐射"这个概念。

2. 有喷流和射电瓣的活动星系通常会发生形变或与其他星系相互作用。

3. 一些喷流和射电瓣的复杂形状可以用活动星系核的运动来解释,一个很好的例子是 3C 31(第三剑桥射电源表的第 31 个源),它有扭曲的射电瓣。

4. 这些喷流符合物质落向中心超大质量的黑洞,然后以某种方式从两个方向喷出的理论,在前几章内容中,你学习到原恒星(见第 11-3b 节)、中子星和恒星质量的黑洞(见第 14-3a 节)周围的吸积盘会产生类似的喷流。尽管细节并不完全清楚,但似乎所有这些喷流都是由同一个过程产生的。

有证据显示,许多星系的核球包含物质向内流动的超大质量黑洞,当物质落向中心时,它会释放巨大的引力能量,变得特别热,热的吸积盘可以辐射 X 射线,并向相反的方向发射喷流。

16-4c 类星体

从 20 世纪 50 年代开始,射电天文学家开始熟悉天体射电源,它们要么是巨大的气体云,要么是遥远

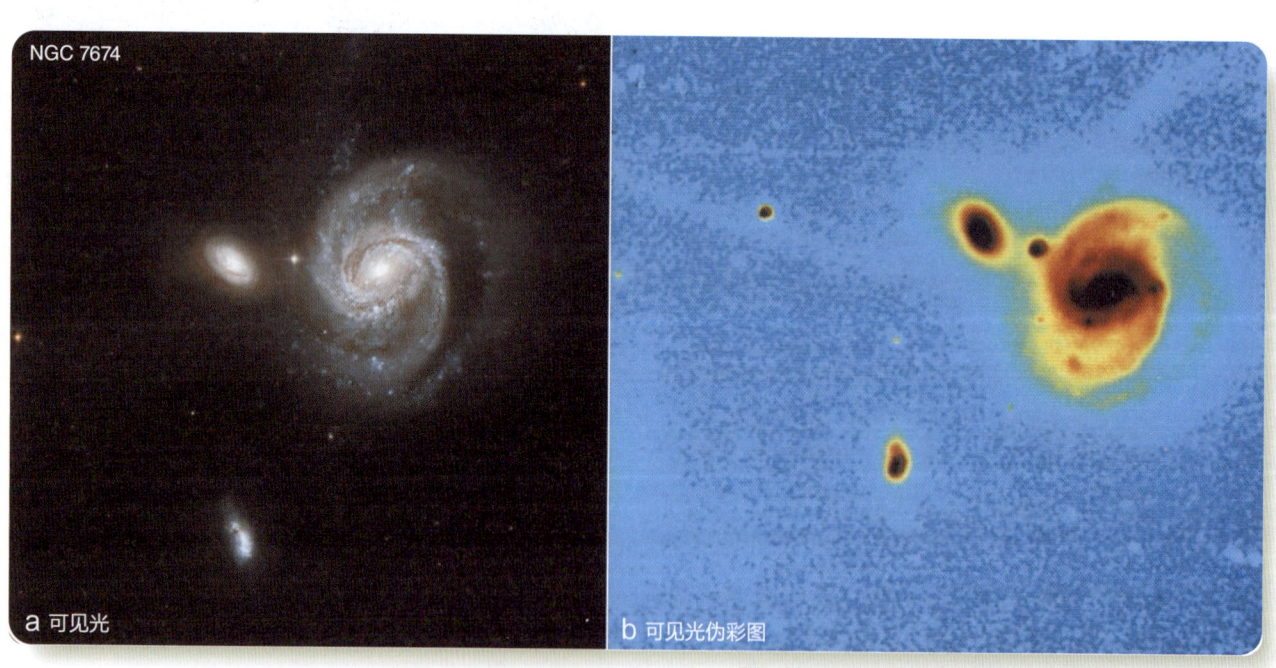

图源:(a) NASA/ESA/STScI/AURA/NSF/Hubble Heritage Team/A. Evans (Univ. of Virginia)/NRAO/SUNY StonyBrook; (b) J. Mackenty and A. Stockton (IfA, Univ. of Hawai'i)

▲ 图 16-12 (a)塞弗特星系 NGC 7674 是一个致密的星系群的一部分,并与它较小的伴星系相互作用。(b)在这个增强的图像中,更容易看到向左和右上方延伸的潮汐尾

我们如何得知 16-2

统计学证据

如何利用不能具体化的统计数据？

一些科学证据是统计性的，比如，观测结果表明，塞弗特星系比普通星系更有可能与附近的伴星系发生相互作用，这只是统计学上的证据，所以不能确定某一个塞弗特星系一定会有一个伴星系。当统计学的数据包含内在的不确定性时，科学家会如何利用统计结果来探索自然呢？

气象学家利用统计数据来确定某种规模的风暴可能发生的频率，小型风暴每年都会发生，但中型风暴可能平均每十年才发生一次，百年一遇的风暴威力更大，但发生频率更低——平均每百年才发生一次。

统计学可以告诉你，一场糟糕的风暴最终会发生，但它不能告诉你什么时候发生

这些气象统计数据可以帮助你做出明智的决定——只要你了解统计的力量和局限性。你会买一栋位于河边但堤坝的设计并不能抵御百年一遇风暴的房子吗？任何一年你的房子被摧毁的概率只有1%，你知道风暴会来临，但并不知道它什么时候来。如果你买了这栋房子，它可能在第二年就被风暴摧毁，但也有可能你一生都不会遇到大风暴，可以一直拥有这栋房子，统计数据无法提前告诉你某一个年份的情况。

在你买那栋房子之前，你应该问气象学家一个重要的问题："你们有多少关于风暴的数据？"如果他们只有十年的数据，那么他们对百年一遇的风暴其实并不了解；如果他们有3个世纪的数据，那么他们的统计数据是很重要的。

有时人们对重要的警告不屑一顾，说："哦，那只是统计数据。"如果统计学数据通过了两个测试的话，那么它可以被科学家使用，即它不能用于得出具体事情的结论，而且它必须基于足够多的数据样本，这样的统计结果才有意义。在这些限制之下，统计数据可以成为一种强大的科学工具。

的射电星系，所以在 20 世纪 60 年代初，当一些射电源在光学波段拍摄的图像中看起来像星星时，他们感到很惊讶（见图 16-13）。它们最初被称为类星（quasi-stellar）物体，很快被命名为类星体。多年来，越来越多的类星体被探测到，多数是射电宁静源。射电天文学家能够偶然发现发射射电辐射的天体，是因为它们很容易被注意到，自从它们被发现以来，类星体一直是天文学家的难题。

类星体的光谱很奇怪，因为它们包含一些叠加在连续光谱上的不明发射线。1963 年，加州理工学院的马丁·施密特发现，如果对氢的巴耳末线施加一个非常大的红移，那么就会与名为 3C 273 的明亮类星体光谱中的线一致。

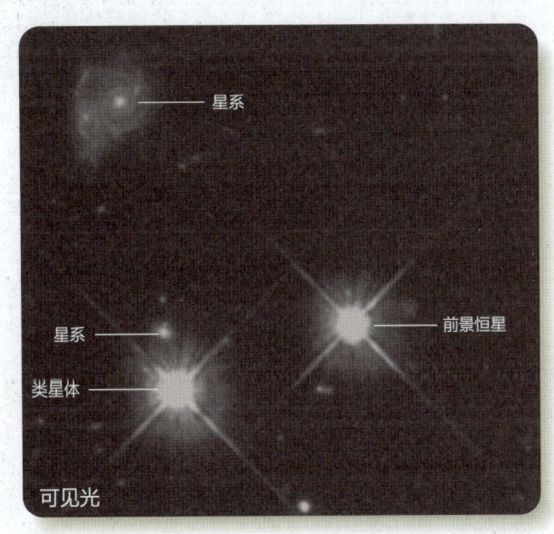

▲ 图 16-13　类星体像恒星一样的图像明显不同于非常遥远的星系的图像。虽然类星体看起来像恒星，但它们的光谱与恒星或星系的光谱不同。这些图像上的尖峰是由望远镜中的衍射产生的

星系喷流和射电瓣

1 许多射电源包含两个明亮的瓣,即双瓣射电源,有一个形状奇怪或扭曲的星系位于两个瓣之间。有证据表明,这些活跃的星系正在发射高速气体的喷流,喷流打开了星系间的空腔,这被称为"双排气孔模型"(twin-exhaust model)。喷流与空腔远端作用的地方会产生热斑。

热斑位于瓣状结构的前缘,喷流在此处推动周围的气体。

1a 天鹅座A(Cygnus A),天鹅座中最亮的射电源,是从高度扭曲的星系核中射出的喷流末端的一对瓣状结构。在这张伪彩图片中,最强的射电区域显示为红色,最弱的为蓝色。由于探测到的射电能量是同步辐射,天文学家得出结论,喷流和射电瓣都含有极高速的电子,通常被称为相对论电子,这些电子比地球磁场弱1000倍的磁场中旋转。一个射电瓣的总能量为10^{53} J,相当于把100万个太阳的质量全部转化为能量。

图源:Used with permission; R. A. E. Fosbury et al. 1998, "KNAW Colloquium on: The Most Distant Radio Galaxies."

2 射电星系NGC 5128位于两个射电瓣之间,和许多活动星系一样,它看起来是很奇怪的扭曲形状,尘埃环围绕着垂直于环的轴旋转,但球形的星云则围绕着环平面内的轴旋转。NGC 5128看起来像两个星系,一个巨椭圆星系还有一个旋涡星系,它们互相穿行,这已经引发了多次爆发,之前的一次爆发很显然产生了一对外部的瓣状物质,最近的一次爆发产生一对内部的瓣状物质,其更接近星系的中心。

图源:VLA/NRAO/AUI/NSF/NASA/CXC/CfA/R. Krast et al.

左边结合射电和X射线波段观测的图像显示,星系正中心有一股高能喷流,指向左上方的北部射电瓣

射电=红色
X射线=蓝色

如果半人马座A的射电瓣可以被观测到,那么它看起来会比满月大10倍。

亚毫米波
射电(橙色)
可见光(白色)
X射线(蓝色)

可见光+射电+X射线

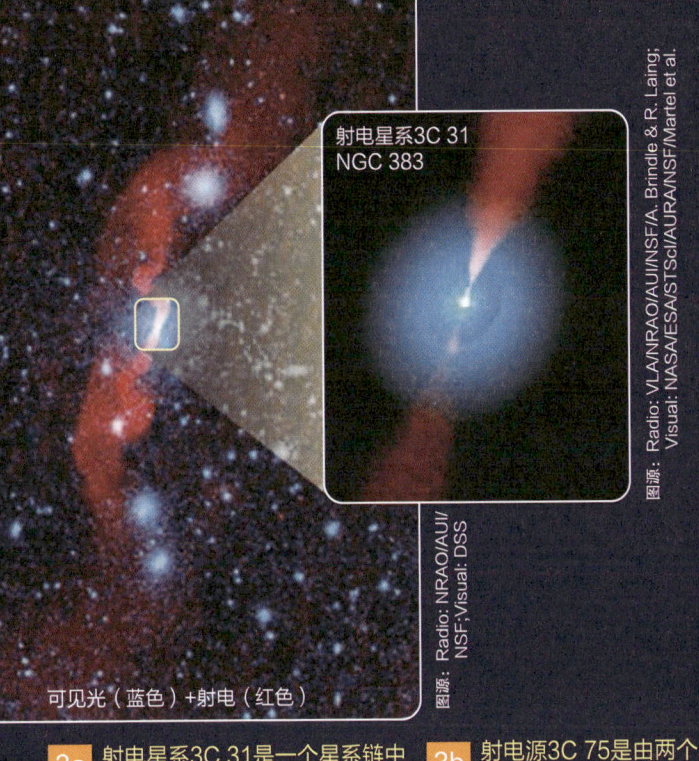

可见光（蓝色）+射电（红色）

射电星系3C 31 NGC 383

图源：Radio: NRAO/AUI/NSF·Visual: DSS

图源：Radio: VLA/NRAO/AUI/NSF/A. Brindle & R. Laing; Visual: NASA/ESA/STScI/AURA/NSF/Martel et al.

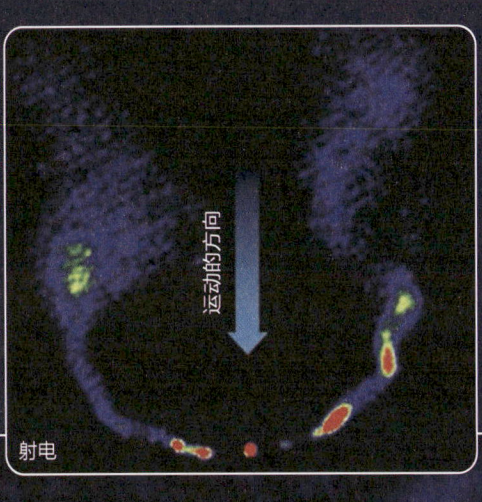

③ NGC 1265的两个射电喷流是在该星系快速穿过星系际介质的气体时被留下来的，喷流尾部的扭曲被认为是由喷流产生之时活动核的运动造成的。

运动的方向

射电

图源：NRAO/AUI/NSF/C. P. O'Dea and F. N. Owen

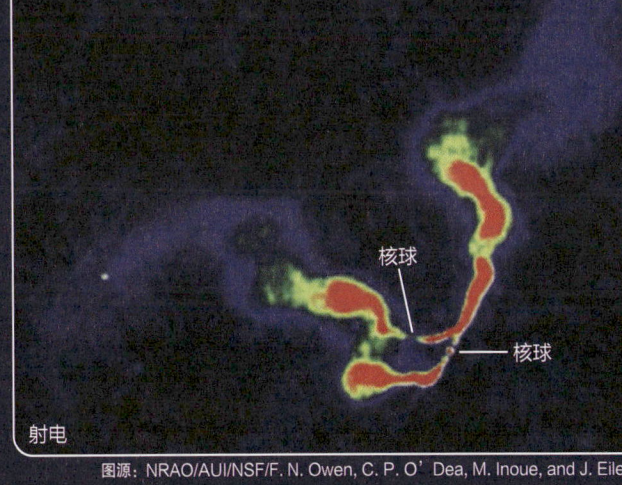

核球

核球

射电

3a 射电星系3C 31是一个星系链中的一个。它核球喷射出的喷流是扭曲的，可能是因为其活跃的核球正在围绕另一个物体运行，比如，另一个近期被吸收的星系的核球。

3b 射电源3C 75是由两个星系经历了近距离接触之后产生的，当活跃的核球相互绕转，它们的喷流就会扭曲并转动。这幅射电图只显示出喷流和核球，宿主星系在图的比例下有大概樱桃的大小。

图源：NRAO/AUI/NSF/F. N. Owen, C. P. O'Dea, M. Inoue, and J. Eilek

④ 高能喷流可能是物质流入位于一个活动星系核球核球超大质量黑洞的结果，角动量守恒使得物质在黑洞周围形成了一个旋转的吸积盘，我们还不清楚为什么会产生垂直于星系盘的喷流，但这应该会涉及被吸入吸积盘并变得紧密缠绕的磁场，其储存了足以喷射高温气体的能量，扭曲的磁场将喷流限制在狭窄的光束中，引发同步辐射。

4a 来自活动星系的喷流可能具有几千到数万千米每秒的速度，这一数值是光速数值很大一部分比重，可以将此与速度只有几百千米每秒的原恒星中偶极流喷流相比，活动星系的喷流可以长达数百万光年，而原恒星偶极流喷流只有几光年长，两种类型的喷流所涉及的能量是大不相同的，但是其几何形状，或许基本原理是相同的。

黑洞 磁场线

吸积盘

4b 以接近光速运行的激发态的物质会朝着运行的方向发射光子，因此，大体上指向地球的喷流应该看起来比其他方向的喷流更亮，这或许可以解释为什么一些射电星系的一个喷流比另一个更亮，如展示在另一页上方的天鹅座A，另一束喷流几乎指向远离地球的方向，其看起来很暗，很难被探测到，展示在另一页的NGC 5128也与此情况类似。

图源：Adapted from a diagram by Ann Field (NASA/ESA/STScI/AURA/NSF)

式 16-2　宇宙学红移

$$红移\ z = \frac{\Delta\lambda}{\lambda_0}$$

（请注意，这与公式 7-3 多普勒频移公式类似，你会在下一章学习到，宇宙学红移不是多普勒频移。）

例子： 巴耳末 Hβ 谱线的实验室波长 λ_0 为 486.1nm，在 3C 273 的光谱中，施密特认为 Hβ 谱线的波长是 562.9 nm，那么红移是多少？

解答： 波长的变化 Δλ 是观测到的波长减去实验室波长：

$$\Delta\lambda = 562.9 - 486.1 = 76.8 \text{ nm}$$
$$z = \frac{\Delta\lambda}{\lambda_0} = \frac{76.8}{486.1} = 0.158$$

在 15.8% 的红移处，施密特发现 3C 273 的光谱中的谱线与实验室光谱吻合，其他类星体也沿用这种方法，甚至会得到更大的红移。

根据哈勃定律，高红移意味着遥远的距离，最初研究的类星体是较亮的，研究发现了更多的类星体。例如，斯隆数字化巡天（第 6-3a 节）发现了 90 000 个。多数类星体具有很高的红移，而且距离地球非常远。

许多类星体的红移都大于 1.0，这可能会让你觉得不可能，从多普勒公式来看，这种物体的速度必须大于光速，但是星系核类星体的红移都不是由多普勒效应产生的，你在下一章会学习到，这种红移是由宇宙膨胀产生的，天文学家要用广义相对论的方程来解释它们。红移大于 1.0 并不是哪里出了问题，只是表示距离很远而已。

虽然类星体距离很远，但它们却亮得惊人。一个典型的星系在这样遥远的距离处会很暗弱，并很难被探测到，但类星体的图像显示其为明显的亮点。如果你把类星体的视亮度和距离放入星等 – 距离关系中（公式 9-2），你会发现类星体是极亮的，比大星系的光度高了 10~1000 倍。

类星体被发现后不久，天文学家就探测到其亮度的波动，时间短至几小时，这些快速的波动表明，类星体是直径不超过几光时的小天体，比太阳系还要小。

到 20 世纪 60 年代末，试图了解类星体的天文学家们面临着一个问题：为什么类星体亮度极高且体积又很小？在像太阳系一样小的区域内，什么物体能产生比星系高 10~1000 倍的能量？从那时起，大型的空间望远镜和地基望远镜发现，类星体通常会被一些模糊的物体包围，其光谱与正常星系的光谱相似，很显然类星体位于星系中。此外，射电望远镜已经发现，一些类星体正在发射喷流并且使射电瓣膨胀。有大量的证据表明，类星体是非常遥远天体的活跃的核球，换言之，类星体是最极端的一种活动星系核。

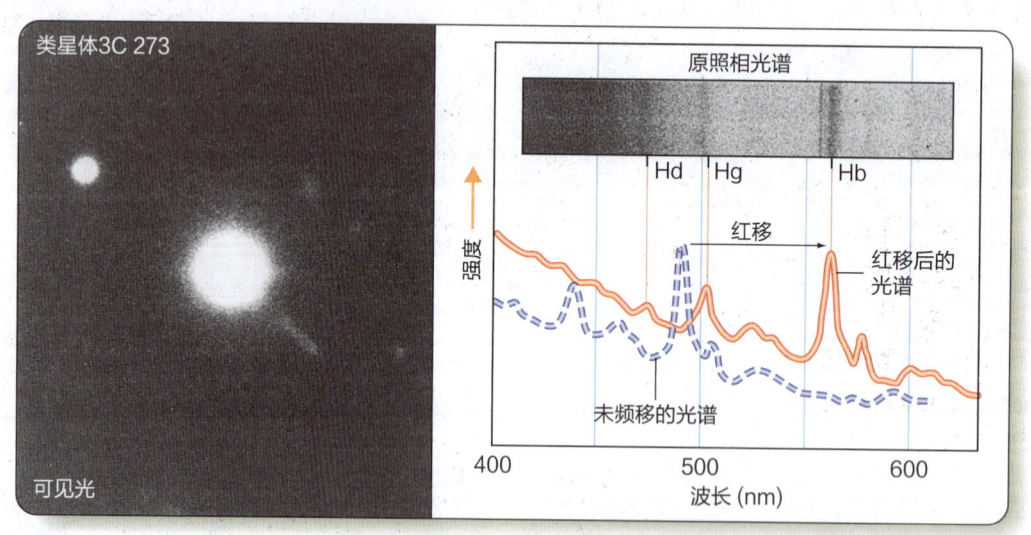

图源：Image and photographic spectrum courtesy of Maarten Schmidt (Caltech)

▲ 图 16-14　3C 273 的这张照片显示出中心明亮类星体被暗弱的模糊物包围，注意向右下方喷射的喷流。3C 273 的原始光谱包含 3 条氢的巴耳末线，Hα、Hβ 以及 Hγ，该谱线红移了 15.8%，图中虚线表示没有红移的谱线位置

践行科学

有什么证据可以表明原子核中的喷流导致射电瓣膨胀？为了回答这个问题，科学家必须将与巨大系统相关的看似不相关的线索结合起来，而这一个巨大的系统无法在实验室中被复制。

当然，将射电瓣与喷流联系起来的最有力的证据是，在许多情况下，通常可以在光学波段或射电波段探测到喷流从星系的中心延伸到射电瓣中。但是天文学家们也注意到，热斑出现在许多射电瓣的外边缘，而在外边缘喷流会与星系际的介质发生碰撞，无论喷流是否可见。对一些可探测到的喷流，它们因星系活动核球的轨道运动而形变和弯曲，这表明它们是由核中排出的气体产生的。此外，一个"粗略的"计算表明，喷流中输送的能量与产生射电瓣的能量相当。

证据是理解科学的关键，现在，请解决另一个关于活动星系核和类星体的性质的基本问题：有什么证据表明活动星系核和类星体的尺寸必须是小的？

落的物质因为速度加快而升温，当其与其他物质碰撞的时候，高速度变成了热能，也就是说，内落的物质将引力产生的能量转化为热能，使其自身变热。

理论计算预言，高温使圆盘内部膨胀而变厚，在距离黑洞更近的地方，轨道上的粒子是不稳定的，必须螺旋地进入黑洞，所以圆盘最内部是空的，黑洞隐藏在这个空区域的深处。在距离中心远一些的地方，圆盘更薄更冷，根据计算，圆盘的最外层是一圈厚的（甜甜圈形状）、冷的且充满尘埃的气体。

天文学家看不到黑洞，但哈勃空间望远镜可以观测到一些活动星系中心盘外围的部分（见图 16-15）。通过光谱可以得出其自转速度，利用开普勒第三定律就可以计算中心天体的质量，一些超大质量黑洞像银河系中心超大质量黑洞一样，有几百个太阳质量，最巨大的黑洞则有数十亿个太阳质量。

超大质量黑洞周围的吸积盘内部可以达到数百万开尔文的温度，并辐射出 X 射线。事实上，在活动星系核所处的位置，地球上的宇宙射线探测器已经观测到了超高能粒子，这些强大的超大质量黑洞和它们的热吸积盘可使宇宙充满高速粒子，冲击力相当于职业棒球联盟运动员打出的快球。

没有人明确地知道超大质量黑洞及其吸积盘是如何产生气体和辐射的喷流的，磁场是其中一个因素，因

16-5 吸积盘、喷流、爆发及星系演化

你现在已经知道，许多星系的中心都含有超大质量黑洞，为什么这样的天体会爆发？它们又是如何形成的？

16-5a 吸积盘和喷流

流向黑洞的物质旋转得非常快，也非常热，它旋转是因为它在向内沉降时必须保持角动量在中心黑洞周围形成一个扁平的盘。超大质量黑洞比恒星质量黑洞具有更强的引力，会为向内沉降的物质产生更快的旋转和更高的温度。即便是超大质量的黑洞，它也出乎意料的小，一个1 000万太阳质量的黑洞的尺寸只有地球轨道直径的1/5，所以物质可以接近黑洞并快速运行。内

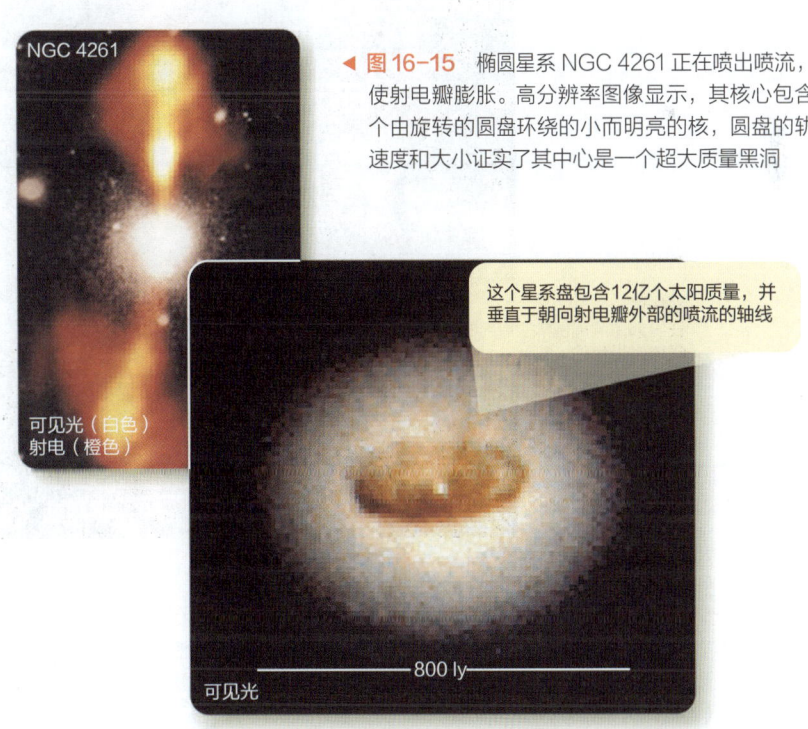

▲ 图 16-15 椭圆星系 NGC 4261 正在喷出喷流，并使射电瓣膨胀。高分辨率图像显示，其核心包含一个由旋转的圆盘环绕的小而明亮的核，圆盘的轨道速度和大小证实了其中心是一个超大质量黑洞

这个星系盘包含12亿个太阳质量，并垂直于朝向射电瓣外部的喷流的轴线

图源：Top: NRAO/Caltech; Bottom: NASA/ESA/STScI/AURA/NSF/ H. Ford (JHU), L. Ferrarese (UCLA), W. Jaffe (Leiden Obs.)

第三部分　宇宙　333

为吸积盘至少是部分电离的，磁场被困在吸积盘的气体中，向内落并缠绕起来。理论学家们认为，这产生了高能的磁管，磁管沿着自转的轴线延伸，将热气体外引至相反方向。喷流应该起源于距离超大质量黑洞非常近的地方，然后被周围的磁管聚集并限制。

人们对产生喷流的机制只是有一个大致的了解，但天文学家们现在正试图找出其中的细节。超大质量黑洞如何解释所有被观测到的不同种类的活动星系呢？

16-5b　活动星系的统一模型

当一个研究领域尚未成熟之时，科学家们会发现许多看似不同的现象，如塞弗特星系、双瓣射电星系、类星体和宇宙喷流，随着研究的成熟，科学家们开始发现相似之处，并最终把不同的现象统一为一个单一过程的各个方面，科学的真正目标便是将证据和理论组成解释自然界如何运作的逻辑依据。研究活动星系的天文学家已经提出了一个活动星系核球的统一模型，该模型得到了证据的支持，那个被称为黑洞的"怪物"就是这种模型的关键。

根据统一模型，当你看向一个活动星系核的中心时，看到的东西取决于黑洞的吸积盘相对于你的视线是如何倾斜的（见图16-16）。你应该注意，吸积盘可能

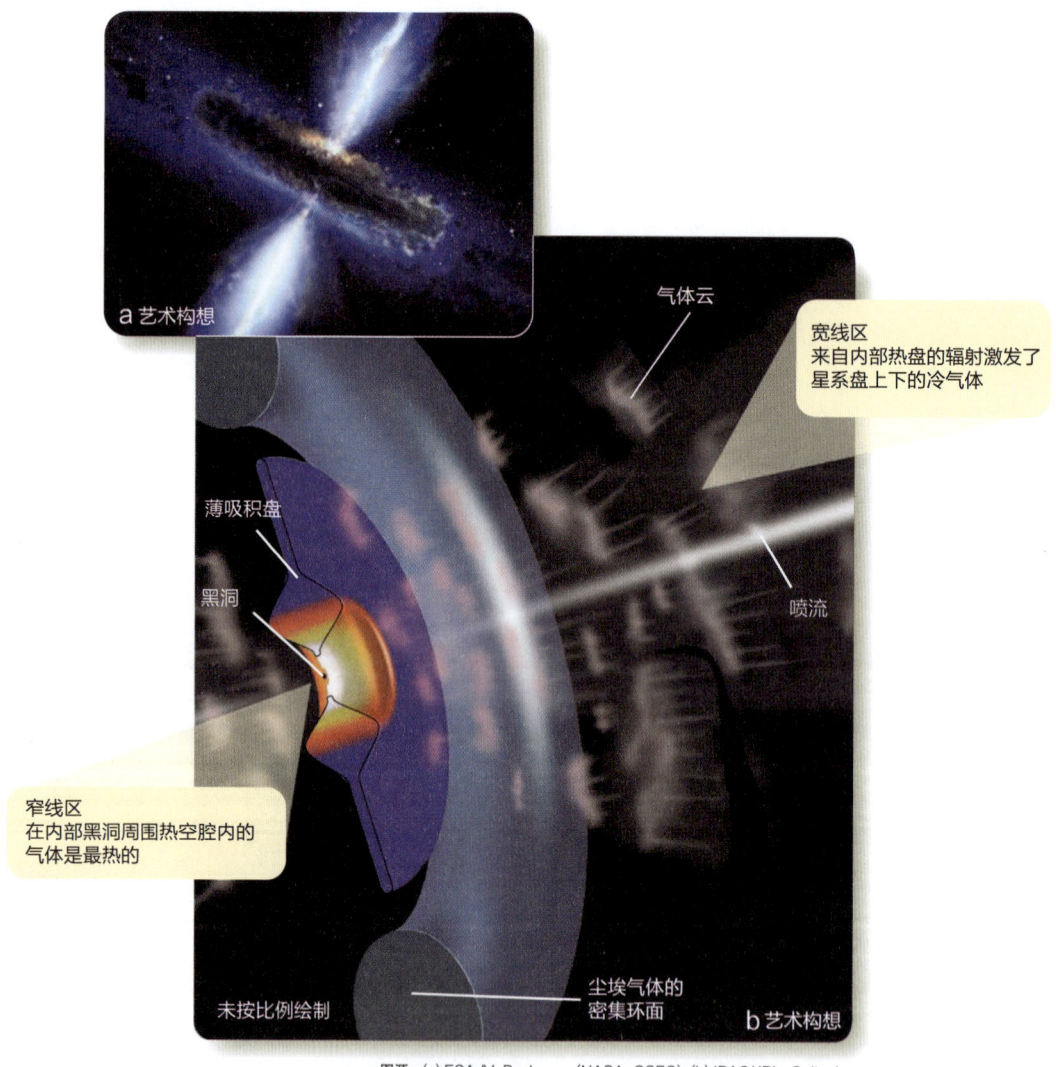

图源：(a) ESA /V. Beckmann(NASA-GSFC); (b) IPAC/JPL-Caltech

▲ 图16-16　（a）由艺术家对AGN边缘的构想，可以看到超大质量黑洞周围的热吸积盘和中心空腔被外面的冷尘气体环挡住。（b）AGN的光谱中可见的特征取决于观测它的角度。展示在横截面的统一模型表明，向内流动的物质首先通过一个大的、不透明的环状体，然后进入一个更薄、更热的圆盘，最后进入黑洞周围一个小的、热的空腔。望远镜从边缘观测这样的圆盘，只会看到来自较冷气体的狭窄谱线，但当望远镜观测中心空腔的时候，会看到由热气体形成的宽谱线。这张图不是按照比例绘制的，中心的空腔半径可能只有 0.01 pc，而外面环状区域的半径大概有 1000 pc

334　天文学入门

与星系盘呈一个陡峭的角度，所以如果你看到一个星系是正面的，并不意味着你也会在正面看到吸积盘。

你观测到的光谱取决于吸积盘的角度，如果你看向吸积盘的边缘，根本无法看到中心区域，你所观测到的温度和速度都比较低；如果吸积盘是倾斜的，你就可以看到热的内部气体，并观测到更高的温度和速度；如果吸积盘几乎是正面朝上，你会直接看到中央空腔——沿着龙的喉咙——你将会看到更极端的情况，有几个活动星系有这样极端的光谱。

统一的模型尚在发展中，人们对吸积盘的实际结构以及吸积盘产生喷流的过程知之甚少。统一模型并不能解释活动星系和类星体之间的所有差异，但它可以为活动星系核中的事件提供一些线索。

16-5c 爆发的触发机制

大多数星系的中心都含有超大质量黑洞，但只有百分之几的星系有活跃的星核，这意味着大多数超大质量黑洞都处于休眠状态。

什么会触发超大质量黑洞的爆发？答案就在第5-2f节提到的潮汐作用中，潮汐作用会使相互作用的星系扭曲，并拉开物质形成潮汐尾。但数学模型表明，相同的相互作用也会将物质内抛，即使是少量的物质落入黑洞也会产生猛烈的喷发（见图16-17），如果突然有大量的物质流入超大质量黑洞周围的吸积盘，就会引起爆发。

这就解释了为什么活动星系看起来总是扭曲的，它们在与另一个星系相互作用或并合时被潮汐力扭曲了，一些活动星系附近往往会有伴星系，你可以认为是这些伴星系的潮汐作用使其他星系发生扭曲并触发了爆发。据推测，AGN因潮汐作用而变得活跃，这个潮汐作用与拉走星流的潮汐作用相同。IC2497星系是关于星系相互作用和活动核的一个典型的例子，该星系附近有一片发光的绿色气体云，这个物体被命名为哈尼天体，它是被最近一次潮汐作用而拉出星系的气体、尘埃以及恒星组成的流线的一部分，当星系活动核的一束能量照射在流线上时，气体被激发，在禁发射线中产生绿色的光芒（见图16-18）。一些类星体的图像显示，它们嵌入扭曲的星系中，并位于其他扭曲的星系附近（见图16-19）。

16-5d 星系和超大质量黑洞的历史

有证据表明，星系和超大质量黑洞是一起演化的，天文学家能有这样的收获，是因为在距离很远的地方，

落入黑洞的恒星

一颗恒星可能因与另一颗恒星相遇而受到扰动，向超大质量黑洞漂移

艺术构想

由于靠近恒星的一侧比远离恒星的一侧运动速度更快，所以恒星被潮汐力撕裂

恒星的大部分质量从黑洞中被抛射出去……

但大约有1%的质量落向黑洞，形成吸积盘

图源：ESA

▲ 图16-17 观测活动星系的轨道X射线望远镜有时会探测到X射线耀斑，其能量相当于一颗超新星的爆发。这种耀斑显然是当一颗恒星离星系中心的超大质量黑洞太近时，潮汐力将恒星撕碎而引起的

回溯时间很长，观测时可以看到宇宙很久之前的样子。

超大质量黑洞的质量与宿主星系的核球质量有关，黑洞的质量约为周围核球质量的0.5%，但与星系盘的质量没有关系。这表明，超大质量黑洞的形成与核球的形成有关，它们是一起形成和演化的。

在下一章中，你将看到有证据表明，宇宙始于138亿年前，并且从那时起一直在膨胀。在几亿年内，第一批气体云开始形成恒星并一起内落，形成巨大的星

图源：NASA/ESA/STScI/AURA/NSF/W. Keel (Univ. of Alabama), Galaxy Zoo Team

▲ 图 16-18　来自活动星系 IC 2497（顶部）的一束能量照亮了内落物质流的一部分，激发气体发出绿色的光芒。这个发光的云团是由荷兰高中教师哈尼在使用他的个人电脑参与星系动物园项目（www.galaxyzoo.org）时发现的，该项目招募业余爱好者对深空探测发现的几百个星系进行分类，这个天体的名字叫"哈尼天体"，在荷兰语中的意思是"哈尼的天体"，现在被归类为类星体，它可能在 20 万年前就处于活动状态了

图源：X-ray: NASA/CXC/CfA/P. Green et al.; Visual: Carnegie Obs./Magellan/J. Mulcahey et al.

▲ 图 16-19　两个类星体（中部）被嵌入并合的星系中，潮汐作用甩出了潮汐尾，这是星系并合的明确标志

云，而后会变成星系的核球，超大质量黑洞也在同一时间形成。事实上，一些证据表明，黑洞是先形成的，并将物质向内拉，形成核球。物质涌入黑洞会触发强大的喷发，很显然核球形成是一个激烈的过程，不断增大的黑洞的爆发会推开内落的气体，限制了在核球中可形成恒星的物质。此外，内落的物质可以触发恒星形成的爆发，由此产生的超新星可以将气体吹出星系，也限制了核球的增长。

一些最遥远的类星体可能是由超大质量黑洞的形成造成的，但是这些极其遥远的物体很难用现有的望远镜成像。天文学家用现在的望远镜看到的大部分类星体和其他活动星系都是由星系的相互作用、碰撞和并合而引发爆发的，这一过程将物质抛入中心黑洞。

碰撞在星系和超大质量黑洞的演化中一直很重要。当宇宙还很年轻，没有膨胀太多时，星系之间的距离更近，碰撞更频繁。此外，随着小星系向内坠落，形成大星系的晕和盘，更多的物质会被送入超大质量黑洞中，触发更多的爆发。

观测结果显示，在宇宙历史的前半部分，每个星系与其他星系并合的频率高达每 10 亿年 3 次，大多数都是与较小的星系进行并合，但也有少数是与大星系并合，并引发了如今从地球上可见的类星体爆发。

红移超过 2 的类星体最为常见，红移超过 3 的类星体则不太常见，最大的类星体红移大于 6，但是这样的大红移类星体是罕见的。天文学家在高红移处几乎看不到类星体，显然是因为他们看到的是宇宙非常年轻，尚未形成许多星系的时期。在红移 2~3 之间，星系正在活跃地成长和碰撞，那时的类星体比现在常见 1000 倍。但即便是在类星体的时代，类星体的爆发也一定是不寻常的，在任何时候，只有一小部分星系的核球有类星体喷发。随着更小的星系被吞食，宇宙的膨胀也使星系相互远离，宇宙的星系的形成活动变得不那么活跃，星系之间的相互作用变得罕见，类星体也变得更加罕见。

那么所有消亡的类星体都去哪里了呢？由于没有办法摆脱超大质量黑洞，所以所有产生过类星体的星系在核球依然有黑洞，现在处于休眠状态。如今，那些消亡的类星体都去哪里了呢？你知道去哪里找——核球。

大部分大星系的中心都有超大质量黑洞，但是这些黑洞已经消耗了附近的大部分气体、尘埃和恒星，现在处于休眠状态。银河系可能在很久之前在核球区域有一

个类星体，但它中心的超大质量黑洞正处于"控制饮食"状态，缓缓流入黑洞的物质解释了在核球区看到的不剧烈的活动。星系之间偶尔发生的相互作用可以将物质内抛，唤醒超大质量黑洞，使其像塞弗特星系或双瓣射电星系那样爆发。

活动星系并不是一种罕见的星系，它们就是正常星系，只不过正在经历许多星系都经历过的一个阶段，它们其实并不奇特，只是星系形成和演化过程中重要的部分。

践行科学

活动星系的扭曲形状意味着什么？这个问题引出了一个更基本的问题。为什么一些中心有超大质量黑洞的星系是活跃的，而大多数星系却不活跃？

塞弗特星系和位于双射电瓣之间的星系通常是扭曲的，有潮汐尾。此外，在类星体周围隐约可见的星系，也通常是扭曲变形的。这些形变一定是与近邻星系的潮汐作用或并合而引起的，这种潮汐作用可以将物质向内抛至星系中心的超大质量黑洞，触发爆发。

现在思考一个相关的问题，目的是了解活跃星系和类星体的最终起因：为什么在宇宙早期，类星体比较罕见，后来变得常见，现在又变得罕见了呢？

我们是什么

改变

下次你在购物中心时，看一眼周围的人，你认为他们之中有多少人了解或者关心星系会爆发，曾经有一个类星体时代，银河系的核球有一个沉寂的类星体，那个类星体曾经很活跃并且影响了我们所处的星系的演化。

绝大多数人都不知道自己的生活是如何融入宇宙的故事中的，大多数人不知道自己是什么。他们吃比萨，看电视，却不知道他们是宇宙的一部分，在这个宇宙中，星系的中心形成了超大质量黑洞，偶尔的爆发会带来巨大的爆炸。

天文学正在改变你，随着你对恒星、星系和类星体的了解增多，你与自然的联系也在增多。"观点"指的是对事物的真实关系的看法，当你研究天文学时，你就在获得"观点"，当你从天文角度思考时，银河系、太阳、地球以及当地的购物中心都被赋予了新的意义。

第三部分 宇宙 337

17 现代宇宙学

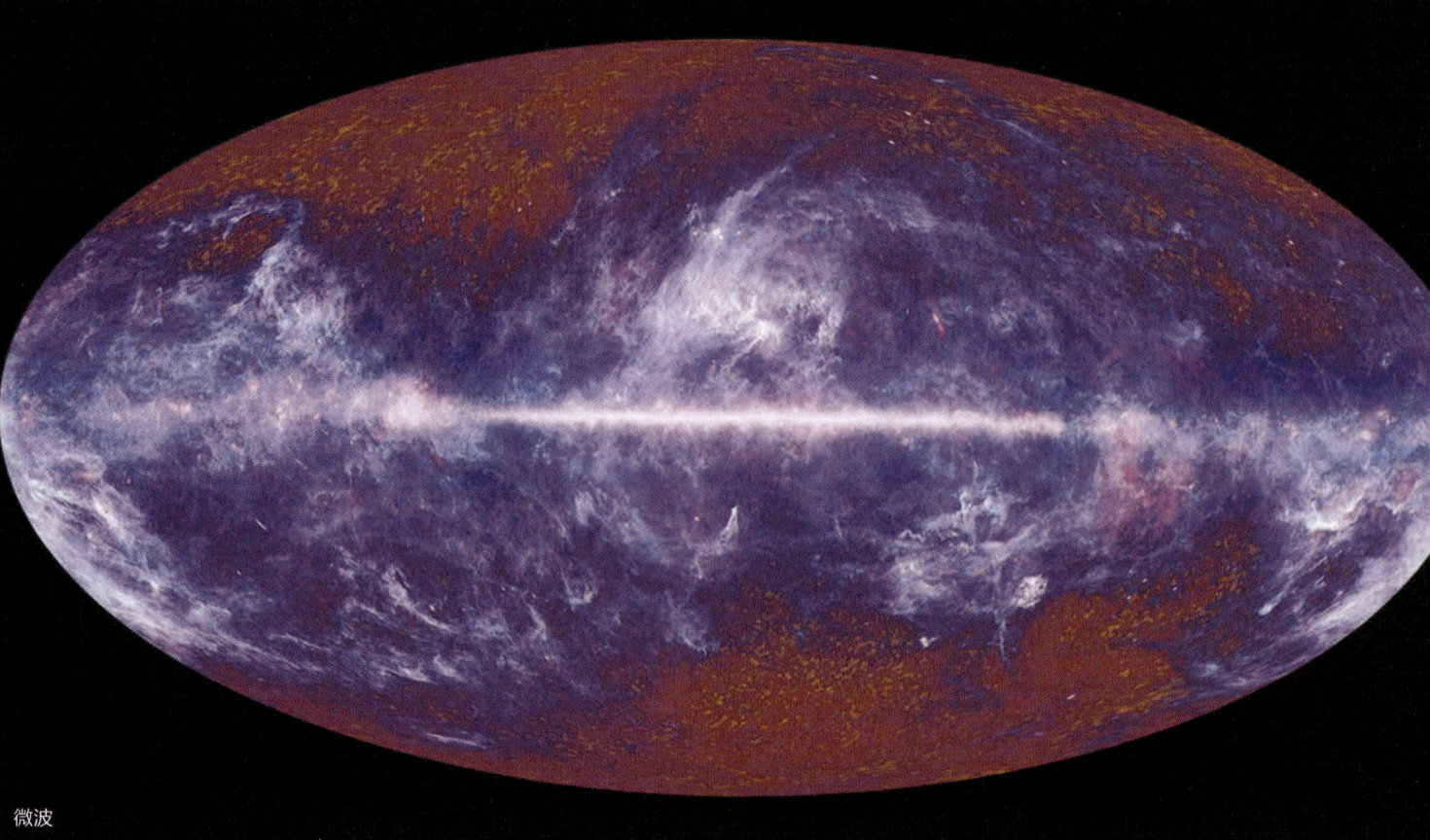

微波

图源：ESA/Planck/HFI & LFI Consortia

▲ 普朗克太空望远镜拍摄的微波的全天图。紫色代表来自银河系中气体和尘埃的前景发射。顶部和底部的橙色和红色代表在大爆炸后约 40 万年发射的宇宙微波背景

从第一章开始，你就开始了在宇宙中的向外旅行。现在，你已经达到了旅行中空间和时间的极限并可将宇宙作为一个整体来研究。本章中的观点是所有科学中最宏大和最艰深的。你能想象一个无限的宇宙，或时间的第一个瞬间吗？

当你探索宇宙学时，你将找到三个重要问题的答案。

▶ 宇宙是否有一个边界和一个中心？

▶ 有什么证据表明宇宙始于"大爆炸"，即从热而致密的状态开始膨胀？

▶ 宇宙是如何演化的，它的命运又将如何？

一旦读完这一章，你将对宇宙的性质有一个现代的认识，并知晓你在哪里，你是什么。之后，带着对全局的理解，就可以思考你的本地邻居——太阳系——是如何融入其中的。

> 宇宙，正如以前观测的那样，是一个令人不安的大地方。
> 为了平静地生活，大多数人倾向于忽略这一事实。
>
> ——道格拉斯·亚当斯，《宇宙尽头的餐厅》

看看你的拇指。你身体里的物质在宇宙火热的开端就已经存在了。宇宙学，即对宇宙整体的研究，可以告知你的原子从何处来以及归向何处。

宇宙学是一个令人费解的奇异学科，你可以因其新奇的想法而喜欢它。思考星系团的起源，思考空间如同橡胶布一样被拉伸，思考无形的能量推动宇宙越来越快地膨胀，这都是很有趣的。注意这不仅仅是猜测，所有这些概念都有证据支持。宇宙学，无论它看起来多么奇特，都是一种仔细且合乎逻辑的对整个宇宙结构和演化的试探。

本章将帮助你一步步爬上宇宙学的金字塔（见图17-1）。你已经对宇宙是什么样子有了一些想法。从这些想法开始，用观测结果检验它们，并将它们与科学假说进行比较。你可以一步步地建立起对宇宙学的现代认识。宇宙学金字塔中的每一步都很小，但能让你对宇宙如何运作以及如何成为它的一部分有一些惊人的见解。

17-1 宇宙引论

在大多数人的印象中，宇宙如一个巨大的海洋，充满了星星和星系（见图17-2），但当你开始探索宇宙时，你需要意识到你的预期以免被它们误导。第一步是处理一个非常明显的预期，大多数人因为拥有平静的生活而从未思考过它。

17-1a 边界-中心问题

在日常生活中，你已经习惯了边界的存在。房间有墙，运动场有边界线，国家有国界，海洋有海岸。我们很自然地认为宇宙也有一个边界，但这种想法是不对的。

如果宇宙有一个边界，想象一下到那个边界。在那里你会发现什么？某种类型的墙？一个巨大的空旷空间？或者什么都没有？甚至一个孩子都会问：如果宇宙存在边界，那么在边界外面的是什么？一个真正的边界不仅是物质分布的一个终点，还必须是空间本身的一个尽头。但是，接下来，如果你试图越过或走出那个边界，会发生什么？

宇宙的边界违反了常识。也许更重要的是事物的中心——比萨、足球场、海洋和星系——都是通过参考它们的边界而找到的。如果宇宙没有边界，那么它就不可

▲ 图17-2 整个天空充满了星系。有些星系位于成千上万的星系团中，而其他星系则孤立地存在于星系团之间几乎空无一物的空隙中。在这张典型的某一处星空的图像中，大多数明亮的物体是前景恒星；它们的"尖峰"是由望远镜的衍射造成的。其他所有的物体都是星系，从右上方相对较近的正向旋涡星系到在这张合成图像中显示为红色的、只有在红外波段才能看到的最遥远的星系

▲ 图17-1 一步步攀登宇宙学金字塔并不困难，它能带来一些关于宇宙起源和演化的迷人思考

能有中心。想象宇宙存在中心就是一种常见的误解，但现在你明白这是不可能的。当你研究宇宙学时，应该注意避免认为宇宙存在一个中心或一个边界。

17-1b 起点的概念

显然，你已经注意到夜空是黑暗的。这是一个重要的观测结果，因为你可能会惊讶地发现，关于宇宙的看似合理的假设会导致这样的结论：夜空实际上应该发出耀眼的光芒。实际观测和理论之间的这种矛盾被称为"奥伯斯佯谬"，以海因里希·奥伯斯的名字命名，他是一名医生兼天文学家，在1826年公开了这个问题。（问题或疑问可能是比佯谬更准确的词。）关于夜空为什么是黑暗的问题是由托马斯·迪格斯在1576年首次提出的，但是因现代科学家学术研究的不完整而没有注意到这时的讨论，所以奥伯斯获此荣誉。

奥伯斯提出的观点似乎很简单。设想你像奥伯斯那个时代的大多数科学家一样，假设宇宙的大小是无限的，年龄是无限的，是静态的（一个花哨的词，指整体不变），并且充满了恒星。如果你朝任一方向看，你的视线最终一定会落到一颗恒星的表面。（恒星聚集成星系，星系聚集成星系团，这在数学上可以证明是没有区别的。）

请看图17-3，以森林中的视线作比喻。（类比在我们如何得知17-1中进行了讨论。）当你在森林深处时，每条视线都以树干为终点，你无法看到森林以外的地方。通过对森林里的景象进行类比，从地球到太空的每条视线都应该终止于一颗恒星的表面。当然，由于平方反比定律，较远的恒星会比附近的恒星更暗。然而，你看向太空的距离越远，你所看到的体积就越大，包括的恒星也就越多，这两个效应就互相抵消了。其结果是，整个天空应该和普通恒星的表面一样明亮——就像太阳"肩并肩"地挤在一起，从地平线到覆盖整个天空。所以夜晚不该是黑暗的。

研究整个宇宙的科学家被称为宇宙学家，现在他们确信了解夜晚的天空为什么是黑暗的。奥伯斯佯谬基于我们现在所知是不正确时的假设。宇宙的大小可能是无限的，但它既不是无限年老的，也不是静止的。现代宇宙学家对奥伯斯佯谬所提问题的答案的实质是由埃德加·爱伦·坡在1848年首次提出的。坡提出，夜空是黑暗的是因为宇宙是在过去的某个时间出现的，因此有一个有限的年龄。因此，如果你看得足够远，回溯时间（回顾第16-2a节）就几乎等于宇宙的年龄。我们可以由此看到在第一批恒星开始闪耀之前的时间。可能有比其更遥远的恒星，但它们的光还没有到达地球。通过修

图源：Janet Seeds

◀ 图17-3 （a）你在森林中朝任何一个方向看，最终都会看到树干，你无法看到森林之外。（b）如果宇宙是无限的并充满了恒星，从地球看去最终都会看到恒星的表面。根据这种假设，可以预测夜空会像恒星平均表面亮度一样亮，这个矛盾的事件被称为"奥伯斯佯谬"

我们如何得知 17-1

通过类比进行推理

科学家是如何应用类比的？

经济学家可能会说："经济正在过热，它可能会瘫痪。"经济学家喜欢用类比的方式说话，因为经济学往往是抽象的，而思考抽象问题最好的方法之一就是找到一个更容易接近的事物类比。与其讨论国民经济的细节，你也许可以通过思考汽油机的工作原理来对经济如何运作做出结论。

天文学的大部分内容是抽象的，而宇宙学是天文学中最抽象的学科。此外，宇宙学是高度数学化的，除非你准备学习一些高难度的数学知识，否则你必须使用类比法，如森林中的视线。

类比推理是一种强大的技术。一个类比可以展现出令人惊奇的视界，并引导你有进一步的发现。然而，若将类比迁移得太远，可能会产生误导。你可能会把人脑比作一台电脑，这将有助于你理解数据如何流入并被处理，以及新数据如何流出，但这样类比是有缺陷的。例如，尽管计算机中的数据被储存在特定的位置，但记忆是以分布式的形式储存在人类大脑中的。没有单一的脑细胞拥有特定的记忆。因此，如果你把类比迁移得太远，它就会误导你。无论何时使用类比进行推理，都应该对其局限性保持警惕。

当你研究任意一种科学时，都要对类比保持警惕。它有很大的帮助，但你必须注意不要把它们迁移得太远。

图源：Blend Images/Superstock

人脑和电脑之间的类比有限

正他们对宇宙的原始假说，宇宙学家现在可以回答奥伯斯佯谬并理解为什么夜空是黑暗的：因为宇宙有一个起点。

对奥伯斯所提问题的回答是一个强有力的想法，因为它清楚地说明了宇宙和可观测宇宙之间的区别。宇宙是存在的一切，可能是无限的。相比之下，可观测宇宙是从地球上用最强大的望远镜可以看到的部分（可能是非常小的部分）。你将在本章后面了解到宇宙大约有140亿年历史的证据。这意味着你无法观测到比回溯时间约140亿年更早的天体。注意不要把巨大但有限的可观测宇宙与可能是无限的整个宇宙混为一谈。

17-1c 宇宙膨胀

有一种常见的误解，认为宇宙总体上是不变的。在解决了宇宙有起点的概念之后，你已经准备好理解宇宙实际上处于持续变化和演化之中的证据。

1929年，埃德温·哈勃发表了星系红移值的大小与星系的距离成正比这一发现。近处的星系红移小，而远处的星系红移大。这即为你已学过的哈勃定律，可以用它来估计星系的距离（式16-1）。这些星系的红移意味着星系正在相互退行。这一思想被称为"膨胀的宇宙"。

图17-4显示了星系团中不同距离的星系的光谱。室女座星系团相对较近，其红移较小。长蛇星系团非常遥远，它的红移非常大，以至于由电离钙吸收形成的两条暗谱线从近紫外光的波长移到了光谱的可见光部分。

宇宙的膨胀并不意味着地球有一个特殊的位置。要想知道为什么，请看图17-5，它给出了一个与烘烤葡萄干面包的类比。随着面团的膨大，面团把葡萄干彼此推开的速度与距离成正比。两颗原本相距很近的葡萄干被慢慢推开，但两颗相距很远的葡萄干，由于它们之间有更多的面团，被推开的速度更快。如果细菌天文学家住在葡萄干面包中的一颗葡萄干上，他们可以观察其他葡萄干的红移，得出细菌哈勃定律。他们会得出结论，他们的宇宙正在均匀地膨胀。细菌天文学家生活在哪颗葡萄干上并不重要，他们会得到相同的哈勃定律——没

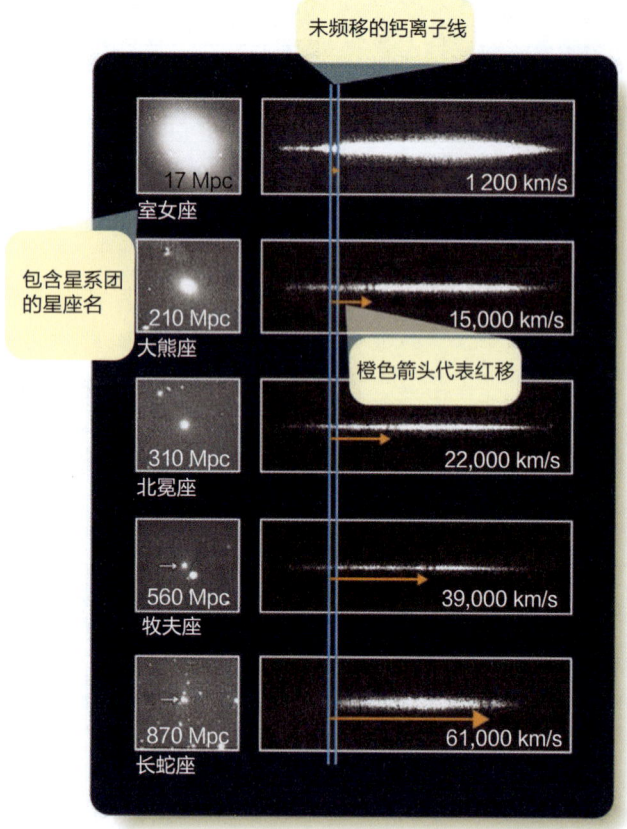

▲ 图17-4 这些星系光谱从左边的近紫外光波长延伸到右边的可见光的蓝光部分。一次电离钙的两条暗吸收线在紫外非常显著。星系光谱中的红移在这里被表示为视退行速度。请注意，视退行速度与距离成正比，这被称为哈勃定律

你可以确定这个面包的中心。当你考虑到面包的外壳（边缘）时，葡萄干面包对宇宙的类比便不成立了。请记住宇宙不可能存在一个边界或中心，所以膨胀没有中心。葡萄干面包的比喻很有用但并不完美。

17-2 大爆炸理论

现在你已经准备好在宇宙学的道路上迈出历史性的一步了。宇宙的膨胀使宇宙学家们认为，宇宙一定是由一个剧烈到难以想象的事件开始的。尽管电视节目很受欢迎，但你会发现，大爆炸可以被称为一种"理论"，而不是一种假说，因为支持它的证据是如此坚实和全面。

17-2a 大爆炸的必然性

想象一下，你有一个宇宙膨胀的视频并将其倒放。你会看到星系相互之间越来越近。宇宙的膨胀没有中心，所以你不会看到星系在接近一个单一的点。相反，你会看到星系"按兵不动"，而星系之间的空间缩小，所有星系之间的距离减少。最终，当你的视频倒回更多时，星系将开始并合。如果你把视频倒放得足够多，你会看到宇宙的物质和能量被压缩到一种高密度、高温的状态。这个思想实验是宇宙学家推断宇宙一定是从一个被称为大爆炸的具有极端条件的时刻开始膨胀的原因。

宇宙的起点是在多久以前？你可以通过一个简单的计算来估算宇宙的年龄。如果你需要开车到100英里外的一个城市，而你每小时可以行驶50英里，那么你用距离除以行驶速度便可以知道行驶时间——在这个例子中是2小时。以类似的方式，为了确定宇宙的年龄，你可以用两个星系之间的距离除以它们移动的速度，然

有哪颗葡萄干有特殊的视角。同样地，任何星系的天文学家都会得到相同的膨胀规律——没有哪个星系有特殊的视角。

当你看图17-5时，你看到了葡萄干面包的边缘，

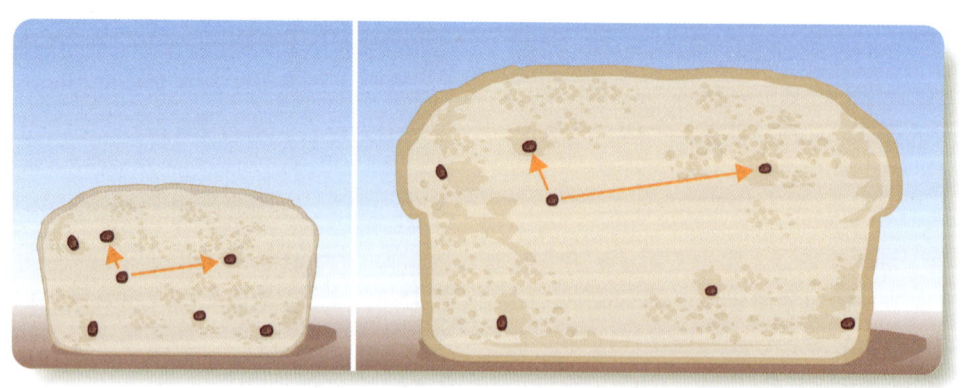

▲ 图17-5 葡萄干面包类比宇宙膨胀的说明。随着面团的膨大，葡萄干被推开且被推开的速度与距离成正比。生活在任何葡萄干上的细菌群会发现，其他葡萄干红移的速度与它们之间的距离成正比

后找出它们达到现在的距离所花的时间。

一个更普遍的计算方法是利用哈勃常数，它总结了所有星系的速度和距离。哈勃常数 H_0 的单位是 km/s/Mpc，也即速度除以距离。如果你计算哈勃常数的倒数，$1/H_0$，你将得到距离除以速度，也即时间。为了严格地进行相除并得到一个以时间为单位的量，你需要将兆秒差距转换为千米，如此距离单位将正确地抵消，得到一个以秒为单位的年龄。要把秒转换成年，需要除以一年中的秒数。如果你在单位上做了这些简单的变换，宇宙的年龄 τ_H 大约是 10^{12} 除以 H，如果 H 以天文学家惯用 km/s/Mpc 的单位表示，则：

> **式 17-1　宇宙的年龄**
> $$\tau_H = \frac{10^{12}}{H_0} \text{年}$$

这种对宇宙年龄的估计，被称为哈勃时间。

例子： 如果 H_0 是 70 km/s/Mpc，那么宇宙的估计年龄是多少？

解答： 宇宙的估计年龄是：

$$\frac{10^{12}}{70} \text{年}$$

或大约 140 亿年。对宇宙年龄的这一估计将在本章后文进行微调，但目前你可以得出结论，对星系退行的基本观测要求宇宙的膨胀始于大约 140 亿年前。

"大爆炸"这个词是由早期对原始假说的批评者发明的，这个标签给人一种错误的印象。当你思考大爆炸时，不要想一个边界或一个中心。认为大爆炸是一次爆炸并导致星系飞离爆炸地是一个常见的误解。相反，你应该试着牢记正确的图景，即大爆炸并不是发生在一个地方，而是充满了整个宇宙空间。一个比大爆炸更准确的术语可能是大拉伸。构成你的物质是大爆炸的一部分，所以你处在该事件的遗迹中，而宇宙继续在你周围膨胀。你不能指出任何特定的地方说，"大爆炸发生在那里"。这是一个烧脑的想法，但你将在本章后面获得更多信息，以帮助你在研究空间和时间的性质时理解它。

你可能会把大爆炸想象成一个很久以前发生的、无法再次被观测到的事件，就像葛底斯堡演说一样。令人惊奇的是，回溯时间的作用使我们现在可以直接观测早期宇宙。对近邻星系的回溯时间"只有"几百万年；而对更远的天体的回溯时间则占宇宙年龄的很大一部分（见图 17-6）。

假设你在遥远的星系之间寻找，会看到更远的地方，更久远的时间。你应该能够探测到很久以前充满宇宙的热气体，这个时间应该是在大爆炸之后，在第一批恒星和星系形成之前。宇宙大爆炸发生在各个地方，因此无论你从哪个方向看，在很远的地方你都可以看到宇宙充满热气体的时期（见图 17-7）。

来自如此遥远距离的辐射必定有一个大的红移值。已知的最遥远的物体是一些星系和类星体，其红移小于 10。在大爆炸之后，星系和类星体形成之前很久，由热气体发出的辐射必定有一个更大的红移，所以你可能会猜到它可能会在长波被红外和射电望远镜下被探测到。事实上，与葛底斯堡演说不同，大爆炸仍然可以被观测到。这一惊人的发现是下一节的主题。

17-2b　宇宙背景辐射

发现宇宙大爆炸时期的辐射的故事始于 20 世纪 60 年代中期，当时贝尔实验室的两位物理学家阿诺·彭齐亚斯和罗伯特·威尔逊正在测量天空的射电亮度（见图 17-8）。他们的测量结果显示，系统中有一个奇怪的额外信号，他们首先将其归结为天线内鸽子粪便的红外天光。如果他们知道会因即将得到的发现而赢得 1978 年

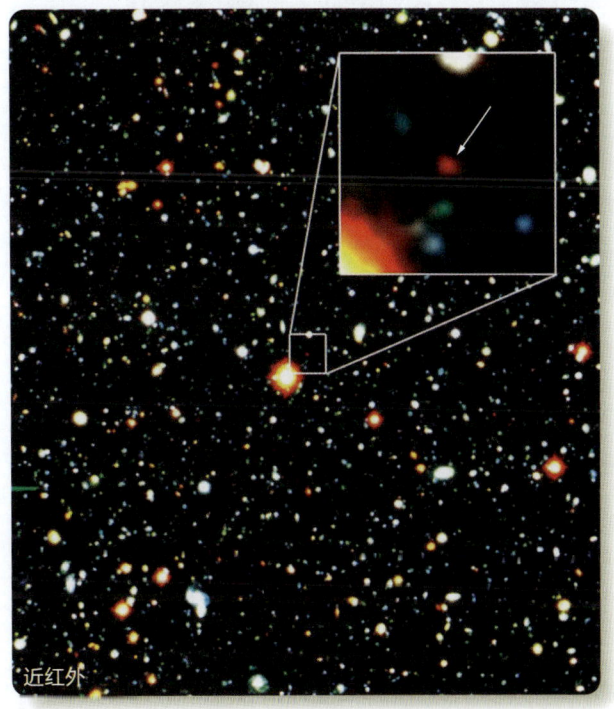

图源：NAOJ/Subaru Telescope. All rights reserved.

▲ **图 17-6** 这个暗弱的星系是迄今发现的最遥远的星系之一。它的红移值为 6.96，意味着观测到的光是在 129 亿年前离开这个源的。似乎在大爆炸之后的 8.5 亿年其中的光才开始奔向地球的旅程

第三部分　宇宙　343

的诺贝尔物理学奖,也许会更加喜欢清扫天线。

当天线被清理后,他们再次测量天空的射电亮度,发现低水平的噪声仍然存在。鸽子是无辜的,是什么导致了额外的信号?

对噪声的解释可以追溯到几十年前。1939 年,天文学家注意到,星际介质中一些分子的光谱显示,它们沐浴在温度为 2~3 K 的辐射源中。1948 年,物理学家乔治·加莫预言,宇宙大爆炸后产生的气体会很热,应该发出强烈的黑体辐射(第 7-2 节)。一年后,物理学家拉尔夫·阿尔弗和罗伯特·赫尔曼指出,大爆炸物质相对于地球的大红移将使该辐射的波长延长到光谱的微波部分,他们估计可观测到的黑体温度为 5 K。在 20 世纪 60 年代中期,普林斯顿大学的罗伯特·迪克得出结论,这种辐射的强度应该刚好可以用新开发的技术来探测,因此他和他的团队开始建造一个接收器。当彭齐亚斯和威尔逊听说迪克的工作时,他们认识到自己探测到的神秘的额外信号是来自大爆炸的辐射,即宇宙微波背景辐射。

对背景辐射的探测固然令人兴奋,但宇宙学家们还是希望得到确证。理论预测该辐射应该有一个类似非常冷的源的黑体辐射的光谱,但关键的观测不能从地面进行,因为地球的大气层在预测的黑体峰值波长处是不透明的。直到 1989 年,卫星测量才证实背景辐射完全具有黑体的谱分布,其视温度为 2.725±0.002 K——接近最初的预测值。

大爆炸的气体只有高于绝对零度 2.7 K 的温度似乎是很奇怪的,但回想一下其巨大的红移。最初发射这些光子的气体云的温度经计算约为 3000 K,因此发射的黑体辐射的 λ_{max} 约为 1000 nm(维恩定律,式 7-2)。(虽然该波长位于近红外,这种气体也会发出足够强度的可见光,彼时若有人则肉眼可以看到它发出橙红色的光。)地球上的观测者现在收到的宇宙背景辐射的峰值波长约为 1 mm 或 10^6 nm,处在电磁频谱的微波部分。这代表了一个大约 1000 的红移值——也就是说,接收到的光子的波长比它们发射时长 1000 倍。这就是为什么那些热的气体看起来大约是 2.7 K,即比它实际的温度要低 1000 倍。

攀登宇宙学金字塔的前几步并不十分困难。对夜空的黑暗和星系的红移的简单观测告诉你,宇宙一定有一个起点,而宇宙微波背地辐射是早期宇宙炽热和致密的明确证据,即大爆炸。理论家们可以将这些观测结果与现代物理学结合起来,为大爆炸如何发生的故事增加一些细节。

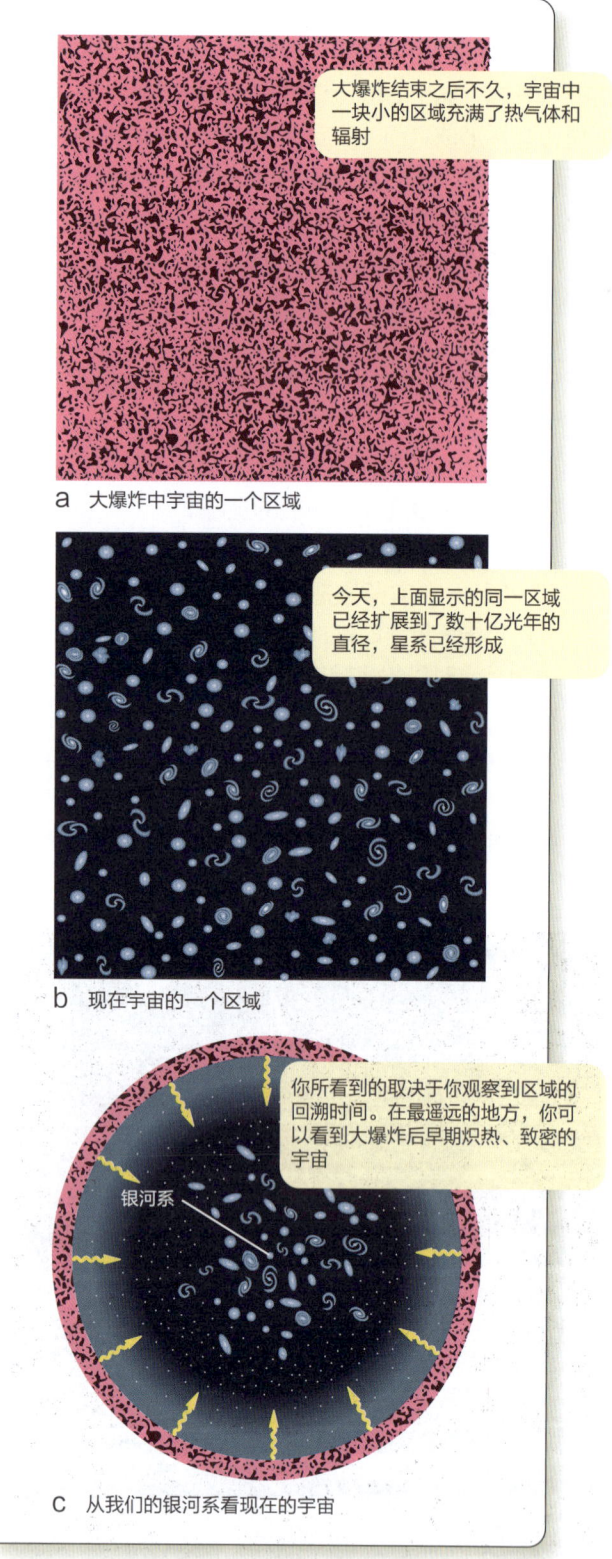

▲ 图 17-7 这张图示意了宇宙一小部分的膨胀过程。尽管现在宇宙中充满了星系,但回溯的时间扭曲了你所看到的一切。你可以观测到近邻星系,但在更远的距离上回溯时间可以揭示星系形成前的早期宇宙。它是各个方向上的红外、微波和射电辐射

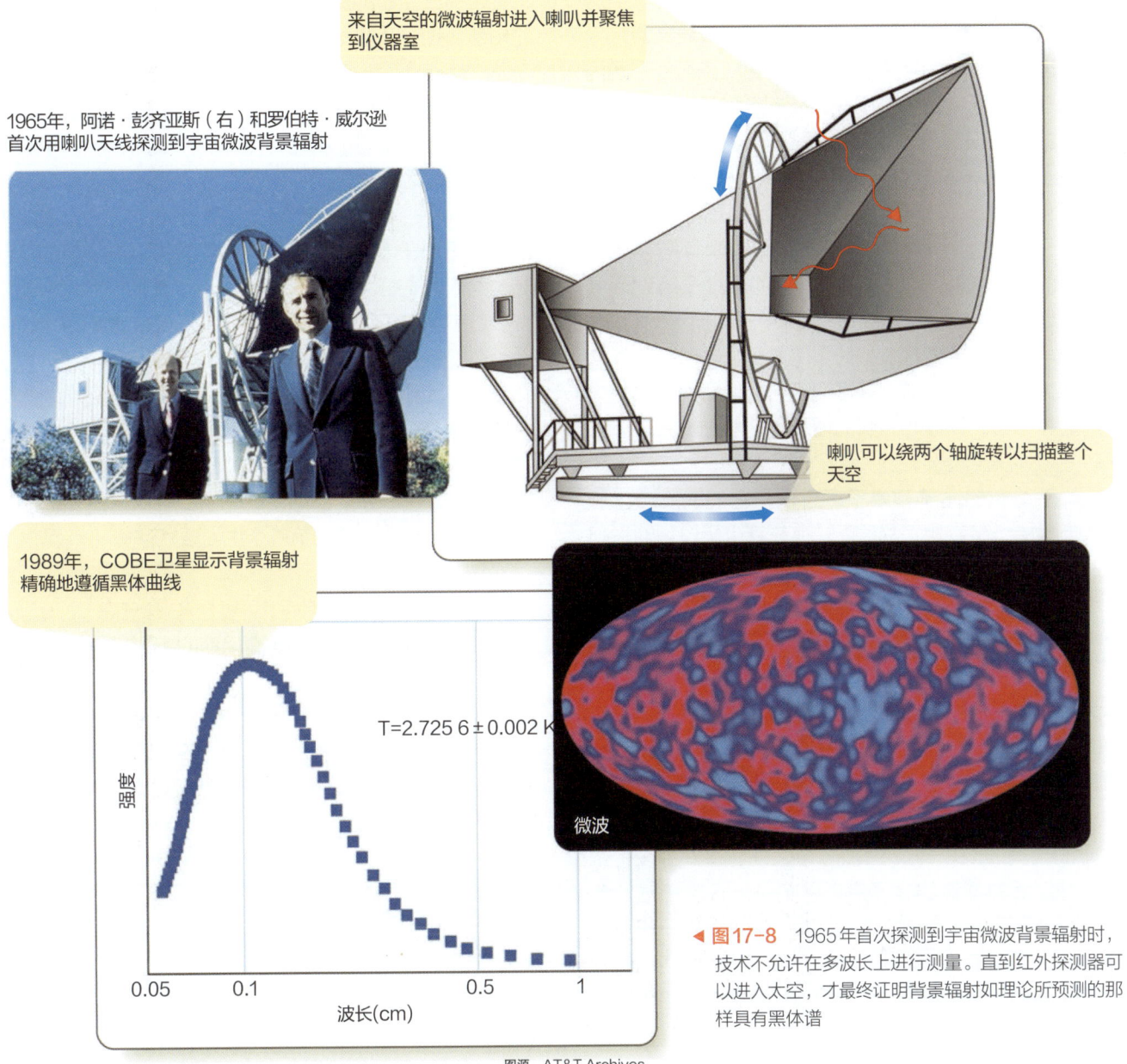

1965年，阿诺·彭齐亚斯（右）和罗伯特·威尔逊首次用喇叭天线探测到宇宙微波背景辐射

来自天空的微波辐射进入喇叭并聚焦到仪器室

喇叭可以绕两个轴旋转以扫描整个天空

1989年，COBE卫星显示背景辐射精确地遵循黑体曲线

T=2.725 6 ± 0.002 K

微波

◀ 图17-8 1965年首次探测到宇宙微波背景辐射时，技术不允许在多波长上进行测量。直到红外探测器可以进入太空，才最终证明背景辐射如理论所预测的那样具有黑体谱

图源：AT&T Archives

17-2c 光子和粒子汤

宇宙学家无法模拟在一个完全零点的时间开始大爆炸的历史，因为没有人了解物质和能量处在这种极端条件下的物理学，但他们可以通过提出假说并以观测结果检验，从而了解在接近零点的时间里发生了什么令人惊讶的事情。宇宙学家计算出，在宇宙只有百万分之一秒年龄的时候若人能参观，会发现它充满了温度为20万亿（$2×10^{13}$）K的高能光子。（当宇宙学家谈及光子有一定的温度时，他们的意思是光子的光谱与该温度的物体发出的黑体辐射相同。）因此，早期宇宙中的光子是伽马射线，具有非常短的波长和非常高的能量。此外，

同样的计算表明，当宇宙的年龄为百万分之一秒时，辐射的密度为$5×10^{20}$ kg/m³，超过原子核密度的1 000倍。（当宇宙学家说辐射有一定的密度时，他们指的是爱因斯坦方程。利用该方程$E=mc^2$，你可以把每一体积的辐射能量表示为一定密度的物质。）

一方面，如果光子有足够的能量，两个光子可以转化为一对粒子——常规物质粒子和反物质粒子。另一方面，当一个反物质粒子遇到与其对应的常规物质粒子时——例如，当一个反质子遇到一个质子时，这两个粒子就会湮灭，以两条伽马射线的形式将其质量转化为能量。在宇宙历史的早期，最丰富的光子是伽马射线，其

第三部分 宇宙 345

能量足以产生质子-反质子对或中子-反中子对。当这些粒子与它们的反粒子相撞时，它们又将其质量转化为光子。因此，早期宇宙充满了从光子到粒子再到光子闪变的动态能量场。

当这一切发生时，宇宙的膨胀导致辐射的温度下降，减少了光子的能量。宇宙学家可以根据亚原子粒子的已知特性以及整个宇宙的特性计算出，当宇宙年龄为千万分之一秒时，其温度已经下降到约2万亿（2×10^{12}）K。彼时，辐射光子的平均能量已经远远低于对应于质子-反质子或中子-反中子对质量的能量，所以伽马射线不再能产生如此重的粒子。此时存在的粒子与它们的反粒子结合，并迅速将它们的质量转化为光子，随着宇宙的膨胀和波长的增加，这些光子后来无法再转变为大质量粒子。

似乎所有的质子和中子都应该与它们的反粒子湮灭，但是由于不甚明了的原因，存在着少量过剩的常规粒子。每10亿个质子与反质子成对湮灭，就有一个质子幸存下来，没有反粒子来摧毁它。因此，你生活在一个物质的世界里，而反物质是非常罕见的。

尽管伽马射线光子没有足够的能量在宇宙年龄超过大约百万分之一秒后产生更多的质子和中子，但它们仍然可以产生电子和反电子（称为正电子；第8-3b节），因为这些粒子的质量大约是这些质子和中子的1/1800——需要相当于其1/1800的能量来产生。电子-正电子的产生一直持续到宇宙膨胀和冷却到没有剩余具有足够能量的光子来产生电子-正电子对。然后，类似于质子-反质子时代结束，大部分电子和正电子结合成了光子，只有十亿分之一的电子幸存了下来。据宇宙学家计算，电子-正电子时代在宇宙开始膨胀大约1分钟的时候结束；这意味着现在的宇宙中几乎所有的质子、中子和电子都是在其历史的第1分钟产生的。

17-2d　核合成的几分钟

随着充满热气体和辐射的宇宙汤不断膨胀，同时它也在不断地冷却。具有足够高能量的光子可以分裂原子核，因此在宇宙冷却到一定温度以下时，才可能形成稳定的原子核。当宇宙的年龄约为2分钟时，质子和中子可以结合起来形成氘（重氢原子的原子核）而不马上分裂。到宇宙大爆炸的第3分钟结束时，进一步的反应开始将氘转化为氦。

几乎没有比氦更重的原子可以在大爆炸中被构建，因为没有原子量为5或8（以氢原子为单位）的稳定原子核。原子量为5和8的原子核具有放射性，几乎瞬间就会衰变回更小的原子核。宇宙大爆炸期间，宇宙元素的构建必须一步步地进行，就像有人在楼梯上跳跃一样（见图17-9）。原子量为5和8的稳定原子核的缺乏意味着楼梯上有缺失的台阶，在大爆炸的几分钟内一步进行的反应很难跳过这些"空隙"。因此，宇宙学家可以计算出，大爆炸期间只会产生极少量的锂（原子量为7），并且没有更重的元素。原子量大于锂的元素的形成必须等到在大爆炸后几百万年恒星的相对缓慢的核合成过程开始（第12-2c节）。

当宇宙的年龄为3分钟时，它已经变得足够冷，几乎所有的核反应都在放缓。在其年龄为30分钟时，核反应已经完全结束，宇宙中大约25%的质量是以氦核的形式存在。其余的是质子-氢核的形式。对最古老的恒星所观测到的成分正是核物理学所预测的大爆炸产生的成分，这一事实是除了哈勃定律和宇宙背景辐射之外，支持大爆炸理论的第三个主要独立证据。

17-2e　辐射和物质：复合和再电离

在核合成时代之后，随着早期的宇宙继续膨胀和冷却，它又经历了一系列的四个重要变化。最初，宇宙非常热，以至于气体完全电离，电子没有被原子核捕获。自由电子很容易与光子发生相互作用，因而在光子遇到电子被偏折前不可能走得很远（见图17-10a）。由于

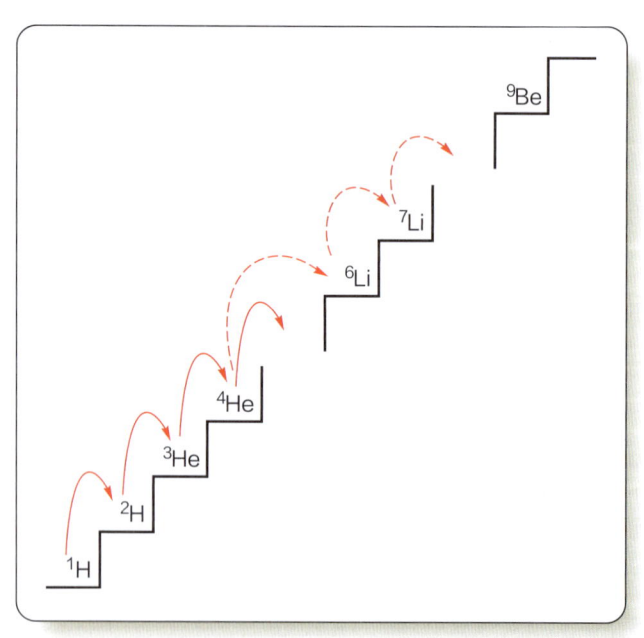

▲ 图17-9　宇宙元素的形成：在大爆炸的最初几分钟里，宇宙的温度和密度都很高，核反应构建了更重的元素。由于没有原子量为5或8的稳定原子核，这个过程中构建的比氦更重的原子非常少

光子与物质不断地相互作用，辐射和物质以宇宙膨胀所设定的速率一起冷却。

据宇宙学家计算，下一个大的变化发生在宇宙年龄约 50 000 年的时候。此时以光子形式存在的能量密度变得小于气体的密度。在此之前，宇宙被辐射所支配；因为强烈的光子海洋使普通物质无法聚集在一起。你将在下一节中了解到，不与光子相互作用的暗物质能够更早地开始聚集在一起。在 50 000 年之后，当宇宙的辐射密度永久性地低于普通物质（由质子、中子和电子组成）时，普通物质可以在暗物质的引力影响下开始聚集，最终形成星系的云团。

宇宙的膨胀使仍处于电离状态的气体粒子分开得越来越远。当宇宙达到约 400 000 年的年龄时，第二个重要变化开始了。此时，自由电子被分散非常之远，以至于光子在被偏转之前可以传播数千秒差距（见图 17-10b）。换句话说，宇宙开始变得透明。大约在同一时间，第三个重要变化发生了。当宇宙的温度下降到 3000 K 时，质子能够捕获并保持自由电子以形成中性氢原子，这一过程被称为复合。（这个术语有误导，因为这些粒子以前从未能够稳定地结合在一起；"结合"会更准确。）由于自由电子被吞噬，气体变得近乎完全透明，光子可以穿过气体而不被偏转（见图 17-10c）。

结合后，尽管气体继续冷却，但光子不再与气体相互作用，因此，光子保留了气体在复合时的黑体温度。这些光子开始其旅程时的黑体温度为 3000 K，成为现在观测到的宇宙微波背景辐射。正如你在上一节中所学到的，宇宙的膨胀将微波背景辐射的波长拉长，所以在今天看来，它的温度约为 2.7 K。

在复合之后，起源于大爆炸的气体是中性、热的和透明的。随着宇宙的不断膨胀和冷却，来自热气体的光逐渐暗淡成为红外波长的光。宇宙进入宇宙学家所说的黑暗时期，这一时期估计持续了 4 亿年，直到第一批恒星形成。在此时期，宇宙在黑暗中膨胀。

第四个重要变化发生在第一批恒星开始形成，黑暗时期结束的时候。第一批恒星形成的气体几乎不包含任何金属元素，因此是高度透明的。数学模型显示，从这种贫金属的气体中形成的恒星质量非常大、光度非常高，而且寿命非常短。大质量恒星形成的第一次猛烈爆发产生了足够强烈的紫外光，使气体开始电离，现在，天文学家回溯到最遥远的可见类星体和星系之前，可以探测到宇宙中那个再电离时期的证据（见图 17-11）。再电离标志着黑暗时期的结束和你现在所处的恒星和星系时期的开始。

仔细观察图 17-12，它总结了宇宙的整个历史，梳理了从大爆炸后最早的稳定粒子，到最初 3 分钟内氦的形成，再到能量 - 物质平衡和复合，第一批恒星的形

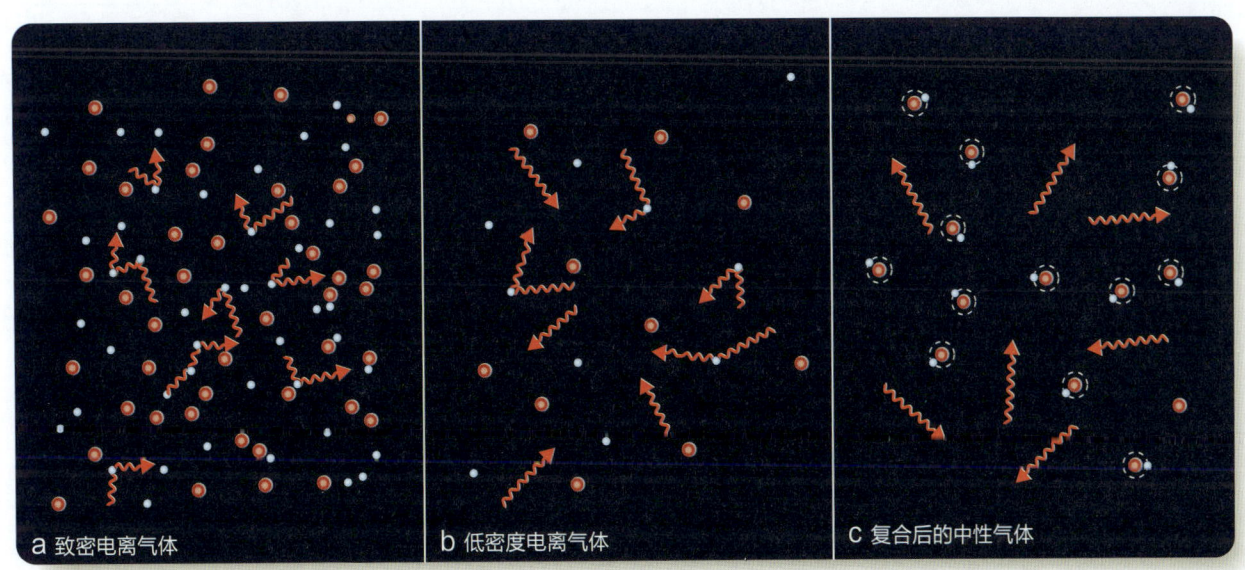

▲ 图 17-10 （a）光子（红色波）很容易从电子（蓝点）中散射出来，几乎不可能从质量更大但小得多的质子（红点；未按比例绘制）中散射。当宇宙非常密集且处在电离的时候，光子在被电子散射之前不可能走得很远。这时气体是不透明的。（b）随着宇宙的膨胀，电子被分散得更远，光子在遇到一个电子之前可以走得更远；这使气体更加透明。（c）复合后，大多数电子与原子核耦合，形成中性原子，气体基本上变得完全透明

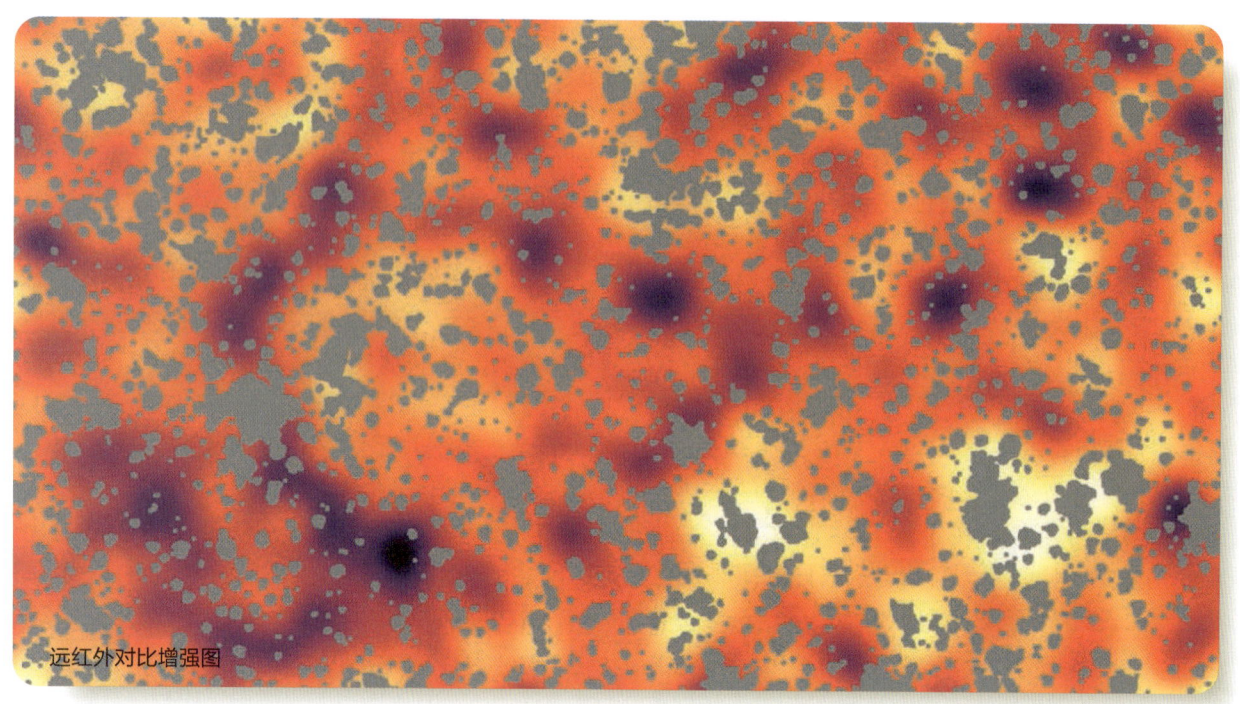

远红外对比增强图

图源:NASA/JPL-Caltech/GSFC

▲ **图 17-11** 使用 Spitzer 太空望远镜制作的大熊星座一个区域的远红外背景图。前景恒星、星系和其他已知的来源已经被计算机处理掉。剩余的背景光被认为是来自宇宙历史上最初十亿年形成的物体,如恒星和形成星系中心的大质量贪婪的黑洞。黄色和白色表示背景中最亮的部分

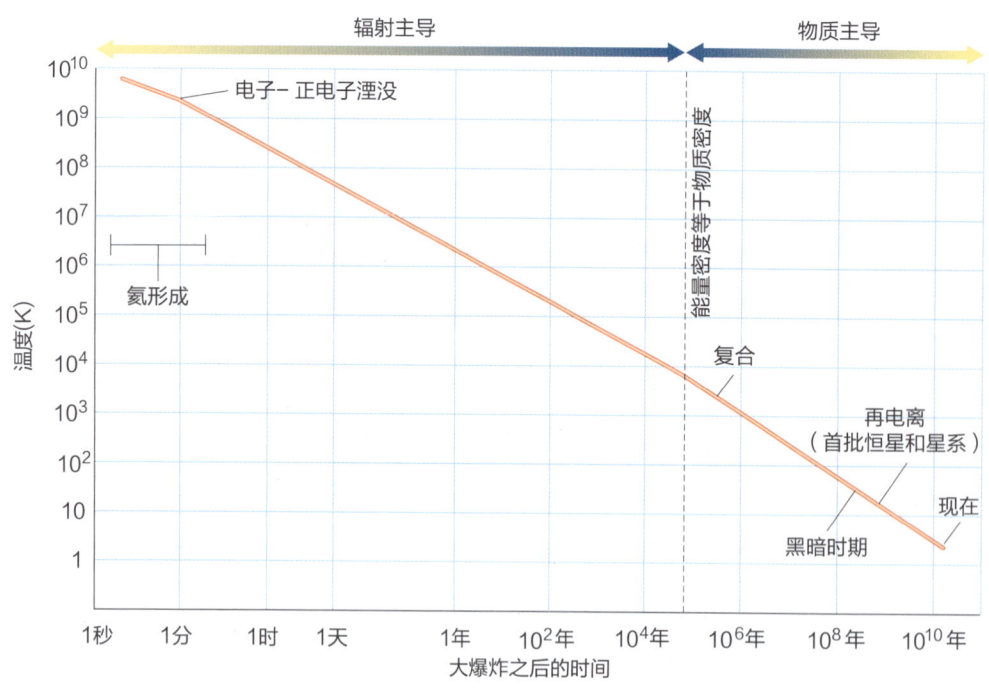

◀ **图 17-12** 在宇宙大爆炸的最初几分钟里,一些氢聚变形成了氦,但宇宙很快就变得过冷使这种聚变反应无法持续。随着物质相比辐射占据主导,冷却的速度加快。复合使辐射摆脱了气体的影响,第一代恒星的诞生导致了再电离。请注意时间上的指数尺度是如何放大早期历史和压缩近期历史的

成,以及气体的再电离时期,最后直至今日。仅仅局限于地球的人类能够画出这样的图表,这似乎令人吃惊,但请记住,它是基于证据和对物质和能量如何相互作用的最佳理解(我们如何得知 17-2)。

我们如何得知 17-2

科学：一个知识体系

相信大爆炸和理解大爆炸的区别是什么？

如果你问一个科学家："你相信宇宙大爆炸吗？"她或他在回答之前可能会犹豫不决。这个问题暗示了科学运作方式的一些不正确之处。

科学的目标是了解自然。科学是一个基于观察和实验的逻辑过程，用于测试和确认假说和理论。科学家并不真正相信甚至是人们通常使用的"相信"这个词所包含的已被证实的理论。相反，科学家理解该理论，并认识到不同的证据如何支持或反驳该理论。

还有其他认识事物的方法，也有许多信仰体系。例如，宗教是不完全基于观察的信仰体系。在某些情况下，政治体系也是一种信仰体系；许多人相信民主是最好的政府形式，并不要求或期望有证据支持这种信仰。信仰体系可以是强大的，并指向深刻的洞察力，但它与科学是不同的。

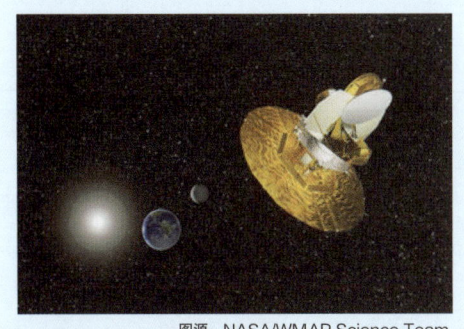

图源：NASA/WMAP Science Team

科学知识是客观的，基于诸如航天器收集的证据

科学家试图谨慎用词，所以有思想的科学家不会说他们相信大爆炸。他们会说，大量的证据表明大爆炸确实发生了，而且他们不得不通过对观测和理论的逻辑分析得出结论，该理论非常可能是正确的。通过这种方式，科学家们努力做到客观和推理，不受个人感情和偏见的扭曲。

一位科学家曾经提到"可怕的证据规则"。有时，证据迫使科学家得出她或他不喜欢的结论，但每个科学家的个人偏好必须排在证据规则之后。

你相信大爆炸吗？或者，相反，因为证据，你对这个理论是正确的有信心吗？这两种说法存在很大的区别。

践行科学

宇宙微波背景辐射是如何证明存在大爆炸的？如果存在大爆炸，那么宇宙的物质最初是处于热的、密集的、不透明的状态，会产生黑体辐射。一旦宇宙的膨胀达到了物质变得透明的阶段，被困在物质粒子之间的辐射就可以自由地在空间中传播。因此，应该有来自各个方向的背景黑体辐射，由于宇宙随后的膨胀而被红移到微波波长。

观测证据证实，宇宙微波背景辐射完全具有预期的特征。它来自各个方向的强度相等，其发射源位于所有其他类型发射的"后面"，并且它具有黑体的能谱分布。当我们探测到这些光子时，从某种意义上说，我们是在"看到"大爆炸。

对宇宙微波背景辐射的观测是证明存在大爆炸的有力证据。这告诉你宇宙是如何开始的，但你应该检验一下最初的理论预言所假设的一个观点：为什么宇宙不可能有一个边界或中心是正确的？

17-3 空间与时间、物质与引力

宇宙大爆炸怎么可能发生在各处？那一瞬间惊人的热量和密度如何导致了今天由恒星和星系组成的宇宙？为了研究这些问题，你需要再一次把看似合理的期望放在一边，让观测结果加上一点点仔细的推理，把你带到它们所指向的地方。

17-3a 从这里展望

宇宙是各向同性的，这意味着无论你从哪个方向观测，它看起来都是一样的。当然，如果你朝一个星系团看，你会看到比其他方向更多的星系，但这只是一个局部的变化。平均来说，你在每个方向上看到的星系数量都差不多。此外，背景辐射在整个天空中几乎完全均匀。宇宙被观测

第三部分 宇宙 349

到是非常各向同性的。

宇宙也被观测到是均匀的，这意味着它在所有地点都是一样的。当然，也有局部的变化；有些地方包含更多的星系，有些则较少。另外，由于宇宙的演化，在大的回溯时间，你可以看到星系处于较早的演化阶段。但是，如果你考虑到这些众所周知的变化，那么平均而言宇宙似乎在任何地方都是一样的。

宇宙显然是各向同性和均匀的。（这两个属性不一定同时存在；作为一项智力练习，试着想象一下各向同性但不均匀，或均匀但不各向同性的排列。）宇宙既是各向同性又是同质的这一事实引出了宇宙学原理。任何星系中的任何观测者都能看到宇宙的相同的普遍性质。（同样，这个总体原则有意忽略了微小的局部变化。）

宇宙学原理意味着宇宙中不存在特殊的地方。你从银河系看到的是所有智慧生物从各自的母星系看到的典型景象。此外，宇宙学原理以一种新的形式指出，宇宙不可能有中心或边界。中心或边界将是一个特殊的地方，而宇宙学原理表明没有特殊的地方。

17-3b 宇宙红移

爱因斯坦在 1916 年发表的广义相对论描述了宇宙的结构，空间和时间一起被认为是一个实体：时空。这一观点将使你对宇宙正在膨胀的含义有一个新的认识。

广义相对论将时空描述为仿佛其由拉伸的橡胶制成，这就解释了宇宙学中最重要的观测之一——红移。这是一个常见的误解，甚至在科学家中也是如此，认为宇宙学红移是星系在太空中飞行时的多普勒频移。相反，除了星系团内相对较小的局部运动，星系都是近似静止的，而且一直如此。随着时空的扩展，星系正在被彼此分开。此外，随着时空的扩展，它拉伸了任何在空间中旅行的光子，使光子的波长增加。来自遥远星系的光子在空间中旅行的时间更长，被拉伸的程度也更大，换句话说，红移比来自附近星系的光子更大。这就是为什么红移取决于距离。

天文学家经常把红移表述为实际的径向速度，但星系的红移不是多普勒频移。这就是为什么我们要谨慎地提及一个星系的视退行速度。你甚至可以找到一些教科书，用爱因斯坦的相对论的多普勒方程将大的宇宙学红移转换为接近光速的速度，但该公式适用于穿越空间的运动，而不是时空本身的行为。所以，相对论的多普勒公式不应该在宇宙学的背景下使用。尽管如此，哈勃定律仍然适用。红移显示了星系的距离，因为红移显示了从这些星系的光子开始旅行以来，宇宙已经膨胀了多少，因而也显示了经过了多少时间。

17-3c 空间的形状

在爱因斯坦发表了他的广义相对论之后不久，其他理论家就能够解决复杂的数学问题，并计算出时空和物质行为的简化描述。由此产生的宇宙模型主导了整个 20 世纪的宇宙学。

广义相对论方程允许时空整体有三种可能的情况：它可能以两种不同的方式弯曲，也可能根本没有曲率。大多数人发现这些弯曲的模型难以想象，而现代观测表明，最简单的模型，即没有曲率，几乎肯定是正确的；所以，你可能不需要用大脑去思考弯曲的模型。然而，你可能想知道它们的一些最重要的特性。

研究《时空的性质》，注意三个重要的观点和三个新术语。

1. 爱因斯坦将时空描述为仿佛是一块橡胶画布，宇宙就画在上面。时空的逐渐伸展使光子在从遥远的星系到地球的路上的波长变长了。星系的红移是这种画布拉伸的结果，而不是多普勒频移。

2. 时空可能是弯曲的。在日常生活中你不会注意到这种曲率；只有在涉及非常遥远的物体的测量中才会明显。一个具有正曲率的宇宙模型是有限的，被称为闭宇宙。曲率为零的模型被称为平坦宇宙。一个平坦的宇宙模型将是无限的，这被称为一个开宇宙。在这个模型中，宇宙学距离的几何规则与你在高中学到的欧几里得（欧氏）的几何规则相同①。一个具有负曲率的模型宇宙也是开放和无限的。请注意，在任何这些模型中，宇宙都不会有边缘或中心，无论是封闭的还是开放的。

3. 在 20 世纪的大部分时间里，宇宙学家试图测量或推断时空的曲率大小。现代观测表明，宇宙的几何形状几乎可以肯定是平坦的（不弯曲的），因此宇宙可能是无限的。

17-3d 引力和宇宙的演化

在整个 20 世纪，观测结果无法否定封闭模型，所以它们被认为有实际的可能性。大多数闭宇宙模型预测，宇宙的膨胀最终会变成收缩，使所有的物质和能量

---

① 曲率为 0 的空间上的几何学即欧氏几何；曲率为负常数的空间上的几何学称为罗巴切夫斯基（罗氏）几何；曲率为正常数的空间上的几何学称为黎曼几何。中学几何中所熟知的平行公理只在欧氏几何中成立。——译者注

回到高密度的大爆炸开始前的状态，这有时被称为"大挤压"。与此相反，在平坦模型和负曲率模型中，宇宙会永远膨胀。

宇宙学家们努力寻找观测结果或逻辑论据，使他们能够在这三种模型中做出选择。主要的标准是密度。根据广义相对论，时空的整体曲率是由宇宙中物质和能量的平均密度决定的。使用哈勃常数的最新值，宇宙学家计算出，如果宇宙的平均密度等于临界密度 9×10^{-27} kg/m³，时空就是平坦的。（请注意这相当于每立方米有 5 个质子。）如果宇宙的平均密度大于临界密度，则宇宙一定是封闭的；如果小于临界密度，宇宙一定是开放的。然而，测量宇宙密度的实际值是困难且无定论的。

图 17-13 说明了这三种宇宙模型的过去和未来的"形状"，比较了它们各自的膨胀历史与时间的关系。纵轴上的参数 R 是对宇宙膨胀程度的衡量。粗略地说，R 可以被认为是星系之间的平均距离。你可以在图中看到，封闭的宇宙先膨胀后收缩，而平坦的宇宙和开放的宇宙则会永远膨胀。请注意，图 17-13 描述的是只依赖引力的宇宙模型的演变；在后面的章节中，你将了解到如果有能够抵消引力的宇宙学效应的东西，宇宙的历史将如何变化。

你可以在图 17-13 中看到，除非你知道宇宙是开放的、封闭的还是平坦的，否则就不能用哈勃定律来判断宇宙的实际年龄。在本章的前一节中，你计算了哈勃时间，这是一个对宇宙年龄的估计，是表示宇宙观察到的膨胀率的哈勃常数 H_0 的倒数。哈勃时间是宇宙在完全开放的情况下所具有的年龄，这意味着它包含的物质数量可以忽略不计，密度几乎为零。相反，如果宇宙的密度足够大，具有平坦的几何形状，那么它的真实年龄将是哈勃时间的 2/3。

哈勃太空望远镜的测量结果表明，哈勃常数接近 70 km/s/Mpc，对应的哈勃时间为 140 亿年。但正如你在本章后面将了解到的，理论家们认为宇宙必须是平坦的。如果宇宙是平坦的，H_0 是 70 km/s/Mpc，那么它的真实年龄应该只有大约 90 亿年。然而，根据对其 H-R 图拐点的观测，大多数球状星团的年龄都明显大于这个数字。将所有这些线索放在一起，一些天文学家推测，宇宙的密度一定比临界密度小得多，是负弯曲的，开放的，而且是无限的。但是，这是否正确呢？

17-3e 普通物质和暗物质

物质的总量，即普通物质加上暗物质，是有关宇宙密度、几何形状、年龄和未来命运的一个关键部分。你知道，在星系和星系团中有大量的暗物质和普通物质（第 15-2b 节和第 16-2f 节）。但是两者的总量是否足以达到临界密度使宇宙成为平坦的，或者甚至更多使宇宙变得正弯曲和封闭，又或者，总密度小于临界密度，宇宙是开放的和负弯曲的。

暗物质显然是宇宙的一个重要组成部分。请看图 17-14，这是暗物质通过引力透镜揭示自身的令人激动的证据。图中的星系团含有如此多的暗物质，以至于它扭曲了时空，将更远星系的图像聚焦成短的光弧。根据对星系和星系团的观测，一个粗略的估计是，暗物质比普通物质多出 5~10 倍。看宇宙星系中的可见物质，就如同看一棵树只看到了树叶。

在估计普通物质和暗物质的总密度方面获得进展的一个方法是确定普通物质的密度。你可以从对大爆炸后的条件的了解开始做这件事。正如你已经知晓的，在宇宙历史的最初几分钟里，核反应将一些质子转化为氦，并将极少量的质子转化为其他元素。大爆炸期间能够产生的比氦重的元素的数量由普通物质的密度控制。例如，如果物质的密度相对较高，会有大量的普通物质粒子如质子和中子满宇宙飞，它们会与氘（氢-2）核碰撞，并将其中大部分转化为氦。相反地，如果普通物质粒子的密度很低，更多的氘就会完整地保存下来，而不会被转化为氦。

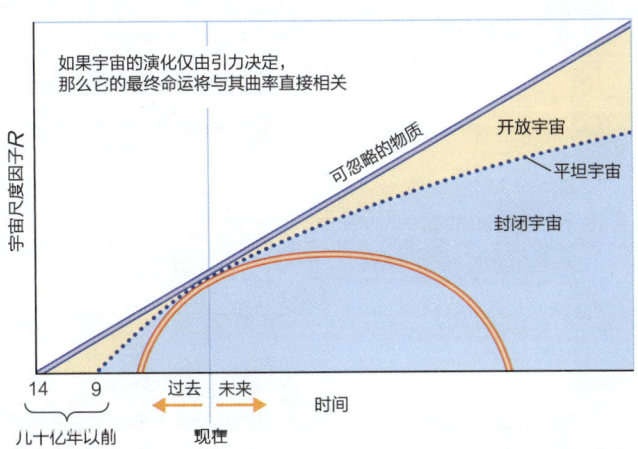

▲ 图 17-13 只依赖引力效应的一些简单的宇宙模型的插图，显示了它们各自的宇宙尺度因子 R 与时间的关系的历史。开放式宇宙模型无休止地膨胀，相应的曲线落在橙色阴影区域。封闭式模型膨胀，然后再次收缩（红色曲线）。一个平坦的宇宙（虚线）标志着开放和封闭宇宙模型之间的边界。每个模型的宇宙年龄都等于从"现在"回到 R 为零时的水平距离。一个物质可忽略不计的宇宙模型将以恒定的速率膨胀（蓝线），在哈勃常数值为 70 km/s/Mpc 时，其年龄约为 140 亿年（式 17-12）

时空的性质

 1929年,埃德温·哈勃发现,星系的红移与距离成正比——这种关系现在被称为"哈勃定律"。它立即被认为是宇宙正在膨胀的有力证据。

距离是空间中两个点的分隔程度,爱因斯坦的狭义和广义相对论显示了空间中的距离和时间上的间隔是如何相互关联的,他认为空间和时间应该一起被视为"时空"(space-time)。你可以把时空想象成画出宇宙的画布——一张可以伸展的画布。

图源:NASA/ESA/STScI/AURA/NSF/Hubble Heritage Team/G. Meurer, T. Heckman, & M. Sirianni (JHU), and C. Leitherer, J. Harris, & D. Calzetti (STScI)

1a 天文学家经常把星系的红移表述为视进行速度。但这些红移并不是多普勒频移。它们是由时空的膨胀引起的。

几十年来,教科书用爱因斯坦的"相对论性多普勒公式"(Relativistic Doppler effect formula)来描述宇宙学意义上的红移,但该公式适用于描述空间中的运动,而不是空间本身的行为。

就像葡萄干面包中的葡萄干,随着面包的膨胀在面团中游动一样,星系也是随着宇宙的膨胀而在空间中运动(见图17-5)。在恒星除了近邻小的相对轨道运动外,在时空中是不动的,并且会因时空的扩张而远离彼此。

1b 时空的扩张不仅使星系相互远离,而且还增加了穿越时空的光子的波长。请看下面的图示。

什么是宇宙学意义上的红移?

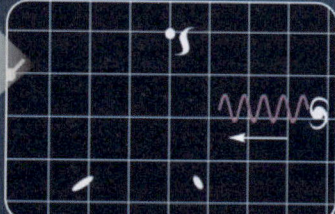
一个遥远的星系向我们的银河系发射了一个短波长的光子

网格显示了时空的扩张。

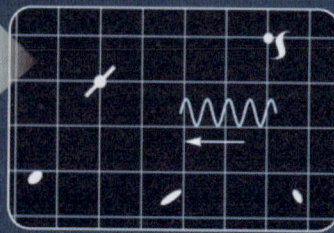
时空的扩张使光子在传播过程中被拉长了波长

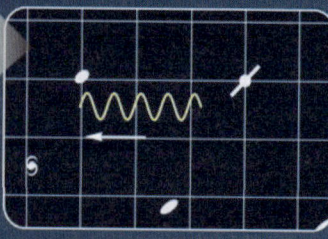
光子要走得越远,它被拉得越长

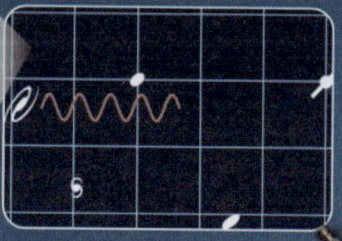
当光子到达我们的银河系时,我们看到它的波长变长了;红移与所走的距离成正比

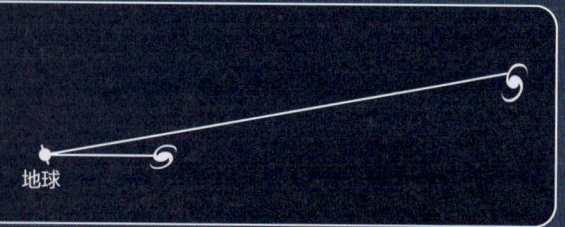
地球

1c 相比从附近星系来的光子,一个从较远的星系来到地球的光子在空间中移动的时间更长,因此被拉伸得更多。这就是为什么宇宙学红移与距离成正比。

为了思考时空曲率,你可以用一只橘子上的二维蚂蚁来做比喻。如果这只蚂蚁真的是二维的,那它就只能向前和向后,向右和向左移动;它不会感知到向上和向下。当它在这个迷你宇宙中行走时,不会意识到这实际上是一个三维球体的表面,最终会意识到它已经去过所有地方,因为它的宇宙被自己的脚印所覆盖。蚂蚁会得出结论,它生活在一个没有边缘、没有中心的有限宇宙中。

尼古拉斯·凯奇　　　伯恩哈德·黎曼
1792—1856　　　　1826—1866

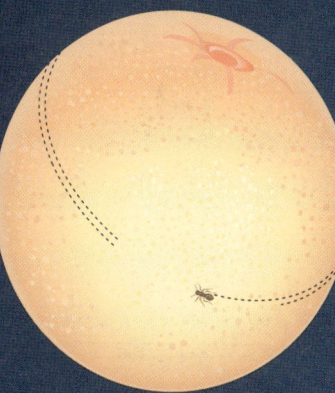

同样地,一个三维的宇宙可以向后弯曲,它可以是有限的,但探索者永远不会找到一个边缘。由于没有边缘,这样的宇宙也就没有中心。

注意:三维橘子的中心不是蚂蚁二维宇宙的中心——橘子的中心不在表面上,也不是蚂蚁宇宙的一部分。

2a 在19世纪,两位数学家,俄罗斯人尼古拉·罗巴切夫斯基(Nikolai Lobachevskian)和德国人伯恩哈德·黎曼(Bernhard Riemann),发展了曲面的数学——非欧几何。与爱因斯坦的广义相对论一起,表明时空可能被弯曲,其程度取决于宇宙的平均密度。"弯曲时空"理论主导了20世纪的宇宙学。

啊哈!

宇宙模型有三种可能的曲率类型:正、零或负。一个正弯曲的宇宙可以用球体来表示;一个零曲率的宇宙可以用平面来表示;而一个负弯曲的宇宙可以用马鞍形来表示。

前面的类比

不要忘记。关于蚂蚁的类比都只是二维的。当你想到我们的宇宙时,你必须想到一个三维的宇宙。想象三维宇宙的曲率就像蚂蚁要想象它们二维宇宙的曲率一样困难。

一个正曲率的模型宇宙被称为一个闭宇宙(closed universe),因为它会自行弯曲。它是有限的,但没有边缘。在一个二维的类比中,橘子上的蚂蚁会发现它们处在一个弯曲的宇宙中,因为大圆的周长小于$2\pi r$。

嘿,来这里!

一个曲率为零的模型宇宙被称为平坦宇宙(flat universe)。一个平坦的宇宙也是一个开放的宇宙,因为它自身不弯曲。在一个二维的类比中,平坦纸片上的蚂蚁会发现所有圆的周长都等于$2\pi r$。如果宇宙真的具有平坦里的几何形状(符合欧氏几何),那么它必须是无限的,并且没有中心。

什么?

3 在整个20世纪,宇宙学家都在试图确定宇宙实际上是正曲率、负曲率,还是曲率为零的(平坦)的。他们进行了困难且非结论性的测量,类似于蚂蚁在测量大圆的周长。正如你在本章后面将看到的,测量曲率的新方法表明,**宇宙接近于完全平坦**。

一个负曲率的模型也是一个开宇宙(open universe)。它一定是无限的,否则它就会有一个边缘。在一个二维的类比中,马鞍形上的蚂蚁会发现,较大的圆圈周长超过$2\pi r$。

▲ 图17-14 引力透镜显示，星系团包含的质量比可见的要多得多。这张图片中的淡黄色星系是一个相对较近的星系团的成员。这张图片中的大多数天体是由星系团的引力场聚焦的非常遥远的星系的蓝色或红色图像。这些图像中的一些星系可能在130亿光年之外。它们能够被看到，证明前景星系团含有大量的暗物质

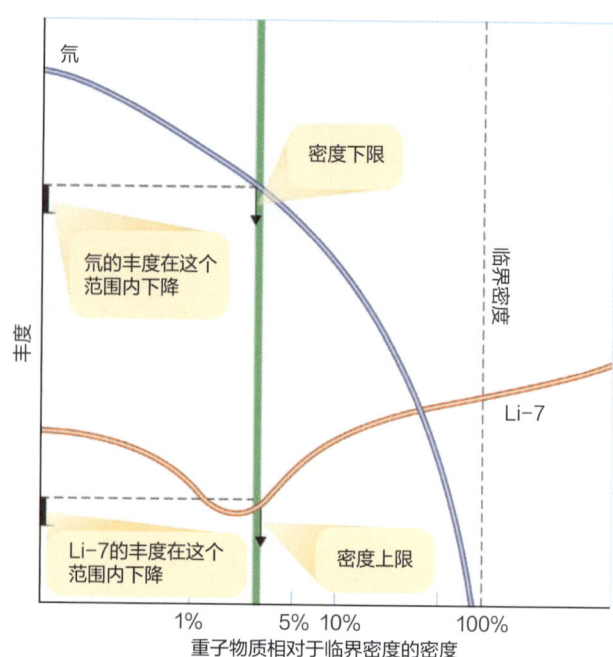

▲ 图17-15 这张图比较了观测和理论。理论预测了在不同密度的正常物质中你会观测到多少氘（蓝色曲线）和锂-7（红色曲线）。观测到的氘的密度落在左上方所示的一个狭窄范围内，并为正常物质的可能密度给定了一个下限。观测到的锂-7的密度，如左下方所示，给定了一个上限。这意味着正常物质的真实密度必须落在绿色柱形所代表的一个狭窄范围内。当然，正常物质的密度要比临界密度小得多

图17-9显示，在氘和锂之间有一个缺口；没有原子质量为5的稳定原子核，因此在宇宙大爆炸的最初几分钟内，常规的核反应很难将氘转化为锂。只有当质子和中子的数量足够多时，一些核反应才有可能"跳过这个缺口"，产生少量的同位素锂-7。

如图17-15所示，如果你能计算大爆炸结束后宇宙中的氘的数量，它就能给你一个相对于临界密度的宇宙密度的下限，而锂-7的丰度则会给一个上限。使问题复杂化的是，氘和锂都被恒星中的核反应所破坏，因此天文学家试图完成一项艰巨的任务，即识别和研究在大回溯时间外尚未被恒星中的核反应所改变的气体云的成分。

从这些观测和计算中得出的令人惊讶的结论是，你、地球和恒星所包含的普通物质只占临界密度的4%~5%。这意味着，根据对星系和星系团中普通物质与暗物质之比的观测，暗物质加上普通物质一定少于临界密度的50%左右。如果这就是全部物质，那么它显然不足以使宇宙变得平坦或封闭。

构成普通物质的质子和中子属于一种被称为重子的亚原子粒子族，因此宇宙学家认为，大多数暗物质不可能是重子。宇宙中只有百分之几的质量可能是普通重子物质；暗物质一定是非重子物质。

一些理论家认为，中微子，即预测在宇宙中非常丰富但又不是重子的粒子，可能有足够的质量来构成暗物质，但后来的测量表明，中微子的质量不够大。一些粒子物理学理论预测存在新的粒子类型，即WIMPs（弱相互作用的大质量粒子），但WIMPs还没有在实验室中被明确地探测到。暗物质的真正性质仍然是天文学的主要谜团之一，但其影响随处可见。

17-3f 大尺度结构的起源

正如你已经学到的，宇宙在最大尺度上似乎是均匀的。也就是说，平均而言每个地方都和其他地方差不多。但是在较小的尺度上，存在着不规则的现象。天空中充满了星系和星系团，甚至还有更大的集合体，天文学家称之为大尺度结构。对大尺度结构的研究引发了对宇宙如何演化的深入了解。

在星系团中观察到的星系从几个到几千个，而这些星系团似乎又聚集成超星系团（见图17-16）。我们所处的本超星系团是一个大致呈盘状的星系和星系团

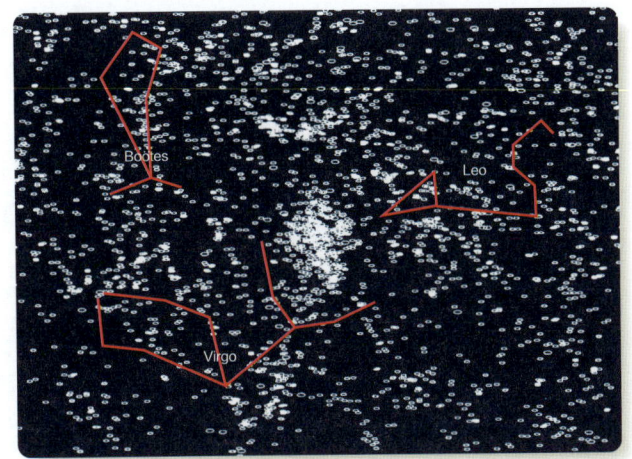

◀ 图17-16 天空中较亮的星系的分布揭示了巨室女座星系团（中央），其中包含了1000多个星系，只有大约17 Mpc的距离。其他星系团充满了整个天空，例如，更遥远的后发座星系团就在图中处女座星系团的上方。处女座星系团与其他星系团相连，形成了本超星系团

图源：Michael A. Seeds/data from Carina Software & Instruments, Inc; © 2016 Cengage

群，直径为50~75Mpc。通过测量天空中数十万个星系的红移和位置，天文学家已经能够绘制出天图，揭示出超星系团并不是随机分布的。它们分布在狭长的星系丝状结构和壁状结构中，勾勒出几乎没有星系的巨洞（见图17-17）。

观测到的大尺度结构令人费解，因为宇宙微波背景辐射非常平滑，这意味着在大爆炸后约400 000年的复合时期，宇宙的密度一定非常均匀。然而，已知最远的星系和类星体在大爆炸后不到10亿年的时间里出现。在复合时如此均匀的物质是如何在这么长的时间内变成块状并凝聚成星系的？换句话说，星系、星系团和我们作为类星体观测的超大质量黑洞在宇宙早期是如何形成的？

答案并不在于重子（普通）物质。重子物质在宇宙中非常稀少，宇宙学家可以计算出在大爆炸后，它无法抵抗强大的辐射压以抵消密度变化，因而没有足够的引力聚集。只要辐射在宇宙中占主导地位，就会阻止形成星系的普通物质云的收缩。相比之下，因为暗物质不与光发生相互作用，所以是黑暗的，也就不受强烈的辐射影响，并能在宇宙非常年轻时凝聚成团。暗物质可能在大爆炸后不久就给星系的形成带来了先机。一旦宇宙被物质而不是辐射所主导，重子物质就可以开始落入等待的暗物质袋中，形成星系和更大的结构。

事实上，观测到的大尺度结构的细节使理论家们能够在不同的暗物质假设类型之间做出选择。一种被称为热暗物质的暗物质候选体由以光速或接近光速运动的粒子组成。这种快速移动的粒子不容易聚集在一起，不可能触发像星系或甚至星系团这样的小物体的形成。相反，含有冷暗物质的模型，由运动速度比光慢得多的粒子组成，能够凝结成相对较小的结构，在预测星系和星系团的形成方面最为成功，其大小和时间都与观测结果相符（见图17-18）。

◀ 图17-17 在这个沿地球赤道平面上向外延伸的宇宙的双切面中，有近7万个星系被绘制了出来。最近的星系显示为红色，较远的星系显示为绿色和蓝色。这些星系形成了包围着几乎空无一物的丝状结构和壁状结构。斯隆数字巡天发现的斯隆长城（第6-3a节），几乎有14亿光年长，是宇宙中最大的已知结构。该图中最遥远的星系距离地球大约有30亿光年

图源：Sloan Digital Sky Survey

宇宙结构的形成

大爆炸后不久，辐射和热气体几乎均匀地分布在宇宙中

冷暗物质不受光的影响，可以收缩形成团块……

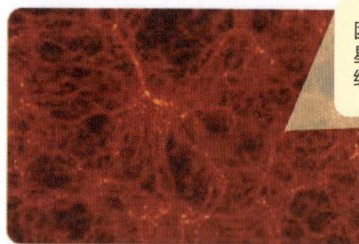

团块吸入正常的气体形成星系的超星系团。重力继续把星系团拉到一起

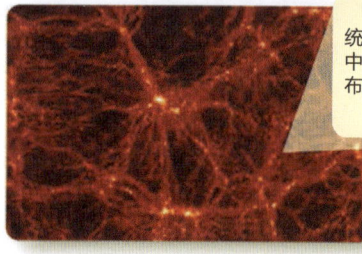

统计检验表明，该模型宇宙中的分布与观测到的星系分布相似

图源：Adapted from a model by Kauffmann, Colberg, Diaferio, & White (Max-Planck Institute für Astrophysik)

▲ 图 17-18　这个计算机模型追踪了从大爆炸后不久到现在宇宙结构的形成

但是，是什么使暗物质聚集？理论家说，宇宙充满了微小的、随机的量子能量涨落，就像比最小的原子粒子还要小的气泡，不断地形成和消失。在大爆炸的那一刻，这些涨落会以宇宙的密度和温度变化的形式出现——量子力学定律要求宇宙不可能是完全平滑的。随着宇宙的膨胀，这些微小的涨落会被拉伸成非常大但非常微妙的引力场变化，从而引起超星系团、丝状结构和壁状结构的形成。在图 17-16 和图 17-17 中看到的结构可能是新生宇宙中微观随机涨落的现存幽灵般的痕迹。

① 原文是"请先坐下来"。——译者注

践行科学

为什么宇宙学家认为暗物质不可能是重子的？ 证据是非常有说服力的，但科学家需要一个理论框架来解释证据，在这种情况下，需要一点核物理学。

宇宙学家可以计算出，在宇宙大爆炸的最初几分钟，少量的同位素如氘和锂-7 是通过核反应产生的。这些元素的丰度在很大程度上取决于当时有多少质子和中子可用。由于这些粒子属于被称为重子的粒子族，物理学家将正常物质称为重子。对氘和锂-7 丰度的测量表明，宇宙中的重子含量不可能超过临界密度的 5%。然而对星系和星系团的观测表明，暗物质必须占到临界密度的近 30%。因此，宇宙学家得出结论，暗物质一定是由非重子粒子组成的。

找到暗物质很重要，因为宇宙中物质的密度决定了时空的曲率。现在考虑一个相关的问题：**现代时空观念是如何解释宇宙红移的？**

17-4　21 世纪的宇宙学

如果你被膨胀的时空、暗物质和量子涨落的怪异现象弄得有点晕头转向，那么在你进一步阅读之前请扶好墙①。随着 21 世纪的到来，天文学家有了一个令所有宇宙学家都感到震惊的发现。宇宙的膨胀实际上正在加速。几年后，另一组天文学家的测量结果证实了一个被称为"暴胀"的假说，该假说提出，宇宙在年龄远低于一秒时经历了一个短暂的超膨胀时刻。你必须回到几十年前，才能理解这两个惊人的新发现是如何与你在本章中已经学到的一些东西相印证的。

17-4a　加速膨胀和暗能量

常识和广义相对论都表明，当星系相互退行时，膨胀应该受到试图将星系拉向对方的引力的阻碍并被减缓。膨胀被减缓的程度应该取决于宇宙中物质的数量。如果宇宙中的物质和能量的密度小于临界密度，那么膨胀应该只是适度减缓，宇宙预期将永远膨胀。如果物质和能量的密度大于临界密度，那么现在的膨胀速度应该明显放缓，而且宇宙最终应该开始收缩。

几十年来，天文学家一直在努力仔细测量大样本星系的红移和距离，以探测宇宙膨胀的减缓。你可以理解为，不仅检测膨胀，而且检测膨胀率的变化，这是相当困难的，因为它需要精确测量非常遥远的星系的距离。

哈勃太空望远镜在1990年发射后，使以前所未有的精度测量星系的距离成为可能，两个相互竞争的研究小组开始使用同样的技术，将Ia型超新星定标作为距离指示器。正如你在第13-4d节中所学到的，Ia型超新星是白矮星从一颗伴星获得物质超过钱德拉塞卡极限，并在超新星爆发中坍缩形成的。因为所有这样的白矮星都应该在相同的质量阈值下塌缩，它们都应该产生相同大小和亮度的爆炸，这使它们成为良好的距离指示器（"标准炸弹"）。这两个小组通过定位近邻星系中的此类超新星来定标Ia型超新星，这些星系的距离是由造父变星和其他可靠的距离指示器所确定的。一旦Ia型超新星的峰值光度被确定，它们就可以被用来寻找更遥远的星系的距离。

两个Ia超新星宇宙学小组都在1998年宣布了他们的结果，一致认为宇宙的膨胀没有放缓。并且与预期相反的是，它正在加速！也就是说，宇宙的膨胀正在加速（见图17-19）。鉴于他们的发现，这两个团队的领导人萨尔·波尔马特、布莱恩·施密特和亚当·里斯共同获得了2011年诺贝尔物理学奖。

宇宙膨胀正在加速的说法完全出乎意料，全世界的天文学家立即开始验证这种说法。这一结果在很大程度上取决于作为距离指示器的Ia型超新星的定标，一些天文学家认为定标可能是错误的（回顾一下我们如何得知15-1）。然而，最初的两个研究小组和其他研究小组对更远距离的超新星进行的后续观测，已经排除了定标的问题。另外，2度视场星系红移巡天绘制了250 000个星系和30 000个类星体的位置和红移。正如预期的那样，这些星系呈丝状结构和壁状结构分布，对星系分布的统计分析也表明，宇宙的膨胀正在加速进行。这是一个重要的结果，因为它证实了加速膨胀与Ia型超新

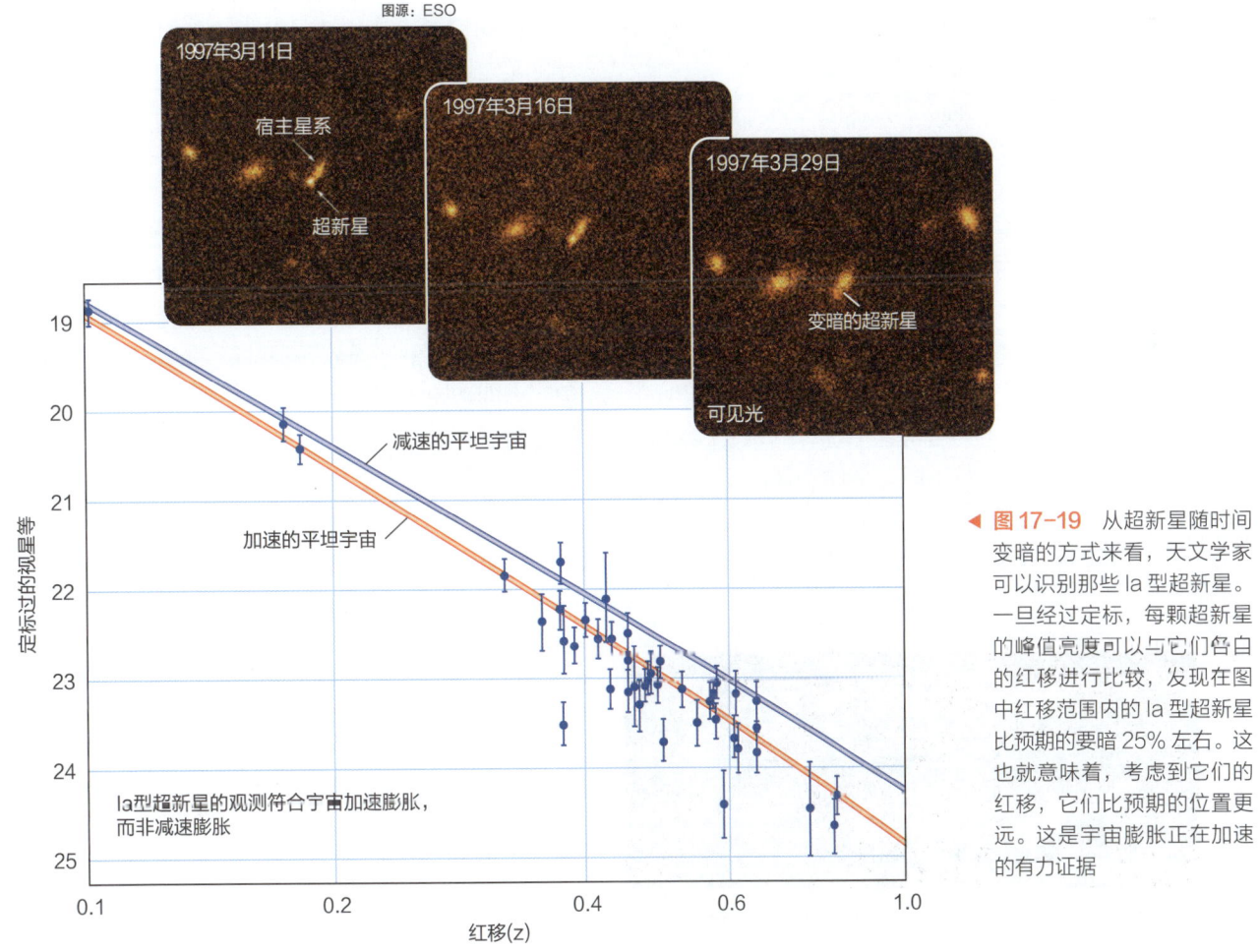

◀ 图17-19 从超新星随时间变暗的方式来看，天文学家可以识别那些Ia型超新星。一旦经过定标，每颗超新星的峰值亮度可以与它们各自的红移进行比较，发现在图中红移范围内的Ia型超新星比预期的要暗25%左右。这也就意味着，考虑到它们的红移，它们比预期的位置更远。这是宇宙膨胀正在加速的有力证据

星的亮度无关,当一个假说被几种不同类型的观测所证实时,科学家们对它是自然界的真实描述显得更有信心。宇宙似乎真的在越来越快地膨胀,而不是放缓。

如果宇宙的膨胀正在加速,那么宇宙中一定有一种与引力相抗衡的排斥力,而宇宙学家正在努力了解它可能是什么。爱因斯坦在 1916 年提出了一种可能性;他认识到广义相对论的方程式意味着宇宙不应该是静态的。星系之间不会保持恒定的距离,因为它们的引力应该使宇宙的规模缩小。唯一的解决办法似乎是,要么宇宙在引力的影响下收缩,要么宇宙中的星系迅速远离对方,以至于引力无法将它们拉到一起。这两种可能性似乎都不合理。1916 年,宇宙学家还不知道宇宙在膨胀,所以爱因斯坦对他的理论做了一个改变,他后来认为这是一个错误。

为了平衡引力的吸引力,爱因斯坦在他的方程式中加入了一个常数,叫作宇宙学常数,用大写的 λ(Λ)表示。这个常数代表一种排斥力,以平衡星系之间的引力,使宇宙不会收缩或膨胀。13 年后,哈勃宣布了他的观测结果,表明宇宙不是静止的,而是在不断膨胀。爱因斯坦当时有句名言:引入宇宙学常数的"含糊系数"以使宇宙静止成为他职业生涯中最大的失误。而现代宇宙学家认为他可能竟然是对的。

对宇宙膨胀加速的一种解释是,存在着一个宇宙学常数,代表着一种反重力,是时空结构的一部分。因为根据定义,宇宙学常数随着时间的推移而保持不变,所以宇宙在其整个历史中都会经历这种加速。

另一种可能的解释是假设完全空的空间,即真空,含有驱动加速的能量。这是一个有趣的可能性,因为理论物理学家长期以来一直在讨论真空能量的想法,原因是基于亚原子粒子的行为。(这与你在上一节中读到的量子涨落的概念有关。)宇宙学家将统一的真空能量称为"精质"。与宇宙学常数不同,精质的作用不一定会随着时间的推移而保持不变。

不管正确的解释是什么——宇宙学常数对抗重力、宇宙真空能量,还是其他什么——观测到的宇宙加速膨胀证明存在一种未知的能量在整个空间传播。宇宙学家将其称为暗能量,这种能量推动了宇宙的加速,但对星光或宇宙微波背景辐射的形成没有贡献。

你已经了解到,加速和暗能量是在天文学家发现几十亿光年外的超新星相较其红移所预期的亮度稍暗时首次发现的。膨胀的加速使这些超新星比它们的红移所指示的距离更远一些,所以它们看起来更暗。自从这一发现以来,天文学家们不断发现更遥远的 Ia 型超新星,有些甚至达到 120 亿光年之遥(见图 17-20)。这些超新星中最遥远的不是太暗,而是太亮了!这也是为什么我们会发现这些超新星。这一观测结果揭示了更多关于暗能量、加速膨胀和宇宙历史的信息。

中等距离的超新星比它们在宇宙没有加速膨胀情况下红移所显示的更远,而非常遥远的超新星则更近。这两个事实共同证实了一个关于暗能量行为的理论预测。当宇宙还年轻的时候,星系之间的距离很近;因此,它们之间的引力比暗能量的作用要强,膨胀也就减速了。随着时空的扩展,最终使星系之间的距离足够远,它们之间的引力变得比暗能量弱,于是膨胀开始加速。

换句话说,观测结果表明,在大爆炸后大约 80 亿年的某个时候(相当于目前宇宙年龄的 60%),宇宙膨胀从减速转为加速,正如预期的那样,当引力和暗能量的对立效应之间的平衡发生倾斜时,宇宙就会转变。对 Ia 型超新星的定标使天文学家能够回溯时间,观察宇宙从减速到加速的变化(见图 17-21)。

你一直在一步步地攀登宇宙学的"金字塔"。每一步都很微小,也很合乎逻辑,但看看它把你带到了哪里。你现在了解了自然界一些最深的秘密,但你可以想象,上面还有更多的台阶有待发现,还有更多的秘密有待探索。

17-4b 暗能量和宇宙的演化

加速膨胀解决了之前提到的宇宙年龄的问题。哈勃

◀ 图 17-20 对位于 GOODS 深场的极其遥远的星系的跟进观测发现了 Ia 型超新星。上面的图片显示了超新星,下面的图片显示了超新星爆发前的星系。这些超新星证实了最初的发现,即宇宙的膨胀正在加速,而且距离很远,足以消除对 Ia 型超新星的定标错误的担忧

图源:NASA/ESA/STScI/AURA/NSF/A. Riess, GOODS Team

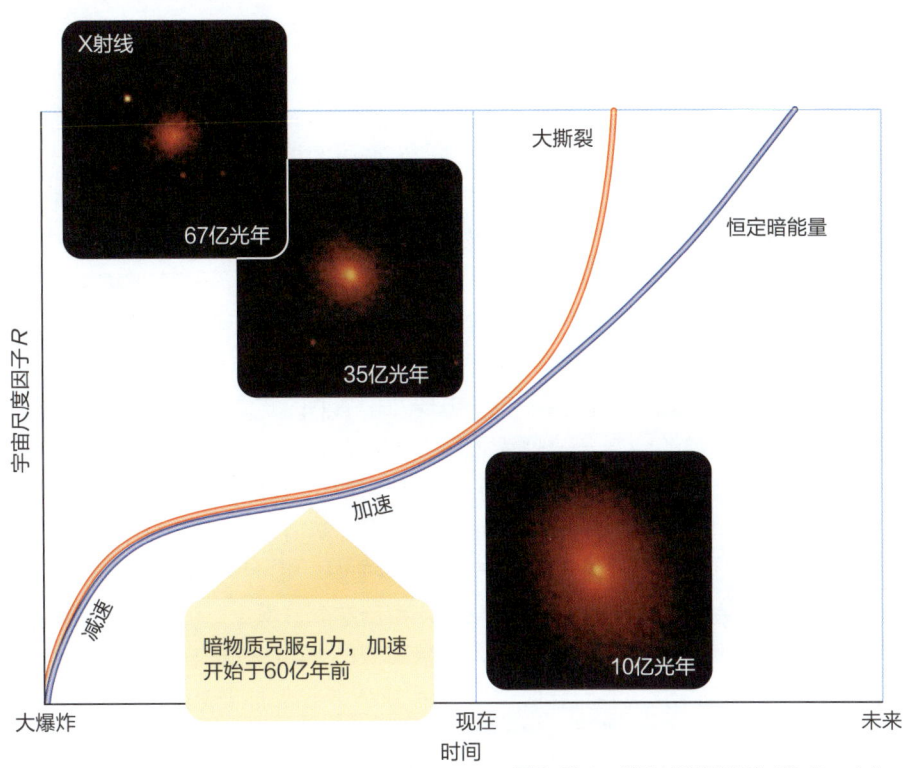

▲ 图 17-21 对星系团中热气体的 X 射线观测证实了在其早期历史中,宇宙膨胀是减速的,因为引力比暗能量更强。在过去被标记为"加速"的时刻,宇宙的膨胀削弱了引力的影响,暗能量开始使膨胀加速。数据被两条宇宙尺度与时间的模型曲线所拟合。这两条曲线在未来出现了分歧;蓝色的曲线显示了如果暗能量具有宇宙学常数的形式会发生什么,而橙色的曲线则显示了如果暗能量是精质,未来会不断加速膨胀。目前的数据还不是决定性的,但更接近宇宙学常数模型,对精质不利,这意味着宇宙可能不会发生"大撕裂"。将此图与图 17-13 进行比较,后者只包括引力的影响

图源:Photos: NASA/CXC/SAO/IoA/S. Allen et al.

常数 H_0 等于 70 km/s/Mpc,在本章开始时,你计算了哈勃时间,即对宇宙年龄的估计,并发现它大约是 140 亿年。在本章的后面,你了解到,由于引力会使原本较快的膨胀速度减慢,在更短的时间内达到目前的尺度 R,因此宇宙的实际年龄应该小于哈勃时间(见图 17-13)。这对天文学家来说是个难题,因为有几个球状星团的年龄大约是 130 亿年,没有留下太多的操作空间。(正如一位天文学家所说,"你不可能比你的母亲还老"。)

答案在于观测到的加速。如果宇宙的膨胀一直在加速,那么它在过去一定膨胀得更慢,而你现在可以观察到的星系的平均离散度将需要更长时间才能达到。最新的估计表明,加速使宇宙的年龄几乎达到 140 亿年,巧合的是与简单的哈勃时间估计差不多(式 17-1 和图 17-13)。这个年龄比已知最古老的星团要大得多,这就解决了宇宙年龄问题。

几十年来,宇宙学家说:"几何形状是命运。"思考开放、封闭和平坦的宇宙模型,他们得出结论,一个宇宙模型的密度决定了它的几何形状,而它的几何形状决定了它的命运。他们的意思是,如果宇宙是开放的,那么它必须永远膨胀,而如果它是封闭的,它最终一定会开始收缩。但是,只有当宇宙作为一个整体的行为完全被引力所支配时,这才是真的。如果暗能量导致的加速可以主导引力,那么几何学就不是命运,而且根据暗能量的精确属性,即使是一个封闭的宇宙也可能永远膨胀。

宇宙的最终命运取决于暗能量的性质。如果暗能量是由宇宙学常数描述的,那么驱动加速的力量不会随着时间的推移而改变,我们平坦的宇宙将永远膨胀,星系之间的距离会越来越远,用尽它们的气体和尘埃制造恒星,恒星死亡,直到每个星系被孤立、燃尽、黑暗、寂灭。然而,如果暗能量是由精质描述的,那么这种力量可能会随着时间的推移而增加,宇宙可能会随着空间将星系彼此拉开而加速膨胀,最终将星系拉开,然后将恒星拉开,直到最后将单个原子撕碎。这种可能性被称为大撕裂。

可能不会有大撕裂;钱德拉 X 射线天文台所做的至关重要的观测被用来测量近 30 个星系团中的热气体和暗物质的数量。由于每个星系团的距离是计算中的变量之一,X 射线天文学家可以将热气和暗物质的量进行比较,并解决距离问题。最远的一个星系团在 80 亿光年之外。这些观测很重要,原因有二:第一,这些星系的红移和距离独立地证实了从超新星观测中得出的结论,即宇宙的膨胀最初是减速的,但在大约 60 亿年前改变为加速;第二,钱德拉的结果几乎完全排除了精质论。如果暗能量是由宇宙学常数描述的,而不是由精质描述

第三部分 宇宙 359

的，那么就不会产生大撕裂（见图17-21）。

17-4c　暴胀：增强的大爆炸理论

到1980年，不断积累的证据使大爆炸理论被宇宙学家广泛接受，但它面临着几个问题，这些问题导致了一个修正的大爆炸理论的发展，并产生了一个重要的补充。

其中一个问题被称为平直性问题。宇宙的属性似乎接近于开放或封闭之间的分界线；也就是说，宇宙的几何形状似乎是平坦的，因此其密度接近于临界密度。如果在大爆炸后的最初时刻，宇宙的密度是根据其目前的估计值来计算的，那么那时的密度一定是惊人地接近临界值，也就是说，当宇宙的年龄为十亿分之一秒时，其精确度在 $1/10^{24}$ 之内。对宇宙学家来说，宇宙的密度会如此精确地接近于临界密度，因而宇宙的曲率也会如此精确地接近于零，这是非常奇异的。平直性问题可以被重述为：为什么宇宙如此接近于完全平坦，而看起来却没有任何理由？

原大爆炸理论的第二个问题被称为视界问题。这与观测到的宇宙微波背景辐射的各向同性有关。当天文学家对地球的运动进行修正时，他们看到所有方向的背景辐射的强度和温度都是一样的，精确度优于1‰。然而，当你观测来自天空中相隔角度大于大约1度的两点的背景辐射时，你看到的是从宇宙大爆炸的时候到辐射发射的时候似乎从来没有相互影响过的两块物质。（在这种情况下使用视界一词，是因为这两个点位于它们各自的光程视界之外。）根据标准的大爆炸理论，宇宙背景中这两个点的物质不可能进行能量交换并使其温度相等。视界问题可以被重述为：为什么在大爆炸400 000年后，可观测到的宇宙的每一部分在复合时都有几乎完全相同的温度？

解决原始大爆炸理论的这两个问题，以及其他涉及亚原子物理的宇宙学问题的关键，似乎可以在被称为暴胀宇宙的假说中找到。该假说预测，在宇宙非常年轻的时候，有一个突然且短暂的快速，巨大的膨胀时期，称为暴胀。

为了理解暴胀宇宙，你需要回顾一下，物理学家只知道四种力——引力、电磁力、强力和弱力（第8-3a节）。你对引力很熟悉：今天早上你为了起床而与它斗争；电磁力负责使磁铁粘在冰箱门上；猫毛粘在带静电的毛衣上；以及使电子围绕原子核运行，并与产生光和辐射的过程密切相关。强核力将原子核固定在一起，而弱核力则参与某些类型的放射性衰变。

一个多世纪前，詹姆斯·克拉克·麦克斯韦表明，电力和磁力是密切相关的，现在物理学家把它们算作一种单一的电磁力。多年来，理论家们一直试图统一其他力；也就是说，他们试图将自然界的所有力描述为单一数学规律的各个形式。在20世纪60年代，理论家们成功地将电磁力和弱力统一为现在所谓的电弱力。这两种力作为一种统一力的不同方面可以有效地运作，但只限于在非常高能量的情况下。在较低的能量下，电磁力和弱力的行为是不同的。现在，理论家们提出了在更高能量下统一电弱力和强力的方法。这些新理论被称为大统一理论（GUTs）。

根据暴胀宇宙假说，宇宙在大爆炸后 10^{-36} 秒内一直在膨胀和冷却，当它变得足够冷时，电弱力和强力开始相互脱节；也就是说，它们开始以不同的形式运作（见图17-22）。宇宙学家计算出，这种变化会释放出巨大的能量，在接下来的 10^{-32} 秒左右的时间里，会使宇宙膨胀 10^{50} 倍或更大。在暴胀开始时，现在从地球上可以观测到的宇宙的部分估计是质子的 $1/10^{35}$，但它突然暴胀到大约1米宽，然后继续缓慢地膨胀到现在的范围。（请注意，就像目前宇宙的膨胀一样，在暴胀期间实际上没有任何东西在移动——相反，空间在物质粒子周围和之间拉伸和增长。）

20世纪80年代初，物理学家艾伦·古斯、安德烈·林德等人意识到，早期的快速膨胀事件可以同时

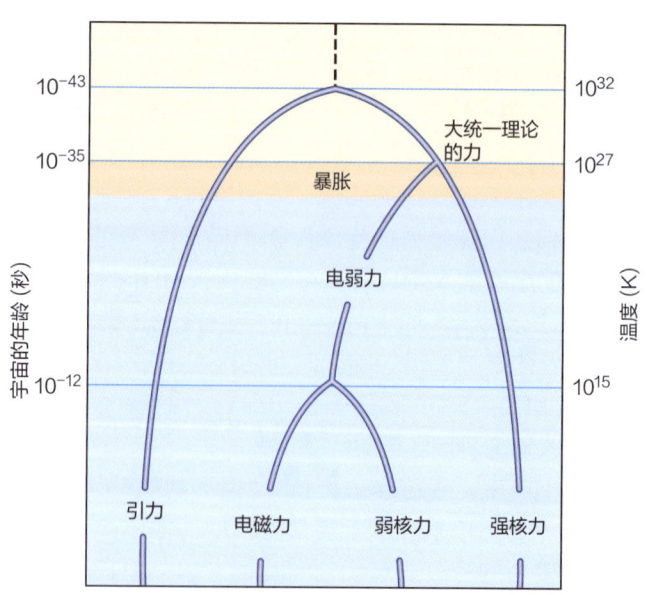

▲ 图17-22　当宇宙非常年轻，温度极高时（顶部），自然界的四种力在行为上是没有区别的。随着宇宙开始膨胀和冷却，这些力"分离"了，这意味着它们开始具有不同的特性，这释放了大量的能量，并引发了宇宙规模的突然快速暴胀

解决平直性问题和视界问题。宇宙的突然暴胀会迫使它在那一刻之前的任何曲率量走向零值，就像给气球充气会使其表面的区域更平坦一样。因此，你现在生活在一个几乎完全平坦的宇宙中，因为那个很久以前的暴胀时刻。

此外，因为当宇宙在大约 10^{-36} 秒之前，整个宇宙的可观测部分只有大约 10^{-58} 光秒宽，那令人难以理解的 10^{-36} 秒的短暂间隔足够让能量流过成为宇宙当前可观测部分的区域，并在暴胀开始之前使其温度均衡。因此，现在宇宙的背景辐射在各个方向上的温度几乎完全相同。

现在你可以理解，在过去几十亿年时导致宇宙加速膨胀的暗能量，如何为暴胀理论提供间接支持。暴胀假说做出了一个具体的预测，即宇宙非常接近于完全平坦，所以其密度必须等于临界密度。但是重子物质加上暗物质只占临界密度的 30% 左右。暗能量可以弥补这个差额。如你所知，$E=mc^2$ 意味着能量和物质是等价的。因此，暗能量相当于分布在空间中的一定量的质量。当暗能量被包括在物质和能量的统计中时，宇宙的总密度可能等于临界密度，从而使宇宙变得平坦。但是，证据就在（葡萄干）布丁中。宇宙的几何形状是平直的吗？暴胀真的发生了吗？

17-4d　汇江成海

暴胀修正的大爆炸理论提出了几个可被检验的预言。该理论最基本的一个预测是，宇宙应该非常接近于完全平坦。另一个预测是，宇宙的突然膨胀应该产生引力波——实际上就是时空的涟漪——这将在宇宙微波背景中留下痕迹。天文学家们开始工作，试图验证这些预测。

为了验证宇宙是（或不是）平坦的这一预测，必须确定远距离的时空曲率。测量时空曲率的一种方法是比较事物在大回溯时间的角尺寸和线尺寸。这种类型的测量已经产生了令人印象深刻的结果。

正如你已经知晓的，背景辐射几乎是各向同性的；在考虑到地球运动和前场物质发射的影响之后，它在所有方向上看起来几乎完全一样。在对背景辐射图进行了这些修正后，在天空中的每个点上扣除平均背景强度，就会发现一些小的不规则现象（见图 17-8）。也就是说，天空中的一些点看起来比平均水平要热一点、亮一点，或者冷一点、暗一点。这些变化包含了很多信息。

令人惊讶的是，造成宇宙微波背景辐射的那些温度和强度的微小变化的原因是声波。太空中的爆炸会产生声音。宇宙中的爆炸会产生声音是一个常见的误解。科幻电影表明，声音可以在真空中传播，爆炸的宇宙飞船会发出大的砰砰声。当然，放到现在这不是真的，但早期宇宙的密度足够大，声音可以通过气体传播，所以大爆炸实际上发出了声音。一位理论学家将其描述为"一个低沉的尖叫声，形成一个深沉的咆哮声，并在一个震耳欲聋的嘶嘶声中结束"。声音的音高大约比你能听到的声音低 50 个八度，但这些强大的声波确实对宇宙产生了影响。它们产生了现在可以在宇宙微波背景辐射中检测到的不规则现象。此外，暴胀修正的大爆炸理论对背景辐射变化的线性大小做出了具体的预测，可以与它们的可观测角度大小进行比较。

1992 年 COBE 卫星进行的观测探测到了最大尺度的变化（见图 17-8），但较小变化的大小对检验该理论至关重要。2001 年发射的威尔金森微波各向异性探测器（WMAP）和 2009 年发射的普朗克空间望远镜对宇宙背景辐射的空间分布进行了广泛的测量。一些天文学家的小组还用气球将自动望远镜送到大气层的高处，而其他人则从南极的一个设备进行观测。基于 15 个月的普朗克观测的宇宙背景辐射温度变化的全天图显示在本章开头的图片中。

宇宙学家计算出，如果宇宙是平坦的，背景辐射中最常见不规则物的直径应该是 1 度左右。如果宇宙是正弯曲的，最常见的不规则现象就会比这个大，而如果宇宙是负弯曲的，它们则应该更小。对宇宙背景辐射变化大小的精确测量表明，观测结果非常符合平坦宇宙的预测，正如在图 17-23 中看到的那样。宇宙是平坦的，这意味着时空没有整体曲率，而且实际密度等于临界密度，这一事实直接证实了暗能量的存在，因为除了重子物质和暗物质之外，其他东西必须构成缺少的 70% 的临界密度。

宇宙微波背景观测和分析证实，直径约为 1 度的斑点是最常见的，但其他大小的斑点也会出现，根据对 WMAP 观测的分析，有可能绘制出如图 17-24 的图，以显示不同大小的不规则物出现的频率。

图 17-24 中的数据点服从一条起伏线，这些起伏的大小和位置告诉宇宙学家关于宇宙的大量信息。曲线的细节表明，宇宙是平坦的，正在加速，并将永远膨胀。从这些数据中得出的宇宙年龄是 138 亿年。此外，曲线中较小的峰值显示，宇宙包含 4.5% 的重子（普通）物质，22.7% 的非重子暗物质，以及 72.8% 的暗能量。哈勃常数被证实为 70 km/s/Mpc。暴胀理论得到证实，数据给暗能量的宇宙学常数版本提供了更多支

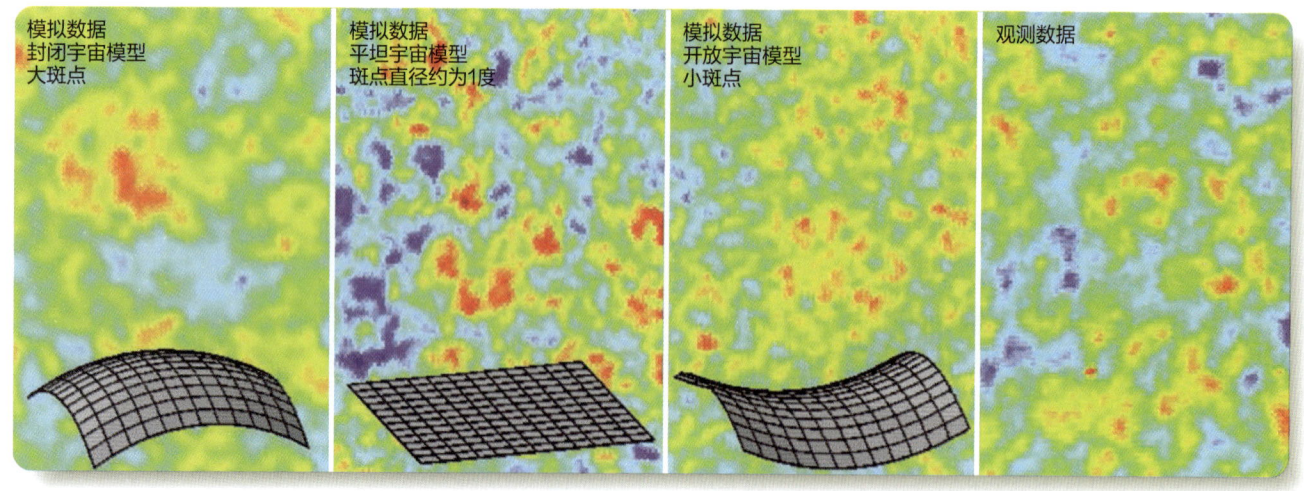

▲ 图 17-23　你可以自己看到其中的差别。将最右边面板中使用气球上的望远镜对背景辐射中的不规则现象进行的观测与从左边开始的三个模拟进行比较。观察到的不规则现象的大小与具有平坦几何形状的宇宙模型最为吻合。细致的数学分析证实了视觉印象——宇宙是平的

持,尽管精质假设还没有完全被排除。热暗物质被排除了,暗物质必须是冷暗物质,才能在大爆炸后迅速聚集在一起,形成我们观测到的星系团和超星系团。

请重读前面的段落。特别是对多年来一直从事天文学工作的人来说,这一系列确凿的事实是震撼人心的。

对宇宙微波背景辐射和星系分布的研究,彻底改变了宇宙学。天文学家们终于有了准确的观测数据,可以用来检验各种理论。宇宙基本参数的数值精确度达到了1%,甚至更高。

暴胀的另一个预测是,暴胀期间产生的引力波会在微波背景中造成一种特殊的"扭曲",称为偏振。2014

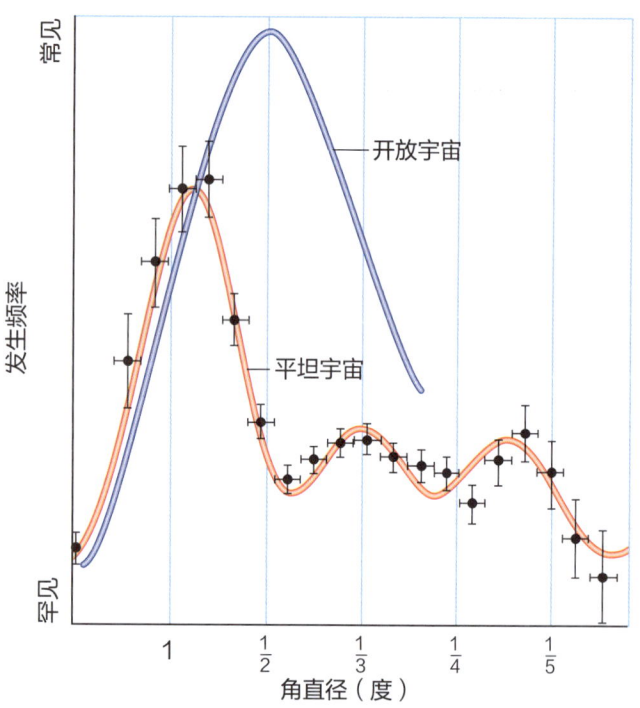

▲ 图 17-24　这张图显示了宇宙微波背景辐射中不同大小的不规则现象的发生频率。直径约为1度的不规则体是最常见的。宇宙的开放或封闭模型被排除了。这些数据非常符合宇宙的平坦模型。数据点上的交叉点显示了测量的不确定性

践行科学

暴胀理论是如何解决平直性问题的？这个问题是一个完美的例子,它是为了解释一个令人费解的证据而提出的假说。

平直性问题可以被表述为：为什么宇宙会如此平坦？毕竟,宇宙中的物质密度可以从零到无限大,但观测到的宇宙背景辐射的变化大小表明,宇宙是平坦的,因此宇宙的平均密度非常接近临界密度。此外,在宇宙非常年轻的时候,密度一定是惊人地接近临界密度,否则就不会像现在这样接近。暴胀理论解决了这个问题,它提出宇宙在其年龄远不足一秒的时候有一个快速暴胀的时刻。暴胀促使宇宙走向平坦,就像吹起一个气球使气球上的一个点变得越来越平坦一样。

理解宇宙学的理论是非常重要的,但科学最终还是要靠证据。现在试试一个相关的问题：有什么证据表明宇宙的膨胀正在加速？

我们如何得知 17-3

愿望并不能使之成为现实

照片中显示的BICEP2远红外望远镜建在南极,用于连续观测天空,建立一个越来越精确的宇宙微波背景辐射图。

2014年,一个科学家小组宣布,他们在BICEP2的数据中检测到了一个"扭曲"图样,这应该是由重力波冲过大爆炸的热气体产生的。这一发现令人激动,因为暴胀膨胀理论预测大爆炸期间存在引力波。检测到这些引力波的迹象将证实大爆炸期间确实发生了暴胀。世界各地的科学家们都很高兴。

然后,就在宣布的几个月后,另一个科学家小组重复了这一分析,并发现第一个小组团队可能没有对银河系中存在的尘埃进行适当的修正。这些尘埃在红外和微波波长上存在发射,并可能产生部分类似于由引力波产生的模式。因此,这一发现是不确定的——BICEP2的数据在经过更仔细的分析后,并没有显示出引力波的明确证据,但也没有排除引力波。

改进的探测器、更多的观测和更复杂的分析应该可以解决这个争议,但是这个不完整的故事值得讲述,因为它显示了科学是如何运作的。第一,科学中的新发现总是被其他科学家验证。一个结果可能越重要,它就越快、越彻底地被验证。第二,受欢迎或被期待并不意味着一个发现一定是真的。在科学中,希望并不能使它成为事实。

图源:Steffen Richter/Harvard Univ.

黄昏时分的南极的BICEP2微波望远镜,一年只出现两次。背景中可以看到阿蒙森-斯科特南极站和MAPO/凯克阵列天文台

年,两组研究人员对这种暴胀特征是否可以在他们各自的观测中检测到提出了相互矛盾的主张。这两个主张对立的团队在2015年合作发表了一项研究结果,结论是星际尘埃发射可以解释这两组数据,但需要更敏感的测量来解决这个问题(我们如何得知17-3)。

在回顾过去20年获得的观测发现和理论结果时,一位宇宙学家宣布:"宇宙学已经解决了!"但这可能为时过早。宇宙学家还不知道暗物质或驱动宇宙加速膨胀的暗能量的性质;所以从某种意义上说,超过95%的宇宙还没有被理解。不过尽管还有更多的谜团有待探索,但宇宙学家越来越有信心,他们可以描述宇宙的起源和演化。

我们是什么

产物

当你爬上宇宙学的金字塔时,你迈出了许多步。大多数是容易的,而且都是合乎逻辑的。它们带给你一些全新的视点,你追溯了宇宙的起源,化学元素的形成,星系的诞生,以及恒星的诞生和死亡。你现在拥有一个很少有人分享的视野。

我们人类可以算作两个宇宙过程的产物之一,即引力收缩和核聚变。引力在大爆炸产生的热物质中形成了不稳定性,引发了星系团的形成。这些物质的进一步收缩形成了各个星系,然后是星系中的恒星。随着恒星开始在宇宙中闪耀,其核心的核聚变开始将氢和氦"烹饪"为较重的原子,人类就是由这些原子组成的。

当你回顾宇宙的历史和结构时,认识到仍然存在谜团是明智的;但请注意,它们是可能被解决的谜团,而不是无法知晓的谜团。仅仅一个世纪前,人类还不知道还有其他星系,不知道宇宙正在膨胀,也不知道恒星通过核聚变产生能量。人类的好奇心已经帮助人类揭示了许多宇宙学的奥秘,并将在人的一生中揭示更多的奥秘。

太阳系是人类在宇宙中的家。人类是一个聪明的物种，所以我们有能力也有责任去想"我们在哪里，我们是什么"。人类在太阳系居住了至少 100 万年，但只有在过去的几百年里，我们才开始了解这个家。

第四部分

太阳系

太阳系和太阳系外行星的起源

18

亚毫米波

图源：ALMA (ESO/NAOJ/NRAO)

▲ ALMA 射电望远镜阵列拍摄的年轻恒星 HL 金牛座周围的原行星盘图像。该盘的半径约为 80AU，还不到海王星与太阳距离的三倍。较深的环状物可能代表行星正在形成的位置

我们已经研究了恒星、星系和整个宇宙的外观、起源、结构和演化。不过，到目前为止，我们的研究遗漏了一种重要的天体类型——行星。现在是时候填补这个空白了。在本章中，一旦了解了太阳系的一般特征和它是如何形成的，你就可以理解我们的"地球母亲"是如何诞生的。

当你在空间和时间上探索太阳系时，将找到以下四个重要问题的答案。

▶ 我们观测到了太阳系的哪些特征？
▶ 能解释观测到太阳系特征的太阳系起源理论是什么？
▶ 地球和其他行星是如何形成的？
▶ 天文学家对围绕其他恒星运行的太阳系外行星了解多少？

在接下来的六章中，你将更详细地探索每颗行星以及小行星、彗星和流星体。在研究太阳系中的各类天体之前，需要先研究太阳系的起源，这也会为我们提供一个更好了解这迷人的世界的框架。

> 这是什么地方？
> 我们现在在哪里？
>
> ——卡尔·桑德伯格[1]（Carl Sandburg），《草》

其实，在人的睫毛根部生活着大量微生物。不过不要担心，每个人都面临同样的情况，而且这些微生物是无害的。在 97% 的人身上都能够发现毛囊蠕形螨（Demodex folliculorum），这是人体皮肤健康的一个特征。这些螨虫在你的睫毛根部周围的微小空间里孵化、为生存而战、交配、产卵和死亡，而不会对人体造成任何伤害。这些数量巨大的小生物并没有自我意识，它们从未停下来说："我们在哪里？"

研究太阳系有很多充分的理由。应该研究地球和它的兄弟行星，因为正如你即将发现的那样，宇宙中的行星几乎肯定多于恒星。最重要的是，应该研究太阳系，因为它是你在宇宙中的家。人类是一个聪明的物种，所以我们有能力也有责任去想"我们在哪里，我们是什么"。我们人类在这个太阳系居住了至少 100 万年，但只有在过去的几百年里，我们才开始了解太阳系是什么。

18-1　太阳系的研究

几十年来，天文学家一直探索如今的太阳系以了解它的过去。在本节中，你将对太阳系进行研究，并汇编一份它最重要的特征清单，这些特征是它如何形成的潜在线索。

你可以从太阳系的最一般视图开始（见图 18-1）。事实上，它几乎完全是一个空旷的空间（请回看图 1-7），为了获得一种比例感，想象一个太阳系的模型：用 4 米（13 英尺）表示 1 AU，即太阳和地球之间的平均距离，那么太阳将是一个李子的大小，地球是一粒食盐，而月球则是距离地球约 1 厘米（0.4 英寸）的一粒胡椒粉。木星则是离太阳 21 米（69 英尺）的苹果种子，而在行星区边缘的海王星将是离中央李子 120 米（400 英尺）的大沙粒。你的太阳系模型将比一个足球场还大，但你需要一个放大镜来探测在火星和木星之间运行的最大的小行星。

18-1a　自转和公转

行星围绕太阳旋转，其轨道接近于一个共同的平面。回顾第 2-3 节，自转和公转这两个词是指不同类型的运动。一颗行星围绕太阳公转（revolve），但绕

▲ 图 18-1　想象中从太阳系附近一个有利位置看上去太阳系的样子。所有的行星轨道都在同一方向，在一个平面上，以大约圆形的轨道运行。与此相反，彗星通常有非常偏心的轨道，通常倾斜于行星轨道的平面。这些都是关于太阳系如何形成的线索。这里显示的行星相对于其轨道的大小，比其真实直径大 1000 多倍

---

[1] 美国诗人，传记作家。——译者注

其自转轴自转（rotate）。水星是离太阳最近的行星，它的轨道相比地球的轨道倾斜了7.0度。其他行星的轨道平面的倾斜度不超过3.4度。正如你在图18-1中所看到的，太阳系基本上是平坦的，呈盘状。

在太阳系中有一个首选的运动方向——从北看是逆时针。所有的行星都沿着这个方向围绕太阳公转。此外，太阳系中几乎所有的卫星，包括追随着地球的月亮，都以同样的方向围绕各自的行星运行。太阳和行星在其轴上的自转与它们的轨道运动有关。大多数行星的赤道与它们各自的轨道倾斜不到30度。而太阳在自转时，其赤道平均倾斜5.6度。金星和天王星的自转很特别，金星与其他行星相比是向后自转的，而天王星是侧向旋转的，其赤道几乎垂直于其公转轨道。在本章的后面，你将了解每颗行星独特自转方式的产生原因。

除了少数例外，太阳系的自转和公转遵循一个规律，很显然，这些运动都与构成太阳系物质盘的初始运动相关。

18-1b 两种行星

也许关于太阳系起源的最引人注目的线索来自行星的明显划分，即小的类地行星和大的类木行星这两种。这种差异是十分巨大的，并且使你会说："啊哈，这一定意味着什么！"研究"概念艺术·类地行星和类木行星"，要注意到3个重要的要点，并学习2个新术语：

1. 这两类行星是通过它们的位置来区分的。四颗靠近太阳的类地行星与四颗外部的类木行星截然不同。

2. 行星上出现陨击坑很常见，太阳系中几乎每一个固体天体表面都有陨击坑。

3. 这两组行星还可以通过适当的关系来区分，如卫星的数量及是否有环，一个解释行星起源的理论显然也需要解释这些特征。

两组行星的分类是了解太阳系如何形成的重要线索。然而，个别行星的目前特征并不能很好地告诉你有关它们起源的一切。这些行星在形成之后都经历了漫长的演化，为获得行星起源的进一步线索，你可以看看那些在太阳系诞生后不久就基本不发生变化的较小天体。

18-1c 宇宙碎片

太阳和行星并不是太阳系中唯一的天体。太阳系中还充斥着几种宇宙碎片，这些碎片是有关行星起源的丰富信息来源。以下几页将对它们进行简要描述，你将在以后的章节中了解关于其更多的信息。

小行星（asteroid）是小型的岩石世界，其中大部分在火星和木星的轨道之间围绕太阳运行。小行星一词的意思是"像星星一样"，但它们并没有真的像行星一样，所以"微型行星"（Planetoid）才是一个更准确的术语。只有大约200颗小行星的直径超过了100千米（60英里），估计有2500万颗小行星的直径超过100米（330英尺）。目前，已经有超过50万颗小行星的轨道被绘制成图表。一个常见的误解是，小行星是一颗行星破裂后的残骸。事实上，行星被它们的引力非常紧密地固定在一起，不会"破裂"。天文学家认为，小行星是在离太阳大约3AU的距离上，未能变成行星的剩余物质留下的碎片。

由于最大的小行星的直径只有几百千米，地基望远镜无法探测到它们表面的细节，甚至哈勃太空望远镜也只能拍摄到部分特征。由机器人航天器传回的照片显示，小行星的形状通常是不规则的，并且表面布满了陨击坑（见图18-2）。光谱观测表明，小行星的表面是由各种岩石和金属材料组成的。（注意，这里的金属是指我们熟悉的意义，指的是像铁这样的物质，而不是恒星天文学家所赋予的意义，指的是除氢和氦以外的任何元素。）对小行星的观测将在后面的章节中详细讨论，不过在这里的简单介绍中，你已经有足够的信息可以得出结论——在太阳系形成时，就已经包括了构成岩石和金属的元素，而且天体碰撞也在太阳系的历史中发挥了重要作用。

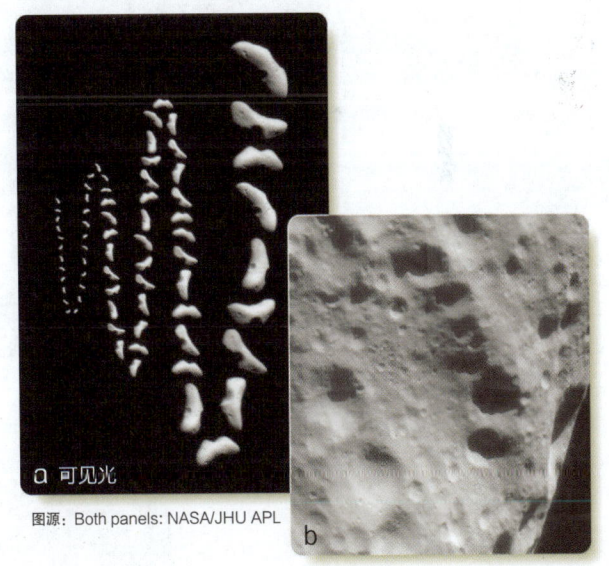

图源：Both panels: NASA/JHU APL

▲ 图18-2 （a）在3周的时间里，NEAR航天器接近了小行星爱神星（Eros），并记录了一系列的图像，在此以有趣的方式排列，显示了小行星的不规则形状和5小时的自转周期。爱神星的直径长度为34千米（21英里）。（b）爱神星表面的这个特写显示了从上到下约11千米（7英里）的区域

类地行星和类木行星

1 内侧的4颗行星，水星、金星、地球和火星，是类地行星（Terrestrial planet），意味着它们是致密的小型岩石世界，几乎没有大气。外侧的四颗行星，木星、土星、天王星和海王星，是类木行星（Jovian planet），意味着它们是低密度的大型世界，有厚厚的大气层，内部是液体或冰。

按比例绘制的太阳和各行星。土星环直径大于地月之间距离的一半。

按比例绘制各行星的公转轨道。类地行星靠近太阳，而类木行星则离太阳较远。

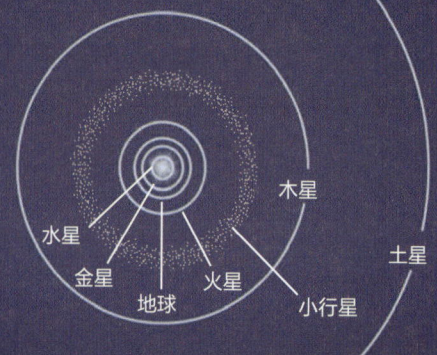

水星直径只比地球的卫星月球大40%，其微弱的引力无法保留永久的大气层。与月球一样，它也被陨石撞击造成的陨石坑覆盖。

1a 在类地行星中，地球的质量最大。类木行星的质量都比类地行星更大。木星有300多个地球质量，土星有近100个地球质量，天王星和海王星各自有约15个地球质量。

2 在太阳系中有坚固表面的天体上，陨石坑是很常见的。地球上有大约150个陨石坑，但更多的陨石坑已经被侵蚀抹去。类地行星、小行星、彗核，以及太阳系中几乎所有的卫星都有陨石坑的痕迹。这些陨石坑的直径从微观到数百千米不等。陨击坑是多年来由陨石撞击形成的；因此，当天文学家看到一个岩石或冰体表面很少有陨石坑时，他们就能推测知道这个表面是年轻的。

图源：Moon, © UC Regents/Lick Observatory; all planets, unless otherwise noted credit: NASA

水星离太阳非常近，因此很难直接在地球上对其研究。2011年，信使号航天器进入水星环绕轨道，开始仔细拍摄该行星整个表面的照片。

月球

水星

以相对尺寸显示月球、水星、火星、地球和金星这5个岩石天体。

地球

3 类地行星的密度接近岩石或金属的密度。类木行星的密度都很小，例如，土星的平均密度只有水的70%左右。

类木行星的大气层是动荡的，一些类木行星上会发生巨大的风暴。例如，木星上的大红斑（Great Red Spot）现象。但是，木的大气层非常稀薄，如果木星缩小到网球大小，它的大气层也不会比网球上的绒毛更厚。

火星

金星（雷达图）

火星的大气层很薄，含水量很小。在火星的荒凉表面，陨击坑和火山很常见。

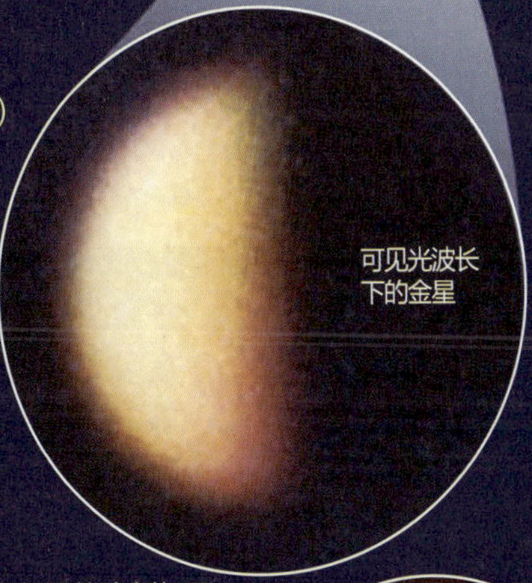

以相对尺寸显示的类木行星。

3a 类木行星的内部含有重元素（如金属）的小核心。这个致密核心被一种液体包裹。木星和土星含有因高压而被迫变成液态的氢。在质量较小的天王星和海王星含有重元素核心周围，是部分固体的水，还混合着一些岩石和矿物。

可见光波长下的金星

木星

大红斑

这里绘制的类地行星与类木行星的比例相同。

类木行星拥有广泛的卫星系统。例如，木星周围有伽利略1610年发现的4颗大卫星，还有迄今为止发现的几十颗小卫星。

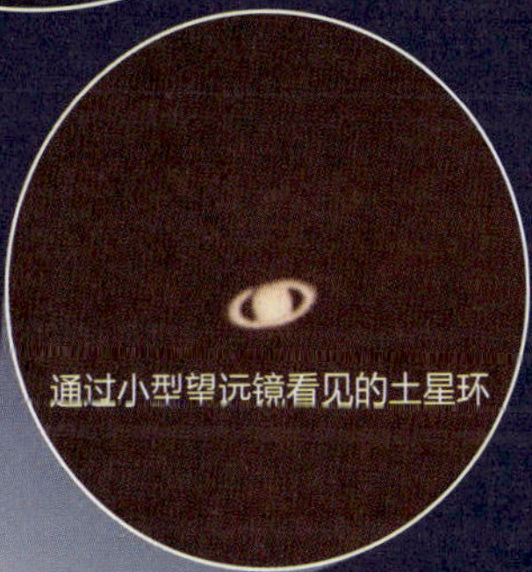

通过小型望远镜看见的土星环

海王星

天王星

土星

3b 所有4颗类木行星都有星环系统。土星的环由冰粒组成。木星、天王星和海王星的星环由深色的岩石颗粒组成。类地行星没有星环。

图源：Moon, © UC Regents/Lick Observatory; all planets, unless otherwise noted credit: NASA

图源：Grundy Observatory, Franklin and Marshall College

自1992年以来，天文学家已经发现了一千多个在海王星以外的太阳系外围运行的小型冰天体，这批天体被称为柯伊伯带（Kuiper Belt），以天文学家杰拉德·柯伊伯（Gerard Kuiper）的名字命名，他在20世纪50年代预测了这些天体的存在。在柯伊伯带中可能有1亿个直径大于1千米的天体——比小行星带中的天体数量多几百倍。一个成功的太阳系形成理论应该包括对柯伊伯带天体（Kuiper Belt Objects，KBO）出现在这个位置的解释。你将在后面关于太阳系外部的章节中发现更多关于柯伊伯带及其起源的信息。

与小行星和遥远的柯伊伯带天体相比，我们可以用肉眼看见最亮的彗星（comets）（见图18-3a）。当一颗彗星掠过内太阳系时，在几个月时间里我们都可能看到它。然而，大多数彗星都很暗淡，即使在最亮的时候也很难找到。

彗星的核是富含冰的物体，直径为几千米或几十千米，大小与小行星相似。彗星证明了在太阳系的某些部分形成时，已经存在丰富的冰物质。你将在后面一章中详细了解彗星的组成和历史。

当彗星远离太阳时，它的彗核保持冻结且不活跃状态。如果彗星的轨道把它带入太阳系内部，太阳的热量就会开始使冰块蒸发，释放出气体和尘埃。太阳风的流动（回顾第8-1c节）加上太阳施加的辐射压（radiation pressure）将气体和尘埃推开，形成一条长长的尾巴。因此，不论彗星本身的运动方向如何，彗星的尾巴总是大约指向远离太阳的地方（见图18-3b）。尽管彗尾是由一个直径只有几千米的小彗核产生的，但其长度可以超过1 AU。

与壮观的彗星不同，流星（meteor）在天空中闪烁，形成短暂的光带（见图18-4）。当然，它们也不是恒星，而是小块的岩石和金属与地球大气层进行碰撞，与离地面约80千米（50英里）高的空气摩擦而爆发出的炽热蒸汽。这些蒸汽凝结成尘埃，慢慢地沉降到地球上，每年为我们的星球增加大约4万吨的质量。

严格来说，流星这个词是指天空中的光带。在太空中，在它快速坠落之前，这个物体被称为流星体（meteoroid），而它在到达地球表面后留存下来的部分则被称为陨石（meteorite）。大多数流星体其实只是一些尘埃、沙粒或小鹅卵石——你在天空中看到的几乎所有流星都是由重量小于1克的流星体产生的。只有在极

图源：Kent Wood/Science Source, Inc.

◀ **图18-3** （a）一颗彗星在穿过内太阳系时，可能会在天空中保持数周的可见度。尽管彗星实际上是沿着它们的轨道快速运动，但它们是如此遥远，以至于在任何特定的夜晚，相对于背景星座，彗星似乎在天空中一动不动。这里显示的是1996年在北极星附近的百武彗星（Hyakutake）。（b）当太阳的热量蒸发了它的冰块并将气体和尘埃以尾巴的形式推开时，一颗在长椭圆形轨道上的彗星就变得清晰可见。

▲ 图 18-4 流星是由流星体——一种固体物质——与地球大气层碰撞而产生的突然的气体光带。地球表面以上约 80 千米（50 英里）的空气与流星体摩擦，导致物质蒸发。这颗流星是在部分银河系的背景下看到的

少数情况下，流星体的质量和强度才足以在坠落过程中保存下来，到达地球表面，并成为陨石。

我们已发现了数以千计的陨石，你将在后面的章节中了解更多关于它们的各种类型。这里提到陨石有一个特殊的原因，因为它们可以揭示太阳系的年龄。

18-1d 太阳系的年龄

确定一块岩体年龄的最准确的方法是把样品带到实验室，然后分析其包含的放射性元素。当岩石被凝固时，它包含了已知百分比的化学元素，其中一些元素具有放射性同位素（第 7-1b 节），这意味着它们会逐渐衰变为其他同位素。例如，称为母原子的钾 -40 会衰变成称为子原子的钙 -40 和氩 -40。放射性物质的半衰期（half-life）是指一半的母同位素原子衰变为子同位素原子所需的时间。放射性物质的丰度随着它的衰变而逐渐减少，而子物质的丰度则逐渐增加（见图 18-5）。钾 -40 的半衰期是 13 亿年。如果你也有关于原始岩石中的元素丰度的信息，你可以将这些信息与现在的丰度进行比较，并计算出岩石的形成年代。例如，如果你研究一块岩石，发现最初的钾 -40 只剩下 50%，其余的变成了子同位素的混合体，你就可以得出结论：半衰期一定已经过去，这块岩石已经有 13 亿年的历史。

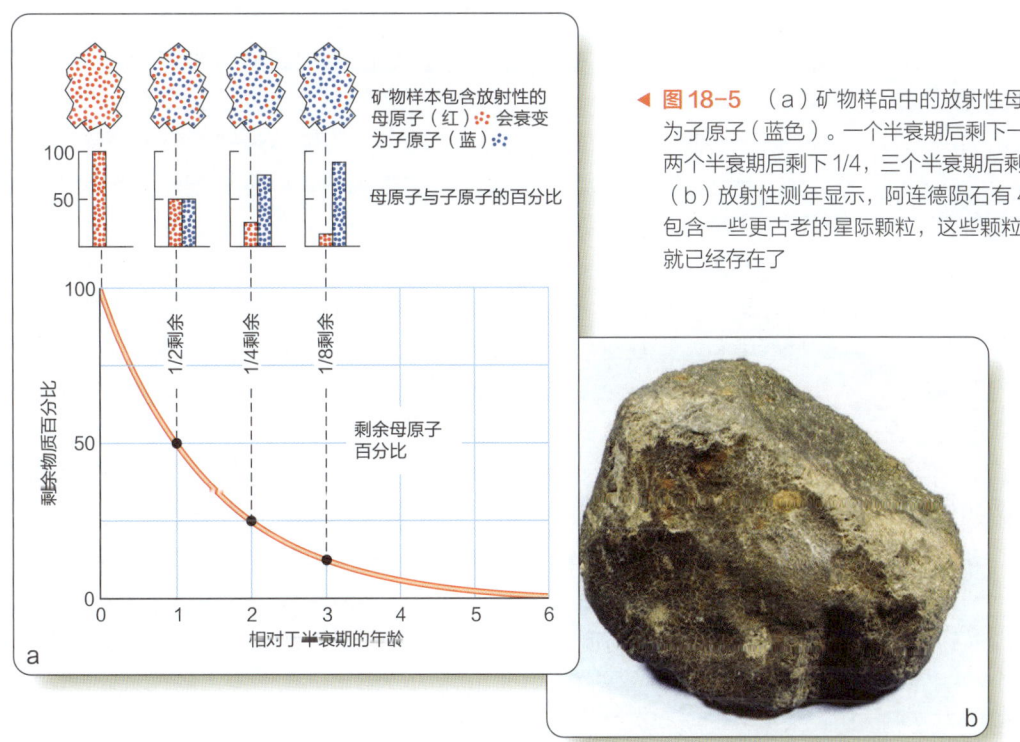

◀ 图 18-5 （a）矿物样品中的放射性母原子（红色）衰变为子原子（蓝色）。一个半衰期后剩下一半的放射性原子，两个半衰期后剩下 1/4，三个半衰期后剩下 1/8，以此类推。（b）放射性测年显示，阿连德陨石有 45.6 亿年历史。它包含一些更古老的星际颗粒，这些颗粒在太阳系形成之前就已经存在了

第四部分 太阳系 373

钾不是唯一用于放射性测定的放射性元素。铀-238 的半衰期为 45 亿年，衰变形成铅-206 和其他同位素。铷-87 衰变为锶-87，半衰期为 470 亿年。这些物质中的任何一种，以及其他物质，都可以作为一个放射性时钟，用来探寻矿物样本的年代。

当然，要获取一个放射性年代，你需要把一个样本拿到实验室，而科学家只有从地球、月球、火星和陨石获得的确定年龄的样本。迄今为止发现并确定年代的最古老的地球岩石是来自澳大利亚的微小锆石晶体，距今 44 亿年，但这并不意味着地球是在 44 亿年前形成的。正如你将在下一章中看到的，地球表面是活跃的，地壳不断地被破坏，不断地被从地壳下涌出的物质所取代。这些类型的过程往往会稀释子原子，并使它们远离母原子，从而导致放射性时钟重置。因此，岩石的放射性年龄实际上是该岩石中的物质上次熔化后距现在的时间长度。因此，这些最古老岩石的年代只能告诉你地球年龄的下限，换句话说，地球至少形成了 44 亿年。

阿波罗登月最重要的科学目标之一是将月球岩石带回地球实验室，以便测定其形成年代。由于月球表面不像地球表面那样地质活跃，科学家们希望一些月球岩石能够从太阳系历史的早期就未被改变而保存下来。事实上，最古老的月球岩石有 45 亿年历史。这意味着月球一定至少有 45 亿年的历史。

尽管还没有人去过火星，但在地球上发现的十几块陨石已经通过其化学成分被确认为来自火星。其中大多数的年龄只有 10 亿年左右，但其中有一块的年龄约为 45 亿年。那么火星至少应该有这么久的历史。

陨石实际上是确定太阳系年龄的主要依据。陨石的放射性测年产生了一系列的年龄，但有一个相当精确的上限——许多陨石样本的年龄为 45.6 亿年，没有比这个数值更老的年龄。这个数字被广泛接受为太阳系的年龄，并经常被四舍五入为 46 亿年。地球、月球和火星的真实年龄也被认为是 46 亿年。尽管没有发现在这段时间内保持不变的天体岩石。

最后一个天体值得一提：太阳。天文学家估计太阳的年龄约为 50 亿年，但这不是放射性测龄所得，因为我们没有来自太阳的放射性物质的样本。相反，可以利用太阳地震学（helioseismological）观测和太阳内部的数学模型（第 8-1f 节和第 12-1a 节）对太阳的年龄做出独立的估计。这产生了一个大约 50 亿年加减 15 亿年的数值，这个数字与从陨石年龄独立得出的太阳系的年龄一致。目前所有证据表明，太阳系的所有天体大约在同一时间形成，大约在 46 亿年前。

18-2 伟大的起源之链

你通过一条伟大的起源链，可以将 138 亿年前宇宙的起源到现在全部联系起来，逐步发现这条链条上的各个环节，是人类最激动人心的冒险之一。在前几章中，你研究了整个故事的一些内容：恒星的形成、化学元素在恒星中的生长、星系的形成以及宇宙在大爆炸中的起源，现在你有足够的信息来了解行星的起源。

18-2a 你体内原子的历史

天文学家为"宇宙大爆炸"（Big Bang Theory）提供了充足的证据。在宇宙形成后的几分钟时间内，你身体里的质子、中子和电子已经出现了。你是由非常古老的物质构成的。

虽然这些粒子形成得很快，但它们并没有连接在一起形成今天常见的许多原子。早期宇宙中的大多数原子是氢，大约 10% 是氦。尽管你的身体不包含氦，但一定包含大量自宇宙起源就未曾改变的古老的氢原子。证据表明，在大爆炸中几乎没有比氦更重的原子被制造出来（第 17-2d 节）。

在大爆炸之后的几亿年内，包含数十亿颗恒星的星系开始从宇宙的物质中诞生。你已经知道，通过恒星内部的核聚变，氢等低质量原子结合，变成更重的原子（第 12-2c 节）。核聚变在一代又一代的恒星中发生，生成你身体里常见的碳、氮、氧等原子。甚至你骨骼中的钙原子也是在恒星内部产生的。

大质量的恒星在其核中产生铁，但是当核坍塌和恒星作为超新星爆发时，大部分铁被摧毁。模型计算表明，地球上和你体内的大部分铁来源于 Ia 型超新星爆发中的碳融合，以及 II 型超新星喷射出的膨胀物质中放射性原子的衰变。比铁重的原子，如金、银和碘，也是由超新星爆发时发生的快速核反应产生的。碘对人体甲状腺功能至关重要，你可能有金银首饰或牙齿填充物。认识到这些类型的原子，它们是你在地球上生活的一部分，是在数十亿年前的剧烈恒星爆炸中产生的。

我们的银河系包含至少 1000 亿颗恒星，太阳是其中之一。天文学家有各种证据表明，太阳是大约 50 亿年前由气体和尘埃云形成的，而你身体中的原子是该云的一部分。本章解释了这团云是如何孕育出行星的，以及原子是如何进入地球并进入人体的。当你探索太阳系的起源时，请牢记创造原子的伟大起源链，正如地质学家普雷斯顿·克劳德（Preston Cloud）所说的，"恒星的死亡使我们得以生存"。

18-2b 关于地球和太阳系起源的早期假说

关于地球起源的最早描述是神话和民间故事，可以追溯到有记载的人类历史初期。从伽利略时代开始，望远镜产生了观测证据，科学家在此基础上对天体现象做出合理的解释。当哥白尼、开普勒和伽利略等人致力于为地球和其他行星的运动找到合理的解释时，其他学者开始思考地球和太阳系的起源。

第一个关于太阳系起源的物理理论由法国哲学家和数学家勒内·笛卡尔（René Descartes）于1644年提出。因为笛卡尔生活和撰写学说在艾萨克·牛顿的时代之前，所以他并没有意识到引力是宇宙中的主导力量。相反，他认为，力是通过物体之间的接触传递的，宇宙中充满了旋转的不可见粒子的旋涡。笛卡尔提出，太阳和行星是在一个大旋涡收缩和凝结时形成的。他的假说解释了当时已知的太阳系的一般特性。

一个世纪后的1745年，法国博物学家乔治·路易斯·勒克莱尔（Georges-Louis Leclerc）即布冯伯爵提出了另一种假说，在彗星与太阳相撞或接近太阳时，彗星通过引力将物质拉出太阳，进而形成了行星。因牛顿《原理》的出版，布冯伯爵当时已经理解了引力。然而，他当时并不知道彗星的固体部分仅仅是一个小的、不稳定的物体。后来的天文学家修改了布冯的假说，提出是另一颗恒星，而不是彗星，与太阳发生了相互作用。根据修改后的假说，从太阳和另一颗恒星中分离出来的物质凝结成了行星，这些行星被两颗恒星的碰撞运动驱赶到围绕太阳的轨道上（见图18-6a）。

这种"掠星假说"（passing star hypothesis）断断续续地流行了两个世纪。由于以下几个原因，它是有问题的：首先，相对于它们的大小和相对速度而言，恒星相距甚远，所以它们碰撞的频率极低，在银河系中，只有少数恒星曾经与另一颗恒星碰撞或近距离接触；其次，从太阳和另一颗恒星中拉出的气体温度太高，难以凝结形成行星，而是会分散开来；最后，即使行星真的从这些气体中形成，它们也不会进入围绕太阳的稳定轨道。

笛卡尔和布冯的假说分为两个不同的类别，笛卡尔提出了一个演化假说（evolutionary hypothesis），太阳和行星的诞生是共同的、渐进的过程。如果它是正确的，带有行星的恒星将是常见的。另一方面，布冯的想法是一个灾变假说（catastrophic hypothesis），它涉及一个不太可能的、突然的事件来产生太阳系，因此意味着行星系统非常罕见。尽管你可能喜欢想象恒星碰撞的场面，但现代科学家已经观察到，自然界的变化通常

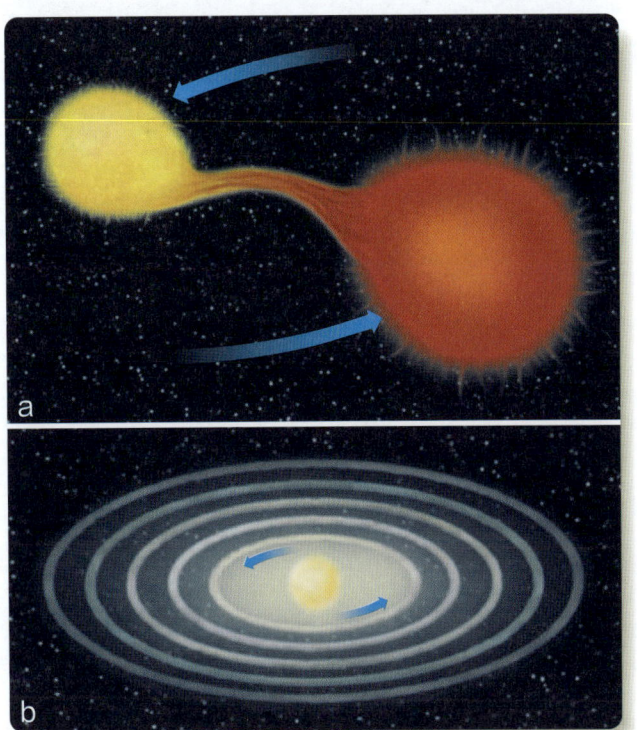

▲ 图18-6（a）掠星假说（passing star hypothesis）提出，太阳被另一颗恒星击中，或与之发生了非常密切的接触，从太阳和另一颗恒星上剥离下来的物质形成了围绕太阳运行的行星，这是一个灾变假说（catastrophic hypothesis）的例子。（b）在18世纪，星云假说（nebular hypothesis）被提出，基于角动量守恒定律，一个围绕太阳的收缩的物质盘会越转越快，最终物质会从环中脱落，并形成行星，这是一个演化假说（evolutionary hypothesis）的例子

是渐进的，而不是突然的、戏剧性的事件。基于许多独立的证据，现代的行星起源理论是演化性的，而非灾难性的（我们如何得知18-1）。

今天的太阳系起源理论的早期版本是由哲学家伊曼纽尔·史威登堡（Emanuel Swedenborg）和伊曼纽尔·康德（Immanuel Kant）分别在1734年和1755年提出的。他们定性地认为，旋转的云层在其自身重力的影响下可以收缩，并产生可能凝结成围绕中心质量（太阳）运行行星的物质盘。1796年，法国杰出的天文学家和数学家拉普拉斯（Pierre-Simon de Laplace）将这一理论放在数学基础中，提出了星云假说（nebular hypothesis）。拉普拉斯了解到，因为角动量守恒定律，随着圆盘越来越小，会旋转得越来越快。（回忆第5-2d节，角动量是一个旋转物体继续旋转的趋势。）拉普拉斯推断，当圆盘以最快的速度旋转时，它的外缘会脱落，留下内环。然后圆盘会进一步收缩，再次加速，并留下另一个环。他想象，这样一

我们如何得知 18-1

两种假说：灾难性的和演化性的

突发的灾难性事件在太阳系的历史上发挥了多大作用？

科学中的许多假说可以分为演化假说和灾变假说，前者涉及渐进的过程，后者则取决于特定的、不太可能发生的事件。科学家们通常倾向于进化论的假设。然而，灾难性的事件也确实时有发生。

有些人喜欢灾难性的假设，也许是因为他们喜欢在安全距离内看到壮观的激烈事件，这可能解释了包括大量车祸和爆炸的电影的成功。另外，灾难性假设与关于灾难性事件和创造特殊行为的传奇故事产生共鸣。因此，许多人对灾变假说有兴趣。

然而，证据表明，几乎所有的自然过程都是渐进的，因此也是演化的。科学假说几乎从不依赖于不可能的事件或特殊行为。例如，地质学家研究关于造山过程的假说，这些进化假说描述了数百万年内山被慢慢推高的过程。侵蚀的证据和折叠的岩层表明，这个过程是渐进的。因为大多数自然过程是演化性的，所以科学家一般不愿意接受依赖于灾难性事件的假说。

但是，在这一章和后面的章节中，你的确会看到一些灾难的发生。例如，行星被来自太空的碎片轰击，而且其中一些撞击是非常大的。此外，演化过程和灾难过程之间并没有严格的分界线。板块构造通常是一个渐进的、演化的过程；但是，偶尔也会有类似9.0级地震的事件发生，通过一场灾难使景观发生巨大的、瞬间的变化。

图源：Janet Seeds

山峰高度通过缓慢上升的，而不是突然灾难性地演化到很高的高度

来，收缩的圆盘会留下一系列的环，每一个环都可以成为一颗行星，绕着圆盘中心的新生太阳旋转（见图18-6b）。

根据星云假说，太阳的旋转速度应该非常快，或者换一种说法，太阳应该拥有太阳系总角动量的大部分。然而，随着天文学家对行星和太阳的研究，他们发现太阳的旋转速度相对较慢，实际上是行星拥有太阳系中的大部分角动量。事实上，尽管太阳占据了整个太阳系质量的99.9%，但太阳的旋转只占太阳系角动量的不到0.5%。在科学家们能够解释这个角动量问题之前，星云假说从未被完全接受，19世纪和20世纪初的天文学家反而倾向于各种版本的掠星假说。

50年前，在多波段天文学和空间望远镜面世以后，支持星云假说的证据开始变得非常多，而且科学家找到了角动量问题的解决方案。事实上，星云假说十分全面，解释了许多观测结果，我们可以认为它已经从一个假说"升级"为一个适当的理论。今天，天文学家正在继续完善该太阳星云理论的细节。

18-2c 太阳星云理论

到1940年前后，天文学家开始了解恒星是如何形成的，以及它们是如何产生能量的，而且很明显，太阳系的起源与这个故事有关。太阳星云理论（The Solar Nebula Theory）认为，行星是在年轻的太阳周围旋转的气体和尘埃盘中形成的（见图18-7）。你已经看到了明确的证据，这种气体和尘埃盘在年轻恒星周围是很常见的（第11-3b节）。来自原恒星的偶极流是这种盘存在的第一个证据，现在，太空望远镜和地面干涉望远镜（第6-4节和第6-5节）可以直接对这些盘进行成像（见图18-8）。最后，模型计算表明，与星周盘一起形成的恒星可以将其大部分角动量转移到星周盘上，从而解决了早期版本星云假说的主要困难。

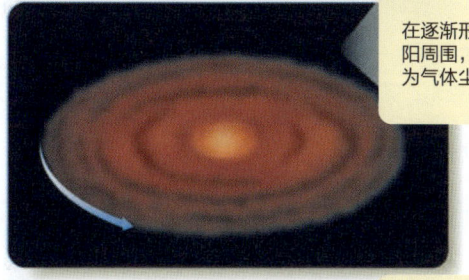

▲ 图 18-7 太阳星云理论表明，行星是和太阳一起形成的

践行科学

为什么太阳星云理论意味着行星是常见的？科学家们经常发现，基于理论的预测与理论本身一样重要。

根据太阳星云理论，我们太阳系的行星是由围绕太阳的气体和尘埃盘形成的，因为它是从星际介质中凝结出来的。这表明，行星的形成是一个常见的过程。大多数恒星在形成时周围都有气体和尘埃盘，而行星应该在这种盘中形成。因此，这个解释太阳系形成的理论自然也能推导出一个重要的预测：行星在宇宙中应该是非常普遍的。

现在，将其与基于其竞争假说（灾变假说）的预测进行比较。如果太阳系的形成是一场大灾难的结果，为什么这将表明行星并不常见？

证据强烈支持了太阳星云理论：随着太阳从星际气体和尘埃云中凝结而成，地球和太阳系的其他行星在太阳周围的物质盘中形成。因此，如果行星的形成是恒星形成的一个自然部分，大多数恒星应该有行星。

18-3 行星形成

现代行星科学家面临的挑战是将太阳系的特征与太阳星云理论的预测进行比较，以便找出行星如何形成的细节。

18-3a 太阳星云的化学成分

天文学家对太阳系和恒星形成的所有了解都表明，太阳星云是一个星际气体云的碎片。这样的气体云应该主要由氢组成，加上一些氦和少量较重的元素。

这正是你在太阳的组成中看到的情况（见表 8-1）。对太阳光谱的分析表明，太阳大部分是氢，其质量的1/4 是氦，只有大约 2% 是较重的元素。核反应将一些氢聚合成了氦，但这发生在太阳的核心，并没有影响能直接观测的光球和大气层的成分，这意味着太阳光谱中显示的成分基本上是太阳形成时的气体成分。

这一定也是太阳星云的成分，你也可以看到这种成分反映在行星的化学成分中。内行星由岩石和金属组成，外行星则富含低密度气体，如氢和氦。木星的化学成分类似于太阳的成分，但是如果你允许氢气、

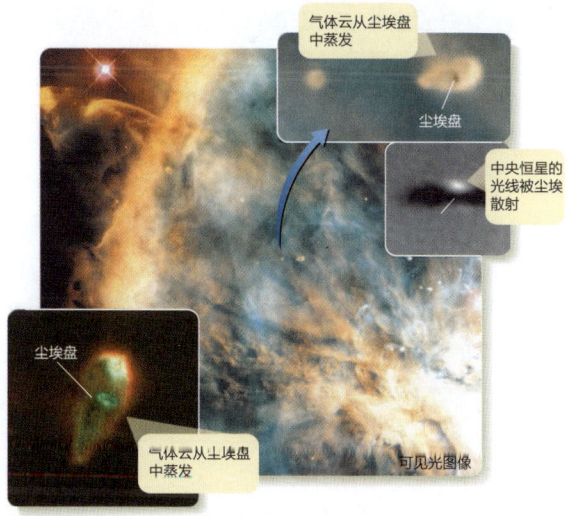

▲ 图 18-8 猎户座星云中的许多年轻恒星都被气体和尘埃盘包围着，但是来自附近亮星的强光正在蒸发这些物质盘，并形成膨胀的气体云，这些特殊的物质盘可能在形成行星之前就蒸发了，但是大量这样的盘表明，围绕年轻恒星的行星构造物质是普遍存在的

第四部分　太阳系　377

氢气和含氢化合物从一团总体成分与太阳或木星相同的东西中逸出，剩下的部分将更像地球和其他类地行星的化学成分。

18-3b 固体物质的凝结

了解将星云气体转化为固体物质过程的一个重要线索是太阳系中各天体的密度变化。你已经了解到四颗内行星体积很小，密度很高，类似于地球；而最外行星体积很大，密度很低，类似于木星。

即使在四颗类地行星中，你也会发现其密度存在着微小的差异。仅仅列出观察到的类地行星密度并不能清楚地揭示这种模式，因为地球和金星的质量更大，具有更强的引力，并将其内部挤压到更高的密度。未压缩的密度（uncompressed densities）是指，如果行星的引力不对它们进行压缩的话，其本来的密度，或者，换一种说法，行星原始物质的平均密度，未压缩的密度可以从每颗行星的实际密度和质量中计算得到（见表18-1）。一般来说，一颗行星离太阳越近，其未被压缩的密度就越高。

表18-1 观测到的和未压缩的密度

行星	观测密度 (g/cm³)	未压缩的密度 (g/cm³)
水星	5.43	5.3
金星	5.24	4.4
地球	5.51	4.4
火星	3.93	3.8

根据太阳星云理论，观察到的行星密度模式起源于星云气体冷却时首先形成的固体颗粒，这一过程称为凝聚（condensation）。在一个特定区域能够凝聚的物质种类取决于气体的温度，在星云的内部区域，靠近太阳的地方，温度是1500K左右，在这个温度下能够形成晶粒的唯一材料是具有高熔点的化合物，如金属氧化物和纯金属，它们的密度非常大；在星云的更远处，温度较低，除了金属之外，硅酸盐（岩石材料）也可以凝聚。硅酸盐的密度比金属氧化物和金属要小，水星、金星、地球和火星显然是由金属、金属氧化物和硅酸盐的混合物组成的，按照比例，靠近太阳的行星中金属更多，而远离太阳的行星中硅酸盐更多。

离太阳更远的地方有一条边界，叫作霜线（frost line），水蒸气在霜线以外可以凝聚形成冰粒。在离太阳稍远的地方，甲烷和氨等化合物可以凝结成其他类型的冰。水蒸气、甲烷和氨在太阳星云中非常丰富，因此在霜线之外，星云中充满了大量冰颗粒，其中还混有少量的硅酸盐和金属颗粒，这些颗粒也可以在那里凝结。这些冰是低密度的物质。木星和其他外行星的密度相当于冰加上相对少量的硅酸盐和金属的混合物的密度。

不同物质从气体中凝聚的顺序作为星云温度的函数，被称为凝结序列（condensation sequence）（见表18-2）。这说明距太阳不同距离的行星应该以一种可预测的方式由不同种类的物质中积累而成。

表18-2 凝结序列

温度（K）	凝聚物	天体；估计形成时的温度（K）
1500	金属氧化物	水星；1400
1300	金属铁和镍	
1200	硅化物	
1000	长石	金星；900
680	硫化亚铁	地球；600
		火星；450
175	水冰	木星；175
150	氨水冰	
120	甲烷水冰	
65	氩氖冰	冥王星；65

学习太阳系起源的人有时会产生一个错误的印象，即太阳星云中的物质是按密度分类的，重的岩石和金属向太阳聚集，低密度的气体被吹走。事实并非如此。最初在整个星盘中的太阳星云的化学成分应该是均匀分布的，当时的温度足以让所有成分都是气体。后来，随着星云的冷却，靠近太阳的部分会有更高的温度，因此只有金属和岩石可以在那里凝结，而大量的冰和金属及岩石可以在远离太阳的星云外部凝结。霜线，即冰可以凝结成固体颗粒的地方，处于火星和木星之间，位于现在的小行星带的外部。这条线将高密度类地行星的形成区域与低密度类木行星的形成区域分隔开。

18-3c 星子的形成

在从太阳星云盘物质变成行星这一过程中，有三个过程，将固体物质碎片——金属、岩石、冰——收集到后来变成行星的被称为星子（Planetesimal）的较大物体中。对行星形成的研究就是对这些过程的研究：凝结、吸积（accretion）和引力坍缩（gravitational collapse）。

在上一节中，你了解了凝结序列，太阳星云中的行星生成始于通过凝结形成的尘埃颗粒，当一个粒子从周围的气体中一次增加一个原子或分子的物质时，它就通过凝结而增长。例如，雪花在地球的大气中通过凝结而增长。在太阳星云中，尘埃颗粒会被气体原子不断轰击，其中一些会粘在颗粒上。一个微小的尘埃在其表面捕获了一层气体分子，其质量相对增加的部分很可观。由于这个原因，凝结过程可以迅速增加一个小颗粒的质量，但是随着颗粒的增大，凝结变得不那么有效，其他过程变得更加重要。

星子形成的第二个过程是吸积（accretion），也就是固体颗粒的粘连。如果你在暴风雪中走过，看到大而蓬松的雪片，你可能已经看到了吸积作用。如果你在手套上抓到其中一片"薄片"并仔细观察，你就会发现它实际上是由许多微小的、单独的薄片组成的，这些薄片在下落时发生碰撞，并增长组成更大的颗粒。模型计算表明，太阳星云中的尘埃颗粒平均相距不到1米，因此它们经常碰撞，并能累积成较大的颗粒。

当这些颗粒增长到大于1厘米的尺寸时，它们就会受到新的过程的影响，从而倾向于相互集中。一个重要的影响是，不断增长的固体物质会聚集到太阳星云的盘面中。小的尘埃颗粒不可能落入盘面，因为气体的湍流运动使它们被搅动起来，但更大的物体将能够穿过气体，落入盘中。

天文学家计算，这个过程会将较大的固体颗粒集中到一个相对较薄的层中，厚度约为0.01 AU，使增长加速，从而形成星子。虽然在非常大的颗粒和非常小的星子之间没有明确的区别，但是当一个天体的直径接近1000米（0.6英里）左右时，你可以将它看作一个星子（见图18-9）。

将大粒子和星子集中到太阳星云平面的过程类似于形成星系过程中的扁平化（flattening），这一过程发生于星系中，可能在星子盘形成之后对年轻太阳系也很重要。计算表明，旋转的粒子盘应该是引力不稳定的，并且会受到螺旋密度波的干扰，类似于在螺旋星系中发现的大得多的密度波。这些波可能进一步集中了星子，并帮助它们凝结成直径达100千米（60英里）的天体。

根据太阳星云理论，通过这些过程，形成中的太阳周围的气体和尘埃盘充满了数以万亿计的固体颗粒，其大小从卵石到微型行星不等。当最大的颗粒直径开始超过100千米时，行星生成的第三个新阶段开始了，即原行星的形成。

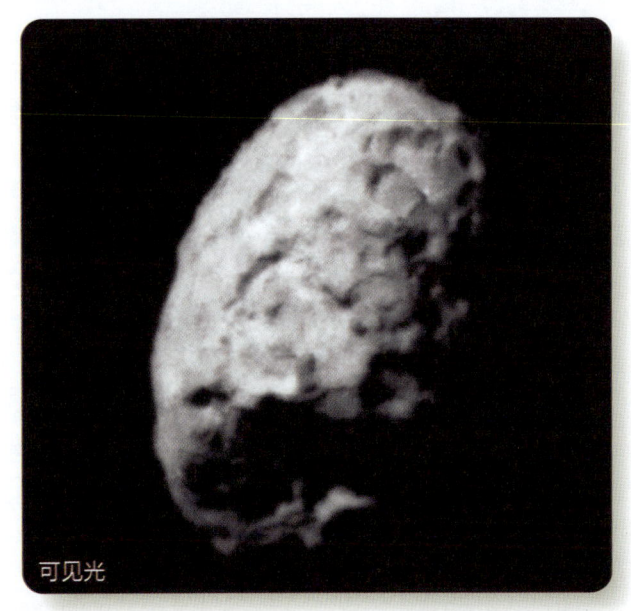

图源：NASA/JPL-Caltech

▲ 图18-9 星子看起来像什么？你可以从这张5千米宽的怀尔德2号彗星彗核的照片中找到线索。不管是岩质还是冰质，星子一定是小型的、不规则的物体，并在与其他星子的碰撞中留下了坑洞

18-3d 原行星的成长

星子的碰撞和凝结最终产生了原行星（protoplanet），这是注定要成为行星的大天体的名称。随着这些较大天体的成长，一个新的过程会帮助它们快速成长，并改变它们的物理结构。

如果星子以轨道速度相撞，它们将无法粘在一起。太阳系中经典的轨道速度是每秒数千米，在这种速度下的正面碰撞会使所有固体物质粉碎。然而，这些星子在星云平面上都以相同的方向运动，并没有正面碰撞。相反，它们只是以较低的相对速度"擦肩而过"。这种温和的碰撞更有可能使星子结合，而不会使它们破碎。

最大的星子增长更快，因为它们有最强的引力场。它们较强的引力会吸引更多的物质，还能够保存捕获碎片的尘埃缓冲层。天文学家计算出，最大的星子将迅速成长到原行星的尺寸，清除越来越多的物质。

原行星最初只是通过吸引和积累固体的岩石、金属和冰块来增长，因为它们没有足够的引力来捕捉和容纳大量的气体。在温暖的太阳星云中，气体的原子和分子的速度比中等大小的原行星的逃逸速度大得多。然而，一旦原行星质量接近15个地球时，它就可以通过引力坍缩开始增长，也就能迅速积累来自星云的大量内落气体。

这个关于原行星成为行星的理论假定所有的星子都具有大致相同的化学成分，星子积累，形成具有均匀成

分行星大小的球体。一旦行星形成，能量会在内部以短寿命的放射性元素衰变的形式积累。内落粒子的猛烈撞击也会释放出被称为生成热（heat of formation）的能量。这两种加热源最终会熔化行星，使其分化。

分化（Differentiation）是根据物质的性质进行分离。在行星熔化之后，重金属如铁和镍，加上被它们吸引的化学元素，将沉淀到核心，而较轻的硅酸盐和相关材料则漂浮到表面，形成低密度的地壳。图18-10显示了星子结合成行星并随后分化的情景。

天文学家了解到因为最古老的陨石含有像镁-26这样的子代同位素，所以放射性元素可以释放足够的热量来熔化恒星的内部。镁-26这种同位素是由铝-26的衰变产生的，其半衰期只有73万年。铝-26和类似的短寿命放射性同位素现在已经消失了，但它们一定是在太阳星云形成前不久发生的超新星爆发中产生的。事实上，超新星爆发可以通过压缩星际云导致恒星的形成（见图11-2和图11-3a）。一些天文学家假设，我们的太阳系可能是因为大约46亿年前发生的一次超新星爆发而诞生。

如果行星是通过星子吸积形成的，并且后来被放射性衰变和形成的热量熔化，那么地球的早期大气层可能是由星子碰撞产生的气体和分化过程中行星内部释放的气体组合而成。行星内部的气体通过积累以形成大气层的过程被称为排气（outgassing）。考虑到地球在太阳星云中的位置，行星科学家计算出，在分化过程中，地球不能通过排气产生地球当前所含的水量，因此，天文学家推测，地球的水和大气可能是在恒星形成的过程后期随着地球清除强挥发性的星子而积累的，这一过程可以补充排气过程产生的水。这些冰冷的星子可能存在于太阳星云外部的低温区域，在霜线上或霜线以外，并可能受到类木行星的引力影响而散落到类地行星上。

根据太阳星云理论，类木行星的形成过程可能与类地行星相似。然而，在内太阳星云中，只有金属和硅酸盐可以形成固体，所以类地行星生长缓慢。相比之下，外太阳星云不仅包含金属和硅酸盐的固体碎片，而且还有包含大量氢气的冰。模型计算显示，类木行星会比类地行星生长得更快，并迅速变得巨大，足以通过引力坍缩开始更快速地生长，从太阳星云中吸入大量的气体。类地行星区不包括冰物质，所以这些行星的发展相对缓慢，而且从未变得足够大，无法通过引力坍缩进一步增长。

类木行星一定是在不超过1000万年的时间内达到目前的大小，这是在太阳变得足够热和明亮，足以吹走

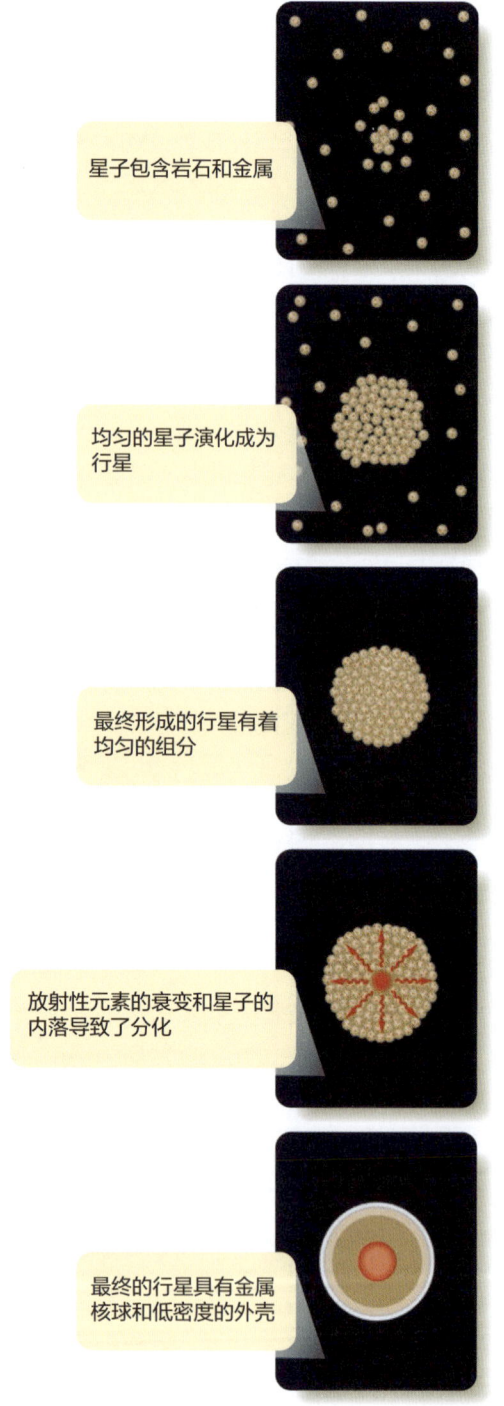

▲ 图18-10 这个简单的行星生成模型假设行星是由成分一致的星子吸积和碰撞形成的，其中包含金属和岩石物质，后来这些行星发生了分化，即它们熔化并按密度和成分形成了不同的层次

太阳星云中剩余的气体，清除原材料并阻止进一步的类木行星生长之前，正如你将在下一节中了解到的那样，来自太阳系之外的干扰可能会更显著地减少类木行星形成的时间。相比之下，类地行星是从固体中生长出来的，而不是从气体中生长出来的，在气体被清除后，它

们可能会通过吸积剩余的固体碎片而继续增长。计算机模型表明，类地行星的诞生至少在1000万年内完成了一半，但可能还继续增长2000万年左右。

太阳星云理论在解释太阳系的形成方面总体上是非常成功的。但是该理论也有一些问题，而类木行星是主要的麻烦制造者。

18-3e 类木行星问题

最近对恒星形成的观测使我们很难理解，在太阳星云的存在期间，类木行星是如何形成的，这使天文学家对行星形成的理论进行了扩展和修订（见图18-11）。

新信息表明，新诞生恒星周围的气体和尘埃盘不会持续很久。你已经看到了猎户座恒星形成区域中年轻恒星周围的尘埃和气体盘的图像（见图18-8；还有第11章"概念艺术·猎户座星云中恒星的形成"），附近热的O型和B型恒星的强烈紫外线辐射正在使这些物质盘蒸发。天文学家计算出，大多数恒星都是在包含O型和B型恒星的星团中形成的，因此可以假设这样的蒸发现象会发生在大多数星盘上。即使物质盘没有迅速蒸发，星团中拥挤的恒星也会通过引力影响剥去物质盘的外部。这些观测结果带来了一些问题，因为物质盘似乎通常不会持续1000万年之久，有些情况下，物质盘甚至可能在10万年左右的短暂时间内就蒸发。在天文学中，10万~1000万年都不够长，不足以通过标准太阳星云理论中提出的凝结、吸积和重力坍缩过程形成类木行星。

可见光

图源：NASA/JPL–Caltech/Univ. of Arizona

▲ 图18-11 卡西尼号航天器在飞往土星的途中拍摄的木星图像，左侧边缘附近可见一颗卫星的阴影。类木行星给研究行星起源的天文学家带来了一个难题：形成行星的星云在几百万年内就会被附近的发光恒星吹走，因此，类木行星的形成速度必须比最初计算的结果更快。较新的研究表明，重力坍缩之前的吸积作用可以在大约一百万年内形成类木行星。在某些条件下，直接的引力坍缩可能仅仅在几千年内就形成一些大行星

然而，类木行星是很常见的。在本章的最后一节中，你将看到天文学家已经发现了大量绕非太阳恒星运行的行星，到目前为止发现的大多数行星至少有天王星和海王星那么大。可能还有许多围绕这些恒星运行的类地行星，它们太小了，目前还不能被探测到。重要的问题是，有许多类木行星，在形成行星的物质盘蒸发之前，这么多类木行星如何能够迅速形成？该问题也被称为类木行星问题（Jovian Problem）。

太阳星云的详细数学模型已经由运行特殊结构程序的计算机生成，这些程序需要几天才能完成计算。结果显示，太阳星云的旋转气体和尘埃可能是不稳定的，并在引力作用下迅速坍缩，从而形成类木行星。也就是说，大质量的行星可能通过直接坍缩（direct collapse）形成，跳过了通过凝结和吸积固体物质形成致密核的缓慢步骤。在这个直接坍缩的模型中，木星和土星只需几百年就可以形成。如果类木行星以这种方式形成，那么它们可能在太阳星云消失之前就已经形成了，即使星云很快被邻近的大质量炽热恒星侵蚀。

类木行星问题可能有另一个答案，即太阳星云的不透明度（opacity）可能比星际介质的不透明度低得多，这将使星云物质坍缩成原类木行星核比以前的模型快得多，只需要100万年而不是1000万年就能形成类木行星。对太阳星云理论提出的这两个修改表明，在恒星周围的气体和尘埃盘存在的时间内，外行星是有可能生成的。

这些关于外行星形成的新见解也可以解释关于天王星和海王星形成的谜团。这些行星离太阳如此之远，以至于不可能通过吸积作用迅速形成。太阳星云的气体和尘埃在那里一定很稀少，而且天王星和海王星的运行速度很慢，不可能非常迅速地掠夺物质。传统的观点认为，它们是通过吸积作用缓慢地成长起来的，所以从来无法变得足够大致使无法通过引力坍缩加速生长。事实上，科学家很难理解，如果它们在离太阳这么远的地方通过吸积作用开始生长，那么怎么可能达到现在的大小。理论计算表明，天王星和海王星可能是在离太阳更近的地方形成的，如木星和土星的区域，然后通过大行星的引力相互作用而向外移动。无论如何，解释天王星和海王星的形成也是类木行星问题的一部分。

18-3f 解释太阳系的特征

现在你已经学到了足够多的知识，可以把所有的拼图拼在一起，解释表18-3中太阳系的显著特征。

表 18-3　太阳系的特征

1. 太阳系盘的形状
    轨道在同一平面上；共同的公转和自转方向
2. 行星有两类
    类地行星（近日行星），密度大；类木行星（远日行星），密度小
3. 行星环和大卫星系统
    类木行星——有；类地行星——没有
4. 太空碎片——小行星，彗星，流星体
    小行星：出现在近日系统，成分与类地行星相似；彗星：出现在远日系统，成分与类木行星相似
5. 通过观测或推测，太阳、火星、地球、月球和陨石的年龄都是大约46亿年。

太阳系的圆盘形状源自太阳星云中的物质运动。太阳和行星及卫星大多沿同一方向自转和公转（见图18-1），因为它们是由同一旋转的气体云形成的。行星的轨道近似位于同一平面内，因为旋转的太阳星云坍缩成一个圆盘，而行星就在这个圆盘中形成。

太阳星云理论是演化性的，因为它涉及行星形成的持续过程。然而，为了解释金星和天王星的奇怪自转形式，可能需要考虑灾难性的事件。天王星是侧向旋转的，这可能是由于在该行星几乎形成时，一个巨大的星子与之相撞，导致其偏离中心。为了解释金星的反向自转，人们提出了两种假说。理论模型表明，太阳在金星厚厚的大气层中产生了潮汐作用，最终可能使行星的自转发生逆转——这是一种演化假说；也有可能金星的自转是在行星形成的后期被撞击改变的，这是一种灾变假说。这两种假说都可能是真的。

表 18-3 中的第二项——将行星分为类地行星和类木行星——可以通过凝结顺序来理解。类地行星形成于太阳星云的内部，那里温度很高，只有硅酸盐和金属等物质可以凝聚成固体颗粒，这就产生了小而密的类地行星；相比之下，类木行星形成于太阳星云外部，那里的温度较低，气体可以凝结成大量的冰，其中除了硅酸盐和金属之外还包括大量的氢，这使类木行星能够迅速成长，成为巨大的、低密度的天体。此外，木星和土星巨大，它们能够通过引力塌陷从太阳星云中吸入冷气体而增长。类地行星无法这样，因为它们从未变得那么大。

对这些大质量的行星而言，形成过程中内落的物质所释放的形成热量是巨大的。木星的温度高到足以发光，其光度约为目前太阳的1%，因此，木星内部仍然很热。事实上，木星和土星辐射的热量比它们从太阳吸收的热量要多，所以它们显然还在冷却过程中。（请注意，模型计算表明，木星和土星的核心都没有变得足够热，无法像恒星那样发生核聚变。）

纵观太阳系，你应该期望在火星和木星之间的小行星带找到一颗行星。数学模型表明，之所以在小行星带没有出现一颗行星，是因为木星迅速成长为一个巨大的天体，其引力作用干扰了附近星子的运动，本来可以在火星和木星之间形成一颗行星的物质，以高速碰撞并散落，而没有结合在一起，这些物质有的进入太阳，有的被弹出太阳系。如今看到的小行星是这些岩石星子最后的遗迹。

相比之下，彗星显然是最后的冰质星子。有些可能是在海王星以外的太阳星云中形成的，但是许多可能是在类木行星区域冰易于凝结的致密星云部分形成的。数学模型显示，大质量的类木行星可能将其中的一些冰质性质弹射到遥远外太阳系。在后面一章中，你会看到一些证据表明，一些来自"遥远地方"的冰体彗星，落回了内太阳系。

冰冷的柯伊伯带天体（KBOs）似乎也是古老的小行星，它们在太阳系外部形成，但从未被纳入行星。它们在远离太阳光和温暖的地方缓慢运行，除了偶尔的碰撞之外，自太阳系早期时就没有什么变化。行星的引力影响可以使一些KBOs偏转到太阳系内部，在那里它们也被看作彗星。

类木行星的大型卫星系统可能包含两种卫星：一些卫星可能形成于行星轨道上，是太阳星云的缩小版；相反地，一些较小的卫星，特别是那些处于偏心、倾斜或逆行轨道的卫星，可能是被捕获的小行星、彗星和流星体。类木行星的大质量会使它们更容易捕获卫星。

在表 18-3 中可以看到，所有四颗类木行星都有环形系统。如果你考虑到这些天体的大质量和它们在太阳系外部的位置，这就说得通了。一颗大质量的行星可以更容易捕获受辐射压力和太阳风强烈影响的小型轨道环状粒子。那么，类地行星，即位于太阳附近的低质量行星，没有行星环也就不足为奇了。

表 18-3 中的最后一项是太阳系天体的共同年龄，太阳星云理论不难解释这一特征。如果该理论是正确的，那么行星与太阳在大约同一时间形成，应该有相同的年龄。

18-3g　清除星云

显然，太阳与其他许多恒星一起，在星际物质云中

形成。你已经知道，对年轻恒星的观测表明，来自太阳兄弟姐妹恒星的辐射和引力效应，特别是较大和较近的兄弟姐妹恒星，会倾向于干扰和侵蚀太阳系内生成行星的物质盘。即使没有这些外部影响，太阳系四个内部过程也会逐渐破坏太阳星云。

在这些内部过程中，最重要的两个是辐射压和太阳风。在本章前面内容，你了解到这两种力量创造并决定了彗尾的形状。一旦太阳成为一个发光的物体，从它的光球中射出的光线对太阳星云的粒子施加了辐射压力，像行星这样的大块物体不受影响，但低质量的尘埃颗粒和单个原子和分子被向外推，并被赶出太阳系。由于辐射压力的一个微妙的副作用，中等质量的尘埃颗粒实际上会向太阳旋转，但这一过程也会将它们从星云中移除。

清除的第二个过程是来自太阳风的压力，即电离氢和其他原子远离太阳高层大气的流动（第8-1d节）。这种气流是一种稳定的微风，以大约400km/s（250mi/s）的速度冲过地球。年轻的恒星比与太阳同龄的恒星有更强的太阳风，而且还有不规则的光度波动，就像在金牛座恒星等年轻恒星中观测到的那样，这种波动会使风加速。来自早期太阳的强风促使辐射压力清除星云中的灰尘和气体。

清除星云的第三个过程是行星对太空碎片的清除。太阳系中所有古老而坚固的星体表面都有被陨石撞击而形成的陨击坑（见图18-12）。地球的卫星——月球、水星、金星、火星，以及太阳系中的大多数卫星的表面都布满了陨击坑。一些陨击坑是由最近太阳系中落入行星的陨石雨形成的，但是大部分的陨击坑似乎是在大约40亿年前形成的，即所谓的重轰击（heavy bombardment），当时太阳星云中最后的碎片已被行星卷走了。在下一节中，你将了解到在其他行星系统中可能发生的重轰击事件的证据。

第四个过程会清除星云的效应是通过与行星的近距离接触将物质从太阳系弹出。一个类似于星子的小天体在经过行星附近时，其路径将受到行星引力场的影响，在某些情况下，小天体可以通过行星运动而获得能量然后被抛出太阳系。与大质量恒星相遇更有可能发生抛射现象，因此，类木行星可能非常有效地抛射出在其星云区域形成的冰冷星子。

受到附近恒星的辐射和引力的影响，以及内部过程的消耗，太阳星云在天文学意义上不可能存在很久。一旦气体和尘埃消失，大部分星子被清除，行星质量就不能再显著增加，行星生成的时代也就结束了。

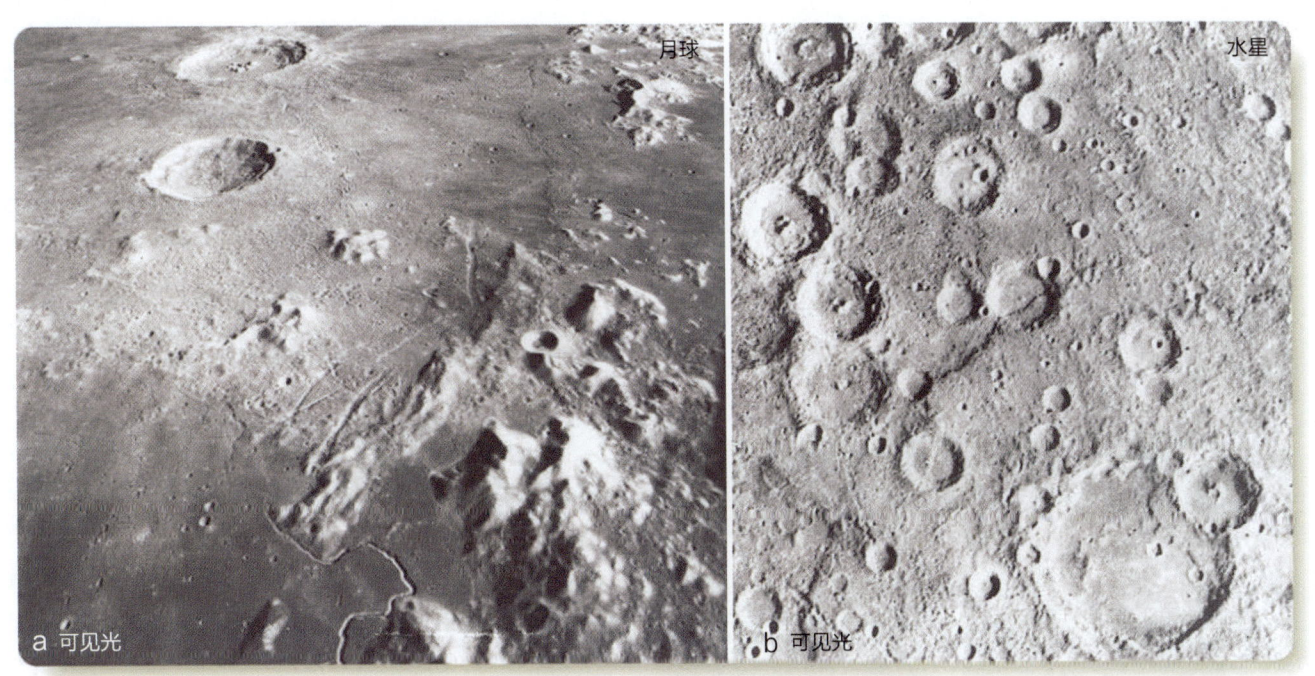

图源：(a) (b)：NASA

▲ 图18-12　太阳系中每一个古老而坚固的星体表面都有陨击坑的痕迹。（a）地球的卫星——月球上有各种陨击坑，从直径几百千米的盆地到微小的坑洞。（b）正如一个经过的航天器所拍摄的，水星的表面也显示出大量的陨击坑

践行科学

为什么我们的太阳系有两种行星

这是一个让你这个行星科学家,根据太阳星云理论做出可以与观测结果相比较的预测的机会。

太阳星云理论表明,行星是从固体物质的碎片开始形成的,而不是从气体开始。因此,在离太阳一定的距离上形成什么样的行星,取决于什么样的物质可以从那里的气体中凝结出来,形成固体颗粒。

在太阳星云的内部,温度很高,大多数气体不能凝聚成固体。因此,只有金属和硅酸盐可以形成固体颗粒,而近日行星就是从这种大密度的物质中生长出来的。这些高密度的物质只占星云质量的百分之几,类地行星只能从其区域中的固体中生成而非气体,所以类地行星体积小且密度大。

在太阳星云外部,物质成分和近日处是相同的。但是,因为外部温度低,水蒸气和其他含氢分子也可以凝结成冰粒。由于氢气丰富,所以可以形成大量的"冰"。远日行星是由大量的"冰"与少量的金属和硅酸盐结合而成的。最终,远日行星的质量增长,并足以从星云中直接捕获气体,使它们成为富含氢气和氦气的类木行星。

18-4 绕其他恒星运行的行星

天文学家现在确信,在大多数像太阳一样的恒星周围也存在着行星系统。并且,在这些行星系统中,科学家已经发现了一批像地球这样的行星。

18-4a 星周盘和行星的形成

你已经学习到,可能成为行星系统的致密气体和尘埃盘是正在形成的恒星周围的共同特征(见图 18-13a;也见图 18-8)。天文学家确信,在一个直径比太阳系大几倍的区域内,这些星盘包含了多倍于地球质量的物质(见图 18-13b)。这些星盘的历史不足几百万年,模型计算表明这不足以结束行星形成过程。在某些情况下,附近热恒星的强烈辐射会迅速蒸发星盘,使行星可能永远没有机会增长。尽管如此,我们对星盘的了解也表明,固体的凝结、星子的吸积和行星的组装也在进行——其方式与太阳星云中地球和其他行星诞生的情况类似。

除了这些在年轻恒星周围形成行星的致密盘外,在已经达到了主序的恒星周围(请回看图 11-7 赫罗图中所展示的出生线),天文学家们还发现了冷的、低密度的尘埃盘。这些脆弱的尘埃盘有时被称为碎屑盘(debris disk),因为它们显然是由较大天体之间的碰撞产生的尘埃碎片组成的,而不是由原恒星盘留下的尘埃。这个结论是通过计算得到的:在比这些恒星年龄短得多的时间内,观测到的尘埃会被辐射压力清空,因此现在观察到的尘埃一定是在相对较近的时间内产生的。

成熟的主序恒星周围存在着寿命很短的尘埃,这表明相对较大的天体,如小行星、彗星和柯伊伯带天体,必须作为尘埃的贮藏库而存在。更重要的是,像行星那样大小的天体必然导致了小行星、彗星和柯伊伯带天体发生激烈的碰撞,足以使其破碎。太阳系中也包含这样的"第二代"尘埃:天文学家认为,柯伊伯带延伸到海王星的轨道之外,就是一个古老的、褪色的碎屑盘的例子。

从地球上能看到最突出的位于绘架座 β 星周围碎屑盘(见图 18-14a),绘架座 β 星是一颗 A 型主序星,质量和光度都超过了太阳,碎屑盘的直径大约是太阳系

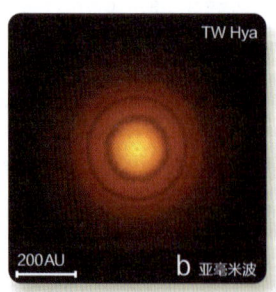

◀ 图 18-13 (a)箭头所指的暗带是哈勃太空望远镜拍摄到的年轻恒星金牛座 DG 星(DG Tauri B)周围的气体和尘埃的近红外侧视图。物质仍在向内坠落,并被盘两极逃逸出的恒星光照亮。(b)由阿塔卡玛毫米/亚毫米波阵列望远镜(ALMA)拍摄的年轻恒星长蛇座 TW 星(TW Hydrae)周围的原行星盘的高分辨率亚毫米波长正视图。圆盘的半径约为 200AU,大约是海王星与太阳距离的 6 倍。较深的环状物可能代表了行星在盘中形成的位置。请注意,这幅真实图像和本章开头图像与图 18-7 中艺术家设计的概念图的相似之处

图源:(a)NASA/JPL-Caltech/D. Padgett, W. Brandner, K. Stapelfeldt
图源:(b)ALMA (ESO/NAOJ/NRAO), S. Andrews (CfA), B. Saxton NRAO/AUI/NSF)

的20倍。波江座 ε 星（ε Eridani）是一颗比太阳略小的 K 型主序星，它的碎屑盘大小与太阳系的柯伊伯带相似（见图18-14b）。像大多数其他已知的低密度碎屑盘一样，以上两个例子都有密度更低的中心区。科学家认为，在这些内部区域中已经完成了行星的生成，因为清空了大部分形成行星的物质。

红外观测显示，在北半球夏季天空中很容易看到的名星天琴座 α 星（Alpha Lyrae 即织女星），也有一个碎屑盘。详细的研究表明，该盘中的大多数尘埃颗粒都非常小，来自织女星的辐射压力应该很快就能消除它们。因此，天文学家得出结论，现在观测到的尘埃一定是由一个大事件产生的，比如，在过去几百万年内两个大星子的碰撞（见图18-15a）。那次碰撞产生的碎片仍在相互撞击，产生更多的尘埃，继续为碎屑盘"添砖加瓦"。这种撞击可能很少发生在尘埃盘中，但是当它们发生时，会使尘埃盘容易被探测到。在乌鸦座 η 星（Eta Corvi）周围的星盘中也发现了这种效应。乌鸦座 η 星是一颗 F 型主序星，其年龄类似于重轰击时代的太阳系（见图18-15b）。

请再次留意两种跟行星有关的星周盘的区别：例如，在金牛座 DG 星、长蛇座 TW 星（见图18-13）、猎户座星云中的恒星（见图18-8）等周围出现的致密及高温的气体和尘埃盘，位于行星正在形成的区域；如绘架座 β 星和波江座 ε 星周围低密度且低温的碎屑盘（见图18-14），是由彗星、小行星和柯伊伯带天体等相互碰撞产生的尘埃组成，这种碎屑盘是行星系统已经在这些恒星周围形成的证据（见图18-16）。

18-4b 观测太阳系外行星

围绕非太阳的恒星运行的行星被称为太阳系外行星（extrasolar planet）或系外行星（exoplanet）。这种行星相当暗弱，在其母星的强光下很难看到；但是，有一些方法可以找到它们。要了解这些重要的方法，所要做的就是想象一下"遛狗"的场景。

前面内容已经介绍了，地球和月球是围绕它们共同的质心运行的，而双星系统中的两颗恒星也是围绕共同的质心运行的。当行星围绕恒星运转，恒星会围绕行星 - 恒星系统的质心有微小的移动。想象一下，有人正在牵着狗链遛一只缺少训练的狗，狗拉着狗链跑来跑去，你即使看不见这只狗，也可以通过观察它的主人是如何来回摇晃来描绘狗的路径（见图18-17a）。通过对比行星拉扯恒星的移动轨迹，天文学家就能判断恒星周围存

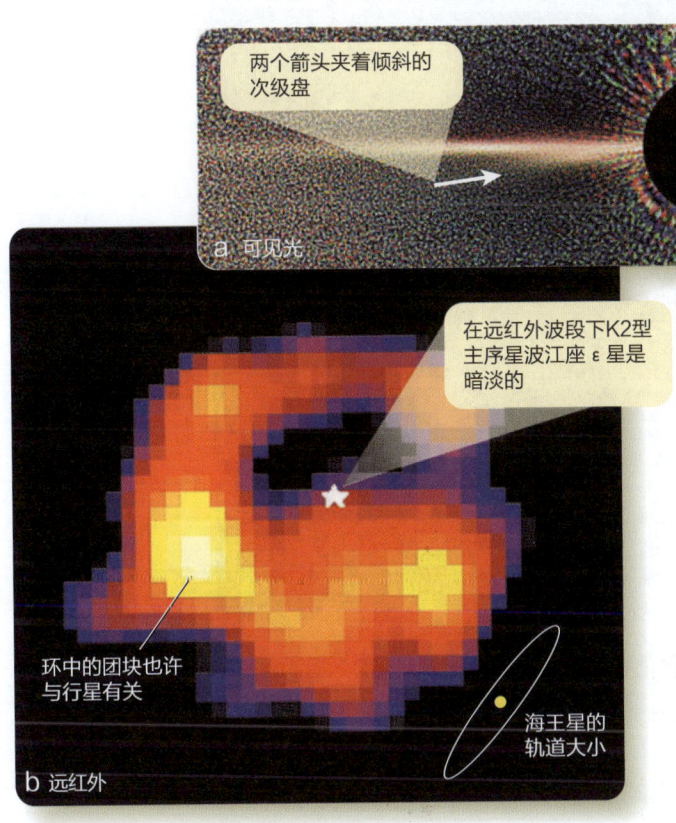

◀ 图18-14 （a）在一些恒星周围，已经探测到了围绕其运行的尘埃盘，但是在其光谱的可见光部分，尘埃至少比恒星暗 100 倍，因此恒星必须隐藏在遮蔽物后面才能探测到尘埃。在绘架座 β 星系统中，第二个微弱倾斜的盘可能显示了一颗大质量行星的轨道平面。（b）在远红外波段，碎屑盘中的尘埃可能比中心恒星要亮得多。这些盘中的翘曲（warp）和团块（clump）表明有行星的引力影响

图源：(a) NASA/ESA/STScI/AURA/NSF/C. Burrows, J. Krist
(b) Joint Astronomy Centre/J. Greaves et al.

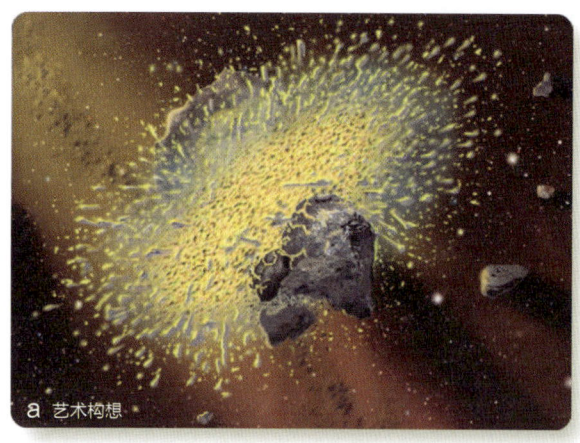

图源：J. Lomberg (Gemini Obs.) 　　　　　　　　　　　　　　　　　　　　　　　　图源：NASA/JPL-Caltech

▲ 图 18-15 （a）小行星之间的碰撞是罕见的事件，但它们会产生大量的尘埃和碎屑——就像这个艺术家概念图一样。碎屑之间的进一步碰撞可以继续产生尘埃。因为这些尘埃很快会被吹走，天文学家把尘埃的存在当作证据，以证明至少有星子大小的天体的存在。（b）艺术家对围绕乌鸦座 η 星的年轻行星系统中的"重轰击"情节的构想。重轰击的证据来自斯皮策红外太空望远镜的光谱观测，该望远镜在该系统中检测到了岩石体和冰体的碎片

在行星。当行星绕着恒星旋转时，恒星会轻微摆动，而恒星的这种极小的摆动可以通过恒星光谱中的多普勒频移来检测（见第 7-3 节）。

1995 年，科学家首次通过这种方式发现了一颗行星，这颗行星围绕着类似太阳的飞马座 51（51 Pegasi）运行（见图 18-17b）。根据观测到的飞马座 51 的运动轨迹，以及从光谱类型中对恒星质量的估计，天文学家推断出发现的新行星的质量至少是木星的一

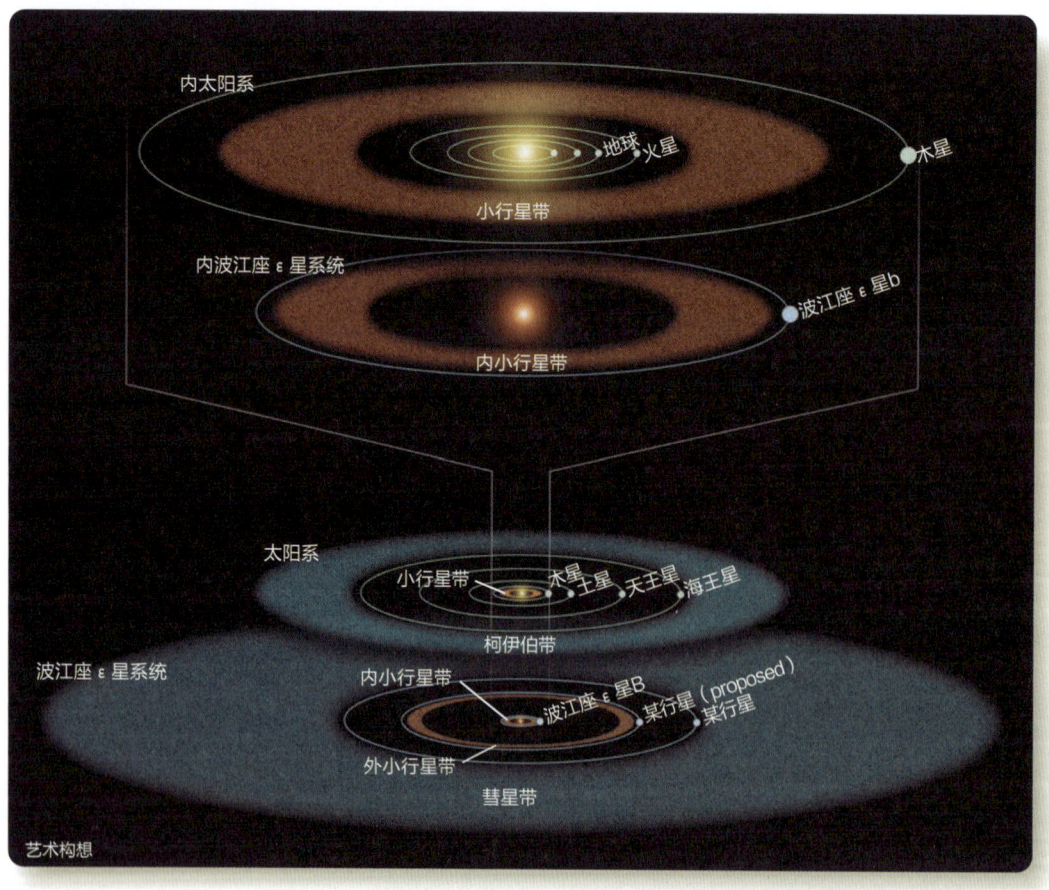

◀ 图 18-16 对比波江座 ε 星周围行星系统内部（顶部）和外部（底部）的结构与太阳系的相应部分。主序恒星（如波江座 ε 星和太阳）系统中，小行星和彗星持续碰撞，产生了碎片带中的尘埃，尘埃最终受行星引力影响。碎片带的边缘则通过相邻的行星轨道来确定

图源：R. Hurt (JPL-Caltech) based on data from NASA/JPL-Caltech//CSO/D. Backman et al.

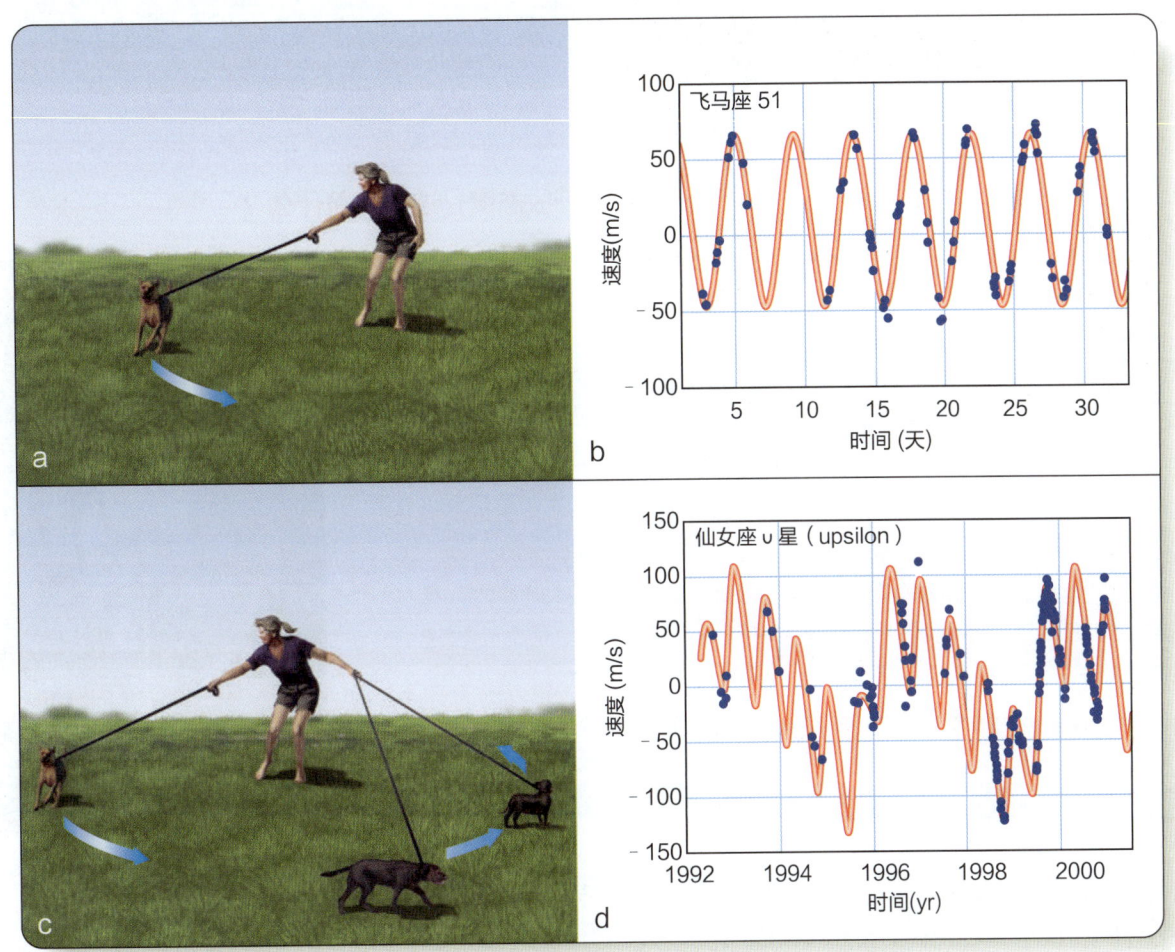

▲ 图 18-17 （a）一个人遛着一只活泼的狗，被狗拉偏了方向。（b）受到公转周期为 4.2 天的行星飞马座 51b 引力的影响，恒星飞马座 51 来回摆动。通过对该星的多普勒频移的精确观测，我们可以发现这种摆动。（c）一个人遛多条狗的运动更加复杂。（d）仙女座 υ 星的多普勒频移显示，至少有四颗行星围绕该恒星公转。在这张图中，公转周期最短的行星的影响已被去除，以更清楚地显示其他三颗行星产生的轨道影响

半，并且距离恒星平均只有 0.05 AU。木星质量的一半相当于 160 个地球质量，所以这是一颗比土星还大的行星。请注意，这颗行星的轨道离它的恒星非常近，比水星离太阳的距离都近得多。这颗被命名为飞马座 51b 的行星是后来发现的众多热类木星（hot Jupiter）中的第一颗，具有类木行星质量的行星的轨道十分接近恒星。例如，仙女座 υ 星（Upsilon Andromedae）这样的多行星系统也是用这种方法发现的（见图 18-17c 和图 18-17d）。

对系外行星的发现，科学家并不感到惊讶。多年来，天文学家一直认为许多恒星都有行星。尽管如此，他们还是像专业的怀疑论者一样，仔细地测试了数据，并进行了进一步的观测，最终证实了这一假设（我们如何得知 18-2）。自 1995 年至今，通过多普勒径向速度法已经发现至少 700 颗行星，包括 100 多个多行星系统。

另一种寻找行星的方法需要观测恒星亮度的变化，这种方法被称作凌星法（Transit），适用于当一颗行星从恒星前面穿过时行星凌星期间，恒星光线的减少程度是非常小的，但这依然可以被检测到。通过这种技术，天文学家已经找到了 1000 多颗太阳系外行星。从光度的损失量来看，天文学家可以知道那些具有类木行星质量的凌日行星也具有类木行星的直径，从而具有类木行星的密度和成分。在下一节关于开普勒计划（Kepler Mission）的观测结果中，将进一步详细描述凌星法。

还可以通过红外辐射的方法，观测到系外行星的存在。斯皮策太空望远镜曾探测到来自十几颗行星的红外辐射，这些行星此前已通过多普勒频移或凌星法被发

我们如何得知 18-2

科学家：有礼貌的怀疑论者

持怀疑态度，但也对新想法持开放态度，这意味着什么？

"科学家只是一群怀疑论者，他们不相信任何东西。"这是那些不了解科学方法和目标的人的一种常见的误解。是的，科学家对新的想法和发现持怀疑态度，但他们确实对自然界的运行规律持有强烈的信念。科学家持怀疑态度并不是因为他们想推翻一切，而是因为他们在寻找真理，并希望在接受一个新的自然描述之前确定它是可靠的。

另一种常见的误解是科学家会自动接受其他科学家的工作成果。而事实恰恰相反，科学家会对新发现的每一个方面提出怀疑。他们可能会怀疑另一位科学家的仪器是否经过正确的校准，或者科学家的数学模型是否正确。其他科学家会想用自己的仪器重复每项工作，看看他们是否能得到与另一位科学家同样的结果。每一个观测结果都要经过测试，每一个发现都要经过确认，只有经过许多重复实验的想法才会开始被接受为科学真理。

科学家随时准备好在同行手中受到这种（被怀疑的）待遇。事实上，他们期待这种待遇。在科学家群体中，如果有人问"说真的，你是怎么知道的？""你为什么这么想？"或"给我看看证据！"并不是坏事。而且，不仅是新想法或令人惊讶的说法会受到这种审查。尽管长期以来，天文学家一直期待发现围绕其他恒星运行的行星，但当第一次发现有一颗行星围绕飞马座51公转时，天文学家们还是持怀疑态度。这并不是因为他们认为观测结果一定有缺陷，而是因为科学就是这样运作的。

科学的目标是讲述关于自然的故事。有些人往往认为"讲故事"这个短语就代表"说假话"。但科学家讲的故事恰恰相反。也许你可以称它们为"无伤大雅的谎言（fib）"，因为科学家尽可能地让这些故事接近真实。通过怀疑主义，有逻辑错误、有缺陷的观测或被误解的证据的"故事"是无法被讲述的；最终留下来的，往往就是最能描述自然的故事。

怀疑主义并不是拒绝持有信仰。相反，它是科学家找到并保持那些值得信任的自然法则的一种方式。

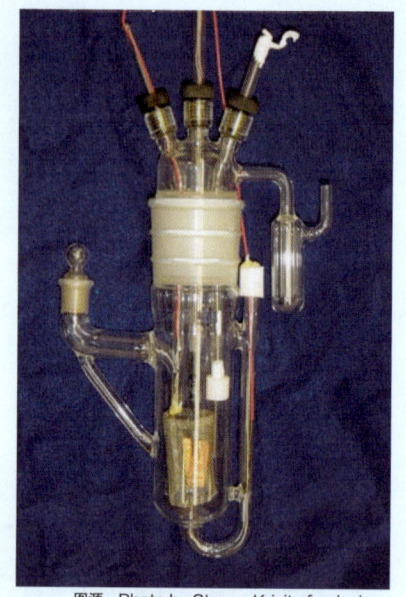

图源：Photo by Steven Krivit of a device at the U.S Navy SPAWAR Systems Center in San Diego

一个用于研究冷核聚变说法的实验室器件，这个研究最终被发现是假的

现。当这些行星绕着它们的母星运行时，不同行星将产生不同的红外辐射量。当这些行星绕到其母星后面时，这些系统的总红外亮度会明显下降。红外观测可以进一步证实这些行星的存在，但更重要的是，这种方法可以确定行星的温度和尺寸。

请注意，用于探测系外行星的技术与用于研究双星的技术非常相似（第9-5节）。到目前为止，几乎所有被发现的系外行星，都是用研究食双星和分光双星系统的相同观测方法发现的，只不过突破了仪器的性能极限。

有50多颗系外行星是通过一种叫作微引力透镜（microlensing）的技术被发现的。在这些案例中，一颗系外行星正好在地球和背景恒星之间经过，而引力透镜效应短暂地放大了遥远恒星的亮度。

迄今为止发现的系外行星往往质量大、轨道周期短，这是因为低质量或公转周期长的行星更难被发现。低质量的行星不会对它们的恒星产生很大的牵引力，而长周期的行星只会让恒星产生缓慢的移动，只有专门设计的光谱仪才能探测到这些温和、缓慢的拉扯所产生的非常小的恒星速度变化。周期较长的行星也更难被发现，因为天文学家缺少足够的时间开展长期的高精度观测。木星绕太阳一圈需要11年的时间，所以对这种类型的系外行星，天文学家需要几十年的时间来发现并确认因其距离母星遥远而产生的较长周期。因此，对首批被发现的太阳系外行星的集中特征，我们不需要太惊讶。

你可能想知道，天文学家是否已经直接拍摄到了任何系外行星的图像。获得围绕其他恒星公转的系外行星的图像，就像在几英里外拍摄一只趴在探照灯灯泡上的虫子一样，行星又小又暗，在其环绕的恒星的强光下，它们基本上就"消失"了。尽管如此，天文学家还是设法用哈勃太空望远镜的近红外相机拍摄到了一颗在北落师门（Alpha Piscis Austrinis）周围的碎屑盘内边缘运行的行星，并使用莫纳克亚天文台的双子望远镜加上自适应光学系统拍摄到了绘架座 β 星周围的一颗行星，这两项发现都进一步证实了碎屑盘和成熟行星系统之间的关联（见图 18-18）。

18-4c 开普勒行星搜寻计划

2009 年发射到太阳轨道的开普勒太空望远镜，就是通过上一节提到的凌星法在寻找行星。在其四年的主要任务中，开普勒太空望远镜的 42 个光学波段电荷耦合器件（CCD）探测器（第 6-5a 节）监测了 15 万颗类太阳恒星的亮度，探测行星在其中一些恒星前面经过而引起的亮度轻微下降。开普勒计划最初的搜索范围在天鹅座（Cygnus）和天琴座（Lyra）之间，这部分区域接近但不在银盘中，所以相对其他类型的恒星，可以使类太阳恒星数目相较其他类型恒星最大化。

如你所知，太阳的直径大约是地球的 100 倍。因此，当一颗地球大小的行星越过它的母星时，这颗行星覆盖了恒星表面积的 1/10 000，导致恒星的亮度下降 1/10 000（0.01%）。值得注意的是，开普勒望远镜的探测器非常敏感和稳定，能够探测到这么小的凌星（见图 18-19）。然而，只有百分之几的行星系统的轨道与我们的视线平行，从而可以观测到凌星现象，这就是为什么需要有很大的目标恒星样本。

开普勒望远镜至少每 30 分钟一次对 15 万颗目标恒星中每一颗的亮度进行非常精确的测量，对观测产生的大量数据，必须进行仔细分析。开普勒计划的团队对寻找系外类地球的行星特别感兴趣——类地行星意味着这些行星不仅与地球大小相当，而且还具有类似地球的温度。如果母星的质量和光度与太阳差不多，那么获得类似地球的温度需要一个半径约为 1AU 的轨道。

一颗系外类地行星围绕着一颗类似太阳的恒星，每年只会出现一次凌星现象。如果行星的轨道与我们视线完全平行，每次凌日将只持续 13 小时，如果轨道是倾斜的，时间甚至会更短。因此，开普勒计划的研究人员面临着一项惊人的艰巨任务——他们需要分析 15 万颗目标恒星中每颗恒星的数据，找到其中光线每年减弱一次，每次减弱 0.01% 并持续几小时的恒星（没有人会预先知道哪一颗符合这种情况）。而且，为了确定这些凌星现象确实由轨道行星造成，必须观测到至少连续三次时间间隔相同的凌星现象。除非凌星按计划重复，否则任何观察到的恒星亮度变化都可能是由其他原因引起

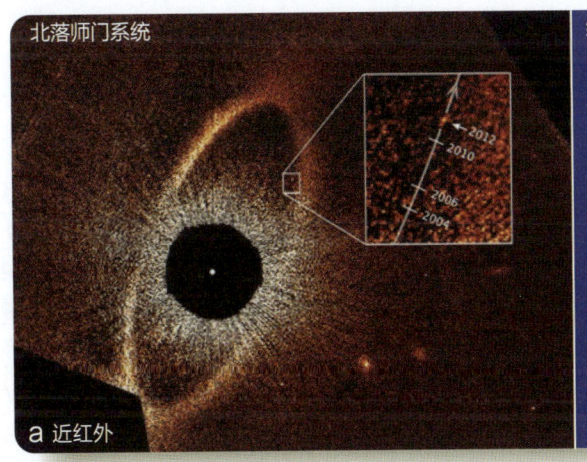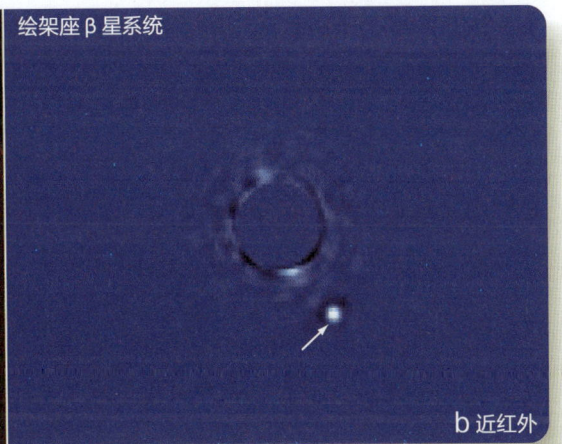

图源：NASA/ESA/STScI/AURA/NSF/P. Kalas et al　　　　　图源：Gemini Observatory/C. Marois, NRC Canada

▲ 图 18-18　（a）一颗木星大小的行星的图像，它在距离北落师门星约 120AU 的地方绕转，位于该星以前已知的碎屑盘/坏的内侧边缘。插图显示了该行星在 2004 年和 2012 年之间的运动轨迹，以一颗行星在该位置应有的速率围绕该质量的恒星运行。（b）一颗木星大小的行星的图像，它在距离绘架座 β 星 9AU 的地方绕转。在这两张图片中，中央的圆形空白区域是硬件和软件遮挡物组合的结果，以遮盖来自中心恒星比行星亮很多的光线

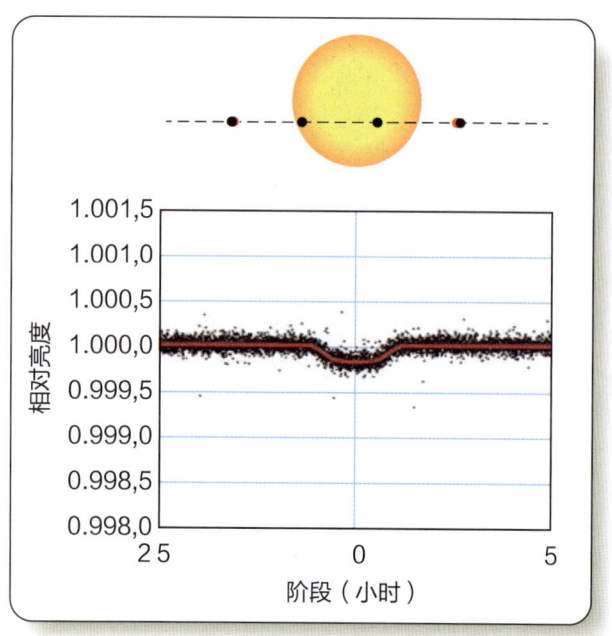

▲ 图 18-19 第一个被确认的系外类地行星是开普勒-10b（Kepler-10b）的凌星光变曲线（light curve）。该行星的轨道周期为 0.84 天。凌星光变曲线的深度表明，该行星的直径是地球的 1.4 倍。用地基望远镜对母星的径向速度变化进行光谱测量，得出该行星的质量是地球质量的 4.6 倍。该行星的直径和质量得出的密度为 8.8g/cm³，高于地球的密度，表明其主要由金属组成

大多数已知的系外行星都是靠近母星运行的大质量行星，像飞马座 51 这样的热类木星或所谓的热类海王星（hot Neptune），热类海王星尺寸明显比地球大，但比木星小。正如你所学的太阳系行星系统的知识，大行星形成于离太阳更远的地方，那里的太阳星云更冷，冰块可以凝结。那么，热类木星和热类海王星是如何形成的？理论计算表明，在一个特别致密的物质盘中聚集的行星，在清除气体、星子甚至更小的行星时，可以向内旋转。这意味着少数行星有可能成为最容易被探测到的大质量、短公转周期的行星。

另一个难题是，许多新发现的系外行星的轨道是偏心的，还有几颗行星的轨道似乎与母星的赤道间角度很大。基于太阳星云理论的简单解释，可以预测行星轨道可以近似圆形，并且大约位于其恒星的赤道平面内，就像太阳系的行星系统一样。然而，理论家们指出，一些年轻行星系统中的行星会产生相互作用，进而产生偏心的椭圆轨道或高度倾斜的轨道。这种现象在一般的行星系统中可能是罕见的，但是在某些极端系统中更容易被发现——在极端的行星系统中更容易检测到摆动。

通过开普勒和其他设备发现的一些系外行星和系外行星候选体的凌星光变曲线表明，它们的直径比地球还小。这些系外行星中，几乎所有都是热类地球星（hot Earths），其轨道离母星非常近，而表面可能是熔化的岩石和金属。2014 年，开普勒计划团队宣布，确认发现了第一颗与地球大小和温度都近似的系外行星，并将其命名为开普勒 186f（Kepler-186f）。这颗行星与开普勒计划之前发现的其他四颗系外行星一起，绕着一颗 M 型矮星公转。

有一颗被命名为 TRAPPIST-1 的恒星有七颗行星，它们的大小都和地球差不多，都在距离它们光谱型为 M8 的母星小于 0.07AU 的地方绕转（见图 18-20）。由于 TRAPPIST-1 的各行星之间的引力干扰，使其连续的凌日现象比单独轨道运行时来得更早或更晚，可以估算出每颗行星的质量。基于凌星过程中损失的光量，又可以估计出行星的直径。将质量和直径结合起来，天文学家计算出了 TRAPPIST-1 的七颗行星的密度，发现其与地球的密度相似——有些略低，有些略高。因此，它们肯定是类地行星。其中，理论上至少有三颗行星在温度上允许有液态水存在。（请注意，在脉冲星轨道上发现了几个已知质量比地球小的天体；请回顾第 14-1g 节。）

类太阳恒星周围的类地球行星有多普遍呢？试图解释探测方法偏差的仔细研究表明，虽然发现了很多热类

的。因此，开普勒计划的研究人员需要至少三年的观测来发现和确认每一颗系外类地行星。

当然，寻找和确认与母星的轨道距离超过 1AU、轨道周期短于 1 年的行星会更快。另外，你可以看到，找到比地球大的行星会更容易，因为它们在运行过程中会覆盖其母星更大的一部分，导致光变曲线出现更明显的"凹陷"。因此，开普勒计划在任务开始后的几周内就轻松地发现了许多热类木星。

18-4d 系外行星研究：最新技术

经过四年的持续观测，以及几年的数据处理和后续观测，开普勒计划成为目前"猎取"系外行星的冠军。在近 4000 颗已知的系外行星中，有超过 2500 颗是通过开普勒计划被发现和记录的。在主要任务结束后，开普勒航天器通过"K2"项目，在降低性能的模式下继续运行并执行新的观测任务，凌星系外行星巡天卫星（Transiting Exoplanet Survey Satellite，TESS）计划于 2018 年发射。你可以通过查看系外行星百科全书网站（http:// exoplanet.eu）来跟踪系外行星的研究进展。

▲ 图 18-20 艺术家构想的 TRAPPIST-1 系统与太阳系天体的对比

木星和热类海王星，但类似于我们这种的行星系统，小的行星靠近恒星，大的行星远离恒星是更普遍的。目前最好的估计是，至少 22% 的类太阳恒星有一颗地球大小的行星在有液态水"宜居区"内运行——这也意味着银河系中至少有 20 亿颗类地行星。

践行科学

为什么碎屑盘是行星已形成的证据？ 科学家往往通过间接证据、理论和过去经验的组合来获得结论，这是一种科学常识。

当然，在织女星等恒星周围看到的冷碎屑盘并不是形成行星的地方。它们的温度和密度都不足以成为年轻的星盘。相反，这些碎屑盘是比较古老的，而且其中的尘埃是由彗星、小行星和柯伊伯带天体之间的碰撞产生的。小的尘埃颗粒会被相对快速地吹走或摧毁，因此这些碰撞必须是一个持续的过程。成功的太阳星云理论让天文学家们有理由相信，在发现彗星、小行星和柯伊伯带天体的地方，也应该发现行星。因此，碎屑盘可以是在这些系统中行星已经形成的证据。

现在试着根据直接的而非间接的证据来得出结论：*其他系外行星存在并绕恒星公转的证据是什么。*

我们是什么

行星上的行走者

　　构成你的物质来自宇宙大爆炸,这些物质在恒星内被转换成了各种各样的原子,现在你已经了解到这些原子如何成为地球的构成物质。这些原子存在于46亿年前形成太阳系的气体云中,几乎所有的物质聚集在一起形成了太阳,但有一小部分留在盘中形成了行星。在这个过程中,构成你的原子成为地球的一部分。

　　你是一个行星上的行走者,通过进化,你现在能够在地球表面上生活。宇宙中还有其他像你这样的生命吗?既然行星是常见的,你可以合理地假设宇宙中的行星比恒星更多。无论太阳系的形成过程有多复杂,这却是一个普通的过程,因此确实可能有其他的行走者生活在其他行星上。

　　但是那些遥远的行星是什么样的呢?在寻找地外生命的探索取得长远进展前,你需要先明确行星的类型范围。现在是时候收拾你的宇航服,在我们太阳系的行星中航行了。通过逐一访问太阳系的行星,你应该能找到行星之间相互联系的自然原则。这个旅程将在下一章开始。

地球：活跃的星球

19

图源：NPS

在上一章中，你学习了太阳的行星系统作为太阳形成的副产品的形成过程，你还看到了太阳的距离如何决定了每颗行星的整体组成。在本章中，你将从地球开始研究各行星。你将会看到地球不仅是你的家，而且也是行星家族的一员。在这个过程中，你将能够回答以下 4 个重要问题。

▶ 相比其他类地行星，地球有何特点？
▶ 地球形成后，发生了什么变化？
▶ 地球的内部是什么样的？
▶ 地球的大气层是如何形成和演化的？

就像登山者在尝试登顶前建立大本营一样，你可以通过本章的学习，建立起你进行行星比较研究的基础。在接下来的章节中，你将访问那些非地球的行星世界，但你对它们某些方面的特征依然会感到熟悉。

▲ 游客在夏威夷基拉韦厄火山（Kilauea Volcano）附近观看熔岩进入海洋产生的蒸汽。人类是地球上相对的"新来者"——到目前为止，人类只在一些狭窄的领域见证了这颗有高温内部的岩石行星的"巨大能力"

> 自然界在不断发展，昨天的世界是不同的。
>
> ——普雷斯顿·克劳德[1]，《宇宙、地球和人类》

行星和人一样，相似之处多于不同之处。不同行星能够通过相同的基本原则来描述，它们的差异主要由微小的背景差异造成。为了解行星，你可以对它们进行比较，找出那些共同的基本原则，这种方法称为比较行星学（comparative planetology）（见图 19-1）。

地球是你研究的理想起点，因为它是你最了解的星球，也是一个复杂的星球。地球的核心部分是液体，并产生磁场。它的地壳很活跃，有着板块移动、地震、火山和造山等自然现象。地球的富氧大气在太阳系中是独一无二的。地球的特性将使你对太阳系中的其他行星有更多的了解。

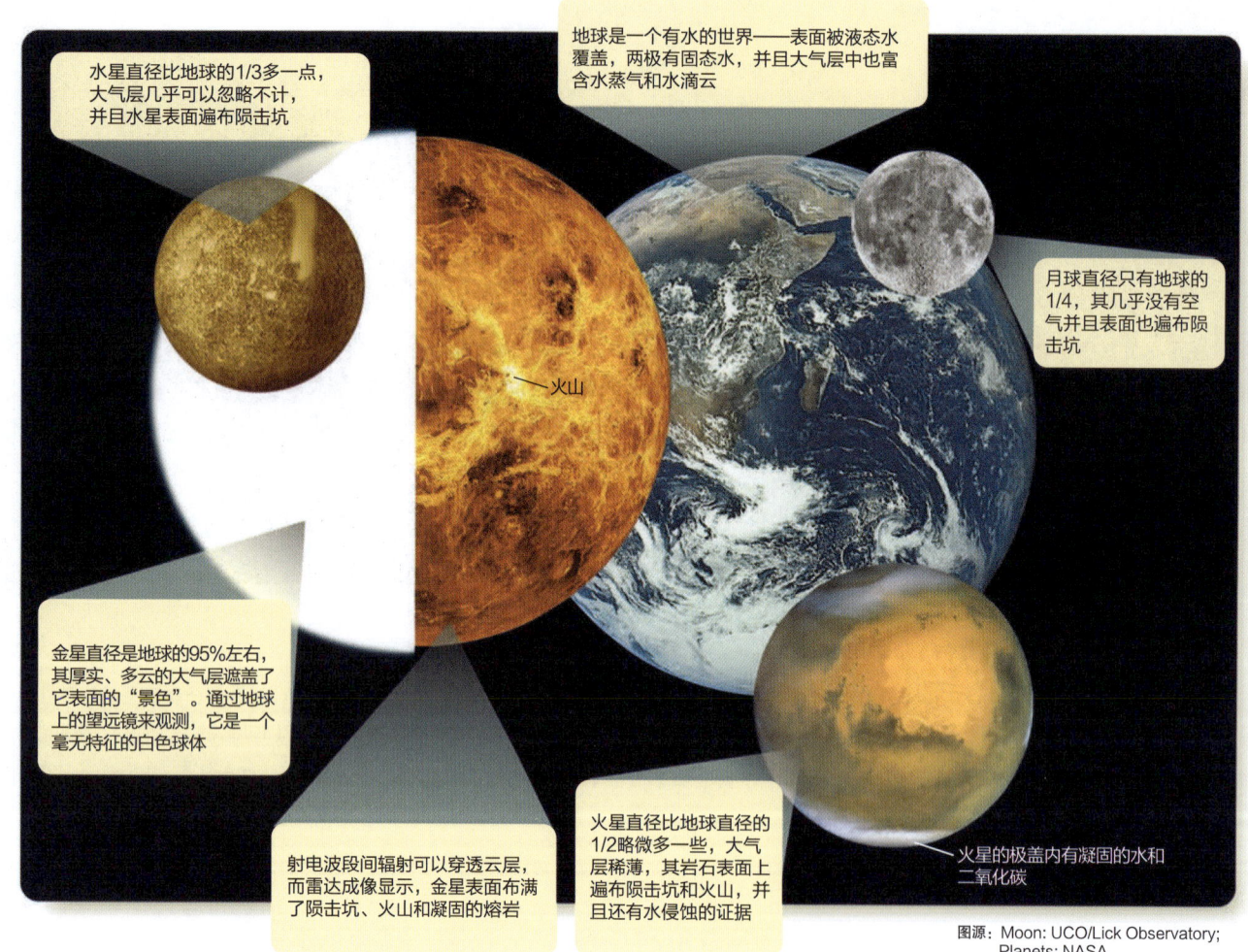

▲ 图 19-1　不同行星间的比较。地球和金星的大小相似，但它们的大气层和表面是不同的。月球和水星要小得多，而火星的大小居中

---

[1] 美国生物地质学家。1991 年 1 月 16 日卒于加利福尼亚圣巴巴拉市。1938 年毕业于华盛顿大学，1940 年获耶鲁大学博士学位。曾任密苏里大学、哈佛大学、明尼苏达大学、加州大学洛杉矶分校和圣巴巴拉分校教授，美国地质调查所地质专家，美国科学院院士，波兰科学院国外院士。他揭示了志留纪和泥盆纪的穿孔贝类的重要属种的内部构造及主要科和亚科的演化谱系；阐明了 30 亿年前单细胞生物的形态、化学及生物活动过程；指出了生物从原核→真核→多细胞的演化过程，提出早期地球历史模式，开创了生物地质学学科。他是第一个推进和维护后生动物来源于古生代早期不同祖先和演化观点的地质学家。——译者注

19-1 类地行星的旅行指南

如果你访问西班牙的格拉纳达市（Granada），你可能会查阅一份旅游指南。如果它是一份好的指南，它做的将不仅是告诉你在哪里可以找到博物馆和厕所，还会让你预览你可以看到什么。你已开始了前往像地球那样的行星世界的旅程，所以也应该查阅一本行星旅行的指南，看看当你到达那里时，会有什么收获。

19-1a 五颗星球

在本章和接下来的两章中，你将依次参观地球、地球的卫星月球、水星、金星和火星。月球也在行程中，这可能会让你感到惊讶——毕竟，它只是一颗围绕地球运行的天然卫星，并不是行星之一。但是，月球本身就是一个迷人的世界，而且是太阳系中最大的卫星之一。它与你名单上的其他行星世界形成了鲜明的对比，它的性质能为你提供关于地球和其他行星的历史的重要信息。

在图 19-1 中，你可能注意到的第一个特征是直径，月球很小，而水星也大不了多少；地球和金星较大，二者大小相似；火星是一个中等大小的星球。你会发现，在决定一个星球的特征时，大小是一个关键因素。小星球的地质往往并不活跃，而大星球则倾向于活跃状态。

19-1b 地核、地幔和地壳

类地行星是由岩石和金属组成的，它们都是分化的，这意味着它们各自被分成不同密度的层，致密的金属地核被密度较小的岩石地幔（mantle）所包围，而低密度的地壳则包裹在其最外部。

在上一章中你已经了解到，当行星形成时，它们的表面受到了早期太阳系中遗留星子和碎片的重击。因此，你会在行星表面看到许多陨击坑，特别是在水星和月球上。其中许多陨击坑可以追溯至重轰击时代，请注意，表面拥有大量陨击坑的行星形成的时代更加久远。例如，如果重轰击时代结束后，熔岩流覆盖了陨击坑，那么在这个区域就很难再见到陨击坑了，因为太阳系中的大部分碎片已经消失了，换句话说，如果你在一个星球上看到光滑的平原，你可以推测这里的行星表面比陨击坑地区要年轻。

研究一颗行星的另一个重要方法是跟踪能量流动。在上一章中，你了解到，行星内部的热量可能部分来自放射性衰变，部分来自行星形成时的遗留物。无论热量的产生原因如何，它必须向外流向较冷的表面，在那里被辐射到空间中。在向外流动的过程中，热量可以引起对流、磁场、板块运动、地震、断层、火山、造山等现象。热量通过较冷的地壳向外流动，使像地球这样的行星在地质活动上很活跃（我们如何得知 19-1）。相比之下，月球和水星——这两颗小星球很快就冷却了，所以它们现在很少有热量向外流动，相对来说地质运动是不活跃的。

19-1c 大气层

当你在图 19-1 中观察水星和月球时，你可以清楚地看到它们表面的陨击坑、平原和山脉；它们几乎没有大气层，也就难以遮挡你的视线。相比之下，金星的表面被多云的大气层所掩盖，而且这个大气层甚至比地球的更厚。火星，这个中等大小的行星，则有一个相对稀薄的大气层。

你可能会思考两个问题。第一，为什么有些行星有大气层，而其他行星却没有？你会发现，行星的大小和温度都对产生大气层很重要。第二个问题则更为复杂：这些大气层是从哪里来的？为了能在后面的章节中回答这个问题，将不得不研究这些行星的地质历史。

19-2 作为行星的地球

像所有类地行星一样，地球在大约 46 亿年前从太阳内部的星云中形成。而在地球形成的同时，其也在发生着变化。

19-2a 行星发展的四个阶段

有证据表明，地球和其他类地行星，加上地球的卫星月球，经历了四个发展阶段（见图 19-2）。

行星演化的第一阶段是分化，即物质根据不同密度发生分离。正如你已经了解到的，地球通过分化，分成了密度不同的层。这种分化可以被理解为地球内部熔化的结果，熔化的原因是放射性衰变产生的热量，再加上行星形成过程中内落物质释放的能量。一旦地球内部熔化，最稠密的物质就能够下沉到地核。

第二阶段，行星表面形成之后发生了陨击。早期太阳系的重轰击在地球上形成了很多陨击坑，就像在月球和其他行星上形成的一样。随着早期太阳系中的碎片被清除，陨击的速度逐渐下降到现在的"低速度"。你将在下一章内容中了解到，月球陨击坑计数和岩石样本提供的证据表明，在重轰击接近尾声的时候，撞击坑的比

我们如何得知 19-1

追踪能量流动，深入了解行星

是什么导致了各种物理变化？

思考科学问题的最好方法之一是追踪能量。根据因果原则，每个结果都必须有一个原因，而每个原因都必须涉及能量。能量从高浓度区域移动到低浓度区域，并在此过程中产生各种物理变化。例如，煤在发电厂中燃烧产生蒸气，蒸气通过涡轮机逸出到空气中。在从燃烧的煤的蒸气流向大气的过程中，热量转动涡轮机，使发电机旋转以产生电力。

科学家们通常使用能量作为了解自然的关键。生物学家可能会问，某些鸟类从哪里获得能量以飞行数千英里；地质学家可能会问，从哪里来的能量为火山提供动力。能量无处不在，当它流动时，无论是鸟还是熔化的岩浆，都会发生变化。能量是"因果关系"中的"原因"。

在前几章中，追踪从恒星内部到其表面的能量流动有助于理解太阳和其他恒星是如何运作的。能量的外流让恒星能够支撑起自身的重量，驱动产生磁场的对流，并导致耀斑、日珥、日冕等表面活动。你能够理解恒星，因为你可以追踪能量从内部向外的流动。

你也可以从能量的角度来思考行星。一颗行星内部的热量可能是行星形成时留下的，也可能由其放射性元素衰变产生。但热量必须向外流向较冷的表面，在那里被辐射到太空。在能量向外流动的过程中，热量可以引起地幔中的对流、磁场、板块运动、地震、断层、火山活动、造山运动等现象。

无论你在思考一颗小行星还是一颗大行星，都可以把它想成一个热源，而热量通过该物体的表面向外流向太空。如果你能追踪这种能量流动，你就能了解这个世界的很多情况。一位行星天文学家曾说："任何行星最有趣的事情，就是它的热量如何流动。"

图源：Michael A. Seeds

从地球内部流出的热量导致了地质活动，如黄石国家公园的地质活动

率有一个暂时的大幅增加，而这个灾变事件很可能会影响到所有的行星。

第三阶段，盆地淹没（basin flooding），开始于放射性衰变持续加热地球内部，并导致上层地幔中的岩石熔化，上层地幔的压力比深层地幔的小。一些熔化的岩石通过地壳的裂缝涌出，淹没了更深的撞击盆地。后来，随着环境的冷却，水变成雨不断落下，淹没了盆地，形成了第一批海洋。请注意，在地球上，盆地淹没首先是由熔岩造成的，后来才是由水造成的。

第四阶段，缓慢的地表演变，至少在过去35亿年里在持续发生。地球的表面在不断地变化，因为地壳的各个部分相互滑动，推高山脉，并移动大陆。此外，流动的空气和水也在不断侵蚀着地表，磨损着其地质特征。几乎地球所有前十亿年的历史痕迹都被活跃的地壳活动和侵蚀所破坏。

类地行星都经历了这四个阶段，但行星之间在质量、温度和组成成分上的差异会使其中一些阶段比其他阶段更突出，并产生令人惊讶的不同星球。

19-2b 特殊的地球

比较行星学中，地球是一个很好的参考标准（天体简介：地球）。太阳系中岩石行星形成的每一个主要过程，都在地球上以某种形式得到了体现。然而，在太阳系的行星中，就算地球不是独一无二的，那么它在两个方面也是

类地行星的4个发展阶段

分化产生了致密的地核、厚实的地幔和低密度的地壳

早期的地球处于充满碎屑的早期太阳系中，遭到重轰击，产生陨击坑

盆地被熔岩覆盖，此后低地也被水注满

由于包括侵蚀在内的地质过程，地表一直在缓慢地演化着

▲ 图19-2　以地球为例，说明了类地行星的4个发展阶段

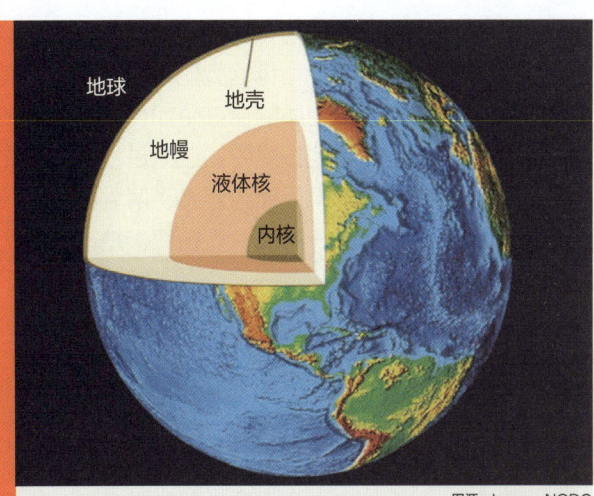

图源：Image: NGDC

地球的表面以高耸的大陆和低矮的海床为标志。地壳的厚度只有 10~60 千米，下面是深层地幔和地核

天体简介　地球

运动

与太阳的平均距离	1.00 AU（1.50×10^8 km）
轨道偏心率	0.017
与太阳的最远距离	1.017 AU（1.52×10^8 km）
与太阳的最近距离	0.983 AU（1.471×10^8 km）
轨道与黄道的倾角	0°（按定义计算）
轨道周期	1.000 0 年（365.25 天）
自转周期（以太阳为参照）	24.00 小时（相对太阳而言）
自转周期（以恒星时为参照）	23.93 小时（相对其他恒星而言）
赤道与轨道的倾角	23.4°

物理特征

赤道直径	1.28×10^4 km
质量	5.97×10^{24} kg
平均密度	5.51 g/cm^3（4.4 g/cm^3 非压缩密度）
表面重力	1.00 地球引力
表面逃逸速度	11.2 km/s
表面温度	$-90°\sim+60°$C（$-130°\sim+140°$F）
平均反照率	0.31
扁率	0.003 4

"个性介绍"

地球（earth）的英文名字，来自古英语的 eorthe、希腊语的 Eraze、希伯来语的 erez，意思是地面。地球另外的词根 Terra 来自罗马的生育和生长女神；因此，Terra Mater 也被称为"地球母亲"。

不寻常的：丰富的液态水，以及生命的存在。

第一，地球表面的 75% 被液态水覆盖，在太阳系中，没有其他行星的表面有液态水。不过，正如你将在后面的章节中了解到的，火星在很久以前有表面水，金星可能也有，而且有证据表明，外太阳系中一些卫星的表面下也有液态水。水充满了地球的海洋，蒸发到大气中，形成云层，然后以雨的形式落下。落在大陆上的水顺坡而下，形成河流，流回大海。在这样的过程中，水对地球表面持续产生侵蚀作用，短短的几千万年，虽然不到地球总年龄的 1%，但是可以将整个山脉溶解和冲走。在其他大多数行星上，你不会看到如此快速的侵蚀。

地球特别的第二点原因在于，地表上的一些事物是有生命的，其中一少部分，包括我们每个人，都是有意识的。没有人确定生命物质的存在是如何影响地球的演化的，但在太阳系的其他行星中，这个过程似乎完全没有。此外，正如你在本章后面内容将了解到的，地球上的部分有意识的生命——人类，正在积极地改变我们的星球。

19-3　固体地球

虽然你可能认为地球是固态岩石，但事实上它既不完全是固态也不完全是岩石。薄薄的地壳似乎是固体，但它漂浮在地壳下面的半液态熔岩层上，并在其上面移动。熔岩层下面是一个深层的岩石地幔，围绕着一个液态金属构成的地核。你在地球表面看到的大部分东西，都是由其内部的成分和过程决定的。

19-3a　地球的内部

行星起源的太阳星云理论预示着，地球应该已经熔化并分化为一个致密的金属核心和一个含有低密度硅酸盐地壳的致密地幔。但真的是这样吗？证据在哪里？通过其已知的质量和体积，可以轻松计算出地球的平均密度。显然，地球表面的硅酸盐岩石的密度比地球内部的物质低。但是，关于地球的内部我们还可以确定什么内容呢？

地球内部的高温和巨大压力使任何直接的勘探都不可能发生。即使是最深的油井也只能延伸到地下几千米深，而无法穿透地壳，不可能钻到足够深的地方对地球的核心进行取样。然而，地球科学家依然对内部进行了研究，并发现了地球确实发生了分化的明确证据（我们如何得知 19-2）。

对地球内部的这种探索是可能的。地震产生的振动被称为地震波（seismic wave），它穿过地壳和内部，最终在世界各地被称为地震仪（seismograph）的敏感探测器上被记录下来（见图 19-3）。有两种地震波对这次讨论很重要。压力波（pressure wave，P 波）很像声波，因为它们通过压缩和解压的序列传播。当 P 波通过时，物质的颗粒在平行于波的方向上来回振动（见图 19-4a）。相反，剪切波（shear wave，S 波）粒子的振动方向垂直于波传播方向。这意味着 S 波会扭曲材料，但不会压缩它（见图 19-4b）。普通声波是压力波，但你在一碗果冻中看到的振动是剪切波。因为 P 波是

践行科学

地球经历了早期陨击阶段的证据是什么？科学家必须注意，不要把假说或理论当作证据。

回顾上一章内容，行星是由太阳星云中的星子堆积而成的，原初地球在形成时可能是熔融的，但是一旦它冷却到足以形成固体地壳，剩余的星子撞击就会形成陨击坑。因此，你可以从太阳星云理论中推断出地球应该是有陨击坑的。但是——这一点非常重要——不能用一个假说或理论作为证据来支持其他的假说。

要找到真正的观测证据，你只需要看看月球。月球有陨击坑，太阳系中的每一颗古老星球的表面都有。当太阳系还很年轻的时候，一定有一段时间有大量的陨石撞击所有的行星和卫星并在其表面炸出陨击坑。如果它发生在太阳系中的其他星球上，那么它一定也发生在地球上。

不过，支持"地球经历了早期陨击阶段"这一假设的最佳证据依然是"在地球上发现有很多陨击坑"。但显然，我们并没有在地球上发现很多陨击坑。延伸你的探究：地球上液态水的存在是如何影响科学家辨别地球存在历史的能力的？

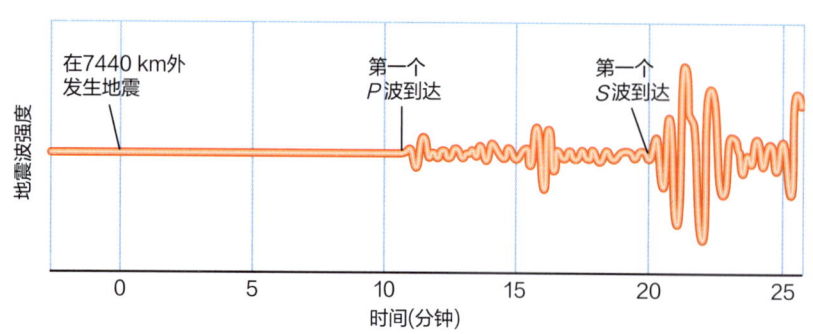

◀ 图 19-3　加拿大北部的一台地震仪对墨西哥地震的地震波进行了记录。第一个振动，即 P 波，在地震发生后 11 分钟到达，但速度较慢的 S 波需要 20 分钟才能到达

我们如何得知 19-2

研究一个看不见的世界

研究看不见的东西如何能拯救你的生命？

科学告诉了我们大自然是如何运作的，而科学知识的基础是通过观测收集的证据。但事实上，自然界的许多东西无法被直接观测，因为它们要么太小，要么太远，或者在地下深处。然而，地质学家依然在描述地球深处的熔岩，生物学家讨论基因分子的结构。那么，这些科学家如何了解他们无法直接观察的事物呢？

病毒可以像感冒一样常见，也可以像埃博拉一样致命，它以 DNA 分子的形式包含了一小部分遗传信息。你肯定有感染病毒的经历，但你也许从未见过病毒。即使在最好的电子显微镜下，也只能看到病毒是一个朦胧的阴影图案。然而，科学家对病毒已有大量的了解，并可以设计出巧妙的方法来保护我们免受病毒性疾病的侵害。

病毒是隐藏在蛋白质分子保护壳内的 DNA，它是一个几乎像矿物一样的刚性分子晶格。事实上，病毒的培养物可以结晶，而晶体的形状揭示了病毒的形状和结构。然而，与矿物晶体不同，病毒晶体包含遗传信息。

如果科学家能够识别出病毒的蛋白质外衣上的独特分子图案，他们就可以制造出一种疫苗来预防对应种类的病毒。疫苗是无害的，但含有与活性病毒相同的"图案"，从而训练你身体的免疫系统识别该"图案"并攻击它。疫苗大大降低了水痘和流感等常见疾病的危险性，而且几乎消灭了发达国家的脊髓灰质炎和天花等毁灭性疾病。研究人员目前正在研究治疗艾滋病毒的疫苗，这将有可能拯救数百万人的生命。

尽管病毒很小，但科学家可以利用推理链和理论与证据的互动来推断病毒的结构。无论是病毒还是火山的根部，科学将我们带入人类经验之外的领域，使我们能够看到原本看不见的东西。

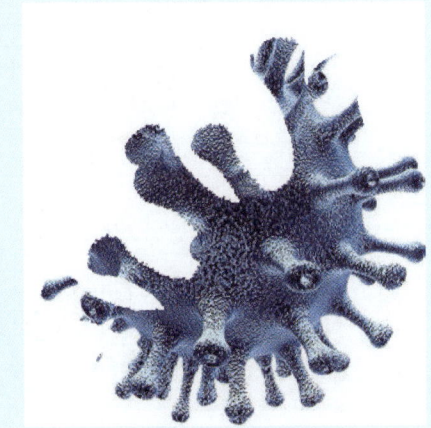

图源：Lightspring/Shutterstock.com

电子显微镜使生物学家能够推断出病毒的结构

压缩波，它们可以在液体中移动。而 S 波可以沿着液体的表面移动，但不能穿过它。一杯水不能像果冻一样晃动，因为液体不具备穿透 S 波所需的刚度。

地震引起的 P 波和 S 波在地球内部并不是以直线或匀速传播的。波可能从不同密度的层之间的边界反射出来，或者在通过边界时被折射。此外，越靠近地球中心，温度和密度越大，导致声波的传播速度也会增加。这些变化导致地震波在穿越地球内部时被折射，也就是说，地震波不是沿着直线前进的，而是弯曲着离开密度大、温度高的地心区域。地球科学家可以利用来自远处的地震反射波和折射波的到达时间来构建一个地球内部的模型。

这类研究证实，地球内部由三部分组成：一个中央地核、一个厚地幔和一个薄地壳。S 波为了解地核的性质提供了一条重要线索，当地球一侧地震发生时，没有直接的 S 波穿过地核时，在地球另一侧的地震仪上并不能完整记录下这次 S 波的数据，就像地核屏蔽了这个 S 波一样（见图 19-5）。没有 S 波，表明地核大部分是液体，而通过计算 S 波被"屏蔽"的大小，可以估计地核的半径是地球半径的 55% 左右。基于地震测量和其他数学模型预测，地核也是高温（约 5000 K）、致密的（约 14 g/cm³），并且由铁和镍组成。

地核和太阳表面一样热，但它处于如此巨大的压力之下，以至于物质不能气化。由于其高温，地核大部分物质是液态的。在靠近地核中心的地方，压力甚至更高，以至于熔点高到物质无法熔化（见图 19-6）。因此，内地核是一个固态的"铁、镍球"。据估计，内地核的半径约为地球半径的 22%。

地幔是位于熔融的地核和地壳之间的致密岩石层，地幔中的地震波的传播路径表明，它不是熔融的，但

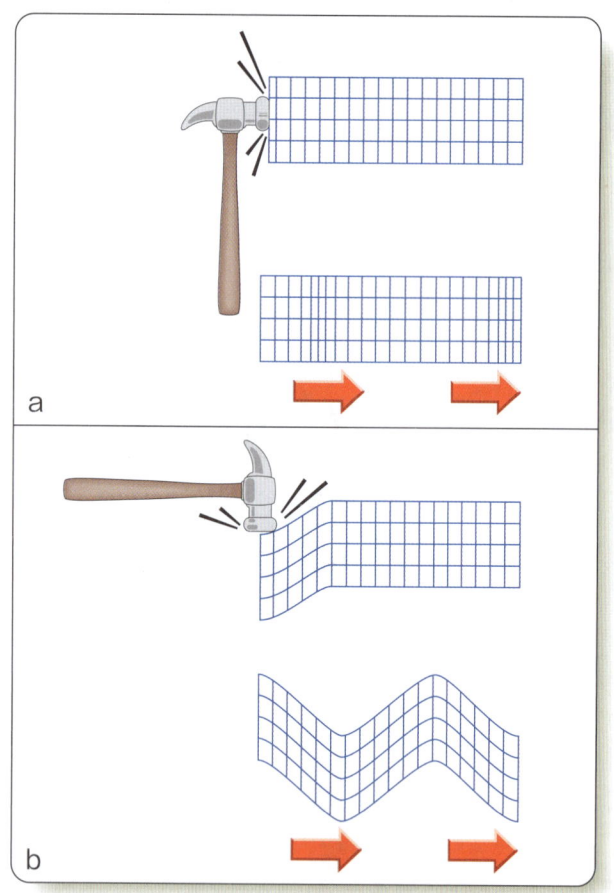

▲ 图 19-4 （a）P 波，或压力波，像空气中的声波，以压缩区域的形式传播。（b）S 波，或称剪切波，像一碗果冻中的振动，以垂直于传播方向振动。S 波往往比 P 波传播得更慢，且不能在液体内部传播

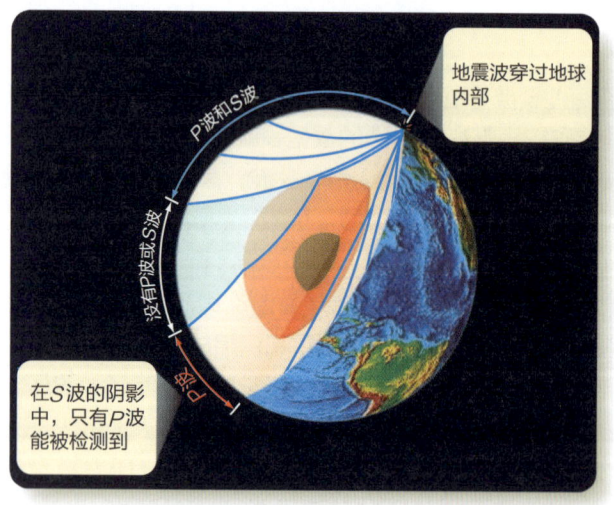

图源：Image: NGDC

▲ 图 19-5 P 波和 S 波提供了关于地球内部结构的线索。地震产生的 S 波不会直接穿透地球并达到源头的正对面，这表明地球的核心是液态的。通过计算 S 波被"屏蔽的阴影"的大小，可以估算地核外部液态部分的大小。请注意，虽然 P 波可以穿过液态地核，但它们的路径是被折射过的（弯曲的），所以有些地方也检测不到 P 波

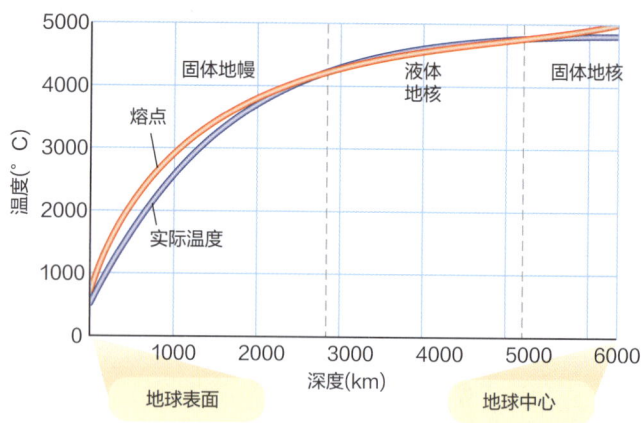

▲ 图 19-6 理论模型与地震波速度的观测相结合，揭示了地球内部的温度（蓝线）。物质的熔点（红线）由其成分和压力决定。在地幔和内核中，温度低于熔点，所以物质是固态而非液态的

也不是严格意义上的固体。地幔材料就像一种塑料（plastic），即一种具有固体特性但能够在压力下流动的材料。铺路用的沥青是"塑料"的一个常见例子。如果用大锤敲击，它就会破碎，但在重型卡车的稳定重量下，它又会弯曲。地幔在地壳下面是最可塑的部分，相比更深处，那里的压力更小。

地球的岩壳是由低密度岩石组成的，漂浮在密度较大的地幔上。地壳在大陆下最厚，最厚处达 60 千米（约 35 英里），而在海洋下最薄，只有约 10 千米（6 英里）厚。与地幔不同的是，地壳很脆，受力时可能会破裂。

虽然地核离你只有 3200 千米（约 2000 英里），但它是完全不可触及的。地球的地震活动揭示了地球最内部的一些秘密。但是，还有另一个揭秘地球内部的证据来源——地球磁场。

19-3b 地球的磁场

显然，地球的磁场是其快速自转和熔融金属地核导致的直接结果。内部热量迫使液态核心以对流方式循环，而地球的自转使其围绕轴线转动。地核是一种高导电性的铁镍合金，是一种甚至比铜更好的导体（铜是常用于电线的材料）。这种对流的导电液体的旋转，在一个被称为发电机效应（dynamo effect）的过程中产生了地球的磁场（见图 19-7）。这也是在太阳对流层产生太阳磁场的过程（第 8-1d 节），当你探索其他行星时，你会再次见识它。

地球的磁场保护它不受太阳风的影响，太阳风由电离气体组成，携带着太阳磁场的一小部分，以大约 400

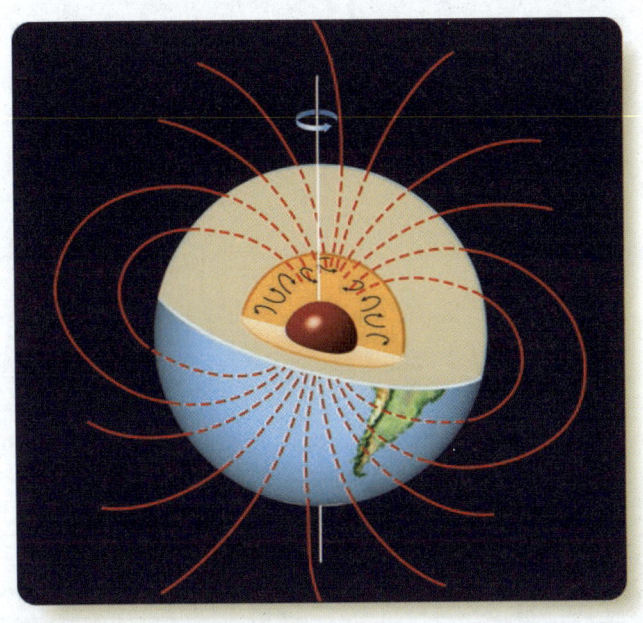

▲ 图19-7 发电机效应将液态地核的对流与地球自转结合起来，并产生电流，而这些电流是产生地球磁场的原因

千米/秒的速度从太阳向外吹（8-1c节）。当太阳风遇到地球的磁场时，它就像溪流中的水绕着巨石流动一样被偏转。首先导致太阳风偏转的表面被称为弓形激波，而由地球磁场主导的空腔（cavity）被称为地球磁层（magnetosphere）（见图19-8a）。来自太阳风的高能粒子泄漏至磁层，并被困在地球的磁场中，产生范艾伦带（Van Allen belt）。你将在接下来的章节中看到，其他有磁场的行星也有弓形激波、磁层和范艾伦带。

地球的磁场在上层大气中形成了发光的射线和光幕，产生了戏剧性的、美丽的极光（见图19-8b）。太阳风裹挟着带电粒子经过地球的扩展磁场，产生了巨大的电流，流入地球南北磁极附近的大气。这些电流使地球大气层中的气体原子电离。当电离的原子俘获电子并重新结合时，会产生一种发射光谱，此时它们看上去就好像是一个巨大的"霓虹灯牌"的一部分（第7-2节）。

尽管你可以确信，地球的磁场是在其熔融的核心内产生的，但仍有许多谜团。例如，岩石保留了它们凝固时的磁场的痕迹，有些岩石含有指向反方向的磁场。也就是说，在它们凝固的时候，地球的磁场是反转的。对这些岩石的细致分析表明，目前地球的磁场以一种非常不规则的模式进行了逆转——在过去的3.3亿年中，平均每70万年左右逆转一次，北磁极变成南磁极，反之亦然。人们对这种反转了解不多，但可能与地核对流的变化有关。

地核的对流很重要，因为它产生了磁场。正如你将在下一节内容中了解到的，地幔中的对流不断地重塑地球的表面。

19-3c 地球的活动地壳

地壳是由漂浮在地幔上的低密度岩石组成的，岩石漂浮的形象可能看起来很奇怪，但请回忆，地幔的岩石密度是很大的。而且，就在地壳下面，地幔岩石往往是高度可塑的，所以大量的低密度地壳确实能漂浮在半液体的地幔上，就像漂浮在池塘上的大荷花。

地壳的运动和水的侵蚀作用使地壳高度活跃，阅读"概念艺术·活跃的地球"，注意3个要点和6个新术语：

1. 板块构造是地壳板块的运动，其产生了地球大部分的地质活动。板块的扩张可以形成裂谷（rift valley），或者在洋底形成中洋脊（midocean rise），熔化的岩石在那里凝固，形成玄武岩（basalt）。板块滑入俯冲带（subduction zone）可以引发火山活动，而板块的碰撞可以产生褶皱山（folded mountain）。当一个板块在一个热点上水平移动时，会产生夏威夷群岛这样的火山链。

2. 注意地球表面的大陆是如何在数亿年的时间里移动和变化的。相对于地球46亿年的历史来说，地壳部分其实是在快速运动的。

3. 你所知道的大多数地质特征——山脉、大峡谷，甚至你所熟悉的各大洲的轮廓线，都是地球活跃表面的最新产物。地球的表面是不断更新的。已知最古老的地球物质，即来自澳大利亚西部的矿物锆石的小晶体，有44亿年的历史。大部分的地壳比这要年轻得多。你在周围看到的许多山脉和山谷的历史都不超过几千万年。

板块运动的平均速度是缓慢的，但突然的运动也时有发生。板块边缘可以粘连，积累压力，然后突然释放。这就是2011年在日本沿海太平洋的一个主要俯冲带上发生的事情。板块总运动量高达15米（50英尺），由此产生的地震造成了破坏性的海啸。每天，移动的断层上都会发生小地震，在这些粘连的断层中形成的压力最终会在大地震中释放出来。

地球的活跃地壳解释了为什么地球上的陨击坑这么少。月球上有丰富的陨击坑，但地球表面只有大约150个陨击坑。板块构造和侵蚀作用已经摧毁了地球上大量的陨击坑，而新产生的陨击坑还没有被完全摧毁。

你可以看到，地球的地质学是由两个过程主导的：构造（tectonics）和侵蚀（erosion）。板块构造是由

第四部分 太阳系 401

活跃的地球

1 我们的地球世界是一个令人惊叹的活跃星球。它不仅富含水分,因此受到迅速的侵蚀,而且其地壳分为运动的板块。板块裂开的地方,熔岩涌出,形成新的地壳;板块相互推挤,使地壳皱缩,形成山脉。当一个板块在另一个板块下滑动时,你会看到火山喷发。这些过程被称为板块构造学(plate tectonics)。

大陆板块拉开时形成了裂谷(rift valley)。随着非洲开始与阿拉伯半岛分离,红海正在形成。

图源:NGDC

地球的经典视角
图源:William K. Hartmann/Planetary Science Institute

山脉在地球上很常见,但由于水资源丰富,它们很快就会被侵蚀。
图源:Courtesy Janet Seeds

1a 板块构造学的证据首先是在洋底发现的。在那里,板块分开,岩浆上升,形成中洋脊(midocean rise),这种隆起由被称为玄武岩(basalt)的岩石构成,是典型的凝固的熔岩。通过放射性测定年代可得知,中洋脊附近的玄武岩比较年轻。另外,在中洋脊附近的洋底上覆盖的沉积物较少。地球磁场的来回逆转,则被记录在"冻结"于玄武岩中的磁场里——玄武岩中会产生一种磁场模式,显示出海底正在从中洋脊向外扩张。

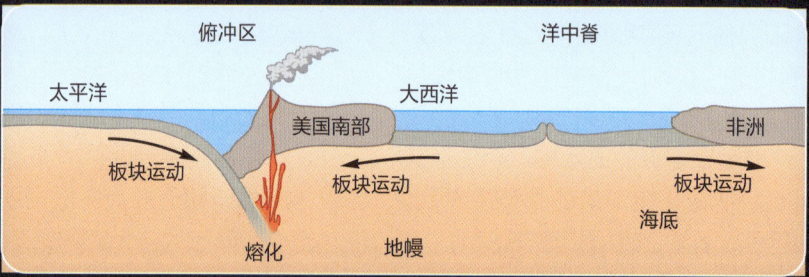

1b 俯冲区(subduction zone)是一个板块在另一个板块下滑动产生的深沟。地壳熔化后释放出低密度岩浆,上升形成火山,如包括圣海伦山在内的北美西北海岸的火山。

1c 由地幔中的岩浆上升引起的热斑可以刺穿板块,引起火山活动,如夏威夷的火山活动。随着太平洋板块向西北方向移动,该热斑被戳穿,形成了一连串的火山岛。这些火山岛受到长期的侵蚀,大部分位于海平面以下。板块相互推挤的地方会形成褶皱山脉(folded mountain range)。例如,位于欧洲和亚洲之间出现了乌拉尔山脉,喜马拉雅山脉是由印度被向北推入亚洲而形成,而阿巴拉契亚山脉是北美洲被推向欧洲和非洲时形成的山脉的遗迹。

图源:NGDC

1d 太平洋的海底正在其周边的许多地方滑向俯冲区。这一过程推高了安第斯山脉等山脉,并在被称为"火环"(Ring of Fire)的太平洋周围引发了地震和活跃的火山活动。在南加州等地,板块相互滑动,导致了频繁的地震。

图源:National Geophysical Data Center

图源:NGDC

夏威夷

这个地球仪上的黄线标志着板块的边界。红点标志着1980年以来的发生过的地震。板块内的地震,如夏威夷的地震,与地幔热斑上的火山活动有关。

大陆漂移

不久前,地球上的各大洲聚集在一起,形成了一个被地质学家称为盘古(Pangaea)的大陆

盘古大陆

2亿年前

盘古大陆断裂成北部和南部大陆

劳亚大陆

冈瓦纳大陆

1.35亿年前

注意到印度向北移向亚洲

6500万年前

大陆仍然在高度可塑性的上地幔上漂移

如今

2 大西洋的海底并没有发生俯冲。它被锁定在大陆上,并以每年约3厘米的速度将南北美州大陆推离欧亚大陆。这种运动称为大陆漂移(continental drift)。通过比较从欧洲和美国的天文台分别发射到阿波罗宇航员留在月球上镜子的激光的返回时间,科学家们可以来测量这个运动。大约2亿年前,北美洲、南美洲、欧洲和非洲陆地是相连的,而这方面的证据来自在大陆匹配部分发现的类似化石、岩石和矿物。注意北美洲、南美洲、欧洲、非洲可以像拼图一样被拼接起来。

3 板块构造推高了山脉,导致地壳隆起,而水的侵蚀作用则将岩石磨掉。科罗拉多河在大约1000万年前开始切割大峡谷,当时科罗拉多高原在板块移动的压力下向上翘起。虽然1000万年听起来像是一个很长的时间,但它只是0.1亿年;在一英里之外的峡谷底部,躺着一块5.7亿年前的岩石,这是早期山脉的根部,其高度与喜马拉雅山一样。这块岩石曾被推向高峰,被磨损得一无所有后,又在很久以前被沉积物覆盖。我们知道的许多地球的地质特征都是由相对近期发生的事件得到的。

图源:Michael A. Seeds

地球形成 — 重轰击 — ? — 最古老的化石生命 — 第一批动物在陆地出现 — 原始大陆解体 — 恐龙时代 — 大峡谷的形成

4.6 — 4 — 3 — 2 — 1 — 如今

几十亿年前

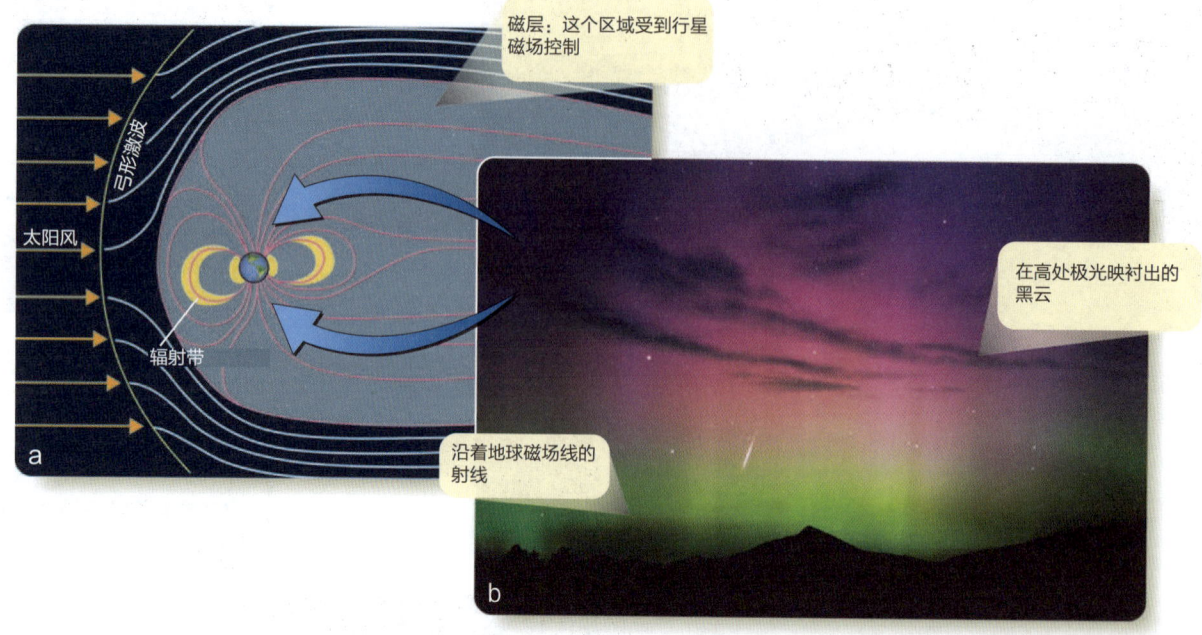

▲ 图 19-8 （a）地球的磁场通过偏转太阳风和将高能粒子困在范艾伦带中而支配着地球周围的空间。磁场线在南北磁极周围进入地球的大气层。（b）强大的电流沿着两极附近的磁场线流下，激发气体原子发出光子，形成极光。由于不同的原子被激发产生了不同的光谱发射线，因此产生了颜色。注意大气中的流星和流星的痕迹

地球内部上升的热量驱动的，在薄薄的固体岩石地壳下面有一个汹涌的熔融层，熔融层将地壳撕成碎片，并把碎片像池塘上的木筏一样推来推去。侵蚀主要是由水完成的，水以雨和雪的形式落下，将山峰撕碎，侵蚀河谷，并将任何隆起的地面冲入大海。构造学建立了山脉和大陆，然后侵蚀作用将它们摧毁。

践行科学

什么证据能够表明地球有一个液态金属核心？科学家们往往没有办法通过直接观察来解决一个问题。

就地球的核心而言，证据是间接的，因为你永远无法访问地球的核心。来自远处地震的地震波穿过地球，但是 S 波并没有穿过地核。因为 S 波不能穿过液体，所以科学家得出结论，地球的核心部分是液体。地球的磁场是其具有液体金属核心的进一步证据。产生磁场的理论，即发电机效应，需要内部有移动的、导电的液体（对于行星）或气体（对于恒星）才能产生磁场。如果地核没有一部分是液态金属，它就不能产生磁场。

两种不同的证据告诉你，地球有一个液态的金属核。现在探究地球的另一个重要特征：你能举出什么证据来支持板块构造的理论？

19-4 地球的大气层

在讲述地球的故事时，就不得不提到它的大气层。大气层不仅是生命所必需的，而且还与地壳密切相关。它通过风和水的侵蚀影响着地表，反过来，地球表面的化学成分也影响着大气层的组成。

19-4a 大气层的起源

你已经知道，地球分化为地核、地幔和地壳。根据一种假设（回顾图 18-10），地球在形成时并没有分化，但放射性元素的缓慢衰变最终加热并熔化了地球的内部，有高密度物质的地核，与有相对低密度物质的地壳等逐渐分层分离。在这一假设中，地球的大气和地表水被认为是在全球的剧烈火山活动中被排出的。

当火山爆发时，所释放的气体中有 50%~80% 是水蒸气，其余的大部分是二氧化碳、氮气和少量硫化物气体（如硫化氢，在黄石国家公园的地热池和间歇泉，就会闻到这种臭鸡蛋味气体）。这些气体会形成地球最初的大气和海洋。

另一些行星形成的模型则表明，地球形成得如此之快，除了放射性衰变之外，它还被内落星子的撞击加热。在这种情况下，排气会起到一定的作用，但地球的大气和表面水的很大一部分是通过轰击而来的。因此，早期的大气会富含二氧化碳、氮气和水蒸气，因为撞向地球并留在地球上的星子星富含这些物质。

天文学家也有理由认为，地球上富集的水资源出现在地球形成过程的后期，富含挥发性物质的星子轰击地球，进而带来了水。这种假设认为，因为外行星质量不断增长，土星、天王星和海王星的向外迁移，进而将这些冰体撒向了地球（请回顾第18-3e节）。

也有假说认为，包括地球在内的太阳系行星，曾受到彗星风暴的轰击，而这些彗星可能提供了地球的部分或全部水。这一假说曾经面临严重的反对，对几颗彗星的光谱研究显示，彗星中氘与氢的比例与地球上的水的比例不一致，所以一些天文学家认为，这意味着现在地球上的水不可能是由彗星般的星子带来的。

然而，对1999年经过太阳时解体的LINEAR彗星的研究表明，该彗星中的水的同位素比例与地球上的水相似。这些数据表明，彗星之间的组成可能存在重大差异——形成于远离太阳的冰星子可能含有更丰富的氘，而形成于接近木星轨道的冰星子可能含有与地球同位素更接近的水。地球的大气和海洋的从何而来，这个被持续研究的问题还没有一个完整的解释。

无论地球的大气层是以何种方式形成的，混合气体的成分都会随着时间的推移而改变。早期的大气层可能富含水蒸气、二氧化碳和其他气体。当它冷却的时候，水凝结成了第一批海洋。二氧化碳很容易溶于水——这就是为什么碳酸饮料如此容易制造——第一批海洋开始吸收大气中的二氧化碳。二氧化碳一旦溶解，就会与海水中的可溶性物质发生反应，在海底形成二氧化硅、碳酸钙（石灰石）和其他矿物沉积物，使海水能够吸收更多的二氧化碳。由于海洋中的这些化学反应，二氧化碳从大气中被转移到海底沉积物中。

当地球形成早期的时候，它的大气层没有自由氧（free oxygen），也就是说，氧气尚未与其他元素结合。氧气非常活跃，很快就在土壤中形成氧化物，或与铁和其他溶解在水中的物质结合。只有植物生命才能通过光合作用保持地球大气中氧气的稳定供给，光合作用通过吸收二氧化碳和释放氧气为植物制造能量。从大约20亿~25亿年前开始，海洋中的光合植物已经繁殖到它们制造氧气的速度超过了化学反应消耗大气氧气的速度。在那之后，大气中的氧气迅速增加。（在最后一章中，关于宇宙中生命的讨论会再次涉及相关问题。）有人认为地球上存在生命是因为氧气的存在，这是一个普遍的误解。事实恰恰相反。地球大气中之所以存在氧气是因为地球上存在生命。除了包括人类在内的少数生物是动物外，地球上的大多数生命形式都不需要氧气，有些甚至会被氧气"毒害"。

臭氧分子（O_3）由三个氧原子连接在一起组成。臭氧分子能很好地吸收紫外线光子。地球的低层大气受到离地表15~30千米（10~20英里）的臭氧层（ozone layer）的保护，而该层的存在是因为大气中含有丰富的普通氧气（O_2），而臭氧就是由氧气解体再重构而成的。由于早期地球的大气层不包含氧气，所以无法形成臭氧层，而太阳的紫外线辐射能够穿透到大气层深处。在那里，高能量的紫外线光子会分解较弱的分子，如水分子（H_2O）。然后，水中的氢气逃到了太空中，而氧气则在地壳中形成氧化物。只有在得到臭氧层的保护后，地球的大气层才能形成现在的成分（见表19-1），而臭氧层需要氧气。

表 19-1 地球大气层

气体	重量比例（%）
N_2	75.5
O_2	23.1
Ar	1.3
CO_2	0.060
Ne	0.001,3
He	0.000,07
CH_4	0.000,1
Kr	0.000,3
H_2O (vapor)	0.006~1.7

* 本表前8行数值来自对大气（不含气态水）的测算

19-4b 气候变化和人类对大气的影响

如果爬到高山的顶端，你会发现那里的气温比海平面低得多（见图19-9）。大多数云在这样的海拔高度形成。再高一点，你会发现空气更冷，而且氧气非常稀薄，无法保护你免受阳光中强烈的紫外线辐射。

由于地球的大气层，你可以安全地生活在地球表面。然而，现代文明以至少两种不同的方式——增加二氧化碳（CO_2）和破坏臭氧层——严重地改变了地球大气层。

地球大气中的二氧化碳浓度很重要，因为二氧化碳可以通过温室效应（greenhouse effect）过程捕获热

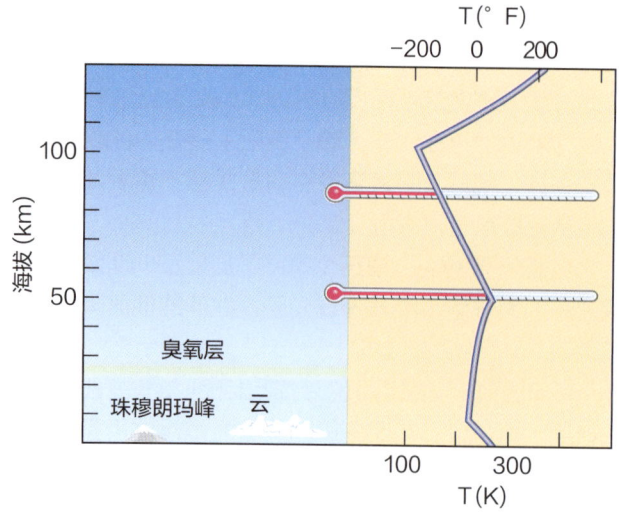

▲ 图19-9 图中所示的温度由放在地球大气层不同高度的温度计记录。你居住在低处几千米的地方，这里很舒适；但在大气层的高处，温度就相当低了。臭氧层位于地球表面以上15~30千米处

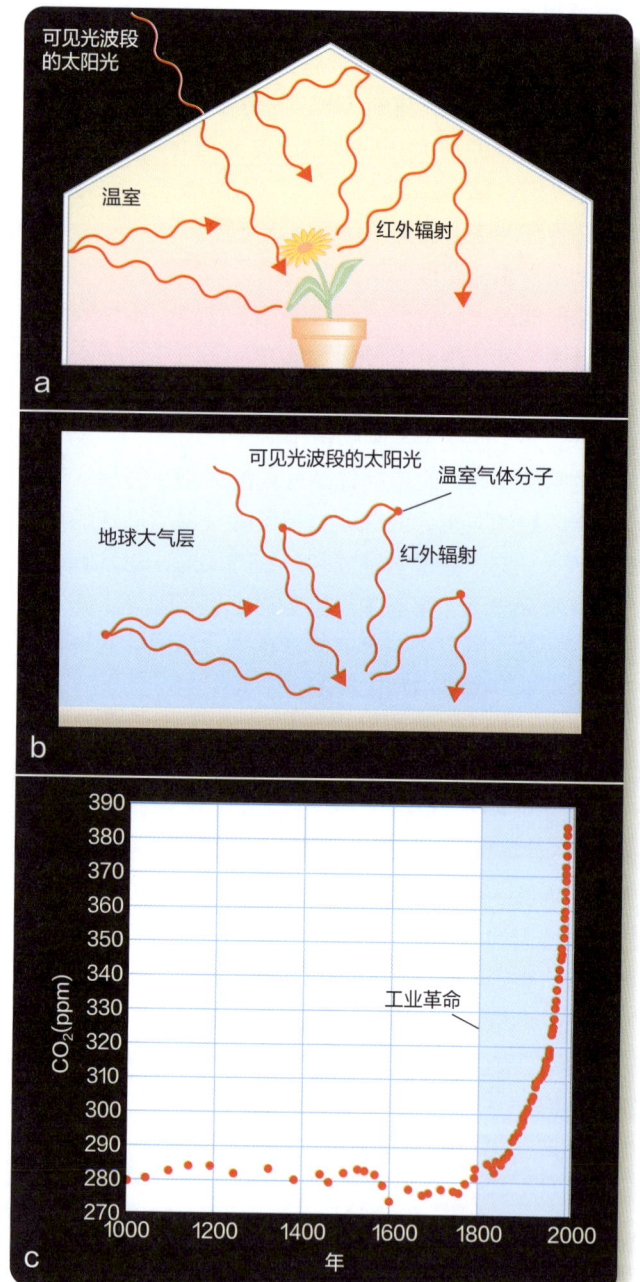

▲ 图19-10 温室效应。（a）可见光波段的太阳光可以进入温室并加热其中的物体，但长波长的红外辐射并不能从温室出去。（b）如果大气中含有二氧化碳等温室气体，同样的过程也可以加热地球表面。（c）根据南极冰芯的测量，地球大气中的二氧化碳浓度在数千年内基本保持不变，直到1800年前后工业革命开始迅速走高。从那时起，地球大气层中的二氧化碳含量已增加40%以上。（注意图中刻度的底部不是零）。大气中的碳同位素和氧气比例的证据证明，大部分增加的二氧化碳是燃烧化石燃料的结果

量（见图19-10a）。当阳光透过温室的玻璃屋顶时，会加热里面的长椅和植物。被加热物体的内部发出红外辐射，但玻璃对红外波段是不透明的。温室中的暖空气不能与外面的冷空气混合，因此热量被截留在温室内，温度不断攀升，直到玻璃本身变暖，足以像阳光进入一样快速辐射出热量。这与停在阳光下车窗关闭的汽车被加热的过程相同。

地球的大气层对太阳光是透明的，当地面吸收了太阳光后，它就会变暖，并以红外波长辐射。然而，二氧化碳使大气对红外辐射的透明度降低，因此来自温暖地面的二氧化碳的红外辐射被大气吸收，无法返回太空。如此，二氧化碳就捕获了热量，使地球变暖（见图19-10b）。

有人说"温室效应是十足的坏事"，这是一个常见的误解。证据表明，整个地球的历史都有温室效应。如果没有温室效应，目前地球至少会冷30℃（54°F），而且不适合水基生命居住。问题是，人类文明向大气层添加二氧化碳的速度比自然界消除二氧化碳的速度要快，从而在短期内增加了温室效应的强度。

二氧化碳不是唯一的温室气体。水蒸气、甲烷和其他气体也有助于温暖地球，但二氧化碳是最重要的。40亿年来，地球上的自然过程已经将二氧化碳从大气中移除，并以石灰石、煤、石油和天然气的形式将碳埋藏起来。自18世纪末工业革命开始以来，人类一直在挖掘大量富含碳的燃料，通过燃烧化石燃料获得能量，并将二氧化碳释放入大气中（见图19-10c）。一个常见的误解是，与火山等自然来源相比，人类输出的二氧化碳是很少的。科学家仔细测量了碳同位素的比例以及大气

中二氧化碳与氧气的相对含量，发现自1800年以来添加到大气中的二氧化碳主要或完全是人类燃烧化石燃料的结果。还有一些研究估计，到2100年，大气中的二氧化碳含量可能是社会工业化前二氧化碳含量水平的两倍。

二氧化碳浓度的增加正在加剧温室效应，使地球快速变暖，这就是所谓的全球变暖（global warming）。对古老树木的生长环的研究表明，在过去一千年的大部分时间里，地球的平均气候一直在变冷，但自20世纪起这一趋势得到了扭转，并导致地球平均气温上升了0.6℃~0.9℃（1.0°F~1.7°F）。

很难预测未来变暖的程度，因为除温室气体的丰富程度外，地球的气候还对许多不同的因素非常敏感。例如，一个星球的反照率（albedo）是太阳光照射到它时被反射掉的部分。一个反照率为1的星球将是完全白色的，而一个反照率为0的星球将是完全黑色的。地球的总体反照率是0.31，这意味着它把照射到它身上的太阳光的31%反射回太空。大部分的反射是由云层造成的，而云层的形成主要取决于高层大气中水蒸气的存在、高层大气的温度，以及大气环流的模式。

其中任何一个因素的微小变化都可能改变地球的反照率，从而改变其气候。例如，轻微的变暖会使大气中的水蒸气增加，而水蒸气是另一种温室气体，会加强变暖。但水蒸气的增加可能会加厚云层，增加地球的反照率，并部分地减少地球变暖。另外，高浓度的"冰云"往往会增强温室效应。情况很复杂，因此对未来变暖的精确计算并不容易进行。此外，即使是温度的微小变化也会改变大气和海洋的循环模式，而这种变化的后果也是非常难以模拟的。

尽管未来是不确定的，但目前全球气候总的趋势是指向持续、明显的变暖。自19世纪以来，很多高原上的冰川已经急剧融化。测量显示，极地的永久冻土、冰架和北冰洋上的冰正在融化。一个常见的误解是，目前观测到的全球变暖可能是自然原因的结果，而不是人类行为加剧的温室效应的作用。通过观测和记录地轴倾角、方向以及地球轨道形状的规则和可预测的变化（即米兰科维奇周期，第2~4节），科学家可以推测，按自然规律地球温度应该慢慢走向更低而不是走高。此外，近几十年来空间探测器的细致观测也表明，太阳在活动周期中的平均光度一直是恒定的或有非常轻微的下降，气候走势与天文规律预测相悖，只能说明全球变暖的现象已经非常明显了。

虽然现在气候变化不大，但在未来将是一个严重的问题。即使是温度的小幅上升，也会对农业生产造成严重影响——农业不仅对温度的上升敏感，而且也严重受到降水变化的影响。一个常见的误解是，由于全球变暖，整个地球将以同样的速度变暖。但是，地球模型预测，尽管北美大部分地区将变得更暖和、更干燥，但欧洲将变得更冷、更潮湿。此外，格陵兰岛等极地的冰雪融化会导致海平面上升，淹没沿海地区并改变海岸环境。海平面的逐渐上升将淹没巨大的低洼地区，如佛罗里达州的几乎所有地区。

毫无疑问，人类文明正在通过加强温室效应使地球快速变暖，但人类找不到好的补救措施。减少释放到大气中的二氧化碳和其他温室气体的数量是困难的，因为现代社会严重依赖通过燃烧化石燃料作为能源。保护森林也是困难的，因为不断增长的人口，特别是在拥有大量森林储备的发展中国家，需要砍伐森林扩充农业用地。在如何应对全球变暖问题上，政治、商业和经济领域的领导者的认知和主张各不相同，但全世界的科学家早已达成共识——与全球变暖相关的气候变化是真实的，这是由人类活动导致的，并将改变地球。不确定的问题是，人类是否有能力对此有所作为，或是否会真正采取措施阻止地球变暖。

人类对地球大气的影响已经超出了自然温室效应的范围，而现代工业文明也在减少地球大气中的臭氧含量。许多人有一个普遍的误解，认为臭氧是不好的，因为他们听到"臭氧"就自然联想到城市空气的污染物，并认为这是由汽车排放产生。呼吸臭氧的确对人体有害，但是，正如你在本章前面所学到的，大气层上部的臭氧层可以保护大气层下部和地球表面免受太阳紫外线的伤害。臭氧是一种不稳定的分子，具有化学活性。某些被称为氟氯化碳（CFC）的化学品，常用于制冷、空调和一些工业过程，会破坏臭氧。当这些氟氯化碳逃逸到大气中时，它们会混入臭氧层，并将臭氧（O_3）重新转化为普通的氧气（O_2）分子。普通氧气不能阻挡紫外线辐射，因此臭氧层的消耗会导致地球表面的紫外线辐射量增加。在小剂量下，紫外线辐射广受日光浴爱好者追捧，但大量紫外线辐射会导致皮肤癌。

南极洲上空的臭氧层对CFC特别敏感。从20世纪70年代末开始，南极洲上空的臭氧浓度明显下降。每年10月南极之春时，南极洲大陆上空都会出现一个巨大的臭氧层空洞（见图19-11）。卫星和地面监测显示，同样的事情开始扩散到了北半球高纬度地区，到达地面的紫外线辐射量增加。这是大自然的一个早期警告，人类活动正在以一种潜在的危险方式改变着地球的

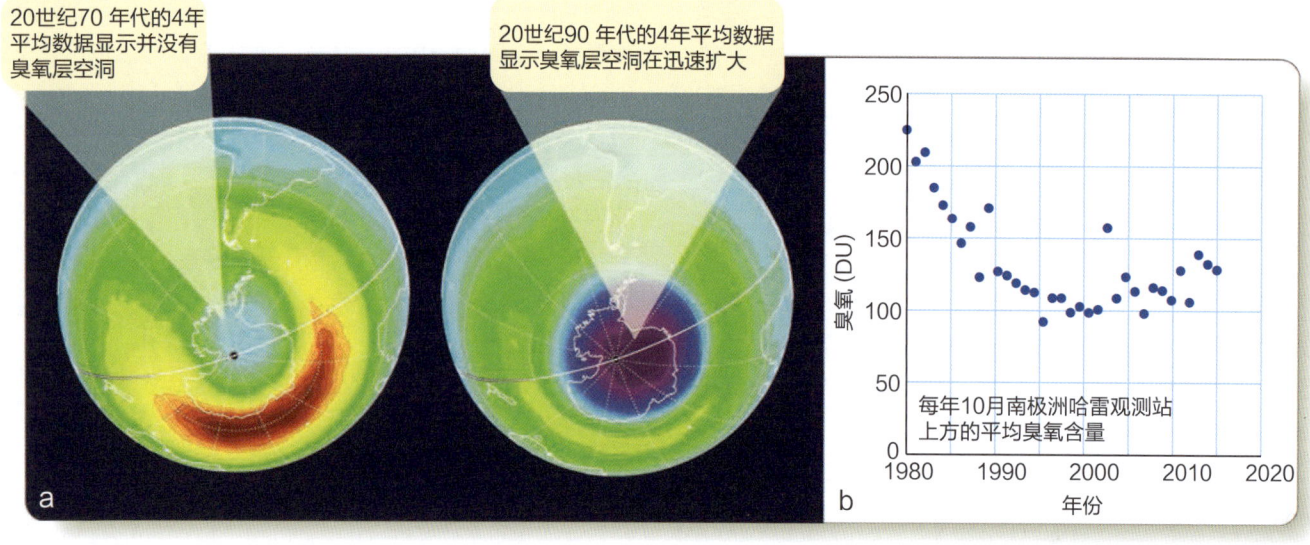

▲ 图 19-11　（a）南极洲上空臭氧浓度的卫星观测数据，这里用红色表示最高浓度，用紫色表示最低浓度。从 20 世纪 70 年代末开始，南极上空出现了一个臭氧层空洞，在 1995 年前后达到最大范围。（b）在近 40 年的时间跨度中，南极洲冬季结束前后的最低臭氧值。尽管臭氧消耗在南极上空最为显著，但所有全球各纬度的臭氧浓度都有所下降。自 2000 年以来，由于禁止使用 CFC，臭氧浓度似乎有所回升

大气层。幸运的是，由于这一警告，国际协议禁止了大部分氟氯化碳的使用，臭氧层空洞扩大的趋势似乎已经放缓，并且可能正在逆转。

还有一个常见的误解是，全球变暖和臭氧消耗是同一事物的两个名称。请仔细注意，臭氧层空洞是地球环境的第二个问题，基本上与全球变暖独立。地球大气中的二氧化碳和臭氧问题并非独有，在金星和火星上也有类似的情况。当在后面一章研究金星时，你会发现一个失控的温室效应，它使这个星球的表面热得足以熔化铅。在火星上，你会发现一个没有臭氧层的大气层，而火星上几分钟的日光浴就足以让你丧命。通过研究其他星球的极端条件，你可以进一步了解我们所在的这个星球。

践行科学

为什么地球的大气层含有少量的二氧化碳和大量的氧气？作为一名科学家，你必须学会期待意外的发生。

由于火山排气主要释放 CO_2、N_2 和水蒸气，你可能会认为地球的大气中含有非常丰富的 CO_2。然而，二氧化碳极易溶于水，而地球的表面温度又允许大部分表面被液态水覆盖。因此，二氧化碳在海洋中溶解，并与海洋中的矿物质结合，形成二氧化硅、石灰石和其他矿物质。通过这种方式，二氧化碳从大气中被移除，并被埋在地壳中。相比之下，氧气高度活跃，很容易形成氧化物，你可能会认为它在大气层中是罕见的。然而，由于绿色植物向地球大气层释放氧气的速度比大气中的氧化反应消耗氧气的速度快，所以氧气能够不断得到补充——对动物而言，这是个非常令人高兴的消息。如果没有液态海洋和植物生命，地球将被厚厚的二氧化碳大气层覆盖，其中没有自由氧。

现在对你的发现做进一步思考：除了不利于动物呼吸作用外，为什么二氧化碳过量和自由氧不足会对地球上的所有生命造成危害？

我们是什么

幻想家

科学最具魅力的一面,就是它能够揭示"看不见的"东西的规律。也就是说,在你永远无法访问的区域,科学也能触及并向你展示其中的奥秘。在前几章中,当研究太阳和恒星的内部、中子星的表面、黑洞周围的事件视界、活跃星系的核球等问题时,你就已经领略了科学的力量。在本章中,你又通过科学,"看到"了地球的核心。

工程师建造现实世界中的事物,而幻想家则在想象空间中构建事物。地球上的大多数生物无法想象"不存在"的情况,但人类已经进化出了说"如果"的能力。我们的古代祖先可以想象"如果"一只老虎躲在草丛中会做出什么行为,而我们则可以想象地球的内部。

诗人可以想象地球的心脏,伟大的作家可以想象前往地球中心的旅程。而科学家们,则学会了以谨慎控制的方式使用他们的想象力。在证据和理论的指导下,他们可以想象熔融地核的细节。

当阅读这一章时,如果你能看到黄澄澄的光芒,感受到液态铁的热量,那么你就是一个"科学幻想家"。

人类的想象力使科学成为可能,并利用科学带来巨大的刺激——探索超越人类正常经验的极限。

20 月球和水星:空气稀薄的世界

艺术构想+可见光对比增强图

图源:NASA/JHU APL/CIW

▲ 基于信使号航天器拍摄的水星表面部分真实图像,艺术家做了一定加工——增强的色彩强调了水星表面不同区域的多样成分

想飞往月球吗?那你需要准备的可不仅是一份午餐。月球上没有空气,没有水,并且阳光强烈到足以杀死你;但是,如果你躲在阴凉处,你又可能会在瞬间被冻死。水星也是这样的世界。地球对人类来说似乎很友好,而其他的星球对人类就没那么友好了。无论如何,非地球的世界,依然在以令人惊讶的方式与地球发生关联。探索这两个没有空气的世界,将有助于你回答以下3个重要问题。

> ▶ 月球是如何形成和演化的?
> ▶ 水星在哪些方面既与月球相似,又与之不同?
> ▶ 月球和水星的历史与地球的历史有什么联系?

通过探索没有大气层的世界,你将开启对行星的详细研究。在下一章中,你将转向有大气层的大行星。它们不一定会更有趣,但它们一定不那么像地球。

> 这是我个人的一小步……也是人类的一大步。
>
> ——尼尔·阿姆斯特朗，第一个在月球上行走的人
>
> 美丽，美丽。宏伟的荒凉。
>
> ——巴兹·奥尔德林，第二个在月球上行走的人

如果你是第一批在月球上行走的人，你会怎么说？作为第一个踏上另一个世界的人，尼尔·阿姆斯特朗回答了这次探索的历史意义。巴兹·奥尔德林是第二位，他则对月球本身发出了惊叹——它是荒凉的，但也是宏伟的。月球并不罕见，宇宙中的许多行星看起来都很像地球的卫星月球，而宇航员可能有一天会在这些行星上行走，并与月球进行比较。对你而言，如果你足够年轻，并且最终变得足够富有，会有几个商业性的航天企业想让你买到属于自己的月球旅行票。

在本章中，你将使用比较行星学来研究月球和水星，并继续关注行星天文学的三个重要主题：内部热量流动、陨击和巨大撞击事件。这三个主题将有助于你整理天文学家所了解的关于月球和水星的大量细节。

20-1 月球

虽然迄今为止只有 12 个人在月球上行走过，但行星科学家们已经对它非常了解。科学家和观测设备送回地球的照片、测量结果和样本描绘了一幅没有空气、古老、有着受创地壳的景象。月球是一个由行星灾难形成的世界。

20-1a 地球上看到的风景

天文学家计算出，当月球最初形成时，它的自转速度比现在快。地球的质量是月球的 81 倍（见本节末尾的"天体简介：月球"），而且地球对月球的潮汐力很强。地球的引力使月球上出现了潮汐隆起，而隆起的摩擦力使月球自转减速，直到它现在绕地球的公转周期和自转周期同步，并且始终保持同一面面向地球。这是潮汐耦合（tidal coupling）的一个例子，即一个天体的自转被锁定在一个更大的天体上。这就是为什么我们总是只看到月球的同一面，而从地球上永远看不到月球的背面。早在人类出现之前，月球那张熟悉的"脸"就已经面向地球了（见图 20-1）。

根据已经了解的情况，你可以预测，月球应该没有

▲ 图 20-1 月球面向地球的那一面对我们来说并不陌生，这一面上的环形山以著名的科学家和哲学家的名字命名，而其上所谓的海洋也被赋予了浪漫的名字。例如，雨海（Mare Imbrium）是雨之海，宁海（Mare Tranquillitatis）是宁静之海。当然，月球上实际并没有水

大气层。它是一个小小的天体，逃逸速度太低，无法阻止气体原子和分子离开月球。你甚至可以用一个小型望远镜来证实你的假设——月球上没有云或其他明显的大气层的痕迹。用一个小型的望远镜，你可以看到星星在月球边缘（它的圆盘边缘）后面消失，而不会经过大气层遮蔽而显得暗淡。此外，明暗界线（terminator）附近的阴影，也就是白天和黑暗的分界线，是尖锐的黑色，表明月球上没有空气来散射光线和软化阴影。显然，月球是一个没有空气的世界，因此也就没有声音。

月球的表面被分为两种截然不同的地形。月球高地充满了错落有致的山脉，但没有像地球上那样的褶皱山脉。这表明，月球没有板块构造。相反，月球的山脉是由数百万个重叠的陨击坑堆积起来的。事实上，月球高地上的陨击坑已经饱和，这意味着如果不破坏一个旧的陨击坑，就不可能形成一个新的陨击坑。相比之下，比高地低约 3 千米（2 英里）的低地，是光滑、黑暗的平原，被称为月海（mare，复数 maria）。第一批使用望远镜的观测者认为这些是水体，但进一步的检查表明，月海上有山脊、月面断层和分散的环形山，所以它们不可能是水。古老的熔岩流过更古老的、有环形山的低地，形成平坦的月海。

▲ 图20-2 照片中可见的细节显示，在很久以前陨石就持续撞击月球，并让其表面充斥着各种陨击坑。此后，熔岩涌出，填满了最大的盆地，将那里的陨击坑覆盖成了光滑的平原

图源：Telescope images: UC Regents/Lick Observatory; Apollo 15 image: NASA

熔岩流表明，月球上曾经有火山活动，但是在月球上看不到任何大型火山，也没有发现过活跃的火山活动。形成月海的熔岩流发生在很久以前，其流动性太强，无法形成高山。当换上一个好的望远镜，并辅以一些勤奋的搜索，你可以找到一些被月球地表下熔岩推起的小圆顶，以及一些长的、蜿蜒的、被称为"弯曲沟纹"（sinuous rille）的通道（见图20-2）。这些沟纹通常在月海的边缘被发现，显然是由流动的熔岩切割而成。在某些情况下，这种沟纹可能曾有一个固体岩石的"屋顶"，形成一个熔岩管道。在熔岩流走之后，陨石的撞击使"屋顶"坍塌，形成了一个蜿蜒的岩洞。从地球上看到的景象仅提供一些与月海有关的古代火山活动线索。

熔岩流和陨击坑在月球的历史中占主导地位。学习"概念艺术·陨石撞击"，注意3个要点和5个新术语：

1. 陨击坑具有某些显著的特征，如其形状和其周围的喷出物（ejecta）、辐射纹（ray）和次级陨击坑（secondary crater）。

2. 月球陨击坑的范围是从微陨星（micro-meteorite）形成的小坑到巨大的多环盆地（multiringed basin）。

3. 月球上的大多数陨击坑都很古老；它们是在很久以前的太阳系早期形成的。

陨石一直都在撞击月球，但大型的撞击在今天是很罕见的。2014年，地球上的观测者发现了一道闪光，后来经过计算，这是一个直径为1米的物体撞击地球产生的结果，它会砸出一个至少10米（33英尺）宽的坑。天文学家估计，每隔几十年就会有直径几十米的陨石撞击月球，但从来没有人真切地目睹过这样的撞击。自望远镜发明以来，月球表面似乎并没有明显的变化。正如你将在后面一章中了解到的那样，大型撞击确实发生在月球和地球上，但几乎所有通过望远镜看到的月球陨击坑都是太阳系早期阶段的产物。

基于地球上可见的月球特征，天文学家能够构建一个假设的月球历史。这段历史是这样的：当月球形成时，它的地壳会被行星形成时留下的碎片重重地撞击。在陨击后的某个时候，熔岩从地壳下面涌出，淹没了低洼地带，覆盖了那里的陨击坑，形成了光滑的月海。月海只有轻微的撞击痕迹，而且一定比充斥环形山的高

我们如何得知 20-1

假设和理论如何将观测细节统一起来

为什么玩接球时除了看球,还需要注意更多的东西?

像任何技术学科一样,科学包括大量的细节、事实、数字、测量和观察。大量的细节可能让人不知所措,而科学的目标不是发现更多的细节,而是用一个统一的假设或理论来解释这些细节。

例如,当一个心理学家开始研究人眼和大脑对移动物体的反应模式时,会通过详细的测量和观察记录下大量数据。对一个移动的球,婴儿只会片刻地关注,但是大一点的孩子看的时间更长。成年人可以更长时间地专注于移动的球,但如果给他们一根棍子来指,他们的眼睛就会有不同的动作。通过对大脑活动的扫描显示,在不同年龄和不同情况下,人体大脑中活跃的区域不同。

图源:Franklin and Marshall College/Phyllis Leber

当科学家创建一个假说时,它将大量的观察和测量结果统一在一起

从这些数据中,心理学家可能会形成这样的假设:人脑处理视觉信息的方式因其预期用途不同而产生差异。如果你看着投手在摩擦手中的棒球,你的大脑以一种方式处理视觉信息;如果你看到一个棒球向你飞来,而你必须接住它,你的大脑则以不同的方式处理信息。心理学家的假说把所有的细节都归纳为行动能力和必要性的逻辑论证的一部分(因此,婴儿难以集中注意力跟踪移动的球)。有时球是一个可能粗糙或光滑的物体,但有时它是一个需要捕捉的物体,大脑的反应是恰当的。

同样,行星科学家们将几个世纪以来的月球观测与阿波罗任务/机器人登陆器带回的岩石的详细分析结合起来,对月球的起源和历史做出了假设。并非所有的数据都符合这个统一的假说,但我们了解的大部分月球相关细节都可以通过这个统一的假说联系起来。最终,随着它以多种方式被成功测试,变得越来越全面,统一了广泛的数据后,这个假设可能会"毕业",被视为一种理论。

科学的目标是了解自然,而不是记住细节。无论科学家是研究大脑功能的心理学家,还是研究行星形成的天文学家,他们都在试图统一观测到的所有细节,并用一个假说或理论来解释它们。

地年限短。在月海上只能找到几个大的陨击坑,如图20-1中的"开普勒"和"哥白尼",而陨击坑一定也比月海年轻。这种非理论的叙事提供了一个框架,将现有的细节和观测结果组织起来(我们如何得知20-1)。但是,在宇航员前往月球进行现场测量和观察,并将岩石带回来进行分析之前,这样的"历史"是无法被证实的。

很难估计任何具体环形山的真实年龄。在某些情况下,你可以通过对比一个环形山(或其辐射纹)与其覆盖的其他环形山的关系,来找到相对年龄(relative age)。显然,上面的环形山一定比下面的环形山年轻。一旦有了月球样本,这些相对年龄就可以用放射性测年法进行校准。其结果将显示出陨石对月球的撞击率(catering rate)是如何随时间变化的。结合所有这些信息,即使宇航员没有访问过的月球表面,天文学家也可以根据这个区域的环形山的大小和数量,估计该部分的绝对年龄(absolute age)。低地的月海地区有20亿~40亿年的历史,而高地地区年代则更久远。但无论如何,为了真正了解月球表面的历史,人类必须去到那里并带回样品。

20-1b 阿波罗任务

1961年,肯尼迪总统承诺美国将在1970年之前让人类登陆月球。尽管做出这一决定的原因更多的是与经济、国际政治和技术竞争有关,而不是与科学有关,但阿波罗计划的确成为了一次奇妙的科学探险。整个计划包括了六次对月球表面的探险,并改变了人类对地球的看法。

陨石撞击

1 陨击坑覆盖了月球和太阳系中许多其他天体。陨击坑是由各种大小的陨石高速撞击在天体表面产生的，例如，撞击月球的陨石速度为10~70 km/s。

以这种速度撞击月球的陨石可以产生一个直径比陨石自身大10倍甚至更大的陨击坑。为了清楚起见，右图夸大了陨石在垂直方向造成的影响。

陨石撞击

一个物体以高速接近月球表面

在撞击时，陨石会变形、受热并被气化

由此产生的爆炸炸出了一个圆形的大坑

地表的坍塌在坑壁上产生不同"阶梯"而回弹可以拔高中峰

1a 左图是月球上的欧拉陨击坑，直径为27千米（17英里）。当你在影子较长的明暗界线附近看到陨击坑时，它们看起来很深；但是，一个典型的陨击坑只有其直径的五分之一到十分之一深，而最大的陨击坑甚至更浅。

这是因为，陨击坑是由向外的冲击波、岩石的反弹和热蒸气的膨胀形成的。陨击坑几乎总是圆形的，即使陨石以垂直的角度撞击表面。

从陨击坑中炸出的碎片被称为喷出物，它们回落覆盖了陨击坑附近的月表。沿着特定方向射出的喷出物可以形成清晰的射线。

1b 从遥远的撞击中喷出的岩石可以落回地表，形成较小的陨击坑，称为次级陨击坑（secondarycrater）。左图的陨击链是一条45千米（28英里）长的次级陨击坑链，是由图中右下方200千米（125英里）外的巨大哥白尼陨击坑（Copernicus Crater）的喷出物产生的。

随着阳光改变矿物，小陨石搅动表面的尘埃，清晰的喷出物和辐射级逐渐变暗。清晰的辐射纹是年轻地表的标志。大约只有1亿岁的第谷坑的辐射纹延伸了半个月球。

2 右图是普拉姆陨击坑（Plum Crater），直径40米（130英尺）。阿波罗16号的宇航员曾到访于此。在这里，你可以注意到许多较小的陨击坑。月球陨击坑的尺寸范围很广，既有巨大的陨击盆地，也有被微小尺寸的陨石（微陨石，micrometeorites）击中产生的小坑。

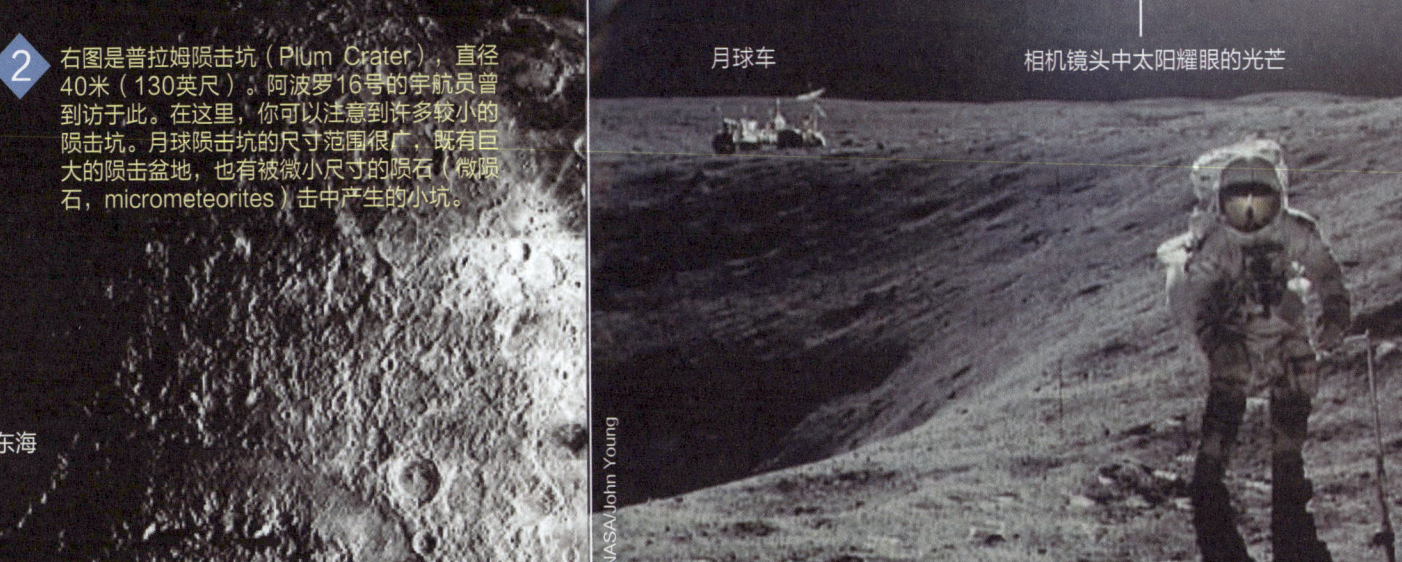

月球车　　　　相机镜头中太阳耀眼的光芒

图源：NASA/John Young

东海

凝固的熔岩

2a 在较大的陨击坑中，岩石的变形可以形成一个或多个与外缘同心的内环。这些陨击坑中最大的被称为多环盆地（multiringed basin）。如左图所示，在可见月面的西边，东海（Mare Orientale）最外圈的直径几乎达到了900千米（550英里）。

2b 陨击的能量可以融化岩石，其中一些落回陨击坑并凝固。当月球还年轻时，陨击坑也可能被从地壳下面涌出的熔岩淹没。

可见光

图源：NASA

在地球上发现的一些陨石经化学鉴定为月球表面因受到陨击作用而飞到太空中的月表碎片，这些陨石碎片化的性质表明月球表面曾被撞击过。

3 月球上的大多数陨击坑是很久以前产生的，当时太阳系充满了行星形成时产生的碎片。如下图所示，随着这些碎片被清除，陨击率迅速下降。

来自月球的陨石

图源：NASA

陨击坑形成率

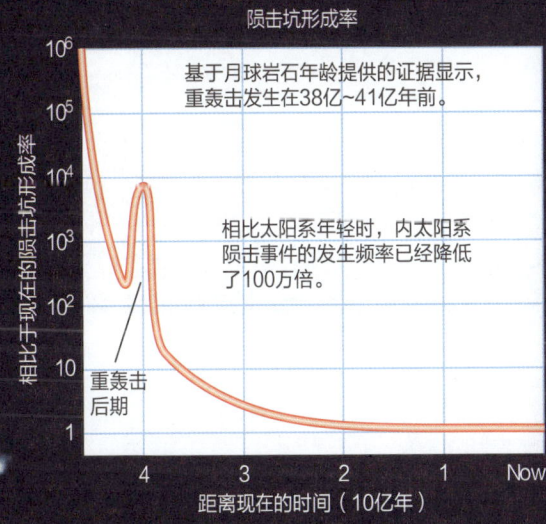

基于月球岩石年龄提供的证据显示，重轰击发生在38亿~41亿年前。

相比太阳系年轻时，内太阳系陨击事件的发生频率已经降低了100万倍。

重轰击后期

距离现在的时间（10亿年）

飞往月球并不特别困难，只要有足够动力的火箭和足够的食物、水和空气，这就是一次简单的旅行。在月球上着陆比较困难，但并非不可能。月球的重力只有地球的1/6，而且没有大气层来干扰飞船的轨迹。月球旅行中，最困难的是实现到达月球、着陆、起飞和返回地球的完整闭环。飞船必须携带食物、水和空气，以便在太空中停留数日，再加上燃料和火箭，用于中途修正、着陆和发射回地球——这将需要一个非常庞大的飞行器。美国科学家当时的解决办法是，将两艘飞船带到月球，一艘用于往返，一艘用于降落（见图20-3）。

指挥舱（command module）是这次旅行的长期生活空间和指挥中心，三名宇航员必须在其中生活一周。指挥舱携带所有的生命支持设备、物资、导航仪器、计算机等，以便在太空中进行一周的旅行。小型登月舱（lunar module，LM）被固定在指挥舱的前面，就像自行车被捆绑在家庭露营车的前面一样。它只携带了从月球轨道到月球表面的短途旅行所必需的燃料和补给，而且它的建造是为了最大限度地减少重量并提高机动性。

月球较弱的引力使登月舱的设计相对简单，在地球上着陆需要宇航员躺在沙发上，但在月球表面的旅行涉及较小的加速度。在登月舱的早期版本中，宇航员看起来像是坐在自行车座椅上，但后来为了减轻重量，连这样的简易座椅都被拆除了。宇航员在登月舱中根本没有座位，一旦他们开始下降并获得重力，他们就站在由带子支撑的控制装置旁，像火箭冲浪板上的冒险者一样骑着登月舱。一名宇航员留在月球轨道上的指挥舱，而另外两名宇航员通过登月舱往返月球表面和指挥舱。

当登月舱从月球表面升空时，更大的降落火箭和支撑台被留下以减轻重量。只有载有两名宇航员、他们的仪器和他们收集的岩石的舱返回到轨道上方的指挥舱，从月球表面起飞的登月舱中的宇航员将再次站在控制装置前。将他们带回绕月轨道的火箭发动机比洗碗机大不了多少。

此行最复杂的部分，是登月舱的微小上升平台与指挥舱之间的会合和对接。在雷达系统和计算机的帮助下，两名宇航员与指挥舱对接，转移他们的月球岩石，并抛弃登月舱的残骸，只有指挥舱回到地球。

1969年7月20日，第一次由人类驾驶的飞船登陆月球成功。当迈克尔·柯林斯在月球周围的轨道上等待时，尼尔·阿姆斯特朗和巴兹·奥尔德林驾驶登月舱下降到月球表面。虽然计算机控制了大部分的下降过程，宇航员不得不取消一些软件警报并手动控制登月舱，以避开一个比足球场还大的巨石陨击坑。

在1969年7月至1972年12月期间，有12人登陆月球表面，收集了380千克（840磅）岩石和土壤（见表20-1）。这些飞行经过了精心计划，以访问月球不同的区域，让研究人员能够对月球表面有一个全面的了解。

图源：NASA

▲ 图20-3　在登月舱内，两名宇航员站在比两个电话亭还狭窄的空间里。登月舱的金属表皮非常薄，很容易弯曲。登月舱的腿是专门针对月球的微弱引力而设计的，在地球上无法支撑着陆器的重量。仅着陆器的上半部分可以从月表升空飞，并将宇航员送回绕月轨道上的指挥舱

表 20-1　阿波罗登月行动

阿波罗计划*	宇航员**	日期	行动目标	样本质量（kg）	代表性样本	样本年龄（10⁹年）
11	尼尔·阿姆斯特朗 巴兹·奥尔德林 迈克尔·柯林斯	1969年7月	首次人类登月行动；在静海区域（Mare Tranquillitatis）登陆		月海玄武岩	3.48~3.72
12	皮特·康拉德 理查德·戈尔登 艾伦·宾	1969年12月	探访勘测者3号，采样风暴洋		月海玄武岩	3.15~3.37
14	艾伦·谢泼德 斯图尔特·罗萨 艾德加·米切尔	1971年2月	采样雨海喷出物，弗拉·毛罗环形山		角砾岩	3.85~3.96
15	大卫·斯科特 阿尔弗莱德·沃尔登 詹姆斯·艾尔文	1971年7月	采样雨海边缘、亚平宁山脉，哈德利沟纹		月海玄武岩 高地斜长岩	3.28~3.44 4.09
16	约翰·杨 肯·马丁利 查尔斯·杜克	1972年4月	采样高地地壳，凯利形成（喷出物），笛卡尔环形山		高地玄武岩 角砾岩	3.84 3.92
17	尤金·塞尔南 罗纳德·埃万斯 哈里森·施密特	1972年12月	采样高地地壳、暗晕环形，金牛-利科罗夫峡谷地区		月海玄武岩 高地角砾岩 碎纯橄榄岩	3.77 3.86 4.48

* 阿波罗13号在途中发生爆炸，未能着陆。
** 宇航员从上至下分别为：指挥官、登月舱飞行员和指挥舱驾驶员。

第一次和第二次飞行是在相对安全的地点着陆（见图20-4）——静海（阿波罗11号）和风暴洋（阿波罗12号）。阿波罗13号的目的地是一个更复杂的地点，但在前往月球的途中，一个氧气罐的爆炸夺走了所有的着陆机会，并几乎使宇航员失去了生命。他们成功地利用登月舱中的生命支持系统生存下来，绕过月球背面，几天后乘坐残缺不全的登月舱安全返回地球。

最近的四次阿波罗任务，即阿波罗14至17，对月球上重要的地理环境进行了采样。阿波罗14号访问了弗拉·毛罗环形山（Fra Mauro），该地区被撞击产生

图源．(a) and (b)：NASA

▲ 图20-4　(a) 阿波罗11号，第一次登月任务，降落在月球低地的静海的光滑表面，地平线笔直而平坦。(b) 三年后，当阿波罗17号降落在月球高地的金牛-利科罗夫峡谷地区时，宇航员发现地平线是山地，地形崎岖。这块大石头是一块喷射物，在过去的某个时间里，它被遥远地平线外的一次撞击抛到了这里。回头看看图20-1，在地图的右中部找到静海和澄海（Mare Serenitatis）

的喷出物覆盖。通过挖掘这些喷出物，还发现了现在由雨海（Imbrium）填充的多环盆地。阿波罗 15 号访问了亚平宁山脉（Apennine Mountains）脚下的雨海边缘，并察看了哈德利月溪（Hadley Rille）（见图 20-2）。阿波罗 16 号和阿波罗 17 号访问了月球高地，对月球年代较久远的地壳进行采样（见图 20-4）。如今，几乎所有这六次登陆带回的月球样本都保存在休斯敦约翰逊航天中心的行星材料实验室，有一个被嵌入华盛顿特区国家大教堂的彩色玻璃窗中。这些月球样本是人类的宝贵财富，包含了我们太阳系起源的线索。

20-1c 月球地质学

科学家们急切地期盼着月球岩石返回地球。通过分析这些岩石样本，可以揭示月球的物理化学历史、地球的起源和演化，以及太阳星云中形成行星的条件等各方面的线索。这些研究，再加上阿波罗宇航员在现场进行的测量，以及他们留下的地震仪向地球发送的数据使人类对月球的了解有了巨大的飞跃。自从 1972 年最后一批天体物理学家在月球上行走以来，一些机器人探测器依然继续着对我们地球伙伴的探索。

在阿波罗宇航员携带回地球的许多岩石样本中，每一个都是火成岩（igneous），也就是说，它们是由熔融岩石的冷却和凝固形成的。在月球上并没有发现沉积岩（sedimentary rock），这与月球表面从未有过液态水的认识一致。此外，带回来的月球岩石是非常干燥的。几乎所有的地球岩石都含有 1%~2% 的水——要么是被困在岩石中的自由水，要么是与某些矿物化学分子结合的水分子。相比之下，阿波罗宇航员带回的月球岩石几乎不含水。

来自月海的岩石是深色、致密的玄武岩，很像夏威夷火山产生的凝固熔岩（见图 20-5）。这些岩石富含重金属元素，如铁、锰和钛，这使它们呈深色。有些玄武岩是泡状的（vesicular），这意味着它们有由熔融岩石中气泡引起的孔洞，就像碳酸饮料中的气泡一样，在岩浆受压时，这些气泡不会形成；只有当熔岩流到压力低的月球表面时，才会出现气泡。一些玄武岩的泡状性质表明，这些岩石是在到达地表的熔岩流中形成的，并没有在地下凝固。

◀ 图 20-5 从月球带回的岩石表明，月球是在熔融状态下形成的。它在年轻时因陨石撞击而严重断裂，现在主要受微陨星在岩石表面磨蚀的影响

图源：NASA

通过放射性测年法测量的月海玄武岩的绝对年龄，大约在20亿～40亿年之间。这些年龄证实了熔岩流发生在重轰击结束之后（回看第18-3g节）。

月球高地由低密度的岩石组成，含有富钙、富铝、富氧的矿物，这些矿物是最早凝固并漂浮在熔融岩石顶部的。这种岩石中有些是斜长岩（anorthosite），一种浅色的岩石，与低地的深色富铁玄武岩形成鲜明对比。高地的岩石，虽然受到撞击严重破碎，但代表了月球最初的低密度地壳，而月海玄武岩则是作为熔融岩石从地壳深处和上层地幔升起。地壳岩石的年龄从40亿～45亿年不等，明显比月海玄武岩的年龄大。

月球岩石是火成岩，但许多被归类为角砾岩（breccia），即早期岩石的碎片通过高温和压力黏合在一起的岩石。显然，在熔融的岩石凝固后，陨石撞击将岩石打碎，并一次次地将它们融合在一起。

月球的高地和低地都覆盖着一层被称为风化层的粉状岩石和碎片。它在月海上大约有10米深，但在高地的某些地方超过100米（330英尺）深。撞击是影响月球表面的主要因素，并造成月球风化层。大约1%的风化层是陨石碎片；其余的是被不断的陨石雨击碎的月球岩石的残骸。最小的陨石——微陨石通过不断地对月球表面进行喷砂，将岩石磨成细小的灰尘，造成了最大的破坏。阿波罗号宇航员发现，这些灰尘覆盖了他们的宇航服和设备，在他们爬回月球舱后，又覆盖了月球舱的内部。

2009年，月球环形山观测和遥感卫星（Lunar Crater Observation and Sensing Satellite，LCROSS）的部分探测器被故意撞入月球南极附近的卡比乌斯环形山（Crater Cabeus）的永久黑暗地面，将环形山底部的物质喷射到空中。这是为了测试水冰作为永久冻土埋在月球土壤中的假设。在撞击器后面飞行另一部分LCROSS探测器的仪器检测到了水冰和水蒸气的羽流（plume）。月球极地地区的水可能是由彗星和其他含水的星子提供的，而不是月球"本土"产生的。然而，水的存在增加了某一天人类建立月球基地的可能性。

月球的岩石是古老、干燥的，并因撞击而严重破碎。同时，在月球上一些特殊的地区，水以永久冻土的形式潜藏着。你可以利用这些事实，结合你对月球特征的了解，来填补和修改关于月球的叙事。

20-1d 月球的历史

保存在阿波罗月球岩石中的证据表明，月球一定是在熔融状态下形成的。行星地质学家现在把新生的月球称为"岩浆海洋"。显然，密度较大的物质下沉形成了一个核。随着岩浆海洋的冷却，低密度的矿物形成结晶并漂浮到顶部，成为低密度的月球地壳。因此，月球分化为地核、地幔和地壳。这与图19-2中显示的类地行星发展的四个阶段中的第一个阶段相一致。对月球岩石的放射性测年表明，月球表面在41亿～46亿年前凝固。月球的平均密度很低，没有磁场，所以它的致密核一定很小。月球核可能仍然保留着足够的热量，以至于是部分熔化的。但是，它不可能包含很多熔化的铁，否则就能通过发电机效应产生磁场。

第二阶段的发展——陨击——在地壳凝固后就开始了。古老的高地表明，在最初的5亿年左右的时间里，即在行星构建结束的重轰击时期陨击是很激烈的。随着太阳系中的碎片被清除，陨击率也迅速下降。然而，从月球陨击坑的数量和岩石样本的年龄来看，在接近大约40亿年前的重轰击时代结束时，撞击率出现了暂时性的激增，称为晚期重轰击（late heavy bombardment）（见"概念艺术·陨石撞击"图3）。

后面一章描述的太阳系演化模型表明，木星和土星可能已经迁移并暂时进入相互共振状态，在此期间它们的轨道周期比正好是2:1。其结果是，在几百万年的时间里，木星和土星的轨道偏心率会增大，它们的引力会使残余的太阳系碎片与太阳系内所有行星和卫星发生撞击。在太阳系再次稳定下来之后，彗星和冰冷小行星的持续轰击可能带来了水，这些水在月球南极以永久冻土的形式被探测到。

月球的地壳被震碎至10千米（6英里）左右的深度。在重轰击和晚期重轰击期间，最大的撞击形成了直径达数百千米的巨大多环盆地，如雨海和东海（Mare Orientale）。这引发了类地行星发展的第三个阶段——盆地淹没。尽管月球大部分地壳在形成后迅速冷却，但放射性衰变加热并部分熔化地壳深处的物质。熔化的岩石沿着裂缝上升到表面，从大约40亿年前到大约20亿年前，用连续的深色玄武岩熔岩流淹没巨大的盆地，这就形成了月海（见图20-6）。

证实月球盆地淹没情景的证据来自重力恢复与内部实验室（gravity recovery and interior laboratory，grail）中两个被称为"Ebb"和"Flow"的航天器，这两个航天器在2011年发射后的一年时间里协同工作，对月球的引力场进行了详细测量。GRAIL的数据表明，大多数月海盆地下存在引力显著更强的"质量凝集"（mass concentration，也称为"mascon"）地区，

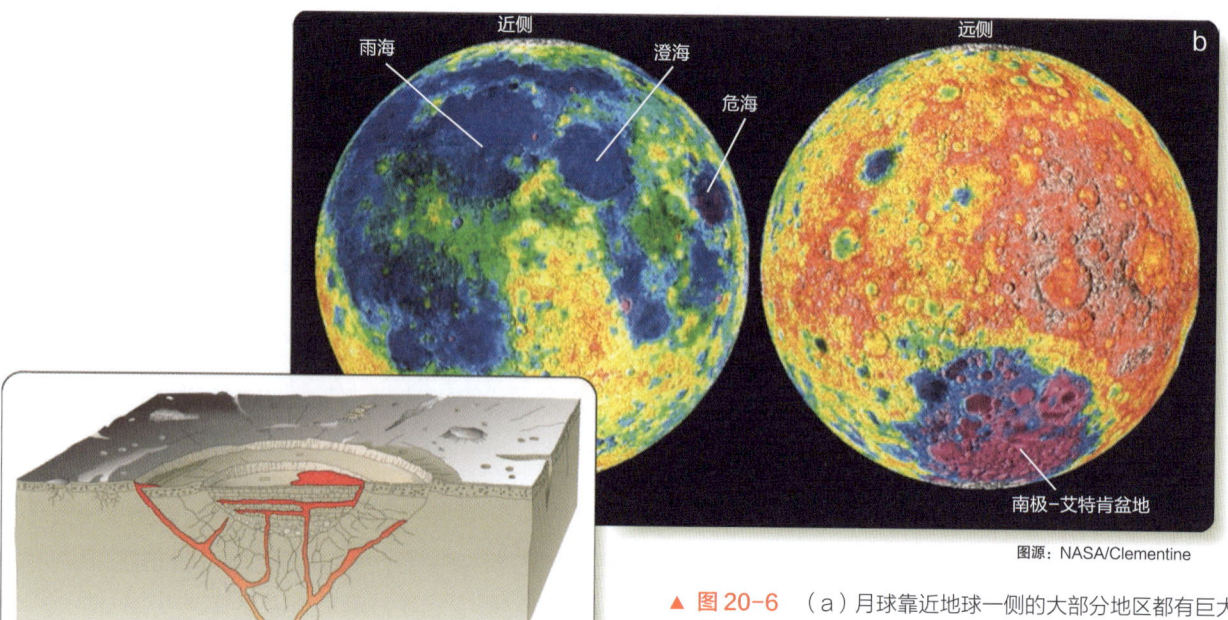

▲ 图 20-6 （a）月球靠近地球一侧的大部分地区都有巨大的、通常是圆形的熔岩平原，称为"月海"。大量的陨击打破了地壳，熔岩涌出，淹没了最大、最深的盆地，形成了月海。（b）月球远离地球一侧的地壳更厚，盆地被淹没的情况要少得多。即使是巨大的南极－艾特肯盆地（South Pole-Aitken Basin）也很少被熔岩淹没。在本图中，颜色标志着海拔高度：红色是最高的地区，紫色是最低的地区

而这是由被陨击熔化的表面岩石和上升填充最初陨击坑的致密地幔岩石组合而成的。

一个常见的误解是，涌现在地球和其他行星表面的熔岩来自其熔融的核心，熔岩实际上来自下层地壳和上层地幔，那里的压力较低，岩石熔点降低，从内部溢出的热量足以熔化部分岩石。如果有断层和裂缝，岩浆则可以到达地表，形成火山和熔岩流。每当在一个星球上看到熔岩流时，你可以肯定热量是从星球内部流出来的，但熔岩并不是全部来自地核。

一些月海，如雨海、澄海（Mare Serenitatis）、湿海（Mare Humorum）和危海（Mare Crisium），保留了其圆形陨击坑的形状。但是，其他的月海形状则不规则，因为熔岩溢出了盆地的边缘，或者因为盆地的形状被后来的陨击改变。熔岩的泛滥留下了其他的特征，这些特征被凝固在月海海床上。正如你以前所学到的，在一些地方，熔岩形成了从地球上看是蜿蜒细流的通道。此外，月海的重量将陨击坑盆地向下压，凝固的熔岩被压住，形成了即使在小型望远镜中也能看到的皱脊（wrinkle ridge）。月海边缘的张力打破了坚硬的熔岩，产生了笔直的裂缝和断层。（所有这些特征在图 20-2 上都可以看到。）随着时间的推移，进一步的陨击和重叠熔岩泛滥改变了月海。因此，你可以把月海看作反映月球复杂历史中多重事件的堆积。

雨海是一个戏剧性的例子，说明了大盆地是如何变成月海的。我们能详细地讲述关于它的故事，部分原因是基于阿波罗 14 号和阿波罗 15 号的宇航员收集的证据——前者降落在雨海陨击坑周围的喷射物上（见图 20-7），

▲ 图 20-7 阿波罗 14 号降落在覆盖着雨海陨击坑周围的喷出物的起伏地形上

后者则降落在雨海的边缘。在大约 40 亿年前的重轰击末期,一个估计直径有 275 千米(170 英里)的星子(最大截面大约相当于马萨诸塞州、罗德岛州和康涅狄格州的总和)撞击了月球,炸出了一个巨大的多环盆地。这次陨击是如此猛烈,喷射物覆盖了月球表面的 16%。在重轰击时期结束后,陨击率下降,熔岩流一次次涌出,淹没了雨海所在的盆地,除了巨大的多环盆地的最高部分外,其他地方都被掩埋了。雨海现在是一个大的、总体接近圆形的月海,其标志是在最后一次熔岩流后形成的几座环形山(见图 20-8)。

雨海的故事似乎暗示着,在重轰击期间,月球是非常"暴力"的地方。但事实上,大型陨击是很少的,即使在重轰击期间,月球在大多数情况下也是一个"和平"的地方。如果你当时站在月球上,会经历连续的微陨石雨和不太可见的卵石大小的陨击。重大陨击之间可能会有几个世纪的时间间隔。当然,当一次大的陨击确实发生在地平线以外的地方时,它依然可以将你埋在喷出物下,或者通过地震来掀翻你。你可以在月球的任何地方感受到来自雨海的撞击。但如果你站在与该撞击正相反的月球一侧,就会处于从不同方向环绕月球的地震波的焦点上。当这些波动在你的脚下相遇时,月球表面的上下波动会达到 10 米(33 英尺)之高。月球上雨海盆地正对的地方,在此次陨击的影响下形成了一种奇怪、杂乱的景观,称为杂乱地域(jumbled terrain)。在其他星球上,你还会看到类似的大型陨击产生的后果。

对月球的研究表明,也许是因为潮汐效应,它面向地球的一面地壳比较薄。因此,尽管熔岩淹没了面向地球一侧的盆地,但它无法从较厚的地壳中升起淹没远处的低地。太阳系中最大的陨击盆地之一是月球的南极 - 艾特肯盆地(South Pole-Aitken Basin)(见图 20-6)。它的直径约为 2500 千米(1600 英里),有些地方深 13 千米(8 英里),熔岩流从未完全填满它。

月球很小,而小的天体会迅速冷却,因为它们的表面积与体积之比很大。热量流失的速度与表面积成正比,而一个天体的热量与它的体积成正比。一个天体越小,热量就越容易散失。这就是一个刚出炉的小纸杯蛋糕比一个大蛋糕冷却得更快的原因。早期的月球失去了很多内部热量,但热量的外流是推动地质活动的原因,所以如今月球的地质活动大多不活跃。月球的地壳迅速变厚,而且从未分裂成移动的板块,月球上没有裂谷或褶皱山脉。月球上最后一次熔岩流大约在 20 亿年前结束,当时月球的内部温度降得很低,以至于无法维持地下熔岩。

月球上的整体地形几乎是不变的。相反,在距今 10 亿年后的地球上,板块构造将完全改变大陆的形状,侵蚀作用会将你今天看到的山脉磨平。在月球上,由于没有大气层和水,也就没有类似地球上的侵蚀。在接下来的 10 亿年里,除了陨击可能造成几个新增的大陨击坑,几乎所有的月球景色都将保持不变。微陨星将给月球带来最大的影响:它们将在土壤上爆炸,清除阿波罗宇航员留下的脚印,并在六个阿波罗着陆点上将其留下的设备变为土壤中特殊的化学污染。

你已经详细研究了月球的演化故事,以便日后与太

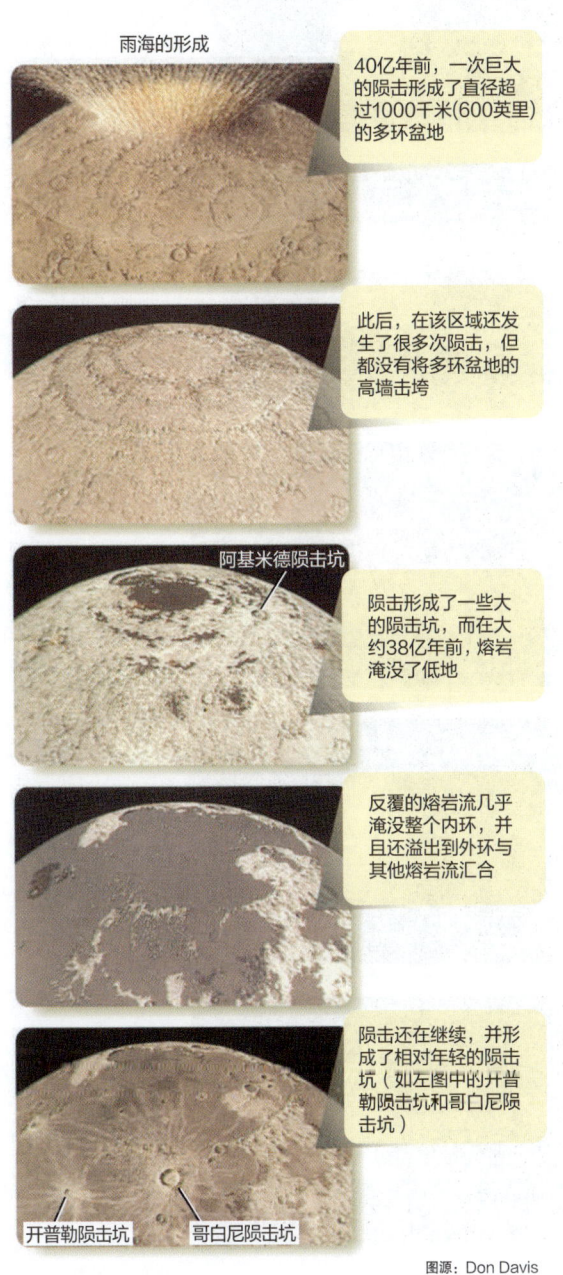

▲ 图 20-8　重型轰击结束后的熔岩泛滥,填满了一个巨大的多环盆地,形成了雨海

阳系中的其他行星和卫星进行比较。但是，这个故事跳过了一个重要的问题：地球是从哪里得到这么大一颗卫星的？

20-1e 月球的起源

在过去的两个世纪里，天文学家为地球的卫星月球的起源提出了三种不同的假说。裂变假说（fission hypothesis）指出，月球是从一个快速旋转的早期地球上分裂出来的；凝聚假说（ondensation hypothesis）认为，地球和月球都是从太阳星云中的同一团物质中凝聚形成的；捕获假说（capture hypothesis）则认为，月球在太阳星云的其他地方形成，后来被地球捕获。这些古老观点中的每一个都有问题，都未能在与所有证据的印证中留存下来。

20 世纪 70 年代，在月球岩石被送回地球并被详细研究后，新的大撞击假说（large impact hypothesis）被提出，并综合了三种旧假说的某些方面。这个假说认为，一个质量至少和火星一样大（地球质量的 1/10）被称为"忒伊亚"的星子砸向了原初地球。模型计算表明，这次碰撞将一个碎片物质盘射入地球环绕轨道，从而迅速形成了月球（见图 20-9）。

这一假说很好地解释了月球和地球许多令人费解的特征。如果两个相撞的星子已经发生了分化，那么喷出的物质将主要是贫铁的地幔和地壳。模型计算表明，撞击天体的铁核将与成为地球的较大天体结合在一起。这可以解释为什么月球相对于地球的整体密度低——为什么月球的铁含量非常低，但是其他元素的丰度与地球的地幔非常相似。碰撞一定是剧烈的，才能喷射出足够的物质来形成月球。一次闪电式的碰撞会使物质迅速旋转，足以解释在地月系统中观察到的角动量。此外，最终成为月球的物质因碰撞而加热，在其处于加热的碎屑盘中会失去挥发性成分，所以月球缺乏挥发性物质。

这样的撞击会熔化原初地球，形成月球的物质也会被加热到足以完全熔化——这符合在月球最古老高地中，斜长岩是由大量熔融物质分化形成的特征。在与所有已知证据的比较中，大碰撞假说保存了下来，并且现在被认为可能是正确的。

月球的诞生显然是一次巨大撞击的结果，虽然直到最近，有一些天文学家还不愿意考虑这样的灾变假说，但与此同时，一些证据表明，其他行星也可能受到过巨大陨击的影响。因此，本章开篇介绍中第三个主题——巨大撞击，也有可能帮助你了解其他行星世界。灾难性的事件是罕见的，但它们的确可能发生。

20-2 水星

月球和水星是比较行星学的好题材，如"天体简介：水星"所示，这两个天体在很多方面都很相似。最重要的是，它们体积都较小：月球的直径只有地球的 1/4，而水星的直径略大于地球的 1/3。它们的大气层都

大撞击假说

地球尺寸大小的一个原行星分化，并形成了铁核

另一个天体也形成了一个铁核，其撞击较大的天体并合并，将大部分铁留在其中

两个天体幔区的贫铁岩石形成了碎屑环

当环中的粒子吸积到更大的天体上时，挥发物就流失到了太空中

最终环中低挥发性的贫铁物质形成了月球

▲ 图 20-9　在太阳系 5000 万年前的某个时候，一次碰撞产生了地球和月球。月球的轨道与地球的赤道有一个倾角

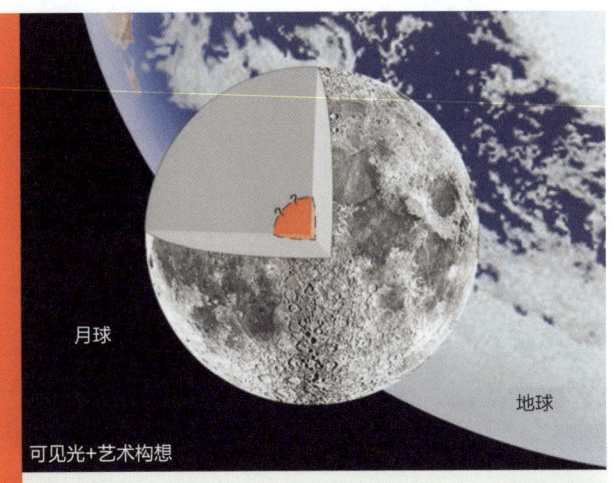

月球

可见光+艺术构想

图源：NASA

月球的直径大约是地球的1/4。月球密度很小，表明它所含的铁很少，但是它的铁核的大小和剩余热量是未知的

天体简介　月球

运动

与地球的平均距离	3.84×10^5 km
轨道偏心率	0.055
轨道与黄道的倾角	5.1°
公转周期（以恒星时为参照）	27.3 天
会合周期（相位周期）	29.5 天
赤道与公转轨道的倾角	6.7°

物理特征

赤道直径	3.48×10^3 km
质量	7.35×10^{22} kg
平均密度	$3.35 g/cm^3$ （$3.3 g/cm^3$ 未压缩密度）
表面重力	0.17 地球重力
逃逸速度	2.4 km/s
表面温度	$-170 \sim +130$℃ ($-275 \sim +265$°F)
平均反照率	0.12
扁率	0

"个体化介绍"

关于月球的迷信很普遍。英语中疯子（lunatic）的词根来自月亮，即Luna。不过，被月球迷惑的人可能多少确实都有点神经质。由于月亮影响地球上海洋潮汐，许多迷信还将月亮与水、天气和妇女的生育周期联系起来。有的传说甚至还宣扬，月光对未出生的孩子有害，但也有好的方面，月光仪式据说可以除疣。

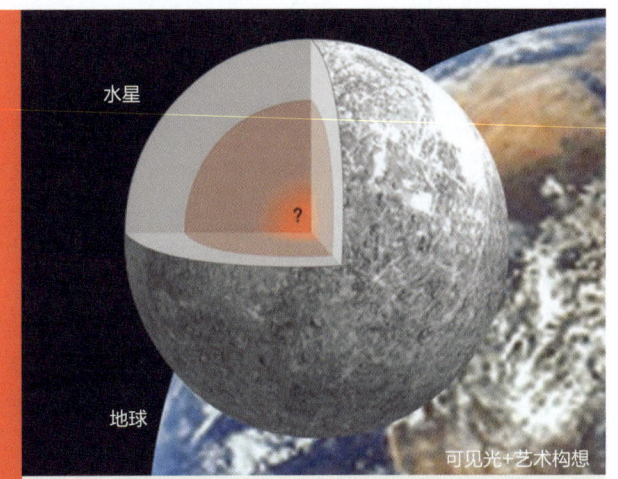

水星

地球

可见光+艺术构想

图源：NASA

水星的直径比地球的1/3要大一些。水星密度很大，意味着它有一个大的铁芯。它所保留的热量是未知的

天体简介　水星

运动

与太阳的平均距离	0.387AU（5.79×10^7 km）
轨道偏心率	0.206
轨道与黄道的倾角	7.0°
公转周期	0.241年（88.0天）
自转周期（以太阳为参照）	58.6 天
自转周期（以恒星时为参照）	175.9 天
赤道与公转轨道的倾角	0.0°

物理特征

赤道直径	4.88×10^3 km
质量	3.30×10^{23} kg
平均密度	$5.43 g/cm^3$（$5.3 g/cm^3$ 未压缩密度）
表面引力	0.38 地球重力
表面逃逸速度	4.3 km/s
表面温度	$-170 \sim +430$℃（$-275 \sim +805$°F）
平均反照率	0.12
扁率	0

"个体化介绍"

水星离大阳非常近，完成一次公转只需88天。由于这个原因，古人以墨丘利（Mercury）这个名字来命名这颗行星——墨丘利是众神脚步敏捷的信使。水星的英文名（Mercury）也适用于汞元素，它也被称为水银，因为其在室温下是一种沉重、快速流动、银色的液体。

践行科学

如果月球被重轰击炸得坑坑洼洼，然后形成巨大的熔岩平原，为什么同样的事情没有发生在地球上？尽管这个问题的答案似乎是显而易见的，但科学家们仍然回顾了相关理论，以检验他们对基本概念的理解。

事实上，同样的事情（重轰击和陨击）确实也曾发生在地球上。虽然月球上的陨击坑比地球上的多，但月球和地球的存在年限相同，在重轰击期间都受到了陨石的频繁撞击。地球遭遇了一些规模相当大的陨击，并且砸出了巨大的、多环的盆地。在地球上，熔岩流也一定通过地壳涌出，并且淹没了低地，形成了巨大的熔岩平原——这很像月海的情况。

然而，地球是一颗更大的行星，有更多的内部热量，并且相比月球其热量散发得更慢。在地质学意义上，月球现在是死的，但地球非常活跃，热量从地球内部向外流动，推动板块构造。在很久以前，地球的板块运动就抹去了地球年轻时的陨击坑和熔岩流的所有证据。

比较行星学是一个强大的概念工具，因为它允许你看到在不同情况下发生的相似过程。现在，运用比较行星学来解释另一个不同的现象：为什么月球没有磁场？

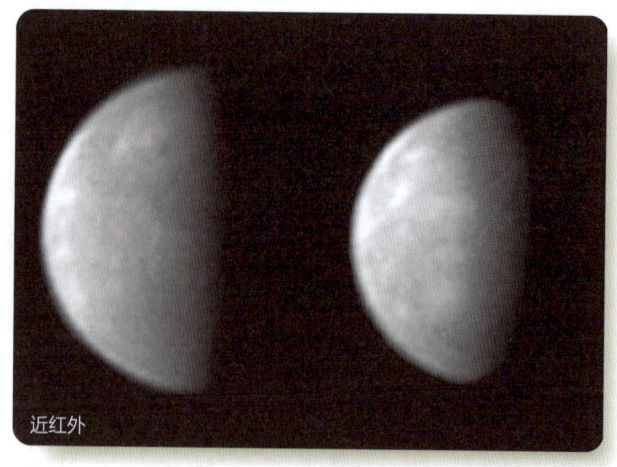

图源：SOAR/Univ. of North Carolina

▲ **图 20-10** 从地球上拍摄的最高质量的水星图像。通过北卡罗来纳大学的远程控制，使用智利的 4.1 米南方天体物理研究望远镜（SOAR），天文学家 Gerald Cecil 和本科生 Dmitry Rashkeev 解析了水星精确至 15 千米（10 英里）的细节。拍摄者使用数码相机进行了一系列非常短的曝光，大部分曝光被丢弃，只保留了最高分辨率的数据创建了这些合成图像

可以忽略不计、自转被潮汐改变、表面都布满坑坑洼洼的环形山、低地有的地方都被古老的熔岩流淹没、现在都有着古老且不活跃的地表……同时，它们之间令人印象深刻的相似点，也将帮助你进一步了解这些"无气星球"的性质。

水星是最靠近太阳的内行星。从地球上看，水星在天空中非常接近太阳——有时可以在日落后夜空的地平线附近，以及日出前的黎明天空中看到水星。依靠地球上的望远镜，天文学家们很难辨别出这颗行星的任何表面特征（见图 20-10）。1974 年和 1975 年，水手 10 号（Mariner 10）航天器绕过内太阳系——在三次飞越水星的过程中，拍摄了大量照片并完成了其他测量。信使号航天器也三次经过水星，然后在 2011 年进入环绕水星的轨道，并开始为期四年的近距离研究，帮助行星科学家建立对水星表面、内部和历史的全面了解（见本章开头的图片）。信使号航天器是一个惊人的成功——它的任务在 2015 年结束，在它耗尽了机动燃料后，被设计为故意撞向水星表面，其直到最后一刻还在进行测量。

20-2a 自转和公转

19 世纪 80 年代，意大利天文学家乔瓦尼·希亚帕雷利（Giovanni Schiaparelli）画出了他认为在水星盘上看到的微弱特征并得出结论说，这颗行星通过潮汐力被锁定在了太阳上，在整个轨道上始终保持同一面朝向太阳。这实际上是一个非常好的猜测，因为正如你在接下来的几章中所发现的那样，在太阳系中自转和公转之间的潮汐耦合非常常见。你刚刚已经了解到，月球通过潮汐作用被锁定在地球之上。然而，水星的自转比希亚帕雷利想象的要复杂。

1962 年，射电天文学家检测到了来自水星的黑体发射，并得出结论：如果水星保持一侧永久"黑暗"，那么其暗面温度并没有它"应该"有的那样冷。1965 年，射电天文学家使用 305 米的阿雷西博射电望远镜（回顾图 6-15）向水星发射了一个射电能量脉冲，并获得了反射信号——反射的射电脉冲的多普勒频谱系显示，该行星的自转周期约为 59 天，明显短于 88 天的轨道周期。

事实上，水星与太阳是潮汐耦合的，但其方式与月球与地球的耦合方式不同。水星公转一次自转 1.5 圈，而不是 1 圈，也就是说，它的自转周期正好是公转周期

的 2/3。这意味着，水星上的某座山，在一个公转周期上的某点，可能是指向太阳的，但在下一个公转周期的同一点上，是背对着太阳的（见图 20-11）。

如果你飞到水星，并将你的飞船在正午时分降落，此时太阳将高高挂在天上。你开始记录时间，在太阳从西边落下之时，几乎 44 个地球日过去了；而在太阳到达午夜位置时，几乎 88 个地球日过去了。在这 88 个地球日里，水星完成了一次围绕太阳的公转（见图 20-11）。站在水星的角度来看，太阳需要再绕其转一圈，才能回到头顶的正午位置。因此，水星上的一整天是两个"水星年"的长度。

水星自转和公转之间复杂的潮汐耦合是潮汐力的一个重要解释。就像地月系统中的潮汐力减缓了月球的自转并将其锁定在地球上一样，太阳－水星系统的潮汐力也减缓了水星的自转，并将太阳的自转与水星的公转耦合起来。天文学家把这种关系称为共振（resonance）。当继续探索太阳系时，你会看到更多这样的共振现象。模型计算表明，由于水星的公转轨道有些偏心，3∶2 的共振比地月系统表现出来的 1∶1 的共振更稳定。

就像它的自转一样，水星的轨道公转运动也很复杂。回顾第 5-3c 节，水星在椭圆轨道上的实际进动（扭曲）速度比牛顿定律预测的要快，但这个实际速度正是爱因斯坦的广义相对论预测的。因此，水星的轨道运动也被认为是对广义相对论所预测的时空曲率（curvature of space-time）的有力证实。

20-2b 水星的表面

由于水星靠近太阳，那里的温度是极端的。当站在水星上时，面对阳光直射，你会听到你的宇航服的冷却系统开到最高功率，因为它试图让你保持冷却。水星白天的温度可以超过 430℃（805°F），尽管大约 230℃（445°F）是一个比较常见的高温。如果你在晚上走进水星的阴影中散步，你的宇航服加热器却很难让你维持温暖，因为在夜晚水星表面可以冷却到 -170℃（-275°F）。

水星的夜晚很寒冷，因为几乎没有大气层。它从太阳风中借来了氢和氦原子，并且科学家在该行星表面上方的云层中还检测到了氧、钠、钾和钙等原子。其中一些原子可能是从地壳中"烘烤"出来的，也可能是由残余低海拔火山喷发产生的。水星"大气层"的密度很低，以至于这些原子并不会相互碰撞，而只是在水星表面从一个地方被弹到另一个地方。由于水星逃逸速度低，所以这些原子最终会消失在太空中。

从照片来看，水星表面很像月球（见图 20-12）。它被严重撞击，有各种大小的陨击坑，包括一些大盆地。一些陨击坑显然是老旧的和退化的；另一些陨击坑则似乎相当年轻，还有明亮的喷出物。

水星上最大的盆地（见图 20-12a）是卡路里盆地（Caloris Basin），这是一个巨大的、多环的撞击盆地，

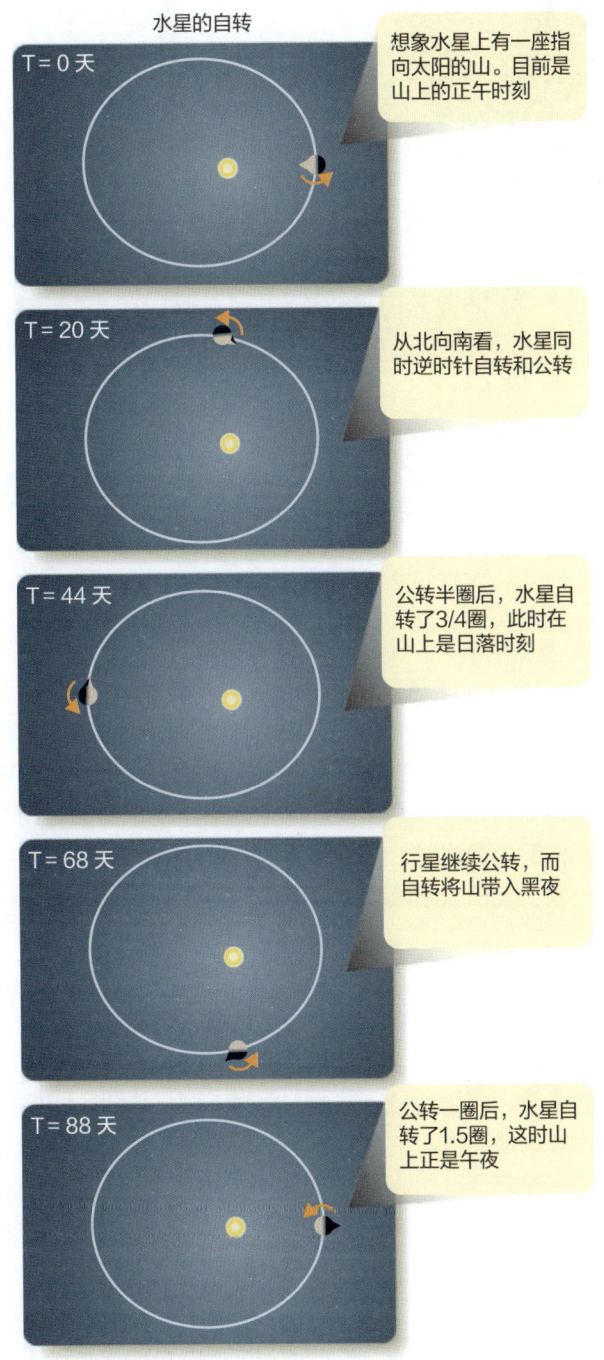

▲ 图 20-11 水星的自转与公转运动是耦合的。它在 88 个地球日内完成一次绕太阳公转，并在其中 2/3 的时间内完成一次自转。在水星上，从一个正午到下一个正午的一整天，需要经历两个公转周期

第四部分 太阳系 425

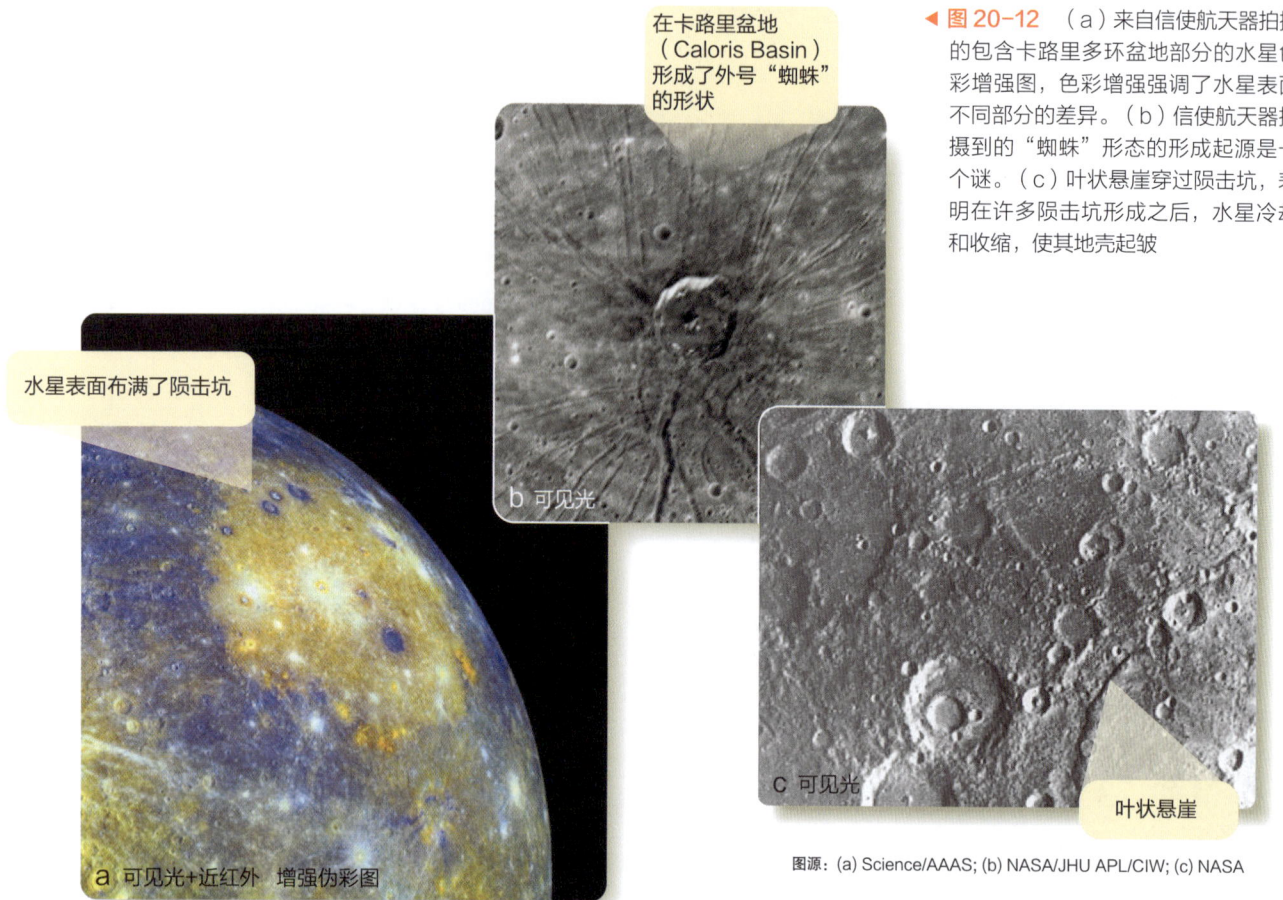

◀ 图 20-12 （a）来自信使航天器拍摄的包含卡路里多环盆地部分的水星色彩增强图,色彩增强强调了水星表面不同部分的差异。（b）信使航天器拍摄到的"蜘蛛"形态的形成起源是一个谜。（c）叶状悬崖穿过陨击坑,表明在许多陨击坑形成之后,水星冷却和收缩,使其地壳起皱

在卡路里盆地（Caloris Basin）形成了外号"蜘蛛"的形状

水星表面布满了陨击坑

b 可见光

c 可见光

叶状悬崖

a 可见光+近红外 增强伪彩图

图源：(a) Science/AAAS; (b) NASA/JHU APL/CIW; (c) NASA

直径约为 1550 千米（960 英里）,有高达 3 千米（2 英里）的同心山环。卡路里（Caloris）这个名字来自拉丁语中的"热",以表明该盆地位于两个在交替的近地点直面太阳的"热极"之一,即产生卡路里盆地的撞击将喷出物抛向水星 1000 多千米（600 英里以上）的地方,而地震波在远侧的聚焦似乎产生了奇特的地形,看起来很像位于月球上雨海盆地对面的混乱区域（见图 20-13）。

卡路里盆地的有些部分充满了熔岩流。这些熔岩有些可能是被撞击的能量熔化的物质,但有些可能来自地壳下面的熔岩通过裂缝向上泄漏。由于这些熔岩的重量和地壳的下陷,在盆地中央的熔岩平原上产生了深深的裂缝。卡路里盆似乎与月球上的雨海盆地和东海盆地是同一种结构,尽管它没有被熔岩深深覆盖。对这种巨型、多环的撞击盆地（impact basin）的地质物理学（geophysics）,人们仍然不甚了解。

水星的特写照片揭示了在月球上看不到的东西,水星上有巨大的弧形悬崖,被称为叶状悬崖（lobate scarp）（见图 20-12c）。当前对这种特征的理解是,在行星冷却后直径缩小了几千米,导致地壳起皱进而产生了这样的特殊地貌就像干苹果表皮皱起。其中一些悬崖高达 3 千米,横跨水星表面达数百千米。水星地壳中的其他断层是直的,而不是弯曲的。模型计算表明,垂直的断层是由太阳减缓水星自转时的潮汐应力造成的。

20-2c 水星的平原

水星和月球之间最显著的区别是,水星缺乏月球上明显的巨大的黑暗熔岩平原。观测表明,水星有两种不同的平原,但它们与月球上的平原不同。了解这些差异是理解水星历史的关键。

水星表面大部分是古老的布满陨击坑的地形,但其他被称为坑间平原（intercrater plain）的地区陨击坑则较少。坑间平原的标志是直径小于 15 千米的陨击坑,以及由更大的陨击产生的大块喷出物产生的次级陨击坑。与重度陨击坑地区不同的是,坑间平原上的陨击坑并没有完全饱和。基于比较行星学知识,你可以认识到,这意味着坑间平原是由后来的熔岩流产生的——熔岩流掩盖了旧的地形。

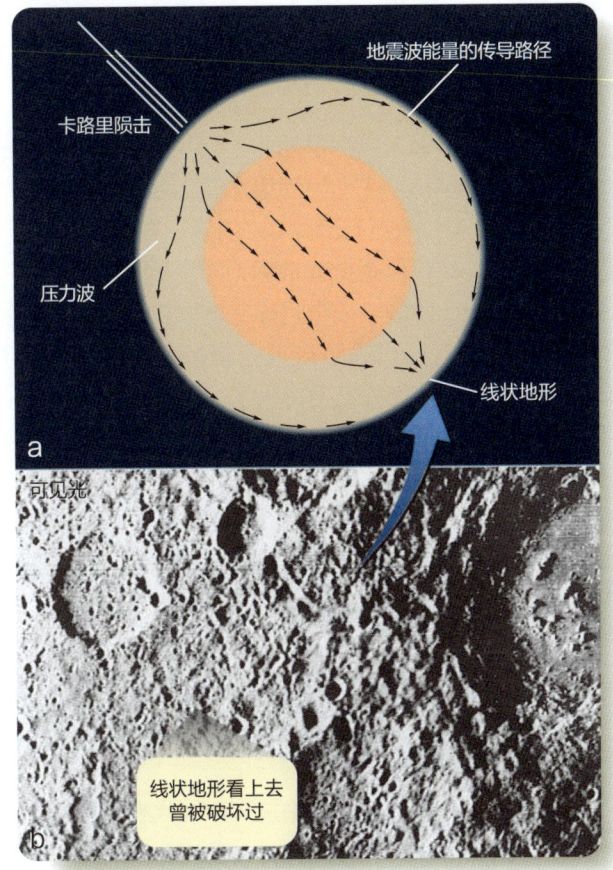

▲ 图20-13 （a）在水星上形成卡路里盆地的巨大撞击使地震波穿过水星。（b）在地震波汇聚到远处的地方，它们产生了这种线状地形，类似于月球上雨海陨击坑对面的杂乱地形

▲ 图20-14 水星的一些平滑平原显示在信使航天器拍摄的这张图片的右半部分。表面没有像月球高地那样有饱和的陨击坑，但是陨击坑的密度比月海要大。这表明平滑平原是在太阳系早期的大部分重轰击之后形成的

被称为平滑平原（smooth plain）的较小区域显然比坑间平原还要年轻。它们有较少的陨击坑，似乎就是在大多数陨击结束后出现的熔岩流。卡路里盆地周围的大部分地区都是由这些平滑平原构成的（见图20-14），它们似乎就是在产生卡路里的撞击后不久形成的。

考虑到现有的证据，行星天文学家认为，水星的平原是凝固的熔岩流，很像月海。但是，水星的熔岩平原没有显著地比水星地壳的其余部分更深，这与月海明显不同。这可能是水星和月球熔岩流的成分差异造成的。除了少数明亮的陨击坑辐射纹，水星的表面是均匀的灰色，反照率只有0.1左右。这意味着，在照片上水星的熔岩平原也并不像暗得多的月海那样明显（在月球上，深色月海与浅色高地形成了鲜明的对比）。

20-2d 水星的内部

水星和月球之间最显著的区别之一是它们内部成分的不同。你已经注意到，月球是一个低密度的天体，它最多只包含一个小的金属核。相比之下，虽然水星表面似乎也是密度较低的地壳岩石，但水星的密度是月球的1.6倍以上。但水星表面似乎是正常的、相对低密度的地壳岩石。从这些事实中，你可以得出结论，水星的内部包含一个巨大的致密金属核球，大部分是铁。就其大小而言，水星的金属核球一定比地球大（见"天体简介：水星"中的图）。

如果水星有一个大型保持熔融态的金属核，那么通过发电机效应将产生一个磁场（见图19-7）。水手10号和信使号航天器发现的磁场强度只有地球的1.1%左右，这种微弱的磁场使我们很难了解这个星球的内部。因为水星是一个小天体，它应该早就失去了大部分的内部热量，不应该有一个熔融核。尽管如此，对水星自转的雷达观测显示，随着水星在其椭圆轨道上的移动，水星受太阳潮汐力的影响会前后移动，这肯定意味着，至少水星的外部核是熔融的。如果水星的铁核含有高丁地球浓度的硫，其熔点就会降低，那么在水星形成46亿年后，压力较低的外核仍可能是熔融的。事实上，信使号航天器表明水星上的确有出乎意料的高浓度硫和其他挥发性物质，这些证据似乎都支持了水星有液态金属核的存在。但是，信使号航天器的新发现又产生了一个新的谜团：一个形成时离太阳如此之近的行星，又如何能

包含如此多的挥发性物质？

此外，科学家也很难解释为什么水星内部会有大小如此不成比例的大金属核。你在第18-3b节中了解到，凝结序列预测在太阳附近形成的行星应该包含更多的金属，但是水星的金属核却比理论预期的还要大得多。一种假说指出，水星年轻时曾遭到一次巨大撞击，这很像为解释月球起源而提出的"大撞击假说"。如果正在形成的行星已经分化，然后被一个大的星子撞击，那么这次撞击可能粉碎了地壳和地幔，并将大部分低密度的物质炸入太空。密度较高的核可能保存了下来，然后卷起一些密度较低的碎片，形成新的、薄的地幔和地壳。

这样一次巨大的撞击会使水星缺乏低密度的地壳岩石，也会驱散挥发性物质。正如你刚刚了解到的，信使号航天器测量到几种大量的挥发性物质。信使号航天器还对许多地方的地表空洞进行了成像（见图20-15），在地表空洞处，挥发性物质显然曾经是地壳的一部分，并在地质学时间尺度上缓慢地蒸发了。丰富的挥发性物质不可能在巨大的撞击中保存下来，所以原始撞击可能不能解释水星拥有巨大的金属核。正因为如此，一些天文学家提出了另一种假说，即在太阳"喜怒无常"的早期阶段，巨大的太阳耀斑产生的热量蒸发并驱走了太阳内部星云中一些会形成岩石的元素。

对水星的地壳和内部的研究揭示了该行星的许多历史，检验了关于该行星如何形成的一些假说，但也引入了新的谜题。通过比较行星学，我们对水星的了解也为学习其他行星，包括地球、金星和火星的组成和历史提供了线索。

20-2e 水星的历史

你能结合证据和理论来讲述水星的故事吗？水星形成于太阳星云的最内层，大部分由高密度物质构成，正如你所了解到的，一次巨大的撞击可能使它失去了一些低密度岩石，形成了一颗小且致密并拥有一个巨大金属核的行星。

像月球一样，水星在早期的太阳系中遭受了碎片的严重陨击。行星科学家们不知道水星上各特征地貌准确的绝对年龄，因为他们没有水星的岩石样本用于放射性测试。但是，你可以有把握地假设：水星上的陨击——行星发展的第二阶段——与月球上的陨击都发生在差不多的时期。当行星扫除了形成行星时留下的最后碎屑时，这种强烈的陨击就迅速减少了。

水星与月球的陨击坑的表面不完全一样。由于水星的引力较强，水星上的喷出物被抛出的距离只有月球上的65%左右，这意味着水星上的喷出物不会覆盖那么大的表面。另外，水星陨击坑之间的平原似乎是由重轰击期间产生的熔岩流形成的，它掩埋了较旧的表面，然后积累了更多的陨击坑。在陨击结束前的某个时候，一颗直径超过100千米的星子砸进了这颗星球，并炸出了巨大、多环的卡路里盆地。只有一部分盆地被熔岩流淹没了。

平滑平原包含较少的陨击坑，可能是在产生卡路里的陨击的时候出现的。这次撞击力度相当大，使地壳断裂，并导致熔岩流重新出现在广大地区。由于这发生在重轰击的末期，所以平滑平原上的陨击坑很少。

最后，水星冷却时内部收缩，地壳破裂，形成了叶状峡谷。熔岩泛滥很快就结束了，也许是因为不断缩小的行星将熔岩通道挤压到了表面。水星缺乏真正的大气层，所以其表面也就不会有液态水，但是信使号航天器传回的数据提供了该星球北极埋有水冰的有力证据，也证实了地球上的雷达探测。这些冰似乎被困在了永远被遮蔽的陨击坑底部，那里的温度从未超过约 −175°C（−285°F）。这可能是来自彗星的水，彗星偶尔与水星

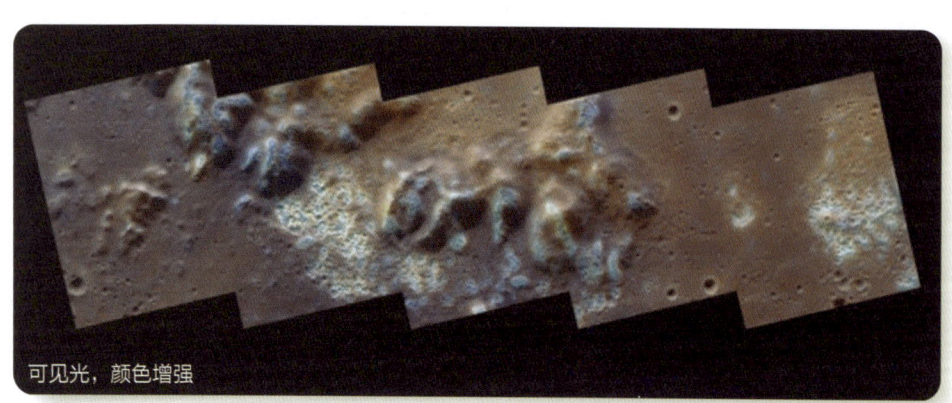

◀ 图 20-15　信使号航天器拍摄的水星上一段环峰山脉和拉德特拉迪撞击盆地底部图像。图像由5个小图拼成，每个小方图大约有20千米（12英里）宽。在水星的许多地方可以看到的被称为"空洞"的圆形凹陷，这可能是由其表面物质中挥发性成分升华形成的

图源：NASA/JHU APL/CIW

碰撞并释放水蒸气。正如你在本章前面所了解的，在月球的南极已经发现了这种类型的水冰。

水星故事进入第四个阶段：缓慢的表面演化并把其表面磨成灰尘；罕见的较大陨石，则会留下亮辐射纹的陨击坑；缓慢但强烈的冷热循环，不断削弱水星表面的岩石。水星地壳很厚，尽管水星的核心部分可能是熔融的，但流出来的热量无法驱动板块构造。因此，水星也就无法通过板块构造消除陨击坑，也无法产生褶皱山脉。

践行科学

为什么地球和月球上没有叶状悬崖？要回答这个问题，就需要再次使用比较行星学的原则。

你可能会想到，任何具有大型金属核的星球都应该有叶状悬崖。当金属核冷却和收缩时，这个星球也应该收缩，收缩会使脆性地壳起皱和断裂，形成叶状悬崖。

但是，还有其他因素需要考虑。例如，地球有一个相当大的金属核，但这个核并没有冷却很多。此外，地球的地壳很薄，有弹性，而且活跃——即便地球上确实形成过任何叶状悬崖，它们也会很快被板块构造破坏。

月球没有一个大的金属核心。当月球失去其内部热量时，其内部的岩石可能会轻微收缩。但是，这种小得多的核心的轻微收缩，是不足以产生明显叶状悬崖的。

你可以以一般的方式理解叶状悬崖，但是现在，也可以像地质学家一样用专业的理论来思考——为什么水星上的叶状悬崖是在大部分重轰击结束后形成的？

我们是什么

舒适星球的一员

宇宙中的许多行星看起来可能都很像月球和水星——体积小、没有空气、坑坑洼洼。它们有些是由石头构成的，而有些，因为离恒星较远，主要由冰构成。如果你随机"访问"宇宙中的任何一颗行星，大概率会发现自己所站的地方和坑坑洼洼的"月球"一样。

类似地球的星球是与众不同的，但绝非罕见。银河系包含1000多亿颗恒星，现有的望远镜可以看到1000多亿个星系。这10^{22}颗恒星中，大多数可能都有行星；尽管许多行星看起来像月球和水星，但也可能有很多类似地球的星球。

当你环顾生活的星球时，也许会为生活在这样一个舒适、美丽的星球上而感到欣慰。但地球并不总是这样一个好地方。月球上的陨击坑和宇航员带回的月球岩石表明，月球曾经是"岩浆海洋"，水星似乎也有类似的历史，所以地球很可能也是这样形成的——它曾经有一个沸腾的"岩浆海洋"，被包裹在炎热、厚实的大气层中，被来自内部的气体爆炸和偶尔的太空撞击撕裂——月球和水星表明，这就是类地行星形成的方式。虽然，地球已经演化为我们"和平的"家园，但它有一个"暴力的"过去。

21 金星和火星

可见光

图源：NASA/JPL-Caltech/Malin Space Science Systems

▲ 好奇号火星车的自画像表明其处于夏普山下斜坡名为"Buckskin"的地方，这张自拍照结合了许多由好奇号机械臂末端一台相机拍摄的特写图（相机指向火星）。（请注意：当你拍摄特写图片时，你的手臂通常在相机的后方，而不是相片的一部分。）

在探访了月球和水星之后，你会发现金星与火星和那些小的、地质不活跃的、没有空气的星球有很大的不同，金星和火星有内部热能以及大气。它们的内热意味着它们在地质上是活跃的，它们有大气则意味着它们有天气变化。随着你的探索，你会找到以下四个问题的答案。

▶ 有什么证据表明金星最初的表面环境比现在更接近地球？
▶ 金星是如何形成和演化的？
▶ 有什么证据表明火星最初的表面环境比现在更接近地球？
▶ 火星是如何形成和演化的？

当你探索另外一个星球的时候，你需要牢记的比较行星学问题有：这个星球和地球有什么相似之处？为什么这个星球会和地球有相似之处？这个星球和地球有什么不同？为什么这个星球和地球会有所不同？你会发现，一开始很小的不同会产生巨大的影响。

你是一个星球行走者，正在成为你想象中正在行走的星球的专家。但处于太阳系火星之外的星球很奇特，它们没有一个的表面可以"行走"，即便是在想象中也不行，你会在接下来两章中探索它们。

> 唯一真实的外星球就是地球。
> ——詹姆斯·格雷厄姆·巴拉德（J. G. Ballard）

火星上一个夏日正午的温度约为15°C（60°F），可能会让人觉得很舒适，但如果没有太空服，你只能在那里生存片刻，因为那里的空气中含有大量的二氧化碳，几乎没有氧气，更重要的是，气压不到地球表面的1%，所以如果没有任何保护，当你踏出飞船的一瞬间，你暴露的体液，比如眼泪和唾液，就会沸腾。

而在金星上，甚至连太空服都无法拯救你，其表面温度足以熔化铅，气压更像是在水下半英里处，空气中几乎全是二氧化碳和各种酸的痕迹。

金星和火星在某种程度上跟地球又很相似，为什么它们不适宜人们访问呢？比较行星学会给你一些线索。

21-1 金星

金星几乎是地球的孪生兄弟，你可能会想到这两颗行星表面环境很相似。金星和地球在尺寸和质量上几乎完全相同，金星的直径是地球的95%（"天体简介：金星"，见本章的末尾），金星和地球有相似的平均密度，它们形成于太阳星云的同一部分，金星的轨道是所有行星中最接近地球的，所以金星的总体组成与地球相似（请回看第18-3a）。此外，像地球和金星这样大小的行星冷却得很慢，所以你可能预测金星和地球一样有熔融的金属核球、对流的地幔以及具有板块构造的活跃地壳。

但直到最近，这些预测都无法得到证实，因为金星的表面永远被厚厚的云层遮掩，这些云层完全将金星笼罩，使我们无法轻易观测到金星的情况。从伽利略时代到20世纪60年代初，天学家们只能对地球的"孪生兄弟"进行推测。科幻小说家们想象，金星表面是住着奇怪生物的蒸汽沼泽，或者是在风沙中的荒漠，或者完全被海洋覆盖。

20世纪60年代，天文学家通过对金星微波黑体辐射的测量来测定其表面温度，并利用雷达穿透云层，来制作表面的图像并测定行星的自转。超过25个航天器已经飞过或绕转过金星，超过12个航天器已经在金星表面着陆，所得金星的图像跟任何科幻小说家的构想都不同。金星的表面实际上比地球上任何沙漠都要干燥，其温度是厨房烤箱最高温度的2倍，大气密度是地球的100倍。与地球相比，金星的自转缓慢，并且没有可测量的磁场。

金星的演化一定是跟地球不同的，为什么跟地球近似"双胞胎"的金星在自转、温度和大气密度方面都如此不同呢？这个问题目前只有一部分的答案。

21-1a 金星的自转

从北方看，几乎所有太阳系中的行星都是逆时针旋转的，天王星是一个例外，而金星也是如此。从金星反射的雷达脉冲的多普勒位置表明，金星的自转周期是243个地球日，此外，由于金星的西边产生了一个蓝移信号，因此我们了解到它的边缘正在向我们移动，这意味着对太阳系大多数行星的运动来说，金星正在逆向自转（第18-1a节）。

为什么金星会如此缓慢地逆向自转？几十年来，课本告诉我们，原金星是在被一颗大星子撞击到偏离中心的地方时才开始逆向旋转的，这是一种合理的可能性，你已经了解到，类似的碰撞可能会诞生地球的卫星月球，也有可能是水星高密度的原因。但还有一种可能性，数学模型表明，靠近太阳运行的类地行星有熔融内核和高密度的大气，它可以通过大气中的太阳潮汐力逐渐逆转。注意巨型撞击的灾变性理论和大气潮汐的演化理论之间的对比，这两种机制都有可能造成金星奇特的自转。

21-1b 金星的内部

你可能会想到，从冷凝序列和金星在太阳系中的位置来看，它在整体上应该有和地球相似的构成，金属含量比地球高一些，但相反，金星未经压缩的密度与地球相当（请回看表18-1）。金星的大小和密度表明，它应该具有一个类似地球那样的致密金属内核，然而并没有航天器探测到金星周围具有磁场，如果金星存在磁场，那磁场至少比地球磁场弱25 000倍。

尽管金星的自转非常缓慢，但如果金星的金属核球是液态的，会有发电机效应，产生一些磁场。（请注意，尽管水星的自转速度几乎和金星一样慢，但水星有明显的磁场。）一些理论家怀疑金星的核球是否是固体，但如果它是固体，行星科学家们对金星如何比地球更快地摆脱其内部能量却没有一个很好的解释。

21-1c 金星大气

金星的大气确实与地球不相同，其成分、温度和密度都使金星表面完全不适合居住。金星大气中大约96%是二氧化碳，3.5%是氮气，剩下的0.5%是水蒸气、硫酸（H_2SO_4）、盐酸（HCl）和氢氟酸（HF）。事实上，遮掩金星表面的厚云是由硫酸液滴和微观硫晶体组成的。

苏联和美国的宇宙飞船将探测器投放到金星大气上，这些探测器在降落到金星表面时将数据用射电传回地球，这些研究表明，金星的云层比地球上的云层高得多，也更稳定。从地球上可见的金星最高的云层在地表上方延伸60~70千米（约40~45英里）（见图21-1），相比之下，地球大气中的云层通常的延伸高度不超过15千米（10英里）。

金星云层是高度稳定的，因为金星上的大气环流比地球上的要规则得多，处于日下点（太阳处于正上方的点）的加热的大气上升，并扩散到上层大气，对流使这种气体朝着行星的黑暗面和两极循环，在那里气体冷却并下沉。这种环流在上层大气产生300千米/时从东向西运动（与行星自转方向相同）的急流，其速度很快，整个大气的自转周期仅为4天。

大气环流的细节尚不清楚，但行星的缓慢自转似乎是一个重要的因素。在地球上，由于地球的快速自转，大尺度环流模式被分解为气旋（螺旋）扰动。由于金星自转得更慢，它的大气环流并没有被分解成小的气旋风暴，而是被组织成一种行星风模式。

虽然金星的上层大气是冷的，但下层大气的温度相当高（见图21-1b），到达地表的仪器探头探测到的温度为470℃（880°F），气压是地球的90倍。地球大气的密度比水低1000倍，但金星上的大气密度比水低10倍，如果你能在不舒适的大气成分、酷热和高压环境下生存下来，你就可以把翅膀绑在手臂上飞翔。

金星目前的大气是极其干燥的，但有证据表明它曾经有大量的水，几个不同的探测器在金星大气中下降或围绕金星运行测得氘（氢的重同位素）与普通氢的丰度之比比地球大气高约150倍，行星科学家推测，这种高丰度的氘是被破坏的水的残余物。根据所测得的数据，金星没有臭氧层来吸收太阳光中的紫外线（UV）辐射，因此，太阳紫外线光子可以轻易地将大气中的水蒸气分子分解成氢和氧，氧气渗入土壤中形成氧化物，而氢气则逸入太空，较重的氘原子会比正常的氢原子泄漏得更慢，这将增加氘与正常氢的比例。

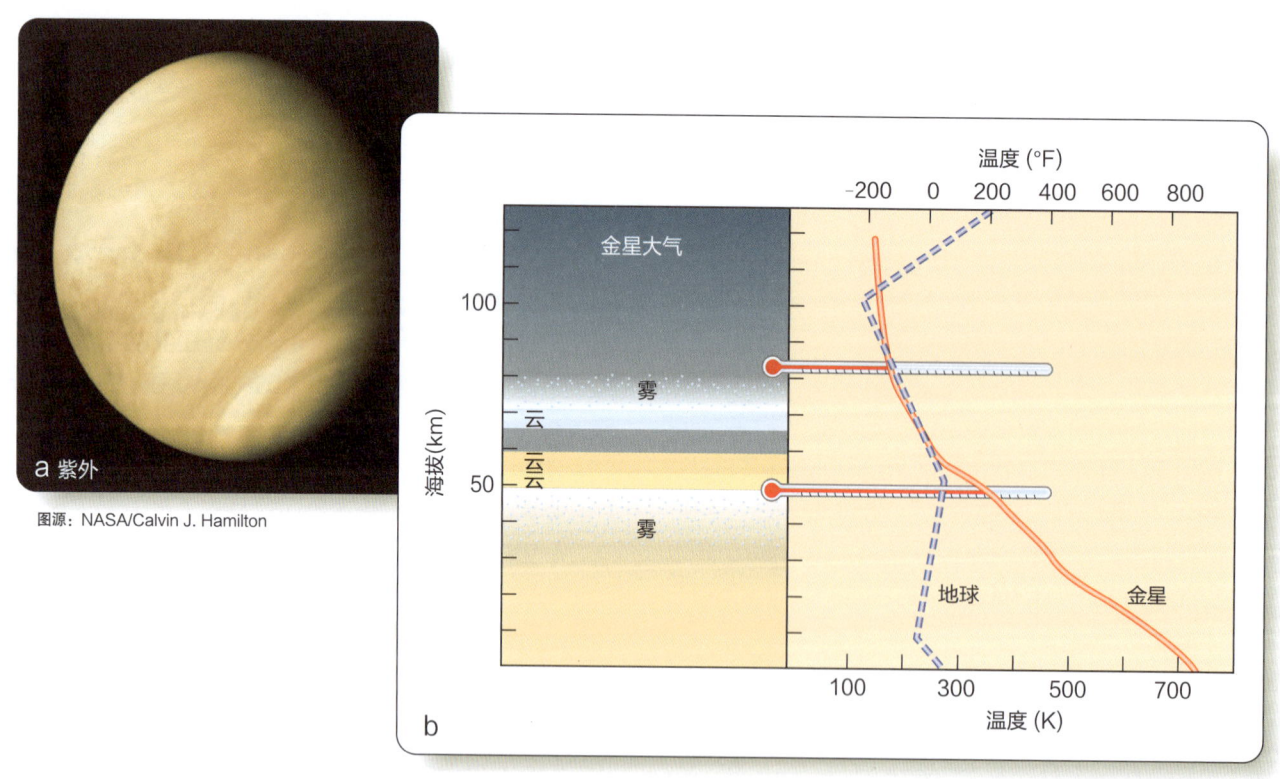

▲ 图21-1 （a）正在靠近金星的航天器利用紫外滤光片拍摄的金星图像，通过该紫外滤光片可以看出全掩盖该行星表面云层中的小对比度的差异，这些差异对肉眼完全不可见。（b）金星大气中的4个主要云层比地球上的普通云层高出10倍以上，如果你能把温度计插入金星大气的不同位置，如图中的红线所示，你会发现低层大气比地球大气热得多，但这两个星球的高层大气的温度非常相似

金星上现在基本上没有水，但大气中的氘含量表明，它可能曾经有足够的水，足以形成至少 25 米（80 英尺）深行星范围的海洋。（作为比较，地球上的水可以形成大概 3000 米深的海洋。）金星现在大气中的水蒸气只足够形成深约 0.3 米（1 英尺）的行星水层。金星目前的缺水状况是该星球与地球之间最大的区别之一。

21-1d　金星的温室

你在第 19-4b 节中了解了温室效应如何使地球变暖，二氧化碳对光是透明的，但对红外（热）辐射是不透明的，这意味着能量以光的形式进入大气，并加热地表，但因为大气中的二氧化碳对红外辐射不透明，所以地表不能很容易地把能量辐射回太空。金星上也有温室效应，但金星上的温室效应特别强烈，这就是为什么虽然金星比水星离太阳更远，但实际上更热。地球的大气只含有大约 0.06% 的二氧化碳，而金星的大气含有 96% 的二氧化碳，因此，金星表面的温度足以熔化铅。厚厚的大气和它高处的风把能量有效率地带到金星周围，使金星的表面温度在任何地方都几乎相同，这显然抵消了金星缓慢旋转的影响，否则白天和黑夜之间就会有巨大的温差。

行星科学家认为他们已经知道了金星是如何进入这种状态的，当金星年轻的时候，可能比现在更冷，但由于其形成的位置比地球距离太阳近 30%，所以它总是比地球暖和，这就引发了科学家们所说的使其更热的失控的温室效应。模型计算表明，金星和地球排出的二氧化碳量应该相同，但是地球的海洋已经溶解了地球的大部分二氧化碳，并将其转化为石灰石等沉积物，如果地球地壳上所有的碳都被"挖"出来并转化为二氧化碳，大气的密度就会和金星大气一样致密，而且同样主要由二氧化碳组成。

大气中氘过剩的现象表明，金星的表面曾经有大量的水，但在早期金星的温度下，水会蒸发，虽然二氧化碳高度溶于水，但随着金星表面水的消失，其溶解二氧化碳并将二氧化碳从大气中清除的能力也会消失。金星的表面很热，甚至硫、氯和氟都从岩石中被烤出来，形成了硫黄、盐酸和氢氟酸的蒸气。

21-1e　金星的表面

因为金星的表面永远被云层掩盖，且其表面温度足以熔化铅，并且处于巨大的大气压力之下，所以行星科学家对金星地质了解甚多是很令人惊讶的。早期地球上的雷达图穿透了云层，并显示出金星上有山脉、平原和一些陨击坑。苏联发射的一些航天器在金星上着陆，尽管金星表面条件恶劣导致航天器在着陆后一小时左右就失效了，但它们确实分析了一些岩石，并将一些图像传回了地球。这些岩石看起来是玄武岩——火山活动的典型产物，图像则显示出暗灰色的岩石平原，沐浴在由阳光透过厚厚的大气而产生的深橙色的光芒中（见图 21-2）。

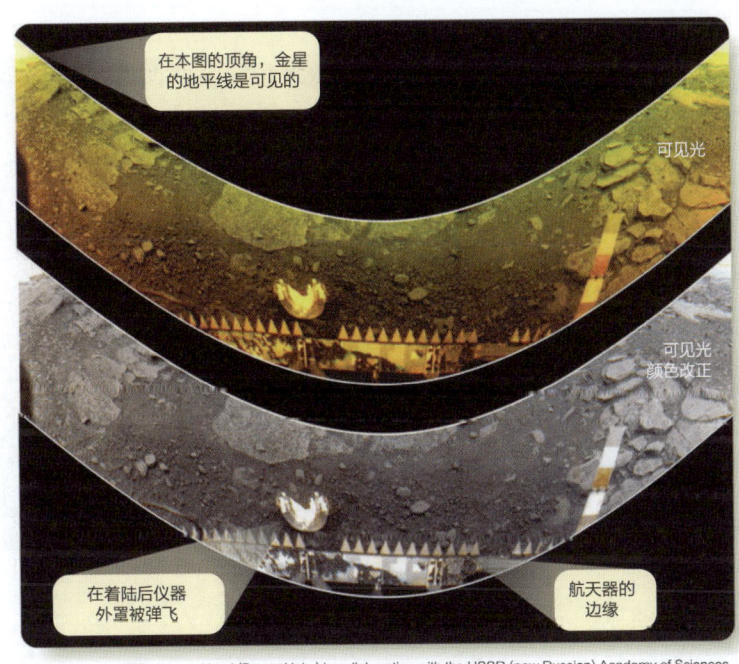

◀ 图 21-2　金星 13 号航天器于 1982 年在金星上着陆，并携带了一台照相机，可从一侧旋转到另一侧，以拍摄金星表面。橙色的光芒是由厚厚的大气产生的，当它被校正以产生白光下的景象时，你可以看到岩石是深灰色的，同位素分析表明它们是玄武岩

我们如何得知 21-1

数据处理

为什么科学家认为在视觉上增强他们的数据是可以的？

研究金星的行星天文学家改变了雷达地图的颜色，拉伸了山脉的高度。如果人们在制作政治性的电视节目时，用数字技术增强政治家的声音，就是一种欺骗行为。但科学家们经常处理和增强他们的数据，这不是不诚实，因为科学家本身就是他们自己的观众，数据没有被改变，而是以一种不同的方式呈现了，其目的是揭示真相，而不是掩盖真相。

例如，研究膝关节损伤的生理学家可以使用磁共振成像（MRI）数据来研究健康和受损的膝关节。他们将病人置于一个强大的磁场中，用精确调谐的射频脉冲照射他或她的膝盖。磁共振成像机器可以使百万分之一的氢原子发射射频光子，发射光子的强度和频率取决于氢原子与其他原子的结合方式，因此骨骼、肌肉和软骨会发出不同的信号。机器中的天线接收到发射的信号，并将大量的数据以数字表格的形式储存在计算机中。

这些数字表格对生理学家来说毫无意义，但通过处理数据，他们可以产生膝关节解剖结构的图像，通过增强数据，他们可以区分骨骼和软骨，看到肌腱是如何连接的。他们可以过滤数据以看到精细的细节，或者通过平滑数据来消除纹理图案的干扰。生理学家完全知道数据是如何被处理的，因此他们不会被误导，并能利用这些图像设计出更好的方法来治疗膝关节损伤。

当科学家们说他们在"按摩数据"时，意思是他们在过滤、增强和处理数据，以展示出需要研究的特征，但这并不是改变它。如果他们向电视观众展示这些数据，以促进一项事业或销售产品，那这是不诚实的行为，但科学家对数据的处理使其能够更好地理解自然界的运作。

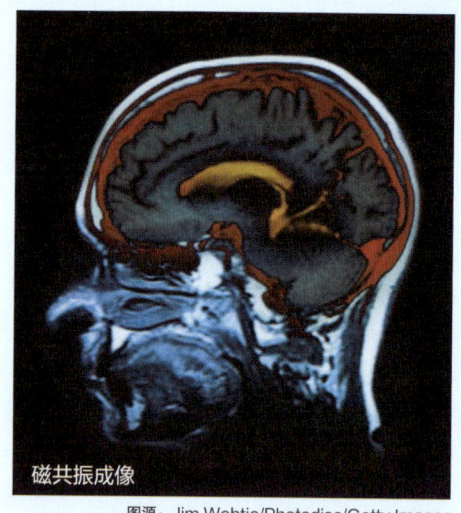

磁共振成像

图源：Jim Wehtje/Photodisc/Getty Images

你已经习惯于看到数据被操纵并以方便的方式呈现

从1978年开始，一系列美国和苏联的探测器绕着金星运行，并绘制了金星表面的特写雷达图。"麦哲伦"太空飞船在1992年和1994年之间制作的图像可以显示出直径小至100米（330英尺）的细节。这些雷达图可以让我们看到云层之下的综合图像。

金星雷达地图的颜色大多是反色的，追随"麦哲伦"观测的科学家们选择使用黄色和橙色来制作他们的雷达图，以尝试模拟由厚重的大气产生的橙色日光（见图21-3）。当在看这些橙色图像时，你需要提醒自己，若用白光照射，岩石的真实颜色将是深灰色（我们如何得知21-1）。

雷达地图并不显示人眼所见的表面，而是提供有关高度、粗糙度的信息，在某些情况下，还有化学成分的信息。例如，如果你通过云层向下发射一个射电信号，并测量你听到回声的时间，可以测量云层在表面的高

雷达图

图源：NASA/JPL-Caltech

▲ 图 21-3　没有云层的金星。这张"麦哲伦"雷达图的马赛克图用橙色呈现，以模拟该星球表面日光的颜色。图像显示了分散的撞击坑和火山地区，如贝塔区和阿特拉区

图源：Michael A. Seeds

▲ 图 21-4 尽管它有近 1000 年的历史，但亚利桑那州弗拉格斯塔夫附近的这个熔岩流仍然是由尖锐的岩石组成的粗糙杂物，冒险登上其表面是很危险的。金星上凝固的熔岩在雷达地图上显示为明亮的区域，因为它们是粗糙的

度，因此，详细的高度图是"麦哲伦"数据的一部分。你还可以测量从表面上每个点反射的信号量，金星表面大部分是由古老、光滑的熔岩流组成的，这些在雷达图上看起来并不明亮，但断层和不平坦的地形看起来则更明亮。年轻的熔岩流通常是非常粗糙的（见图 21-4），含有数十亿个微小的缝隙，这些缝隙将雷达信号反弹，并将其反射回原处，这些粗糙的熔岩流在雷达地图上看起来非常明亮。某些矿物的沉积物也会引起明亮的雷达回波。总体而言，雷达图绘制了一个炎热的、猛烈的、最近有火山活动的沙漠世界。

图 21-5 呈现了除极地地区以外所有金星的图像，根据国际公约，太阳系天体和天体地形特征的名称是由国际天文学联合会分配的。该联合会决定金星上的名称应该以女性命名，例如，高原地区的伊斯塔高地和阿芙洛狄忒台地就是以巴比伦和希腊的爱神命名的。但存在少数例外，有些特征是在采用命名惯例之前，在早期基于地球的雷达测绘中发现的，其中包括比珠穆朗玛峰高 50% 的麦克斯韦山脉 [以 19 世纪首次描述电磁辐射的物理学家詹姆斯·克拉克·麦克斯韦（James Clerk Maxwell）命名]，以及火山峰阿尔法区和贝塔区。

雷达图显示，金星的大部分表面由低矮、起伏的平原和高地区域组成，那些起伏的平原似乎是大规模的平滑熔岩流，而高地则是变形的地壳区域。

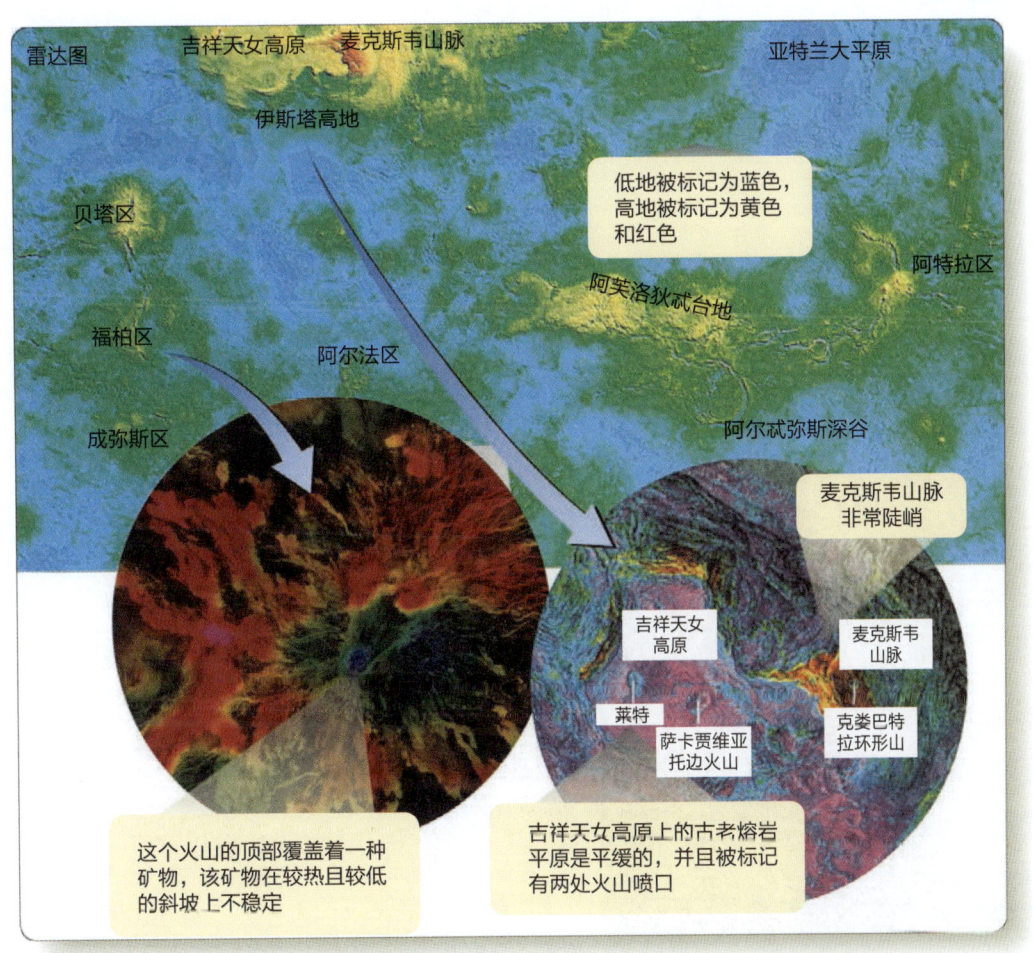

图源：Planum map: USGS; other maps: NASA

◀ 图 21-5 注意这三张雷达图如何显示不同的事物。主图显示了金星大部分地表的相对高度，只有极地地区没有显示。左图显示了与化学成分有关的表面矿物的电属性。右图的麦克斯韦山脉和吉祥天女高原的细节图是用颜色编码米显示陡峭程度的，紫色表示平缓，橙色表示陡峭

第四部分 太阳系 435

▲ 图 21-6 这张麦哲伦雷达图像前景豪陨击坑的直径是 37 千米（23 英里），背景中的陨击坑直径分别为 47 千米（29 英里）和 63 千米（39 英里），这张雷达图经过了数字处理，模拟当航天器飞过陨击坑时看到的景象

地表比地球地表更古老，但比月球地表年轻。与月球不同的是，金星没有非常古老的陨击高地，熔岩流似乎是在过去大约 5 亿年内完全重现在金星上的。

21-1f 金星上的火山活动

火山活动的迹象在金星的表面占主导地位，正如你刚才所了解的，金星的大部分地区被熔岩流覆盖，比如，金星号航天器拍摄的特写（见图 21-2）。此外，火山峰和其他火山特征在雷达图上也很明显。

比较金星、地球和火星上的火山活动，可以了解这 3 个星球的情况。浏览"概念艺术·火山"，会注意到 3 个重要的观点和 2 个新术语：

1. 在地球上发现的火山有两种主要类型。复合火山往往与板块运动有关，位于板块边缘附近，而盾状火山则与岩浆柱从地幔深处升起造成的热斑有关，一般不靠近板块边缘。

2. 金星和火星上的火山都是由热斑火山作用产生的盾状火山，而不是由板块构造作用产生的复合火山。

3. 金星和火星上的火山已经变得非常大，因为地壳的同一个地方会反复喷发。这显然与地球不同，金星和火星都不是板块构造和水平地壳运动占主导地位。

图 21-7 是萨帕斯山的俯视雷达图，底部直径为 400 千米（250 英里），高 1.5 千米（约 1 英里）。图

正如月球一样，陨击坑是了解金星地表年龄的关键。金星表面有近 1000 个陨击坑，这个数量比地球多，但没有月球多，这些陨击坑均匀地散布在金星表面，看起来尖锐而新鲜（见图 21-6）。由于没有水和缓慢流动的低层大气，金星上很少有侵蚀现象，而且厚厚的大气保护了地表使其免受小陨石的影响，因此金星地表没有小的陨击坑。据此，行星科学家得出结论，金星

◀ 图 21-7 （a）位于一个主要的断裂带上的萨帕斯山，其顶部是两个充满熔岩的火山口，两侧是粗糙的熔岩流。这张雷达图的橙色模拟了透过厚重大气的橙色光线。（b）通过地球表面的光线去看，萨帕斯山可能更像计算机生成的景观，玛阿特火山在背景中升起，其竖直比例被扩大了 15 倍，以显示火山和熔岩流的形状

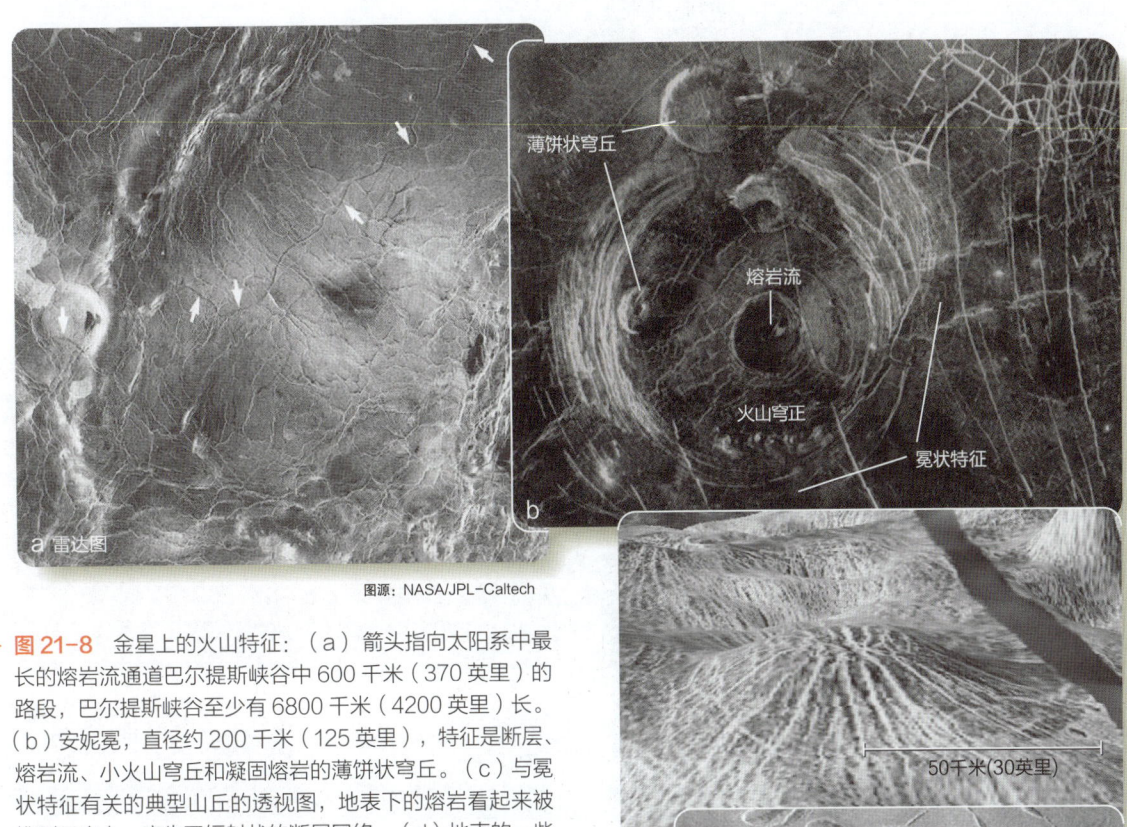

▶ 图 21-8 金星上的火山特征：（a）箭头指向太阳系中最长的熔岩流通道巴尔提斯峡谷中 600 千米（370 英里）的路段，巴尔提斯峡谷至少有 6800 千米（4200 英里）长。（b）安妮冕，直径约 200 千米（125 英里），特征是断层、熔岩流、小火山穹丘和凝固熔岩的薄饼状穹丘。（c）与冕状特征有关的典型山丘的透视图，地表下的熔岩看起来被推到了山上，产生了辐射状的断层网络。（d）地壳的一些区域看起来随着地表下岩浆的流走，已经坍塌

图源：NASA/JPL-Caltech

中许多亮点，也就可能是年轻熔岩流从中心向外延伸，覆盖了较老的、较暗的熔岩流。但请记住，这张图片中的颜色并非其本身的颜色，如果穿过这些熔岩流，用太空服的白色头灯照射它们，你会发现它们是坚实的深灰色石头。

除了火山之外，雷达图也显示了该行星表面火山的其他特征。熔岩通道很常见，它们看起来类似于在地球、月球上可见的蜿蜒的山丘。金星上最长的熔岩通道也是太阳系中已知最长的通道，它绵延 6800 千米（4200 英里），大约是芝加哥到洛杉矶距离的两倍。这些通道有 1~2 千米（约 1 英里）宽，有时可以追溯到塌陷的区域，那里的熔岩似乎是从地壳下流出的。

冕状特征是金星上火山的进一步证据，它是直径达 2000 千米（1250 英里）的圆形隆起，包含火山峰和熔岩流。冕状特征似乎是由地表下熔融岩浆的上升流造成的，熔融岩浆使地壳的圆顶隆起，然后岩浆退去，使地表下沉和断裂。冕状特征有时伴随着被称为"薄饼状穹丘"的特征，该特征被理解为黏性熔岩的凝固喷出物。上述火山特征和其他特征显示在图 21-8 中。

因为不能证明金星上发现的所有火山都已经灭绝，所以金星上的火山可能正在喷发，但目前还没观测到正在喷发的火山。

金星的历史显然是一个充满激情的故事，以火山活动为主，但金星表面并没有地球那样板块构造散布的迹象。例如，金星上唯一明显的褶皱山脉的例子是在火山吉祥天女高原北部和西部地区（见图 21-5 右边的插图），在那里某种类型的水平地壳运动推高了名为伊斯塔高地的大块土地，相反，板块碰撞在地球上产生了许多褶皱和折叠的山脉。在金星表面发现了断层和深沟，这表明地壳在这些地方被拉伸了，因此，有迹象表明该星球上存在一些有限的水平地壳运动。然而，地球的主要地质过程在金星上似乎大部分都没有。在下一节中，你会学到关于这两个星球历史为何如此不同的假说。

火山

1 熔化的岩石（岩浆）比周围的岩石密度小，会上升，在它冲破地壳的地方，能够看到火山活动。地球上的两种主要类型的火山是与金星和火星上的火山进行比较的很好例子。

1a 在地球上，复合火山（composite volcanoes）形成于俯冲带之上，在那里下沉的地壳融化，岩浆上升到表面，形成了沿俯冲带的火山链，如南美洲西海岸的安第斯山脉。

俯冲带上方上升的岩浆流动性不强，它产生侧面陡峭至30度的爆炸性火山。

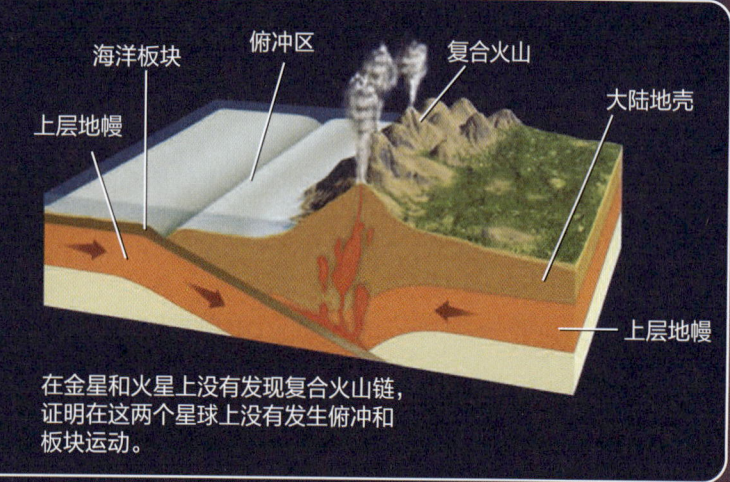

在金星和火星上没有发现复合火山链，证明在这两个星球上没有发生俯冲和板块运动。

图源：Based on Physical Geology, 4th edition, James S. Monroe and Reed Wicander, Wadsworth Publishing Company. Used with permission.

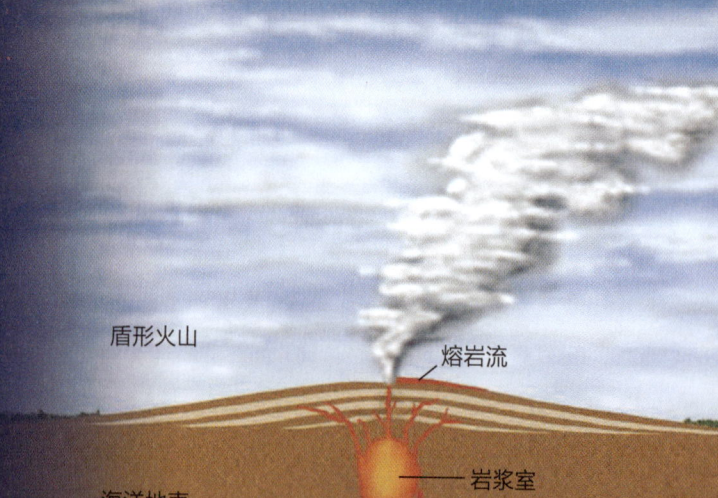

1b 盾状火山（shield volcano）是由高度流动的熔岩（玄武岩）形成的，它容易流动，并形成坡度为3°~10°低矮的火山峰。夏威夷的火山是盾形火山，起源于太平洋板块中部的一个热斑之上。

岩浆聚集在地壳的一个腔室中，并通过裂缝通往地表。

岩浆通过上层地幔的裂缝被迫向上移动，引起强度小而震源深的地震。

热斑是由上升的处于对流状态的熔岩通过地幔中热且可形变的岩石向上移动而形成的。

圣海伦斯火山在1980年向北爆炸，造成63人死亡，并摧毁了600平方千米（230平方英里）森林，爆炸的风和悬浮的岩石碎片的移动速度高达480km/h，温度高达350℃(662℉)。请注意这个复合火山陡峭的坡度。

卡斯卡特山脉的复合火山是由大洋板块俯冲到北美洲下面并部分融化产生的。

图源：USGS

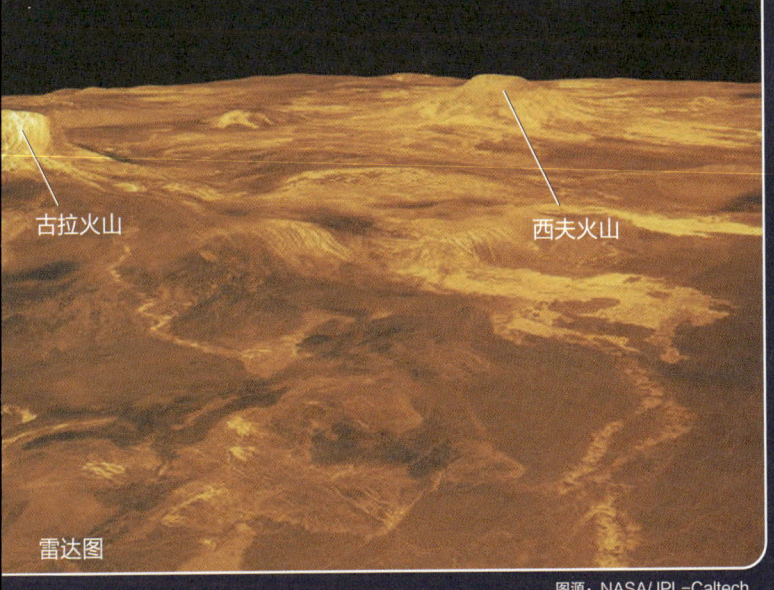

古拉火山

西夫火山

雷达图

2 金星上的火山是盾状火山，在一些依据"麦哲伦"雷达图制作的图像中，它们看起来很陡峭，但这是因为人们扩大了其垂直比例以加强细节，金星上的火山实际上是浅坡的盾状火山。

3 位于热斑上方的火山会反复喷发，从而建立起一个由许多层组成的盾形火山。这样的火山可以非常巨大。

图源：NASA/JPL-Caltech

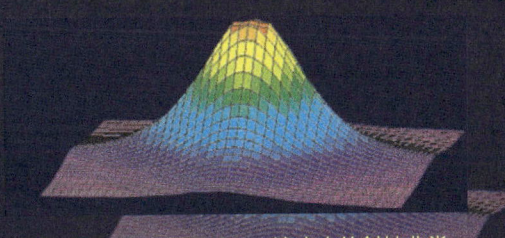

2a 计算机模型的山体，垂直比例放大了10倍，看起来有陡峭的山坡，像复合火山的山坡。

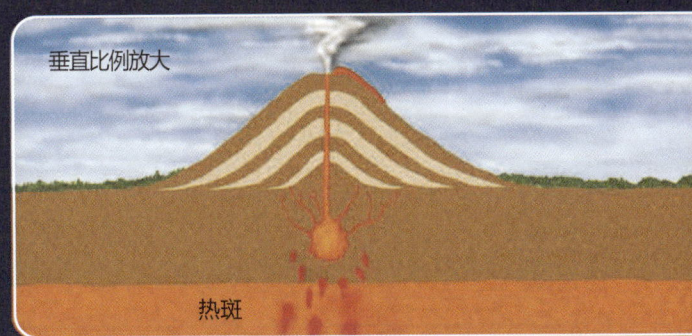

垂直比例放大

热斑

海平面以下被侵蚀的古老火山岛

板块移动

热斑

计算机模型的真实剖面显示，这座山的斜坡非常平缓，是盾状火山的典型特征。

如果地壳板块在移动，热斑产生的岩浆可以反复穿透地壳，形成一连串的火山。只有热斑上方的火山是活跃的。较老的火山会慢慢被侵蚀掉，这样的火山不能长大，因为移动的板块把它们带离了热斑区域。

图源：Illustration design by Michael A. Seeds

距离上次爆发的时间（百万年）

5　　3　1.5　1　　0

考艾岛　瓦胡岛　莫洛凯岛　毛伊岛　夏威夷　活火山

板块移动

新生的水下火山

3a 构成夏威夷群岛的火山是由移动的太平洋板块中间向上探出的一个热斑产生的，如左图所示。该板块每年移动约9厘米，将较老的火山岛带向西北方，远离热斑，这些火山在变得非常大之前就被带离了热斑，新的岛屿在静止的热斑之上沿着东南方向形成。

图源：NASA

图源：USGS

火星上的奥林波斯火山体积比地球上最大的火山夏威夷的莫纳罗亚火山大95倍还多

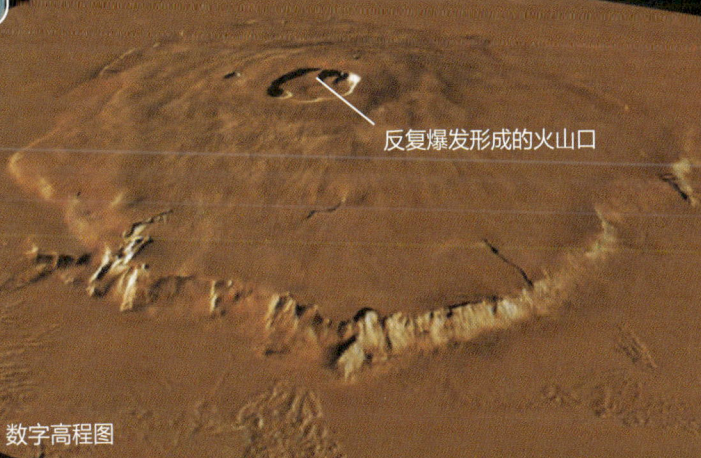

反复爆发形成的火山口

3b 右图是太阳系最大的火山奥林波斯山，它是一座高22千米（14英里），底部直径超过600千米（370英里）的盾状火山。其巨大的尺寸可以证明，火山下的地壳一定在热斑上保持静止，这是火星上没有板块构造的证据。

数字高程图

21-1g 金星的历史

地球在其历史上经历了四个主要阶段（第19-2a节，特别是图19-2），你已经了解了在同一阶段月球和水星是如何受到相同阶段影响的，然而金星在其行星发展过程中似乎走了一条奇特的道路，同时它的历史也很难被理解。行星科学家们并不能详细地了解这个星球如何形成和分化，如何变得坑洼并被淹没，或者其地表如何继续演化。

据推测，金星和地球以同样的方式形成，并在分化为致密的内核和低密度的地幔和地壳时排出了富含二氧化碳的大气，金星和地球应该排出约等量的二氧化碳，但地球的海洋已经溶解了这些二氧化碳，并将其转化为石灰岩等沉积物，金星上缺乏水是导致地球和金星表面条件差异的主要原因。有证据表明，金星在年轻时可能存在海洋，但由于金星比地球更接近太阳，所以金星最初比较温暖，大量的水会蒸发，温室效应加剧使其更加温暖。这个过程像一个失控的温室，会使任何存在的海洋变得干涸，降低金星清除大气中二氧化碳能力的恶性循环。随着更多的二氧化碳被排出，温室效应变得更加严重，最终，太阳紫外线辐射破坏了大气中的水蒸气，留下了大量的氘作为探究金星海洋命运的化石线索。

相比之下，地球避免了一种失控的温室效应，因为它离太阳更远，总是比金星冷，因此，它可以保留和保存充满液态水的海洋来吸收二氧化碳，并留下一个在红外波长下相对透明的主要由氮组成的大气。正如你以前所学到的，如果地球沉积物中的所有碳都以二氧化碳的形式被释放入大气，我们的空气将和金星的空气变得一样致密，这样的话地球将经历灾难性的温室效应，这比人类所能造成的任何情况都要糟糕（第19-4b节）。

金星显然没有真正的板块构造，尽管探测器的测量结果显示，金星的表面岩石与地球的海洋地壳中发现的那种深灰色玄武岩是相同的类型，但探测器的结果同样表明，金星的地壳非常干燥，因此其密度比地球的地壳密度低大约12%。金星的低密度地壳比地球的地壳浮力更大，会抵抗其被推入内部。此外，模型计算表明，嵌入岩石中的水有助于润滑板块运动，所以金星干燥的地壳岩石不会轻易地相互滑动。最后，金星的地壳非常热，温度已经达到其岩石熔点的一半，这样的热岩石不是很坚硬，所以它不能形成地球上典型板块构造的那种刚性板块。行星科学家假设，金星地壳岩石的低密度、干燥性和柔韧性是该星球缺乏板块构造的原因。

地球内部70%的热量通过火山活动沿着洋中脊向外流动，洋中脊是地壳板块扩散的地方，但金星缺乏有张力的地壳裂缝，所以金星中大量的火山不足以将大部分热量带出内部。与地球不同，金星是通过地壳下上升热岩浆的大规模对流来释放其内部能量的，对流作用显然会使表面变形，进而形成冕状特征和其他相关的特征。此外，由轨道航天器制作的详细重力强度图表明，麦克斯韦山脉和其他山脉必须由上升的岩浆流支撑，而不是像地球上的山脉那样有很深的根基。因此，尽管诸如伊斯塔高地周围的褶皱山脉等特征是有限水平地壳运动的证据，但金星的大多数地质活动过程似乎是垂直的，而非水平的。

金星表面的少量陨击坑表明，整个地壳在过去5亿年左右的时间里被替换，这只是金星年龄的10%，这可能发生在一次行星尺度上的翻转活动中，旧的地壳破裂并下沉，熔岩流产生了新的地壳。这样的全球灾难可能会定期发生在金星上，或者这个星球曾经可能有更像地球的地质过程，直到如今这样的地质重现。无论如何，研究与地球不同的金星最终可能会让我们更多了解自己的世界是如何运作的。

践行科学

你有什么样的证据来证明金星上没有板块结构？行星科学家会立即关注这个问题，因为这是金星和地球之间最重要的区别之一。

在地球上，板块结构可以通过全球范围内的断层、俯冲带、火山活动以及勾勒出板块轮廓的折叠山脉的全球网络来识别，尽管其中一些特征在金星上是可见的，但它们并没有出现在板块边界构成的网络中。火山活动很普遍，但褶皱的山脉只出现在少数地方，例如，在吉祥天女高原和麦克斯韦山脉附近，并没有形成长的山脉链，这是与地球不同的。此外，金星上巨大规模的盾形火山表明，其地壳并没有像太平洋海底在夏威夷热斑上移动那样，在某个热斑上移动。

乍一看，你可能认为地球和金星应该与兄弟姐妹相似，但比较行星学的研究表明，它们更像表兄弟。你可以认为是因为金星上厚重的大气改变了其地质结构，这就使焦点转向了两颗行星之间的另一个巨大差异：为什么地球的大气不像金星的那么厚？

21-2 火星

水星和月球都很小,金星和地球是最大的类地行星,火星大小适中,其直径是月球的两倍,但只比地球直径的一半多一点(见"天体简介:火星")。火星的小尺寸使它比地球冷却得更快,它的大部分大气已经泄漏,其目前以二氧化碳为主的大气的密度还不到地球的1%。

21-2a 火星上没有运河

早在太空时代之前,火星在大家看来是一个神秘之地。在伽利略首次使用望远镜进行天文观测之后的一个世纪里,天文学家们在火星上发现了黑暗的标记以及明亮的极冠,通过对这些标记的运动进行计时,他们得出结论,火星的一天大约是24小时40分钟,比地球的一天稍长。火星的轴线在其轨道上倾斜25.2度,几乎与地球的23.4度倾斜完全相同,因此火星的季节分布变化与地球大致相同,火星的一年是1.88个地球年。这些与地球的相似之处引导人们认为,火星可能像地球一样有人居住。

1858年,天文学家安吉洛·西奇(Angelo Secchi)将他在火星上看到的一个狭窄区域称为canale,是意大利语"通道"的意思,这是一种自然地质特征。20年后,乔范尼·夏帕雷利(Giovanni Schiaparelli)使用直径只有22.2厘米(8.75英寸)的望远镜,在火星上瞥见了许多精细的直线,他还用意大利语canali(复数的)来表示这些线条,但后来这个词没有被翻译成"通道",而被翻译成"运河",意思是一种人工建造的渠道,因此,"火星运河"起源于误译。虽然许多天文学家根本看不到运河,但有天文学家绘制了显示数百条运河的地图(见图21-9a)。

在夏帕雷利宣布其发现之后的几十年里,人们激动于火星上存在智能生命的可能性,特别是波士顿的富人帕西瓦尔·罗威尔(Percival Lowell)。1894年,罗威尔在亚利桑那州弗拉格斯塔夫建立了洛厄尔天文台,主要是为了研究火星。他不仅绘制了数百条运河的地图,还在书籍和讲座中普及了他的成果。尽管一些天文学家依然认为运河只是幻觉,但公众非常确信火星上存在生命,甚至在1907年,《华尔街日报》认为前一年最不寻常的事件是"通过天文观测证明……火星上存在有意识的智慧人类生命"。在接下来的几十年里,泰山故事的作者埃德加·赖斯·巴勒斯(Edgar Rice Burroughs)写了一系列关于地球人约翰·卡特(John Carter)在火星上迷路的冒险故事,提升了这一事件的兴奋度。(请注意,巴勒斯决定将火星人描绘成身材矮小、皮肤呈绿色的人。)

人们已经习惯了火星上有智慧生命这一说法,有人甚至相信地球可能被入侵。在1938年万圣节之夜,一

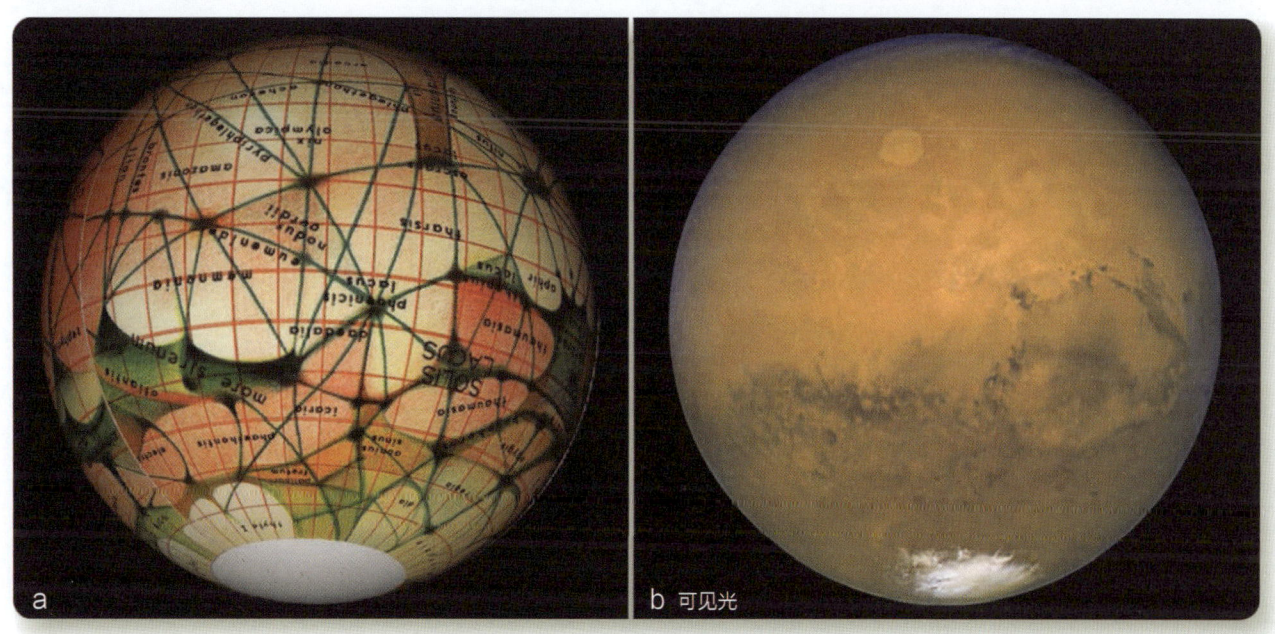

图源:(a) Encyclopaedia Britannica/Universal Images Group/Getty Images
(b) NASA

▲ 图21-9 (a)约在19、20世纪之交,一些天文学家绘制了火星表面的运河图,并得出结论,那里一定有智慧生命居住。(b)由航天器记录的现代图像显示,火星的地面上没有运河。相反,这个星球上有很多陨击坑,在某些地方还有。这些图像就像在望远镜里看到的那样,以南在顶部定向

位电台播音员反复打断一个舞蹈音乐节目，为了报道一艘宇宙飞船在新泽西州着陆，出现了可怕的生物，随后整个城市将被摧毁，成千上万原本理智的人惊慌失措地逃走了，他们不知道奥逊·威尔斯和其他演员正在演绎威尔斯的书《世界大战》。

公众对火星、火星上的运河和火星上面小绿人的迷恋一直持续到1965年，当年第一个飞过火星的航天器水手4号，用射电发回了干燥、坑洼不平的火星表面照片，照片上显示火星之上没有运河，也没有火星文明（见图21-9b）。运河是由人类大脑强大的能力产生的视觉错觉，它能将一大片不相干的标记组合成一个连贯的图像，如果你的大脑不能做到这一点，这一页上的照片将只是成群的小点，而电视屏幕上的图像也永远不会有意义。这样做的坏处是，在可见的边缘寻找东西的天文学家，其大脑可以将火星上微弱、随机的标记连接成运河的直线，而另一个天文学家的大脑也可能在相同的地方看到运河。

即使在今天，火星对普通人仍有一些吸引力，杂货店的小报经常刊登关于一个古老种族在火星上刻下一张巨脸的故事，尽管行星科学家们意识到这只不过是照片上偶然出现的阴影，并把这一事情当作一个愚蠢的骗局，但这些故事仍然存在。百年来的猜测使人们对火星产生了很高的期望。

21-2b 火星的内部

从轨道上进行的观察表明，火星没有整体的磁场，但在一些古老的地壳上，有冻结的磁力的痕迹。这可能意味着，在火星形成后不久便具有一个液态金属核球，其中的发电机效应产生了一个足以使表面岩石磁化的磁场。从轨道航天器射电信号极其敏感的多普勒位移测量可以看出，火星和地球一样，有不同的组成部分。多普勒位移的测量使行星科学家能够绘制引力场图，并详细研究火星的形状，从而可以探测到由太阳引力引起的火星内部的潮汐作用，这些潮汐不到1厘米高，但通过与火星内部的模型进行比较，可以发现火星有一个密度很大的核心，一个密度较小的地幔，以及一个低密度的地壳。

由于火星很小，它的热量会迅速流失，其大部分核球被逐渐冻结成固体，这可能就是其动力装置最终关闭的原因。如今的火星可能具有一个大的固体核球，这个核球被液态的金属外壳包围着，但这个外壳太薄，发电机效应无法产生磁场。

21-2c 火星的大气

对比比较火星和其他行星的行星科学家来说，火星的大气是一个重要的兴趣点，探索笼罩一个星球的气体对了解它的历史而言至关重要。

火星上的空气有95%是二氧化碳，氮气和氩气各占百分之几，这与金星大气的组成相当相似。火星土壤的红色是由氧化物（铁锈）造成的，这意味着人类希望在火星大气中找到的氧气被固定在土壤的化学成分中。火星表面的大气密度只有地球大气的1%左右，并不能提供足够的压力来防止液态水沸腾成蒸汽，因此水在火星表面只能以冰或蒸气的形式存在。

虽然火星上的空气很稀薄，但它的密度足以让我们在照片中看到（见图21-10）。云雾来去之间，偶发的天气也可以被看到。火星上的风力很强，足以产生笼罩整个星球的沙尘暴。照片中可见的极冠也与火星大气有关，极冠中的"冰"是冻结的二氧化碳（"干冰"），下面是冻结的水。

为了更全面地了解火星，你可以问为什么它的大气如此稀薄和干燥，为什么表面富含氧化物。为了找到答案，你需要考虑大气的起源和演化。

据推测，火星大气中的气体大部分是从其内部排出的，类地行星上的火山活动通常会释放出二氧化碳和水蒸气以及少量的其他气体。由于火星形成时离太阳较远，一方面你可能会期望它在形成时比地球吸收更多的

图源：NASA/ESA/STScI/AURA/NSF/P. James (Univ. of Toledo, Ohio) and S. Lee (Univ. of Colorado, Boulder)

▲ 图21-10 在这张由哈勃太空望远镜拍摄的图片中，火星的大气很明显。其中雾是由稀薄的二氧化碳大气中的水冰晶体构成的，最左边的点是阿斯克劳яу火山高15 km（10 mi），从早晨的云层中探出头来，请注意图像顶部呈现的是火星北极冠

挥发性物质；另一方面，火星比地球小，所以它有较少的内部热量来驱动地质活动，这将导致你怀疑它没有像地球那样排放气体。不管是哪种情况，不管发生了什么排放气体的现象，都是在该星球的历史早期发生的。火星很小，所以它迅速冷却，在地质学上几乎不活跃，现在排放的气体很少。

一颗行星维持大气的能力取决于该行星的质量和温度，行星的质量越大，其逃逸速度就越高（式5-1b），气体原子就越难泄漏到太空中。行星大气的温度也很重要，如果气体是热的，其中的分子有更高的平均速度，更有可能超过逃逸速度。这意味着，一个靠近太阳的行星比同样大小但距离太阳更远的更冷的行星保存大气的能力更弱。然而，气体分子的速度也取决于分子的质量。平均而言，一个小质量的分子比一个大质量的分子运动得快，出于这个原因，行星更容易失去其最低质量的气体，因为这些分子的速度最快。

如果绘制一个如图21-11所示的图表，你就可以了解到比较行星学的原理。数据点显示了太阳系中较大天体逃逸速度与温度的关系，图中使用的温度是处于逃逸位置的气体温度，对月球而言，因为基本上没有大气，所以温度就指的是太阳光表面的温度；对火星而言，大气顶部的温度较为重要。

图21-11中的曲线显示了各种分子的最高速度与温度的关系。例如，在任何给定的温度下，一些二氧化碳分子的速度比其他分子快，就是这些高速度的分子会逃逸出行星。从图中可以看出，地球和金星不能容纳氢；尽管火星温度很低，但它尺寸太小了，只能容纳质量更大的分子；月球太小了，无法阻止任何气体的逃逸。当你在之后的章节研究其他星球的大气时，可以参考此图。

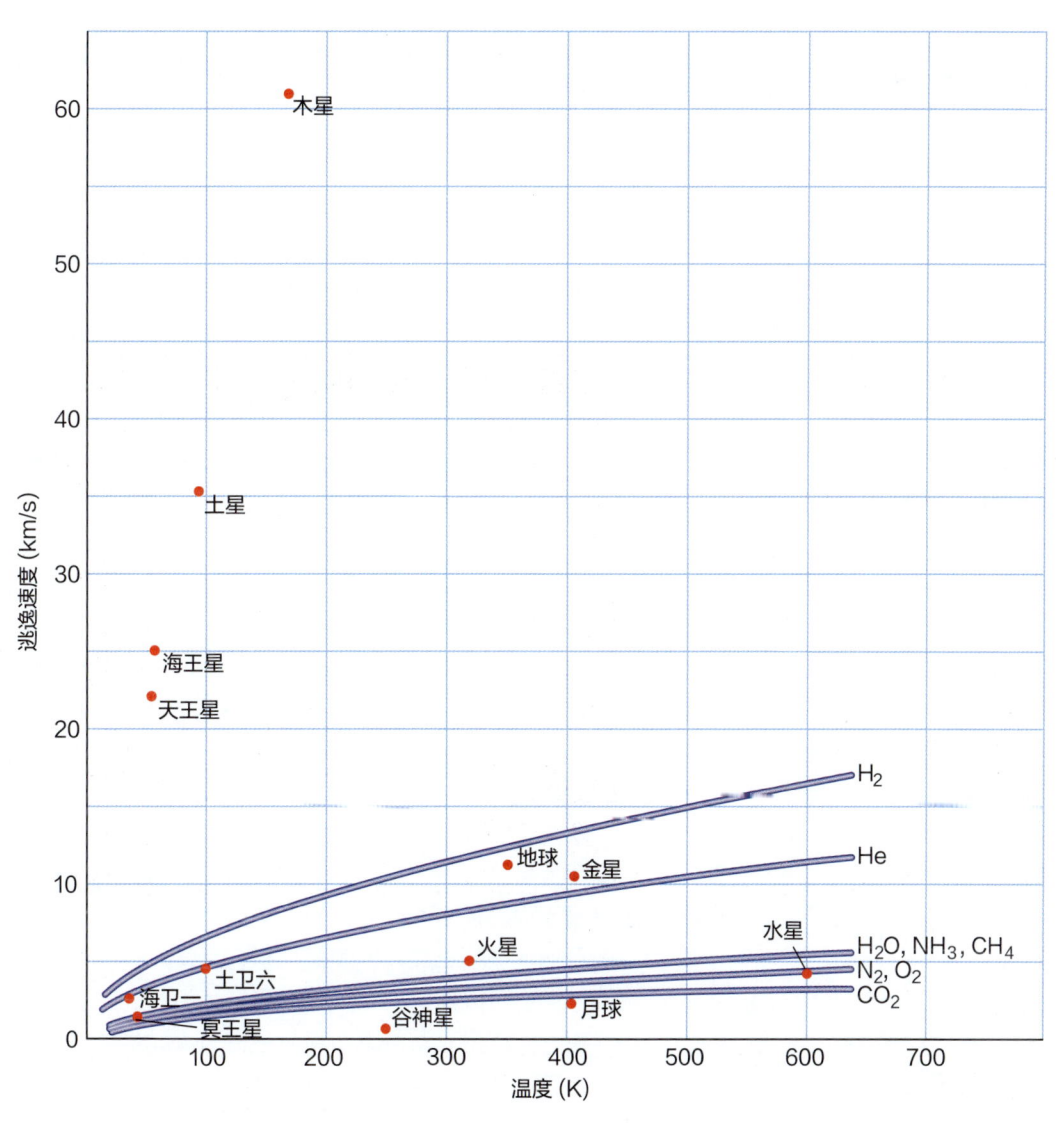

◀ 图21-11 大气层中气体的流失，每个点代表的是太阳系各天体的逃逸速度和温度，线条代表各种质量的分子典型最高速率。类木行星具有较高的逃逸速度，甚至可以保留最小质量的分子；火星只能容纳质量较大的分子；而月球的逃逸速度很低，甚至大质量分子也能逃逸出去

在火星形成后的46亿年里，它已经失去了一些小质量的气体分子，水分子的质量足够大，火星本可以保留它们，但太阳紫外线辐射将它们分解了。回顾一下，在地球上，臭氧层可以保护水蒸气免受紫外线辐射。但火星上的大气并不富含氧气，所以它没有臭氧层，来自太阳的紫外线光子可以穿透大气深处将水分子打散，然后氢会逃逸出去，而氧，作为一种非常活跃的元素，可以在土壤中形成氧化物，这就是对使火星成为"红色星球"的氧化物的相关解释。

火星大气中的氩气是曾经有一层更致密的空气的证据。氩原子的质量很大，几乎和二氧化碳分子一样大，所以不会轻易流失，此外，氩气是惰性的，不能在土壤中形成化合物。火星大气中氩气的含量是1.6%，几乎是地球的两倍，人们认为氩气是火星早期大气的遗留物，那时候火星大气的密度可能是现在的10~100倍，也许几乎和地球的大气一样致密。

行星科学家们争论太阳风在火星大气演化中的重要性，现在的火星没有全行星范围内的磁场，所以太阳风直接与大气顶部相互作用。详细的计算表明，大量的气体可能在火星的历史进程中被太阳风带走了。然而，在火星有大量内部热量和一个液态金属核球的早期，可能具有一个磁场，这个磁场会保护其大气不受太阳风的影响，不过还需要更多的观测来测定这种保护作用可能持续了多长时间。

有大量证据表明，火星的极冠和大气是密切相关的，极冠含有大量的二氧化碳的冰，当某一半球迎来春天时，这些冰开始升华并返回到大气中，同时，在另一个极点，二氧化碳被冻结在极冠上，火星奥德赛探测器上的照相机发回的南极冠上暗记的图像可以证明这样的一个周期。显然，当极冠迎来春天，太阳从地平线上探出头来，阳光穿透1米厚的冰层，使二氧化碳蒸发，二氧化碳在几十米高的间歇泉中迸发出来，携带着尘埃和沙土，风推动碎片，形成扇形的标记（见图21-12）。

尽管行星科学家仍然不确定火星在过去有多少大气，以及它已经失去了多少大气，但它是你研究比较行星学的一个很好的例子。当你看火星时，你会看到一个中等规模星球的大气会发生什么变化，而且，像它的大气一样，火星的地质学可能是类似这种星球的一个典型例子。

21-2d 火星的表面

如果你决定探访另一个星球，火星可能是你最好的选择，它是一个寒冷的、空气稀薄的红色沙漠（见图

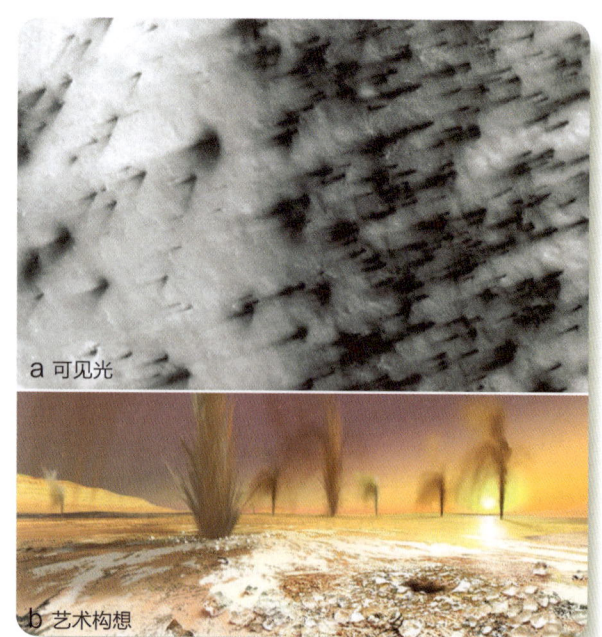

图源：(a) NASA/JPL-Caltech/MSSS/THEMIS; (b) Ron Miller (ASU)

▲ 图21-12（a）每年春天，火星南极冠的"冰"面上会出现斑点和扇形标记，研究表明，该"冰"层是冻结的二氧化碳，几乎是透明的，厚度约为1米。（b）解释：春天的阳光会使冰冻的二氧化碳升华，二氧化碳气体以间歇泉的形式从冰中迸发出来，尘埃和沙土被带到数百米的空中

21-13），但即便如此，火星表面也比月球、水星或金星要更接近地球。火星上有天气、复杂的地质，以及水曾经流动的迹象，甚至可能有希望找到隐藏在岩石中的古代生命的痕迹。

航天器对火星的研究已经有近50年了，一支由航天器组成的小舰队已经进入火星轨道拍摄并分析其表面。1976年，维京1号和2号首次成功在火星着陆；2008年，凤凰号探测器在火星的北极地区着陆。2004年着陆的勇气号和机遇号火星车，以及2012年着陆的好奇号火星车携带了复杂的仪器，来探索岩石表面。火星车有一个优势，因为它们是轮式机器人，人们可以从地球上指挥其从一个地方到另一个地方，进行详细的测量。

像图21-13和本章开头这种由火星车和着陆器拍摄的图片可以显示出绵延的破碎和氧化的岩石，这些看起来是因陨石撞击而断裂的岩石平原，但它们看起来并不像月球上被陨石炸过的表面那样，尽管火星的大气很稀薄，但它可以保护火星表面不受持续不断的微陨石雨的影响，而正是这些微陨石将月球岩石磨成尘埃的。此外，火星的沙尘暴可能会将细小的尘埃从一些地区扫

▶ 图 21-13 这张由好奇号火星车上桅杆相机拍摄的图片突出了夏普山有趣的地质，夏普山位于火星车着陆的盖尔陨击坑内。在火星车着陆之前，轨道卫星的观测表明，夏普山的下半部分是含有含水矿物的沉积层

图源：NASA/JPL-Caltech/MSSS

走，而暴露较大的岩石。

围绕火星运行的航天器对火星表面进行了成像，并测量了相对高度。观测结果表明，火星可以被分为两个部分，南部高地有很多陨击坑，陨击坑的数量表明它们一定很古老；与此相反，北部低地很光滑（见图 21-14），而且没有明显的陨击坑，这表明，它们一定是在不超过 10 亿年前出现的。一些天文学家认为，火山洪流填满了北部低地，掩埋了那里的陨击坑，或者说，那边的低地实际上是一个巨大的撞击盆地。然而，越来越多的人认为，北部低地曾经是充满了液态水的海洋，其大小与地中海差不多，这是一个令人兴奋的假说，在本章后半部分提及火星上水的历史时，会再次提到这个假说。

火星上的陨击坑和火山活动与你所了解到的比较行星学的内容相符，火星比月球大，所以它的冷却速度更慢，其火山活动持续的时间也更长。但是火星比地球小，而且地质活动较少，所以它的一些古老的陨击坑地形没有受到火山活动或板块构造的破坏而保存了下来。

火星火山是坡度较浅的盾形火山，熔岩很容易流动，正如你从地球和金星的例子中所学到的那样，盾形火山处于地壳下岩浆上升的热斑上，与板块构造无关。太阳系中最大的火山是火星的奥林波斯山（见图 21-15），图 21-15b 将奥林波斯山与地球上最大的火山，即夏威夷的盾形火山茂纳罗亚进行了比较，茂纳罗亚山非常重，已经沉入地壳，形成一个海底洼地，就像城堡周围的护城河，奥林波斯山比茂纳罗亚山大 100 倍，但没有沉入火星的地壳，这表明火星的地壳比地球的地壳要厚得多。奥林波斯山和其他火星火山上基本没有陨击坑，这表明在重轰击时期结束后，火星上的火山活动还在继续，重轰击时期可对南部高地估计年龄。

其他证据表明，火星表面比月球和水星的表面活跃得多。水手号峡谷群是一个长达 4000 千米（2500 英里）的峡谷网络，足以从纽约延伸到洛杉矶，宽度可达 600 千米（370 英里）（见图 21-15c）。其最深处比地球上的最大峡谷深 4 倍。对轨道航天器拍摄的图像的分析表明，该峡谷最初是由断层产生的，这些断层使大块的地壳下沉，而后被滑坡和侵蚀扩大和改变。陨击坑的数量表明，水手号峡谷群和奥林波斯山一样，是比重轰

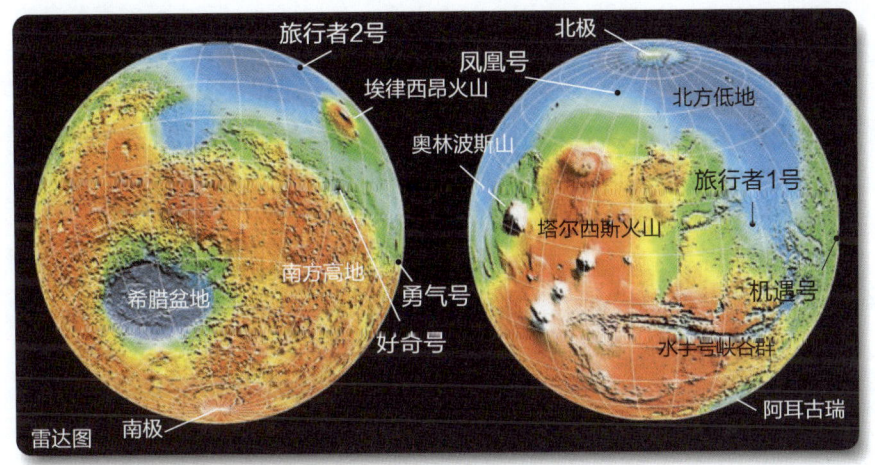

▶ 图 21-14 火星的球体是用颜色编码来显示相对高度的，白色代表海拔最高的地区，蓝色代表相对高度最低的地区。北部低地位于南部高地之下约 4 千米（2.5 英里）。火山非常高，而巨大的撞击盆地希腊盆地和阿耳古瑞盆地则很低。请注意水手号峡谷群（Valles Marineris）的深度。两艘维京号飞船于 1976 年登陆火星，探路者号于 1997 年登陆，勇气号和机遇号火星车于 2004 年登陆，凤凰号登陆器于 2008 年登陆，好奇号火星车于 2012 年登陆

图源：NASA

第四部分 太阳系 445

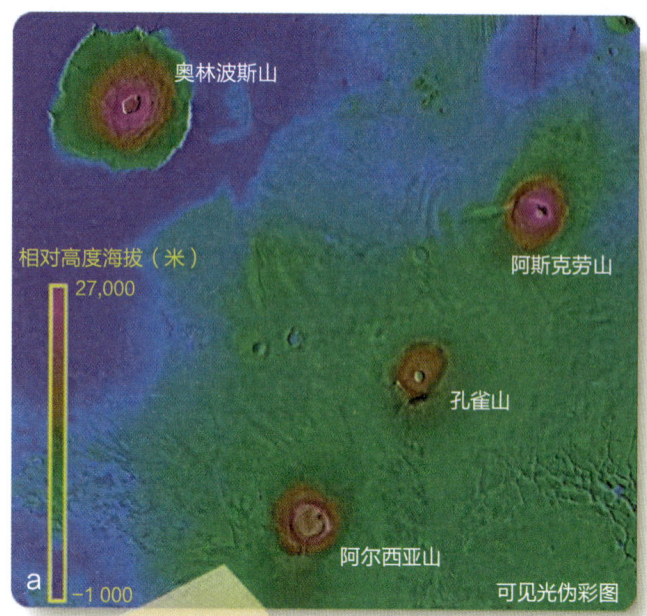
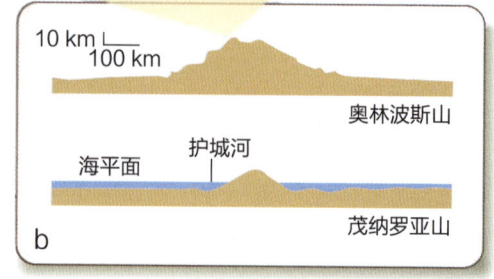

▲ 图 21-15 （a）塔尔西斯（Tharsis）地区的三座大型盾形火山和奥林波斯山在这张旧彩图中非常突出。（b）奥林波斯山比地球上最大的茂纳罗亚火山大得多。（c）水手号峡谷群（黑色箭头）延伸的距离相当于美国的宽度。三座塔尔西斯火山在该图像的左侧边缘可见

击时期更晚的火星地质活动的产物。

形成水手号峡谷群的断层似乎在其西端与火星地壳中一个巨大的火山隆起相连，该隆起部分被称为塔尔西斯高地（Tharsis Rise），塔尔西斯高地几乎和美国大陆一样大，比火星的平均半径高出 10 千米（6 英里）。塔尔西斯有许多较小的火山，但在它的顶部有三座很大的火山，在它的西北边缘则是巨大的奥林波斯山（见图 21-15a）。人们还不太清楚塔尔西斯高地的起源，但有可能是从下面上升的岩浆推高了地壳，地壳被接二连三的岩浆冲破，形成了一个巨大的火山沉积物的凸出物。这个凸出物大到足以改变火星上的气候和季节，并可能对了解这个星球的历史至关重要。

一个类似的被推高的火山凸出物埃律西昂（Elysium）地区可在图 21-14 中看到，它在环绕行星一半的位置。它看起来与塔尔西斯高地类似，但是它的陨击坑更多，所以肯定更年老。

像塔尔西斯高地和奥林波斯山这种辽阔的地貌特征表明，火星的地壳没有被分割成移动的板块，如果板块在热斑上移动，上升的岩浆会产生一长串的盾形火山，而非一个单一的大山峰。在地球上，产生夏威夷群岛的热斑反复冲破移动的太平洋板块，产生了位于太平洋海底向西北延伸 7500 千米（4700 英里）的夏威夷帝王岛链（Hawaiian-Emperor）（第 19 章"概念艺术·火山"）。但在火星上没有明显的这种火山链，所以可以得出结论，火星地壳不是水平运动的。

没有航天器在火星上拍到过正在爆发的火山，但有一些火山可能仍在活动。在塔尔西斯和埃律西昂地区最年轻的熔岩流中缺乏陨击坑，这表明一些火山可能在几百万年前就已经活跃了，但从地质学上讲，这只是昨天。火星目前可能仍然保留着足够的热量来引发爆发活动，但爆发的时间间隔可能非常长。

21-2e 寻找火星上的水

寻找火星上的水是有趣的,因为水已经深深地卷入了地球和火星的历史中。寻找火星上的水是令人激动的,因为生物学家认为,地球上的生命依赖于水。正如你将在本节中了解到的那样,火星表面有液态水至少与地球上出现生命的时间一样长。如果地球上生命起源的环境同时存在于火星上,那么火星就为科学家提供了一个真正的机会来检验他们关于地球上生命起源的假说。

两艘维京号航天器在 1976 年到达火星周围的轨道,拍下了水曾经在火星表面流动的证据。正如你所了解到的,液态水现在不可能存在于火星表面,因为它会在极低的大气压力下沸腾,既然维京号的照片表明水曾经在火星上流动,那么说明在很久以前火星地表的情况跟现在是相当不同的。最近的火星任务,如火星奥德赛(2001 年到达火星)、火星快车(2003 年)和火星勘测轨道飞行器(2006 年)已经发现了许多与水有关的其他特征。

有几种类型的地貌暗示着水在火星表面的流动。溢流河床(outflow channels)像是被巨大的洪水切割出来的,其流量是密西西比河的 10 000 倍(见图 21-16a)。也许在短短几小时或几天内,这样的洪水就冲走了地貌特征并侵蚀了深层河床。溢流河床顶部形成的陨击坑的数量表明,它们有数十亿年的历史。山谷网络(valley networks)看起来像蜿蜒的河床,可能是长期形成的(见图 21-16b),河谷网也位于古老的、有陨击坑的南半球,所以山谷网络本身也很年老。还有其他迹象表明火星表面曾经有过水,其中一些可能于地质的角度而言是最近形成的(见图 21-17)。

火星勘测轨道飞行器拍摄了古高地一个未命名的火山口中被侵蚀的河流三角洲的遗迹,对图像特征的详细检查表明,这条河流流淌了很长时间,就像地球上的河流一样,它已经改变了河道,形成了蜿蜒和编织的河道。三角洲的形状表明,它是在河流流向更深的水域并抛下其沉积物时形成的,就像密西西比河抛下其沉积物并在墨西哥湾建立三角洲那样。

许多河流的特征通向北部低地,而且正如你先前所了解的,那里的平滑地形被认为是古代海洋底部,低地边缘被比作海岸线。许多行星科学家得出结论:北部低地在火星年轻时曾有过海洋。像希腊和阿耳古瑞这样看起来像撞击盆地的大型圆形凹陷,也有可能被水淹没过。

曾经火星上是否有足够的水来形成海洋呢?火星大气中氘的含量是普通(轻)氢的 5.5 倍,这表明火星曾

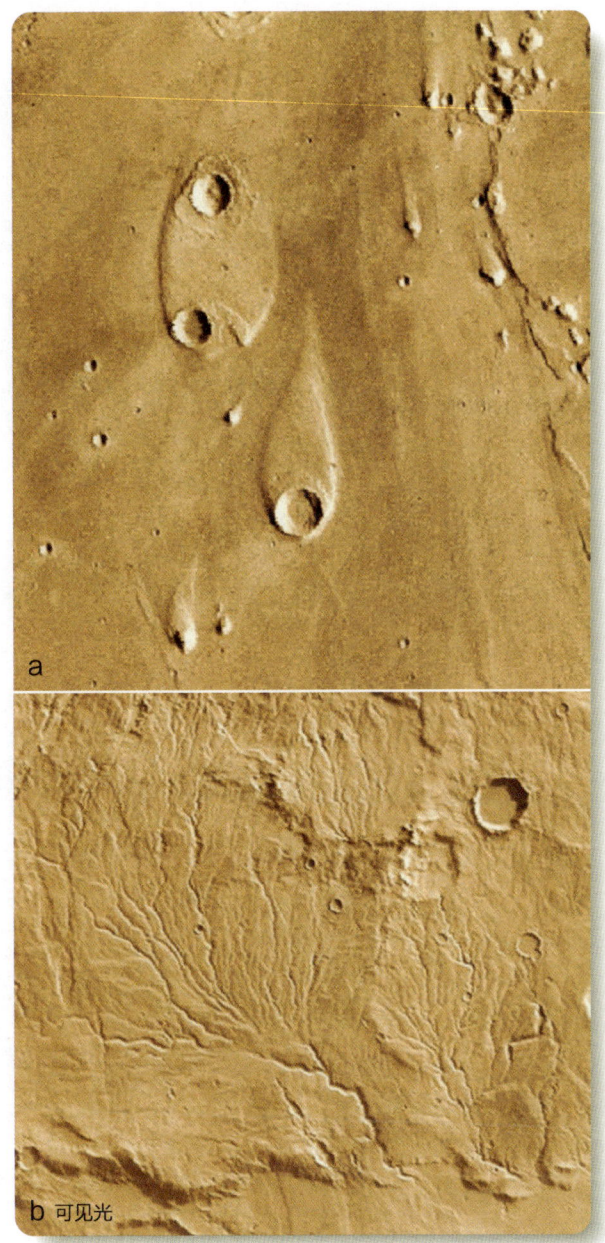

图源:NASA/Calvin J. Hamilton

▲ **图 21-16** 这些由维京号航天器拍摄的图像显示了一些表明火星上有液态水的特征。(a)溢流河床宽而浅,在陨击坑等障碍物周围偏转,它们看起来是由突如其来的洪水产生的。(b)山谷网络与排水的模式比较类似,表明水是长期流动的。陨击坑的数量表明这两种形态都很古老,但山谷网络比溢流河床更古老

经拥有比现在多 20 倍的水。据推测,火星上大部分的水被太阳紫外线辐射分解了,而正常的氢大部分流失到了太空中,就像金星上的水被破坏的过程一样。

如果火星上剩余的水被冻结在地壳中,那么它就可以保存下来,从轨道上拍摄的高分辨率图像和测量结果表明,火星的地下有冰,一些地形塌陷的区域似乎是地下水被排空的地方(见图 21-17a)。从没有陨击坑这

由于地下水的流失，一些地区出现了塌陷

飞溅的陨击坑表明，水存在于地壳中

径流河床看起来像蜿蜒的河床

火星一年中在陡坡上出现的沟壑表明，有水从融化的冻土中流出

中间的河道表明有长期的流水

c 陨击坑的数量表明，其形成的时间很早

图源：Panels a, b, d: NASA; Panel c: NASA/JPL-Caltech/MSSS

▲ 图 21-17　由维京号航天器和火星全球勘测者轨道器拍摄的可见光波段的图像显示液态水曾经在火星表面流动的特征。径流河床（runoff channels）有数十亿年的历史，但一些沟壑（gullies）是在第一个地球建造的航天器到达后出现的

一现象可以判断，通往山下的沟壑似乎是最近才被侵蚀的，而且人们发现一些沟壑在一个火星年和下一个火星年之间出现（见图 21-17c）。

前往火星的航天器已经探测到有水冻结在火星大面积的土壤中（见图 21-18），在距离赤道 60 度以上的纬度，水冰可能占表面土壤的 50% 以上。如果你在图 21-18 中加上一只北极熊，并改变颜色，然后把陨击坑隐藏起来，它看起来就像地球上北冰洋上的碎浮冰。火星快车在火星赤道附近拍摄到了这些被尘土覆盖的地层，陨击坑很浅，这表明冰仍然存在，只是在地表以下。

火星上的大部分冰可能隐藏在极冠之下，火星快车轨道器上的雷达能够深入地表以下 3.7 千米（2.3 英里），并绘制出隐藏在火星南极地区地下的冰层（见图 21-18b），那里有足够多的水，至少 90% 为纯净水，可以覆盖整个行星 11 米深。2008 年在火星北极附近着陆的凤凰号探测器发现，水冰不仅以永久冻土的形式与土壤混合，而且还以小块纯冰的形式存在，这表明曾经有积水冻结在那里。

勇气号和机遇号火星车的目标是在表面可能有水存在的地区着陆，机遇号在登陆后的 13 年多时间持续探索并与地球进行交流，已经在火星表面行驶了 44 千米（27 英里）。两辆火星车都发现了过去有水存在的证据，包括需要大量水才能形成的含有矿物赤铁矿（被称为图源：(a) ESA/DLR/Free Univ. of Berlin/G. Neukum; (b) NASA/JPL-Caltech/ESA/Univ. of Rome/MOLA Science Team/USGS; (c) NASA/JPL-Caltech/Univ.of Arizona; (d) Adapted from a diagram by J. A. Cutts, K. R. Balasius, G. A.Briggs, M. H. Carr, R. Greeley, and H. Masursky

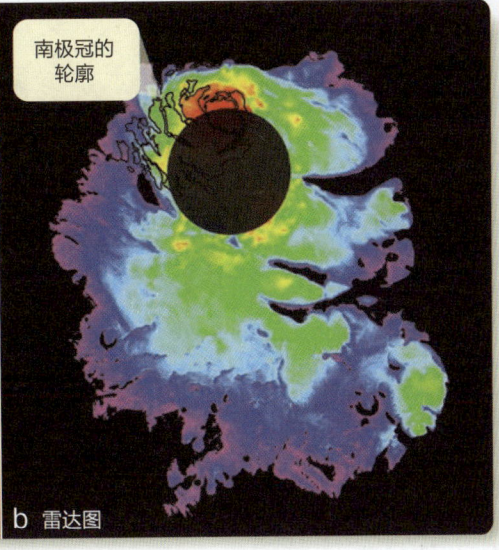

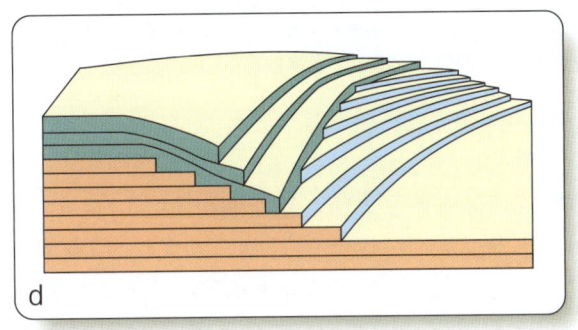

▲ 图 21-18 （a）靠近火星赤道，像破碎的浮冰的地形表明，浮冰破碎并漂移开来。科学家们提出，这些冰被尘埃和火山灰的保护层覆盖，可能仍然存在。（b）火星快车卫星上的雷达在地表下探测到南极冠下面的水冰，黑圈是无法从卫星的轨道上研究的区域。（c）从凤凰号探测器上可以看到火星北极平原的景观，包括被理解为由地表下冰的季节性膨胀和收缩造成的多边形裂缝。（d）在北极冠的某些区域，不同方向的冰层和尘埃叠加在一起，表明火星气候的周期性变化

"蓝莓"的小球状凝结物（见图 21-19a）。在其他岩石中，机遇号发现了带有波纹痕迹和交叉层的沉积物层，这表明它们是在流动的水中沉积的（见图 21-19b）。对机遇号和勇气号所在地的岩石进行化学分析，发现了很像硫酸镁的硫酸盐以及溴化物和氯化物（见图 21-19c），在地球上，这些化合物是在沙漠湖泊等水体干涸时留下的。在好奇号火星车工作的第一年，它发现了由水流产生的那种圆形岩石。

火星有水，但水是隐藏的，当人类到达火星时，不需要挖很深就能找到以冰的形式存在的水，可以利用太阳能将水分解成氢气和氧气，氢气是燃料，氧气可供生命体呼吸，所以可以表明，火星上的水是被埋藏的宝藏。更令人激动的是，火星的表面曾经一定存在液态水。火星现在是一个沙漠星球，但未来某一天，宇航员可能会爬上一个古老的火星河床，翻开一块石头，发现一块化石。虽然火星看起来越来越不适宜居住，但火星上有生命这一想法始终存在。例如，生命可能撤退到地下有限的温暖和湿润的绿洲来维持生命，你将在最后一章中学习到，火星陨石中可能存在古代生命。

21-2f 火星的历史

火星的历史就像一出戏，所有令人兴奋的事情都发生在第一幕。在火星上的第一个 20 亿年之后，大部分的活动都结束了，此后就开始走下坡路了。

正如你已经知道的那样，有证据表明火星发生了分化，曾经有一个能够产生行星磁场的液态金属核球，在一些表面岩石中留下了痕迹。这颗行星不再有可探测的磁场，这可能意味着核球已经凝固，无法支持发电机效应。

行星科学家将火星的历史分为三个时期。第一个时期为诺亚纪（Noachian Period），从大约 43 亿年前地壳形成到大约 37 亿年前。在这段时间里，当年轻的

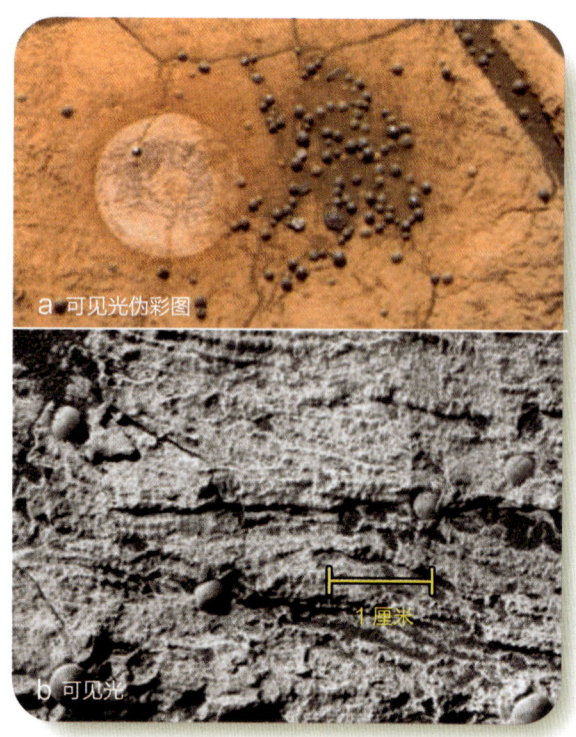

▲ 图 21-19 （a）机遇号火星车在其着陆点附近的岩石中拍摄了这些赤铁矿凝结核（"蓝莓"），这些球体看起来是在水存在的情况下，在小晶体周围聚集矿物质而形成的，地球上也有类似的凝结核。（b）这些岩层在快速流动的水中以沙子和淤泥的形式沉积，地质学家根据各层之间的弯曲和交叉方式估计，海水至少有 10 厘米深。在这张图片中还可以看到一些蓝莓结构和一个小鹅卵石结构。（c）勇气号火星车在轮胎痕迹挖掘出的土壤中发现了明亮的硫酸盐沉积物，这提供了更多的证据，证明该地区曾经有一片咸水，然后蒸发，留下硫酸盐

图源：(a) and (c) NASA/JPL–Caltech/Cornell Univ.；
(b) NASA/JPL–Caltech/MSSS

太阳系中最后的碎片被扫除，地壳受到重轰击，其古老的南半球就是在这一时期保存下来的。最大的撞击在陨击坑形成后期摧毁了像希腊盆地和阿耳古瑞盆地这样的大盆地，而在这些盆地中没有磁场的痕迹，显而易见，那时的发电机效应已经停止了。

诺亚纪存在熔岩流组成的大规模洪水，使一些地区变得平滑。塔尔西斯和埃律西昂地区的火山活动非常活跃，塔尔西斯高地在火星的一侧形成巨大的凸出物（见图 21-15）。火星上一些最古老的熔岩流就在塔尔西斯高地，其中也包含一些最近的熔岩流。显然，火星在大部分时间主要是一个火山地区。

在南部高地发现的山谷网络是在诺亚纪形成的，当时水以雨或雪的形式落下，顺着山坡流走，那时需要比现在火星上更高的温度和更大的气压才能使水保持液态。剧烈的火山活动可能会排放出气体，包括更多的水蒸气，从而保持高气压。这可能会产生一个这样的时期：水在表面流动，并在北部低地和深盆地中聚集，形成海洋和湖泊，但不知道这些水体存活了多长时间。最初行星范围内的磁场可能保护了大气免受太阳风的影响。

由于火星很小，它会很快失去内部的热量，从而使大气中的气体逃到了太空。赫斯伯利亚纪（Hesperian Period）从大约 37 亿年前开始，到大约 30 亿年前。在这一时期，大规模的熔岩流覆盖了部分地表，大部分溢流河床都是这一时期形成的，这表明大气的流失会使火星变成一个极端寒冷的沙漠世界，而水则被冻结在地壳中。当火山的热量或者巨大的撞击融化了地表下的水之后，水就可能产生巨大的洪流，并形成溢流河床。

可能一部分的火星历史取决于气候的变化，行星科学家计算的模型表明，火星可能曾经有一个更大的自转轴倾角，达到 45 度。这导致火星整体气候较暖，并在极地冻结更多的二氧化碳。模型计算表明，塔尔西斯隆起物的上升可能使自转轴倾斜到目前的 25 度，并使火星的气候永久变冷。其他模型表明，火星应该经历和地球米兰科维奇周期（第 21-4 节）相似的过程，在这段时期不同纬度的太阳热量随火星的自转倾角、轴线方向和轨道参数而变化很大，这可能导致气候在几千年到几百万年的时间尺度上变化，很像地球的冰川时代，这或许可以作为对极地冰和尘埃沉淀年代层方向变化的解释（见图 21-18d）。

火星历史上的第三个时期是亚马逊纪，从大约 30

亿年前延续到现在，这是一个缓慢演化的时期。在这段时间里，火星已经失去大部分的内部热量，核球不再产生全球范围内的磁场。火星的地壳太厚，板块构造不活跃，因此火星上没有类似于地球上的褶皱山脉地貌。巨大规模的火星火山清楚地表明，火星上的地壳板块没有水平运动。虽然火山活动可能仍然偶尔发生在火星上，但地壳已经变得太厚了，除了被风吹来的尘埃缓慢侵蚀，极少的水流到表面形成小沟壑，以及偶尔的陨石撞击之外，几乎没有什么地质活动。

行星科学家无法完整地讲述火星的故事，但很明显，火星的尺寸影响了它的大气和地质学。中等大小的火星的特征介于较小的水星和地球的卫星月球，与较大的金星和地球之间。

21-2g 再一次提及比较行星学

金星和火星至少有一个共同的特点：自从它们形成以来就一直在演化，如今的它们与之前太阳系年轻时候的它们有很大的不同。此外，正如你所了解的，行星科学家有证据表明，金星、地球和火星的地表情况在很久以前比现在要相似得多。学习"概念艺术·当星球环境恶化"，注意4个要点：

1. 金星和地球之间的区别不在于它们排出的二氧化碳的数量，而在于它们从大气中清除二氧化碳的数量。由于金星温度较高，因此其表面失去了液态水，这就注定了金星会成为一个失控的温室。

2. 金星是高度火山性的，其地壳由覆盖旧地壳的熔岩流组成，在地质学的近期，整个星球地表重塑。

3. 火星比地球小得多，其引力太弱，无法阻止气体逸出。有证据表明，火星的表面曾经有液态水，但大部分水已经变成气体流失到太空中。其低气压意味着剩余的水被冻结在土壤中或极冠上。

4. 由于火星很小，它的内部冷却得相对较快，火山活动已经消亡，火山活动的缺乏意味着逃逸的大气得不到补充。这个星球的地壳在早期时比较薄，但现在已经变厚，而且从未像地球的地壳那样断裂成移动的板块。

21-3 火星的卫星

如果你能在火星上露营过夜，会很快注意到它的两颗小卫星：火卫一和火卫二。火卫一的形状像一个土豆，大小为28千米×23千米×20千米（17英里×14英里×12英里），从那里向上看，其角直径还不到从地球

践行科学

为什么火星上没有金星上那样的冠状结构？ 这个问题为科学家提供了另一个机会，使其能够采用比较行星学的方法来了解行星之间相似性和差异的根本原因。

金星地幔中上升的岩浆流在地壳下向上推动地壳，然后撤回，留下圆形的瘢痕形成了冠状区。地球、金星和火星都有大量的内部热量，而且有大量的证据表明，它们在地壳下有上升的岩浆对流。但你不会在地球上看到冠状结构，它的表面被侵蚀和板块构造迅速改变，此外，地球上的地幔对流似乎产生的是板块构造而不是冠状结构。

相比之下，火星是一个较小的世界，它的冷却速度肯定更快。火星上没有板块构造的证据，而巨大的火山表明，不断上升的岩浆在同一地点一次又一次通过地壳喷射出来。火星上也许没有冠状结构，这是因为火星的地壳迅速变厚，不易在冲击中变形。从另一个角度来看，也许你可以把整个塔尔西斯高地看作一个单一的、巨大的冠状物。

在类地行星中，火星是离太阳最远的一颗。请像一名科学家一样，想象一下改变一个重要因素产生的影响。**如果火星离太阳更近，如在金星的轨道上，火星的大气会不会有不同的演化？**

看到月球的一半。火卫二的大小为16千米×12千米×10千米（10英里×7.5英里×6英里），看起来只有地球卫星月球直径的1/4。

这两颗卫星都被潮汐作用锁定在火星上，在它们的轨道上保持同一面朝向火星。另外，这两颗卫星围绕火星运行的方向与火星自转的方向相同，但火卫一在非常靠近火星的轨道上运行，使它的公转比火星的自转快。从火星表面上看，你会看到火卫一从西边升起，在天空中向东移动，6小时后在东边落下。

火卫一和火卫二是太阳系中典型的小岩石卫星（见图21-20），它们的反照率只有大约0.07，所以看起来像煤一样黑，它们的密度很低，低于2 g/cm^3。

这些卫星的许多特性表明，它们是被捕获的小行

当星球环境恶化

金星和火星并没有变糟,只是形成后发生了变化,而这些变化可以帮助你了解地球。

金星:失控的温室

1 虽然金星和地球排出了大约相同数量的二氧化碳,但地球的海洋已经溶解了大部分的二氧化碳,并将其转化为石灰石等沉积物。如果地球上所有沉淀的碳都被挖出来并转化为二氧化碳,我们的大气就会和金星的大气变得很相似。

因为金星在形成时比较温暖,它几乎没有任何液态水来溶解二氧化碳,这就产生了使这个星球更加温暖的强温室效应。该行星无法无法清除大气中的二氧化碳,随着更多的二氧化碳被排出,金星被困于失控的温室效应中。

图源:NASA

金星距离太阳只有0.7AU,每平方米接收的太阳能量几乎是地球的两倍。如果地球运动到金星的轨道上,表面会更热,达到50℃(90°F)

金星
紫外

即使它厚厚的大气也不能保护金星免受较大陨石的影响,但金星表面很少有陨击坑,这意味着金星的表面一定不古老。

 2 熔岩覆盖着金星的玄武岩层,火山也很常见。现在其中一些火山可能是活跃的,其他火山则是休眠的。雷达图中可以显示出曾经熔岩流动的痕迹,包括被移动的熔岩切断的狭长山谷。

至少有6800千米(4200英里)长的巴尔提斯峡谷(Baltis Vallis)(箭头处)是太阳系中最长的熔岩流通道。

雷达图

图源:NASA/JPL-Caltech

雷达图

图源:NASA/JPL-Caltech

2a 金星的地壳一定不超过5亿年。一种假设是,早期的地壳破裂并沉入岩浆海中,新鲜的熔岩流形成了新的地壳。这样的地表重塑事件可能会在像金星这样的热火山行星上定期发生。

什么会导致地表重塑事件?金星上的气候模型表明,火山爆发可能会增加温室效应,并使表面温度上升多达100℃,这可能会使地壳软化,火山活动增加,为这个星球带来表面重塑阶段。这种类型的灾难可能会定期发生在金星上,或许该星球在大约5亿年前就发生了一次重塑事件。

即使金星年轻时有水体存在,它们也不可能存在太久

图源:Illustration design by Michael A. Seeds

火星：失控的冰箱

3 当火星还年轻的时候，水体很丰富，可以以溪流和洪水的形式流过地表，也有可能充满海洋。火星地表充满液态水的时代在30多亿年前结束了，随着大气中的气体和水流失到太空中，以及水被冻在土壤中成为永久冻土，火星上的气候发生了变化。

火星

火星的北部低地和希腊盆地可能曾经充满了水

希腊盆地

图源：NASA

雷达图

3a 古老的溪流流入陨击坑的湖中，形成这个扇形的分流。沉积物沉积在静止的湖水中，形成了一个叶状的三角洲，后来成为沉积岩。详细的分析表明，该溪流反复改变了路线，表明该溪流不仅是短期的洪水。

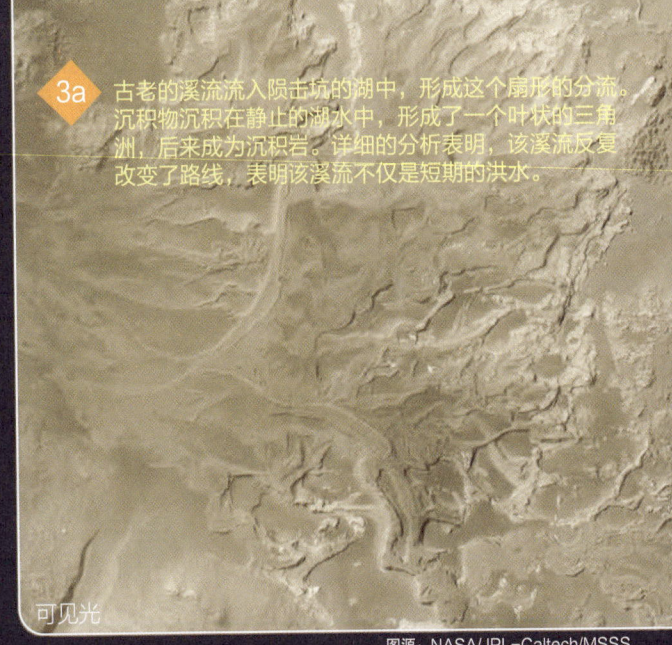

可见光

图源：NASA/JPL-Caltech/MSSS

4 火星历史早期，当其地壳还很薄时，地幔中的对流可能会推高类似于塔尔西斯地区和埃律西昂地区的火山区，有限的板块运动可能会产生水手号峡谷群，但火星冷却得太快，其地壳从未像地球那样分裂成可移动的板块。

随着地壳增厚，火山活动减弱，火星失去了补充其逐渐减弱的大气的能力。

4a 火星上有非常大的火山，这表明随着这个小星球的热量流失到了太空，地壳已经变厚，较薄的地壳不可能支持这么大的火山。

火星上的奥林波斯火山。

如果火山上的陨击坑是由板块移动形成，火山就不会长得这么大。

可见光对比增强图

图源：NASA GSFC Scientific Visualization Studio

星。在小行星带的外围部分，几乎所有的小行星都是深色的、低密度的物体，就像火卫一和火卫二那样。巨大的木星在小行星带外运行，可以将这些天体分散到整个太阳系，因此其中一些天体可能会遇到距离小行星带最近的类地行星——火星。

然而，将一颗路过的小行星捕获，使其进入行星轨道绕其运转并不容易，所以我们不能期待它经常发生。一颗小行星沿着双曲（开放）轨道接近一颗行星，如果它没有受到阻碍，就会绕着行星摆动，然后返回太空。为了将双曲轨道变为闭合轨道，小行星在经过时必须以某种方式减速，以使其被捕获，潮汐力、与其他卫星的相互作用，或者与厚重的行星大气发生碰撞，都可能起到这样的作用。值得注意的是，火卫一离火星很近，所以目前的潮汐力正在使它的轨道缩小，在大约1亿年内它将落入火星，或者被潮汐力撕碎。

路过火卫一和火卫二的航天器都拍摄了它们的照片，照片显示，这两颗卫星都有程度很深的陨击坑，猛烈的撞击已经把它们击成了不规则的岩石块。它们的重力太弱，无法克服岩石的结构强度，所以不能把自己拉成光滑的球体。你将在接下来的章节中了解到，小质量卫星的形状通常是不规则的，而大质量的卫星通常是球形的。

火卫一的图像显示了一组独特的狭窄、平行的沟槽（见图21-20a），这些沟槽平均宽150米（500英尺），深25米（80英尺），从最大的陨击坑"斯蒂克尼"一直延伸到卫星另一侧一个无特征的奇怪区域。一种假说是，这些沟槽是由形成"斯蒂克尼"陨击坑的撞击产生的深层裂缝，"斯蒂克尼"对面的无特征区域可能类似于在地球卫星和水星上发现的杂乱无章的地形，人们认为这些地形因来自远处某个天体重大撞击事件形成的地震波的聚集而产生。

火星全球勘测者红外光谱仪的观测表明，当火卫一从阳光下进入火星的阴影区域时，它的表面迅速从 -4℃冷却到 -112℃（25°F 到 -170°F）。固体岩石会保留热量，冷却得更慢。为了快速冷却，火卫一的大部分区域必须覆盖至少1米厚的非常细的尘埃。火卫二看起来比火卫一还要光滑，可能是因为它表面有一层更厚的尘埃（见图21-20b）。

卫星表面的碎片引发了一个有趣的问题，小天体的微弱引力如何能抓住陨石撞击形成的碎片？火卫一的逃

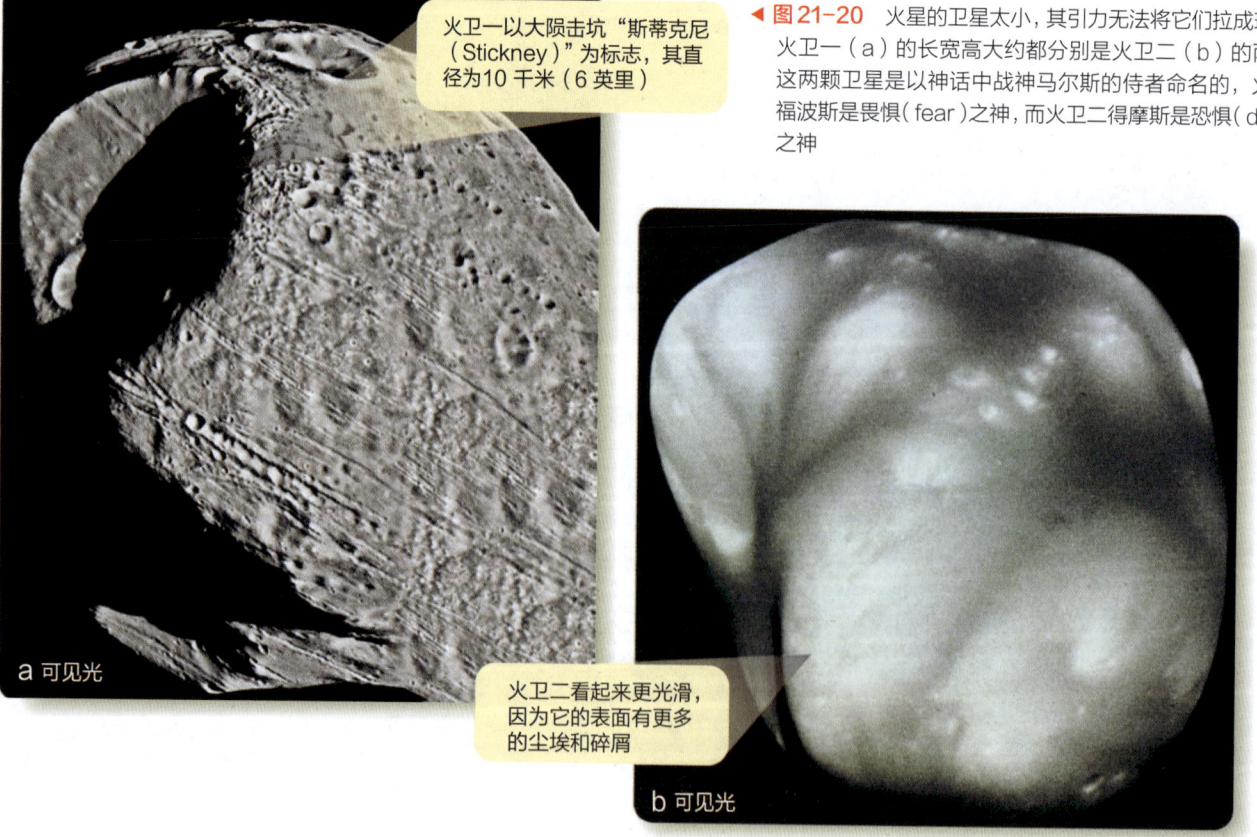

◀ 图21-20 火星的卫星太小，其引力无法将它们拉成球形。火卫一（a）的长宽高大约都分别是火卫二（b）的两倍。这两颗卫星是以神话中战神马尔斯的侍者命名的，火卫一福波斯是畏惧（fear）之神，而火卫二得摩斯是恐惧（dread）之神

火卫一以大陨击坑"斯蒂克尼（Stickney）"为标志，其直径为10千米（6英里）

火卫二看起来更光滑，因为它的表面有更多的尘埃和碎屑

逸速度只有11米/秒（25英里/时），一个健壮的宇航员几乎可以跳入太空。当然，大多数撞击产生的碎片会逃逸，但一定会有些碎片回落并积聚在表面。

火卫二和火卫一说明了比较行星学的三个原则，这三个原则有助于你探索比太阳系更遥远的宇宙。第一，一些卫星可能是被捕获的小行星；第二，小卫星的形状往往不规则，并有严重的陨击坑；第三，潮汐力可以影响小卫星，逐渐改变它们的轨道。在下一章中，你会学习到木星的卫星系统有更强的潮汐效应。

践行科学

为什么你会惊讶于在火卫一或火卫二上发现火山？答案似乎是显而易见的，但是一个好的科学家会重新思考所谓的显而易见的答案，以检查是否可能有其他的答案。

在研究月球、水星、金星、地球和火星的过程中，你已经了解到了这样的原则：星球越大，失去其内部热量的速度就越慢。热量从内部通过表面流入空间的过程，推动了火山活动和板块运动等地质活动。像月球这样小的星球会快速冷却，其维持地质活跃的时间比地球这样大一些的星球更短。火卫一和火卫二不仅是小，它们甚至是迷你的，不管它们是如何形成的，任何内部的热量都应该很快传输出去，因为没有能量向外流动，就不可能有火山活动。

一些未来主义者建议，人类首次前往火星的任务不会在火星表面登陆，而是在火卫一或火卫二上建立一个殖民地。计划基于这样的推测：在卫星的深处可能有水，殖民者可以使用。

现在练习一下对意料之外的事情的理解。如果发现像火卫一和火卫二这样小的天体在地质上很活跃，可能会有什么解释？

我们是什么

地球人

太空旅行并不容易，我们付出了所有的努力在20世纪60年代末实现了登月。虽然下次登月会因为技术的提高而变得更容易，但这个价格依然昂贵，并且需要卓越的才能来设计、建造和驾驶飞船。而探索比月球更远的宇宙则更加困难。

看起来人们不太值得努力去探索水星或金星，水星是贫瘠且危险的，而金星上的热量和气压可能会阻止宇航员在表面降落。在接下来的两章中，你会了解到，木星和它们的卫星也不是人类有可能到达和访问的地方，这些天体太远了，人类的飞船可能一辈子都无法企及。但是地球有一个邻居。

从天文学的角度来看，火星就在街道上，而且它并不是一个糟糕的地方。你在那里生活需要一套好的宇航服和一个加压的环境，但这并非不可能，火星上太阳能和水都很丰富。看来人类不仅有可能在火星上行走，甚至有一天可能会在那里生活，地球人有一个令人兴奋的未来，那就是最终我们将成为火星人。

22 木星和土星

图源：NASA/JPL-Caltech/SwRI/MSSS/Roman Tkachenko

▲ 朱诺号航天器大约从 14 500 千米（9000 英里）的高度拍摄的木星大气的特写，云流从木星南半球的一个椭圆形风暴系统中旋出。民间科学家 Roman Tkachenko 为公开的原始图像重新添加了色彩，并对图像进行了裁剪，将观众的目光汇聚在风暴和周围的气流之上

当开始学习这一章时，你就要把对行星表面的心理安全感抛诸脑后。你可以想象自己站在月球、火星，甚至金星上，但木星和土星没有表面，在这里，你将面临一个新的挑战：利用比较行星学来研究那些与地球毫无相似之处的星球，你无法想象自己真的在那里。除此之外，木星和土星还有大量的卫星和星环系统，有一天，人类可能会在它们的卫星上行走，观看喷发的火山，漫步于甲烷暴雨中，然后前往星环，漂浮在星环的颗粒之间。当你研究这些世界时，你将找到四个重要问题的答案。

▶ 类木行星与类地行星相比有何不同？
▶ 木星和土星是如何形成和演化的？
▶ 木星和土星的卫星和星环系统是如何形成和演化的？
▶ 有什么证据能够表明木星和土星的一些卫星在地质上很活跃？

在学习了这两颗最大的类木行星之后，在下一章中，你将继续远离太阳航行，去探索两颗较小的，甚至在某些方面更奇怪的行星——天王星和海王星，以及太阳系外围柯伊伯带中的矮行星，这很有趣，但这些星球没有适合人类居住的。

> 科学这东西挺妙的，能让人从微不足道的小事中得出一箩筐一箩筐的猜测。
> ——马克·吐温，《密西西比河上的生活》

当马克·吐温写下本章开头的句子时，他是在温和地取笑科学，但他是对的，科学的精彩之处并不是所谓的事实，即科学家充满信心的观察，而是在于科学家结合事实而产生的理解。科学可以把你带到类似于木星和火星的陌生的新世界，你可以结合现有的观测结果以比较行星学原理来了解它们。

22-1 外太阳系的旅行指南

如果你经常旅行，你会发现有些城市会让你产生家的感觉，有些却不会。在本章和下一章中，你将拜访那些与地球毫不相像的星球，本旅行指南将提醒你要注意的事项。

22-1a 外行星和冥王星

外太阳系的星球可以在地球上进行研究。但是天文学家所了解的内容大部分都是通过航天器机器人的射电信号传回地球的，"先锋号"和"旅行者号"分别在20世纪70年代和80年代飞过外行星；"伽利略号"在20世纪90年代末围绕木星运行时将一个探测器放入该行星的大气；"卡西尼号"轨道飞行器和"惠更斯号"探测器（大致读作 HOWK-ginz）分别于2004年和2005年抵达土星及其卫星土卫六；"新视野号"飞船在2015年飞过冥王星，现在正向柯伊伯带的深处航行；"朱诺号"于2016年抵达木星周围的轨道，计划对该行星的磁球和重力场进行长时间的详细研究。在整个讨论中，你会看到这些机器探索到并传输回地球的图像和数据。

太阳系最外层的行星有木星、土星、天王星和海王星，它们都被归类为类木行星，这意味着其与木星相似，但事实上是各具特色的独立个体。图22-1将这4颗外部星球进行了比较，最引人注目的特点就是它们的大小，为了让你了解它们之间的大小关系，图22-1还展示了地球与类木行星的比较，相比之下，地球似乎很小，木星是最大的类木行星，其直径是地球的11倍多。

▲ 图22-1 外太阳系主要有4颗质量大但密度低的类木行星，每颗都比地球大很多。这张合成照片将它们并排显示，以便比较

图源：Earth: NASA; Other planets: NASA/JPL-Caltech

第四部分 太阳系 457

你还能够发现，4颗类木行星可以分为两对，一对是木星和土星，它们很大；另外一对是天王星和海王星，大小几乎相同，它们较小，但仍然有地球的4倍大。

比地球的卫星月球还要小的冥王星没有在图中，它在1930年被发现时被认为是一颗行星，2006年，被重新归类为矮行星。在下一章中你将了解到冥王星的特点，以及其被归为矮行星的原因。

当你看图22-1时，你会立即注意到另一个特征，那就是土星的星环，它们明亮且美丽，由数十亿的冰粒子组成，每个粒子都按照自己的轨道围绕着土星运行。天文学家发现，木星、天王星和海王星也有星环，但在地球上不容易发现，在这张图中也看不到。当你在本章和下一章研究这些星球时，你可以比较4颗巨行星、4个卫星系统和4套不同的行星环。

22-1b 大气和内部环境

所有的类木行星充满云层的大气都富含氢气，在木星和土星上，你可以看到云层形成的像儿童玩具球上条纹一般的暗带和亮区环绕着行星，这种形式的大气结构被称为带区环流（belt-zone circulation）。你也可以在天王星和海王星上找到带区环流的痕迹，但它们没有那么明显。所有的类木行星也都有巨大的环流风暴，其中最主要的例子是木星的大红斑，它的大小是地球最大截面的两倍多，类木行星上的风暴与类地行星上的飓风相当，但风暴可以持续几个世纪，至少自350年前用望远镜首次观测到大红斑风暴以来，它就一直很强劲。

类木行星的气态大气并不厚，木星的大气厚度只占其整体半径的1%左右，在大气之下，木星和土星是由液态氢组成的，所以这些行星是气态巨行星的传统说法也许应该改为液态巨行星。天王星和海王星有时被称为冰巨行星，因为它们含有丰富的固体形式的水。只有在类木行星的中心附近，才有由岩石和金属组成的致密核球，任何类木行星都没有可以行走的表面。

22-1c 卫星系统

所有的类木行星都有许多卫星系统，这些卫星可以被分为两组：①规则卫星（regular satellites），它们往往很大，轨道相对靠近母星，与行星赤道的倾角较小，与太阳系中的大多数天体一起沿顺行（prograde）方向运动；②不规则卫星（irregular satellites），它们往往比规则卫星小，有时具有逆行和（或）高度倾斜的运行轨道，一般离母星远。有证据表明，规则卫星形成的位置大概就是行星形成时的位置，但不规则卫星大多（如果不是全部的话）是被行星捕获的。

当你聚焦于类木行星的卫星时，要寻找两个过程的证据。一些卫星的轨道可能会因与其他卫星的相互作用而改变，因此它们现在在以相互共振的方式围绕行星旋转，这一过程可能会影响行星环中粒子的轨道运动。

第二个过程是潮汐作用会加热一些卫星的内部，使其表面产生地质活动，包括火山和熔岩流。你已经了解到，整个太阳系在行星形成后，经历了一次重轰击，因此具有严重陨击坑的表面是很古老的，如果你发现一个卫星表面的一部分，或者整个卫星表面几乎没有陨击坑，就可以推断该卫星在重轰击过程结束后，其表面的地质活动一定是活跃的。

22-2 木星

木星是体积和质量均最大的类木行星，包含整个太阳系中所有行星物质的71%。就像用地球这个最大的类地行星作为与其他行星比较的基础一样，你可以详细研究木星，使其作为对其他类木行星比较研究的标准，请看第22-3节末尾的"天体简介：木星"。

22-2a 勘测木星

木星是极端的，因为它体积很大，质量也很大，大部分是液态氢，而且内部非常热。前述事实是天文学家们普遍了解的，但你应该要求他们来解释这些事实是如何得知的，一个事实最有趣的地方通常不是事实本身，而是得知它的方式。

在距离地球最近的地方，木星到地球的距离比距火星远了约8倍，但即使是一个小型望远镜，也能发现木星盘的大小看起来比火星盘大两倍以上。根据观测到的视直径和距离，并结合小角公式（式3-1），你可以计算出木星的直径。

例子： 木星在最接近地球的时候是4.20AU，或6.28×10^8千米，在这个距离，它赤道的视直径是46.9角秒，那么它的线直径是多少？

解答： 使用小角公式（式3-1），来求线直径：

$$\frac{\text{角直径（角秒为单位）}}{2.06 \times 10^5} = \frac{\text{线直径}}{\text{距离}}$$

$$\frac{46.9}{2.06 \times 10^5} = \frac{\text{线直径}}{6.28 \times 10^8 \text{ km}}$$

$$\text{线直径} = 1.43 \times 10^5 \text{ km}$$

这约是地球直径的 11 倍。

你可以通过观察木星卫星的高速转动来推断木星的质量。木卫一是 4 颗伽利略卫星中最里面的一颗（以其发现者天文学家伽利略·加利莱 Galileo Glilei 命名），它的轨道只比月球围绕地球运行的轨道大一点。（请注意，木卫一的轨道大小可以通过另一个小角公式来确定。）木卫一在不到两天的时间内绕木星运行一圈，而月球绕地球一圈则需要一个月的时间。所以木星一定是个巨大的星球，才能维持这样一个快速运转的卫星（见图 22-2）。事实上，你可以用木卫一的轨道半径和轨道周期来计算木星的质量。

例子： 木卫一围绕木星的轨道平均半径（半长轴）$r=4.22\times 10^5$ 千米，或 4.22×10^8 米，周期 $P=1.77$ 天或 1.53×10^5 秒，那么木星的质量是多少？

解答： 使用牛顿版本的开普勒第三定律（式 5-2），求出中心物体的质量。（请注意，这个版本的方程假定木卫一的质量相对于木星的质量可以忽略不计。）引力常数是 $6.67\times 10^{11}\ m^3/s^2/kg$。

$$P^2 = \left(\frac{4\pi^2}{GM}\right) r^3$$

$$(1.53\times 10^5)^2 = \frac{(4\pi^2)(4.22\times 10^8)^3}{(6.67\times 10^{-11})M}$$

$$2.34\times 10^{10} = \frac{2.97\times 10^{27}}{(6.67\times 10^{-11})M}$$

$$M = 1.90\times 10^{27}\ kg$$

木星质量约为地球质量的 318 倍。

了解木星的大小和质量是相对容易的，但你可能还想知道天文学家是如何得知木星主要是由氢构成的。首先就是质量除以体积，计算出木星的平均密度为 $1.3g/cm^3$，当然，它的中心密度较大，而在表面附近的密度较小，但是平均密度表明，它不可能含有很多岩石，岩石材料的密度在 2.5~$5g/cm^3$ 之间，因此木星一定主要包含密度较小的物质，如氢。

地球和探索木星的航天器记录的光谱表明，木星的组成成分与太阳很相似，这一观点在 1995 年被确认，当时"伽利略号"探测器进入木星大气，并将探测结果传输回地球。最后确定木星的主要成分是氢和氦，还有较重的形式分子（如 CH_4、NH_3 和水分子）。

表 22-1 木星和土星上层大气的组成（以原子序数排序）

分子	木星（%）	土星（%）
H_2	90	96
He	10	3
H_2O	0.000,4	0.000,4
CH_4	0.3	0.4
NH_3	0.03	0.01

22-2b 木星的内部

正如天文学家可以建立恒星内部的数学模型一样，他们也可以利用描述重力、能量和物质可压缩性的方程式来建立木星内部的数学模型。这些模型表明，木星的

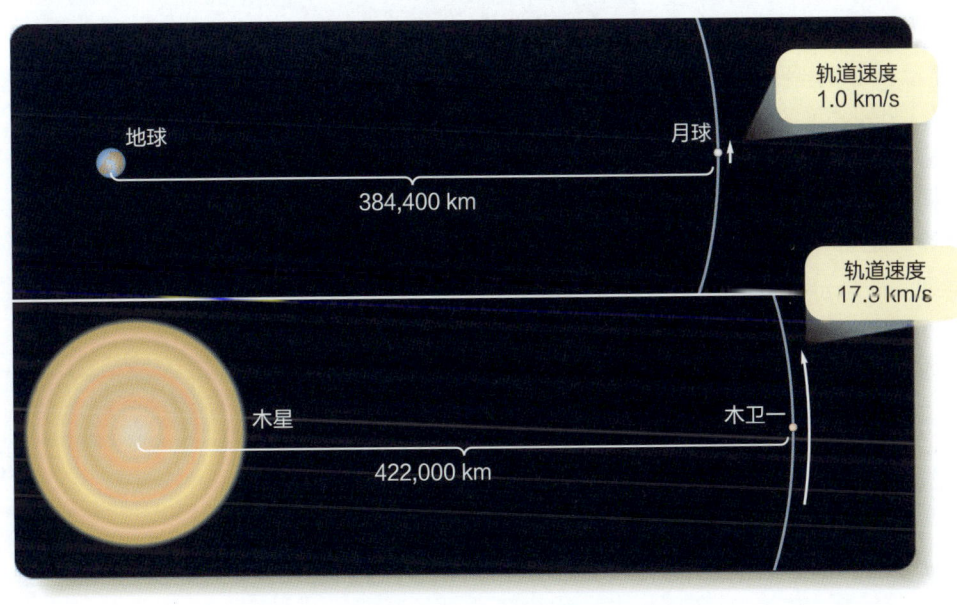

▲ 图 22-2 当你将木星的卫星木卫一与地球的卫星相比较时，你会发现木星显然是个质量非常大的行星。尽管木卫一与木星的距离只比月球与地球之间距离大 10%，木卫一的轨道速度是月球轨道速度的 17 倍，显然，木星的引力场要比地球的强得多，这意味着木星的质量一定非常大

第四部分　太阳系　459

内部主要是液态氢，也含有少量的较重元素，其内部压力和温度都高于氢的临界点，这意味着气态氢和液态氢之间没有区别。如果你跳入木星，穿过气态大气后，会注意到周围流体的密度逐渐增加，直到处于液体之中，但你永远不会碰到液体表面。

在距离行星中心约 1/4 处的压力很大，足以使氢气成为液态金属氢，这是一种非常好的导体。由于到目前为止，实验室中很难制造和研究液态金属氢，因此人们对它的特性了解甚少，这就是模型无法确定从普通氢过渡到金属液态氢的深度的原因。

这些模型也无法确定木星中是否存在重元素核球，这颗行星包含约 30 个地球质量重于氦的元素，但其中大部分可能悬浮在对流搅拌的液态氢中。轨道航天器的测量表明，重金属核球不超过 10 个地球质量，"朱诺号"探测器于 2016 年开始围绕木星运行，以进一步探究该行星核球的质量。一些天文学书籍将这个核球称为岩质内核，但是即便岩质内核存在，它也不可能像你了解的地球上的岩石那样。木星的中心比太阳表面的温度高 5~6 倍，只有巨大的压力能阻止它爆炸成水汽，如果它真的具有一个核球，其被称为"岩石"只是因为含有重元素。

天文学家是如何得知木星内部温度很高的呢？红外观测表明，木星在红外波段发出强烈的光芒，其辐射能量是所接收的太阳能量的 1.7 倍（请看木星的 SOFIA 红外图像，见图 6-16b）。将这一观测结果结合木星内部的模型，可以让我们对其内部温度做出估计。你将在本章后半部分了解到，土星在这方面与木星很相似。

通过观察你可以得知木星大部分是液体，如果你测量一张木星的照片，你会发现木星明显比较扁，其赤道直径比两极直径大了 6% 还多，这被称为木星的扁率，扁率取决于行星的自转速度和硬度。木星的扁平形状表明，这颗行星不可能像类地恒星那样坚硬，其内部一定是液态的。

基本的观测和已知的物理定律已经让你了解到木星内部大部分情况，其巨大的磁场甚至可以让你了解更多。

22-2c 木星的磁场

早在 20 世纪 50 年代，天文学家就检测到了来自木星的射电噪声，并将其认定为同步辐射。这种类型的射电能量是由电子在磁场中快速旋转产生的，所以很明显，木星有一个磁场。

1973 年和 1974 年，两个"先锋号"航天器飞过木星，随后在 1979 年，两架"旅行者号"航天器飞过木星，这些探测器发现，木星的磁场比地球的磁场强 14 倍左右。显然，这个磁场是由高导电率液态金属氢中的发电机效应产生的，它因对流而循环，并随着行星的高速自转而旋转，这个强大的磁场支配着行星周围的巨大磁层。图 22-3 比较了木星磁场的大小与地球磁场的大小。

木星的磁场使太阳风偏转，并将高能粒子困在比地球辐射带更强的辐射带中。木星的辐射更强烈，因为木星的磁场比地球更强，比起地球磁场，其可以捕获和容纳更多、更高的粒子。穿越木星辐射带的航天器受到的辐射相当于 10 亿次胸部 X 射线的辐射，这些辐射至少对人类是致命的，航天器上的一些电子设备也被辐射损坏。

你应该记得，地球的磁层与太阳风相互作用会产生极光，同样的现象也会发生在木星上，磁层中的带电粒子沿着磁场向下泄漏，在它们进入大气的地方，会产生比地球上的极光要亮 1000 倍的极光（请回看"我们如何得知 7-1"中的照片）。就像地球上的极光一样，木星上的极光也会在磁极周围呈环状出现（见图 22-4）。

木星的 4 颗伽利略卫星在磁层内运行，辐射带中

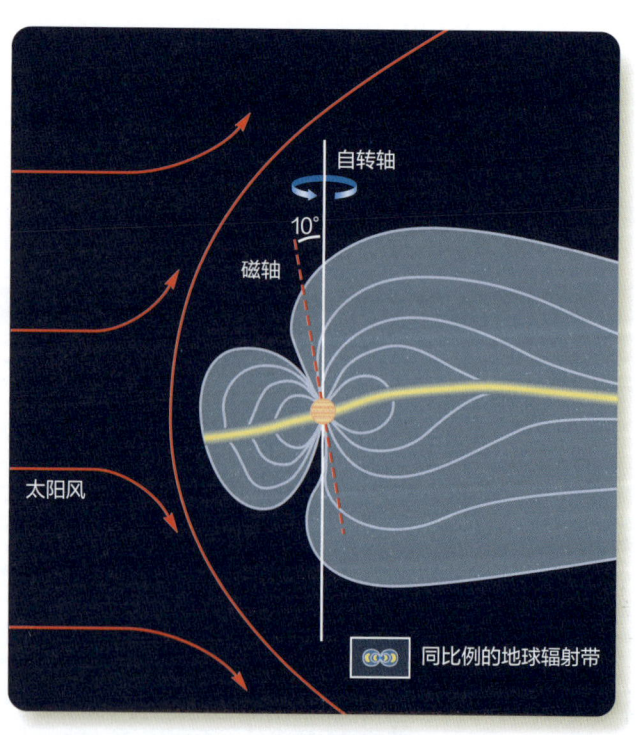

▲ 图 22-3　木星的磁场范围广、强度大，它从太阳风中捕获部分粒子，形成强大的辐射带。行星的快速自转使略微倾斜的磁场随着行星的自转而上下摆动。地球的磁层和辐射带是同比例显示的

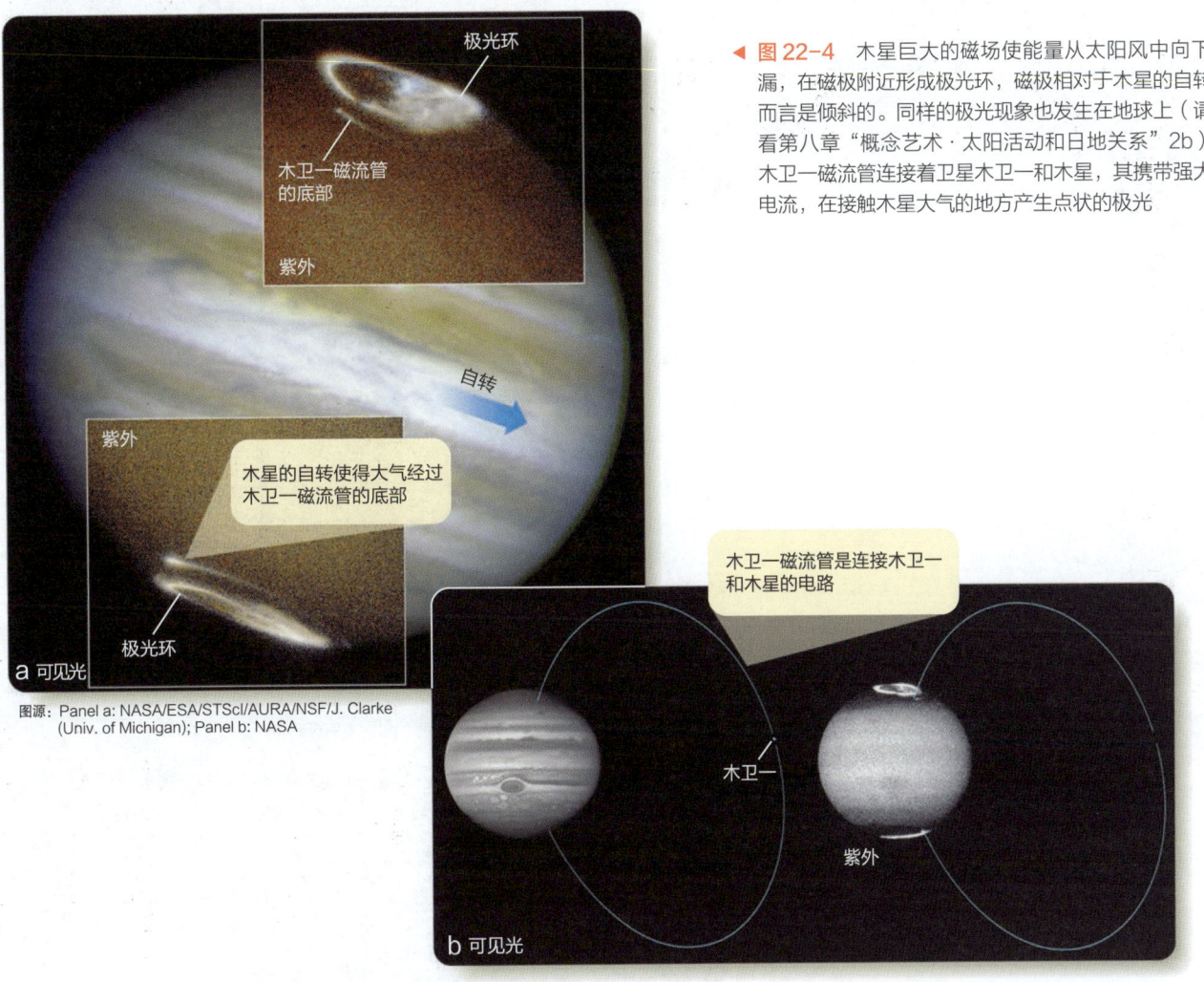

▲ 图 22-4 木星巨大的磁场使能量从太阳风中向下泄漏，在磁极附近形成极光环，磁极相对于木星的自转极而言是倾斜的。同样的极光现象也发生在地球上（请回看第八章"概念艺术·太阳活动和日地关系"2b）。木卫一磁流管连接着卫星木卫一和木星，其携带强大的电流，在接触木星大气的地方产生点状的极光

一些较重的粒子来自最里面的卫星木卫一。你会在本章后半部分了解到，木卫一有活跃的火山，会喷出气体和火山灰，由于木卫一的轨道运行周期为1.77天，而木星的磁场自转周期只有10个小时，转动的磁场高速掠过木卫一，清除零散的粒子，将它们加速到高能量状态，使这些粒子在木卫一的轨道上散布成被称为木卫一等离子体环的甜甜圈形状。

木星的磁场与木卫一相互作用，产生了强大的电流（大约100万安培），电流通过一条被称为木卫一磁流管的弯曲路径从木星流向木卫一，再流回木星。在木卫一磁流管进入木星大气的两点上，有一些明亮的极光点（见图22-4）。

极光的波动表明，太阳风对木星磁层有缓冲作用，但有些波动似乎是由木星深处的磁动力变化引起的，因此对木星上极光的研究可以帮助天文学家更多地了解木星内部液体的深度。

你的眼睛看不到木星强大的磁场，但旋涡状的云带能很好地展现出其复杂性。

22-2d 木星的大气

现在你已经了解到，木星是一个没有表面的液体星球，当你观察木星时，目之所及都是云层，气态的大气逐渐与内部的液态氢相融合，从某种意义上说，它是一个海洋——太阳系中最大的海洋。

学习"概念艺术·木星的大气"，注意4个重要的观点：

1. 木星大气中富含氢，云层被限制在很浅的区域。
2. 云层位于大气中温度可以使氨（NH_3）、硫化氢铵（NH_4SH）和水（H_2O）凝结成冰粒的区域。
3. 带区环流是在与地球上相似的高低气压区域形成的。
4. 在木星的云层中看到的大圆形或椭圆形斑点是环

木星的大气

1 人类可能永远不会踏入木星的大气，它的云层冷得要命，而温度较高的内层则有令人崩溃的高压，大气中没有足够的氧气可以供人呼吸。按质量计算，其大气成分大约是3/4的氢和1/4的氦，加上少量的水蒸气、甲烷、氨和类似的分子。也有硫和含硫分子的痕迹，可能使木星大气闻起来很臭。当然，木星没有表面，所以连站的地方都没有。

暗带是暗弱的云带

木卫二的阴影

亮区是明亮的云带

木星的卫星木卫二

图源：NASA/JPL-Caltech/Univ. of Arizona

1a 第一个进入木星大气的航天器是伽利略号探测器，从伽利略号主飞船上释放出来的探测器于1995年进入木星的大气，它穿越透明氢气的大气层，释放隔热罩，然后在木星风暴般的大气中随着气压的上升而逐渐下降，同时将测量结果送回地球，直到它最终坠毁。

在木星的扰动云层中，闪电很常见

艺术构想

图源：Hughes Aircraft Co.

木星的大气是内部液体上方一层薄薄的湍流气体，只占该行星半径的1%左右

右边的大红斑是其中一个南部地区巨大的风暴环流，自天文学家发明望远镜之后第一次观测到它开始，已经持续了至少350年。较小的斑点也是风暴环流。

图源：John Clarke, University of Michigan, and NASA NASA/JPL-Caltech/Univ. of Arizona

木星上可见的云层是由氨晶体组成的，但根据模型预测，更深的云层中含有硫化氢铵晶体，而更深的云层则是水滴。这些化合物通常是白色的，所以行星科学家认为颜色来源于闪电和日光驱动而形成的其他更少量的分子。

如果你能把温度计放在木星大气的不同位置，你会发现木星内部温度随着高度的下降而上升。

远在云层之下，木星的温度和压力都非常高，使得气态的大气与内部的液态氢逐渐融合，从而没有了表面。

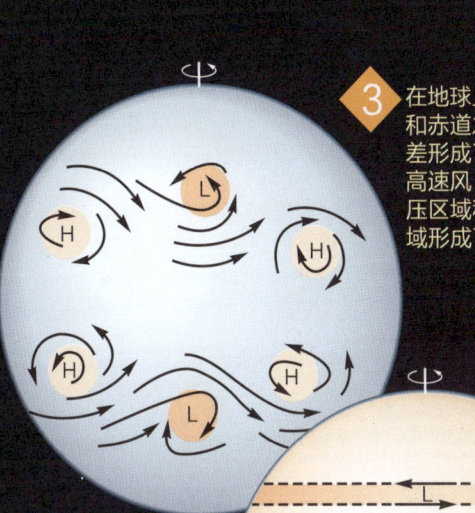

③ 在地球上，两极和赤道之间的温差形成了浪形的高速风，使得高压区域和低压区域形成了我们所熟悉的天气图中的旋涡环流。

木星的两极和赤道的温度差不多，可能是由于热量从木星的内部上升，因此没有波浪形的风，行星的快速自转将高气压区和低气压区拉长环绕着木星的带状条纹区域。

在地球和木星上，风在北半球的高压区附近顺时针循环，在赤道以南区域逆时针循环。

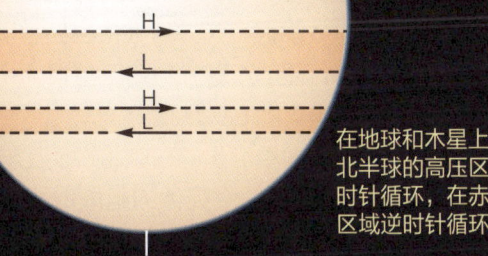

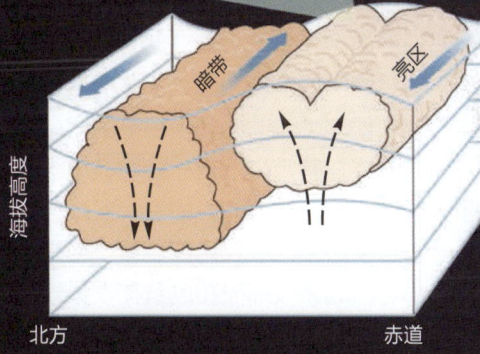

上升的气体在阳光很强的大气高度形成云层，由此而形成的亮条区域比暗带区域更亮。

④ 20世纪30年代发现的3个以白色椭圆形式出现的环流风暴于1998年合并成一个单一的白色椭圆，该风暴在2006年加剧，呈现红色，看起来像大红斑。其变红的原因尚不清楚，可能是风暴将有色的化合物从木星的大气低处带了上来。

木星大气中的风暴可能会持续几十年或几个世纪，但天文学家之前从未观测到新红斑的出现，风暴的发展是不可预测的，而且大多数最终会消失，甚至有一天大红斑也可能会消失。

小红斑　　大红斑

可见光+近红外，对比增强图

流风暴，可以在几十年甚至几个世纪内保持稳定。

人们并不能很好地理解木星大气中的环流，"卡西尼号"航天器在路过木星时观测到被认为完全是下沉气体区域的暗带，其中包含小型的上升风暴系统，但这太小了，在以前探测器拍摄的图像中都看不到。显然，当更详细地观测时，通常被归于暗带和亮区的整体环流要复杂得多，对木星大气中小规模运动的进一步了解，可能需要等待未来的行星探测器完成。

22-2e 木星的历史

研究行星是为了能够讲述它的故事，即描述它是如何变成现在这个样子的。尽管你已经了解木星的部分故事，但仍有许多东西需要学习。

如果关于太阳系起源的太阳星云理论是正确的，那么木星就是从太阳星云外部的较冷气体中形成的，在那里水和其他分子的冰能够凝结，因而木星迅速成长，质量大到足以从太阳星云中捕获氢气和氦气，并形成一个深的液态氢包层。模型计算的结果对重元素核球是否存在是矛盾的，它有可能已经混在对流的液态氢层中，天文学家估计，木星重元素核球的质量不超过 10 个地球质量，但也可能没有重元素核球。

在木星的内部，氢以液态金属氢的形式存在，这是一种非常好的电导体。木星的快速自转，加上从其炽热的内部向外流动的热量，带来产生强大磁场的发电机效应，这个巨大的磁场从太阳风中捕获高能粒子，形成强烈的辐射带和极光。

木星的快速自转和巨大的体积导致其大气中的带区环流，内部向上流动的热量在亮区产生上升的气流，而较冷的气体在暗带中下沉，就像在地球上一样，风在这些区域的边缘吹动，而大的点状区域似乎是气旋式的扰动。自木星形成以来，内部热量一直在扩散，所以可以猜测，木星的大气环流和风暴在很久之前更强大，而在未来则会减弱。

对木星的研究一直具有挑战性，因为木星与地球有很多的不同之处，你在类地行星上发现的大多数特征和过程在木星上都没有，但作为类木行星的原型，它赢得了太阳系统治者的地位。

科学技术为科学家提供所需的原始数据，以助其理解自然，探访过木星的高度复杂的航天器就是这一过程很好的例子。科学是有关对自然的理解，在你的研究中，木星是一种全新的行星。事实上，木星还有一个类地行星没有的特征——星环，在下一节中，将结合该行星令人印象深刻的卫星，一同探索这一特征。

> **践行科学**
>
> 天文学家如何得知木星内部温度很高？天文学家即便是对最基本的信息，也要经常审查和检查。
>
> 当你的手靠近某样东西时，如果感觉到热量，你就可以了解到它是热的，也就是说，你可以用皮肤探测到红外辐射。就木星而言，你需要比手背更灵敏的感觉，红外望远镜显示，木星是一个红外辐射源，在红外波段很亮，太阳会给木星带来一些热量，但它发射的能量是它从太阳接收的能量的 1.7 倍，这意味着它的内部一定很热。根据内部的模型，天文学家得出结论，木星中心的温度只有太阳表面的五六倍，才能使行星的表面在红外波段发出如此亮的光。
>
> 现在回顾一下另一个简单但深刻的信息：天文学家是如何得知木星的密度很低的。

22-3 木星的卫星和星环

木星有多少颗卫星？天文学家们正在寻找小卫星，目前已经超过了 60 颗。（你必须在互联网上查询最新的数字，因为每年都会发现更多的卫星。）这些卫星中的大多数都很小，并且很像岩石，而且许多可能是被捕获的小行星。4 颗伽利略卫星很大，而且具有有趣的地质结构（见图 22-5）。

对木星卫星的研究将说明比较行星学的三个重要原则：第一，一个天体的组成取决于形成该天体的物质的温度，就好比在太阳系外部阳光很弱，冰可以作为形成天体的原料；你已经熟悉了第二个原因：陨击坑可以揭示一个天体的表面年龄；第三，正如你在研究类地行星时了解到的那样，内部热量对较大卫星有着强大的地质学影响。以下 4 节将按照从距木星最外侧到最内侧的顺序探讨伽利略卫星。

22-3a 木卫四：一个古老的表面

木卫四是木星 4 颗大卫星中最外面的一颗，其直径比地球的卫星月球还要大一半，像木星所有较大的卫星一样，木卫四潮汐锁定在木星上，永远保持同一面朝向木星。通过它对其他卫星和经过的航天器的引力作用，

▲ 图 22-5 木星的伽利略卫星，按照与木星距离的增加，从左到右依次是木卫一、木卫二、木卫三和木卫四。木卫二周围的白圈显示的是地球卫星月球的大小，以供比较

天文学家可以计算出木卫四的质量，用这个质量除以它的体积可以得出它的密度是 1.8 g/cm³，冰的密度约为 1 g/cm³，岩石的密度为 2.5~5 g/cm³，因此木卫四一定是岩石和冰的混合物。

"旅行者号"和"伽利略号"航天器拍摄的图像表明，木卫四的表面是黑暗、肮脏的冰层，上面布满了陨击坑（见图 22-6）。太阳系中古老的冰面之所以变得黑暗，是因为太阳紫外线辐射和太阳风粒子引起了冰的化学变化，另外的一个原因是，陨石的撞击使尘埃沉积，水蒸发，冰中遗留的尘埃和岩石形成了脏脏的外壳。如果你住在一个气候寒冷的城市，你可以在城市的雪堆中看到后者：在雪蒸发的几天里，雪中的残渣被留下，形成一个脏的外皮，脏的表面下面，雪会干净得多。

木卫四表面的光谱表明，其大部分是 50:50 的冰和岩石的混合体，但有些地区是没有冰的。而陨击坑的坍塌形状表明，这个卫星外部 10 千米（6 英里）大部分是冰冻的水，冰不是很坚固，所以大块的冰会在其自身的重力作用下坍塌。因为光谱只包含其表面外 1 毫米的信息，其表面可能包含大量污垢，而陨击坑的形状能够告诉你卫星最外层 10 千米可能富含的冰的情况，所以很好解释光谱和陨击坑形状之间的分歧。

"伽利略号"航天器在飞过木卫四时，详细测量了引力场的形状，测量的结果表明，木卫四从来没有完全分化成一个高密度的核球和一个低密度的地幔。它的内部是岩石和冰的混合物，没有包含不同成分的不同层次。这一结果与木卫四只具有本身的弱磁场的观测是一致的，强磁场可能是由液态对流核球的发电机效应产生的，而木卫四没有核球。然而，它确实与木星的磁场发生了相互作用，这表明它在其冰面以下 100 千米（60 英里）处有一层大约 10 千米厚的咸水液体，木卫四内部缓慢的放射性衰变可能会产生足够的热量来保持这层水不被冻结。

22-3b 木卫三：令人困惑的过往

伽利略卫星从外向内的第二颗卫星是木卫三，它体积比水星大，直径超过火星的 3/4。它其实是太阳系中最大的卫星，密度为 1.9 g/cm³，其对"伽利略号"航天器的影响表明，它已经分化成一个岩石和金属的核球、一个富含冰的地幔，以及一个厚达 500 千米（300 英里）的冰壳，它甚至可能还有一个小的内部核球。木卫三显然很大，放射性衰变足以使其在形成之后，将其

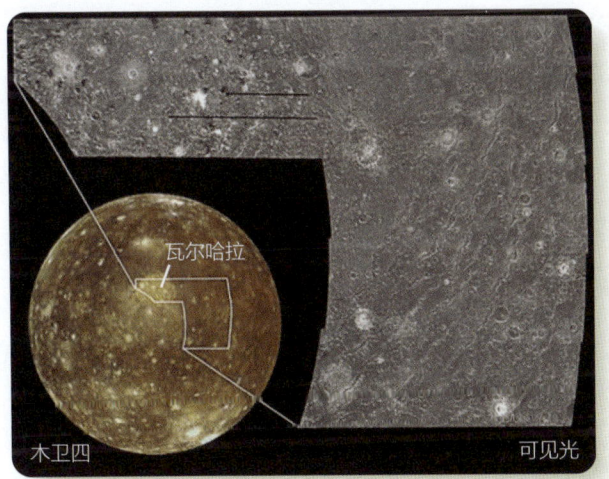

▲ 图 22-6 木卫四的黑暗表面是以陨击坑为特点的脏冰，最年轻的陨击坑看起来很亮，因为它们被挖开，呈现更干净的冰。直径为 3800 千米（2400 英里）的瓦尔哈拉（Walhalla）是一个剧烈的撞击留下的痕迹，是太阳系中最大的多环盆地。瓦尔哈拉规模大且古老，冰壳层已经回流，有的已经恢复，其外环是表明地壳断裂的浅槽

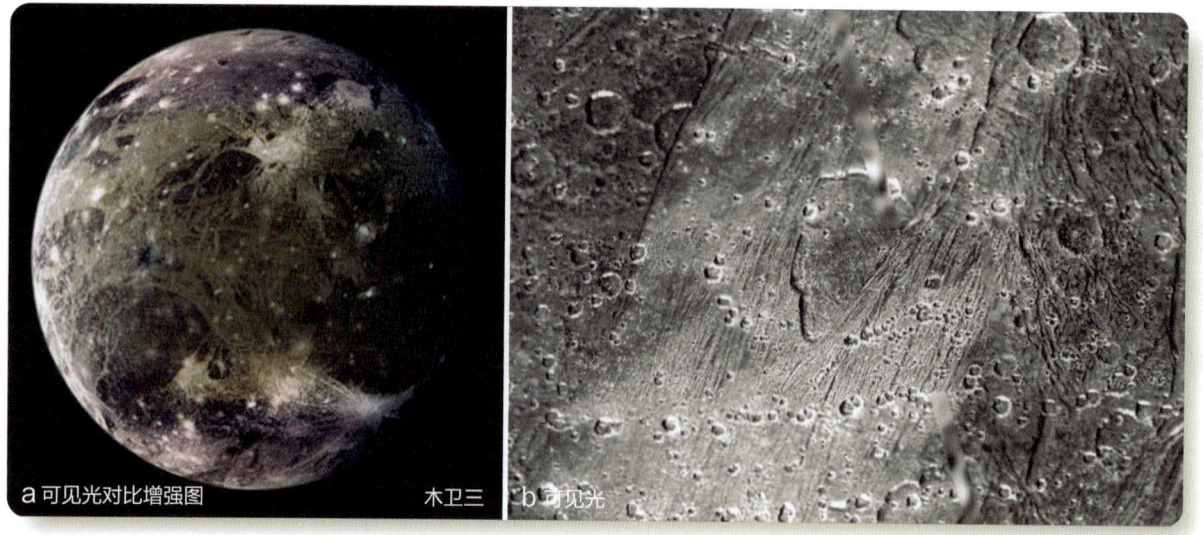

图源:(a) NASA/JPL-Caltech/DLR; (b) NASA/JPL-Caltech/Brown Univ.

▲ 图 22-7 （a）木卫三的这张彩色增强图像显示其顶部和底部两极的冻霜、其古老的黑暗地形，以及更明亮的沟槽地形。（b）从左下到右上是一条明亮的带状地形，图中心是一个塌陷的区域，可能是火山口。地下液体流走的地方可能会形成火山口，明亮的区域可能是洪水导致的

内部融化，然后岩石和金属下沉到它的中心。

木卫三的表面表明它在过去很活跃，尽管其 1/3 的表面都像木卫四一样古老、黑暗而且遍布陨击坑，但其余的地方都有明亮的平行沟槽。因为这个明亮的沟槽地形（见图 22-7a）包含较少的陨击坑，所以它一定比较年轻。

观测表明，当冰壳层破裂，水从下面涌上来并且结冰时，产生了明亮的地形。随着地表一次又一次的破裂，形成了几组平行的沟槽。一些低洼地区是光滑的，似乎已经被水淹没了。光谱观测结果显示出盐的凝结，就好像是富含矿物质的水体蒸发之后留下盐那样。此外，在明亮的地形中或附近似乎有火山口的特征，形成于地下水流走，表面塌陷的时候（见图 22-7b）。

"伽利略号"航天器发现，木卫三的磁场强度约为地球的 10%，是木星巨大磁层中的一个小磁层。数学模型并没有预测到，像木卫三这样强的磁场形成于液态水地幔层中的发电机效应，该地幔层的大小和位置与该卫星相同，而且该卫星也没有足够的热量形成熔融的金属核球。因此，木卫三独特磁场形成的原因仍然是一个谜，一种假设是，木卫三更热和更活跃的时候，留下了磁场，并把磁场冻结在岩石中。

木卫三的磁场随着木星自转的 10 小时周期而波动，木星的自转将其倾斜的磁场扫过木卫三，这两个磁场会相互作用。这种相互作用表明，该卫星在其表面以下约 170 千米（110 英里）处有液态水层，数据说明，

该水层大约有 5 千米（3 英里）厚。有可能在很久以前木卫三内部比较温暖的时候，其水层更厚而且更接近表面，这也许可以解释洪水形成明亮沟槽地形的原因。

木卫三的轨道离巨大的木星很近，所以这颗卫星会经历其他天体没有的不寻常的两个过程。通过变化时潮汐作用对一个物体进行摩擦加热（见图 22-8a）的潮汐加热（tidal heating）可以加热木卫三的内部，并增

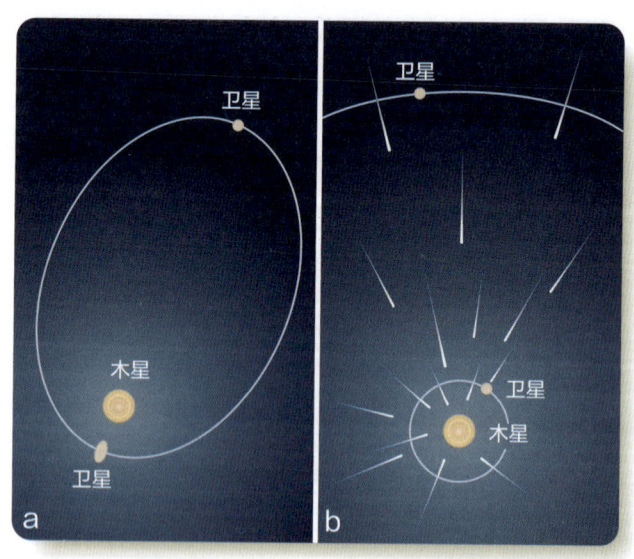

▲ 图 22-8 对行星卫星的两种影响。（a）当变化的潮汐作用在具有椭圆轨道（为了清晰表述而夸大了）的卫星内引起摩擦时，就会发生潮汐加热。（b）陨石的聚集使内部轨道的卫星比外部轨道的卫星受到更多的撞击

加放射性衰变产生的热量。在现在近乎圆形的轨道上，这颗卫星几乎没有经历潮汐加热，但是在过去的某个时候，与其他卫星的相互作用可能使木卫三的轨道偏心率更高，木星引力产生的潮汐力会使卫星变形，当木卫三沿着它的轨道运行，它与木星的距离会发生变化，潮汐作用会使它弯曲，摩擦会使它变热。这样的潮汐加热事件可能足以提供动力产生磁场，并破坏地壳，形成明亮的地形。

影响木卫三的第二个过程是陨石的向内聚焦，因为像木星这样的大质量行星会将碎屑向内吸引，所以越接近行星的卫星，就越容易被陨石击中（见图22-8b），你会预测这样的卫星会有很多陨击坑，但木卫三明亮的地形上很少有陨击坑。木卫三明亮的表面大概只有10亿年的历史，这提醒你，这颗卫星并不只是一块死的岩石和冰块，你即将学习到，距离木星越近，卫星就越活跃。

22-3c 木卫二：隐秘的海洋

再里面的一颗伽利略卫星是木卫二，它比地球的卫星月球要小一些（见图22-5）。木卫二的密度为 $3.0\ g/cm^3$，所以它一定主要是岩石和金属，但其表面却是冰。

木卫二比木卫三更靠近木星，所以它应该会比木卫四或木卫三受到更多陨石的撞击，然而木卫二的冰壳几乎没有陨击坑，其少数的陨击坑，如浦伊尔（Pwyll）是凸出的，但大多数陨击坑几乎都是冰上的瑕疵（见图22-9）。很显然木卫二的表面是活跃的，几乎在陨击坑形成的同时就将其消除，木卫二上撞击痕迹的数量表明，其表面的平均年龄只有1000万年。其他活动的迹象包括冰壳上的长裂缝，以及冰壳断裂成若干部分的区域，这些部分就像漂浮在水面上的冰山一样移动开来（见图22-9c）。

木卫二表面的干净、明亮是表明其年轻的另一条线索，它的表面平均反射67%的太阳光，这种反射率是由干净的冰产生的。你已经学习到，旧的冰面往往非常暗，木卫二的高反射率意味着它用新鲜的冰覆盖旧冰的表面，所以它的表面是活跃的。

木卫二太小了，它不能在形成过程中或从放射性衰变中保留很多热量，"伽利略号"航天器发现，木卫二没有自己的磁场，所以它不可能有一个熔融的导电核球。然而，潮汐加热对木卫二是很重要的，而且显然提供了足够的热量来保持这个小卫星的活跃性，木卫二地壳上的弯曲裂缝实际上可以表明木卫二绕着木星运行时潮汐力的形状。

如果你拿着指南针在木卫二上徒步行走，你会探测

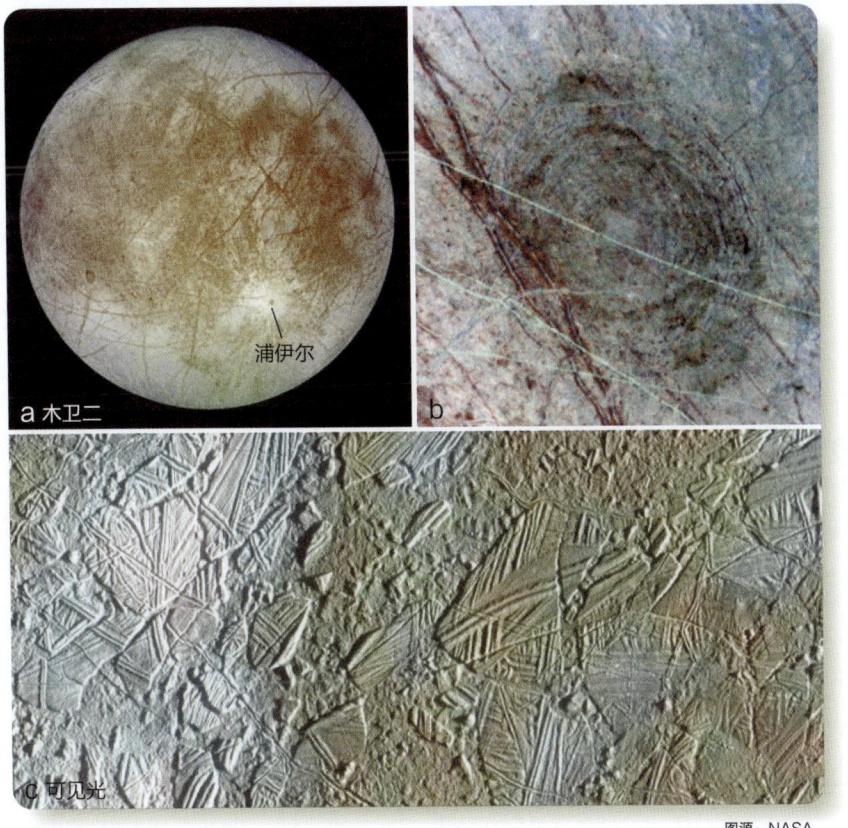

◀ 图22-9 （a）以自然色显示的木卫二的冰面。在其表面可以看到许多断层，但很少有陨击坑。图中明亮的陨击坑是浦伊尔，这是一个年轻的撞击特征。（b）这个圆形陨石坑的直径为140千米（90英里），它是一个被直径约为10千米（6英里）的物体撞击的遗迹。（c）就像北冰洋上的冰山一样，木卫二上的地壳块似乎已经漂浮开来。光谱显示，蓝色的冰被盐分染色，例如那些富含矿物质的水从下面涌出并蒸发而留下的盐分。白色区域是形成浦伊尔陨击坑的撞击产生的喷出物

图源：NASA

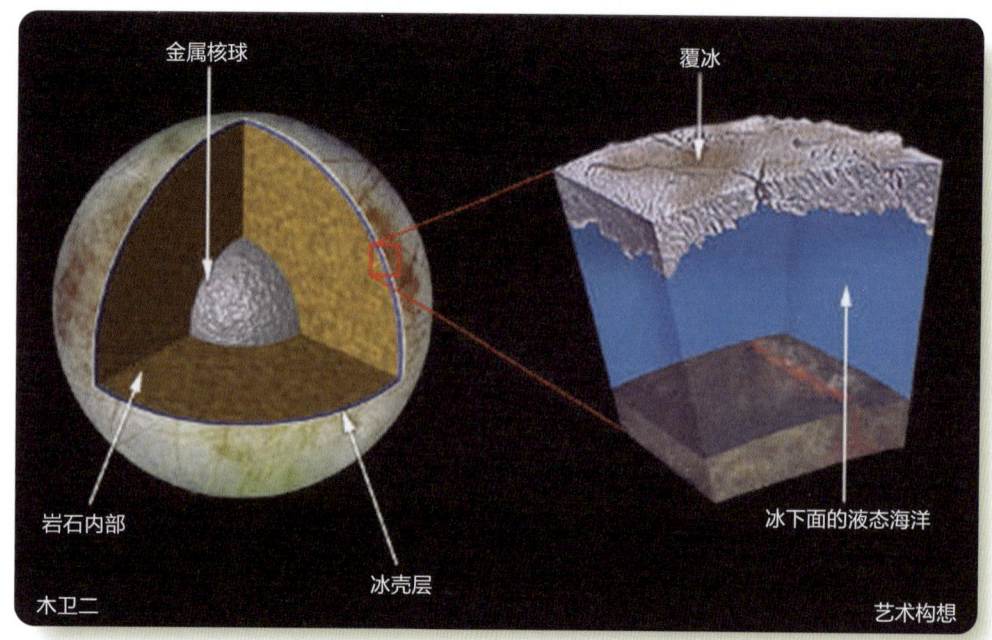

▲ 图 22-10 木卫二对经过它的"伽利略号"航天器的引力影响表明，这颗卫星已经分化为一个致密的核球和岩石地幔。木卫二与木星的磁场相互作用表明，它的冰壳下面有一个液态水海洋，潮汐加热产生的热量可以在这样的海洋中以对流的方式流出，并驱动冰壳中的地质活动

图源：NASA/JPL-Caltech/SETI Institute

到一个磁场，但不是来自木卫二本身。木星快速自转，将其强大的磁场扫过这颗小卫星，在木卫二上引起了一个波动的磁场，这会使你的指南针晃动且变得毫无用处。木卫二与木星磁场的相互作用表明冰面下仅15千米（约10英里）的液态水海洋的存在（见图22-10），这个海洋可能深达150千米（100英里），所含水量是地球上所有海洋的两倍，它可能富含溶解的矿物质，这些矿物质使其成为良好的导体，从而能够与木星的磁场相互作用。没有人知道在这样的海洋中可能会有什么，许多科学家希望未来一个机器人探测器能够在木卫二的冰壳层上着陆，来寻找冰层下方海洋中的生命迹象。

潮汐加热使木卫二地质活跃，很显然上升的水流可以冲破冰壳或融化表面的斑块，许多裂缝都是地壳已经散开，淡水已经涌出并冻结在有裂缝的冰壳之间的证据。在其他地区，木卫二断层和低脊形成的网络表明其地壳被压碎，地球上的地壳压缩推高了山脉，但在木卫二上没有出现这种山脉，其冰壳层不足以支撑高于1000米左右的山脊。

木卫二在木星辐射带的深处运转，它会受到高能粒子的轰击，这种高能粒子会改变其冰冷的表面，从而释放和分解水分子，分散成甜甜圈状的云，围绕木星展开包围着木卫二的轨道。2002年，"卡西尼号"航天器在飞往土星的途中经过木星，拍摄到了这团发光的气体云，木卫二的气体云可以证明，在一个巨大行星的辐射带深处运行的卫星会受到一种像月球这样的卫星从来不会经历的侵蚀。

22-3d 木卫一：咆哮的火山

地质活动是由行星内部流出的热量驱动的，木星最内侧的伽利略卫星木卫一最能体现这一原理。"旅行者号"和"伽利略号"航天器拍摄的照片显示木卫一上根本没有陨击坑，考虑到木星将陨石向内聚焦的力量，这一现象是令人惊讶的。要解释消失的陨击坑其实并不困难，在木卫一的表面有150多座活火山，它们在木卫一表面喷射足够的火山灰，会迅速掩埋任何新形成的陨击坑（见图22-11）。木卫一的地质活动比太阳系中的任何其他天体都要活跃，甚至比地球的地质活动还要活跃。

光谱显示，木卫一脆弱的大气由气态硫和氧组成，但这些气体不是永久性的，甚至即使喷发的火山每秒涌出大约1吨的气体，这些气体也很容易泄漏到太空，因为木卫一的逃逸速度很低。此外，任何被电离的气体原子都会被木星快速自转的磁场卷走，这些离子在围绕木卫一的（甜甜圈形状）轨道上产生了环形的硫和钠离子云（见图22-12a）。

木卫一表面的平均温度为130 K（-225°F），大气压力很低，由于持续的火山活动和含硫气体的存在，木卫一稀薄的大气充满了硫的气味。事实上，木星内侧的小卫星木卫五（Amalthea）所呈现的红色可能是由木卫一中逸出的硫造成的。在踏上木卫一表面之前，你主要考虑的问题是辐射，木卫一位于木星磁场和辐射带的深处，除非你的宇航服有非常强的屏蔽层，否则木卫一辐射将是致命的。像金星一样，木卫一可能是一个人

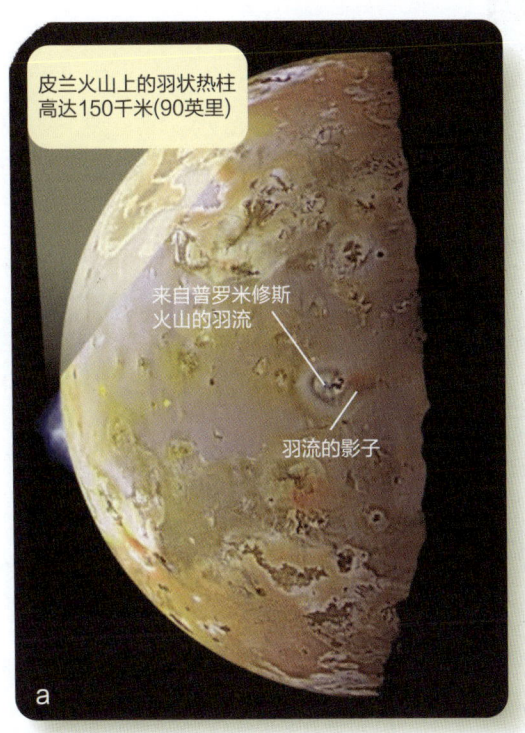
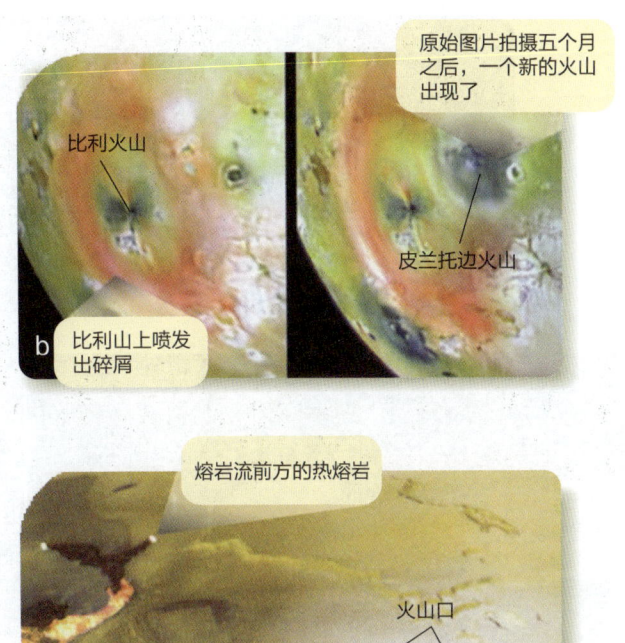
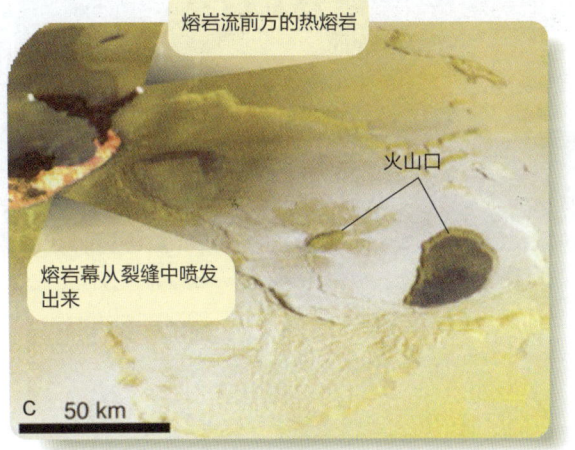

▲ 图22-11 结合了光学和近红外波段并采用电子增强技术的木卫一火山特征图。对人眼而言，木卫一大部分呈淡黄色和浅橙色。（a）火山羽状热柱在木卫一边缘上方升起近100英里。（b）"伽利略号"航天器相隔五个月拍摄的图像显示出一座新的火山。（c）被称为"火山喷口"的大型山顶陨击坑和熔岩幕是地球和木卫一的共同火山特征

类永远不会亲自到访的地方。

你可以通过基本的观测来推断木卫一的内部性质，基于它的密度（3.5 g/cm³），你可以得出结论，它是由岩石构成的。光谱显示其根本没有水的痕迹，所以木卫一上没有冰，事实上，它是我们太阳系中最干燥的天体。木卫一因其自转和木星引力产生的轻微扭曲而产生的扁率为天文学家提供了更多关于其内部特性的线索。模型计算表明，它包含大小适中的核球，含有铁或铁与硫混合的混合物，一个部分熔融的深层岩石地幔，以及一个薄的岩石地壳。

木卫一的颜色看起来像做得不好的比萨饼，木卫二的红色、橙色和棕色是由硫和硫的化合物造成的，早期的假设提出，木卫一地壳的主要成分是硫，但新的证据表明并非如此，红外观测表明，木卫一火山喷发的熔岩温度超过1500 ℃（2700 °F），比地球上的熔岩温度高约300 ℃，而木卫一上的硫在沸腾时只有550 ℃，

因此火山喷发出的一定是熔融的岩石，而不仅仅是液态硫。另外，有几座高达18千米的孤立山峰存在，其高度是珠穆朗玛峰的两倍多，而硫的强度不足以支撑如此高的山。以上这些都表明，木卫一的地壳可能是由硅酸盐岩石组成的。

木卫一上的火山是连续的，羽状热柱在几个月的时间里来来去去，但是一些火山喷口，如比利山（Pele），自1979年"旅行者号"航天器首次访问木卫二以来就一直处于活跃的状态（图22-11b）。地球上爆发的火山喷出熔岩和火山灰是因为熔岩中溶解了水，当上升的熔岩到达地球表面时，突然降低的压力使水从与熔岩混合的溶液中喷了出来，就像拔出一瓶香槟的瓶塞一样：水闪电般地变成水蒸气，将物质从火山中炸出来，这个过程就是1980年圣海伦斯火山爆发的原因。但是木卫一是干燥的，相反，它的火山似乎是由溶解在岩浆中的二氧化硫驱动的，当岩浆上的压力被释放时，

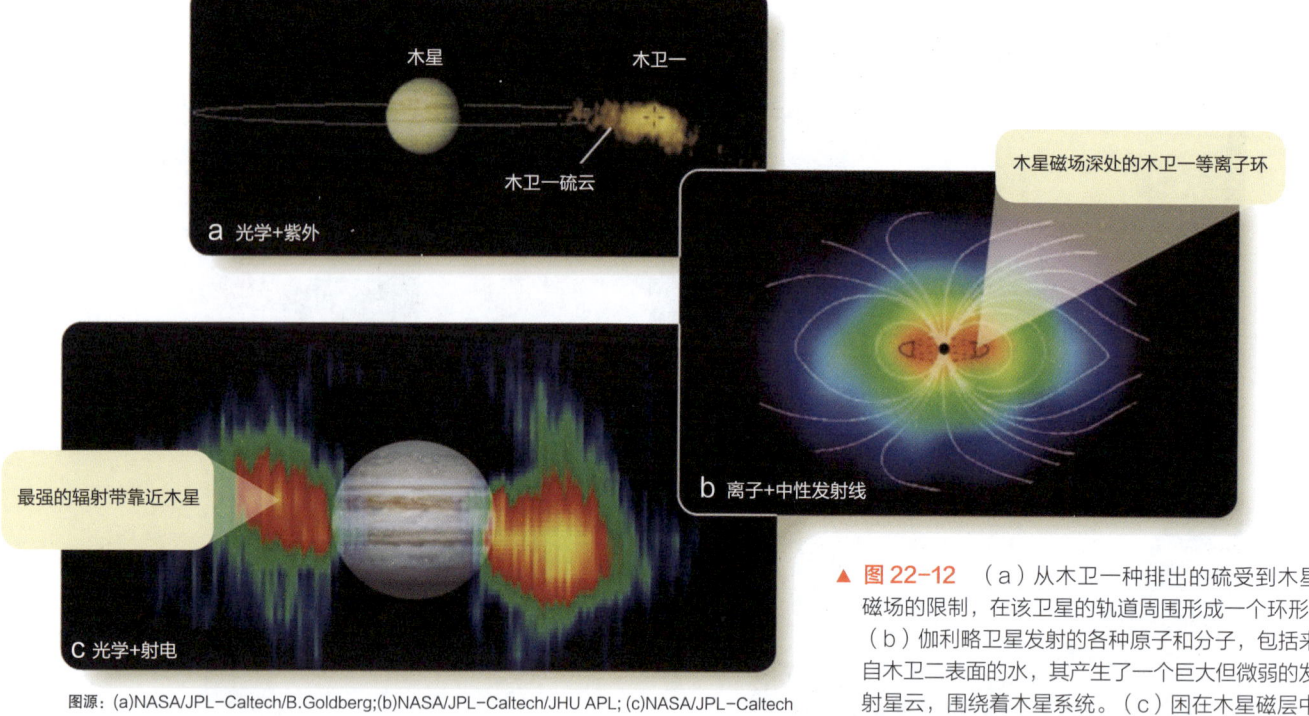

▲ 图22-12 （a）从木卫一种排出的硫受到木星磁场的限制，在该卫星的轨道周围形成一个环形。（b）伽利略卫星发射的各种原子和分子，包括来自木卫二表面的水，其产生了一个巨大但微弱的发射星云，围绕着木星系统。（c）困在木星磁层中的带电粒子形成环绕木星的辐射带，磁赤道相对于木星的旋转赤道倾斜了大约10度

二氧化硫从溶液中沸腾出来，以羽流的形式将气体和火山灰喷射到地表上方数百千米的高度，然后灰烬回落到地表，在火山周围产生碎屑层，如图22-11b中比利山周围的碎片，表面上的白色区域是二氧化硫的冰霜。

人们可以探测到巨大的熔岩流携带熔融物质流淌下山，将地表埋在一层又一层熔岩之下，有时熔岩通过断层向上迸发，形成长长的熔岩幕，这是火山在夏威夷的一种喷发形式，这两种过程都展示在图22-11c中。

什么是木卫一的动力？它有丰富的内部热量，但是只比月球大了5%，而月球却冰冷又死气沉沉。木卫一太小了，无法保留其形成时的热量，也无法从放射性衰变中维持热量，事实上，从它表面的火山中喷发出来的能量加起来比其内部放射性衰变产生的能量多3倍左右。

答案是，强烈的潮汐加热，这种潮汐加热已经影响到了木卫三和木卫二，由于木卫一距离木星很近，它所经历的潮汐作用是强大的，应该在很久以前就使木卫一的轨道变成圆形。然而，木卫一受到其邻近木星的强烈影响，木卫一、木卫二和木卫三锁定在一个轨道共振中，在木卫三绕行一次的时间里，木卫二绕行两次，木卫一绕行四次，引力作用使其轨道（尤其木卫一）保持较小的偏心率，同时最靠近木星的木卫一有着最强烈的潮汐作用，使其表面起落约100米（超过300英尺）。相比之下，地球上的潮汐作用只能让坚实的地面移动几厘米。在木卫一中产生的摩擦足以融化其内部并推动火山活动，事实上，有足够的能量向外流动，使木卫一的地壳不断循环：地壳深层熔化，通过火山喷发，岩浆覆盖在表面上，然后本身又被掩埋，直到被埋得很深，然后再次熔化。

4颗伽利略卫星显示出一种明显的顺序，即越靠近木星，潮汐加热越多。较远卫星的地质结构以碰撞为主，而较近的卫星则以内部的热流为主，很少有陨击。几十万英里的差别是多么大啊！

22-3e 伽利略卫星的历史

现在你已经学习了一个由4颗小卫星组成的系统，你能讲述它们的故事吗？要做到这一点，你需要利用你所学到的这些有关卫星的知识，以及关于木星和太阳系起源的知识（请回顾第18-3节）。

木星的其他不规则的卫星可能是其捕获的小行星，但规则的伽利略卫星看起来是原始的，也就是说，它们与木星是一起形成的。此外，它们似乎是相互关联的，它们的密度随着与木星距离的增大而减少（见表22-2）。

表 22-2　伽利略卫星*

卫星名称	半径（km）	密度（g/cm³）	公转周期（天）
木卫一	1820	3.5	1.77
木卫二	1560	3.0	3.55
木卫三	2630	1.9	7.15
木卫四	2410	1.8	16.69

*作为对比，月球的半径是1740 km，密度为3.3 g/cm³。

根据所有的证据，天文学家假设这 4 颗卫星是在木星周围的盘状星云，即一个小型的太阳星云中形成的，与行星从太阳周围的太阳星云中形成的方式差不多。随着木星质量的增长，它将在其赤道周围形成一个高温、致密的物质盘，卫星可能在这个圆盘内凝结，最里面的卫星木卫一和木卫二由岩石物质形成，而外面的卫星木卫三和木卫四则含有更多的冰。这一假设遵循了相同的凝结顺序，即岩石行星在太阳附近形成，而富含冰的行星在离太阳更远的地方形成。

关于这一假说也存在反对意见。木星周围的盘致密且热，卫星会迅速形成，也许只需要 1000 年，如果这些卫星迅速形成，那么物质落入卫星时释放出的形成热就不会迅速泄漏，卫星会变得非常热，从而失去水分，而木卫四和木卫三都含有丰富的水。此外，木卫四从来没有温度高到可以分化和形成一个核球。另外，数学模型显示，在致密盘中运行的卫星会扫除碎屑，失去轨道动量，并在一个世纪内以螺旋的方式进入木星。

一个较新的假说提出，木星早期的盘确实很致密、很热，可能产生了卫星，但这些卫星已经以螺旋方式进入木星并消失了，后来随着木星盘越来越薄，越来越冷，伽利略卫星才开始形成。可能有额外的物质慢慢地滴入圆盘，而这些卫星形成得很慢，足以保留它们的水，避免旋入木星。在这种情况下，许多大卫星可能已经在木星周围形成，因此，你现在观察到的伽利略卫星只会是最后一批卫星，它们是在木星周围的物质盘变得足够薄时形成的，它们不会落入木星并消失。你已经在第 18-4 节中了解到，同样的迁移和毁灭过程在更大的范围内可能适用于在太阳系外行星系统中行星形成。

你可以将这一假说与你学习到的潮汐加热结合起来，以了解卫星的内部情况。卫星形成的速度相对较慢，可能超过 10 万年，并且没有因坠入的物质而加热。然而，内部的卫星却因潮汐加热而受到影响，当木卫三、木卫二和木卫一之间形成轨道共振时，潮汐加热可能会加强。最里面的卫星木卫一被加热得很厉害，已经失去了所有的水；木卫二只保留了少量的水；木卫三被加热到分化，但保留了大部分的水；木卫四在远离木星的轨道上运行，避免了轨道共振从未被加热到足以分化。如今的伽利略卫星看起来是在热星云中缓慢形成和潮汐加热相结合的结果。

木星的卫星系统充满了关于太阳系历史的线索，而且，事实证明，木星的卫星和星环之间存在着错综复杂的密切关系。

22-3f　木星环

几个世纪以来，天文学家只知道土星有星环，但直到 1979 年"旅行者 1 号"飞船传回木星的照片，木星环才被发现，这一发现很快被复杂的地面测量证实。木星环的亮度不到土星环的 1%。木星周围幽灵般的环是一个谜，它们是由什么构成的？为什么它们会在那里？一些简单的观察将帮助你解决其中的一些难题。

你将在下一节中了解到，土星环是由明亮的冰块构成的，但木星环中的颗粒非常暗淡，呈红色，这就是星环由岩石构成而非冰的证据，你也可以得出结论，环的颗粒大多是微观的。当从后面照射时，木星环在照片上非常明亮（见图 22-13），换句话说，它们正在向前散射光线，当颗粒的直径与光的波长大致相同（大约为 1 米的百万分之一）时，就会发生有效的前向散射。大颗粒不会向前散射光线，所以当从后面照亮一个充满篮球大小颗粒的环时，它会看起来很暗。前向散射表明，木星环主要是由与烟雾中的颗粒大小差不多的粒子组成的。

更大的颗粒并没有被完全排除，从碎石到巨石这种稀疏的岩石成分都是有可能的，但直径尺寸大于 1km 的物体会被航天器拍摄的图片探测到，绝大多数的环状颗粒一定是微小的尘埃。

环状颗粒的大小是其来源的一个线索，它们所处的位置亦是如此。它们在洛希极限内运行，洛希极限指的是卫星不能依靠自己的重力维持自身时，卫星与行星之间的距离。如果　颗卫星的轨道离它的行星相对较远，那么卫星的引力将远远大于由行星引起的潮汐力，卫星便可以维持自身。然而当行星的卫星进入洛希极限，那么潮汐力便可以克服其引力，将卫星解离。国际空间站可以在地球的洛希极限内运行，因为它是通过焊接和螺栓连接在一起的，如果一块大石头足够坚固，它也可以在洛希极限内维持自身而不破裂。然而，卫星是由独立的岩石和颗粒组成的，在相互的引力作用下，松散地固

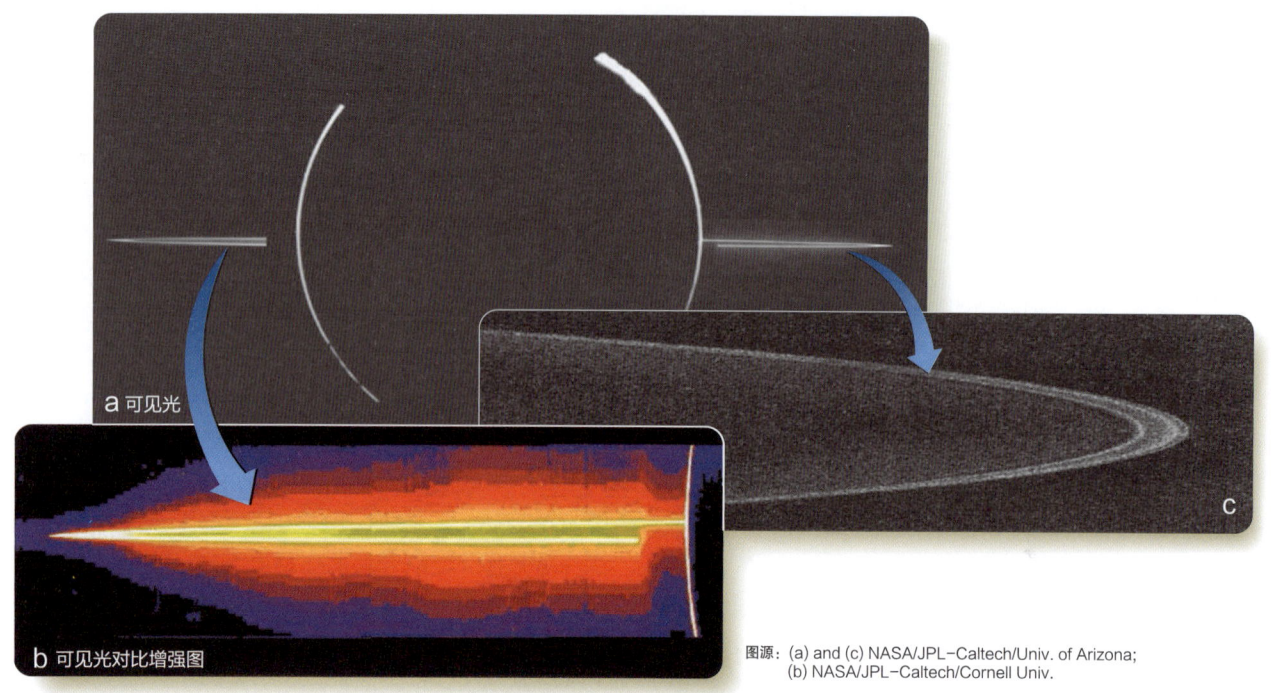

▲ 图22-13 （a）"伽利略号"航天器在木星阴影下拍摄的这张光学波段的图像显示出，木星的主环从后面被照亮，发出明亮的光芒。（b）数字增强和假彩图展现出延伸至主环上下的环状粒子光环，该光环在子图（a）中刚好可见。（c）环的密度随与行星的距离变化，可能是由木星内部卫星的引力影响造成的

定在一起，所以它无法在行星的洛希极限内生存，潮汐力会摧毁这样一颗卫星。

如果一颗行星和它的卫星具有相同的平均密度，那么洛希极限就在行星半径的2.44倍处。木星的主环的外半径为1.8木星半径（13万千米），因此其位于木星的洛希极限之内。同样地，土星、天王星和海王星的环也位于这些行星各自的洛希极限内。

现在你可以理解木星环中的尘埃了，如果洛希极限内较大岩石上的尘埃块被撞散，岩石的引力就无法维持该尘埃块，因洛希极限内的潮汐力，数十亿不能把自己拉在一起的尘埃块组成了一个更大的天体——卫星。

你还可以确定，环颗粒并不年老，光压和木星强大的磁场改变了粒子的轨道，它们逐渐以螺旋的方式进入行星。图像显示，暗弱的环物质在朝着木星的云顶延伸，这明显是尘埃颗粒在向内螺旋移动。尘埃也会从环中流失，因为电磁效应使粒子离开环面，在环的上方和下方形成一个低密度的光环（见图22-13b）。然而，环颗粒不可能是年老的另一个原因是，木星周围的强烈辐射可以在一个世纪左右的时间内把尘埃块磨得一干二净。基于上述原因，如今观测到的环的组成成分不可能是自木星形成以来一直都存在的小颗粒。

木星环显然不断地有新物质补充，尘埃颗粒可以是环内部被削掉的岩石块，其尺寸从砾石到巨石，在环外缘附近运行的小卫星在受到陨石撞击时损失粒子。"伽利略号"航天器的观测表明，木星环主环外缘的密度最大，小卫星木卫十五（Adrastea）就在那里运行，而另一颗小卫星木卫十六（Metis）则在环内运行。这些卫星一定有强大的结构，以承受木星的潮汐力。"旅行者号"和"伽利略号"探测器拍摄的图像还显示出更暗的环，薄纱环（gossamer rings），从行星上延伸的距离是主环的两倍，薄纱环在两颗小卫星木卫五（Amalthea）和木卫十四（Thebe）的轨道上最为密集，更多的证据表明，环颗粒因卫星上的撞击而被冲击进入太空。

除了为星环提供颗粒外，卫星还有助于限制星环颗粒，防止它们向外扩散。在本章后半部分研究土星环的时候，你会发现这是行星环的一个重要过程。

对木星的探究表明，它不仅是一颗大行星，还是整个天体系统的引力中心和磁力中心。在下一节中，你将研究土星，它是另一个大型天体系统的统治者。

践行科学

什么为木卫一提供内部热量？ 木卫一不应该有大量的内部热量，但很明显它其实有大量的内部能量。实践科学特别有趣的一部分在于为意想不到的现象寻找解答。

在这种情况下，你会明白，小天体很快就会失去其内部热量，并在地质方面变得不活跃，木卫一只比月球稍大，而月球是寒冷又死气沉沉的，但是木卫一充满了向外流动的能量。木卫一内部显然一定有一个强大的热源，这个热源就是潮汐力。木卫一的轨道有一点呈椭圆形状，所以它有时离木星近，有时离木星远，这意味着木星强大的引力有时会比其他时候更多地挤压木卫一，而卫星内部的弯曲通过摩擦产生热量，这样潮汐作用会迅速迫使木卫一的轨道变成圆形，然后潮汐加热就会结束，这个星球就会变得不活跃，除非有其他卫星的引力牵引使木卫一的轨道保持椭圆。因此，是其他天体的影响使木卫一处于如此活跃的状态。

请继续通过使用比较行星学探索木星的卫星，木卫一几乎没有陨击坑，但木卫四有很多。**这 4 颗伽利略卫星上陨击坑分布的差异会告诉你它们分别有着怎样的历史呢？**

22-4 土星

自从伽利略在 1610 年首次看到土星环以来，土星就一直作为土星环的配角，当时伽利略并不知道这个环是什么，但如今土星环作为太阳系的奇迹之一可以被人们一眼认出。然而，土星的直径还不到地球的 10 倍（天体简介：土星），它是一颗迷人的行星，它本身也有一些神秘之处。你可以利用在木星学习到的知识来探索土星及土星环。

22-4a 探索土星

土星的基本特征揭示了它的组成和内部结构，土星的质量只有木星的 1/3，直径比木星小 15%，它的平均密度只有 0.7 g/cm³，比水的密度还小，可以漂浮。光谱显示，它的大气富含氢和氦（见表 22-1），模型预测其主要是液态氢，有一个重元素核球。

22-4b 土星的内部和磁场

红外波段的观测表明，土星辐射的能量是它从太阳接收能量的 1.8 倍，这说明有热量正从其内部流出，土星内部一定非常热，木星也是如此。事实上，土星的内部过于热了，自从形成以来，它应该失去了更多的热量。天文学家计算出的模型表明，液态氢内部的氦正在凝结成液滴并向内坠落，下降的液滴在加速时释放出能量，加热行星，这种加热类似于恒星收缩时产生的热量，从某种程度而言，也可以发生在木星、天王星和海王星的大气中。

就像木星一样，你可以从土星的磁场中了解更多关于土星内部的情况。航天器发现，土星的磁场是木星的 1/20 左右，它也有相对较弱的辐射带。通过将土星模型与木星模型比较，可以预测，土星内部的压力较低，产生液态金属氢的质量较小，向外流动的热量在这个导电层中产生对流，其快速自转激发了产生磁场的发电机效应。与大多数磁场不同的是，土星的磁场并不倾斜于它的自转轴，这一点你可以从紫外波段的图像中看到，图像展现出土星两极附近极光环（见图 22-14）。土星磁轴和自转轴之间的这种完美排列是很奇特的，在任何其他行星上都观测不到，也没有人能理解其原因。

图源：NASA/ESA/STScI/AURA/NSF/Z. Levay and J. Clarke

▲ 图 22-14 土星上的极光以环状出现在土星的磁极周围，并逐日变化。由于磁场不倾斜于自转轴，极光环近似出现在土星的几何两极（与关于木星的图 22-4 相比）

22-4c 土星的大气

与木星的大气相似，土星的大气也富含氢，并呈现出带区环流，其产生方式似乎与木星的环流模式相同。浅色带是由上升的气体形成的较高的云层，而深色带是由下沉的气体形成的较低的云层。

然而请注意，土星上的亮区和暗带没有木星上那么明显（见图 22-15a），"旅行者号"和"卡西尼号"航天器的测量结果表明，土星的大气要比木星冷得多，这符合预期，因为土星离太阳的距离是木星的两倍，所以土星每平方米接收的太阳能量只有木星的 1/4。土星上云层形成的温度与木星上的大致相同，但在土星寒冷的大气中温度会更低，将图 22-15b 中的云层与"概念艺术·木星的大气"中图 2 的云层进行比较，因为它们在大气的深处，所以从你的视角看出去，云层比较暗淡，由甲烷晶体形成的高层雾气使云层更加模糊不清，考虑到土星更冷的事实，木星和土星的大气就非常相似。

木星和土星之间的一个显著区别就是风，在木星上，风形成了每个亮区和暗带的边界，但在土星上就不一样了。土星的风较少，却很强，例如，土星赤道上朝东吹的风的速度为 500 米 / 秒（1100 英里 / 时），大约是木星赤道上东向风速的 5 倍，相比之下地球上强飓风的风速只有 200 英里 / 时，造成这种差异的原因目前还不清楚。

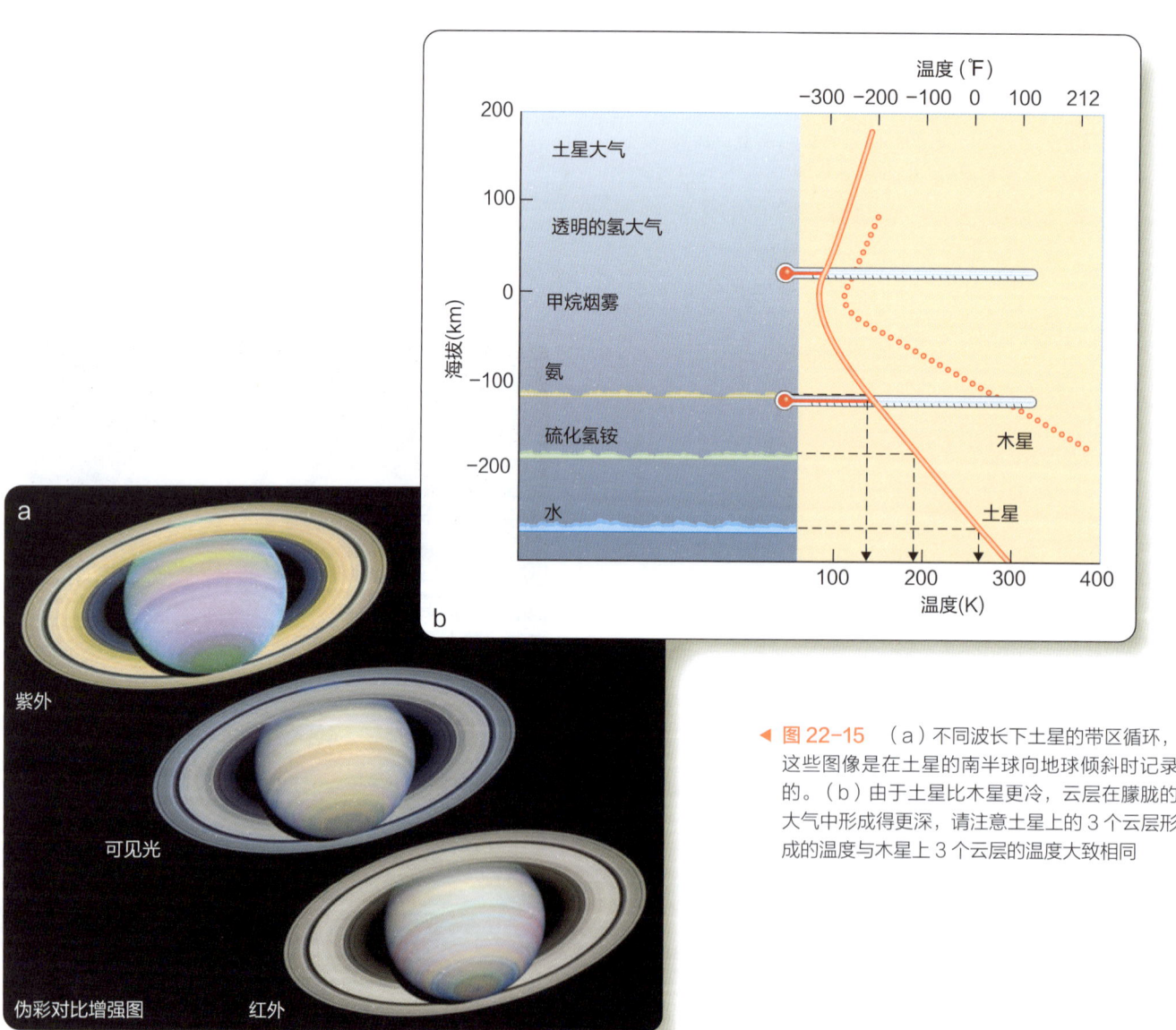

◀ 图 22-15 （a）不同波长下土星的带区循环，这些图像是在土星的南半球向地球倾斜时记录的。（b）由于土星比木星更冷，云层在朦胧的大气中形成得更深，请注意土星上的 3 个云层形成的温度与木星上 3 个云层的温度大致相同

图源：NASA/ESA/STScI/AURA/NSF/E. Karkoschka (Univ. of Arizona)

践行科学

为什么土星上的暗带和亮区看起来比木星暗很多？科学家和普通人可用的最有力的批判性思维工具之一是简单的比较和对比。

在木星的大气中，暗带形成于气体下沉的区域，而亮区形成于气体上升的区域。上升的气体冷却并凝结成氨的冰晶，这些冰晶作为明亮的云可以被人们看到，硫化氢铵和水的云层在氨云层下面更深的地方形成，所以看起来不那么明显。

土星离太阳的距离是木星的两倍，所以接收到的阳光要比木星暗淡四倍，其大气更冷，气流不用上升得太高就可以抵达冷的大气并形成云，这意味着土星的云层比木星大气中的云层更深，所以在阳光的照射下没那么明亮，而看起来暗淡。另外，在土星氨云的高处有一层甲烷冰晶体的雾气，而在木星上没有，这层雾气使云层看起来更加不明显。

现在，对这两颗行星的内部进行比较和对比。土星的磁场与木星的磁场有什么相似和不同之处？

22-5　土星的卫星和星环

土星有60多颗能绘制出轨道图的卫星，数量太多了，我们无法逐一检查，但这些卫星都是冰冷的星球，大多数很小，而且是死的，其中有一颗很大，有大气，甚至也有海洋或者湖泊，但里面不是水。

22-5a　土卫六

土星最大的卫星是一颗巨大的冰卫星，拥有厚重的大气和神秘的表面，从地球上看，它只是一个光点，没有可见的细节。然而，一些基本的观测可以让你了解这个奇怪星球的许多情况。

土卫六的质量可以通过其对经过的航天器和其他卫星的影响来估计，质量除以它的体积，得出它的密度是1.9 g/cm^3，这意味着它是岩石和冰的混合物，岩石与冰的含量比例大概是60∶40。虽然它的核心一定是岩石，但它的地幔和地壳中含有大量的冰。

土卫六比水星大一点，几乎和木星的卫星木卫三一样大，但与这些星球不同，土卫六有一个厚厚的大气层，它的逃逸速度很低，但是因为它离太阳太远，所以非常寒冷，大多数气体分子的运动速度不足以逃逸（请回顾图21-11，土卫六的数据点在左下方）。土卫六的大气中大部分是氮气，大约有1.6%的甲烷，地球的观测以及"卡西尼号"航天器和"惠更斯"空间探测器都探测到各种比甲烷更复杂的有机化合物，如乙炔、丙烷和氰化氢。（请注意，尽管有机分子在地球上的生物中很常见，但它们不一定来自生物，一位化学家将有机分子定义为"任何含有碳骨架的分子"。）

当"旅行者1号"和"旅行者2号"航天器在20世纪80年代早期飞过土星时，它们的相机无法穿透土卫六的朦胧大气（见图22-16a），测量结果表明，土卫六表面平均温度为94 K（-290°F），表面大气压力比地球上高50%。模型计算表明，在土卫六的条件下，甲烷可以从大气中凝结，并以雨的形式落下，因此行星科学家假设，土卫六应该有河流、湖泊，可能还有海洋，"水"体中含有甲烷。

阳光将甲烷（CH_4）转化为气体乙烷（C_2H_6）和其他有机分子的集合，其中一些分子产生了类似烟的雾气，烟雾粒子逐渐沉淀，可能会在表面沉积有气味的有机黏液，这种黏液很重要，因为类似的有机分子可能是地球上生命的先驱，你将在后面的章节中进一步研究这个想法。

"卡西尼号"航天器在2004年开始探索土星及其卫星，上面的红外相机和雷达仪器，已经可以穿透朦胧的大气。土卫六的表面包含不规则的冰高地以及较为平滑的黑暗低地，只有少量的陨击坑，这表明在陨击坑刚形成的时候，地质活动就将它们抹去了。

"卡西尼号"航天器释放了"惠更斯"空间探测器，该探测器穿过土卫六的大气，最终降落在其表面。"惠更斯"在其降落伞下降时，用射电传回了土卫六表面的图像，图像显示出深色的排水网络，这些排水网络通向黑暗、光滑的区域（见图22-16b）。表面看起来像液体的黑暗区域，实际上是干燥的，或者大部分是干燥的，降水可能将高原上的黑色黏稠物冲到了河道和低地，所以尽管液体暂时蒸发了，但它们看起来光滑且黑暗。如果你探访土卫六，可能会被甲烷雨淋到，但在你的着陆点可能不会经常下雨。

当"惠更斯"空间探测器降落在土卫六冰冷的表面时，它用射电传回了测量结果和图像，其表面主要是冰冻的水冰，其中混有一些甲烷。阳光是橙色的，因为它已经通过橙色雾气的过滤。地面上的岩石实际上是被侵蚀磨平的钢铁般坚硬的大块超冷水冰，有些石头停留在

第四部分　太阳系　475

▶ 图 22-16 （a）"惠更斯"空间探测器穿过土卫六朦胧的大气，（b）它从 8 千米（5 英里）的高度拍摄了地表，虽然没有呈现液体，但有通向低处的深色排水通道。（c）探测器降落在表面，通过射电传回的图像显示出因流动的液体而变得平滑的平原和大冰块。（d）"卡西尼号"航天器的雷达图像显示出两极周围有充满液态甲烷和乙烷的湖泊

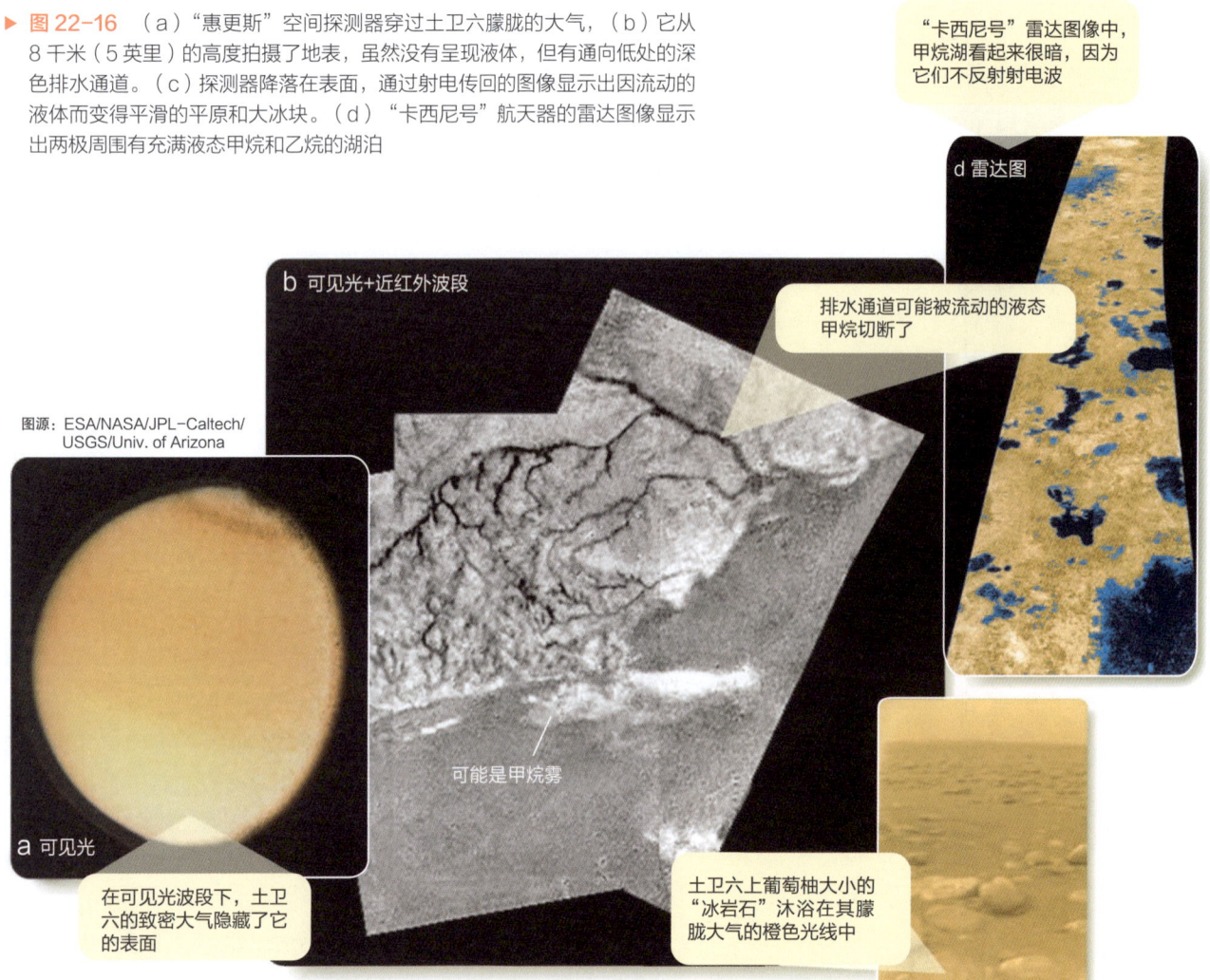

小的凹陷处，表明有液体在它们周围流过，你可以在图 22-16c 中看到岩石周围的这些凹陷。

多次经过土卫六的"卡西尼号"探测器的雷达观测表明，土卫六的两极地区有液态甲烷湖，这证实了先前关于表面状况的假设（见图 22-16d）。其中一些湖泊和苏必利尔湖一样大，湖泊的蒸发可以维持大气中 1.4% 的甲烷气体，但阳光最终会破坏甲烷，所以土卫六必须有大量的甲烷冰供应。行星科学家推测，土卫六上的冰火山可能偶尔会向大气中排放甲烷。

顺便说一句，在你去土卫六之前，请检查你的宇航服是否有泄漏，氮气不是一种活性气体，但甲烷在地球上可以用于烹饪，而且高度易燃。当然，土卫六上也没有可以呼吸的氧气，所以只要你的宇航服不漏氧，你就是安全的。

22-5b 土星更小的卫星

除了土卫六之外，土星还有一大批小卫星，它们是岩石和冰的混合物，而且有严重的陨击坑。一些最小的卫星可能是被捕获的天体，在地质上已经死亡，但是一些较大的卫星有地质活动的痕迹，你可以在图 22-17 中比较其中几颗卫星的大小。

土卫九位于土星卫星家族的外部，逆向运动，也就是说，它的轨道是向后的。土卫九相当小，直径只有大约 210 千米（130 英里），它却是土星不规则卫星中最大的。土卫九的表面是黑暗的，反照率只有 6%，而且有严重的陨击坑（见图 22-18a），在因撞击而较深地层被挖出或者因滑坡而暴露出新鲜物质的地方，可以检测到冰的痕迹。土卫九的密度是 1.6 g/cm^3，这足以表明它含有大量的岩石。土卫九似乎不太可能来自小行星

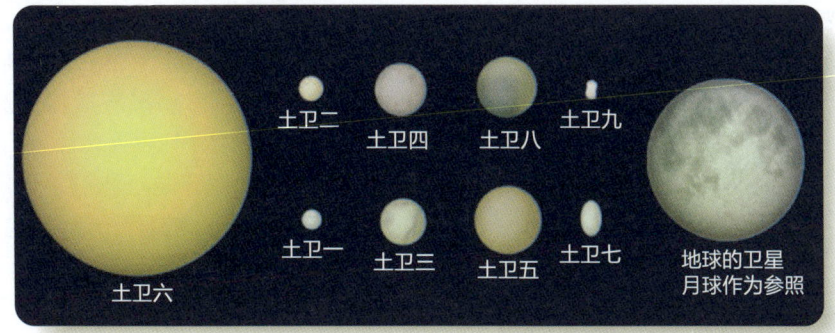

◀ 图 22-17 土星的几颗卫星与右边月球的比较。一般而言，较大的卫星是球形的，更有可能显示出地质活动的迹象，像土卫九（Phoebe）和土卫七（Hyperion）这样的小卫星则是坑坑洼洼的，它们没有足够的引力来克服自身物质的强度，不能把自身挤压成球形

图源：NASA

带，因为在那里冰相对罕见，它更有可能是一个被捕获的柯伊伯带天体，它原本在海王星以外的轨道上。

其他常规的卫星，如直径为 1060 千米（660 英里）的土卫三（Tethys），是冰冷且坑坑洼洼的，但它们显示出地质活动的迹象。土卫三上的一些光滑区域似乎是由流动的水"熔岩"重新铺设的，而长长的裂缝和沟槽可能是地质活动将冰壳层拉紧时形成的（见图 22-18b）。与土卫九不同，土卫三可能是与土星一起形成的。

由于土卫二（Enceladus）的直径只有 500 千米（310 英里），这颗卫星预期不会显示出地质活动的迹象，但其确实显示出了地质活动。土卫二的反照率为 0.99，也就是说，它可以反射 99% 的阳光，这一特性使它成为太阳系中反照率最高的物体。你已经了解到，旧的冰表面会变得黑暗，所以土卫二的表面一定是相当年轻的，当你仔细观察土卫二的表面，你会发现有些区域几乎没有陨击坑，而且沟槽和裂缝也很常见（见图 22-19a）。"卡西尼号"航天器的观测结果表明，土卫二有一个由水蒸气和氮气组成的脆弱大气，但它太小了，无法保持这样的大气，所以它必须不断释放气体。

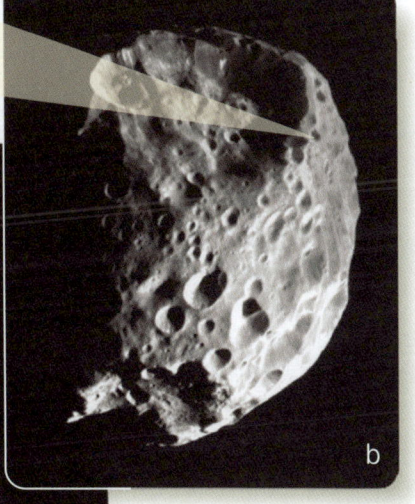

图源：NASA/JPL-Caltech/SSI

▲ 图 22-18 土星卫星土卫三和土卫九的表面都有古老的陨击坑，但它们有一些有趣的不同之处。（a）土卫三的表面有光滑的区域和长长的裂缝，表明它一直在活动。（b）土卫九可能是一个被捕获的柯伊伯带天体，而土卫三可能是与土星一起形成的

图源：NASA/JPL-Caltech/SSI

第四部分　太阳系　477

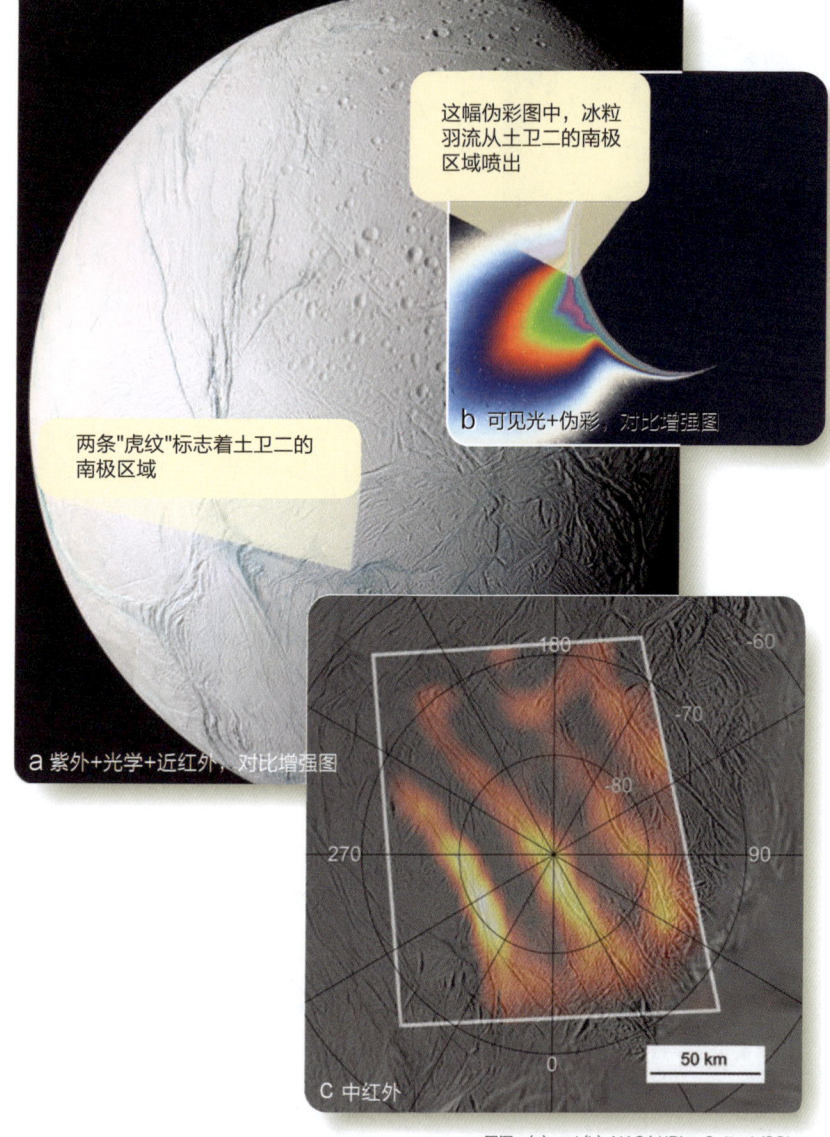

这幅伪彩图中，冰粒羽流从土卫二的南极区域喷出

b 可见光+伪彩，对比增强图

两条"虎纹"标志着土卫二的南极区域

a 紫外+光学+近红外，对比增强图

c 中红外

图源：(a) and (b)：NASA/JPL- Caltech/SSI；(c)：NASA/ESA/JPL- Caltech

▲ 图22-19 （a）土卫二明亮、干净的冰表面看起来并不古老，一些地区几乎没有陨石坑，大量的裂缝和沟壑纵横的地形类似于木星的卫星木卫三的表面。（b）土卫二正在从其南极附近的间歇泉中喷出水、冰和有机分子。（c）红外热图显示出，热量从间歇泉所在的"虎纹"裂缝中向太空泄漏

"卡西尼号"探测到该卫星南极上空有一大片水蒸气云，水从裂缝中喷出，并产生冰晶喷流，滴落到卫星表面延伸数百千米以上（见图22-19b）。"卡西尼号"拍摄的红外图像显示，大量的热量通过排水的裂缝逃逸到太空（见图22-19c）。

土卫二冰壳层下存在液态水的可能性，使那些寻找其他星球生命的科学家感到兴奋，你将在本书的最后一章中看到更多关于这种可能性的内容。然而，还需要很长一段时间才有可能让探险家们穿过地壳，来分析水下

的生命极限。

当然，你会好奇像土卫二这样小的卫星怎么会有热量从其内部流出来，因其密度为 1.6 g/cm³，土卫二一定有一个明显的岩石核心，但是放射性衰变不足以使其保持活性。其中一个原因就在这个卫星的轨道上，土卫二围绕土星运行，与较大的卫星土卫四（Dione）发生共振，每当土卫四绕着土星运行一次，土卫二就绕着土星运行两次，这意味着土卫四对土卫二的引力牵引总是发生在相同的地方，并使小卫星土卫二的轨道略微偏心。当土卫二沿着偏心轨道绕着土星运行时，潮汐力使其弯曲，潮汐加热使其内部变暖。你已经学习到了共振和潮汐加热是如何使木星的一些卫星保持活跃的，现在你可以把土卫二加入这个名单中。

"旅行者号"航天器发现了被困在土卫四和土卫三轨道L4和L5拉格朗日点上的小卫星（请回顾恒星演化部分图13-6有关拉格朗日点的图示），这两个点稳定地位于两颗卫星前方60度和后方60度，小卫星可能会被困在这些区域中。（你将在后一章中学习到，一些小行星被困在木星绕转太阳轨道和海王星绕转太阳轨道的拉格朗日点上。）因此，这种引力并不是土星系统所独有的。

土星有太多的卫星，我们无法详细了解，但你至少应该再认识一个，那就是土卫八（Iapetus，发音为ee-YAP-eh-tus）。从字面上看，它是一个古怪的球体。土卫八是一个不对称的卫星，它的后侧，也就是在绕土星运行时总是朝后的那一侧，是古老、坑洼且冰冷的，而且像雪一样明亮；它的前侧，也就是在其轨道上始终朝前的那一侧，也是古老且坑洼的，但它比你想象的要暗得多，它的反照率只有4%，约和高速公路上的新沥青一样黑（见图22-20），这种黑暗物质的来源尚不清楚，但理论家们怀疑，这颗小卫星的前侧扫到了黑暗的、富含硅和碳的物质。覆盖在土卫八前侧的物质来源可能是陨石撞击并侵蚀了最外层卫

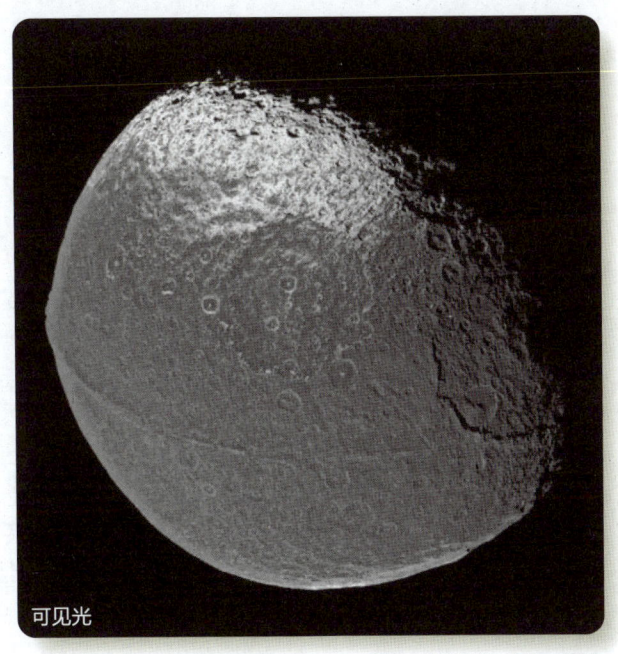

▲ 图22-20 就像一辆飞驰的汽车的挡风玻璃一样，土星卫星土卫八的前侧似乎积累了一层黑色物质，卫星的两极和尾部的冰层要干净得多。赤道山脊宽20千米（12英里），高13千米（8英里），沿着卫星赤道延伸了大约1300千米（800英里）

图源：NASA/JPL-Caltech/SSI

星土卫九的碳质表面，并将产生的尘埃抛入太空，最终被土卫八携带走。

在"卡西尼号"拍摄的图像中，显示出土卫八的另一个奇怪特征——在某些地方高达13千米（8英里）的赤道山脊，你可以在图22-20中清楚地看到这条山脊。这条山脊的起源尚不清楚，但它不是一个次要特征，它比珠穆朗玛峰高50%以上，而且在地表延伸了很长一段距离，是一大堆岩石和冰。这条山脊位于一个赤道隆起之上，山脊和隆起都可能是在土卫八早年快速旋转且大体处于熔融态时形成的。

土星的卫星说明了比较行星学的一些原则，小卫星的形状是不规则的，旧的地表有严重的陨击坑，旧的冰面是黑暗的。共振可以激发潮汐加热，而这又可以重塑卫星表面，并排出大气。小卫星不能维持大气，但大且冷的卫星可以。你已经是这些方面的专家了，所以你已经准备了解这些卫星是从何而来的了。

22-5c 土星卫星的起源

木星的4颗伽利略卫星似乎彼此之间有明确的联系，你可以有把握地得出结论，它们是与木星一起形成的。但没有这样简单的关系能将土星的卫星联系起来，这似乎表明，与木星不同，在土星系统形成的过程中，没有足够的热源使其规则卫星的密度遵循凝结顺序。行星科学家们同时怀疑，规则卫星因彗星的撞击而断裂严重，因而不再显示出共同起源的证据。了解土星卫星的起源也很困难，因为这些卫星之间存在引力的相互作用，因此它们现在所处的轨道可能与它们早期的轨道有很大不同。

土星卫星复杂的轨道关系和明显的强烈撞击表明，这些卫星在过去曾与彼此、彗星和大的星子有过相互作用，可能也有过碰撞。尽管如此，天文学家还是会假设土星的大部分或全部规则卫星是与行星一起形成的，而不规则卫星则是被捕获的，就像木星的卫星那样。当你继续探索外太阳系时，你要对更多这种小的冰星球的存在保持警惕。

22-5d 土星的星环

土星环美丽且复杂，一位天文学家曾说"土星环是由美丽的物理学构成的"，你可以补充说，物理学实际上相当简单，但其中一个结果就是我们太阳系中最令人惊叹的景象。

1610年，伽利略成为第一个看到土星环的人，但也许是因为他的望远镜的光学效果不好，他没有认识到土星环是一个圆盘，他把土星画成了3个物体——一个中心体和其两侧两个较小的物体。1659年，克里斯蒂安·惠更斯（Christiaan Huygens，2005年的土卫六探测器就是以他的名字命名的）意识到，星环形成了一个围绕但不接触行星的圆盘。

了解土星环始终需要人类的智慧，1859年，詹姆斯·克拉克·麦克斯韦（James Clerk Maxwell，金星上的大山就是以他的名字命名的）从数学上证明，固体环是不稳定的，他认为，土星环必定是由分离的粒子构成的。1867年，丹尼尔·柯克伍德（Daniel Kirkwood）证明了星环中的空隙是由与土星一些卫星的共振引起的。星环的光谱最终表明，这些颗粒大部分是水冰。

学习"概念艺术·土星的冰环"，要注意3个要点和1个新术语：

1. 冰环是由数十亿的冰粒子组成的，每个粒子都在自己的轨道上围绕着行星运行，但是，就像木星的星环一样，现在在土星星环中观测到的颗粒不可能在行星形成后就一直存在，土星环必须时不时地通过对土星冰冷卫星进行撞击，或者通过破坏一个过于靠近行星的小卫星来进行补充。

2. 被称为"牧羊犬卫星"的小卫星的引力作用可以

第四部分 太阳系 479

土星的冰环

 土星辉煌的星环是由数十亿的冰粒子组成的,颗粒大小从微小的斑点到比房子还大的块状物,每个粒子都在自己的圆形轨道上围绕土星运行。行星科学家从飞过土星的"旅行者1号"和"旅行者2号",以及"卡西尼号"轨道飞行器传回的信息中,了解到大部分关于星环的信息。从地球上,天文学家看到3个环,分别标为A、B和C,"旅行者号"和"卡西尼号"拍摄的图像能够显示环内的1000多个小环。

土星环不可能是土星形成时的遗留物质,因为星环是由冰粒组成的,而这颗行星在形成的时候会产生大量热量,因此会汽化并驱散冰质材料。相反,星环一定是土星的冰冷卫星与路过的彗星或小行星之间碰撞产生的碎片,据估计,足以使冰块散落到整个土星系统的撞击每1亿年左右就会发生一次,这些冰会迅速沉淀到土星的赤道面,有些则会被困在环中。

尽管由于陨石撞击和土星磁层辐射的破坏,冰会被消耗掉,但新的撞击可以为星环补充新鲜的冰。你现在看到的明亮、美丽的星环可能只是恐龙灭绝后发生的一次撞击而形成的暂时性增强。

恩克环缝

卡西尼环缝

A环

B环

C环

就像木星环一样,土星环位于行星的洛希极限内,在那个位置环颗粒不能自己聚焦在一起形成一颗行星。

由于C环非常黑暗,曾被称为绉纱环(crepe ring)。

等比例下的地球

1a 宇航员可以游过这些环,虽然粒子以高速绕转土星运行,但与行星有相同距离的粒子都以差不多的速度运行,所以它们以较低的相对速度轻轻碰撞。如果你能登上星环,你可以通过推一个冰粒子而移动到另一个冰粒子。这幅作品是基于A环中颗粒尺寸创作的模型。

C环包含巨石大小的冰块,而A环和B环中的大多数颗粒更像是高尔夫球,也有小到灰尘大小的冰晶。此外,C环颗粒的亮度还不到A环和B环颗粒的一半,"卡西尼号"的观测显示,C环的颗粒含有较少的冰和较多的矿物质。

可见光

由于环状颗粒之间的碰撞，行星环应该向外扩散，A环尖锐的外缘和狭窄的F环被"牧羊犬卫星(shepherd satellites)"所限制，"牧羊犬卫星"在重力作用下将游离的颗粒带回环内。

环中的一些空隙，如卡西尼环缝，是由与卫星的共振造成的，土卫一(Mimas)绕转土星一周，卡西尼环缝的粒子会环绕土星两周，每两次绕转，卡西尼环缝上的粒子会感受到来自土卫一的引力牵引，这些牵引总是发生在相同的轨道位置，使得轨道变得略微椭圆。这样的轨道会与其他轨道交叠，引发碰撞，使得粒子离开环缝。

这张图片是"卡西尼号"航天器仰拍星环时记录下来的，当时它们被来自下方的阳光照亮，土星的影子落在星环上。

可见光

土卫十七

F环是结块的，有时会呈现穗状，因为有两颗牧羊犬卫星。

F环

可见光

A环中的波动

图源：NASA/JPL-Caltech/SSI

F环放大图

土卫十六

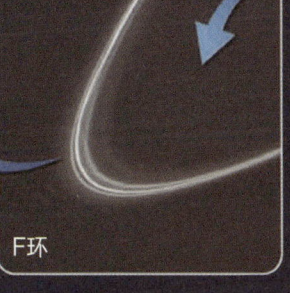

恩克环缝

恩克环缝并不是空的，请注意内边缘的波纹，有一颗小卫星在环缝内运行。

土星并没有足够的卫星来通过共振产生所有的小环，许多物质来源于密度波的紧密缠绕，有时候看起来像盘状星系中发现的旋臂。

卡西尼环缝　　　　　恩克环缝

A环

 卫星怎么会恰好处于星环的位置呢？这就将宇宙的本末倒置了。星环粒子被捕获在土星里面的卫星中最稳定的轨道上，星环会推动卫星，但这些卫星因与较大外部卫星的共振而被固定，如果没有这些卫星，星环就会扩散和消失。

这张紫外组合图经过伪彩处理以显示矿物材料与纯冰的比例，监色区域如A环有最纯净的冰，而红色区域如卡西尼环缝有最脏的冰，目前尚不清楚这些颗粒是如何按成分分类的。

土星环是一个薄薄的颗粒层，当土星环侧面朝向地球时，它看起来就消失了。尽管土星环的波纹可能会在环面以上和以下延伸数百米，但颗粒层大约只有10米厚。

紫外

图源：NASA/JPL-Caltech/SSI

将一些星环限制在狭窄的区域内，或者使星环的边缘保持锋利。卫星也可以在星环中产生波，以紧密缠绕的环状物的形式呈现。

3. 环状颗粒位于土星赤道面的一个薄层中，小卫星的引力会阻止其向外扩散，小卫星反过来也会被更大、更远卫星的引力相互作用所控制。土星的星环，以及其他类木行星的星环，都是由该行星的卫星产生和控制的，如果没有这些卫星，就不会有星环的存在。

现代天文学家发现，简单的引力相互作用在星环中甚至可以产生更复杂的过程，在粒子与卫星共振运行的地方，卫星的引力引发了螺旋密度波，与星系中产生旋臂的方式基本相同，螺旋密度波通过星环向外扩散，如果卫星所处的轨道与星环平面有倾角，卫星的引力就会引起另一种波——螺旋弯曲波，即波纹在星环平面的上方和下方延伸，并向内扩散。这两种过程都显示在"概念艺术·土星的冰环"的图2中。

环中还发生了许多其他的过程：尘埃的斑点在阳光的照射下带电，然后因土星的磁场而上升到环面以上；嵌入环中的小卫星在环中产生间隙、波和扇状图样。"卡西尼号"航天器记录了土星环系统奇妙的图像，包括两个从地球上很少能探测到的微弱外环（E环和G环，见图22-21），E环看起来至少有一部分被土卫二间歇泉喷射到太空中的冰晶补充，而G环的来源似乎是"卡西尼号"拍摄的图像中发现的一个微小的嵌入式卫星。

"颗粒"（particle）这个词在口语中指的是微小的斑点，但是在土星环的背景下，天文学家用这个词来指代任何物体，从雪一样的粉末颗粒到房屋大小的冰质小卫星（请再看概念艺术图1a），较大的物体被理解为是较小物体的集合体。星环的微妙颜色来自冰的污染，有些区域有不寻常的成分。例如，卡西尼环缝（Cassini Division）中颗粒的岩石成分比大部分星环都多，没有人知道成分的差异是如何产生的，但它们一定与星环的形成和补充方式有关。

就像美丽的花朵一样，土星环也被许多不同的自然过程所控制，"旅行者号"和"卡西尼号"等航天器的观测将继续探索更多关于星环的内容。当然，这样的任务是昂贵的，但同时它们也在帮助我们理解我们是什么（我们如何得知22-1）。

22-5e 土星系统的历史

行星距离太阳越远，我们了解它的历史就越困难，一个完全成功的土星历史应该可以解释它的低密度、奇特的磁场和美丽的星环，行星科学家目前还不能讲述一个完整的故事，但你可以了解一些影响土星及其星环形成的原则。

土星的大部分故事与木星相似，土星形成于冰粒子稳定的外太阳系的星云之中，它在那里迅速成长，质量足以直接从星云中捕获氢气和氦气。较重的元素

图源：NASA/JPL-Caltech/SSI

▲ 图22-21　"卡西尼号"航天器在经过土星的阴影时拍摄了这幅图像。地球在G环的内部（实际当然是远在G环的后面）作为一个微弱的蓝点可见，在较大E环的最左端，可以看到从土卫二排出的冰粒子喷流。两个微弱的环与小卫星有关，在这张图片中是看不到的

我们如何得知 22-1

谁为科学埋单

为什么你不计划成为一名工业古生物学家呢?

探索科学知识可能很昂贵,就此提出了资金的问题。有些方面的科学可以直接被应用,工业界可以支持这样的研究。例如,制药公司对新药产生这类的科学研究有大量预算,但有些基础科学没有直接的实用价值,那谁来为其买单呢?

古生物学家通过检查植物和动物遗骸的化石来研究古代生命形式,这种研究没有商业方面的应用,除了少见的好莱坞制片人要发行一部恐龙电影外,公司不能从新恐龙的发现中获利,务实的公司股东不会批准对这种研究的重大投资。因此,就像天文学一样,挖掘恐龙也很少能得到工业界的资助。

为这种研究埋单的是政府机构和私人基金会,凯克基金会已经建造了两个巨大的望远镜,他们并不期待会有资金回报。NASA 和国家科学基金会也资助了数以千计的天文学研究项目,为社会带来整体利益。(许多人惊讶地发现,NASA 的全部预算只占联邦预算 1% 的一半,而 NASA 的基础研究预算也只是其中的一小部分。)投资于科学的总体意愿,以及哪些科学领域会受到重视,会随着政府行政部门的来往和社会优先事项的变化而变化。

发现一只新的恐龙或一个新的星系并没有很大的经济价值,但这种科学知识并不是毫无价值的,它的价值在于帮助我们了解所生活的世界,这种科学研究通过帮助我们了解"我们是什么"而丰富了我们的生活。归根结底,资助基础科学研究是一项需要与其他社会需求平衡的公共责任,没有其他人来承担这笔费用。

图源: NASA

将"卡西尼号"航天器送至土星的整个项目期间,每个美国公民每年要花费 56 美分

可能形成了一个密度较大的核球,而氢则形成了一个含有液态金属氢的地幔。核球的热量向外流动,引发了地幔中的对流,结合行星的快速自转,产生了磁场,由于土星比木星小,所含的液态金属氢也较少,其磁场也就较弱。

土星环绝对不是原生的,这意味着现在环中的物质并不是自行星诞生以来就一直处于其中的。就

践行科学

土卫二的哪些特征表明它一直在活动?回答这类问题需要科学家将比较行星学延伸到卫星上。

土星较小的卫星是冰冷的星球,大多有陨击坑而被击打过,你可能会怀疑它们都是内部寒冷而表面陈旧的,因为小的星球很快就会失去热量,因内部没有热量,就没有地质活动来抹平陨击坑。然而,土卫二的情况很特殊,虽然它小且冰冷,但它的表面有很强的反射性,有些地区看起来几乎没有陨击坑,这个小行星的一些区域有沟槽和断层,表明其地壳在运动。这些特征应该在很久以前就被陨击坑破坏了,所以你应该假设,重轰击晚期行星形成之后,土卫二就一直都在进行地质活动。高大的间歇泉羽流再加上土卫二南极附近发现的"虎纹"的红外发射表明,该卫星仍在活动。

现在将比较行星学的另一个原则应用于另一颗卫星,像土卫六这样小的星球如何能保持厚的大气?

第四部分 太阳系 483

像木星一样，土星在形成之时会产生大量热量，而这种热量会蒸发，并带走附近剩余物质的小冰粒；此外，温度极高的土星具有膨胀的大气，环中的颗粒会通过摩擦而减速，然后落入行星之中；最后，破坏木星环颗粒的过程可能也适用于土星环。

行星环在46亿年的时间里并不稳定，所以环内物质一定是最近才产生的，美丽的土星环可能是在过去1亿年内产生的，这在天文学上是短暂的时间。一种说法是，一颗大彗星、小行星或柯伊伯带天体撞击了土星的一颗卫星，碰撞产生了冰雪和岩石的混合碎片，其中一些碎片沉淀到了环面。像土星环这样明亮的行星环可能是暂时的现象，形成于激烈过程产生新冰屑之时，然后随着冰的逐渐流失而消逝。

我们是什么

不切实际的

人们经常把没有已知实用价值的科学描述为基础科学或基础研究，对遥远世界的探索被称为基础科学，人们很容易认为基础科学不值得付出努力和费用，因为它没有已知的实际用途，当然，问题在于，在获得知识之前，没有人能够知道什么知识会有用途。

19世纪中期，维多利亚女王（Queen Victoria）问物理学家迈克尔·法拉第（Michael Faraday），他关于电和磁的实验有什么好处，法拉第回答说："夫人，一个婴儿有什么用？"当然，法拉第的实验是电子时代的开始。有很多有实用价值的科学知识都是从基础研究开始的，比如，数字电子学、合成材料和现代疫苗，基础科学研究提供了技术和工程学领域用来解决问题的原材料。因此，为了保护人类的未来，人类必须继续努力了解大自然的运作方式。

基础科学研究还有一个更重要的用途，其价值非常大，将其称为单纯的实用性似乎是一种侮辱。科学是对自然的研究，当你更多地了解自然的运作，就更多地了解了你在这个宇宙中的存在意味着什么。从探索其他星球的太空探测器中获得的看似不切实际的知识，可以告诉你有关地球的信息，以及自己在自然界所处的地位。科学可以告诉我们，我们在哪里，我们是什么，而这些知识是无价的。

天王星、海王星和柯伊伯带

23

图源：NASA/JHU APL/SwRI

▲ 这张冥王星（右下）和它最大的卫星冥卫一（卡戎；Charon）（左上）的图片合成图，是由新视野号航天器在 2015 年经过冥王星系统时拍摄的。这两个物体的相对尺寸大致正确，但它们的间隔没有按比例显示

在黄昏有两颗土星以外的行星环绕太阳。你会发现天王星和海王星与木星和土星有很大的不同，但仍然可以被当作类木行星。随着进一步探索，你还会发现一个较小的天体家族，包括矮行星冥王星、阋神星（Eris）、妊神星（Haumea）和鸟神星（Makemake）。本章将助你回答三个重要的问题。

- ▶ 天王星和海王星与木星和土星有什么相似和不同？
- ▶ 天王星和海王星是如何形成和演化的？
- ▶ 冥王星和其他柯伊伯带天体对太阳系的起源和演化有什么启示？

当你读完这一章时，你将参观完太阳系中全部的主要天体，在最后穿越位于行星之外的行星构建物质遗留区。但是还有更多的东西要检视。大量的小型岩质和冰质天体在行星间运行，下一章将向你介绍这些来自行星构建时代的使者。

> 除了圣诞老人之外，还有很多东西在黑暗中游荡。
>
> ——赫伯特·胡佛（Herbert Hoover）

在土星以外距离太阳更远的，阳光比地球上暗淡100~1000倍的黑暗中，有一些亚里士多德、伽利略和牛顿从未想象过的围绕太阳运行的物体。他们知道水星、金星、火星、木星和土星，但是太阳系中还包括一些直到望远镜发明之后才被发现的天体。这些天体被发现的故事突出了科学发现的过程，而这些昏暗天体的特征将揭示更多关于地球和太阳系其他部分形成的过程。

23-1 天王星

1781年3月，本杰明·富兰克林在法国为美国革命筹集资金、军队和武器。乔治·华盛顿和他的殖民地军队距离在约克镇击败康沃利斯勋爵和结束战争只有6~7个月的时间。在英国，国王乔治三世开始出现疯狂的迹象。在英国的度假城市巴斯，一位德国出生的音乐教师即将发现天王星。

23-1a 天王星的发现

威廉·赫歇尔（见图23-1a）来自德国汉诺威的一个音乐世家，在其年轻时移民到了英国，并最终在巴斯的八角教堂获得了一份著名的风琴师的工作。

在担任音乐教师期间，赫歇尔从剑桥大学罗伯特·史密斯教授的一本书中研究了音乐和谐性的数学原理。书中的数学知识非常有趣，赫歇尔寻找了史密斯的其他作品，其中包括一本关于光学的书。很快，赫歇尔和他的兄弟亚历山大开始制造望远镜。赫歇尔发明了在当时制造大型望远镜的方法。他最喜欢的一个望远镜长度超过2米（7英尺），镜面直径为16厘米（6.2英寸）。利用这个望远镜，他开始了研究项目，并最终发现了天王星（见图23-1b）。

1781年冬末的一个晚上，赫歇尔在他的后花园里架起了7英尺长的望远镜，继续进行一项为期两年的探测和编制双星星表的项目。他后来写道："在检查双子座H（H Geminorum）附近的小恒星时，我发现有一颗星体看起来明显比其他恒星大。"从地球上看，天王星的角直径从未超过3.7角秒，所以赫歇尔发现了这个"圆盘"，说明他的望远镜和他的视力很好。起初他怀

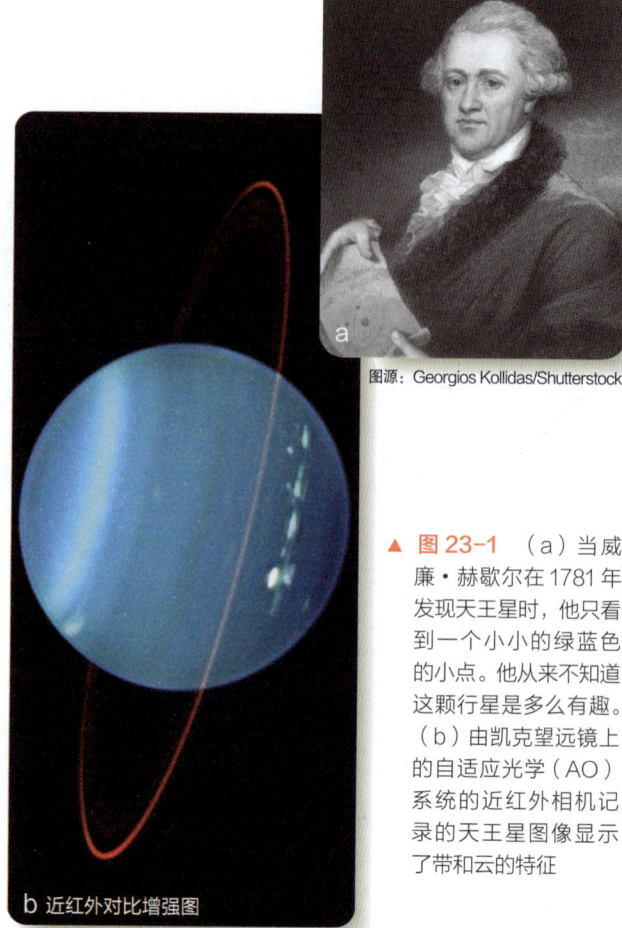

▲ 图23-1 （a）当威廉·赫歇尔在1781年发现天王星时，他只看到一个小小的绿蓝色的小点。他从来不知道这颗行星是多么有趣。（b）由凯克望远镜上的自适应光学（AO）系统的近红外相机记录的天王星图像显示了带和云的特征

图源：Georgios Kollidas/Shutterstock

图源：Keck Obs./L.Sromovsky（Univ.of Wisconsin, Madison）

疑这个物体是一颗彗星，但是其他天文学家很快就意识到这是一颗在比土星离太阳更远的区域围绕太阳运行的行星。

天王星的发现使赫歇尔闻名世界。自古以来，天文学家只知道有五颗行星——水星、金星、火星、木星和土星——但从来没有想到会有更多围绕太阳运行的行星。赫歇尔的发现通过增加一颗新的行星扩展了经典的宇宙认识。英国公众接受赫歇尔为他们的英雄天文学家，并以国王乔治三世的名字命名这颗新行星为乔治星（Georgium Sidus），赫歇尔由此获得了一笔皇家养老金。几年后，德国天文学家约翰·波德建议以克洛诺斯（即土星对应的希腊神话中的神）之父的名字将其命名为天王星。这就是我们今天使用的名字，因为它被证明比赫歇尔选择的名字更受其他国家天文学家的欢迎。

赫歇尔的新财务状况使他能够在自己的庄园里建造大型望远镜。在他的妹妹卡罗琳（也是一位有天赋的科学家）的帮助下，他试图测量银河系的大小。你还在第6-1b节中见过赫歇尔，他是红外辐射的发现者。

我们如何得知 23-1

科学发现

为什么伽利略没有想到会发现木星的卫星?

1928年,亚历山大·弗莱明注意到一个培养皿中的细菌在趋避一个霉点。后来他发现了青霉素。1895年,康拉德·伦琴注意到在他的实验室里,当他用其他设备进行试验时,一个荧光屏在发光。后来他发现了X射线。1896年,亨利·贝克勒尔将一种铀矿物质储存在一个用黑纸安全包裹的照相板上。后来发现该照相板变模糊了,于是贝克勒尔发现了天然放射性。像自然科学中的许多发现一样,这些发现似乎是偶然的,但是,正如你在本章中所看到的,"偶然的"并不能完全描述所发生的事情。

科学中最重要的发现是那些完全改变了人们对自然界思考方式的发现,而任何人都不可能预见这种发现。在大多数情况下,科学家们在一个范式(回顾一下"我们如何得知4-1")中工作,这是一套关于自然界的模型、假设、理论和预期,很难想象超出这个范式的自然事件。

例如,托勒密不可能想象到星系,因为它们不是地心说范式的一部分。这意味着,科学中最重要的发现几乎总是出人意料。

然而,一个意外的发现并不等同于一个偶然的发现。弗莱明在他的培养皿中发现了青霉素,并不是因为他是第一个看到它的人,而是因为他已经研究了多年的细菌生长,所以当他看到许多其他人之前一定看到过的东西时,能认识到它的重要性。伦琴意识到他实验室里发光的屏幕很重要,而贝克勒尔也没有丢弃那个变模糊的照相底片。多年的经验使他们准备好认识他们所看到的东西的意义。

一项历史研究表明,每次天文学家建造的望远镜大大超过现有望远镜的作用时,他们最重要的发现都没有被预见。赫歇尔没有想到会用他7英尺长的望远镜发现天王星,而现代天文学家也没有想到会用哈勃太空望远镜发现暗能量的证据。

从事基础科学研究的科学家们很少能够解释他们工作的潜在价值,但这并不意味着他们的发现是偶然的。他们为这些幸运的意外赢得了权利。

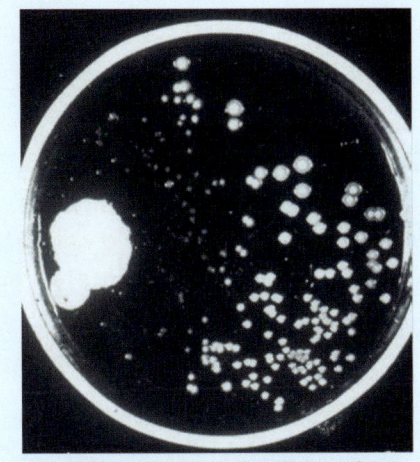

图源:Biophoto Associates/Science Source

图为亚历山大·弗莱明拍摄的带有细菌和青霉素菌落的实验室培养皿

大量的天文学家对一个音乐家身份的英国人完成如此伟大的发现并不感到兴奋,甚至一些专业的英国天文学家也认为赫歇尔只是个业余爱好者。他们称他的发现是一个幸运的意外。但是,作为一个音乐家,赫歇尔知道实践的价值,并将其应用于天文观测的事业中。事实上,记录显示,在赫歇尔之前,其他天文学家至少看到过17次天王星,但每次他们都没有注意到它在移动,从而不认为它是太阳系的一部分。他们把天王星绘制在他们的星图上,好像它只是另一颗背景恒星。

这说明了科学发现的方式之一。通常情况下,发现似乎是偶然的,但仔细观察你会发现,科学家通过多年的研究和准备,为他们赢得了发现的权利(我们如何得知23-1)。引用一句俗语,"运气是发生在努力工作的人身上的事情"。

在发现天王星后的半个多世纪里,天文学家们注意到,牛顿定律并不能完全预测观察到的该行星的位置。天王星轨道运动的微小变化最终导致了海王星的发现,在本章后文你将读到一个有争议的故事。

23-1b 天王星的运动

天王星的轨道距离太阳约20 AU,绕行太阳一圈需要84年(天体概述:天王星,见本节末尾)。古人认为土星是绕行最慢的行星,它的绕行时间略多于29年。而天王星离太阳更远,它的运动速度比土星还要慢,而且轨道周期更长。

天王星的自转很奇特。地球在其轨道上近乎直立地旋转。也就是说，地球的自转轴与它的轨道的垂直方向只有23.4度的倾角。其他行星也有类似的适度的轴线倾角。相比之下，天王星的自转轴与垂直于其轨道的方向倾斜98度。它是"躺着"自转的；换句话说，天王星的黄道线非常接近该行星的天极（见图23-2）。

由于天王星奇特的轴向倾角，它的季节是极端的。天王星的第一张好照片是在1986年"旅行者2号"航天器飞越时拍摄的。当时，天王星正处于其南极面向太阳的轨道段。因此，它的南半球沐浴在持续的光照下，在那里的观测者会看到太阳靠近该行星的南天极。1986年，太阳处于天王星的南至点，你可以在图23-2的左下方看到。

在接下来的20年里，天王星围绕其轨道移动了大约1/4的路程，当太阳光从行星赤道上方照射下来时，天王星的居民会看到太阳随着行星的自转而上升和下降。2007年12月，太阳到达天王星的赤道处，你可以在图23-2的右下方看到这个几何示意。当天王星继续沿着其轨道运行时，太阳将接近该行星的北天极，

该行星的南半球将经历持续21个地球年的无光冬季。

23-1c 天王星的大气

像木星和土星一样，天王星没有表面。模型计算表明，其大气层中的气体——主要是氢气，存在26%的氦气（以质量分数计），以及少量的甲烷、氨气和水蒸气——逐渐融合成一个流体的内部。

通过地球上的望远镜观察到，天王星是一个小的、没有特征的、青蓝色的"圆盘"。产生青蓝色的原因是天王星的大气中含有甲烷，这是一种长波光子的良好吸收体。当太阳光穿透大气层并被散射出去时，长波长（红色）的光子更有可能被吸收。这意味着，从天王星上反射的太阳光进入人的眼睛的蓝色光子的比例更多，使这个星球在我们眼里呈现蓝色。

当"旅行者2号"在1985年年底接近这颗行星时，天文学家们研究了通过时电传回地球的图像。天王星是一个淡绿蓝色的球，没有明显的云层，只有在对图像用计算机进行仔细增强对比度后，才能看到一些带状结构（见图23-3）。少量的甲烷冰粒云被探测到，它们的运动使天文学家首次对该行星的自转周期进行准确的测量。

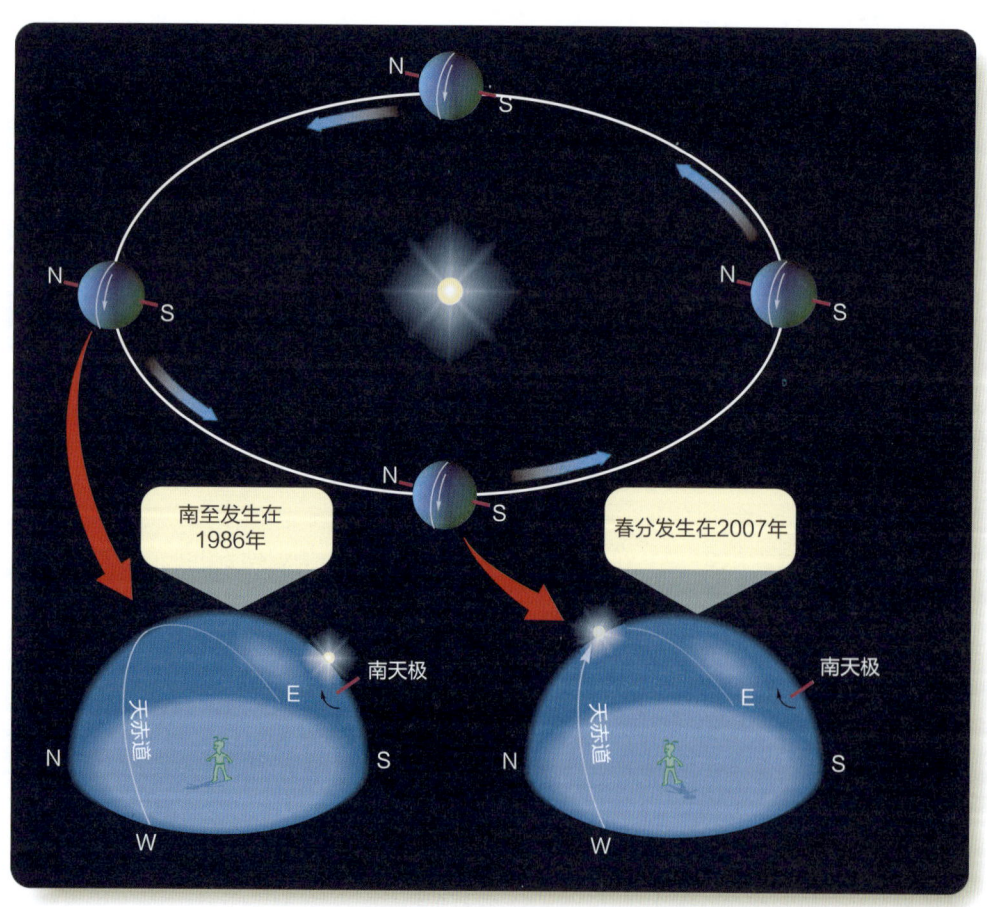

◀ 图23-2 天王星自转轴与其轨道方向呈98度倾角，所以它的季节是极端的。当它的一个极点几乎对准太阳时（至日），天王星的居民会看到太阳在天极附近，而且太阳永长期不会升起或落下。当它绕着太阳运行时，这颗行星在空间中保持着它的轴心方向，因此太阳显然会从一极移动到另一极。天王星春分或秋分时，太阳将在天体的赤道上，并随着行星的每一次自转而上升和下降。与第2章"概念艺术·季节的循环"图2中的地球的相似图进行比较

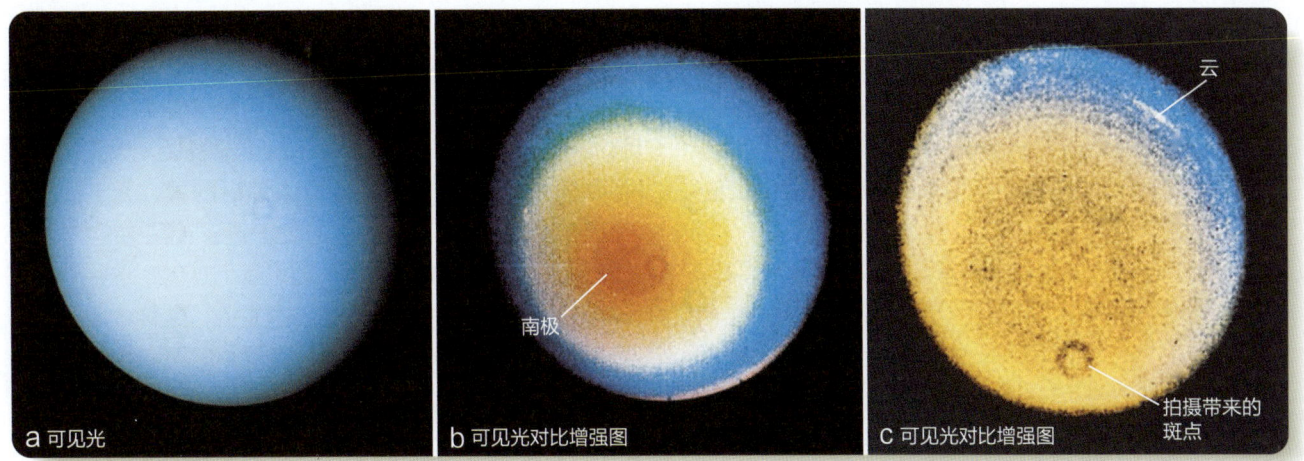

▲ 图 23-3 （a）这张 1986 年"旅行者 2 号"拍摄的天王星的图像显示没有云层。只有通过计算机处理增强了对比度后，如（b），才能看到带状结构。在拍摄这张图片时，该行星的自转轴几乎指向太阳。（c）在计算机增强对比度的情况下，小的甲烷云变得清晰可见。带状结构和云的几何形状表明，其带区环流与土星和木星上的环流类似

你可以通过研究图 23-4 所示的天王星的温度曲线来理解其大气层几乎没有特征的外观。天王星的大气层比土星或木星的要冷得多。因此，在木星和土星大气中形成亮带和暗纹的氨、硫化氢铵和水的 3 个云层，在天王星的大气中处在很深的位置。如果这些云层在天王星上存在的话，也是不可见的，因为观测者必须穿透很厚的大气才可能看见。在天王星上可以看到的是甲烷冰晶的云层，它们形成的温度很低，所以会出现在天王星大气层的高处。图 23-4 显示，木星上不可能有甲烷云，因为该行星太热了。土星大气层中最冷的部分正好足以在其较明显的云层上方形成薄薄的甲烷雾（请回看图 22-15）。

天王星上隐约可见的云层和大气带似乎是带区环流的结果，这有点令人吃惊。因为天王星在其"侧面"自转，太阳能量冲击其表面在几何上与木星和土星完全不同。显然，带区环流是由行星的自转而不是由太阳光的方向主导的。

1986 年的"旅行者 2 号"拍摄的图像使天文学家

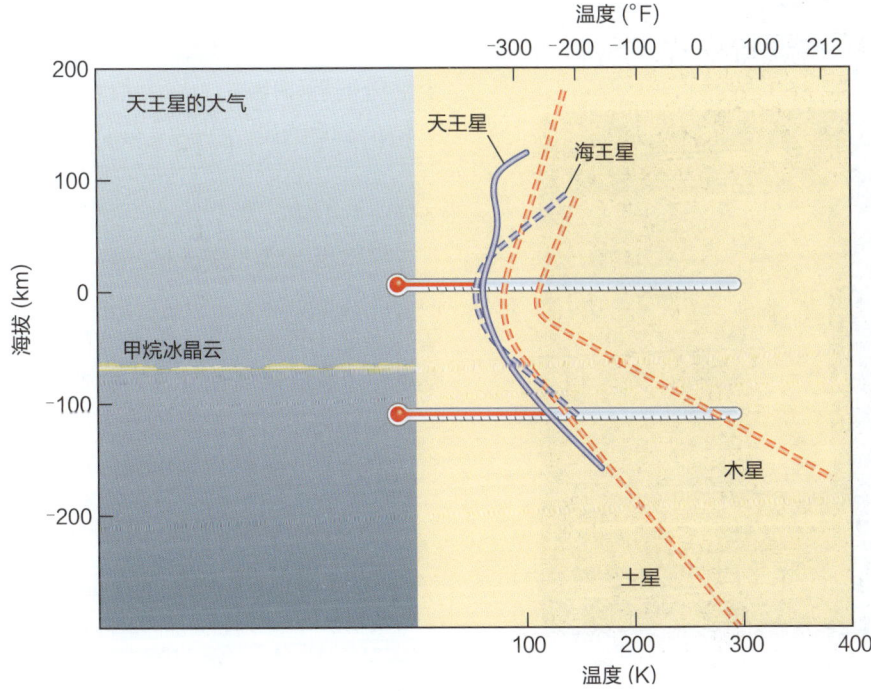

◀ 图 23-4 天王星的大气层比木星或土星的大气层要冷得多，唯一可见的云层是由氢大气层深处的甲烷冰晶形成的云层。海王星的温度曲线与天王星相似，其甲烷冰晶云与天王星的甲烷冰晶云大概在同一位置

第四部分 太阳系 489

预期天王星始终是一个几乎没有特征的行星。然而，大约 20 年后，当这颗行星的北半球迎来春天时，哈勃空间望远镜和巨型地基望远镜探测到了天王星上不断变化的云层，包括一个可能是类似于木星上斑点的旋涡状的黑云（见图 23-5）。这些云似乎是天王星季节性周期的一部分，但由于天王星的 1 年要持续 84 个地球年，所以必须耐心等待，才能看到天王星北半球夏季的影响。

23-1d 天王星的内部

天文学家无法像描述木星和土星的内部那样准确地描述天王星和海王星的内部。由于观测数据稀少，而且这些行星内部的物质也不像简单的液态氢那样容易建模。

天王星的平均密度为 1.3 g/cm³。这告诉你，这颗行星一定含有比土星更大比例的致密物质。几乎所有的天王星内部模型都包含三层。最上面的一层——大气层——富含氢和氦。在大气层下面，深层地幔含有大量的水、甲烷和氨，呈固态或泥状，与氢和硅酸盐物质混合。这种地幔有时被描述为"冰"，但在温度为几千 K 的高压下，它与地球上的冰截然不同。三层模型中的第三层是一个小型的重元素核。许多书把这个核称为"岩石"，但是，正如木星和土星一样，由于高压和高温，这种物质并不像岩石。"岩石"这个词指的是它的化学成分，而不是它的其他属性。

想象 4 颗类木行星是气态的，这是一个常见的误解。你已经了解了证明木星和土星大部分是液态氢的证据和模型。

天王星和海王星更准确地应被描述为"冰巨人"，因为据推断它们的内部有很大比例的固态水。

因为天王星的质量比木星低得多，它的内部压力不足以产生液态金属氢。因此，你可能会认为它缺乏一个强磁场，但是"旅行者 2 号"航天器发现，天王星的磁场强度约是地球的 75%。令人惊讶的是，天王星的磁场与自转轴呈 59 度倾斜，并且偏离了行星中心约 30% 的行星半径（见图 23-6）。理论家们认为，这种奇怪的磁场方向是由一种发电机效应产生的，这种效应不在行星的核球，而应在靠近表面含有溶解的氨和甲烷的液态水层中运作。这样的材料将是良好的导体，行星的自转加上液体的对流可以产生磁场。

当"旅行者 2 号"最接近天王星时，它观测到该行星磁场的效应。这使对天王星自转周期的测量比从难以探测的云层特征的运动中获得的测量结果更为精确。磁场使太阳风偏转，并捕获一些带电粒子，在行星的磁层中形成弱的辐射带。沿着磁场旋转的高速电子产生同步辐射，就像在木星周围一样，"旅行者 2 号"航天器记录到这种辐射的振动周期为 17.2 小时，这是磁场的自转周期，据推测也是行星内部的自转周期。

磁场和行星的高倾角产生了一些独特的效应。就像所有有磁场的行星一样，太阳风使磁层变形，并把它拉出一条长长的尾巴，在与太阳相反的方向远离行星。天王星的快速自转和它的高倾角使磁层和它的长尾部呈现开瓶器形状。1986 年"旅行者 2 号"飞过时，天王星的南极几乎对准了太阳，每次自转时，太阳风都会倾泻到南磁极。由此产生的相互作用产生了强烈的极光，"旅行者 2 号"在两个磁极都探测到了这种强烈的极光。在此后的几年里，随着天王星在其轨道上的移动，它与太阳风相互作用的几何形状也发生了变化。不幸的是，目前没有航天器靠近天王星，所以没有办法详细观测这些变化的影响。

与磁场一样，天王星的温度也能揭示出它内部的一些情况。木星和土星的温度比预期的从太阳获取的热量要高。这意味着其内部有热量泄漏出来。相比之下，天王星的温度与预期的相差无几；这颗行星辐射的热量比

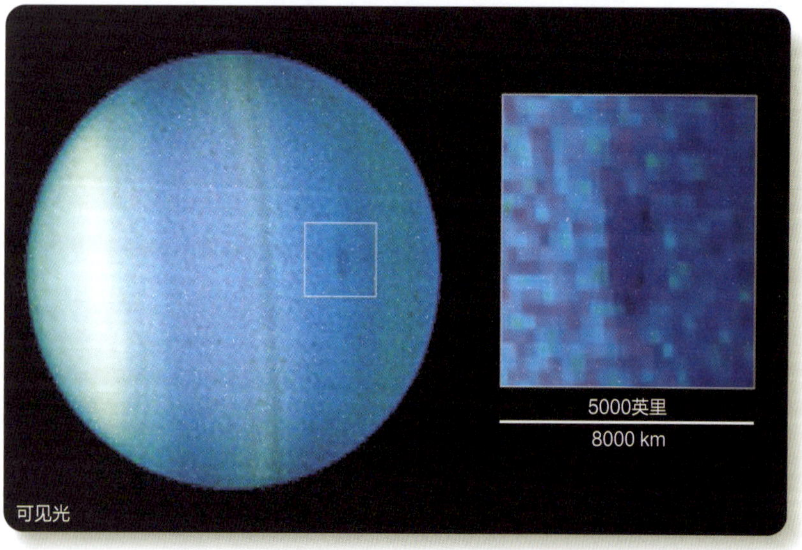

图源：NASA/ESA/STScI/AURA/NSF/L. Sromovsky (Univ. of Wisconsin, Madison)

◀ 图 23-5 在这张哈勃空间望远镜拍摄的天王星图像中，可以看到一片乌云，可能是一场循环风暴

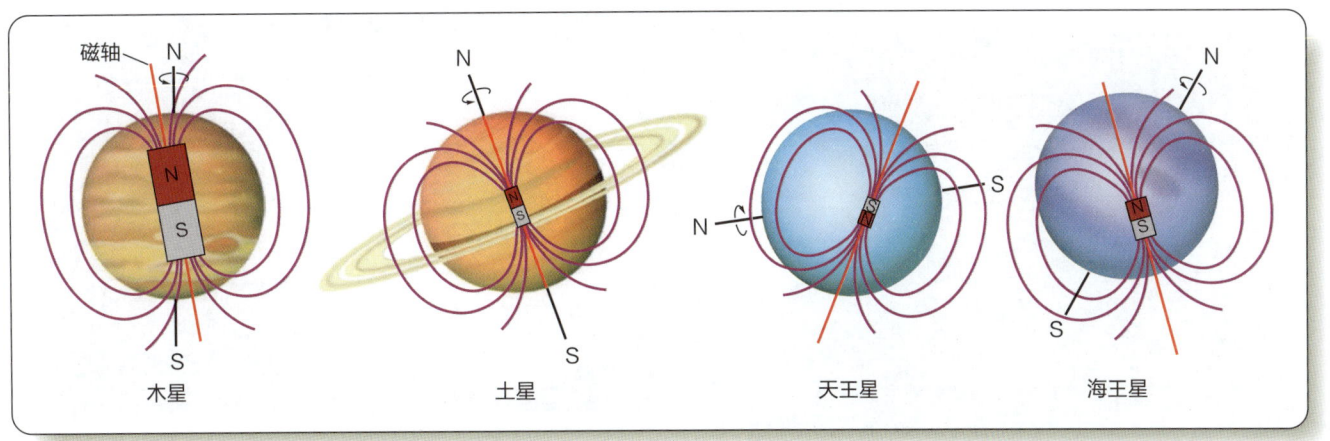

▲ 图 23-6　天王星和海王星的磁场是独特的。尽管木星的磁轴与自转轴仅倾斜 10 度，而土星的磁轴完全没有倾斜，但天王星和海王星的磁轴倾斜了很大的角度。此外，天王星和海王星的磁场与两颗行星的中心都有偏差。这表明天王星和海王星的发电机效应的运作方式与木星、土星和地球不同

它从太阳接收的热量多不到 10%。显然，天王星已经失去了大部分的内部热量。然而，必须有足够的内部热量来引起流体地幔的对流，驱动发电机效应，并产生磁场。模型确定的其核心的温度超过 5000 K。天然放射性元素的衰变会产生热量，但一些天文学家认为，较重的元素在流质地幔中的缓慢沉降也可以释放能量来加热内部。

对甲烷的实验室研究表明，它可以在天王星内部的温度和压力下分解，并形成各种化合物和以金刚石形式存在的纯碳。如果这种情况发生在天王星，金刚石晶体会向内掉落，通过摩擦使行星内部变暖。确定天王星内部是否真的存在全行星范围的钻石雨，可能是人类永远无法做到的。

对一颗类木行星世界来说，天王星似乎很小，且缺乏特点。但现在你已经准备好参观它最令人向往的地方——它的卫星。

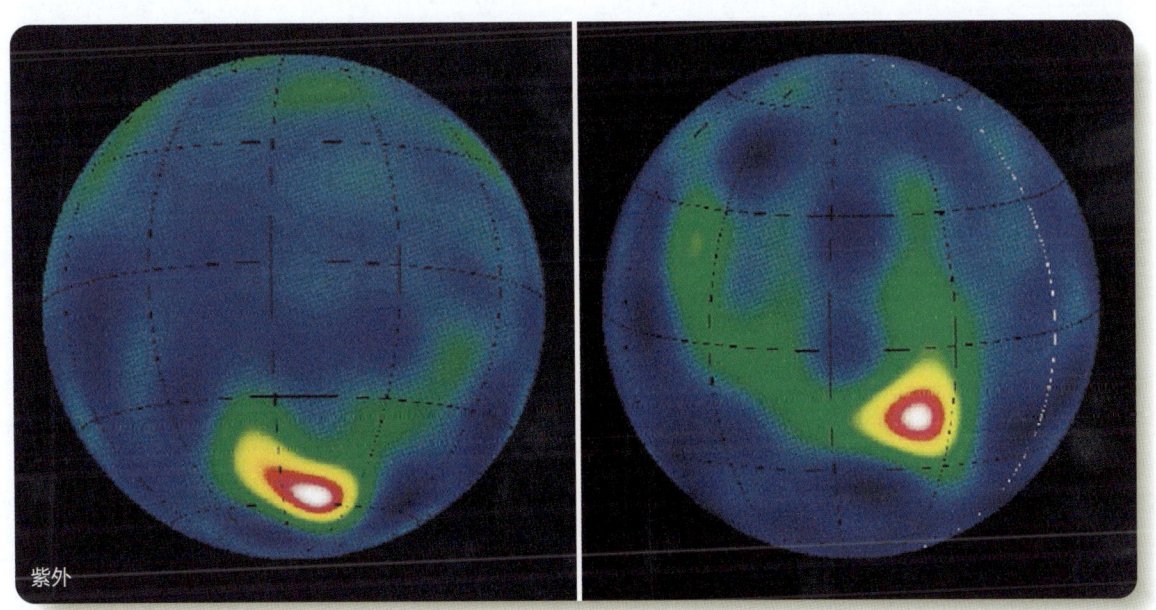

图源：NASA/JPL–Caltech/F. Herbert and B. Sandel (Univ. of Arizona LPL)

▲ 图 23-7　天王星上的极光是由"旅行者 2 号"航天器在 1986 年飞过时由紫外波段探测到的。这些天王星对向的地图显示了磁极附近的极光位置。注意磁场是高度倾斜的，并且偏离了行星的中心，所以磁极不在自转所定义的两极附近。白色虚线标志着零经度

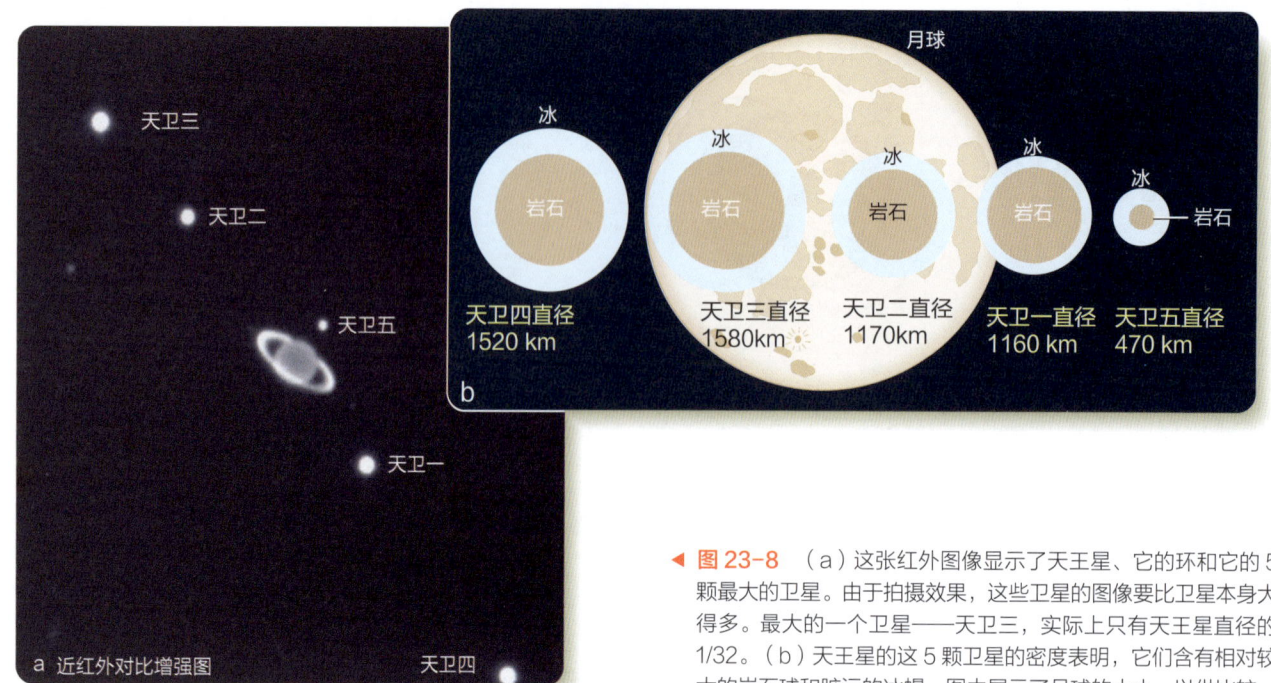

◀ 图 23-8 （a）这张红外图像显示了天王星、它的环和它的 5 颗最大的卫星。由于拍摄效果，这些卫星的图像要比天王星本身大得多。最大的一个卫星——天卫三，实际上只有天王星直径的 1/32。（b）天王星的这 5 颗卫星的密度表明，它们含有相对较大的岩石球和脏污的冰幔，图中展示了月球的大小，以供比较

图源：Panel a: VLT/ESO; Panel b: Illustration design by Michael A. Seeds

23-1e 天王星的卫星

天王星有 5 颗大型的常规卫星，是通过地球上的观测发现的（见图 23-8）。这 5 颗卫星，从最外侧向内，分别是天卫四（Oberon）、天卫三（Titania）、天卫二（Umbriel）、天卫一（Ariel）和天卫五（Mi-randa）。天卫二和天卫一的名字来自亚历山大·蒲伯的《劫发记》，其余的来自莎士比亚的《仲夏夜之梦》和《暴风雨》（天卫一也出现在《暴风雨》中）。尽管它们的表面是黑暗的，光谱显示这些卫星含有冰冻的水。天文学家们认为它们是由冰和泥混合而成的，但在"旅行者 2 号"飞过该系统之前，人们对这些卫星的了解很少。

除了对已知的卫星进行成像外，"旅行者 2 号"相机还拍到了另外 10 颗很小的卫星，这些卫星在地球上看不出来。从那时起，新一代望远镜的制造和新的成像技术的发展（第 6-5c 节和第 6 章"概念艺术：现代光学望远镜"的右页）让天文学家发现了更多围绕天王星运行的小卫星。目前已知天王星有 27 颗卫星：13 颗在天王星环中运行的小天体，5 颗大的常规卫星，以及 9 颗在大的不规则轨道上运行的小卫星。几乎可以肯定，还有更多的卫星没被发现。

较小的内卫星都像煤一样黑。它们都是冰的世界，其表面因撞击使冰汽化并浓缩嵌入的污垢而变黑。此外，它们在行星的辐射带内运行，辐射可以将甲烷冰转化为黑碳沉积物，使卫星表面进一步变黑。

5 颗大卫星都与天王星有潮汐锁定的自转，这意味着它们的南极在 1986 年是指向太阳的，所以"旅行者 2 号"无法拍摄它们的北半球。因此，目前对其地质学的分析必须依赖于其一半表面的图像。这些卫星的密度表明，它们含有相对较大的岩质核球并被冰幔环绕，如图 23-8 所示。

大卫星中最外侧的天卫四，有一个多坑的表面，但可见的证据表明，它曾经在地质上很活跃（见图 23-9）。一个大的断层穿过阳光下的半球，并且深色物质——也许是由脏水组成的"熔岩"——似乎已经淹没了一些撞击坑的底部。

天卫三是天王星 5 颗大卫星中最大的一颗，它的表面坑坑洼洼，但是它没有大的撞击坑（见图 23-9）。这表明在重轰击结束后，年轻的天卫三经历了一个活跃阶段，其表面被水淹没并由新生的冰覆盖了早期的陨击坑。从那时起，形成的陨石坑都没有被抹去的最大的陨击坑大。横跨天卫三表面的断层网络是卫星过去活动的另一个标志。

从外向内的下一颗卫星天卫二，是一个黑暗的、多坑的天体，没有断层或表面活动的迹象（见图 23-9）。它是天王星大卫星中最黑暗的一颗，反照率只有 0.10，而其他卫星的反照率为 0.14~0.23。它的地壳显然是岩石和冰的混合物。在一个区域有一个明亮的陨击坑底，这表明在某些区域的浅层可能有洁净的冰。

▲ 图23-9 天王星的5颗最大的卫星，在这里以正确的相对尺寸比例显示，从最大的天卫三，直径为地球卫星的45%，到天卫五，直径仅为地球卫星的14%。天卫五更好的视图见图23-10

在天王星的5颗大卫星中，天卫一的表面是最亮的，并显示出明显的地质活动迹象。它被超过10千米（6英里）深的断层穿过，一些区域的表面似乎已经被地质的重构抹平，正如你在图23-9中看到的那样。陨击坑的计数显示，平滑的区域实际上比其他区域年轻。天卫一可能受到了与天卫五和天卫二的轨道共振引起的潮汐加热。

天卫五是一颗神秘的卫星。正如你在图23-9中看到的，它是5颗大卫星中最小的一颗，但它似乎是最活跃的一颗。事实上，它活跃的过去似乎是很不寻常的。天卫五的特点是有椭圆形的沟槽，被称为卵形区域（见图23-10）。对卵形区域的仔细研究表明，它们与断层、冰熔岩流和自转的地壳块有关，表明它们可能是由天卫五冰幔中被内部热量驱动巨大而缓慢的对流形成的。

在天卫五的赤道附近，一个巨大的悬崖上升了20千米（12英里）。如果你穿着宇航服站在悬崖顶上，把一块石头从边缘扔下去，它将在下落12分钟后落到底部。陨击坑的数量表明，悬崖和卵形区域都很古老。天卫五不再有地质活动，但是你可以从它杂乱的表面上了解它过去活动的暗示。天卫五很小，以至于它的形成热量一定会迅速流失，而且没有理由预期它曾被放射性衰变强烈加热。对潮汐加热的了解使你想到，天卫五的活动可能是由于它与一个或多个其他卫星的轨道共振而使其轨道暂时变得略微偏心。

▲ 图 23-10 天卫五是天王星五大卫星中最小的一个，直径只有 470 km（290 英里），但它的表面显示出有活动的迹象。这个"旅行者 2 号"的拼接图像显示，天卫五的标志是巨大的椭圆形沟槽系统。这张图片中检测到的最小的地貌单元的直径约为 1.5 km（1 英里）。白线表示了它未被看到的一半

图源：NASA/JPL-Caltech/USGS-Flagstaff

23-1f 天王星的环

天王星和海王星的星环都更像木星，而不是土星。它们是暗淡的、微弱的，从地球上不容易看到，并被牧羊者卫星约束。学习"概念艺术·天王星和海王星的星环"，注意关于天王星环的 3 个要点和 1 个新术语：

1. 天王星环是在天王星从一颗恒星前面穿过时的掩星过程中被发现的。

2. 星环是由一层薄薄的深色巨石组成的。它们被小卫星限制。除了最外层的星环之外，天王星环几乎不包含任何小的尘埃颗粒。

3. 像木星和土星的环一样，天王星和海王星周围的环不能长期存在，也不是原始存在的。所有围绕类木行星的环系统都需要不断地补充新的物质，据估计是来自附近卫星的撞击残片。

当你在本章后面读到海王星环的时候，你可以回到这幅图中，比较一下这两个环系统。

2003 年和 2005 年用哈勃空间望远镜拍摄的图像显示了两个更大、更暗、尘埃更多的环，位于之前已知的环系统之外（见图 23-11）。这些环中较大的环与小卫星天卫二十六（Mab）的轨道相吻合，可能是由陨石撞击从该卫星上炸掉的颗粒补充的。较小的环被限制在卫星天卫十二（Portia）和天卫十三（Rosalind）的轨道之间。（这些卫星也是以莎士比亚的人物命名的。）

当你阅读有关行星环的内容时，需要注意它们与卫星的密切关系。由于行星环颗粒之间的碰撞，行星环倾向于向外扩散，几乎像一团膨胀的气体。如果一颗行星

图源：NASA/ESA/STScI/AURA/NSF/M. Showalter (SETI Institute)

▲ 图 23-11 两个暗弱的环绕天王星运行，其远于最初发现的环。最外层的环是沿着小卫星天卫二十六的轨道运行的，直径只有 12 km（7 英里）。这张照片中短而明亮的弧线是在长时间曝光过程中卫星沿其轨道移动造成的

没有卫星,它的星环就会扩散成一个越来越薄的片,直到其消失。扩散的星环可以被小型的牧羊犬卫星固定,这些卫星与游荡的星环颗粒发生引力作用,吸收轨道能量,使粒子留在星环内,并确定星环的外部边界。当这些牧羊犬卫星获得轨道能量时,它们会缓慢地向外移动,但它们又可以通过与更大、更远的卫星的轨道共振从而固定下来,这些卫星的质量非常大,不会被明显地向外推开。通过这种方式,一个卫星系统可以限制和保持一个行星环系统。

23-1g　天王星系统的历史

比较天文学的挑战是讲述一个天体的故事,而天王星可能是太阳系中所有天体中最大的挑战。它不仅因距离遥远难以研究,而且在许多方面也很特别。

天王星肯定是从太阳星云中形成的,就像其他的类木行星一样,但是计算表明,天王星和海王星不可能在它们现在离太阳这么远的慢轨道上积累足够的物质来形成现在的大小。行星形成的计算机模型表明,天王星和海王星是在离太阳更近的地方,即木星和土星的附近形成的。类木行星之间的引力相互作用可能最终将天王星和海王星向外推移到它们现在的位置。其中一个模型甚至让海王星形成时比天王星更靠近太阳;后来这两颗行星在向外移动时交换了位置。正如你在本章后面内容将了解到的,巨行星的迁移也可以解释太阳系范围内的晚期重轰击事件。这些都是有趣的假设,说明了外行星的历史到底有多么大的不确定性。

天王星的高度倾斜的轴线可能起源于其形成的后期,当时它被一个也许和地球一样大小的星子撞击。那次撞击也可能扰乱了这个天体的内部,导致它失去了很多热量。现在向外流动的能量刚好足以驱动其泥泞地幔中的环流,并产生磁场。另一个模型表明,在天王星向外移动时,与土星的潮汐相互作用可能改变了天王星的自转轴。这是另一个灾难性假说受到演化性假说挑战的例子(我们如何得知 18-1)。

撞击在天王星的卫星和星环的历史上一直很重要。所有的卫星都有陨击坑,有些还显示出大型撞击的痕迹。陨石和彗星核撞击卫星可以产生碎片,这些碎片被困在较小卫星的轨道中,从而产生了窄环。现在观测到的环颗粒不可能在行星形成后一直存在,所以它们必须不时地得到新物质的补充。像太阳系的其他地方一样,天王星系统的全部历史显然包括多次撞击事件的影响。

践行科学

天王星内部的状态是如何确定的?

显然,我们无法看到行星的内部,所以科学家们受限于一些基本的观测,他们必须在推理链中与模型计算进行比较,以描述其内部。

首先,天王星的距离是通过观测该行星的运动规律结合开普勒第三定律获得的。然后,天王星的大小可以从其角直径和距离中得出。你可以通过观察它的卫星轨道半径和轨道周期,然后使用牛顿形式的开普勒第三定律来得到它的质量。行星的质量除以它的体积就等于它的密度。天王星的密度为 1.3 g/cm³,这意味着它必须包含一定比例的致密物质,如冰和岩石,比土星内部的密度要大。再加上从光谱中获得的大气层的化学成分,你就拥有了建立天王星内部数学模型所需的数据。这类模型预测,天王星的核球是重元素,地幔是混有较重岩石成分的冰。

从可观测特性到不可观测特性是科学家工作的核心。现在尝试另一个推论链。天王星环的哪些观测特性表明,小卫星必须在环中运行?

23-2　海王星

天王星和海王星经常被放在一起讨论。它们的大小和密度大致相同。然而,它们在某些方面确实有所不同。与天王星不同,海王星有大量的热量从其内部流出。另外,海王星有特别复杂的环和卫星系统。甚至海王星的发现也与天王星的发现有极大不同。

23-2a　海王星的发现

海王星的发现引发了科学史上最大的争论之一。150 多年来,人们站在不同的立场上一直在讲述这个故事,但只有在最近几十年真实的故事才为人所知。

1843 年,年轻的英国天文学家约翰·库奇·亚当斯获得了他的天文学学位,并立即开始研究 19 世纪天文学的一个大问题。赫歇尔在 1781 年发现了天王星,但是早期的天文学家早在 1690 年就看到了这颗行星,并错误地把它作为一颗恒星绘制在了星图上。当 19 世纪的天文学家们试图将所有这些数据结合起来时,发现它们并不完全吻合。没有任何迹象表明该行星遵守牛顿

天王星和海王星的星环

  天王星环是在1977年被发现的，当时美国宇航局的柯伊伯机载天文台（KuiperAirborne Observatory）观测到天王星从一颗恒星前面穿过。在这次掩星（occultation）过程中，天文学家们看到这颗星在天王星越过恒星之前和之后都多次变暗。亮度的下降是由围绕天王星的环造成的。

"旅行者2号"发现了更多的星环。根据发现的时间和方式，这些星环被以不同的方式命名。

注意 ε（epsilon）环的偏心率，它位于天王星两侧不同距离处

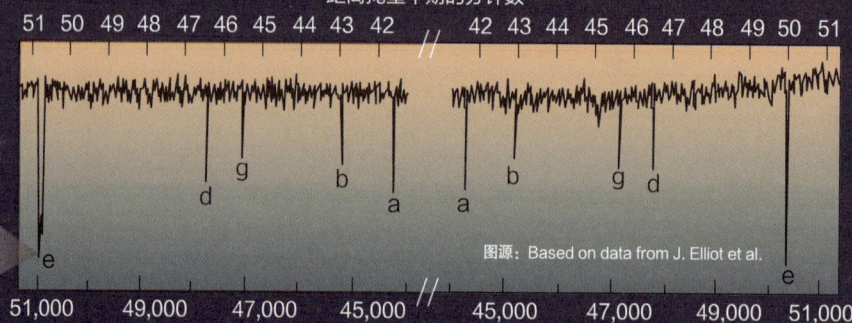

2 环中颗粒的反照率只有大约0.015，比煤块的颜色还深。如果环状颗粒是由富含甲烷的冰构成的，来自行星辐射带的粒子辐射可能会将甲烷分解，释放出碳使冰变黑。同样的过程可能使天王星卫星的冰面变黑。

星环的狭长表明它们被小卫星所约束。"旅行者2号"发现约束之环的天卫七（Ophelia）和天卫六（Cordelia）。其他的小卫星肯定也在约束其他狭窄的星环。这些卫星必须有较强的结构，可以在行星的洛希极限内维持自身结构完整。

环的偏心率显然是由天卫七和天卫六轨道的偏心造成的。

2a 当"旅行者2号"航天器回望被后方太阳照亮的星环时，星环并不明亮。也就是说，在前向散射的光线中星环并不明亮。这意味着它们一定不包含小的尘埃颗粒。九个主环不包含比米级更小的颗粒。

3 环的颗粒不会永远存在，因为它们会相互碰撞或被辐射压力吸走。偶尔发生在卫星上散射碎屑的撞击使得天王星星环被新粒子补充。

星环中大颗粒之间的碰撞形成了小的尘粒。与天王星稀薄的上层大气的摩擦加上太阳的光压，使尘粒的速度减慢，并使其落入行星。天王星的星环实际上含有很少的尘埃。

图源：NASA/JPL–Caltech

可见光

海王星的盘

4 在这张"旅行者2号"的图像中，可以看到海王星周围两个狭窄的星环，还有一个更宽、更暗的环位于更靠近海王星的地方。在这两个窄环之间可以看到更多的环物质。黑条是成像过程中人工添加的，旨在消除大部分来自明亮行星的强光。

海王星环在前向散射光中是明亮的，如上图所示，这表明海王星环含有大量的尘埃。环粒子和环绕天王星的粒子一样暗，所以它们可能也含有因辐射而变暗的富含甲烷的冰。

环弧

环弧

5 当海王星遮掩恒星时，在地球上进行观测的天文学家有时能探测到环，有时则不能。由此，他们得出结论，海王星可能有不完整的环，或环弧。这张"旅行者2号"可见光图像的经计算机处理增加后显示了外环上的环弧，即密度较高的区域。外环中可见的环弧似乎是由卫星海卫六引力影响产生的，但也必须有其他的卫星来限制约束环。

4a 海王星环处于该行星的赤道平面内，位于洛希极限内。海王星环的狭窄程度表明，一定有牧羊犬卫星约束环。而在星环中也已经发现了几颗这样的卫星。一定还有更多未被发现的小卫星才能完全约束住星环。

图源：NASA/JPL–Caltech

可见光对比增强图

海卫三

海卫六

海卫四

亚当斯环

勒威耶环

海卫五

加勒环

4c 与其他类木行星的环一样，环绕海王星运行的环粒子不可能是从行星形成时留下来的。据推测，偶尔对海王星卫星的撞击会散射碎片，并为环补充新的粒子。

4b 海王星环被赋予了与这颗行星的历史相关的名字。法国天文学家勒威耶（Le Verrier）和英国天文学家亚当斯（Adams）根据天王星的运动预测了海王星的存在。德国天文学家加勒（Galle）在1846年根据勒威耶的预测发现了海王星。

海王星

的运动定律，即没有任何行星在只受太阳和其他已知行星的引力的情况下可以遵循这样的运行轨道。

一些天文学家认为，是一个未被发现的行星的引力造成了这些差异。亚当斯从观测天王星预测位置的变化开始，但偏差从未超过 2 角分，到 1845 年 10 月，他通过艰苦而困难的计算，计算出这颗未被发现的行星的轨道。他将他的预测发送给了皇家天文学家乔治·艾里爵士，后者将其转交给了一位观测员，观测员开始对该天区进行艰苦的逐星搜索。

与此同时，法国天文学家奥本·勒威耶进行了同样的计算，并将他对该行星的预测位置发送给柏林天文台的约翰·加勒。加勒在 1846 年 9 月 23 日下午收到了勒威耶的预测，并在当晚搜索了 30 分钟后，发现了海王星。它与勒威耶预测的位置只有 1 角度之差。

一颗新行星的发现引起了轰动，但是英国天文学家不喜欢一个法国人独揽所有的荣誉。他们说，毕竟这颗行星的发现与他们自己的天文学家亚当斯计算的轨道所预测的位置只有 2 角度之差。当英国人宣布亚当斯的工作时，法国人怀疑他剽窃了计算结果，争论很激烈，就像英国和法国之间经常发生的争论那样。一个多世纪以来，科学史家们一直在重复这位错失机会的年轻的英国天文学家的故事，因为负责搜索的天文学家粗心且缓慢。

与亚当斯的计算有关的原始论文丢失了几十年，但当它们在 1998 年被发现时，它们描绘了一幅不同的画面。亚当斯的计算是正确的，但他只计算了新行星的轨道。他并没有真正计算出它在天空中沿轨道的位置；那是留给进行搜索的英国天文学家的。当发现了新的行星后，英国的天文学家们出于民族自豪感，对亚当斯的案子提出了更多要求。

在现在看来勒威耶值得称赞，因为他对新天体在天空的位置做出了准确的、有用的预测，然后积极地将其推送给拥有正确技能的天文学家进行搜索。但你仍然应该给勒威耶和亚当斯这两位天文学家荣誉，因为他们解决了一个困难的问题，而这个问题是那个时代的巨大挑战之一。现代分析表明，他们都对这颗未被发现的行星与太阳之间的距离做出了假设。巧合的是，他们的假设并没有产生大的影响，该行星接近了他们所预测的位置。你认为他们应该因此而少受赞扬吗？他们努力了，而世界上的其他天文学家却没有。

如果伽利略对木星的关注少一点，对在背景中看到的东西关注多一点，勒威耶和亚当斯就可能被击败。对伽利略笔记本的现代研究表明，他在 1612 年 12 月 24 日看到了海王星，并在 1613 年 1 月 28 日再次看到了海王星，但他把海王星作为木星图画背景中的一颗恒星绘制了下来。如果伽利略提出土星之外还有一颗行星存在的话，那么可以想象宗教法庭的反应应该是很有趣的。这对伽利略来说也许是幸运的，但对历史来说是不幸的，他不承认海王星是一颗行星，它的发现不得不再等 234 年。

科学史学家们将海王星的发现描述为牛顿物理学的一次胜利。三个运动定律和万有引力定律已被证明足以预测一颗看不见的行星的位置和运行轨道。因此，海王星的发现与天王星的发现有着本质的不同。天王星是在赫歇尔试图系统地观测整个天空的过程中"意外"发现的，而海王星的存在是由勒威耶和亚当斯利用基本的物理定律推测出来的。

23-2b　海王星的大气和内部

在 1989 年"旅行者 2 号"航天器飞掠海王星之前，人们对它知之甚少。从地球上看，海王星是一个蓝绿色的小点，直径不超过 2.3 角秒。在"旅行者 2 号"之前，天文学家知道海王星的直径几乎是地球的 4 倍，或者说它的直径比天王星小 4% 左右（天体概况：海王星），质量大约是地球的 17 倍，比天王星高 20%。光谱显示，同天王星一样，它的蓝绿色是由其富含氢气的大气中的甲烷对红光的吸收造成的。海王星的密度显示，它是一颗富含氢气的类木行星，但从地球上几乎看不到任何细节，甚至它的自转周期也不确定。

"旅行者 2 号"仅在海王星云顶上方 4950 千米（3080 英里）处经过，是最接近类木行星的航天器。它捕捉到的图像显示，海王星的特点是与该行星赤道平行的引人注目的带区环流。"旅行者 2 号"还看到了至少 4 个气旋式的扰动。最大的一个，被称为大黑斑，看起来与木星上的大红斑相似（见图 23-12）。海王星的大黑斑位于南半球并围绕其中心逆时针旋转，周期约为 16 天。与大红斑一样，它似乎是由来自其行星内部的气体上升造成的。出乎意料的是，当哈勃空间望远镜在 1994 年开始对海王星进行观测成像时，大黑斑已经消失了，并且看到新的云层特征在海王星的大气中出现和消失（见图 23-12）。显然，海王星上的气旋扰动并不像木星的大红斑那样持续几个世纪。

"旅行者 2 号"拍下的图像揭示了其他的云层特征，在富含甲烷的深蓝色大气中显得格外突出。这些白云是由甲烷冰粒组成的，处在更深层以上 50 千米，正是海王星大气层中温度低到足以使上升的甲烷冻结成晶体的

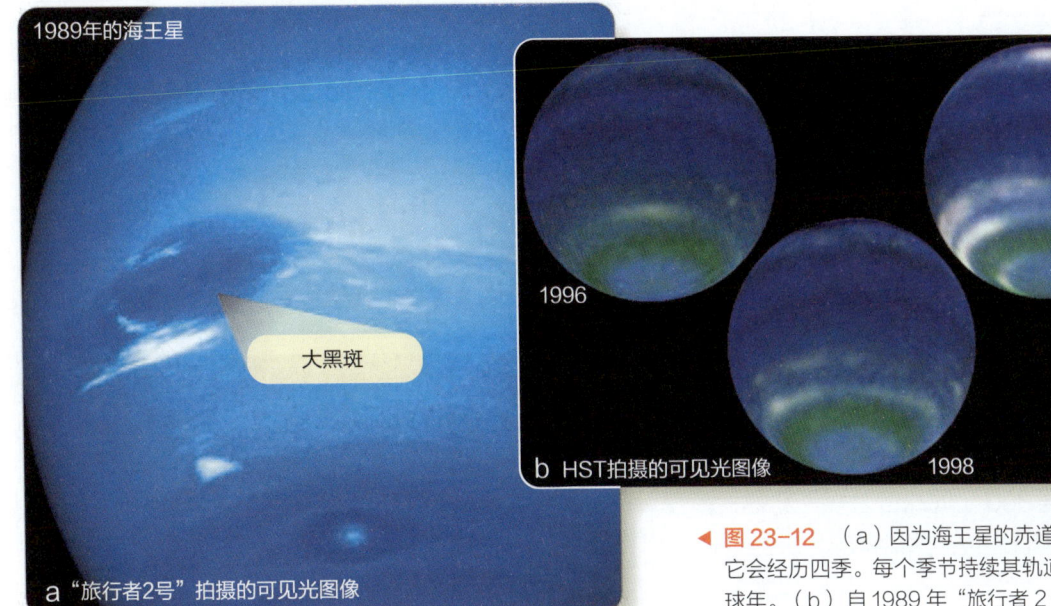

▲ 图 23-12 （a）因为海王星的赤道相对其轨道倾斜 28 度，所以它会经历四季。每个季节持续其轨道运行周期的 1/4，约 41 个地球年。（b）自 1989 年"旅行者 2 号"经过以来，海王星的南半球迎来了春天，气候发生了重大变化。这是令人惊讶的，因为海王星上的阳光比地球上的要暗 900 倍

地方（见图 23-4）。据推测，这些特征与上升的对流有关，这些对流在海王星大气层的高处产生了云层，它们在那里捕捉阳光并显得很明亮。特殊的滤光片可以在可见光和红外波段下呈现这些云带（见图 23-13）。用哈勃空间望远镜进行的一些观测表明，海王星上的大气活动可能与太阳上的耀斑和其他爆发有关，但需要更多的数据来探索这种联系。

就像在其他的类木行星中一样，风平行于海王星的赤道环绕，但是海王星的风速非常大，并且倾向于逆向吹——与行星的自转相反。我们并不了解为什么海王星会有如此高速的逆向风，这也是了解带区环流这个大问题的一部分。

现在你已经在 4 颗类木行星上看到了暗带和亮区（假设在天王星上观察到的微弱云层实际上是带区环流的痕迹），你可以问是什么驱动了这种环流。因为即使在行星以高倾角自转时，暗带和亮区仍然与行星的赤道平行，就像天王星的情况一样，似乎有理由相信大气环流是由行星的自转主导的，也许还有液体内部的热流和环流起作用，但不是由太阳加热主导的。

使行星科学家能够确定天王星内部的观测和计算方法同样可以适用于海王星。模型表明，海王星有一个小的重元素核，周围是由泥浆或固态水组成的深幔，混有化学组成类似岩石的较重物质。海王星的磁场比地球的一半还要小一点，并且与自转轴倾斜 47 度。它还朝向表面偏移了 55% 的位置（见图 23-6）。与天王星的情况一样，海王星的磁场可能是由在导电流体地幔中，而不是在行星的核中运行的发电机效应产生的。

海王星比天王星拥有更多的内部热量，其中一部分热量可能是由其内部矿物中的放射性衰变产生的。一些能量也可能是由密度较大的物质向内下落而释放出来的，包括像天王星那样甲烷分解形成的金刚石晶体。不管出于什么原因，海王星保留了大量的内部热量，而天王星却没有。

海王星是一个诱人的世界，大到足以被哈勃空间望远镜拍摄到，但远到难以研究。"旅行者 2 号"得到的观测数据显示，它的卫星系统出奇的复杂。

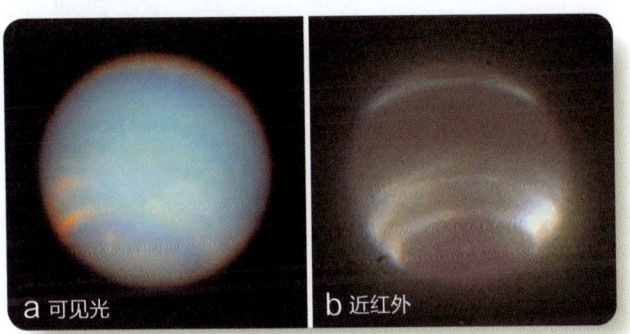

▲ 图 23-13 （a）这张海王星的可见光图像是通过滤光片拍摄的，滤光片会使甲烷冰云带显得格外突出。（b）这张红外图像是用凯克 10 米望远镜和自适应光学系统拍摄的。行星周围甲烷云带的位置是显而易见的

23-2c 海王星的卫星

海王星至少有 14 颗卫星。在 "旅行者 2 号" 造访海王星之前,人们只知道 3 颗卫星。"旅行者 2 号" 发现了 6 颗小卫星,此后通过小地球进行的观测又发现了 5 颗小卫星。其中两颗较大的卫星——海卫一（Triton）和海卫二（Nereid）,因其奇特的轨道,多年来一直是个谜。

海卫一有一个完美的圆轨道,但它却逆向运行——从（海王星的）北极看,它顺时针绕着海王星运行。这使海卫一成为太阳系中唯一拥有逆行轨道的大型卫星;其他所有的逆行卫星都非常小。海卫二在顺行方向移动,但它的轨道是高度椭圆的,而且非常大（见图 23-14）。海卫二绕海王星一周需要 360 个地球日。一些天文学家推测,海卫一和海卫二的轨道是很久以前的一次剧烈事件的证据,当时海卫一在与海王星的一次密近接触中被海王星捕获入轨道并扰乱了其他卫星的轨道。

8 颗卫星在海王星环中沿顺行方向运行:"旅行者 2 号" 发现的 6 颗卫星,加上通过地球上的恒星掩星观测发现的海卫七（Larissa）,以及哈勃空间望远镜图像中发现的 1 颗尚未命名的卫星。海卫一的轨道位于星环之外。在海卫一的轨道之外,有 6 颗不规则轨道的卫星,包括 1949 年发现的海卫二,以及自 "旅行者 2 号" 以来通过使用大型地基望远镜观测发现的另外 5 颗。其中两颗卫星的轨道半长轴为 0.3 AU,这使它们比太阳系中的任何其他卫星都更远离它们的行星。

"旅行者 2 号" 拍摄图像显示,海卫一是非常复杂的。虽然它的直径只有 2710 千米（1680 英里）（是月球大小的 78%）,但它非常寒冷（35 K,或 $-395°F$）,可以维持一个稀薄的大气层——密度是地球大气层的 $1/10^5$——由氮和一些甲烷组成。虽然在照片中可以看到几缕雾气,但大气层是透明的,卫星表面也很容易看到（见图 23-15）。

海卫一的表面显然是由不同类型的冰组成的。表面的冰以冻结的氮为主,还有一些甲烷、一氧化碳和二氧化碳。这与富含氮气的大气是一致的。表面上一些看起

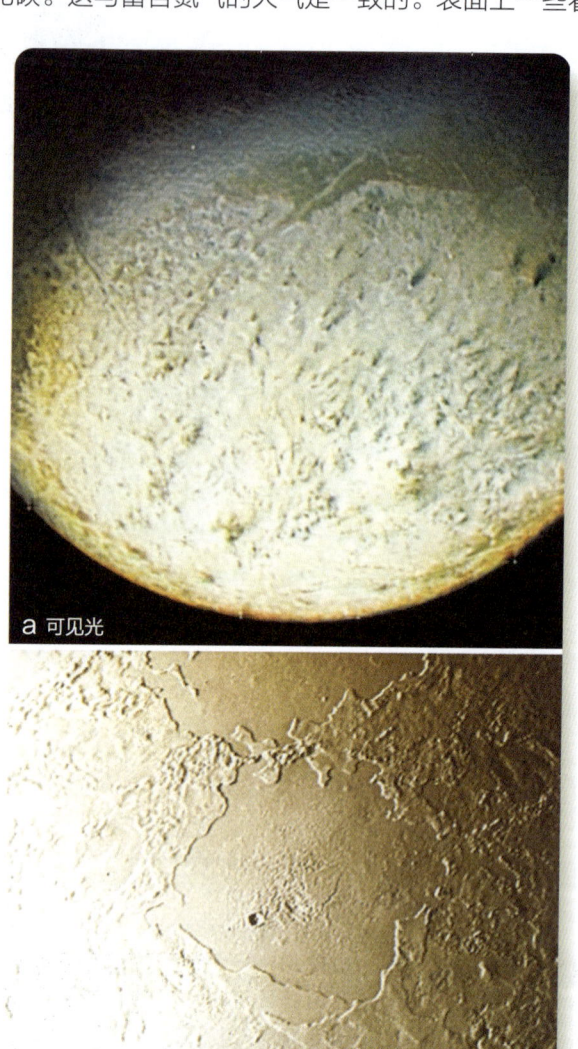

图源：NASA/JPL-Caltech

▲ 图 23-15 （a）1989 年 "旅行者 2 号" 飞越海卫一时,海卫一的南极（底部）已经在阳光下 30 年了。极盖中冻结的氮似乎正在气化,也许会在北半球的黑暗中重新冻结。也许是为了在行星北极的黑暗中重新冻结。当地壳中的液氮蒸发并驱动氮气喷泉时,会产生黑色污迹。（b）海卫一上大致呈圆形的盆地可能是被内部液体反复淹没的旧撞击盆地。请注意海卫一上的少量陨击坑,这表明它是一个部分活跃的天体

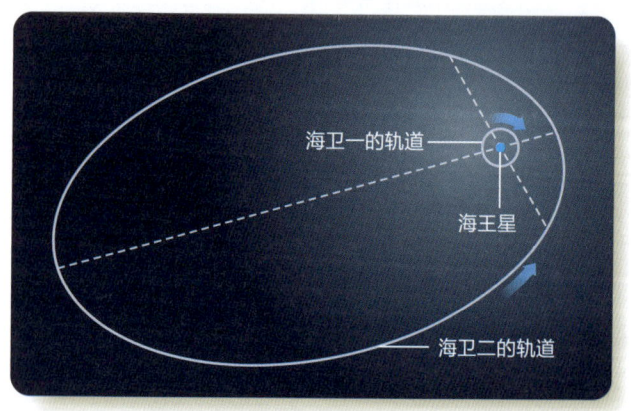

▲ 图 23-14 海卫一遵循一个小的圆形逆行轨道。在距地球 30 AU 的距离处,海卫一距海王星中心从未超过 16 角秒。海卫二有一个大的顺行椭圆轨道,周期接近 1 个地球年。有 7 颗已知的小卫星相比于海卫一在更靠近海王星的顺行圆形轨道上,还有 5 颗小卫星在比海卫二更大、更偏心的轨道上,其中 3 颗卫星逆行,2 颗卫星顺行

来很暗的区域可能是略古老的地形，随着阳光将甲烷转化为有机化合物而变暗。当"旅行者2号"飞过时，海卫一的南极已经朝向太阳30年了，在海卫一的北极的黑暗中一个大的极冠中沉积的氮霜似乎正在那里蒸发，并重新冻结（见图23-15a）。海卫一上的气循环在某些方面类似于火星上的二氧化碳循环。

海卫一的表面有证据表明，这颗冰冷的卫星最近一直在活动，而且可能继续活动。海王星和海卫一位于柯伊伯带的内边缘。你可能会预测，一个如此接近柯伊伯带的卫星应该会有很多陨击坑，但是海卫一很少。其表面的平均年龄不超过1亿年，从天文学的角度看非常年轻。某种过程已经抹去了较早的陨击坑。地质活动的证据包括长线特征，似乎是断裂的冰壳，以及一些大致圆形的盆地，似乎被来自内部的液体反复淹没（见图23-15b）。海卫一非常寒冷，液体不可能是熔岩或甚至液态水。相反，洪流一定是由含有化学物质的水组成的，如氨，会降低液体的冰点。现在不可能判定海卫一是否仍在活动，但在太阳系的历史中，1亿年并不是很长。海卫一可能仍然会遭受周期性的喷发和洪水。

海卫一上的另一种活动形式在其南极附近的明亮的氮气冰中留下了可以看到的黑色污点。这些似乎是由地壳下的氮冰造成的。在太阳的轻微加热下，氮冰可以从一种固体氮的形式转变为另一种，并释放出热量，使一些氮汽化。从内部上升的热量也可以使氮气化。这些氮气通过地壳喷出，形成高达8千米（5英里）的氮气喷泉。排放的气体可能会携带来自冰层下面的黑色物质，这些物质落到表面形成暗黑的污点。另一种可能性是甲烷与氮一起被携带出来，阳光将一些甲烷转化为黑色的有机物质，这些物质落到表面。

活跃的天体必须有一个能量来源；海卫一足够大，可以从其内部的低水平放射性活动中保留一些热能。这足以融化一些冰块，并在表面造成洪泛。氮间歇泉的能量可能部分来自内部的热量，部分来自太阳光。事实上，海卫一吸收太阳光的效率很高。它稀薄的大气层不会使阳光变暗，而且它的地壳是由对光线部分透明的冰块组成。当光线穿透冰层并被吸收时，冰层变暖。然而，地壳对红外辐射不透明，所以热量被留存于冰中。通过这种方式，海卫一的地壳似乎一定程度上受到了固体冰形式的温室效应的加热。

这种低水平的加热不足以消除海卫一每一处的陨击坑，因此一些行星天文学家怀疑海卫一是否在最近——也就是在过去10亿年内——被海王星捕获。这样的捕获产生的潮汐力会引起足够的潮汐加热，从而融化海卫一表面，使其完全重塑表面。足够的热量可能会使海卫一至今仍保持活跃。

23-2d 海王星的环

地球上的天文学家早先在海王星掩星时就看到了星环的线索。

但直到1989年"旅行者2号"飞越海王星时，地球上的天文学家才确定了海王星环的存在。

回看"概念艺术·天王星和海王星的星环"并对其加以比较。并额外注意两点：

1. 海王星的星环以参与发现该行星的天文学家命名，在某些方面与天王星的星环相似，但含有更多的小尘埃颗粒，可以前向散射光线。

2. 同时注意到环与卫星相互作用的一种新方式：海王星的一颗卫星在最外层的环中产生短弧。（在土星的一个环中也发现了一个类似的弧线。）

就像天王星、土星和木星的环一样，现在在海王星环中观测到的颗粒不可能是原始的。据推测，撞击卫星产生的碎片积聚在卫星轨道中颗粒轨道最稳定的地方。

23-2e 海王星系统的历史

你能讲述海王星的故事吗？在某些方面，它似乎是木星和土星的一个更简单、更小的版本，但是和天王星一样，海王星的磁场很特别，它的卫星和星环也值得仔细关注。

你可以假设，海王星从太阳星云中形成的方式与天王星基本相同。像天王星一样，海王星的朦胧大气层，以变化的云层图样为标志，隐藏着一个部分冻结的冰幔，天文学家怀疑那里的发电机效应产生了它的偏心磁场。在这个幔里面是一个致密核。海王星，像木星和土星一样，但与天王星不同，有大量的热量从其内部流向太空。

海王星的卫星系统表明有一段奇特的历史。最大的卫星海卫一以逆行轨道围绕海王星公转，而海卫二的长周期轨道是高度椭圆的。这些轨道上的怪异现象表明，在捕获海卫一的过程中，卫星系统可能受到了干扰。你已经在其他卫星系统中看到了与大型天体撞击的证据，所以假设这样一个灾难性的事件也不是没有道理的。

一些较小的卫星在海王星的环系统附近环绕海王星。鉴于海王星环的前向散射非常明亮，你可以做出如下判断：星环含有尘埃，而且有小卫星限制其宽度，产生可观测到的弧结构。显然，海王星星环一定会偶

第四部分　太阳系　501

尔被陨石和彗星与卫星撞击产生的新鲜颗粒补充。太阳系历史上重大撞击的证据再一次向你保证这种事件确实会发生。

> **践行科学**
>
> **为什么海王星是蓝色的，而它的云层是白色的？** 要回答这个问题，科学家首先需要考虑我们从海王星接收到的光的路径。
>
> 当你看一个东西时，把你的眼睛转向它并接受来自该物体的光。当你看海王星时，你接收到的是太阳光，它从海王星的各层中反射出来并进入你的眼睛。因为太阳光包含所有可见光波段的光子分布，所以它在人眼里看起来是白色的，但是进入海王星大气层的太阳光必须穿过含有少量甲烷的氢气。而氢气在可见光波长下几乎完全透明，甲烷是红色波长的良好吸收体，因此红色光子比蓝色光子更容易被吸收。
>
> 一旦光从更深层散射回太空，它就必须再次穿过甲烷的障碍才能从大气层中显现，而红色光子又更容易被吸收。最后从海王星出来并最终进入人的眼睛的光，在较长的波段上很少，因此看起来是蓝色的。
>
> 甲烷-冰晶云处在高的地方，因此阳光不必穿透海王星的大气层很深就能从云中反射出来，因此它失去的红色光子要少很多。云层看起来是白色的。
>
> 这一讨论展示了仔细的、一步一步的推理链如何使我们更好地理解自然界的运作方式。
>
> 现在，建立另一个推理链来回答以下问题：**为海王星表面间歇泉提供动力的能量来自哪里？**

23-3 冥王星和柯伊伯带

1930 年，冥王星被发现在海王星之外运行，公众欢迎它成为太阳系第九颗行星。令天文学家惊讶的是，冥王星被发现是一个比地球的卫星月亮还要小的固态天体，而不是一个低密度的类木行星。在 20 世纪末，随着望远镜制造技术的大提升，天文学家们在同一区域发现了更多的小天体，而且很明显，冥王星只是相似天体中的一员。

2006 年，国际天文学联合会（International Astronomical Union，IAU）投票决定将冥王星从大行星家族中移出，使其成为一个更大的小天体家族的一部分。要理解这个决议，可以从冥王星被发现的细节开始。

23-3a 冥王星的发现

帕西瓦尔·罗威尔（Percival Lowell）着迷于智慧生命建造了他认为火星上可以看到的运河这一观点（见图 21-9a）。1894 年，罗威尔在亚利桑那州的弗拉格斯塔夫建立了罗威尔天文台，主要是为了研究火星。后来，有人说，在有关火星运河的争论之后，为了提高他的天文台的声誉，他开始寻找海王星以外的行星。

罗威尔使用了亚当斯和勒威耶用来预测海王星位置的相同方法。根据当时所知的海王星运动中的不规则现象，罗威尔预测了海王星以外一颗未被发现的行星的位置。他的结论是，它将包含大约 7 个地球质量，是一颗位于金牛座东边看起来像 13 等的天体。而后罗威尔和他的工作人员开始用摄影技术寻找这颗行星，直到他 1916 年去世。

在 20 世纪 20 年代末，22 岁的业余天文学爱好者克莱德·汤博（Clyde Tombaugh）开始使用一个自制的 9 英寸望远镜，在位于堪萨斯州西部的小麦农场的家里描摹木星和火星。他把他的画寄给了罗威尔天文台，天文台台长斯里弗（Vesto Slipher）没有经过面试就聘用了他。年轻的汤博买了一张去弗拉格斯塔夫的单程火车票，却不知道他的新工作会是什么样子。

斯里弗让汤博开始工作，在预测的行星位置周围沿着黄道拍摄天空。这种搜索技术是天文学中的一个经典方法。汤博获得了数对①14 英寸×17 英寸的玻璃底片，它们间隔 2~3 天曝光。为了搜索一对底片，他把它们安装在一个闪视仪中，这种仪器使他可以通过显微镜观察一个底片上的一个小点，然后翻转手柄看另一块底片上的相同点。当他来回闪视时，恒星的图像不会移动，但行星在 2~3 天内会沿着轨道移动，并在第二块底片曝光时已离开原来的位置。因此，汤博在巨大的底片上逐个搜索星体图像，寻找一个移动的图像。一对底片可能包含 40 万个星体图像。他搜索了一对又一对，但什么也没发现。

罗威尔天文台台长转向了其他项目，而汤博则独自工作，将他的搜索范围扩大到更多的天区。在将近一年

---

① 所谓"对"指的是在不同时间对着相同的天区曝光得到的照相底片，这种方法常用于发现变源。——译者注

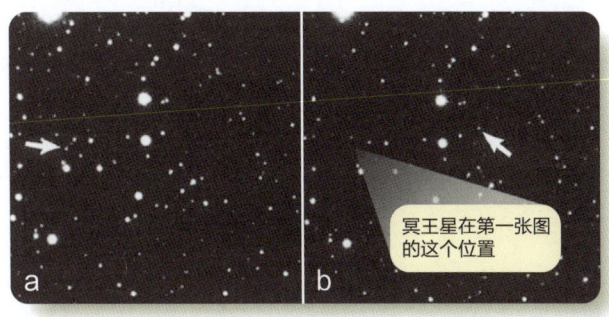

图源：Courtesy of Lowell Observatory

▲ 图 23-16　冥王星又小又远，所以在大多数照片上，它的图像与恒星的图像无法区分。克莱德·汤博于 1930 年相隔几天拍摄的一对照片中寻找了一个相对于恒星移动的物体，进而发现这颗行星

的时间里，汤博在晚上曝光底片拍摄，在白天使用闪视仪。然后，在 1930 年 2 月 18 日，在他离开堪萨斯州近一年后，在一对底片的 1/4 处，他发现了一个移动的 15 等星像（见图 23-16）。他后来回忆起那个时刻："'哦，'我想，'我最好看看我的手表；这可能是一个历史性的时刻。现在离下午 4 点（美东时间）大约还有 2 分钟'。"这一发现是在 3 月 13 日宣布的，当天是发现天王星的 149 周年，也是帕西瓦尔·罗威尔诞辰 75 周年。该天体被命名为冥王星，是以冥神的名字命名的，而且在某种程度上，也是以罗威尔的名字命名的，因为冥王星（Pluto）的前两个字母是帕西瓦尔·罗威尔（Percival Lowall）的姓名首字母。

冥王星的发现似乎是预言的胜利，但汤博在看到图像的第一时间就感觉到有些不对劲。它在正确的方向上移动了正确的距离，但它比预想的暗了 2.5 等。显然，冥王星不是罗威尔预测的 7 个地球质量的行星。暗弱的图像意味着冥王星是一个小天体，其质量太低，不足以严重改变海王星的运动。

后来的分析表明，罗威尔用来预测冥王星位置的海王星运动的所谓变化，是观测的随机不确定性，不可能得到一个可靠的预测。新行星的发现离罗威尔预测的位置只有 6 角分，这显然是个意外。

23-3b　作为天体的冥王星

冥王星不是木星，也不是类地行星。然而，你可以使用比较行星学来分析冥王星，将其与太阳系其他天体进行比较和对照。

冥王星是一个非常小的、冰冷的天体。它的直径为 2380 千米（1480 英里），最大截面比澳大利亚还小，只有月球的 2/3 大。冥王星的轨道是显著偏心的。事实上，从 1979 年到 1999 年，冥王星比海王星更接近太阳。然而，这两个天体永远不会相撞，因为冥王星的轨道相较于黄道倾斜 17 度，也因为冥王星和海王星的轨道是相互共振的，所以它们永远不会靠近。

在远离太阳的轨道上运行，冥王星的温度足以冻结大多数你认为是气体的化合物；光谱观测发现了固体氮的证据，在其表面有冻结的甲烷和一氧化碳的痕迹。白天的最高温度约为 55 K（−360° F），足以使一些氮、一氧化碳和甲烷的固体冰气化，形成一个稀薄的大气层。1988 年，当冥王星遮掩一颗遥远的恒星时，这种大气层首次被探测到，观测到星光是随着大气层的吸收而逐渐变暗，而不是在冥王星的固态边缘突然消失。

新视野号航天器在 2015 年 7 月飞越冥王星，用射电传回了令人印象深刻的图像（见图 23-17a）和其他

图源：NASA/JHUAPL/3wRI

▲ 图 23-17　（a）两个新视野号相机合成的冥王星真彩色图像；与本章开始的彩色增强图像进行比较，这些数据是在航天器距离冥王星 450 000 千米（280 000 英里）时采集的，显示的特征只有 2.2 千米（1.4 英里）宽。（b）在最接近冥王星的 15 分钟后，新视野号拍摄到了这张接近日落的照片，照片中的山脉和冰原一直延伸到冥王星的地平线。背光显示出冥王星稀薄但延伸的大气中有十几层薄雾。这幅图宽 380 千米（240 英里）。右侧的平原是图（a）所示心形特征左"叶"的一部分

第四部分　太阳系　503

测量结果。特写照片显示山峰高达 3.5 千米（11 000 英尺）（见图 23-17b）。甲烷和氮冰不够坚固以支撑山峰达到如此之高，因此行星科学家得出结论，这些山一定是由水冰构成的，在冥王星的温度下，水冰会坚硬如石。

这些山脉上及其附近没有陨击坑，这表明这个特殊的景观非常年轻——不超过 1000 万年，是太阳系中观测到的最年轻的表面之一。显然，冥王星最近在地质方面很活跃，这意味着热量一定在向外流动。正如你将在下一节中了解到的，冥王星部分由岩石物质组成。对冥王星内部是否有足够的放射性衰变来提供持续产生表面活动的热量，行星科学家们意见不一。新视野号团队中的一位科学家说："这可能会让我们重新思考是什么推动了许多其他冰冷的天体的地质活动。"冥王星被证明是一个充满惊喜的世界。

23-3c　冥王星的卫星

冥王星最大的卫星是在 1978 年通过照片发现的，它被命名为冥卫一（Charon，卡戎），是以神话中把灵魂运过冥河进入冥界的摆渡人命名的。冥卫一以近乎完美的圆形轨道绕着冥王星运行。几十年来的观测表明，冥卫一和冥王星是相互潮汐锁定的。此外，像天王星一样，冥王星的自转轴高度倾斜于其绕太阳的轨道，其自转与冥卫一的轨道都是逆行的（见图 23-18）。现在，新视野号已经对冥卫一进行了详细的成像和研究（再看一下本章开头的图）。

2005—2012 年，几个天文学家小组利用哈勃空间望远镜发现了 4 颗较小的卫星——命名为冥卫五（Styx）、冥卫二（Nix）、冥卫四（Kerberos）和冥卫三（Hydra），它们与冥卫一在同一平面上运行。这些小卫星也被新视野号拍摄到了（见图 23-19）。冥卫一和其他卫星的特性使天文学家推测，与月球一样，这些天体是由冥王星早期历史中巨大撞击产生的碎片组合而成的。

追踪冥王星卫星的轨道运动可以计算出冥王星的质量。

例子：冥卫一和冥王星以 19 600 千米的距离和 6.39 天的轨道周期围绕它们共同的质量中心运行。冥卫一比冥王星距离它们的质心要远 8.6 倍。那么冥王星的质量是多少？

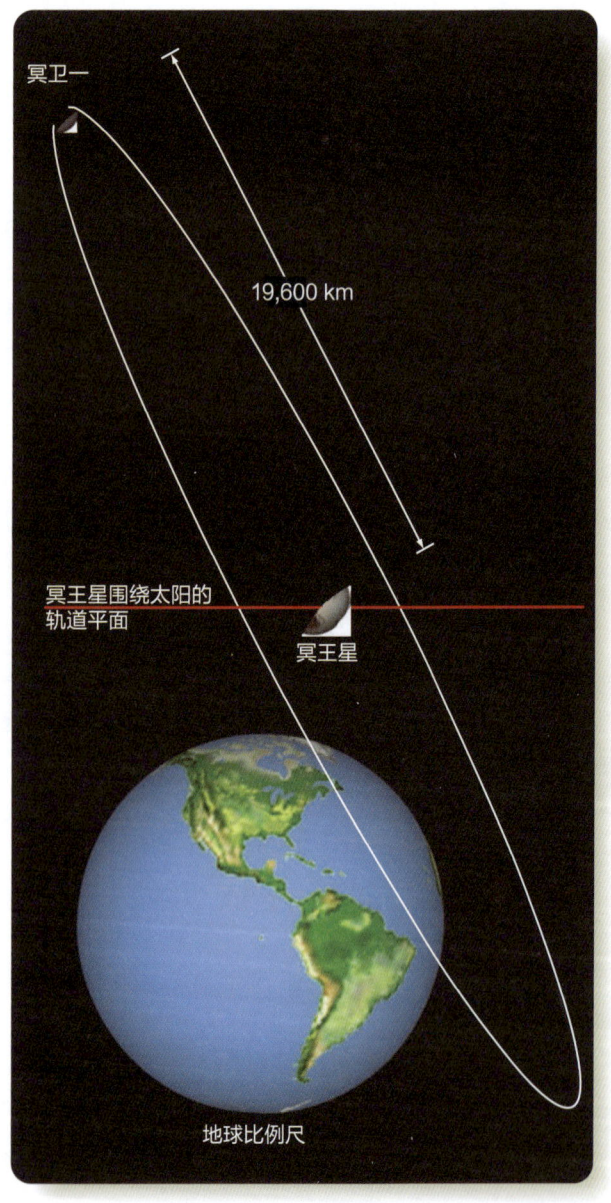

▲ 图 23-18　接近圆形的冥卫一轨道只比地球的直径大几倍。这里几乎是以侧向显示的，因此在这个图中它看起来是椭圆形的。冥卫一轨道和冥王星赤道与冥王星围绕太阳的轨道平面有 120 度倾斜

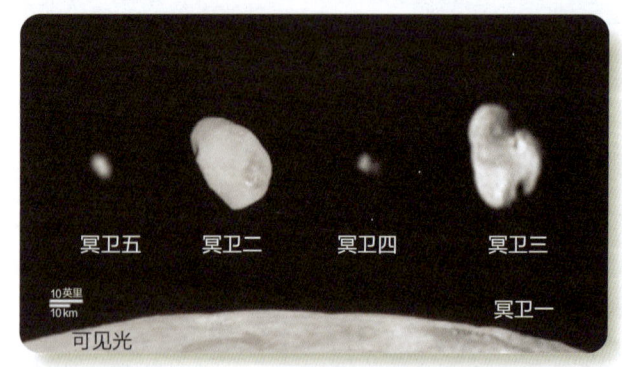

▲ 图 23-19　冥王星的 4 颗小卫星的合成图像来自新视野号，在冥王星最大卫星冥卫一的边缘上方以相同的比例显示了正确的相对大小。4 颗小卫星都有拉长的形状，这可能是在太阳系历史早期的巨大碰撞后由较小的碎片组成的。据推测，这场碰撞产生了冥王星所有的这 5 颗卫星

解答： 使用公式 5-2，牛顿形式的开普勒第三定律，

$$P^2 = \left(\frac{4\pi^2}{GM_{P+C}}\right)r^3$$

$$r = 19\,600 \text{ km} = 1.96 \times 10^7 \text{ m}$$

$$P = 6.39 \text{ days} = 5.52 \times 10^5 \text{ s}$$

$$(5.52 \times 10^5)^2 = \frac{(4\pi^2)(1.96 \times 10^7)^3}{6.67 \times 10^{-11} M_{P+C}}$$

$$3.05 \times 10^{11} = \frac{2.97 \times 10^{23}}{6.67 \times 10^{-11} M_{P+C}}$$

$$M_{P+C} = 1.46 \times 10^{22} \text{ kg}$$

冥王星加上冥卫一的总质量只有大约 0.002 4 地球质量。根据它们围绕质量中心的轨道大小的比例 8.6，冥王星的质量一定是其与冥卫一质量总数的 90%，即 1.31×10^{22} kg。

知道了冥王星和冥卫一的质量和大小，就可以计算出它们的密度。得到一个天体的密度在天文学中是很重要的，因为它可以显示出这个天体的整体组成。冥王星的密度约为 1.9 g/cm³，而冥卫一的密度约为 1.7 g/cm³。这些密度表明，冥王星和冥卫一必须包含 30%~40% 的冰和 60%~70% 的岩石。

23-3d 矮行星家族

也许关于冥王星最有趣的事情是它并不孤独。已经发现了 1000 多个与冥王星一起在柯伊伯带运行的天体。其中至少有一个比冥王星更大。

被称为阋神星（Eris）的天体于 2003 年被发现，其直径与冥王星差不多，但质量比冥王星大 28%。它的轨道离太阳的距离比冥王星要远 1.7 倍。阋神星的轨道比冥王星的更偏心，倾角也更大，但它们可能是相似的天体。阋神星的发现使国际天文学联合会认识到太阳系的一类新天体，将其称为矮行星——这些天体围绕着太阳运行，其大小足以使其呈现球形①，但又不足以产生足够的引力影响、吸收或以其他方式清除在其附近运行的其余天体。相比之下，包括地球在内的大行星在从原行星成长为行星的过程中，能够吸收或抛开附近所有的星子。

到目前为止，有 5 颗太阳系的天体已经被国际天文学联合会指定为矮行星。冥王星、阋神星、妊神星（Haumea）和柯伊伯带中的鸟神星（Makemake），加上谷神星（Ceres），这颗直径为 950 千米（590 英里）的小行星在火星和木星之间的小行星带中运行，几乎是第二大行星智神星（Pallas）和灶神星（Vesta）的两倍。（你将在下一章中了解更多关于谷神星、智神星、灶神星及其他小行星带成员的信息。）已知还有大约 10 个柯伊伯带天体（KBOs）几乎和冥王星、阋神星、妊神星和鸟神星一样大，因此被认为是矮行星候选者，但还有待于更好地确定它们的属性。妊神星是一个奇怪的天体，它的自旋速度非常快——每 4 小时一次——它的形状就像一个扁平的面包。可能还有更多的天体尚未被发现。两个分别名为塞德娜（Sedna）和亡神星（Orcus）的大型天体，其直径均为冥王星的 2/3。另一个叫作夸奥尔（Quaoar）的天体的直径是冥王星的一半。

一些天文学家认为，冥王星的大球状卫星冥卫一应该是矮行星中的一员，尽管它绕着另一颗矮行星而不是太阳运行。其他天文学家则对谷神星这颗岩石小行星被列入矮行星名单中感到不安。这种分类可能看起来很随意，直到你开始思考矮行星是如何形成的。一些天文学家把它们称为寡头。"寡头"这个词通常适用于商业或政治领导人，他们可能是城里最强大、最吝啬的家伙。但他们并不孤单，他们是老板。矮行星似乎算是太阳星云中的天体，比它们周围的天体成长得更快，并很快成为主导者，但还没有足够大到可以完全掌控并清空自身附近轨道上的物体。

地球和木星等行星清空了它们围绕太阳运行轨道上的天体，但是矮行星没有大到足够可以做到这一点。所以它们不是行星，而是矮行星。

23-3e 冥王星和冥族小天体的历史

这一部分不是关于 20 世纪 50 年代的摇滚乐队的。它事关矮行星的形成历史，将带你回到数十亿年前，看看外行星的形成。

数以百计的 KBOs 和冥王星一样，处于与海王星 3∶2 的共振中。也就是说，它们绕着太阳运行两次时，海王星绕着太阳运行三次。当你研究木星的伽利略卫星时，你了解了轨道共振（第 22-3 节）。与海王星的 3∶2 共振使运行轨道上的天体不受来自海王星的任何扰动引力影响，因此它们的轨道更加稳定。海王星和冥王星的运行轨道实际上是相交的，但共振使它们总是相互

---

① 之所以需要足够的大小才能呈现球形是因为需要有足够的重力克服自身的刚性。这是被定义为行星的必要条件之一。——译者注

远离，所以它们永远不会相撞。因为冥王星同样是处在3：2共振中的天体之一，这些KBOs被称为冥族小天体（plutinos）。

冥族小天体是如何被捕获到与海王星的共振中的呢？你已经了解到，行星形成的计算机模型表明，天王星和海王星可能是在更靠近太阳的地方形成的。后来的某个时候，与木星和土星的引力相互作用使这两个冰质巨行星逐渐向外移动，而且，随着海王星向外迁移，它的轨道共振可能像渔船前面堆的网一样卷起了在它周围的小天体。其他的KBOs被捕获到了其他的稳定共振中，其余小天体显然是以同样的方式被捕获的。处于3：2共振中的冥族小天体和与海王星处于其他海王星共振中的其他KBOs是海王星发生向外迁移的确凿证据。这种行星迁移可能将小天体分散到整个太阳系之中，并造成后期的重轰击事件，在这一事件中，月球可能与地球和其他太阳系天体一起，在大约40亿年前经历了陨击坑数量短暂但具有毁灭性的增加。

一些天文学家仍然对国际天文学联合会"降级"冥王星感到愤怒，但你一旦意识到它是被研究得最好的矮行星，会发现它实际上是一个更有趣的天体。在内太阳系中，只有小行星谷神星能够快速成长为矮行星，但是在外太阳系中出现了大量的冰质物体，从砾石到现在被公认为矮行星的寡头。随着对它们的了解加深，矮行星将揭示出行星构建时代的更多秘密。

践行科学

为什么地球被认为是行星而不是矮行星？ 科学家在开始一个新的研究领域时，通常要做的一件事就是为被研究的物体制定一个分类方案。

为了有效用，分类方案必须以物体真实的特征为基础，所以你需要考虑矮行星的定义。根据国际天文学联合会的规定，矮行星必须围绕太阳运行，不是行星的卫星，并且是球形的。地球也符合这些特征，但还有一个要求。

根据定义，一颗矮行星必须小到无法清除其轨道附近的大部分较小天体。当地球在太阳星云中成长时，它吸积或推开了以类似其运行轨道绕太阳运行的小天体。换句话说，地球足够大，它的引力能够清空它围绕太阳运行的交通线，所以它被归类为行星。冥王星从来没有大到足以清空它的"车道"（柯伊伯带），所以冥王星被列为矮行星。（注意，矮行星是一颗行星，就像矮星系是一个星系，矮星是一颗恒星一样。）

我们是什么

被困住的人

从来没有人比月球离地球更远。人类自身已经派出机器人航天器去探索月球以外的太阳系天体，但没有人曾亲自踏足过这些天体。我们被困在了地球上。

我们缺乏技术，无法轻易离开地球。摆脱地球的引力场需要动力非常强大的火箭。美国在20世纪60年代和70年代初建造了巨型的火箭，将宇航员送往月球，但这样的火箭已经不复存在。今天最好的技术可以把宇航员送到离地球表面仅几百千米高空的大气层以上的轨道。我们也许可以通过几十年的努力到达火星，但向更远的地方进军需要消耗更多超出地球所能提供的资源。

我们地球人被困在我们的星球上还有一个原因。我们已经进化成适合地球上环境的状态。你所探索的地球以外的行星或卫星没有一个会欢迎你。辐射带、极热或极冷、缺乏空气是明显的问题，但地球人已经进化为适合在1个地球重力下生活。宇航员在轨道上仅仅几个星期就会出现生物医学上的问题，因为他们的肌肉和骨骼无法感受到地球的引力。人类能在火星上的微弱重力下生活多年吗？我们被困在地球上，不仅因为我们缺少强大的火箭，而且因为我们需要地球的环境。

似乎很可能我们需要地球比它需要我们更多一些。人类正在以惊人的速度改变我们生活的世界，而其中一些变化正在使地球变得不那么适宜居住。人类对非地球世界的所有探索都是为了提醒自己，养育我们的地球家园的舒适和美丽。它可能是我们能拥有的唯一一颗星球。

陨石、小行星和彗星

24

图源：Courtesy of Aleksandr Ivanov

▲ 从一个汽车仪表盘摄像头视频中提取的画面，一个大型流星（小行星）在俄罗斯车里雅宾斯克市的上空划过

你在开始研究行星天文学时，已思考了有关太阳系如何形成的证据。在其后的章节中，你对行星进行了调研，发现了更多关于太阳系起源的线索，但同时也了解到行星历史早期的大部分痕迹已经被地质活动或其他过程抹去。现在，你可以研究较小的、变化较少的天体，这些天体能更好地代表行星构建时代。

小行星和彗星是未演化的天体，是剩余的行星构建"砖块"。你会发现它们与46亿年前形成时的样子差不多。流星和陨石是抵达地球的彗星和小行星的碎片，可以让你近距离观察那些古老的星子。随着不断探索，你将找到四个重要问题的答案。

▶ 流星和陨石从哪里来？
▶ 什么是小行星？
▶ 什么是彗星？
▶ 当小行星和彗星撞击地球和其他行星时会发生什么？

当读完这一章时，你将获得对自己在自然界中的位置的真正了解。你生活在一个星球的表面。其他星球是否宜居？这是下一章，也是最后一章的主题。

> 当他们呼喊"和平,和平"时,突然的毁灭就来了!
> 彗星的混乱?——彗星会带来什么可怕的事件?
>
> ——摘自一本因 1973 年科胡特克彗星的出现而预测世界末日的小册子

在 2013 年 2 月,一个后来估计直径约为 20 m(65 英尺)的物体以 19 km/s(43 000 英里/小时)的速度移动,在俄罗斯车里雅宾斯克市上空约 30 km(20 英里)的高度以 30 颗广岛原子弹当量的能量爆炸(见本章开头的图片)。由此产生的冲击波破坏了城市的大部分窗户,导致 1500 多人因被玻璃割伤而就医。神奇的是,没有人因此丧生。物体的飞行路径表明它来自小行星带。

在地球各地每天都有来自太空的陨石,尽管通常不像车里雅宾斯克事件那样壮观。在本章中,你将了解到陨石是小行星的碎片,小行星以及它们冰质的远亲——彗星携带着有关太阳和行星形成时所处的太阳星云条件的宝贵线索。

因为难以造访彗星和小行星,你可以从了解这些天体的碎片开始。

24-1 陨石、小行星和彗星

当研究太阳系年龄的证据时,你首先了解了陨石(第 18-1d 节)。在那里你可以看到太阳系包括被称为流星体的小颗粒。其中一些以 10~70 km/s 的速度与地球大气层相撞。与大气的摩擦会充分加热流星体,使它们发光,你会看到它们气化成为划过夜空的条纹。这些条纹被称为流星。如果流星体足够大并且结合得足够紧密,就可以穿过大气层到达地球表面而"幸存"下来。一旦物体撞击地球表面,它就被称为陨石(meteorite)("-ite"是岩石的希腊词根)。正如你将在本章后面的内容了解到的,这类天体中最大的一个可以在地球表面炸出陨击坑,但如此强烈的撞击极为罕见。几乎所有落到地表的陨石都很小而不足以形成陨击坑。

关于太阳系的起源,陨石和流星能告诉你什么?要回答这个问题,需要考虑它们的成分和轨道。

24-1a 陨石和流星的成分

寻找陨石的最佳地点之一是南极的某些地区,不是因为那里落下的陨石更多,而是因为它们很容易识别(见图 24-1a)。南极冰盖的顶部没有土块;最近的天然岩石都被埋在冰下。你在那里找到的任何岩石都一定是从太空中坠落到地面的。(出于类似的原因,另一个寻找陨石的好地方是撒哈拉沙漠,那里的沙层使地球岩石

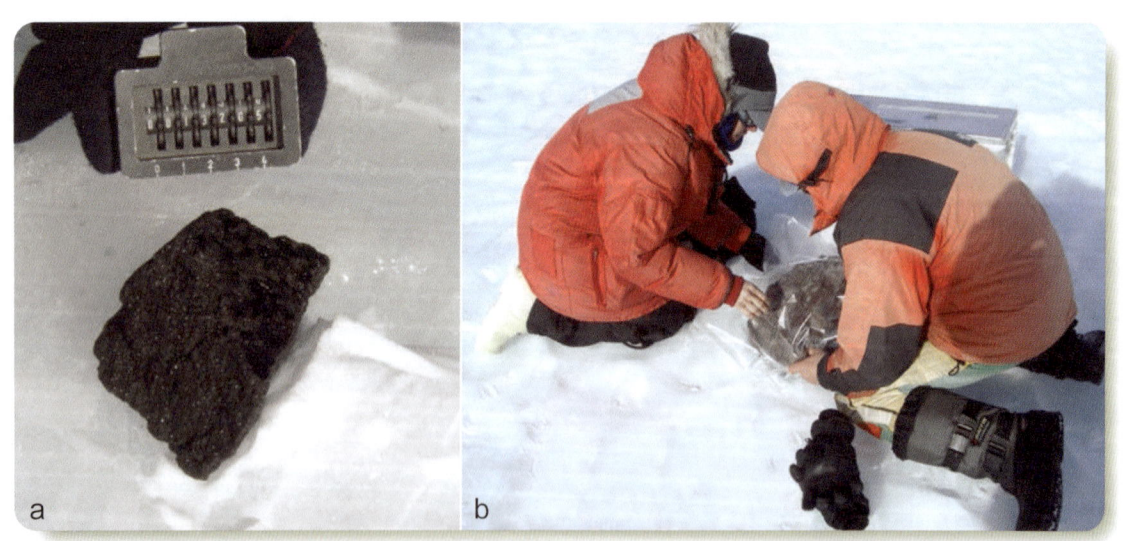

图源:ANSMET/NSF/NASA/M. Kress (SJSU)

▲ 图 24-1 冒着严寒和大风,骑着雪地摩托的科学家团队寻找很久以前坠落在南极并随着冰层蒸发而暴露出来的陨石。他们以这种方式收集了数以千计的陨石,包括来自月球和火星的一些碎片。(a)当发现陨石时,对其所在的位置进行拍照并分配一个编号。(b)然后将其放入密封袋中并冷藏,直到可以在实验室中进行研究

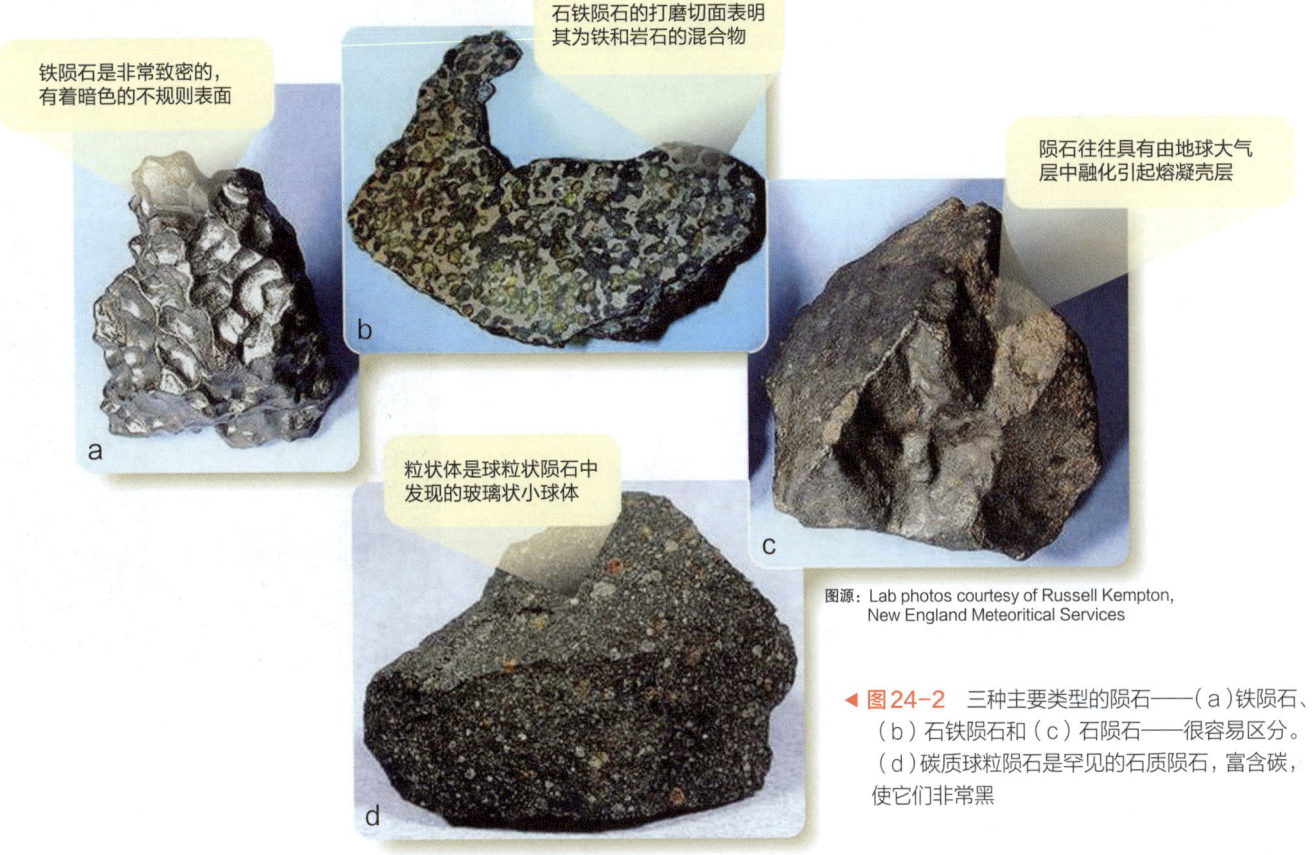

▲ 图24-2 三种主要类型的陨石——（a）铁陨石、（b）石铁陨石和（c）石陨石——很容易区分。（d）碳质球粒陨石是罕见的石质陨石，富含碳，使它们非常黑

完全被掩埋。）南极冰盖从大陆中心向海洋的缓慢移动将陨石集中在冰盖移动碰到山体屏障、减速并蒸发的区域。每到南半球的夏季，科学家们都会组成团队前往南极洲，乘坐雪地摩托系统地扫过冰层，以回收陨石（见图24-1b）。一个拥有4~8人的团队可以在两个月的野外工作中找到1000颗陨石。经过25年的努力，目前人类手中的4万颗陨石中，有一半以上来自南极。

目睹坠落的陨石称为视落陨石，因其在确定的时间和地点坠落，故有据可查。在地面上或地下发现的陨石，但没有看到坠落，称为寻获陨石。这样的陨石可能在几千年前就已经坠落了。当进一步分析不同种类的陨石时，视落陨石和寻获陨石之间的区别将很重要。

陨石可分为三人类。铁陨石（见图24-2a）是铁和镍的固体块。石铁陨石（见图24-2b）是铁和石的混合物。石陨石（见图24-2c）是类似于地球岩石的硅酸盐块。碳质球粒陨石（Carbonaceous chondrites；发音为KON-drites；见图24-2d）是一种特殊类型的石质陨石。

铁陨石很容易识别，因为它们是重而致密的金属块——磁铁会粘在它们上面。这解释了一个重要的统计数据。铁陨石占寻获陨石的50%（见表24-1），但仅占视落陨石的6%。为什么？因为铁陨石看起来不像普通的岩石。如果你在徒步旅行时被其绊倒，你很有可能会认为它是奇怪的东西，将它带回家，并交给当地博物馆。此外，一些石质陨石暴露于风吹日晒下时会迅速变质；铁陨石由更坚固的材料构成，通常寿命更长。铁陨石的耐久性和易识别性意味着存在一种选择效应，使它们比其他类型的陨石更有可能被发现（我们如何得知24-1）。只有6%的坠落陨石是铁陨石的事实，这表明铁陨石虽然在地球上比其他陨石更容易被找到，但在太空中相对较少。

表24-1 陨石的性质

类型	视落陨石（%）	寻获陨石（%）
铁陨石	6	50
石铁陨石	1	5
石陨石	93	45

第四部分 太阳系 509

我们如何得知 24-1

选择效应

红色昆虫和红色汽车有什么相似之处？

科学家必须提前计划并精心设计他们的研究项目。例如，研究雨林中昆虫的生物学家必须选择捕捉哪些昆虫。他们无法捕捉到他们看到的每一种昆虫，所以他们可能会决定捕捉并研究任意红色的昆虫。如果他们不小心，选择效应可能会使他们得到的数据产生偏差，导致他们在不知情的情况下得出错误的结论。

例如，假设你需要测量高速公路上汽车的行驶速度。但车辆太多，无法对每辆车进行测量，因此你可以减少工作量，只测量红色车辆。这个选择标准很可能会误导你，因为购买红色汽车的人可能更年轻，开得更快。那你应该只测量棕色汽车吗？不，因为车主可能年纪较大，比较稳重的人可能倾向于买棕色的车。只有非常仔细地设计你的实验，你才能确定你测量的汽车以典型的速度行驶。

天文学家明白，通过望远镜观测到的东西取决于注意到的东西，而这一点受到所谓"选择效应"的强烈影响。例如，雨林中的生物学家不应该只捕捉和研究红色昆虫。通常，颜色最鲜艳的昆虫都伴有毒性，或者至少对捕食者来说味道不好。只捕捉红色昆虫可能会产生一个因选择效应而高度偏差的结果。

图源：NASA/ESA/STScI/AURA/NSF/Hubble Heritage Team

明亮美丽的事物，如旋涡星系，可能会吸引不成比例的注意力。科学家必须意识到这种选择效应

当铁陨石被切开、抛光并用酸蚀刻时，它们会显示出称为魏德曼花纹的规则条带（发音为 VEED-mahn-state-en，见图 24-3）。

图源：Photo courtesy of Russell Kempton, New England Meteoritical Services

▲ 图 24-3 切割，抛光，用酸蚀刻，铁陨石展示出大晶体的魏德曼花纹，表明这种材料自融熔状态冷却得十分缓慢，一定处于一个相当大的天体的内部

这些花纹由铁和镍的某些合金引起的，这些合金很久以前熔融金属冷却和凝固时形成晶体。这些带的大小和形状表明，熔融金属的冷却速度非常慢，不超过每百万年 20 K。

魏德曼花纹表示，铁陨石中的金属曾经熔化过，但必须有良好的绝热条件才能冷却得如此缓慢。这种缓慢的冷却表明，其所处物体内部的位置直径至少为 30 千米（20 英里）。（相比之下，暴露在太空中的一小块熔融金属将会在几个小时内冷却。）另外，铁陨石并没有显示出存在于行星尺度下的天体内部深处非常高的压力对其带来的影响。显然，铁陨石形成于比行星小的星体的冷却内部。你会发现这是一条关于陨石起源的重要线索。

一小部分视落陨石是由铁和石头混合而成的陨石（见图 24-2b）。这些石铁陨石似乎是由熔融的铁和岩石凝固而成的，这种环境可能会在星子内部深处液态金属核和岩石幔之间的层面被找到。

与铁陨石和石铁陨石相比，石陨石（见图 24-2c）是视落陨石中最常见的陨石类型（见表 24-1），这意味着它们在地球附近的空间中很常见。尽管有许多不同类型的石陨石，但根据其物理性质和化学含量，可以将其分为两大类：球粒陨石和非球粒陨石。

球粒陨石看起来像深灰色的粒状岩石（见图24-2d）。球粒陨石有很多种，但通常都含有一些挥发物，包括水和有机（碳）化合物。少数球粒陨石似乎实际上是在液态水存在的情况下形成的。

大多数类型的球粒陨石也含有粒状体，即直径只有几毫米的小圆片玻璃状岩石。要使粒状体呈玻璃状而非结晶状，必须使其在几个小时内从熔融状态迅速冷却。一种假说是，粒状体是来自太阳星云内部靠近太阳的物质碎片，被一阵太阳风或原恒星喷流吹出（第11章"概念艺术·对初期恒星体和原恒星盘的观测"中的图4）到星云较冷的部分，它们在那里凝结，后来被合并到较大的岩石中。另一种假说是，粒状体曾经是固态物质，被太阳星云中传播的激波融化，然后再固化。球粒陨石中粒状体的存在表明，这些岩石自形成以来没有融化过，因为融化会破坏粒状体。

在球粒陨石中，碳质球粒陨石很少见，但相当重要。这些深灰色的石质陨石富含水、其他挥发物和有机化合物。如果流星体即使只被加热到室温，那么这些物质也会消失。

有史以来研究过的最重要的陨石之一是1969年在墨西哥小村庄阿连德（发音为 ah-YEN-day）附近视落的一种碳质球粒陨石。回收了大约2吨的碎片。对阿连德陨石的研究表明，该陨石含有粒状体、水、包括氨基酸在内的复杂有机化合物，以及大量富含钙、铝和钛的不规则小包裹体（见图24-4），现在被称为富钙铝包裹体（calcium-aluminwn-ich incusim, CAI），这些物质是高度难熔的；也就是说，它们只有在高温下才会蒸发或凝固。

如果你能挖出太阳光球的一部分并将其冷却，第一批凝固的粒子将具有CAIs的化学构成成分。随着温度下降，其他材料将根据第18-3b节所述的凝固顺序变为固体。当材料最终冷却至室温时，你会发现几乎所有的氢、氦和其他一些气体（如氩和氖）都逸出，剩下的团块的总体化学成分几乎与阿连德陨石完全相同。这是阿连德陨石来自一个非常古老的太阳星云样本的证据，CAIs的放射性年代测试与最古老的太阳系物质的年代一致这一事实同样确证了这一点。

2000年，另一批含有大量碳质的球粒陨石物质在加拿大北极地区的塔吉什湖坠落在地球。对那颗陨石的分析得到了一个惊喜：它的有机物明显没有阿连德那么复杂。科学家们不确定这是否意味着塔吉什陨石有机物在太阳系历史的早期形成，以至于化学反应尚未进展到合成阿连德陨石所含有的复杂化合物的阶段，或者塔吉什陨石物质是否曾经被加热到足以产生将大分子分解成较小的分子的变化。

凝聚的太阳星云在形成时应该已经将挥发物和有机物结合到固体颗粒中。如果这种物质后来被加热，它就会失去挥发物，许多有机化合物也会被破坏。球粒陨石显示出的特性范围从碳质球粒陨石（其中大部分避免被加热或改性）到其他球粒陨石（其中材料被轻微加热并与它最初凝固的形式有所不同）。一般而言，球粒陨石为我们提供了关于太阳星云早期在星子和行星形成时的条件和过程的最佳和直接的信息。

被称为非球粒陨石的石陨石不含粒状体，也不含挥发物。这些石陨石似乎吸收了大量的热量，使粒状体熔化并完全除去了挥发物，留下了构成成分类似于地球玄武岩的岩石。

不同类型的陨石显然有着各种各样的历史。一些非球粒陨石看起来像是熔岩流的碎片，而石铁陨石和铁陨石显然曾经深入分化天体的熔融内部，而碳质球粒陨石似乎是未发生变化的凝聚太阳星云的团块。各种球粒陨石成分之间的细节差异被认为是在太阳星云中的某些位置的物质接收了从其他位置输运和混合的物质。陨石提供的证据表明，年轻的太阳系是一个复杂的所在。

24-1b 流星和陨石的轨道

流星体太小，即使用最大的望远镜在地球上也看不见。只有当它们落入地球大气层并与空气摩擦加热产生

▲ 图24-4 阿连德碳质球粒陨石的切片部分，显示出不规则形状的白色包裹体，称为富钙铝包裹体，可能是太阳系形成时首先冷凝的固体物质

亮光时才可见。一个典型的流星体大约只有一个回形针的质量，会在距离地球表面 80 千米（50 英里）的高度蒸发。流星余迹指向流星体的路径，因此如果要研究流星的方向和速度，可以在它们落入地球之前找到其在太阳系中的轨道线索。

回溯流星余迹的一种方法是观测流星雨。在任何一个晴朗的夜晚，每小时你都可以看到 3~15 颗流星，而在某些夜晚，每小时你可以看到数百颗流星，它们显然是有所关联的。为了证实这一点，试着观测流星雨。从附录表 A-12 中选择一场流星雨，在合适的夜晚，在草坪的躺椅上舒展身体，观察大片天区。当你看到一颗流星时，在附录 B 中相应的星图上画出它的路径。在一个小时左右的时间里，你会发现你看到的所有或几乎所有的流星似乎都来自天空的同一片区域，我们称其为流星雨的辐射点（见图 24-5a）。流星雨通常以其辐射点所在区域中的星座或恒星命名。例如，8 月中旬的英仙座流星雨就是从英仙座区域辐射出来的。

观测流星雨就像欣赏一场自然的焰火表演，当你了解流星雨能够揭示的事实时，会更加兴奋。事实上，流星雨中的流星似乎来自天空中的一个点，这意味着流星体是沿着平行路径穿越太空的。当它们遇到地球并在其大气层高空中蒸发时，观察它们火一般的下落轨迹，会发现它们似乎来自一个辐射点，就像铁路轨道似乎来自地平线上的一个点一样（见图 24-5b）。

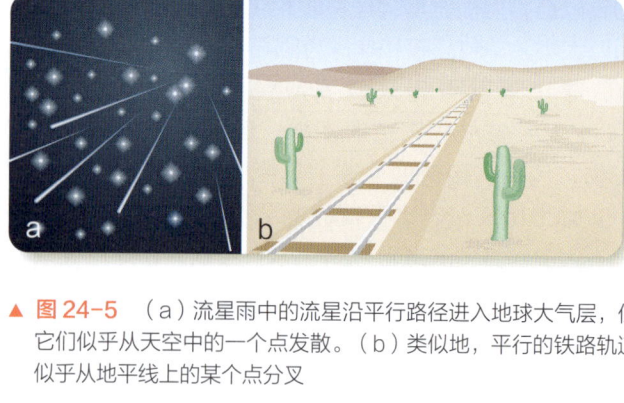

▲ 图 24-5 （a）流星雨中的流星沿平行路径进入地球大气层，但它们似乎从天空中的一个点发散。（b）类似地，平行的铁路轨道似乎从地平线上的某个点分叉

对流星雨辐射点的研究表明，这些流星体是沿着彗星轨道绕太阳运行的。正如在第 18-1c 节中所了解到的，彗星的蒸发头部释放出的岩石碎片最终会沿着其整个轨道扩散（见图 24-6）。当地球经过这股彗星物质流时，你会看到流星雨。在某些情况下，彗星已经消失，不再可见，但在其他地方彗星仍然突出，尽管它位于轨道的其他地方。例如，每年 5 月，地球都会靠近哈雷彗星的运行轨道，你可以看到宝瓶座 η 流星雨。每年 10 月，地球经过哈雷彗星轨道的另一侧，你可以看到猎户座流星雨。

即使没有流星雨，你仍然偶尔可以看到被称为"偶发流星"的流星，因为它们不是特定流星雨的一部分。为了确定它们的来源，科学家们从地球上两个或多个相

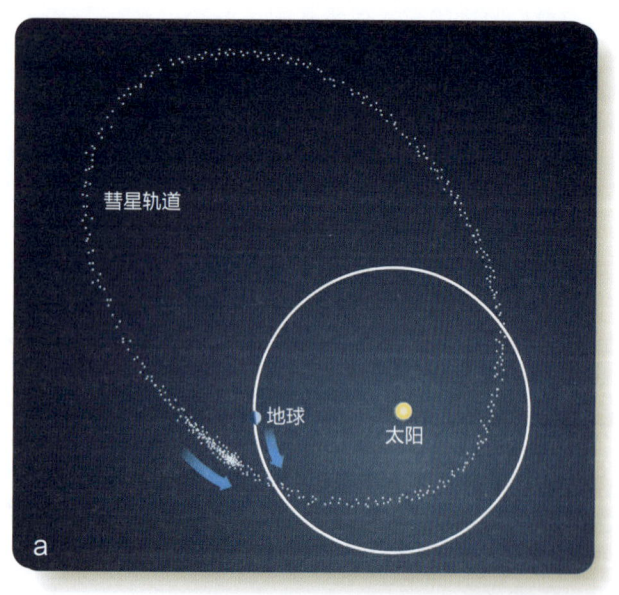

图源：NASA/JPL-Caltech/M. Kelley (Univ. of Minnesota)

▲ 图 24-6 （a）流星雨中的流星是彗星冰核蒸发后留下的碎片。石质和金属碎片沿着彗星的轨道散开。如果地球穿过这些物质，你可以看到流星雨。（b）在这张恩克彗星的红外图像中，沿其轨道留下的毫米大小的石质颗粒在阳光的照射下发光。金牛座流星雨发生在每年 10 月地球穿过恩克彗星轨道时

距几英里的地方拍摄了偶发流星的余迹。然后，他们使用三角测量法（见图9-1）来确定流星穿过大气层时的高度、速度和方向，并反推计算其进入地球大气层之前的轨道。这些研究证实，一些偶发流星也如同流星雨中的流星，其轨道与彗星的轨道相似。相比之下，一些偶发流星，包括所有观测到的视落流星，其轨道可以回溯到火星和木星之间的小行星带。由此你可以得出结论，流星有两个不同的来源：许多是彗星（来自彗星），但少数来自小行星带。大而耐久的流星似乎总是来自小行星带，足以下落成为地面上的陨石。

一个常见误区是，一颗消失在远处山丘或树木后面的明亮流星可能落在一两英里之外。当警察、消防部门和电视台工作人员试图找到撞击地点时，总是竹篮打水一场空。几乎你看到的每一颗流星都在地球表面上空蒸发。只有极少数流星能到达地面后变成陨石，当你看到它时，它可以降落在离你所在位置100英里远的地方。

24-1c 流星体和陨石的起源

我们已经得到的证据表明，许多陨石都是天体母体的碎片，它们的体积大到足以因放射性衰变或其他过程而产生和释放热量。然后它们熔化并分化形成铁镍核以及岩幔和外壳。熔化的铁核会被厚厚的岩幔很好地绝热，这样铁就会冷却得很慢，从而形成大的晶体，即形成魏德曼花纹。石质铁陨石显然来自石幔和铁核之间的

陨石的起源

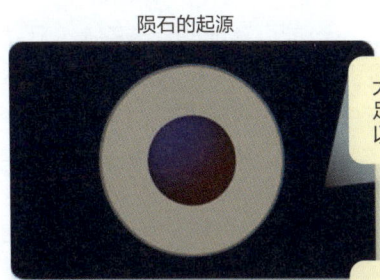

大型星子能够保持足够的内部热量以发生分化

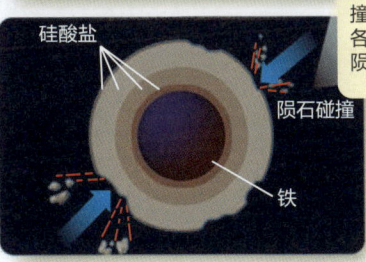

撞击破坏了已分化的各层，靠近表面的陨石是石质的

硅酸盐
陨石碰撞
铁

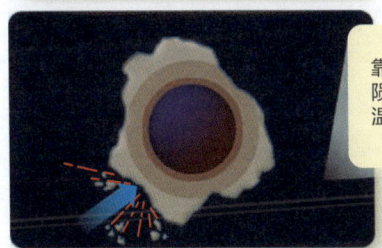

靠近星子更深处的陨石被加热到更高温度

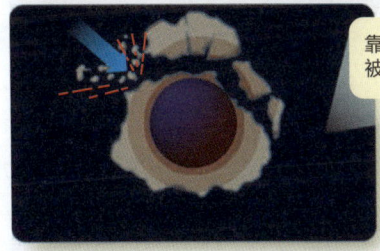

靠近星子内核的碎片被完全融化

铁核的碎片可作为铁陨星而飞向地球

图源：Adapted from a diagram by C. Chapman (PSI SAIC; SwRI)

▲ 图24-7　在太阳系历史早期形成的一些星子是分化的，也就是说，熔化并分离成不同密度和成分的层，类地行星也是如此。这种星子的碎片可能会导致产生不同类型的陨石

践行科学

有什么证据表明流星来自彗星，而陨石来自小行星？这个问题的答案与科学家对流星和陨石的区分有关。

流星是当来自太空的天体颗粒与地球大气层摩擦而产生热量时在天空中看到的一道亮光。陨石是一块真正到达地面的太空物质。

彗星和小行星来源之间的差异必须考虑到两个非常强烈的影响，该影响阻止你发现起源于彗星的陨石。首先，现有证据表明，构成彗星物质的物理强度很弱，所以彗星颗粒很容易在地球大气层中被蒸发，很少能到达地面。

其次，即使彗星颗粒到达地面，它也非常脆弱，很快就会风化，你也不可能在其消失之前找到它。然而，小行星颗粒是由岩石或金属构成的，因此强度更大。它们更有可能在大气中留存下来，之后也更有可能在地表的侵蚀中保存下来。已知的陨石都来自小行星，没有哪一颗陨石来自彗星。

现在考虑一个相关的问题：**什么证据表明陨石曾经是被撞击而破碎的更大天体的一部分？**

第四部分　太阳系　513

边界。被强烈加热的石质陨石显然来自这些天体的外壳或表面。

碰撞会使这些分化的天体分裂,产生不同种类的陨石(见图 24-7)。相比之下,许多球粒陨石可能是从未熔化的较小天体的碎片,而碳质球粒陨石可能来自特别远离太阳的未发生变化的天体。

这些假说将陨石的起源追溯到类似星子的母体,但它们给你留下了一个谜团。自太阳系形成以来,于太阳系中飞行的小流星体不可能以现在的形式存在,因为它们会在 10 亿年内或更短的时间内被行星扫除。在太阳系 46 亿年的完整历史中,它们不可能在目前的轨道上生存下来。然而,当视落陨石的轨道确定后,又能通过这些轨道回推到小行星带。因此,所有的证据表明,现在世界各地博物馆中的陨石都是过去 10 亿年间小行星碰撞产生的碎片。

24-2 小行星

小行星是遥远的天体,它们太小无法用地基望远镜进行详细观测研究。尽管如此,天文学家还是通过宇宙飞船和空间望远镜对这些小行星做了惊人的了解。

24-2a 小行星的性质

来自陨石的证据表明,这些小行星是 46 亿年前构建类地行星的石质星子群的最后遗骸。学习"概念艺术·小行星的观测",要注意 4 个要点和 3 个新的关键术语:

1. 大多数小行星形状不规则,受到撞击而被重创。许多小行星似乎是一堆碎片。
2. 有些小行星是双天体或在其轨道上有小卫星。这是小行星发生碰撞的进一步证据。
3. 一些小行星显示出地质活动的迹象,这些活动可能在小行星早期发生在其表面。
4. 小行星可以根据反照率、颜色和光谱进行分类,以揭示其组成。这也使其能够与地球实验室中的陨石进行比较。C 型、S 型和 M 型小行星是该方法确定的小行星主要类别。

24-2b 小行星带

1801 年 1 月 1 日(19 世纪的第一个夜晚),西西里僧侣朱塞普·皮亚齐发现了第一颗小行星。后来以罗马收获女神的名字将其命名为谷神星(谷类这个词的来源)。

天文学家们对皮亚齐的发现感到兴奋,因为行星轨道的位置似乎有一个模式①,该模式预言火星和木星之间除了大空隙,"应该"有一颗行星存在于距太阳 2.8 AU 的平均距离处。谷神星符合这个模式:它与太阳的平均距离为 2.77 AU。但是谷神星比行星小得多,在几年内发现了 3 个更小的天体智神星、婚神星和灶神星,它们都在火星和木星之间运行,因此天文学家认为谷神星和其他小行星不应被视为真正的行星。正如你在第 23-3d 节中了解到的,谷神星现在被重新归类为矮行星,因为它虽有足够的引力将自己挤压成球形,但不足以清除轨道周围其余的小行星。

今天,超过 500 000 颗小行星的轨道已被很好地测绘。除了谷神星,只有 3 颗矮行星直径大于 400 千米(250 英里)(见图 24-8),其余大多数都要小得多。可能有 100 万颗或更多直径大于 1 千米(0.6 英里)的小行星。天文学家确信小行星带中的所有大型小行星都已被发现,但也确信许多小型小行星尚未被发现。

电影和电视给人们造成了一个常见误区,即飞越小行星带是一次令人毛骨悚然的颠簸旅途,需要不断地左

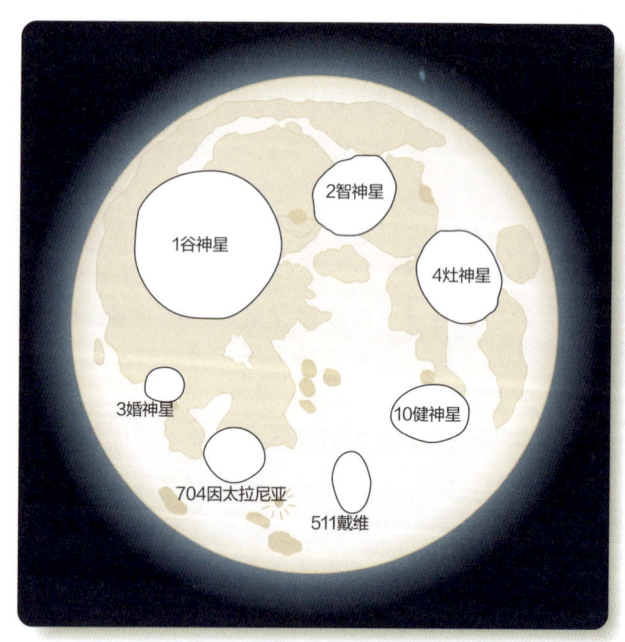

图源:Illustration design by Michael A. Seeds

▲ 图 24-8 这里显示了谷神星、灶神星和其他大型小行星的相对大小和大致形状,与月球的大小进行了比较。较小的小行星形状可能非常不规则

---

① 该模式称为提丢斯-波得定则。——译者注

躲右避。火星和木星之间的小行星带实际上大部分是空的。事实上，如果你站在一颗小行星上，可能需要数月或数年才能看到其他小行星。

如果你发现了一颗小行星，你可以为它选择一个名字，而小行星的名字是以配偶、情人、狗、政客和其他人的名字命名的。（一些小行星的名字样本：芝加哥、梵蒂冈、诺埃尔、茶、夏甲、蒂托、祖鲁、扎帕弗兰克和加西亚；最后两个名字是为了纪念已故音乐家弗兰克·扎帕和杰瑞·加西亚。）一旦计算出轨道，小行星就会被分配一个编号，列出其在小行星星历表中的顺序。因此，谷神星正式称为 1 谷神星，智神星称为 2 智神星，依此类推（见图 24-8）。

小行星在该小行星带的分布受到木星引力的强烈影响。该带中某些几乎没有小行星的轨道被称为柯克伍德空隙，以其发现者丹尼尔·柯克伍德（Daniel Kirkwood）命名（见图 24-9）。这些空轨道的半长轴使其中的天体会与木星发生共振。例如，一颗小行星与太阳的平均距离为 3.28 AU，在木星绕太阳运行一次的时间内，它将绕太阳运行两次。这样一颗小行星每次都会在太空中的同一个地方经过木星，并被向外拖曳。累积扰动将迅速改变小行星的轨道，直到它不再与木星共振。因此，木星有效地消除了轨道共振中的物体。给出的示例表示 2:1 共振，但在许多其他共振（包括 3:1、5:2 和 7:3）下，小行星带中也会出现空隙。你会意识到，小行星带中的柯克伍德空隙与土星环中的某些空隙（参见第 22 章"概念艺术·土星的冰环"中的图 2）产生的方式相同。

计算机模型显示，柯克伍德空隙中小行星的运动由一种研究混沌行为的数学理论描述。作为一个例子，考虑瀑布边缘水流的平滑运动如何迅速衰减成无序的状态。描述水运动的混沌理论表明，一颗小行星在柯克伍德空隙中缓慢变化的轨道如何在短时间内（从天文学角度讲）变成一条长而偏心的轨道，从而将小行星带入太阳系内部或外部。

24-2c　小行星带外小行星

你不必一路跑到小行星带去观看小行星；有些小行星沿着与类地行星轨道交叉的轨道运行，并靠近地球。其他的则在遥远的类木行星的世界里游荡。一些小行星则与行星共享轨道（见图 24-10）。

阿波罗-阿莫尔型天体（Apollo-Amor Objects）是其轨道进入太阳系内部的小行星。阿莫尔天体沿着穿过火星轨道但未到达地球轨道的轨道运行，而阿波罗天体则沿着穿过地球轨道的轨道运行。迄今为止，已发现约 3000 颗阿波罗和阿莫尔天体。木星和其他行星的影响会不断改变它们的轨道。天文学家计算出，大约 1/3 的阿波罗-阿莫尔型天体将被抛入太阳，少数将从太阳系中弹出，并且正如你将在本章后文发现的那样，有些小行星注定要与一颗行星——也许是地球——发生碰撞。

几个研究小组现在正致力于识别近地天体（Near-Earth Objects, NEOs），包括阿波罗-阿莫尔型天体（见图 24-11）。据估计，联合搜索至少发现了 93% 的阿波罗天体和其他直径大于 1 千米的近地天体，目前的重点是找到类似比例的尺寸小于 150 米（500 英尺）的天体。

很容易假设阿波罗-阿莫尔型天体是石质小行星，由于小行星主带的碰撞或行星扰动，如你在上一节中了解到的木星的柯克伍德空隙清除效应，小行星被送入了不寻常的轨道。有证据表明，这些天体中的一些可能是被困在短轨道上的彗星，这些短轨道使它们留在太阳系内部，在那里它们耗尽了挥发物。从中可以看出，彗星和小行星之间并没有明确界定。

木星围绕自己的轨道引导着两组非主带小行星。这些物体被困在木星轨道上的 L_4 和 L_5 拉格朗日点上，该

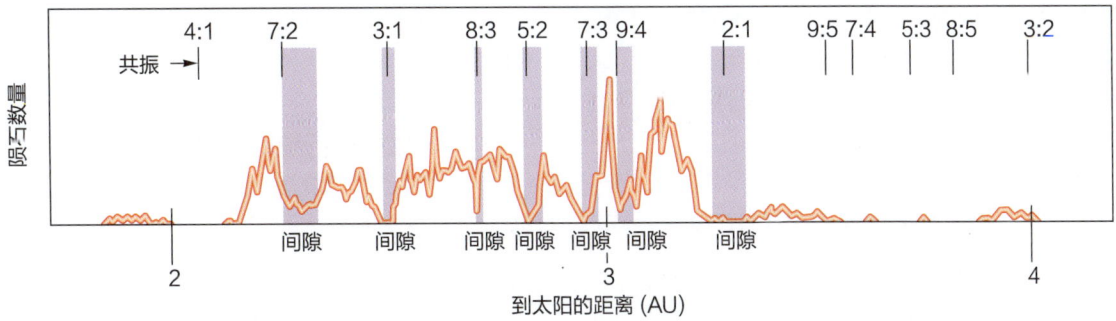

▲ 图 24-9　图中的红色曲线显示了小行星数量与轨道半长轴的关系。紫色的棒标记着柯克伍德间隙，那里几乎没有小行星。请注意，这些间隙与木星轨道运动的共振相吻合

◀ 图24-10 这张图描绘了特定日期太阳和木星轨道之间已知小行星的位置。大多数小行星位于主带。正方形，实心或空心的，都显示了已知彗星的位置。虽然小行星和彗星都是小天体并且相距遥远，但在太阳系内部有很多

图源：Minor Planet Center/IAU/SAO

点位于该行星前方 60 度和后方 60 度处。拉格朗日点是两个较大天体（在本例中为太阳和木星）的引力效应结合在一起捕获小天体的类似宇宙陷阱的区域（见图 24-9）。（有关恒星背景中拉格朗日点的示例，请参见图 13-6 中标记为 L_4 和 L_5 的位置。）

木星的拉格朗日点天体被称为特洛伊小行星，因为单个小行星是以特洛伊战争中的英雄命名的（例如，588 阿基里斯、624 赫克托、659 内斯特和 1143 奥德赛）。已知有近 2000 颗特洛伊小行星，但只有最亮的小行星被命名。一些天文学家推测，特洛伊小行星可能和主带中的小行星一样多。在火星、天王星和海王星轨道的拉格朗日点发现了一些天体，2011 年，天文学家宣布 WISE 红外空间望远镜探测到地球拉格朗日点上第一颗已知的小行星，这颗小行星的直径估计约为 300 米（1000 英尺）。

在小行星主带之外还有其他非主带小行星。1977 年发现的喀戎（Chiron），直径约 220 千米（140 英里）。它的轨道将其从天王星轨道带到土星轨道内。像喀戎这样轨道在类木行星的轨道之间，或穿过类木行星的轨道的天体，被称为半人马座型小行星。尽管喀戎最初被归类为小行星，但令天文学家感到惊讶的是它在被发现 10 年后突然变亮，释放出蒸气和尘埃喷流。一些找到的旧照片显示喀戎曾经有过这样的情况。天文学家现在怀疑喀戎有一个岩质外壳，覆盖着固态氮、甲烷和一氧化碳等沉积物。喀戎和矮行星谷神星在总体组成和水蒸气排放方面都有一些相似之处。在下一节中，你将了解到这些特征更像彗星而不是小行星。半人马座型小行星的特征再次提醒我们，小行星和彗星之间的区别并不明确。

随着科技的发展，天文学家们可以探测到体积更小、距离更遥远的天体，他们发现太阳系中有大量类似的小天体。挑战在于解释它们的起源。

24-2d 小行星的起源和历史

一个古老的假说指出小行星是行星爆炸后遗留的残骸。毁灭行星的死亡射线可能会成为令人兴奋的科幻电影，但实际上行星不会爆炸。行星的引力场将物质紧密地结合在一起，完全破坏行星将需要巨大的能量。此外，目前小行星的总质量只有月球质量的 1/20 左右，几乎不足以构成一颗行星的残骸。

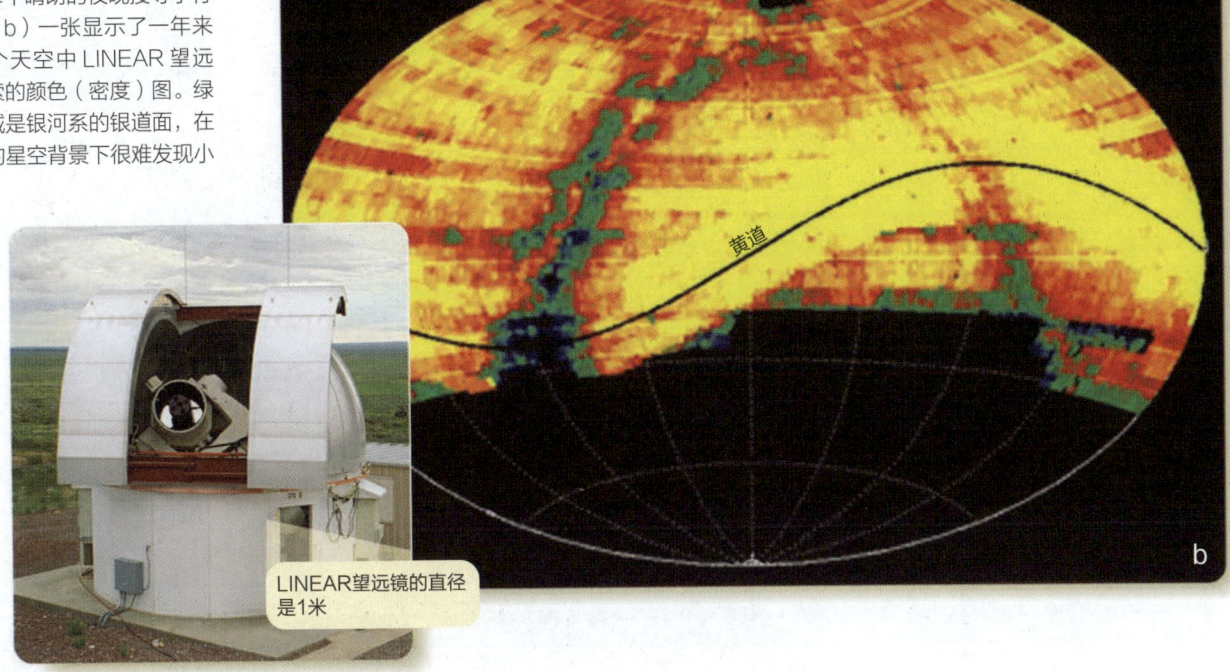

▶ **图 24-11** （a）当月亮不明亮的时候，LINEAR 望远镜会在每个晴朗的夜晚搜寻小行星。（b）一张显示了一年来在整个天空中 LINEAR 望远镜搜索的颜色（密度）图。绿色区域是银河系的银道面，在密集的星空背景下很难发现小行星

LINEAR望远镜的直径是1米

图源：MIT/Lincoln Labs

　　天文学家有证据表明，这些小行星是距离太阳 2~4 AU 的物质遗骸，由于木星（下一颗外行星）的引力影响，这些物质无法聚集成行星。在太阳系 46 亿年的历史中，最初位于小行星带的大多数天体都发生了碰撞、碎裂，并被陨击坑覆盖。一些小行星受到木星和其他行星引力的干扰，进入与行星或太阳相交的轨道。一些被捕获为行星的卫星或从太阳系中弹出。今天的小行星被认为是该区域原始物质的微小残骸。

　　小行星之间的碰撞一定是在太阳系形成后发生的（请再次查看本章的概念艺术以及图 24-7 和图 24-8b）。天文学家发现了足以粉碎小行星的灾难性撞击的证据。早在 20 世纪初，天文学家平山清津（Kiyotsugu Hirayama）就发现，一些小行星群的轨道相似。每个群体都有别于其他群体，但是，某一组小行星的轨道与太阳的平均距离相同，偏心率相同，倾角相同。这些平山族（hirayama families）中有多达 20 个是已知的。现代观测表明，一个族中的小行星通常具有相似的光谱特征。显然，每个族都是由一次灾难性的碰撞造成的，这次碰撞将一颗小行星撕裂成碎片，继续沿着类似的轨道围绕太阳运行。对一个族中的碎片轨道的研究提供了证据，证明它是在 580 万年前的一次小行星碰撞中产生的，据估计小行星的直径为 3~16 千米（2~10 英里），以大约 5 km/s（11 000 英里/小时）的相对速度运行，这是小行星碰撞的典型值。小行星的碎裂似乎是一个持续的过程。

　　1983 年，红外天文卫星探测到被太阳加热的尘埃在小行星带各处的红外辐射。这些尘埃带似乎是过去碰撞产生的产物。尘埃最终会被摧毁，但由于小行星带中不断发生碰撞，当现有尘埃带消散时，可能会产生新的尘埃带。我们太阳系中的行星际尘埃类似于太阳系外行星碎屑盘中的尘埃，这些碎屑盘中的尘埃是由在天文角度上的"近期"残余的星子碰撞产生的（第 18-4a 节）。

　　尽管最初位于主带的大多数星子已经不复存在或毁灭，但留下的天体仍以其反照率和光谱颜色（本章概念艺术图 3 和图 4）提供了它们起源的线索。C 型小行星的反照率小于 0.06，在人眼看来非常暗淡。它们可能是由富碳物质构成的，类似于碳质球粒陨石。C 型小行星在外小行星带更为常见。那里温度较低，凝结序列（见表 18-2）预测含碳物质在外带比在内带更容易形成。

　　S 型小行星的反照率为 0.1~0.2，因此它们看起来比 C 型小行星更明亮，也更红；S 型小行星可能由岩质材料组成。M 型小行星也很明亮，但不像 S 型小行星那么红；它们似乎富含金属，这些金属可能是来自分化小行星铁核的碎片。虽说还已知其他几种类型的小行星，以及一些独特的小行星，但这三类小行星包括大多数已知的小行星。

小行星的观测

 从地球上看，小行星看起来像是穿行于遥远恒星背景间的暗弱光点。航天器已经造访过小行星，通过射电传回地球的图像显示，这些小行星大多是小型、黑暗、不规则的天体，受到撞击后形成了大量的陨击坑。

载有近地小行星探测器（Near Earth Asteroid Rendezvous，NEAR）的航天器于2000年访问了小行星爱神星，发现它因碰撞而形成了大量的陨击坑，并被一层从尘埃到大卵石不等的碎石覆盖。NEAR航天器最终在爱神星上着陆。

NEAR的数据表明，爱神星是坚硬的岩石。

可见光

图源：NASA/JPL–Caltech/JHU APL

爱神星

10 km

可见光

图源：NASA/JPL–Caltech/JHU APL

5 m

大多数小行星太小，自身的引力无法使它们形成球形，撞击使得它们破碎成不规则形状的碎片。

可见光　　玛蒂尔德

图源：NASA/JHU APL

玛蒂尔德的表面是非常暗的岩石。

50 km

 你如何获得小行星的密度？首先，从它对经过的航天器产生的引力来测量它的质量。然后，用质量除以小行星的体积。（要确定一个不规则物体的体积，你需要在不同视角下测量尺寸。）左边的小行星玛蒂尔德（Mathilde）密度很低，不像爱神星，它不可能是固体岩石。玛蒂尔德和其他一些小行星显然是有很大的空隙的碎片组成的砾石堆。

可见光

图为小行星司琴星，是罗塞塔号探测器距离其最近时拍摄下来的，它是一颗具有不同寻常光谱和高密度的大型小行星，天文学家推测它起源于类地行星带，并以某种方式被抛入主小行星带。

50 km

司琴星

图源：ESA/MPS/UPD/LAM/IAA/RSSD/INTA/UPM/DASP/IDA

如果你走过一颗形状不规则的小行星（如爱神星）的表面，你会发现受到的重力非常弱而且在某些地方重力不垂直于表面。

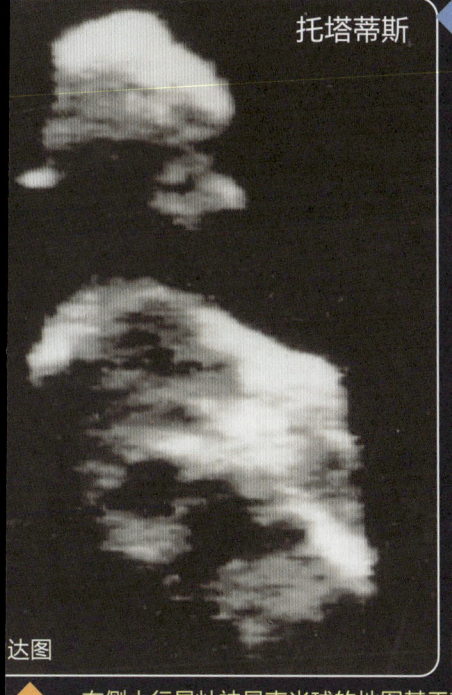

托塔蒂斯

2 经过地球附近的小行星可以通过雷达成像。小行星托塔蒂斯(Toutatis)是一个双天体，两个天体在轨道上彼此靠近或有实际接触。

图源：NASA/JPL-Caltech

达图

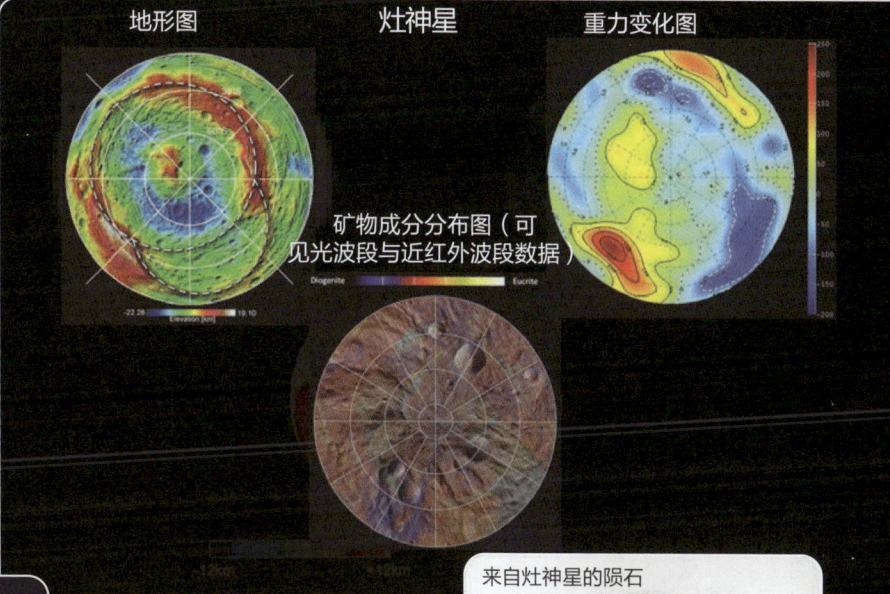

艾达

艾卫

双小行星比人们曾认为的更为常见，反映了天体碰撞和碎裂的历史。小行星艾达（Ida）被一颗直径只有1.5 km（1英里）的卫星艾卫（Dactyl）环绕。

30 km

可见光+近红外，对比增强图

小行星间偶尔的碰撞会产生碎片，而木星的引力会将它们分散到太阳系内部，成为流星稳定来源。

图源：NASA/JPL-Caltech/UCLA/INAF/MPS/DLR/IDA

地形图　　灶神星　　重力变化图

矿物成分分布图（可见光波段与近红外波段数据）

3 右侧小行星灶神星南半球的地图基于环绕其运行的曙光号航天器的数据获得。左上角是彩色地形(相对高度)图；右上角是灶神星重力变化图；在底部中间是矿物图。大雷亚希尔维亚（Rheasilvia）盆地的中心峰，在重力图中显示为正上方和中心左侧的黄色区域，有一个小的正重力异常区，表明那里的物质更致密，可能起源于小行星的深处。地质学家解读矿物图像中的图样，表明灶神星可能在其历史早期一直处于熔化状态。（与图24−13a中灶神星同一部分的可见光图像进行比较。）

来自灶神星的陨石

5 cm
2 in.

3a 光谱上与灶神星相同的一类陨石被认为是该颗小行星的碎片，或许是因为形成南部大盆地的碰撞而被炸入太空。这些陨石似乎是凝固的玄武岩熔岩，证明这颗小行星曾经有过地质活动。

图源：Lab photo courtesy of Russell Kempton, New England Meteoritical Services

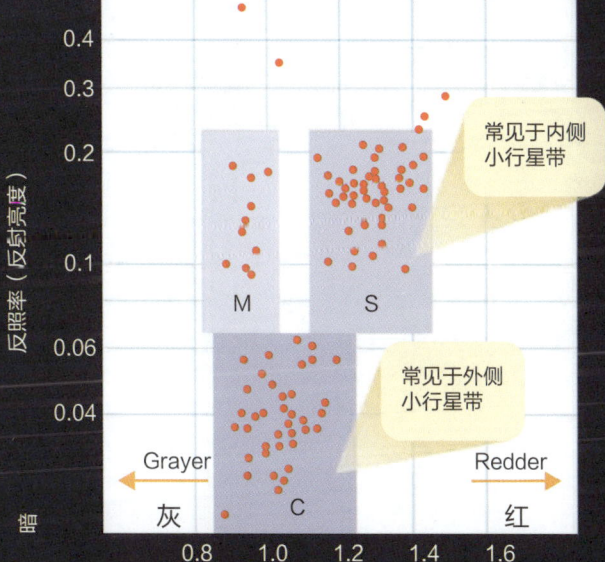

常见于内侧小行星带

常见于外侧小行星带

4 虽然小行星在你的眼里看起来是灰色的,但它们可以根据它们的反照率（反射亮度）和光谱颜色进行分类。例如，如左图所示，S型小行星（S-type asteroid）具有高反照率且往往呈现红色，它们是最常见的一种小行星，似乎是最常见的球粒陨石的来源。M型小行星（M-type asteroid）不太暗也不是很红，它们可能主要是铁镍合金。C型小行星（C-type asteroid）可能是碳质的。

虽然 S 型小行星在小行星带内部很常见，但它们的颜色和反照率与最常见的球粒陨石不同。这对天文学家来说是个谜：离地球最近的常见的小行星不应该是最为常见的撞击地球的陨石的来源吗？对月球岩石的分析和对 S 型小行星爱神星的详细观测的新证据表明，微流星体和太阳风粒子的轰击可以使石质物质变红变暗，直到它们拥有 S 型小行星的颜色和反照率。因此，球粒陨石实际上很可能是 S 型小行星的碎片。

2008 年 10 月，近地天体探测网络在一次与地球的碰撞中发现了一颗直径 2~3 米，约为一辆卡车大小的小行星。天文学家在撞击前在太空中观测到了它，并发现它的颜色和反照率与主要处于外带的相当罕见的 F 型小行星相匹配。这颗小行星在苏丹北部沙漠上空进入地球大气层，并被观测到爆炸。来自 SETI 研究所的科学家彼得·詹尼斯肯斯（Peter Jenniskens）和喀土穆大学的穆瓦·沙达德（Muawia Shaddad）组织了苏丹教职工和学生小组来搜寻这颗天体的碎片（见图 24-12）。他们最终发现了大约 4 kg（9 磅）的碎片，相当于罕见的橄辉无球粒陨石类型。行星科学家第一次能够在太空观测到的小行星和地球实验室测量到的陨石性质之间建立明确的联系。2010 年，日本科学家宣布隼鸟号（Hayabusa）探测器返回地球时携带了 S 型小行星丝川（Itokawa）的一些微小的土壤颗粒。这种物质的成分类似于一些球粒陨石。

正如你在灶神星的例子中所读到的，一些小行星可能曾经在地质上很活跃，在它们形成早期熔岩在其表面流动。也许它们存在大量的短寿命放射性元素，如铝 -26。这些放射性元素可能是由超新星爆发产生的，超新星爆发也可能是太阳和行星形成的触发机制，同时将其核合成产物播撒到早期的太阳系（请参阅第 13-4g

图源：Courtesy P. Jenniskens (SETI Institute)

▲ 图 24-12　2009 年来自喀土穆大学和 SETI 研究所的搜索小组成员与在苏丹沙漠上爆炸的小行星的首批碎片之一合影

节以及图 11-2 和图 11-3）。

谷神星直径 950 千米（590 英里），几乎是灶神星的两倍大。谷神星的密度和其表面的反射光谱表明它是由富含冰的碳质物质组成的，但没有像灶神星那样的过去存在硅酸盐火山活动的迹象。然而，赫歇尔红外空间望远镜对谷神星的观测显示，水蒸气从两个区域喷发出来，形成了一个非常稀薄的大气层。曙光号飞船于 2015 年抵达谷神星，拍摄到一个大陨石坑中偶尔出现的雾，这可能是水蒸气的来源之一。这两颗最大的小行星之间的差异为行星科学家提出了一个真正的难题（见图 24-13）。

虽然仍有一些谜团需要解开，但你可以理解小行星的故事。它们是星子的碎片，其中一些分化、形成了熔融金属核，在少数情况下其表面甚至有熔岩流，然后缓

图源：NASA/JPL-Caltech/UCLA/MPS/DLR/IDA

▲ 图 24-13　（a）小行星灶神星的图像，显示了灶神星的南极区域，该区域主要是雷亚希尔维亚撞击盆地。灶神星的平均直径为 525 千米（325 英里）。（b）矮行星谷神星的平均直径为 950 千米（590 英里），是火星和木星之间小行星带中最大的天体。突出的白点可能是水蒸发后留下的盐渍。这些图像是由 2011 年进入灶神星轨道、2015 年进入谷神星轨道的 NASA 曙光号航天器拍摄的

慢冷却。天文学家今天看到的最大的小行星可能是几乎完整的原始星子，但较小的小行星是46亿年碰撞产生的碎片。

践行科学

小行星曾经碎裂的证据是什么？ 这类问题需要科学家牢记理论和证据之间的区别。

太阳星云理论预测，星子相互碰撞，要么结合在一起，要么碎裂。它之所以被称为"理论"，是因为它是一个有大量证据支持的综合假说。但即使你对一个理论有很强的信心，它也不是证据。一个理论永远不能被用作为支持其他理论或假说的证据。证据意味着观测或实验结果，因此回答这个问题需要引用观测和测量结果。

航天器拍摄的小行星照片显示，形状不规则的小天体被撞击而留下了遍布各处的伤痕。进一步的证据表明，一些小行星可能是一对分离但仍有联系的天体，小行星艾达的图像显示了一颗小型卫星艾卫。还发现了其他有卫星的小行星。这些双小行星和带卫星的小行星可能揭示了小行星之间碰撞碎裂的结果。此外，从天文学角度来看，近期陨石似乎来自小行星带，因此在那里碎裂一定是一个持续的过程。

现在，对小行星的历史进行另一项调研：**你能给出什么证据来证明第一批星子的性质？**

24-3 彗星

一个常见的误区是，彗星像流星一样在天空中呼啸而过，实际上，它们的运动几乎不明显，每晚它们在背景恒星的衬托下略微改变位置，而且它们可能持续数周可见。

在过去的2250年里，人们会留意哈雷彗星的每一次返回，它是以英国天文学家埃德蒙多·哈雷（Edmund Halley）的名字命名的，他意识到某些间隔76年出现的彗星实际上是同一颗彗星出现在一个重复的轨道上。当这颗彗星在哈雷预测的那一年出现时，便以他的名字命名。

纵观历史，彗星一直被认为是厄运的征兆，甚至最近出现的明亮彗星也引起了人们对世界末日的预测。1973年的科胡特克（Kohoutek）彗星、1986年返回的哈雷彗星和1997年的海尔－波普（Hale-Bopp）彗星都引起了迷信者的关注。

暗弱的彗星很常见，每年都会发现几十颗。真正明亮的彗星大约每10年出现一次，一个普通人在一生中可能会看到5~10颗明亮的彗星，最近的一颗明亮的彗星是2007年的麦克诺特（MacNaught）彗星（见图24-14）。虽然每个人都欣赏彗星的美丽，但天文学家研究彗星是因为它们是来自过去的信使，携带着关于太阳系起源的信息。

24-3a 彗星的特性

像往常一样，在研究一种新的天体时，应该先总结一下它的观测特性。彗星是什么样子的，它们又是如何表现的呢？

学习"概念艺术·彗星的观测"，注意彗星的3个重要特性和4个新术语：

1. 彗星的冰核释放出的气体和尘埃会产生头部或者彗发（coma），然后被吹向外面，远离太阳，对太阳风和太阳辐射压做出不同的反应，形成一个独立的气体尾部和尘埃尾部。
2. 从彗核中释放出来的尘埃进入尾部，最终扩散到整个太阳系，其中一些彗星尘埃颗粒之后与地

图源：© John Whito

▲ 图 24-14 2007年，麦克诺特彗星掠过内太阳系，成为南方天空中一道引人注目的风景线。从澳大利亚可以观测到，这颗彗星在10天前最接近太阳，现在正在返回深空的路上。麦克诺特彗星以约30万年的周期开始这段旅程，但行星的引力扰动使其轨道形状从椭圆变为双曲线，因此它将永远不会返回，而是会离开太阳系，在星际空间永远旅行

球碰撞，被认为是流星雨和流星。
3. 有证据表明，彗星核是脆弱的，很容易碎裂。天文学家结合以上信息和其他的观测研究了解彗星核的性质和结构。

24-3b 彗核

彗星的核相当小，不能用地基望远镜进行详细的研究。然而，当彗核接近太阳时，它会释放出物质形成彗星和彗尾，其大小可达数百万千米，很容易被观察到。

彗发和彗尾的光谱表明，彗核一定包含水冰和其他易挥发的化合物，如二氧化碳、一氧化碳、甲烷、氨等，这些都是在太阳星云寒冷区域中可以凝结的化合物。这使天文学家相信，彗星是古代气体和尘埃的样本，外行星就是由这些气体和尘埃形成的。当冰块吸收太阳光的能量时，它们会升华，从固体直接变成气体。这些气体分解后也会进行化学结合，产生在彗星光谱中发现的其他物质，例如，在彗星头部周围观察到的大量氢气云被认为是来自于冰分子的破裂。

当哈雷彗星在1985—1986年穿过内太阳系时，有5个航天器飞过哈雷彗核，也有其他航天器在2001年飞过博雷利（Borrelly）彗核，在2004年飞过怀尔德2号（发音为Vildt two）彗星，在2005年飞过坦普尔1号（Tempel 1）彗星的核。图像显示，所有这些彗核都有1~10千米宽，与许多小行星的尺寸相似，而且形状也不规则（见图24-15）。一般而言，这些彗核的颜色比煤还要深，这表明其成分类似于富含碳质的球粒陨石。

彗核的质量和密度可以通过它们对经过的航天器的引力影响来计算，彗核的密度应该在0.1~0.25 g/cm³之间，比冰的密度小得多。此外，正如你将在本章后半部分了解到的，受到木星或太阳潮汐力作用的彗星非常容易分裂。彗核被描述为肮脏的雪球或冰泥球，但这是不正确的，它们的形状、低密度和缺乏物质强度的属性表明，彗星并不是坚实物体。天文学家根据这些证据得出结论：一方面，大多数彗核一定是冰和尘埃的蓬松混合物，其中含有大量的空隙；另一方面，怀尔德2号彗

可见光

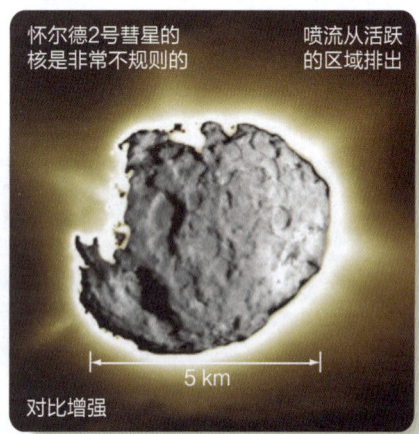

图源：NASA/JPL-Caltech

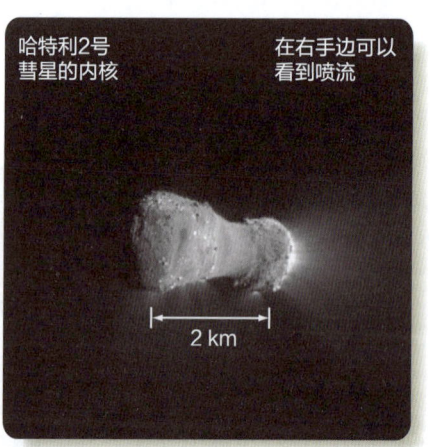

图源：NASA/JPL-Caltech/Univ. of Maryland

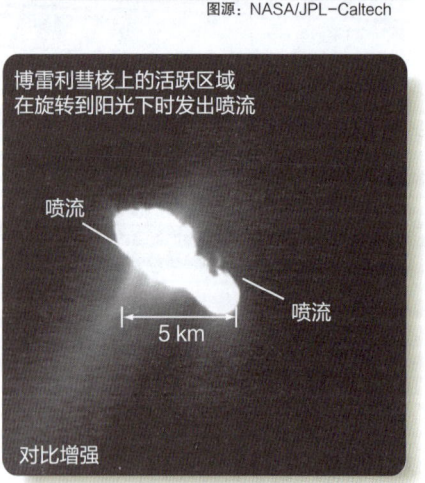

图源：NASA/JPL-Caltech

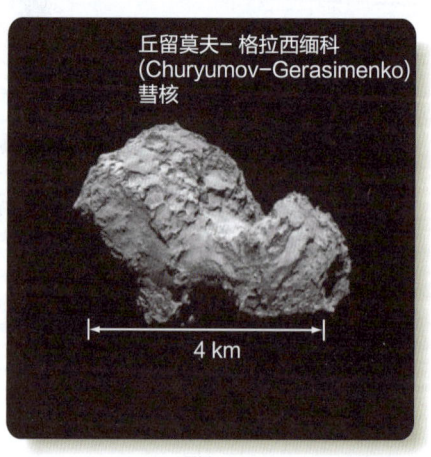

图源：ESA/Rosetta/NAVCAM

◀ 图24-15 由经过的航天器拍摄的可见光图像展示了彗核是如何从阳光蒸发冰块的区域产生气体喷流的

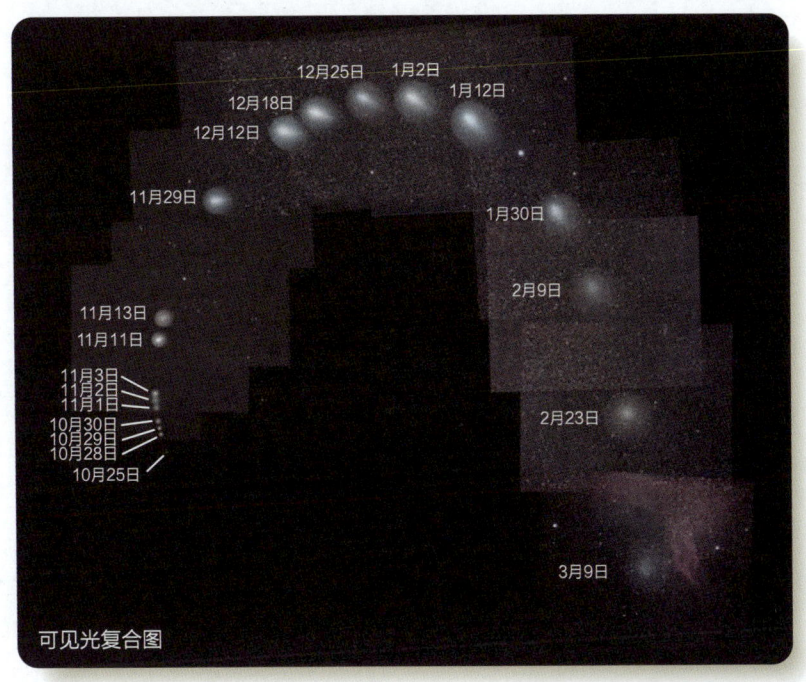

▲ 图 24-16 霍姆斯彗星（Holmes）19 张快照的合成图，显示了从 2007 年 10 月至 2008 年 3 月期间，该彗星亮度和位置的变化。在 2007 年 10 月下旬的爆发期间，由于一大块挥发性物质穿过其外壳爆炸并扩散到太空，该彗星的亮度增加了大约 50 万倍

星的彗核图像显示出悬崖、针尖和其他特征，这表明这些物质足以抵抗彗星的微弱引力。

彗核和内部彗发的照片（见图 24-15）经常可以显示出从彗核涌入彗发的喷流，喷流会被太阳光的压力和太阳风扫回，形成彗尾。当彗核旋转时对这些喷流运动的研究表明，它们来自小的活动区域，可能类似于火山断层或喷口。当活动区域随着彗核的自转进入阳光下时，该区域开始排放气体和尘埃，而当进入黑暗中时，就不再排放气体和尘埃了。

彗核似乎有一层岩石尘埃的外壳，该外壳是随着冰的蒸发而被留下的。地壳的断裂会使冰层暴露在阳光下，在这些区域会出现通风口。有些彗星还可能在外壳下面有大块的挥发性物质，当其中一块暴露出来并开始气化时，彗星就会强烈爆发（见图 24-16）。

太阳和日球层探测器为了观测太阳而进入太空，但它同时也发现了 1000 多颗彗星，被称为"太阳掠夺者"（sun grazers），它们非常接近太阳，在某些情况下比水星还要接近太阳表面 70 倍（见图 24-17）。每周有多达 3 颗小彗星坠入太阳并被摧毁，大多数太阳掠夺者属于 4 组中的一组，每组中的彗星都有类似的轨道。与小行星的平山族类似，这些彗星群似乎是由较大的彗核碎片组成的。最初的彗星可能是被太阳附近过热的气体暴力撕裂，并冲破外壳，或被太阳潮汐力撕裂，或两者兼有。有可能是太阳掠夺者家族一员的艾森彗星，在 2013 年 11 月经过距离太阳表面不到两个太阳半径的地方被解体了。

星尘号航天器在 2004 年飞过怀尔德 2 号彗星的尾部，收集了从彗核中喷射出的尘埃，并将样本送回地球进行分析。2005 年，深度撞击号释放了一个探测器，以 10 km/s（22 000 mph）的速度与坦佩尔 1 号彗星碰撞，探测器冲破了彗星的外壳，将水汽和尘埃喷射到太空中，使深度撞击号、空间望远镜以及地球上的观测站能对其进行分析（参见"概念艺术·彗星的观测"图 2）。星尘号和深度撞击号的数据揭示了一个令人惊讶的事实，即一些彗星尘埃是结晶的，这些尘埃最初一定是在靠近太阳的温暖地方形成的，但后来又以某种方式出现在寒冷外太阳系的彗星核中。2014—2016 年，罗塞塔号航天器在围绕丘留莫夫－格拉西缅科彗核的轨道上运行，投放了菲莱号（philae）着陆器，其着陆并发送回数据以及表面的图像（见图 24-18），罗塞塔号和菲莱号检测到了从彗星表面发出的有机分子，如甲醇和甲醛。

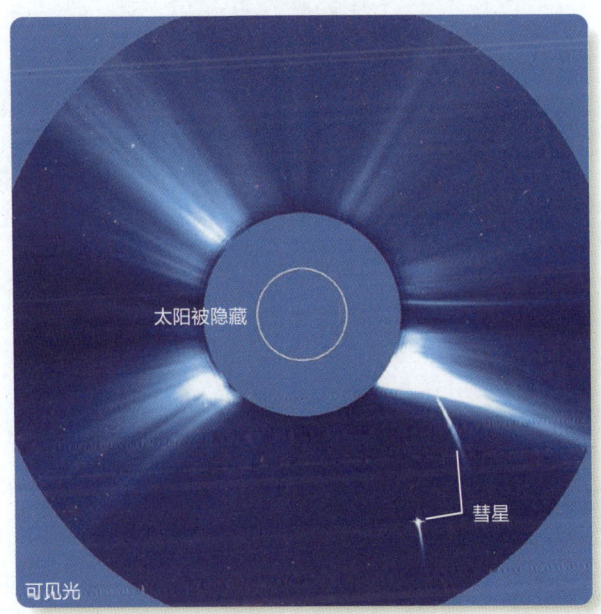

▲ 图 24-17 太阳和日球层探测器可以观测彗星以非常紧密的轨道围绕太阳，一些掠日彗星，像这里显示的两颗，被太阳辐射摧毁，在太阳的另一侧出现时也没有被探测到

第四部分 太阳系 523

彗星的观测

 彗星的气尾是由太阳风将带电气体带离彗星而产生的,气尾的谱线是一种发射光谱。原子被太阳光的紫外成分电离,气尾中的亮条和扭折结构是由嵌入太阳风中的磁场产生的。

气尾的光谱显示出原子和离子,如H_2O、CO_2、CO、H、OH、HCN、O、S和C,它们是由升华的冰释放出来的,或由这些分子的解离产生的。一些气体,如异氰化氢(HNC),显然是由彗状中的化学反应形成的。

气体彗尾

尘埃彗尾

1a 尘埃尾由核中气化冰包含的尘埃组成,太阳光的压力向外轻轻推动尘埃,但尘埃不受太阳风磁场的影响,所以尘埃尾比气体尾更均匀。尘埃尾通常是弯曲的,因为尘埃粒子一旦离开原子核,就会沿着单独的轨道围绕太阳运行。由于作用在它们之上的力,气体尾和尘埃尾都会延伸到远离太阳的地方。

彗核
(在这种尺寸比例下小到不可见)

1b 彗星的彗核(太小了,在图中看不到)是一团脆弱且多孔的物质,含有水冰、二氧化碳和氨等,彗核的直径可以达到1~100千米。

彗星的彗发(coma)是环绕彗核的气体和尘埃云。它的跨度可以超过1 000 000 千米,和太阳直径一样大。

彗发

1c Mrkos彗星(1957年;发音为MIHR-kosh)的气尾显示出由太阳风磁场的变化引起的两晚之间明显的变化。

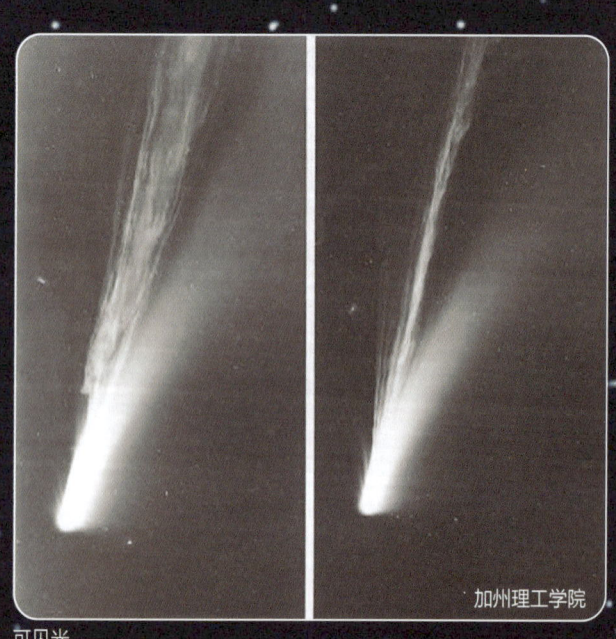

可见光

加州理工学院

图源:Illustration design by Michael A. Seeds.

2 当彗星核中的冰块升华时，它们会释放出尘埃粒子，不仅可以形成尘埃尾，而且会扩散到整个太阳系。

深度撞击空间探测器向坦佩尔1号彗星（Tempel1）的轨迹上释放了一个带仪器的探测器，如右图所示，当彗星以10 km/s的速度撞向探测器时，大量的气体和尘埃被释放出来。基于结果，科学家们得出结论，彗核富含尺寸比滑石粉颗粒还小的尘埃。彗核上有陨石坑，但它不是固体岩石。它的密度与刚落下的雪差不多。

可见光

图源：NASA/JPL-Caltech/Univ. of Maryland

在撞击前几秒钟，从探测器上可以看到彗星黑暗表面的陨击坑。

撞击探测器后13秒，从飞过的探测器上看到的坦佩尔1号彗星的图像。气体和灰尘被抛出了撞击形成的陨击坑。

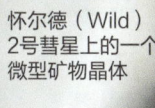

尘埃粒子（箭头）在高速撞击时被嵌入收集器中

← 运动的方向

图源：NASA/JPL-Caltech

怀尔德（Wild）2号彗星上的一个微型矿物晶体

图源：NASA/JPL-Caltech

2a 星尘号航天器飞过怀尔德2号彗星的彗核，将尘埃颗粒收集到暴露在外的"靶"中（如图所示），随后被送回地球。尘埃粒子以高速撞击收集器，并成为嵌入物，但可以被提取出来进行研究。

一些收集到的尘埃是由高温矿物构成的，这些矿物只能在太阳附近形成。这表明，来自太阳内部星云的物质向外混合，并成为在外太阳系形成的彗星的一部分。

发现的其他矿物包括橄榄石，这是地球上一种常见的矿物，但科学家们没有想到会在彗星中发现。

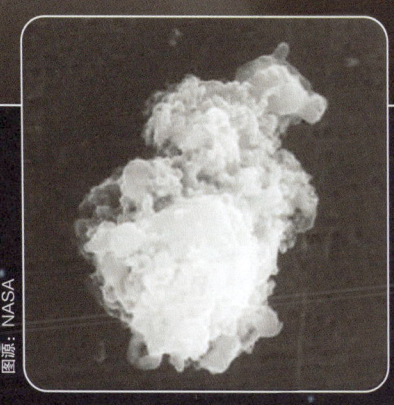

图源：NASA

该尘埃颗粒是由一架在很高的平流层飞行的飞机收集的，几乎可以肯定它来自一颗彗星。

施瓦斯曼-瓦赫曼 3号彗星的B碎片

3 彗核并不强大，施瓦斯曼-瓦赫曼3号彗星（Schwassmann Wachman3）断成了一些碎片，这些碎片又进一步碎裂。右图所示的片段B分解成更小的碎片，分裂所释放的气体和尘埃使彗星碎片在夜空中变亮，一些碎片用双筒望远镜就可以看到。随着其冰层的升华和尘埃的扩散，彗星可能会完全解体，除了沿其先前的轨道留下一串碎片外，其余什么也没有。

碎片

彗星在接近太阳或接近木星等大质量行星时最有可能会解体，2012年，艾森彗星（ISON）在经过太阳附近时解体；1994年，撞击木星的舒梅克列维9号彗星（Shoemaker·Levy9）首先被木星引力的潮汐力撕成了碎片。彗星也可以在远离行星的地方碎裂，也许是因为冰核内的空腔坍缩。

图源：NASA/ESA/STScI/AURA/NSF/H. Weaver (JHU APL), M. Mutchler and Z. Levay (STScI)

可见光

▲ 图24-18 "罗塞塔号"的"菲莱号"着陆器对丘留莫夫－格拉西缅科彗星表面的观测，该图显示出探测器正前方高约4米（13英尺）的小悬崖或大石块，前景可以看到着陆器3条着陆腿中的1条

图源：ESA/Rosetta/Philae/CIVA

24-3c 彗星的起源和历史

彗星种类之间的关系可以为你提供关于其起源的线索。大多数彗星有很长的椭圆轨道，周期超过200年，被称为长周期彗星。长周期彗星的轨道随机地倾斜于太阳系的平面，所以这些彗星从各个方向接近内太阳系。在顺行轨道（与行星的运动方向相同）上围绕太阳旋转的彗星数量和在逆行轨道上围绕太阳旋转的彗星数量大致相等。

相比之下，在600颗被充分研究的彗星中，大约有100颗彗星的轨道周期小于200年。这些短周期彗星的轨道通常位于太阳系平面的30度以内，而且大多数彗星都以顺行方向围绕太阳旋转。周期为76年的哈雷彗星却以逆行方向运动，是一颗不寻常的短周期彗星。

一颗彗星不可能在带其进入太阳系内部的轨道上存在很久，太阳的热量会蒸发冰，使彗星变成不活跃的岩石和尘埃体，这样的彗星最多只能持续绕太阳运行100~1000圈。天文学家的计算表明，即使在彗星因太阳加热而完全蒸发之前，如果不改变其进入太阳或离开太阳系或与其中一颗行星碰撞的轨道，在其穿越行星轨道（特别是木星）的过程中它也不可能存活超过50万年，因此，我们目前在天空中看到的彗星不可能自太阳系形成以来的46亿年就一直在其当前的轨道上，这意味着必须有新彗星的持续产生，那么它们从哪里而来呢？

24-3d 来自奥尔特云和柯伊伯带的彗星

20世纪50年代，天文学家简·奥尔特（Jan Oort）提出，长周期彗星是从被称为奥尔特云的地方向内坠落的天体，奥尔特云是一个球形的冰体云，从太阳的各个方向延伸到10 000~100 000 AU处（见图24-19）。天文学家估计，该云包含几万亿（10^{12}）个冰体。因为距离太阳很远，所以它们很冷，没有彗发和彗尾结构，不能从地球上探测到。偶尔经过的恒星的引力作用会扰动其中的一些天体，使它们落入太阳系内部，太阳的热量可以加热冰，并将其转化为彗星。长周期彗星从各个方向向内坠落的观测事实，可以解释为奥尔特云片以近似球对称的方式围绕太阳和内太阳系运行。

经过的恒星会影响奥尔特云并不足为奇，例如，依巴谷卫星的数据表明，格利泽（Gliese）710号恒星将在约100万年内经过距离太阳1光年（约63 000 AU）的地方，穿过奥尔特云。其结果可能是，奥尔特云天体束受到扰动并进入太阳系内部，被太阳加热而成为彗星。

彗星来自奥尔特云这一说法，只是把这个谜团往后推了一步。那么这些冰冷的物体是如何到达那里的呢？在前面的章节中，你已经仔细研究了太阳系的起源和演化，可以对相关问题对答如流。奥尔特云彗星是在外太阳星云中形成冰冷的星子，但奥尔特云中的天体不可能在它们现在所处的位置形成，因为太阳星云距离太阳太远而密度不够大。而且，如果它们是在太阳星云中形成

▲ 图24-19 长周期彗星似乎起源于球形的奥尔特云，奥尔特云中的物体从各个方向坠入内太阳系

的，它们将分布在一个圆盘中，而不是一个球体中。天文学家认为，奥尔特云中的星子是在太阳系外部靠近目前巨行星的轨道处形成的，随着巨行星的生长，它们卷走了许多星子，但也会将一些星子弹出太阳系，这些被弹出的天体大部分都消失在星际空间，但约有10%的天体因经过恒星受到其引力作用而改变了轨道，成为奥尔特云的一部分，而后变成长周期彗星。

长周期彗星起源于奥尔特云，而一些短周期彗星也是如此。一些短周期彗星，包括哈雷彗星，似乎一开始就是来自奥尔特云的长周期彗星，但因与木星的近距离接触而改变了轨道。但这一过程并不能解释所有的短周期彗星：有些彗星的轨道是不可能通过奥尔特云的物体与木星或其他行星相互作用而形成的，在我们的太阳系中必须有另一个冰体的来源，天文学家们目前认为这一来源就是柯伊伯带。

1951年，天文学家杰拉德·柯伊伯提出，太阳系的形成应该会在太阳系平面内类木行星以外，留下由小且冰冷的小星子组成的带状结构。这些天体于1992年首次被发现，被称为柯伊伯带天体（KBOs）。你第一次了解柯伊伯带是在第18-1c节，关于太阳系的起源和类木行星形成的证据。在第23-3节中，你了解了两个最大的柯伊伯带天体——阅神星和冥王星，它们是两个矮行星。

柯伊伯带天体是小且冰冷的天体（见图24-20），在太阳系的平面上运行，从海王星的轨道延伸到距离太阳大约50 AU的地方。一些天体的轨道远至1000 AU，但这些轨道可能是因与过往恒星的引力相互作用而被分散的。整个柯伊伯带包括多达10万个直径大于100千米（60英里）的天体和数亿个较小的天体，在图24-19中它被隐藏在代表太阳系的黄点后面。

这个古老且寒冷的带状天体如何能产生短周期的彗星呢？因为柯伊伯带天体的轨道与行星的方向相同，并且在太阳系的平面上，所以受巨行星影响而向内扰动的天体有可能移动到与短周期彗星相似的轨道上。柯伊伯带天体之间罕见的碰撞和相互作用也可以为内太阳系持续供应来自柯伊伯带的小型冰体。

彗星的亮度和轨道各不相同，然而，在太阳系中，有两种基本类型的彗星，一些彗星起源于远离太阳的奥尔特云，其他的则来自海王星以外的柯伊伯带。它们都有一个共同的特点：它们是古老且冰冷的天体，在太阳系形成早期就已经诞生了。

践行科学

彗星如何帮助解释行星的形成？ 这是科学家们提出的问题，目的是将天体如今的特点与太阳系的历史联系起来。

再回顾一下太阳星云理论，在内太阳星云形成的星子是温暖的，不可能包含很多冰，小行星被认为是这种岩石体的最后遗迹；另外，外太阳系的星子含有大量的冰，许多星子因为聚集形成类木行星而消失，但也有一些完整地保存了下来，奥尔特云和柯伊伯带的冰体被认为是太阳系中留存的冰质星体。当这些冰体的轨道因行星或过往恒星的引力作用而受到扰动时，一些冰体被重新定向到太阳系内部，你会以彗星的形式看到它们。彗星释放的气体表明，它们富含挥发性物质，如水和二氧化碳，这些就是你预想能在冰星子中找到的冰。彗星还含有类似岩石化学成分的沙砾，而星子在形成时一定包含大量的这种被冻结在冰中的尘埃。因此，彗核似乎是原始外太阳系星云的冷冻样本。

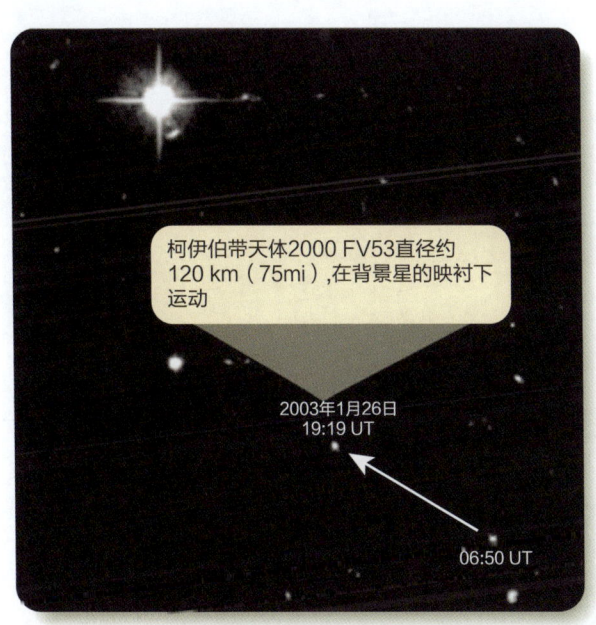

图源：NASA/ESA/STScI/AURA/NSF/G. Bernstein and D. Trilling(Univ. of Pennsylvania)

▲ 图24-20 柯伊伯带天体（KBOs）是具有黑暗表面的小天体，从地球上很难探测到。一个最初被命名为2000 FV53的柯伊伯带天体是在一个视场的两个叠加图像中发现的

24-4 小行星和彗星的撞击

就如本章开头所描述的那样，对家庭和城市产生影响的陨石撞击并不常见。大多数流星都是尺寸从几厘米到微小尘埃的小颗粒。天文学家估计，地球每年获得各种大小的陨石的质量约 40 000 吨。（这听起来可能很多，但还不到地球总质量的千万分之一。）统计计算表明，大约每 16 个月就会发生一次足以损坏地球上建筑物的陨石撞击。

直径几十米或更小的物体，如 2013 年的车里雅宾斯克（Chelyabinsk）流星，很可能在地球的大气层中碎裂和爆炸，而不会到达地表，但这些爆炸产生的冲击波显然仍然可以对地球表面造成严重的损害。军事卫星的解密数据表明，地球约每周会被 1 米大小的小行星撞击一次，像车里雅宾斯克爆炸这样的事件约每 30 年发生一次，但这些事件通常发生在海洋或无人区的上空，而不是直接发生在人口聚集的大城市的上空。那么当更大的太阳系天体与地球相撞时会发生什么呢？

24-4a 巴林杰陨击坑（Barringer Crater）

亚利桑那州弗拉格斯塔夫附近的巴林杰陨击坑，直径为 1.2 千米（3/4 英里），深 170 米（560 英尺）。当你站在其边缘时，它看起来相当大，而围绕它的徒步旅行虽然看起来很美，却漫长而枯燥（见图 24-21）。巴林杰陨星坑多年来都是地质学家们争论的对象，争论的话题是该陨星坑的起源是火山事件还是大型陨石撞击。最后，在 1963 年，尤金·舒梅克（Eugene Shoemaker）在他的博士论文中证明，这个陨击坑一定是陨石撞击的结果，因为在它的内部和周围的石英晶体所承受的压力比火山产生的压力高得多。

进一步的研究表明，巴林杰陨击坑因与一颗直径约为 50 米（160 英尺）的陨石撞击而形成于约 5 万年前，该陨石与正常建筑物的尺寸相当，以 11 千米/秒的速度与地表撞击，该陨石释放出的能量相当于一颗大型热核炸弹。这种大小的天体可以被称为大型陨石或小型小行星。据现场的残骸显示，撞击物是由铁组成的。

24-4b 通古斯事件（The Tunguska Event）

1908 年夏天的一个早晨，西伯利亚中部的驯鹿牧民和自耕农惊愕地看到一个比太阳还亮的蓝白色火球划过天空，一直下降，并伴随着刺眼的闪光和强烈的热脉冲爆炸。一位目击者称：

"整个天空的北部似乎都被火覆盖……我感到非常热，就像我的衬衫着火了一样……有……巨大的撞击声……我被扔在离门廊大约 7 米的地上……有热风……

图源：Michael A. Seeds

▶ 图 24-21　（a）巴林杰陨击坑（亚利桑那州弗拉格斯塔夫附近）直径 1609 米（近 1 英里），因铁陨石撞击形成于约 5 万年前，直径约为 50 米（160 英尺）。注意陨击坑周围隆起和变形的岩层。（b）像所有较大的撞击特征类似，巴林杰陨击坑有一个凸起的边缘和散开的喷射物

图源：USGS

像来自大炮一样……从北方吹过小屋。"

爆炸声传到1000千米（600英里）以外，由此产生的气压脉冲绕了地球两圈。在爆炸发生后的几个晚上，对此次爆炸一无所知的欧洲天文学家观察到大气层中高处有发光的红色雾气。

当科学考察团成员在1927年到达现场时，他们发现爆炸发生在石质通古斯河谷上方，并将树木压扁成延伸至半径约30千米（20英里，见图24-22）的不规则图样。树木被击倒，指向远离爆炸中心的地方，树枝和树叶都脱落了。位于该地区最中心的树的树干仍然矗立，尽管它们已经失去了所有的树枝。现场没有发现陨击坑，所以是相当于约12兆吨（1200万吨）的TNT在至少离地面几千米高的地方发生了爆炸。

在20世纪80年代初，对所有通古斯爆炸证据的详细分析表明，撞击物的速度和方向与阿波罗天体的轨道类似。1993年，天文学家制作了以不同速度进入地球大气层的天体的计算机模型，并得出结论：彗星脆弱的冰质头部会在离地面很高的大气层爆炸；另外，一个致密且富含铁质的陨石很坚硬，可以不受爆炸的影响而落到地面，并撞击地面形成一个大坑。因此，通古斯爆炸天体最可能的候选者是一颗直径约30米的石质小行星，其质量可能是巴林杰撞击物质量的1/10。模型表明，这种大小的物体，如果具有合适的物质强度，就会在恰到好处的高度上碎裂和爆炸，从而产生可观察到的爆炸。这一结论与通古斯地区的现代研究相一致，研究表明，在土壤中散落着数千吨成分类似于碳质球粒陨石的粉末状物质。

24-4c　行星冲撞事件

在太阳系中有一些非常大的陨击坑，例如，在月球上（见第20章"概念艺术·陨石撞击"），陨击坑显示出当一颗全尺寸的小行星或彗星与一颗行星相撞时可能发生的情况。另外，在1994年，地球上的人惊恐地看到舒梅克－列维9号彗星（简称SL-9）的彗核碎片撞向木星，产生了相当于数万亿吨TNT炸药威力的撞击（见图24-23）。"舒梅克·列维"中的舒梅克指的是卡洛琳（Carolyn）和尤金·舒梅克，他们与大卫·列维（David Levy）共同发现了该彗星。请注意，尤金·舒梅克就是那个分析并表明亚利桑那州的巴林杰陨星坑是一个撞击坑的人。

如你所知，木星没有固体表面，所以舒梅克·列维9号没有留下任何永久性的陨击坑，但是天文学家在太阳系其他天体上发现了一连串的陨击坑，这些陨击坑可能是由彗星碎片形成的（见图24-24）。显然，像舒梅克-列维9号与木星相撞这样的事件在太阳系的历史上已经发生过多次。

如果一个像SL-9那样大小，甚至更大的物体撞击地球，会发生什么呢？6500万年前，在白垩纪末期，地球上超过75%的物种，包括恐龙，都灭绝了。科学家们在世界各地发现了当时地面上的一层薄薄的黏土，它富含铱元素——这在陨石中很常见，但在地球的地壳中很罕见。这表明发生过一次足以改变地球气候的撞击，并导致了全球范围内的物种灭绝。

数学模型结合实验室实验和对其他星球陨击坑的观测，创造了一个地球上重大撞击的合理图景。当然，在撞击地点附近生活的生物会在最初的冲击中死亡，随后其他地方也会变得糟糕。海上的撞击会产生数百米高的海啸，席卷全世界，对远离海岸的内陆地区造成破坏。在陆地或海上，一次剧烈的撞击会使大量粉碎的岩石喷射到高空，随着这些物体的回落，伴随红热的陨石散布在空气中，地球的大气层将变成一个发光炉，产生的热量将引发世界各地大规模的森林火灾。这种火灾产生的烟灰已经在白垩纪末期地面的黏土层中发现。当火爆冷却，大气中充溢的尘埃会阻挡阳光，使地球在一年或更长的时间内处于深度黑暗的状态，这会杀死大多数植物。同时，如果撞击地点在石灰石矿床或其附近，大量的二氧化碳就会释放到大气中，并形成强烈的酸雨。

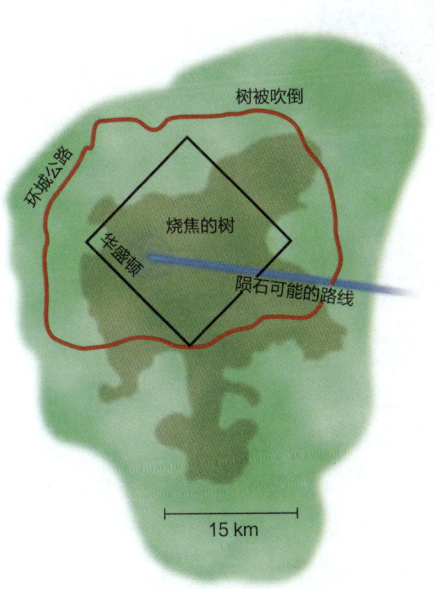

▲ 图24-22　1908年西伯利亚的通古斯事件摧毁了一块大城市大小的区域。被破坏区域叠加在华盛顿特区及其周围的环形公路地图上。在中心区域（棕色），树木被烧毁；在外围区域（绿色），树木以远离撞击物的方向被吹倒

第四部分　太阳系　529

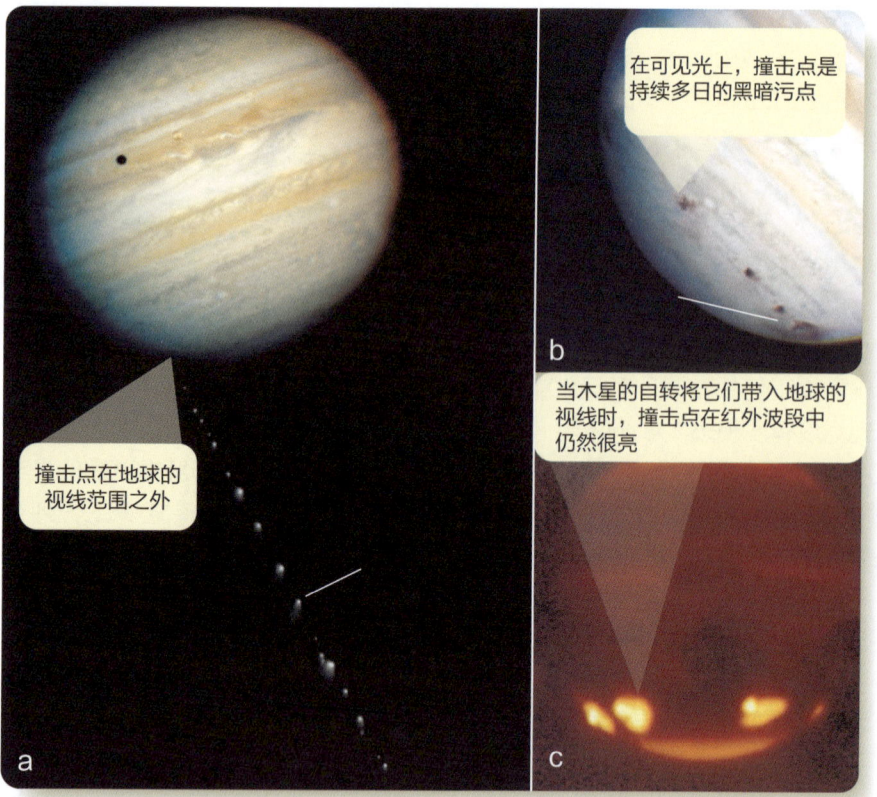

◀ 图 24-23 1992 年,舒梅克-列维 9 号彗星在距木星中心的 1.3 个行星半径范围内经过,刚好在木星的洛希极限内,潮汐力将彗星核撕裂成 20 个碎片。(a)这些碎片的直径大到几千米,并扩散成一长串物体,绕过木星,然后又回落到木星上。(b)和(c)在 1994 年 7 月的 6 天时间里,从地球上可以看到大规模的撞击。注意,每个撞击点都比地球还大

图源:(a)NASA/ESA/STScI/AURA/NSF/H. Weaver & T. Smith (STScI), J. Trauger & R. Evans (JPL-Caltech)
(b)NASA/JPL-Caltech
(c)NASA/IRTF Science Team

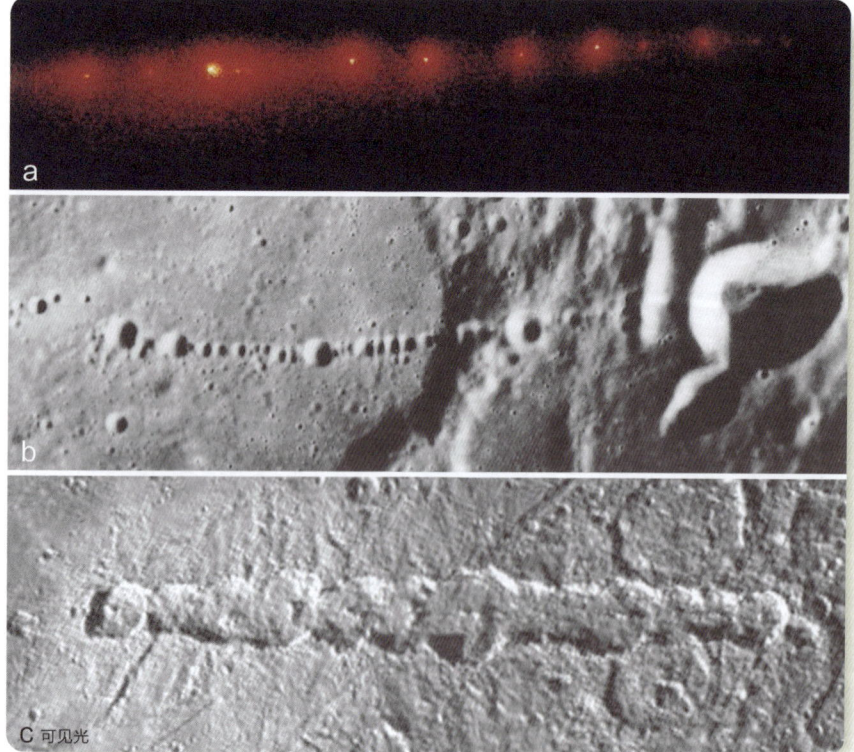

◀ 图 24-24 (a)一系列舒梅克-列维 9 号彗星碎片在与木星碰撞途中的特写图像。(b)地球的卫星月球上 40 千米(25 英里)长的陨击坑链,以及(c)木星木卫三上 140 千米(90 英里)长的陨击坑链,可能是由类似于舒梅克-列维 9 号彗星这种彗星的碎裂彗星核撞击形成的

图源:Panel a: NASA/ESA/STScI/AURA/NSF/H. Weaver and T. Smith (STScI); Panel b: H. Melosh and E. Whitaker (Univ. of Arizona LPL); Panel c: NASA/JPL-Caltech/Brown Univ.

地质学家已经找到了一个直径至少为180千米（110英里）的陨击坑，其中心位于墨西哥尤卡坦地区北部的克苏鲁伯（Chicxulub，发音为CHEEK-shoe-lube）村附近（见图24-25）。虽然该陨击坑现在完全被沉积物覆盖，但矿物样本显示它含有撞击地典型的冲击石英，且年份上是契合的。来自一个直径为10~15千米（6~10英里）物体的撞击形成了大约6500万年前的陨击坑，这一时间正是恐龙和许多其他物种灭绝的时候，大多数科学家目前可以得出结论，这是白垩纪时期结束的撞击留下的痕迹。

在化石记录中，有许多重大的灭绝事件，其中至少有一些可能是由大型撞击造成的。从人类的角度来看，大型小行星对地球的撞击很少发生，但相对于地质学和天文学的时间尺度而言，它们是经常发生的。例如，天文学家估计，阿波罗天体平均每25万年撞击地球一次。一个直径为1千米的典型阿波罗天体会以10万吨炸弹的威力袭击地球，并产生一个直径超过10千米的陨击坑。好消息是，我们可以肯定，在可预见的未来，没有任何已知的阿波罗天体会撞击地球；坏消息是，大约有1000颗尺寸超过1千米或更大的阿波罗天体。

人们最初预测小行星2004 MN4有2.6%的概率会在2029年撞击地球，该天体直径约为400米（1/4英里），大到足以在大范围内造成重大破坏，但还不足以改变地球的全球气候。幸运的是，进一步的观测和计算表明，这个天体并不会撞击地球。虽然在2029年不会有2004 MN4的撞击，但仍然有很多处于地球交叉轨道的小行星待被发现。例如，一个被命名为2016 EF195的近地天体，其直径约为30米（100英尺），大概是通古斯撞击物的尺寸，其在2016年3月经过地球，距离地球表面仅25 100千米（15 600英里），这比人类的地球同步通信和气象卫星还要近。这真是场未遂的事故，而且在它运行经过地球4天后才被发现。

有些人认为，小行星和彗星撞击地球的危险非常大，政府应该开发出大规模的核弹头导弹，以备在流星撞击地球很久之前就提前将其炸成碎片；其他专家则回应说，大量的天体小碎片撞向地球可能比一次大撞击更糟糕。天文学家指出，最大的天体非常罕见，所以可以被忽略，真正的危险在于那些更常见的、尺寸较小但数量极大的流星体，而这些流星体在目前的望远镜观测中很难被发现。在地球上，人类文明的未来可能取决于我们是否能越来越仔细地追踪那些以惊人的频率穿过地球轨道的大小天体。

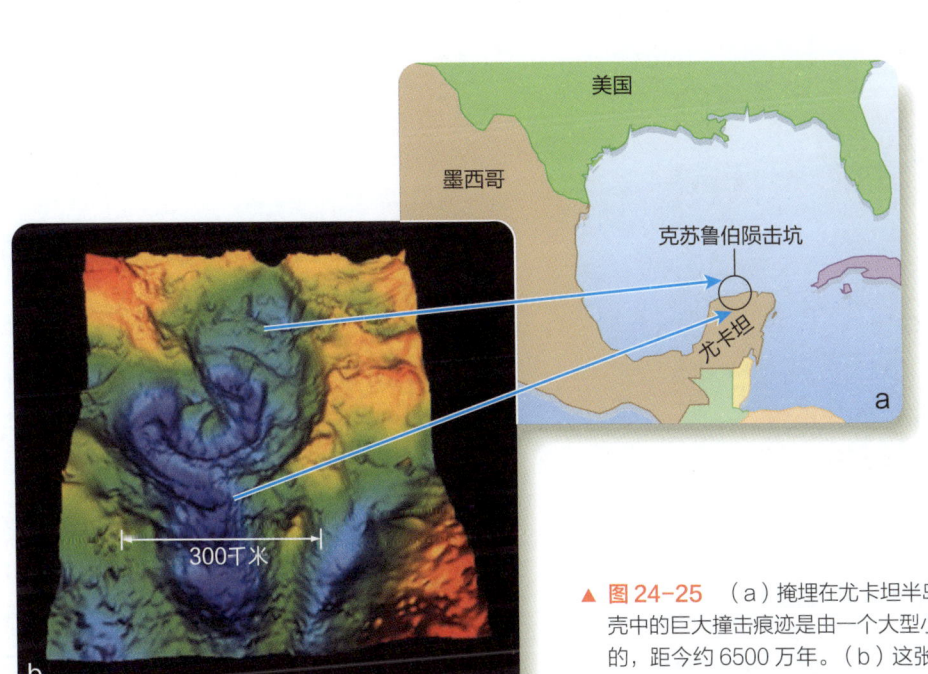

▲ 图24-25 （a）掩埋在尤卡坦半岛北部克苏鲁伯村附近地壳中的巨大撞击痕迹是由一个大型小行星或彗星的撞击形成的，距今约6500万年。（b）这张重力图显示出撞击后很长一段时间隐藏在沉淀的石灰石下的陨击坑的范围

图源：V. Sharpton (Univ. of Alaska, Fairbanks)

我们是什么

靶子

　　人类文明分布在地球表面,暴露在任何从天而降的东西面前。陨石、小行星和彗星撞击地球会产生不同的影响,从屋顶上轻轻地振落下尘埃,到能够摧毁所有生命的灾难。在这种情况下,科学证据是确凿的,而且非常不受欢迎。

　　从统计学上看,我们是相当安全的。在你的有生之年发生一次重大撞击的概率非常小,小到难以估计。但是这种撞击的后果是非常严重的,人类应该为此做好准备。方法之一就是找到那些可能撞击地球的天体,绘制它们的轨道图,并且预判任何可能的危险。

　　我们并不清楚接下来要做什么,炸毁一颗太空中危险的小行星可能会被拍成一部很好的电影,但将一颗大的发射物转化为1000颗小的发射物可能并不是很明智。如果没有提前几十年的警告,改变一颗小行星的运行轨道可能是很困难的。我们需要考虑大型撞击,并为其做好准备,无论可能与否。

　　在整个宇宙中,可能有两种宜居的星球:在一种星球上,高智慧生命已经探索出方法,来预防小行星和彗星的撞击而造成气候的改变和文明的摧毁;但是在其他星球上,包括地球,智慧生命还没有找到在撞击中保护自己的方法,一部分文明留存下来,一部分则已被历史淹没。

生命

第五部分

天体生物学：其他世界上的生命

25

图源：From a painting by Peter Sawyer, Smithsonian Institute

▲ 艺术家对30多亿年前年轻地球上一个场景的想象：在海岸边生长着叠层石细菌垫。（彼得·索耶的画作，史密森尼研究所）

这一章要么没有必要，要么至关重要。如果你认为天文学是对地球大气层之上的宇宙的研究，那么在前面的章节就完成了你的旅程。但如果你认为天文学不仅是对宇宙的研究，也是研究你作为一个生命体在宇宙演化中的作用，那么你之前从本书中学到的一切，都是为这最后一章做准备。

当你阅读本章时，你将提出四个重要问题。

- ▶ 什么是生命？
- ▶ 生命是如何在地球上起源的？
- ▶ 生命能否在其他星球开始？
- ▶ 地球上的人类能与其他星球上的智能物种交流吗？

在这里你不会得到更多关于这些问题的答案，但在科学领域，提出一个好的问题往往比得到一个答案更重要。

你已经探索了宇宙，从月相到大爆炸，从地球的起源到太阳的死亡，天文学的意义不仅在于它和宇宙相关，更是跟你有着密不可分的联系。现在你知道了一些天文学知识，你可以用不同的方式来看待自己和你所处的星球，天文学已经改变了你。

> 难道我曾恳求您把我从黑暗中救出吗？
> 亚当对上帝说。
>
> ——约翰·弥尔顿，《失乐园》

作为一个生命体，你已经从黑暗中成长起来。作为你身体必要组成成分的碳、氧和其他重元素的原子在宇宙形成之初并不存在，而是由连续几代的恒星聚积起来的。

构成你身体的元素在可观测的宇宙中随处可见，具有类似于地球条件的行星应该也肯定很常见，因此，生命有可能从其他星球上开始。未来的探索者可能会发现与地球上任何生命完全不同的外星物种，而且，这些物种中的一些可能已经进化成了智慧物种。如果是这样的话，也许我们可以从地球上探测到其他星球文明的存在。

在这一章中，你的目标是尝试理解真正耐人寻味的谜题——地球上生命的起源和进化，以及地球上生命的起源和进化对其他星球是否存在生命有怎样的启示。这个新的混合研究领域被称为天体生物学。

25-1 生命的本质

什么是生命？几千年来，哲学家们一直在为这个问题而奋斗，我们也不可能在一个章节甚至一本书中完全回答这个问题。如果试图对生命体所做的事情做一个一般性的定义，将它们与非生命体区分开来，也许是这样的：生命是一个过程，通过这个过程，生物体从周围环境中提取能量，维持自身，并改变周围环境以促进自身的生存和繁殖。

一个重要的观察结果是，地球上的所有生物，无论在表面上多么不同，在生命进程中都有某些共同的特点。

25-1a 生命的物理基础

地球上所有生命的物理基础是碳和水（见图25-1）。由于碳原子本身之间以及与其他原子的结合方式，它们可以连接成长的、复杂的、稳定的链，这些链有着重要的作用，其中一点就是存储和传输信息，大量的信息对控制生物的活动和维持其形态是必要的。而且，在地球上的所有生物中，制造、打破和结合碳链的化学反应都是在生物体细胞内的液态水中进行的。

在其他星球的生命体中，像硅这样的元素有没有可能发挥跟地球上的碳一样的作用呢？在元素周期表中，硅就在碳的下方（见附表A-14），这意味着它与碳的许多化学特性相同。但在天体生物学家看来，基于硅的生命似乎不太可能，因为硅链比碳链更难组装和拆卸，所以它们不可能那么长和复杂，也不可能包含那么多信息。

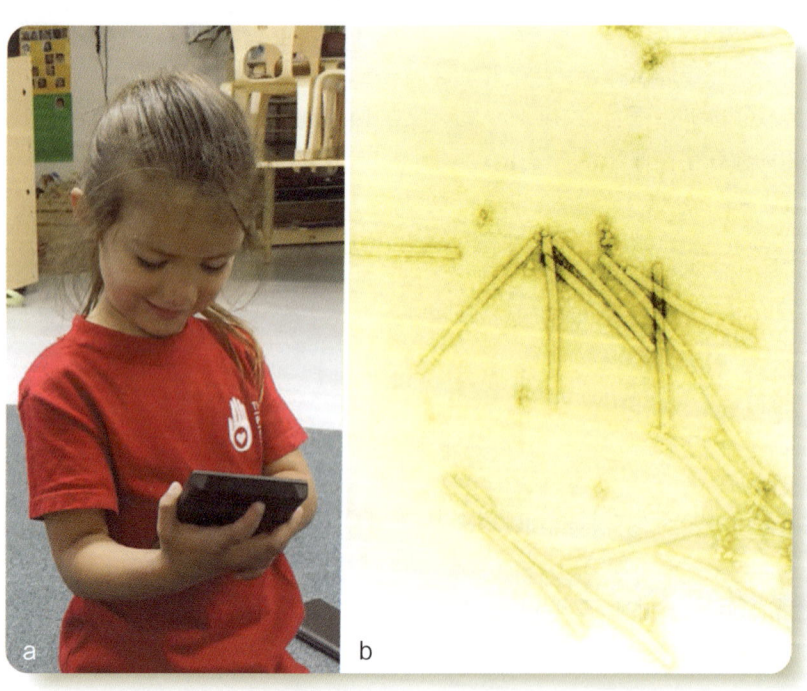

◂ 图25-1 地球上所有的生物都是以碳化学为基础的。即使是携带遗传信息DNA和RNA的长分子，也有一个由碳原子链定义的框架。（a）Sabrina，一种复杂的哺乳动物，含有超过150 AU的DNA。（b）每个棒状的烟草花叶病毒都含有一条长约0.01毫米的RNA螺旋链作为其遗传物质

图源：(a) Dana E. Backman; (b) Courtesy of USDA, Beltsville Agricultural Research Center (BARC)

其他星球上的化学过程有可能发生在水以外的环境中吗？有人提出了一些替代物，如甲醇。但是碳化合物在水中特别容易溶解。而且，水具有特殊的性质，如相对于其他在行星表面温度下是液体的大量物质有较高的热容量（对温度变化的抵抗力）。所以，科学家们认为碳和水对生命的存在至关重要，不仅因为生命自身是由碳和水组成的。

科幻小说提出了更奇怪的生命形式，例如，基于电磁场和电离气体的生命体，这些可能性都无法被排除。这些假想的生命形式引人遐想，但目前它们还不能像地球上的生命那样被系统地研究。

本章首先关注的是地球上基于碳和水的生命的起源和演化，这并不是因为缺乏想象力，而是因为这是我们所知道的唯一的生命形式。在这个知识基础上，我们可以合理地猜测宇宙中其他星球上的碳基生命。即使是碳基和水基生命也有其神秘之处。是什么让一块碳基分子在小水袋里变成了一个生命体？答案的一个重要部分在于信息从一个分子到另一个分子的传输。

25-1b　信息存储和复制

活细胞执行的大多数行动是由细胞内分子完成的。细胞必须能储存制造所有这些分子的成分，以及如何和何时使用这些分子，还有以怎样的方式将这些成分传给它们的后代。

学习"概念艺术·DNA：生命的密码"，并留意以下3个要点和7个新术语：

1. 生命的化学成分作为信息储存在每个细胞内的DNA（脱氧核糖核酸）中，它类似于一个由化学碱基组成的"梯子"，成分信息通过梯级的序列来表达，提供指导细胞内特定化学反应的指令。

2. 存储在DNA中的指令是传递给后代的遗传信息。DNA指令通常通过被复制到一个叫作RNA（核糖核酸）的信使分子中来表达，RNA到达细胞中的一个位置，在那里它的信息会使一连串被称为氨基酸的分子单位连接成被称为蛋白质的大分子。蛋白质能够作为细胞的基本结构分子或作为控制化学反应的酶。

3. 细胞分裂时，DNA分子会自我复制，因此每个新细胞都包含一份原始信息的副本。组成一条指令的DNA序列被称为基因。基因被组织成名为染色体的长盘状链。一条染色体上的基因通常一起传递给后代。

为了产生有活力的后代，一个细胞必须能够复制其DNA。令人惊讶的是，错误的物质过程也存在，并且这对生命的持续存在很重要。

践行科学

为什么在复制DNA时出现错误是很重要的？ 有时，科学家提出的最有价值的问题，就是那些挑战看似属于常识的问题。

似乎很明显，在复制DNA时不应该出现错误，但事实上，变异对一个物种的长期生存是必要的。例如，海星的DNA包含了海星生长、发育、生存和繁殖所需的所有信息。这些信息必须传递给海星的后代，以便它们得以生存。然而，如果环境发生变化，这些信息也需要改变。海洋温度的变化可能会杀死海星所吃的特定贝类，如果海星不能消化另一种食物，而且如果所有的海星都有完全相同的DNA，它们就都会死亡。但如果有几只海星的DNA稍有不同，使它们有能力制造出能消化不同种贝类的酶，那么这个物种就可能继续生存下去。

DNA的变异是由外部因素（如自然辐射）和复制过程中的偶然性错误造成的，生命的延续依赖于DNA整体可靠复制和DNA微小变异之间的微妙平衡。

现在思考一下相反的问题：**为什么DNA的复制过程需要整体的可靠性？**

25-1c　修改信息

地球的环境不断变化。为了生存，物种必须随着其食物供应、气候或环境条件的变化而改变。如果储存在DNA中的信息不能改变，那么生命就会因不适应环境变化而灭绝。生命根据变化的环境进行自我调整的过程被称为生物进化。

当一个生物体繁殖时，其后代会遗传到它的DNA。但有时受类似于自然辐射的外部影响，亲代生物体会改变其DNA；有时会在复制过程中出现错误，因此产生的DNA会与亲代有些许不同，这种变化被称为突变。大多数突变不会产生任何影响，但有些突变是致命的，受影响的生物体在繁殖之前就已经死亡，在罕见但极其重要的情况下，突变实际上可以帮助一个生物体更好地生存。

DNA的这些变化在一个物种的成员中产生了变异，而这种变异可以使该物种适应不断变化的环境。例如，公园里的所有松鼠可能看起来都一样，但它们携带的基

DNA: 生命的密码

1 了解生命的关键是信息——指导生物体内所有生命活动过程的信息。在地球上的大多数生物中，这些信息都储存在一个叫作DNA（脱氧核糖核酸）的大分子中。

1a DNA分子看起来像一个螺旋形的梯子，轨道由磷酸盐和糖组成。梯子的阶梯是由四种成对排列的化学碱基组成的，这些碱基总是以相同的方式配对，碱基A总是与碱基T配对，而碱基G总是与碱基C配对。

1b 信息是通过碱基对排序的顺序在DNA分子上编码的，为了读取该代码，分子生物学家必须对DNA进行测序，也就是说，他们必须确定碱基对在DNA梯子上的分布顺序。

四个碱基

 A 腺嘌呤

 C 胞嘧啶

 G 鸟嘌呤

 T 胸腺嘧啶

2 DNA中的信息决定了会形成怎样的化合物，这些化合物的组成成分是相对简单的氨基酸。DNA的片段作为模板，指导氨基酸以正确的顺序结合在一起，形成特定的蛋白质，即对生物体的结构和功能很重要的化合物。一些称为酶的蛋白质会调控化学过程，通过这种方式，DNA来调控体内化合物的形成。

你的DNA里编码了你从父母那里继承的特质、使你充满活力的化学过程以及你的身体结构。当人们说"你有你母亲的眼睛"时，他们是在谈论你的DNA。

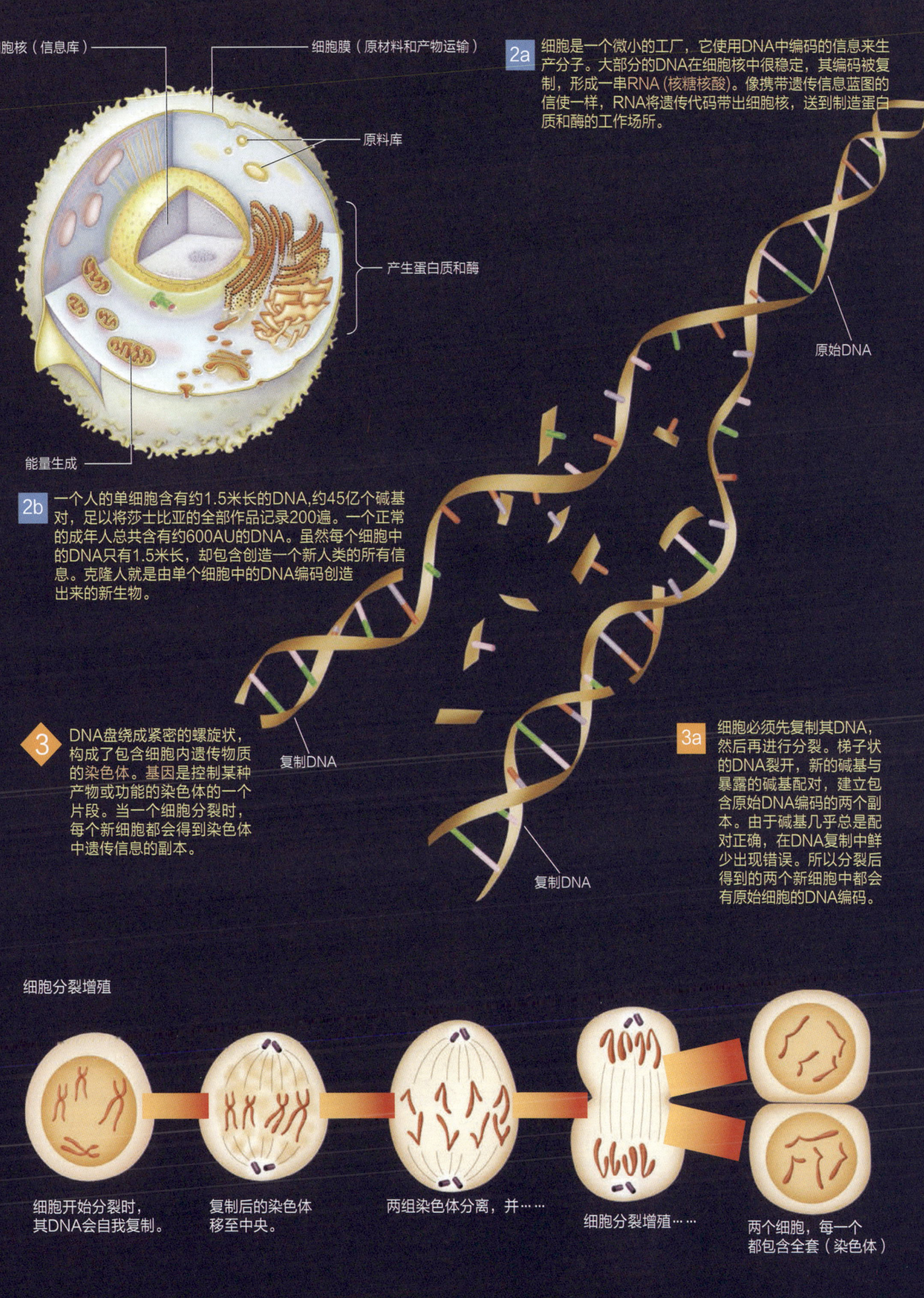

因各不相同。有些可能有稍长的尾巴或生长更快的爪子，这些区别只有环境发生变化之时才会显示出来。例如，如果环境变得更冷，毛发较厚的松鼠将普遍比同时代的正常动物生存得更久，并产生更多的后代。同样，继承了这种有利变异的后代也会活得更久，并有更多自己的后代。相反，含有薄皮毛基因的松鼠数量将逐渐减少。

不同的生存率和繁殖率是自然选择的体现，随着时间的推移，有益的变异频率增加，一个物种可以进化到整个种群都具有这种特征。这样，自然选择通过从大量的随机变异中选择那些最有利于物种生存的变异，使物种适应其不断变化的环境。

进化是随机的，这是一个常见的误区。在每个物种内产生变异的基本机制可能是随机的，但自然选择不是随机的，因为一个物种的渐进变化是由环境的变化引导的。

25-2　宇宙中的生命

地球上的生命是我们目前所知道的唯一的生命形式。我们可以把地球上的所有生命都看作同一种生命形式，这是因为正如在上一节所学到的，地球上所有的生物都有相同的物理基础：相同的化学成分和相同的遗传编码规律。在考虑其他星球可能出现的情况时，生命如何在地球上开始，并发展和进化成现在的种类，是你唯一可以利用的可靠信息。

目前关于地球上生命的一切信息都表明，在一部分有水的其他星球里，同样的过程也应该可以带来生命。如果其他星球上存在生命，它是否使用 DNA 和 RNA 来携带遗传信息，或者使用不同的分子充当 DNA 和 RNA 的角色，或者存在截然不同的机制？除非在其他世界上发现生命的例子，否则我们没有办法知道真相是什么。如果这一天到来，即使地球以外的生命形式是简单的单细胞生物，这一发现也将是科学史上最重要的发现之一。它将完成于哥白尼革命的理念的进步（即认识到地球不是独一无二的）。

25-2a　地球上生命的起源

很明显，构成人类 DNA 的 45 亿个化学碱基对并不是偶然地以正确的顺序连接排列到一起的，理解生命起源的关键在于反推进化的过程。环境因素与一代又一代生物 DNA 之间复杂的相互作用，促使一些生命形式随着时间的推移变得更加复杂，直到形成如今这样特殊又独一无二的生物。对这一过程的反推，我们可以得出地球上的生命起源于简单的形式这一推论。

生物学家假设，第一批生物应该是能够自我复制的碳链分子。当然，这是一个科学假设，你可以为其寻求证据。关于地球上生命的起源有什么证据？

最古老的化石是海洋生物的遗骸，这表明生命起源于海洋。然而，识别最古老的化石并不容易。来自澳大利亚西部的大约 35 亿年前的古老岩石有垫状的特征，生物学家将其认定为叠层石，即单细胞生物群落的化石遗骸，它们在被困的沉积物中一层一层地堆积起来（见图 25-2）。这么古老的化石很难辨认，因为最早的生物不包含像骨头或贝壳这样容易保存的硬部件，而且单个生物体是微观的。虽然证据稀少又不易发现，但它可以表明简单的生物体在地球形成后不到 12 亿年就生活在地球的海洋中。微生物的叠层石群比单个细胞更复杂，所以你可以想象可能会有更早的、更简单的生物体。那些最早的最简单的生物体是如何起源的呢？

斯坦利·米勒和哈罗德·尤利在 1952 年进行的一项重要实验试图重现地球上生命开始时的假定条件。米勒的实验包括一个无菌、密封的玻璃容器，里面装有被认为类似于早期地球的大气，包括水、氢气、氨气和甲烷。仪器内的电弧用来产生火花以模拟闪电的效果（见图 25-3）。

米勒和尤利让实验进行了一个星期，然后分析了里面的材料。他们发现，电弧和模拟大气之间的相互作用

图源：Courtesy Chip Clark, Australian National Museum of Natural History

▲ 图 25-2　这个来自澳大利亚西部的化石有 30 多亿年的历史，展示了地球上一些最古老的生命证据。叠层石由生活在浅水中的细菌层一层层形成的，细菌不断地被沉积物覆盖。再看一下本章开头的图片，这是艺术家对当时地球上一个场景的构想

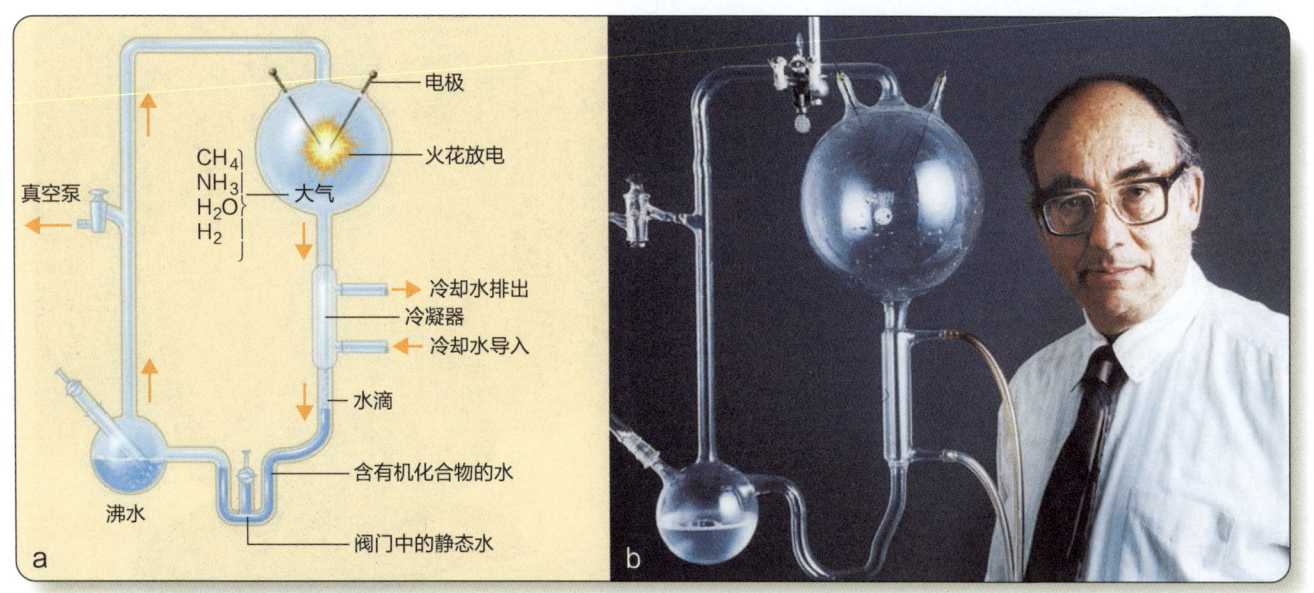

图源：(a) Illustration design by Michael A. Seeds; (b) Courtesy Stanley Miller

图 25-3　（a）米勒实验在电弧的作用下使气体在水中循环。这种对地球上原始条件的模拟产生了许多复杂的有机分子，包括蛋白质的组成成分氨基酸。（b）斯坦利·米勒与米勒实验仪器

使实验的原材料中产生了许多有机分子，包括氨基酸等重要的生命构成要素。（回顾一下，有机分子只是一种具有碳链结构的分子，不需要来自生物："有机"不一定意味着"生物"。）

当再次使用不同类型的能量来源进行实验时，例如，用热硅石代表溢入海洋的熔岩，也产生了类似的有机分子。即使是代表太阳光中紫外线辐射的光源也足以产生复杂的有机分子。

科学家们对科学发现持专业的怀疑态度（我们如何得知 18-2），他们根据新的信息重新评估了米勒实验。根据太阳系和地球形成的最新模型（回顾第 18-3d 节和第 19-4a 节），地球的早期大气可能主要由二氧化碳、氮气和水蒸气组成，而不是米勒和尤利假设的氢气、氨气、甲烷和水蒸气的混合物。当根据对地球早期大气新的理解再运行米勒实验时，还是生成了相对之前较少但数量依然可观的有机分子。

米勒实验很重要，因为它表明复杂的有机分子是在各种各样的情况下自然形成的。闪电、阳光和热熔岩只是一些能够自然地将简单的普通分子重新排列成使生命成为可能的复杂分子的能量来源。如果你能穿越时空，你会发现地球的早期海洋充满了丰富的有机化合物的混合物，其被称为原始汤。

这些有机化合物中有许多可以连接起来形成更大的分子。例如，氨基酸自然地连接两端并释放出一个水分子，形成蛋白质（见图 25-4）。然而，这一反应在水溶液中并不容易进行。科学家们假设，这一步骤更有可能

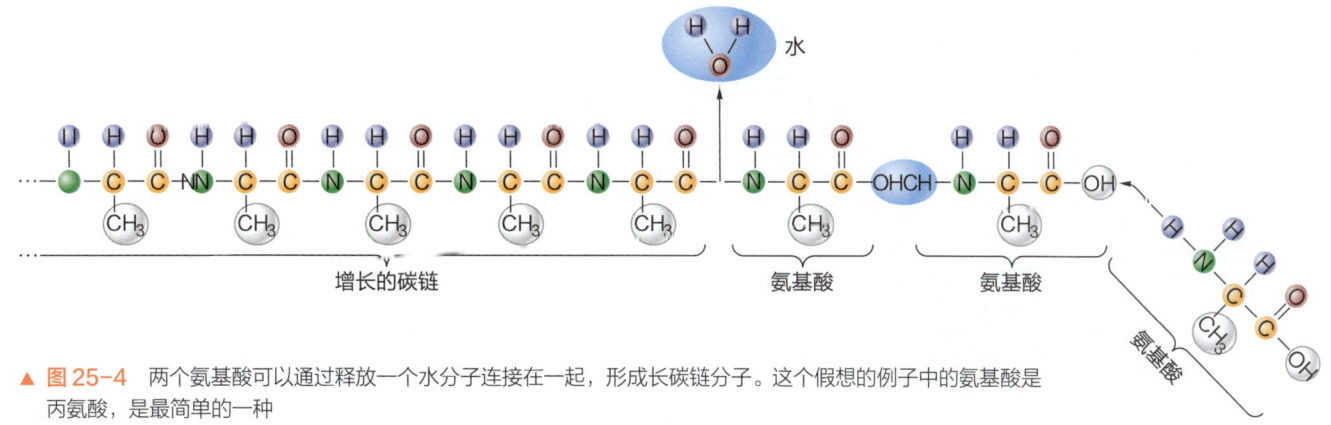

▲ 图 25-4　两个氨基酸可以通过释放一个水分子连接在一起，形成长碳链分子。这个假想的例子中的氨基酸是丙氨酸，是最简单的一种

发生在海岸线上或在太阳照射下的潮汐池中，在那里，来自原始汤的有机分子可能通过水分蒸发而集中。在这种半干燥的环境中，大型有机分子可能通过被黏土晶体吸收而产生，这些黏土晶体可将有机亚单位紧密地连接在一起。

　　这些复杂的有机分子仍然不是生命体。即使一些蛋白质分子可能包含数百个氨基酸，但它们并没有繁殖，而是随意地连接和分解。由于一些分子比其他分子更稳定，一些分子比其他分子更容易结合在一起，科学家们假设，一个化学进化的过程最终是将各种较小的分子集中到最稳定的较大形式中。根据这一假设，最终，在海洋的某个地方，经过足够长的时间，形成了一个可以进行自我复制的分子，就像 DNA 和 RNA 在适当的情况下能够做到的那样。在这一时间点上，分子的自然选择和化学进化演化成了生命体的生物进化。

　　关于生命起源的另一种假说提出，可复制分子可能是从外太空来到地球的。天文学家已经在星际介质中发现了各种各样的有机分子，而且在陨石中也发现了类似的化合物（见图 25-5）。米勒实验表明，复杂的有机分子很容易从较简单的化合物中自然形成，所以在宇宙中发现它们并不令人惊讶。虽然猜测很有趣，但地球上生命起源于宇宙的假设目前比生命起源于地球的假设更难检验。

　　无论第一批可繁殖分子是在地球上形成还是在宇宙中形成，重要的是它们可能是自然形成的。科学家们对这些过程有足够的了解，尽管其中一些过程仍然无法确定。

　　第一个细胞的起源细节尚不清楚，由于在化学进化过程中分子的相互作用方式，细胞的结构可能是自然出现的。如果加热干燥的氨基酸混合物，这些氨基酸会形成长的、类似蛋白质的分子，当它们被放入水中时，会

图源：Courtesy Chip Clark, Australian National Museum of Natural History

▲ 图 25-5　一块默奇森陨石，这是一块碳球粒陨石（见图 24-2d 和图 24-4），于 1969 年落在澳大利亚的默奇森附近，对其内部进行的分析发现了氨基酸的存在。地球上生命的第一种化学物质是否起源于宇宙是一个争论不休的问题，但是在陨石中发现的氨基酸说明，即使在没有生物的情况下，氨基酸和其他复杂的有机分子也普遍存在于宇宙中

聚集成像细胞那样的微观球体（见图 25-6）。它们有一个薄薄的膜表面，从周围环境中吸收物质，使体积不断增大，并且能够像细胞一样进行分裂和萌芽。然而，它们不包含能自我复制的大分子，所以它们不是活的。第一个被膜包裹的繁殖分子就是第一个细胞，它比其他繁殖分子有更重要的生存优势。

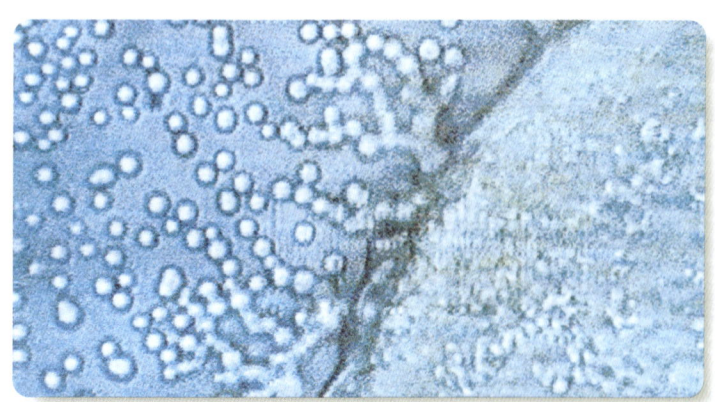

图源：Sidney Fox and Randall Grubbs

◀ 图 25-6　单个氨基酸可以被组装成长的蛋白质状分子。当这种材料在水中冷却时，往往形成微球，即具有类似细胞膜的双层边界的小球。微球可能是生命起源的一个中间阶段，介于复杂但非生物的分子和具有能够复制遗传信息分子的活细胞之间

25-2b 地质时间和生命的演化

生物学家推断，第一批细胞一定是类似于现代细菌的简单单细胞生物。正如你以前所学到的，这类细胞存在的证据保存在叠层石中（见图25-2），叠层石是由细菌和浅海沉积物层产生的矿物结构。叠层石化石在放射性测试年代为35亿年的岩石中被发现，而且现在一些地方仍然在形成活的叠层石。

叠层石和其他能够进行光合作用的有机体会开始向地球的早期大气中输送光合作用产生的氧气，氧气几乎一经释放就会从早期大气中消失，因为它很容易与土壤和海水中的铁元素结合。地质证据表明，地球表面铁中的氧气在大约20亿~25亿年前就已经饱和了，之后大气中的氧气比例开始稳步上升。氧代谢单位质量食物产生的能量比其他反应多得多，生物学家推测，这种更高的效率使多细胞生物在大约同一时期发展起来。此外，只有0.1%的氧气丰度会形成一个臭氧屏，保护生物免受太阳紫外线辐射的影响，并为之后生命的繁衍创造条件。

在漫长的岁月中，演化的自然过程产生了令人惊叹的复杂多细胞生命形式，它们有各自不同的生活方式。有一种常见的误区就是认为生命太复杂，以至于其不可能从如此简单的起点进化而来。这是有可能的，因为小的变化可以积累，尽管这种积累需要大量的时间。

大约在5.4亿年前，地球上只有简单的有机体，化石证据表明，生命最早迹象出现后的30亿年，生命突然发展成各种各样的复杂形式，如三叶虫（见图25-7）。这种生物复杂性的突然增加被称为寒武纪大爆发，这是地质学家所认为的寒武纪时期的开始。

如果你在一张比例图上表示地球的整个历史，那么寒武纪大爆发将接近图表的顶端，如图25-8的左边所示。今天你所熟悉的大多数动物的出现，包括鱼类、两栖类、爬行类、鸟类和哺乳类，都被挤在图表的最上方，即寒武纪大爆发的上方。

如果你放大图中的这一部分，如图25-8右侧所示，你可以更好地了解这些事件在生命史上发生的时间。类人生物在地球上存在了大约400万年，按照人类一生的标准，这是一个很长的时间，但这段时间只在图的顶部形成一条狭窄的红线。所有被记录的历史都是柱子最顶端的一条微细的线。

为了理解这条界线有多薄，想象一下，地球的整个46亿年历史被压缩到一个长达1年的视频中，而你从1月1日开始观看这个视频。直到3月或4月初，你才会看到生命的迹象，第一批出现的简单生命形式会在接下来的6~7个月时间里缓慢地演化。突然，在11月中旬，你会看到三叶虫和寒武纪生命爆发的其他复杂生物。

在11月底之前，你不会看到陆地上有任何类型的生命，但是一旦生命出现在陆地上，它将迅速变得多样化，到12月中旬，你将看到恐龙在大陆上行走。到了圣诞节的第二天，它们就会消失，哺乳动物和鸟类则会开始出现。

图源：(a) Michael A. Seeds; (b) Painting by D. W. Miller, appearing in American Scientist, March–April 1997

▲ 图25-7 （a）三叶虫首次出现在寒武纪的海洋中。最小的三叶虫几乎是微型的，最大的三叶虫比餐盘还大。图中这个像手掌一般大的例子生活在4亿年前的海底，现在是宾夕法尼亚州的一个石灰岩矿床。（b）这是艺术家对寒武纪海底的构想，奇虾（中后部，右上方隐约可见）有了特定的器官，包括眼睛、协调的鳍、紧扣的下颚和一个强壮的齿状的胃。注意中间右边带着长鼻子的欧巴宾海蝎

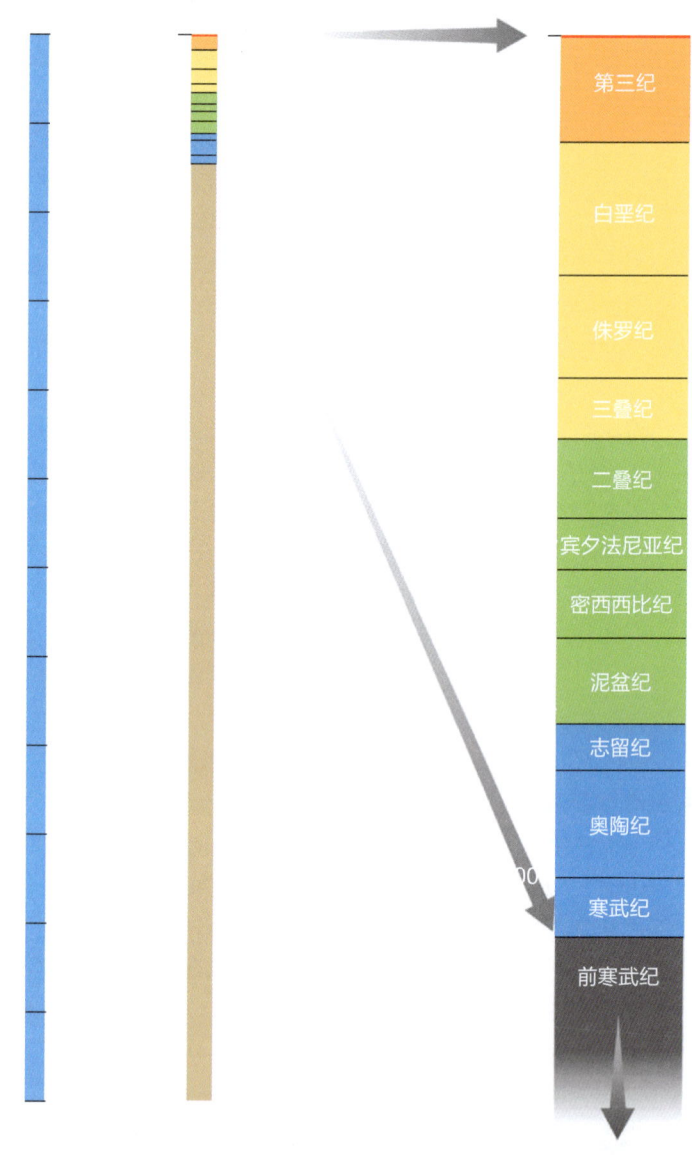

▶ 图 25-8 复杂的生命最近才在地球上发展起来。如果用一条时间线来表示地球的全部历史（左），你必须仔细查看线的末端，才能看到如生命离开海洋和恐龙出现这样的细节。即使在一个比例扩大了约 7 倍的时间线上（右栏），属于人类的时间仍然只是图中顶部的一条细线。如果地球的历史是一个长达 1 年的视频，人类将在 12 月 31 日的最后几个小时才出现

如果你仔细观察，你可能会在新年前夕的下午看到第一批像人类一样的生命形式，到了傍晚，你可以看到人类制造第一批石器。石器时代将持续到晚上 11 点 59 分，之后，出现了第一批城镇，然后是城市。突然间，事情将以闪电般的速度开始变化。巴比伦将蓬勃发展，埃及金字塔建成，特洛伊衰落，基督教时代将在新年前 14 秒开始，罗马将陷落，然后中世纪和文艺复兴将闪电般过去，美国和法国革命将在视频结束前 1.5 秒发生。

通过将地球的历史想象成一个长达 1 年的视频，你可以构建有关生命产生的图景。第一批简单的生物在海洋中进化需要大量的时间，随着生命变得越来越复杂，新的生命形式出现得越来越快，这是因为最难的问题——如何繁殖，如何有效地从环境中获取能量，如何移动——已经在生物进化的过程中"解决"了。比较容易的问题，如吃什么，住在哪里，以及如何养育下一代，不同的生物体有不同的处理方式，这就导致了今天看到的生物多样性。

使人类区别于其他动物的"智慧"，可能是人类祖先面对进化问题所采用的独特的方式。有智慧的动物能够更好地躲避捕食者，智取猎物，并为自己和后代提供食物和住所。在某些条件下，物种会朝着智能的方向进化。

25-2c 嗜极生物

只要有一些液态水存在，就很难确定环境的范围，也很难确定基于碳和水的环境在这些环境外不能存在。

在地球上以前被认为不适宜生命生存的地方已经发现了生命，如南极洲冰雪覆盖的湖底、远在地下的固体岩石、死火山顶的煤渣中，以及滚烫的热水池中（见图25-9）。一种能在人类认为的极端环境中生存甚至繁衍的生物被称为嗜极生物。也许你就有这样的朋友。

语言学家可以通过比较从印欧语系演变而来现代语言（如英语、西班牙语、俄语、希腊语和印地语）中的词汇，来理解早已消失的印欧语中的词汇。与此类似，生物学家可以通过比较当代物种的DNA序列来推断其祖先的DNA序列。这种类型的分析表明，如今所有生物体的共同祖先，与现在被称为古细菌（"古细菌"的英文archaea来源于希腊词根archaios，意思是古代的）的单细胞生物体最为相似。最有可能的共同祖先是一种类似古细菌的耐高温极端嗜热菌，被称为嗜热菌（"爱热"；见图25-9b）。一些生物学家认为，这是生命开始于海底火山口附近或地下深处的热岩中的证据；另一些人认为，太阳系形成末期的晚期重轰击（第20-1d节和第23-1g节）会一次又一次地让地球上的大部分海水沸腾。如果那时生命已经出现，那么在这个时期经历自然选择幸存下来并成为我们祖先的生命一定是耐热的。

25-2d 太阳系中的生命

在我们太阳系的其他地方会有碳基生命吗？正如你之前所了解的，液态水似乎是碳基生命存在的一个必备条件，它既是重要化学反应的媒介，也是运输营养物质和废物的必要条件。生命在地球的海洋中发展并生存了几十亿年直到开始在陆地生活，这并不令人惊讶。与此同时，寻找其他星球上的生命的科学家们应该牢记地球上的嗜极生物和它们生长的恶劣条件。

太阳系中的许多星球不适宜以水为基础的生命的生存，因为那里不可能有液态水。月球和水星是没有空气的，水会立即蒸发到宇宙中。金星的大气层中有水蒸气的痕迹，但它太热了，液态水不可能在其表面存在。类木行星有很深的大气层，在一定的高度上，水可能会凝结成液态水滴，然而，生命似乎不太可能起源于那里，因为类木行星没有固体表面（第22章和第23章），因此类木行星中没有类似于地球中使有机分子生长和相互作用的原始海洋那样的环境，让孤立的水滴交融。此外，巨行星大气层中强大的下沉气流会迅速将在那里形成的任何繁殖分子带入不适宜生存的高温下层区域。

正如你在第22-3c节中所了解的，木星的卫星木卫二在其冰壳下面似乎有液态水的海洋，溶解在水中的矿物可以为化学演化提供原料来源。木卫二中的海洋通过潮汐加热保持温暖和液体状态。显然，在木卫三、木卫四和土星的卫星土卫二内部也有液态水区。所有这些卫星在其历史上的其他时期都可能是冰冻的固体，这可能会破坏在那里发展起来的任何生物体。

土星的卫星土卫六富含有机分子。你在第22-5a节中了解到，太阳光将土卫六大气中的甲烷转化为有机烟雾颗粒，并沉降到地表。我们不知道能否从这些分子中演化出化学生命，并在土卫六的甲烷湖中生存。这种可能性很令人振奋，但是土卫六极低的温度95K

图源：(a) Kris Koenig (Coast Learning Systems); (b) Jim Peaco/National Park Service

▲ 图25-9 地球上的每一种生命形式都是为了在某些生态位上生存而进化的。(a) 万寇虫与天文学家一起生活在夏威夷莫纳克亚火山顶上4206米（约13 800英尺）的高空。这些虫子居住在冰冷的煤渣之间形成的空间，并吃由海风带上来的昆虫。(b) 在黄石国家公园大棱镜泉的边缘，嗜热（喜欢热）的单细胞生物群在高达728℃（1342.4°F）的温度下茁壮成长，产生绿色的颜料。水池中心的蓝色水即使对嗜热生物来说都太热了

（-290°F）会使化学反应非常缓慢，所以还是不太可能出现生命。

我们已经探测到含有有机分子的水从土星卫星土卫二的南极区域排出（第22-5b节）。生命有可能存在于土卫二地壳下的水中，但这颗卫星很小，其潮汐加热可能只是偶尔发生。土卫二可能没有充足的液态水来满足生命发展所需的漫长时间。

除了地球，火星是太阳系中最有可能存在生命的地方，因为正如你在第21-2e节中所学到的，有大量的证据表明液态水曾经在其表面流动过。即便如此，在火星上寻找生命迹象的结果并不乐观。1976年，机器人飞船"海盗1号"和"海盗2号"登陆火星，对土壤样本进行了生物测试（见图25-10a），其中有令人费解的半阳性结果，科学家目前的假设是这是由土壤中的非生物化学反应引起的。没有证据清楚地表明火星土壤中存在生命，甚至也找不到有机分子存在的证据。

在本章之前，你了解到生命可能需要特殊的环境才能在地球上开始，但是一旦开始，物种进化就使生命在地球上传播并适应多种多样的条件。最终，所有的环境，甚至是极端环境都被占领了。大多数天体生物学家认为，这意味着，一旦生命开始于一个星球，即使该星球的整体环境后来变得不适宜生存，一些生命也可以继续生存。如果火星上仍有生命存在，它可能隐藏在地面以下，那里可能有液态水，而且太阳的紫外线辐射无法穿透。

20世纪90年代，关于在南极洲发现的一块火星陨石的报道层出不穷，报道说陨石内可能有火星上曾经存在过的生命的化学和物理痕迹（见图25-10b）。科学家们对这一消息感到兴奋，但他们采用了专业的怀疑态度，并立即开始检验证据。他们的检验结果表明，岩石中不寻常的化学特征可能不涉及生命的过程，岩石中原本被认为是古代火星微生物化石的微小特征，可能是由非生物的矿物形成的（见图25-10c）。尽管好奇号火星车的测量结果已经确凿地证明，火星曾经有一个可以支持类似地球生命的环境，但火星上的生命证据可能要等到未来的火星车能够钻进地下，发现新陈代谢生物的迹象，或者地质学家宇航员沿着干燥的火星河床摸索，打碎岩石，找到化石。目前还没有令人信服的证据表明太阳系中除了地球以外的星球有生命存在，但这意味着你的探索目前已经到了遥远的行星系统。

25-2e 其他行星系统的生命

那其他行星系统中是否存在生命呢？你已经知道，

图源：Panel a: NASA/JPL-Caltech/Univ. of Arizona;
Panel b and c: NASA JSC/Stanford Univ.

图 25-10 （a）一个海盗登陆器模型坐落在地球上的模拟火星环境中。其黑色手臂的末端有一个抓取样品的爪子。（b）陨石 ALH 84001 是已知起源于火星的十几块陨石之一。（c）研究人员提出了一个未经证实的说法，即 ALH 84001 含有火星上的生命痕迹，似乎是微观生物的化石

有许多不同种类的恒星，其中许多恒星都有行星系统。作为回答这个问题的第一步，你可以试着找出那些似乎最有可能拥有稳定的行星系统的恒星，因为在那里生命有可能可以演化。

如果一颗行星要成为适合生物生存的家园，它必须处于围绕恒星运行的稳定轨道上。这在我们所处的系统中很容易，但是在双星系统中的行星轨道是不稳定的，除非组成双星系统的恒星离得很近或很远。天文学家已经计算出，在双星系统中，如果恒星之间的中间距离只有几个天文单位，那么行星最终会被其中一颗恒星吞噬或者从该双星系统中被抛出。银河系中有一半的恒星是双星系统的成员，因此其中许多恒星不太可能支持行星上出现生命。

此外，一颗单一的恒星也并不一定是维持生命的合适候选天体。地球需要大概多达10亿年的时间才产生了第一个细胞，经过46亿年才能出现智慧生命，仅仅闪耀几百万年的大质量恒星并不符合这一标准。如果以地球上的生命历程为代表，那么比F5型恒星质量和光度更大的恒星都太年轻，无法发展出复杂的生命。G型和K型的主序恒星，可能还有一些M型恒星，是最好的候选天体。

一颗行星的温度也很重要，这取决于它所围绕的恒星类型以及它与恒星之间的距离。天文学家定义了一颗恒星周围的宜居带，在这个区域内，围绕该恒星运行的行星的温度可以维持液态水的存在。太阳的宜居带从金星的轨道附近延伸到火星的轨道，地球就在这个范围中间。一颗低光度的恒星有一个小而窄的宜居区，而一颗高光度的恒星则有一个大而宽的宜居区。

长寿恒星宜居带内的稳定行星是最有可能存在生命的地方，但鉴于地球生命形式的顽强和韧性，宇宙中可能还有其他看似不宜生存的地方也存在着生命。你还应该注意到，两个被认为可能存在生命的环境——木星的卫星木卫二和土星的卫星土卫二，它们都在太阳系外部，远在太阳的宜居区之外，由于它们与巨大的母行星之间的相互引力作用导致了潮汐加热，使这些行星地表下方都有液态水，而这种情况在离恒星的任何距离处都可能发生，木卫二和土卫二存在液态水这一事实表明，宜居带的传统定义可能太有局限性。

25-3　宇宙中的智慧生命

智慧生命能否在其他星球出现？为了尝试回答这个问题，你可以估计其他星球上出现任何类型的生命的机

> **践行科学**
>
> 什么证据表明其他星球有可能存在生命？几乎所有的科学家都假设其他星球上有生命存在。但这只是一种假设。证据是什么？
>
> 生物学家已经想象并在实验室中重现了可能的物理和化学过程，在很长的时间间隔内，这些过程可能将简单的有机化合物转化为膜内的繁殖分子，即最早的简单生命形式。化石证据，尽管微不足道，但能够表明在太阳系的重轰击结束后不久，至少34亿年前，生命在海洋中起源。这对大多数天体生物学家来说，意味着如果条件合适，生命会以一个相对较快的速度在一个星球上发展。最后，有证据表明，类似地球的行星在宇宙中很常见。
>
> 现在我们提出一个更深远的问题：你期望存在生命的星球上有什么样的条件？

会，然后评估这种生命发展为智慧生命的可能性。如果其他文明存在，人类有可能最终能够与他们交流。自然界虽然对这种对话的速度进行了限制，但主要问题在于未知文明的预期寿命。

25-3a　在星际间旅行

恒星之间的距离几乎是无法理解的。有史以来发射的最快的设备——新视野号探测器，花了9年时间才到达冥王星，现在正向柯伊伯带的更远处航行，如果要到达最近的恒星半人马座比邻星，还要花费大约9万年的时间穿越4光年的距离。跨越这些巨大距离的明显方法是使用速度极快的飞船，但即使是离地球最近的恒星也有数光年的距离。

没有什么东西的速度能超过光速，而把飞船加速到接近光速需要大量的能量，即使速度比光速慢，火箭仍然需要大量的燃料。如果你想驾驶一艘质量为100吨的飞船（大约是一艘豪华游艇的大小）前往半人马座，并以光速的一半速度行驶，在8年后抵达，那么这次旅行所需的能量将是整个美国1年所消耗能量的400倍。想象一下，星舰企业号需要多少燃料。

这些限制不仅使人类难以离开太阳系，而且也会使外星人难以访问地球。有声望的科学家研究了不明飞行

我们如何得知 25-1

UFO 和外星人

地球已经被外星人访问了吗？

天文学家、行星科学家和天体生物学家经常被公众问到这个问题。这个问题之所以经常被问到，是因为公众听说大多数科学家认为其他星球上有生命。因此，从逻辑上讲，UFO可能是外星飞船，对吗？科学家们不这么认为，有以下两个原因。

第一，这种UFO目击事件和外星人遭遇事件是不可信的。大多数人听闻这类事件是通过杂货店的小报、白天的脱口秀或渴望收视率的有线电视网络上耸人听闻的"特别节目"，你应该注意到报道UFO和太空外星人的媒体都有着较低的声誉和不良的动机，这些报道中的大多数，就像猫王还活着的报道一样，只是为了哗众取宠或赚钱而编造的，不能把它们作为可靠的证据。

第二，少数不是故意编造的UFO目击事件也经不起推敲。大多数是人们对自然事件或者人为物体无意的错误解释。我们必须认识到，专家们对这些事件进行了数十年的研究，发现甚至没有一份证据能让专业科学界信服。

简而言之，尽管电视节目上有相反的错误说法，但没有可靠的证据表明地球曾经被外星人访问过。请记住，这个结论并不是来自科学家们对地外生命的偏见，相反，大多数科学家认为其他星球存在生命，但他们知道没有可信的证据表明有任何此类生命访问过地球。

在某种程度上，这太糟糕了。如果能确定有来自太阳系以外的智慧生物曾访问过地球的话，这将能解答许多问题，这将是令人兴奋的、有启发性的，而且，像任何真正的冒险一样，有点可怕。大多数科学家都愿意成为这样一个发现的一部分，但是，科学家必须从专业角度关注有证据支持的事情，而不是可能却又令人激动的事情。目前还没有任何直接证据表明其他星球上有微生物生命，更不用说有智慧的外星生命访问地球。

图源：Michael A. Seeds

太空飞碟很有趣，但不能证明它们真的存在

物（UFO），从未发现任何证据表明地球正在被外星人访问或曾经被外星人访问过（我们如何得知25-1）。人类不太可能与外星人面对面交流。然而，通过电磁信号来进行星际通信则需要相对较少的能量。

25-3b　无线电通信

大自然对太空旅行施加了限制，它也限制了通过无线电与遥远的文明进行交流的可能性。其中一个限制可以用简单的物理学来解释：无线电信号是电磁波，以光的速度传播。由于恒星之间的距离，无线电波的速度将严重限制人类与遥远的文明进行正常对话的能力。在提出一个问题和得到一个答案之间可能要经过几十年的时间。

因此，在尝试开始对话之前，一群天文学家在1974年决定先使用阿雷西博射电望远镜向22 000光年外的球状星团M13发送问候的信息（见图6-17）。当这个信号在2.2万年后到达时，外星天文学家也许能够理解它，因为这个信息是反编码的，也就是说，它是为那些对我们或我们的语言一无所知的生物所设计的，可以被解码。如果他们足够成熟，能够建造射电望远镜，那么他们应该能够对传输的信息进行解码。该信息是由1679个脉冲和间隙组成的字符串，脉冲代表1s，空隙代表0s，该字符串在两个维度上只有两种可能的排列方式：73列23行或23列73行，第一种排列方式得到胡言乱语，但第二种排列方式可以形成一幅包含地球上生命信息的图片（见图25-11）。

像阿雷西博信息这样的信号在星际间被听到的可能性有多大？令人惊讶的是，一个和阿雷西博望远镜一样大小的无线电天线，在位于银河系的任何地方，都能探测到我们阿雷西博的输出信号，人类的技术能力已经可以让我们进入宇宙的聊天室。

尽管1974年的阿雷西博信号是唯一一个有目的的从地球向其他恒星系统发送的强大信号，但地球同时也无意间或多或少地发出了许多其他信号，在过去80年左右的时间里一直在向太空发送着像电视和调频这种强劲的短波无线电信号，80光年内的任何文明都可能已经探测到了地球文明。这一点是双向的，外星人的信号，无论是代表友谊的信息还是相当于它们白天电视机发出的偶然信号，现在都可能到达地球。来自几个国家的天文学家小组正在将射电望远镜对准最可能存在智慧生命的恒星，准备倾听外星文明的声音。

天文学家应该监测哪些频道？波长超过30厘米的信号会在银河系的背景噪声中消失，而波长短于约1厘米的信号则大多被地球的大气层吸收。在这些波长之间是一个可以通信的射电窗口。即使是这个有限的窗口也包含了数百万个可能的射电电频段，而且范围太宽广了，不容易全部监测，但是天文学家可能已经想到了一个缩小搜索范围的方法：在这个宽广的射电窗口内，有中性氢的21厘米谱线和羟基（OH）的18厘米谱线（见图25-12），这些线之间的间隔具有特别弱的背景干扰，并被命名为"水洞"，因为氢（H）加上羟基（OH）会产生水。任何足以进行射电天文学研究的文明都会了解这些谱线，并且可能会像地球人一样欣赏它们的意义。

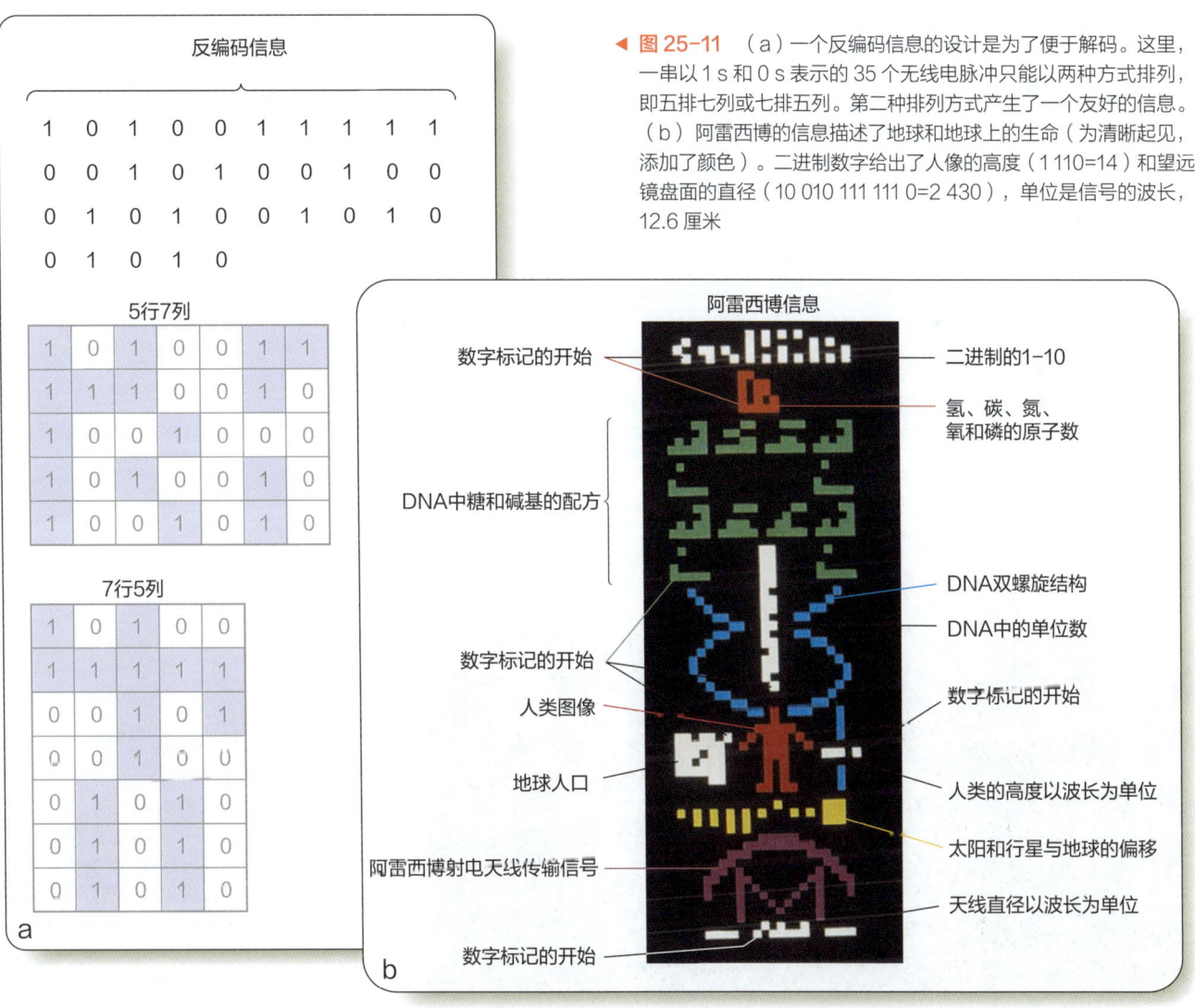

◀ 图25-11 （a）一个反编码信息的设计是为了便于解码。这里，一串以1s和0s表示的35个无线电脉冲只能以两种方式排列，即五排七列或七排五列。第二种排列方式产生了一个友好的信息。（b）阿雷西博的信息描述了地球和地球上的生命（为清晰起见，添加了颜色）。二进制数字给出了人像的高度（1 110=14）和望远镜盘面的直径（10 010 111 111 0=2 430），单位是信号的波长，12.6厘米

图源：NSF/NAIC/Cornell University/Arecibo Observatory/F. Drake, R. Isaacman, L. May, and J. Walker.

第五部分 生命 549

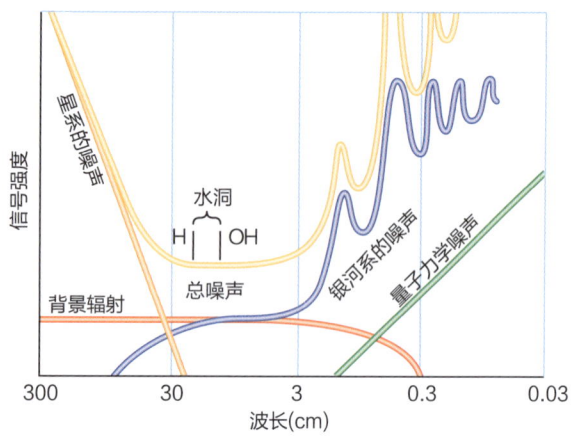

▲ 图 25-12 各种来源的射电噪声和地球的大气不透明度使我们很难探测到波长长于 30 厘米或短于 1 厘米的远方信号。在低噪声范围内，来自 H 原子和 OH 分子的射电发射线的波长成为一个被命名为水洞的小间隔，可以成为星际通信的通道

科学家们已经对地外射电电信号进行了多次搜索，有些正在进行中。这个研究领域被称为地外文明搜索（SETI），它在天文学家、哲学家、神学家和政治家之间引起了激烈的辩论。你可能会想象，发现真正的外星文明会引起人类世界观的巨大变化，就像伽利略发现木星的卫星不围绕地球转一样。美国国会曾短期资助过 NASA 的地外文明搜索研究，但在 20 世纪 90 年代初就结束了资助。事实上，一次大型搜索的年度费用只相当于一架空军直升机的费用，但不愿意资助搜索的主要原因是成本以外的问题。部分人，包括一些国会议员，认为外星生物存在的想法非常离奇，不可能继续为这样的搜索提供公共资金支持。

尽管存在争议，但搜索仍在继续。被美国国会取消的 NASA 地外文明搜索计划被重新命名为"凤凰计划"，并使用私人资金完成。成立于 1984 年的地外文明搜索研究所管理着"凤凰计划"以及其他一些重要的搜索，目前正在加利福尼亚北部运行一个新的射电望远镜阵列，这一项目由 SRI 国际公司管理，部分资金由微软的共同创始人之一保罗·艾伦提供（见图 25-13）。

甚至还有一种方法可以让你协助搜索。伯克利地外文明搜索团队（与地外文明搜索研究所分开），在行星协会的支持下，已经招募了大约 400 万台可连接到互联网的个人电脑的所有者。你可以下载一个屏幕保护程序，只要你不使用电脑，就可以从阿雷西博射电望远镜的数据文件中搜索信号。

搜索仍在继续，但宇宙射电噪声越来越多，科学家们正在努力从中捕捉到任何人类文明的信号。电磁波越来越广泛地被应用于地球上的通信，再加上来自电子设备的杂散电磁辐射，包括从电脑到冰箱的一切设备，使人们很难接收到微弱的射电电信号。如果因为人类自己的世界太过嘈杂而难以捕捉另一个星球的信号，这该是多么具有讽刺意味的一件事情啊。一种替代的搜索策略是寻找光学或近红外波长的激光快速闪烁。这种外星信号，如果存在的话，其优点是容易与自然光源区分开来，缺点是会被星际尘埃阻挡。归根结底，任何一种搜索的成功机会都取决于银河系中宜居星球的数量。

图源：SETI Institute

◀ 图 25-13 加州拉森山附近的艾伦望远镜阵列（ATA）的一部分，计划最终包括 350 个射电天线，每个直径为 6 米，其排列方式旨在最大限度地提高其综合角度分辨率。射电天文学家利用该望远镜研究天体物理学中感兴趣的星系和星云，而地外文明研究人员则利用最先进的计算机硬件和软件来搜索来自遥远文明的信号

25-3c 有多少个有人居住的世界？

假设至少有几个星球存在生命的话，如果有足够的时间，科学家们总会搜索到其他星球上的生命。如果智慧生物是常见的，科学家应该相对较快地找到信号——在未来几十年内，但如果智慧生命是罕见的，则可能需要更长的时间。

简单的算术可以给你一个估计，即银河系中你可能与之交流的技术文明的数量——Nc。为讨论 Nc 而提出的公式被命名为德雷克方程，以射电天文学家弗兰克·德雷克的名字命名，他是寻找地外智慧生命的先驱者。这里介绍的德雷克方程的版本在它的原始形式上略有修改。

式 25-1：
$$N_C = N^* \cdot f_P \cdot n_{HZ} \cdot f_L \cdot f_I \cdot f_S$$

N^* 是我们银河系中的恒星数量，f_P 代表拥有行星的恒星的比例，如果所有单星都有行星，f_P 大约是 0.5。因子 n_{HZ} 是每个行星系统中位于宜居带的行星的平均数量——意思是，为了目前的讨论，每个行星系统中拥有大量液态水的行星数量。在我们的系统中，传统的宜居带包括地球的轨道，可以说也包括金星和火星，而我们太阳系中土卫二和木卫二的研究表明，液态水可以作为常规宜居带之外潮汐加热的结果而存在，因此，n_{HZ} 可能比原来认为的要大（然而，请注意，截至本文写作时，只有少数几颗地球大小的系外行星在宜居带内被发现）。因子 f_L 是适合生命出现的行星的比例，f_I 是这些行星中能够出现智慧生物的星球的比例。

请注意，从某种意义上说，德雷克方程是基于哥白尼提出的地球不是唯一的想法的延伸（我们如何得知 25-2）。你可以为代表低概率或高概率的各种因素输入数字，但无论如何，该方程的隐含假设是，地球、地球上的生命以及渴望与宇宙中其他智慧生命体接触的人类物种是此类事物较大集合中的其中一个。

德雷克方程右边的 6 个因素可以被粗略估计，随着你从左到右地计算，确定性会越来越低。最后一个因素是极其不确定的，f_S 这个因素是恒星生命期中智慧生命可交流的比例，如果大多数文明在技术水平上只持续很短的时间，比如说 100 年，那么即便是地球人有能力建造射电望远镜来聆听它们，它们的文明也没办法进行传输。另外，一个稳定并长期保持技术能力的社会更有可能被发现，对一颗寿为 100 亿年的恒星来说，f_S 的范围可以从 10^{-8}（社会时间极短）到 10^{-3}（社会延续了 1000 万年）。表 25-1 总结了许多科学家认为 f_S 和其他因素的合理值范围。

例子： 如果选择表 25-1 中两个极端之间的组成因素的值，估计目前存在于银河系的可交流文明的数量是多少？

解答： 如果我们假设 $f_P=0.3$，$n_{HZ}=0.1$，$f_L=0.1$，f_I 为 50.1，$f_S=10^{-5}$，那么：

$$N_C = 2 \times 10^{11} \times 0.3 \times 0.1 \times 0.1 \times 0.1 \times 10^{-5} = 6000$$

当我们输入既非极高也非极低的数值时，德雷克方程得出的估计是，银河系包含 6000 个能够互相交流和与我们沟通的文明。

如果乐观的估计是真实的，那么在距离地球几十光年的范围内就可能有一个可以交流的文明。另外，如果悲观的估计是真的，地球可能是最近的几千个星系中唯一能够进行交流的星球。

表 25-1 每个星系的技术文明的数量

估算	变量	悲观的	乐观的
N^*	一个典型的大星系中的恒星数量	2×10^{11}	2×10^{11}
f_P	有行星的恒星比例	0.1	0.5
n_{HZ}	每颗恒星有在宜居带运行超过 40 亿年的行星数量	0.01	1
f_L	处于宜居带、生命可以存在的行星的比例	0.01	1
f_I	有生命的星球中，智慧种出现的比例	0.01	1
f_S	恒星存在期间科技文明存在的比例	10^{-8}	10^{-3}
N_C	每个星系的可交流文明的数量	2×10^{-4}	1×10^8

我们如何得知 25-2

哥白尼原理

为什么天文学家似乎对其他星球存在生命很有信心？

没有收到来自遥远世界的信息，也没有在来自地球的探测器所访问的任何星球上发现生命，然而，由于一位生活在500年前的天文学家的工作，天文学家们可以自信地面对这种缺乏证据的情况。

在第四章中，你读到了尼古拉·哥白尼和他所处的世界。哥白尼之前的天文学家接受了地球是不动的，是宇宙的中心，行星和恒星是附着在自转球体上的神秘之光，这些球体围绕着地球旋转，使地球成为一个不同于其他星球的特殊场所。为了更好地解释这些运动，哥白尼提出，地球以其轴自转，并围绕太阳公转，这种解释更为合理，但其结果是地球不再是一个特殊的地方，而成为诸多行星中的一员。

天文学家们采用了哥白尼原理：地球不再是一个特殊的地方，这一原则可以扩展到假设地球在其他方面也不特殊。

哈勃深场－南包括许多含有大量恒星的星系。这张照片中可能有超过1万亿（10^{12}）颗行星

如果地球不特别，如果它只是一颗行星，那么应该有很多像地球一样的行星。当然，这些行星中，有热的、冷的、干燥的、没有大气层的，或者像木星那样有非常厚的大气层的。你已经知道，大部分恒星都有行星，一个星系大约包含1000亿颗恒星，而且现有的望远镜可以看到超过1000亿个星系，肯定有很多像地球一样的行星。

虽然没有直接证据表明，其他星球上存在生命，但你在本章中已经看到了生命是如何通过自然的化学过程产生的，以及进化是如何使生物适应环境而生存的。对接受哥白尼原型的天文学家来说，这方面的证据有力地表明了具备适宜条件的星球可以出现生命，并且生命进化得多种多样。

你可以在德雷克方程中看到哥白尼原理的影响，方程中的因子遵循这里列出的逻辑步骤，最后一个因子代表了一个外星文明生存足够长的时间并与其他文明交流的可能性。天文学家们倾向于认为，缺乏直接证据只是意味着我们寻找的时间不够长，或不够好。正如卡尔·萨根所说，"缺少证据并不是没有证据"。

当哥白尼说地球只是行星之一时，他改变了人类看待自身的方式，而这种改变仍在历史上持续。

践行科学

为什么可以检测到的文明数量取决于文明在技术水平上的生存时间？回答这个问题需要使用一种科学家经常使用的推理，即这种推理取决于事件发生的时间。

回顾前几章，很少有寿命短的恒星被观测到，因为地球人对宇宙的"快照"捕捉到的主要是长寿的恒星，因为在它较长的生命周期中会更容易被捕捉到。同样，如果你把射电望远镜转向天空并扫描许多恒星，你将在一个特定的时间对宇宙进行快照，如果你要探测来自其他文明的信号，这种信号必须在你观测的时候到达。如果文明存在了很长时间，你捕捉到它的概率会比因为核战争或者因环境原因迅速消失的文明的概率大很多。如果大多数文明只持续了很短的时间，那么在地球人有能力建造射电望远镜来聆听它们的时候，可能已经没有任何文明在宇宙中传输。

现在考虑一下搜索地外信号的另一个方面：为什么"水洞"可能是一个特别适合聆听的频段？

我们是什么

物质与精神

全世界有4000多种宗教，几乎所有宗教都认为人类具有双重性质：我们是由原子构成的物质对象，但我们也是精神存在的个体。科学无法检验精神的存在，但它可以告诉我们物质的本质。

构成你的物质出现在宇宙大爆炸中，并在恒星内部被转换成各种各样的元素。构成你的原子可能至少存在于两到三代恒星内部，最终，原子变成了星云的一部分，收缩形成太阳和太阳系的行星。

在过去的46亿年里，原子一直是地球的一部分。它们通过恐龙、叠层石、鱼类、细菌、草、鸟类、蠕虫和其他生物被多次回收利用。你现在正在使用你的原子，但当你使用完它们，它们将返回地球，并被一次又一次地使用。

当太阳膨胀成一颗红巨星的60亿年后，地球的大气层和海洋将被冲走，至少地壳外侧几千米将被蒸发并向外吹，成为星云的一部分，从太阳的白矮星残骸向外扩展到太空。原子注定会返回星际介质，成为未来几代恒星和行星的一部分。

天文学的信息是，人类不仅是观测者，还是宇宙的参与者。在所有星系、恒星、行星、星体和其他物质中，人类是能够思考的生物，这意味着我们能够理解我们是什么。

人类是唯一会思考的物种吗？如果是这样，我们就有责任去理解和欣赏宇宙。检测到来自另一种文明的信号将表明我们并不孤独，这种交流将结束人类以自我为中心的孤立，并激发对人类存在意义的重新评估。除非我们与非人类智慧生命产生沟通，否则我们可能永远无法激发作为人类的全部潜力。

后　记

图源：NASA

▲ 箭头表示旅行者1号从海王星轨道以外的柯伊伯带拍摄的地球。太阳光束是相机的一种光学效果

　　所有的一切——我们的所有欢愉和痛苦，成千上万种自以为是的信仰、意识形态和经济学说，所有的猎人和强盗、英雄与懦夫、文明的缔造者与毁灭者、国王和农民、年轻的情侣、充满希望的孩子、母亲与父亲、发明家与探险家、德高望重的教师、腐败的政治家、超级明星、最高领导人……我们人类历史上的每一个圣人和罪人，都生活在这里——生活在一粒悬浮在一束阳光中的尘埃之上。

卡尔·萨根 (1934—1996)

我们共同的旅程结束了，但在我们分开之前，请最后一次思考本书最重要的主题——人类在宇宙之中处于什么样的地位。天文学让我们对恒星、星系和行星的运作有了一定的了解，但它最大的价值在于教会我们如何认识自己。现在你已经学习了天文知识，可以更好地理解自己在自然界中的地位。

对一些人来说，"自然"一词让人联想到毛茸茸的兔子在林间小路上跳来跳去；而对另外一些人来说，自然是蓝绿色的海洋深处；还有人认为自然是风吹草动的山顶。尽管这些想象多种多样，但它们都是以地球为背景的。在学习了天文学之后，你可以把大自然看作物质和能量交织形成的美丽舞蹈，根据简单的规则进行相互作用，形成星系、恒星、行星、山顶、海洋深处、森林绿地和人。

也许最重要的天文课是，人类是宇宙中一个渺小而重要的部分。宇宙的大部分物质可能都是没有生命的：在星系之间的广阔地带，除了最稀薄的气体之外，似乎没有任何东西，而且恒星的温度太高，难以存在生命赖以生存和发展的化学键。似乎只有在少数温度合适的行星表面，原子才能以特殊的方式联系在一起，形成生命物质。

如果生命是特殊的，那么智慧就是珍贵的。宇宙中一定有许多没有生命的星球，没有生物可以感知照射了几十亿年的阳光；也可能有一些存在生命，但生命形式不是很复杂的星球，在这些星球上，风吹过广袤的草地，又轻轻地穿过黑暗的森林；还有一些星球上存在类似于地球上的昆虫、鱼类、鸟类这样的生物，这些动物随着时光流逝只能模糊地感知自身的存在。只有人类或其他生物的智慧才会赋予这般景致存在的意义。

科学是地球上的智慧生命试图了解物理宇宙的过程，而非发明新的设备或工艺，它不创造家用电脑，不治疗流行性腮腺炎，也不制造塑料勺子——这些都是工程和技术，是对科学的应用。科学是对自然的理解，而天文学是在最大尺度上理解科学。天文学是宇宙中的智慧物种试图了解自己存在的一种科学。

作为这个星球上的主要智慧物种，我们保管着一份无价的礼物——一颗充满生物的星球，如果生命在宇宙中是罕见的，那么这份礼物就尤为珍贵。事实上，宇宙中的生命越罕见，我们的责任就越大。我们是唯一能够保护地球生命的生物，而具有讽刺意味的是，我们自己的所作所为竟是对地球上生命的最大危害。

人类的未来并不安全，我们被困在一个资源有限的小星球上，人口增长速度超过我们生产食物的速度。我们已经把一些生物逼到了绝境，同时也在威胁着其他生物。人类正在以自己并没有完全意识到的方式改变着地球的气候，即便是重新采取行动来保护地球，地球最终还是会被太阳摧毁。

这可能是一个悲伤的未来，但有是令人欣慰的事情存在：首先，宇宙中的一切都是暂时的。恒星会消亡，星系也会消亡，也许有一天整个宇宙都会消失，作为宇宙的一部分，我们得知遥远的未来是有限的。仅仅几百万年前，我们的祖先才开始直立行走和交流；10亿年前，我们的祖先还是生活在海洋中的微观生物体。我们假设10亿年后会有类似于人类这样的生物，或者人类仍然是地球上的智慧生命，或者人类的后代甚至会存在……这些其实都是一些自负的想法。

我们的责任不光是永远保护我们的种族，更是要作为地球可靠的守卫者，保护它、尊重它，并且试图了解它。我们需要完全改变我们对待其他生物的方式和看待地球资源的态度。虽然我们能否改变还是未知的——人类在理解力、技能学习和计划执行方面都并非完美的，但是我们必须珍视我们自身和我们的文明，智慧于我们是一种恩赐，是这个星球所产生的最美妙的事物。

> 我们不应该停止探索，
> 而所有探索的尽头，
> 都将是我们出发的起点，
> 而且生平首次了解这个起点。
>
> ——艾略特《小吉丁》①

---

① 摘自《四个四重奏》中的《小吉丁》，版权归艾略特所有，埃斯梅·瓦莱丽·艾略特于1942年更新，经哈考特公司和法布尔有限公司许可转载。——译者注

附录 A

单位和天文数据

简介

单位系统基于长度、质量和时间这三个基本单位。根据国际协议,有一个首选的公制单位子集被称为国际单位制(SI 单位),通常称为公制,它以米、千克和秒为基础。其他量,如密度和力,都是由这些基本单位导出的。

美国居民一般使用(英国)英制单位系统(目前只在美国、利比里亚和缅甸正式使用,但具有讽刺意味的是,在英国没有使用)。举个例子,在英制单位中,长度的基本单位是英尺,即 12 英寸。

SI 单位采用的是十进制系统。例如,1 米是 100 厘米。因为公制是一个十进制系统,所以易于用较大或较小的单位来方便地表示物理量。你可以用厘米、米、千米等来表示距离。前缀规定了该单位与米的关系。就像 1 美分是 1 美元的 1/100,所以 1 厘米是 1 米的 1/100。1 千米是 1000 米,1 千克是 1000 克。常用前缀的含义见表 A-1。

基本和导出 SI 单位

如表 A-2 中所示,3 个基本的 SI 单位定义了其余的单位。

力的 SI 单位是牛顿(N),以艾萨克·牛顿命名。它是使 1kg 的质量产生 $1m/s^2$ 加速度所需的力,或大致相当于一个苹果在地球表面的重量。能量的 SI 单位是焦耳(J),是 1N 的力在力的方向上移动 1m 的距离产生的能量。1 焦耳大致相当于一个苹果从桌面掉落而产生的冲击能量。

例外

单位可以在两个方面帮助你。它们使计算成为可能,并且可以帮助你想象某些量。对计算来说,公制系统要优越得多,本书中的计算单位都采用公制系统。

在 SI 单位中,密度应该表示为 kg/m^3,但是没有人的手可以围成一个立方米,所以这个单位并不能帮助你把握给定密度的意义。本书以 g/cm^3 作为密度的单位。1 克大约是一个回形针的质量,而 1 立方厘米是一个小糖块的大小,所以你可以很容易地想象出 $1g/cm^3$ 的密度,大致等同于水的密度。这与 SI 单位并不冲突,因为不需要用密度进行复杂的计算。

出于概念上的考虑,本书对一些物理量同时用 SI 和英制单位来表示。与其说成人在月球上的平均体重是 111 N,不如说体重为 25 lb,对一些读者来说更有帮助。在这种情况下英制单位会在 SI 单位之后的括号中给出,例如,月球的半径是 1738 km(1080 英里)。

表 A-1 公制前缀

前缀	符号	系数
吉	G	10^9
兆	M	10^6
千	k	10^3
厘	c	10^{-2}
毫	m	10^{-3}
微	μ	10^{-6}
纳	n	10^{-9}

表 A-2 国际单位制(SI)公制单位

量	SI 单位
长度	米(m)
质量	千克(kg)
时间	秒(s)
力	牛顿(N)
能量	焦耳(J)
功率	瓦特(W)

换算

你只需要看一下前缀，就可以将一个公制单位转换为另一个公制单位（如将米转换为千米）。然而，从公制到英制或从英制到公制的转换就比较复杂。表 A-3 中给出了转换系数。

例子：月球的半径是 1738 km，以英里为单位是多少？表 A-3 显示，1 英里等于 1.609 千米，所以

$$1738 \text{ km} \times \frac{1.000 \text{ mi}}{1.609 \text{ km}} = 1080 \text{ mi}$$

温标

就像在其他大多数科学中一样，天文学中的温度用开尔文温标表示，尽管有时也使用摄氏温标。美国常用的华氏温标不用于科学工作中。

摄氏温标（centigrade scale）参考的是水的冰点（0℃）和水的沸点（100℃）。1℃是水的冰点和沸点之间的温度差的 1/100，因此前缀为厘（centi）。摄氏温标（centigrade scale）也被写作 celsius scale，以其发明者瑞典天文学家安德斯·摄氏（Anders Celsius, 1701-1744）的名字命名。

开尔文温标是以摄氏度为单位从绝对零度（-273.15℃）测量的，绝对零度是指不含可提取热量的物体的温度。实际上，没有任何物体可以冷到绝对零度，尽管实验室设备已经可以达到低于 10^{-6} K 的温度。开尔文温标是以苏格兰数学物理学家，开尔文勋爵威廉·汤姆森（1824—1907）命名的。

华氏温标将水的冰点固定在 32°F，沸点固定在 212°F。以德国物理学家加布里埃尔·丹尼尔·华氏（Gabriel Daniel Fahrenhoit, 1686—1736）的名字命名，他在 1720 年成功制造了第一支水银温度计，华氏温标只在美国常规使用。

利用表 A-4 中给出的信息，可以很容易将温度从一个标度转换到另一个标度。

10 的幂记数法

10 的幂使书写非常大的数字变得更加简单。例如，最近的恒星距离太阳约 43 000 000 000 000 km，把这个数字写成 4.3×10^{13} km 就容易多了。

非常小的数字也可以写成 10 的幂。例如，可见光的波长约为 0.000 000 5 m，用 10 的幂表示就变成了 5×10^{-7} m。

这种计数法中 10 的幂的使用如下所示。指数告诉你如何移动小数点。如果指数是正数，就把小数点移向右边。如果指数为负数，则将小数点移向左边。

例如，$2.0000 \times 10^3 = 2000$，$2 \times 10^{-3} = 0.002$。

$$10^5 = 100\,000$$
$$10^4 = 10\,000$$
$$10^3 = 1000$$
$$10^2 = 100$$
$$10^1 = 10$$
$$10^0 = 1$$
$$10^{-1} = 0.1$$
$$10^{-2} = 0.01$$
$$10^{-3} = 0.001$$
$$10^{-4} = 0.000\,1$$

如果你在计算中使用科学记数法，请确保你正确地将数字输入计算器。不是所有的计算器都能使用科学计数法，但那些可以使用的计算器都有一个标有 EXP、EEX 或 EE 的键，允许你输入 10 的指数。要输入一个数字，如 3×10^8，按顺序按下"3 EXP 8"三个键。要输入一个负指数的数字，必须使用变号键，通常标有 +/- 或 CHS。要输入数字 5.2×10^{-3}，按"5.2 EXP +/- 3"键。试着尝试几个例子。

要从计算器中读出一个科学计数法的数字，你必须单独读出指数。数字 3.1×10^{25} 在计算器上可能显示为 3.1 25，或在一些计算器上显示为 3.1 10 25。检查你的计算器以确定这类数字的显示方式。

表 A-3 英制和公制单位之间的转换系数

1 英寸 = 2.54 厘米	1 厘米 = 0.393,7 英寸
1 英尺 = 0.304,8 米	1 米 = 39.37 英寸 = 3.281 英尺
1 英里 = 1.609 千米	1 千米 = 0.621,4 英里
1 斯勒格 = 14.59 千克	1 千克 = 0.068,52 斯勒格
1 磅 = 4.448 牛顿	1 牛顿 = 0.224,8 磅
1 英尺 - 磅 = 1.356 焦耳	1 焦耳 = 0.737,5 英尺 - 磅
1 马力 = 745.7 焦耳/秒	1 焦耳/秒 = 0.001,341 马力
	1 焦耳/秒 = 1 瓦特

表 A-4 温标和转换关系

	开尔文（K）	摄氏度（℃）	华氏度（°F）
绝对零度	0 K	-273 ℃	-460 °F
水的冰点	273 K	0 ℃	32 °F
水的沸点	373 K	100 ℃	212 °F

转换关系：
$$K = ℃ + 273$$
$$℃ = \frac{9}{5}(°F - 32)$$
$$°F = \frac{9}{5}(℃) + 32$$

天文单位和常数

天文学，以及广义的科学，是研究自然和理解宇宙的一种方式。科学家们利用对自然界的观察以检验关于自然运行的假说。下面的表格包含了一些基本的观测数据，这些观测为科学对宇宙的最佳理解提供了支持。当然，这些数据是以数字的形式表示的，这并不是因为科学将所有的理解简化为单纯的数字，而是因为对自然的探索极为严峻，科学必须使用一切有效的手段。定量思维——数学推理——是人类大脑所发明的最强大的技术之一。因此，这些表格并非将自然简化为单纯的数字，而是通过数字来支持人类对周围世界不断深入的理解。

表 A-5 天文常数

光速（c）	3.00×10^8 m/s
引力常数（G）	6.67×10^{-11} m^3/s^2 kg
氢原子质量	1.67×10^{-27} kg
地球质量（$M_\oplus$）	5.97×10^{24} kg
地球赤道半径（$R_\oplus$）	6.38×10^3 km
太阳质量（$M_\odot$）	1.99×10^{30} kg
太阳半径（$R_\odot$）	6.96×10^8 m
太阳光度（$L_\odot$）	3.83×10^{26} J/s
月球质量	7.35×10^{22} kg
月球半径	1.74×10^3 km

表 A-6 天文学中使用的单位

1 埃（Å）	10^{-8} cm 10^{-10} m 10 nm
1 天文单位（AU）	1.50×10^{11} m 93.0×10^6 mi
1 光年（ly）	6.32×10^4 AU 9.46×10^{15} m 5.88×10^{12} mi
1 秒差距（pc）	2.06×10^5 AU 3.09×10^{16} m 3.26 ly
1 千秒差距（kpc）	1000 pc
1 兆秒差距（Mpc）	1×10^6 pc

表 A-7 主序星性质

光谱型	绝对目视星等（M_V）	光度[1,2]	温度（K）	λ_{max}（nm）	质量[1]	半径[1]	平均密度（g/cm^3）
O6	−5.7	600,000	38,000	76	40	18	0.01
B0	−4.0	40,000	30,000	97	18	7.4	0.06
B5	−1.2	800	16,000	181	5.0	3.8	0.1
A0	0.7	30	10,000	290	2.1	1.8	0.5
A5	2.0	13	8600	337	1.7	1.6	0.6
F0	2.7	4.1	7200	402	1.5	1.3	1.0
F5	3.5	2.3	6500	446	1.3	1.2	1.1
G0	4.4	1.3	5900	491	1.1	1.1	1.2
G2	4.8	1.0	5800	500	1.0	1.0	1.4
G5	5.1	0.7	5600	518	0.9	0.9	1.7
K0	5.9	0.4	5200	557	0.8	0.8	2.2
K5	7.4	0.2	4400	659	0.7	0.7	2.9
M0	8.8	0.1	3900	743	0.5	0.6	3.2
M5	16.3	0.01	3100	935	0.2	0.3	10

1 光度、质量和半径以太阳光度、质量和半径为单位表示。太阳的光度、质量和半径在表 A-5 中给出。
2 光度通过半径和温度计算得出。

表 A-8　15 颗最亮的恒星

恒星	星名	视目视星等（m_V）	距离（pc）	绝对目视星等（M_V）	光谱型
	太阳	-26.74		4.8	G2 V
大犬座 α	天狼星	-1.47	2.6	1.4	A1 V
船底座 α	老人星	-0.72	96	-5.6	F0 II
半人马座 α	南门二	-0.29	1.3	4.1	G2 V
牧夫座 α	大角星	-0.04	11	-0.3	K2 III
天琴座 α	织女星	0.03	7.8	0.5	A0 V
御夫座 α	五车二	0.08	13	-0.5	G8 III
猎户座 β	参宿七	0.12	240	-6.8	B8 Iab
小犬座 α	南河三	0.34	3.5	2.6	F5 IV-V
波江座 α	水委一	0.43	44	-2.8	B3 V
猎户座 α	参宿四	0.58	200	-5.9	M2 Iab
半人马座 β	马腹一	0.60	120	-4.8	B1 III
天鹰座 α	河鼓二[1]	0.77	5.1	2.2	A7 V
南十字座 α	十字架二	0.81	98	-4.2	B0 IV
金牛座 α	毕宿五	0.85	20	-0.7	K5 III

[1] 又称牛郎星、牵牛星。——译者注

表 A-9　15 颗最近的恒星

星名	距离（ly）	距离（pc）	视目视星等（m_V）	绝对目视星等（M_V）	光谱型
太阳			-26.7	4.8	G2
半人马比邻星	4.2	1.3	11.0	15.5	M6
半人马座 Aα	4.4	1.3	0.0	4.4	G2
半人马座 Bα	4.4	1.3	1.3	5.7	K1
巴纳德星	5.9	1.8	9.6	13.2	M4
沃尔夫 359	7.8	2.4	13.5	16.6	M6
拉郎德 21185	8.3	2.5	7.5	10.4	M2
大犬座 Aα（天狼 A）	8.6	2.6	-1.5	1.4	A1
大犬座 Bα（天狼 B）	8.6	2.6	8.4	11.3	白矮星
鲁坦 726-8A	8.7	2.7	12.6	15.5	M5
鲁坦 726-8B	8.7	2.7	13.1	15.9	M6
罗斯 154	9.7	3.0	10.4	13.1	M4
罗斯 248	10.3	3.2	12.3	14.8	M6
波江座 ε	10.5	3.2	3.7	6.2	K2
拉卡伊 9352	10.7	3.3	7.3	9.8	M1

表 A-10　行星的性质

轨道性质

行星	半长轴（a）(AU)	半长轴（a）(10^6 km)	轨道周期（年）	轨道周期（天）	平均轨道速度 (km/s)	轨道偏心率	相对黄道倾角
水星	0.387	57.9	0.241	88.0	47.9	0.206	7.0°
金星	0.723	108	0.615	224.7	35.0	0.007	3.4°
地球	1.00*	150	1.00*	365.3	29.8	0.017	0°*
火星	1.52	228	1.88	687.0	24.1	0.093	1.8°
木星	5.20	779	11.9	4333	13.1	0.048	1.3°
土星	9.55	1429	29.5	10,759	9.6	0.056	2.5°
天王星	19.22	2875	84.0	30,688	6.8	0.047	0.8°
海王星	30.10	4504	164.8	60,182	5.4	0.009	1.8°

*定义。

物理性质（地球 = ⊕）

行星	赤道半径 (km)	赤道半径 (⊕=1)	质量（⊕=1）*	平均密度 (g/cm³)	表面重力（⊕=1）	逃逸速度 (km/s)	自转恒星周期	赤道面与轨道面的倾角
水星	2440	0.383	0.055	5.43	0.38	4.3	58.6 d	0.0°
金星	6052	0.949	0.815	5.20	0.90	10.4	243.0 d	177.3°
地球	6378	1.00	1.000	5.51	1.00	11.2	23.93 h	23.4°
火星	3396	0.533	0.107	3.93	0.38	5.0	24.62 h	25.2°
木星	71,492	11.2	318	1.33	2.53	59.5	9.92 h	3.1°
土星	60,268	9.45	95.2	0.69	1.06	35.5	10.57 h	26.7°
天王星	25,559	4.01	14.5	1.27	0.89	21.3	17.23 h	97.8°
海王星	24,764	3.88	17.1	1.64	1.14	23.5	16.11 h	28.3°

*地球质量 = 5.97×10^{24} kg

表 A-11　太阳系的主要卫星

主星	卫星	半径（km）	到主星距离（10^3 km）	轨道周期（天）	轨道偏心率	轨道倾角**
地球	月球	1738	384.4	27.32	0.055	18.3°
火星	火卫一	14×12×10	9.4	0.32	0.018	1.0°
	火卫二	8×6×5	23.5	1.26	0.002	2.8°
木星	木卫五	135×100×78	182	0.50	0.003	0.4°
	木卫一	1820	422	1.77	0.000	0.3°
	木卫二	1560	671	3.55	0.000	0.5°
	木卫三	2630	1071	7.16	0.002	0.2°
	木卫四	2410	1884	16.69	0.008	0.2°
	木卫六	~85*	11,470	250.6	0.158	27.6°
土星	土卫十	110×80×100	151.5	0.70	0.007	0.1°
	土卫一	196	185.5	0.94	0.020	1.5°
	土卫二	260	238.0	1.37	0.004	0.0°
	土卫三	530	294.7	1.89	0.000	1.1°
	土卫四	560	377	2.74	0.002	0.0°
	土卫五	765	527	4.52	0.001	0.4°
	土卫六	2575	1222	15.94	0.029	0.3°
	土卫七	205×130×110	1484	21.28	0.104	~0.5°
	土卫八	720	3562	79.33	0.028	14.7°
	土卫九	105	12,930	550.4	0.163	150°
天王星	天卫五	235	129.9	1.41	0.017	3.4°
	天卫一	580	190.9	2.52	0.003	0°
	天卫二	585	266.0	4.14	0.003	0°
	天卫三	805	436.3	8.71	0.002	0°
	天卫四	790	583.4	13.46	0.001	0°
海王星	海卫八	205	117.6	1.12	~0	~0°
	海卫一	1355	354.59	5.88	0.00	160°
	海卫二	170	5588.6	360.12	0.76	27.7°
冥王星	冥卫一	604	19.6	6.39	~0	0°
	冥卫二	25×18×16	48.7	24.85	0.002	0.1°
	冥卫三	32×22×12	64.7	38.20	0.006	0.2°

** 相对于主星赤道面。
* ~符号表示近似。

表 A-12　流星雨

流星雨	日期	每小时流量	辐射点 赤经	辐射点 赤纬	相关的彗星
象限仪流星群	1月2-4日	30	15h 24m	+50°	2003 EH1*
天琴流星群	4月20-22日	8	18h 08m	+33°	Thatcher 佘契尔彗星
宝瓶 η 流星群	5月2-7日	10	22h 32m	-01°	哈雷彗星
宝瓶 δ 流星群	7月26-31日	15	22h 40m	-10°	?
英仙流星群	8月10-14日	40	03h 12m	+58°	斯威夫特-塔特尔彗星
猎户流星群	10月18-23日	15	06h 20m	+16°	哈雷彗星
金牛流星群	11月1-7日	8	03h 40m	+15°	恩克彗星
狮子流星群	11月14-19日	6	10h 16m	+22°	坦普尔-塔特尔彗星
双子流星群	12月10-13日	50	07h 24m	+33°	法厄同彗星*

* 呈小行星状。

表 A-13　希腊字母表

A, α	阿尔法	H, η	伊塔	N, ν	纽	T, τ	陶
B, β	贝塔	Θ, θ	西塔	Ξ, ζ	克西	Y, υ	宇普西龙
Γ, γ	伽马	I, ι	约塔	O, o	奥密克戎	Φ, φ	斐
Δ, δ	德尔塔	K, κ	卡帕	Π, π	派	X, χ	希
E, ε	艾普西隆	Λ, λ	拉姆达	P, ρ	柔	Ψ, ψ	普迈
Z, ζ	泽塔	M, μ	谬	Σ, σ	西格马	Ω, ω	欧米伽

表 A-14　元素周期表

族 IA(1)																	稀有气体 (18)
1 H 1.008	IIA(2)		原子序数→11 符号→Na 原子质量→22.99			原子质量以碳-12原子质量的1/12为标准 括号中的数据为该放射性元素最稳定或最知名的同位素的质量数。						IIIA(13)	IVA(14)	VA(15)	VIA(16)	VIIA(17)	2 He 4.003
3 Li 6.941	4 Be 9.012											5 B 10.81	6 C 12.01	7 N 14.01	8 O 16.00	9 F 19.00	10 Ne 20.18
11 Na 22.99	12 Mg 24.31	←过渡元素→ VIII										13 Al 26.98	14 Si 28.09	15 P 30.97	16 S 32.06	17 Cl 35.45	18 Ar 39.95
		IIIB(3)	IVB(4)	VB(5)	VIB(6)	VIIB(7)	(8)	(9)	(10)	IB(11)	IIB(12)						
19 K 39.10	20 Ca 40.08	21 Sc 44.96	22 Ti 47.90	23 V 50.94	24 Cr 52.00	25 Mn 54.94	26 Fe 55.85	27 Co 58.93	28 Ni 58.7	29 Cu 63.55	30 Zn 65.38	31 Ga 69.72	32 Ge 72.59	33 As 74.92	34 Se 78.96	35 Br 79.90	36 Kr 83.80
37 Rb 85.47	38 Sr 87.62	39 Y 88.91	40 Zr 91.22	41 Nb 92.91	42 Mo 95.96	43 Tc 98.91	44 Ru 101.1	45 Rh 102.9	46 Pd 106.4	47 Ag 107.9	48 Cd 112.4	49 In 114.8	50 Sn 118.7	51 Sb 121.8	52 Te 127.6	53 I 126.9	54 Xe 131.3
55 Cs 132.9	56 Ba 137.3	57* La 138.9	72 Hf 178.5	73 Ta 180.9	74 W 183.8	75 Re 186.2	76 Os 190.2	77 Ir 192.2	78 Pt 195.1	79 Au 197.0	80 Hg 200.6	81 Tl 204.4	82 Pb 207.2	83 Bi 209.0	84 Po (209)	85 At (210)	86 Rn (222)
87 Fr (223)	88 Ra 226.0	89** Ac (227)	104 Rf (261)	105 Db (262)	106 Sg (266)	107 Bh (264)	108 Hs (269)	109 Mt (268)	110 Ds (268)	111 Rg (268)	112 Cn (268)	113 Uut (268)	114 Fl (268)	115 Uup (268)	116 Lv (268)	117 Uus (268)	118 Uuo (268)

内过渡元素

镧系 * 6	58 Ce 140.1	59 Pr 140.9	60 Nd 144.2	61 Pm (145)	62 Sm 150.4	63 Eu 152.0	64 Gd 157.3	65 Tb 158.9	66 Dy 162.5	67 Ho 164.9	68 Er 167.3	69 Tm 168.9	70 Yb 173.0	71 Lu 175.0
锕系 ** 7	90 Th 232.0	91 Pa 231.0	92 U 238.0	93 Np (237)	94 Pu (244)	95 Am (243)	96 Cm (247)	97 Bk (247)	98 Cf (251)	99 Es (252)	100 Fm (257)	101 Md (258)	102 No (259)	103 Lr (262)

元素及其符号

锕	Ac	铯	Cs	锗	Ge	锰	Mn	钾	K	锶	Sr
铝	Al	氯	Cl	金	Au	鿏	Mt	镨	Pr	硫	S
镅	Am	铬	Cr	铪	Hf	钔	Md	钷	Pm	钽	Ta
锑	Sb	钴	Co	镙	Hs	汞	Hg	镁	Mg	锝	Tc
氩	Ar	鎶	Cn	氦	He	钼	Mo	镭	Ra	碲	Te
砷	As	铜	Cu	钬	Ho	钕	Nd	氡	Rn	铽	Tb
砹	At	锔	Cm	氢	H	氖	Ne	铼	Re	铊	Tl
钡	Ba	𨨏	Ds	铟	In	镎	Np	铑	Rh	钍	Th
锫	Bk	𨧀	Db	碘	I	镍	Ni	𬬭	Rg	铥	Tm
铍	Be	镝	Dy	铱	Ir	铌	Nb	铷	Rb	锡	Sn
铋	Bi	锿	Es	铁	Fe	氮	N	钌	Ru	钛	Ti
铍	Bh	铒	Er	氪	Kr	锘	No	𬬻	Rf	钨	W
硼	B	铕	Eu	镧	La	锇	Os	钐	Sm	铀	U
溴	Br	镄	Fm	铹	Lr	氧	O	钪	Sc	钒	V
镉	Cd	钅夫	Fl	铅	Pb	钯	Pd	𨭎	Sg	氙	Xe
钙	Ca	氟	F	锂	Li	磷	P	硒	Se	镱	Yb
锎	Cf	钫	Fr	𫟼	Lv	铂	Pt	硅	Si	钇	Y
碳	C	钆	Gd	镥	Lu	钚	Pu	银	Ag	锌	Zn
铈	Ce	镓	Ga	镁	Mg	钋	Po	钠	Na	锆	Zr

附录 B

观测星空

用肉眼观测星空对现代天文学来说，就如捡拾漂亮的鹅卵石之于现代地质学一样重要。星空是一个自然奇观，比大峡谷、落基山脉或任何其他游客每年参观的地方都大得难以想象。天文学家忽视星空的美就相当于地质学家忽视了他们所研究的矿物的美。写作该附录的目的是将其作为游客的星空指南。在前面的章节中你研究了宇宙，在这里你可以欣赏到它。

即使在有空气和光污染的城市中心也能看到夜空中较亮的星星。但在乡村——在城市之外仅几英里的地方——夜空是天鹅绒般的黑色，散布着成千上万颗闪亮的星星。在远离城市强光的野外，特别是在高山上，夜空的景色非常壮观。

使用星图

星座是地球上迷人的文化遗产，但由于地球的运动它们有时有点难以记忆。地平线上的星座随着夜晚的时间和季节的变化而变化。

因为地球是向东自转的，所以天空看起来是围绕地球向西自转的。日落后不久，头顶上可见的一个星座似乎会向西移动，几小时后它就会消失在地平线之下。其他的星座会在东方升起，所以星空会在夜间逐渐变化。

此外，地球的轨道运动使太阳看起来在群星中向东移动。每一天，太阳沿着黄道向东移动大约两倍于它自己的直径，大约 1 度。因此，每晚日落时分，各星座都会向西偏离 1 度。

例如，猎户座在 1 月的晚间夜空中是可见的，但是，随着时间的推移，太阳会向猎户座靠近。到了 3 月，猎户座在日落后不久就很难在西边的天空看到了。到了 6 月，太阳非常靠近猎户座，以至于该星座与太阳一起落下，无法看见。直到 7 月下旬，太阳才远远越过猎户座，使该星座在黎明前的东方天空变得可见。

由于地球的自转和轨道运动，你需要几张星图来绘制可见的星空。选择哪张星图取决于月份和日期。下两页的北半球星图显示了在美国和南欧的典型纬度上以 3 个月为间隔的星空。

要使用这些星图，请选择适当的星图并将其举过头顶，如图 B-1 所示。如果你面向南方，转动星图，直到南方地平线的字样出现在星图的底部。如果你面向其他方向，请适当地转动星图。注意，时间是以标准时间计算的；如果是夏令时（美国的 3 月中旬到 11 月初），要加 1 小时。

▲ 图 B-1　要使用本书中的星图，请选择适合季节和时间的星图。把它举过头顶，并适当地转动它，直到图表底部的方向与你所面对的方向相同

星图

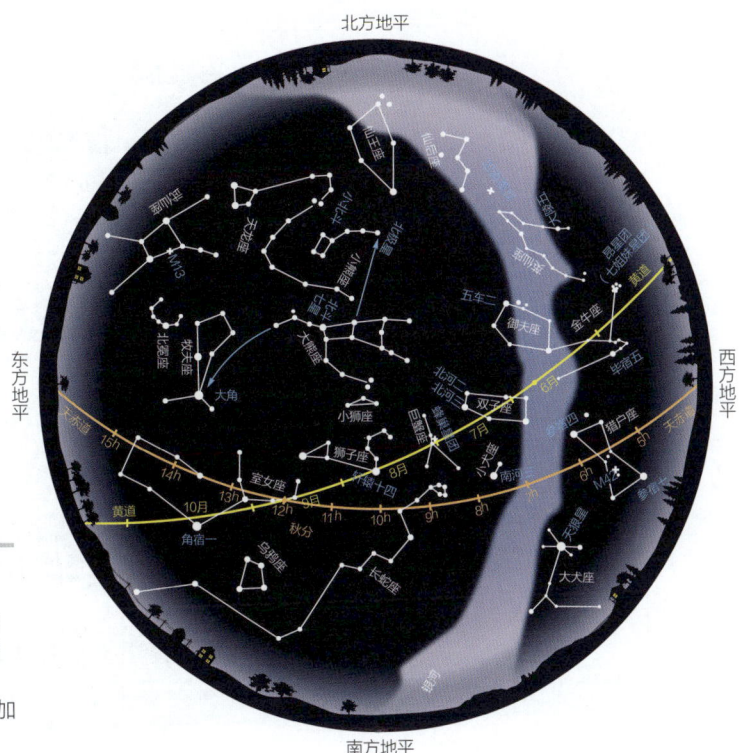

北半球星空

2月-3月-4月

2月	午夜
3月	10:00 PM
4月	8:00 PM

时间为标准时；
若使用夏令时，需加
1小时。

黄道上的月份
显示了太阳一年中的
位置。

天赤道上的数字表示赤经
（天文经度）。

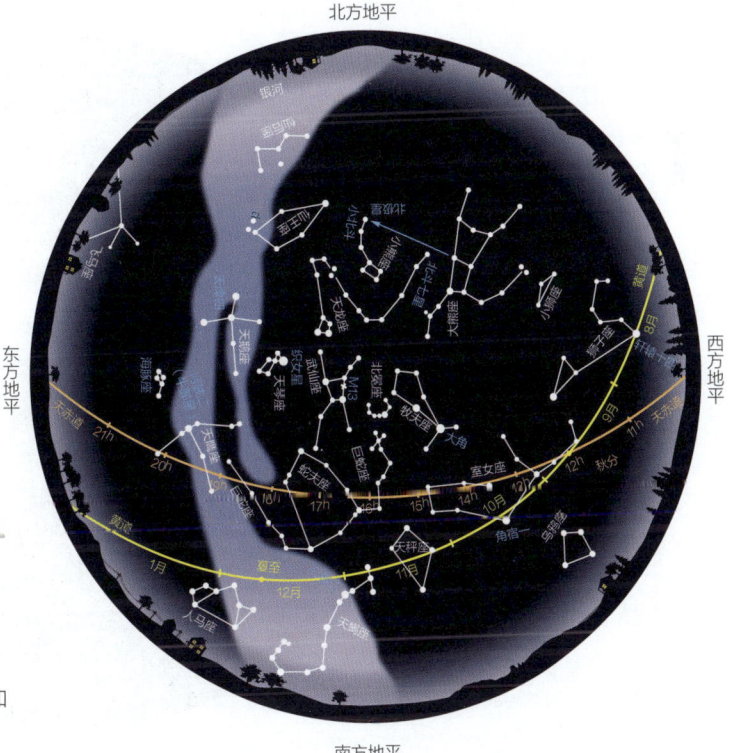

北半球星空

5月-6月-7月

5月	午夜
6月	10:00 PM
7月	8:00 PM

时间为标准时；
若使用夏令时，需加
1小时。

黄道上的月份
显示了太阳一年中的
位置。

天赤道上的数字表示赤经
（天文经度）。

北半球星空

8月–9月–10月

8月	午夜
9月	10:00 PM
10月	8:00 PM

时间为标准时；
若使用夏令时，需加
1小时。

黄道上的月份
显示了太阳一年中的
位置。

天赤道上的数字表示赤经
（天文经度）。

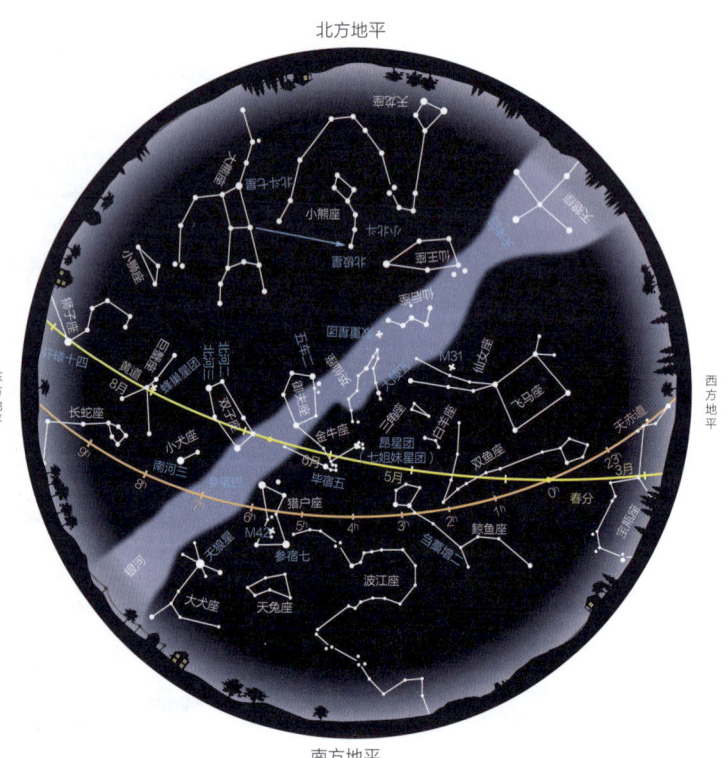

北半球星空

11月–12月–1月

11月	午夜
12月	10:00 PM
1月	8:00 PM

时间为标准时；
若使用夏令时，需加
1小时。

黄道上的月份
显示了太阳一年中的
位置。

天赤道上的数字表示赤经
（天文经度）。